中国南方电网
CHINA SOUTHERN POWER GRID

南方电网公司

新型电力系统技术标准体系表
（2023版）

中国南方电网有限责任公司　组编

中国电力出版社
CHINA ELECTRIC POWER PRESS

U0662286

图书在版编目（CIP）数据

南方电网公司新型电力系统技术标准体系表：2023 版/中国南方电网有限责任公司组编. —北京：中国电力出版社，2023.11
ISBN 978-7-5198-8253-2

Ⅰ．①南…　Ⅱ．①中…　Ⅲ．①电力工程－技术标准－中国　Ⅳ．①TM7-65

中国国家版本馆 CIP 数据核字（2023）第 209937 号

出版发行：中国电力出版社

地　　址：北京市东城区北京站西街 19 号（邮政编码 100005）

网　　址：http://www.cepp.sgcc.com.cn

责任编辑：岳　璐　王　南

责任校对：黄　蓓　朱丽芳　常燕昆

装帧设计：张俊霞

责任印制：石　雷

印　　刷：北京锦鸿盛世印刷科技有限公司

版　　次：2023 年 11 月第一版

印　　次：2023 年 11 月北京第一次印刷

开　　本：880 毫米×1230 毫米　横 16 开本

印　　张：72.5

字　　数：2592 千字

定　　价：298.00 元

《南方电网公司新型电力系统技术标准体系表（2023 版）》

编　委　会

主　　编　汪际峰

执行主编　王志轩　马　辉　钟连宏

副 主 编　刘永东　刘育权　章　彬　王　鹏　郭　琦

编　　委　喇　元　王庆红　王　昕　刘润鹏　张自锋　宋禹飞　王　宏　周育忠　吴　俊　钟伟华

　　　　　王科鹏　许　卓　林克全　袁　皓　陈恺妍　刘洪涛　于筱涵

编制单位　南方电网公司输配电部

　　　　　南方电网科学研究院有限责任公司

　　　　　华北电力大学

　　　　　中国电力企业联合会标准化管理中心

目　　录

南方电网公司新型电力系统技术标准体系表（2023 版）编制说明

为提高公司规划建设、生产运行的质量，促进电网高质量发展，提升技术管理水平，南方电网公司按照全专业、全过程、全方位、全层级的原则，结合技术标准化管理工作实际需求，组织研究建立了新型电力系统技术标准体系并每年滚动修编《新型电力系统技术标准体系表》，技术标准体系表为公司生产经营各项工作提供了技术依据，同时对促进国内外技术标准与公司实际的深度融合具有重要的作用。

2023 年，为全面落实习近平总书记"四个革命、一个合作"能源安全新战略，贯彻落实《国家标准化发展纲要》及党中央、国务院关于碳达峰、碳中和和构建新型电力系统的重大决策部署，落实国家能源局《能源碳达峰碳中和标准化提升行动计划》最新要求，以技术标准化支撑新型电力系统和数字电网建设，南方电网公司结合各专业实际需要，对 2022 年所发布的企业标准、团体标准、行业标准、国家标准和国外先进标准进行筛选、梳理和分类，对技术标准体系表内作废标准信息进行更新代替，最终形成《南方电网公司新型电力系统技术标准体系表（2023 版）》。《南方电网公司新型电力系统技术标准体系表（2023 版）》既遵循 DL/T 485《电力企业标准体系表编制导则》相关规定，又全面承接了《南方电网公司发展战略纲要》《南方电网公司"十四五"发展规划和 2035 年远景目标展望》和《南方电网公司碳达峰碳中和技术标准化提升行动计划》，将为国家、行业及各公司未来一段时间技术标准规划与制定提供全面指导和参考。

《南方电网公司新型电力系统技术标准体系表（2023 版）》由编制说明、技术标准体系结构图、技术标准统计表、技术标准体系明细表组成，共收录标准 9824 项，其中，企业标准 783 项、团体标准 951 项、行业标准 3914 项、国家标准 3854 项、国际标准 322 项。

本体系表所收录的标准在南方电网技术标准信息平台（内网网址：http：//10.10.46.11：10001/standard/）上已实现在线查询和获取。

一、编制依据

1. 国家标准化发展纲要（2021 年 10 月印发）
2. 中共中央 国务院关于完整准确全面贯彻新发展理念做好碳达峰碳中和工作的意见
3. 国务院关于印发 2030 年前碳达峰行动方案的通知
4. 国家发改委 能源局关于完善能源绿色低碳转型体制机制和政策措施的意见
5. 国资委关于推进中央企业高质量发展做好碳达峰碳中和工作的指导意见
6. 国家能源局能源碳达峰碳中和标准化提升行动计划
7. GB/T 13016 标准体系构建原则和要求
8. GB/T 13017 企业标准体系表编制指南
9. GB/T 15496 企业标准体系　要求
10. GB/T 15497 企业标准体系　产品实现
11. GB/T 19273 企业标准化工作　评价与改进
12. DL/T 485 电力企业标准体系表编制导则
13. 南方电网公司建设新型电力系统行动方案（2021-2030 年）（南方电网办〔2021〕14 号附件 1）
14. 新型电力系统技术标准体系研究报告（南方电网生技〔2021〕26 号附件 1）

15. 南方电网公司新型电力系统技术标准行动路线图和标准编制三年行动计划（南方电网生技〔2022〕21 号附件 2 和 3）

16. 南方电网公司碳达峰碳中和技术标准化提升行动计划（南方电网输配电〔2023〕12 号附件）

二、术语和定义

1. 技术标准：对标准化领域中需要协调统一的技术事项所制定的标准。

2. 技术标准体系：企业范围内的技术标准按其内在联系形成的科学有机整体，是企业标准体系的组成部分。

3. 技术标准体系表：企业范围内的技术标准体系内的技术标准按其内在联系排列起来的图表。

4. 技术标准体系结构图：简称"结构图"，是技术标准体系表的简化示意图，揭示技术标准体系的层次、概况和内在联系。

5. 类别与类目：结构图的层次结构中，每一层级的技术标准按专业分类法划分若干集合（方框），称为"类别"；每一类别中的技术标准按专业种类或涉及对象划分若干分支，称为"类目"。类别和类目用数字编号和中文名称表示。

三、编制目的和作用

1. 全面落实习近平总书记"四个革命、一个合作"能源安全新战略，贯彻落实党中央、国务院关于碳达峰、碳中和的重大决策部署，推动建设以新能源为主体的新型电力系统工作落实落地，以标准化支撑新型电力系统建设，为我国能源电力行业及各公司新型电力系统技术发展提供参考。

2. 通过建立健全新型电力系统技术标准体系表，调研分析当前各个层级的电力系统相关标准，识别目前新型电力系统标准体系中的缺失标准，为国家、行业及各公司新型电力系统技术标准制修订计划和长远规划提供技术支撑。

3. 促进新型电力系统技术标准在国家、行业及各公司系统的贯彻执行，为工程技术人员提供技术工作依据，加强以标准为主的新型电力系统产业技术基础建设，同时推动行业各公司积极参与新型电力系统国内标准乃至国际标准的制定，加快推进新型电力系统技术标准化进程。

四、编制原则

1. 规范性：所收录的标准符合中国标准化法的相关规定，满足国家标准和能源电力行业相关标准的要求，同时根据相关法律法规、标准的修订情况进行动态更新。

2. 创新性：根据新型电力系统的特征和发展需求开展创造性建设，加强与科技研发的协调，促进科技成果快速转化应用，引领新型电力系统关键技术领域发展。

3. 国际性：加强与国际相关标准体系的对接与相互兼容，持续提升与国际标准体系一致化程度，推动中国电力系统标准国际化，支撑电力系统基础设施互联互通建设。

4. 引领性：紧密围绕落实"四个革命、一个合作"能源安全新战略和构建清洁低碳、安全高效能源体系的需要，按照需求导向、先进适用、急用先行的原则，系统梳理现有标准并科学谋划未来标准的蓝图，切实发挥标准在推动新型电力系统建设中的支撑和引领作用。

5. 继承性：符合国家和行业关于电力企业技术标准体系的编制要求，遵循电网企业的业务特点，与现有标准体系做到有效衔接。同时，还要充分考虑新型电力系统的主要特征、建设目标，满足未来新能源大规模接入的标准化需求。

6. 系统性：从系统的角度出发，根据系统的各种组成要素从多角度综合考虑，形成完整的体系和产业链，能切实为新能源大规模接入下各领域突出技术问题提供保障。

7. 协调性：在各环节涉及的标准之间，尤其是相互连接过程中涉及的标准充分考虑协调性，从而发挥标准体系的综合作用，促进源、网、荷、储的整体协调，保障产业链、供应链健康可持续发展。

8. 开放性：本体系是一个开放的体系，能与时俱进、动态变化与扩展，以适应新型电力系统各技术领域的未来发展需求。

五、结构图

1. 技术标准体系结构图采用 GB/T 13017 所推荐的两层层次结构，第一层是技术基础标准，第二层是技术专业标准。

2. 技术基础标准部分采用 DL/T 485 所推荐的标准化工作导则、职业健康、技术监督、支持保障，另外新增了未来双碳目标下的低碳、环保通用标准，安全通用标准和数字技术通用标准，是技术专业标准的编制、实施的基础。

3. 技术专业标准部分参照 DL/T 485，按照技术专业分类法和生产流程分类法相结合的原则，同时考虑新型电力系统建设带来的新特征，共设置 7 个类别，划分 85 个类目。

4. 技术标准体系结构图遵循电网的扩展 π 模型，实现了信息系统（数字技术）、物理系统（设备材料）和业务系统（规划设计、工程建设、调度控制、运行检修、试验与计量、市场营销等）的有机统一。

5. 本体系表依照 DL/T 485 未收录法律法规类的规章制度。所收录的标准为已发布实施且现行有效的，含企业、团体、行业、国家、国际的技术标准。

新型电力系统技术标准体系结构图详见图1。

技术基础标准

101 标准化工作导则
1. 标准化导则
2. 通用技术语言标准
3. 量和单位
4. 数值与数据
5. 互换性与精度标准及实现系列化标准

102 安全通用标准
1. 基础综合
2. 电网安全稳定
3. 用电安全
4. 储能与氢能安全
5. 应急机制
6. 消防

103 低碳、环保通用标准
1. 碳监测与统计
2. 碳核算与评价
3. 碳核查与审计
4. 碳认证
5. 碳中和
6. 碳市场
7. 碳金融
8. 环境保护
9. 其他

104 数字技术通用标准
1. 基础综合
2. 基础设施
3. 数据资源
4. 信息传输
5. 数据平台
6. 业务应用
7. 网络安全

105 职业健康
1. 基础综合
2. 作业安全
3. 劳动保护
4. 职业卫生
5. 应急监护
6. 其他

106 技术监督
1. 基础综合
2. 常规电源
3. 新能源并网
4. 储能并网
5. 电能质量
6. 绝缘
7. 计量及热工
8. 无功
9. 节能
10. 调度、二次及信息
11. 辅助服务
12. 化学
13. 环保
14. 其他

107 支持保障
1. 基础综合
2. 科技创新
3. 教育培训
4. 档案文献
5. 其他

技术专业标准

201 规划设计
1. 基础综合
2. 发电
2.1 风电
2.2 太阳能
2.3 水电与抽水蓄能
2.4 核电
2.5 燃煤电厂与气电
2.6 生物质能
2.7 多能互补
2.8 其他
3. 输电
4. 变电
5. 配电
6. 分布式电源与微电网
7. 储能与氢能
8. 备用
9. CO$_2$捕集、利用与封存
10. 调度及二次
11. 经济评价
12. 其他

202 工程建设
1. 基础综合
2. 发电
2.1 风电
2.2 太阳能
2.3 水电与抽水蓄能
2.4 核电
2.5 燃煤电站与气电
2.6 生物质能
2.7 多能互补
2.8 其他
3. 输电
4. 变电
5. 配电
6. 分布式电源与微电网
7. 储能与氢能
8. 备用
9. CO$_2$捕集、利用与封存
10. 调度及二次
11. 施工工艺
12. 验收与质量评定
13. 技术经济
14. 其他

203 设备材料
1. 基础综合
2. 发电
3. 输电
4. 变电
5. 配电
6. 分布式电源与微电网
7. 用电
8. 调度及二次
9. 储能与氢能
10. 备用
11. CO$_2$捕集、利用与封存
12. 工器具
13. 仪器仪表
14. 零部件及材料
15. 其他

204 调度控制
1. 基础综合
2. 电力调度
2.1 常规电源调度
2.2 新能源调度
2.3 需求侧调度
2.4 储能调度
2.5 备用调度
2.6 主配网调度
3. 运行方式
4. 继保整定
5. 调度自动化
6. 电力监控系统网络安全
7. 电力通信
8. 二次一体化
9. 其他

205 运行检修
1. 基础综合
2. 发电
2.1 风电
2.2 太阳能
2.3 水电与抽水蓄能
2.4 核电
2.5 燃煤电站和气电
2.6 生物质能
2.7 多能互补
2.8 其他
3. CO$_2$捕集、利用与封存
4. 输电
5. 变电
6. 配电
7. 分布式电源与微电网
8. 储能与氢能
9. 备用
10. 其他

206 试验与计量
1. 基础综合
2. 发电
3. 输电
4. 变电
5. 配电
6. 分布式电源与微电网
7. 用电
8. 调度及二次
9. 储能与氢能
10. 备用
11. CO$_2$捕集、利用与封存
12. 仪器仪表
13. 电测计量
14. 化学检测
15. 其他

207 市场营销
1. 基础综合
2. 电能计量
3. 营业服务
4. 电力市场
4.1 中长期交易
4.2 现货交易
4.3 辅助服务
4.4 平台规范
4.5 电价机制
4.6 其他
5. 综合能源服务
6. 需求侧响应
7. 电动汽车
8. 电能替代
9. 虚拟电厂
10. 其他

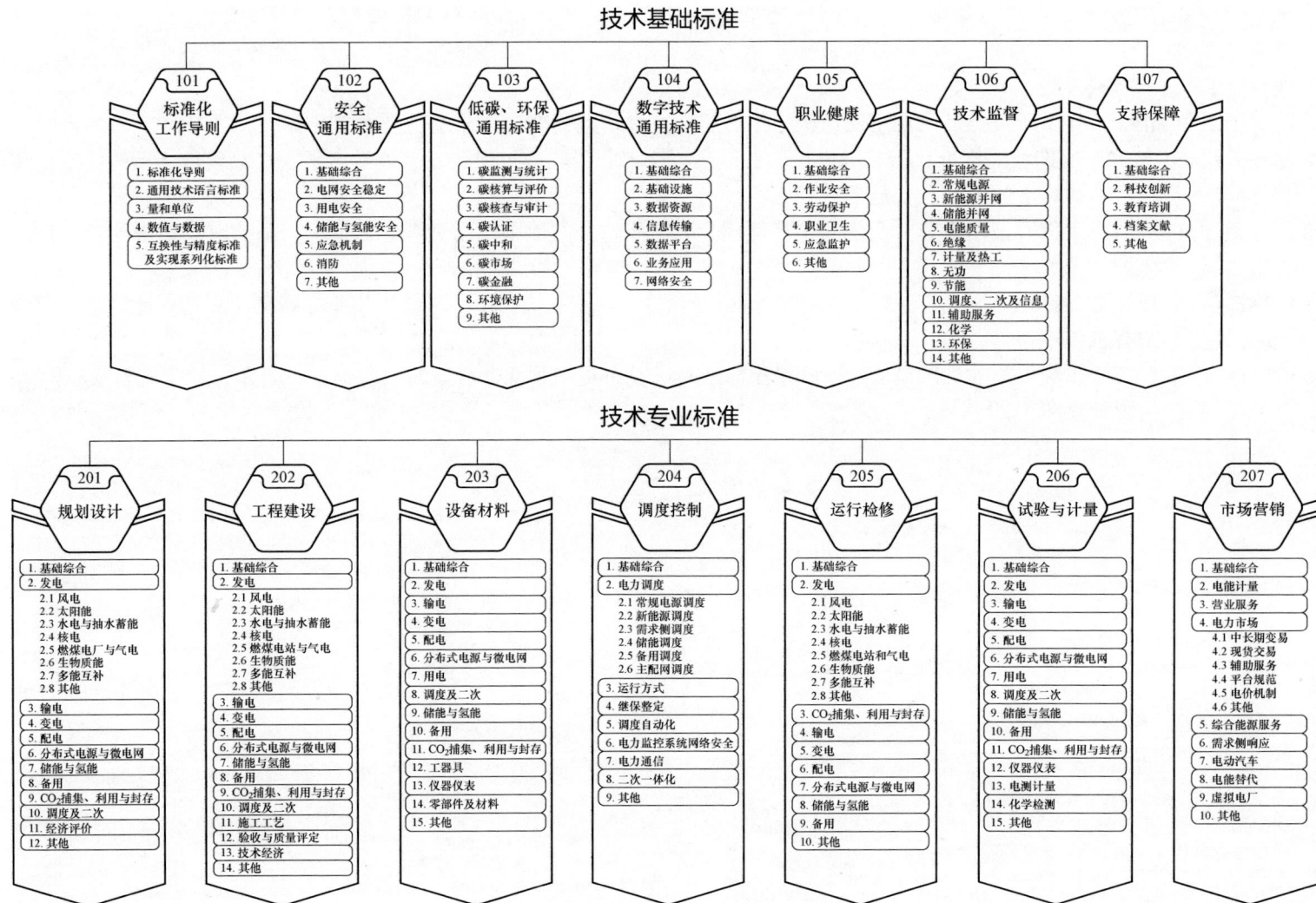

图 1　新型电力系统技术标准体系结构图

六、体系明细表格式及要求

1. 技术标准体系明细表是技术标准体系表的核心部分，系统展现技术标准体系中各层级、各类别、各类目所收录的标准。

2. 参照 GB/T 13016 和 DL/T 485，结合南网实际，新型电力系统技术标准体系明细表采用格式见表1。

表1   新型电力系统技术标准体系明细表（格式）

序号	体系结构号	标准编号	标准名称	标准级别	实施日期	与国际标准对应关系	被代替标准编号	阶段	分阶段	专业	分专业

表1中：

（1）"序号"指该标准在技术标准体系明细表中的整体顺序编号，起始编号为1，步长为1。

（2）"体系结构号"指该标准在技术标准体系明细表中的分类编号，标示为"类别编号"+"."+"类目编号"+"－"+"本类目的顺序编号"。

（3）"标准编号"指该标准的编码。

（4）"标准名称"是指该标准的名称。

（5）"标准级别"是指该标准的级别，包括企标、团标、行标、国标、国际标准等。

（6）"与国际标准对应关系"指按照 GB/T 20000.2 所明确的在标准编制过程中采用国际标准的方法，其中代号"IDT"表示等同，"MOD"表示修改，"NEQ"表示非等效。

（7）"阶段"是指该标准适用的公司资产全生命周期管理的阶段，包括规划、设计、采购、建设、运维、修试、退役等。

（8）"分阶段"是指该标准适用的公司资产全生命周期管理的分阶段，是针对"阶段"的细分，包括规划、初设、施工图、招标、品控、施工工艺、验收与质量评定、试运行、运行、维护、检修、试验、退役、报废等。

（9）"专业"是指该标准适用的专业，包括基础综合、发电、输电、换流、变电、配电、用电、调度及二次、附属设施及工器具、信息、技术经济、其他等。

（10）"分专业"指该标准适用的分专业，是针对"专业"的细分，分类可详见《新型电力系统技术标准体系适应资产全生命周期管理的映射表（2023 版）》。

3. 收录范围

本体系表所收录带有标准编号的标准包含：

（1）国家标准及相关专业标准：GB、GBJ（建设标准）、JJG（F）（计量标准）等。

（2）电力行业标准：DL、NB，以及仍有效的原电力部、水利电力部、能源部和电力规划设计的标准（如 SD、DLGJ）等。

（3）其他相关行业标准：JB、CECS、YD、GA 等。

（4）南方电网公司企业技术标准：Q/CSG。

（5）团体标准：T/CEC、T/CSEE 等。

（6）国际标准：IEC、ISO、ITU 等。

本体系表所收录标准的标准编号代码含义详见表2。

4. 编排方式

参照《电力行业标准化管理办法》，技术标准体系明细表的技术标准依次按类别、类目进行初步分类，同一类目中技术标准按企业标准、团体标准、行业标准、国家标准、国际标准的顺序进行排列；同一类目中的同类型的技术标准按标准编号由小到大的顺序进行排列。

表2　　　　　　　　　　　　　　本体系表所收录标准的标准编号代码含义

序号	代　码	含　义　说　明	序号	代　码	含　义　说　明
1	GB	国家标准	8	SD、SL、NB、SH	原水电部、水利、能源、石化标准
2	GBJ、CECS、JGJ、CJJ、CJ	国家、建协和建设部工程标准	9	JB、YD、SJ	机械、通信、电子行业标准
3	DL、NB、SDJ、DLGJ	电力行业、电力规划设计标准	10	Q/CSG	南方电网企业标准
4	LD、HJ	劳动和劳动安全、环保标准	11	T/CEC、T/CSEE	中电联、电机工程学会团体标准
5	SY、HG、YB	石油、化工、冶金标准	12	IEC、ISO、ITU	国际标准
6	JJG 、JJF	国家计量检定规程、技术规范	13	IEEE、ASTM、ANSI、ASME、BS、DIN、NF、EN、CISPR	其他国家及协会标准
7	AQ、TSG、GA	国家安监、质监、公安标准			

七、技术标准体系标准统计表

——按体系结构图的类别统计（单位：项）

类别名称	GB	JJG、JJF	DL	SD	Q/CSG	JB	YD	SL	HJ	GA	TSG	CECS	JGJ	SJ	NB	AQ	JT	BMB	SH	YB	SY	CJ	HG	T/CEC	CSEE	国际标准	其他	小计	采用关系数量
101 标准化工作导则	419	9	67	0	3	12	7	5	0	4	0	0	1	4	13	0	0	0	0	0	0	1	0	7	5	34	7	598	173
102 安全通用标准	138	0	33	0	14	0	0	0	1	2	2	0	1	0	11	5	0	0	0	0	1	0	0	12	6	10	32	268	27
103 低碳、环保通用标准	47	0	7	0	0	0	2	1	21	0	0	0	0	1	1	0	0	0	0	0	0	0	1	3	1	5	13	103	9
104 数字技术通用标准	750	1	41	0	97	0	323	0	0	28	0	0	0	37	1	3	0	0	0	0	0	2	0	27	14	98	52	1474	133
105 职业健康	119	0	44	0	5	0	1	2	0	0	0	0	5	3	9	1	0	0	0	1	0	0	0	7	1	5	16	219	25
106 技术监督	185	25	102	0	8	4	3	3	2	0	1	0	0	0	66	0	0	0	0	1	0	0	0	20	12	10	18	461	53
107 支持保障	165	0	23	0	4	0	0	0	0	0	0	0	0	6	2	2	0	0	0	0	0	0	0	44	1	0	31	278	13
201 规划设计	212	0	290	0	81	9	10	14	0	1	0	1	0	0	144	0	0	0	0	0	2	0	0	79	36	4	12	895	28
202 工程建设	119	0	245	0	37	0	18	4	3	0	0	0	7	1	48	0	0	0	0	0	0	1	2	48	25	6	6	570	22
203 设备材料	671	17	516	0	116	113	43	3	0	0	0	0	0	18	116	0	0	1	0	3	0	0	0	172	54	52	3	1900	257
204 调度控制	186	0	188	0	227	2	100	0	0	4	0	0	0	0	19	0	0	0	0	0	0	0	0	34	27	10	11	808	81
205 运行检修	53	0	191	1	60	1	2	0	0	0	2	0	0	1	44	0	0	0	0	0	0	0	0	49	22	2	7	435	8

类别名称	GB	JJG、JJF	DL	SD	Q/CSG	JB	YD	SL	HJ	GA	TSG	CECS	JGJ	SJ	NB	AQ	JT	BMB	SH	YB	SY	CJ	HG	T/CEC	CSEE	国际标准	其他	小计	采用关系数量
206 试验与计量	506	74	341	0	33	30	79	1	6	0	0	0	2	14	67	0	0	0	2	1	2	0	0	96	49	81	14	1398	271
207 市场营销	142	20	73	0	98	0	0	0	0	0	0	0	2	28	0	0	0	0	0	0	0	1	0	40	5	5	3	417	22
共计	3712	146	2161	1	783	171	588	33	33	40	5	1	16	87	569	11	0	0	4	4	8	5	3	638	258	322	225	9824	1122

——按标准级别统计

标准级别	标准代码	标准数量（项）	比率（%）	备注
国家标准	GB、GB/T、GBJ、GBZ、JJG、JJF	3854	39.23	其中，直接使用和间接采用的国际、国外技术标准数量总计 1122 项，采用率 11.42%
电力行业技术标准	DL、NB、SD、SDJ、DLGJ、NDGJ	2730	27.79	
相关行业技术标准	JB、CESE、YD、SH、SL、 AQ、TSG、BMB、GA 等	1184	12.05	
团体标准	T/CEC、T/CSEE、T/DIPA	951	9.68	
企业技术标准	Q/CSG	783	7.97	
国际标准	IEC、ISO、ITU、IEEE 等	322	3.28	
总计		9824	100	

八、《南方电网公司新型电力系统技术标准体系表（2023 版）》编制说明

（一）《南方电网公司新型电力系统技术标准体系表（2023 版）》收录标准数量构成表

	2022 版	保持	更新	删除	新增	参考库	2023 版
国家标准	3667	3524	99	44	323	92	3854
行业标准	3532	3408	50	74	474	18	3914
企业标准	683	656	16	11	116	5	783
团体标准	725	712	1	12	246	8	951
国际标准	289	269	4	16	53	4	322
合计	8896	8569	170	157	1212	127	9824
统计	8896（2022 版）+1212-157-127（参考库）=9824（2023 版）						

注：

1. "保持"是指上一版体系表中已收录，且无需变动的。

2. "更新"是指上一版体系表中已收录，且需修正的（主要是修订的标准）。

3. "删除"是指上一版体系表中已收录，且需剔除的（主要是废止和不适用的标准）。

4. "新增"是指上一版体系表中未收录，且需补录的（含制定、修订的标准）。

（二）标准数量的变更

1．标准的删除

《南方电网公司新型电力系统技术标准体系表（2023 版）》共删除 157 项技术标准，其中，通过有效性查证相关标准直接废止的 4 项（企业标准 1 项、行业标准 2 项、国际标准 1 项），与公司业务无关或重复直接删除 22 项（行业标准 15 项、国家标准 7 项），经征求意见后删除 13 项（企业标准 7 项、国家标准 6 项），经专家评审后删除 118 项（企业标准 3 项、团体标准 12 项、行业标准 57 项、国家标准 31 项、国际标准 15 项）。

2．标准的更新（修订）

《南方电网公司新型电力系统技术标准体系表（2023 版）》共更新（修订）170 项技术标准，更新（修订）原因主要分为以下几个方面：

（1）收集 2022 年新颁布的修订标准，对上述标准进行筛选，并与《新型电力系统技术标准体系表（2022 版）》逐一比对，建议更新 105 项技术标准（其中，企业标准 14 项、团体标准 1 项、行业标准 36 项、国家标准 54 项）；

（2）2022 年的有效性查证更新 49 项技术标准（其中，行业标准 12 项、国家标准 37 项）；

（3）经征求意见后更新 5 项国家标准；

（4）经专家评审后更新 11 项技术标准（企业标准 2 项、行业标准 2 项、国家标准 3 项、国际标准 4 项）。

3．标准的新增

《南方电网公司新型电力系统技术标准体系表（2023 版）》共新增 1212 项技术标准，新增原因主要来自：

（1）收集 2022 年新颁布的标准，对上述标准进行筛选，并与 2022 版体系表逐一比对，建议新增 940 项技术标准；

（2）经征求意见后，建议新增 10 项国家标准；

（3）经专家评审后新增 262 项（企业标准 4 项、团体标准 50 项、行业标准 94 项、国家标准 69 项、国际标准 45 项）。

4．标准参考库

对《新型电力系统技术标准参考库（2022 版）》进行了修编。其中有效性查证删除 23 项、更新（修订）50 项，从体系表放入 127 项，新增 2022 年发布标准和低碳领域标准 373 项，经征求意见后删除 3 项，经评审后删除 19 项，新增 20 项，合计收录 4531 项技术标准。其中，企业标准 7 项、地方标准 12 项、团体标准 236 项、行业标准 2268 项、国家标准 1721 项、国际标准 287 项。

（三）标准信息的更新

1．对体系表中的标准信息进行逐一核对，完善了实施日期、代替标准等关键信息；

2．对《南方电网公司新型电力系统技术标准体系表（2023 版）》新增的 1212 项技术标准逐一添加了阶段、分阶段、专业、分专业等字段，以便生成按照环节和专业分类的技术标准体系资产全生命周期映射表。

（四）体系映射表的生成

为加强新型电力系统技术标准体系对资产全生命周期管理的支撑作用，根据体系表形成了按照环节和专业分类的《新型电力系统技术标准体系适应资产全生命周期管理的映射表（2023 版）》，含标准共计 56209 项，供技术和管理人员快速查阅和使用。

为了有效支撑公司数字化转型工作的开展，根据体系表形成了涵盖技术基础、电力设备、信息传输、数据平台、业务应用、网络安全等领域的《新型电力系统技术标准体系适应数字化发展的映射表（2023 版）》，含标准共计 9824 项，全方位支撑公司数字电网建设。

（五）编制历程

1．2022 年 12 月，通过自查（原文翻阅、网站查询）和外检（第三方有效性确认报告）梳理出《新型电力系统技术标准体系表（2022 版）》废止标准共计 4

项，更新标准 49 项；

2．2022 年全年，共查阅了 15 个网站、检索了 49 个公告，收集 2022 年发布的国家、行业、团体标准共 5159 项，经对上述标准进行筛选后建议收录 919 项（新增 828 项，更新 91 项）；

3．2023 年 1 月，搜集 2022 年全年发布的企业技术标准 126 项（新增 112 项，更新 14 项），全部收录至体系中；

4．2023 年 2 月，对《新型电力系统技术标准体系表（2022 版）》的标准在新型电力系统下的适用性进行了再审视、再梳理、再分类，并补充 2022 年新颁标准、低碳标准，删除作废标准，更新修订标准；

5．2023 年 3 月，对体系表中的标准信息进行逐一核对，完善了实施日期、代替标准等关键信息；同时，对新纳入体系的 940 项技术标准逐一添加了阶段、分阶段、专业、分专业等字段，形成《新型电力系统技术标准体系表（2023 版）（征求意见稿）》；

6．2023 年 3 月，对《新型电力系统技术标准参考库（2022 版）》进行了修编，形成了《新型电力系统技术标准参考库（2023 版）（征求意见稿）》；

7．2023 年 3 月，根据体系表形成了按照环节和专业分类的《新型电力系统技术标准体系适应资产全生命周期管理的映射表（2023 版）（征求意见稿）》，方便技术和管理人员快速查询和使用；

8．2023 年 3 月，根据体系表形成了涵盖技术基础、电力设备、信息传输、数据平台、业务应用、网络安全等领域的《新型电力系统技术标准体系适应数字化发展的映射表（2023 版）（征求意见稿）》；

9．2023 年 4 月，体系表、参考库和映射表面向全网公开征求意见，共搜集各单位反馈意见 5 条，经筛选采纳 4 条，部分采纳 1 条，体系表技术标准更新 5 项（国家标准 5 项）、新增 10 项（国家标准 10 项）、删除 13 项（国家标准 6 项、企业标准 7 项）、放入参考库 1 项（团体标准 1 项），形成体系表及其配套文件送审稿；

10．2023 年 5 月，输配电部组织召开标准体系专家评审会，分规划建设、运行控制、安全监管、运维检修、电力营销、数字化、标准化与综合七个专业组，邀请八十余名网内外专家对体系送审稿进行评审，评审意见经筛选采纳 830 条（删除 118 条、更新 11 条、新增 262 条、移至参考库 69 条、调整分类 370 条），并按意见修改完善形成报批稿。

九、其他

1．《南方电网公司新型电力系统技术标准体系表（2023 版）》内的标准分为强制性标准和推荐性标准，强制性标准必须严格遵照执行，推荐性标准可参考执行。强制性标准包括国家发布的强制性标准和南方电网公司的企业标准。

2．在标准执行过程中，当某些技术标准条款发生冲突时，需上报技术标准化委员会，经技术标准化委员会办公室邀请专家讨论并出具执行意见后方可执行。

十、南方电网公司新型电力系统技术标准体系表（2023 版）

序号	体系结构号	标准编号	标准名称	标准级别	实施日期	与国际标准对应关系	代替标准	阶段	分阶段	专业	分专业	备注
101	**标准化工作导则**											
101.1	**标准化工作导则—标准化导则**											
1	101.1-1	Q/CSG 1101001—2015	南方电网公司技术标准评价要素及评价方法	企标	2015-12-15			标准化工作导则				
2	101.1-2	T/CEC 181—2018	电力企业标准化工作 评价与改进	团标	2018-9-1			标准化工作导则				
3	101.1-3	DL/T 485—2018	电力企业标准体系表编制导则	行标	2018-7-1		DL/T 485—2012	标准化工作导则				
4	101.1-4	DL/T 800—2018	电力企业标准编写导则	行标	2018-7-1		DL/T 800—2012	标准化工作导则				
5	101.1-5	DL/T 847—2004	供电企业质量管理体系文件编写导则	行标	2004-6-1			标准化工作导则				
6	101.1-6	GA/T 1183—2014	数据交换格式标准编写要求	行标	2014-9-28			标准化工作导则				
7	101.1-7	GA/T 1293—2016	应用软件接口标准编写技术要素	行标	2016-5-11			标准化工作导则				
8	101.1-8	SL 1—2014	水利技术标准编写规定	行标	2014-10-3		SL 1—2002	标准化工作导则				
9	101.1-9	GB/T 1.1—2020	标准化工作导则 第1部分:标准化文件的结构和起草规则	国标	2020-10-1	ISO/IEC Directives Part 2，2018	GB/T 1.1—2009	标准化工作导则				
10	101.1-10	GB/T 1.2—2020	标准化工作导则 第2部分:以ISO/IEC 标准化文件为基础的标准化文件起草规则	国标	2021-6-1	ISO/IEC Guide 21-1:2005，MOD	GB/T 20000.2—2009；GB/T 20000.9—2014	标准化工作导则				

序号	体系结构号	标准编号	标准名称	标准级别	实施日期	与国际标准对应关系	代替标准	阶段	分阶段	专业	分专业	备注
11	101.1-11	GB/T 3533.1—2017	标准化效益评价 第1部分:经济效益评价通则	国标	2017-12-1		GB/T 3533.1—2009	标准化工作导则				
12	101.1-12	GB/T 3533.2—2017	标准化效益评价 第2部分:社会效益评价通则	国标	2017-12-1			标准化工作导则				
13	101.1-13	GB/T 12366—2009	综合标准化工作指南	国标	2009-11-1		GB 12366.1—1990；GB 12366.2—1990；GB 12366.3—1990；GB 12366.4—1991	标准化工作导则				
14	101.1-14	GB/T 13016—2018	标准体系构建原则和要求	国标	2018-9-1		GB/T 13016—2009	标准化工作导则				
15	101.1-15	GB/T 13017—2018	企业标准体系表编制指南	国标	2018-9-1		GB/T 13017—2008	标准化工作导则				
16	101.1-16	GB/T 15496—2017	企业标准体系要求	国标	2018-7-1		GB/T 15496—2003	标准化工作导则				
17	101.1-17	GB/T 15497—2017	企业标准体系产品实现	国标	2018-7-1		GB/T 15497—2003	标准化工作导则				
18	101.1-18	GB/T 15498—2017	企业标准体系基础保障	国标	2018-7-1		GB/T 15498—2003	标准化工作导则				
19	101.1-19	GB/T 15624—2011	服务标准化工作指南	国标	2012-4-1		GB/T 15624.1—2003	标准化工作导则				
20	101.1-20	GB/T 19273—2017	企业标准化工作 评价与改进	国标	2018-7-1		GB/T 19273—2003	标准化工作导则				
21	101.1-21	GB/T 19678.1—2018	使用说明的编制 构成、内容和表示方法 第1部分:通则和详细要求	国标	2019-7-1		GB/T 19678—2005	标准化工作导则				
22	101.1-22	GB/T 20000.10—2016	标准化工作指南 第10部分:国家标准的英文译本翻译通则	国标	2017-3-1			标准化工作导则				

序号	体系结构号	标准编号	标准名称	标准级别	实施日期	与国际标准对应关系	代替标准	阶段	分阶段	专业	分专业	备注
23	101.1-23	GB/T 20000.1—2014	标准化工作指南 第1部分:标准化和相关活动的通用术语	国标	2015-6-1	ISO/IEC Guide 2:2004,MOD	GB/T 20000.1—2002	标准化工作导则				
24	101.1-24	GB/T 20000.11—2016	标准化工作指南 第11部分:国家标准的英文译本通用表述	国标	2017-3-1			标准化工作导则				
25	101.1-25	GB/T 20000.3—2014	标准化工作指南 第3部分:引用文件	国标	2015-6-1		GB/T 20000.3—2003	标准化工作导则				
26	101.1-26	GB/T 20000.6—2006	标准化工作指南 第6部分:标准化良好行为规范	国标	2006-12-1	ISO/IEC Guide 59:1994,MOD		标准化工作导则				
27	101.1-27	GB/T 20000.8—2014	标准化工作指南 第8部分:阶段代码系统的使用原则和指南	国标	2015-6-1	ISO Guide 69:1999		标准化工作导则				
28	101.1-28	GB/T 20001.1—2001	标准编写规则 第1部分:术语	国标	2002-3-1	ISO 10241:1992,NEQ	GB/T 1.6—1997	标准化工作导则				
29	101.1-29	GB/T 20001.10—2014	标准编写规则 第10部分:产品标准	国标	2015-6-1			标准化工作导则				
30	101.1-30	GB/T 20001.11—2022	标准编写规则 第11部分:管理体系标准	国标	2023-5-1		GB/T 20000.7—2006	标准化工作导则				
31	101.1-31	GB/T 20001.2—2015	标准编写规则 第2部分:符号标准	国标	2016-1-1		GB/T 20001.2—2001	标准化工作导则				
32	101.1-32	GB/T 20001.3—2015	标准编写规则 第3部分:分类标准	国标	2016-1-1		GB/T 20001.3—2001	标准化工作导则				
33	101.1-33	GB/T 20001.4—2015	标准编写规则 第4部分:试验方法标准	国标	2016-1-1		GB/T 20001.4—2001	标准化工作导则				

序号	体系结构号	标准编号	标准名称	标准级别	实施日期	与国际标准对应关系	代替标准	阶段	分阶段	专业	分专业	备注
34	101.1-34	GB/T 20001.5—2017	标准编写规则 第5部分:规范标准	国标	2018-4-1			标准化工作导则				
35	101.1-35	GB/T 20001.6—2017	标准编写规则 第6部分:规程标准	国标	2018-4-1			标准化工作导则				
36	101.1-36	GB/T 20001.7—2017	标准编写规则 第7部分:指南标准	国标	2018-4-1			标准化工作导则				
37	101.1-37	GB/T 20002.3—2014	标准中特定内容的起草 第3部分:产品标准中涉及环境的内容	国标	2015-6-1	ISO Guide 64:2008,MOD	GB/T 20000.5—2004	标准化工作导则				
38	101.1-38	GB/T 20002.4—2015	标准中特定内容的起草 第4部分:标准中涉及安全的内容	国标	2016-1-1	ISO/IEC Guide 51:2004,MOD	GB/T 20000.4—2003	标准化工作导则				
39	101.1-39	GB/T 20003.1—2014	标准制定的特殊程序 第1部分:涉及专利的标准	国标	2014-5-1			标准化工作导则				
40	101.1-40	GB/T 20004.1—2016	团体标准化 第1部分:良好行为指南	国标	2016-4-25			标准化工作导则				
41	101.1-41	GB/T 20004.2—2018	团体标准化 第2部分:良好行为评价指南	国标	2019-2-1			标准化工作导则				
42	101.1-42	GB/T 22373—2021	标准文献元数据	国标	2021-10-1		GB/T 22373—2008	标准化工作导则				
43	101.1-43	GB/T 33719—2017	标准中融入可持续性的指南	国标	2017-12-1	ISO GUIDE 82:2014		标准化工作导则				
44	101.1-44	GB/T 34654—2017	电工术语标准编写规则	国标	2018-4-1			标准化工作导则				

序号	体系结构号	标准编号	标准名称	标准级别	实施日期	与国际标准对应关系	代替标准	阶段	分阶段	专业	分专业	备注
45	101.1-45	GB/T 35778—2017	企业标准化工作 指南	国标	2018-7-1			标准化工作导则				
46	101.1-46	GB/T 37967—2019	基于XML的国家标准结构化置标框架	国标	2020-3-1			标准化工作导则				
47	101.1-47	GB/T 42093.1—2022	标准文档结构化 元模型 第1部分：全文	国标	2023-7-1			标准化工作导则				
48	101.1-48	GB/T 42093.2—2022	标准文档结构化 元模型 第2部分：技术指标	国标	2023-7-1			标准化工作导则				
49	101.1-49	GB/Z 18509—2016	电磁兼容 电磁兼容标准起草导则	国标	2016-9-1	IEC GUIDE 107:2009	GB/Z 18509—2001	标准化工作导则				
50	101.1-50	GB/Z 33750—2017	物联网 标准化工作指南	国标	2017-12-1			标准化工作导则				
101.2 标准化工作导则—通用技术语言标准												
——术语												
51	101.2-1	Q/CSG 1204093—2021	南方电网运行方式变更标准化定义技术规范（试行）	企标	2021-6-30			通用技术语言标准				
52	101.2-2	T/CEC 303—2020	架空输电线路基础基本术语	团标	2020-10-1			通用技术语言标准				
53	101.2-3	T/CEC 304—2020	架空输电线路杆塔基本术语	团标	2020-10-1			通用技术语言标准				
54	101.2-4	T/CEC 570—2021	110（66）kV及以上电力用互感器部件术语	团标	2022-3-1			通用技术语言标准				
55	101.2-5	T/CEC 576—2021	涉电力领域信用基本术语	团标	2022-3-1			通用技术语言标准				
56	101.2-6	T/CEC 627—2022	北斗卫星导航系统电力常用术语	团标	2022-10-1			通用技术语言标准				

序号	体系结构号	标准编号	标准名称	标准级别	实施日期	与国际标准对应关系	代替标准	阶段	分阶段	专业	分专业	备注
57	101.2-7	T/CSEE 0081.1—2021	统一潮流控制器（UPFC） 第1部分：术语	团标	2021-9-17			通用技术语言标准				
58	101.2-8	T/CSEE 0309.2—2022	能源大数据 第2部分：术语	团标	2022-9-27			通用技术语言标准				
59	101.2-9	DA/T 58—2014	电子档案管理基本术语	行标	2015-8-1		NB/T 31026—2012	通用技术语言标准				
60	101.2-10	DL/T 419—2015	电力用油名词术语	行标	2015-9-1		DL/T 419—1991	通用技术语言标准				
61	101.2-11	DL/T 575.1—2022	电力调度控制大厅设计导则 第1部分：术语	行标	2023-5-4		DL/T 575.1—1999	通用技术语言标准				
62	101.2-12	DL/T 701—2022	火力发电厂热工自动化术语	行标	2022-11-13		DL/T 701—2012	通用技术语言标准				
63	101.2-13	DL/T 893—2021	电站汽轮机名词术语	行标	2022-3-22		GB/T 12604.9—2008	通用技术语言标准				
64	101.2-14	DL/T 958—2014	名词术语 电力燃料	行标	2014-8-1		GB/T 25069—2010	通用技术语言标准				
65	101.2-15	DL/T 1033.1—2016	电力行业词汇 第1部分:动力工程	行标	2016-12-1		GB/T 13861—2009	通用技术语言标准				
66	101.2-16	DL/T 1033.10—2016	电力行业词汇 第10部分:电力设备	行标	2016-12-1		GB/T 21028—2007	通用技术语言标准				
67	101.2-17	DL/T 1033.11—2014	电力行业词汇 第11部分:事故、保护、安全和可靠性	行标	2015-3-1		GB/T 25063—2010	通用技术语言标准				
68	101.2-18	DL/T 1033.12—2006	电力行业词汇 第12部分:电力市场	行标	2007-5-1		GB/T 29829—2013	通用技术语言标准				
69	101.2-19	DL/T 1033.2—2006	电力行业词汇 第2部分:电力系统	行标	2007-5-1		GB/T 13923—2006	通用技术语言标准				

序号	体系结构号	标准编号	标准名称	标准级别	实施日期	与国际标准对应关系	代替标准	阶段	分阶段	专业	分专业	备注
70	101.2-20	DL/T 1033.3—2014	电力行业词汇 第 3 部分：发电厂、水力发电	行标	2015-3-1		GB/T 24353—2009	通用技术语言标准				
71	101.2-21	DL/T 1033.4—2016	电力行业词汇 第 4 部分：火力发电	行标	2016-12-1		HJ 19—2011	通用技术语言标准				
72	101.2-22	DL/T 1033.5—2014	电力行业词汇 第 5 部分：核能发电	行标	2015-3-1		GB/T 3222.1—2006	通用技术语言标准				
73	101.2-23	DL/T 1033.6—2014	电力行业词汇 第 6 部分：新能源发电	行标	2015-3-1		GM/T 0005—2012	通用技术语言标准				
74	101.2-24	DL/T 1033.7—2006	电力行业词汇 第 7 部分：输电系统	行标	2007-5-1		GB/T 20278—2013	通用技术语言标准				
75	101.2-25	DL/T 1033.8—2006	电力行业词汇 第 8 部分：供电和用电	行标	2007-5-1		GB/T 20280—2006	通用技术语言标准				
76	101.2-26	DL/T 1033.9—2006	电力行业词汇 第 9 部分：电网调度	行标	2007-5-1		GB/T 20984—2007	通用技术语言标准				
77	101.2-27	DL/T 1171—2012	电网设备通用数据模型命名规范	行标	2012-12-1		GB/T 30283—2013	通用技术语言标准				
78	101.2-28	DL/T 1193—2012	柔性输电术语	行标	2012-12-1		GB/T 31506—2015	通用技术语言标准				
79	101.2-29	DL/T 1194—2012	电能质量术语	行标	2012-12-1		DL 560—1995	通用技术语言标准				
80	101.2-30	DL/T 1252—2013	输电杆塔命名规则	行标	2014-4-1		GB/T 11651—2008	通用技术语言标准				
81	101.2-31	DL/T 1365—2014	名词术语 电力节能	行标	2015-3-1		AQ/T 4208—2010	通用技术语言标准				
82	101.2-32	DL/T 1499—2016	电力应急术语	行标	2016-6-1		GB/T 25915.1—2010	通用技术语言标准				

序号	体系结构号	标准编号	标准名称	标准级别	实施日期	与国际标准对应关系	代替标准	阶段	分阶段	专业	分专业	备注
83	101.2-33	DL/T 1624—2016	电力系统厂站和主设备命名规范	行标	2017-5-1		DL/T 989—2013	通用技术语言标准				
84	101.2-34	DL/T 2267—2021	电力变压器(电抗器、互感器)及组部件、原材料使用术语	行标	2021-10-26		DL/T 589—2010	通用技术语言标准				
85	101.2-35	DL/T 2424—2021	智能电网术语	行标	2022-3-22		JJG 310—2002	通用技术语言标准				
86	101.2-36	DL/T 2451—2021	混合式高压直流断路器术语	行标	2022-6-22		JJG 226—2001	通用技术语言标准				
87	101.2-37	DL/T 2528—2022	电力储能基本术语	行标	2023-5-4			通用技术语言标准				
88	101.2-38	DL/T 5607—2021	电力系统规划设计名词规范	行标	2021-10-26		DL/T 985—2012	通用技术语言标准				
89	101.2-39	DL/Z 860.2—2006	变电站通信网络和系统 第2部分:术语	行标	2006-10-1	IEC/TS 61850-2:2003,IDT	DL/T 414—2012	通用技术语言标准				
90	101.2-40	DL/Z 890.2—2010	能量管理系统应用程序接口(EMS-API) 第2部分:术语	行标	2010-5-24	IEC 61970-2 IS:2004,IDT	GB/T 22900—2009	通用技术语言标准				
91	101.2-41	DL/Z 1080.2—2018	电力企业应用集成 配电管理系统接口 第2部分:术语	行标	2019-5-1		DL/T 5222—2005	通用技术语言标准				
92	101.2-42	JB/T 8156—2013	换向器和集电环术语	行标	2014-7-1		GB/T 19963—2011	通用技术语言标准				
93	101.2-43	JB/T 14258—2022	电工可再生能源 术语	行标	2023-04-01			通用技术语言标准				
94	101.2-44	JB/T 14259—2022	电工能效术语	行标	2023-04-01			通用技术语言标准				
95	101.2-45	JGJ/T 84—2015	岩土工程勘察术语标准	行标	2015-9-1		DL/T 1547—2016	通用技术语言标准				

序号	体系结构号	标准编号	标准名称	标准级别	实施日期	与国际标准对应关系	代替标准	阶段	分阶段	专业	分专业	备注
96	101.2-46	NB/T 10097—2018	地热能术语	行标	2019-3-1		GB 50010—2010	通用技术语言标准				
97	101.2-47	NB/T 10193—2019	固体氧化物燃料电池 术语	行标	2019-10-1		GB 50011—2010	通用技术语言标准				
98	101.2-48	NB/T 33028—2018	电动汽车充放电设施术语	行标	2018-7-1		GB 50016—2014	通用技术语言标准				
99	101.2-49	NB/T 42010—2013	往复式内燃燃气发电机组术语	行标	2014-4-1		GB 50021—2001	通用技术语言标准				
100	101.2-50	RB/T 087—2022	绿色供应链管理体系 术语和基础	行标	2023-1-1			通用技术语言标准				
101	101.2-51	SJ 1618—1980	温差发电器名词术语	行标	1981-1-1		DL/T 5064—2007	通用技术语言标准				
102	101.2-52	SJ/T 11468—2014	电子电气产品有害物质限制使用 术语	行标	2015-4-1		DL/T 5065—2009	通用技术语言标准				
103	101.2-53	SL 26—2012	水利水电工程技术术语	行标	2012-4-20		DL/T 5186—2004	通用技术语言标准				
104	101.2-54	YD/T 1034—2013	接入网名词术语	行标	2014-1-1		DL/T 5412—2009	通用技术语言标准				
105	101.2-55	YD/T 1765—2008	通信安全防护名词术语	行标	2008-7-1		DL/T 5203—2005	通用技术语言标准				
106	101.2-56	YD/T 2592—2013	身份管理（IdM）术语	行标	2013-7-22		DL/T 1146—2009	通用技术语言标准				
107	101.2-57	YD/T 2960—2015	移动互联网术语	行标	2016-1-1		DL/T 5479—2013	通用技术语言标准				
108	101.2-58	YD/T 3203—2016	网络电子身份标识 eID 术语和定义	行标	2017-1-1		DL/T 5445—2010	通用技术语言标准				
109	101.2-59	YD/T 4025—2022	互联网边缘数据中心术语	行标	2022-7-1			通用技术语言标准				

序号	体系结构号	标准编号	标准名称	标准级别	实施日期	与国际标准对应关系	代替标准	阶段	分阶段	专业	分专业	备注
110	101.2-60	GB/T 2422—2012	环境试验 试验方法编写导则 术语和定义	国标	2013-2-1	IEC 60068-5-2:1990，IDT	DL/T 869—2012	通用技术语言标准				
111	101.2-61	GB/T 2900.1—2008	电工术语 基本术语	国标	2009-5-1	IEC 60050-101:1998，REF	DL 5190.1—2012	通用技术语言标准				
112	101.2-62	GB/T 2900.10—2013	电工术语 电缆	国标	2014-4-9		DL/T 892—2004	通用技术语言标准				
113	101.2-63	GB/T 2900.100—2017	电工术语 超导电性	国标	2018-5-1	IEC 60050-815:2015	GB/T 6113.101—2016	通用技术语言标准				
114	101.2-64	GB/T 2900.101—2017	电工术语 风险评估	国标	2018-5-1	IEC 60050-903:2013	GB/T 6113.104—2016	通用技术语言标准				
115	101.2-65	GB/T 2900.103—2020	电工术语 发电、输电及配电 电力系统可信性及服务质量	国标	2020-12-1		GB/T 3222.2—2009	通用技术语言标准				
116	101.2-66	GB/T 2900.104—2021	电工术语 微机电装置	国标	2022-5-1		DL/T 5202—2004	通用技术语言标准				
117	101.2-67	GB/T 2900.105—2022	电工术语 纳米技术电子产品和系统	国标	2023-2-1			通用技术语言标准				
118	101.2-68	GB/T 2900.12—2008	电工术语 避雷器、低压电涌保护器及元件	国标	2008-9-1	IEC PAS 60099-7:2004，REF	NB/T 31063—2014	通用技术语言标准				
119	101.2-69	GB/T 2900.16—1996	电工术语 电力电容器	国标	1997-7-1	IEC 60050(421):1990，NEQ	NB/T 31064—2014	通用技术语言标准				
120	101.2-70	GB/T 2900.17—2009	电工术语 量度继电器	国标	2009-11-1	IEC/TC 1/2033/CDV，REF	DL/T 1580—2016	通用技术语言标准				
121	101.2-71	GB/T 2900.18—2008	电工术语 低压电器	国标	2009-1-1	IEC 60050-441:1984，REF	GB/T 1001.1—2003	通用技术语言标准				
122	101.2-72	GB/T 2900.19—2022	电工术语 高电压试验技术和绝缘配合	国标	2023-5-1	IEC 60，REF；IEC 50，REF；IEC 71，REF	GB/T 2900.19—1994	通用技术语言标准				

序号	体系结构号	标准编号	标准名称	标准级别	实施日期	与国际标准对应关系	代替标准	阶段	分阶段	专业	分专业	备注
123	101.2-73	GB/T 2900.20—2016	电工术语 高压开关设备和控制设备	国标	2016-9-1	IEC 60050（441）:1984	DL/T 272—2012	通用技术语言标准				
124	101.2-74	GB/T 2900.22—2005	电工名词术语 电焊机	国标	2006-4-1		DL/T 1048—2007	通用技术语言标准				
125	101.2-75	GB/T 2900.25—2008	电工术语 旋转电机	国标	2009-1-1	IEC 60050-411-amd 1:2007，IDT；IEC 60050-411:1996，IDT	GB/Z 1094.14—2011	通用技术语言标准				
126	101.2-76	GB/T 2900.26—2008	电工术语 控制电机	国标	2009-4-1		GB/T 4109—2008	通用技术语言标准				
127	101.2-77	GB/T 2900.28—2007	电工术语 电动工具	国标	2007-9-1		GB/T 11022—2011	通用技术语言标准				
128	101.2-78	GB/T 2900.32—1994	电工术语 电力半导体器件	国标	1995-1-1	IEC 50（521），REF；IEC 747，REF	GB/T 15166.4—2008	通用技术语言标准				
129	101.2-79	GB/T 2900.33—2004	电工术语 电力电子技术	国标	2004-12-1	IEC 60050-551:1998，IDT；IEC 60050-551-20:2001，IDT	GB/T 18494.2—2007	通用技术语言标准				
130	101.2-80	GB/T 2900.35—2008	电工术语 爆炸性环境用设备	国标	2009-5-1	IEC 60050-426:2008，IDT	GB/T 1094.11—2007	通用技术语言标准				
131	101.2-81	GB/T 2900.36—2021	电工术语 电力牵引	国标	2021-11-1	IEC 60050（811）:1991，MOD	GB/T 22473—2008	通用技术语言标准				
132	101.2-82	GB/T 2900.39—2009	电工术语 电机、变压器专用设备	国标	2009-11-1		DL/T 733—2014	通用技术语言标准				
133	101.2-83	GB/T 2900.4—2008	电工术语 电工合金	国标	2009-5-1		DL 5190.9—2012	通用技术语言标准				
134	101.2-84	GB/T 2900.40—1985	电工名词术语 电线电缆专用设备	国标	1986-2-1		DL/T 879—2004	通用技术语言标准				
135	101.2-85	GB/T 2900.41—2008	电工术语 原电池和蓄电池	国标	2009-5-1	IEC 60050（482）:2003，IDT	GB/T 9089.1—2008	通用技术语言标准				
136	101.2-86	GB/T 2900.49—2004	电工术语 电力系统保护	国标	2004-12-1	IEC 60050-448:1995，IDT	DL/T 328—2010	通用技术语言标准				

序号	体系结构号	标准编号	标准名称	标准级别	实施日期	与国际标准对应关系	代替标准	阶段	分阶段	专业	分专业	备注
137	101.2-87	GB/T 2900.5—2013	电工术语 绝缘固体、液体和气体	国标	2014-4-9	IEC 60050-212:2010，IDT	DL/T 618—2011	通用技术语言标准				
138	101.2-88	GB/T 2900.50—2008	电工术语 发电、输电及配电 通用术语	国标	2009-5-1	IEC 60050-601:1985，MOD	DL/T 1310—2013	通用技术语言标准				
139	101.2-89	GB/T 2900.51—1998	电工术语 架空线路	国标	1999-6-1	IEC 60050(466):1990，IDT	DL/T 757—2009	通用技术语言标准				
140	101.2-90	GB/T 2900.52—2008	电工术语 发电、输电及配电 发电	国标	2009-5-1	IEC 60050-602:1983，MOD	GB/T 33143—2016	通用技术语言标准				
141	101.2-91	GB/T 2900.53—2001	电工术语 风力发电机组	国标	2002-4-1	IEC 60050-415:1999，IDT	DL/T 634.5101—2002	通用技术语言标准				
142	101.2-92	GB/T 2900.54—2002	电工术语 无线电通信：发射机、接收机、网络和运行	国标	2002-8-1	IEC 60050-713:1998，IDT	GB/T 30966.1—2014	通用技术语言标准				
143	101.2-93	GB/T 2900.55—2016	电工术语 带电作业	国标	2016-11-1	IEC 60050-651:2014，IDT	GB/T 30966.2—2014	通用技术语言标准				
144	101.2-94	GB/T 2900.56—2008	电工术语 控制技术	国标	2009-5-1	IEC 60050-351:2006，IDT	GB/T 30966.3—2014	通用技术语言标准				
145	101.2-95	GB/T 2900.57—2008	电工术语 发电、输电及配电 运行	国标	2009-5-1	IEC 60050-604:1987，MOD	GB/T 30966.5—2015	通用技术语言标准				
146	101.2-96	GB/T 2900.58—2008	电工术语 发电、输电及配电 电力系统规划和管理	国标	2009-5-1	IEC 60050-603:1986，MOD	GB/T 30966.6—2015	通用技术语言标准				
147	101.2-97	GB/T 2900.59—2008	电工术语 发电、输电及配电 变电站	国标	2009-5-1	IEC 60050-605:1983，MOD	DL/T 1242—2013	通用技术语言标准				
148	101.2-98	GB/T 2900.63—2003	电工术语 基础继电器	国标	2003-6-1	IEC 60050-444:2002，IDT	DL/T 1578—2016	通用技术语言标准				

序号	体系结构号	标准编号	标准名称	标准级别	实施日期	与国际标准对应关系	代替标准	阶段	分阶段	专业	分专业	备注
149	101.2-99	GB/T 2900.64—2013	电工术语 时间继电器	国标	2014-4-9	IEC 60050-445:2010，IDT	DL/T 737—2010	通用技术语言标准				
150	101.2-100	GB/T 2900.65—2004	电工术语 照明	国标	2004-12-1	IEC 60050（845）:1987，MOD	GB/T 228.1—2010	通用技术语言标准				
151	101.2-101	GB/T 2900.66—2004	电工术语 半导体器件和集成电路	国标	2004-12-1	IEC 60050-521:2002，IDT	DL/T 5360—2006	通用技术语言标准				
152	101.2-102	GB/T 2900.68—2005	电工术语 电信网、电信业务和运行	国标	2006-6-1	IEC 60050-715:1996，IDT	DL/T 557—2005	通用技术语言标准				
153	101.2-103	GB/T 2900.69—2005	电工术语 综合业务数字网（ISDN） 第1部分：总则	国标	2006-6-1	IEC 60050-716-1:1995，IDT	DL/T 1244—2013	通用技术语言标准				
154	101.2-104	GB/T 2900.7—1996	电工术语 电炭	国标	1997-7-1		DL/T 1068—2007	通用技术语言标准				
155	101.2-105	GB/T 2900.72—2008	电工术语 多相系统与多相电路	国标	2009-1-1	IEC 60050-141:2004，IDT	GB/T 18380.11—2008	通用技术语言标准				
156	101.2-106	GB/T 2900.73—2008	电工术语 接地与电击防护	国标	2009-1-1	IEC 60050-195:1998，MOD	GB/T 18380.12—2008	通用技术语言标准				
157	101.2-107	GB/T 2900.74—2008	电工术语 电路理论	国标	2009-1-1	IEC 60050-131:2002，MOD	GB/T 18380.13—2008	通用技术语言标准				
158	101.2-108	GB/T 2900.77—2008	电工术语 电工电子测量和仪器仪表 第1部分:测量的通用术语	国标	2009-5-1	IEC 60050（300-311）：2001，IDT	GB/T 18380.31—2008	通用技术语言标准				
159	101.2-109	GB/T 2900.79—2008	电工术语 电工电子测量和仪器仪表 第3部分:电测量仪器仪表的类型	国标	2009-5-1	IEC 60050（300-313）：2001，IDT	GB/T 18380.32—2008	通用技术语言标准				

序号	体系结构号	标准编号	标准名称	标准级别	实施日期	与国际标准对应关系	代替标准	阶段	分阶段	专业	分专业	备注
160	101.2-110	GB/T 2900.8—2009	电工术语 绝缘子	国标	2009-11-1	IEC 60050-471:2007，IDT	GB/T 26429—2010	通用技术语言标准				
161	101.2-111	GB/T 2900.83—2008	电工术语 电的和磁的器件	国标	2009-5-1	IEC 60050-151:2001，IDT	GB/T 18380.33—2008	通用技术语言标准				
162	101.2-112	GB/T 2900.84—2009	电工术语 电价	国标	2009-11-1	IEC 60050-691:1973，MOD	GB/T 18380.34—2008	通用技术语言标准				
163	101.2-113	GB/T 2900.86—2009	电工术语 声学和电声学	国标	2009-11-1	IEC 60050-801:1994，IDT	GB/T 18380.35—2008	通用技术语言标准				
164	101.2-114	GB/T 2900.87—2011	电工术语 电力市场	国标	2011-12-1	IEC 60050-617:2009，IDT	GB/T 18380.36—2008	通用技术语言标准				
165	101.2-115	GB/T 2900.88—2011	电工术语 超声学	国标	2011-12-1	IEC 60050-802:2011，IDT	DL/T 264—2012	通用技术语言标准				
166	101.2-116	GB/T 2900.89—2012	电工术语 电工电子测量和仪器仪表 第2部分：电测量的通用术语	国标	2012-9-1	IEC 60050（300-312）：2001，IDT	DL/T 1215.2—2013	通用技术语言标准				
167	101.2-117	GB/T 2900.90—2012	电工术语 电工电子测量和仪器仪表 第4部分：各类仪表的特殊术语	国标	2012-9-1	IEC 60050（300-314）：2001，IDT	DL/T 1474—2015	通用技术语言标准				
168	101.2-118	GB/T 2900.91—2015	电工术语 量和单位	国标	2016-4-1	IEC 60050-112:2010，IDT	NB/T 42063—2015	通用技术语言标准				
169	101.2-119	GB/T 2900.93—2015	电工术语 电物理学	国标	2016-4-1	IEC 60050-113:2010，IDT	JJG 499—2004	通用技术语言标准				
170	101.2-120	GB/T 2900.94—2015	电工术语 互感器	国标	2016-4-1	IEC 60050-321:1986，NEQ	GB/T 2423.38—2008	通用技术语言标准				
171	101.2-121	GB/T 2900.95—2015	电工术语 变压器、调压器和电抗器	国标	2016-4-1	IEC 60050-421:1990，NEQ	GB/T 2424.5—2006	通用技术语言标准				
172	101.2-122	GB/T 2900.96—2015	电工术语 计算机网络技术	国标	2016-4-1	IEC 60050-732:2010，IDT	GB/T 2424.6—2006	通用技术语言标准				

序号	体系结构号	标准编号	标准名称	标准级别	实施日期	与国际标准对应关系	代替标准	阶段	分阶段	专业	分专业	备注
173	101.2-123	GB/T 2900.98—2016	电工术语 电化学	国标	2016-11-1	IEC 60050-114:2014，IDT	DL/T 1002—2006	通用技术语言标准				
174	101.2-124	GB/T 2900.99—2016	电工术语 可信性	国标	2017-7-1	IEC 60050-192:2015	GB/T 261—2008	通用技术语言标准				
175	101.2-125	GB/T 3375—1994	焊接术语	国标	1995-5-1		GB/T 15284—2002	通用技术语言标准				
176	101.2-126	GB/T 4210—2015	电工术语 电子设备用机电元件	国标	2016-4-1	IEC 60050-581:2008，IDT	GB/T 17215.303—2013	通用技术语言标准				
177	101.2-127	GB/T 4365—2003	电工术语 电磁兼容	国标	2003-5-1	IEC 60050-161:1990，IDT	GB/T 4365—1995	通用技术语言标准				
178	101.2-128	GB/T 4754—2017	国民经济行业分类	国标	2017-10-1			通用技术语言标准				本标准有 GB/T 4754—2017 国民经济行业分类《第1号修改单》
179	101.2-129	GB/T 4776—2017	电气安全术语	国标	2018-2-1		GB/T 4776—2008	通用技术语言标准				
180	101.2-130	GB/T 4894—2009	信息与文献术语	国标	2010-2-1	ISO 5127:2001，MOD	GB/T 4894—1985；GB/T 13143—1991	通用技术语言标准				
181	101.2-131	GB/T 5075—2016	电力金具名词术语	国标	2016-11-1		GB/T 5075—2001	通用技术语言标准				
182	101.2-132	GB/T 5271.1—2000	信息技术 词汇 第1部分:基本术语	国标	2001-3-1	ISO/IEC 2382-1:1993，EQV	GB/T 5271.1—1985	通用技术语言标准				
183	101.2-133	GB/T 5271.10—1986	数据处理词汇 10 部分 操作技术和设施	国标	1987-5-1	ISO 2382/10:1979，EQV		通用技术语言标准				
184	101.2-134	GB/T 5271.18—2008	信息技术 词汇 第18部分:分布式数据处理	国标	2008-12-1	ISO/IEC 2382-18:1999，IDT	GB/T 5271.18—1993	通用技术语言标准				
185	101.2-135	GB/T 5271.2—1988	数据处理词汇 02 部分 算术和逻辑运算	国标	1989-5-1	ISO 2382/2-76，EQV		通用技术语言标准				

序号	体系结构号	标准编号	标准名称	标准级别	实施日期	与国际标准对应关系	代替标准	阶段	分阶段	专业	分专业	备注
186	101.2-136	GB/T 5271.22—1993	数据处理词汇 22 部分：计算器	国标	1993-8-1	ISO 2382-22:1986, EQV		通用技术语言标准				
187	101.2-137	GB/T 5271.6—2000	信息技术 词汇 第6部分：数据的准备与处理	国标	2001-3-1	ISO/IEC 2382-6:1987, EQV	GB/T 5271.6—1985	通用技术语言标准				
188	101.2-138	GB/T 5698—2001	颜色术语	国标	2001-12-1	ISO 7967-5:2010 IDT	GB 5698—1985	通用技术语言标准				
189	101.2-139	GB/T 5907.2—2015	消防词汇 第2部分：火灾预防	国标	2015-8-1			通用技术语言标准				
190	101.2-140	GB/T 5907.4—2015	消防词汇 第4部分：火灾调查	国标	2015-8-1			通用技术语言标准				
191	101.2-141	GB/T 5907.5—2015	消防词汇 第5部分：消防产品	国标	2015-8-1		GB/T 4718—2006；GB/T 16283—1996	通用技术语言标准				
192	101.2-142	GB/T 8582—2008	电工电子设备机械结构术语	国标	2009-4-1		GB/T 8582—2000	通用技术语言标准				
193	101.2-143	GB/T 9637—2001	电工术语 磁性材料与元件	国标	2002-8-1	IEC 60050（221）:1990, EQV	GB/T 9637—1988	通用技术语言标准				
194	101.2-144	GB/T 10112—2019	术语工作 原则与方法	国标	2020-3-1	ISO/DIS 704:1997, NEQ	GB/T 10112—1999	通用技术语言标准				
195	101.2-145	GB/T 10113—2003	分类与编码通用术语	国标	2003-12-1		GB/T 10113—1988	通用技术语言标准				
196	101.2-146	GB/T 11457—2006	信息技术 软件工程术语	国标	2006-7-1		GB/T 11457—1995	通用技术语言标准				
197	101.2-147	GB/T 11464—2013	电子测量仪器术语	国标	2014-7-15		GB/T 11464—1989	通用技术语言标准				
198	101.2-148	GB/T 12118—1989	数据处理词汇 21 部分：过程计算机系统和技术过程间的接口	国标	1990-7-1	ISO 2382-21:1985, EQV		通用技术语言标准				
199	101.2-149	GB/T 12604.11—2015	无损检测 术语 X 射线数字成像检测	国标	2015-10-1			通用技术语言标准				

序号	体系结构号	标准编号	标准名称	标准级别	实施日期	与国际标准对应关系	代替标准	阶段	分阶段	专业	分专业	备注
200	101.2-150	GB/T 12604.12—2021	无损检测 术语 第12部分：工业射线计算机层析成像检测	国标	2022-7-1		GB/T 34365—2017	通用技术语言标准				
201	101.2-151	GB/T 12604.6—2021	无损检测 术语 涡流检测	国标	2021-12-1		GB/T 12604.6—2008	通用技术语言标准				
202	101.2-152	GB/T 12604.7—2021	无损检测 术语 泄漏检测	国标	2021-12-1		GB/T 12604.7—2014	通用技术语言标准				
203	101.2-153	GB/T 12604.9—2021	无损检测 术语 红外热成像	国标	2022-3-1		GB/T 12604.9—2008	通用技术语言标准				
204	101.2-154	GB/T 12643—2013	机器人与机器人装备 词汇	国标	2014-3-15	ISO 8373—2012，IDT		通用技术语言标准				
205	101.2-155	GB/T 12903—2008	个体防护装备 术语	国标	2009-10-1		GB/T 12903—1991	通用技术语言标准				
206	101.2-156	GB/T 12905—2019	条码术语	国标	2019-10-1	BS EN 1556:1998，REF	GB/T 12905—2000	通用技术语言标准				
207	101.2-157	GB/T 13361—2012	技术制图 通用术语	国标	2012-12-1		GB/T 13361—1992	通用技术语言标准				
208	101.2-158	GB/T 13400.1—2012	网络计划技术 第1部分：常用术语	国标	2013-6-1		GB/T 13400.1—1992	通用技术语言标准				
209	101.2-159	GB/T 13498—2017	高压直流输电术语	国标	2018-7-1	IEC 60633:2015	GB/T 13498—2007	通用技术语言标准				
210	101.2-160	GB/T 13622—2012	无线电管理术语	国标	2012-10-1		GB/T 13622—1992	通用技术语言标准				
211	101.2-161	GB/T 13725—2019	建立术语数据库的一般原则与方法	国标	2020-3-1		GB/T 13725—2001	通用技术语言标准				
212	101.2-162	GB/T 13966—2013	分析仪器术语	国标	2014-6-1		GB/T 13966—1992	通用技术语言标准				
213	101.2-163	GB/T 13983—1992	仪器仪表基本术语	国标	1993-7-1			通用技术语言标准				

序号	体系结构号	标准编号	标准名称	标准级别	实施日期	与国际标准对应关系	代替标准	阶段	分阶段	专业	分专业	备注
214	101.2-164	GB/T 14002—2008	劳动定员定额术语	国标	2008-7-1		GB/T 14002—1992	通用技术语言标准				
215	101.2-165	GB/T 14286—2021	带电作业工具设备术语	国标	2022-3-1		GB/T 14286—2008	通用技术语言标准				
216	101.2-166	GB/T 14733.1—1993	电信术语 电信、信道和网	国标	1994-8-1	IEV 701，IDT		通用技术语言标准				
217	101.2-167	GB/T 14733.11—2008	电信术语 传输	国标	2009-3-1	IEC 60050（704）:1993，IDT	GB/T 14733.11—1993	通用技术语言标准				
218	101.2-168	GB/T 14733.12—2008	电信术语 光纤通信	国标	2009-3-1	IEC 60050（731）:1991，IDT	GB/T 14733.12—1993	通用技术语言标准				
219	101.2-169	GB/T 14733.4—2012	电信术语 电信中的交换和信令	国标	2013-2-1	IEC 60050（714）:1992，IDT	GB/T 14733.4—1993	通用技术语言标准				
220	101.2-170	GB/T 14733.6—2005	电信术语 空间无线电通信	国标	2006-6-1	IEC 60050-725:1994，IDT	GB/T 14733.6—1993	通用技术语言标准				
221	101.2-171	GB/T 15166.1—2019	交流高压熔断器 第1部分:术语	国标	2020-1-1	IEC 50:1984，REF；IEC 291A:1975，REF；IEC 291:1969，REF；IEC 282-2:1970，REF；IEC 282-1:1985，REF	GB/T 15166.1—1994	通用技术语言标准				
222	101.2-172	GB/T 15463—2018	静电安全术语	国标	2019-1-1		GB/T 15463—2008	通用技术语言标准				
223	101.2-173	GB/T 15565—2020	图形符号 术语	国标	2020-10-1		GB/T 15565.1—2008；GB/T 15565.2—2008	通用技术语言标准				
224	101.2-174	GB/T 16786—2007	术语工作 计算机应用 数据类目	国标	2008-1-1	ISO 12620:1999，NEQ	GB/T 16786—1997	通用技术语言标准				
225	101.2-175	GB/T 16832—2012	国际贸易单证用格式设计 基本样式	国标	2012-11-1	ISO 8439:1990，MOD	GB/T 16832—1997	通用技术语言标准				
226	101.2-176	GB/T 17532—2005	术语工作 计算机应用 词汇	国标	2005-12-1	ISO 1087-2:2000，MOD	GB/T 17532—1998	通用技术语言标准				

序号	体系结构号	标准编号	标准名称	标准级别	实施日期	与国际标准对应关系	代替标准	阶段	分阶段	专业	分专业	备注
227	101.2-177	GB/T 17624.1—1998	电磁兼容综述 电磁兼容基本术语和定义的应用与解释	国标	1999-1-2	IEC 61000—1—1:1991，IDT		通用技术语言标准				
228	101.2-178	GB/T 17694—2009	地理信息 术语	国标	2009-10-1	ISO/TS 19104:2008，IDT	GB/T 17694—1999	通用技术语言标准				
229	101.2-179	GB/T 18811—2012	电子商务基本术语	国标	2012-11-1	UN/CEFACT 3.0，IDT	GB/T 18811—2002	通用技术语言标准				
230	101.2-180	GB/T 19000—2016	质量管理体系 基础和术语	国标	2017-7-1	ISO 9000:2005，IDT	GB/T 19000—2008	通用技术语言标准				
231	101.2-181	GB/T 19099—2003	术语标准化项目管理指南	国标	2003-12-1	ISO 15188:2001，MOD		通用技术语言标准				
232	101.2-182	GB/T 19100—2003	术语工作 概念体系的建立	国标	2003-12-1			通用技术语言标准				
233	101.2-183	GB/T 19101—2003	建立术语语料库的一般原则与方法	国标	2003-12-1			通用技术语言标准				
234	101.2-184	GB/T 19596—2017	电动汽车术语	国标	2018-5-1		GB/T 19596—2004	通用技术语言标准				
235	101.2-185	GB/T 19663—2022	信息系统雷电防护术语	国标	2023-2-1		GB/T 19663—2005	通用技术语言标准				
236	101.2-186	GB/T 20839—2007	智能运输系统通用术语	国标	2007-5-1			通用技术语言标准				
237	101.2-187	GB/T 23000—2017	信息化和工业化融合管理体系基础和术语	国标	2017-5-22			通用技术语言标准				
238	101.2-188	GB/T 24499—2009	氢气、氢能与氢能系统术语	国标	2010-5-1			通用技术语言标准				
239	101.2-189	GB/T 24548—2009	燃料电池电动汽车 术语	国标	2010-7-1			通用技术语言标准				
240	101.2-190	GB/T 25069—2022	信息安全技术术语	国标	2022-10-1		GB/T 25069—2010	通用技术语言标准				

序号	体系结构号	标准编号	标准名称	标准级别	实施日期	与国际标准对应关系	代替标准	阶段	分阶段	专业	分专业	备注
241	101.2-191	GB/T 25109.1—2010	企业资源计划 第1部分：ERP术语	国标	2010-12-1			通用技术语言标准				
242	101.2-192	GB/T 26667—2021	电磁屏蔽材料术语	国标	2021-11-1		GB/T 26667—2011	通用技术语言标准				
243	101.2-193	GB/T 26863—2011	火电站监控系统术语	国标	2011-12-1			通用技术语言标准				
244	101.2-194	GB/T 29261.5—2014	信息技术 自动识别和数据采集技术 词汇 第5部分：定位系统	国标	2015-2-1	ISO/IEC 19762-5:2008，IDT		通用技术语言标准				
245	101.2-195	GB/T 30269.2—2013	信息技术 传感器网络 第2部分：术语	国标	2014-7-15			通用技术语言标准				
246	101.2-196	GB/T 31066—2014	电工术语 水轮机控制系统	国标	2015-6-1			通用技术语言标准				
247	101.2-197	GB/T 31724—2015	风能资源术语	国标	2016-1-1			通用技术语言标准				
248	101.2-198	GB/T 32400—2015	信息技术 云计算 概览与词汇	国标	2017-1-1	ISO/IEC 17788:2014，IDT		通用技术语言标准				
249	101.2-199	GB/T 32507—2016	电能质量 术语	国标	2016-9-1			通用技术语言标准				
250	101.2-200	GB/T 32876—2016	电气信息结构、文件编制和图形符号术语	国标	2017-3-1	IEC TR 62154:2005		通用技术语言标准				
251	101.2-201	GB/T 32910.1—2017	数据中心 资源利用 第1部分：术语	国标	2018-5-1			通用技术语言标准				
252	101.2-202	GB/T 33172—2016	资产管理 综述、原则和术语	国标	2017-5-1	ISO 55000:2014		通用技术语言标准				

序号	体系结构号	标准编号	标准名称	标准级别	实施日期	与国际标准对应关系	代替标准	阶段	分阶段	专业	分专业	备注
253	101.2-203	GB/T 33590.2—2017	智能电网调度控制系统技术规范 第2部分：术语	国标	2017-12-1			通用技术语言标准				
254	101.2-204	GB/T 33745—2017	物联网 术语	国标	2017-12-1			通用技术语言标准				
255	101.2-205	GB/T 33847—2017	信息技术 中间件术语	国标	2017-12-1			通用技术语言标准				
256	101.2-206	GB/T 33905.3—2017	智能传感器 第3部分：术语	国标	2018-2-1			通用技术语言标准				
257	101.2-207	GB/T 33984—2017	电动机软起动装置 术语	国标	2018-2-1			通用技术语言标准				
258	101.2-208	GB/T 34110—2017	信息与文献 文件管理体系 基础与术语	国标	2017-11-1	ISO 30300:2011		通用技术语言标准				
259	101.2-209	GB/T 34118—2017	高压直流系统用电压源换流器 术语	国标	2018-2-1	IEC 62747:2014		通用技术语言标准				
260	101.2-210	GB/T 34357—2017	无损检测 术语 漏磁检测	国标	2018-4-1			通用技术语言标准				
261	101.2-211	GB/T 35295—2017	信息技术 大数据 术语	国标	2018-7-1			通用技术语言标准				
262	101.2-212	GB/T 35408—2017	电子商务质量管理 术语	国标	2018-4-1			通用技术语言标准				
263	101.2-213	GB/T 36416.1—2018	试验机词汇 第1部分：材料试验机	国标	2019-1-1			通用技术语言标准				
264	101.2-214	GB/T 36416.2—2018	试验机词汇 第2部分：无损检测仪器	国标	2019-1-1			通用技术语言标准				
265	101.2-215	GB/T 36416.3—2018	试验机词汇 第3部分：振动试验系统与冲击试验机	国标	2019-1-1			通用技术语言标准				

序号	体系结构号	标准编号	标准名称	标准级别	实施日期	与国际标准对应关系	代替标准	阶段	分阶段	专业	分专业	备注
266	101.2-216	GB/T 36417.2—2018	全分布式工业控制网络 第2部分：术语	国标	2019-1-1			通用技术语言标准				
267	101.2-217	GB/T 36550—2018	抽水蓄能电站基本名词术语	国标	2019-2-1			通用技术语言标准				
268	101.2-218	GB/T 36688—2018	设施管理 术语	国标	2019-4-1			通用技术语言标准				
269	101.2-219	GB/T 37043—2018	智慧城市 术语	国标	2018-12-28			通用技术语言标准				
270	101.2-220	GB/T 37551—2019	海洋能 波浪能、潮流能和其他水流能转换装置 术语	国标	2020-1-1			通用技术语言标准				
271	101.2-221	GB/T 38247—2019	信息技术 增强现实 术语	国标	2020-5-1			通用技术语言标准				
272	101.2-222	GB/T 39120—2020	综合能源 泛能网术语	国标	2021-5-1			通用技术语言标准				
273	101.2-223	GB/T 39586—2020	电力机器人术语	国标	2020-7-1			通用技术语言标准				
274	101.2-224	GB/T 40021—2021	信息物理系统术语	国标	2021-11-1			通用技术语言标准				
275	101.2-225	GB/T 40104—2021	太阳能光热发电站 术语	国标	2021-12-1			通用技术语言标准				
276	101.2-226	GB/T 40148—2021	科技评估基本术语	国标	2021-12-1			通用技术语言标准				
277	101.2-227	GB/T 40211—2021	工业通信网络 网络和系统安全 术语、概念和模型	国标	2021-12-1			通用技术语言标准				
278	101.2-228	GB/T 40582—2021	水电站基本术语	国标	2022-5-1			通用技术语言标准				
279	101.2-229	GB/T 40865—2021	柔性直流输电术语	国标	2022-5-1			通用技术语言标准				

序号	体系结构号	标准编号	标准名称	标准级别	实施日期	与国际标准对应关系	代替标准	阶段	分阶段	专业	分专业	备注
280	101.2-230	GB/T 41778—2022	信息技术 工业大数据 术语	国标	2023-5-1			通用技术语言标准				
281	101.2-231	GB/T 41864—2022	信息技术 计算机视觉 术语	国标	2022-10-12			通用技术语言标准				
282	101.2-232	GB/T 41867—2022	信息技术 人工智能 术语	国标	2023-5-1			通用技术语言标准				
283	101.2-233	GB/T 42233—2022	快速检测 术语与定义	国标	2022-12-30			通用技术语言标准				
284	101.2-234	GB/T 50095—2014	水文基本术语和符号标准	国标	2015-8-1		GB/T 50095—1998	通用技术语言标准				
285	101.2-235	GB/T 50228—2011	工程测量基本术语标准	国标	2012-6-1		GB/T 50228—1996	通用技术语言标准				
286	101.2-236	GB/T 50279—2014	岩土工程基本术语标准	国标	2015-8-1		GB/T 50279—1998	通用技术语言标准				
287	101.2-237	GB/T 50297—2018	电力工程基本术语标准	国标	2019-6-1		GB/T 50297—2006	通用技术语言标准				
288	101.2-238	GB/T 50875—2013	工程造价术语标准	国标	2013-9-1			通用技术语言标准				
289	101.2-239	GB/T 51140—2015	建筑节能基本术语标准	国标	2016-8-1			通用技术语言标准				
290	101.2-240	GB/Z 14429—2005	远动设备及系统 第1-3部分：总则 术语	国标	2005-12-1	IEC TR3 60870-1-3：1997，IDT	GB/T 14429—1993	通用技术语言标准				
291	101.2-241	GB/Z 40846—2021	工程咨询 基本术语	国标	2022-5-1			通用技术语言标准				
292	101.2-242	GB/Z 41237—2022	能源互联网系统 术语	国标	2022-10-1			通用技术语言标准				
293	101.2-243	GBZ/T 224—2010	职业卫生名词术语	国标	2010-8-1		GB/T 50328—2014	通用技术语言标准				
294	101.2-244	JJF 1001—2011	通用计量术语及定义	国标	2012-3-1		JJF 1001—1998	通用技术语言标准				

序号	体系结构号	标准编号	标准名称	标准级别	实施日期	与国际标准对应关系	代替标准	阶段	分阶段	专业	分专业	备注
295	101.2-245	JJF 1007—2007	温度计量名词术语及定义	国标	2008-5-21		JJF 1007—1987	通用技术语言标准				
296	101.2-246	JJF 1008—2008	压力计量名词术语及定义	国标	2008-9-25		JJF 1008—1987	通用技术语言标准				
297	101.2-247	JJF 1009—2006	容量计量术语及定义	国标	2007-3-8		JJF 1009—1987	通用技术语言标准				
298	101.2-248	JJF 1011—2006	力值与硬度计量术语及定义	国标	2007-3-8		JJF 1011—1987	通用技术语言标准				
299	101.2-249	JJF 1023—1991	常用电学计量名词术语（试行）	国标	1991-12-1		调整（转号）JJG 1023—1991	通用技术语言标准				
300	101.2-250	IEC 60050-112—2010	国际电工词汇第112部分：量和单位	国际标准	2010-1-27	IEV 112—2010，IDT	IEC 60050-111—1996；IEC 60050-111—1996/Amd 1—2005	通用技术语言标准				
301	101.2-251	IEC 60050-113 AMD 1—2014	国际电工词汇第113部分：电工学用物理现象修改件1	国际标准	2014-8-13			通用技术语言标准				
302	101.2-252	IEC 60050-114—2014	国际电工词汇第114部分：电化学	国际标准	2014-3-25		IEC 60050-111—1996；IEC 60050-111—1996/Amd 1—2005	通用技术语言标准				
303	101.2-253	IEC 60050-151 AMD 2—2014	国际电工词汇第151部分：电气和磁性器件修改件2	国际标准	2014-8-13			通用技术语言标准				
304	101.2-254	IEC 60050-161 AMD 5—2015	国际电工词汇第161部分：电磁兼容性；修改件5	国际标准	2015-2-25			通用技术语言标准				
305	101.2-255	IEC 60050-161—1990/Amd 8—2018	国际电工词汇第161部分：计算机网络技术部分：电磁兼容性第732第851部分：电焊	国际标准	2018-10-17			通用技术语言标准				

序号	体系结构号	标准编号	标准名称	标准级别	实施日期	与国际标准对应关系	代替标准	阶段	分阶段	专业	分专业	备注
306	101.2-256	IEC 60050-192—2015	国际电工词汇第192部分:可靠性	国际标准	2015-2-26		IEC 60050-191—1990/Amd 1—1999	通用技术语言标准				
307	101.2-257	IEC 60050-212—2010/Amd 2—2015	国际电工词汇表（IEV）第272部分:电绝缘固体、液体和气体;修改件7	国际标准	2015-8-14			通用技术语言标准				
308	101.2-258	IEC 60050-300 AMD 1—2015	国际电工词汇电气和电子测量及测量仪器第312部分:关于电气测量的一般术语;修改件1	国际标准	2015-2-25			通用技术语言标准				
309	101.2-259	IEC 60050-351—2013	国际电工词汇第351部分:控制技术	国际标准	2013-11-25		IEC 60050-351—2006	通用技术语言标准				
310	101.2-260	IEC 60050-442 AMD 1—2015	国际电工词汇第442部分:电气附件:修改件1	国际标准	2015-2-25			通用技术语言标准				
311	101.2-261	IEC 60050-445—2010	国际电工词汇第445部分:时间继电器	国际标准	2010-10-13	IEV 445—2011，IDT	IEC 60050-445—2002	通用技术语言标准				
312	101.2-262	IEC 60050-447—2010	国际电工词汇第447部分:测量继电器	国际标准	2010-6-29	C01-447PR，IDT	IEC 60050-446—1983	通用技术语言标准				
313	101.2-263	IEC 60050-461—2008	国际电工词汇第461部分:电缆	国际标准	2008-6-11	NF C01-461—2008, IDT; IEV 461—2008 IDT	IEC 60050-461—1984; IEC 60050-461—1984/Amd 1—1993 ; IEC 60050-461—1984/Amd 2—1999	通用技术语言标准				
314	101.2-264	IEC 60050-471—2007/Amd 1—2015	国际电工词汇第471部分:绝缘子	国际标准	2015-2-25			通用技术语言标准				

序号	体系结构号	标准编号	标准名称	标准级别	实施日期	与国际标准对应关系	代替标准	阶段	分阶段	专业	分专业	备注
315	101.2-265	IEC 60050-561—2014	国际电工词汇第561部分:频率控制、选择和检测用压电、电介质和静电设备以及相关材料	国际标准	2014-11-7		IEC 60050-561—1991；IEC 60050-561—1991/Amd 1—1995；IEC 60050-561—1991/Amd 2—1997	通用技术语言标准				
316	101.2-266	IEC 60050-617—2009	国际电工词汇第617部分:电力机构/电力市场	国际标准	2009-3-24	IEV 617—2009，IDT；UNE-IEC 60050-617—2010，IDT		通用技术语言标准				
317	101.2-267	IEC 60050-651—2014	国际电工词汇第651部分:带电作业	国际标准	2014-4-4		IEC 60050-651—1999	通用技术语言标准				
318	101.2-268	IEC 60050-705 AMD 7—2021	国际电工词汇第705章:无线电波传播	国际标准	2015-2-25			通用技术语言标准				
319	101.2-269	IEC 60050-732—2010/Amd 2—2016	国际电工词汇第732部分:计算机网络技术	国际标准	2016-12-26			通用技术语言标准				
320	101.2-270	IEC 60050-802—2011	国际电工词汇第802部分:超声波学	国际标准	2011-1-12	IEV 802—2011，IDT		通用技术语言标准				
321	101.2-271	IEC 60050-851 AMD 1—2014	国际电工词汇第851部分:电焊;修改件1	国际标准	2014-2-14			通用技术语言标准				
322	101.2-272	IEC 60050-901—2013	国际电工词汇第901部分:标准化	国际标准	2013-11-28		IEC 60050-901—1973	通用技术语言标准				
323	101.2-273	IEC 60050-902—2013	国际电工词汇第902部分:合格评定	国际标准	2013-11-28		IEC 60050-902—1973	通用技术语言标准				
324	101.2-274	IEC 60050-903 AMD 1—2014	国际电工词汇第903部分:风险评估.修改件1	国际标准	2014-8-13			通用技术语言标准				
325	101.2-275	IEC 60633:2019 RLV	高电压直流输电(HVDC)术语	国际标准	2015-7-29			通用技术语言标准				

序号	体系结构号	标准编号	标准名称	标准级别	实施日期	与国际标准对应关系	代替标准	阶段	分阶段	专业	分专业	备注
326	101.2-276	IEC 60050-872:2022	国际电工词汇-第872部分 可达性	国际标准	2022-9-7			通用技术语言标准				
327	101.2-277	IEC 60050-826:2022	国际电工词汇-第826部分 电气装置	国际标准	2022-8-9			通用技术语言标准				
328	101.2-278	ISO/IEC 19762—2016	信息技术 自动识别和数据采集技术（AIDC）协调词汇	国际标准	2016-2-3		ISO/IEC 19762-2—2008	通用技术语言标准				
329	101.2-279	IEC 60050-417:2022	国际电工词汇-第417部分 海洋能-波浪、潮汐和其他水流能转换装置	国际标准	2022-2-25			通用技术语言标准				
——代码、代号、标志、符号												
330	101.2-280	CB/T 3824—1998	电线、电缆物资分类与代码	行标	2001-1-1			通用技术语言标准				
331	101.2-281	CJJ/T 186—2012	城市地理编码技术规范	行标	2013-3-1			通用技术语言标准				
332	101.2-282	DL/T 291—2012	营销业务信息分类与代码编制导则	行标	2012-3-1			通用技术语言标准				
333	101.2-283	DL/T 318—2017	输变电工程施工机具产品型号编制方法	行标	2017-12-1		DL/T 318—2010	通用技术语言标准				
334	101.2-284	DL/T 396—2010	电压等级代码	行标	2010-10-1			通用技术语言标准				
335	101.2-285	DL/T 397—2021	电力地理信息系统图形符号分类与代码	行标	2022-3-22		DL/T 397—2010	通用技术语言标准				
336	101.2-286	DL/T 495—2012	电力行业单位类别代码	行标	2012-3-1		DL/T 495—1992	通用技术语言标准				

序号	体系结构号	标准编号	标准名称	标准级别	实施日期	与国际标准对应关系	代替标准	阶段	分阶段	专业	分专业	备注
337	101.2-287	DL/T 503—2009	电力工程项目分类代码	行标	2009-12-1		DL/T 503—1992	通用技术语言标准				
338	101.2-288	DL/T 510—2010	全国电网名称代码	行标	2010-10-1		DL 510—1993	通用技术语言标准				
339	101.2-289	DL/T 517—2012	电力科技成果分类与代码	行标	2012-3-1		DL/T 517—1993	通用技术语言标准				
340	101.2-290	DL/T 518—2012	电力生产人身事故伤害分类与代码	行标	2012-3-1		DL/T 518.1—1993	通用技术语言标准				
341	101.2-291	DL/T 518.1—2016	电力生产事故分类与代码 第1部分：人身事故	行标	2016-12-1		DL/T 518.1—1993；DL/T 518.3—1993；DL/T 518.2—1993	通用技术语言标准				
342	101.2-292	DL/T 518.2—2016	电力生产事故分类与代码 第2部分：设备事故	行标	2016-12-1		DL/T 518.4—1993；DL/T 518.5—1993	通用技术语言标准				
343	101.2-293	DL/T 1449—2015	电力行业统计编码规范	行标	2015-9-1			通用技术语言标准				
344	101.2-294	DL/T 1714—2017	电力可靠性管理代码规范	行标	2017-12-1			通用技术语言标准				
345	101.2-295	DL/T 1816—2018	电化学储能电站标识系统编码导则	行标	2018-7-1			通用技术语言标准				
346	101.2-296	DL/T 2082—2020	电化学储能系统溯源编码规范	行标	2021-2-1			通用技术语言标准				
347	101.2-297	GA/T 1214—2015	消防装备器材编码方法	行标	2015-3-12			通用技术语言标准				
348	101.2-298	JB/T 1403—2020	移动电站 产品型号编制规则	行标	2021-1-1		JB/T 1403—1999	通用技术语言标准				
349	101.2-299	JB/T 2626—2004	电力系统继电器、保护及自动化装置 常用电气技术的文字符号	行标	2005-4-1		JB/T 2626—1992	通用技术语言标准				

序号	体系结构号	标准编号	标准名称	标准级别	实施日期	与国际标准对应关系	代替标准	阶段	分阶段	专业	分专业	备注
350	101.2-300	JB/T 3837—2016	变压器类产品型号编制方法	行标	2017-4-1		JB/T 3837—2010	通用技术语言标准				
351	101.2-301	JB/T 7114.1—2013	电力电容器产品型号编制方法 第1部分：电容器单元、集合式电容器及箱式电容器	行标	2014-7-1		部分代替：JB/T 7114—2005	通用技术语言标准				
352	101.2-302	JB/T 8430—2014	机器人 分类及型号编制方法	行标	2014-11-1		JB/T 8430—1996	通用技术语言标准				
353	101.2-303	JB/T 8754—2018	高压开关设备和控制设备型号编制办法	行标	2018-12-1		JB/T 8754—2007	通用技术语言标准				
354	101.2-304	NB/T 10580—2021	风力发电场风电机组故障编码规范	行标	2021-7-1			通用技术语言标准				
355	101.2-305	NB/T 10782—2021	太阳能热利用系统节能量和减排量标识规则	行标	2022-5-16			通用技术语言标准				
356	101.2-306	NB/T 10905—2021	电动汽车充电设施故障分类及代码	行标	2022-3-22			通用技术语言标准				
357	101.2-307	NB/T 31145—2018	风电场标识系统编码规范	行标	2018-10-1			通用技术语言标准				
358	101.2-308	NB/T 33030—2018	国民经济行业用电分类	行标	2018-10-1			通用技术语言标准				
359	101.2-309	NB/T 42072—2016	继电保护及安全自动装置 产品型号编制办法	行标	2016-12-1		JB/T 10103—1999	通用技术语言标准				
360	101.2-310	QX/T 431—2018	雷电防护技术文档分类与编码	行标	2018-10-1			通用技术语言标准				
361	101.2-311	SJ/T 11364—2014	电子电气产品有害物质限制使用标识要求	行标	2015-1-1		SJ/T 11364—2006	通用技术语言标准				

序号	体系结构号	标准编号	标准名称	标准级别	实施日期	与国际标准对应关系	代替标准	阶段	分阶段	专业	分专业	备注
362	101.2-312	SJ/T 11625—2016	超级电容器分类及型号命名方法	行标	2016-9-1			通用技术语言标准				
363	101.2-313	SL 330—2011	水情信息编码	行标	2011-7-12		SL 330—2005	通用技术语言标准				
364	101.2-314	SL/T 701—2021	水利信息分类与编码总则	行标	2022-1-26		SL 701—2014	通用技术语言标准				
365	101.2-315	WB/T 1122—2022	应急物流基础信息分类与代码	行标	2022-7-1			通用技术语言标准				
366	101.2-316	XF 480.1—2004	消防安全标志通用技术条件 第1部分：通用要求和试验方法	行标	2004-10-1			通用技术语言标准				
367	101.2-317	XF 480.2—2004	消防安全标志通用技术条件 第2部分：常规消防安全标志	行标	2004-10-1			通用技术语言标准				
368	101.2-318	GB 190—2009	危险货物包装标志	国标	2010-5-1	联合国《关于危险货物运输的建议书 规章范本》（第15修订版），MOD	GB 190—1990	通用技术语言标准				
369	101.2-319	GB 2894—2008	安全标志及其使用导则	国标	2009-10-1		GB 16179—1996；GB 18217—2000；GB 2894—1996	通用技术语言标准				
370	101.2-320	GB 7231—2003	工业管道的基本识别色、识别符号和安全标识	国标	2003-10-1		GB 7231—1987	通用技术语言标准				
371	101.2-321	GB 12268—2012	危险货物品名表	国标	2012-12-1	UN 联合国《关于危险货物运输的建议书 规章范本》（第16修订版）	GB/T 12268—2005	通用技术语言标准				
372	101.2-322	GB 13495.1—2015	消防安全标志 第1部分：标志	国标	2015-8-1		GB 13495—1992	通用技术语言标准				

序号	体系结构号	标准编号	标准名称	标准级别	实施日期	与国际标准对应关系	代替标准	阶段	分阶段	专业	分专业	备注
373	101.2-323	GB 15630—1995	消防安全标志设置要求	国标	1996-2-1			通用技术语言标准				
374	101.2-324	GB/T 191—2008	包装储运图示标志	国标	2008-10-1	ISO 780:1997，MOD	GB/T 191—2000	通用技术语言标准				
375	101.2-325	GB/T 324—2008	焊缝符号表示法	国标	2009-1-1	ISO 2553:1992，MOD	GB/T 324—1988	通用技术语言标准				
376	101.2-326	GB/T 1971—2021	旋转电机 线端标志与旋转方向	国标	2022-5-1		GB/T 1971—2006	通用技术语言标准				
377	101.2-327	GB/T 4884—1985	绝缘导线的标记	国标	2017-3-23	IEC 391-72	GB 4884—1985	通用技术语言标准				
378	101.2-328	GB/T 4942—2021	旋转电机整体结构的防护等级（IP 代码）分级	国标	2022-5-1		GB/T 4942.1—2006	通用技术语言标准				
379	101.2-329	GB/T 5276—2015	紧固件 螺栓、螺钉、螺柱及螺母尺寸代号和标注	国标	2017-1-1	ISO 225:2010，MOD	GB/T 5276—1985	通用技术语言标准				
380	101.2-330	GB/T 6388—1986	运输包装收发货标志	国标	1987-4-1			通用技术语言标准				
381	101.2-331	GB/T 6512—2012	运输方式代码	国标	2013-6-1	UN/CEFACT Rec.19，MOD	GB/T 6512—1998	通用技术语言标准				
382	101.2-332	GB/T 6988.1—2008	电气技术用文件的编制 第1部分：规则	国标	2008-11-1	IEC 61082-1:2006，IDT	GB/T 6988.1—1997；GB/T 6988.2—1997；GB/T 6988.3—1997；GB/T 6988.4—2002	通用技术语言标准				
383	101.2-333	GB/T 6995.1—2008	电线电缆识别标志方法 第1部分：一般规定	国标	2009-3-1		GB 6995.1—1986	通用技术语言标准				
384	101.2-334	GB/T 6995.2—2008	电线电缆识别标志方法 第2部分：标准颜色	国标	2009-3-1		GB 6995.2—1986	通用技术语言标准				

序号	体系结构号	标准编号	标准名称	标准级别	实施日期	与国际标准对应关系	代替标准	阶段	分阶段	专业	分专业	备注
385	101.2-335	GB/T 6995.3—2008	电线电缆识别标志方法 第3部分:电线电缆识别标志	国标	2009-3-1		GB 6995.3—1986	通用技术语言标准				
386	101.2-336	GB/T 6995.4—2008	电线电缆识别标志方法 第4部分:电气装备电线电缆绝缘线芯识别标志	国标	2009-3-1		GB 6995.4—1986	通用技术语言标准				
387	101.2-337	GB/T 6995.5—2008	电线电缆识别标志方法 第5部分:电力电缆绝缘线芯识别标志	国标	2009-3-1		GB 6995.5—1986	通用技术语言标准				
388	101.2-338	GB/T 7144—2016	气瓶颜色标志	国标	2016-9-1		GB 7144—1999	通用技术语言标准				
389	101.2-339	GB/T 7156—2003	文献保密等级代码与标识	国标	2003-12-1		GB/T 7156—1987	通用技术语言标准				
390	101.2-340	GB/T 8561—2001	专业技术职务代码	国标	2001-10-1		GB/T 8561—1988	通用技术语言标准				
391	101.2-341	GB/T 8563.1—2021	奖励、纪律处分信息分类与代码 第1部分:勋章、荣誉称号和表彰奖励代码	国标	2022-7-1		GB/T 8563.1—2005；GB/T 8563.2—2005	通用技术语言标准				
392	101.2-342	GB/T 8563.3—2021	奖励、纪律处分信息分类与代码 第3部分:纪律处分和组织处理代码	国标	2022-7-1		GB/T 8563.3—2005	通用技术语言标准				
393	101.2-343	GB/T 12402—2000	经济类型分类与代码	国标	2001-3-1		GB/T 12402—1990	通用技术语言标准				
394	101.2-344	GB/T 13534—2009	颜色标志的代码	国标	2009-11-1	IEC 60757:1983，IDT	GB/T 13534—1992	通用技术语言标准				

序号	体系结构号	标准编号	标准名称	标准级别	实施日期	与国际标准对应关系	代替标准	阶段	分阶段	专业	分专业	备注
395	101.2-345	GB/T 13745—2009	学科分类与代码	国标	2009-11-1		GB/T 13745—1992	通用技术语言标准				1．本标准有GB/T 13745—2009/XG1—2012《学科分类与代码》国家标准第1号修改单 2．本标准有GB/T 13745—2009/XG2—2016《学科分类与代码》国家标准第2号修改单
396	101.2-346	GB/T 13861—2022	生产过程危险和有害因素分类与代码	国标	2022-10-1		GB/T 13861—2009	通用技术语言标准				
397	101.2-347	GB/T 13923—2022	基础地理信息要素分类与代码	国标	2022-11-1		GB/T 13923—2006	通用技术语言标准				
398	101.2-348	GB/T 14163—2009	工时消耗分类、代号和标准工时构成	国标	2009-9-1		GB/T 14163—1993	通用技术语言标准				
399	101.2-349	GB/T 14693—2008	无损检测　符号表示法	国标	2008-7-1		GB/T 14693—1993	通用技术语言标准				
400	101.2-350	GB/T 14885—2010	固定资产分类与代码	国标	2013-12-25			通用技术语言标准				
401	101.2-351	GB/T 16705—1996	环境污染类别代码	国标	1997-7-1			通用技术语言标准				
402	101.2-352	GB/T 16706—1996	环境污染源类别代码	国标	1997-7-1			通用技术语言标准				
403	101.2-353	GB/T 16903—2021	标志用图形符号表示规则　公共信息图形符号的设计原则与要求	国标	2021-10-1		GB/T 16903.1—2008	通用技术语言标准				

序号	体系结构号	标准编号	标准名称	标准级别	实施日期	与国际标准对应关系	代替标准	阶段	分阶段	专业	分专业	备注
404	101.2-354	GB/T 17215.352—2009	交流电测量设备 特殊要求 第52部分：符号	国标	2010-2-1	IEC 62053-52:2005，IDT	GB/T 17441—1998	通用技术语言标准				
405	101.2-355	GB/T 17295—2008	国际贸易计量单位代码	国标	2008-11-1		GB/T 17295—1998	通用技术语言标准				
406	101.2-356	GB/T 17297—1998	中国气候区划名称与代码 气候带和气候大区	国标	1998-10-1			通用技术语言标准				
407	101.2-357	GB/T 18209.1—2010	机械电气安全 指示、标志和操作 第1部分：关于视觉、听觉和触觉信号的要求	国标	2017-3-23	IEC 61310-1:2007	GB 18209.1—2010	通用技术语言标准				
408	101.2-358	GB/T 18209.2—2010	机械电气安全 指示、标志和操作 第2部分：标志要求	国标	2017-3-23	IEC 61310-2:2007	GB 18209.2—2010	通用技术语言标准				
409	101.2-359	GB/T 20501.1—2013	公共信息导向系统 导向要素的设计原则与要求 第1部分：总则	国标	2013-11-30			通用技术语言标准				
410	101.2-360	GB/T 20501.2—2013	公共信息导向系统 导向要素的设计原则与要求 第2部分：位置标志	国标	2013-11-30		部分代替：GB/T 20501.1—2006；GB/T 20501.2—2006	通用技术语言标准				
411	101.2-361	GB/T 20501.6—2013	公共信息导向系统 导向要素的设计原则与要求 第6部分：导向标志	国标	2013-11-30		部分代替：GB/T 20501.1—2006；GB/T 20501.2—2006	通用技术语言标准				
412	101.2-362	GB/T 28528—2012	水轮机、蓄能泵和水泵水轮机型号编制方法	国标	2012-11-1			通用技术语言标准				

序号	体系结构号	标准编号	标准名称	标准级别	实施日期	与国际标准对应关系	代替标准	阶段	分阶段	专业	分专业	备注
413	101.2-363	GB/T 29264—2012	信息技术服务分类与代码	国标	2013-6-1			通用技术语言标准				
414	101.2-364	GB/T 29870—2013	能源分类与代码	国标	2014-4-15			通用技术语言标准				
415	101.2-365	GB/T 30096—2013	实验室仪器和设备常用文字符号	国标	2014-5-1			通用技术语言标准				
416	101.2-366	GB/T 30149—2019	电网通用模型描述规范	国标	2020-1-1		GB/T 30149—2013	通用技术语言标准				
417	101.2-367	GB/T 31287—2014	全国组织机构代码应用 标识规范	国标	2014-10-10			通用技术语言标准				
418	101.2-368	GB/T 31521—2015	公共信息标志材料、构造和电气装置的一般要求	国标	2015-12-1			通用技术语言标准				
419	101.2-369	GB/T 31525—2015	图形标志 电动汽车充换电设施标志	国标	2015-12-1			通用技术语言标准				
420	101.2-370	GB/T 31866—2015	物联网标识体系 物品编码Ecode	国标	2016-10-1			通用技术语言标准				
421	101.2-371	GB/T 32510—2016	抽水蓄能电厂标识系统（KKS）编码导则	国标	2016-9-1			通用技术语言标准				
422	101.2-372	GB/T 32843—2016	科技资源标识	国标	2017-9-1			通用技术语言标准				
423	101.2-373	GB/T 32847—2016	科技平台 大型科学仪器设备分类与代码	国标	2017-3-1			通用技术语言标准				
424	101.2-374	GB/T 32875—2016	电子商务参与方分类与编码	国标	2017-3-1			通用技术语言标准				
425	101.2-375	GB/T 33601—2017	电网设备通用模型数据命名规范	国标	2017-9-1			通用技术语言标准				

序号	体系结构号	标准编号	标准名称	标准级别	实施日期	与国际标准对应关系	代替标准	阶段	分阶段	专业	分专业	备注
426	101.2-376	GB/T 35415—2017	产品标准技术指标索引分类与代码	国标	2018-4-1			通用技术语言标准				
427	101.2-377	GB/T 35416—2017	无形资产分类与代码	国标	2018-4-1			通用技术语言标准				
428	101.2-378	GB/T 35419—2017	物联网标识体系 Ecode 在一维条码中的存储	国标	2018-4-1			通用技术语言标准				
429	101.2-379	GB/T 35420—2017	物联网标识体系 Ecode 在二维码中的存储	国标	2018-4-1			通用技术语言标准				
430	101.2-380	GB/T 35421—2017	物联网标识体系 Ecode 在射频标签中的存储	国标	2018-4-1			通用技术语言标准				
431	101.2-381	GB/T 35422—2017	物联网标识体系 Ecode 的注册与管理	国标	2018-4-1			通用技术语言标准				
432	101.2-382	GB/T 35423—2017	物联网标识体系 Ecode 在NFC标签中的存储	国标	2018-4-1			通用技术语言标准				
433	101.2-383	GB/T 35429—2017	质量技术服务分类与代码	国标	2018-4-1			通用技术语言标准				
434	101.2-384	GB/T 35432—2017	检测技术服务分类与代码	国标	2018-4-1			通用技术语言标准				
435	101.2-385	GB/T 35561—2017	突发事件分类与编码	国标	2018-7-1			通用技术语言标准				
436	101.2-386	GB/T 35691—2017	光伏发电站标识系统编码导则	国标	2018-7-1			通用技术语言标准				
437	101.2-387	GB/T 35707—2017	水电厂标识系统编码导则	国标	2018-7-1			通用技术语言标准				
438	101.2-388	GB/T 35968—2018	降水量图形产品规范	国标	2018-9-1			通用技术语言标准				

序号	体系结构号	标准编号	标准名称	标准级别	实施日期	与国际标准对应关系	代替标准	阶段	分阶段	专业	分专业	备注
439	101.2-389	GB/T 36377—2018	计量器具识别编码	国标	2019-1-1			通用技术语言标准				
440	101.2-390	GB/T 36378.1—2018	传感器分类与代码 第1部分：物理量传感器	国标	2019-1-1			通用技术语言标准				
441	101.2-391	GB/T 36475—2018	软件产品分类	国标	2019-1-1			通用技术语言标准				
442	101.2-392	GB/T 36604—2018	物联网标识体系 Ecode平台接入规范	国标	2019-4-1			通用技术语言标准				
443	101.2-393	GB/T 36605—2018	物联网标识体系 Ecode解析规范	国标	2019-4-1			通用技术语言标准				
444	101.2-394	GB/T 36962—2018	传感数据分类与代码	国标	2019-7-1			通用技术语言标准				
445	101.2-395	GB/T 37032—2018	物联网标识体系 总则	国标	2019-7-1			通用技术语言标准				
446	101.2-396	GB/T 40024—2021	实验室仪器及设备 分类方法	国标	2021-11-1			通用技术语言标准				
447	101.2-397	GB/T 40058—2021	全国固定资产投资项目代码编码规范	国标	2021-8-1			通用技术语言标准				
448	101.2-398	GB/T 40121—2021	技术产品文件 产品残余应力符号表示法	国标	2021-9-1			通用技术语言标准				
449	101.2-399	GB/T 40153—2021	气象资料分类与编码	国标	2021-9-1			通用技术语言标准				
450	101.2-400	GB/T 40242—2021	用电需求气象条件等级	国标	2021-12-1			通用技术语言标准				
451	101.2-401	GB/T 40366—2021	电气设备用图形符号列入IEC出版物的导则	国标	2022-5-1			通用技术语言标准				

序号	体系结构号	标准编号	标准名称	标准级别	实施日期	与国际标准对应关系	代替标准	阶段	分阶段	专业	分专业	备注
452	101.2-402	GB/T 50549—2020	电厂标识系统编码标准	国标	2021-3-1		GB/T 50549—2010	通用技术语言标准				
453	101.2-403	GB/T 51061—2014	电网工程标识系统编码规范	国标	2015-8-1			通用技术语言标准				
454	101.2-404	GB/Z 34429—2017	地理信息 影像和格网数据	国标	2018-4-1	ISO/TR 19121:2000		通用技术语言标准				
455	101.2-405	JJF 1022—2014	计量标准命名与分类编码	国标	2014-7-23		JJF 1022—1991	通用技术语言标准				
456	101.2-406	IEC 60027-7—2010	电气技术用文字符号 第7部分：发电、传输和分配	国际标准	2010-5-11	C03-007PR，IDT		通用技术语言标准				
457	101.2-407	IEC/TR 61916—2017	电工器件 一般规则的协调	国际标准	2017-3-28		IEC/TR 61916—2014	通用技术语言标准				
——制图												
458	101.2-408	Q/CSG 1201022—2019	雷区分级标准和雷区分布图绘制规则	企标	2019-9-30			通用技术语言标准				
459	101.2-409	T/CSEE 0023—2016	输电线路舞动区域分布图绘制技术导则	团标	2017-5-1			通用技术语言标准				
460	101.2-410	T/CSEE 0131—2019	输变电工程地质灾害区域分布图绘制技术规程	团标	2019-3-1			通用技术语言标准				
461	101.2-411	T/CSEE/Z 0020—2016	架空输电线路山火分布图绘制技术导则	团标	2017-5-1			通用技术语言标准				
462	101.2-412	DL/T 374.1—2019	电力系统污区分布图绘制方法 第1部分：交流系统	行标	2020-5-1		DL/T 374—2010	通用技术语言标准				
463	101.2-413	DL/T 374.2—2019	电力系统污区分布图绘制方法 第2部分：直流系统	行标	2020-5-1			通用技术语言标准				

序号	体系结构号	标准编号	标准名称	标准级别	实施日期	与国际标准对应关系	代替标准	阶段	分阶段	专业	分专业	备注
464	101.2-414	DL/T 1230—2016	电力系统图形描述规范	行标	2017-5-1		DL/T 1230—2013	通用技术语言标准				
465	101.2-415	DL/T 1533—2016	电力系统雷区分布图绘制方法	行标	2016-6-1			通用技术语言标准				
466	101.2-416	DL/T 1570—2016	架空输电线路涉鸟故障风险分级及分布图绘制	行标	2016-7-1			通用技术语言标准				
467	101.2-417	DL/T 5028.1—2015	电力工程制图标准 第1部分一般规则部分	行标	2015-12-1		DL 5028—1993	通用技术语言标准				
468	101.2-418	DL/T 5028.2—2015	电力工程制图标准 第2部分：机械部分	行标	2015-12-1		DL 5028—1993	通用技术语言标准				
469	101.2-419	DL/T 5028.3—2015	电力工程制图标准 第3部分：电气、仪表与控制部分	行标	2015-12-1		DL 5028—1993	通用技术语言标准				
470	101.2-420	DL/T 5028.4—2015	电力工程制图标准 第4部分：土建部分	行标	2015-12-1		DL 5028—1993	通用技术语言标准				
471	101.2-421	DL/T 5127—2001	水力发电工程CAD制图技术规定	行标	2001-7-1			通用技术语言标准				
472	101.2-422	DL/T 5156.1—2015	电力工程勘测制图标准 第1部分：测量	行标	2015-9-1		DL/T 5156.1—2002	通用技术语言标准				
473	101.2-423	DL/T 5156.2—2015	电力工程勘测制图标准 第2部分：岩土工程	行标	2015-9-1		DL/T 5156.2—2002	通用技术语言标准				
474	101.2-424	DL/T 5156.3—2015	电力工程勘测制图标准 第3部分：水文气象	行标	2015-9-1		DL/T 5156.3—2002	通用技术语言标准				
475	101.2-425	DL/T 5156.4—2015	电力工程勘测制图标准 第4部分：水文地质	行标	2015-9-1		DL/T 5156.4—2002	通用技术语言标准				

序号	体系结构号	标准编号	标准名称	标准级别	实施日期	与国际标准对应关系	代替标准	阶段	分阶段	专业	分专业	备注
476	101.2-426	DL/T 5156.5—2015	电力工程勘测制图标准 第5部分：物探	行标	2015-9-1		DL/T 5156.5—2002	通用技术语言标准				
477	101.2-427	GA/T 74—2017	安全防范系统通用图形符号	行标	2017-6-23		GA/T 74—2000	通用技术语言标准				
478	101.2-428	JB/T 3077—2019	汽轮机图形符号	行标	2020-10-1		JB 3077—1991	通用技术语言标准				
479	101.2-429	JB/T 5872—1991	高压开关设备电气图形符号及文字符号	行标	1992-10-1			通用技术语言标准				
480	101.2-430	JB/T 7073—2006	电机和水轮机图样简化规定	行标	2007-3-1		JB/T 7073—1993	通用技术语言标准				
481	101.2-431	NB/T 10226—2019	水电工程生态制图标准	行标	2020-5-1			通用技术语言标准				
482	101.2-432	NB/T 10883.4—2021	水电工程制图标准 第4部分：水力机械	行标	2022-6-22		DL/T 5349—2006	通用技术语言标准				
483	101.2-433	YD/T 5015—2015	通信工程制图与图形符号规定	行标	2016-1-1		YD/T 5015—2007	通用技术语言标准				
484	101.2-434	GB 2893—2008	安全色	国标	2009-10-1	ISO 3864-1:2002，MOD	GB 2893—2001	通用技术语言标准				
485	101.2-435	GB/T 1526—1989	信息处理 数据流程图、程序流程图、系统流程图、程序网络图和系统资源图的文件编制符号及约定	国标	1990-1-1	ISO 5807:1985，IDT	GB 1526—1979	通用技术语言标准				
486	101.2-436	GB/T 2625—1981	过程检测和控制流程图用图形符号和文字代号	国标	1982-3-1			通用技术语言标准				
487	101.2-437	GB/T 2893.1—2013	图形符号 安全色和安全标志 第1部分：安全标志和安全标记的设计原则	国标	2013-11-30		GB/T 2893.1—2004	通用技术语言标准				

序号	体系结构号	标准编号	标准名称	标准级别	实施日期	与国际标准对应关系	代替标准	阶段	分阶段	专业	分专业	备注
488	101.2-438	GB/T 2893.4—2013	图形符号 安全色和安全标志 第4部分:安全标志材料的色度属性和光度属性	国标	2013-11-30	ISO 3864-4:2011，MOD		通用技术语言标准				
489	101.2-439	GB/T 3769—2010	电声学 绘制频率特性图和极坐标图的标度和尺寸	国标	2011-5-1	IEC 60263:1982，IDT	GB/T 3769—1983	通用技术语言标准				
490	101.2-440	GB/T 4327—2008	消防技术文件用消防设备图形符号	国标	2009-5-1	ISO 6790:1986，MOD	GB/T 4327—1993	通用技术语言标准				
491	101.2-441	GB/T 4728.10—2022	电气简图用图形符号 第10部分:电信 传输	国标	2023-5-1	IEC 60617 DB，IDT	GB/T 4728.10—2008	通用技术语言标准				
492	101.2-442	GB/T 4728.1—2018	电气简图用图形符号 第1部分:一般要求	国标	2019-2-1		GB/T 4728.1—2005	通用技术语言标准				
493	101.2-443	GB/T 4728.11—2022	电气简图用图形符号 第11部分:建筑安装平面布置图	国标	2023-5-1	IEC 60617 DB，IDT	GB/T 4728.11—2008	通用技术语言标准				
494	101.2-444	GB/T 4728.12—2022	电气简图用图形符号 第12部分:二进制逻辑元件	国标	2023-5-1	IEC 60617 DB，IDT	GB/T 4728.12—2008	通用技术语言标准				
495	101.2-445	GB/T 4728.13—2022	电气简图用图形符号 第13部分:模拟元件	国标	2023-5-1	IEC 60617 DB，IDT	GB/T 4728.13—2008	通用技术语言标准				
496	101.2-446	GB/T 4728.2—2018	电气简图用图形符号 第2部分:符号要素、限定符号和其他常用符号	国标	2019-2-1		GB/T 4728.2—2005	通用技术语言标准				

序号	体系结构号	标准编号	标准名称	标准级别	实施日期	与国际标准对应关系	代替标准	阶段	分阶段	专业	分专业	备注
497	101.2-447	GB/T 4728.3—2018	电气简图用图形符号 第3部分:导体和连接件	国标	2019-2-1		GB/T 4728.3—2005	通用技术语言标准				
498	101.2-448	GB/T 4728.4—2018	电气简图用图形符号 第4部分:基本无源元件	国标	2019-2-1		GB/T 4728.4—2005	通用技术语言标准				
499	101.2-449	GB/T 4728.5—2018	电气简图用图形符号 第5部分:半导体管和电子管	国标	2019-2-1		GB/T 4728.5—2005	通用技术语言标准				
500	101.2-450	GB/T 4728.6—2022	电气简图用图形符号 第6部分:电能的发生与转换	国标	2023-5-1	IEC 60617 DB，IDT	GB/T 4728.6—2008	通用技术语言标准				
501	101.2-451	GB/T 4728.7—2022	电气简图用图形符号 第7部分:开关、控制和保护器件	国标	2023-5-1	IEC 60617 DB，IDT	GB/T 4728.7—2008	通用技术语言标准				
502	101.2-452	GB/T 4728.8—2022	电气简图用图形符号 第8部分:测量仪表、灯和信号器件	国标	2023-5-1	IEC 60617 DB，IDT	GB/T 4728.8—2008	通用技术语言标准				
503	101.2-453	GB/T 4728.9—2022	电气简图用图形符号 第9部分:电信 交换和外围设备	国标	2023-5-1	IEC 60617 DB，IDT	GB/T 4728.9—2008	通用技术语言标准				
504	101.2-454	GB/T 5465.1—2009	电气设备用图形符号 第1部分：概述与分类	国标	2009-11-1	IEC 60417:2007，MOD		通用技术语言标准				
505	101.2-455	GB/T 5465.2—2008	电气设备用图形符号 第2部分：图形符号	国标	2009-1-1	IEC 60417 DB:2007，IDT	GB/T 5465.2—1996	通用技术语言标准				
506	101.2-456	GB/T 14689—2008	技术制图 图纸幅面和格式	国标	2009-1-1	ISO 5457:1999，MOD	GB/T 14689—1993	通用技术语言标准				

序号	体系结构号	标准编号	标准名称	标准级别	实施日期	与国际标准对应关系	代替标准	阶段	分阶段	专业	分专业	备注
507	101.2-457	GB/T 14690—1993	技术制图 比例	国标	1994-7-1	ISO 5455:1979，EQV	GB 4457.2—1984	通用技术语言标准				
508	101.2-458	GB/T 14691—1993	技术制图 字体	国标	1994-7-1	ISO 3098/1:1974，EQV	GB 4457.3—1984	通用技术语言标准				
509	101.2-459	GB/T 16273.1—2008	设备用图形符号 第1部分:通用符号	国标	2009-1-1	ISO 7000:2004，NEQ	GB/T 16273.1—1996	通用技术语言标准				
510	101.2-460	GB/T 16900—2008	图形符号表示规则 总则	国标	2009-1-1		GB/T 16900—1997	通用技术语言标准				
511	101.2-461	GB/T 16901.2—2013	技术文件用图形符号表示规则 第2部分:图形符号(包括基准符号库中的图形符号)的计算机电子文件格式规范及其交换要求	国标	2014-4-9	IEC 81714-2:2006，MOD	GB/T 16901.2—2000	通用技术语言标准				
512	101.2-462	GB/T 16902.1—2017	设备用图形符号表示规则 第1部分: 符号原图的设计原则	国标	2018-2-1		GB/T 16902.1—2004	通用技术语言标准				
513	101.2-463	GB/T 16902.2—2008	设备用图形符号表示规则 第2部分:箭头的形式和使用	国标	2009-1-1	ISO 80416-2:2001，MOD	GB/T 1252—1989	通用技术语言标准				
514	101.2-464	GB/T 16902.3—2013	设备用图形符号表示规则 第3部分:应用导则	国标	2013-11-30			通用技术语言标准				
515	101.2-465	GB/T 16902.4—2017	设备用图形符号表示规则 第4部分:图形符号用作图标的重绘指南	国标	2018-2-1		GB/T 16902.4—2010	通用技术语言标准				

序号	体系结构号	标准编号	标准名称	标准级别	实施日期	与国际标准对应关系	代替标准	阶段	分阶段	专业	分专业	备注
516	101.2-466	GB/T 16902.5—2017	设备用图形符号表示规则 第5部分：图标的设计指南	国标	2018-2-1			通用技术语言标准				
517	101.2-467	GB/T 17989.2—2020	控制图 第2部分：常规控制图	国标	2020-10-1	ISO 7870-2:2013	GB/T 4091—2001	通用技术语言标准				
518	101.2-468	GB/T 18135—2008	电气工程 CAD制图规则	国标	2009-5-1		GB/T 18135—2000	通用技术语言标准				
519	101.2-469	GB/T 21654—2008	顺序功能表图用 GRAFCET 规范语言	国标	2008-11-1	IEC 60848:2013	GB/T 6988.6—1993	通用技术语言标准				
520	101.2-470	GB/T 23371.1—2013	电气设备用图形符号基本规则 第1部分：注册用图形符号的生成	国标	2014-4-9	IEC 80416-1:2008, IDT	GB/T 5465.11—2007	通用技术语言标准				
521	101.2-471	GB/T 23371.2—2009	电气设备用图形符号基本规则 第2部分：箭头的形式与使用	国标	2009-11-1			通用技术语言标准				
522	101.2-472	GB/T 23371.3—2009	电气设备用图形符号基本规则 第3部分：应用导则	国标	2009-11-1	IEC 80416-3:2002, IDT		通用技术语言标准				
523	101.2-473	GB/T 24340—2009	工业机械电气图用图形符号	国标	2010-2-1			通用技术语言标准				
524	101.2-474	GB/T 24341—2009	工业机械电气设备 电气图、图解和表的绘制	国标	2010-2-1			通用技术语言标准				
525	101.2-475	GB/T 34043—2017	物联网智能家居 图形符号	国标	2018-2-1			通用技术语言标准				
526	101.2-476	GB/T 35417—2017	设备用图形符号 计算机用图标	国标	2018-4-1			通用技术语言标准				
527	101.2-477	GB/T 35706—2017	电网冰区分布图绘制技术导则	国标	2018-7-1			通用技术语言标准				

序号	体系结构号	标准编号	标准名称	标准级别	实施日期	与国际标准对应关系	代替标准	阶段	分阶段	专业	分专业	备注
528	101.2-478	GB/T 36290.1—2020	电站流程图 第1部分：制图规范	国标	2020-12-1			通用技术语言标准				
529	101.2-479	GB/T 36290.2—2018	电站流程图 第2部分：图形符号	国标	2019-1-1			通用技术语言标准				
530	101.2-480	GB/T 40621—2021	地闪密度分布图绘制方法	国标	2022-5-1			通用技术语言标准				
531	101.2-481	GB/T 50103—2010	总图制图标准	国标	2011-3-1		GB/T 50103—2001	通用技术语言标准				
532	101.2-482	GB/T 50104—2010	建筑制图标准	国标	2011-3-1		GB/T 50104—2001	通用技术语言标准				
533	101.2-483	GB/T 50105—2010	建筑结构制图标准	国标	2011-3-1		GB/T 50105—2001	通用技术语言标准				
534	101.2-484	GB/T 50106—2010	建筑给水排水制图标准	国标	2011-3-1		GB/T 50106—2001	通用技术语言标准				
535	101.2-485	GB/T 50114—2010	暖通空调制图标准	国标	2011-3-1		GB/T 50114—2001	通用技术语言标准				
536	101.2-486	IEC 60848:2013	顺序功能表图用 GRAFCET 规范语言	国际标准	2013-2-27	EN 60848—2013，TDT	IEC 60848—2002	通用技术语言标准				
537	101.2-487	IEC 80416-3 Edition 1.1—2011	设备所用图形符号的基本原则 第3部分：图形符号应用指南	国际标准	2011-10-18		IEC 80416-3—2002	通用技术语言标准				
101.3 标准化工作导则—量和单位												
538	101.3-1	T/CEC 107—2016	直流配电电压	团标	2017-1-1			量和单位				
539	101.3-2	NB/T 42023—2013	试验数据的测量不确定度处理	行标	2014-4-1			量和单位				
540	101.3-3	SL 2—2014	水利水电量和单位	行标	2015-1-30		SL 2.1—1998；SL 2.2—1998；SL 2.3—1998	量和单位				
541	101.3-4	GB 3100—1993	国际单位制及其应用	国标	1994-7-1	ISO 1000:1992，EQV	GB 3100—1986	量和单位				

序号	体系结构号	标准编号	标准名称	标准级别	实施日期	与国际标准对应关系	代替标准	阶段	分阶段	专业	分专业	备注
542	101.3-5	GB/T 156—2017	标准电压	国标	2018-5-1	IEC 60038:2009	GB/T 156—2007	量和单位				
543	101.3-6	GB/T 762—2002	标准电流等级	国标	2002-12-1	IEC 60059:1999，EQV	GB/T 762—1996	量和单位				
544	101.3-7	GB/T 999—2021	直流电力牵引额定电压	国标	2022-7-1		GB/T 999—2008	量和单位				
545	101.3-8	GB/T 1980—2005	标准频率	国标	2006-4-1	IEC 60196:1965，MOD	GB/T 1980—1996	量和单位				
546	101.3-9	GB/T 3101—1993	有关量、单位和符号的一般原则	国标	2017-3-23	ISO 31-0:1992	GB 3101—1993	量和单位				
547	101.3-10	GB/T 3102.10—1993	核反应和电离辐射的量和单位	国标	2017-3-23	ISO 31/10-92	GB 3102.10—1993	量和单位				
548	101.3-11	GB/T 3102.1—1993	空间和时间的量和单位	国标	2017-3-23	ISO 31-1:1992	GB 3102.1—1993	量和单位				
549	101.3-12	GB/T 3102.2—1993	周期及其有关现象的量和单位	国标	1994-7-1		GB/T 3102.2—1986	量和单位				
550	101.3-13	GB/T 3102.3—1993	力学的量和单位	国标	2017-3-23	ISO 31/3-92	GB 3102.3—1993	量和单位				
551	101.3-14	GB/T 3102.4—1993	热学的量和单位	国标	2017-3-23	ISO 31/4-92	GB 3102.4—1993	量和单位				
552	101.3-15	GB/T 3102.5—1993	电学和磁学的量和单位	国标	2017-3-23	ISO 31/5-92	GB 3102.5—1993	量和单位				
553	101.3-16	GB/T 3102.6—1993	光及有关电磁辐射的量和单位	国标	2017-3-23	ISO 31/6-92	GB 3102.6—1993	量和单位				
554	101.3-17	GB/T 3102.7—1993	声学的量和单位	国标	2017-3-23		GB 3102.7—1993	量和单位				
555	101.3-18	GB/T 3102.8—1993	物理化学和分子物理学的量和单位	国标	2017-3-23	ISO 31-8:1992	GB 3102.8—1993	量和单位				
556	101.3-19	GB/T 3102.9—1993	原子物理学和核物理学的量和单位	国标	2017-3-23	ISO 31/9-92	GB 3102.9—1993	量和单位				
557	101.3-20	GB/T 3926—2007	中频设备额定电压	国标	2008-3-1		GB/T 3926—1983	量和单位				

序号	体系结构号	标准编号	标准名称	标准级别	实施日期	与国际标准对应关系	代替标准	阶段	分阶段	专业	分专业	备注
558	101.3-21	GB/T 14559—1993	变化量的符号和单位	国标	1994-2-1	IEC 27-191A，REF；IEC 27-1，REF		量和单位				
101.4	标准化工作导则—数值与数据											
559	101.4-1	DL/T 2417—2021	电网设备三维模型数据描述规范	行标	2022-3-22			数值与数据				
560	101.4-2	GB 18030—2022	信息技术 中文编码字符集	国标	2023-8-1		GB 18030—2005	数值与数据				
561	101.4-3	GB/T 1988—1998	信息技术 信息交换用七位编码字符集	国标	1999-6-1	ISO/IEC 646:1991，EQV	GB/T 1988—1989	数值与数据				
562	101.4-4	GB/T 2312—1980	信息交换用汉字编码字符集 基本集	国标	1981-5-1		GB 2312—1980	数值与数据				
563	101.4-5	GB/T 2822—2005	标准尺寸	国标	2005-12-1		GB/T 2822—1981	数值与数据				
564	101.4-6	GB/T 6380—2019	数据的统计处理和解释 Ⅰ型极值分布样本离群值的判断和处理	国标	2020-7-1		GB/T 6380—2008	数值与数据				
565	101.4-7	GB/T 7027—2002	信息分类和编码的基本原则与方法	国标	2002-12-1		GB/T 7027—1986	数值与数据				
566	101.4-8	GB/T 8170—2008	数值修约规则与极限数值的表示和判定	国标	2009-1-1		GB/T 8170—1987；GB/T 1250—1989	数值与数据				
567	101.4-9	GB/T 12345—1990	信息交换用汉字编码字符集 辅助集	国标	1990-12-1		GB 12345—1990	数值与数据				
568	101.4-10	GB/T 16263.4—2015	信息技术 ASN.1编码规则 第4部分：XML 编码规则（XER）	国标	2016-8-1	ISO/IEC 8825-4:2008，IDT		数值与数据				

序号	体系结构号	标准编号	标准名称	标准级别	实施日期	与国际标准对应关系	代替标准	阶段	分阶段	专业	分专业	备注
569	101.4-11	GB/T 16263.5—2015	信息技术 ASN.1 编码规则 第5部分：W3C XML 模式定义到ASN.1 的映射	国标	2016-8-1	ISO/IEC 8825-5:2008，IDT		数值与数据				
570	101.4-12	GB/T 17564.1—2011	电气项目的标准数据元素类型和相关分类模式 第1部分：定义 原则和方法	国标	2011-12-1	IEC 61360-1:2009, IDT	GB/T 17564.1—2005	数值与数据				
571	101.4-13	GB/T 17564.2—2013	电气元器件的标准数据元素类型和相关分类模式 第2部分：EXPRESS 字典模式	国标	2014-4-9		GB/T 17564.2—2005	数值与数据				
572	101.4-14	GB/T 17564.6—2021	电气元器件的标准数据元素类型和相关分类模式 第6部分：IEC 公共数据字典（IEC CDD）质量指南	国标	2022-3-1			数值与数据				
573	101.4-15	GB/T 18784.2—2005	CAD/CAM 数据质量保证方法	国标	2006-4-1			数值与数据				
574	101.4-16	GB/T 34052.1—2017	统计数据与元数据交换（SDMX）第1部分：框架	国标	2018-2-1			数值与数据				
575	101.4-17	GB/T 36073—2018	数据管理能力成熟度评估模型	国标	2018-10-1			数值与数据				
576	101.4-18	GB/T 41195—2021	公共信用信息基础数据项规范	国标	2022-7-1			数值与数据				
577	101.4-19	GB/Z 34052.2—2017	统计数据与元数据交换（SDMX）第2部分:信息模型 统一建模语言（UML）概念设计	国标	2018-2-1			数值与数据				

序号	体系结构号	标准编号	标准名称	标准级别	实施日期	与国际标准对应关系	代替标准	阶段	分阶段	专业	分专业	备注
101.5 标准化工作导则—互换性与精度标准及实现系列化标准												
578	101.5-1	DL/T 5578—2020	电力工程施工测量标准	行标	2021-2-1		DL/T 5445—2010	互换性与精度标准及实现系列化标准				
579	101.5-2	GB/T 321—2005	优先数和优先数系	国标	2005-12-1		GB/T 321—1980	互换性与精度标准及实现系列化标准				
580	101.5-3	GB/T 1031—2009	产品几何技术规范（GPS）表面结构 轮廓法 表面粗糙度参数及其数值	国标	2009-11-1		GB/T 1031—1995	互换性与精度标准及实现系列化标准				
581	101.5-4	GB/T 1182—2018	产品几何技术规范（GPS）几何公差 形状、方向、位置和跳动公差标注	国标	2019-4-1		GB/T 1182—2008	互换性与精度标准及实现系列化标准				
582	101.5-5	GB/T 1800.1—2020	产品几何技术规范（GPS）线性尺寸公差ISO代号体系 第1部分：公差、偏差和配合的基础	国标	2020-11-1	ISO 286-1:2010	GB/T 1801—2009	互换性与精度标准及实现系列化标准				
583	101.5-6	GB/T 1800.2—2020	产品几何技术规范（GPS）线性尺寸公差ISO代号体系 第2部分:标准公差带代号和孔、轴的极限偏差表	国标	2020-11-1	ISO 286-2:2010	GB/T 1800.2—2009	互换性与精度标准及实现系列化标准				
584	101.5-7	GB/T 2828.1—2012	计数抽样检验程序 第1部分：按接收质量限（AQL）检索的逐批检验抽样计划	国标	2013-2-15		GB/T 2828.1—2003	互换性与精度标准及实现系列化标准				

序号	体系结构号	标准编号	标准名称	标准级别	实施日期	与国际标准对应关系	代替标准	阶段	分阶段	专业	分专业	备注
585	101.5-8	GB/T 2828.11—2008	计数抽样检验程序 第11部分：小总体声称质量水平的评定程序	国标	2009-1-1		GB/T 15482—1995	互换性与精度标准及实现系列化标准				
586	101.5-9	GB/T 2828.2—2008	计数抽样检验程序 第2部分：按极限质量LQ检索的孤立批检验抽样方案	国标	2009-1-1	ISO 2859-2:1985, NEQ	GB/T 15239—1994	互换性与精度标准及实现系列化标准				
587	101.5-10	GB/T 2828.5—2011	计数抽样检验程序 第5部分：按接收质量限（AQL）检索的逐批序贯抽样检验系统	国标	2011-12-1	ISO 2859-5:2005, IDT		互换性与精度标准及实现系列化标准				
588	101.5-11	GB/T 4249—2018	产品几何技术规范（GPS）基础 概念、原则和规则	国标	2019-4-1		GB/T 4249—2009	互换性与精度标准及实现系列化标准				
589	101.5-12	GB/T 16671—2018	产品几何技术规范（GPS）几何公差 最大实体要求（MMR）、最小实体要求（LMR）和可逆要求（RPR）	国标	2019-4-1		GB/T 16671—2009	互换性与精度标准及实现系列化标准				
590	101.5-13	GB/T 16892—2022	产品几何技术规范（GPS）尺寸和公差标注 非刚性零件	国标	2022-10-12		GB/T 16892—1997	互换性与精度标准及实现系列化标准				
591	101.5-14	GB/T 17852—2018	产品几何技术规范（GPS）几何公差 轮廓度公差标注	国标	2019-4-1		GB/T 17852—1999	互换性与精度标准及实现系列化标准				

序号	体系结构号	标准编号	标准名称	标准级别	实施日期	与国际标准对应关系	代替标准	阶段	分阶段	专业	分专业	备注
592	101.5-15	GB/T 18779.1—2022	产品几何技术规范（GPS）工件与测量设备的测量检验 第1部分：按规范验证合格或不合格的判定规则	国标	2022-10-12		GB/T 18779.1—2002	互换性与精度标准及实现系列化标准				
593	101.5-16	GB/T 27418—2017	测量不确定度评定和表示	国标	2018-7-1	ISO/IEC Guide 98-3:2008		互换性与精度标准及实现系列化标准				
594	101.5-17	GB/T 27419—2018	测量不确定度评定和表示 补充文件1：基于蒙特卡洛方法的分布传播	国标	2018-12-1			互换性与精度标准及实现系列化标准				
595	101.5-18	GB/T 41858—2022	产品几何技术规范（GPS）批量规范	国标	2022-10-12			互换性与精度标准及实现系列化标准				
596	101.5-19	GB/Z 26854—2011	电特性的标准化	国标	2011-12-1	IEC/TR 62510:2008，IDT		互换性与精度标准及实现系列化标准				
597	101.5-20	JJF 1059.1—2012	测量不确定度评定与表示	国标	2013-6-3		JJF 1059—1999	互换性与精度标准及实现系列化标准				
598	101.5-21	JJF 1059.2—2012	用蒙特卡洛法评定测量不确定度技术规范	国标	2013-6-21			互换性与精度标准及实现系列化标准				
102 安全通用标准												
102.1 安全通用标准—基础综合												
599	102.1-1	Q/CSG 10001—2004	变电站安健环设施标准	企标	2004-6-1			安全监管		基础综合		

序号	体系结构号	标准编号	标准名称	标准级别	实施日期	与国际标准对应关系	代替标准	阶段	分阶段	专业	分专业	备注
600	102.1-2	Q/CSG 10003—2004	发电厂安健环设施标准	企标	2004-6-1			安全监管		基础综合		
601	102.1-3	Q/CSG 1207001—2015	配电网安健环设施标准	企标	2015-7-20			安全监管		基础综合		
602	102.1-4	Q/CSG 1207002—2016	南方电网公司架空线路及电缆安健环设施标准	企标	2017-1-10		Q/CSG 10002—2004	安全监管		基础综合		
603	102.1-5	T/CSEE 0189—2021	海上风力发电机组支撑结构安全监测技术导则	团标	2021-3-11			安全监管		基础综合		
604	102.1-6	AQ/T 8012—2022	安全生产检测检验机构诚信建设规范	行标	2022-6-12			安全监管		基础综合		
605	102.1-7	AQ/T 9006—2010	企业安全生产标准化基本规范	行标	2010-6-1			安全监管		基础综合		
606	102.1-8	DL/T 2072—2019	电网企业安全风险预控体系建设导则	行标	2020-5-1			安全监管		基础综合		
607	102.1-9	DL/T 2244—2021	电力物资仓储安全标识使用导则	行标	2021-7-1			安全监管		基础综合		
608	102.1-10	GA/T 1992—2022	公安监管场所安全防范与信息管理系统技术要求	行标	2022-9-1			安全监管		基础综合		
609	102.1-11	JGJ/T 77—2010	施工企业安全生产评价标准	行标	2010-11-1		JGJ/T 77—2003	安全监管		基础综合		
610	102.1-12	NB/T 10575—2021	风电场重大危险源辨识规程	行标	2021-7-1			安全监管		基础综合		
611	102.1-13	NB/T 10632—2021	海上风电场安全性评价技术规程	行标	2021-10-26			安全监管		基础综合		
612	102.1-14	NB/T 32029—2016	光热发电工程安全预评价规程	行标	2016-6-1			安全监管		基础综合		

序号	体系结构号	标准编号	标准名称	标准级别	实施日期	与国际标准对应关系	代替标准	阶段	分阶段	专业	分专业	备注
613	102.1-15	GB 4793.9—2013	测量、控制和实验室用电气设备的安全要求 第9部分：实验室用分析和其他目的自动和半自动设备的特殊要求	国标	2014-11-1	IEC 6 1010-2-081:2009，IDT		安全监管		基础综合		
614	102.1-16	GB 5226.1—2019	机械电气安全 机械电气设备 第1部分：通用技术条件	国标	2010-2-1	IEC 60204-1:2005，IDT	GB 5226.1—2008	安全监管		基础综合		
615	102.1-17	GB 13690—2009	化学品分类和危险性公示 通则	国标	2010-5-1	GHS ST/SG/AC.10/30/Rev.2，NEQ	GB 13690—1992		各专业的技术指导通则或导则	基础综合		
616	102.1-18	GB 15603—1995	常用化学危险品贮存通则	国标	1996-2-1			安全监管		基础综合		
617	102.1-19	GB 17741—2005	工程场地地震安全性评价	国标	2005-10-1		GB 17741—1999	安全监管		基础综合		
618	102.1-20	GB 18218—2018	危险化学品重大危险源辨识	国标	2019-3-1		GB 18218—2009	安全监管		基础综合		
619	102.1-21	GB 19517—2009	国家电气设备安全技术规范	国标	2010-10-1		GB 19517—2004	安全监管		基础综合		
620	102.1-22	GB 50348—2018	安全防范工程技术标准	国标	2018-12-1		GB 50348—2004	安全监管		基础综合		
621	102.1-23	GB 50656—2011	施工企业安全生产管理规范	国标	2012-4-1			安全监管		基础综合		
622	102.1-24	GB/T 4208—2017	外壳防护等级（IP 代码）	国标	2018-2-1	IEC 60529:2013	GB/T 4208—2008	安全监管		基础综合		
623	102.1-25	GB/T 22696.1—2008	电气设备的安全 风险评估和风险降低 第1部分：总则	国标	2009-11-1			安全监管		基础综合		

序号	体系结构号	标准编号	标准名称	标准级别	实施日期	与国际标准对应关系	代替标准	阶段	分阶段	专业	分专业	备注
624	102.1-26	GB/T 22696.3—2008	电气设备的安全 风险评估和风险降低 第3部分：危险、危险处境和危险事件的示例	国标	2009-11-1			安全监管		基础综合		
625	102.1-27	GB/T 22696.4—2011	电气设备的安全 风险评估和风险降低 第4部分：风险降低	国标	2011-12-1			安全监管		基础综合		
626	102.1-28	GB/T 22696.5—2011	电气设备的安全 风险评估和风险降低 第5部分：风险评估和降低风险的方法示例	国标	2011-12-1			安全监管		基础综合		
627	102.1-29	GB/T 24353—2022	风险管理 原则与实施指南	国标	2022-10-12		GB/T 24353—2009	安全监管		基础综合		
628	102.1-30	GB/T 24612.1—2009	电气设备应用场所的安全要求 第1部分：总则	国标	2010-5-1			安全监管		基础综合		
629	102.1-31	GB/T 24612.2—2009	电气设备应用场所的安全要求 第2部分：在断电状态下操作的安全措施	国标	2010-5-1			安全监管		基础综合		
630	102.1-32	GB/T 25295—2010	电气设备安全设计导则	国标	2011-5-1			各专业的技术指导通则或导则		基础综合		
631	102.1-33	GB/T 25296—2022	电气设备安全通用试验导则	国标	2023-2-1		GB/T 25296—2010	安全监管		基础综合		
632	102.1-34	GB/T 27476.1—2014	检测实验室安全 第1部分：总则	国标	2014-12-15			安全监管		基础综合		

序号	体系结构号	标准编号	标准名称	标准级别	实施日期	与国际标准对应关系	代替标准	阶段	分阶段	专业	分专业	备注
633	102.1-35	GB/T 27476.2—2014	检测实验室安全 第2部分:电气因素	国标	2014-12-15			安全监管		基础综合		
634	102.1-36	GB/T 27476.3—2014	检测实验室安全 第3部分:机械因素	国标	2014-12-15			安全监管		基础综合		
635	102.1-37	GB/T 27476.4—2014	检测实验室安全 第4部分:非电离辐射因素	国标	2014-12-15			安全监管		基础综合		
636	102.1-38	GB/T 27476.5—2014	检测实验室安全 第5部分:化学因素	国标	2014-12-15			安全监管		基础综合		
637	102.1-39	GB/T 29544—2013	离网型风光互补发电系统 安全要求	国标	2014-1-1			安全监管		基础综合		
638	102.1-40	GB/T 30146—2013	公共安全 业务连续性管理体系 要求	国标	2014-5-1			安全监管		基础综合		
639	102.1-41	GB/T 33000—2016	企业安全生产标准化基本规范	国标	2017-4-1			安全监管		基础综合		
640	102.1-42	GB/T 33170.1—2016	大型活动安全要求 第1部分:安全评估	国标	2017-4-1			安全监管		基础综合		
641	102.1-43	GB/T 33170.2—2016	大型活动安全要求 第2部分:人员管控	国标	2017-4-1			安全监管		基础综合		
642	102.1-44	GB/T 33170.3—2016	大型活动安全要求 第3部分:场地布局和安全导向标识	国标	2017-4-1			安全监管		基础综合		
643	102.1-45	GB/T 33170.4—2016	大型活动安全要求 第4部分:临建设施指南	国标	2017-4-1			安全监管		基础综合		

序号	体系结构号	标准编号	标准名称	标准级别	实施日期	与国际标准对应关系	代替标准	阶段	分阶段	专业	分专业	备注
644	102.1-46	GB/T 33170.5—2016	大型活动安全要求 第5部分：安保资源配置	国标	2017-2-1			安全监管		基础综合		
645	102.1-47	GB/T 33587—2017	充电电气系统与设备安全导则	国标	2017-12-1			各专业的技术指导通则或导则		基础综合		
646	102.1-48	GB/T 33980—2017	电工产品使用说明书中包含电气安全信息的导则	国标	2018-2-1			安全监管		基础综合		
647	102.1-49	GB/T 33985—2017	电工产品标准中包括安全方面的导则 引入风险评估的因素	国标	2018-2-1			安全监管		基础综合		
648	102.1-50	GB/T 34835—2017	电气安全 与信息技术和通信技术网络连接设备的接口分类	国标	2018-4-1	IEC/TR 62102:2005		安全监管		基础综合		
649	102.1-51	GB/T 34924—2017	低压电气设备安全风险评估和风险降低指南	国标	2018-5-1	IEC Guide 116:2010		安全监管		基础综合		
650	102.1-52	GB/T 35204—2017	风力发电机组安全手册	国标	2018-7-1			安全监管		基础综合		
651	102.1-53	GB/T 35247—2017	产品质量安全风险信息监测技术通则	国标	2018-7-1			安全监管		基础综合		
652	102.1-54	GB/T 35253—2017	产品质量安全风险预警分级导则	国标	2018-7-1			安全监管		基础综合		
653	102.1-55	GB/T 35694—2017	光伏发电站安全规程	国标	2018-7-1			安全监管		基础综合		
654	102.1-56	GB/T 36291.1—2018	电力安全设施配置技术规范 第1部分：变电站	国标	2019-1-1			安全监管		基础综合		

序号	体系结构号	标准编号	标准名称	标准级别	实施日期	与国际标准对应关系	代替标准	阶段	分阶段	专业	分专业	备注
655	102.1-57	GB/T 36291.2—2018	电力安全设施配置技术规范 第2部分：线路	国标	2019-1-1			安全监管		基础综合		
656	102.1-58	GB/T 39462—2020	低压直流系统与设备安全导则	国标	2021-6-1			安全监管		基础综合		
657	102.1-59	GB/T 41118—2021	机械安全 安全控制系统设计指南	国标	2022-7-1			安全监管		基础综合		
658	102.1-60	GB/T 41295.1—2022	功能安全应用指南 第1部分：危害辨识和需求分析	国标	2022-10-1			安全监管		基础综合		
659	102.1-61	GB/T 41295.2—2022	功能安全应用指南 第2部分：设计和实现	国标	2022-10-1			安全监管		基础综合		
660	102.1-62	GB/T 41295.3—2022	功能安全应用指南 第3部分：测试验证	国标	2022-10-1			安全监管		基础综合		
661	102.1-63	GB/T 41295.4—2022	功能安全应用指南 第4部分：管理和维护	国标	2022-10-1			安全监管		基础综合		
662	102.1-64	GB/Z 30249—2013	测量、控制和实验室用电气设备的安全要求 GB 4793 的符合性验证报告的编写规程	国标	2014-7-1			安全监管		基础综合		
663	102.1-65	GB/Z 30993—2014	测量、控制和实验室用电气设备的安全要求 GB 4793.1—2007 的符合性验证报告格式	国标	2014-11-1	ISO 10817-1:1998		安全监管		基础综合		
664	102.1-66	IEC 60529—1989/Amd 2—2013/Cor 1—2019	外壳防护等级（IP 代码）	国际标准	2019-1-16			安全监管		基础综合		

序号	体系结构号	标准编号	标准名称	标准级别	实施日期	与国际标准对应关系	代替标准	阶段	分阶段	专业	分专业	备注
665	102.1-67	IEC 62305-1—2010	雷电防护 第1部分：一般原则	国际标准	2010-12-9	EN 62305-1—2011，MOD；COST R IEC 62305-1—2010，IDT	IEC 62305-1—2006	安全监管		基础综合		
666	102.1-68	IEC 62305-2—2010	雷电防护 第2部分：风险管理	国际标准	2010-12-9	COST R IEC 62305-2—2010，IDT	IEC 62305-2—2006	安全监管		基础综合		
667	102.1-69	IEC 62305-3—2010	雷电防护 第3部分：建筑物的物理损害和生命危险	国际标准	2010-12-9	EN 62305-3—2011，MOD	IEC 62305-3—2006	安全监管		基础综合		
668	102.1-70	IEC 62305-4—2010	雷电防护 第4部分：建筑物中电气和电子系统	国际标准	2010-12-9	EN 62345-4—2011，MOD	IEC 62305-4—2006	安全监管		基础综合		
669	102.1-71	IEEE 1402—2000（R2008）	变电站的物理和电子安全指南	国际标准	2000-1-30			安全监管		基础综合		
102.2	**安全通用标准—电网安全稳定**											
670	102.2-1	Q/CSG 110006—2011	电力系统稳定器（PSS）技术条件	企标	2011-12-1			采购、运维、修试	招标、品控、运行、维护、检修、试验	调度及二次	继电保护及安全自动装置	
671	102.2-2	Q/CSG 1107005—2022	南方电网安全稳定计算分析导则	企标	2022-3-30			采购、运维、修试	招标、品控、运行、维护、检修、试验	调度及二次	继电保护及安全自动装置	
672	102.2-3	Q/CSG 1204063—2019	静态电压稳定计算分析导则	企标	2019-12-30			规划、运维	规划、运行	调度及二次	运行方式	
673	102.2-4	Q/CSG 1204073—2020	南方电网电力系统实时仿真技术规范（试行）	企标	2020-8-31			规划、运维	规划、运行	调度及二次	运行方式	
674	102.2-5	Q/CSG 1204105—2021	电力系统安全稳定控制系统高保真动态仿真试验技术规范（试行）	企标	2021-12-30			采购、运维、修试	招标、品控、运行、维护、检修、试验	调度及二次	继电保护及安全自动装置	
675	102.2-6	Q/CSG 1204131—2022	南方电网安全稳定控制系统技术规范	企标	2022-5-25			采购、运维、修试	招标、品控、运行、维护、检修、试验	调度及二次	继电保护及安全自动装置	

序号	体系结构号	标准编号	标准名称	标准级别	实施日期	与国际标准对应关系	代替标准	阶段	分阶段	专业	分专业	备注
676	102.2-7	Q/CSG 1206015—2020	模块化多电平换流器实时仿真建模规范（试行）	企标	2020-8-31			规划、运维	规划、运行	调度及二次	运行方式	
677	102.2-8	Q/CSG 11104002—2012	南方电网运行安全风险量化评估技术规范	企标	2012-12-11			运维	运行	调度及二次	运行方式	
678	102.2-9	T/CEC 487—2021	安全稳定控制系统试验系统技术条件	团标	2021-10-1			采购、运维、修试	招标、品控、运行、维护、检修、试验	调度及二次	继电保护及安全自动装置	
679	102.2-10	T/CSEE 0201—2021	新能源和小水电供电系统频率稳定计算导则	团标	2021-3-11			规划、设计、建设、运维	规划、初设、验收与质量评定、试运行、运行、维护	调度及二次	运行方式、电力调度	
680	102.2-11	T/CSEE 0207—2021	±800kV 高压直流输电系统单极故障引发接地极线路过电压计算导则	团标	2021-3-11			规划、设计、建设、运维	规划、初设、验收与质量评定、试运行、运行、维护	调度及二次	运行方式、电力调度	
681	102.2-12	T/CSEE 0276—2021	直流输电换流站交流侧电网谐波分析技术规范	团标	2021-9-17			规划、设计、建设、运维	规划、初设、验收与质量评定、试运行、运行、维护	调度及二次	运行方式、电力调度	
682	102.2-13	DL/T 723—2000	电力系统安全稳定控制技术导则	行标	2001-1-1			规划、设计、建设、运维	规划、初设、验收与质量评定、试运行、运行、维护	调度及二次	运行方式、继电保护及安全自动装置	
683	102.2-14	DL/T 861—2020	电力可靠性基本名词术语	行标	2021-2-4		DL/T 861—2014	规划、设计、建设、运维	规划、初设、验收与质量评定、试运行、运行、维护	调度及二次	运行方式、继电保护及安全自动装置	
684	102.2-15	DL/T 1092—2008	电力系统安全稳定控制系统通用技术条件	行标	2008-11-1			采购、运维、修试	招标、品控、运行、维护、检修、试验	调度及二次	继电保护及安全自动装置	
685	102.2-16	DL/T 1172—2013	电力系统电压稳定评价导则	行标	2014-4-1			规划、设计、运维	规划、初设、运行	调度及二次	运行方式	

序号	体系结构号	标准编号	标准名称	标准级别	实施日期	与国际标准对应关系	代替标准	阶段	分阶段	专业	分专业	备注
686	102.2-17	DL/T 1234—2013	电力系统安全稳定计算技术规范	行标	2013-8-1			规划、设计、建设、运维	规划、初设、验收与质量评定、试运行、运行、维护	调度及二次	运行方式	
687	102.2-18	DL/T 1500—2016	电网气象灾害预警系统技术规范	行标	2016-6-1			规划、设计、建设、运维	规划、初设、验收与质量评定、试运行、运行、维护	调度及二次	运行方式	
688	102.2-19	DL/T 1981.10—2020	统一潮流控制器 第10部分：系统试验规程	行标	2021-2-1			规划、设计、建设、运维	规划、初设、验收与质量评定、试运行、运行、维护	调度及二次	运行方式	
689	102.2-20	DL/T 2190—2020	中长期电力交易安全校核技术规范	行标	2021-2-1			规划、运维	规划、运行	调度及二次	运行方式	
690	102.2-21	DL/T 2191—2020	水轮机调速器涉网性能仿真检测技术规范	行标	2021-2-1			规划、运维	规划、运行	调度及二次	运行方式	
691	102.2-22	DL/T 2534—2022	电力系统安全稳定控制系统测试技术规范	行标	2023-5-4			采购、运维、修试	招标、品控、运行、维护、检修、试验	调度及二次	继电保护及安全自动装置	
692	102.2-23	DL/T 5600—2021	电力系统次同步谐振/振荡风险评估技术规程	行标	2021-10-26			规划、设计、建设、运维	规划、初设、验收与质量评定、试运行、运行、维护	调度及二次	运行方式、电力调度	
693	102.2-24	NB/T 35043—2014	水电工程三相交流系统短路电流计算导则	行标	2015-3-1		DL/T 5163—2002	运维	运行	发电、调度及二次	水电、运行方式	
694	102.2-25	GB 38755—2019	电力系统安全稳定导则	国标	2020-7-1		DL 755—2001	规划、设计、建设、运维	规划、初设、验收与质量评定、试运行、运行、维护	调度及二次	运行方式、电力调度	
695	102.2-26	GB/T 15544.1—2013	三相交流系统短路电流计算 第1部分：电流计算	国标	2014-8-1	IEC 60909-0:2001, IDT	GB/T 15544—1995	规划、设计、运维	规划、初设、运行	调度及二次	运行方式	

序号	体系结构号	标准编号	标准名称	标准级别	实施日期	与国际标准对应关系	代替标准	阶段	分阶段	专业	分专业	备注
696	102.2-27	GB/T 15544.2—2017	三相交流系统短路电流计算 第2部分：短路电流计算应用的系数	国标	2018-7-1	IEC TR 60909-1:2002		规划、设计、运维	规划、初设、运行	调度及二次	运行方式	
697	102.2-28	GB/T 15544.3—2017	三相交流系统短路电流计算 第3部分：电气设备数据	国标	2018-7-1	IEC TR 60909-2:2008		规划、设计、运维	规划、初设、运行	调度及二次	运行方式	
698	102.2-29	GB/T 15544.4—2017	三相交流系统短路电流计算 第4部分：同时发生两个独立单相接地故障时的电流以及流过大地的电流	国标	2018-7-1	IEC 60909-3:2009		规划、设计、运维	规划、初设、运行	调度及二次	运行方式	
699	102.2-30	GB/T 15544.5—2017	三相交流系统短路电流计算 第5部分：算例	国标	2018-7-1	IEC/TR 60909-4:2000		规划、设计、运维	规划、初设、运行	调度及二次	运行方式	
700	102.2-31	GB/T 26399—2011	电力系统安全稳定控制技术导则	国标	2011-12-1			规划、设计、建设、运维	规划、初设、验收与质量评定、试运行、运行、维护	调度及二次	运行方式、继电保护及安全自动装置	
701	102.2-32	GB/T 35698.1—2017	短路电流效应计算 第1部分：定义和计算方法	国标	2018-7-1			规划、设计、建设、运维	规划、初设、验收与质量评定、运行、维护	基础综合		
702	102.2-33	GB/T 35698.2 2019	短路电流效应计算 第2部分：算例	国标	2020-1-1			规划、设计、建设、运维	规划、初设、验收与质量评定、运行、维护	基础综合		
703	102.2-34	GB/T 38969—2020	电力系统技术导则	国标	2020-7-1			规划、设计、建设、运维	规划、初设、验收与质量评定、试运行、运行、维护	调度及二次	运行方式、电力调度	
704	102.2-35	GB/T 40427—2021	电力系统电压和无功电力技术导则	国标	2022-5-1			规划、运维	规划、运行	调度及二次	运行方式	

序号	体系结构号	标准编号	标准名称	标准级别	实施日期	与国际标准对应关系	代替标准	阶段	分阶段	专业	分专业	备注
705	102.2-36	GB/T 40581—2021	电力系统安全稳定计算规范	国标	2022-5-1			规划、设计、建设、运维	规划、初设、验收与质量评定、试运行、运行、维护	调度及二次	运行方式、电力调度	
706	102.2-37	GB/T 40585—2021	电网运行风险监测、评估及可视化技术规范	国标	2022-5-1			运维、修试	运行、维护、检修、试验	调度及二次	电力调度	
707	102.2-38	GB/T 40587—2021	电力系统安全稳定控制系统技术规范	国标	2022-5-1			规划、设计、建设、运维	规划、初设、验收与质量评定、试运行、运行、维护	调度及二次	运行方式、电力调度	
708	102.2-39	GB/T 40596—2021	电力系统自动低频减负荷技术规定	国标	2022-5-1			设计、运维	初设、运行	调度及二次	继电保护及安全自动装置	
709	102.2-40	GB/T 40598—2021	电力系统安全稳定控制策略描述规则	国标	2022-5-1			规划、设计、建设、运维	规划、初设、验收与质量评定、试运行、运行、维护	调度及二次	运行方式、电力调度	
710	102.2-41	GB/T 40609—2021	电网运行安全校核技术规范	国标	2022-5-1			规划、设计、建设、运维	规划、初设、验收与质量评定、试运行、运行、维护	调度及二次	运行方式、电力调度	
711	102.2-42	GB/T 40613—2021	电力系统大面积停电恢复技术导则	国标	2022-5-1			运维	运行、维护	调度及二次	电力调度	
712	102.2-43	GB/T 40615—2021	电力系统电压稳定评价导则	国标	2022-5-1			规划、设计、运维	规划、初设、运行	调度及二次	运行方式	
713	102.2-44	ANSI UL 6142—2012	小型风力发电机系统的安全性标准	国际标准	2012-11-30			规划、设计、运维	规划、初设、运行	调度及二次	运行方式	
102.3 安全通用标准—用电安全												
714	102.3-1	DL 493—2015	农村低压安全用电规程	行标	2015-9-1		DL 493—2001	安全监管		用电	其他	
715	102.3-2	GB/T 13869—2017	用电安全导则	国标	2018-7-1		GB/T 13869—2008	安全监管		用电	其他	

序号	体系结构号	标准编号	标准名称	标准级别	实施日期	与国际标准对应关系	代替标准	阶段	分阶段	专业	分专业	备注
716	102.3-3	GB/T 18216.1—2021	交流1000V和直流1500V及以下低压配电系统电气安全 防护措施的试验、测量或监控设备 第1部分：通用要求	国标	2021-12-1		GB/T 18216.1—2012	安全监管		配电	其他	
717	102.3-4	GB/T 18216.2—2021	交流1000V和直流1500V及以下低压配电系统电气安全 防护措施的试验、测量或监控设备 第2部分：绝缘电阻	国标	2021-12-1		GB/T 18216.2—2012	安全监管		配电	其他	
718	102.3-5	GB/T 18216.3—2021	交流1000V和直流1500V及以下低压配电系统电气安全 防护措施的试验、测量或监控设备 第3部分：环路阻抗	国标	2021-12-1		GB/T 18216.3—2012	安全监管		配电	其他	
719	102.3-6	GB/T 18216.4—2021	交流1000V和直流1500V及以下低压配电系统电气安全 防护措施的试验、测量或监控设备 第4部分：接地电阻和等电位接地电阻	国标	2021-12-1		GB/T 18216.4—2012	安全监管		配电	其他	
720	102.3-7	GB/T 18216.5—2021	交流1000V和直流1500V及以下低压配电系统电气安全 防护措施的试验、测量或监控设备 第5部分：对地电阻	国标	2021-12-1		GB/T 18216.5—2012	安全监管		配电	其他	

序号	体系结构号	标准编号	标准名称	标准级别	实施日期	与国际标准对应关系	代替标准	阶段	分阶段	专业	分专业	备注
721	102.3-8	GB/T 18384.1—2015	电动汽车安全要求 第1部分：车载可充电储能系统（REESS）	国标	2015-10-1			安全监管		发电	储能	
722	102.3-9	GB/T 31989—2015	高压电力用户用电安全	国标	2016-4-1			安全监管		用电	其他	
102.4 安全通用标准—储能与氢能安全												
723	102.4-1	Q/CSG 1205045—2021	电化学储能电站设备设施安全隐患排查技术规范（试行）	企标	2021-12-30			安全监管		发电	储能	
724	102.4-2	T/CEC 131.9—2020	铅酸蓄电池二次利用 第9部分：家庭级储能系统技术规范	团标	2020-10-1			安全监管		发电	储能	
725	102.4-3	T/CEC 675—2022	电化学储能电站安全规程	团标	2023-2-1			安全监管		发电	储能	
726	102.4-4	T/ACEF 025—2021	用户侧储能梯次利用电池技术规范	团标	2022-1-1			安全监管		发电	储能	
727	102.4-5	T/CES 080—2021	预制舱式储能电站消防集中监控系统技术规范	团标	2021-9-30			安全监管		发电	储能	
728	102.4-6	T/CES 098—2022	百兆瓦级电化学储能电站监控及通信技术要求	团标	2022-1-26			安全监管		发电	储能	
729	102.4-7	T/IEIA 0004—2022	并网光伏发电站电化学储能系统技术规范	团标	2022-6-10			安全监管		发电	储能	
730	102.4-8	T/JFPA 0008—2021	磷酸铁锂电池储能电站可燃气体探测器	团标	2021-12-31			安全监管		发电	储能	
731	102.4-9	T/ZSEIA 006—2022	磁悬浮飞轮储能单元技术规范	团标	2022-3-14			安全监管		发电	储能	

序号	体系结构号	标准编号	标准名称	标准级别	实施日期	与国际标准对应关系	代替标准	阶段	分阶段	专业	分专业	备注
732	102.4-10	T/ZSEIA 007—2022	磁悬浮飞轮储能系统技术规范	团标	2022-3-14			安全监管		发电	储能	
733	102.4-11	T/CEC 131.10—2020	铅酸蓄电池二次利用 第10部分:社区级储能系统技术规范	团标	2020-10-1			安全监管		发电	储能	
734	102.4-12	DL/T 2315—2021	电力储能用梯次利用锂离子电池系统技术导则	行标	2021-10-26			安全监管		发电	储能	
735	102.4-13	DL/T 2316—2021	电力储能用锂离子梯次利用动力电池再退役技术条件	行标	2021-10-26			安全监管		发电	储能	
736	102.4-14	NB/T 10671—2021	固体氧化物燃料电池 模块通用安全技术导则	行标	2021-10-26			安全监管		发电	储能	
737	102.4-15	NB/T 10822—2021	固体氧化物燃料电池 小型固定式发电系统通用安全技术导则	行标	2022-5-16			安全监管		发电	储能	
738	102.4-16	NB/T 31016—2011	电池储能功率控制系统技术条件	行标	2011-11-1			安全监管		发电	储能	
739	102.4-17	T/CPSS 1005—2020	储能电站储能电池管理系统与储能变流器通信技术规范	行标	2020-9-1			安全监管		发电	储能	
740	102.4-18	GB/T 22473—2008	储能用铅酸蓄电池	国标	2009-10-1			安全监管		发电	储能	
741	102.4-19	GB/T 29729—2022	氢系统安全的基本要求	国标	2023-4-1		GB/T 29729—2013	安全监管		发电	储能	
742	102.4-20	GB/T 42288—2022	电化学储能电站安全规程	国标	2023-7-1			安全监管		发电	储能	

序号	体系结构号	标准编号	标准名称	标准级别	实施日期	与国际标准对应关系	代替标准	阶段	分阶段	专业	分专业	备注
743	102.4-21	IEC 62485-2—2010	蓄电池组和蓄电池装置安全性要求 第2部分：稳流蓄电池	国际标准	2010-6-16			安全监管		发电	储能	
744	102.4-22	IEC 63056—2020	含碱性或其它非酸性电解质的蓄电池和蓄电池组. 电储能系统用锂原电池和蓄电池安全要求	国际标准	2021-6-1			安全监管		发电	储能	
102.5 安全通用标准—应急机制												
745	102.5-1	Q/CSG 11201—2009	南方电网公司应急指挥平台建设规范	企标	2009-8-1			安全监管		基础综合		
746	102.5-2	T/CEC 179—2018	大中型水电站地质灾害预警及应急管理技术规范	团标	2018-9-1			安全监管		发电	水电	
747	102.5-3	T/CEC 473—2021	水电厂应急预案编制导则	团标	2021-10-1			安全监管		基础综合		
748	102.5-4	T/CEC 546—2021	电网企业应急物资保障能力评价规范	团标	2022-3-1			安全监管		基础综合		
749	102.5-5	T/CSEE 0036—2017	低压电力应急电源车通用技术要求	团标	2018-5-1			安全监管		基础综合		
750	102.5-6	AQ/T 9007—2019	生产安全事故应急演练基本规范	行标	2020-2-1		AQ/T 9007—2011	安全监管		基础综合		
751	102.5-7	AQ/T 9009—2015	生产安全事故应急演练评估规范	行标	2015-9-1			安全监管		基础综合		
752	102.5-8	AQ/T 9011—2019	生产经营单位生产安全事故应急预案评估指南	行标	2020-2-1			安全监管		基础综合		

序号	体系结构号	标准编号	标准名称	标准级别	实施日期	与国际标准对应关系	代替标准	阶段	分阶段	专业	分专业	备注
753	102.5-9	DL/T 1352—2014	电力应急指挥中心技术导则	行标	2015-3-1			安全监管		基础综合		
754	102.5-10	DL/T 1614—2016	电力应急指挥通信车技术规范	行标	2016-12-1			安全监管		基础综合		
755	102.5-11	DL/T 1901—2018	水电站大坝运行安全应急预案编制导则	行标	2019-5-1			安全监管		发电	水电	
756	102.5-12	DL/T 1919—2018	发电企业应急能力建设评估规范	行标	2019-5-1			安全监管		发电	火电、水电、光伏、风电、其他	
757	102.5-13	DL/T 1920—2018	电网企业应急能力建设评估规范	行标	2019-5-1			安全监管		基础综合		
758	102.5-14	DL/T 1921—2018	电力建设企业应急能力建设评估规范	行标	2019-5-1			安全监管		基础综合		
759	102.5-15	DL/T 2257—2021	大中型水电站地质灾害预警及应急管理技术规范	行标	2021-10-26			安全监管		基础综合		
760	102.5-16	DL/T 2512—2022	输电线路高空救援技术导则	行标	2022-11-13			安全监管		基础综合		
761	102.5-17	DL/T 2516—2022	电力应急充电方舱技术规范	行标	2022-11-13			安全监管		基础综合		
762	102.5-18	DL/T 2517—2022	电力应急移动照明灯技术要求	行标	2022-11-13			安全监管		基础综合		
763	102.5-19	DL/T 2518—2022	电网企业应急预案编制导则	行标	2022-11-13			安全监管		基础综合		
764	102.5-20	DL/T 2519—2022	电力建设企业应急预案编制导则	行标	2022-11-13			安全监管		基础综合		
765	102.5-21	DL/T 2521—2022	电力应急数据采集技术规范	行标	2022-11-13			安全监管		基础综合		

序号	体系结构号	标准编号	标准名称	标准级别	实施日期	与国际标准对应关系	代替标准	阶段	分阶段	专业	分专业	备注
766	102.5-22	DL/T 2523—2022	电力应急电源装备通用技术要求	行标	2022-11-13			安全监管		基础综合		
767	102.5-23	DL/T 5314—2014	水电水利工程施工安全生产应急能力评估导则	行标	2014-8-1			安全监管		发电	水电	
768	102.5-24	HJ 589—2021	突发环境事件应急监测技术规范	行标	2022-3-1		HJ 589—2010	安全监管		其他		
769	102.5-25	LD/T 04—2022	人力资源社会保障网络安全监测和应急处置规范	行标	2022-7-1			安全监管		基础综合		
770	102.5-26	NB/T 10348—2019	水电工程水库蓄水应急预案编制规程	行标	2020-7-1			安全监管		发电	水电	
771	102.5-27	NB/T 10497—2021	水电工程水库塌岸与滑坡治理技术规程	行标	2021-7-1			安全监管		基础综合		
772	102.5-28	NB/T 10631—2021	风电场应急预案编制导则	行标	2021-10-26			安全监管		基础综合		
773	102.5-29	QC/T 911—2013	电源车	行标	2013-9-1			安全监管		用电	其他	
774	102.5-30	WB/T 1123—2022	应急物流基础数据元	行标	2022-7-1			安全监管		基础综合		
775	102.5-31	WB/T 1124—2022	应急物流公共数据模型	行标	2022-7-1			安全监管		基础综合		
776	102.5-32	YJ/T 1.1—2022	社会应急力量建设基础规范 第1部分：总体要求	行标	2022-12-18			安全监管		基础综合		
777	102.5-33	YJ/T 1.2—2022	社会应急力量建设基础规范 第2部分：建筑物倒塌搜救	行标	2022-12-18			安全监管		基础综合		

序号	体系结构号	标准编号	标准名称	标准级别	实施日期	与国际标准对应关系	代替标准	阶段	分阶段	专业	分专业	备注
778	102.5-34	YJ/T 1.3—2022	社会应急力量建设基础规范 第3部分：山地搜救	行标	2022-12-18			安全监管		基础综合		
779	102.5-35	YJ/T 1.4—2022	社会应急力量建设基础规范 第4部分：水上搜救	行标	2022-12-18			安全监管		基础综合		
780	102.5-36	YJ/T 1.5—2022	社会应急力量建设基础规范 第5部分：潜水救援	行标	2022-12-18			安全监管		基础综合		
781	102.5-37	YJ/T 1.6—2022	社会应急力量建设基础规范 第6部分：应急医疗救护	行标	2022-12-18			安全监管		基础综合		
782	102.5-38	GB/T 29328—2018	重要电力用户供电电源及自备应急电源配置技术规范	国标	2019-7-1		GB/Z 29328—2012	安全监管		用电	其他	
783	102.5-39	GB/T 33942—2017	特种设备事故应急预案编制导则	国标	2018-2-1			安全监管		附属设施及工器具	工器具	
784	102.5-40	GB/T 34312—2017	雷电灾害应急处置规范	国标	2018-4-1			安全监管		输电、变电、配电	其他	
785	102.5-41	GB/T 35649—2017	突发事件应急标绘符号规范	国标	2018-7-1			安全监管		基础综合		
786	102.5-42	GB/T 35651—2017	突发事件应急标绘图层规范	国标	2018-7-1			安全监管		基础综合		
787	102.5-43	GB/T 35965.1—2018	应急信息交互协议 第1部分：预警信息	国标	2018-8-1			安全监管		基础综合		
788	102.5-44	GB/T 35965.2—2018	应急信息交互协议 第2部分：事件信息	国标	2018-8-1			安全监管		基础综合		
789	102.5-45	GB/T 36966—2018	公共预警短消息业务测试方法	国标	2019-4-1			安全监管		基础综合		

序号	体系结构号	标准编号	标准名称	标准级别	实施日期	与国际标准对应关系	代替标准	阶段	分阶段	专业	分专业	备注
790	102.5-46	GB/T 37228—2018	公共安全 应急管理 突发事件响应要求	国标	2019-6-1			安全监管		基础综合		
791	102.5-47	GB/T 37230—2018	公共安全 应急管理 预警颜色指南	国标	2019-6-1			安全监管		基础综合		
792	102.5-48	GB/T 38565—2020	应急物资分类及编码	国标	2020-10-1			安全监管		基础综合		
793	102.5-49	GB/T 41443—2022	地理信息应急数据规范	国标	2022-4-15			安全监管		基础综合		
794	102.5-50	GB/T 41694—2022	安全与韧性 应急管理 危险性设施监测指南	国标	2022-10-12			安全监管		基础综合		
795	102.5-51	GB/T 41916—2022	应急物资包装单元条码标签设计指南	国标	2023-5-1			安全监管		基础综合		
102.6 安全通用标准—消防												
796	102.6-1	T/CEC 291.5—2020	天然酯绝缘油电力变压器 第5部分：防火应用导则	团标	2020-10-1			安全监管		变电	变压器	
797	102.6-2	T/CEC 373—2020	预制舱式磷酸铁锂电池储能电站消防技术规范	团标	2020-10-1			安全监管		发电	储能	
798	102.6-3	T/CEC 464—2021	预制舱式锂离子电池储能系统灭火系统 技术要求	团标	2021-9-1			安全监管		发电	储能	
799	102.6-4	T/CEC 575—2021	油浸式变压器泡沫-水喷雾灭火装置通用技术条件	团标	2022-3-1			安全监管		变电	变压器	
800	102.6-5	T/CEC 5065—2021	油浸式变压器泡沫-水喷雾灭火系统技术规范	团标	2022-3-1			安全监管		变电	变压器	

序号	体系结构号	标准编号	标准名称	标准级别	实施日期	与国际标准对应关系	代替标准	阶段	分阶段	专业	分专业	备注
801	102.6-6	T/CSEE 0299—2022	输电线路山火高扬程带电灭火装备技术规范	团标	2022-9-27			安全监管		变电	变压器	
802	102.6-7	DL 5027—2015	电力设备典型消防规程	行标	2015-9-1		DL 5027—1993	安全监管		变电	变压器	
803	102.6-8	DLGJ 154—2000	电缆防火措施设计和施工验收标准	行标	2001-1-1			安全监管		输电、配电	电缆、线缆	
804	102.6-9	GA 834—2009	泡沫喷雾灭火装置	行标	2009-7-1			安全监管		基础综合		
805	102.6-10	NB/T 10695—2021	爆炸性环境用阻火器检验技术规范	行标	2021-10-26			安全监管		基础综合		
806	102.6-11	SY/T 7669—2022	气溶胶灭火系统技术规范	行标	2023-5-4			安全监管		变电	变压器	
807	102.6-12	XF 139—2009	灭火器箱	行标	2009-12-1		GA 139—1996	安全监管		附属设施及工器具	工器具	
808	102.6-13	XF 835—2009	油浸变压器排油注氮灭火装置	行标	2009-7-1			安全监管		基础综合		
809	102.6-14	XF 1025—2012	消防产品 消防安全要求	行标	2012-11-23			安全监管		基础综合		
810	102.6-15	XF 1131—2014	仓储场所消防安全管理通则	行标	2014-3-1			安全监管		基础综合		
811	102.6-16	XF/T 3012—2020	钢结构防火保护板	行标	2021-5-1			安全监管		基础综合		
812	102.6-17	XF/T 3014.1—2022	消防数据元 第1部分：基础业务信息	行标	2023-3-1			安全监管		基础综合		
813	102.6-18	XF/T 3015.1—2022	消防数据元限定词 第1部分：基础业务信息	行标	2023-3-1			安全监管		基础综合		
814	102.6-19	XF/T 3016.1—2022	消防信息代码 第1部分：基础业务信息	行标	2023-3-1			安全监管		基础综合		

序号	体系结构号	标准编号	标准名称	标准级别	实施日期	与国际标准对应关系	代替标准	阶段	分阶段	专业	分专业	备注
815	102.6-20	XF/T 3017.1—2022	消防业务信息数据项 第1部分:灭火救援指挥基本信息	行标	2023-3-1			安全监管		基础综合		
816	102.6-21	XF/T 3017.2—2022	消防业务信息数据项 第2部分:消防产品质量监督管理基本信息	行标	2023-3-1			安全监管		基础综合		
817	102.6-22	XF/T 3017.3—2022	消防业务信息数据项 第3部分:消防装备基本信息	行标	2023-3-1			安全监管		基础综合		
818	102.6-23	XF/T 3017.4—2022	消防业务信息数据项 第4部分:消防信息通信管理基本信息	行标	2023-3-1			安全监管		基础综合		
819	102.6-24	XF/T 3017.5—2022	消防业务信息数据项 第5部分:消防安全重点单位与建筑物基本信息	行标	2023-3-1			安全监管		基础综合		
820	102.6-25	XF/T 3018—2022	消防业务信息系统运行维护规范	行标	2023-3-1			安全监管		基础综合		
821	102.6-26	GB 3446—2013	消防水泵接合器	国标	2014-8-1		GB 3446—1993	安全监管		基础综合		
822	102.6-27	GB 4351.1—2005	手提式灭火器 第1部分:性能和结构要求	国标	2005-12-1	ISO 7165:1999, NEQ	GB 4399—1984; GB 4400—1984; GB 4401—1984; GB 12515—1990; GB 15368—1994; GB 4351—1997; GB 4397—1998; GB 4402—1998; GB 4398—1999	安全监管		基础综合		

序号	体系结构号	标准编号	标准名称	标准级别	实施日期	与国际标准对应关系	代替标准	阶段	分阶段	专业	分专业	备注
823	102.6-28	GB 4717—2005	火灾报警控制器	国标	2006-6-1		GB 4717—1993	安全监管		基础综合		
824	102.6-29	GB 8109—2005	推车式灭火器	国标	2005-12-1	ISO 11601:1999，NEQ	GB 8109—1987	安全监管		基础综合		
825	102.6-30	GB 8181—2005	消防水枪	国标	2006-4-1		GB 8181—1987	安全监管		基础综合		
826	102.6-31	GB 12955—2008	防火门	国标	2009-1-1		GB 12955—1991；GB 14101—1993	安全监管		基础综合		
827	102.6-32	GB 14287.1—2014	电气火灾监控系统 第1部分：电气火灾监控设备	国标	2015-6-1		GB 14287.1—2005	安全监管		基础综合		
828	102.6-33	GB 14287.2—2014	电气火灾监控系统 第2部分：剩余电流式电气火灾监控探测器	国标	2015-6-1		GB 14287.2—2005	安全监管		基础综合		
829	102.6-34	GB 14287.3—2014	电气火灾监控系统 第3部分：测温式电气火灾监控探测器	国标	2015-6-1		GB 14287.3—2005	安全监管		基础综合		
830	102.6-35	GB 14287.4—2014	电气火灾监控系统 第4部分：故障电弧探测器	国标	2015-6-1			安全监管		基础综合		
831	102.6-36	GB 16806—2006	消防联动控制系统	国标	2007-4-1		GB 16806—1997	安全监管		基础综合		
832	102.6-37	GB 17945—2010	消防应急照明和疏散指示系统	国标	2011-5-1		GB 17945—2000	安全监管		基础综合		
833	102.6-38	GB 25201—2010	建筑消防设施的维护管理	国标	2011-3-1			安全监管		基础综合		
834	102.6-39	GB 25972—2010	气体灭火系统及部件	国标	2011-6-1			安全监管		基础综合		
835	102.6-40	GB 27898.2—2011	固定消防给水设备. 第2部分：消防自动恒压给水设备	国标	2012-6-1			安全监管		附属设施及工器具	工器具	

序号	体系结构号	标准编号	标准名称	标准级别	实施日期	与国际标准对应关系	代替标准	阶段	分阶段	专业	分专业	备注
836	102.6-41	GB 29837—2013	火灾探测报警产品的维修保养与报废	国标	2014-8-7			安全监管		基础综合		
837	102.6-42	GB 35181—2017	重大火灾隐患判定方法	国标	2018-7-1			安全监管		基础综合		
838	102.6-43	GB 50354—2005	建筑内部装修防火施工及验收规范	国标	2005-8-1			安全监管		基础综合		
839	102.6-44	GB/T 4968—2008	火灾分类	国标	2009-4-1	ISO 3941:2007，MOD	GB/T 4968—1985	安全监管		基础综合		
840	102.6-45	GB/T 16840.1—2008	电气火灾痕迹物证技术鉴定方法 第1部分:宏观法	国标	2009-5-1		GB 16840.1—1997	安全监管		基础综合		
841	102.6-46	GB/T 16840.2—2021	电气火灾痕迹物证技术鉴定方法 第2部分:剩磁检测法	国标	2021-8-20		GB/T 16840.2—1997	安全监管		基础综合		
842	102.6-47	GB/T 16840.3—2021	电气火灾痕迹物证技术鉴定方法 第3部分:俄歇分析法	国标	2021-8-20		GB/T 16840.3—1997	安全监管		基础综合		
843	102.6-48	GB/T 16840.4—2021	电气火灾痕迹物证技术鉴定方法 第4部分:金相分析法	国标	2021-8-20		GB/T 16840.4—1997	安全监管		基础综合		
844	102.6-49	GB/T 16840.7—2021	电气火灾痕迹物证技术鉴定方法 第7部分:EDS成分分析法	国标	2021-8-20			安全监管		基础综合		
845	102.6-50	GB/T 16840.8—2021	电气火灾痕迹物证技术鉴定方法 第8部分:热分析法	国标	2021-8-20			安全监管		基础综合		

序号	体系结构号	标准编号	标准名称	标准级别	实施日期	与国际标准对应关系	代替标准	阶段	分阶段	专业	分专业	备注
846	102.6-51	GB/T 26875.7—2015	城市消防远程监控系统 第7部分:消防设施维护管理软件功能要求	国标	2016-2-1			安全监管		基础综合		
847	102.6-52	GB/T 31248—2014	电缆或光缆在受火条件下火焰蔓延、热释放和产烟特性的试验方法	国标	2015-4-1			安全监管		基础综合		
848	102.6-53	GB/T 31540.1—2015	消防安全工程指南 第1部分:性能化在设计中的应用	国标	2015-8-1	ISO/TR 13387-1:1999,MOD		安全监管		基础综合		
849	102.6-54	GB/T 31540.2—2015	消防安全工程指南 第2部分:火灾发生、发展及烟气的生成	国标	2015-8-1	ISO/TR 13387-4:1999,MOD		安全监管		基础综合		
850	102.6-55	GB/T 31540.3—2015	消防安全工程指南 第3部分:结构响应和室内火灾的对外蔓延	国标	2015-8-1	ISO/TR 13387-6:1999,MOD		安全监管		基础综合		
851	102.6-56	GB/T 31540.4—2015	消防安全工程指南 第4部分:探测、启动和灭火	国标	2015-8-1	ISO/TR 13387-7:1999,MOD		安全监管		基础综合		
852	102.6-57	GB/T 31592—2015	消防安全工程总则	国标	2015-8-1	ISO 23932:2009,MOD		安全监管		基础综合		
853	102.6-58	GB/T 31593.1—2015	消防安全工程 第1部分:计算方法的评估、验证和确认	国标	2015-8-1	ISO 16730:2008,MOD		安全监管		基础综合		
854	102.6-59	GB/T 31593.4—2015	消防安全工程 第4部分:设定火灾场景和设定火灾的选择	国标	2015-8-1	ISO/TS 16733:2006,MOD		安全监管		基础综合		

序号	体系结构号	标准编号	标准名称	标准级别	实施日期	与国际标准对应关系	代替标准	阶段	分阶段	专业	分专业	备注
855	102.6-60	GB/T 37521.1—2019	重点场所防爆炸安全检查 第1部分：基础条件	国标	2019-12-1			安全监管		基础综合		
856	102.6-61	GB/T 37521.2—2019	重点场所防爆炸安全检查 第2部分：能力评估	国标	2019-12-1			安全监管		基础综合		
857	102.6-62	GB/T 37521.3—2019	重点场所防爆炸安全检查 第3部分：规程	国标	2019-12-1			安全监管		基础综合		
858	102.6-63	GB/T 40248—2021	人员密集场所消防安全管理	国标	2021-12-1			安全监管		基础综合		
859	102.6-64	GB/T 40497—2021	海上设施防火与防爆设计评估原则	国标	2022-3-1			安全监管		基础综合		
860	102.6-65	GB/Z 40776—2021	低压开关设备和控制设备 火灾风险分析和风险降低措施	国标	2022-5-1			安全监管		基础综合		
861	102.6-66	ISO 7240-14—2013	火灾探测和报警系统 第14部分：建筑物中和周围火灾探测和火灾报警系统的设计、安装、调试和服务	国际标准	2013-7-29		ISO TR 7240-14 2003；ISO FDIS 7240-14—2013	安全监管		基础综合		
102.7 安全通用标准—其他												
862	102.7-1	TSG 03—2015	特种设备事故报告和调查处理导则	行标	2016-6-1			安全监管		基础综合		
863	102.7-2	TSG 08—2017	特种设备使用管理规则	行标	2017-8-1			安全监管		基础综合		
864	102.7-3	GB 16796—2009	安全防范报警设备 安全要求和试验方法	国标	2010-6-1		GB 16796—1997	安全监管		基础综合		

序号	体系结构号	标准编号	标准名称	标准级别	实施日期	与国际标准对应关系	代替标准	阶段	分阶段	专业	分专业	备注
865	102.7-4	GB 19652—2005	放电灯（荧光灯除外）安全要求	国标	2005-8-1	IEC 62035:1999，IDT	GB 7248—1987	安全监管			基础综合	
866	102.7-5	GB/T 15408—2011	安全防范系统供电技术要求	国标	2011-12-1		GB/T 15408—1994	安全监管			基础综合	
867	102.7-6	GB/T 38244—2019	机器人安全总则	国标	2020-5-1			安全监管			基础综合	
103	**低碳、环保通用标准**											
103.1	**低碳、环保通用标准—碳监测与统计**											
868	103.1-1	T/CSPSTC 51—2020	智慧零碳工业园区设计和评价技术指南	团标	2020-8-18					环境保护、安全通用标准		
869	103.1-2	T/GDES 4—2016	碳排放管理体系　要求及使用指南	团标	2016-8-4					环境保护、安全通用标准		
870	103.1-3	T/GZLY 2—2022	零碳数智楼宇节能降碳评价规范	团标	2022-12-16					环境保护、安全通用标准		
871	103.1-4	T/SEESA 010—2022	零碳园区创建与评价技术规范	团标	2022-4-25					环境保护、安全通用标准		
872	103.1-5	DL/T 2376—2021	火电厂烟气二氧化碳排放连续监测技术规范	行标	2022-3-22					环境保护、安全通用标准		
873	103.1-6	GB/T 50378—2019	绿色建筑评价标准	国标	2019-8-1					环境保护、安全通用标准		
103.2	**低碳、环保通用标准—碳核算与评价**											
874	103.2-1	T/CEC 134—2017	电能替代项目减排量核定方法	团标	2016-8-4					环境保护、安全通用标准		
875	103.2-2	T/CEC 306—2020	绿色设计产品评价技术规范 架空输电线路杆塔	团标	2022-3-22					环境保护、安全通用标准		

序号	体系结构号	标准编号	标准名称	标准级别	实施日期	与国际标准对应关系	代替标准	阶段	分阶段	专业	分专业	备注
876	103.2-3	T/CI 171—2022	区域能源系统碳减排核算技术规程	团标	2022-12-29			环境保护、安全通用标准				
877	103.2-4	HG/T 5973—2021	二氧化碳行业绿色工厂评价要求	行标	2022-2-1			环境保护、安全通用标准				
878	103.2-5	NB/T 10655—2021	风力发电装备制造业绿色供应链管理评价规范	行标	2021-10-26			环境保护、安全通用标准				
879	103.2-6	GB/T 32150—2015	工业企业温室气体排放核算和报告通则	国标	2016-6-1			环境保护、安全通用标准				
880	103.2-7	GB/T 32151.1—2015	温室气体排放核算与报告要求 第1部分：发电企业	国标	2016-6-1			环境保护、安全通用标准				
881	103.2-8	GB/T 32151.2—2015	温室气体排放核算与报告要求 第2部分：电网企业	国标	2016-6-1			环境保护、安全通用标准				
882	103.2-9	GB/T 36272—2018	电子电气产品系统生态效率评估 原则、要求与指南	国标	2019-1-1			环境保护、安全通用标准				
883	103.2-10	GB/T 40092—2021	生态设计产品评价技术规范 变压器	国标	2021-12-1			环境保护、安全通用标准				
884	103.2-11	GB/T 41152—2021	城市和社区可持续发展 低碳发展水平评价导则	国标	2022-4-1			环境保护、安全通用标准				
885	103.2-12	ISO 14064-2:2018	温室气体-第二部分：项目层面量化、监测和报告温室气体清除规范	国际标准	2019-4-1			环境保护、安全通用标准				

序号	体系结构号	标准编号	标准名称	标准级别	实施日期	与国际标准对应关系	代替标准	阶段	分阶段	专业	分专业	备注
103.3	低碳、环保通用标准—碳核查与审计											
886	103.3-1	T/GDES 3—2016	企业碳排放核查规范	团标	2016-7-19			环境保护、安全通用标准				
887	103.3-2	RB/T 253—2018	电网企业温室气体排放核查技术规范	行标	2018-7-1			环境保护、安全通用标准				
888	103.3-3	RB/T 254—2018	发电企业温室气体排放核查技术规范	行标	2018-10-1			环境保护、安全通用标准				
889	103.3-4	ISO 14064-3:2019	温室气体-第三部分:温室气体排放认定和核查规范	国际标准	2019-4-1			环境保护、安全通用标准				
103.4	低碳、环保通用标准—碳认证											
103.5	低碳、环保通用标准—碳中和											
890	103.5-1	T/AIAC 001—2022	"零碳中国"评价标准通则	团标	2022-11-8			环境保护、安全通用标准				
891	103.5-2	ISO 14021:2016/Amd 1:2021	环境标签和声明:环境承诺声明修正案 1:碳足迹、碳中和	国际标准	2021-7-1			环境保护、安全通用标准				
103.6	低碳、环保通用标准—碳市场											
892	103.6-1	T/GDES 1—2016	企业碳排放权交易会计信息处理规范	团标	2016-7-1			环境保护、安全通用标准				
893	103.6-2	DL/T 2126—2020	发电企业碳排放权交易技术指南	行标	2021-2-1			环境保护、安全通用标准				

序号	体系结构号	标准编号	标准名称	标准级别	实施日期	与国际标准对应关系	代替标准	阶段	分阶段	专业	分专业	备注
103.7	**低碳、环保通用标准—碳金融**											
103.8	**低碳、环保通用标准—环境保护**											
894	103.8-1	T/CEC 475—2021	海水抽水蓄能电站工程环境影响评价技术规范	团标	2021-10-1			安全监管		发电	水电	
895	103.8-2	DL/T 334—2021	输变电工程电磁环境监测技术规范	行标	2022-3-22		DL/T 334—2010	安全监管		基础综合		
896	103.8-3	DL/T 582—2016	发电厂水处理用活性炭使用导则	行标	2016-6-1		DL/T 582—2004	安全监管		发电	火电	
897	103.8-4	DL/T 1264—2013	火电厂环境统计指标	行标	2014-4-1			安全监管		基础综合		
898	103.8-5	DL/T 1727—2017	110kV～750kV交流架空输电线路可听噪声控制技术导则	行标	2017-12-1			安全监管		输电	线路	
899	103.8-6	DL/T 5260—2010	水电水利工程施工环境保护技术规程	行标	2011-5-1			安全监管		发电	水电	
900	103.8-7	HJ 2.1—2016	建设项目环境影响评价技术导则 总纲	行标	2017-1-1		HJ 2.1—2011	安全监管				
901	103.8-8	HJ 2.3—2018	环境影响评价技术导则 地表水环境	行标	2019-3-1		HJ/T 2.3—1993	安全监管		基础综合		
902	103.8-9	HJ 2.4—2021	环境影响评价技术导则 声环境	行标	2010-4-1		HJ/T 2.4—1995	安全监管		基础综合		
903	103.8-10	HJ 19—2022	环境影响评价技术导则 生态影响	行标	2022-7-1		HJ 19—2011	安全监管		基础综合		

序号	体系结构号	标准编号	标准名称	标准级别	实施日期	与国际标准对应关系	代替标准	阶段	分阶段	专业	分专业	备注
904	103.8-11	HJ 75—2017	固定污染源烟气（SO_2、NO_X、颗粒物)排放连续监测技术规范	行标	2018-3-1			安全监管		基础综合		
905	103.8-12	HJ 76—2017	固定污染源烟气（SO_2、NO_X、颗粒物)排放连续监测系统技术要求及检测方法	行标	2018-3-1			安全监管		基础综合		
906	103.8-13	HJ 353—2019	水污染源在线监测系统（CODCr、NH3-N 等）安装技术规范	行标	2020-3-24			安全监管		基础综合		
907	103.8-14	HJ 354—2019	水污染源在线监测系统（CODCr、NH3-N 等）验收技术规范	行标	2020-3-24			安全监管		基础综合		
908	103.8-15	HJ 464—2009	建设项目竣工环境保护验收技术规范　水利水电	行标	2009-7-1			安全监管		基础综合		
909	103.8-16	HJ 519—2020	废铅蓄电池处理污染控制技术规范	行标	2020-3-26			安全监管		基础综合		
910	103.8-17	HJ 580—2010	含油污水处理工程技术规范	行标	2011-1-1			安全监管		基础综合		
911	103.8-18	HJ 607—2011	废矿物油回收利用污染控制技术规范	行标	2011-7-1			安全监管		基础综合		
912	103.8-19	HJ 819—2017	排污单位自行监测技术指南　总则	行标	2017-6-1			安全监管		基础综合		
913	103.8-20	HJ 820—2017	排污单位自行监测技术指南　火力发电及锅炉	行标	2017-6-1			安全监管		基础综合		

序号	体系结构号	标准编号	标准名称	标准级别	实施日期	与国际标准对应关系	代替标准	阶段	分阶段	专业	分专业	备注
914	103.8-21	HJ 1113—2020	输变电建设项目环境保护技术要求	行标	2020-4-1			安全监管		基础综合		
915	103.8-22	HJ 1259—2022	危险废物管理计划和管理台账制定技术导则	行标	2022-10-1			安全监管		基础综合		
916	103.8-23	HJ/T 10.2—1996	辐射环境保护管理导则 电磁辐射监测仪器和方法	行标	1996-5-10			安全监管		基础综合		
917	103.8-24	HJ/T 10.3—1996	辐射环境保护管理导则 电磁辐射环境影响评价方法与标准	行标	1996-5-10			安全监管		基础综合		
918	103.8-25	HJ/T 88—2003	环境影响评价技术导则 水利水电工程	行标	2003-4-1			安全监管		基础综合		
919	103.8-26	HJ/T 255—2006	建设项目竣工环境保护验收技术规范 火力发电厂	行标	2006-5-1			安全监管		基础综合		
920	103.8-27	HJ/T 298—2019	危险废物鉴别技术规范	行标	2020-1-1			安全监管		基础综合		
921	103.8-28	SJ/T 11876—2022	电子电气产品有害物质管理与实施评价指南	行标	2023-01-01			安全监管		基础综合		
922	103.8-29	SL/T 796—2020	小型水电站下游河道减脱水防治技术导则	行标	2020-9-5			安全监管		基础综合		
923	103.8-30	YD/T 3814.1—2021	通信局站的电磁环境防护 第1部分：电磁环境分类	行标	2021-4-1			安全监管		基础综合		

序号	体系结构号	标准编号	标准名称	标准级别	实施日期	与国际标准对应关系	代替标准	阶段	分阶段	专业	分专业	备注
924	103.8-31	YD/T 3814.2—2021	通信局站的电磁环境防护 第2部分：电磁环境防护方法	行标	2021-4-1			安全监管		基础综合		
925	103.8-32	GB 3096—2008	声环境质量标准	国标	2008-10-1		GB 3096—1993；GB/T 14623—1993	安全监管		基础综合		
926	103.8-33	GB 12348—2008	工业企业厂界环境噪声排放标准	国标	2008-10-1		GB 12348—1990；GB 12349—1990	安全监管		基础综合		
927	103.8-34	GB 13223—2011	火电厂大气污染物排放标准	国标	2012-1-1		GB 13223—2003	安全监管		发电	火电	
928	103.8-35	GB 13614—2012	短波无线电收信台（站）及测向台（站）电磁环境要求	国标	2013-4-1		GB 13614—1992；GB 13617—1992	安全监管		信息	基础设施	
929	103.8-36	GB 13618—1992	对空情报雷达站电磁环境防护要求	国标	1993-9-1			安全监管		信息	基础设施	
930	103.8-37	GB 18597—2023	危险废物贮存污染控制标准	国标	2023-7-1			安全监管		基础综合		
931	103.8-38	GB 50325—2020	民用建筑工程室内环境污染控制规范	国标	2020-8-1			安全监管		基础综合		
932	103.8-39	GB/T 2423.16—2022	环境试验 第2部分：试验方法 试验J和导则：长霉	国标	2023-2-1		GB/T 2423.16—2008	安全监管		基础综合		
933	103.8-40	GB/T 2423.3—2016	环境试验 第2部分：试验方法 试验Cab：恒定湿热试验	国标	2017-7-1	IEC 60068-2-78:2012	GB/T 2423.3—2006	安全监管		基础综合		
934	103.8-41	GB/T 2423.54—2022	环境试验 第2部分：试验方法 试验Xc：流体污染	国标	2023-2-1		GB/T 2423.54—2005	安全监管		基础综合		

序号	体系结构号	标准编号	标准名称	标准级别	实施日期	与国际标准对应关系	代替标准	阶段	分阶段	专业	分专业	备注
935	103.8-42	GB/T 2424.1—2015	环境试验 第3部分：支持文件及导则 低温和高温试验	国标	2016-5-1		GB/T 2424.1—2005	安全监管		基础综合		
936	103.8-43	GB/T 3222.1—2022	声学 环境噪声的描述、测量与评价 第1部分：基本参量与评价方法	国标	2022-10-1	ISO 1996-1:2003，IDT	GB/T 3222.1—2006	安全监管		基础综合		
937	103.8-44	GB/T 3836.11—2022	爆炸性环境 第11部分：气体和蒸气物质特性分类 试验方法和数据	国标	2023-5-1	IEC 60079-20-1—2010，IDT	GB/T 3836.11—2017	安全监管		基础综合		
938	103.8-45	GB/T 3836.16—2022	爆炸性环境 第16部分：电气装置的检查与维护	国标	2023-5-1	IEC 60079-17:2007	GB/T 3836.16—2017	安全监管		变电	其他	
939	103.8-46	GB/T 3836.25—2019	爆炸性环境 第25部分：可燃性工艺流体与电气系统之间的工艺密封要求	国标	2020-7-1			安全监管		基础综合		
940	103.8-47	GB/T 3836.26—2019	爆炸性环境 第26部分：静电危害 指南	国标	2020-7-1			安全监管		基础综合		
941	103.8-48	GB/T 3836.27—2019	爆炸性环境 第27部分：静电危害 试验	国标	2020-7-1			安全监管		基础综合		
942	103.8-49	GB/T 3836.36—2022	爆炸性环境 第36部分：控制防爆设备潜在点燃源的电气安全装置	国标	2023-5-1			安全监管		基础综合		
943	103.8-50	GB/T 3836.4—2021	爆炸性环境 第4部分：由本质安全型"i"保护的设备	国标	2022-5-1	IEC 60079-11:2006，MOD	GB 3836.19—2010；GB 3836.4—2010；GB 12476.4—2010	安全监管		基础综合		

序号	体系结构号	标准编号	标准名称	标准级别	实施日期	与国际标准对应关系	代替标准	阶段	分阶段	专业	分专业	备注
944	103.8-51	GB/T 3836.8—2021	爆炸性环境 第8部分：由"n"型保护的设备	国标	2022-5-1		GB 3836.8—2003	安全监管		基础综合		
945	103.8-52	GB/T 3836.9—2021	爆炸性环境 第9部分：由浇封型"m"保护的设备	国标	2022-5-1		GB 3836.9—2014；GB 12476.6—2010	安全监管		基础综合		
946	103.8-53	GB/T 6999—2010	环境试验用相对湿度查算表	国标	2011-5-1		GB/T 6999—1986	安全监管		基础综合		
947	103.8-54	GB/T 13616—2009	数字微波接力站电磁环境保护要求	国标	2017-3-23		GB 13616—2009	安全监管		基础综合		
948	103.8-55	GB/T 15265—1994	环境空气 降尘的测定 重量法	国标	1995-6-1			安全监管		基础综合		
949	103.8-56	GB/T 16838—2021	消防电子产品环境试验方法及严酷等级	国标	2022-3-1		GB/T 16838—2005	安全监管		基础综合		
950	103.8-57	GB/T 18883—2002	室内空气质量标准	国标	2003-3-1			安全监管		基础综合		
951	103.8-58	GB/T 20159.1—2006	环境条件分类 环境条件分类与环境试验之间的关系及转换指南 贮存	国标	2006-9-1	IEC TR 60721 4-1：2003，IDT		安全监管		基础综合		
952	103.8-59	GB/T 24001—2016	环境管理体系 要求及使用指南	国标	2017-5-1	ISO 14001:2015	GB/T 24001—2004	安全监管				
953	103.8-60	GB/T 24004—2017	环境管理体系 通用实施指南	国标	2018-7-1	ISO 14004:2016	GB/T 24004—2004	安全监管				
954	103.8-61	GB/T 34696—2017	废弃化学品收集技术指南	国标	2018-5-1			安全监管		基础综合		
955	103.8-62	GB/T 36381—2018	废弃液体化学品分类规范	国标	2019-1-1			安全监管		基础综合		
956	103.8-63	GB/T 37281—2019	废铅酸蓄电池回收技术规范	国标	2019-10-1			安全监管				

序号	体系结构号	标准编号	标准名称	标准级别	实施日期	与国际标准对应关系	代替标准	阶段	分阶段	专业	分专业	备注
957	103.8-64	GB/T 40617—2021	电气场所的安全生态构建指南	国标	2022-5-1			安全监管		基础综合		
958	103.8-65	GB/T 40663—2021	电工电子企业环境绩效评价指南	国标	2022-5-1			安全监管				
959	103.8-66	GB/T 40863—2021	生态设计产品评价技术规范 电动机产品	国标	2022-5-1			安全监管		基础综合		
960	103.8-67	GBJ 122—1988	工业企业噪声测量规范	国标	1988-12-1			安全监管		基础综合		
961	103.8-68	ISO 14031—2013	环境管理环境表现评价指南	国际标准	2013-7-25	EN ISO 14031—2013，IDT；NF X30-241—2013，IDT	ISO 14031—1999；ISO FDIS 14031—2013	安全监管		基础综合		
103.9	**低碳、环保通用标准—其他**											
962	103.9-1	T/CSEE TR 0312—2022	绿电指标体系及评价规范	团标	2022-9-27			环境保护、安全通用标准				
963	103.9-2	RB/T 088—2022	绿色供应链管理体系 审核指南	行标	2023-1-1			环境保护、安全通用标准				
964	103.9-3	RB/T 089—2022	绿色供应链管理体系 要求及使用指南	行标	2023-1-1			环境保护、安全通用标准				
965	103.9-4	RB/T 090—2022	绿色供应链管理体系 绩效评价通则	行标	2023-1-1			环境保护、安全通用标准				
966	103.9-5	GB/T 15190—2014	声环境功能区划分技术规范	国标	2015-1-1			环境保护、安全通用标准				
967	103.9-6	GB/T 28749—2012	企业能量平衡网络图绘制方法	国标	2013-1-1			环境保护、安全通用标准				

序号	体系结构号	标准编号	标准名称	标准级别	实施日期	与国际标准对应关系	代替标准	阶段	分阶段	专业	分专业	备注
968	103.9-7	GB/T 28751—2012	企业能量平衡表编制方法	国标	2013-1-1			环境保护、安全通用标准				
969	103.9-8	GB/T 41735—2022	绿色制造 激光表面清洗技术规范	国标	2022-10-12			环境保护、安全通用标准				
970	103.9-9	ISO 14064-1:2018	温室气体-第一部分:组织层面温室气体量化、报告规范	国际标准	2018-12-1			环境保护、安全通用标准				
104	**数字技术通用标准**											
104.1	**数字技术—基础综合**											
971	104.1-1	Q/CSG 1210042—2020	中国南方电网公司数据中心接口标准规范	企标	2020-6-30			规划、设计、采购、建设、运维、修试、退役	规划、初设、施工图、招标、品控、施工工艺、验收与质量评定、试运行、运行、维护、检修、试验、退役、报废	信息	基础设施、信息资源、信息安全、其他	
972	104.1-2	Q/CSG 1210043—2020	南网云微服务开发设计规范（试行）	企标	2020-10-30			规划、设计	规划、初设	信息	基础设施、信息资源、信息安全、其他	
973	104.1-3	T/CEC 294—2020	电网智能运检管控系统功能规范	团标	2020-10-1			规划、设计、采购、建设、运维、修试、退役	规划、初设、施工图、招标、品控、施工工艺、验收与质量评定、试运行、运行、维护、检修、试验、退役、报废	信息	基础设施、信息资源、信息安全、其他	
974	104.1-4	T/CSEE 0133.1—2019	电力信息化系统关系数据库(开源部分) 第1部分：SQL编码规范	团标	2019-3-1			规划、设计、建设、运维	规划、初设、施工图、施工工艺、验收与质量评定、运行、维护	信息	基础设施、信息资源、信息安全、其他	

序号	体系结构号	标准编号	标准名称	标准级别	实施日期	与国际标准对应关系	代替标准	阶段	分阶段	专业	分专业	备注
975	104.1-5	T/CSEE 0133.2—2019	电力信息化系统关系数据库（开源部分）第2部分：迁移规范	团标	2019-3-1			规划、设计、建设、运维	规划、初设、施工图、施工工艺、验收与质量评定、运行、维护	信息	基础设施、信息资源、信息安全、其他	
976	104.1-6	T/CSEE 0137—2019	电网企业IT服务台能力评估规范	团标	2019-3-1			运维	运行、维护	信息	基础设施、信息资源、信息安全、其他	
977	104.1-7	T/CSEE 0164—2020	分布式电源并网通信技术规范	团标	2020-1-15			规划、设计、建设、运维	规划、初设、施工图、施工工艺、验收与质量评定、运行、维护	信息	基础设施、信息资源、信息安全、其他	
978	104.1-8	T/CSEE 0168—2020	电网企业数据管理能力成熟度评估模型	团标	2020-1-15			运维	运行、维护	信息	基础设施、信息资源、信息安全、其他	
979	104.1-9	DL/T 1730—2017	电力信息网络设备测试规范	行标	2017-12-1			规划、设计、建设、运维	规划、初设、施工图、施工工艺、验收与质量评定、运行、维护	信息	基础设施、信息资源、信息安全、其他	
980	104.1-10	DL/T 2014—2019	电力信息化项目后评价	行标	2019-10-1			运维	运行、维护	信息	基础设施、信息资源、信息安全、其他	
981	104.1-11	DL/T 2015—2019	电力信息化软件工程度量规范	行标	2019-10-1			规划、设计、建设、运维	规划、初设、施工图、施工工艺、验收与质量评定、运行、维护	信息	基础设施、信息资源、信息安全、其他	
982	104.1-12	DL/T 2075—2019	电力企业信息化架构	行标	2020-5-1			规划、设计、建设、运维	规划、初设、施工图、施工工艺、验收与质量评定、运行、维护	信息	基础设施、信息资源、信息安全、其他	

序号	体系结构号	标准编号	标准名称	标准级别	实施日期	与国际标准对应关系	代替标准	阶段	分阶段	专业	分专业	备注
983	104.1-13	DL/T 2097—2020	大坝安全信息分类与系统接口技术规范	行标	2021-2-1			规划、设计、建设、运维	规划、初设、施工图、施工工艺、验收与质量评定、运行、维护	信息	基础设施、信息资源、信息安全、其他	
984	104.1-14	DL/T 2150—2020	变电设备运行温度监测装置技术规范	行标	2021-2-1			规划、设计、建设、运维	规划、初设、施工图、施工工艺、验收与质量评定、运行、维护	信息	基础设施、信息资源、信息安全、其他	
985	104.1-15	DL/T 2203—2020	发电厂监控系统信息安全管理导则	行标	2021-2-1			规划、设计、建设、运维	规划、初设、施工图、施工工艺、验收与质量评定、运行、维护	信息	基础设施、信息资源、信息安全、其他	
986	104.1-16	DL/T 2460—2021	电力数据管理能力成熟度评估模型	行标	2022-6-22			规划、设计、建设	规划、初设、施工图、施工工艺、验收与质量评定、试运行	信息	信息资源	
987	104.1-17	DL/T 2478—2022	智能远动网关检测规范	行标	2022-11-13			规划、设计、建设、运维	规划、初设、施工图、施工工艺、验收与质量评定、运行、维护	信息	基础设施、信息资源、信息安全、其他	
988	104.1-18	SJ/T 11234—2001	软件过程能力评估模型	行标	2001-5-1			运维	运行、维护	信息	基础设施、信息资源、信息安全、其他	
989	104.1-19	SJ/T 11235—2001	软件能力成熟度模型	行标	2001-5-1			运维	运行、维护	信息	基础设施、信息资源、信息安全、其他	

序号	体系结构号	标准编号	标准名称	标准级别	实施日期	与国际标准对应关系	代替标准	阶段	分阶段	专业	分专业	备注
990	104.1-20	SJ/T 11373—2007	软件构件管理 第1部分:管理信息模型	行标	2008-1-20			规划、设计、采购、建设、运维、修试、退役	规划、初设、施工图、招标、品控、施工工艺、验收与质量评定、试运行、运行、维护、检修、试验、退役、报废	信息	信息资源	
991	104.1-21	SJ/T 11374—2007	软件构件产品质量 第1部分:质量模型	行标	2008-1-20			规划、设计、建设、运维	规划、初设、施工图、施工工艺、验收与质量评定、运行、维护	信息	基础设施、信息资源、信息安全、其他	
992	104.1-22	SJ/T 11435—2015	信息技术服务 服务管理 技术要求	行标	2016-4-1			规划、运维	规划、运行、维护	信息	基础设施、信息资源、信息安全、其他	
993	104.1-23	SJ/T 11445.2—2012	信息技术服务 外包 第2部分:数据(信息)保护规范	行标	2013-1-1			规划、采购、运维	规划、招标、品控、运行、维护	信息	基础设施、信息资源、信息安全、其他	
994	104.1-24	SJ/T 11548.1—2015	信息技术 社会服务管理 三维数字社会服务管理系统技术规范 第1部分:总则	行标	2016-4-1			规划、采购、运维	规划、招标、品控、运行、维护	信息	基础设施、信息资源、信息安全、其他	
995	104.1-25	SJ/T 11564.4—2015	信息技术服务 运行维护 第4部分:数据中心规范	行标	2016-4-1			规划、运维	规划、运行、维护	信息	基础设施、信息资源、信息安全、其他	
996	104.1-26	SJ/T 11565.1—2015	信息技术服务 咨询设计 第1部分:通用要求	行标	2016-4-1			规划、设计	规划、初设	信息	基础设施、信息资源、信息安全、其他	

序号	体系结构号	标准编号	标准名称	标准级别	实施日期	与国际标准对应关系	代替标准	阶段	分阶段	专业	分专业	备注
997	104.1-27	SJ/T 11620—2016	信息技术 软件和系统工程 FiSMA1.1 功能规模测量方法	行标	2016-6-1	ISO/IEC 29881:2010，IDT		规划、设计	规划、初设	信息	基础设施、信息资源、信息安全、其他	
998	104.1-28	SJ/T 11621—2016	信息技术 软件资产管理 成熟度评估基准	行标	2016-6-1			规划、设计	规划、初设	信息	基础设施、信息资源、信息安全、其他	
999	104.1-29	SJ/T 11622—2016	信息技术 软件资产管理 实施指南	行标	2016-6-1			建设、运维	施工工艺、验收与质量评定、运行、维护	信息	基础设施、信息资源、信息安全、其他	
1000	104.1-30	SJ/T 11674.1—2017	信息技术服务 集成实施 第1部分：通用要求	行标	2018-1-1			建设	施工工艺	信息	基础设施、信息资源、信息安全、其他	
1001	104.1-31	SJ/T 11674.2—2017	信息技术服务 集成实施 第2部分：项目实施规范	行标	2017-7-1			建设	施工工艺	信息	基础设施、信息资源、信息安全、其他	
1002	104.1-32	SJ/T 11684—2018	信息技术服务 信息系统服务监理规范	行标	2018-10-1			规划、设计、采购、建设、运维、修试、退役	规划、初设、施工图、招标、品控、施工工艺、验收与质量评定、试运行、运行、维护、检修、试验、退役、报废	信息	基础设施、信息资源、信息安全、其他	
1003	104.1-33	SJ/T 11782—2021	信息系统集成及服务组织 质量管理规范	行标	2021-7-1			建设、运维	验收与质量评定、运行、维护	信息	信息应用	
1004	104.1-34	YD/T 3533—2019	智慧城市数据开放共享的总体架构	行标	2020-1-1			规划、设计、建设	规划、初设、施工图、施工工艺、验收与质量评定、试运行	信息	基础设施、信息资源、信息安全、其他	

序号	体系结构号	标准编号	标准名称	标准级别	实施日期	与国际标准对应关系	代替标准	阶段	分阶段	专业	分专业	备注
1005	104.1-35	YD/T 3542—2019	云服务开通过程运维管理技术要求	行标	2020-1-1			规划、设计、建设	规划、初设、施工图、施工工艺、验收与质量评定、试运行	信息	基础设施、信息资源、信息安全、其他	
1006	104.1-36	YD/T 3563—2019	互联网接入服务质量测试方法	行标	2020-1-1			建设、修试	验收与质量评定、试验	信息	基础设施、信息资源、信息安全、其他	
1007	104.1-37	YD/T 3565—2019	互联网信息服务备案编号编码规则	行标	2020-1-1			规划、设计、建设	规划、初设、施工图、施工工艺、验收与质量评定、试运行	信息	基础设施、信息资源、信息安全、其他	
1008	104.1-38	YD/T 3595.1—2019	大数据管理技术要求 第1部分：管理框架	行标	2020-1-1			规划、设计、建设	规划、初设、施工图、施工工艺、验收与质量评定、试运行	信息	基础设施、信息资源、信息安全、其他	
1009	104.1-39	YD/T 3739—2020	互联网新技术新业务安全评估要求 即时通信业务	行标	2020-10-1			规划、设计、建设	规划、初设、施工图、施工工艺、验收与质量评定、试运行	信息	基础设施、信息资源、信息安全、其他	
1010	104.1-40	YD/T 3740—2020	互联网新技术新业务安全评估要求 互联网资源协作服务	行标	2020-10-1			规划、设计、建设	规划、初设、施工图、施工工艺、验收与质量评定、试运行	信息	基础设施、信息资源、信息安全、其他	
1011	104.1-41	YD/T 3741—2020	互联网新技术新业务安全评估要求 大数据技术应用与服务	行标	2020-10-1			规划、设计、建设	规划、初设、施工图、施工工艺、验收与质量评定、试运行	信息	基础设施、信息资源、信息安全、其他	
1012	104.1-42	YD/T 3742—2020	互联网新技术新业务安全评估要求 内容分发业务	行标	2020-10-1			规划、设计、建设	规划、初设、施工图、施工工艺、验收与质量评定、试运行	信息	基础设施、信息资源、信息安全、其他	
1013	104.1-43	YD/T 3743—2020	互联网新技术新业务安全评估要求 信息搜索查询服务	行标	2020-10-1			规划、设计、建设	规划、初设、施工图、施工工艺、验收与质量评定、试运行	信息	基础设施、信息资源、信息安全、其他	

序号	体系结构号	标准编号	标准名称	标准级别	实施日期	与国际标准对应关系	代替标准	阶段	分阶段	专业	分专业	备注
1014	104.1-44	YD/T 3749.1—2020	物联网信息系统安全运维通用要求 第1部分：总体要求	行标	2020-10-1			规划、设计、建设	规划、初设、施工图、施工工艺、验收与质量评定、试运行	信息	基础设施、信息资源、信息安全、其他	
1015	104.1-45	YD/T 3760—2020	大数据 数据管理平台技术要求与测试方法	行标	2020-10-1			规划、设计、建设	规划、初设、施工图、施工工艺、验收与质量评定、试运行	信息	基础设施、信息资源、信息安全、其他	
1016	104.1-46	YD/T 3761—2020	大数据 数据集成工具技术要求与测试方法	行标	2020-10-1			规划、设计、建设	规划、初设、施工图、施工工艺、验收与质量评定、试运行	信息	基础设施、信息资源、信息安全、其他	
1017	104.1-47	YD/T 3762—2020	大数据 数据挖掘平台技术要求与测试方法	行标	2020-10-1			规划、设计、建设	规划、初设、施工图、施工工艺、验收与质量评定、试运行	信息	基础设施、信息资源、信息安全、其他	
1018	104.1-48	YD/T 3764.11—2020	云计算服务客户信任体系能力要求 第11部分:应用托管容器服务	行标	2020-10-1			规划、设计、建设	规划、初设、施工图、施工工艺、验收与质量评定、试运行	信息	基础设施、信息资源、信息安全、其他	
1019	104.1-49	YD/T 3764.12—2020	云计算服务客户信任体系能力要求 第12部分：云缓存服务	行标	2020-10-1			规划、设计、建设	规划、初设、施工图、施工工艺、验收与质量评定、试运行	信息	基础设施、信息资源、信息安全、其他	
1020	104.1-50	YD/T 3764.13—2020	云计算服务客户信任体系能力要求 第13部分：云分发服务	行标	2020-10-1			规划、设计、建设	规划、初设、施工图、施工工艺、验收与质量评定、试运行	信息	基础设施、信息资源、信息安全、其他	
1021	104.1-51	YD/T 3772—2020	大数据 时序数据库技术要求与测试方法	行标	2021-1-1			规划、设计、建设	规划、初设、施工图、施工工艺、验收与质量评定、试运行	信息	基础设施、信息资源、信息安全、其他	
1022	104.1-52	YD/T 3773—2020	大数据 分布式批处理平台技术要求与测试方法	行标	2021-1-1			规划、设计、建设	规划、初设、施工图、施工工艺、验收与质量评定、试运行	信息	基础设施、信息资源、信息安全、其他	

序号	体系结构号	标准编号	标准名称	标准级别	实施日期	与国际标准对应关系	代替标准	阶段	分阶段	专业	分专业	备注
1023	104.1-53	YD/T 3774—2020	大数据 分布式分析型数据库技术要求与测试方法	行标	2021-1-1			规划、设计、建设	规划、初设、施工图、施工工艺、验收与质量评定、试运行	信息	基础设施、信息资源、信息安全、其他	
1024	104.1-54	YD/T 3775—2020	大数据 分布式事务数据库技术要求与测试方法	行标	2021-1-1			规划、设计、建设	规划、初设、施工图、施工工艺、验收与质量评定、试运行	信息	基础设施、信息资源、信息安全、其他	
1025	104.1-55	YD/T 3985—2021	分布式云全局管理框架	行标	2022-4-1			规划、设计、建设	规划、初设、施工图、施工工艺、验收与质量评定、试运行	信息	基础设施、信息资源、信息安全、其他	
1026	104.1-56	YD/T 4060—2022	云计算安全责任共担模型	行标	2022-7-1			规划、设计、建设	规划、初设、施工图、施工工艺、验收与质量评定、试运行	信息	基础设施、信息资源、信息安全、其他	
1027	104.1-57	YD/T 4136—2022	网间号码携带服务质量要求	行标	2023-01-01			规划、设计、建设	规划、初设、施工图、施工工艺、验收与质量评定、试运行	信息	基础设施、信息资源、信息安全、其他	
1028	104.1-58	GB 50174—2017	数据中心设计规范	国标	2018-1-1		GB 50174—2008	规划、设计	规划、初设	信息	基础设施、信息资源、信息安全、其他	
1029	104.1-59	GB/T 5271.11—2000	信息技术 词汇 第11部分：处理器	国标	2001-3-1	ISO/IEC 2382-11:1987, EQV	GB/T 5271.11—1985	规划、设计、采购、建设、运维、修试、退役	规划、初设、施工图、招标、品控、施工工艺、验收与质量评定、试运行、运行、维护、检修、试验、退役、报废	信息	基础设施、信息资源、信息安全、其他	

序号	体系结构号	标准编号	标准名称	标准级别	实施日期	与国际标准对应关系	代替标准	阶段	分阶段	专业	分专业	备注
1030	104.1-60	GB/T 5271.12—2000	信息技术 词汇 第12部分：外围设备	国标	2001-3-1	ISO/IEC 2382-12—1988，EQV	GB/T 5271.12—1985	规划、设计、采购、建设、运维、修试、退役	规划、初设、施工图、招标、品控、施工工艺、验收与质量评定、试运行、运行、维护、检修、试验、退役、报废	信息	基础设施、信息资源、信息安全、其他	
1031	104.1-61	GB/T 5271.13—2008	信息技术 词汇 第13部分：计算机图形	国标	2008-12-1	ISO/IEC 2382-13:1996，IDT	GB/T 5271.13—1988	规划、设计、采购、建设、运维、修试、退役	规划、初设、施工图、招标、品控、施工工艺、验收与质量评定、试运行、运行、维护、检修、试验、退役、报废	信息	基础设施、信息资源、信息安全、其他	
1032	104.1-62	GB/T 5271.14—2008	信息技术 词汇 第14部分：可靠性、可维护性与可用性	国标	2008-12-1	ISO/IEC 2382-14:1997，IDT	GB/T 5271.14—1985	规划、设计、采购、建设、运维、修试、退役	规划、初设、施工图、招标、品控、施工工艺、验收与质量评定、试运行、运行、维护、检修、试验、退役、报废	信息	基础设施、信息资源、信息安全、其他	
1033	104.1-63	GB/T 5271.15—2008	信息技术 词汇 第15部分：编程语言	国标	2008-12-1	ISO/IEC 2382-15:1999，IDT	GB/T 5271.15—1986	规划、设计、采购、建设、运维、修试、退役	规划、初设、施工图、招标、品控、施工工艺、验收与质量评定、试运行、运行、维护、检修、试验、退役、报废	信息	基础设施、信息资源、信息安全、其他	

序号	体系结构号	标准编号	标准名称	标准级别	实施日期	与国际标准对应关系	代替标准	阶段	分阶段	专业	分专业	备注
1034	104.1-64	GB/T 5271.16—2008	信息技术 词汇 第16部分：信息论	国标	2008-12-1	ISO/IEC 2382-16:1996，IDT	GB/T 5271.16—1986	规划、设计、采购、建设、运维、修试、退役	规划、初设、施工图、招标、品控、施工工艺、验收与质量评定、试运行、运行、维护、检修、试验、退役、报废	信息	基础设施、信息资源、信息安全、其他	
1035	104.1-65	GB/T 5271.19—2008	信息技术 词汇 第19部分：模拟计算	国标	2008-12-1	ISO/IEC 2382-19:1989，IDT	GB/T 5271.19—1986	规划、设计、采购、建设、运维、修试、退役	规划、初设、施工图、招标、品控、施工工艺、验收与质量评定、试运行、运行、维护、检修、试验、退役、报废	信息	基础设施、信息资源、信息安全、其他	
1036	104.1-66	GB/T 5271.20—1994	信息技术词汇20部分 系统开发	国标	1995-8-1	ISO/IEC 2382-20:1990，EQV		规划、设计、采购、建设、运维、修试、退役	规划、初设、施工图、招标、品控、施工工艺、验收与质量评定、试运行、运行、维护、检修、试验、退役、报废	信息	基础设施、信息资源、信息安全、其他	
1037	104.1-67	GB/T 5271.28—2001	信息技术 词汇 第28部分：人工智能 基本概念与专家系统	国标	2002-3-1	ISO/IEC 2382-28:1995，EQV		规划、设计、采购、建设、运维、修试、退役	规划、初设、施工图、招标、品控、施工工艺、验收与质量评定、试运行、运行、维护、检修、试验、退役、报废	信息	基础设施、信息资源、信息安全、其他	

序号	体系结构号	标准编号	标准名称	标准级别	实施日期	与国际标准对应关系	代替标准	阶段	分阶段	专业	分专业	备注
1038	104.1-68	GB/T 5271.29—2006	信息技术 词汇 第29部分：人工智能 语音识别与合成	国标	2006-7-1	ISO/IEC 2382-29:1999，IDT		规划、设计、采购、建设、运维、修试、退役	规划、初设、施工图、招标、品控、施工工艺、验收与质量评定、试运行、运行、维护、检修、试验、退役、报废	信息	基础设施、信息资源、信息安全、其他	
1039	104.1-69	GB/T 5271.3—2008	信息技术 词汇 第3部分：设备技术	国标	2008-12-1	ISO 2382-3:1987，IDT	GB/T 5271.3—1987	规划、设计、采购、建设、运维、修试、退役	规划、初设、施工图、招标、品控、施工工艺、验收与质量评定、试运行、运行、维护、检修、试验、退役、报废	信息	基础设施、信息资源、信息安全、其他	
1040	104.1-70	GB/T 5271.31—2006	信息技术 词汇 第31部分：人工智能 机器学习	国标	2006-7-1	ISO/IEC 2382-31:1997，IDT		规划、设计、采购、建设、运维、修试、退役	规划、初设、施工图、招标、品控、施工工艺、验收与质量评定、试运行、运行、维护、检修、试验、退役、报废	信息	基础设施、信息资源、信息安全、其他	
1041	104.1-71	GB/T 5271.34—2006	信息技术 词汇 第34部分：人工智能 神经网络	国标	2006-7-1	ISO/IEC 2382-34:1999，IDT		规划、设计、采购、建设、运维、修试、退役	规划、初设、施工图、招标、品控、施工工艺、验收与质量评定、试运行、运行、维护、检修、试验、退役、报废	信息	基础设施、信息资源、信息安全、其他	

序号	体系结构号	标准编号	标准名称	标准级别	实施日期	与国际标准对应关系	代替标准	阶段	分阶段	专业	分专业	备注
1042	104.1-72	GB/T 5271.4—2000	信息技术 词汇 第4部分:数据的组织	国标	2001-3-1	ISO/IEC 2382-4:1987,EQV	GB/T 5271.4—1985	规划、设计、采购、建设、运维、修试、退役	规划、初设、施工图、招标、品控、施工工艺、验收与质量评定、试运行、运行、维护、检修、试验、退役、报废	信息	基础设施、信息资源、信息安全、其他	
1043	104.1-73	GB/T 5271.5—2008	信息技术 词汇 第5部分:数据表示	国标	2008-12-1	ISO/IEC 2382-5:1999,IDT	GB/T 5271.5—1987	规划、设计、采购、建设、运维、修试、退役	规划、初设、施工图、招标、品控、施工工艺、验收与质量评定、试运行、运行、维护、检修、试验、退役、报废	信息	基础设施、信息资源、信息安全、其他	
1044	104.1-74	GB/T 5271.7—2008	信息技术 词汇 第7部分:计算机编程	国标	2008-12-1	ISO/IEC 2382-7:2000,IDT	GB/T 5271.7—1986	规划、设计、采购、建设、运维、修试、退役	规划、初设、施工图、招标、品控、施工工艺、验收与质量评定、试运行、运行、维护、检修、试验、退役、报废	信息	基础设施、信息资源、信息安全、其他	
1045	104.1-75	GB/T 5271.8—2001	信息技术 词汇 第8部分:安全	国标	2002-3-1	ISO/IEC 2382-8:1998,IDT	GB/T 5271.8—1993	规划、设计、采购、建设、运维、修试、退役	规划、初设、施工图、招标、品控、施工工艺、验收与质量评定、试运行、运行、维护、检修、试验、退役、报废	信息	基础设施、信息资源、信息安全、其他	

序号	体系结构号	标准编号	标准名称	标准级别	实施日期	与国际标准对应关系	代替标准	阶段	分阶段	专业	分专业	备注
1046	104.1-76	GB/T 5271.9—2001	信息技术 词汇 第9部分:数据通信	国标	2002-3-1	ISO/IEC 2382-9:1995,EQV	GB/T 5271.9—1986	规划、设计、采购、建设、运维、修试退役	规划、初设、施工图、招标、品控、施工工艺、验收与质量评定、试运行、运行、维护、检修、试验、退役、报废	信息	基础设施、信息资源、信息安全、其他	
1047	104.1-77	GB/T 15532—2008	计算机软件测试规范	国标	2008-9-1		GB/T 15532—1995	规划、设计、采购、建设、运维、修试退役	规划、初设、施工图、招标、品控、施工工艺、验收与质量评定、试运行、运行、维护、检修、试验、退役、报废	信息	基础设施、信息资源、信息安全、其他	
1048	104.1-78	GB/T 16264.2—2008	信息技术 开放系统互连 目录 第2部分:模型	国标	2009-1-1	ISO/IEC 9594-2:2005,IDT	GB/T 16264.2—1996	规划、设计	规划、初设	信息	基础设施、信息资源、信息安全、其他	
1049	104.1-79	GB/T 16644—2008	信息技术 开放系统互连 公共管理信息服务	国标	2009-1-1	ISO/IEC 9595:1998,IDT	GB/T 16644—1996	规划、设计、建设	规划、初设、施工工艺、验收与质量评定	信息	基础设施、信息资源、信息安全、其他	
1050	104.1-80	GB/T 16645.1—2008	信息技术 开放系统互连 公共管理信息协议 第1部分:规范	国标	2009-1-1	ISO/IEC 9596-1:1998,IDT	GB/T 16645.1—1996	规划、设计、建设	规划、初设、施工工艺、验收与质量评定	信息	基础设施、信息资源、信息安全、其他	
1051	104.1-81	GB/T 16680—2015	系统与软件工程 用户文档的管理者要求	国标	2016-7-1		GB/T 16680—1996	运维	运行、维护	信息	基础设施、信息资源、信息安全、其他	
1052	104.1-82	GB/T 16720.1—2005	工业自动化系统 制造报文规范 第1部分:服务定义	国标	2005-6-1	ISO 9506-1:2003,IDT		运维	运行、维护	信息	基础设施、信息资源、信息安全、其他	

序号	体系结构号	标准编号	标准名称	标准级别	实施日期	与国际标准对应关系	代替标准	阶段	分阶段	专业	分专业	备注
1053	104.1-83	GB/T 16720.2—2005	工业自动化系统 制造报文规范 第2部分:协议规范	国标	2005-6-1	ISO 9506-2:2003,IDT	GB/T 16720.2—1996,GB/T 16721—1996	运维	运行、维护	信息	基础设施、信息资源、信息安全、其他	
1054	104.1-84	GB/T 16973.1—1997	信息技术 文本与办公系统文件归档和检索（DFR）第1部分:抽象服务定义和规程	国标	1998-4-1	ISO/IEC 10166-1:1991,IDT		运维	运行、维护	信息	基础设施、信息资源、信息安全、其他	
1055	104.1-85	GB/T 17142—2008	信息技术 开放系统互连 系统管理综述	国标	2009-2-1	ISO/IEC 10040:1998,IDT	GB/T 17142—1997	规划、设计	规划、初设	信息	基础设施、信息资源、信息安全、其他	
1056	104.1-86	GB/T 17173.1—2015	信息技术 开放系统互连 分布式事务处理 第1部分: OSI TP模型	国标	2016-1-1	ISO/IEC 10026-1:1998,IDT	GB/T 17173.1—1997	规划、设计	规划、初设	信息	基础设施、信息资源、信息安全、其他	
1057	104.1-87	GB/T 17173.2—2015	信息技术 开放系统互连 分布式事务处理 第2部分: OSI TP服务	国标	2016-1-1	ISO/IEC 10026-2:1998,IDT	GB/T 17173.2—1997	规划、设计	规划、初设	信息	基础设施、信息资源、信息安全、其他	
1058	104.1-88	GB/T 17173.3—2014	信息技术 开放系统互连 分布式事务处理 第3部分:协议规范	国标	2014-12-1		GB/T 17173.3—1997	规划、设计	规划、初设	信息	基础设施、信息资源、信息安全、其他	
1059	104.1-89	GB/T 17969.1—2015	信息技术 开放系统互连 OSI登记机构的操作规程 第1部分:一般规程和国际对象标识符树的顶级弧	国标	2016-8-1	ISO/IEC 9834-1:2008,NEQ	GB/T 17969.1—2000	规划、设计	规划、初设	信息	基础设施、信息资源、信息安全、其他	

序号	体系结构号	标准编号	标准名称	标准级别	实施日期	与国际标准对应关系	代替标准	阶段	分阶段	专业	分专业	备注
1060	104.1-90	GB/T 18234—2000	信息技术 CASE 工具的评价与选择指南	国标	2001-8-1	ISO/IEC 14102:1995, IDT		采购、建设、修试	招标、品控、施工工艺、验收与质量评定、试运行、检修、试验	信息	基础设施、信息资源、信息安全、其他	
1061	104.1-91	GB/T 18787.1—2015	信息技术 电子书 第1部分:设备通用规范	国标	2017-1-1		GB/T 18787—2002	规划、设计、采购、建设、运维、修试、退役	规划、初设、施工图、招标、品控、施工工艺、验收与质量评定、试运行、运行、维护、检修、试验、退役、报废	信息	基础设施、信息资源、信息安全、其他	
1062	104.1-92	GB/T 18903—2002	信息技术 服务质量:框架	国标	2003-5-1	ISO/IEC 13236:1998, IDT		采购、建设、运维	招标、品控、施工工艺、验收与质量评定、运行、维护	信息	基础设施、信息资源、信息安全、其他	
1063	104.1-93	GB/T 18905.6—2002	软件工程 产品评价 第6部分:评价模块的文档编制	国标	2003-5-1	ISO/IEC 14598-6:2001, IDT		采购、建设	招标、验收与质量评定	信息	基础设施、信息资源、信息安全、其他	
1064	104.1-94	GB/T 19668.2—2017	信息技术服务监理 第2部分:基础设施工程监理规范	国标	2018-2-1		GB/T 19668.2—2007, GB/T 19668.3—2007, GB/T 19668.4—2007	建设	施工工艺、验收与质量评定	信息	基础设施、信息资源、信息安全、其他	
1065	104.1-95	GB/T 19668.3—2017	信息技术服务监理 第3部分:运行维护监理规范	国标	2018-2-1			建设	施工工艺、验收与质量评定	信息	基础设施、信息资源、信息安全、其他	
1066	104.1-96	GB/T 19668.4—2017	信息技术服务监理 第4部分:信息安全监理规范	国标	2018-2-1		GB/T 19668.6—2007	建设	施工工艺、验收与质量评定	信息	基础设施、信息资源、信息安全、其他	
1067	104.1-97	GB/T 19668.5—2018	信息技术服务监理 第5部分:软件工程监理规范	国标	2019-1-1		GB/T 19668.5—2007	建设	施工工艺、验收与质量评定	信息	基础设施、信息资源、信息安全、其他	

序号	体系结构号	标准编号	标准名称	标准级别	实施日期	与国际标准对应关系	代替标准	阶段	分阶段	专业	分专业	备注
1068	104.1-98	GB/T 19668.6—2019	信息技术服务监理 第6部分:应用系统:数据中心工程监理规范	国标	2020-3-1			建设	施工工艺、验收与质量评定	信息	基础设施、信息资源、信息安全、其他	
1069	104.1-99	GB/T 19668.7—2022	信息技术服务监理 第7部分:监理工作量度量要求	国标	2023-5-1			建设	施工工艺、验收与质量评定	信息	基础设施、信息资源、信息安全、其他	
1070	104.1-100	GB/T 19710.2—2016	地理信息 元数据 第2部分:影像和格网数据扩展	国标	2017-2-1	ISO 19115-2:2009		规划、设计	规划、初设	信息	基础设施、信息资源、信息安全、其他	
1071	104.1-101	GB/T 20157—2006	信息技术 软件维护	国标	2006-7-1	ISO/IEC 14764:1999,IDT		规划、设计、采购、建设、运维、修试、退役	规划、初设、施工图、招标、品控、施工工艺、验收与质量评定、试运行、运行、维护、检修、试验、退役、报废	信息	基础设施、信息资源、信息安全、其他	
1072	104.1-102	GB/T 20158—2006	信息技术 软件生存周期过程配置管理	国标	2006-7-1	ISO/IEC TR 15846:1998,IDT		规划、设计、采购、建设、运维、修试、退役	规划、初设、施工图、招标、品控、施工工艺、验收与质量评定、试运行、运行、维护、检修、试验、退役、报废	信息	基础设施、信息资源、信息安全、其他	
1073	104.1-103	GB/T 20918—2007	信息技术 软件生存周期过程风险管理	国标	2007-7-1			规划、设计、采购、建设、运维、修试、退役	规划、初设、施工图、招标、品控、施工工艺、验收与质量评定、试运行、运行、维护、检修、试验、退役、报废	信息	基础设施、信息资源、信息安全、其他	

序号	体系结构号	标准编号	标准名称	标准级别	实施日期	与国际标准对应关系	代替标准	阶段	分阶段	专业	分专业	备注
1074	104.1-104	GB/T 22118—2008	企业信用信息采集、处理和提供规范	国标	2008-11-1			规划、设计、采购、建设、运维	规划、初设、招标、品控、施工工艺、验收与质量评定、试运行、运行、维护	信息	基础设施、信息资源、信息安全、其他	
1075	104.1-105	GB/T 23001—2017	信息化和工业化融合管理体系要求	国标	2017-5-22			规划、设计、采购、建设、运维、修试、退役	规划、初设、施工图、招标、品控、施工工艺、验收与质量评定、试运行、运行、维护、检修、试验、退役、报废	信息	基础设施、信息资源、信息安全、其他	
1076	104.1-106	GB/T 23002—2017	信息化和工业化融合管理体系实施指南	国标	2017-11-1			规划、设计、采购、建设、运维、修试、退役	规划、初设、施工图、招标、品控、施工工艺、验收与质量评定、试运行、运行、维护、检修、试验、退役、报废	信息	基础设施、信息资源、信息安全、其他	
1077	104.1-107	GB/T 23003—2018	信息化和工业化融合管理体系评定指南	国标	2018-12-28			规划、设计、采购、建设、运维、修试、退役	规划、初设、施工图、招标、品控、施工工艺、验收与质量评定、试运行、运行、维护、检修、试验、退役、报废	信息	基础设施、信息资源、信息安全、其他	
1078	104.1-108	GB/T 23011—2022	信息化和工业化融合 数字化转型 价值效益参考模型	国标	2022-10-12			建设	施工工艺、验收与质量评定	信息	基础设施、信息资源、信息安全、其他	
1079	104.1-109	GB/T 23022—2022	信息化和工业化融合管理体系生产设备运行管理规范	国标	2023-5-1			建设	施工工艺、验收与质量评定	信息	基础设施、信息资源、信息安全、其他	

序号	体系结构号	标准编号	标准名称	标准级别	实施日期	与国际标准对应关系	代替标准	阶段	分阶段	专业	分专业	备注
1080	104.1-110	GB/T 23023—2022	信息化和工业化融合管理体系 生产设备运行绩效评价指标集	国标	2022-10-12			建设	施工工艺、验收与质量评定	信息	基础设施、信息资源、信息安全、其他	
1081	104.1-111	GB/T 23704—2017	二维条码符号印制质量的检验	国标	2018-7-1	ISO/IEC 15415:2011	GB/T 23704—2009	规划、设计、采购、建设、运维	规划、初设、施工图、招标、品控、施工工艺、验收与质量评定、试运行、运行、维护	信息	基础设施、信息资源、信息安全、其他	
1082	104.1-112	GB/T 24734.1—2009	技术产品文件 数字化产品定义数据通则 第1部分:术语和定义	国标	2010-9-1	ISO 16792—2006，NEQ		规划、设计、采购、建设	规划、初设、施工图、招标、品控、施工工艺、验收与质量评定、试运行	信息	基础设施、信息资源、信息安全、其他	
1083	104.1-113	GB/T 25000.10—2016	系统与软件工程 系统与软件质量要求和评价（SQuaRE） 第10部分:系统与软件质量模型	国标	2017-5-1	ISO/IEC 25010:2011	GB/T 16260.1—2006	规划、设计、采购、建设	规划、初设、施工图、招标、品控、施工工艺、验收与质量评定、试运行	信息	基础设施、信息资源、信息安全、其他	
1084	104.1-114	GB/T 25000.12—2017	系统与软件工程 系统与软件质量要求和评价（SQuaRE） 第12部分:数据质量模型	国标	2018-5-1	ISO/IEC 25012:2008		规划、设计、采购、建设	规划、初设、施工图、招标、品控、施工工艺、验收与质量评定、试运行	信息	基础设施、信息资源、信息安全、其他	
1085	104.1-115	GB/T 25000.2—2018	系统与软件工程 系统与软件质量要求和评价（SQuaRE） 第2部分:计划与管理	国标	2021-1-1		GB/T 18905.2—2002	采购、建设	招标、验收与质量评定	信息	基础设施、信息资源、信息安全、其他	
1086	104.1-116	GB/T 25000.21—2019	系统与软件工程 系统与软件质量要求和评价（SQuaRE） 第21部分:质量测度元素	国标	2020-3-1			规划、设计、采购、建设	规划、初设、施工图、招标、品控、施工工艺、验收与质量评定、试运行	信息	基础设施、信息资源、信息安全、其他	

序号	体系结构号	标准编号	标准名称	标准级别	实施日期	与国际标准对应关系	代替标准	阶段	分阶段	专业	分专业	备注
1087	104.1-117	GB/T 25000.22—2019	系统与软件工程 系统与软件质量要求和评价（SQuaRE）第22部分:使用质量测量	国标	2006-7-1	ISO/IEC TR 9126-4:2004，IDT	GB/T 16260.4—2006	规划、设计、采购、建设、运维、修试、退役	规划、初设、施工图、招标、品控、施工工艺、验收与质量评定、试运行、运行、维护、检修、试验、退役、报废	信息	基础设施、信息资源、信息安全、其他	
1088	104.1-118	GB/T 25000.23—2019	系统与软件工程 系统与软件质量要求和评价（SQuaRE）第23部分:系统与软件产品质量测量	国标	2020-3-1	ISO/IEC TR 9126-2:2003，IDT	GB/T 16260.2—2006，GB/T 16260.3—2006	规划、设计、采购、建设、运维、修试、退役	规划、初设、施工图、招标、品控、施工工艺、验收与质量评定、试运行、运行、维护、检修、试验、退役、报废	信息	基础设施、信息资源、信息安全、其他	
1089	104.1-119	GB/T 25000.24—2017	系统与软件工程 系统与软件质量要求和评价（SQuaRE）第24部分:数据质量测量	国标	2018-5-1	ISO/IEC 25024:2015		规划、设计、采购、建设	规划、初设、施工图、招标、品控、施工工艺、验收与质量评定、试运行	信息	基础设施、信息资源、信息安全、其他	
1090	104.1-120	GB/T 25000.40—2018	系统与软件工程 系统与软件质量要求和评价（SQuaRE）第40部分:评价过程	国标	2021-1-1		GB/T 18905.1—2002	采购、建设	招标、验收与质量评定	信息	基础设施、信息资源、信息安全、其他	
1091	104.1-121	GB/T 25000.41—2018	系统与软件工程系统与软件质量要求和评价（SQuaRE）第41部分:开发方、需方和独立评价方评价指南	国标	2019-7-1	ISO/IEC 25041:2012	GB/T 18905.3—2002；GB/T 18905.4—2002；GB/T 18905.5—2002	采购、建设	招标、验收与质量评定	信息	基础设施、信息资源、信息安全、其他	

序号	体系结构号	标准编号	标准名称	标准级别	实施日期	与国际标准对应关系	代替标准	阶段	分阶段	专业	分专业	备注
1092	104.1-122	GB/T 25000.45—2018	系统与软件工程 系统与软件质量要求和评价（SQuaRE）第45部分：易恢复性的评价模块	国标	2021-1-1			规划、设计、采购、建设	规划、初设、施工图、招标、品控、施工工艺、验收与质量评定、试运行	信息	基础设施、信息资源、信息安全、其他	
1093	104.1-123	GB/T 25000.51—2016	系统与软件工程 系统与软件质量要求和评价（SQuaRE）第51部分：就绪可用软件产品（RUSP）的质量要求和测试细则	国标	2017-5-1	ISO/IEC 25051:2014	GB/T 25000.51—2010	规划、设计、采购、建设、修试	规划、初设、施工图、招标、品控、施工工艺、验收与质量评定、试运行、试验	信息	基础设施、信息资源、信息安全、其他	
1094	104.1-124	GB/T 26231—2017	信息技术 开放系统互连 对象标识符（OID）的国家编号体系和操作规程	国标	2017-12-29		GB/T 26231—2010	规划、设计、采购、建设、运维、修试、退役	规划、初设、施工图、招标、品控、施工工艺、验收与质量评定、试运行、运行、维护、检修、试验、退役、报废	信息	基础设施、信息资源、信息安全、其他	
1095	104.1-125	GB/T 26335—2010	工业企业信息化集成系统规范	国标	2011-6-1			规划、设计、采购、建设、运维、修试、退役	规划、初设、施工图、招标、品控、施工工艺、验收与质量评定、试运行、运行、维护、检修、试验、退役、报废	信息	基础设施、信息资源、信息安全、其他	
1096	104.1-126	GB/T 26802.1—2011	工业控制计算机系统 通用规范 第1部分：通用要求	国标	2011-12-1			规划、设计、采购、建设、运维、修试、退役	规划、初设、施工图、招标、品控、施工工艺、验收与质量评定、试运行、运行、维护、检修、试验、退役、报废	信息	信息应用	

序号	体系结构号	标准编号	标准名称	标准级别	实施日期	与国际标准对应关系	代替标准	阶段	分阶段	专业	分专业	备注
1097	104.1-127	GB/T 26857.4—2018	信息技术 开放系统互连 测试方法和规范（MTS）测试和测试控制记法 第3版 第4部分：TTCN-3 操作语义	国标	2019-4-1			规划、设计、采购、建设、运维、修试、退役	规划、初设、施工图、招标、品控、施工工艺、验收与质量评定、试运行、运行、维护、检修、试验、退役、报废	信息	基础设施、信息资源、信息安全、其他	
1098	104.1-128	GB/T 27308—2011	合格评定 信息技术服务管理体系认证机构要求	国标	2012-3-1			规划、设计、采购、建设、运维、修试、退役	规划、初设、施工图、招标、品控、施工工艺、验收与质量评定、试运行、运行、维护、检修、试验、退役、报废	信息	基础设施、信息资源、信息安全、其他	
1099	104.1-129	GB/T 28827.2—2012	信息技术服务运行维护 第2部分：交付规范	国标	2013-2-1			运维	运行、维护	信息	基础设施、信息资源、信息安全、其他	
1100	104.1-130	GB/T 28827.3—2012	信息技术服务运行维护 第3部分：应急响应规范	国标	2013-2-1			运维	运行、维护	信息	基础设施、信息资源、信息安全、其他	
1101	104.1-131	GB/T 28827.4—2019	信息技术服务运行维护 第4部分：数据中心服务要求	国标	2020-3-1			运维	运行、维护	信息	基础设施、信息资源、信息安全、其他	
1102	104.1-132	GB/T 28827.6—2019	信息技术服务运行维护 第6部分：应用系统服务要求	国标	2020-3-1			运维	运行、维护	信息	基础设施、信息资源、信息安全、其他	
1103	104.1-133	GB/T 29263—2012	信息技术 面向服务的体系结构（SOA）应用的总体技术要求	国标	2013-6-1			规划、设计、采购、建设	规划、初设、招标、品控、施工工艺、验收与质量评定	信息	基础设施、信息资源、信息安全、其他	

序号	体系结构号	标准编号	标准名称	标准级别	实施日期	与国际标准对应关系	代替标准	阶段	分阶段	专业	分专业	备注
1104	104.1-134	GB/T 29831.1—2013	系统与软件功能性 第1部分：指标体系	国标	2014-2-1			规划、设计、采购、建设、运维、修试、退役	规划、初设、施工图、招标、品控、施工工艺、验收与质量评定、试运行、运行、维护、检修、试验、退役、报废	信息	基础设施、信息资源、信息安全、其他	
1105	104.1-135	GB/T 29831.2—2013	系统与软件功能性 第2部分：度量方法	国标	2014-2-1			规划、设计、采购、建设、运维、修试、退役	规划、初设、施工图、招标、品控、施工工艺、验收与质量评定、试运行、运行、维护、检修、试验、退役、报废	信息	基础设施、信息资源、信息安全、其他	
1106	104.1-136	GB/T 29831.3—2013	系统与软件功能性 第3部分：测试方法	国标	2014-2-1			建设、修试	验收与质量评定、试验	信息	基础设施、信息资源、信息安全、其他	
1107	104.1-137	GB/T 29832.1—2013	系统与软件可靠性 第1部分：指标体系	国标	2014-2-1			规划、设计、采购、建设、运维、修试、退役	规划、初设、施工图、招标、品控、施工工艺、验收与质量评定、试运行、运行、维护、检修、试验、退役、报废	信息	基础设施、信息资源、信息安全、其他	
1108	104.1-138	GB/T 29832.2—2013	系统与软件可靠性 第2部分：度量方法	国标	2014-2-1			规划、设计、采购、建设、运维、修试、退役	规划、初设、施工图、招标、品控、施工工艺、验收与质量评定、试运行、运行、维护、检修、试验、退役、报废	信息	基础设施、信息资源、信息安全、其他	

序号	体系结构号	标准编号	标准名称	标准级别	实施日期	与国际标准对应关系	代替标准	阶段	分阶段	专业	分专业	备注
1109	104.1-139	GB/T 29832.3—2013	系统与软件可靠性 第3部分：测试方法	国标	2014-2-1			建设、修试	验收与质量评定、试验	信息	基础设施、信息资源、信息安全、其他	
1110	104.1-140	GB/T 29833.1—2013	系统与软件可移植性 第1部分：指标体系	国标	2014-2-1			规划、设计、采购、建设、运维、修试、退役	规划、初设、施工图、招标、品控、施工工艺、验收与质量评定、试运行、运行、维护、检修、试验、退役、报废	信息	基础设施、信息资源、信息安全、其他	
1111	104.1-141	GB/T 29833.2—2013	系统与软件可移植性 第2部分：度量方法	国标	2014-2-1			规划、设计、采购、建设、运维、修试、退役	规划、初设、施工图、招标、品控、施工工艺、验收与质量评定、试运行、运行、维护、检修、试验、退役、报废	信息	基础设施、信息资源、信息安全、其他	
1112	104.1-142	GB/T 29833.3—2013	系统与软件可移植性 第3部分：测试方法	国标	2014-2-1			建设、修试	验收与质量评定、试验	信息	基础设施、信息资源、信息安全、其他	
1113	104.1-143	GB/T 29834.1—2013	系统与软件维护性 第1部分：指标体系	国标	2014-2-1			规划、设计、采购、建设、运维、修试、退役	规划、初设、施工图、招标、品控、施工工艺、验收与质量评定、试运行、运行、维护、检修、试验、退役、报废	信息	基础设施、信息资源、信息安全、其他	

序号	体系结构号	标准编号	标准名称	标准级别	实施日期	与国际标准对应关系	代替标准	阶段	分阶段	专业	分专业	备注
1114	104.1-144	GB/T 29834.2—2013	系统与软件维护性 第2部分:度量方法	国标	2014-2-1			规划、设计、采购、建设、运维、修试、退役	规划、初设、施工图、招标、品控、施工工艺、验收与质量评定、试运行、运行、维护、检修、试验、退役、报废	信息	基础设施、信息资源、信息安全、其他	
1115	104.1-145	GB/T 29834.3—2013	系统与软件维护性 第3部分:测试方法	国标	2014-2-1			建设、修试	验收与质量评定、试验	信息	基础设施、信息资源、信息安全、其他	
1116	104.1-146	GB/T 29835.1—2013	系统与软件效率 第1部分:指标体系	国标	2014-2-1			规划、设计、采购、建设、运维、修试、退役	规划、初设、施工图、招标、品控、施工工艺、验收与质量评定、试运行、运行、维护、检修、试验、退役、报废	信息	基础设施、信息资源、信息安全、其他	
1117	104.1-147	GB/T 29835.2—2013	系统与软件效率 第2部分:度量方法	国标	2014-2-1			规划、设计、采购、建设、运维、修试、退役	规划、初设、施工图、招标、品控、施工工艺、验收与质量评定、试运行、运行、维护、检修、试验、退役、报废	信息	基础设施、信息资源、信息安全、其他	
1118	104.1-148	GB/T 29835.3—2013	系统与软件效率 第3部分:测试方法	国标	2014-2-1			建设、修试	验收与质量评定、试验	信息	基础设施、信息资源、信息安全、其他	

序号	体系结构号	标准编号	标准名称	标准级别	实施日期	与国际标准对应关系	代替标准	阶段	分阶段	专业	分专业	备注
1119	104.1-149	GB/T 29836.1—2013	系统与软件易用性 第1部分：指标体系	国标	2014-2-1			规划、设计、采购、建设、运维、修试、退役	规划、初设、施工图、招标、品控、施工工艺、验收与质量评定、试运行、运行、维护、检修、试验、退役、报废	信息	基础设施、信息资源、信息安全、其他	
1120	104.1-150	GB/T 29836.2—2013	系统与软件易用性 第2部分：度量方法	国标	2014-2-1			规划、设计、采购、建设、运维、修试、退役	规划、初设、施工图、招标、品控、施工工艺、验收与质量评定、试运行、运行、维护、检修、试验、退役、报废	信息	基础设施、信息资源、信息安全、其他	
1121	104.1-151	GB/T 29836.3—2013	系统与软件易用性 第3部分：测评方法	国标	2014-2-1			建设、修试	验收与质量评定、试验	信息	基础设施、信息资源、信息安全、其他	
1122	104.1-152	GB/T 30264.1—2013	软件工程 自动化测试能力 第1部分：测试机构能力等级模型	国标	2014-7-15			建设、修试	验收与质量评定、试验	信息	信息应用	
1123	104.1-153	GB/T 30264.2—2013	软件工程 自动化测试能力 第2部分：从业人员能力等级模型	国标	2014-7-15			规划、设计、采购、建设、运维、修试、退役	规划、初设、施工图、招标、品控、施工工艺、验收与质量评定、试运行、运行、维护、检修、试验、退役、报废	信息	基础设施、信息资源、信息安全、其他	

序号	体系结构号	标准编号	标准名称	标准级别	实施日期	与国际标准对应关系	代替标准	阶段	分阶段	专业	分专业	备注
1124	104.1-154	GB/T 30847.1—2014	系统与软件工程 可信计算平台可信性度量 第1部分：概述与词汇	国标	2015-2-1			规划、设计、采购、建设、运维、修试、退役	规划、初设、施工图、招标、品控、施工工艺、验收与质量评定、试运行、运行、维护、检修、试验、退役、报废	信息	基础设施、信息资源、信息安全、其他	
1125	104.1-155	GB/T 30847.2—2014	系统与软件工程 可信计算平台可信性度量 第2部分：信任链	国标	2015-2-1			规划、设计、采购、建设、运维、修试、退役	规划、初设、施工图、招标、品控、施工工艺、验收与质量评定、试运行、运行、维护、检修、试验、退役、报废	信息	基础设施、信息资源、信息安全、其他	
1126	104.1-156	GB/T 30975—2014	信息技术 基于计算机的软件系统的性能测量与评级	国标	2015-2-1	ISO/IEC 14756:1999, IDT		规划、设计、采购、建设、运维、修试、退役	规划、初设、施工图、招标、品控、施工工艺、验收与质量评定、试运行、运行、维护、检修、试验、退役、报废	信息	基础设施、信息资源、信息安全、其他	
1127	104.1-157	GB/T 30994—2014	关系数据库管理系统检测规范	国标	2015-2-1			建设、修试	验收与质量评定、试验	信息	基础设施、信息资源、信息安全、其他	
1128	104.1-158	GB/T 31360—2015	固定资产核心元数据	国标	2015-8-1			规划、设计	规划、初设	信息	基础设施、信息资源、信息安全、其他	
1129	104.1-159	GB/T 32420—2015	无线局域网测试规范	国标	2017-1-1			建设、修试	验收与质量评定、试验	信息	基础设施、信息资源、信息安全、其他	

序号	体系结构号	标准编号	标准名称	标准级别	实施日期	与国际标准对应关系	代替标准	阶段	分阶段	专业	分专业	备注
1130	104.1-160	GB/T 33475.1—2019	信息技术 高效多媒体编码 第1部分：系统	国标	2020-3-1			规划、设计、建设	规划、初设、施工图、施工工艺、验收与质量评定、试运行	信息	基础设施、信息资源、信息安全、其他	
1131	104.1-161	GB/T 33770.1—2017	信息技术服务外包 第1部分：服务提供方通用要求	国标	2017-12-1			规划、设计、采购、建设、运维、修试、退役	规划、初设、施工图、招标、品控、施工工艺、验收与质量评定、试运行、运行、维护、检修、试验、退役、报废	信息	基础设施、信息资源、信息安全、其他	
1132	104.1-162	GB/T 33770.2—2019	信息技术服务外包 第2部分：数据保护要求	国标	2020-3-1			规划、设计、采购、建设、运维、修试、退役	规划、初设、施工图、招标、品控、施工工艺、验收与质量评定、试运行、运行、维护、检修、试验、退役、报废	信息	基础设施、信息资源、信息安全、其他	
1133	104.1-163	GB/T 33770.6—2021	信息技术服务外包 第6部分：服务需求方通用要求	国标	2021-10-1			规划、设计、采购、建设、运维、修试、退役	规划、初设、施工图、招标、品控、施工工艺、验收与质量评定、试运行、运行、维护、检修、试验、退役、报废	信息	基础设施、信息资源、信息安全、其他	
1134	104.1-164	GB/T 33846.1—2017	信息技术 SOA支撑功能单元互操作 第1部分：总体框架	国标	2017-12-1			规划、设计、采购、建设、运维、修试、退役	规划、初设、施工图、招标、品控、施工工艺、验收与质量评定、试运行、运行、维护、检修、试验、退役、报废	信息	基础设施、信息资源、信息安全、其他	

序号	体系结构号	标准编号	标准名称	标准级别	实施日期	与国际标准对应关系	代替标准	阶段	分阶段	专业	分专业	备注
1135	104.1-165	GB/T 33846.2—2017	信息技术 SOA 支撑功能单元互操作 第2部分：技术要求	国标	2017-12-1			规划、设计、采购、建设、运维、修试、退役	规划、初设、施工图、招标、品控、施工工艺、验收与质量评定、试运行、运行、维护、检修、试验、退役、报废	信息	基础设施、信息资源、信息安全、其他	
1136	104.1-166	GB/T 33846.3—2017	信息技术 SOA 支撑功能单元互操作 第3部分：服务交互通信	国标	2017-12-1			规划、设计、采购、建设、运维、修试、退役	规划、初设、施工图、招标、品控、施工工艺、验收与质量评定、试运行、运行、维护、检修、试验、退役、报废	信息	基础设施、信息资源、信息安全、其他	
1137	104.1-167	GB/T 33846.4—2017	信息技术 SOA 支撑功能单元互操作 第4部分：服务编制	国标	2018-5-1			规划、设计、采购、建设、运维、修试、退役	规划、初设、施工图、招标、品控、施工工艺、验收与质量评定、试运行、运行、维护、检修、试验、退役、报废	信息	基础设施、信息资源、信息安全、其他	
1138	104.1-168	GB/T 33848.1—2017	信息技术 射频识别 第1部分：参考结构和标准化参数定义	国标	2017-12-1	ISO/IEC 18000-1:2008		规划、设计、采购、建设、运维、修试、退役	规划、初设、施工图、招标、品控、施工工艺、验收与质量评定、试运行、运行、维护、检修、试验、退役、报废	信息	基础设施、信息资源、信息安全、其他	

序号	体系结构号	标准编号	标准名称	标准级别	实施日期	与国际标准对应关系	代替标准	阶段	分阶段	专业	分专业	备注
1139	104.1-169	GB/T 33850—2017	信息技术服务质量评价指标体系	国标	2017-12-1			规划、设计、采购、建设、运维、修试、退役	规划、初设、施工图、招标、品控、施工工艺、验收与质量评定、试运行、运行、维护、检修、试验、退役、报废	信息	基础设施、信息资源、信息安全、其他	
1140	104.1-170	GB/T 34941—2017	信息技术服务数字化营销服务程序化营销技术要求	国标	2018-5-1			规划、设计、采购、建设、运维、修试、退役	规划、初设、施工图、招标、品控、施工工艺、验收与质量评定、试运行、运行、维护、检修、试验、退役、报废	信息	基础设施、信息资源、信息安全、其他	
1141	104.1-171	GB/T 34960.2—2017	信息技术服务治理 第2部分：实施指南	国标	2018-5-1			建设、修试、运维	验收与质量评定、试验、运行、维护	信息	基础设施、信息资源、信息安全、其他	
1142	104.1-172	GB/T 34960.3—2017	信息技术服务治理 第3部分：绩效评价	国标	2018-5-1			建设、修试、运维	验收与质量评定、试验、运行、维护	信息	基础设施、信息资源、信息安全、其他	
1143	104.1-173	GB/T 34960.4—2017	信息技术服务治理 第4部分：审计导则	国标	2018-5-1			建设、运维	验收与质量评定、试运行、运行、维护	信息	基础设施、信息资源、信息安全、其他	
1144	104.1-174	GB/T 34960.5—2018	信息技术服务治理 第5部分：数据治理规范	国标	2019-1-1			规划、设计、采购、建设、运维、修试、退役	规划、初设、施工图、招标、品控、施工工艺、验收与质量评定、试运行、运行、维护、检修、试验、退役、报废	信息	基础设施、信息资源、信息安全、其他	

序号	体系结构号	标准编号	标准名称	标准级别	实施日期	与国际标准对应关系	代替标准	阶段	分阶段	专业	分专业	备注
1145	104.1-175	GB/T 35128—2017	集团企业经营管理信息化核心构件	国标	2018-7-1			规划、设计、采购、建设、运维、修试、退役	规划、初设、施工图、招标、品控、施工工艺、验收与质量评定、试运行、运行、维护、检修、试验、退役、报废	信息	基础设施、信息资源、信息安全、其他	
1146	104.1-176	GB/T 35133—2017	集团企业经营管理参考模型	国标	2018-7-1			设计	初设	信息	基础设施、信息资源、信息安全、其他	
1147	104.1-177	GB/T 35292—2017	信息技术 开放虚拟化格式（OVF）规范	国标	2018-7-1	ISO/IEC 17203:2011		设计	初设	信息	基础设施、信息资源、信息安全、其他	
1148	104.1-178	GB/T 35299—2017	信息技术 开放系统互连 对象标识符解析系统	国标	2017-12-29	ISO/IEC 29168-1:2011		规划、设计、采购、建设、运维、修试、退役	规划、初设、施工图、招标、品控、施工工艺、验收与质量评定、试运行、运行、维护、检修、试验、退役、报废	信息	基础设施、信息资源、信息安全、其他	
1149	104.1-179	GB/T 35300—2017	信息技术 开放系统互连 用于对象标识符解析系统运营机构的规程	国标	2017-12-29			运维、修试	运行、维护、检修、试验	信息	基础设施、信息资源、信息安全、其他	
1150	104.1-180	GB/T 36074.2—2018	信息技术服务 服务管理 第2部分：实施指南	国标	2018-10-1			规划、设计、采购、建设、运维、修试、退役	规划、初设、施工图、招标、品控、施工工艺、验收与质量评定、试运行、运行、维护、检修、试验、退役、报废	信息	基础设施、信息资源、信息安全、其他	

序号	体系结构号	标准编号	标准名称	标准级别	实施日期	与国际标准对应关系	代替标准	阶段	分阶段	专业	分专业	备注
1151	104.1-181	GB/T 36074.3—2019	信息技术服务 服务管理 第3部分：技术要求	国标	2020-3-1			规划、设计、采购、建设、运维、修试、退役	规划、初设、施工图、招标、品控、施工工艺、验收与质量评定、试运行、运行、维护、检修、试验、退役、报废	信息	基础设施、信息资源、信息安全、其他	
1152	104.1-182	GB/T 36341.1—2018	信息技术 形状建模信息表示 第1部分：框架和基本组件	国标	2019-1-1			规划、设计、采购、建设、运维、修试、退役	规划、初设、施工图、招标、品控、施工工艺、验收与质量评定、试运行、运行、维护、检修、试验、退役、报废	信息	基础设施、信息资源、信息安全、其他	
1153	104.1-183	GB/T 36341.2—2018	信息技术 形状建模信息表示 第2部分：特征约束	国标	2019-1-1			规划、设计、采购、建设、运维、修试、退役	规划、初设、施工图、招标、品控、施工工艺、验收与质量评定、试运行、运行、维护、检修、试验、退役、报废	信息	基础设施、信息资源、信息安全、其他	
1154	104.1-184	GB/T 36341.3—2018	信息技术 形状建模信息表示 第3部分：流式传输	国标	2019-1-1			规划、设计、采购、建设、运维、修试、退役	规划、初设、施工图、招标、品控、施工工艺、验收与质量评定、试运行、运行、维护、检修、试验、退役、报废	信息	基础设施、信息资源、信息安全、其他	

序号	体系结构号	标准编号	标准名称	标准级别	实施日期	与国际标准对应关系	代替标准	阶段	分阶段	专业	分专业	备注
1155	104.1-185	GB/T 36341.4—2018	信息技术 形状建模信息表示 第4部分：存储格式	国标	2019-1-1			规划、设计、采购、建设、运维、修试、退役	规划、初设、施工图、招标、品控、施工工艺、验收与质量评定、试运行、运行、维护、检修、试验、退役、报废	信息	基础设施、信息资源、信息安全、其他	
1156	104.1-186	GB/T 36443—2018	信息技术 用户、系统及其环境的需求和能力的公共访问轮廓（CAP）框架	国标	2019-1-1			规划、设计、采购、建设、运维、修试、退役	规划、初设、施工图、招标、品控、施工工艺、验收与质量评定、试运行、运行、维护、检修、试验、退役、报废	信息	基础设施、信息资源、信息安全、其他	
1157	104.1-187	GB/T 36444—2018	信息技术 开放系统互连 简化目录协议及服务	国标	2019-1-1			规划、设计、采购、建设、运维、修试、退役	规划、初设、施工图、招标、品控、施工工艺、验收与质量评定、试运行、运行、维护、检修、试验、退役、报废	信息	基础设施、信息资源、信息安全、其他	
1158	104.1-188	GB/T 36450.1—2018	信息技术 存储管理 第1部分：概述	国标	2019-1-1			规划、设计、采购、建设、运维、修试、退役	规划、初设、施工图、招标、品控、施工工艺、验收与质量评定、试运行、运行、维护、检修、试验、退役、报废	信息	基础设施、信息资源、信息安全、其他	

序号	体系结构号	标准编号	标准名称	标准级别	实施日期	与国际标准对应关系	代替标准	阶段	分阶段	专业	分专业	备注
1159	104.1-189	GB/T 36456.1—2018	面向工程领域的共享信息模型 第1部分：领域信息模型框架	国标	2019-1-1			规划、设计、采购、建设、运维、修试、退役	规划、初设、施工图、招标、品控、施工工艺、验收与质量评定、试运行、运行、维护、检修、试验、退役、报废	信息	基础设施、信息资源、信息安全、其他	
1160	104.1-190	GB/T 36456.2—2018	面向工程领域的共享信息模型 第2部分：领域信息服务接口	国标	2019-1-1			规划、设计、采购、建设、运维、修试、退役	规划、初设、施工图、招标、品控、施工工艺、验收与质量评定、试运行、运行、维护、检修、试验、退役、报废	信息	基础设施、信息资源、信息安全、其他	
1161	104.1-191	GB/T 36456.3—2018	面向工程领域的共享信息模型 第3部分：测试方法	国标	2019-1-1			规划、设计、采购、建设、运维、修试、退役	规划、初设、施工图、招标、品控、施工工艺、验收与质量评定、试运行、运行、维护、检修、试验、退役、报废	信息	基础设施、信息资源、信息安全、其他	
1162	104.1-192	GB/T 36463.1—2018	信息技术服务咨询设计 第1部分：通用要求	国标	2019-1-1			规划、设计、采购、建设、运维、修试、退役	规划、初设、施工图、招标、品控、施工工艺、验收与质量评定、试运行、运行、维护、检修、试验、退役、报废	信息	基础设施、信息资源、信息安全、其他	
1163	104.1-193	GB/T 36463.2—2019	信息技术服务咨询设计 第2部分：规划设计指南	国标	2020-3-1			规划、设计	规划、初设、施工图、	信息	基础设施、信息资源、信息安全、其他	

序号	体系结构号	标准编号	标准名称	标准级别	实施日期	与国际标准对应关系	代替标准	阶段	分阶段	专业	分专业	备注
1164	104.1-194	GB/T 36478.2—2018	物联网 信息交换和共享 第2部分：通用技术要求	国标	2019-1-1			规划、设计、采购、建设、运维、修试、退役	规划、初设、施工图、招标、品控、施工工艺、验收与质量评定、试运行、运行、维护、检修、试验、退役、报废	信息	基础设施、信息资源、信息安全、其他	
1165	104.1-195	GB/T 36478.3—2019	物联网 信息交换和共享 第3部分：元数据	国标	2020-3-1			规划、设计、采购、建设、运维、修试、退役	规划、初设、施工图、招标、品控、施工工艺、验收与质量评定、试运行、运行、维护、检修、试验、退役、报废	信息	基础设施、信息资源、信息安全、其他	
1166	104.1-196	GB/T 36621—2018	智慧城市 信息技术运营指南	国标	2019-5-1			规划、设计、采购、建设、运维、修试、退役	规划、初设、施工图、招标、品控、施工工艺、验收与质量评定、试运行、运行、维护、检修、试验、退役、报废	信息	基础设施、信息资源、信息安全、其他	
1167	104.1-197	GB/T 36622.1—2018	智慧城市 公共信息与服务支撑平台 第1部分：总体要求	国标	2019-5-1			规划、设计、采购、建设、运维、修试、退役	规划、初设、施工图、招标、品控、施工工艺、验收与质量评定、试运行、运行、维护、检修、试验、退役、报废	信息	基础设施、信息资源、信息安全、其他	

序号	体系结构号	标准编号	标准名称	标准级别	实施日期	与国际标准对应关系	代替标准	阶段	分阶段	专业	分专业	备注
1168	104.1-198	GB/T 36622.2—2018	智慧城市　公共信息与服务支撑平台　第2部分:目录管理与服务要求	国标	2019-5-1			规划、设计、采购、建设、运维、修试、退役	规划、初设、施工图、招标、品控、施工工艺、验收与质量评定、试运行、运行、维护、检修、试验、退役、报废	信息	基础设施、信息资源、信息安全、其他	
1169	104.1-199	GB/T 36622.3—2018	智慧城市　公共信息与服务支撑平台　第3部分:测试要求	国标	2021-1-1			规划、设计、采购、建设、运维、修试、退役	规划、初设、施工图、招标、品控、施工工艺、验收与质量评定、试运行、运行、维护、检修、试验、退役、报废	信息	基础设施、信息资源、信息安全、其他	
1170	104.1-200	GB/T 36625.1—2018	智慧城市　数据融合　第1部分：概念模型	国标	2019-5-1			规划、设计、采购、建设、运维、修试、退役	规划、初设、施工图、招标、品控、施工工艺、验收与质量评定、试运行、运行、维护、检修、试验、退役、报废	信息	基础设施、信息资源、信息安全、其他	
1171	104.1-201	GB/T 36625.2—2018	智慧城市　数据融合　第2部分:数据编码规范	国标	2019-5-1			规划、设计、采购、建设、运维、修试、退役	规划、初设、施工图、招标、品控、施工工艺、验收与质量评定、试运行、运行、维护、检修、试验、退役、报废	信息	基础设施、信息资源、信息安全、其他	

序号	体系结构号	标准编号	标准名称	标准级别	实施日期	与国际标准对应关系	代替标准	阶段	分阶段	专业	分专业	备注
1172	104.1-202	GB/T 36625.3—2021	智慧城市 数据融合 第3部分:数据采集规范	国标	2021-11-1			规划、设计、采购、建设、运维、修试、退役	规划、初设、施工图、招标、品控、施工工艺、验收与质量评定、试运行、运行、维护、检修、试验、退役、报废	信息	基础设施、信息资源、信息安全、其他	
1173	104.1-203	GB/T 36625.4—2021	智慧城市 数据融合 第4部分:开放共享要求	国标	2021-11-1			规划、设计、采购、建设、运维、修试、退役	规划、初设、施工图、招标、品控、施工工艺、验收与质量评定、试运行、运行、维护、检修、试验、退役、报废	信息	基础设施、信息资源、信息安全、其他	
1174	104.1-204	GB/T 36964—2018	软件工程 软件开发成本度量规范	国标	2021-1-1			规划、设计、采购、建设、运维、修试、退役	规划、初设、施工图、招标、品控、施工工艺、验收与质量评定、试运行、运行、维护、检修、试验、退役、报废	信息	基础设施、信息资源、信息安全、其他	
1175	104.1-205	GB/T 37407—2019	应用指南 系统可信性工程	国标	2019-12-1			规划、设计、建设	规划、初设、施工图、施工工艺、验收与质量评定、试运行	信息	基础设施、信息资源、信息安全、其他	
1176	104.1-206	GB/T 37668—2019	信息技术 互联网内容无障碍可访问性技术要求与测试方法	国标	2020-3-1			规划、设计、采购、建设、运维、修试、退役	规划、初设、施工图、招标、品控、施工工艺、验收与质量评定、试运行、运行、维护、检修、试验、退役、报废	信息	基础设施、信息资源、信息安全、其他	

序号	体系结构号	标准编号	标准名称	标准级别	实施日期	与国际标准对应关系	代替标准	阶段	分阶段	专业	分专业	备注
1177	104.1-207	GB/T 37684—2019	物联网 协同信息处理参考模型	国标	2020-3-1			规划、设计、建设	规划、初设、施工图、施工工艺、验收与质量评定、试运行	信息	基础设施、信息资源、信息安全、其他	
1178	104.1-208	GB/T 37686—2019	物联网 感知对象信息融合模型	国标	2020-3-1			规划、设计、建设	规划、初设、施工图、施工工艺、验收与质量评定、试运行	信息	基础设施、信息资源、信息安全、其他	
1179	104.1-209	GB/T 37688—2019	信息技术 流式文档互操作性的度量	国标	2020-3-1			规划、设计、建设	规划、初设、施工图、施工工艺、验收与质量评定、试运行	信息	基础设施、信息资源、信息安全、其他	
1180	104.1-210	GB/T 37696—2019	信息技术服务 从业人员能力评价要求	国标	2020-3-1			规划、设计、采购、建设、运维、修试、退役	规划、初设、施工图、招标、品控、施工工艺、验收与质量评定、试运行、运行、维护、检修、试验、退役、报废	信息	基础设施、信息资源、信息安全、其他	
1181	104.1-211	GB/T 37700—2019	信息技术 工业云 参考模型	国标	2020-3-1			规划、设计、建设	规划、初设、施工图、施工工艺、验收与质量评定、试运行	信息	基础设施、信息资源、信息安全、其他	
1182	104.1-212	GB/T 37724—2019	信息技术 工业云服务 能力通用要求	国标	2020-3-1			规划、设计、建设	规划、初设、施工图、施工工艺、验收与质量评定、试运行	信息	基础设施、信息资源、信息安全、其他	
1183	104.1-213	GB/T 37725—2019	信息技术 业务管理体系模型	国标	2020-3-1			规划、设计、建设	规划、初设、施工图、施工工艺、验收与质量评定、试运行	信息	基础设施、信息资源、信息安全、其他	
1184	104.1-214	GB/T 37779—2019	数据中心能源管理体系实施指南	国标	2020-3-1			规划、设计、建设	规划、初设、施工图、施工工艺、验收与质量评定、试运行	信息	基础设施、信息资源、信息安全、其他	

序号	体系结构号	标准编号	标准名称	标准级别	实施日期	与国际标准对应关系	代替标准	阶段	分阶段	专业	分专业	备注
1185	104.1-215	GB/T 37961—2019	信息技术服务 服务基本要求	国标	2020-3-1			规划、设计、建设	规划、初设、施工图、施工工艺、验收与质量评定、试运行	信息	基础设施、信息资源、信息安全、其他	
1186	104.1-216	GB/T 37970—2019	软件过程及制品可信度评估	国标	2020-3-1			规划、设计、建设	规划、初设、施工图、施工工艺、验收与质量评定、试运行	信息	基础设施、信息资源、信息安全、其他	
1187	104.1-217	GB/T 37974—2019	自动测试系统验收通用要求	国标	2020-3-1			规划、设计、建设	规划、初设、施工图、施工工艺、验收与质量评定、试运行	信息	基础设施、信息资源、信息安全、其他	
1188	104.1-218	GB/T 37982—2019	信息技术 多路径管理（API）	国标	2020-3-1			规划、设计、建设	规划、初设、施工图、施工工艺、验收与质量评定、试运行	信息	基础设施、信息资源、信息安全、其他	
1189	104.1-219	GB/T 38000.1—2019	标识系统信息交换 要求 第1部分：原则和方法	国标	2020-3-1			规划、设计、建设	规划、初设、施工图、施工工艺、验收与质量评定、试运行	信息	基础设施、信息资源、信息安全、其他	
1190	104.1-220	GB/T 39675—2020	电网气象信息交换技术要求	国标	2021-7-1			规划、设计、建设	规划、初设、施工图、施工工艺、验收与质量评定、试运行	信息	基础设施、信息资源、信息安全、其他	
1191	104.1-221	GB/T 40026—2021	具有资源开放性的物联网能力要求	国标	2021-8-1			规划、设计、建设	规划、初设、施工图、施工工艺、验收与质量评定、试运行	信息	基础设施、信息资源、信息安全、其他	
1192	104.1-222	GB/T 40212—2021	工业机器人云服务平台分类及参考体系结构	国标	2021-12-1			设计、建设、运维	初设、施工图、施工工艺、验收与质量评定、运行、维护	信息	信息应用	
1193	104.1-223	GB/T 40778.1—2021	物联网 面向Web 开放服务的系统实现 第1部分：参考架构	国标	2022-5-1			规划、设计、建设	规划、初设、施工图、施工工艺、验收与质量评定、试运行	信息	基础设施、信息资源、信息安全、其他	

序号	体系结构号	标准编号	标准名称	标准级别	实施日期	与国际标准对应关系	代替标准	阶段	分阶段	专业	分专业	备注
1194	104.1-224	GB/T 40778.2—2021	物联网 面向Web 开放服务的系统实现 第2部分:物体描述方法	国标	2022-5-1			规划、设计、建设	规划、初设、施工图、施工工艺、验收与质量评定、试运行	信息	基础设施、信息资源、信息安全、其他	
1195	104.1-225	GB/T 41818—2022	信息技术 大数据 面向分析的数据存储与检索技术要求	国标	2023-5-1			规划、设计、建设	规划、初设、施工图、施工工艺、验收与质量评定、试运行	信息	基础设施、信息资源、信息安全、其他	
1196	104.1-226	GB/T 42130—2022	智能制造 工业大数据系统功能要求	国标	2023-7-1			规划、设计、建设	规划、初设、施工图、施工工艺、验收与质量评定、试运行	信息	基础设施、信息资源、信息安全、其他	
1197	104.1-227	GB/T 42201—2022	智能制造 工业大数据时间序列数据采集与存储管理	国标	2023-7-1			规划、设计、建设	规划、初设、施工图、施工工艺、验收与质量评定、试运行	信息	基础设施、信息资源、信息安全、其他	
1198	104.1-228	GB/Z 18493—2001	信息技术 软件生存周期过程指南	国标	2002-6-1	ISO/IEC TR 15271:1998，IDT		规划、设计、建设	规划、初设、施工图、施工工艺、验收与质量评定、试运行	信息	基础设施、信息资源、信息安全、其他	
1199	104.1-229	GB/Z 18914—2014	信息技术 软件工程 CASE工具的采用指南	国标	2015-2-1	ISO/IEC TR 14471:2007	GB/Z 18914—2002	规划、设计、建设	规划、初设、施工图、施工工艺、验收与质量评定、试运行	信息	基础设施、信息资源、信息安全、其他	
1200	104.1-230	GB/Z 23283—2009	基于文件的电子信息的长期保存	国标	2009-9-1	ISO/TR 18492:2005, IDT		规划、设计、建设	规划、初设、施工图、施工工艺、验收与质量评定、试运行	信息	基础设施、信息资源、信息安全、其他	
1201	104.1-231	GB/Z 31102—2014	软件工程 软件工程知识体系指南	国标	2015-2-1	ISO/IEC TR 19759:2005, MOD		规划、设计、建设	规划、初设、施工图、施工工艺、验收与质量评定、试运行	信息	基础设施、信息资源、信息安全、其他	
1202	104.1-232	GB/Z 36442.1—2018	信息技术 用于物品管理的射频识别 实现指南 第1部分:无源超高频 RFID 标签	国标	2019-1-1			规划、设计、建设	规划、初设、施工图、施工工艺、验收与质量评定、试运行	信息	基础设施、信息资源、信息安全、其他	

序号	体系结构号	标准编号	标准名称	标准级别	实施日期	与国际标准对应关系	代替标准	阶段	分阶段	专业	分专业	备注
1203	104.1-233	GB/Z 36442.3—2018	信息技术 用于物品管理的射频识别 实现指南 第3部分:超高频RFID读写器系统在物流应用中的实现和操作	国标	2019-1-1			规划、设计、建设	规划、初设、施工图、施工工艺、验收与质量评定、试运行	信息	基础设施、信息资源、信息安全、其他	
1204	104.1-234	GB/Z 40213—2021	自动化系统与集成 基于信息交换需求建模和软件能力建规的应用集成方法	国标	2021-12-1			规划、设计、建设	规划、初设、施工图、施工工艺、验收与质量评定、试运行	信息	基础设施、信息资源、信息安全、其他	
1205	104.1-235	ANSI INCITS 495—2012	信息技术 平台管理	国际标准	2012-1-1			规划、设计、采购、建设、运维、修试、退役	规划、初设、施工图、招标、品控、施工工艺、验收与质量评定、试运行、运行、维护、检修、试验、退役、报废	信息	基础设施、信息资源、信息安全、其他	
1206	104.1-236	ANSI INCITS 497—2012（R2017）	信息技术 自动化/驱动接口命令-3（ADC-3）	国际标准	2017-1-1		ANSI INCITS497—2012	规划、设计、采购、建设、运维、修试、退役	规划、初设、施工图、招标、品控、施工工艺、验收与质量评定、试运行、运行、维护、检修、试验、退役、报废	信息	基础设施、信息资源、信息安全、其他	
1207	104.1-237	ANSI INCITS/ISO/IEC 19496-3—2012	信息技术 视听对象编码 第3部分：音频	国际标准	2012-1-1	ISO/IEC 14496-3—2009，IDT	ANSI INCITS ISO IEC 14496-3—2001；ANSI INCITS ISO IEC 14496-3—2007	规划、设计、采购、建设、运维、修试、退役	规划、初设、施工图、招标、品控、施工工艺、验收与质量评定、试运行、运行、维护、检修、试验、退役、报废	信息	基础设施、信息资源、信息安全、其他	

序号	体系结构号	标准编号	标准名称	标准级别	实施日期	与国际标准对应关系	代替标准	阶段	分阶段	专业	分专业	备注
1208	104.1-238	ANSI INCITS/ISO/IEC 9075-2—2008（R2012）	信息技术 数据库语言.结构化查询语言（SQL）第 2 部分 基础（SQL/Foundation）	国际标准	2008-12-18	ISO/IEC 9075-2—2011，IDT	ANSI INCITS ISO IEC 9075-2—2008	规划、设计、采购、建设、运维、修试、退役	规划、初设、施工图、招标、品控、施工工艺、验收与质量评定、试运行、运行、维护、检修、试验、退役、报废	信息	基础设施、信息资源、信息安全、其他	
1209	104.1-239	BS EN ISO IEC 19762-1—2012	信息技术 自动识别和数据采集（AIDC）技术 校准词表 AIDC 相关的通用术语	国际标准	2012-4-30	BN ISO/IEC 19762-1—2012，IDT；ISO/IEC 19762-1—2008. IDT	BS TSO IEC 19762-1—2005	规划、设计、采购、建设、运维、修试、退役	规划、初设、施工图、招标、品控、施工工艺、验收与质量评定、试运行、运行、维护、检修、试验、退役、报废	信息	基础设施、信息资源、信息安全、其他	
1210	104.1-240	BS EN ISO IEC 19762-3—2012	信息技术 自动识别和数据采集（AIDC）技术 校准词表 射频识别（RFID）	国际标准	2012-4-30	EN ISO/IEC 19762-3—2012，IDT；ISO/IEC 19762-3—2008，IDT	BS ISO IEC 19762-3—2005	规划、设计、采购、建设、运维、修试、退役	规划、初设、施工图、招标、品控、施工工艺、验收与质量评定、试运行、运行、维护、检修、试验、退役、报废	信息	基础设施、信息资源、信息安全、其他	
1211	104.1-241	IS0/IEC 11002—2008	信息技术多路径管理 API	国际标准	2008-7-1			规划、设计、采购、建设、运维、修试、退役	规划、初设、施工图、招标、品控、施工工艺、验收与质量评定、试运行、运行、维护、检修、试验、退役、报废	信息	基础设施、信息资源、信息安全、其他	

序号	体系结构号	标准编号	标准名称	标准级别	实施日期	与国际标准对应关系	代替标准	阶段	分阶段	专业	分专业	备注
1212	104.1-242	ISO/IEC 12139-1—2009/Cor 1—2010	信息技术系统间通信和信息交换电力线通信（PLC）高速 PLC 的媒体访问控制（MAC）和物理层（PHY）第 1 部分：通用要求技术勘误表 1	国际标准	2010-1-28			规划、设计、采购、建设、运维、修试、退役	规划、初设、施工图、招标、品控、施工工艺、验收与质量评定、试运行、运行、维护、检修、试验、退役、报废	信息	基础设施、信息资源、信息安全、其他	
1213	104.1-243	ISO/IEC 14496-3—2019	信息技术 视听对象编码 第 3 部分：音频	国际标准	2019-12-12		ISO/IEC 14496-3—2009；ISO/IEC 14496-3—2009/Amd 1—2009；ISO/IEC 14496-3—2009/Amd 2—2010；ISO/IEC 14496-3—2009/Amd 3—2012；ISO/IEC 14496-3—2009/Amd 4—2013；ISO/IEC 14496-3—2009/Amd 4—2013/Cor 1—2015；ISO/IEC 14496-3—2009/Amd 5—2015；ISO/IEC 14496-3—2009/Amd 6—2017；ISO/IEC 14496-3—2009/Amd 7—2018；ISO/IEC 14496-3—2009/Cor 1—2009；ISO/IEC 14496-3—2009/Cor 2—2011；ISO/IEC 14496-3—2009/Cor 3—2012；ISO/IEC 14496-3—2009/Cor 4—2012；ISO/IEC 14496-3—2009/Cor 5—2015；ISO/IEC 14496-3—2009/Cor 6—2015；ISO/IEC 14496-3—2009/Cor 7—2015	规划、设计、采购、建设、运维、修试、退役	规划、初设、施工图、招标、品控、施工工艺、验收与质量评定、试运行、运行、维护、检修、试验、退役、报废	信息	基础设施、信息资源、信息安全、其他	

序号	体系结构号	标准编号	标准名称	标准级别	实施日期	与国际标准对应关系	代替标准	阶段	分阶段	专业	分专业	备注
1214	104.1-244	ISO/IEC 14776-223—2008	信息技术小型计算机系统接口（SCSI）第223部分:光纤信道协议第3版（FCP-3）	国际标准	2008-5-1			规划、设计、采购、建设、运维、修试、退役	规划、初设、施工图、招标、品控、施工工艺、验收与质量评定、试运行、运行、维护、检修、试验、退役、报废	信息	基础设施、信息资源、信息安全、其他	
1215	104.1-245	ISO/IEC 15424—2008	信息技术自动识别和数据捕获技术数据载体标识符(包括符号标识符)	国际标准	2008-7-15	CAN/CSA-ISO/IEC 15424-09—2009，IDT	ISO IEC 15424—2000	规划、设计、采购、建设、运维、修试、退役	规划、初设、施工图、招标、品控、施工工艺、验收与质量评定、试运行、运行、维护、检修、试验、退役、报废	信息	基础设施、信息资源、信息安全、其他	
1216	104.1-246	ISO/IEC 21000-7—2007/Cor 1—2008	信息技术多媒体框架（MPEG-21）第7部分:数字项匹配技术勘误1	国际标准	2008-12-11			规划、设计、采购、建设、运维、修试、退役	规划、初设、施工图、招标、品控、施工工艺、验收与质量评定、试运行、运行、维护、检修、试验、退役、报废	信息	基础设施、信息资源、信息安全、其他	
1217	104.1-247	ISO/IEC 22535—2009	信息技术系统间通信和信息交换联合通信网络SIP上QSIG的隧道效应	国际标准	2009-4-15		ISO IEC 22535—2006	规划、设计、采购、建设、运维、修试、退役	规划、初设、施工图、招标、品控、施工工艺、验收与质量评定、试运行、运行、维护、检修、试验、退役、报废	信息	基础设施、信息资源、信息安全、其他	

序号	体系结构号	标准编号	标准名称	标准级别	实施日期	与国际标准对应关系	代替标准	阶段	分阶段	专业	分专业	备注
1218	104.1-248	ISO/IEC 24756—2009	信息技术用户需求和能力、系统及其环境的通用访问轮廓（CAP）的详细说明框架	国际标准	2009-4-1			规划、设计、采购、建设、运维、修试、退役	规划、初设、施工图、招标、品控、施工工艺、验收与质量评定、试运行、运行、维护、检修、试验、退役、报废	信息	基础设施、信息资源、信息安全、其他	
1219	104.1-249	ISO/IEC 26514—2008	系统和软件工程用户文件的设计者和开发者用要求	国际标准	2008-6-15	BS ISO/IEC 26514—2008，IDT	ISO 9127—1988；ISO/IEC 6592—2000；ISO/IEC 18019—2004	规划、设计、采购、建设、运维、修试、退役	规划、初设、施工图、招标、品控、施工工艺、验收与质量评定、试运行、运行、维护、检修、试验、退役、报废	信息	基础设施、信息资源、信息安全、其他	
1220	104.1-250	ISO/IEC/TR 12860—2009	信息技术系统间的远程通信和信息交换下一代社团网络（NGCN）总则	国际标准	2009-4-15			规划、设计、采购、建设、运维、修试、退役	规划、初设、施工图、招标、品控、施工工艺、验收与质量评定、试运行、运行、维护、检修、试验、退役、报废	信息	基础设施、信息资源、信息安全、其他	
1221	104.1-251	ISO/IEC/TR 12861—2009	信息技术系统间远程通信和信息交换下一代社团网络（NGCN）识别和路由	国际标准	2009-4-15	ECMA/TR 96—2008，IDT		规划、设计、采购、建设、运维、修试、退役	规划、初设、施工图、招标、品控、施工工艺、验收与质量评定、试运行、运行、维护、检修、试验、退役、报废	信息	基础设施、信息资源、信息安全、其他	

序号	体系结构号	标准编号	标准名称	标准级别	实施日期	与国际标准对应关系	代替标准	阶段	分阶段	专业	分专业	备注
1222	104.1-252	ISO/IEC/TR 14165-372—2011	信息技术光纤信道 第372部分:互连2的方法（FC-MI-2）	国际标准	2011-2-18			规划、设计、采购、建设、运维、修试、退役	规划、初设、施工图、招标、品控、施工工艺、验收与质量评定、试运行、运行、维护、检修、试验、退役、报废	信息	基础设施、信息资源、信息安全、其他	
1223	104.1-253	ISO/IEC/TR 24720—2008	信息技术自动识别和数据采集技术直接部分标记（DPM）用指南	国际标准	2008-6-1			规划、设计、采购、建设、运维、修试、退役	规划、初设、施工图、招标、品控、施工工艺、验收与质量评定、试运行、运行、维护、检修、试验、退役、报废	信息	基础设施、信息资源、信息安全、其他	
1224	104.1-254	ISO/IEC/TR 24729-1—2008	信息技术项目管理的射频识别（RFID）执行指南 第1部分：RFID激活的标签和包装支持 IS0/IEC 18000-6C	国际标准	2008-4-15			规划、设计、采购、建设、运维、修试、退役	规划、初设、施工图、招标、品控、施工工艺、验收与质量评定、试运行、运行、维护、检修、试验、退役、报废	信息	基础设施、信息资源、信息安全、其他	
1225	104.1-255	ISO/IEC/TR 24729-2—2008	信息技术项目管理的射频识别（RFID）执行指南 第2部分：再循环和 RFID 标签	国际标准	2008-4-15			规划、设计、采购、建设、运维、修试、退役	规划、初设、施工图、招标、品控、施工工艺、验收与质量评定、试运行、运行、维护、检修、试验、退役、报废	信息	基础设施、信息资源、信息安全、其他	

序号	体系结构号	标准编号	标准名称	标准级别	实施日期	与国际标准对应关系	代替标准	阶段	分阶段	专业	分专业	备注
1226	104.1-256	ISO/IEC/TR 24729-4—2009	信息技术项目管理的射频识别（RFID）执行指南第4部分：标签数据安全	国际标准	2009-3-15			规划、设计、采购、建设、运维、修试、退役	规划、初设、施工图、招标、品控、施工工艺、验收与质量评定、试运行、运行、维护、检修、试验、退役、报废	信息	基础设施、信息资源、信息安全、其他	
1227	104.1-257	ITU-T H.248.65—2009	网关控制协议资源预留协议的支持	国际标准	2009-3-16			规划、设计、采购、建设、运维、修试、退役	规划、初设、施工图、招标、品控、施工工艺、验收与质量评定、试运行、运行、维护、检修、试验、退役、报废	信息	基础设施、信息资源、信息安全、其他	
1228	104.1-258	ITU-T H.248.70—2009	网关控制协议拨号方法信息包	国际标准	2009-3-16			规划、设计、采购、建设、运维、修试、退役	规划、初设、施工图、招标、品控、施工工艺、验收与质量评定、试运行、运行、维护、检修、试验、退役、报废	信息	基础设施、信息资源、信息安全、其他	
1229	104.1-259	ITU-T L.80—2008	支持使用ID技术的基础设施和网络元件管理的系统要求的运转	国际标准	2008-5-1			规划、设计、采购、建设、运维、修试、退役	规划、初设、施工图、招标、品控、施工工艺、验收与质量评定、试运行、运行、维护、检修、试验、退役、报废	信息	基础设施、信息资源、信息安全、其他	

序号	体系结构号	标准编号	标准名称	标准级别	实施日期	与国际标准对应关系	代替标准	阶段	分阶段	专业	分专业	备注
1230	104.1-260	ITU-T X.607.1—2008	信息技术增强通信传输协议规范双向组播传送的 QoS 管理规范	国际标准	2008-11-13			规划、设计、采购、建设、运维、修试、退役	规划、初设、施工图、招标、品控、施工工艺、验收与质量评定、试运行、运行、维护、检修、试验、退役、报废	信息	基础设施、信息资源、信息安全、其他	
1231	104.1-261	ITU-T X.608.1—2008	信息技术增强通信传输协议规范 N-plex 组播传送的 QoS 管理规范	国际标准	2008-11-13			规划、设计、采购、建设、运维、修试、退役	规划、初设、施工图、招标、品控、施工工艺、验收与质量评定、试运行、运行、维护、检修、试验、退役、报废	信息	基础设施、信息资源、信息安全、其他	
1232	104.1-262	ITU-T Y.2234—2008	NGN 开放业务环境能力	国际标准	2008-9-12			规划、设计、采购、建设、运维、修试、退役	规划、初设、施工图、招标、品控、施工工艺、验收与质量评定、试运行、运行、维护、检修、试验、退役、报废	信息	基础设施、信息资源、信息安全、其他	
1233	104.1-263	ITU-T Y.2720—2009	NGN 身份管理架构	国际标准	2009-1-23			规划、设计、采购、建设、运维、修试、退役	规划、初设、施工图、招标、品控、施工工艺、验收与质量评定、试运行、运行、维护、检修、试验、退役、报废	信息	基础设施、信息资源、信息安全、其他	

序号	体系结构号	标准编号	标准名称	标准级别	实施日期	与国际标准对应关系	代替标准	阶段	分阶段	专业	分专业	备注
104.2 数字技术—基础设施												
1234	104.2-1	Q/CSG 1203073—2020	南方电网智能终端技术规范（试行）	企标	2020-9-30		Q/CSG 1204005.67.6—2014	规划、设计、采购、建设、运维、修试、退役	规划、初设、施工图、招标、品控、施工工艺、验收与质量评定、试运行、运行、维护、检修、试验、退役、报废	信息	基础设施	
1235	104.2-2	Q/CSG 1204090—2021	南方电网运维审计系统（堡垒机）技术规范（试行）	企标	2021-2-28			规划、设计、采购、建设、运维、修试、退役	规划、初设、施工图、招标、品控、施工工艺、验收与质量评定、试运行、运行、维护、检修、试验、退役、报废	信息	基础设施	
1236	104.2-3	Q/CSG 1205033—2020	配电智能网关技术规范（试行）	企标	2020-8-31			规划、设计、采购、建设、运维、修试、退役	规划、初设、施工图、招标、品控、施工工艺、验收与质量评定、试运行、运行、维护、检修、试验、退役、报废	信息	基础设施	
1237	104.2-4	Q/CSG 1210004—2015	企业云建设技术规范	企标	2015-3-13			规划、设计、采购、建设、运维、修试、退役	规划、初设、施工图、招标、品控、施工工艺、验收与质量评定、试运行、运行、维护、检修、试验、退役、报废	信息	基础设施	

序号	体系结构号	标准编号	标准名称	标准级别	实施日期	与国际标准对应关系	代替标准	阶段	分阶段	专业	分专业	备注
1238	104.2-5	Q/CSG 1210041—2020	信息机房建设技术规范	企标	2020-6-30		Q/CSG 118005—2012	规划、设计、采购、建设、运维、修试、退役	规划、初设、施工图、招标、品控、施工工艺、验收与质量评定、试运行、运行、维护、检修、试验、退役、报废	信息	基础设施	
1239	104.2-6	Q/CSG 1210044—2020	南网云总体架构和技术要求标准（试行）	企标	2020-10-30			规划、设计、采购、建设、运维、修试、退役	规划、初设、施工图、招标、品控、施工工艺、验收与质量评定、试运行、运行、维护、检修、试验、退役、报废	信息	基础设施	
1240	104.2-7	T/CSEE/Z 0049—2017	电力企业私有云架构基础设施技术规范	团标	2018-5-1			规划、设计、采购、建设、运维、修试、退役	规划、初设、施工图、招标、品控、施工工艺、验收与质量评定、试运行、运行、维护、检修、试验、退役、报废	信息	基础设施	
1241	104.2-8	CJ/T 330—2010	电子标签通用技术要求	行标	2010-10-1			规划、设计、采购、建设	规划、初设、施工图、招标、品控、施工工艺、验收与质量评定、试运行	信息	基础设施	
1242	104.2-9	DL/T 283.2—2018	电力视频监控系统及接口 第2部分：测试方法	行标	2019-5-1		DL/T 283.2—2012	规划、设计、采购、建设	规划、初设、施工图、招标、品控、施工工艺、验收与质量评定、试运行	信息	基础设施	

序号	体系结构号	标准编号	标准名称	标准级别	实施日期	与国际标准对应关系	代替标准	阶段	分阶段	专业	分专业	备注
1243	104.2-10	DL/T 283.3—2018	电力视频监控系统及接口 第3部分：工程验收	行标	2019-5-1			规划、设计、采购、建设	规划、初设、施工图、招标、品控、施工工艺、验收与质量评定、试运行	信息	基础设施	
1244	104.2-11	DL/T 1456—2015	电力系统数据库通用访问接口规范	行标	2015-12-1			规划、设计、采购、建设、运维、修试、退役	规划、初设、施工图、招标、品控、施工工艺、验收与质量评定、试运行、运行、维护、检修、试验、退役、报废	信息	基础设施	
1245	104.2-12	DL/T 1598—2016	信息机房（A级）综合监控技术规范	行标	2016-12-1			规划、设计、采购、建设、运维、修试、退役	规划、初设、施工图、招标、品控、施工工艺、验收与质量评定、试运行、运行、维护、检修、试验、退役、报废	信息	基础设施	
1246	104.2-13	DL/T 1732—2017	电力物联网传感器信息模型规范	行标	2017-12-1			设计、采购、建设、运维	初设、招标、施工工艺、验收与质量评定、试运行、运行、维护	信息	基础设施	
1247	104.2-14	DL/T 2068—2019	电力生产现场应用电子标签技术规范	行标	2020-5-1			规划、设计、建设	规划、初设、施工图、施工工艺、验收与质量评定、试运行	信息	基础设施	
1248	104.2-15	SJ/T 11439—2015	信息技术 面阵式二维码识读引擎通用规范	行标	2016-4-1			规划、设计、采购、建设、运维、修试、退役	规划、初设、施工图、招标、品控、施工工艺、验收与质量评定、试运行、运行、维护、检修、试验、退役、报废	信息	基础设施	

序号	体系结构号	标准编号	标准名称	标准级别	实施日期	与国际标准对应关系	代替标准	阶段	分阶段	专业	分专业	备注
1249	104.2-16	SJ/T 11526—2015	信息技术 SCSI 基于对象的存储设备命令	行标	2015-10-1			设计、建设、运维、修试	初设、施工图、施工工艺、验收与质量评定、试运行、运行、维护、检修、试验	信息	基础设施	
1250	104.2-17	SJ/T 11527—2015	磁盘阵列通用规范	行标	2015-10-1			规划、设计、采购、建设、运维、修试、退役	规划、初设、施工图、招标、品控、施工工艺、验收与质量评定、试运行、运行、维护、检修、试验、退役、报废	信息	基础设施	
1251	104.2-18	SJ/T 11528—2015	信息技术 移动存储 存储卡通用规范	行标	2015-10-1			规划、设计、采购、建设、运维、修试、退役	规划、初设、施工图、招标、品控、施工工艺、验收与质量评定、试运行、运行、维护、检修、试验、退役、报废	信息	基础设施	
1252	104.2-19	SJ/T 11530—2015	信息技术 开关型电源适配器通用规范	行标	2015-10-1			规划、设计、采购、建设、运维、修试、退役	规划、初设、施工图、招标、品控、施工工艺、验收与质量评定、试运行、运行、维护、检修、试验、退役、报废	信息	基础设施	
1253	104.2-20	SJ/T 11536.1—2015	高性能计算机 刀片服务器 第1部分：管理模块技术要求	行标	2016-4-1			规划、设计、采购、建设	规划、初设、施工图、招标、品控、施工工艺、验收与质量评定、试运行	信息	基础设施	

序号	体系结构号	标准编号	标准名称	标准级别	实施日期	与国际标准对应关系	代替标准	阶段	分阶段	专业	分专业	备注
1254	104.2-21	SJ/T 11537—2015	高性能计算机机群监控系统技术要求	行标	2016-4-1			规划、设计、采购、建设	规划、初设、施工图、招标、品控、施工工艺、验收与质量评定、试运行	信息	基础设施	
1255	104.2-22	SJ/T 11601—2016	信息技术 非接触式二维码扫描枪通用规范	行标	2016-6-1			规划、设计、采购、建设、运维、修试、退役	规划、初设、施工图、招标、品控、施工工艺、验收与质量评定、试运行、运行、维护、检修、试验、退役、报废	信息	基础设施	
1256	104.2-23	SJ/T 11602—2016	信息技术 非接触式一维码扫描枪通用规范	行标	2016-6-1			规划、设计、采购、建设、运维、修试、退役	规划、初设、施工图、招标、品控、施工工艺、验收与质量评定、试运行、运行、维护、检修、试验、退役、报废	信息	基础设施	
1257	104.2-24	YD/T 926.1—2009	大楼通信综合布线系统 第1部分：总规范	行标	2009-9-1	ISO/IEC 11801 Ed. 2.1:2008，MOD	YD/T 926.1—2001	规划、设计	规划、初设、施工图	信息	基础设施	
1258	104.2-25	YD/T 926.2—2009	大楼通信综合布线系统 第2部分：电缆、光缆技术要求	行标	2009-9-1	IEC 11801 Ed.2.1:2008，MOD	YD/T 926.2—2001	规划、设计、采购、建设、运维、修试、退役	规划、初设、施工图、招标、品控、施工工艺、验收与质量评定、试运行、运行、维护、检修、试验、退役、报废	信息	基础设施	

序号	体系结构号	标准编号	标准名称	标准级别	实施日期	与国际标准对应关系	代替标准	阶段	分阶段	专业	分专业	备注
1259	104.2-26	YD/T 926.3—2009	大楼通信综合布线系统 第3部分:连接硬件和接插软线技术要求	行标	2009-9-1	IEC 11801 Ed.2.1:2008, MOD	YD/T 926.3—2001	规划、设计、采购、建设、运维、修试、退役	规划、初设、施工图、招标、品控、施工工艺、验收与质量评定、试运行、运行、维护、检修、试验、退役、报废	信息	基础设施	
1260	104.2-27	YD/T 1097—2009	路由器设备技术要求 核心路由器	行标	2009-9-1		YD/T 1097—2001	规划、设计、采购、建设、运维、修试、退役	规划、初设、施工图、招标、品控、施工工艺、验收与质量评定、试运行、运行、维护、检修、试验、退役、报废	信息	基础设施	
1261	104.2-28	YD/T 1130—2001	基于IP网的信息点播业务技术要求	行标	2001-11-1			规划、设计、运维、修试	规划、初设、施工图、运行、维护、检修、试验	信息	基础设施	
1262	104.2-29	YD/T 1652—2007	IP用户业务网关测试方法	行标	2007-12-1			建设、修试	验收与质量评定、试验	信息	基础设施	
1263	104.2-30	YD/T 1657.1—2007	支持多媒体业务网络地址翻译/防火墙(NAT/FW)穿越的代理设备技术要求 第1部分:H.323代理	行标	2007-12-1			规划、设计、建设	规划、初设、施工图、施工工艺、验收与质量评定、试运行	信息	基础设施	
1264	104.2-31	YD/T 1657.2—2007	支持多媒体业务网络地址翻译/防火墙(NAT/FW)穿越的代理设备技术要求 第2部分:SIP代理	行标	2007-12-1			规划、设计、建设	规划、初设、施工图、施工工艺、验收与质量评定、试运行	信息	基础设施	

序号	体系结构号	标准编号	标准名称	标准级别	实施日期	与国际标准对应关系	代替标准	阶段	分阶段	专业	分专业	备注
1265	104.2-32	YD/T 1657.3—2007	支持多媒体业务网络地址翻译/防火墙（NAT/FW）穿越的代理设备技术要求　第3部分：MGCP代理	行标	2007-12-1			规划、设计、建设	规划、初设、施工图、施工工艺、验收与质量评定、试运行	信息	基础设施	
1266	104.2-33	YD/T 1657.4—2007	支持多媒体业务网络地址翻译/防火墙（NAT/FW）穿越的代理设备技术要求　第4部分：H.248代理	行标	2007-12-1			规划、设计、建设	规划、初设、施工图、施工工艺、验收与质量评定、试运行	信息	基础设施	
1267	104.2-34	YD/T 1698—2016	IPv6网络设备技术要求　具有IPv6路由功能的以太网交换机	行标	2016-7-1		YD/T 1698—2007	规划、设计、建设	规划、初设、施工图、施工工艺、验收与质量评定、试运行	信息	基础设施	
1268	104.2-35	YD/T 1806—2008	基于IP的远程视频监控设备技术要求	行标	2008-11-1			规划、设计、建设	规划、初设、施工图、施工工艺、验收与质量评定、试运行	信息	基础设施	
1269	104.2-36	YD/T 2443—2013	防火墙设备能效参数和测试方法	行标	2013-6-1			规划、设计、采购、建设、运维、修试、退役	规划、初设、施工图、招标、品控、施工工艺、验收与质量评定、试运行、运行、维护、检修、试验、退役、报废	信息	基础设施	
1270	104.2-37	YD/T 2711—2014	宽带网络接入服务器节能参数和测试方法	行标	2015-4-1			规划、设计、建设	规划、初设、施工图、施工工艺、验收与质量评定、试运行	信息	基础设施	
1271	104.2-38	YD/T 2728—2014	集装箱式数据中心总体技术要求	行标	2015-4-1			规划、设计、建设	规划、初设、施工图、施工工艺、验收与质量评定、试运行	信息	基础设施	

序号	体系结构号	标准编号	标准名称	标准级别	实施日期	与国际标准对应关系	代替标准	阶段	分阶段	专业	分专业	备注
1272	104.2-39	YD/T 3292—2017	整机柜服务器总体技术要求	行标	2018-1-1			规划、设计、采购、建设	规划、初设、施工图、招标、品控、施工工艺、验收与质量评定、试运行	信息	基础设施	
1273	104.2-40	YD/T 3293—2017	整机柜服务器供电子系统技术要求	行标	2018-1-1			规划、设计、建设、采购	规划、初设、施工图、施工工艺、招标、品控、验收与质量评定、试运行	信息	基础设施	
1274	104.2-41	YD/T 3294—2017	整机柜服务器管理子系统技术要求	行标	2018-1-1			规划、设计、建设、采购	规划、初设、施工图、施工工艺、招标、品控、验收与质量评定、试运行	信息	基础设施	
1275	104.2-42	YD/T 3295—2017	整机柜服务器节点子系统技术要求	行标	2018-1-1			规划、设计、建设、采购	规划、初设、施工图、施工工艺、招标、品控、验收与质量评定、试运行	信息	基础设施	
1276	104.2-43	YD/T 3347.4—2022	基于公用电信网的宽带客户智能网关测试方法 第4部分:智能家庭组网设备	行标	2022-7-1			规划、设计、建设、采购	规划、初设、施工图、施工工艺、招标、品控、验收与质量评定、试运行	信息	基础设施	
1277	104.2-44	YD/T 3347.5—2022	基于公用电信网的宽带客户智能网关测试方法 第5部分:家庭用智能网关和智能家庭组网设备接口	行标	2022-7-1			规划、设计、建设、采购	规划、初设、施工图、施工工艺、招标、品控、验收与质量评定、试运行	信息	基础设施	
1278	104.2-45	YD/T 3386—2018	移动互联网流量综合网关技术要求	行标	2019-4-1			规划、设计、建设、采购	规划、初设、施工图、施工工艺、招标、品控、验收与质量评定、试运行	信息	基础设施	

序号	体系结构号	标准编号	标准名称	标准级别	实施日期	与国际标准对应关系	代替标准	阶段	分阶段	专业	分专业	备注
1279	104.2-46	YD/T 3398—2018	整机柜服务器机柜子系统技术要求	行标	2019-4-1			规划、设计、建设、采购	规划、初设、施工图、施工工艺、招标、品控、验收与质量评定、试运行	信息	基础设施	
1280	104.2-47	YD/T 3421.7—2021	基于公用电信网的宽带客户智能网关 第7部分：企业用智能网关技术要求	行标	2022-4-1			建设、修试	验收与质量评定、试验	信息	基础设施	
1281	104.2-48	YD/T 3520—2019	视频监控系统的视频体验质量指标及评测方法	行标	2020-1-1			建设、修试	验收与质量评定、试验	信息	基础设施	
1282	104.2-49	YD/T 3535.2—2022	数据中心综合布线用组件 第2部分：预制成端双芯连接器光缆组件	行标	2022-7-1			设计、建设、运维	初设、施工图、施工工艺、验收与质量评定、运行、维护	信息	信息应用	
1283	104.2-50	YD/T 3767—2020	数据中心用市电加保障电源的两路供电系统技术要求	行标	2020-10-1			建设、修试	验收与质量评定、试验	信息	基础设施	
1284	104.2-51	YD/T 3843—2021	接入型光传送网（OTN）设备技术要求	行标	2021-4-1			建设、修试	验收与质量评定、试验	信息	基础设施	
1285	104.2-52	YD/T 3885—2021	数据中心交换机设备VxLAN测试方法	行标	2021-7-1			建设、修试	验收与质量评定、试验	信息	基础设施	
1286	104.2-53	YD/T 3913—2021	接入设备支持VxLAN技术要求	行标	2021-7-1			建设、修试	验收与质量评定、试验	信息	基础设施	
1287	104.2-54	YD/T 3914—2021	接入网设备支持VxLAN的测试方法	行标	2021-7-1			建设、修试	验收与质量评定、试验	信息	基础设施	

序号	体系结构号	标准编号	标准名称	标准级别	实施日期	与国际标准对应关系	代替标准	阶段	分阶段	专业	分专业	备注
1288	104.2-55	YD/T 3915—2021	接入网技术要求 10Gbit/s 无源光网络（XG-PON）系统互通性	行标	2021-7-1			建设、修试	验收与质量评定、试验	信息	基础设施	
1289	104.2-56	YD/T 3916—2021	接入网设备测试方法 10Gbit/s 对称无源光网络（XGS-PON）	行标	2021-7-1			建设、修试	验收与质量评定、试验	信息	基础设施	
1290	104.2-57	YD/T 3917—2021	接入网设备测试方法 波长路由方式WDM-PON	行标	2021-7-1			建设、修试	验收与质量评定、试验	信息	基础设施	
1291	104.2-58	YD/T 3918—2021	接入网设备测试方法 支持网络切片的光线路终端（OLT）	行标	2021-7-1			建设、修试	验收与质量评定、试验	信息	基础设施	
1292	104.2-59	YD/T 3920—2021	软件定义分组传送网控制器技术要求	行标	2021-7-1			建设、修试	验收与质量评定、试验	信息	基础设施	
1293	104.2-60	YD/T 3928.6—2021	互联网基础资源支撑系统接口测试规范 第6部分:内容分发网络（CDN）	行标	2021-7-1			建设、修试	验收与质量评定、试验	信息	基础设施	
1294	104.2-61	YD/T 3943.1—2021	云计算兼容性测试方法 第1部分:芯片和操作系统	行标	2022-11-1			建设、修试	验收与质量评定、试验	信息	基础设施	
1295	104.2-62	YD/T 3979—2021	数据中心浸没式液冷服务器系统技术要求和测试方法	行标	2022-4-1			建设、修试	验收与质量评定、试验	信息	基础设施	
1296	104.2-63	YD/T 3980—2021	数据中心冷板式液冷服务器系统技术要求和测试方法	行标	2022-4-1			建设、修试	验收与质量评定、试验	信息	基础设施	

序号	体系结构号	标准编号	标准名称	标准级别	实施日期	与国际标准对应关系	代替标准	阶段	分阶段	专业	分专业	备注
1297	104.2-64	YD/T 3981—2021	数据中心喷淋式液冷服务器系统技术要求和测试方法	行标	2022-4-1			建设、修试	验收与质量评定、试验	信息	基础设施	
1298	104.2-65	YD/T 3982—2021	数据中心液冷系统冷却液体技术要求和测试方法	行标	2022-4-1			建设、修试	验收与质量评定、试验	信息	基础设施	
1299	104.2-66	YD/T 3983—2021	数据中心液冷服务器系统能源使用效率技术要求和测试方法	行标	2022-4-1			建设、修试	验收与质量评定、试验	信息	基础设施	
1300	104.2-67	YD/T 3987—2021	基于云边协同的边缘节点管理解决方案能力要求	行标	2022-4-1			建设、修试	验收与质量评定、试验	信息	基础设施	
1301	104.2-68	YD/T 4000—2021	面向物联网的蜂窝窄带接入（NB-IoT）核心网设备测试方法（第二阶段）	行标	2022-4-1			建设、修试	验收与质量评定、试验	信息	基础设施	
1302	104.2-69	YD/T 4097—2022	物联网信息模型　总体框架	行标	2023-01-01			规划、设计、建设	规划、初设、施工图、施工工艺、验收与质量评定、试运行	信息	基础设施	
1303	104.2-70	YD/T 4098—2022	基于oneM2M的物联网服务层　总体技术要求	行标	2023-01-01			规划、设计、建设	规划、初设、施工图、施工工艺、验收与质量评定、试运行	信息	基础设施	
1304	104.2-71	YD/T 4120—2022	DHCPv6地址前缀长度配置技术要求	行标	2023-01-01			规划、设计、建设	规划、初设、施工图、施工工艺、验收与质量评定、试运行	信息	基础设施	
1305	104.2-72	YD/T 5196.1—2021	服务器和网关设备抗地震性能检测规范　第1部分:服务器设备	行标	2021-4-1		YD 5196.1—2014	采购、建设、修试	品控、验收与质量评定、试验	信息	基础设施	

序号	体系结构号	标准编号	标准名称	标准级别	实施日期	与国际标准对应关系	代替标准	阶段	分阶段	专业	分专业	备注
1306	104.2-73	GB 4943.23—2012	信息技术设备安全 第23部分:大型数据存储设备	国标	2013-12-1			设计、建设、运维、修试	初设、施工图、施工工艺、验收与质量评定、试运行、运行、维护、检修、试验	信息	基础设施	
1307	104.2-74	GB/T 9254.1—2021	信息技术设备、多媒体设备和接收机 电磁兼容 第1部分:发射要求	国标	2022-7-1		GB/T 9254—2008,GB/T 13837—2012	建设、修试	验收与质量评定、试验	信息	基础设施	
1308	104.2-75	GB/T 9254.2—2021	信息技术设备、多媒体设备和接收机 电磁兼容 第2部分:抗扰度要求	国标	2022-7-1		GB/T 9383—2008,GB/T 17618—2015	建设、修试	验收与质量评定、试验	信息	基础设施	
1309	104.2-76	GB/T 9813.1—2016	计算机通用规范 第1部分:台式微型计算机	国标	2017-3-1		GB/T 9813—2000	建设、修试	验收与质量评定、试验	信息	基础设施	
1310	104.2-77	GB/T 14715—2017	信息技术设备用不间断电源通用规范	国标	2018-7-1		GB/T 14715—1993	建设、修试	验收与质量评定、试验	信息	基础设施	
1311	104.2-78	GB/T 18233.1—2022	信息技术 用户建筑群通用布缆 第1部分:通用要求	国标	2023-5-1		GB/T 18233—2008	规划、设计、建设	规划、初设、施工图、施工工艺、验收与质量评定、试运行	信息	基础设施	
1312	104.2-79	GB/T 18233.2—2022	信息技术 用户建筑群通用布缆 第2部分:办公场所	国标	2023-5-1			规划、设计、建设	规划、初设、施工图、施工工艺、验收与质量评定、试运行	信息	基础设施	
1313	104.2-80	GB/T 18233.6—2022	信息技术 用户建筑群通用布缆 第6部分:分布式楼宇设施	国标	2023-5-1			规划、设计、建设	规划、初设、施工图、施工工艺、验收与质量评定、试运行	信息	基础设施	

序号	体系结构号	标准编号	标准名称	标准级别	实施日期	与国际标准对应关系	代替标准	阶段	分阶段	专业	分专业	备注
1314	104.2-81	GB/T 22394.2—2021	机器状态监测与诊断 数据判读与诊断技术 第2部分:数据驱动的应用	国标	2021-12-1			规划、设计、采购、建设、运维、修试、退役	规划、初设、施工图、招标、品控、施工工艺、验收与质量评定、试运行、运行、维护、检修、试验、退役、报废	信息	基础设施	
1315	104.2-82	GB/T 30001.1—2013	信息技术 基于射频的移动支付 第1部分:射频接口	国标	2014-5-1			规划、设计、采购、建设、运维、修试、退役	规划、初设、施工图、招标、品控、施工工艺、验收与质量评定、试运行、运行、维护、检修、试验、退役、报废	信息	基础设施	
1316	104.2-83	GB/T 30001.2—2013	信息技术 基于射频的移动支付 第2部分:卡技术要求	国标	2014-5-1			规划、设计、采购、建设、运维、修试、退役	规划、初设、施工图、招标、品控、施工工艺、验收与质量评定、试运行、运行、维护、检修、试验、退役、报废	信息	基础设施	
1317	104.2-84	GB/T 30001.3—2013	信息技术 基于射频的移动支付 第3部分:设备技术要求	国标	2014-5-1			规划、设计、采购、建设、运维、修试、退役	规划、初设、施工图、招标、品控、施工工艺、验收与质量评定、试运行、运行、维护、检修、试验、退役、报废	信息	基础设施	

序号	体系结构号	标准编号	标准名称	标准级别	实施日期	与国际标准对应关系	代替标准	阶段	分阶段	专业	分专业	备注
1318	104.2-85	GB/T 30001.4—2013	信息技术 基于射频的移动支付 第4部分:卡应用管理和安全	国标	2014-5-1			规划、设计、采购、建设、运维、修试、退役	规划、初设、施工图、招标、品控、施工工艺、验收与质量评定、试运行、运行、维护、检修、试验、退役、报废	信息	基础设施	
1319	104.2-86	GB/T 30001.5—2013	信息技术 基于射频的移动支付 第5部分:射频接口测试方法	国标	2014-5-1			建设、修试	验收与质量评定、试验	信息	基础设施	
1320	104.2-87	GB/T 31916.1—2015	信息技术 云数据存储和管理 第1部分:总则	国标	2016-5-1			规划、设计、采购、建设、运维、修试、退役	规划、初设、施工图、招标、品控、施工工艺、验收与质量评定、试运行、运行、维护、检修、试验、退役、报废	信息	基础设施	
1321	104.2-88	GB/T 32399—2015	信息技术 云计算 参考架构	国标	2017-1-1	ISO/IEC 17789:2014, MOD		规划、设计、采购、建设、运维、修试、退役	规划、初设、施工图、招标、品控、施工工艺、验收与质量评定、试运行、运行、维护、检修、试验、退役、报废	信息	基础设施	
1322	104.2-89	GB/T 32910.4—2021	数据中心 资源利用 第4部分:可再生能源利用率	国标	2021-11-1			建设、修试	验收与质量评定、试验	信息	基础设施	

序号	体系结构号	标准编号	标准名称	标准级别	实施日期	与国际标准对应关系	代替标准	阶段	分阶段	专业	分专业	备注
1323	104.2-90	GB/T 33848.3—2017	信息技术 射频识别 第3部分：13.56MHz 的空中接口通信参数	国标	2018-2-1	ISO/IEC 18000-3:2004		规划、设计、采购、建设、运维、修试、退役	规划、初设、施工图、招标、品控、施工工艺、验收与质量评定、试运行、运行、维护、检修、试验、退役、报废	信息	基础设施	
1324	104.2-91	GB/T 34680.2—2021	智慧城市评价模型及基础评价指标体系 第2部分：信息基础设施	国标	2021-11-1			修试	检修、试验	信息	基础设施	
1325	104.2-92	GB/T 34984—2017	信息技术 系统间远程通信和信息交换 局域网和城域网 超高速无线个域网的媒体访问控制和物理层规范	国标	2018-5-1			规划、设计、采购、建设、运维、修试、退役	规划、初设、施工图、招标、品控、施工工艺、验收与质量评定、试运行、运行、维护、检修、试验、退役、报废	信息	基础设施	
1326	104.2-93	GB/T 35293—2017	信息技术 云计算 虚拟机管理通用要求	国标	2018-7-1			规划、设计、采购、建设、运维、修试、退役	规划、初设、施工图、招标、品控、施工工艺、验收与质量评定、试运行、运行、维护、检修、试验、退役、报废	信息	基础设施	
1327	104.2-94	GB/T 35301—2017	信息技术 云计算 平台即服务（PaaS）参考架构	国标	2017-12-29			规划、设计、采购、建设、运维、修试、退役	规划、初设、施工图、招标、品控、施工工艺、验收与质量评定、试运行、运行、维护、检修、试验、退役、报废	信息	基础设施	

序号	体系结构号	标准编号	标准名称	标准级别	实施日期	与国际标准对应关系	代替标准	阶段	分阶段	专业	分专业	备注
1328	104.2-95	GB/T 35589—2017	信息技术 大数据 技术参考模型	国标	2018-7-1			规划、设计、采购、建设、运维、修试、退役	规划、初设、施工图、招标、品控、施工工艺、验收与质量评定、试运行、运行、维护、检修、试验、退役、报废	信息	基础设施	
1329	104.2-96	GB/T 36364—2018	信息技术 射频识别 2.45GHz 标签通用规范	国标	2019-1-1			规划、设计、采购、建设、运维、修试、退役	规划、初设、施工图、招标、品控、施工工艺、验收与质量评定、试运行、运行、维护、检修、试验、退役、报废	信息	基础设施	
1330	104.2-97	GB/T 36365—2018	信息技术 射频识别 800/900 MHz 无源标签通用规范	国标	2019-1-1			规划、设计、采购、建设、运维、修试、退役	规划、初设、施工图、招标、品控、施工工艺、验收与质量评定、试运行、运行、维护、检修、试验、退役、报废	信息	基础设施	
1331	104.2-98	GB/T 36435—2018	信息技术 射频识别 2.45GHz 读写器通用规范	国标	2019-1-1			规划、设计、采购、建设、运维、修试、退役	规划、初设、施工图、招标、品控、施工工艺、验收与质量评定、试运行、运行、维护、检修、试验、退役、报废	信息	基础设施	

序号	体系结构号	标准编号	标准名称	标准级别	实施日期	与国际标准对应关系	代替标准	阶段	分阶段	专业	分专业	备注
1332	104.2-99	GB/T 36441—2018	硬件产品与操作系统兼容性规范	国标	2019-1-1			规划、设计、采购、建设、运维、修试、退役	规划、初设、施工图、招标、品控、施工工艺、验收与质量评定、试运行、运行、维护、检修、试验、退役、报废	信息	基础设施	
1333	104.2-100	GB/T 36465—2018	网络终端操作系统总体技术要求	国标	2019-1-1			规划、设计、采购、建设、运维、修试、退役	规划、初设、施工图、招标、品控、施工工艺、验收与质量评定、试运行、运行、维护、检修、试验、退役、报废	信息	基础设施	
1334	104.2-101	GB/T 36628.1—2018	信息技术 系统间远程通信和信息交换 可见光通信 第1部分:媒体访问控制和物理层总体要求	国标	2019-4-1			规划、设计、采购、建设、运维、修试、退役	规划、初设、施工图、招标、品控、施工工艺、验收与质量评定、试运行、运行、维护、检修、试验、退役、报废	信息	基础设施	
1335	104.2-102	GB/T 36628.4—2019	信息技术 系统间远程通信和信息交换 可见光通信 第4部分:室内定位传输协议	国标	2020-3-1			规划、设计、采购、建设、运维、修试、退役	规划、初设、施工图、招标、品控、施工工艺、验收与质量评定、试运行、运行、维护、检修、试验、退役、报废	信息	基础设施	

序号	体系结构号	标准编号	标准名称	标准级别	实施日期	与国际标准对应关系	代替标准	阶段	分阶段	专业	分专业	备注
1336	104.2-103	GB/T 37020—2018	信息技术 系统间远程通信和信息交换 局域网和城域网 特定要求 面向视频的无线个域网（VPAN）媒体访问控制和物理层规范	国标	2022-1-1			规划、设计、采购、建设、运维、修试、退役	规划、初设、施工图、招标、品控、施工工艺、验收与质量评定、试运行、运行、维护、检修、试验、退役、报废	信息	基础设施	
1337	104.2-104	GB/T 37687—2019	信息技术 电子信息产品用低功率无线充电器通用规范	国标	2020-3-1			规划、设计、采购、建设、运维、修试、退役	规划、初设、施工图、招标、品控、施工工艺、验收与质量评定、试运行、运行、维护、检修、试验、退役、报废	信息	基础设施	
1338	104.2-105	GB/T 37730—2019	Linux服务器操作系统测试方法	国标	2020-3-1			建设、修试	验收与质量评定、试验	信息	基础设施	
1339	104.2-106	GB/T 37731—2019	Linux桌面操作系统测试方法	国标	2020-3-1			建设、修试	验收与质量评定、试验	信息	基础设施	
1340	104.2-107	GB/T 37978—2019	信息技术 存储管理应用 盘阵列存储管理接口	国标	2020-3-1			规划、设计、采购、建设、运维、修试、退役	规划、初设、施工图、招标、品控、施工工艺、验收与质量评定、试运行、运行、维护、检修、试验、退役、报废	信息	基础设施	
1341	104.2-108	GB/T 38329.2—2021	港口船岸连接 第2部分:高压和低压岸电连接系统 监测和控制的数据传输	国标	2021-12-1			建设、运维	施工工艺、验收与质量评定、运行、维护	信息	基础设施	

序号	体系结构号	标准编号	标准名称	标准级别	实施日期	与国际标准对应关系	代替标准	阶段	分阶段	专业	分专业	备注
1342	104.2-109	GB/T 38428.2—2021	数据中心和电信中心机房安装的信息和通信技术（ICT）设备用直流插头插座 第2部分：5.2kW插头插座系统	国标	2022-5-1			采购、建设、运维、修试、退役	招标、品控、施工工艺、验收与质量评定、试运行、运行、维护、检修、试验、退役、报废	信息	基础设施	
1343	104.2-110	GB/T 40435—2021	变电站数据通信网关机技术规范	国标	2022-3-1			采购、建设、运维、修试、退役	招标、品控、施工工艺、验收与质量评定、试运行、运行、维护、检修、试验、退役、报废	信息	基础设施	
1344	104.2-111	GB/T 40683—2021	信息技术 穿戴式设备 术语	国标	2022-5-1			采购、建设、运维、修试、退役	招标、品控、施工工艺、验收与质量评定、试运行、运行、维护、检修、试验、退役、报废	信息	基础设施	
1345	104.2-112	GB/T 40687—2021	物联网 生命体征感知设备通用规范	国标	2022-5-1			采购、建设、运维、修试、退役	招标、品控、施工工艺、验收与质量评定、试运行、运行、维护、检修、试验、退役、报废	信息	基础设施	
1346	104.2-113	GB/T 40688—2021	物联网 生命体征感知设备数据接口	国标	2022-5-1			采购、建设、运维、修试、退役	招标、品控、施工工艺、验收与质量评定、试运行、运行、维护、检修、试验、退役、报废	信息	基础设施	
1347	104.2-114	GB/T 42018—2022	信息技术 人工智能 平台计算资源规范	国标	2023-5-1			设计、建设、运维	初设、施工图、施工工艺、验收与质量评定、运行、维护	信息	信息资源、信息应用	

序号	体系结构号	标准编号	标准名称	标准级别	实施日期	与国际标准对应关系	代替标准	阶段	分阶段	专业	分专业	备注
1348	104.2-115	ISO/IEC 23004-7—2008	信息技术多媒体中间设备 第7部分：系统完整性管理	国际标准	2008-2-15	ANSI/INCITS/ISO/IEC 23004-7—2009，IDT；CAN/CSA-ISO/IEC 23004-7-08—2008，IDT	ISO IEC FDIS 23004-7—2007	规划、设计、采购、建设、运维、修试、退役	规划、初设、施工图、招标、品控、施工工艺、验收与质量评定、试运行、运行、维护、检修、试验、退役、报废	信息	基础设施	
1349	104.2-116	ISO/IEC 23004-8—2009	信息技术多媒体中间设备 第8部分：参考软件	国际标准	2009-4-1			规划、设计、采购、建设、运维、修试、退役	规划、初设、施工图、招标、品控、施工工艺、验收与质量评定、试运行、运行、维护、检修、试验、退役、报废	信息	基础设施	
104.3	**数字技术—数据资源**											
1350	104.3-1	Q/CSG 11806—2008	基本数据集标准	企标	2010-1-1			规划、设计、采购、建设、运维、修试、退役	规划、初设、施工图、招标、品控、施工工艺、验收与质量评定、试运行、运行、维护、检修、试验、退役、报废	信息	信息资源	
1351	104.3-2	Q/CSG 11807—2009	数据模型规范 总册 编制原则和要求	企标	2010-1-1			规划、设计、采购、建设、运维、修试、退役	规划、初设、施工图、招标、品控、施工工艺、验收与质量评定、试运行、运行、维护、检修、试验、退役、报废	信息	信息资源	

序号	体系结构号	标准编号	标准名称	标准级别	实施日期	与国际标准对应关系	代替标准	阶段	分阶段	专业	分专业	备注
1352	104.3-3	Q/CSG 1210014—2015	企业公共信息模型 第1部分 概述	企标	2015-8-11			规划、设计、采购、建设、运维、修试、退役	规划、初设、施工图、招标、品控、施工工艺、验收与质量评定、试运行、运行、维护、检修、试验、退役、报废	信息	信息资源	
1353	104.3-4	Q/CSG 1210015—2015	企业公共信息模型 第2部分 基础	企标	2015-8-11			规划、设计、采购、建设、运维、修试、退役	规划、初设、施工图、招标、品控、施工工艺、验收与质量评定、试运行、运行、维护、检修、试验、退役、报废	信息	信息资源	
1354	104.3-5	Q/CSG 1210016—2015	企业公共信息模型 第3部分 配网扩展	企标	2015-8-11			规划、设计、采购、建设、运维、修试、退役	规划、初设、施工图、招标、品控、施工工艺、验收与质量评定、试运行、运行、维护、检修、试验、退役、报废	信息	信息资源	
1355	104.3-6	Q/CSG 1210018—2015	内外网数据安全交互规范	企标	2015-8-11			规划、设计、建设	规划、初设、施工图、施工工艺、验收与质量评定、试运行	信息	信息资源	
1356	104.3-7	Q/CSG 1210020—2016	信息分类和编码体系框架	企标	2015-9-15		Q/CSG 11801.1—2008	规划、设计、采购、建设、运维、修试、退役	规划、初设、施工图、招标、品控、施工工艺、验收与质量评定、试运行、运行、维护、检修、试验、退役、报废	信息	信息资源	

序号	体系结构号	标准编号	标准名称	标准级别	实施日期	与国际标准对应关系	代替标准	阶段	分阶段	专业	分专业	备注
1357	104.3-8	Q/CSG 1210021—2016	公共信息分类和编码	企标	2015-9-15		Q/CSG 11801.2—2008	规划、设计、采购、建设、运维、修试、退役	规划、初设、施工图、招标、品控、施工工艺、验收与质量评定、试运行、运行、维护、检修、试验、退役、报废	信息	信息资源	
1358	104.3-9	Q/CSG 1210022—2015	资产管理类信息分类和编码	企标	2015-8-11		Q/CSG 11801.8—2008；Q/CSG 11819—2010；Q/CSG 11801.3—2008；Q/CSG 11818—2010；Q/CSG 11801.7—2008；Q/CSG 11801.11—2008	规划、设计、采购、建设、运维、修试、退役	规划、初设、施工图、招标、品控、施工工艺、验收与质量评定、试运行、运行、维护、检修、试验、退役、报废	信息	信息资源	
1359	104.3-10	Q/CSG 1210023—2016	综合管理类信息分类和编码	企标	2015-9-15		Q/CSG 11801.7.1—2008；Q/CSG 11801.8.1—2008；Q/CSG 11801.8.2—2008；Q/CSG 11801.12—2008	规划、设计、采购、建设、运维、修试、退役	规划、初设、施工图、招标、品控、施工工艺、验收与质量评定、试运行、运行、维护、检修、试验、退役、报废	信息	信息资源	
1360	104.3-11	Q/CSG 1210025—2015	财务信息分类和编码	企标	2015-8-11		Q/CSG 11801.5—2008	规划、设计、采购、建设、运维、修试、退役	规划、初设、施工图、招标、品控、施工工艺、验收与质量评定、试运行、运行、维护、检修、试验、退役、报废	信息	信息资源	

序号	体系结构号	标准编号	标准名称	标准级别	实施日期	与国际标准对应关系	代替标准	阶段	分阶段	专业	分专业	备注
1361	104.3-12	Q/CSG 1210026—2015	营销信息分类和编码	企标	2015-8-11		Q/CSG 11801.9—2008	规划、设计、采购、建设、运维、修试、退役	规划、初设、施工图、招标、品控、施工工艺、验收与质量评定、试运行、运行、维护、检修、试验、退役、报废	信息	信息资源	
1362	104.3-13	Q/CSG 1210036—2016	人力资源管理类信息分类和编码	企标	2016-9-8		Q/CSG 11801.4—2008	规划、设计、采购、建设、运维、修试、退役	规划、初设、施工图、招标、品控、施工工艺、验收与质量评定、试运行、运行、维护、检修、试验、退役、报废	信息	信息资源	
1363	104.3-14	Q/CSG 1210037—2019	中国南方电网有限公司元数据标准规范	企标	2019-6-26			规划、设计、采购、建设、运维、修试、退役	规划、初设、施工图、招标、品控、施工工艺、验收与质量评定、试运行、运行、维护、检修、试验、退役、报废	信息	信息资源	
1364	104.3-15	Q/CSG 1210038—2019	中国南方电网有限公司主数据标准规范	企标	2019-6-26			规划、设计、采购、建设、运维、修试、退役	规划、初设、施工图、招标、品控、施工工艺、验收与质量评定、试运行、运行、维护、检修、试验、退役、报废	信息	信息资源	

序号	体系结构号	标准编号	标准名称	标准级别	实施日期	与国际标准对应关系	代替标准	阶段	分阶段	专业	分专业	备注
1365	104.3-16	Q/CSG 1210070—2022	中国南方电网有限责任公司数据仓库模型设计规范（试行）	企标	2022-6-27			规划、设计、采购、建设、运维、修试、退役	规划、初设、施工图、招标、品控、施工工艺、验收与质量评定、试运行、运行、维护、检修、试验、退役、报废	信息	信息应用	
1366	104.3-17	T/CEC 261—2019	电力大数据资源数据质量评价方法	团标	2020-1-1			建设、修试	验收与质量评定、试验	信息	信息资源	
1367	104.3-18	T/CEC 383.1—2021	电网地理信息服务 第1部分：地图数据 合成及配置规范	团标	2021-9-1			建设、修试	验收与质量评定、试验	信息	信息资源	
1368	104.3-19	T/CEC 383.3—2021	电网地理信息服务 第3部分：地图数据更新规范	团标	2022-3-1			建设、修试	验收与质量评定、试验	信息	信息资源	
1369	104.3-20	T/CEC 383.4—2021	电网地理信息服务 第4部分：电网资源数据采集与处理规范	团标	2022-3-1			建设、修试	验收与质量评定、试验	信息	信息资源	
1370	104.3-21	T/CEC 577—2021	涉电力领域征信数据元技术规范	团标	2022-3-1			建设、修试	验收与质量评定、试验	信息	信息资源	
1371	104.3-22	T/CSEE 0309.1—2022	能源大数据 第1部分：总则	团标	2022-9-27			建设、修试	验收与质量评定、试验	信息	信息资源	
1372	104.3-23	T/CSEE 0309.3—2022	能源大数据 第3部分：分级分类	团标	2022-12-8			建设、修试	验收与质量评定、试验	信息	信息资源	
1373	104.3-24	T/CSEE 0309.4—2022	能源大数据 第4部分：数据目录	团标	2022-12-8			建设、修试	验收与质量评定、试验	信息	信息资源	
1374	104.3-25	T/CSEE 0309.5—2022	能源大数据 第5部分：数据应用	团标	2022-12-8			建设、修试	验收与质量评定、试验	信息	信息资源	

序号	体系结构号	标准编号	标准名称	标准级别	实施日期	与国际标准对应关系	代替标准	阶段	分阶段	专业	分专业	备注
1375	104.3-26	CH/T 9033—2022	全球地理信息资源 数字表面模型生产技术规范	行标	2022-11-1			建设、修试	验收与质量评定、试验	信息	信息资源	
1376	104.3-27	CH/T 9034—2022	全球地理信息资源 数字正射影像生产技术规范	行标	2022-11-1			建设、修试	验收与质量评定、试验	信息	信息资源	
1377	104.3-28	DL/T 1255—2013	TDM系统输出数据及格式规范	行标	2014-4-1			规划、设计、采购、建设、运维、修试、退役	规划、初设、施工图、招标、品控、施工工艺、验收与质量评定、试运行、运行、维护、检修、试验、退役、报废	信息	信息资源	
1378	104.3-29	DL/T 1782—2017	变电站继电保护信息规范	行标	2018-6-1			规划、设计、采购、建设、运维、修试、退役	规划、初设、施工图、招标、品控、施工工艺、验收与质量评定、试运行、运行、维护、检修、试验、退役、报废	信息	信息资源	
1379	104.3-30	DL/T 1991—2019	电力行业公共信息模型	行标	2019-10-1			规划、设计、建设	规划、初设、施工图、施工工艺、验收与质量评定、试运行	信息	信息资源	
1380	104.3-31	SJ/T 11676—2017	信息技术 元数据属性	行标	2017-7-1			规划、设计、采购、建设、运维、修试、退役	规划、初设、施工图、招标、品控、施工工艺、验收与质量评定、试运行、运行、维护、检修、试验、退役、报废	信息	信息资源	

序号	体系结构号	标准编号	标准名称	标准级别	实施日期	与国际标准对应关系	代替标准	阶段	分阶段	专业	分专业	备注
1381	104.3-32	YD/T 3494—2019	集中式远程数据备份测试要求	行标	2020-1-1			建设、修试	验收与质量评定、试验	信息	信息资源	
1382	104.3-33	YD/T 3797.1—2021	云服务用户数据保护能力评估方法 第1部分：公有云	行标	2022-4-1			建设、修试	验收与质量评定、试验	信息	信息资源	
1383	104.3-34	YD/T 3797.2—2020	云服务用户数据保护能力评估方法 第2部分：私有云	行标	2021-1-1			建设、修试	验收与质量评定、试验	信息	信息资源	
1384	104.3-35	YD/T 3901—2021	用于BGP协议的YANG数据模型技术要求	行标	2021-7-1			建设、修试	验收与质量评定、试验	信息	信息资源	
1385	104.3-36	YD/T 3954—2021	云服务用户数据保护能力参考框架	行标	2022-4-1			建设、修试	验收与质量评定、试验	信息	信息资源	
1386	104.3-37	YD/T 4076—2022	YANG数据模型建模技术要求	行标	2023-01-01			建设、修试	验收与质量评定、试验	信息	基础设施	
1387	104.3-38	YD/T 4077—2022	YANG模型分类和通用数据类型	行标	2023-01-01			建设、修试	验收与质量评定、试验	信息	信息资源	
1388	104.3-39	GB/T 12991.1—2008	信息技术 数据库语言 SQL 第1部分：框架	国标	2008-12-1	ISO/IEC 9075-1:2003，IDT	GB/T 12991—1991	规划、设计、采购、建设、运维、修试、退役	规划、初设、施工图、招标、品控、施工工艺、验收与质量评定、试验、试运行、运行、维护、检修、试验、退役、报废	信息	信息应用	
1389	104.3-40	GB/T 18124—2000	质量数据报文	国标	2001-3-1	UN/EDIFACT D.96A		规划、设计、采购、建设、运维、修试、退役	规划、初设、施工图、招标、品控、施工工艺、验收与质量评定、试验、试运行、运行、维护、检修、试验、退役、报废	信息	信息资源	

序号	体系结构号	标准编号	标准名称	标准级别	实施日期	与国际标准对应关系	代替标准	阶段	分阶段	专业	分专业	备注
1390	104.3-41	GB/T 19688—2022	信息与文献 数据交换和查询 书目数据元目录	国标	2023-7-1	ISO 8459:2009	GB/T 19688.1—2005，GB/T 19688.2—2005，GB/T 19688.3—2005，GB/T 19688.4—2005，GB/T 19688.5—2009	规划、设计、采购、建设、运维、修试、退役	规划、初设、施工图、招标、品控、施工工艺、验收与质量评定、试运行、运行、维护、检修、试验、退役、报废	信息	信息资源	
1391	104.3-42	GB/T 20258.1—2019	基础地理信息要素数据字典 第1部分：1:500 1:1000、1:2000 基础地理信息要素数据字典	国标	2019-10-1		GB/T 20258.1—2007	规划、设计、采购、建设、运维、修试、退役	规划、初设、施工图、招标、品控、施工工艺、验收与质量评定、试运行、运行、维护、检修、试验、退役、报废	信息	信息资源	
1392	104.3-43	GB/T 20258.2—2019	基础地理信息要素数据字典 第2部分：1:5000 1:10000 基础地理信息要素数据字典	国标	2019-10-1		GB/T 20258.2—2006	规划、设计、采购、建设、运维、修试、退役	规划、初设、施工图、招标、品控、施工工艺、验收与质量评定、试运行、运行、维护、检修、试验、退役、报废	信息	信息资源	
1393	104.3-44	GB/T 20258.3—2019	基础地理信息要素数据字典 第3部分：1:25000 1:50000 1:100000 基础地理信息要素数据字典	国标	2019-10-1		GB/T 20258.3—2006	规划、设计、采购、建设、运维、修试、退役	规划、初设、施工图、招标、品控、施工工艺、验收与质量评定、试运行、运行、维护、检修、试验、退役、报废	信息	信息资源	

序号	体系结构号	标准编号	标准名称	标准级别	实施日期	与国际标准对应关系	代替标准	阶段	分阶段	专业	分专业	备注
1394	104.3-45	GB/T 20258.4—2019	基础地理信息要素数据字典 第4部分：1:250000 1:500000 1:1000000 比例尺	国标	2019-10-1		GB/T 20258.4—2007	规划、设计、采购、建设、运维、修试、退役	规划、初设、施工图、招标、品控、施工工艺、验收与质量评定、试运行、运行、维护、检修、试验、退役、报废	信息	信息资源	
1395	104.3-46	GB/T 32627—2016	信息技术 地址数据描述要求	国标	2016-11-1			规划、设计、采购、建设、运维、修试、退役	规划、初设、施工图、招标、品控、施工工艺、验收与质量评定、试运行、运行、维护、检修、试验、退役、报废	信息	信息资源	
1396	104.3-47	GB/T 32909—2016	非结构化数据表示规范	国标	2017-3-1			规划、设计、采购、建设、运维、修试、退役	规划、初设、施工图、招标、品控、施工工艺、验收与质量评定、试运行、运行、维护、检修、试验、退役、报废	信息	信息资源	
1397	104.3-48	GB/T 33183—2016	基础地理信息 1:50000 地形要素数据规范	国标	2017-2-1			规划、设计、采购、建设、运维、修试、退役	规划、初设、施工图、招标、品控、施工工艺、验收与质量评定、试运行、运行、维护、检修、试验、退役、报废	信息	信息资源	

序号	体系结构号	标准编号	标准名称	标准级别	实施日期	与国际标准对应关系	代替标准	阶段	分阶段	专业	分专业	备注
1398	104.3-49	GB/T 33462—2016	基础地理信息1:10000地形要素数据规范	国标	2017-7-1			规划、设计、采购、建设、运维、修试、退役	规划、初设、施工图、招标、品控、施工工艺、验收与质量评定、试运行、运行、维护、检修、试验、退役、报废	信息	信息资源	
1399	104.3-50	GB/T 34061.4—2010	知识管理体系 第4部分:知识活动	国标	2011-8-1			规划、设计、采购、建设、运维、修试、退役	规划、初设、施工图、招标、品控、施工工艺、验收与质量评定、试运行、运行、维护、检修、试验、退役、报废	信息	信息资源	
1400	104.3-51	GB/T 34061.7—2014	知识管理体系 第7部分:知识分类通用要求	国标	2014-11-1			规划、设计、采购、建设、运维、修试、退役	规划、初设、施工图、招标、品控、施工工艺、验收与质量评定、试运行、运行、维护、检修、试验、退役、报废	信息	信息资源	
1401	104.3-52	GB/T 35134—2017	物联网智能家居 设备描述方法	国标	2018-7-1			设计、采购、运维	初设、施工图、招标、品控、运行、维护	信息	信息资源	
1402	104.3-53	GB/T 35143—2017	物联网智能家居 数据和设备编码	国标	2018-7-1			设计、采购、运维	初设、施工图、招标、品控、运行、维护	信息	信息资源	
1403	104.3-54	GB/T 35294—2017	信息技术 科学数据引用	国标	2018-7-1			规划、设计、采购、建设、运维、修试、退役	规划、初设、施工图、招标、品控、施工工艺、验收与质量评定、试运行、运行、维护、检修、试验、退役、报废	信息	信息资源	

序号	体系结构号	标准编号	标准名称	标准级别	实施日期	与国际标准对应关系	代替标准	阶段	分阶段	专业	分专业	备注
1404	104.3-55	GB/T 35311—2017	中文新闻图片内容描述元数据规范	国标	2018-4-1			规划、设计、采购、建设、运维、修试、退役	规划、初设、施工图、招标、品控、施工工艺、验收与质量评定、试运行、运行、维护、检修、试验、退役、报废	信息	信息资源	
1405	104.3-56	GB/T 35427—2017	图书版权资产核心元数据	国标	2018-4-1			规划、设计、采购、建设、运维、修试、退役	规划、初设、施工图、招标、品控、施工工艺、验收与质量评定、试运行、运行、维护、检修、试验、退役、报废	信息	信息资源	
1406	104.3-57	GB/T 36343—2018	信息技术 数据交易服务平台 交易数据描述	国标	2019-1-1			规划、设计、采购、建设、运维、修试、退役	规划、初设、施工图、招标、品控、施工工艺、验收与质量评定、试运行、运行、维护、检修、试验、退役、报废	信息	信息资源	
1407	104.3-58	GB/T 36344—2018	信息技术 数据质量评价指标	国标	2019-1-1			规划、设计、采购、建设、运维、修试、退役	规划、初设、施工图、招标、品控、施工工艺、验收与质量评定、试运行、运行、维护、检修、试验、退役、报废	信息	信息资源	
1408	104.3-59	GB/T 40216—2021	智能仪器仪表的数据描述 属性数据库通用要求	国标	2021-12-1			设计、建设、运维	初设、施工图、施工工艺、验收与质量评定、运行、维护	信息	信息资源	

序号	体系结构号	标准编号	标准名称	标准级别	实施日期	与国际标准对应关系	代替标准	阶段	分阶段	专业	分专业	备注
1409	104.3-60	GB/T 40629—2021	中比例尺公众地图数据规范	国标	2021-10-11			设计、建设、运维	初设、施工图、施工工艺、验收与质量评定、试运行、运行、维护	信息	信息资源	
1410	104.3-61	GB/T 40685—2021	信息技术服务 数据资产 管理要求	国标	2022-5-1			规划、设计、采购、建设、运维、修试、退役	规划、初设、施工图、招标、品控、施工工艺、验收与质量评定、试运行、运行、维护、检修、试验、退役、报废	信息	信息资源	
1411	104.3-62	GB/T 40849—2021	全息位置地图数据内容	国标	2021-12-31			设计、建设、运维	初设、施工图、施工工艺、验收与质量评定、试运行、运行、维护	信息	信息资源	
1412	104.3-63	GB/T 41139—2021	信息分类编码及元数据标准符合性测试要求	国标	2022-7-1			规划、设计、采购、建设、运维、修试、退役	规划、初设、施工图、招标、品控、施工工艺、验收与质量评定、试运行、运行、维护、检修、试验、退役、报废	信息	信息资源	
1413	104.3-64	GB/T 41446—2022	基础地理信息本体范例数据规范	国标	2022-11-1			规划、设计、采购、建设、运维、修试、退役	规划、初设、施工图、招标、品控、施工工艺、验收与质量评定、试运行、运行、维护、检修、试验、退役、报废	信息	信息资源	

序号	体系结构号	标准编号	标准名称	标准级别	实施日期	与国际标准对应关系	代替标准	阶段	分阶段	专业	分专业	备注
1414	104.3-65	GB/T 41795—2022	质量技术基础信息资源数据规范	国标	2023-5-1			规划、设计、采购、建设、运维、修试、退役	规划、初设、施工图、招标、品控、施工工艺、验收与质量评定、试运行、运行、维护、检修、试验、退役、报废	信息	信息资源	
1415	104.3-66	GB/Z 18219—2008	信息技术 数据管理参考模型	国标	2008-11-1	ISO/IEC TR 10032: 2003，IDT	GB/T 18219—2000	规划、设计、采购、建设、运维、修试、退役	规划、初设、施工图、招标、品控、施工工艺、验收与质量评定、试运行、运行、维护、检修、试验、退役、报废	信息	信息资源	
1416	104.3-67	ISO/IEC 8825-2—2015/Cor 1—2017	信息技术 ASN.1 编码规则:包编码规则（PER）规范,技术勘误表1	国际标准	2017-3-8			规划、设计、采购、建设、运维、修试、退役	规划、初设、施工图、招标、品控、施工工艺、验收与质量评定、试运行、运行、维护、检修、试验、退役、报废	信息	信息资源	
1417	104.3-68	ISO/IEC 8825-4—2015	信息技术 ASN.1 编码规则：XML 编码规则（XER）	国际标准	2015-11-15		ISO/IEC 8825-4—2008; ISO/IEC 8825-4—2008/Cor 1—2012; ISO/IEC 8825-4—2008/Cor 2—2014	规划、设计、采购、建设、运维、修试、退役	规划、初设、施工图、招标、品控、施工工艺、验收与质量评定、试运行、运行、维护、检修、试验、退役、报废	信息	信息资源	

序号	体系结构号	标准编号	标准名称	标准级别	实施日期	与国际标准对应关系	代替标准	阶段	分阶段	专业	分专业	备注
1418	104.3-69	ISO/IEC 8825-5—2015	信息技术 ASN.1 编码规则 第5部分：映射 W3C XML 模式定义进入 ASN.1	国际标准	2015-11-15	ITU-T X.694 Corrigendum 1—2011，IDT	ISO/IEC 8825-5—2008；ISO/IEC 8825-5—2008/Cor 1—2012；ISO/IEC 8825-5—2008/Cor 2—2014	规划、设计、采购、建设、运维、修试、退役	规划、初设、施工图、招标、品控、施工工艺、验收与质量评定、试运行、运行、维护、检修、试验、退役、报废	信息	信息资源	
1419	104.3-70	ITU-T X.644—2008	信息技术 ASN.1 编码规则：W3CXML 图解定义到 ASN.I 的映射	国际标准	2008-11-1		ITU-T X 694—2004；ITU-T X 594 AMD 1—2007	规划、设计、采购、建设、运维、修试、退役	规划、初设、施工图、招标、品控、施工工艺、验收与质量评定、试运行、运行、维护、检修、试验、退役、报废	信息	信息资源	
1420	104.3-71	ITU-T X.693—2015	信息技术 ASN.1 编码规则：XML 编码规则（XER）	国际标准	2015-8-13		ITU-T X 693—2008	规划、设计、采购、建设、运维、修试、退役	规划、初设、施工图、招标、品控、施工工艺、验收与质量评定、试运行、运行、维护、检修、试验、退役、报废	信息	信息资源	
104.4 数据技术—信息传输												
1421	104.4-1	Q/CSG 1203082—2021	南方电网语音视频局域网技术规范（试行）	企标	2021-5-31			采购、建设、运维、修试、退役	招标、品控、施工工艺、验收与质量评定、试运行、运行、维护、检修、试验、退役、报废	信息	基础设施	
1422	104.4-2	Q/CSG 1204091—2021	南方电网 IPv6 地址编码规范（试行）	企标	2021-5-31			采购、建设、运维、修试、退役	招标、品控、施工工艺、验收与质量评定、试运行、运行、维护、检修、试验、退役、报废	信息	基础设施	

序号	体系结构号	标准编号	标准名称	标准级别	实施日期	与国际标准对应关系	代替标准	阶段	分阶段	专业	分专业	备注
1423	104.4-3	Q/CSG 1204114—2022	基于SDN的数据网络技术规范（试行）	企标	2022-3-30			采购、建设、运维、修试、退役	招标、品控、施工工艺、验收与质量评定、试运行、运行、维护、检修、试验、退役、报废	信息	基础设施	
1424	104.4-4	Q/CSG 1204126—2022	南方电网全域物联网通信链路管理接口协议（试行）	企标	2022-4-7			设计、建设、运维	初设、施工图、施工工艺、验收与质量评定、运行、维护	信息	基础设施	
1425	104.4-5	Q/CSG 1205031—2020	输电线路在线监测通信规约及信息交互规范	企标	2020-3-31			设计、建设、运维	初设、施工图、施工工艺、验收与质量评定、运行、维护	信息	基础设施	
1426	104.4-6	T/CEC 433—2021	能源互联网信息交换	团标	2021-9-1			设计、建设、运维	初设、施工图、施工工艺、验收与质量评定、运行、维护	信息	基础设施	
1427	104.4-7	T/CEC 496—2021	电力IMS交换专网软件终端系统技术要求	团标	2021-10-1			采购、建设、运维、修试、退役	招标、品控、施工工艺、验收与质量评定、试运行、运行、维护、检修、试验、退役、报废	信息	基础设施	
1428	104.4-8	T/CEC 599—2022	电力物联网边缘物联代理接口协议	团标	2022-10-1			设计、建设、运维	初设、施工图、施工工艺、验收与质量评定、运行、维护	信息	基础设施	
1429	104.4-9	T/CSEE 0247.1—2021	电力无线专网第1部分:总体技术要求	团标	2021-9-17			设计、建设、运维	初设、施工图、施工工艺、验收与质量评定、运行、维护	信息	基础设施	
1430	104.4-10	T/CSEE 0247.2—2021	电力无线专网第2部分:业务需求规范	团标	2021-9-17			设计、建设、运维	初设、施工图、施工工艺、验收与质量评定、运行、维护	信息	基础设施	

序号	体系结构号	标准编号	标准名称	标准级别	实施日期	与国际标准对应关系	代替标准	阶段	分阶段	专业	分专业	备注
1431	104.4-11	DL/T 2397—2021	电力无线虚拟专网技术规范	行标	2022-3-22			设计、建设、运维	初设、施工图、施工工艺、验收与质量评定、运行、维护	信息	基础设施	
1432	104.4-12	DL/T 5197—2004	电力勘测设计企业计算机网络管理规定	行标	2005-4-1			设计、建设、运维	初设、施工图、施工工艺、验收与质量评定、运行、维护	信息	基础设施	
1433	104.4-13	YD/T 2583.17—2019	蜂窝式移动通信设备电磁兼容性能要求和测量方法 第17部分：5G基站及其辅助设备	行标	2019-12-24			规划、设计、采购、建设、运维、修试、退役	规划、初设、施工图、招标、品控、施工工艺、验收与质量评定、试运行、运行、维护、检修、试验、退役、报废	调度及二次	电力通信	
1434	104.4-14	YD/T 2583.18—2019	蜂窝式移动通信设备电磁兼容性能要求和测量方法 第18部分：5G用户设备和辅助设备	行标	2019-12-24			规划、设计、采购、建设、运维、修试、退役	规划、初设、施工图、招标、品控、施工工艺、验收与质量评定、试运行、运行、维护、检修、试验、退役、报废	调度及二次	电力通信	
1435	104.4-15	YD/T 3881—2021	延迟容忍网络体系架构	行标	2021-7-1			设计、建设、运维	初设、施工图、施工工艺、验收与质量评定、运行、维护	信息	基础设施	
1436	104.4-16	YD/T 3882—2021	内容分发网络技术要求 功能体系架构	行标	2021-7-1			设计、建设、运维	初设、施工图、施工工艺、验收与质量评定、运行、维护	信息	基础设施	
1437	104.4-17	YD/T 3883—2021	内容分发网络技术要求 内容路由	行标	2021-7-1			设计、建设、运维	初设、施工图、施工工艺、验收与质量评定、运行、维护	信息	基础设施	

序号	体系结构号	标准编号	标准名称	标准级别	实施日期	与国际标准对应关系	代替标准	阶段	分阶段	专业	分专业	备注
1438	104.4-18	YD/T 3888.1—2021	通信网智能维护技术要求 第1部分：基本原则	行标	2021-7-1			运维	运行、维护	信息	基础设施	
1439	104.4-19	YD/T 3888.2—2021	通信网智能维护技术要求 第2部分：智能维护支撑系统	行标	2021-7-1			运维	运行、维护	信息	基础设施	
1440	104.4-20	YD/T 3888.3—2021	通信网智能维护技术要求 第3部分：智能维护信息模型	行标	2021-7-1			运维	运行、维护	信息	基础设施	
1441	104.4-21	YD/T 3898—2021	延迟容忍网络bundle 协议技术要求	行标	2021-7-1			设计、建设、运维	初设、施工图、施工工艺、验收与质量评定、运行、维护	信息	基础设施	
1442	104.4-22	YD/T 3899—2021	延迟容忍网络LTP 协议技术要求	行标	2021-7-1			设计、建设、运维	初设、施工图、施工工艺、验收与质量评定、运行、维护	信息	基础设施	
1443	104.4-23	YD/T 3902—2021	数据中心无损网络典型场景技术要求和测试方法	行标	2021-7-1			运维、修试	运行、维护、检修、试验	信息	基础设施	
1444	104.4-24	YD/T 3903—2021	内容分发网络技术要求 内容服务提供商侧接口	行标	2021-7-1			设计、建设、运维	初设、施工图、施工工艺、验收与质量评定、运行、维护	信息	基础设施	
1445	104.4-25	YD/T 3921—2021	公众无线局域网用户集中认证和数据本地转发技术要求	行标	2021-7-1			设计、建设、运维	初设、施工图、施工工艺、验收与质量评定、运行、维护	信息	基础设施	
1446	104.4-26	YD/T 3941—2021	内容分发网络技术要求 VR音视频服务	行标	2022-11-1			设计、建设、运维	初设、施工图、施工工艺、验收与质量评定、运行、维护	信息	基础设施	

序号	体系结构号	标准编号	标准名称	标准级别	实施日期	与国际标准对应关系	代替标准	阶段	分阶段	专业	分专业	备注
1447	104.4-27	YD/T 3961—2021	5G 消息 终端技术要求	行标	2022-4-1			建设、运维	验收与质量评定、运行、维护	信息	基础设施	
1448	104.4-28	YD/T 4027—2022	基于 RoCE 协议的数据中心高速以太无损网络技术要求	行标	2022-7-1			设计、建设、运维	初设、施工图、施工工艺、验收与质量评定、运行、维护	信息	基础设施	
1449	104.4-29	YD/T 4036—2022	基于 oneM2M 的物联网服务层核心协议	行标	2022-7-1			运维	运行、维护	信息	基础设施	
1450	104.4-30	YD/T 4037—2022	基于 oneM2M 的物联网服务层协议绑定	行标	2022-7-1			运维	运行、维护	信息	基础设施	
1451	104.4-31	YD/T 4038—2022	基于 oneM2M 的物联网服务层移动通信网络互通	行标	2022-7-1			运维	运行、维护	信息	基础设施	
1452	104.4-32	YD/T 4069—2022	25Gbit/s 和 50 Gbit/s 光传送网（OTN）接口技术要求	行标	2023-01-01			设计、建设、运维	初设、施工图、施工工艺、验收与质量评定、运行、维护	信息	基础设施	
1453	104.4-33	YD/T 4078—2022	基于 FDN 的宽带网络接入控制转发接口技术要求	行标	2023-01-01			设计、建设、运维	初设、施工图、施工工艺、验收与质量评定、运行、维护	信息	基础设施	
1454	104.4-34	YD/T 4112—2022	面向物联网的蜂窝窄带接入（NB-IoT）核心网设备技术要求（第二阶段）	行标	2023-01-01			设计、建设、运维	初设、施工图、施工工艺、验收与质量评定、运行、维护	信息	基础设施	
1455	104.4-35	YD/T 4115—2022	接入网技术要求 10Gbit/s 对称无源光网络（XGS-PON）系统互通性	行标	2023-01-01			设计、建设、运维	初设、施工图、施工工艺、验收与质量评定、运行、维护	信息	基础设施	

序号	体系结构号	标准编号	标准名称	标准级别	实施日期	与国际标准对应关系	代替标准	阶段	分阶段	专业	分专业	备注
1456	104.4-36	YD/T 4116—2022	代理移动 IPv6 多连接节点间无缝接口切换技术要求	行标	2023-01-01			运维	运行、维护	信息	基础设施	
1457	104.4-37	YD/T 4121—2022	未来数据网络（FDN）接口功能要求框架	行标	2023-01-01			运维	运行、维护	信息	基础设施	
1458	104.4-38	YD/T 4137—2022	基于电信网的家庭4K高清IPTV机顶盒 WLAN 和其他同频率或相近频率无线传输的功能、性能要求和测试方法	行标	2023-01-01			运维	运行、维护	信息	基础设施	
1459	104.4-39	YD/T 4140—2022	紧急情况下移动终端位置信息传送测试方法	行标	2023-01-01			设计、建设、运维	初设、施工图、施工工艺、验收与质量评定、运行、维护	信息	基础设施	
1460	104.4-40	YD/T 5254—2021	移动物联网（NB-IoT）工程技术规范	行标	2021-4-1			设计、建设、运维	初设、施工图、施工工艺、验收与质量评定、运行、维护	信息	基础设施	
1461	104.4-41	YD/T 5263—2021	数字蜂窝移动通信网5G核心网工程技术规范	行标	2022-4-1			设计、建设、运维	初设、施工图、施工工艺、验收与质量评定、运行、维护	信息	基础设施	
1462	104.4-42	YD/T 5264—2021	数字蜂窝移动通信网5G无线网工程技术规范	行标	2022-4-1			设计、建设、运维	初设、施工图、施工工艺、验收与质量评定、运行、维护	信息	基础设施	
1463	104.4-43	YD/Z 4039—2022	基于 oneM2M 的物联网服务层实施导则	行标	2022-7-1			设计、建设、运维	初设、施工图、施工工艺、验收与质量评定、运行、维护	信息	基础设施	

序号	体系结构号	标准编号	标准名称	标准级别	实施日期	与国际标准对应关系	代替标准	阶段	分阶段	专业	分专业	备注
1464	104.4-44	GB/T 7408—2005	数据元和交换格式 信息交换 日期和时间表示法	国标	2005-10-1	ISO 8601:2000，IDT	GB/T 7408—1994	规划、设计、采购、建设、运维、修试、退役	规划、初设、施工图、招标、品控、施工工艺、验收与质量评定、试运行、运行、维护、检修、试验、退役、报废	信息	信息应用	
1465	104.4-45	GB/T 17215.647—2021	电测量数据交换 DLMS/COSEM组件 第47部分：基于IP网络的DLMS/COSEM传输层	国标	2022-7-1	IEC 62056-4-7:2015，IDT		设计、建设、运维	初设、施工图、施工工艺、验收与质量评定、运行、维护	信息	基础设施	
1466	104.4-46	GB/T 17215.673—2021	电测量数据交换 DLMS/COSEM组件 第73部分：本地和社区网络的有线和无线M-Bus通信配置	国标	2022-7-1	IEC 62056-7-3:2017，IDT		设计、建设、运维	初设、施工图、施工工艺、验收与质量评定、运行、维护	信息	基础设施	
1467	104.4-47	GB/T 17215.691—2021	电测量数据交换 DLMS/COSEM组件 第91部分：使用Web服务经COSEM访问服务（CAS）访问DLMS/COSEM服务器的通信配置	国标	2022-7-1	IEC 62056-9-1:2016，IDT		设计、建设、运维	初设、施工图、施工工艺、验收与质量评定、运行、维护	信息	基础设施	
1468	104.4-48	GB/T 21671—2018	基于以太网技术的局域网（LAN）系统验收测试方法	国标	2019-1-1		GB/T 21671—2008	设计、建设、运维	初设、施工图、施工工艺、验收与质量评定、运行、维护	信息	基础设施	
1469	104.4-49	GB/T 29768—2013	信息技术 射频识别 800/900MHz空中接口协议	国标	2014-5-1			设计、建设、运维	初设、施工图、施工工艺、验收与质量评定、运行、维护	信息	基础设施	

序号	体系结构号	标准编号	标准名称	标准级别	实施日期	与国际标准对应关系	代替标准	阶段	分阶段	专业	分专业	备注
1470	104.4-50	GB/T 29873—2013	能源计量数据公共平台数据传输协议	国标	2014-4-15			设计、建设、运维	初设、施工图、施工工艺、验收与质量评定、运行、维护	信息	基础设施	
1471	104.4-51	GB/T 30996.2—2017	信息技术 实时定位系统 第2部分：2.45GHz空中接口协议	国标	2017-12-1			设计、建设、运维	初设、施工图、施工工艺、验收与质量评定、试运行、运行、维护	信息	信息应用	
1472	104.4-52	GB/T 30996.3—2018	信息技术 实时定位系统 第3部分：433MHz空中接口协议	国标	2019-1-1			设计、建设、运维	初设、施工图、施工工艺、验收与质量评定、试运行、运行、维护	信息	信息应用	
1473	104.4-53	GB/T 36454—2018	信息技术 系统间远程通信和信息交换 中高速无线局域网媒体访问控制和物理层规范	国标	2019-1-1			设计、建设、运维	初设、施工图、施工工艺、验收与质量评定、运行、维护	信息	基础设施	
1474	104.4-54	GB/T 40015—2021	信息技术 系统间远程通信和信息交换 社区节能控制网络控制与管理	国标	2021-11-1			设计、建设、运维	初设、施工图、施工工艺、验收与质量评定、运行、维护	信息	基础设施	
1475	104.4-55	GB/T 40017—2021	信息技术 系统间远程通信和信息交换 社区节能控制异构网络融合与可扩展性	国标	2021-11-1			设计、建设、运维	初设、施工图、施工工艺、验收与质量评定、运行、维护	信息	基础设施	
1476	104.4-56	GB/T 40287—2021	电力物联网信息通信总体架构	国标	2021-12-1			设计、建设、运维	初设、施工图、施工工艺、验收与质量评定、运行、维护	信息	基础设施	

序号	体系结构号	标准编号	标准名称	标准级别	实施日期	与国际标准对应关系	代替标准	阶段	分阶段	专业	分专业	备注
1477	104.4-57	GB/T 40684—2021	物联网 信息共享和交换平台通用要求	国标	2022-5-1			设计、建设、运维	初设、施工图、施工工艺、验收与质量评定、运行、维护	信息	基础设施	
1478	104.4-58	GB/T 40695—2021	信息技术 系统间远程通信和信息交换 基于IPv6 的无线网络接入要求	国标	2022-5-1			设计、建设、运维	初设、施工图、施工工艺、验收与质量评定、运行、维护	信息	基础设施	
1479	104.4-59	GB/T 40696—2021	信息技术 系统间远程通信和信息交换 基于SDN 的网络联合调度	国标	2022-5-1			设计、建设、运维	初设、施工图、施工工艺、验收与质量评定、运行、维护	信息	基础设施	
1480	104.4-60	GB/T 40779—2021	信息技术 系统间远程通信和信息交换 应用于城市路灯接入的低压电力线通信协议	国标	2022-5-1			设计、建设、运维	初设、施工图、施工工艺、验收与质量评定、运行、维护	信息	基础设施	
1481	104.4-61	GB/T 40783.1—2021	信息技术 系统间远程通信和信息交换 磁域网 第1部分:空中接口	国标	2022-5-1			设计、建设、运维	初设、施工图、施工工艺、验收与质量评定、运行、维护	信息	基础设施	
1482	104.4-62	GB/T 40783.2—2022	信息技术 系统间远程通信和信息交换 磁域网 第2部分:带内无线充电控制协议	国标	2023-5-1			设计、建设、运维	初设、施工图、施工工艺、验收与质量评定、运行、维护	信息	基础设施	
1483	104.4-63	GB/T 40786.1—2021	信息技术 系统间远程通信和信息交换 低压电力线通信 第1部分:物理层规范	国标	2022-5-1			设计、建设、运维	初设、施工图、施工工艺、验收与质量评定、运行、维护	信息	基础设施	

序号	体系结构号	标准编号	标准名称	标准级别	实施日期	与国际标准对应关系	代替标准	阶段	分阶段	专业	分专业	备注
1484	104.4-64	GB/T 40786.2—2021	信息技术 系统间远程通信和信息交换 低压电力线通信 第2部分：数据链路层规范	国标	2022-5-1			设计、建设、运维	初设、施工图、施工工艺、验收与质量评定、运行、维护	信息	基础设施	
1485	104.4-65	GB/T 41782.1—2022	物联网 系统互操作性 第1部分：框架	国标	2023-5-1			设计、建设、运维	初设、施工图、施工工艺、验收与质量评定、运行、维护	信息	基础设施	
1486	104.4-66	GB/T 41782.2—2022	物联网 系统互操作性 第2部分：网络连通性	国标	2023-5-1			设计、建设、运维	初设、施工图、施工工艺、验收与质量评定、运行、维护	信息	基础设施	
1487	104.4-67	GB/T 42037—2022	空间数据与信息传输系统 参考体系架构	国标	2022-10-12			设计、建设、运维	初设、施工图、施工工艺、验收与质量评定、运行、维护	信息	信息应用	
1488	104.4-68	GB/T 42038—2022	空间数据与信息传输系统 文件传输协议	国标	2022-10-12			设计、建设、运维	初设、施工图、施工工艺、验收与质量评定、运行、维护	信息	信息应用	
1489	104.4-69	GB/T 42039—2022	空间数据与信息传输系统 空间包协议	国标	2022-10-12			设计、建设、运维	初设、施工图、施工工艺、验收与质量评定、运行、维护	信息	信息应用	
1490	104.4-70	GB/T 42040—2022	空间数据与信息传输系统 统一空间数据链路协议	国标	2022-10-12			设计、建设、运维	初设、施工图、施工工艺、验收与质量评定、运行、维护	信息	信息应用	
1491	104.4-71	GB/Z 15629.1—2000	信息技术 系统间远程通信和信息交换 局域网和城域网 特定要求 第1部分：局域网标准综述	国标	2000-8-1	ISO/IEC TR 8802-1: 1997，IDT		设计、建设、运维	初设、施工图、施工工艺、验收与质量评定、运行、维护	信息	基础设施	

序号	体系结构号	标准编号	标准名称	标准级别	实施日期	与国际标准对应关系	代替标准	阶段	分阶段	专业	分专业	备注
1492	104.4-72	GB/Z 41294—2022	物联网应用协议 受限应用协议（CoAP）技术要求	国标	2022-10-1			设计、建设、运维	初设、施工图、施工工艺、验收与质量评定、运行、维护	信息	信息应用	
1493	104.4-73	GB/Z 41298—2022	物联网应用协议 受限应用协议（CoAP）测试方法	国标	2022-10-1			设计、建设、运维	初设、施工图、施工工艺、验收与质量评定、运行、维护	信息	信息应用	
1494	104.4-74	IEC 62056-41:1998	电测量数据交换 DLMS/COSEM 组件 第 41 部分: 使用广域网数据交换带 LINK+ 协议的公共交换电话网（PSTN）	国际标准	1998-11-1			设计、采购、建设、运维	初设、施工图、招标、品控、施工工艺、验收与质量评定、试运行、运行、维护	用电	电能计量	
1495	104.4-75	IEC 62056-42:2003	电测量数据交换 DLMS/COSEM 组件 第 42 部分:面向连接的异步数据交换的物理层服务进程	国际标准	2003-1-1			设计、采购、建设、运维	初设、施工图、招标、品控、施工工艺、验收与质量评定、试运行、运行、维护	用电	电能计量	
1496	104.4-76	IEC 62056-8-3:2013	电测量数据交换 DLMS/COSEM 组件 第 83 部分:社区网络 PLC S-FSK 通信配置	国际标准	2013-5-1			设计、采购、建设、运维	初设、施工图、招标、品控、施工工艺、验收与质量评定、试运行、运行、维护	用电	电能计量	
1497	104.4-77	IEC 62056-8-4:2018	电测量数据交换 DLMS/COSEM 组件 第 84 部分:社区网络的窄带 OFDM PRIME PLC 通信配置	国际标准	2018-12-1			设计、采购、建设、运维	初设、施工图、招标、品控、施工工艺、验收与质量评定、试运行、运行、维护	用电	电能计量	

序号	体系结构号	标准编号	标准名称	标准级别	实施日期	与国际标准对应关系	代替标准	阶段	分阶段	专业	分专业	备注
1498	104.4-78	IEC 62056-8-5:2017	电测量数据交换 DLMS/COSEM 组件 第 85 部分:社区网络窄带 OFDM G3-PLC 网通信配置	国际标准	2017-8-1			设计、采购、建设、运维	初设、施工图、招标、品控、施工工艺、验收与质量评定、试运行、运行、维护	用电	电能计量	
1499	104.4-79	IEC 62056-8-6:2017	电测量数据交换 DLMS/COSEM 组件 第 86 部分：社区网络高速 PLC ISO/IEC 12139-1 配置	国际标准	2017-4-1			设计、采购、建设、运维	初设、施工图、招标、品控、施工工艺、验收与质量评定、试运行、运行、维护	用电	电能计量	
1500	104.4-80	IEC 62056-8-8:2020	电测量数据交换 DLMS/COSEM 组件 第 88 部分: ISO/1EC 14908 系列网络的通信配置	国际标准	2020-4-1			设计、采购、建设、运维	初设、施工图、招标、品控、施工工艺、验收与质量评定、试运行、运行、维护	用电	电能计量	
1501	104.4-81	IEEE Std 1901.1—2018	智能电网应用中频(小于12MHz)电力线通信的 IEEE 标准	国际标准	2018-5-7			采购、修试、退役	招标、品控、检修、试验、退役、报废	用电	电能计量	
1502	104.4-82	IEEE Std 1901.1.1—2020	用于智能电网应用的中频（小于15MHz）电力线通信的 IEEE Std 1901.1 ™ 的 IEEE 标准测试程序	国际标准	2020-6-4			采购、修试、退役	招标、品控、检修、试验、退役、报废	用电	电能计量	
1503	104.4-83	IEEE Std 1901.2a—2015	智能电网应用低频（小于500khz）窄带电力线通信的 IEEE 标准	国际标准	2015-9-3			采购、修试、退役	招标、品控、检修、试验、退役、报废	用电	电能计量	
1504	104.4-84	ITU-T G.8261/Y.1361—2013/Cor 1—2016	分组网络中的时分和同步	国际标准	2016-4-13		ITU-T G 8261 Y 1361 — 2008	设计、建设、运维	初设、施工图、施工工艺、验收与质量评定、运行、维护	信息	基础设施	

序号	体系结构号	标准编号	标准名称	标准级别	实施日期	与国际标准对应关系	代替标准	阶段	分阶段	专业	分专业	备注
1505	104.4-85	ITU-T Y.1563—2009	以太网帧传输和可用性能	国际标准	2009-1-13			设计、建设、运维	初设、施工图、施工工艺、验收与质量评定、运行、维护	信息	基础设施	
1506	104.4-86	ITU-T Y.2051—2008	基于 IPv6 的 NGN 概述	国际标准	2008-2-29			设计、建设、运维	初设、施工图、施工工艺、验收与质量评定、运行、维护	信息	基础设施	
1507	104.4-87	ITU-T Y.2052—2008	基于 IPv6NGN 的多链路框架	国际标准	2008-2-29			设计、建设、运维	初设、施工图、施工工艺、验收与质量评定、运行、维护	信息	基础设施	
1508	104.4-88	ITU-T Y.2054—2008	基于 IPv6NGN 的支持信令框架	国际标准	2008-2-29			设计、建设、运维	初设、施工图、施工工艺、验收与质量评定、运行、维护	信息	基础设施	
104.5 数据技术—数据平台												
1509	104.5-1	Q/CSG 118001—2012	IT 集中运行监控系统接入规范	企标	2012-3-1			设计、建设、运维	初设、施工图、施工工艺、验收与质量评定、运行、维护	信息	信息应用	
1510	104.5-2	Q/CSG 118009—2011	数据中心数据交换规范	企标	2011-12-1			规划、设计、采购、建设、运维、修试、退役	规划、初设、施工图、招标、品控、施工工艺、验收与质量评定、试运行、运行、维护、检修、试验、退役、报废	信息	信息资源	
1511	104.5-3	Q/CSG 118010—2011	数据中心 ETL 规范	企标	2011-12-1			规划、设计、采购、建设、运维、修试、退役	规划、初设、施工图、招标、品控、施工工艺、验收与质量评定、试运行、运行、维护、检修、试验、退役、报废	信息	信息资源	

序号	体系结构号	标准编号	标准名称	标准级别	实施日期	与国际标准对应关系	代替标准	阶段	分阶段	专业	分专业	备注
1512	104.5-4	Q/CSG 1210001—2014	GIS 空间信息服务平台图元规范	企标	2014-9-1			规划、设计、采购、建设、运维、修试、退役	规划、初设、施工图、招标、品控、施工工艺、验收与质量评定、试运行、运行、维护、检修、试验、退役、报废	信息	信息应用	
1513	104.5-5	Q/CSG 1210001.1—2013	SOA 框架规范	企标	2013-12-1		Q/CSG 11817—2010	规划、设计、采购、建设、运维、修试、退役	规划、初设、施工图、招标、品控、施工工艺、验收与质量评定、试运行、运行、维护、检修、试验、退役、报废	信息	信息应用	
1514	104.5-6	Q/CSG 1210001.2—2013	信息集成平台建设规范	企标	2013-12-1		Q/CSG 118007—2011	规划、设计、建设	规划、初设、施工图、施工工艺、验收与质量评定	信息	信息应用	
1515	104.5-7	Q/CSG 1210001.3—2013	SOA 信息集成技术规范	企标	2013-12-1		Q/CSG 118006—2011	规划、设计、建设	规划、初设、施工图、施工工艺、验收与质量评定	信息	信息应用	
1516	104.5-8	Q/CSG 1210001.4—2013	SOA 服务运营管理规范	企标	2013-12-1			规划、设计、建设	规划、初设、施工图、施工工艺、验收与质量评定	信息	信息应用	
1517	104.5-9	Q/CSG 1210002—2014	GIS 空间信息服务平台基础地理空间数据规范	企标	2014-9-30			规划、设计、采购、建设、运维、修试、退役	规划、初设、施工图、招标、品控、施工工艺、验收与质量评定、试运行、运行、维护、检修、试验、退役、报废	信息	信息应用	

序号	体系结构号	标准编号	标准名称	标准级别	实施日期	与国际标准对应关系	代替标准	阶段	分阶段	专业	分专业	备注
1518	104.5-10	Q/CSG 1210003—2015	数据管理平台接入技术规范	企标	2015-3-4			规划、设计、建设	规划、初设、施工图、施工工艺、验收与质量评定	信息	信息应用	
1519	104.5-11	Q/CSG 1210008—2015	GIS 空间信息服务平台空间信息服务规范	企标	2015-3-19			设计、建设、运维	初设、施工图、施工工艺、验收与质量评定、运行、维护	信息	信息应用	
1520	104.5-12	Q/CSG 1210009—2015	GIS 空间信息服务平台集成规范	企标	2015-3-27			设计、建设、运维	初设、施工图、施工工艺、验收与质量评定、运行、维护	信息	信息应用	
1521	104.5-13	Q/CSG 1210017—2015	内外网数据安全交换平台技术规范	企标	2015-8-24			规划、设计、建设	规划、初设、施工图、施工工艺、验收与质量评定、试运行	信息	信息资源	
1522	104.5-14	Q/CSG 1210032—2016	企业信息门户单点登录集成规范	企标	2016-8-1			设计、建设、运维	初设、施工图、施工工艺、验收与质量评定、运行、维护	信息	信息应用	
1523	104.5-15	Q/CSG 1210033—2016	企业信息门户界面集成规范	企标	2016-8-1			设计、建设、运维	初设、施工图、施工工艺、验收与质量评定、运行、维护	信息	信息应用	
1524	104.5-16	Q/CSG 1210034—2016	企业信息门户统一展现规范	企标	2016-8-1			设计、建设、运维	初设、施工图、施工工艺、验收与质量评定、运行、维护	信息	信息应用	
1525	104.5-17	Q/CSG 1210035—2016	企业信息门户应用集成规范	企标	2016-8-1			设计、建设、运维	初设、施工图、施工工艺、验收与质量评定、运行、维护	信息	信息应用	

序号	体系结构号	标准编号	标准名称	标准级别	实施日期	与国际标准对应关系	代替标准	阶段	分阶段	专业	分专业	备注
1526	104.5-18	Q/CSG 1210039.1—2019	4A 平台技术规范 第 1 分册 功能规范	企标	2019-9-30		Q/CSG 1210010—2015	规划、设计、采购、建设、运维、修试、退役	规划、初设、施工图、招标、品控、施工工艺、验收与质量评定、试运行、运行、维护、检修、试验、退役、报废	信息	信息应用	
1527	104.5-19	Q/CSG 1210039.2—2019	4A 平台技术规范 第 2 分册 总体架构	企标	2019-9-30		Q/CSG 1210010—2015	规划、设计、采购、建设、运维、修试、退役	规划、初设、施工图、招标、品控、施工工艺、验收与质量评定、试运行、运行、维护、检修、试验、退役、报废	信息	信息应用	
1528	104.5-20	Q/CSG 1210039.3—2019	4A 平台技术规范 第 3 分册 应用系统集成接口规范	企标	2019-9-30		Q/CSG 1210011—2015	设计、建设、运维	初设、施工图、施工工艺、验收与质量评定、运行、维护	信息	信息应用	
1529	104.5-21	Q/CSG 1210039.4—2019	4A 平台技术规范 第 4 分册 系统资源集成规范	企标	2019-9-30		Q/CSG 1210012—2015	设计、建设、运维	初设、施工图、施工工艺、验收与质量评定、运行、维护	信息	信息应用	
1530	104.5-22	Q/CSG 1210039.5—2019	4A 平台技术规范 第 5 分册 安全规范	企标	2019-9-30		Q/CSG 1210013—2015	规划、设计、采购、建设、运维、修试、退役	规划、初设、施工图、招标、品控、施工工艺、验收与质量评定、试运行、运行、维护、检修、试验、退役、报废	信息	信息应用	

序号	体系结构号	标准编号	标准名称	标准级别	实施日期	与国际标准对应关系	代替标准	阶段	分阶段	专业	分专业	备注
1531	104.5-23	Q/CSG 1210047—2020	人工智能平台组件接入及服务接口规范（试行）	企标	2020-10-30			规划、设计、采购、建设、运维、修试、退役	规划、初设、施工图、招标、品控、施工工艺、验收与质量评定、试运行、运行、维护、检修、试验、退役、报废	信息	信息应用	
1532	104.5-24	Q/CSG 1210050—2020	南方电网电力全域物联网平台接入技术规范（试行）	企标	2020-12-30			规划、设计、采购、建设、运维、修试、退役	规划、初设、施工图、招标、品控、施工工艺、验收与质量评定、试运行、运行、维护、检修、试验、退役、报废	信息	信息应用	
1533	104.5-25	Q/CSG 1210052—2020	南方电网电力全域物联网平台技术规范（试行）	企标	2020-12-30			规划、设计、采购、建设、运维、修试、退役	规划、初设、施工图、招标、品控、施工工艺、验收与质量评定、试运行、运行、维护、检修、试验、退役、报废	信息	信息应用	
1534	104.5-26	Q/CSG 1210053—2020	南方电网电力全域物联网总体架构技术规范（试行）	企标	2020-12-30			规划、设计、采购、建设、运维、修试、退役	规划、初设、施工图、招标、品控、施工工艺、验收与质量评定、试运行、运行、维护、检修、试验、退役、报废	信息	信息应用	

序号	体系结构号	标准编号	标准名称	标准级别	实施日期	与国际标准对应关系	代替标准	阶段	分阶段	专业	分专业	备注
1535	104.5-27	Q/CSG 1210054—2020	南方电网4A平台集成接口技术规范	企标	2020-12-30		Q/CSG 1210039.3—2019	规划、设计、采购、建设、运维、修试、退役	规划、初设、施工图、招标、品控、施工工艺、验收与质量评定、试运行、运行、维护、检修、试验、退役、报废	信息	信息应用	
1536	104.5-28	Q/CSG 1210061—2021	中国南方电网公司战略运行管控平台建设技术规范（试行）	企标	2021-8-30			建设、运维	验收与质量评定、运行、维护	信息	信息应用	
1537	104.5-29	Q/CSG 1210062—2022	南方电网公司运维审计系统(堡垒机）技术规范（试行）	企标	2022-3-30			规划、设计、采购、建设、运维、修试、退役	规划、初设、施工图、招标、品控、施工工艺、验收与质量评定、试运行、运行、维护、检修、试验、退役、报废	信息	信息应用	
1538	104.5-30	Q/CSG 1210066—2022	南方电网物联网平台接入协议插件标准（试行）	企标	2022-3-30			规划、设计、采购、建设、运维、修试、退役	规划、初设、施工图、招标、品控、施工工艺、验收与质量评定、试运行、运行、维护、检修、试验、退役、报废	信息	信息应用	
1539	104.5-31	Q/CSG 1210067—2022	南方电网物联网平台应用协议（试行）	企标	2022-3-30			规划、设计、采购、建设、运维、修试、退役	规划、初设、施工图、招标、品控、施工工艺、验收与质量评定、试运行、运行、维护、检修、试验、退役、报废	信息	信息应用	

序号	体系结构号	标准编号	标准名称	标准级别	实施日期	与国际标准对应关系	代替标准	阶段	分阶段	专业	分专业	备注
1540	104.5-32	Q/CSG 1210068—2022	南方电网物联网平台应用服务规范（试行）	企标	2022-3-30			规划、设计、采购、建设、运维、修试、退役	规划、初设、施工图、招标、品控、施工工艺、验收与质量评定、试运行、运行、维护、检修、试验、退役、报废	信息	信息应用	
1541	104.5-33	Q/CSG 1210072—2022	中国南方电网公司数据认责技术规范（试行）	企标	2022-6-27			规划、设计、采购、建设、运维、修试、退役	规划、初设、施工图、招标、品控、施工工艺、验收与质量评定、试运行、运行、维护、检修、试验、退役、报废	信息	信息资源	
1542	104.5-34	T/CEC 589—2021	电力企业数据中台总体架构和功能要求	团标	2022-3-1			设计、建设、运维	初设、施工图、施工工艺、验收与质量评定、运行、维护	信息	信息应用	
1543	104.5-35	T/CEC 733—2022	工业互联网云平台技术要求	团标	2023-2-1			规划、设计、采购、建设、运维、修试、退役	规划、初设、施工图、招标、品控、施工工艺、验收与质量评定、试运行、运行、维护、检修、试验、退役、报废	信息	信息应用	
1544	104.5-36	CJJ/T 315—2022	城市信息模型基础平台技术标准	行标	2022-6-1			规划、设计、采购、建设、运维、修试、退役	规划、初设、施工图、招标、品控、施工工艺、验收与质量评定、试运行、运行、维护、检修、试验、退役、报废	信息	信息应用	

序号	体系结构号	标准编号	标准名称	标准级别	实施日期	与国际标准对应关系	代替标准	阶段	分阶段	专业	分专业	备注
1545	104.5-37	DL/T 1992—2019	电力企业 SOA 应用技术标准	行标	2019-10-1			设计、建设、运维	初设、施工图、施工工艺、验收与质量评定、运行、维护	信息	信息应用	
1546	104.5-38	DL/T 2455—2021	电力信息系统外部接口测试规范	行标	2022-6-22			运维、修试	运行、维护、检修、试验	信息	信息应用	
1547	104.5-39	DL/T 2459—2021	电力物联网体系架构与功能	行标	2022-6-22			设计、建设、运维	初设、施工图、施工工艺、验收与质量评定、运行、维护	信息	信息应用	
1548	104.5-40	DL/T 2568—2022	电力行业数字化审计平台功能构件与技术要求	行标	2023-5-4			设计、建设、运维	初设、施工图、施工工艺、验收与质量评定、运行、维护	信息	信息应用	
1549	104.5-41	LD/T 09—2022	人力资源社会保障信息系统运行维护平台建设规范	行标	2022-12-1			设计、建设、运维	初设、施工图、施工工艺、验收与质量评定、运行、维护	信息	信息应用	
1550	104.5-42	YD/T 2806—2015	云计算基础设施即服务（IaaS）功能要求与架构	行标	2015-7-1			规划、设计、采购、建设、运维、修试、退役	规划、初设、施工图、招标、品控、施工工艺、验收与质量评定、试运行、运行、维护、检修、试验、退役、报废	信息	基础设施	
1551	104.5-43	YD/T 2807.1—2015	云资源管理技术要求 第1部分：总体要求	行标	2015-7-1			规划、设计、建设	规划、初设、施工图、施工工艺、验收与质量评定、试运行	信息	信息资源	
1552	104.5-44	YD/T 2807.2—2015	云资源管理技术要求 第2部分：综合管理平台	行标	2015-7-1			规划、设计、建设	规划、初设、施工图、施工工艺、验收与质量评定、试运行	信息	信息资源	

序号	体系结构号	标准编号	标准名称	标准级别	实施日期	与国际标准对应关系	代替标准	阶段	分阶段	专业	分专业	备注
1553	104.5-45	YD/T 2807.3—2015	云资源管理技术要求 第3部分：分平台	行标	2015-7-1			规划、设计、建设	规划、初设、施工图、施工工艺、验收与质量评定、试运行	信息	信息资源	
1554	104.5-46	YD/T 2807.4—2015	云资源管理技术要求 第4部分：接口	行标	2015-7-1			规划、设计、建设	规划、初设、施工图、施工工艺、验收与质量评定、试运行	信息	信息资源	
1555	104.5-47	YD/T 2807.5—2015	云资源管理技术要求 第5部分：存储系统	行标	2015-7-1			规划、设计、建设	规划、初设、施工图、施工工艺、验收与质量评定、试运行	信息	信息资源	
1556	104.5-48	YD/T 2912—2015	移动互联网应用编程接口的授权技术要求	行标	2015-10-1			设计、建设、运维	初设、施工图、施工工艺、验收与质量评定、试运行、运行、维护	信息	信息应用	
1557	104.5-49	YD/T 3016—2016	面向移动互联网的业务托管和运行平台技术要求	行标	2016-4-1			设计、建设、运维	初设、施工图、施工工艺、验收与质量评定、运行、维护	信息	信息应用	
1558	104.5-50	YD/T 3054—2016	云资源运维管理功能技术要求	行标	2016-7-1			规划、设计、建设	规划、初设、施工图、施工工艺、验收与质量评定、试运行	信息	信息资源	
1559	104.5-51	YD/T 3079—2016	移动互联网长在线应用系统总体技术要求	行标	2016-7-1			设计、建设、运维	初设、施工图、施工工艺、验收与质量评定、运行、维护	信息	信息应用	
1560	104.5-52	YD/T 3080—2016	移动互联网用户上下文感知平台技术要求	行标	2016-7-1			设计、建设、运维	初设、施工图、施工工艺、验收与质量评定、运行、维护	信息	信息应用	

序号	体系结构号	标准编号	标准名称	标准级别	实施日期	与国际标准对应关系	代替标准	阶段	分阶段	专业	分专业	备注
1561	104.5-53	YD/T 3149—2016	面向移动互联网的公共认证授权体系技术要求	行标	2016-10-1			设计、建设、运维	初设、施工图、施工工艺、验收与质量评定、试运行、运行、维护	信息	信息安全	
1562	104.5-54	YD/T 3290—2017	一体化微型模块化数据中心技术要求	行标	2018-1-1			规划、设计、建设	规划、初设、施工图、施工工艺、验收与质量评定、试运行	信息	信息资源	
1563	104.5-55	YD/T 3291—2017	数据中心预制模块总体技术要求	行标	2018-1-1			规划、设计、建设	规划、初设、施工图、施工工艺、验收与质量评定、试运行	信息	信息资源	
1564	104.5-56	YD/T 3385—2018	移动互联网业务关键性能指标系统技术要求	行标	2019-4-1			建设、修试	验收与质量评定、试验	信息	信息应用	
1565	104.5-57	YD/T 3523—2019	基于移动互联网的企业移动办公系统服务指标要求和评估方法	行标	2020-1-1			建设、修试	验收与质量评定、试验	信息	信息资源	
1566	104.5-58	YD/T 3525—2019	基于移动互联网的推送平台服务指标要求和评估方法	行标	2020-1-1			建设、修试	验收与质量评定、试验	信息	信息资源	
1567	104.5-59	YD/T 3759—2020	大数据 商务智能（BI）分析工具技术要求与测试方法	行标	2020-10-1			建设、修试	验收与质量评定、试验	信息	基础设施	
1568	104.5-60	YD/T 3763.1—2021	研发运营一体化（DevOps）能力成熟度模型 第1部分:总体架构	行标	2021-4-1			规划、设计、采购、建设、运维、修试、退役	规划、初设、施工图、招标、品控、施工工艺、验收与质量评定、试运行、运行、维护、检修、试验、退役、报废	信息	信息应用	

序号	体系结构号	标准编号	标准名称	标准级别	实施日期	与国际标准对应关系	代替标准	阶段	分阶段	专业	分专业	备注
1569	104.5-61	YD/T 3763.2—2021	研发运营一体化（DevOps）能力成熟度模型第2部分:敏捷开发管理	行标	2021-4-1			设计、建设、运维	初设、施工图、施工工艺、验收与质量评定、试运行、运行、维护	信息	信息应用	
1570	104.5-62	YD/T 3763.3—2021	研发运营一体化（DevOps）能力成熟度模型第3部分:持续交付	行标	2021-4-1			设计、建设、运维	初设、施工图、施工工艺、验收与质量评定、试运行、运行、维护	信息	信息应用	
1571	104.5-63	YD/T 3763.4—2020	研发运营一体化（DevOps）能力成熟度模型第4部分:技术运营	行标	2020-10-1			规划、设计、采购、建设、运维、修试、退役	规划、初设、施工图、招标、品控、施工工艺、验收与质量评定、试运行、运行、维护、检修、试验、退役、报废	信息	基础设施、信息资源、信息安全、其他	
1572	104.5-64	YD/T 3763.8—2021	研发运营一体化（DevOps）能力成熟度模型第8部分:系统和工具技术要求	行标	2021-4-1			规划、设计、采购、建设、运维、修试、退役	规划、初设、施工图、招标、品控、施工工艺、验收与质量评定、试运行、运行、维护、检修、试验、退役、报废	信息	信息应用	
1573	104.5-65	YD/T 3890—2021	基于云计算的多云管理平台技术要求	行标	2021-7-1			设计、建设、运维	初设、施工图、施工工艺、验收与质量评定、运行、维护	信息	信息应用	
1574	104.5-66	YD/T 3891—2021	虚拟私有云间互联服务能力要求	行标	2021-7-1			设计、建设、运维	初设、施工图、施工工艺、验收与质量评定、运行、维护	信息	信息应用	

序号	体系结构号	标准编号	标准名称	标准级别	实施日期	与国际标准对应关系	代替标准	阶段	分阶段	专业	分专业	备注
1575	104.5-67	YD/T 3892—2021	虚拟私有云与本地计算环境互联服务能力要求	行标	2021-7-1			设计、建设、运维	初设、施工图、施工工艺、验收与质量评定、运行、维护	信息	信息应用	
1576	104.5-68	YD/T 3951—2021	物联网卡安全监测与管理平台数据采集接口规范	行标	2022-4-1			设计、建设、运维	初设、施工图、施工工艺、验收与质量评定、运行、维护	信息	信息应用	
1577	104.5-69	YD/T 3972—2021	基于云计算技术 IPv4-IPv6 业务互通交换中心基础云平台测试方法	行标	2022-4-1			运维、修试	运行、维护、检修、试验	信息	信息应用	
1578	104.5-70	YD/T 3984—2021	微型模块化数据中心测试规范	行标	2022-4-1			建设、修试	验收与质量评定、试验	信息	信息资源	
1579	104.5-71	YD/T 3991—2021	云计算业务数据报送接口规范	行标	2022-4-1			建设、修试	验收与质量评定、试验	信息	信息资源	
1580	104.5-72	YD/T 4031—2022	轻量级 4over6 过渡协议管理信息库（MIB）	行标	2022-7-1			设计、建设、运维	初设、施工图、施工工艺、验收与质量评定、运行、维护	信息	信息应用	
1581	104.5-73	YD/T 4046—2022	云计算开放应用模型	行标	2022-7-1			设计、建设、运维	初设、施工图、施工工艺、验收与质量评定、运行、维护	信息	信息应用	
1582	104.5-74	YD/T 4057—2022	电信网和互联网大数据平台安全防护检测要求	行标	2022-7-1			设计、建设、运维	初设、施工图、施工工艺、验收与质量评定、运行、维护	信息	信息应用	
1583	104.5-75	YD/T 4089—2022	移动互联网应用（APP）性能管理平台技术要求	行标	2023-01-01			设计、建设、运维	初设、施工图、施工工艺、验收与质量评定、运行、维护	信息	信息应用	

序号	体系结构号	标准编号	标准名称	标准级别	实施日期	与国际标准对应关系	代替标准	阶段	分阶段	专业	分专业	备注
1584	104.5-76	YD/T 4117—2022	基于网状软线技术的互联网IPv6过渡技术管理信息库（MIB）技术要求	行标	2023-01-01			设计、建设、运维	初设、施工图、施工工艺、验收与质量评定、运行、维护	信息	信息应用	
1585	104.5-77	GB/T 26816-—2011	信息资源核心元数据	国标	2011-12-1			规划、设计	规划、初设	信息	基础设施、信息资源、信息安全、其他	
1586	104.5-78	GB/T 28589—2012	地理信息 定位服务	国标	2012-10-1			规划、设计、建设	规划、初设、施工工艺、验收与质量评定	信息	基础设施、信息资源、信息安全、其他	
1587	104.5-79	GB/T 28821—2012	关系数据管理系统技术要求	国标	2013-2-1			规划、设计、采购、建设、运维、修试、退役	规划、初设、施工图、招标、品控、施工工艺、验收与质量评定、试运行、运行、维护、检修、试验、退役、报废	信息	信息资源	
1588	104.5-80	GB/T 31916.2—2015	信息技术 云数据存储和管理 第2部分:基于对象的云存储应用接口	国标	2016-5-1			规划、设计、采购、建设、运维、修试、退役	规划、初设、施工图、招标、品控、施工工艺、验收与质量评定、试运行、运行、维护、检修、试验、退役、报废	信息	信息资源	
1589	104.5-81	GB/T 31916.3—2018	信息技术 云数据存储和管理 第3部分:分布式文件存储应用接口	国标	2019-1-1			规划、设计、采购、建设、运维、修试、退役	规划、初设、施工图、招标、品控、施工工艺、验收与质量评定、试运行、运行、维护、检修、试验、退役、报废	信息	信息资源	

序号	体系结构号	标准编号	标准名称	标准级别	实施日期	与国际标准对应关系	代替标准	阶段	分阶段	专业	分专业	备注
1590	104.5-82	GB/T 31916.5—2015	信息技术 云数据存储和管理 第5部分:基于键值（Key-Value）的云数据管理应用接口	国标	2016-5-1			规划、设计、采购、建设、运维、修试、退役	规划、初设、施工图、招标、品控、施工工艺、验收与质量评定、试运行、运行、维护、检修、试验、退役、报废	信息	信息资源	
1591	104.5-83	GB/T 32419.1—2015	信息技术 SOA技术实现规范 第1部分:服务描述	国标	2017-1-1			规划、设计、采购、建设、运维	规划、初设、施工图、招标、品控、施工工艺、验收与质量评定、试运行、运行、维护	信息	信息应用	
1592	104.5-84	GB/T 32419.2—2016	信息技术 SOA技术实现规范 第2部分:服务注册与发现	国标	2017-3-1			规划、设计、采购、建设、运维	规划、初设、施工图、招标、品控、施工工艺、验收与质量评定、试运行、运行、维护	信息	信息应用	
1593	104.5-85	GB/T 32419.3—2016	信息技术 SOA技术实现规范 第3部分:服务管理	国标	2017-3-1			规划、设计、采购、建设、运维	规划、初设、施工图、招标、品控、施工工艺、验收与质量评定、试运行、运行、维护	信息	信息应用	
1594	104.5-86	GB/T 32419.4—2016	信息技术 SOA技术实现规范 第4部分:基于发布/订阅的数据服务接口	国标	2017-5-1			规划、设计、采购、建设、运维	规划、初设、施工图、招标、品控、施工工艺、验收与质量评定、试运行、运行、维护	信息	信息应用	
1595	104.5-87	GB/T 32419.5—2017	信息技术 SOA技术实现规范 第5部分:服务集成开发	国标	2018-4-1			规划、设计、采购、建设、运维	规划、初设、施工图、招标、品控、施工工艺、验收与质量评定、试运行、运行、维护	信息	信息应用	

序号	体系结构号	标准编号	标准名称	标准级别	实施日期	与国际标准对应关系	代替标准	阶段	分阶段	专业	分专业	备注
1596	104.5-88	GB/T 32419.6—2017	信息技术 SOA技术实现规范 第6部分:身份管理服务	国标	2018-5-1			规划、设计、采购、建设、运维	规划、初设、施工图、招标、品控、施工工艺、验收与质量评定、试运行、运行、维护	信息	信息应用	
1597	104.5-89	GB/T 32630—2016	非结构化数据管理系统技术要求	国标	2016-11-1			规划、设计、采购、建设、运维、修试、退役	规划、初设、施工图、招标、品控、施工工艺、验收与质量评定、试运行、运行、维护、检修、试验、退役、报废	信息	信息资源	
1598	104.5-90	GB/T 32633—2016	分布式关系数据库服务接口规范	国标	2016-11-1			设计、采购、建设、运维、修试	初设、施工图、招标、品控、施工工艺、验收与质量评定、试运行、运行、维护、检修、试验	信息	信息资源	
1599	104.5-91	GB/T 32908—2016	非结构化数据访问接口规范	国标	2017-3-1			设计、采购、建设、运维、修试	初设、施工图、招标、品控、施工工艺、验收与质量评定、试运行、运行、维护、检修、试验	信息	信息资源	
1600	104.5-92	GB/T 33453—2016	基础地理信息数据库建设规范	国标	2017-7-1			设计、建设	初设、施工图、施工工艺、验收与质量评定	信息	信息资源	
1601	104.5-93	GB/T 34079.3—2017	基于云计算的电子政务公共平台服务规范 第3部分:数据管理	国标	2017-11-1			规划、设计、采购、建设、运维、修试、退役	规划、初设、施工图、招标、品控、施工工艺、验收与质量评定、试运行、运行、维护、检修、试验、退役、报废	信息	信息资源	

序号	体系结构号	标准编号	标准名称	标准级别	实施日期	与国际标准对应关系	代替标准	阶段	分阶段	专业	分专业	备注
1602	104.5-94	GB/T 34982—2017	云计算数据中心基本要求	国标	2018-5-1			规划、设计、采购、建设、运维、修试、退役	规划、初设、施工图、招标、品控、施工工艺、验收与质量评定、试运行、运行、维护、检修、试验、退役、报废	信息	信息资源	
1603	104.5-95	GB/T 35313—2017	模块化存储系统通用规范	国标	2018-7-1			规划、设计、采购、建设、运维、修试、退役	规划、初设、施工图、招标、品控、施工工艺、验收与质量评定、试运行、运行、维护、检修、试验、退役、报废	信息	信息资源	
1604	104.5-96	GB/T 36345—2018	信息技术 通用数据导入接口	国标	2019-1-1			规划、设计、采购、建设、运维、修试、退役	规划、初设、施工图、招标、品控、施工工艺、验收与质量评定、试运行、运行、维护、检修、试验、退役、报废	信息	信息资源	
1605	104.5-97	GB/T 36478.1—2018	物联网 信息交换和共享 第1部分：总体架构	国标	2019-1-1			规划、设计、采购、建设、运维、修试、退役	规划、初设、施工图、招标、品控、施工工艺、验收与质量评定、试运行、运行、维护、检修、试验、退役、报废	信息	基础设施、信息资源、信息安全、其他	

序号	体系结构号	标准编号	标准名称	标准级别	实施日期	与国际标准对应关系	代替标准	阶段	分阶段	专业	分专业	备注
1606	104.5-98	GB/T 36478.4—2019	物联网 信息交换和共享 第4部分：数据接口	国标	2020-3-1			规划、设计、采购、建设、运维、修试、退役	规划、初设、施工图、招标、品控、施工工艺、验收与质量评定、试运行、运行、维护、检修、试验、退役、报废	信息	基础设施、信息资源、信息安全、其他	
1607	104.5-99	GB/T 37938—2019	信息技术 云资源监控指标体系	国标	2020-3-1			规划、设计、采购、建设、运维、修试、退役	规划、初设、施工图、招标、品控、施工工艺、验收与质量评定、试运行、运行、维护、检修、试验、退役、报废	信息	信息资源	
1608	104.5-100	GB/T 38154-—2019	重要产品追溯核心元数据	国标	2019-10-18			规划、设计	规划、初设	信息	基础设施、信息资源、信息安全、其他	
1609	104.5-101	GB/T 38555—2020	信息技术 大数据工业产品核心元数据	国标	2020-10-1			规划、设计、采购、建设、运维、修试、退役	规划、初设、施工图、招标、品控、施工工艺、验收与质量评定、试运行、运行、维护、检修、试验、退役、报废	信息	基础设施、信息资源、信息安全、其他	
1610	104.5-102	GB/T 38633—2020	信息技术 大数据 系统运维和管理功能要求	国标	2020-11-1			规划、设计、建设、运维、修试	规划、初设、施工图、施工工艺、验收与质量评定、运行、维护、试验	信息	信息应用	
1611	104.5-103	GB/T 38664.1—2020	信息技术 大数据 政务数据开放共享 第1部分：总则	国标	2020-11-1			规划、设计、建设、运维、修试	规划、初设、施工图、施工工艺、验收与质量评定、运行、维护、试验	信息	信息应用	

序号	体系结构号	标准编号	标准名称	标准级别	实施日期	与国际标准对应关系	代替标准	阶段	分阶段	专业	分专业	备注
1612	104.5-104	GB/T 38664.4—2022	信息技术　大数据　政务数据开放共享　第4部分：共享评价	国标	2023-5-1			规划、设计、建设、运维、修试	规划、初设、施工图、施工工艺、验收与质量评定、运行、维护、试验	信息	信息应用	
1613	104.5-105	GB/T 40689—2021	智慧城市　设备联接管理与服务平台技术要求	国标	2022-5-1			设计、建设、运维	初设、施工图、施工工艺、验收与质量评定、运行、维护	信息	信息应用	
1614	104.5-106	GB/T 41723—2022	自动化系统与集成　复杂产品数字孪生体系架构	国标	2023-5-1			设计、建设、运维	初设、施工图、施工工艺、验收与质量评定、运行、维护	信息	信息应用	
1615	104.5-107	GB/T 41783—2022	模块化数据中心通用规范	国标	2023-5-1			设计、建设、运维	初设、施工图、施工工艺、验收与质量评定、试运行、运行、维护	信息	信息资源	
1616	104.5-108	GB/T 42131—2022	人工智能　知识图谱技术框架	国标	2023-7-1			设计、建设、运维	初设、施工图、施工工艺、验收与质量评定、试运行、运行、维护	信息	信息资源	
104.6　数字技术—业务应用												
1617	104.6-1	Q/CSG 118013—2012	营配信息集成规范	企标	2012-10-8			设计、建设、运维	初设、施工图、施工工艺、验收与质量评定、运行、维护	信息	信息应用	
1618	104.6-2	Q/CSG 1210046—2020	人工智能训练数据集归集标准（试行）	企标	2020-10-30			规划、设计、采购、建设、运维、修试、退役	规划、初设、施工图、招标、品控、施工工艺、验收与质量评定、试运行、运行、维护、检修、试验、退役、报废	信息	信息应用	

序号	体系结构号	标准编号	标准名称	标准级别	实施日期	与国际标准对应关系	代替标准	阶段	分阶段	专业	分专业	备注
1619	104.6-3	Q/CSG 1210051—2020	实物编码二维码标识技术规范（试行）	企标	2020-12-30			规划、设计、采购、建设、运维、修试、退役	规划、初设、施工图、招标、品控、施工工艺、验收与质量评定、试运行、维护、检修、试验、退役、报废	信息	信息应用	
1620	104.6-4	Q/CSG 1210064—2022	南方电网移动应用平台接入技术规范（试行）	企标	2022-3-30			规划、设计、采购、建设、运维、修试、退役	规划、初设、施工图、招标、品控、施工工艺、验收与质量评定、试运行、维护、检修、试验、退役、报废	信息	信息应用	
1621	104.6-5	Q/CSG 1210065—2022	南方电网移动应用平台技术规范（试行）	企标	2022-3-30			规划、设计、采购、建设、运维、修试、退役	规划、初设、施工图、招标、品控、施工工艺、验收与质量评定、试运行、维护、检修、试验、退役、报废	信息	信息应用	
1622	104.6-6	Q/CSG 1210069—2022	中国南方电网公司 IT 自动化运维脚本开发技术规范（试行）	企标	2022-3-30			规划、设计、采购、建设、运维、修试、退役	规划、初设、施工图、招标、品控、施工工艺、验收与质量评定、试运行、维护、检修、试验、退役、报废	信息	信息应用	
1623	104.6-7	T/CEC 236—2019	电力移动应用软件测试规范	团标	2020-1-1			建设、修试	验收与质量评定、试验	信息	信息应用	
1624	104.6-8	T/CEC 299—2020	变电站地面款光雷达实景三维模型重构技术导则	团标	2020-10-1			建设、修试	验收与质量评定、试验	信息	信息应用	

序号	体系结构号	标准编号	标准名称	标准级别	实施日期	与国际标准对应关系	代替标准	阶段	分阶段	专业	分专业	备注
1625	104.6-9	T/CEC 361—2020	智能变电站二次回路全景模型建模和实施技术规范	团标	2020-10-1			建设、修试	验收与质量评定、试验	信息	信息应用	
1626	104.6-10	T/CEC 383.2—2020	电网地理信息服务　第2部分：矢量地图产品规范	团标	2021-2-1			建设、修试	验收与质量评定、试验	信息	信息应用	
1627	104.6-11	T/CEC 545—2021	电力物资智能结算终端技术规范	团标	2022-3-1			设计、建设、运维	初设、施工图、施工工艺、验收与质量评定、运行、维护	信息	信息应用	
1628	104.6-12	T/CEC 614—2022	电力物联网边缘物联代理技术要求	团标	2022-10-1			建设、修试	验收与质量评定、试验	信息	信息应用	
1629	104.6-13	T/CEC 624—2022	电力物联网标识编码、存储与解析要求	团标	2022-10-1			建设、修试	验收与质量评定、试验	信息	信息应用	
1630	104.6-14	T/CEC 625—2022	电力物联网信息通信参考体系	团标	2022-10-1			建设、修试	验收与质量评定、试验	信息	信息应用	
1631	104.6-15	T/CEC 644—2022	电力物联网传感应用布局导则	团标	2022-10-1			建设、修试	验收与质量评定、试验	信息	信息应用	
1632	104.6-16	T/CEC 5018—2020	输变电工程激光雷达测量技术应用导则	团标	2020-10-1			建设、修试	验收与质量评定、试验	信息	信息应用	
1633	104.6-17	T/CEC 5019—2020	输变电工程卫星影像测量技术导则	团标	2020-10-1			建设、修试	验收与质量评定、试验	信息	信息应用	
1634	104.6-18	T/CEC 5020—2020	输变电工程无人机航空摄影测量技应用导则	团标	2020-10-1			建设、修试	验收与质量评定、试验	信息	信息应用	
1635	104.6-19	T/CSEE 0051—2017	智能配用电大数据应用业务接口技术规范	团标	2018-5-1			设计、建设、运维	初设、施工图、施工工艺、验收与质量评定、运行、维护	信息	信息应用	

序号	体系结构号	标准编号	标准名称	标准级别	实施日期	与国际标准对应关系	代替标准	阶段	分阶段	专业	分专业	备注
1636	104.6-20	AQ 9003.1—2008	企业安全生产网络化监测系统技术规范 第1部分:危险场所网络化监测系统现场接入技术规范	行标	2009-1-1			设计、建设、运维	初设、施工图、施工工艺、验收与质量评定、试运行、运行、维护	信息	信息应用	
1637	104.6-21	AQ 9003.2—2008	企业安全生产网络化监测系统技术规范 第2部分:危险场所网络化监测系统集成技术规范	行标	2009-1-1			设计、建设	初设、施工图、施工工艺、验收与质量评定	信息	信息应用	
1638	104.6-22	AQ 9003.3—2008	企业安全生产网络化监测系统技术规范 第3部分:危险场所网络化监测设备通用检测检验技术规范	行标	2009-1-1			修试	检修、试验	信息	信息应用	
1639	104.6-23	CH/T 9032—2022	全球地理信息资源 数据产品规范	行标	2022-11-1			建设、修试	验收与质量评定、试验	信息	信息资源	
1640	104.6-24	CH/Z 9019—2012	地理信息元数据服务接口规范	行标	2013-1-1			规划、设计、采购、建设、运维、修试、退役	规划、初设、施工图、招标、品控、施工工艺、验收与质量评定、试运行、运行、维护、检修、试验、退役、报废	信息	信息应用	
1641	104.6-25	DL/T 1450—2015	电力行业统计数据接口规范	行标	2015-9-1			设计、建设、运维	初设、施工图、施工工艺、验收与质量评定、运行、维护	信息	信息应用	

序号	体系结构号	标准编号	标准名称	标准级别	实施日期	与国际标准对应关系	代替标准	阶段	分阶段	专业	分专业	备注
1642	104.6-26	DL/T 1729—2017	电力信息系统功能及非功能性测试规范	行标	2017-12-1			规划、设计、采购、建设、运维、修试、退役	规划、初设、施工图、招标、品控、施工工艺、验收与质量评定、试运行、运行、维护、检修、试验、退役、报废	信息	信息应用	
1643	104.6-27	DL/T 1731—2017	电力信息系统非功能性需求规范	行标	2017-12-1			规划、设计、采购、建设、运维、修试、退役	规划、初设、施工图、招标、品控、施工工艺、验收与质量评定、试运行、运行、维护、检修、试验、退役、报废	信息	信息应用	
1644	104.6-28	DL/T 2031—2019	电力移动应用软件测试规范	行标	2019-10-1			建设、修试	验收与质量评定、试验	信息	信息应用	
1645	104.6-29	DL/T 2319—2021	带电作业虚拟现实实操平台	行标	2022-3-22			建设、运维	验收与质量评定、运行、维护	信息	信息应用	
1646	104.6-30	DL/T 2400—2021	电力地理信息系统地图数据产品与服务	行标	2022-3-22			规划、设计、建设	规划、初设、施工图、施工工艺、验收与质量评定、试运行	信息	信息资源	
1647	104.6-31	DL/T 2461—2021	电力行业电子标签通用技术要求与测试规范	行标	2022-6-22			建设、修试	验收与质量评定、试验	信息	信息应用	
1648	104.6-32	DL/T 2474.1—2022	电力物联网传感器网络 第1部分:总体技术规范	行标	2022-11-13			建设、修试	验收与质量评定、试验	信息	信息应用	
1649	104.6-33	DL/T 2527—2022	电力物联网信息模型管理与认证规范	行标	2023-5-4			建设、运维	验收与质量评定、运行、维护	信息	信息应用	
1650	104.6-34	DL/T 2529—2022	电力物联网信息模型规范	行标	2023-5-4			建设、修试	验收与质量评定、试验	信息	信息应用	

序号	体系结构号	标准编号	标准名称	标准级别	实施日期	与国际标准对应关系	代替标准	阶段	分阶段	专业	分专业	备注
1651	104.6-35	DL/T 5026—1993	电力工程计算机辅助设计技术规定	行标	1994-3-1			设计、建设、运维	初设、施工图、施工工艺、验收与质量评定、运行、维护	信息	信息应用	
1652	104.6-36	DLGJ 117—1994	电力勘测设计管理信息系统技术规定	行标	2004-6-1			设计、建设、运维	初设、施工图、施工工艺、验收与质量评定、运行、维护	信息	信息应用	
1653	104.6-37	GM/T 0033—2014	时间戳接口规范	行标	2014-2-13			设计、建设、运维	初设、施工图、施工工艺、验收与质量评定、试运行、运行、维护	信息	信息应用	
1654	104.6-38	SJ/T 11310.2—2015	信息设备资源共享协同服务 第2部分：应用框架	行标	2015-10-1			规划、设计、采购、建设、运维、修试、退役	规划、初设、施工图、招标、品控、施工工艺、验收与质量评定、试运行、维护、检修、试验、退役、报废	信息	信息应用	
1655	104.6-39	SJ/T 11310.3—2015	信息设备资源共享协同服务 第3部分：基础应用	行标	2015-10-1			规划、设计、采购、建设、运维、修试、退役	规划、初设、施工图、招标、品控、施工工艺、验收与质量评定、试运行、维护、检修、试验、退役、报废	信息	信息应用	
1656	104.6-40	SJ/T 11310.5—2015	信息设备资源共享协同服务 第5部分：设备类型	行标	2015-10-1			规划、设计、采购、建设、运维、修试、退役	规划、初设、施工图、招标、品控、施工工艺、验收与质量评定、试运行、维护、检修、试验、退役、报废	信息	信息应用	

序号	体系结构号	标准编号	标准名称	标准级别	实施日期	与国际标准对应关系	代替标准	阶段	分阶段	专业	分专业	备注
1657	104.6-41	SJ/T 11310.6—2015	信息设备资源共享协同服务 第6部分：服务类型	行标	2015-10-1			规划、设计、采购、建设、运维、修试、退役	规划、初设、施工图、招标、品控、施工工艺、验收与质量评定、试运行、运行、维护、检修、试验、退役、报废	信息	信息应用	
1658	104.6-42	SJ/T 11548.2—2022	信息技术 社会服务管理 三维数字社会服务管理系统技术规范 第2部分：基础数据库	行标	2022-7-1			规划、设计、采购、建设、运维、修试、退役	规划、初设、施工图、招标、品控、施工工艺、验收与质量评定、试运行、运行、维护、检修、试验、退役、报废	信息	信息应用	
1659	104.6-43	SJ/T 11548.3—2022	信息技术 社会服务管理 三维数字社会服务管理系统技术规范 第3部分：业务办理	行标	2022-7-1			规划、设计、采购、建设、运维、修试、退役	规划、初设、施工图、招标、品控、施工工艺、验收与质量评定、试运行、运行、维护、检修、试验、退役、报废	信息	信息应用	
1660	104.6-44	SJ/T 11548.4—2022	信息技术 社会服务管理 三维数字社会服务管理系统技术规范 第4部分：服务受理	行标	2022-7-1			规划、设计、采购、建设、运维、修试、退役	规划、初设、施工图、招标、品控、施工工艺、验收与质量评定、试运行、运行、维护、检修、试验、退役、报废	信息	信息应用	

序号	体系结构号	标准编号	标准名称	标准级别	实施日期	与国际标准对应关系	代替标准	阶段	分阶段	专业	分专业	备注
1661	104.6-45	SJ/T 11548.5—2022	信息技术 社会服务管理 三维数字社会服务管理系统技术规范 第5部分:网格化管理	行标	2022-7-1			规划、设计、采购、建设、运维、修试、退役	规划、初设、施工图、招标、品控、施工工艺、验收与质量评定、试运行、运行、维护、检修、试验、退役、报废	信息	信息应用	
1662	104.6-46	SJ/T 11548.6—2022	信息技术 社会服务管理 三维数字社会服务管理系统技术规范 第6部分:辅助决策	行标	2022-7-1			规划、设计、采购、建设、运维、修试、退役	规划、初设、施工图、招标、品控、施工工艺、验收与质量评定、试运行、运行、维护、检修、试验、退役、报废	信息	信息应用	
1663	104.6-47	SJ/T 11690—2017	软件运营服务能力通用要求	行标	2018-1-1			规划、设计、建设	规划、初设、施工图、施工工艺、验收与质量评定、试运行	信息	信息应用	
1664	104.6-48	YD/T 1245—2002	基于移动环境的电子商务应用层协议（非购物型）	行标	2002-12-10			设计、建设	初设、施工工艺、验收与质量评定、试运行	信息	信息应用	
1665	104.6-49	YD/T 1642—2020	互联网网络和业务服务质量测试方法	行标	2021-1-1		YD/T 1642—2009	设计、建设	初设、施工工艺、验收与质量评定、试运行	信息	信息应用	
1666	104.6-50	YD/T 1823—2008	IPTV业务系统总体技术要求	行标	2008-11-1			规划、设计、建设	规划、初设、施工图、施工工艺、验收与质量评定、试运行	信息	信息应用	
1667	104.6-51	YD/T 2841—2015	基于域名系统（DNS）的网站可信标识服务技术规范	行标	2015-7-1			规划、设计、建设	规划、初设、施工图、施工工艺、验收与质量评定、试运行	信息	信息应用	

序号	体系结构号	标准编号	标准名称	标准级别	实施日期	与国际标准对应关系	代替标准	阶段	分阶段	专业	分专业	备注
1668	104.6-52	YD/T 3078—2016	移动增强现实业务能力总体技术要求	行标	2016-7-1			规划、设计、建设	规划、初设、施工图、施工工艺、验收与质量评定、试运行	信息	信息应用	
1669	104.6-53	YD/T 3139—2016	互联网业务质量监测系统技术要求	行标	2016-10-1			规划、设计、建设	规划、初设、施工图、施工工艺、验收与质量评定、试运行	信息	信息应用	
1670	104.6-54	YD/T 3240—2017	移动互联网智能托管平台技术要求	行标	2017-7-1			规划、设计、建设	规划、初设、施工图、施工工艺、验收与质量评定、试运行	信息	信息应用	
1671	104.6-55	YD/T 3389—2018	基于近场通信技术的移动智能终端快速配对技术要求	行标	2019-4-1			规划、设计、建设	规划、初设、施工图、施工工艺、验收与质量评定、试运行	信息	信息应用	
1672	104.6-56	YD/T 3430—2018	内容分发网络技术要求 应用场景和需求	行标	2019-4-1			规划、设计、建设	规划、初设、施工图、施工工艺、验收与质量评定、试运行	信息	信息应用	
1673	104.6-57	YD/T 3461—2019	Web 日志分析系统技术要求	行标	2019-10-1			规划、设计、建设	规划、初设、施工图、施工工艺、验收与质量评定、试运行	信息	信息应用	
1674	104.6-58	YD/T 3522—2019	移动应用开发者社区平台测试方法	行标	2020-1-1			建设、修试	验收与质量评定、试验	信息	信息应用	
1675	104.6-59	YD/T 3524—2019	基于安卓系统的移动应用程序第三方数字签名技术要求	行标	2020-1-1			规划、设计、建设	规划、初设、施工图、施工工艺、验收与质量评定、试运行	信息	信息应用	
1676	104.6-60	YD/T 3528—2019	移动通信网用户面拥塞管理的系统架构技术要求	行标	2020-1-1			规划、设计、建设	规划、初设、施工图、施工工艺、验收与质量评定、试运行	信息	信息应用	

序号	体系结构号	标准编号	标准名称	标准级别	实施日期	与国际标准对应关系	代替标准	阶段	分阶段	专业	分专业	备注
1677	104.6-61	YD/T 3596—2019	移动互联网环境下个人数据共享评估和测试方法	行标	2020-1-1			建设、修试	验收与质量评定、试验	信息	信息应用	
1678	104.6-62	YD/T 3658—2020	互联网垃圾内容治理系统技术要求	行标	2020-7-1			建设、修试	验收与质量评定、试验	信息	信息应用	
1679	104.6-63	YD/T 3764.7—2021	云计算服务客户信任体系能力要求 第7部分：物理云主机	行标	2021-7-1			设计、建设、运维	初设、施工图、施工工艺、验收与质量评定、运行、维护	信息	信息应用	
1680	104.6-64	YD/T 3764.9—2021	云计算服务客户信任体系能力要求 第9部分：函数即服务	行标	2021-4-1			设计、建设、运维	初设、施工图、施工工艺、验收与质量评定、运行、维护	信息	信息应用	
1681	104.6-65	YD/T 3765—2020	内容分发网络技术要求 内容中心	行标	2020-10-1			建设、修试	验收与质量评定、试验	信息	信息应用	
1682	104.6-66	YD/T 3844—2021	工业互联网平台 应用管理接口要求	行标	2021-4-1			设计、建设、运维	初设、施工图、施工工艺、验收与质量评定、运行、维护	信息	信息应用	
1683	104.6-67	YD/T 3977—2021	增强的V2X业务应用层交互数据要求	行标	2022-4-1			设计、建设、运维	初设、施工图、施工工艺、验收与质量评定、运行、维护	信息	信息应用	
1684	104.6-68	YD/T 3986—2021	互联网边缘云服务信任能力要求	行标	2022-4-1			设计、建设、运维	初设、施工图、施工工艺、验收与质量评定、运行、维护	信息	信息应用	
1685	104.6-69	YD/T 4091—2022	移动互联网在线企业信息服务（黄页）业务技术要求	行标	2023-01-01			设计、建设、运维	初设、施工图、施工工艺、验收与质量评定、运行、维护	信息	信息应用	

序号	体系结构号	标准编号	标准名称	标准级别	实施日期	与国际标准对应关系	代替标准	阶段	分阶段	专业	分专业	备注
1686	104.6-70	YD/T 4108—2022	5G 移动通信网核心网策略控制技术要求	行标	2023-01-01			设计、建设、运维	初设、施工图、施工工艺、验收与质量评定、运行、维护	信息	信息应用	
1687	104.6-71	YD/T 4109—2022	5G 异网漫游接入网共享总体技术要求	行标	2023-01-01			设计、建设、运维	初设、施工图、施工工艺、验收与质量评定、运行、维护	信息	信息应用	
1688	104.6-72	YD/T 4118—2022	分布式运营级网络地址翻译（NAT）的集中备份技术要求	行标	2023-01-01			设计、建设、运维	初设、施工图、施工工艺、验收与质量评定、运行、维护	信息	信息应用	
1689	104.6-73	GB/T 16284.10—2016	信息技术 信报处理系统(MHS)第 10 部分：MHS 路由选择	国标	2016-11-1	ISO/IEC 10021-10:1999		规划、设计、采购、建设、运维、修试、退役	规划、初设、施工图、招标、品控、施工工艺、验收与质量评定、试运行、运行、维护、检修、试验、退役、报废	信息	信息应用	
1690	104.6-74	GB/T 16284.8—2016	信息技术 信报处理系统(MHS)第 8 部分：电子数据交换信报处理服务	国标	2016-11-1	ISO/IEC 10021-8 1999		规划、设计、采购、建设、运维、修试、退役	规划、初设、施工图、招标、品控、施工工艺、验收与质量评定、试运行、运行、维护、检修、试验、退役、报废	信息	信息应用	
1691	104.6-75	GB/T 16284.9—2016	信息技术 信报处理系统(MHS)第 9 部分：电子数据交换信报处理系统	国标	2016-11-1	ISO/IEC 10021-9:1999		规划、设计、采购、建设、运维、修试、退役	规划、初设、施工图、招标、品控、施工工艺、验收与质量评定、试运行、运行、维护、检修、试验、退役、报废	信息	信息应用	

序号	体系结构号	标准编号	标准名称	标准级别	实施日期	与国际标准对应关系	代替标准	阶段	分阶段	专业	分专业	备注
1692	104.6-76	GB/T 18491.1—2001	信息技术 软件测量 功能规模测量 第1部分：概念定义	国标	2002-6-1	ISO/IEC 14143-1:1998，IDT		建设、修试	验收与质量评定、试验	信息	信息应用	
1693	104.6-77	GB/T 18729—2011	基于网络的企业信息集成规范	国标	2012-5-1		GB/Z 18729—2002	设计、建设、运维	初设、施工图、施工工艺、验收与质量评定、试运行、运行、维护	信息	信息应用	
1694	104.6-78	GB/T 20090.11—2015	信息技术 先进音视频编码 第11部分：同步文本	国标	2016-8-1			规划、设计、采购、建设、运维、修试、退役	规划、初设、施工图、招标、品控、施工工艺、验收与质量评定、试运行、运行、维护、检修、试验、退役、报废	信息	信息应用	
1695	104.6-79	GB/T 20090.12—2015	信息技术 先进音视频编码 第12部分：综合场景	国标	2016-8-1			规划、设计、采购、建设、运维、修试、退役	规划、初设、施工图、招标、品控、施工工艺、验收与质量评定、试运行、运行、维护、检修、试验、退役、报废	信息	信息应用	
1696	104.6-80	GB/T 20090.13—2017	信息技术 先进音视频编码 第13部分：视频工具集	国标	2018-7-1			规划、设计、采购、建设、运维、修试、退役	规划、初设、施工图、招标、品控、施工工艺、验收与质量评定、试运行、运行、维护、检修、试验、退役、报废	信息	信息应用	

序号	体系结构号	标准编号	标准名称	标准级别	实施日期	与国际标准对应关系	代替标准	阶段	分阶段	专业	分专业	备注
1697	104.6-81	GB/T 20090.16—2016	信息技术 先进音视频编码 第16部分：广播电视视频	国标	2016-11-1			规划、设计、采购、建设、运维、修试、退役	规划、初设、施工图、招标、品控、施工工艺、验收与质量评定、试运行、运行、维护、检修、试验、退役、报废	信息	信息应用	
1698	104.6-82	GB/T 20090.2—2013	信息技术 先进音视频编码 第2部分：视频	国标	2014-7-15		GB/T 20090.2—2006	规划、设计、采购、建设、运维、修试、退役	规划、初设、施工图、招标、品控、施工工艺、验收与质量评定、试运行、运行、维护、检修、试验、退役、报废	信息	信息应用	
1699	104.6-83	GB/T 22032—2021	系统与软件工程 系统生存周期过程	国标	2021-11-1		GB/T 22032—2008	设计、建设、运维	初设、施工图、施工工艺、验收与质量评定、运行、维护	信息	信息应用	
1700	104.6-84	GB/T 25000.1—2021	系统与软件工程 系统与软件质量要求和评价（SQuaRE） 第1部分：SQuaRE指南	国标	2021-11-1	ISO/IEC 25000:2005, IDT	GB/T 25000.1—2010	设计、建设、运维	初设、施工图、施工工艺、验收与质量评定、运行、维护	信息	信息应用	
1701	104.6-85	GB/T 25000.20—2021	系统与软件工程 系统与软件质量要求和评价（SQuaRE） 第20部分：质量测量框架	国标	2021-11-1			设计、建设、运维	初设、施工图、施工工艺、验收与质量评定、运行、维护	信息	信息应用	
1702	104.6-86	GB/T 25000.30—2021	系统与软件工程 系统与软件质量要求和评价（SQuaRE） 第30部分：质量需求框架	国标	2021-11-1			设计、建设、运维	初设、施工图、施工工艺、验收与质量评定、运行、维护	信息	信息应用	

序号	体系结构号	标准编号	标准名称	标准级别	实施日期	与国际标准对应关系	代替标准	阶段	分阶段	专业	分专业	备注
1703	104.6-87	GB/T 25000.62—2014	软件工程 软件产品质量要求与评价（SQuaRE）易用性测试报告行业通用格式（CIF）	国标	2015-2-1	ISO/IEC 25062:2006，IDT		规划、设计、采购、建设、修试	规划、初设、施工图、招标、验收与质量评定、试运行、检修、试验	信息	信息应用	
1704	104.6-88	GB/T 25742.4—2022	机器状态监测与诊断 数据处理、通信与表示 第4部分：表示	国标	2022-10-12			规划、设计、采购、建设、运维、修试、退役	规划、初设、施工图、招标、品控、施工工艺、验收与质量评定、试运行、运行、维护、检修、试验、退役、报废	信息	信息资源	
1705	104.6-89	GB/T 26802.2—2017	工业控制计算机系统 通用规范 第2部分:工业控制计算机的安全要求	国标	2018-7-1			规划、设计、采购、建设、运维、修试、退役	规划、初设、施工图、招标、品控、施工工艺、验收与质量评定、试运行、运行、维护、检修、试验、退役、报废	信息	信息应用	
1706	104.6-90	GB/T 26804.7—2017	工业控制计算机系统 功能模块模板 第7部分:视频采集模块通用技术条件及评定方法	国标	2018-2-1			规划、设计、采购、建设、运维、修试、退役	规划、初设、施工图、招标、品控、施工工艺、验收与质量评定、试运行、运行、维护、检修、试验、退役、报废	信息	信息应用	
1707	104.6-91	GB/T 26806.1—2011	工业控制计算机系统 工业控制计算机基本平台 第1部分:通用技术条件	国标	2011-12-1			规划、设计、采购、建设、运维、修试、退役	规划、初设、施工图、招标、品控、施工工艺、验收与质量评定、试运行、运行、维护、检修、试验、退役、报废	信息	信息应用	

序号	体系结构号	标准编号	标准名称	标准级别	实施日期	与国际标准对应关系	代替标准	阶段	分阶段	专业	分专业	备注
1708	104.6-92	GB/T 28170.2—2021	信息技术 计算机图形和图像处理 可扩展三维组件（X3D）第2部分：场景访问接口（SAI）	国标	2021-10-1			规划、设计、采购、建设、运维、修试、退役	规划、初设、施工图、招标、品控、施工工艺、验收与质量评定、试运行、运行、维护、检修、试验、退役、报废	信息	信息应用	
1709	104.6-93	GB/T 28827.1—2022	信息技术服务运行维护 第1部分：通用要求	国标	2023-5-1		GB/T 28827.1—2012	规划、设计、采购、建设、运维、修试、退役	规划、初设、施工图、招标、品控、施工工艺、验收与质量评定、试运行、运行、维护、检修、试验、退役、报废	信息	信息应用	
1710	104.6-94	GB/T 29265.1—2017	信息技术 信息设备资源共享协同服务 第1部分：系统结构与参考模型	国标	2019-11-1			规划、设计、采购、建设、运维、修试、退役	规划、初设、施工图、招标、品控、施工工艺、验收与质量评定、试运行、运行、维护、检修、试验、退役、报废	信息	信息应用	
1711	104.6-95	GB/T 29265.201—2017	信息技术 信息设备资源共享协同服务 第201部分：基础协议	国标	2017-12-1			规划、设计、采购、建设、运维、修试、退役	规划、初设、施工图、招标、品控、施工工艺、验收与质量评定、试运行、运行、维护、检修、试验、退役、报废	信息	信息应用	

序号	体系结构号	标准编号	标准名称	标准级别	实施日期	与国际标准对应关系	代替标准	阶段	分阶段	专业	分专业	备注
1712	104.6-96	GB/T 29265.304—2016	信息技术 信息设备资源共享协同服务 第304部分:数字媒体内容保护	国标	2016-11-1			规划、设计、采购、建设、运维、修试、退役	规划、初设、施工图、招标、品控、施工工艺、验收与质量评定、试运行、运行、维护、检修、试验、退役、报废	信息	信息应用	
1713	104.6-97	GB/T 29265.404—2018	信息技术 信息设备资源共享协同服务 第404部分:远程访问管理应用框架	国标	2019-1-1			规划、设计、采购、建设、运维、修试、退役	规划、初设、施工图、招标、品控、施工工艺、验收与质量评定、试运行、运行、维护、检修、试验、退役、报废	信息	信息应用	
1714	104.6-98	GB/T 30095—2013	网络化制造环境中业务互操作协议与模型	国标	2014-5-1			设计、建设、运维	初设、施工图、施工工艺、验收与质量评定、试运行、运行、维护	信息	信息应用	
1715	104.6-99	GB/T 30883—2014	信息技术 数据集成中间件	国标	2015-2-1			规划、设计、采购、建设、运维、修试、退役	规划、初设、施工图、招标、品控、施工工艺、验收与质量评定、试运行、运行、维护、检修、试验、退役、报废	信息	信息应用	
1716	104.6-100	GB/T 30971—2014	软件工程 用于互联网的推荐实践 网站工程、网站管理和网站生存周期	国标	2015-2-1	ISO/IEC 23026:2006, MOD		规划、设计、采购、建设、运维、修试、退役	规划、初设、施工图、招标、品控、施工工艺、验收与质量评定、试运行、运行、维护、检修、试验、退役、报废	信息	信息应用	

序号	体系结构号	标准编号	标准名称	标准级别	实施日期	与国际标准对应关系	代替标准	阶段	分阶段	专业	分专业	备注
1717	104.6-101	GB/T 30972—2014	系统与软件工程　软件工程环境服务	国标	2015-2-1	ISO/IEC 15940:2013，IDT		规划、设计、采购、建设、运维、修试、退役	规划、初设、施工图、招标、品控、施工工艺、验收与质量评定、试运行、运行、维护、检修、试验、退役、报废	信息	信息应用	
1718	104.6-102	GB/T 30996.1—2014	信息技术　实时定位系统　第1部分：应用程序接口	国标	2015-2-1	ISO/IEC 24730-1:2006，MOD		设计、建设、运维	初设、施工图、施工工艺、验收与质量评定、试运行、运行、维护	信息	信息应用	
1719	104.6-103	GB/T 30999—2014	系统和软件工程　生存周期管理　过程描述指南	国标	2015-2-1	ISO/IEC TR 24774:2010，IDT		规划、设计、采购、建设、运维、修试、退役	规划、初设、施工图、招标、品控、施工工艺、验收与质量评定、试运行、运行、维护、检修、试验、退役、报废	信息	信息应用	
1720	104.6-104	GB/T 31915—2015	信息技术　弹性计算应用接口	国标	2016-5-1			设计、建设、运维	初设、施工图、施工工艺、验收与质量评定、试运行、运行、维护	信息	信息应用	
1721	104.6-105	GB/T 32394—2015	信息技术　中文 Linux 操作系统运行环境扩充要求	国标	2016-7-1			设计、建设、运维	初设、施工图、施工工艺、验收与质量评定、试运行、运行、维护	信息	信息应用	
1722	104.6-106	GB/T 32395—2015	信息技术　中文 Linux 操作系统应用编程接口（API）扩充要求	国标	2016-7-1			设计、建设、运维	初设、施工图、施工工艺、验收与质量评定、试运行、运行、维护	信息	信息应用	

序号	体系结构号	标准编号	标准名称	标准级别	实施日期	与国际标准对应关系	代替标准	阶段	分阶段	专业	分专业	备注
1723	104.6-107	GB/T 32416—2015	信息技术 Web服务可靠传输消息	国标	2017-1-1			规划、设计、采购、建设、运维	规划、初设、施工图、招标、品控、施工工艺、验收与质量评定、试运行、运行、维护	信息	信息应用	
1724	104.6-108	GB/T 32421—2015	软件工程 软件评审与审核	国标	2016-8-1			建设、修试	验收与质量评定、试验	信息	信息应用	
1725	104.6-109	GB/T 32422—2015	软件工程 软件异常分类指南	国标	2016-7-1			设计、建设、运维	初设、施工图、施工工艺、验收与质量评定、试运行、运行、维护	信息	信息应用	
1726	104.6-110	GB/T 32423—2015	系统与软件工程 验证与确认	国标	2016-7-1			建设	施工工艺、验收与质量评定、试运行	信息	信息应用	
1727	104.6-111	GB/T 32424—2015	系统与软件工程 用户文档的设计者和开发者要求	国标	2016-7-1			采购、建设	招标、品控、施工工艺、验收与质量评定、试运行	信息	信息应用	
1728	104.6-112	GB/T 32427—2015	信息技术 SOA成熟度模型及评估方法	国标	2017-1-1	ISO/IEC 16680:2012，MOD		规划、设计、建设	规划、初设、施工工艺、验收与质量评定、试运行	信息	信息应用	
1729	104.6-113	GB/T 32428—2015	信息技术 SOA服务质量模型及测评规范	国标	2017-1-1			设计、建设、运维、修试	初设、施工图、施工工艺、验收与质量评定、试运行、运行、维护、试验	信息	信息应用	
1730	104.6-114	GB/T 32429—2015	信息技术 SOA应用的生存周期过程	国标	2017-1-1			规划、设计、采购、建设、运维、修试、退役	规划、初设、施工图、招标、品控、施工工艺、验收与质量评定、试运行、运行、维护、检修、试验、退役、报废	信息	信息应用	

序号	体系结构号	标准编号	标准名称	标准级别	实施日期	与国际标准对应关系	代替标准	阶段	分阶段	专业	分专业	备注
1731	104.6-115	GB/T 32430—2015	信息技术 SOA 应用的服务分析与设计	国标	2017-1-1			设计、建设	初设、施工工艺、验收与质量评定、试运行	信息	信息应用	
1732	104.6-116	GB/T 32431—2015	信息技术 SOA 服务交付保障规范	国标	2017-1-1			建设、运维	施工工艺、验收与质量评定、试运行、运行、维护	信息	信息应用	
1733	104.6-117	GB/T 32904—2016	软件质量量化评价规范	国标	2017-3-1			建设、修试	验收与质量评定、试验	信息	信息应用	
1734	104.6-118	GB/T 32911—2016	软件测试成本度量规范	国标	2017-3-1			采购、修试	招标、试验	信息	信息应用	
1735	104.6-119	GB/T 33137—2016	基于传感器的产品监测软件集成接口规范	国标	2017-5-1			设计、建设、运维	初设、施工图、施工工艺、验收与质量评定、试运行、运行、维护	信息	信息应用	
1736	104.6-120	GB/T 33447—2016	地理信息系统软件测试规范	国标	2017-7-1			建设、修试	验收与质量评定、试验	信息	信息应用	
1737	104.6-121	GB/T 33474—2016	物联网 参考体系结构	国标	2017-7-1			设计、建设、运维	初设、施工图、施工工艺、验收与质量评定、试运行、运行、维护	信息	信息应用	
1738	104.6-122	GB/T 34840.1—2017	信息与文献 电子办公环境中文件管理原则与功能要求 第1部分:概述和原则	国标	2018-2-1	ISO 16175-1:2010		规划、设计、采购、建设、运维、修试、退役	规划、初设、施工图、招标、品控、施工工艺、验收与质量评定、试运行、运行、维护、检修、试验、退役、报废	信息	信息应用	
1739	104.6-123	GB/T 34949—2017	实时数据库 C 语言接口规范	国标	2018-5-1			设计、建设、运维	初设、施工图、施工工艺、验收与质量评定、试运行、运行、维护	信息	信息应用	

序号	体系结构号	标准编号	标准名称	标准级别	实施日期	与国际标准对应关系	代替标准	阶段	分阶段	专业	分专业	备注
1740	104.6-124	GB/T 34979.1—2017	智能终端软件平台测试规范 第1部分:操作系统	国标	2018-5-1			建设、修试	验收与质量评定、试验	信息	信息应用	
1741	104.6-125	GB/T 34979.2—2017	智能终端软件平台测试规范 第2部分:应用与服务	国标	2018-5-1			建设、修试	验收与质量评定、试验	信息	信息应用	
1742	104.6-126	GB/T 34980.1—2017	智能终端软件平台技术要求 第1部分:操作系统	国标	2018-5-1			设计、建设、运维	初设、施工图、施工工艺、验收与质量评定、试运行、运行、维护	信息	信息应用	
1743	104.6-127	GB/T 34980.2—2017	智能终端软件平台技术要求 第2部分:应用与服务	国标	2018-5-1			设计、建设、运维	初设、施工图、施工工艺、验收与质量评定、试运行、运行、维护	信息	信息应用	
1744	104.6-128	GB/T 34981.1—2017	机构编制统计及实名制管理系统数据规范 第1部分:总则	国标	2018-5-1			规划、设计、采购、建设、运维	规划、初设、施工图、招标、品控、施工工艺、验收与质量评定、试运行、运行、维护	信息	信息应用	
1745	104.6-129	GB/T 34981.2—2017	机构编制统计及实名制管理系统数据规范 第2部分:代码集	国标	2018-5-1			设计、采购、建设、运维	初设、施工图、招标、品控、施工工艺、验收与质量评定、试运行、运行、维护	信息	信息应用	
1746	104.6-130	GB/T 34981.3—2017	机构编制统计及实名制管理系统数据规范 第3部分:数据字典	国标	2018-5-1			设计、采购、建设、运维	初设、施工图、招标、品控、施工工艺、验收与质量评定、试运行、运行、维护	信息	信息应用	

序号	体系结构号	标准编号	标准名称	标准级别	实施日期	与国际标准对应关系	代替标准	阶段	分阶段	专业	分专业	备注
1747	104.6-131	GB/T 34985—2017	信息技术 SOA 治理	国标	2018-5-1			规划、设计、采购、建设、运维、修试、退役	规划、初设、施工图、招标、品控、施工工艺、验收与质量评定、试运行、运行、维护、检修、试验、退役、报废	信息	信息应用	
1748	104.6-132	GB/T 34997—2017	中文办公软件网页应用编程接口	国标	2018-5-1			设计、建设、运维	初设、施工图、施工工艺、验收与质量评定、试运行、运行、维护	信息	信息应用	
1749	104.6-133	GB/T 35312—2017	中文语音识别终端服务接口规范	国标	2018-7-1	ISO 10791-10:2007		设计、建设、运维	初设、施工图、施工工艺、验收与质量评定、试运行、运行、维护	信息	信息应用	
1750	104.6-134	GB/T 36092—2018	信息技术 备份存储 备份技术应用要求	国标	2018-10-1			设计、建设、运维	初设、施工图、施工工艺、验收与质量评定、试运行、运行、维护	信息	信息应用	
1751	104.6-135	GB/T 36093—2018	信息技术 网际互联协议的存储区域网络（IP-SAN）应用规范	国标	2018-10-1			设计、建设、运维	初设、施工图、施工工艺、验收与质量评定、试运行、运行、维护	信息	信息应用	
1752	104.6-136	GB/T 36325—2018	信息技术 云计算 云服务级别协议基本要求	国标	2019-1-1			设计、建设、运维	初设、施工图、施工工艺、验收与质量评定、试运行、运行、维护	信息	信息应用	
1753	104.6-137	GB/T 36326—2018	信息技术 云计算 云服务运营通用要求	国标	2019-1-1			设计、建设、运维	初设、施工图、施工工艺、验收与质量评定、试运行、运行、维护	信息	信息应用	

序号	体系结构号	标准编号	标准名称	标准级别	实施日期	与国际标准对应关系	代替标准	阶段	分阶段	专业	分专业	备注
1754	104.6-138	GB/T 36327—2018	信息技术 云计算 平台即服务（PaaS）应用程序管理要求	国标	2019-1-1			设计、建设、运维	初设、施工图、施工工艺、验收与质量评定、试运行、运行、维护	信息	信息应用	
1755	104.6-139	GB/T 36328—2018	信息技术 软件资产管理 标识规范	国标	2019-1-1			设计、建设、运维	初设、施工图、施工工艺、验收与质量评定、试运行、运行、维护	信息	信息应用	
1756	104.6-140	GB/T 36329—2018	信息技术 软件资产管理 授权管理	国标	2019-1-1			设计、建设、运维	初设、施工图、施工工艺、验收与质量评定、试运行、运行、维护	信息	信息应用	
1757	104.6-141	GB/T 36446—2018	软件构件管理 管理信息模型	国标	2019-1-1			设计、建设、运维	初设、施工图、施工工艺、验收与质量评定、试运行、运行、维护	信息	信息应用	
1758	104.6-142	GB/T 36450.2—2021	信息技术 存储管理 第2部分：通用架构	国标	2022-5-1			设计、建设、运维	初设、施工图、施工工艺、验收与质量评定、试运行、运行、维护	信息	信息应用	
1759	104.6-143	GB/T 36450.5—2021	信息技术 存储管理 第5部分：文件系统	国标	2022-5-1			设计、建设、运维	初设、施工图、施工工艺、验收与质量评定、试运行、运行、维护	信息	信息应用	
1760	104.6-144	GB/T 36450.6—2021	信息技术 存储管理 第6部分：交换结构	国标	2022-5-1			设计、建设、运维	初设、施工图、施工工艺、验收与质量评定、试运行、运行、维护	信息	信息应用	

序号	体系结构号	标准编号	标准名称	标准级别	实施日期	与国际标准对应关系	代替标准	阶段	分阶段	专业	分专业	备注
1761	104.6-145	GB/T 36450.7—2021	信息技术 存储管理 第7部分：主机元素	国标	2022-5-1			设计、建设、运维	初设、施工图、施工工艺、验收与质量评定、试运行、运行、维护	信息	信息应用	
1762	104.6-146	GB/T 36450.8—2021	信息技术 存储管理 第8部分：媒体库	国标	2022-5-1			设计、建设、运维	初设、施工图、施工工艺、验收与质量评定、试运行、运行、维护	信息	信息应用	
1763	104.6-147	GB/T 36455—2018	软件构件模型	国标	2019-1-1			设计、建设、运维	初设、施工图、施工工艺、验收与质量评定、试运行、运行、维护	信息	信息应用	
1764	104.6-148	GB/T 36462—2018	面向组件的虚拟样机软件开发通用要求	国标	2019-1-1			设计、建设、运维	初设、施工图、施工工艺、验收与质量评定、试运行、运行、维护	信息	信息应用	
1765	104.6-149	GB/T 36468—2018	物联网 系统评价指标体系编制通则	国标	2019-1-1			设计、建设、运维	初设、施工图、施工工艺、验收与质量评定、试运行、运行、维护	信息	信息应用	
1766	104.6-150	GB/T 36623—2018	信息技术 云计算 文件服务应用接口	国标	2019-4-1			设计、建设、运维	初设、施工图、施工工艺、验收与质量评定、试运行、运行、维护	信息	信息应用	
1767	104.6-151	GB/T 37036.4—2021	信息技术 移动设备生物特征识别 第4部分：虹膜	国标	2021-11-1			设计、建设、运维	初设、施工图、施工工艺、验收与质量评定、试运行、运行、维护	信息	信息应用	

序号	体系结构号	标准编号	标准名称	标准级别	实施日期	与国际标准对应关系	代替标准	阶段	分阶段	专业	分专业	备注
1768	104.6-152	GB/T 37036.6—2022	信息技术 移动设备生物特征识别 第6部分：指静脉	国标	2023-7-1			设计、建设、运维	初设、施工图、施工工艺、验收与质量评定、试运行、运行、维护	信息	信息应用	
1769	104.6-153	GB/T 37036.8—2022	信息技术 移动设备生物特征识别 第8部分：呈现攻击检测	国标	2023-7-1			设计、建设、运维	初设、施工图、施工工艺、验收与质量评定、试运行、运行、维护	信息	信息应用	
1770	104.6-154	GB/T 37527—2019	基于手机客户端的预警信息播发规范	国标	2020-1-1			设计、建设、运维	初设、施工图、施工工艺、验收与质量评定、试运行、运行、维护	信息	信息应用	
1771	104.6-155	GB/T 37693—2019	信息技术 基于感知设备的工业设备点检管理系统总体架构	国标	2020-3-1			设计、建设、运维	初设、施工图、施工工艺、验收与质量评定、试运行、运行、维护	信息	信息应用	
1772	104.6-156	GB/T 37721—2019	信息技术 大数据分析系统功能要求	国标	2020-3-1			设计、建设、运维	初设、施工图、施工工艺、验收与质量评定、试运行、运行、维护	信息	信息应用	
1773	104.6-157	GB/T 37722—2019	信息技术 大数据存储与处理系统功能要求	国标	2020-3-1			设计、建设、运维	初设、施工图、施工工艺、验收与质量评定、试运行、运行、维护	信息	信息应用	
1774	104.6-158	GB/T 37723—2019	信息技术 信息设备互连 智能家用电子系统终端统一接入服务平台总体技术要求	国标	2020-3-1			设计、建设、运维	初设、施工图、施工工艺、验收与质量评定、试运行、运行、维护	信息	信息应用	

序号	体系结构号	标准编号	标准名称	标准级别	实施日期	与国际标准对应关系	代替标准	阶段	分阶段	专业	分专业	备注
1775	104.6-159	GB/T 37726—2019	信息技术 数据中心精益六西格玛应用评价准则	国标	2020-3-1			规划、设计、采购、建设、运维、修试、退役	规划、初设、施工图、招标、品控、施工工艺、验收与质量评定、试运行、运行、维护、检修、试验、退役、报废	信息	信息资源	
1776	104.6-160	GB/T 37727—2019	信息技术 面向需求侧变电站应用的传感器网络系统总体技术要求	国标	2020-3-1			设计、建设、运维	初设、施工图、施工工艺、验收与质量评定、试运行、运行、维护	信息	信息应用	
1777	104.6-161	GB/T 37728—2019	信息技术 数据交易服务平台通用功能要求	国标	2020-3-1			设计、建设、运维	初设、施工图、施工工艺、验收与质量评定、试运行、运行、维护	信息	信息应用	
1778	104.6-162	GB/T 37729—2019	信息技术 智能移动终端应用软件（APP）技术要求	国标	2020-3-1			设计、建设、运维	初设、施工图、施工工艺、验收与质量评定、试运行、运行、维护	信息	信息应用	
1779	104.6-163	GB/T 37732—2019	信息技术 云计算 云存储系统服务接口功能	国标	2020-3-1			设计、建设、运维	初设、施工图、施工工艺、验收与质量评定、试运行、运行、维护	信息	信息应用	
1780	104.6-164	GB/T 37733.1—2019	传感器网络 个人健康状态远程监测 第1部分：总体技术要求	国标	2020-3-1			设计、建设、运维	初设、施工图、施工工艺、验收与质量评定、试运行、运行、维护	信息	信息应用	
1781	104.6-165	GB/T 37734—2019	信息技术 云计算 云服务采购指南	国标	2020-3-1			设计、建设、运维	初设、施工图、施工工艺、验收与质量评定、试运行、运行、维护	信息	信息应用	

序号	体系结构号	标准编号	标准名称	标准级别	实施日期	与国际标准对应关系	代替标准	阶段	分阶段	专业	分专业	备注
1782	104.6-166	GB/T 37735—2019	信息技术 云计算 云服务计量指标	国标	2020-3-1			设计、建设、运维	初设、施工图、施工工艺、验收与质量评定、试运行、运行、维护	信息	信息应用	
1783	104.6-167	GB/T 37736—2019	信息技术 云计算 云资源监控通用要求	国标	2020-3-1			设计、建设、运维	初设、施工图、施工工艺、验收与质量评定、试运行、运行、维护	信息	信息应用	
1784	104.6-168	GB/T 37737—2019	信息技术 云计算 分布式块存储系统总体技术要求	国标	2020-3-1			设计、建设、运维	初设、施工图、施工工艺、验收与质量评定、试运行、运行、维护	信息	信息应用	
1785	104.6-169	GB/T 37738—2019	信息技术 云计算 云服务质量评价指标	国标	2020-3-1			设计、建设、运维	初设、施工图、施工工艺、验收与质量评定、试运行、运行、维护	信息	信息应用	
1786	104.6-170	GB/T 37739—2019	信息技术 云计算 平台即服务部署要求	国标	2020-3-1			设计、建设、运维	初设、施工图、施工工艺、验收与质量评定、试运行、运行、维护	信息	信息应用	
1787	104.6-171	GB/T 37740—2019	信息技术 云计算 云平台间应用和数据迁移指南	国标	2020-3-1			设计、建设、运维	初设、施工图、施工工艺、验收与质量评定、试运行、运行、维护	信息	信息应用	
1788	104.6-172	GB/T 37741—2019	信息技术 云计算 云服务交付要求	国标	2020-3-1			设计、建设、运维	初设、施工图、施工工艺、验收与质量评定、试运行、运行、维护	信息	信息应用	

序号	体系结构号	标准编号	标准名称	标准级别	实施日期	与国际标准对应关系	代替标准	阶段	分阶段	专业	分专业	备注
1789	104.6-173	GB/T 37743—2019	信息技术 智能设备操作系统身份识别服务接口	国标	2020-3-1			设计、建设、运维	初设、施工图、施工工艺、验收与质量评定、试运行、运行、维护	信息	信息应用	
1790	104.6-174	GB/T 37947.1—2019	信息技术 用能单位能耗在线监测系统 第1部分:端设备数据传输接口	国标	2020-3-1			设计、建设、运维	初设、施工图、施工工艺、验收与质量评定、试运行、运行、维护	信息	信息应用	
1791	104.6-175	GB/T 38258—2019	信息技术 虚拟现实应用软件基本要求和测试方法	国标	2020-7-1			设计、建设、运维	初设、施工图、施工工艺、验收与质量评定、试运行、运行、维护	信息	信息应用	
1792	104.6-176	GB/T 38259—2019	信息技术 虚拟现实头戴式显示设备通用规范	国标	2020-7-1			设计、建设、运维	初设、施工图、施工工艺、验收与质量评定、试运行、运行、维护	信息	信息应用	
1793	104.6-177	GB/T 38319—2019	建筑及居住区数字化技术应用 智能硬件技术要求	国标	2020-7-1			设计、建设、运维	初设、施工图、施工工艺、验收与质量评定、试运行、运行、维护	信息	信息应用	
1794	104.6-178	GB/T 38320—2019	信息技术 信息设备互连 智能家用电子系统终端设备与终端统一接入服务平台接口要求	国标	2020-7-1			设计、建设、运维	初设、施工图、施工工艺、验收与质量评定、试运行、运行、维护	信息	信息应用	
1795	104.6-179	GB/T 38322—2019	信息技术 信息设备互连 第三方智能家用电子系统与终端统一接入服务平台接口要求	国标	2020-7-1			设计、建设、运维	初设、施工图、施工工艺、验收与质量评定、试运行、运行、维护	信息	信息应用	

序号	体系结构号	标准编号	标准名称	标准级别	实施日期	与国际标准对应关系	代替标准	阶段	分阶段	专业	分专业	备注
1796	104.6-180	GB/T 38323—2019	建筑及居住区数字化技术应用家居物联网协同管理协议	国标	2020-7-1			设计、建设、运维	初设、施工图、施工工艺、验收与质量评定、试运行、运行、维护	信息	信息应用	
1797	104.6-181	GB/T 38643—2020	信息技术 大数据 分析系统功能测试要求	国标	2020-11-1			建设、运维、修试	施工工艺、验收与质量评定、运行、维护、试验	信息	信息应用	
1798	104.6-182	GB/T 38652—2020	电子商务业务术语	国标	2020-10-1			设计、建设、运维	初设、施工图、施工工艺、验收与质量评定、试运行、运行、维护	信息	信息应用	
1799	104.6-183	GB/T 38667—2020	信息技术 大数据 数据分类指南	国标	2020-11-1			设计、建设、运维	初设、施工图、施工工艺、验收与质量评定、试运行、运行、维护	信息	信息应用	
1800	104.6-184	GB/T 38672—2020	信息技术 大数据 接口基本要求	国标	2020-11-1			设计、建设、运维	初设、施工图、施工工艺、验收与质量评定、试运行、运行、维护	信息	信息应用	
1801	104.6-185	GB/T 38673—2020	信息技术 大数据 大数据系统基本要求	国标	2020-11-1			规划、设计、建设、运维、修试	规划、初设、施工图、施工工艺、验收与质量评定、运行、维护、试验	信息	信息应用	
1802	104.6-186	GB/T 38675—2020	信息技术 大数据计算系统通用要求	国标	2020-11-1			规划、设计、建设、运维、修试	规划、初设、施工图、施工工艺、验收与质量评定、运行、维护、试验	信息	信息应用	

序号	体系结构号	标准编号	标准名称	标准级别	实施日期	与国际标准对应关系	代替标准	阶段	分阶段	专业	分专业	备注
1803	104.6-187	GB/T 38676—2020	信息技术 大数据 存储与处理系统功能测试要求	国标	2020-11-1			规划、设计、建设、运维、修试	规划、初设、施工图、施工工艺、验收与质量评定、运行、维护、试验	信息	信息应用	
1804	104.6-188	GB/T 39065—2020	电子商务质量信息共享规范	国标	2021-2-1			设计、建设、运维	初设、施工图、施工工艺、验收与质量评定、试运行、运行、维护	信息	信息应用	
1805	104.6-189	GB/T 39788—2021	系统与软件工程 性能测试方法	国标	2021-10-1			建设、运维、修试	施工工艺、验收与质量评定、试运行、运行、维护、检修、试验	信息	信息应用	
1806	104.6-190	GB/T 39837—2021	信息技术 远程运维 技术参考模型	国标	2021-10-1			建设、运维	施工工艺、验收与质量评定、试运行、运行、维护	信息	信息应用	
1807	104.6-191	GB/T 40020—2021	信息物理系统参考架构	国标	2021-11-1			建设、运维	施工工艺、验收与质量评定、试运行、运行、维护	信息	信息应用	
1808	104.6-192	GB/T 40094.1—2021	电子商务数据交易 第1部分：准则	国标	2021-12-1			设计、建设、运维	初设、施工图、施工工艺、验收与质量评定、运行、维护	信息	信息资源	
1809	104.6-193	GB/T 40094.2—2021	电子商务数据交易 第2部分：数据描述规范	国标	2021-12-1			设计、建设、运维	初设、施工图、施工工艺、验收与质量评定、运行、维护	信息	信息资源	
1810	104.6-194	GB/T 40094.3—2021	电子商务数据交易 第3部分：数据接口规范	国标	2021-12-1			设计、建设、运维	初设、施工图、施工工艺、验收与质量评定、运行、维护	信息	信息资源	

序号	体系结构号	标准编号	标准名称	标准级别	实施日期	与国际标准对应关系	代替标准	阶段	分阶段	专业	分专业	备注
1811	104.6-195	GB/T 40094.4—2021	电子商务数据交易 第4部分：隐私保护规范	国标	2021-12-1			设计、建设、运维	初设、施工图、施工工艺、验收与质量评定、运行、维护	信息	信息资源	
1812	104.6-196	GB/T 40203—2021	信息技术 工业云服务 服务协议指南	国标	2021-12-1			建设、运维	施工工艺、验收与质量评定、试运行、运行、维护	信息	信息应用	
1813	104.6-197	GB/T 40207—2021	信息技术 工业云服务 计量指标	国标	2021-12-1			建设、运维	施工工艺、验收与质量评定、试运行、运行、维护	信息	信息应用	
1814	104.6-198	GB/T 40343—2021	智能实验室 信息管理系统 功能要求	国标	2022-3-1			建设、运维	施工工艺、验收与质量评定、试运行、运行、维护	信息	信息应用	
1815	104.6-199	GB/T 40690—2021	信息技术 云计算 云际计算参考架构	国标	2022-5-1			建设、运维	施工工艺、验收与质量评定、试运行、运行、维护	信息	信息应用	
1816	104.6-200	GB/T 40694.1—2021	信息技术 用于生物特征识别系统的图示、图标和符号 第1部分：总则	国标	2022-5-1			建设、运维	施工工艺、验收与质量评定、试运行、运行、维护	信息	信息应用	
1817	104.6-201	GB/T 40778.3—2022	物联网 面向Web开放服务的系统实现 第3部分：物体发现方法	国标	2023-5-1			建设、运维	施工工艺、验收与质量评定、试运行、运行、维护	信息	信息应用	
1818	104.6-202	GB/T 40784.1—2021	信息技术 用于互操作和数据交换的生物特征识别轮廓 第1部分：生物特征识别系统概述和生物特征识别轮廓	国标	2022-5-1			建设、运维	施工工艺、验收与质量评定、试运行、运行、维护	信息	信息应用	

序号	体系结构号	标准编号	标准名称	标准级别	实施日期	与国际标准对应关系	代替标准	阶段	分阶段	专业	分专业	备注
1819	104.6-203	GB/T 40785—2021	信息技术 城市路灯接入控制系统技术要求	国标	2022-5-1			建设、运维	施工工艺、验收与质量评定、试运行、运行、维护	信息	信息应用	
1820	104.6-204	GB/T 41138—2021	产品质量信息系统 信息分类与共享交换	国标	2022-7-1			建设、运维	施工工艺、验收与质量评定、试运行、运行、维护	信息	信息应用	
1821	104.6-205	GB/T 41453—2022	地理信息 权限数据字典	国标	2022-4-15			建设、运维	施工工艺、验收与质量评定、试运行、运行、维护	信息	信息资源	
1822	104.6-206	GB/T 41772—2022	信息技术 生物特征识别 人脸识别系统技术要求	国标	2023-5-1			建设、运维	施工工艺、验收与质量评定、试运行、运行、维护	信息	信息应用	
1823	104.6-207	GB/T 41773—2022	信息安全技术 步态识别数据安全要求	国标	2023-5-1			建设、运维	施工工艺、验收与质量评定、试运行、运行、维护	信息	信息安全	
1824	104.6-208	GB/T 41780.1—2022	物联网 边缘计算 第1部分：通用要求	国标	2022-10-12			建设、运维	施工工艺、验收与质量评定、试运行、运行、维护	信息	信息应用	
1825	104.6-209	GB/T 41784—2022	信息技术 实时定位 视觉定位系统数据接口	国标	2023-5-1			建设、运维	施工工艺、验收与质量评定、试运行、运行、维护	信息	信息应用	
1826	104.6-210	GB/T 41804—2022	信息技术 生物特征识别系统性能环境影响的评价方法	国标	2023-5-1			建设、运维	施工工艺、验收与质量评定、试运行、运行、维护	信息	信息应用	
1827	104.6-211	GB/T 41810—2022	物联网标识体系 对象标识符编码与存储要求	国标	2023-5-1			建设、运维	施工工艺、验收与质量评定、试运行、运行、维护	信息	信息应用	

序号	体系结构号	标准编号	标准名称	标准级别	实施日期	与国际标准对应关系	代替标准	阶段	分阶段	专业	分专业	备注
1828	104.6-212	GB/T 41813.1—2022	信息技术 智能语音交互测试方法 第1部分：语音识别	国标	2023-5-1			建设、运维	施工工艺、验收与质量评定、试运行、运行、维护	信息	信息应用	
1829	104.6-213	GB/T 41813.2—2022	信息技术 智能语音交互测试方法 第2部分：语义理解	国标	2023-5-1			建设、运维	施工工艺、验收与质量评定、试运行、运行、维护	信息	信息应用	
1830	104.6-214	GB/T 41815.2—2022	信息技术 生物特征识别呈现攻击检测 第2部分：数据格式	国标	2023-5-1			建设、运维	施工工艺、验收与质量评定、试运行、运行、维护	信息	信息应用	
1831	104.6-215	GB/T 41903.1—2022	信息技术 面向对象的生物特征识别应用编程接口 第1部分：体系结构	国标	2023-5-1			建设、运维	施工工艺、验收与质量评定、试运行、运行、维护	信息	信息应用	
1832	104.6-216	GB/T 41903.2—2022	信息技术 面向对象的生物特征识别应用编程接口 第2部分：Java实现	国标	2023-7-1			建设、运维	施工工艺、验收与质量评定、试运行、运行、维护	信息	信息应用	
1833	104.6-217	GB/T 41903.3—2022	信息技术 面向对象的生物特征识别应用编程接口 第3部分：C#实现	国标	2023-7-1			建设、运维	施工工艺、验收与质量评定、试运行、运行、维护	信息	信息应用	
1834	104.6-218	GB/T 41904—2022	信息技术 自动化基础设施管理（AIM）系统要求、数据交换及应用	国标	2023-5-1			建设、运维	施工工艺、验收与质量评定、试运行、运行、维护	信息	信息应用	
1835	104.6-219	GB/T 42123—2022	个人健康设备通信规范	国标	2023-7-1			建设、运维	施工工艺、验收与质量评定、试运行、运行、维护	信息	信息资源	

序号	体系结构号	标准编号	标准名称	标准级别	实施日期	与国际标准对应关系	代替标准	阶段	分阶段	专业	分专业	备注
1836	104.6-220	GB/T 42132.1—2022	信息技术 用于生物特征识别测试和报告的机读测试数据 第1部分：测试报告	国标	2023-7-1			建设、运维	施工工艺、验收与质量评定、试运行、运行、维护	信息	信息应用	
1837	104.6-221	GB/T 42139—2022	个人健康设备信息交互模型	国标	2023-7-1			建设、运维	施工工艺、验收与质量评定、试运行、运行、维护	信息	信息应用	
1838	104.6-222	GB/T 42140—2022	信息技术 云计算 云操作系统性能测试指标和度量方法	国标	2023-7-1			建设、运维	施工工艺、验收与质量评定、试运行、运行、维护	信息	信息应用	
1839	104.6-223	GB/Z 32500—2016	智能电网用户端系统数据接口一般要求	国标	2016-9-1			设计、建设、运维	初设、施工图、施工工艺、验收与质量评定、试运行、运行、维护	信息	信息应用	
1840	104.6-224	GB/Z 32501—2016	智能电网用户端通信系统一般要求	国标	2016-9-1			规划、设计、采购、建设、运维、修试、退役	规划、初设、施工图、招标、品控、施工工艺、验收与质量评定、试运行、运行、维护、检修、试验、退役、报废	信息	信息应用	
1841	104.6-225	JJF 1048—1995	数据采集系统校准规范	国标	1996-5-1		QJ 2218—1992	建设、运维、修试	施工工艺、验收与质量评定、试运行、运行、维护、检修、试验	信息	信息应用	
1842	104.6-226	IEC 61937-2—2007+Amd 1—2011+Amd 2—2018	数字音频 应用 IEC60958 的非线性 PCM 编码音频位流接口 第2部分：突发信息	国际标准	2018-3-22			设计、建设、运维	初设、施工图、施工工艺、验收与质量评定、试运行、运行、维护	信息	信息应用	

序号	体系结构号	标准编号	标准名称	标准级别	实施日期	与国际标准对应关系	代替标准	阶段	分阶段	专业	分专业	备注
1843	104.6-227	IEC 61968-11—2013	电业的应用综合 配电管理的系统接口 第11部分:配电用公共信息模型（CIM）扩展	国际标准	2013-3-6		IEC 61968-11—2010	设计、建设、运维	初设、施工图、施工工艺、验收与质量评定、试运行、运行、维护	信息	信息应用	
1844	104.6-228	IEC 61968-3—2017	电气设施的应用集成 配电管理的系统接口 第3部分:网络运营的接口	国际标准	2017-4-11		IEC 61968-3—2004	设计、建设、运维	初设、施工图、施工工艺、验收与质量评定、试运行、运行、维护	信息	信息应用	
1845	104.6-229	IEC 62264-1—2013	企业系统集成 第1部分:模型和术语	国际标准	2013-5-22	ANIS/ISA 95.00.01—2010，ENQ	IEC 62264-1—2003；IEC 65 E/285/FDIS—2013	规划、设计、采购、建设、运维、修试、退役	规划、初设、施工图、招标、品控、施工工艺、验收与质量评定、试运行、运行、维护、检修、试验、退役、报废	信息	信息应用	
1846	104.6-230	IEEE 24748-2—2012	IEEE指南 采用ISO/IECTR24748-2—2011标准、系统与软件工程生命周期管理 第2部分:采用ISO/IEC 15288标准（系统生命周期过程）应用指南	国际标准	2012-3-29	ISO/IEC TR 24748-2—2011，IDT		规划、设计、采购、建设、运维、修试、退役	规划、初设、施工图、招标、品控、施工工艺、验收与质量评定、试运行、运行、维护、检修、试验、退役、报废	信息	信息应用	
1847	104.6-231	IEEE 24748-3—2012	IEEE指南 采用ISO/IECTR24748-3—2011标准、系统与软件工程生命周期管理 第3部分:采用ISO/IEC 12207标准（软件生命周期过程）应用指南	国际标准	2012-3-29	ISO/IEC TR 24748-3—2011，IDT		规划、设计、采购、建设、运维、修试、退役	规划、初设、施工图、招标、品控、施工工艺、验收与质量评定、试运行、运行、维护、检修、试验、退役、报废	信息	信息应用	

序号	体系结构号	标准编号	标准名称	标准级别	实施日期	与国际标准对应关系	代替标准	阶段	分阶段	专业	分专业	备注
1848	104.6-232	ISO/IEC 9075-10—2016	信息技术 数据库语言 SQL 第 10 部分：对象语言联编（SQL/OLB）	国际标准	2016-12-14		ISO/IEC 9075-10—2008/Cor 1—2010；ISO/IEC 9075-10—2008	设计、建设、运维	初设、施工图、施工工艺、验收与质量评定、试运行、运行、维护	信息	信息应用	
1849	104.6-233	ISO/IEC 9075-11—2016	信息技术 数据库语言SQL 第 11 部分：信息和定义模式（SQL/Schemata）	国际标准	2016-12-14		ISO/IEC 9075-11—2011	设计、建设、运维	初设、施工图、施工工艺、验收与质量评定、试运行、运行、维护	信息	信息应用	
1850	104.6-234	ISO/IEC 9075-1—2016	信息技术 数据库语言SQL 第 1 部分：框架（SQL/框架）	国际标准	2016-12-14		ISO/IEC 9075-1—2011	设计、建设、运维	初设、施工图、施工工艺、验收与质量评定、试运行、运行、维护	信息	信息应用	
1851	104.6-235	ISO/IEC 9075-13—2016	信息技术 数据库语言SQL 第 13 部分：使用Java TM 程序设计语言（SQL/JRT）的 SQL 例程和类型	国际标准	2016-12-14		ISO/IEC 9075-13—2008/Cor 1—2010；ISO/IEC 9075-13—2008	设计、建设、运维	初设、施工图、施工工艺、验收与质量评定、试运行、运行、维护	信息	信息应用	
1852	104.6-236	ISO/IEC 9075-14—2016	信息技术 数据库语言SQL 第 14 部分：与 XML 相关的规范（SQL/XML）	国际标准	2016-12-14		ISO/IEC 9075-14—2011/Cor 2—2015；ISO/IEC 9075-14—2011/Cor 1—2013；ISO/IEC 9075-14—2011	设计、建设、运维	初设、施工图、施工工艺、验收与质量评定、试运行、运行、维护	信息	信息应用	
1853	104.6-237	ISO/IEC 9075-2—2016	信息技术 数据库语言 SQL 第 2 部分：基本原则（SQL/基本原则）	国际标准	2016-12-14		ISO/IEC 9075-2—2011/Cor 2—2015；ISO/IEC 9075-2—2011/Cor 1—2013；ISO/IEC 9075-2—2011	设计、建设、运维	初设、施工图、施工工艺、验收与质量评定、试运行、运行、维护	信息	信息应用	
1854	104.6-238	ISO/IEC 9075-3—2016	信息技术 数据库语言SQL 第 3 部分：调用级接口（SQL/CLI）	国际标准	2016-12-14		ISO/IEC 9075-3—2008	设计、建设、运维	初设、施工图、施工工艺、验收与质量评定、试运行、运行、维护	信息	信息应用	

序号	体系结构号	标准编号	标准名称	标准级别	实施日期	与国际标准对应关系	代替标准	阶段	分阶段	专业	分专业	备注
1855	104.6-239	ISO/IEC 9075-4—2016	信息技术 数据库语言SQL 第4部分：持久存储模块（SQL/PSM）	国际标准	2016-12-14		ISO/IEC 9075-4—2011；ISO/IEC 9075-4—2011/Cor 1—2013；ISO/IEC 9075-4—2011/Cor 2—2015	设计、建设、运维	初设、施工图、施工工艺、验收与质量评定、试运行、运行、维护	信息	信息应用	
1856	104.6-240	ISO/IEC 9075-9—2016	信息技术 数据库语言SQL 第9部分：外部数据的管理（SQL/MED）	国际标准	2016-12-14		ISO/IEC 9075-9—2008/Cor 1—2010；ISO/IEC 9075-9—2008	设计、建设、运维	初设、施工图、施工工艺、验收与质量评定、试运行、运行、维护	信息	信息应用	
1857	104.6-241	ISO/IEC 19793—2015	信息技术 开放分布式处理（ODP）ODP系统规范的统一建模语言（UML）使用	国际标准	2015-3-18		ISO/IEC 19793—2008	规划、设计、采购、建设、运维、修试、退役	规划、初设、施工图、招标、品控、施工工艺、验收与质量评定、试运行、运行、维护、检修、试验、退役、报废	信息	信息应用	
104.7 数字技术—网络安全												
1858	104.7-1	Q/CSG 11804—2010	IT主流设备安全基线技术规范	企标	2010-10-28		Q/CSG 11804—2010	设计、建设、运维	初设、施工图、施工工艺、验收与质量评定、试运行、运行、维护	信息	信息安全	
1859	104.7-2	Q/CSG 11805—2011	信息系统应用开发安全技术规范 第一卷 网站开发和运行维护安全指南	企标	2011-2-1			设计、建设、运维	初设、施工图、施工工艺、验收与质量评定、试运行、运行、维护	信息	信息安全	
1860	104.7-3	Q/CSG 11814—2009	网络与信息安全风险评估规范	企标	2010-1-1			建设、运维、修试	施工工艺、验收与质量评定、试运行、运行、维护、检修、试验	信息	信息安全	

序号	体系结构号	标准编号	标准名称	标准级别	实施日期	与国际标准对应关系	代替标准	阶段	分阶段	专业	分专业	备注
1861	104.7-4	Q/CSG 118006—2012	管理信息系统PKI/CA 身份认证系统技术规范	企标	2012-4-25			设计、建设、运维	初设、施工图、施工工艺、验收与质量评定、试运行、运行、维护	信息	信息安全	
1862	104.7-5	Q/CSG 118012—2012	重要应用与数据灾难备份系统建设导则	企标	2012-7-15			建设	施工工艺、验收与质量评定、试运行	信息	信息安全	
1863	104.7-6	Q/CSG 1204016.1—2022	南方电网数据网络技术规范第1部分:调度数据网络技术要求	企标	2022-4-7			规划、设计、采购、建设、运维、修试、退役	规划、初设、施工图、招标、品控、施工工艺、验收与质量评定、试运行、运行、维护、检修、试验、退役、报废	信息	信息资源	
1864	104.7-7	Q/CSG 1204016.2—2022	南方电网数据网络技术规范第2部分:综合数据网络技术要求	企标	2022-4-7			规划、设计、采购、建设、运维、修试、退役	规划、初设、施工图、招标、品控、施工工艺、验收与质量评定、试运行、运行、维护、检修、试验、退役、报废	信息	信息资源	
1865	104.7-8	Q/CSG 1204016.3—2022	南方电网数据网络技术规范第3部分:数据网络设备技术要求	企标	2022-5-6			规划、设计、采购、建设、运维、修试、退役	规划、初设、施工图、招标、品控、施工工艺、验收与质量评定、试运行、运行、维护、检修、试验、退役、报废	信息	信息资源	

序号	体系结构号	标准编号	标准名称	标准级别	实施日期	与国际标准对应关系	代替标准	阶段	分阶段	专业	分专业	备注
1866	104.7-9	Q/CSG 1210007—2015	数据传输安全标准	企标	2015-8-11			规划、设计、采购、建设、运维、修试、退役	规划、初设、施工图、招标、品控、施工工艺、验收与质量评定、试运行、运行、维护、检修、试验、退役、报废	信息	信息安全	
1867	104.7-10	Q/CSG 1210019—2015	管理信息系统企密检查标准	企标	2015-8-11			建设、修试	验收与质量评定、试验	信息	信息安全	
1868	104.7-11	Q/CSG 1210027—2015	远程移动安全接入平台技术框架	企标	2015-8-11			设计、建设、运维	初设、施工图、施工工艺、验收与质量评定、试运行、运行、维护	信息	信息安全	
1869	104.7-12	Q/CSG 1210028—2015	远程移动安全接入平台功能要求	企标	2015-8-11			规划、设计、采购、建设、运维、修试、退役	规划、初设、施工图、招标、品控、施工工艺、验收与质量评定、试运行、运行、维护、检修、试验、退役、报废	信息	信息安全	
1870	104.7-13	Q/CSG 1210029—2015	远程移动安全接入平台接口配置规范	企标	2015-8-11			设计、建设、运维	初设、施工图、施工工艺、验收与质量评定、试运行、运行、维护	信息	信息安全	
1871	104.7-14	Q/CSG 1210030—2015	远程移动安全接入平台数据管理规范	企标	2015-8-11			建设、运维	施工工艺、验收与质量评定、试运行、运行、维护	信息	信息安全	
1872	104.7-15	Q/CSG 1210031—2015	远程移动安全接入平台运维管理规范	企标	2015-8-11			运维	运行、维护	信息	信息安全	

序号	体系结构号	标准编号	标准名称	标准级别	实施日期	与国际标准对应关系	代替标准	阶段	分阶段	专业	分专业	备注
1873	104.7-16	Q/CSG 1210040.1—2019	PKI/CA 身份认证系统标准 第1分册 数字证书统一规范	企标	2019-9-30		Q/CSG 11803.1—2008	规划、设计、采购、建设、运维、修试、退役	规划、初设、施工图、招标、品控、施工工艺、验收与质量评定、试运行、运行、维护、检修、试验、退役、报废	信息	信息安全	
1874	104.7-17	Q/CSG 1210040.2—2019	PKI/CA 身份认证系统标准 第2分册 证书信息目录服务统一规范	企标	2019-9-30		Q/CSG 11803.2—2008	规划、设计、采购、建设、运维、修试、退役	规划、初设、施工图、招标、品控、施工工艺、验收与质量评定、试运行、运行、维护、检修、试验、退役、报废	信息	信息安全	
1875	104.7-18	Q/CSG 1210040.3—2019	PKI/CA 身份认证系统标准 第3分册 应用安全开发规范	企标	2019-9-30		Q/CSG 11803.4—2008	建设、运维	施工工艺、验收与质量评定、试运行、运行、维护	信息	信息安全	
1876	104.7-19	Q/CSG 1210040.4—2019	PKI/CA 身份认证系统标准 第4分册 应用安全开发接口规范	企标	2019-9-30		Q/CSG 11803.5—2008	设计、建设、运维	初设、施工图、施工工艺、验收与质量评定、试运行、运行、维护	信息	信息安全	
1877	104.7-20	Q/CSG 1210040.5—2019	PKI/CA 身份认证系统标准 第5分册 应用安全密码接口规范	企标	2019-9-30		Q/CSG 11803.6—2008	设计、建设、运维	初设、施工图、施工工艺、验收与质量评定、试运行、运行、维护	信息	信息安全	
1878	104.7-21	Q/CSG 1210040.6—2019	PKI/CA 身份认证系统标准 第6分册 证书存储介质统一规范	企标	2019-9-30		Q/CSG 11803.8—2008	设计、采购、建设、运维、修试、退役	初设、施工图、招标、品控、施工工艺、验收与质量评定、试运行、运行、维护、检修、试验、退役、报废	信息	信息安全	

序号	体系结构号	标准编号	标准名称	标准级别	实施日期	与国际标准对应关系	代替标准	阶段	分阶段	专业	分专业	备注
1879	104.7-22	Q/CSG 1210049—2020	南方电网数据安全总体要求技术规范（试行）	企标	2020-12-30			设计、采购、建设、运维、修试、退役	初设、施工图、招标、品控、施工工艺、验收与质量评定、试运行、运行、维护、检修、试验、退役、报废	信息	信息安全	
1880	104.7-23	Q/CSG 1210055—2020	南方电网统一密码服务平台集成接口技术规范（试行）	企标	2020-12-30			设计、采购、建设、运维、修试、退役	初设、施工图、招标、品控、施工工艺、验收与质量评定、试运行、运行、维护、检修、试验、退役、报废	信息	信息安全	
1881	104.7-24	Q/CSG 1210056—2020	南方电网互联网系统 IPv6 应用技术规范（试行）	企标	2020-12-30			规划、设计、采购、建设、运维、修试、退役	规划、初设、施工图、招标、品控、施工工艺、验收与质量评定、试运行、运行、维护、检修、试验、退役、报废	信息	信息应用	
1882	104.7-25	Q/CSG 1210057—2021	南方电网信息安全运行监测预警系统集成接口规范（试行）	企标	2021-1-31			建设、修试	验收与质量评定、试验	信息	信息安全	
1883	104.7-26	Q/CSG 1210058—2021	南方电网移动互联网安全总体要求技术规范(试行)	企标	2021-1-31			采购、建设、运维、修试、退役	招标、品控、施工工艺、验收与质量评定、试运行、运行、维护、检修、试验、退役、报废	信息	信息安全	
1884	104.7-27	Q/CSG 1210059—2021	南方电网防病毒系统技术规范（试行）	企标	2021-1-31			采购、建设、运维、修试、退役	招标、品控、施工工艺、验收与质量评定、试运行、运行、维护、检修、试验、退役、报废	信息	信息安全	

序号	体系结构号	标准编号	标准名称	标准级别	实施日期	与国际标准对应关系	代替标准	阶段	分阶段	专业	分专业	备注
1885	104.7-28	Q/CSG 1210060—2021	南网云安全总体要求技术规范（试行）	企标	2021-1-31			采购、建设、运维、修试、退役	招标、品控、施工工艺、验收与质量评定、试运行、运行、维护、检修、试验、退役、报废	信息	信息安全	
1886	104.7-29	Q/CSG 1210063—2022	南方电网数据安全审计技术规范（试行）	企标	2022-3-30			建设、修试	验收与质量评定、试验	信息	信息安全	
1887	104.7-30	T/CEC 580—2021	涉电力领域信用信息安全管理规范	团标	2022-3-1			采购、建设、运维、修试、退役	招标、品控、施工工艺、验收与质量评定、试运行、运行、维护、检修、试验、退役、报废	信息	信息安全	
1888	104.7-31	T/CEC 586—2021	电力系统北斗终端及应用软件信息安全技术要求	团标	2022-3-1			采购、建设、运维、修试、退役	招标、品控、施工工艺、验收与质量评定、试运行、运行、维护、检修、试验、退役、报废	信息	信息安全	
1889	104.7-32	T/CEC 590—2021	变电站网络安全技术规范	团标	2022-3-1			采购、建设、运维、修试、退役	招标、品控、施工工艺、验收与质量评定、试运行、运行、维护、检修、试验、退役、报废	信息	信息安全	
1890	104.7-33	T/CEC 708—2022	配电物联网应用安全防护技术要求	团标	2023-2-1			建设、修试	验收与质量评定、试验	信息	信息安全	
1891	104.7-34	T/CSEE 0138—2019	电力企业防火墙安全配置技术规范	团标	2019-3-1			设计、建设、运维	初设、施工图、施工工艺、验收与质量评定、试运行、运行、维护	信息	信息安全	

序号	体系结构号	标准编号	标准名称	标准级别	实施日期	与国际标准对应关系	代替标准	阶段	分阶段	专业	分专业	备注
1892	104.7-35	DL/T 1597—2016	电力行业数据灾备系统存储监控技术规范	行标	2016-12-1			设计、建设、运维	初设、施工图、施工工艺、验收与质量评定、试运行、运行、维护	信息	信息安全	
1893	104.7-36	DL/T 2366—2021	电力智能物联安全锁具技术规范	行标	2022-3-22			建设、运维	施工工艺、验收与质量评定、试运行、运行、维护	信息	信息安全	
1894	104.7-37	DL/T 2398—2021	电力移动应用APP安全防护标准	行标	2022-3-22			建设、运维	施工工艺、验收与质量评定、试运行、运行、维护	信息	信息安全	
1895	104.7-38	DL/T 2399—2021	电力量子保密通信系统密钥交互接口技术规范	行标	2022-3-22			建设、运维	施工工艺、验收与质量评定、试运行、运行、维护	信息	信息安全	
1896	104.7-39	DL/T 2549—2022	电力数据脱敏实施规范	行标	2023-5-4			建设、修试	验收与质量评定、试验	信息	信息安全	
1897	104.7-40	GA 1277.1—2020	互联网交互式服务安全管理要求 第1部分：基础要求	行标	2020-3-1		GA 1277—2015	设计、建设、运维	初设、施工图、施工工艺、验收与质量评定、试运行、运行、维护	信息	信息安全	
1898	104.7-41	GA 1278—2015	信息安全技术 互联网服务安全评估基本程序及要求	行标	2016-1-1			规划、设计、采购、建设、运维、修试、退役	规划、初设、施工图、招标、品控、施工工艺、验收与质量评定、试运行、运行、维护、检修、试验、退役、报废	信息	信息安全	
1899	104.7-42	GA/T 403.1—2014	信息安全技术 入侵检测产品安全技术要求 第1部分：网络型产品	行标	2014-3-24		GA/T 403.1—2002	设计、采购、建设、运维	初设、施工图、招标、品控、施工工艺、验收与质量评定、试运行、运行、维护	信息	信息安全	

序号	体系结构号	标准编号	标准名称	标准级别	实施日期	与国际标准对应关系	代替标准	阶段	分阶段	专业	分专业	备注
1900	104.7-43	GA/T 403.2—2014	信息安全技术入侵检测产品安全技术要求 第2部分：主机型产品	行标	2014-3-24		GA/T 403.2—2002	设计、采购、建设、运维	初设、施工图、招标、品控、施工工艺、验收与质量评定、试运行、运行、维护	信息	信息安全	
1901	104.7-44	GA/T 698—2014	信息安全技术信息过滤产品技术要求	行标	2014-3-24		GA/T 698—2007	设计、采购、建设、运维	初设、施工图、招标、品控、施工工艺、验收与质量评定、试运行、运行、维护	信息	信息安全	
1902	104.7-45	GA/T 1137—2014	信息安全技术抗拒绝服务攻击产品安全技术要求	行标	2014-3-10			设计、采购、建设、运维	初设、施工图、招标、品控、施工工艺、验收与质量评定、试运行、运行、维护	信息	信息安全	
1903	104.7-46	GA/T 1138—2014	信息安全技术主机资源访问控制产品安全技术要求	行标	2014-3-10			设计、采购、建设、运维	初设、施工图、招标、品控、施工工艺、验收与质量评定、试运行、运行、维护	信息	信息安全	
1904	104.7-47	GA/T 1139—2014	信息安全技术数据库扫描产品安全技术要求	行标	2014-3-10			设计、采购、建设、运维	初设、施工图、招标、品控、施工工艺、验收与质量评定、试运行、运行、维护	信息	信息安全	
1905	104.7-48	GA/T 1140—2014	信息安全技术web应用防火墙安全技术要求	行标	2014-3-12			设计、采购、建设、运维	初设、施工图、招标、品控、施工工艺、验收与质量评定、试运行、运行、维护	信息	信息安全	
1906	104.7-49	GA/T 1141—2014	信息安全技术主机安全等级保护配置要求	行标	2014-3-14			设计、采购、建设、运维	初设、施工图、招标、品控、施工工艺、验收与质量评定、试运行、运行、维护	信息	信息安全	

序号	体系结构号	标准编号	标准名称	标准级别	实施日期	与国际标准对应关系	代替标准	阶段	分阶段	专业	分专业	备注
1907	104.7-50	GA/T 1142—2014	信息安全技术主机安全检查产品安全技术要求	行标	2014-3-14			设计、采购、建设、运维	初设、施工图、招标、品控、施工工艺、验收与质量评定、试运行、运行、维护	信息	信息安全	
1908	104.7-51	GA/T 1143—2014	信息安全技术数据销毁软件产品安全技术要求	行标	2014-3-14			设计、采购、建设、运维	初设、施工图、招标、品控、施工工艺、验收与质量评定、试运行、运行、维护	信息	信息安全	
1909	104.7-52	GA/T 1144—2014	信息安全技术非授权外联监测产品安全技术要求	行标	2014-3-14			设计、采购、建设、运维	初设、施工图、招标、品控、施工工艺、验收与质量评定、试运行、运行、维护	信息	信息安全	
1910	104.7-53	GA/T 1177—2014	信息安全技术第二代防火墙安全技术要求	行标	2014-9-1			设计、采购、建设、运维	初设、施工图、招标、品控、施工工艺、验收与质量评定、试运行、运行、维护	信息	信息安全	
1911	104.7-54	GA/T 1345—2017	信息安全技术云计算网络入侵防御系统安全技术要求	行标	2017-11-20			设计、建设、运维	初设、施工图、施工工艺、验收与质量评定、试运行、运行、维护	信息	信息安全	
1912	104.7-55	GA/T 1346—2017	信息安全技术云操作系统安全技术要求	行标	2017-11-20			设计、建设、运维	初设、施工图、施工工艺、验收与质量评定、试运行、运行、维护	信息	信息安全	
1913	104.7-56	GA/T 1347—2017	信息安全技术云存储系统安全技术要求	行标	2017-11-20			设计、建设、运维	初设、施工图、施工工艺、验收与质量评定、试运行、运行、维护	信息	信息安全	

序号	体系结构号	标准编号	标准名称	标准级别	实施日期	与国际标准对应关系	代替标准	阶段	分阶段	专业	分专业	备注
1914	104.7-57	GA/T 1348—2017	信息安全技术桌面云系统安全技术要求	行标	2017-11-20			设计、建设、运维	初设、施工图、施工工艺、验收与质量评定、试运行、运行、维护	信息	信息安全	
1915	104.7-58	GA/T 1349—2017	信息安全技术网络安全等级保护专用知识库接口规范	行标	2017-11-20			设计、建设、运维	初设、施工图、施工工艺、验收与质量评定、试运行、运行、维护	信息	信息安全	
1916	104.7-59	GA/T 1350—2017	信息安全技术工业控制系统安全管理平台安全技术要求	行标	2017-11-20			设计、建设、运维	初设、施工图、施工工艺、验收与质量评定、试运行、运行、维护	信息	信息安全	
1917	104.7-60	GA/T 1390.2—2017	信息安全技术网络安全等级保护基本要求 第2部分：云计算安全扩展要求	行标	2017-5-8			设计、建设、运维	初设、施工图、施工工艺、验收与质量评定、试运行、运行、维护	信息	信息安全	
1918	104.7-61	GA/T 1390.3—2017	信息安全技术网络安全等级保护基本要求 第3部分：移动互联安全扩展要求	行标	2017-5-8			设计、建设、运维	初设、施工图、施工工艺、验收与质量评定、试运行、运行、维护	信息	信息安全	
1919	104.7-62	GA/T 1390.5—2017	信息安全技术网络安全等级保护基本要求 第5部分：工业控制系统安全扩展要求	行标	2017-5-8			设计、建设、运维	初设、施工图、施工工艺、验收与质量评定、试运行、运行、维护	信息	信息安全	
1920	104.7-63	GA/T 1392—2017	信息安全技术主机文件监测产品安全技术要求	行标	2017-4-19			设计、采购、建设、运维	初设、施工图、招标、品控、施工工艺、验收与质量评定、试运行、运行、维护	信息	信息安全	

序号	体系结构号	标准编号	标准名称	标准级别	实施日期	与国际标准对应关系	代替标准	阶段	分阶段	专业	分专业	备注
1921	104.7-64	GA/T 1393—2017	信息安全技术主机安全加固系统安全技术要求	行标	2017-4-19			设计、建设、运维	初设、施工图、施工工艺、验收与质量评定、试运行、运行、维护	信息	信息安全	
1922	104.7-65	GA/T 1394—2017	信息安全技术运维安全管理产品安全技术要求	行标	2017-4-19			设计、建设、运维	初设、施工图、施工工艺、验收与质量评定、试运行、运行、维护	信息	信息安全	
1923	104.7-66	GA/T 1396—2017	信息安全技术网站内容安全检查产品安全技术要求	行标	2017-4-19			设计、建设、运维	初设、施工图、施工工艺、验收与质量评定、试运行、运行、维护	信息	信息安全	
1924	104.7-67	GA/T 1397—2017	信息安全技术远程接入控制产品安全技术要求	行标	2017-4-19			设计、建设、运维	初设、施工图、施工工艺、验收与质量评定、试运行、运行、维护	信息	信息安全	
1925	104.7-68	GM/T 0003.2—2012	SM2 椭圆曲线公钥密码算法 第2部分：数字签名算法	行标	2012-3-21			设计、建设、运维	初设、施工图、施工工艺、验收与质量评定、试运行、运行、维护	信息	信息安全	
1926	104.7-69	GM/T 0003.3—2012	SM2 椭圆曲线公钥密码算法 第3部分：密钥交换协议	行标	2012-3-21			设计、建设、运维	初设、施工图、施工工艺、验收与质量评定、试运行、运行、维护	信息	信息安全	
1927	104.7-70	GM/T 0003.4—2012	SM2 椭圆曲线公钥密码算法 第4部分：公钥加密算法	行标	2012-3-21			设计、建设、运维	初设、施工图、施工工艺、验收与质量评定、试运行、运行、维护	信息	信息安全	

序号	体系结构号	标准编号	标准名称	标准级别	实施日期	与国际标准对应关系	代替标准	阶段	分阶段	专业	分专业	备注
1928	104.7-71	GM/T 0003.5—2012	SM2 椭圆曲线公钥密码算法 第5部分：参数定义	行标	2012-3-21			设计、建设、运维	初设、施工图、施工工艺、验收与质量评定、试运行、运行、维护	信息	信息安全	
1929	104.7-72	GM/T 0005—2021	随机性检测规范	行标	2022-5-1		GM/T 0005—2012	设计、建设、运维	初设、施工图、施工工艺、验收与质量评定、试运行、运行、维护	信息	信息安全	
1930	104.7-73	GM/T 0014—2012	数字证书认证系统密码协议规范	行标	2012-11-22			设计、建设、运维	初设、施工图、施工工艺、验收与质量评定、试运行、运行、维护	信息	信息安全	
1931	104.7-74	GM/T 0022—2014	IPSec VPN 技术规范	行标	2014-2-13			设计、建设、运维	初设、施工图、施工工艺、验收与质量评定、试运行、运行、维护	信息	信息安全	
1932	104.7-75	GM/T 0023—2014	IPSec VPN 网关产品规范	行标	2014-2-13			设计、采购、建设、运维	初设、施工图、招标、品控、施工工艺、验收与质量评定、试运行、运行、维护	信息	信息安全	
1933	104.7-76	GM/T 0024—2014	SSL VPN 技术规范	行标	2014-2-13			设计、建设、运维	初设、施工图、施工工艺、验收与质量评定、试运行、运行、维护	信息	信息安全	
1934	104.7-77	GM/T 0025—2014	SSL VPN 网关产品规范	行标	2014-2-13			设计、采购、建设、运维	初设、施工图、招标、品控、施工工艺、验收与质量评定、试运行、运行、维护	信息	信息安全	

序号	体系结构号	标准编号	标准名称	标准级别	实施日期	与国际标准对应关系	代替标准	阶段	分阶段	专业	分专业	备注
1935	104.7-78	GM/T 0026—2014	安全认证网关产品规范	行标	2014-2-13			设计、采购、建设、运维	初设、施工图、招标、品控、施工工艺、验收与质量评定、试运行、运行、维护	信息	信息安全	
1936	104.7-79	GM/T 0027—2014	智能密码钥匙技术规范	行标	2014-2-13			设计、建设、运维	初设、施工图、施工工艺、验收与质量评定、试运行、运行、维护	信息	信息安全	
1937	104.7-80	GM/T 0029—2014	签名验签服务器技术规范	行标	2014-2-13			设计、建设、运维	初设、施工图、施工工艺、验收与质量评定、试运行、运行、维护	信息	信息安全	
1938	104.7-81	GM/T 0030—2014	服务器密码机技术规范	行标	2014-2-13			设计、建设、运维	初设、施工图、施工工艺、验收与质量评定、试运行、运行、维护	信息	信息安全	
1939	104.7-82	GM/T 0031—2014	安全电子签章密码技术规范	行标	2014-2-13			设计、建设、运维	初设、施工图、施工工艺、验收与质量评定、试运行、运行、维护	信息	信息安全	
1940	104.7-83	GM/T 0035.1—2014	射频识别系统密码应用技术要求 第1部分:密码安全保护框架及安全级别	行标	2014-2-13			设计、建设、运维	初设、施工图、施工工艺、验收与质量评定、试运行、运行、维护	信息	信息安全	
1941	104.7-84	GM/T 0035.2—2014	射频识别系统密码应用技术要求 第2部分:电子标签芯片密码应用技术要求	行标	2014-2-13			设计、建设、运维	初设、施工图、施工工艺、验收与质量评定、试运行、运行、维护	信息	信息安全	

序号	体系结构号	标准编号	标准名称	标准级别	实施日期	与国际标准对应关系	代替标准	阶段	分阶段	专业	分专业	备注
1942	104.7-85	GM/T 0035.3—2014	射频识别系统密码应用技术要求 第3部分:读写器密码应用技术要求	行标	2014-2-13			设计、建设、运维	初设、施工图、施工工艺、验收与质量评定、试运行、运行、维护	信息	信息安全	
1943	104.7-86	GM/T 0035.4—2014	射频识别系统密码应用技术要求 第4部分:电子标签与读写器通信密码应用技术要求	行标	2014-2-13			设计、建设、运维	初设、施工图、施工工艺、验收与质量评定、试运行、运行、维护	信息	信息安全	
1944	104.7-87	GM/T 0035.5—2014	射频识别系统密码应用技术要求 第5部分:密钥管理技术要求	行标	2014-2-13			设计、建设、运维	初设、施工图、施工工艺、验收与质量评定、试运行、运行、维护	信息	信息安全	
1945	104.7-88	GM/T 0036—2014	采用非接触卡的门禁系统密码应用技术指南	行标	2014-2-13			设计、建设、运维	初设、施工图、施工工艺、验收与质量评定、试运行、运行、维护	信息	信息安全	
1946	104.7-89	GM/T 0037—2014	证书认证系统检测规范	行标	2014-2-13			建设、修试	验收与质量评定、试验	信息	信息安全	
1947	104.7-90	GM/T 0038—2014	证书认证密钥管理系统检测规范	行标	2014-2-13			建设、修试	验收与质量评定、试验	信息	信息安全	
1948	104.7-91	GM/T 0039—2015	密码模块安全检测要求	行标	2015-4-1			建设、修试	验收与质量评定、试验	信息	信息安全	
1949	104.7-92	GM/T 0044.1—2016	SM9 标识密码算法 第1部分:总则	行标	2016-3-28			建设、运维、修试	施工工艺、验收与质量评定、试运行、运行、维护、检修、试验	信息	信息安全	
1950	104.7-93	GM/T 0044.2—2016	SM9 标识密码算法 第2部分:数字签名算法	行标	2016-3-28			建设、运维、修试	施工工艺、验收与质量评定、试运行、运行、维护、检修、试验	信息	信息安全	

序号	体系结构号	标准编号	标准名称	标准级别	实施日期	与国际标准对应关系	代替标准	阶段	分阶段	专业	分专业	备注
1951	104.7-94	GM/T 0044.3—2016	SM9 标识密码算法　第3部分：密钥交换协议	行标	2016-3-28			建设、运维、修试	施工工艺、验收与质量评定、试运行、运行、维护、检修、试验	信息	信息安全	
1952	104.7-95	GM/T 0044.4—2016	SM9 标识密码算法　第4部分：密钥封装机制和公钥加密算法	行标	2016-3-28			建设、运维、修试	施工工艺、验收与质量评定、试运行、运行、维护、检修、试验	信息	信息安全	
1953	104.7-96	GM/T 0044.5—2016	SM9 标识密码算法　第5部分：参数定义	行标	2016-3-28			建设、运维、修试	施工工艺、验收与质量评定、试运行、运行、维护、检修、试验	信息	信息安全	
1954	104.7-97	GM/T 0047—2016	安全电子签章密码检测规范	行标	2016-12-23			建设、修试	验收与质量评定、试验	信息	信息安全	
1955	104.7-98	GM/T 0048—2016	智能密码钥匙密码检测规范	行标	2016-12-23			建设、修试	验收与质量评定、试验	信息	信息安全	
1956	104.7-99	GM/T 0049—2016	密码键盘密码检测规范	行标	2016-12-23			建设、修试	验收与质量评定、试验	信息	信息安全	
1957	104.7-100	GM/T 0050—2016	密码设备管理 设备管理技术规范	行标	2016-12-23			设计、建设、运维	初设、施工图、施工工艺、验收与质量评定、试运行、运行、维护	信息	信息安全	
1958	104.7-101	GM/T 0051—2016	密码设备管理 对称密钥管理技术规范	行标	2016-12-23			设计、建设、运维	初设、施工图、施工工艺、验收与质量评定、试运行、运行、维护	信息	信息安全	
1959	104.7-102	GM/T 0052—2016	密码设备管理 VPN 设备监察管理规范	行标	2016-12-23			建设、运维	施工工艺、验收与质量评定、试运行、运行、维护	信息	信息安全	
1960	104.7-103	GM/T 0053—2016	密码设备管理 远程监控与合规性检验接口数据规范	行标	2016-12-23			设计、建设、运维	初设、施工图、施工工艺、验收与质量评定、试运行、运行、维护	信息	信息安全	

序号	体系结构号	标准编号	标准名称	标准级别	实施日期	与国际标准对应关系	代替标准	阶段	分阶段	专业	分专业	备注
1961	104.7-104	GM/T 0054—2018	信息系统密码应用基本要求	行标	2018-2-8			设计、建设、运维	初设、施工图、施工工艺、验收与质量评定、试运行、运行、维护	信息	信息安全	
1962	104.7-105	GM/T 0055—2018	电子文件密码应用技术规范	行标	2018-5-2			设计、建设、运维	初设、施工图、施工工艺、验收与质量评定、试运行、运行、维护	信息	信息安全	
1963	104.7-106	GM/T 0056—2018	多应用载体密码应用接口规范	行标	2018-5-2			设计、建设、运维	初设、施工图、施工工艺、验收与质量评定、试运行、运行、维护	信息	信息安全	
1964	104.7-107	GM/T 0057—2018	基于 IBC 技术的身份鉴别规范	行标	2018-5-2			设计、建设、运维	初设、施工图、施工工艺、验收与质量评定、试运行、运行、维护	信息	信息安全	
1965	104.7-108	GM/T 0058—2018	可信计算 TCM 服务模块接口规范	行标	2018-5-2			设计、建设、运维	初设、施工图、施工工艺、验收与质量评定、试运行、运行、维护	信息	信息安全	
1966	104.7-109	GM/T 0059—2018	服务器密码机检测规范	行标	2018-5-2			设计、建设、运维	初设、施工图、施工工艺、验收与质量评定、试运行、运行、维护	信息	信息安全	
1967	104.7-110	GM/T 0060—2018	签名验签服务器检测规范	行标	2018-5-2			设计、建设、运维	初设、施工图、施工工艺、验收与质量评定、试运行、运行、维护	信息	信息安全	

序号	体系结构号	标准编号	标准名称	标准级别	实施日期	与国际标准对应关系	代替标准	阶段	分阶段	专业	分专业	备注
1968	104.7-111	GM/T 0061—2018	动态口令密码应用检测规范	行标	2018-5-2			设计、建设、运维	初设、施工图、施工工艺、验收与质量评定、试运行、运行、维护	信息	信息安全	
1969	104.7-112	GM/T 0062—2018	密码产品随机数检测要求	行标	2018-5-2			设计、建设、运维	初设、施工图、施工工艺、验收与质量评定、试运行、运行、维护	信息	信息安全	
1970	104.7-113	NB/T 10680—2021	继电保护和安全自动装置信息安全技术导则	行标	2021-10-26			建设、运维	施工工艺、验收与质量评定、试运行、运行、维护	信息	信息安全	
1971	104.7-114	RB/T 204—2014	上网行为管理系统安全评价规范	行标	2015-3-1			建设、运维、修试	验收与质量评定、运行、维护、试验	信息	信息安全	
1972	104.7-115	SJ/T 11563—2015	网络化可信软件生产过程与环境	行标	2016-4-1			规划、设计、采购、建设、运维、修试、退役	规划、初设、施工图、招标、品控、施工工艺、验收与质量评定、试运行、运行、维护、检修、试验、退役、报废	信息	信息应用	
1973	104.7-116	YD/T 1190—2002	基于网络的虚拟 IP 专用网（IP-VPN）框架	行标	2002-4-22			规划、设计	规划、初设	信息	信息安全	
1974	104.7-117	YD/T 1699—2007	移动终端信息安全技术要求	行标	2008-1-1			设计、建设、运维	初设、施工图、施工工艺、验收与质量评定、试运行、运行、维护	信息	信息安全	

序号	体系结构号	标准编号	标准名称	标准级别	实施日期	与国际标准对应关系	代替标准	阶段	分阶段	专业	分专业	备注
1975	104.7-118	YD/T 1746—2014	IP承载网安全防护要求	行标	2014-10-14		YD/T 1746—2013	规划、设计、采购、建设、运维、修试、退役	规划、初设、施工图、招标、品控、施工工艺、验收与质量评定、试运行、运行、维护、检修、试验、退役、报废	信息	信息安全	
1976	104.7-119	YD/T 1747—2014	IP承载网安全防护检测要求	行标	2014-10-14		YD/T 1747—2013	建设、修试	验收与质量评定、试验	信息	信息安全	
1977	104.7-120	YD/T 2052—2015	域名系统安全防护要求	行标	2015-4-30		YD/T 2052—2009	规划、设计、采购、建设、运维、修试、退役	规划、初设、施工图、招标、品控、施工工艺、验收与质量评定、试运行、运行、维护、检修、试验、退役、报废	信息	信息安全	
1978	104.7-121	YD/T 2053—2016	域名系统安全防护检测要求	行标	2016-10-1		YD/T 2053—2009	建设、修试	验收与质量评定、试验	信息	信息安全	
1979	104.7-122	YD/T 2057—2009	通信机房安全管理总体要求	行标	2010-1-1			规划、设计、采购、建设、运维、修试、退役	规划、初设、施工图、招标、品控、施工工艺、验收与质量评定、试运行、运行、维护、检修、试验、退役、报废	信息	信息安全	
1980	104.7-123	YD/T 2092—2015	网上营业厅安全防护要求	行标	2015-4-30		YD/T 2092—2010	规划、设计、采购、建设、运维	规划、初设、施工图、招标、品控、施工工艺、验收与质量评定、试运行、运行、维护	信息	信息安全	

序号	体系结构号	标准编号	标准名称	标准级别	实施日期	与国际标准对应关系	代替标准	阶段	分阶段	专业	分专业	备注
1981	104.7-124	YD/T 2093—2018	网上营业厅安全防护检测要求	行标	2018-4-1			规划、设计、采购、建设、运维	规划、初设、施工图、招标、品控、施工工艺、验收与质量评定、试运行、运行、维护	信息	信息安全	
1982	104.7-125	YD/T 2243—2016	电信网和互联网信息服务业务系统安全防护要求	行标	2016-10-1		YD/T 2243—2011	规划、设计、采购、建设、运维	规划、初设、施工图、招标、品控、施工工艺、验收与质量评定、试运行、运行、维护	信息	信息安全	
1983	104.7-126	YD/T 2244—2020	电信网和互联网信息服务业务系统安全防护检测要求	行标	2020-7-1		YD/T 2244—2011	建设、修试	验收与质量评定、试验	信息	信息安全	
1984	104.7-127	YD/T 2387—2011	网络安全监控系统技术要求	行标	2012-2-1			设计、建设、运维	初设、施工图、施工工艺、验收与质量评定、试运行、运行、维护	信息	信息安全	
1985	104.7-128	YD/T 2389—2022	网络威胁指数评估方法	行标	2022-7-1		YD/T 2389—2011	设计、建设、运维	初设、施工图、施工工艺、验收与质量评定、试运行、运行、维护	信息	信息安全	
1986	104.7-129	YD/T 2585—2016	互联网数据中心安全防护检测要求	行标	2016-10-1		YD/T 2585—2013	建设、修试	验收与质量评定、试验	信息	信息安全	
1987	104.7-130	YD/T 2589—2020	内容分发网（CDN）安全防护要求	行标	2020-10-1			规划、设计、采购、建设、运维	规划、初设、施工图、招标、品控、施工工艺、验收与质量评定、试运行、运行、维护	信息	信息安全	

序号	体系结构号	标准编号	标准名称	标准级别	实施日期	与国际标准对应关系	代替标准	阶段	分阶段	专业	分专业	备注
1988	104.7-131	YD/T 2590—2020	内容分发网（CDN）安全防护检测要求	行标	2020-10-1			建设、修试	验收与质量评定、试验	信息	信息安全	
1989	104.7-132	YD/T 2660—2013	互联网网间路由发布和控制技术要求	行标	2014-1-1			设计、建设、运维	初设、施工图、施工工艺、验收与质量评定、试运行、运行、维护	信息	信息安全	
1990	104.7-133	YD/T 2665—2013	通信存储介质（SSD）加密安全测试方法	行标	2014-1-1			建设、修试	验收与质量评定、试验	信息	信息安全	
1991	104.7-134	YD/T 2667—2013	基于 Web 方式的以太网接入身份认证技术要求	行标	2014-1-1			设计、建设、运维	初设、施工图、施工工艺、验收与质量评定、试运行、运行、维护	信息	信息安全	
1992	104.7-135	YD/T 2692—2014	电信和互联网用户个人电子信息保护通用技术要求和管理要求	行标	2015-4-1			设计、建设、运维	初设、施工图、施工工艺、验收与质量评定、试运行、运行、维护	信息	信息安全	
1993	104.7-136	YD/T 2693—2014	电信和互联网用户个人电子信息保护检测要求	行标	2015-4-1			建设、修试	验收与质量评定、试验	信息	信息安全	
1994	104.7-137	YD/T 2694—2014	移动互联网联网应用安全防护要求	行标	2014-10-14			规划、设计、采购、建设、运维	规划、初设、施工图、招标、品控、施工工艺、验收与质量评定、试运行、运行、维护	信息	信息安全	
1995	104.7-138	YD/T 2695—2014	移动互联网联网应用安全防护检测要求	行标	2014-10-14			建设、修试	验收与质量评定、试验	信息	信息安全	

序号	体系结构号	标准编号	标准名称	标准级别	实施日期	与国际标准对应关系	代替标准	阶段	分阶段	专业	分专业	备注
1996	104.7-139	YD/T 2696—2014	公众无线局域网网络安全防护要求	行标	2014-10-14			规划、设计、采购、建设、运维	规划、初设、施工图、招标、品控、施工工艺、验收与质量评定、试运行、运行、维护	信息	信息安全	
1997	104.7-140	YD/T 2697—2014	公众无线局域网网络安全防护检测要求	行标	2014-10-14			建设、修试	验收与质量评定、试验	信息	信息安全	
1998	104.7-141	YD/T 2704—2014	电信信息服务的安全准则	行标	2014-10-14			规划、设计、采购、建设、运维	规划、初设、施工图、招标、品控、施工工艺、验收与质量评定、试运行、运行、维护	信息	信息安全	
1999	104.7-142	YD/T 2705—2014	持续数据保护（CDP）灾备技术要求	行标	2014-10-14			设计、建设、运维	初设、施工图、施工工艺、验收与质量评定、试运行、运行、维护	信息	信息安全	
2000	104.7-143	YD/T 2844.5—2016	移动终端可信环境技术要求 第6部分：与安全模块（SE）的安全交互	行标	2019-10-1			设计、建设、运维	初设、施工图、施工工艺、验收与质量评定、试运行、运行、维护	信息	信息安全	
2001	104.7-144	YD/T 2850—2015	灾备系统性能测试方法	行标	2015-7-1			建设、修试	验收与质量评定、试验	信息	信息安全	
2002	104.7-145	YD/T 2851—2015	集中式僵尸网络检测与响应框架	行标	2015-7-1			建设、运维、修试	验收与质量评定、运行、维护、试验	信息	信息安全	
2003	104.7-146	YD/T 2852—2015	移动增值业务公共安全框架和安全功能	行标	2015-7-1			规划、设计、采购、建设、运维	规划、初设、施工图、招标、品控、施工工艺、验收与质量评定、试运行、运行、维护	信息	信息安全	

序号	体系结构号	标准编号	标准名称	标准级别	实施日期	与国际标准对应关系	代替标准	阶段	分阶段	专业	分专业	备注
2004	104.7-147	YD/T 2908—2015	基于域名系统（DNS）的 IP 安全协议（IPSec）认证密钥存储技术要求	行标	2016-4-1			设计、建设、运维	初设、施工图、施工工艺、验收与质量评定、试运行、运行、维护	信息	信息安全	
2005	104.7-148	YD/T 2914—2015	信息系统灾难恢复能力评估指标体系	行标	2015-10-1			建设	验收与质量评定	信息	信息安全	
2006	104.7-149	YD/T 2915—2015	集中式远程数据备份技术要求	行标	2015-10-1			设计、建设、运维	初设、施工图、施工工艺、验收与质量评定、试运行、运行、维护	信息	信息安全	
2007	104.7-150	YD/T 2916—2015	基于存储复制技术的数据灾备技术要求	行标	2015-10-1			设计、建设、运维	初设、施工图、施工工艺、验收与质量评定、试运行、运行、维护	信息	信息安全	
2008	104.7-151	YD/T 3008—2016	域名服务安全状态检测要求	行标	2016-4-1			建设、修试	验收与质量评定、试验	信息	信息安全	
2009	104.7-152	YD/T 3028—2016	IP 网络流量采集分析平台技术要求	行标	2016-7-1			规划、设计、建设	规划、初设、施工图、施工工艺、验收与质量评定、试运行	信息	信息应用	
2010	104.7-153	YD/T 3038—2016	钓鱼攻击举报数据交换协议技术要求	行标	2016-7-1			设计、建设、运维	初设、施工图、施工工艺、验收与质量评定、试运行、运行、维护	信息	信息安全	
2011	104.7-154	YD/T 3148—2016	云计算安全框架	行标	2016-10-1			规划、设计、采购、建设	规划、初设、施工图、招标、品控、施工工艺、验收与质量评定、试运行	信息	信息安全	

序号	体系结构号	标准编号	标准名称	标准级别	实施日期	与国际标准对应关系	代替标准	阶段	分阶段	专业	分专业	备注
2012	104.7-155	YD/T 3153—2016	WEB 应用安全评估系统技术要求	行标	2016-10-1			设计、建设、运维	初设、施工图、施工工艺、验收与质量评定、试运行、运行、维护	信息	信息安全	
2013	104.7-156	YD/T 3157—2016	公有云服务安全防护要求	行标	2016-10-1			规划、设计、采购、建设、运维	规划、初设、施工图、招标、品控、施工工艺、验收与质量评定、试运行、运行、维护	信息	信息安全	
2014	104.7-157	YD/T 3158—2016	公有云服务安全防护检测要求	行标	2016-10-1			建设、修试	验收与质量评定、试验	信息	信息安全	
2015	104.7-158	YD/T 3159—2016	互联网接入服务系统安全防护要求	行标	2016-10-1			规划、设计、采购、建设、运维	规划、初设、施工图、招标、品控、施工工艺、验收与质量评定、试运行、运行、维护	信息	信息安全	
2016	104.7-159	YD/T 3160—2016	互联网接入服务系统安全防护检测要求	行标	2016-10-1			建设、修试	验收与质量评定、试验	信息	信息安全	
2017	104.7-160	YD/T 3161—2016	邮件系统安全防护要求	行标	2016-10-1			规划、设计、采购、建设、运维	规划、初设、施工图、招标、品控、施工工艺、验收与质量评定、试运行、运行、维护	信息	信息安全	
2018	104.7-161	YD/T 3162—2016	邮件系统安全防护检测要求	行标	2016-10-1			建设、修试	验收与质量评定、试验	信息	信息安全	
2019	104.7-162	YD/T 3163—2016	网络交易系统安全防护要求	行标	2016-10-1			规划、设计、采购、建设、运维	规划、初设、施工图、招标、品控、施工工艺、验收与质量评定、试运行、运行、维护	信息	信息安全	

序号	体系结构号	标准编号	标准名称	标准级别	实施日期	与国际标准对应关系	代替标准	阶段	分阶段	专业	分专业	备注
2020	104.7-163	YD/T 3164—2016	互联网资源协作服务信息安全管理系统技术要求	行标	2016-7-11			设计、建设、运维	初设、施工图、施工工艺、验收与质量评定、试运行、运行、维护	信息	信息安全	
2021	104.7-164	YD/T 3165—2016	内容分发网络服务信息安全管理系统技术要求	行标	2016-7-11			设计、建设、运维	初设、施工图、施工工艺、验收与质量评定、试运行、运行、维护	信息	信息安全	
2022	104.7-165	YD/T 3166—2016	IPv4/IPv6 过渡场景下基于 SAVI 技术的源地址验证及溯源技术要求	行标	2016-10-1			设计、建设、运维	初设、施工图、施工工艺、验收与质量评定、试运行、运行、维护	信息	信息安全	
2023	104.7-166	YD/T 3212—2017	内容分发网络服务信息安全管理系统接口规范	行标	2017-1-9			设计、建设、运维	初设、施工图、施工工艺、验收与质量评定、试运行、运行、维护	信息	信息安全	
2024	104.7-167	YD/T 3213—2017	内容分发网络服务信息安全管理系统及接口测试方法	行标	2017-1-9			建设、修试	验收与质量评定、试验	信息	信息安全	
2025	104.7-168	YD/T 3214—2017	互联网资源协作服务信息安全管理系统接口规范	行标	2017-1-9			设计、建设、运维	初设、施工图、施工工艺、验收与质量评定、试运行、运行、维护	信息	信息安全	
2026	104.7-169	YD/T 3215—2017	互联网资源协作服务信息安全管理系统及接口测试方法	行标	2017-1-9			建设、修试	验收与质量评定、试验	信息	信息安全	
2027	104.7-170	YD/T 3228—2017	移动应用软件安全评估方法	行标	2017-7-1			建设、修试	验收与质量评定、试验	信息	信息安全	

序号	体系结构号	标准编号	标准名称	标准级别	实施日期	与国际标准对应关系	代替标准	阶段	分阶段	专业	分专业	备注
2028	104.7-171	YD/T 3314—2018	网络交易系统安全防护检测要求	行标	2018-4-1			设计、建设、运维	初设、施工图、施工工艺、验收与质量评定、试运行、运行、维护	信息	信息安全	
2029	104.7-172	YD/T 3315—2018	电信网和互联网安全服务实施要求	行标	2018-4-1			设计、建设、运维	初设、施工图、施工工艺、验收与质量评定、试运行、运行、维护	信息	信息安全	
2030	104.7-173	YD/T 3327—2018	电信和互联网服务 用户个人信息保护技术要求 即时通信服务	行标	2019-4-1			设计、建设、运维	初设、施工图、施工工艺、验收与质量评定、试运行、运行、维护	信息	信息安全	
2031	104.7-174	YD/T 3362—2018	支持轻型双栈（DS-Lite）的RADIUS属性技术要求	行标	2019-4-1			规划、设计、建设、采购	规划、初设、施工图、施工工艺、招标、品控、验收与质量评定、试运行	信息	信息安全	
2032	104.7-175	YD/T 3367—2018	移动浏览器个人信息保护技术要求	行标	2019-4-1			设计、建设、运维	初设、施工图、施工工艺、验收与质量评定、试运行、运行、维护	信息	信息安全	
2033	104.7-176	YD/T 3384—2018	移动网络虚假主叫拦截系统技术要求	行标	2019-4-1			设计、建设、运维	初设、施工图、施工工艺、验收与质量评定、试运行、运行、维护	信息	信息安全	
2034	104.7-177	YD/T 3396—2018	宽带网络接入服务器支持WLAN接入的Portal认证协议技术要求	行标	2019-4-1			规划、设计、建设、采购	规划、初设、施工图、施工工艺、招标、品控、验收与质量评定、试运行	信息	信息安全	

序号	体系结构号	标准编号	标准名称	标准级别	实施日期	与国际标准对应关系	代替标准	阶段	分阶段	专业	分专业	备注
2035	104.7-178	YD/T 3407—2018	集装箱式互联网数据中心安全技术要求	行标	2019-4-1			设计、建设、运维	初设、施工图、施工工艺、验收与质量评定、试运行、运行、维护	信息	信息安全	
2036	104.7-179	YD/T 3411—2018	移动互联网环境下个人数据共享导则	行标	2019-4-1			设计、建设、运维	初设、施工图、施工工艺、验收与质量评定、试运行、运行、维护	信息	信息安全	
2037	104.7-180	YD/T 3437—2019	移动智能终端恶意推送信息判定技术要求	行标	2019-10-1			建设、修试	验收与质量评定、试验	信息	信息安全	
2038	104.7-181	YD/T 3438—2019	移动智能终端隐私窃取恶意行为判定技术要求	行标	2019-10-1			建设、修试	验收与质量评定、试验	信息	信息安全	
2039	104.7-182	YD/T 3445—2019	互联网接入服务信息安全管理系统操作指南	行标	2019-10-1			设计、建设、运维	初设、施工图、施工工艺、验收与质量评定、试运行、运行、维护	信息	信息安全	
2040	104.7-183	YD/T 3446—2019	信息即时交互服务信息安全技术要求	行标	2019-10-1			设计、建设、运维	初设、施工图、施工工艺、验收与质量评定、试运行、运行、维护	信息	信息安全	
2041	104.7-184	YD/T 3447—2019	联网软件源代码安全审计规范	行标	2019-10-1			设计、建设、运维	初设、施工图、施工工艺、验收与质量评定、试运行、运行、维护	信息	信息安全	
2042	104.7-185	YD/T 3448—2019	联网软件源代码漏洞分类及等级划分规范	行标	2019-10-1			设计、建设、运维	初设、施工图、施工工艺、验收与质量评定、试运行、运行、维护	信息	信息安全	

序号	体系结构号	标准编号	标准名称	标准级别	实施日期	与国际标准对应关系	代替标准	阶段	分阶段	专业	分专业	备注
2043	104.7-186	YD/T 3449—2019	木马和僵尸网络监测与处置系统企业侧平台检测要求	行标	2019-10-1			建设、修试	验收与质量评定、试验	信息	信息安全	
2044	104.7-187	YD/T 3450—2019	木马和僵尸网络监测与处置系统企业侧平台能力要求	行标	2019-10-1			设计、建设、运维	初设、施工图、施工工艺、验收与质量评定、试运行、运行、维护	信息	信息安全	
2045	104.7-188	YD/T 3453—2019	基于 eID 的多级数字身份管理技术参考框架	行标	2019-10-1			设计、建设、运维	初设、施工图、施工工艺、验收与质量评定、试运行、运行、维护	信息	信息安全	
2046	104.7-189	YD/T 3455—2019	基于 eID 的属性证明规范	行标	2019-10-1			设计、建设、运维	初设、施工图、施工工艺、验收与质量评定、试运行、运行、维护	信息	信息安全	
2047	104.7-190	YD/T 3457—2019	非 web 环境下联邦身份接入的应用桥接架构	行标	2019-10-1			设计、建设、运维	初设、施工图、施工工艺、验收与质量评定、试运行、运行、维护	信息	信息安全	
2048	104.7-191	YD/T 3458—2019	互联网码号资源公钥基础设施（RPKI）安全运行技术要求 数据安全威胁模型	行标	2019-10-1			设计、建设、运维	初设、施工图、施工工艺、验收与质量评定、试运行、运行、维护	信息	信息安全	
2049	104.7-192	YD/T 3459—2019	互联网码号资源公钥基础设施（RPKI）安全运行技术要求 密钥更替	行标	2019-10-1			设计、建设、运维	初设、施工图、施工工艺、验收与质量评定、试运行、运行、维护	信息	信息安全	

序号	体系结构号	标准编号	标准名称	标准级别	实施日期	与国际标准对应关系	代替标准	阶段	分阶段	专业	分专业	备注
2050	104.7-193	YD/T 3460—2019	互联网码号资源公钥基础设施（RPKI）联系人信息记录	行标	2019-10-1			设计、建设、运维	初设、施工图、施工工艺、验收与质量评定、试运行、运行、维护	信息	信息安全	
2051	104.7-194	YD/T 3462—2019	网页防篡改系统技术要求	行标	2019-10-1			设计、建设、运维	初设、施工图、施工工艺、验收与质量评定、试运行、运行、维护	信息	信息安全	
2052	104.7-195	YD/T 3463—2019	漏洞扫描系统通用技术要求	行标	2019-10-1			设计、建设、运维	初设、施工图、施工工艺、验收与质量评定、试运行、运行、维护	信息	信息安全	
2053	104.7-196	YD/T 3464—2019	联网软件安全编程规范	行标	2019-10-1			设计、建设、运维	初设、施工图、施工工艺、验收与质量评定、试运行、运行、维护	信息	信息安全	
2054	104.7-197	YD/T 3465—2019	应用防护增强型防火墙技术要求	行标	2019-10-1			设计、建设、运维	初设、施工图、施工工艺、验收与质量评定、试运行、运行、维护	信息	信息安全	
2055	104.7-198	YD/T 3466—2019	IPv6 接入网源地址验证技术要求	行标	2019-10-1			设计、建设、运维	初设、施工图、施工工艺、验收与质量评定、试运行、运行、维护	信息	信息安全	
2056	104.7-199	YD/T 3467—2019	安全的无线网状网（Mesh）自组织网络协议技术要求	行标	2019-10-1			设计、建设、运维	初设、施工图、施工工艺、验收与质量评定、试运行、运行、维护	信息	信息安全	

序号	体系结构号	标准编号	标准名称	标准级别	实施日期	与国际标准对应关系	代替标准	阶段	分阶段	专业	分专业	备注
2057	104.7-200	YD/T 3469—2019	移动通信网电路域通信管制技术要求	行标	2019-10-1			设计、建设、运维	初设、施工图、施工工艺、验收与质量评定、试运行、运行、维护	信息	信息安全	
2058	104.7-201	YD/T 3470—2019	面向公有云服务的文件数据安全标记规范	行标	2019-10-1			设计、建设、运维	初设、施工图、施工工艺、验收与质量评定、试运行、运行、维护	信息	信息安全	
2059	104.7-202	YD/T 3471—2019	公有云服务安全运营技术要求	行标	2019-10-1			设计、建设、运维	初设、施工图、施工工艺、验收与质量评定、试运行、运行、维护	信息	信息安全	
2060	104.7-203	YD/T 3473—2019	智慧城市 敏感信息定义及分类	行标	2019-10-1			设计、建设、运维	初设、施工图、施工工艺、验收与质量评定、试运行、运行、维护	信息	信息安全	
2061	104.7-204	YD/T 3474—2019	移动互联网应用程序安全加固能力评估要求与测试方法	行标	2019-10-1			建设、修试	验收与质量评定、试验	信息	信息安全	
2062	104.7-205	YD/T 3475—2019	移动互联网应用自律白名单资质评估方法	行标	2019-10-1			设计、建设、运维	初设、施工图、施工工艺、验收与质量评定、试运行、运行、维护	信息	信息安全	
2063	104.7-206	YD/T 3476—2019	移动互联网应用程序开发者数字证书管理平台技术要求	行标	2019-10-1			设计、建设、运维	初设、施工图、施工工艺、验收与质量评定、试运行、运行、维护	信息	信息安全	

序号	体系结构号	标准编号	标准名称	标准级别	实施日期	与国际标准对应关系	代替标准	阶段	分阶段	专业	分专业	备注
2064	104.7-207	YD/T 3477—2019	移动互联网恶意程序监测与处置系统企业侧平台检测要求	行标	2019-10-1			建设、修试	验收与质量评定、试验	信息	信息安全	
2065	104.7-208	YD/T 3478—2019	移动互联网恶意程序监测与处置系统企业侧平台能力要求	行标	2019-10-1			设计、建设、运维	初设、施工图、施工工艺、验收与质量评定、试运行、运行、维护	信息	信息安全	
2066	104.7-209	YD/T 3479—2019	移动智能终端在线软件应用商店信息安全管理要求	行标	2019-10-1			设计、建设、运维	初设、施工图、施工工艺、验收与质量评定、试运行、运行、维护	信息	信息安全	
2067	104.7-210	YD/T 3480—2019	移动智能终端在线软件应用商店信息安全技术要求	行标	2019-10-1			设计、建设、运维	初设、施工图、施工工艺、验收与质量评定、试运行、运行、维护	信息	信息安全	
2068	104.7-211	YD/T 3481—2019	移动终端应用开发安全能力评估方法	行标	2019-10-1			设计、建设、运维	初设、施工图、施工工艺、验收与质量评定、试运行、运行、维护	信息	信息安全	
2069	104.7-212	YD/T 3482—2019	基于移动网络流量的应用安全审计技术要求	行标	2019-10-1			建设、修试	验收与质量评定、试验	信息	信息安全	
2070	104.7-213	YD/T 3483—2019	移动智能终端恶意代码处理指南	行标	2019-10-1			设计、建设、运维	初设、施工图、施工工艺、验收与质量评定、试运行、运行、维护	信息	信息安全	
2071	104.7-214	YD/T 3485—2019	信息系统灾难恢复能力要求	行标	2019-10-1			设计、建设、运维	初设、施工图、施工工艺、验收与质量评定、试运行、运行、维护	信息	信息安全	

序号	体系结构号	标准编号	标准名称	标准级别	实施日期	与国际标准对应关系	代替标准	阶段	分阶段	专业	分专业	备注
2072	104.7-215	YD/T 3486—2019	灾难备份与恢复专业服务能力要求及评估方法	行标	2019-10-1			设计、建设、运维	初设、施工图、施工工艺、验收与质量评定、试运行、运行、维护	信息	信息安全	
2073	104.7-216	YD/T 3487.1—2019	互联网访问日志留存测试方法 第1部分:互联网服务提供商-有线	行标	2019-10-1			建设、修试	验收与质量评定、试验	信息	信息安全	
2074	104.7-217	YD/T 3487.2—2019	互联网访问日志留存测试方法 第2部分:互联网服务提供商-无线	行标	2019-10-1			建设、修试	验收与质量评定、试验	信息	信息安全	
2075	104.7-218	YD/T 3488—2019	信息安全管理系统技术手段测试 第三方服务机构能力认定准则	行标	2020-1-1			建设、修试	验收与质量评定、试验	信息	信息安全	
2076	104.7-219	YD/T 3489—2019	SDN 网络安全能力要求	行标	2020-1-1			设计、建设、运维	初设、施工图、施工工艺、验收与质量评定、试运行、运行、维护	信息	信息安全	
2077	104.7-220	YD/T 3490—2019	SDN 网络安全能力检测要求	行标	2020-1-1			建设、修试	验收与质量评定、试验	信息	信息安全	
2078	104.7-221	YD/T 3491—2019	视频监控系统网络安全评估指南	行标	2020-1-1			设计、建设、运维	初设、施工图、施工工艺、验收与质量评定、试运行、运行、维护	信息	信息安全	
2079	104.7-222	YD/T 3492—2019	视频监控系统网络安全技术要求	行标	2020-1-1			设计、建设、运维	初设、施工图、施工工艺、验收与质量评定、试运行、运行、维护	信息	信息安全	

序号	体系结构号	标准编号	标准名称	标准级别	实施日期	与国际标准对应关系	代替标准	阶段	分阶段	专业	分专业	备注
2080	104.7-223	YD/T 3493—2019	基于存储复制技术的数据灾备测试方法	行标	2020-1-1			建设、修试	验收与质量评定、试验	信息	信息安全	
2081	104.7-224	YD/T 3495—2019	移动互联网应用程序开发者数字证书管理平台接口规范	行标	2020-1-1			设计、建设、运维	初设、施工图、施工工艺、验收与质量评定、试运行、运行、维护	信息	信息安全	
2082	104.7-225	YD/T 3496—2019	Web 安全日志格式及共享接口规范	行标	2020-1-1			设计、建设、运维	初设、施工图、施工工艺、验收与质量评定、试运行、运行、维护	信息	信息安全	
2083	104.7-226	YD/T 3497—2019	移动互联网恶意软件云端联动治理体系技术要求	行标	2020-1-1			设计、建设、运维	初设、施工图、施工工艺、验收与质量评定、试运行、运行、维护	信息	信息安全	
2084	104.7-227	YD/T 3498—2019	互联网码号资源公钥基础设施（RPKI）安全运行技术要求 互联网码号资源本地化管理	行标	2020-1-1			设计、建设、运维	初设、施工图、施工工艺、验收与质量评定、试运行、运行、维护	信息	信息安全	
2085	104.7-228	YD/T 3499—2019	互联网码号资源公钥基础设施（RPKI）安全运行技术要求 证书策略与认证业务框架	行标	2020-1-1			设计、建设、运维	初设、施工图、施工工艺、验收与质量评定、试运行、运行、维护	信息	信息安全	
2086	104.7-229	YD/T 3500—2019	互联网码号资源公钥基础设施（RPKI）安全运行技术要求 资源包含关系验证	行标	2020-1-1			设计、建设、运维	初设、施工图、施工工艺、验收与质量评定、试运行、运行、维护	信息	信息安全	

序号	体系结构号	标准编号	标准名称	标准级别	实施日期	与国际标准对应关系	代替标准	阶段	分阶段	专业	分专业	备注
2087	104.7-230	YD/T 3501—2019	钓鱼网站监测与处置系统能力要求	行标	2020-1-1			设计、建设、运维	初设、施工图、施工工艺、验收与质量评定、试运行、运行、维护	信息	信息安全	
2088	104.7-231	YD/T 3502—2019	钓鱼仿冒网站判定技术要求	行标	2020-1-1			设计、建设、运维	初设、施工图、施工工艺、验收与质量评定、试运行、运行、维护	信息	信息安全	
2089	104.7-232	YD/T 3503—2019	互联网新技术新业务安全评估服务机构能力认定准则	行标	2020-1-1			建设、修试	验收与质量评定、试验	信息	信息安全	
2090	104.7-233	YD/T 3511—2019	灾备数据去重系统技术要求	行标	2020-1-1			设计、建设、运维	初设、施工图、施工工艺、验收与质量评定、试运行、运行、维护	信息	信息安全	
2091	104.7-234	YD/T 3530—2019	为移动通信终端提供互联网接入的设备安全能力技术要求	行标	2020-1-1			设计、建设、运维	初设、施工图、施工工艺、验收与质量评定、试运行、运行、维护	信息	信息安全	
2092	104.7-235	YD/T 3532—2019	移动应用身份认证总体技术要求	行标	2020-1-1			设计、建设、运维	初设、施工图、施工工艺、验收与质量评定、试运行、运行、维护	信息	信息安全	
2093	104.7-236	YD/T 3571—2019	受信 WLAN 接入移动核心网网络管理技术要求	行标	2020-1-1			规划、设计、采购、建设、运维、修试、退役	规划、初设、施工图、招标、品控、施工工艺、验收与质量评定、试运行、运行、维护、检修、试验、退役、报废	信息	信息安全	

序号	体系结构号	标准编号	标准名称	标准级别	实施日期	与国际标准对应关系	代替标准	阶段	分阶段	专业	分专业	备注
2094	104.7-237	YD/T 3584—2019	异构无线网络环境下的移动智能终端无线接入多模安全配置与增强要求	行标	2020-1-1			设计、建设、运维	初设、施工图、施工工艺、验收与质量评定、试运行、运行、维护	信息	信息安全	
2095	104.7-238	YD/T 3640—2020	个人移动智能终端在企业应用中的安全策略	行标	2020-7-1			设计、建设、运维	初设、施工图、施工工艺、验收与质量评定、试运行、运行、维护	信息	信息安全	
2096	104.7-239	YD/T 3644—2020	面向互联网的数据安全能力技术框架	行标	2020-7-1			建设、修试	验收与质量评定、试验	信息	信息安全	
2097	104.7-240	YD/T 3645—2020	账号、授权、认证和审计（4A）集中管理系统技术要求	行标	2020-7-1			设计、建设、运维	初设、施工图、施工工艺、验收与质量评定、试运行、运行、维护	信息	信息安全	
2098	104.7-241	YD/T 3646—2020	移动应用程序代码签名技术要求	行标	2020-7-1			设计、建设、运维	初设、施工图、施工工艺、验收与质量评定、试运行、运行、维护	信息	信息安全	
2099	104.7-242	YD/T 3647—2020	移动应用程序代码签名测试方法	行标	2020-7-1			设计、建设、运维	初设、施工图、施工工艺、验收与质量评定、试运行、运行、维护	信息	信息安全	
2100	104.7-243	YD/T 3656—2020	基于互联网的实人认证系统技术要求	行标	2020-7-1			设计、建设、运维	初设、施工图、施工工艺、验收与质量评定、试运行、运行、维护	信息	信息安全	

序号	体系结构号	标准编号	标准名称	标准级别	实施日期	与国际标准对应关系	代替标准	阶段	分阶段	专业	分专业	备注
2101	104.7-244	YD/T 3738—2020	互联网新技术新业务安全评估实施要求	行标	2020-10-1			设计、建设、运维	初设、施工图、施工工艺、验收与质量评定、试运行、运行、维护	信息	信息安全	
2102	104.7-245	YD/T 3747—2020	区块链技术架构安全要求	行标	2020-10-1			设计、建设、运维	初设、施工图、施工工艺、验收与质量评定、试运行、运行、维护	信息	信息安全	
2103	104.7-246	YD/T 3865—2021	工业互联网数据安全保护要求	行标	2021-7-1			建设、运维	施工工艺、验收与质量评定、试运行、运行、维护	信息	信息安全	
2104	104.7-247	YD/T 3896—2021	网络功能虚拟化（NFV）配置管理技术要求	行标	2021-7-1			设计、建设、运维	初设、施工图、施工工艺、验收与质量评定、运行、维护	信息	信息应用	
2105	104.7-248	YD/T 3897—2021	网络功能虚拟化（NFV）生命周期管理技术要求	行标	2021-7-1			设计、建设、运维	初设、施工图、施工工艺、验收与质量评定、运行、维护	信息	信息应用	
2106	104.7-249	YD/T 3900—2021	IP 源地址验证技术要求 框架	行标	2021-7-1			建设、运维	施工工艺、验收与质量评定、试运行、运行、维护	信息	信息安全	
2107	104.7-250	YD/T 3949—2021	物联网卡安全管理技术要求	行标	2022-4-1			建设、运维	施工工艺、验收与质量评定、试运行、运行、维护	信息	信息安全	
2108	104.7-251	YD/T 3950—2021	物联网卡安全监测与管理平台协同处置接口规范	行标	2022-4-1			建设、运维	施工工艺、验收与质量评定、试运行、运行、维护	信息	信息安全	

序号	体系结构号	标准编号	标准名称	标准级别	实施日期	与国际标准对应关系	代替标准	阶段	分阶段	专业	分专业	备注
2109	104.7-252	YD/T 3952—2021	信息通信行业视频监控系统安全检测工具技术规范	行标	2022-4-1			建设、运维	施工工艺、验收与质量评定、试运行、运行、维护	信息	信息安全	
2110	104.7-253	YD/T 3955—2021	WEB 漏洞分类与定义指南	行标	2022-4-1			建设、运维	施工工艺、验收与质量评定、试运行、运行、维护	信息	信息安全	
2111	104.7-254	YD/T 3956—2021	电信网和互联网数据安全评估规范	行标	2022-4-1			建设、运维	施工工艺、验收与质量评定、试运行、运行、维护	信息	信息安全	
2112	104.7-255	YD/T 4058—2022	电信网和互联网安全防护基线配置要求和检测要求 大数据组件	行标	2022-7-1			建设、运维	施工工艺、验收与质量评定、试运行、运行、维护	信息	信息安全	
2113	104.7-256	YD/T 4061—2022	面向网络交易欺诈事件的数据交换格式	行标	2022-7-1			建设、运维	施工工艺、验收与质量评定、试运行、运行、维护	信息	信息安全	
2114	104.7-257	YD/T 4064—2022	移动设备用户身份免密认证技术要求	行标	2022-7-1			建设、运维	施工工艺、验收与质量评定、试运行、运行、维护	信息	信息安全	
2115	104.7-258	YD/T 4065—2022	移动终端可信环境安全评估方法	行标	2022-7-1			建设、运维	施工工艺、验收与质量评定、试运行、运行、维护	信息	信息安全	
2116	104.7-259	YD/T 4090—2022	面向移动支付二维码可信服务系统总体技术要求	行标	2023-01-01			建设、运维	施工工艺、验收与质量评定、试运行、运行、维护	信息	信息安全	
2117	104.7-260	YD/T 4099—2022	基于oneM2M的物联网服务层安全	行标	2023-01-01			建设、运维	施工工艺、验收与质量评定、试运行、运行、维护	信息	信息安全	

序号	体系结构号	标准编号	标准名称	标准级别	实施日期	与国际标准对应关系	代替标准	阶段	分阶段	专业	分专业	备注
2118	104.7-261	YD/T 4119—2022	基于 DHCPv4 over DHCPv6 的租约查询技术要求	行标	2023-01-01			设计、建设、运维	初设、施工图、施工工艺、验收与质量评定、运行、维护	信息	信息应用	
2119	104.7-262	YD/T 4122—2022	智能型通信网络 支持云服务的技术要求	行标	2023-01-01			设计、建设、运维	初设、施工图、施工工艺、验收与质量评定、运行、维护	信息	信息应用	
2120	104.7-263	YD/T 4132—2022	物联网基础安全 基于公用电信网的宽带客户智能网关安全分级分类管理技术要求	行标	2023-01-01			建设、运维	施工工艺、验收与质量评定、试运行、运行、维护	信息	信息安全	
2121	104.7-264	YD/T 4133—2022	面向低功耗蜂窝网的物联网终端安全能力技术要求	行标	2023-01-01			建设、运维	施工工艺、验收与质量评定、试运行、运行、维护	信息	信息安全	
2122	104.7-265	YD/T 4146—2022	基于 FDN 的骨干网 IP 层与光层协同中 IP 层技术要求	行标	2023-01-01			设计、建设、运维	初设、施工图、施工工艺、验收与质量评定、运行、维护	信息	信息应用	
2123	104.7-266	YD/T 5177—2009	互联网网络安全设计暂行规定	行标	2009-5-1			设计、建设、运维	初设、施工图、施工工艺、验收与质量评定、试运行、运行、维护	信息	信息安全	
2124	104.7-267	YD/T 5202—2015	移动通信基站安全防护技术暂行规定	行标	2015-7-1			设计、建设、运维	初设、施工图、施工工艺、验收与质量评定、试运行、运行、维护	信息	信息安全	

序号	体系结构号	标准编号	标准名称	标准级别	实施日期	与国际标准对应关系	代替标准	阶段	分阶段	专业	分专业	备注
2125	104.7-268	GB 4943.1—2022	信息技术设备安全 第1部分：通用要求	国标	2023-8-1	IEC 60950-1:2005，MOD	GB 4943.1—2011	规划、设计、采购、建设、运维、修试、退役	规划、初设、施工图、招标、品控、施工工艺、验收与质量评定、试运行、运行、维护、检修、试验、退役、报废	信息	信息安全	
2126	104.7-269	GB 4943.21—2019	信息技术设备安全 第21部分：远程馈电	国标	2020-7-1			规划、建设、运维	规划、施工工艺、验收与质量评定、运行、维护	信息	信息安全	
2127	104.7-270	GB 17859—1999	计算机信息系统 安全保护等级划分准则	国标	2001-1-1	DoD 5200.28-STD，REF；NCSC-TG-005，REF		规划、设计、采购、建设、运维、修试、退役	规划、初设、施工图、招标、品控、施工工艺、验收与质量评定、试运行、运行、维护、检修、试验、退役、报废	信息	信息安全	
2128	104.7-271	GB 40050—2021	网络关键设备安全通用要求	国标	2021-8-1			规划、采购、建设、运维、修试、退役	规划、招标、品控、施工工艺、验收与质量评定、试运行、运行、维护、检修、试验、退役、报废	信息	信息安全	
2129	104.7-272	GB/T 9361—2011	计算机场地安全要求	国标	2012-5-1		GB 9361—1988	设计、建设、运维	初设、施工图、施工工艺、验收与质量评定、试运行、运行、维护	信息	信息安全	
2130	104.7-273	GB/T 9387.2—1995	信息处理系统 开放系统互连基本参考模型 第2部分：安全体系结构	国标	1996-2-1	ISO 7498-2:1989，IDT		规划、设计、建设	规划、初设、施工图、施工工艺、验收与质量评定、试运行	信息	信息安全	

序号	体系结构号	标准编号	标准名称	标准级别	实施日期	与国际标准对应关系	代替标准	阶段	分阶段	专业	分专业	备注
2131	104.7-274	GB/T 15843.1—2017	信息技术 安全技术 实体鉴别 第1部分:总则	国标	2018-7-1	ISO/IEC 9798-1:2010	GB/T 15843.1—2008	规划、设计、采购、建设、运维、修试、退役	规划、初设、施工图、招标、品控、施工工艺、验收与质量评定、试运行、运行、维护、检修、试验、退役、报废	信息	信息安全	
2132	104.7-275	GB/T 15843.2—2017	信息技术 安全技术 实体鉴别 第2部分:采用对称加密算法的机制	国标	2018-7-1	ISO/IEC 9798-2:2008	GB/T 15843.2—2008	设计、建设、运维	初设、施工图、施工工艺、验收与质量评定、试运行、运行、维护	信息	信息安全	
2133	104.7-276	GB/T 15843.3—2023	信息技术 安全技术 实体鉴别 第3部分:采用数字签名技术的机制	国标	2023-3-17	ISO/IEC 9798-3:1998,IDT	GB/T 15843.3—2016	设计、建设、运维	初设、施工图、施工工艺、验收与质量评定、试运行、运行、维护	信息	信息安全	
2134	104.7-277	GB/T 15843.6—2018	信息技术 安全技术 实体鉴别 第6部分:采用人工数据传递的机制	国标	2019-4-1			设计、建设、运维	初设、施工图、施工工艺、验收与质量评定、试运行、运行、维护	信息	信息安全	
2135	104.7-278	GB/T 15851.3—2018	信息技术 安全技术 带消息恢复的数字签名方案 第3部分:基于离散对数的机制	国标	2019-7-1		GB/T 15851—1995	设计、建设、运维	初设、施工图、施工工艺、验收与质量评定、试运行、运行、维护	信息	信息安全	
2136	104.7-279	GB/T 15852.1—2020	信息技术 安全技术 消息鉴别码 第1部分:采用分组密码的机制	国标	2021-7-1		GB/T 15852.1—2008	设计、建设、运维	初设、施工图、施工工艺、验收与质量评定、试运行、运行、维护	信息	信息安全	

序号	体系结构号	标准编号	标准名称	标准级别	实施日期	与国际标准对应关系	代替标准	阶段	分阶段	专业	分专业	备注
2137	104.7-280	GB/T 15852.3—2019	信息技术 安全技术 消息鉴别码 第3部分:采用泛杂凑函数的机制	国标	2020-3-1			设计、建设、运维	初设、施工图、施工工艺、验收与质量评定、试运行、运行、维护	信息	信息安全	
2138	104.7-281	GB/T 17143.7—1997	信息技术 开放系统互连 系统管理 第7部分:安全告警报告功能	国标	1998-8-1	ISO/IEC 10164-7:1992,IDT		设计、建设、运维	初设、施工图、施工工艺、验收与质量评定、试运行、运行、维护	信息	信息安全	
2139	104.7-282	GB/T 17901.1—2020	信息技术 安全技术 密钥管理 第1部分:框架	国标	2020-10-1		GB/T 17901.1—1999	设计、建设、运维	初设、施工图、施工工艺、验收与质量评定、试运行、运行、维护	信息	信息安全	
2140	104.7-283	GB/T 17902.1—2023	信息技术 安全技术 带附录的数字签名 第1部分:概述	国标	2023-3-17			建设、运维	施工工艺、验收与质量评定、试运行、运行、维护	信息	信息安全	
2141	104.7-284	GB/T 17901.3—2021	信息技术 安全技术 密钥管理 第3部分:采用非对称技术的机制	国标	2021-10-1			建设、运维	施工工艺、验收与质量评定、试运行、运行、维护	信息	信息安全	
2142	104.7-285	GB/T 17902.2—2005	信息技术 安全技术 带附录的数字签名 第2部分:基于身份的机制	国标	2005-10-1	ISO/IEC 14888-2:1999,IDT		设计、建设、运维	初设、施工图、施工工艺、验收与质量评定、试运行、运行、维护	信息	信息安全	
2143	104.7-286	GB/T 17902.3—2005	信息技术 安全技术 带附录的数字签名 第3部分:基于证书的机制	国标	2005-10-1	ISO/IEC 14888-3:1998,IDT		设计、建设、运维	初设、施工图、施工工艺、验收与质量评定、试运行、运行、维护	信息	信息安全	

序号	体系结构号	标准编号	标准名称	标准级别	实施日期	与国际标准对应关系	代替标准	阶段	分阶段	专业	分专业	备注
2144	104.7-287	GB/T 17903.2—2021	信息技术 安全技术 抗抵赖 第2部分:采用对称技术的机制	国标	2022-5-1		GB/T 17903.2—2008	设计、建设、运维	初设、验收与质量评定、运行	调度及二次	电力监控系统网络安全	
2145	104.7-288	GB/T 17964—2021	信息安全技术 分组密码算法的工作模式	国标	2022-5-1		GB/T 17964—2008	建设、运维	施工工艺、验收与质量评定、试运行、运行、维护	信息	信息安全	
2146	104.7-289	GB/T 18018—2019	信息安全技术 路由器安全技术要求	国标	2020-3-1		GB/T 18018—2007	设计、采购、建设、运维	初设、施工图、招标、品控、施工工艺、验收与质量评定、试运行、运行、维护	信息	信息安全	
2147	104.7-290	GB/T 18336.1—2015	信息技术 安全技术 信息技术安全评估准则 第1部分:简介和一般模型	国标	2016-1-1	ISO/IEC 15408-1:2009, IDT	GB/T 18336.1—2008	运维、修试	运行、维护、试验	信息	信息安全	
2148	104.7-291	GB/T 18336.2—2015	信息技术 安全技术 信息技术安全评估准则 第2部分:安全功能组件	国标	2016-1-1	ISO/IEC 15408-2:2008, IDT	GB/T 18336.2—2008	运维、修试	运行、维护、试验	信息	信息安全	
2149	104.7-292	GB/T 18336.3—2015	信息技术 安全技术 信息技术安全评估准则 第3部分:安全保障组件	国标	2016-1-1	ISO/IEC 15408-3:2008, IDT	GB/T 18336.3—2008	运维、修试	运行、维护、试验	信息	信息安全	
2150	104.7-293	GB/T 19713—2005	信息技术 安全技术 公钥基础设施 在线证书状态协议	国标	2005-10-1	IETF RFC2560, NEQ		设计、采购、建设、运维	初设、施工图、招标、品控、施工工艺、验收与质量评定、试运行、运行、维护	信息	信息安全	

序号	体系结构号	标准编号	标准名称	标准级别	实施日期	与国际标准对应关系	代替标准	阶段	分阶段	专业	分专业	备注
2151	104.7-294	GB/T 19714—2005	信息技术 安全技术 公钥基础设施 证书管理协议	国标	2005-10-1	IETF RFC2510，NEQ		设计、采购、建设、运维	初设、施工图、招标、品控、施工工艺、验收与质量评定、试运行、运行、维护	信息	信息安全	
2152	104.7-295	GB/T 19771—2005	信息技术 安全技术 公钥基础设施 PKI组件最小互操作规范	国标	2005-12-1			设计、建设、运维	初设、施工图、施工工艺、验收与质量评定、试运行、运行、维护	信息	信息安全	
2153	104.7-296	GB/T 20008—2005	信息安全技术 操作系统安全评估准则	国标	2006-5-1			建设、修试	验收与质量评定、试验	信息	信息安全	
2154	104.7-297	GB/T 20009—2019	信息安全技术 数据库管理系统安全评估准则	国标	2020-3-1		GB/T 20009—2005	建设、修试	验收与质量评定、试验	信息	信息安全	
2155	104.7-298	GB/T 20011—2005	信息安全技术 路由器安全评估准则	国标	2006-5-1			建设、修试	验收与质量评定、试验	信息	信息安全	
2156	104.7-299	GB/T 20261—2020	信息安全技术 系统安全工程能力成熟度模型	国标	2021-6-1		GB/T 20261—2006	建设、修试	验收与质量评定、试验	信息	信息安全	
2157	104.7-300	GB/T 20269—2006	信息安全技术 信息系统安全管理要求	国标	2006-12-1			运维	运行、维护	信息	信息安全	
2158	104.7-301	GB/T 20270—2006	信息安全技术 网络基础安全技术要求	国标	2006-12-1			设计、建设、运维	初设、施工图、施工工艺、验收与质量评定、试运行、运行、维护	信息	信息安全	
2159	104.7-302	GB/T 20271—2006	信息安全技术 信息系统通用安全技术要求	国标	2006-12-1			设计、建设、运维	初设、施工图、施工工艺、验收与质量评定、试运行、运行、维护	信息	信息安全	

序号	体系结构号	标准编号	标准名称	标准级别	实施日期	与国际标准对应关系	代替标准	阶段	分阶段	专业	分专业	备注
2160	104.7-303	GB/T 20272—2019	信息安全技术操作系统安全技术要求	国标	2020-3-1		GB/T 20272—2006	设计、建设、运维	初设、施工图、施工工艺、验收与质量评定、试运行、运行、维护	信息	信息安全	
2161	104.7-304	GB/T 20273—2019	信息安全技术数据库管理系统安全技术要求	国标	2020-3-1		GB/T 20273—2006	设计、建设、运维	初设、施工图、施工工艺、验收与质量评定、试运行、运行、维护	信息	信息安全	
2162	104.7-305	GB/T 20274.1—2023	信息安全技术信息系统安全保障评估框架 第1部分：简介和一般模型	国标	2023-3-17		GB/T 20274.1—2006	建设、修试	验收与质量评定、试验	信息	信息安全	
2163	104.7-306	GB/T 20274.2—2008	信息安全技术信息系统安全保障评估框架 第2部分：技术保障	国标	2008-12-1			建设、修试	验收与质量评定、试验	信息	信息安全	
2164	104.7-307	GB/T 20274.3—2008	信息安全技术信息系统安全保障评估框架 第3部分：管理保障	国标	2008-12-1			建设、修试	验收与质量评定、试验	信息	信息安全	
2165	104.7-308	GB/T 20274.4—2008	信息安全技术信息系统安全保障评估框架 第4部分：工程保障	国标	2008-12-1			建设、修试	验收与质量评定、试验	信息	信息安全	
2166	104.7-309	GB/T 20275—2021	信息安全技术网络入侵检测系统技术要求和测试评价方法	国标	2022-5-1		GB/T 20275—2013	建设、修试	验收与质量评定、试验	信息	信息安全	
2167	104.7-310	GB/T 20276—2016	信息安全技术具有中央处理器的IC卡嵌入式软件安全技术要求	国标	2017-3-1		GB/T 20276—2006	设计、建设、运维	初设、施工图、施工工艺、验收与质量评定、试运行、运行、维护	信息	信息安全	

序号	体系结构号	标准编号	标准名称	标准级别	实施日期	与国际标准对应关系	代替标准	阶段	分阶段	专业	分专业	备注
2168	104.7-311	GB/T 20277—2015	信息安全技术网络和终端隔离产品测试评价方法	国标	2016-1-1		GB/T 20277—2006	建设、修试	验收与质量评定、试验	信息	信息安全	
2169	104.7-312	GB/T 20278—2022	信息安全技术网络脆弱性扫描产品安全技术要求和测试评价方法	国标	2022-10-1		GB/T 20278—2013、GB/T 20280—2006	设计、建设、运维	初设、施工图、施工工艺、验收与质量评定、试运行、运行、维护	信息	信息安全	
2170	104.7-313	GB/T 20279—2015	信息安全技术网络和终端隔离产品安全技术要求	国标	2016-1-1		GB/T 20279—2006	设计、建设、运维	初设、施工图、施工工艺、验收与质量评定、试运行、运行、维护	信息	信息安全	
2171	104.7-314	GB/T 20281—2020	信息安全技术WEB应用防火墙安全技术要求与测试评价方法	国标	2020-11-1		GB/T 20281—2015	设计、建设、运维、修试	初设、施工图、施工工艺、验收与质量评定、试运行、运行、维护、试验	信息	信息安全	
2172	104.7-315	GB/T 20282—2006	信息安全技术信息系统安全工程管理要求	国标	2006-12-1			建设、运维	施工工艺、验收与质量评定、试运行、运行、维护	信息	信息安全	
2173	104.7-316	GB/T 20283—2020	信息安全技术保护轮廓和安全目标的产生指南	国标	2021-4-1	ISO/IEC TR 15446:2004	GB/Z 20283—2006	建设、运维	施工工艺、验收与质量评定、试运行、运行、维护	信息	信息安全	
2174	104.7-317	GB/T 20518—2018	信息安全技术公钥基础设施数字证书格式	国标	2019-1-1		GB/T 20518—2006	规划、设计、采购、建设、运维、修试、退役	规划、初设、施工图、招标、品控、施工工艺、验收与质量评定、试运行、运行、维护、检修、试验、退役、报废	信息	信息安全	

序号	体系结构号	标准编号	标准名称	标准级别	实施日期	与国际标准对应关系	代替标准	阶段	分阶段	专业	分专业	备注
2175	104.7-318	GB/T 20520—2006	信息安全技术 公钥基础设施 时间戳规范	国标	2007-2-1			设计、建设、运维	初设、施工图、施工工艺、验收与质量评定、试运行、运行、维护	信息	信息安全	
2176	104.7-319	GB/T 20945—2013	信息安全技术 信息系统安全审计产品技术要求和测试评价方法	国标	2014-7-15		GB/T 20945—2007	设计、建设、运维、修试	初设、施工图、施工工艺、验收与质量评定、试运行、运行、维护、试验	信息	信息安全	
2177	104.7-320	GB/T 20979—2019	信息安全技术 虹膜识别系统技术要求	国标	2020-3-1		GB/T 20979—2007	设计、建设、运维、修试	初设、施工图、施工工艺、验收与质量评定、试运行、运行、维护、试验	信息	信息安全	
2178	104.7-321	GB/T 20984—2022	信息安全技术 信息安全风险评估规范	国标	2022-11-1		GB/T 20984—2007	建设、运维	验收与质量评定、运行、维护	信息	信息安全	
2179	104.7-322	GB/T 20985.1—2017	信息技术 安全技术 信息安全事件管理 第1部分：事件管理原理	国标	2018-7-1	ISO/IEC 27035-1:2016	GB/T 20985—2007	运维	运行、维护	信息	信息安全	
2180	104.7-323	GB/T 20985.2—2020	信息技术 安全技术 信息安全事件管理 第2部分：事件响应规划和准备指南	国标	2021-7-1			运维	运行、维护	信息	信息安全	
2181	104.7-324	GB/T 20986—2007	信息安全技术 信息安全事件分类分级指南	国标	2007-11-1			运维	运行、维护	信息	信息安全	
2182	104.7-325	GB/T 20988—2007	信息安全技术 信息系统灾难恢复规范	国标	2007-11-1			设计、建设、运维	初设、施工图、施工工艺、验收与质量评定、试运行、运行、维护	信息	信息安全	

序号	体系结构号	标准编号	标准名称	标准级别	实施日期	与国际标准对应关系	代替标准	阶段	分阶段	专业	分专业	备注
2183	104.7-326	GB/T 21050—2019	信息安全技术 网络交换机安全技术要求	国标	2020-3-1		GB/T 21050—2007	设计、建设、运维	初设、施工图、施工工艺、验收与质量评定、试运行、运行、维护	信息	信息安全	
2184	104.7-327	GB/T 21052—2007	信息安全技术 信息系统物理安全技术要求	国标	2008-1-1			设计、建设、运维	初设、施工图、施工工艺、验收与质量评定、试运行、运行、维护	信息	信息安全	
2185	104.7-328	GB/T 21053—2023	信息安全技术 公钥基础设施 PKI 系统安全技术要求	国标	2023-3-17		GB/T 21053—2007	设计、建设、运维	初设、施工图、施工工艺、验收与质量评定、试运行、运行、维护	信息	信息安全	
2186	104.7-329	GB/T 21054—2023	信息安全技术 公钥基础设施 PKI 系统安全测评方法	国标	2023-3-17		GB/T 21054—2007	建设、修试	验收与质量评定、试验	信息	信息安全	
2187	104.7-330	GB/T 22080—2016	信息技术 安全技术 信息安全管理体系 要求	国标	2017-3-1	ISO/IEC 27001:2013	GB/T 22080—2008	规划、设计、采购、建设、运维、修试、退役	规划、初设、施工图、招标、品控、施工工艺、验收与质量评定、试运行、运行、维护、检修、试验、退役、报废	信息	信息安全	
2188	104.7-331	GB/T 22081—2016	信息技术 安全技术 信息安全控制实践指南	国标	2017-3-1	ISO/IEC 27002:2013	GB/T 22081—2008	运维	运行、维护	信息	信息安全	
2189	104.7-332	GB/T 22186—2016	信息安全技术 具有中央处理器的 IC 卡芯片安全技术要求	国标	2017-3-1		GB/T 22186—2008	设计、建设、运维	初设、施工图、施工工艺、验收与质量评定、试运行、运行、维护	信息	信息安全	

序号	体系结构号	标准编号	标准名称	标准级别	实施日期	与国际标准对应关系	代替标准	阶段	分阶段	专业	分专业	备注
2190	104.7-333	GB/T 22239—2019	信息安全技术信息系统安全等级保护基本要求	国标	2019-12-1		GB/T 22239—2008	规划、设计、采购、建设、运维	规划、初设、施工图、招标、品控、施工工艺、验收与质量评定、试运行、运行、维护	信息	信息安全	
2191	104.7-334	GB/T 22240—2020	信息安全技术网络安全等级保护定级指南	国标	2020-11-1		GB/T 22240—2008	设计、采购、建设、运维	初设、施工图、招标、品控、施工工艺、验收与质量评定、试运行、运行、维护	信息	信息安全	
2192	104.7-335	GB/T 24364—2009	信息安全技术信息安全风险管理指南	国标	2009-12-1			运维	运行、维护	信息	信息安全	
2193	104.7-336	GB/T 25056—2018	信息安全技术证书认证系统密码及其相关安全技术规范	国标	2019-1-1		GB/T 25056—2010	设计、建设、运维	初设、施工图、施工工艺、验收与质量评定、试运行、运行、维护	信息	信息安全	
2194	104.7-337	GB/T 25058—2019	信息安全技术网络安全等级保护实施指南	国标	2020-3-1			设计、采购、建设、运维	初设、施工图、招标、品控、施工工艺、验收与质量评定、试运行、运行、维护	信息	信息安全	
2195	104.7-338	GB/T 25061—2020	信息安全技术XML数字签名语法与处理规范	国标	2021-6-1		GB/T 25061—2010	设计、采购、建设、运维	初设、施工图、招标、品控、施工工艺、验收与质量评定、试运行、运行、维护	信息	信息安全	
2196	104.7-339	GB/T 25066—2020	信息安全技术信息安全产品类别与代码	国标	2020-11-1		GB/T 25066—2010	规划、设计、采购、建设、运维、修试、退役	规划、初设、施工图、招标、品控、施工工艺、验收与质量评定、试运行、运行、维护、检修、试验、退役、报废	信息	信息安全	

序号	体系结构号	标准编号	标准名称	标准级别	实施日期	与国际标准对应关系	代替标准	阶段	分阶段	专业	分专业	备注
2197	104.7-340	GB/T 25067—2020	信息技术 安全技术 信息安全管理体系审核和认证机构要求	国标	2020-11-1	ISO/IEC 27006:2015	GB/T 25067—2016	采购、建设、运维	招标、品控、施工工艺、验收与质量评定、试运行、运行、维护	信息	信息安全	
2198	104.7-341	GB/T 25068.1—2020	信息技术 安全技术 网络安全 第1部分:综述和概念	国标	2021-6-1		GB/T 25068.1—2012	采购、建设、运维	招标、品控、施工工艺、验收与质量评定、试运行、运行、维护	信息	信息安全	
2199	104.7-342	GB/T 25068.2—2020	信息技术 安全技术 网络安全 第2部分:网络安全设计和实现指南	国标	2021-6-1		GB/T 25068.2—2012	采购、建设、运维	招标、品控、施工工艺、验收与质量评定、试运行、运行、维护	信息	信息安全	
2200	104.7-343	GB/T 25068.3—2022	信息技术 安全技术 IT网络安全 第4部分:远程接入的安全保护	国标	2023-5-1		GB/T 25068.4—2010	采购、建设、运维	招标、品控、施工工艺、验收与质量评定、试运行、运行、维护	信息	信息安全	
2201	104.7-344	GB/T 25068.4—2022	信息技术 安全技术 IT网络安全 第3部分:使用安全网关的网间通信安全保护	国标	2023-5-1		GB/T 25068.3—2010	采购、建设、运维	招标、品控、施工工艺、验收与质量评定、试运行、运行、维护	信息	信息安全	
2202	104.7-345	GB/T 25068.5—2021	信息技术 安全技术 网络安全 第5部分:使用虚拟专用网的跨网通信安全保护	国标	2021-10-1		GB/T 25068.5—2010	采购、建设、运维	招标、品控、施工工艺、验收与质量评定、试运行、运行、维护	信息	信息安全	
2203	104.7-346	GB/T 25070—2019	信息安全技术 信息系统等级保护安全设计技术要求	国标	2019-12-1		GB/T 25070—2010	设计、建设、运维	初设、施工图、施工工艺、验收与质量评定、试运行、运行、维护	信息	信息安全	

序号	体系结构号	标准编号	标准名称	标准级别	实施日期	与国际标准对应关系	代替标准	阶段	分阶段	专业	分专业	备注
2204	104.7-347	GB/T 28448—2019	信息安全技术 信息系统安全等级保护测评要求	国标	2019-12-1		GB/T 28448—2012	建设	验收与质量评定	信息	信息安全	
2205	104.7-348	GB/T 28449—2018	信息安全技术 网络安全等级保护测评过程指南	国标	2019-7-1		GB/T 28449—2012	建设	验收与质量评定	信息	信息安全	
2206	104.7-349	GB/T 28450—2020	信息技术 安全技术 信息安全管理体系审核指南	国标	2021-7-1		GB/T 28450—2012	建设	验收与质量评定	信息	信息安全	
2207	104.7-350	GB/T 28452—2012	信息安全技术 应用软件系统通用安全技术要求	国标	2012-10-1			设计、建设、运维	初设、施工图、施工工艺、验收与质量评定、试运行、运行、维护	信息	信息安全	
2208	104.7-351	GB/T 28453—2012	信息安全技术 信息系统安全管理评估要求	国标	2012-10-1			建设	验收与质量评定	信息	信息安全	
2209	104.7-352	GB/T 28454—2020	信息技术 安全技术 入侵检测和防御系统（IDPS）的选择、部署和操作	国标	2020-11-1		GB/T 28454—2012	建设	验收与质量评定	信息	信息安全	
2210	104.7-353	GB/T 28458—2020	信息安全技术 网络安全漏洞标识与描述规范	国标	2021-6-1		GB/T 28458—2012	规划、设计、采购、建设、运维	规划、初设、施工图、招标、品控、施工工艺、验收与质量评定、试运行、运行、维护	信息	信息安全	
2211	104.7-354	GB/T 29240—2012	信息安全技术 终端计算机通用安全技术要求与测试评价方法	国标	2013-6-1			设计、建设、运维	初设、施工图、施工工艺、验收与质量评定、试运行、运行、维护	信息	信息安全	

序号	体系结构号	标准编号	标准名称	标准级别	实施日期	与国际标准对应关系	代替标准	阶段	分阶段	专业	分专业	备注
2212	104.7-355	GB/T 29246—2017	信息技术 安全技术 信息安全管理体系 概述和词汇	国标	2018-7-1	ISO/IEC 27000:2016	GB/T 29246—2012	规划、设计、采购、建设、运维	规划、初设、施工图、招标、品控、施工工艺、验收与质量评定、试运行、运行、维护	信息	信息安全	
2213	104.7-356	GB/T 29765—2021	信息安全技术 数据备份与恢复产品技术要求与测试评价方法	国标	2022-5-1		GB/T 29765—2013	规划、采购、建设、运维	规划、招标、品控、施工工艺、验收与质量评定、试运行、运行、维护	信息	信息安全	
2214	104.7-357	GB/T 29766—2021	信息安全技术 网站数据恢复产品技术要求与测试评价方法	国标	2022-5-1		GB/T 29766—2013	规划、采购、建设、运维	规划、招标、品控、施工工艺、验收与质量评定、试运行、运行、维护	信息	信息安全	
2215	104.7-358	GB/T 29767—2013	信息安全技术 公钥基础设施 桥CA体系证书分级规范	国标	2014-5-1			建设、运维	施工工艺、验收与质量评定、试运行、运行、维护	信息	信息安全	
2216	104.7-359	GB/T 29799—2013	网页内容可访问性指南	国标	2014-5-1			规划、设计、采购、建设、运维	规划、初设、施工图、招标、品控、施工工艺、验收与质量评定、试运行、运行、维护	信息	信息安全	
2217	104.7-360	GB/T 29827—2013	信息安全技术 可信计算规范 可信平台主板功能接口	国标	2014-2-1			设计、建设、运维	初设、施工图、施工工艺、验收与质量评定、试运行、运行、维护	信息	信息安全	
2218	104.7-361	GB/T 29828—2013	信息安全技术 可信计算规范 可信连接架构	国标	2014-2-1			设计、建设	初设、施工图、施工工艺、验收与质量评定、试运行	信息	信息安全	

序号	体系结构号	标准编号	标准名称	标准级别	实施日期	与国际标准对应关系	代替标准	阶段	分阶段	专业	分专业	备注
2219	104.7-362	GB/T 29829—2022	信息安全技术可信计算密码支撑平台功能与接口规范	国标	2022-11-1		GB/T 29829—2013	设计、建设、运维	初设、施工图、施工工艺、验收与质量评定、试运行、运行、维护	信息	信息安全	
2220	104.7-363	GB/T 29830.1—2013	信息技术 安全技术 信息技术安全保障框架 第1部分：综述和框架	国标	2014-2-1	ISO/IEC TR 15443-1：2005，IDT		设计、建设	初设、施工图、施工工艺、验收与质量评定、试运行	信息	信息安全	
2221	104.7-364	GB/T 29830.2—2013	信息技术 安全技术 信息技术安全保障框架 第2部分：保障方法	国标	2014-2-1	ISO/IEC TR 15443-2：2005，IDT		设计、建设	初设、施工图、施工工艺、验收与质量评定、试运行	信息	信息安全	
2222	104.7-365	GB/T 29830.3—2013	信息技术 安全技术 信息技术安全保障框架 第3部分：保障方法分析	国标	2014-2-1	ISO/IEC TR 15443-3：2007，IDT		设计、建设	初设、施工图、施工工艺、验收与质量评定、试运行	信息	信息安全	
2223	104.7-366	GB/T 29861—2013	IPTV安全体系架构	国标	2014-2-1			规划、设计、采购、建设、运维	规划、初设、施工图、招标、品控、施工工艺、验收与质量评定、试运行、运行、维护	信息	信息安全	
2224	104.7-367	GB/T 30269.807—2018	信息技术 传感器网络 第807部分：测试：网络传输安全	国标	2019-4-1			建设、修试	验收与质量评定、试验	信息	信息安全	
2225	104.7-368	GB/T 30270—2013	信息技术 安全技术 信息技术安全性评估方法	国标	2014-7-15	ISO/IEC 18045:2005，IDT		建设、修试	验收与质量评定、试验	信息	信息安全	
2226	104.7-369	GB/T 30271—2013	信息安全技术 信息安全服务能力评估准则	国标	2014-7-15			建设、修试	验收与质量评定、试验	信息	信息安全	

序号	体系结构号	标准编号	标准名称	标准级别	实施日期	与国际标准对应关系	代替标准	阶段	分阶段	专业	分专业	备注
2227	104.7-370	GB/T 30272—2021	信息安全技术 公钥基础设施 标准符合性测评	国标	2022-5-1		GB/T 30272—2013	修试	试验	调度及二次	电力监控系统网络安全	
2228	104.7-371	GB/T 30273—2013	信息安全技术 信息系统安全保障通用评估指南	国标	2014-7-15			建设、修试	验收与质量评定、试验	信息	信息安全	
2229	104.7-372	GB/T 30275—2013	信息安全技术 鉴别与授权 认证中间件框架与接口规范	国标	2014-7-15			设计、建设、运维	初设、施工图、施工工艺、验收与质量评定、试运行、运行、维护	信息	信息安全	
2230	104.7-373	GB/T 30276—2020	信息安全技术 网络安全漏洞管理规范	国标	2021-6-1		GB/T 30276—2013	运维	运行、维护	信息	信息安全	
2231	104.7-374	GB/T 30278—2013	信息安全技术 政务计算机终端核心配置规范	国标	2014-7-15			建设、运维	施工工艺、验收与质量评定、试运行、运行、维护	信息	信息安全	
2232	104.7-375	GB/T 30279—2020	信息安全技术 网络安全漏洞分类分级指南	国标	2021-6-1		GB/T 30279—2013，GB/T 33561—2017	规划、设计、采购、建设、运维	规划、初设、施工图、招标、品控、施工工艺、验收与质量评定、试运行、运行、维护	信息	信息安全	
2233	104.7-376	GB/T 30280—2013	信息安全技术 鉴别与授权 地理空间可扩展访问控制置标语言	国标	2014-7-15			设计、采购、建设、运维	初设、施工图、招标、品控、施工工艺、验收与质量评定、试运行、运行、维护	信息	信息安全	
2234	104.7-377	GB/T 30281—2013	信息安全技术 鉴别与授权 可扩展访问控制标记语言	国标	2014-7-15			设计、采购、建设、运维	初设、施工图、招标、品控、施工工艺、验收与质量评定、试运行、运行、维护	信息	信息安全	

序号	体系结构号	标准编号	标准名称	标准级别	实施日期	与国际标准对应关系	代替标准	阶段	分阶段	专业	分专业	备注
2235	104.7-378	GB/T 30282—2013	信息安全技术反垃圾邮件产品技术要求和测试评价方法	国标	2014-7-15			设计、建设、运维、修试	初设、施工图、施工工艺、验收与质量评定、试运行、运行、维护、试验	信息	信息安全	
2236	104.7-379	GB/T 30283—2022	信息安全技术信息安全服务分类	国标	2022-11-1		GB/T 30283—2013	规划、设计、采购、建设、运维	规划、初设、施工图、招标、品控、施工工艺、验收与质量评定、试运行、运行、维护	信息	信息安全	
2237	104.7-380	GB/T 30285—2013	信息安全技术灾难恢复中心建设与运维管理规范	国标	2014-7-15			建设、运维	施工工艺、验收与质量评定、试运行、运行、维护	信息	信息安全	
2238	104.7-381	GB/T 30286—2013	信息安全技术信息系统保护轮廓和信息系统安全目标产生指南	国标	2014-7-15			设计、建设	初设、施工图、施工工艺、验收与质量评定、试运行	信息	信息安全	
2239	104.7-382	GB/T 30998—2014	信息技术 软件安全保障规范	国标	2015-2-1			设计、建设、运维	初设、施工图、施工工艺、验收与质量评定、试运行、运行、维护	信息	信息安全	
2240	104.7-383	GB/T 31167—2014	信息安全技术云计算服务安全指南	国标	2015-4-1			规划、设计、采购、建设、运维	规划、初设、施工图、招标、品控、施工工艺、验收与质量评定、试运行、运行、维护	信息	信息安全	
2241	104.7-384	GB/T 31168—2014	信息安全技术云计算服务安全能力要求	国标	2015-4-1			设计、建设	初设、施工图、施工工艺、验收与质量评定、试运行	信息	信息安全	

序号	体系结构号	标准编号	标准名称	标准级别	实施日期	与国际标准对应关系	代替标准	阶段	分阶段	专业	分专业	备注
2242	104.7-385	GB/T 31491—2015	无线网络访问控制技术规范	国标	2016-1-1			设计、建设、运维	初设、施工图、施工工艺、验收与质量评定、试运行、运行、维护	信息	信息安全	
2243	104.7-386	GB/T 31495.1—2015	信息安全技术 信息安全保障指标体系及评价方法 第1部分：概念和模型	国标	2016-1-1			建设、运维	验收与质量评定、运行、维护	信息	信息安全	
2244	104.7-387	GB/T 31495.2—2015	信息安全技术 信息安全保障指标体系及评价方法 第2部分：指标体系	国标	2016-1-1			建设、运维	验收与质量评定、运行、维护	信息	信息安全	
2245	104.7-388	GB/T 31495.3—2015	信息安全技术 信息安全保障指标体系及评价方法 第3部分：实施指南	国标	2016-1-1			建设、运维	验收与质量评定、运行、维护	信息	信息安全	
2246	104.7-389	GB/T 31496—2015	信息技术 安全技术 信息安全管理体系实施指南	国标	2016-1-1	ISO/IEC 27003:2010，IDT		建设、运维	验收与质量评定、运行、维护	信息	信息安全	
2247	104.7-390	GB/T 31497—2015	信息技术 安全技术 信息安全管理 测量	国标	2016-1-1	ISO/IEC 27004:2009，IDT		建设、修试	验收与质量评定、试验	信息	信息安全	
2248	104.7-391	GB/T 31499—2015	信息安全技术 统一威胁管理产品技术要求和测试评价方法	国标	2016-1-1			设计、建设、运维、修试	初设、施工图、施工工艺、验收与质量评定、试运行、运行、维护、试验	信息	信息安全	
2249	104.7-392	GB/T 31500—2015	信息安全技术 存储介质数据恢复服务要求	国标	2016-1-1			运维、修试	运行、维护、试验	信息	信息安全	

序号	体系结构号	标准编号	标准名称	标准级别	实施日期	与国际标准对应关系	代替标准	阶段	分阶段	专业	分专业	备注
2250	104.7-393	GB/T 31501—2015	信息安全技术 鉴别与授权 授权应用程序判定接口规范	国标	2016-1-1			建设、运维、修试	验收与质量评定、运行、维护、试验	信息	信息安全	
2251	104.7-394	GB/T 31502—2015	信息安全技术 电子支付系统安全保护框架	国标	2016-1-1			设计、建设、运维	初设、施工图、施工工艺、验收与质量评定、试运行、运行、维护	信息	信息安全	
2252	104.7-395	GB/T 31503—2015	信息安全技术 电子文档加密与签名消息语法	国标	2016-1-1			设计、建设、运维	初设、施工图、施工工艺、验收与质量评定、试运行、运行、维护	信息	信息安全	
2253	104.7-396	GB/T 31504—2015	信息安全技术 鉴别与授权 数字身份信息服务框架规范	国标	2016-1-1			建设、修试	验收与质量评定、试验	信息	信息安全	
2254	104.7-397	GB/T 31506—2022	信息安全技术 政府门户网站系统安全技术指南	国标	2022-11-1		GB/T 31506—2015	设计、建设、运维	初设、施工图、施工工艺、验收与质量评定、试运行、运行、维护	信息	信息安全	
2255	104.7-398	GB/T 31507—2015	信息安全技术 智能卡通用安全检测指南	国标	2016-1-1			建设、修试	验收与质量评定、试验	信息	信息安全	
2256	104.7-399	GB/T 31508—2015	信息安全技术 公钥基础设施 数字证书策略分类分级规范	国标	2016-1-1			设计、采购、建设、运维、修试、退役	初设、施工图、招标、品控、施工工艺、验收与质量评定、试运行、运行、维护、检修、试验、退役、报废	信息	信息安全	
2257	104.7-400	GB/T 31509—2015	信息安全技术 信息安全风险评估实施指南	国标	2016-1-1			建设、修试	验收与质量评定、试验	信息	信息安全	

序号	体系结构号	标准编号	标准名称	标准级别	实施日期	与国际标准对应关系	代替标准	阶段	分阶段	专业	分专业	备注
2258	104.7-401	GB/T 31523.1—2015	安全信息识别系统 第1部分：标志	国标	2015-12-1			规划、设计、采购、建设、运维、修试、退役	规划、初设、招标、品控、施工工艺、验收与质量评定、试运行、运行、维护、检修、试验、退役、报废	信息	信息应用	
2259	104.7-402	GB/T 31523.2—2015	安全信息识别系统 第2部分：设置原则与要求	国标	2015-12-1			规划、设计、采购、建设、运维、修试、退役	规划、初设、招标、品控、施工工艺、验收与质量评定、试运行、运行、维护、检修、试验、退役、报废	信息	信息应用	
2260	104.7-403	GB/T 31523.3—2020	安全信息识别系统 第3部分：设计原则与要求	国标	2020-10-1			设计、采购、建设、运维、修试、退役	初设、施工图、招标、品控、施工工艺、验收与质量评定、试运行、运行、维护、检修、试验、退役、报废	信息	信息安全	
2261	104.7-404	GB/T 31722—2015	信息技术 安全技术 信息安全风险管理	国标	2016-2-1	ISO/IEC 27005:2008，IDT		规划、设计、采购、建设、运维、修试、退役	规划、初设、施工图、招标、品控、施工工艺、验收与质量评定、试运行、运行、维护、检修、试验、退役、报废	信息	信息安全	
2262	104.7-405	GB/T 32213—2015	信息安全技术 公钥基础设施 远程口令鉴别与密钥建立规范	国标	2016-8-1			运维	运行、维护	信息	信息安全	
2263	104.7-406	GB/T 32351—2015	电力信息安全水平评价指标	国标	2016-7-1			建设、修试	验收与质量评定、试验	信息	信息安全	

序号	体系结构号	标准编号	标准名称	标准级别	实施日期	与国际标准对应关系	代替标准	阶段	分阶段	专业	分专业	备注
2264	104.7-407	GB/T 32905—2016	信息安全技术 SM3密码杂凑算法	国标	2017-3-1			建设	施工工艺、验收与质量评定、试运行	信息	信息安全	
2265	104.7-408	GB/T 32906—2016	信息安全技术 中小电子商务企业信息安全建设指南	国标	2017-3-1			规划、设计、采购、建设	规划、初设、施工图、招标、品控、施工工艺、验收与质量评定、试运行	信息	信息安全	
2266	104.7-409	GB/T 32907—2016	信息安全技术 SM4分组密码算法	国标	2017-3-1			建设	施工工艺、验收与质量评定、试运行	信息	信息安全	
2267	104.7-410	GB/T 32914—2016	信息安全技术 信息安全服务提供方管理要求	国标	2017-3-1			采购、建设、运维	招标、品控、施工工艺、验收与质量评定、试运行、运行、维护	信息	信息安全	
2268	104.7-411	GB/T 32915—2016	信息安全技术 二元序列随机性检测方法	国标	2017-3-1			建设、修试	验收与质量评定、试验	信息	信息安全	
2269	104.7-412	GB/T 32916—2016	信息技术 安全技术 信息安全控制措施审核员指南	国标	2017-3-1	ISO/IEC TR 27008:2011		运维	运行、维护	信息	信息安全	
2270	104.7-413	GB/T 32918.1—2016	信息安全技术 SM2椭圆曲线公钥密码算法 第1部分：总则	国标	2017-3-1			建设	施工工艺、验收与质量评定、试运行	信息	信息安全	
2271	104.7-414	GB/T 32918.2—2016	信息安全技术 SM2椭圆曲线公钥密码算法 第2部分：数字签名算法	国标	2017-3-1			建设	施工工艺、验收与质量评定、试运行	信息	信息安全	
2272	104.7-415	GB/T 32918.3—2016	信息安全技术 SM2椭圆曲线公钥密码算法 第3部分：密钥交换协议	国标	2017-3-1			建设	施工工艺、验收与质量评定、试运行	信息	信息安全	

序号	体系结构号	标准编号	标准名称	标准级别	实施日期	与国际标准对应关系	代替标准	阶段	分阶段	专业	分专业	备注
2273	104.7-416	GB/T 32918.4—2016	信息安全技术 SM2 椭圆曲线公钥密码算法 第4部分：公钥加密算法	国标	2017-3-1			建设	施工工艺、验收与质量评定、试运行	信息	信息安全	
2274	104.7-417	GB/T 32918.5—2017	信息安全技术 SM2 椭圆曲线公钥密码算法 第5部分：参数定义	国标	2017-12-1			建设	施工工艺、验收与质量评定、试运行	信息	信息安全	
2275	104.7-418	GB/T 32921—2016	信息安全技术 信息技术产品供应方行为安全准则	国标	2017-3-1			采购、建设	招标、品控、施工工艺、验收与质量评定、试运行	信息	信息安全	
2276	104.7-419	GB/T 32922—2023	信息安全技术 IPSec VPN 安全接入基本要求与实施指南	国标	2023-3-17		GB/T 32922—2016	建设、运维	施工工艺、验收与质量评定、试运行、运行、维护	信息	信息安全	
2277	104.7-420	GB/T 32923—2016	信息技术 安全技术 信息安全治理	国标	2017-3-1	ISO/IEC 27014:2013		规划、设计、采购、建设、运维、修试、退役	规划、初设、施工图、招标、品控、施工工艺、验收与质量评定、试运行、运行、维护、检修、试验、退役、报废	信息	信息安全	
2278	104.7-421	GB/T 32924—2016	信息安全技术 网络安全预警指南	国标	2017-3-1			建设、修试	验收与质量评定、试验	信息	信息安全	
2279	104.7-422	GB/T 32927—2016	信息安全技术 移动智能终端安全架构	国标	2017-3-1			设计、建设	初设、施工图、施工工艺、验收与质量评定、试运行	信息	信息安全	
2280	104.7-423	GB/T 33131—2016	信息安全技术 基于 IPSec 的 IP 存储网络安全技术要求	国标	2017-5-1			设计、建设、运维	初设、施工图、施工工艺、验收与质量评定、试运行、运行、维护	信息	信息安全	

序号	体系结构号	标准编号	标准名称	标准级别	实施日期	与国际标准对应关系	代替标准	阶段	分阶段	专业	分专业	备注
2281	104.7-424	GB/T 33132—2016	信息安全技术 信息安全风险处理实施指南	国标	2017-5-1			建设、运维	施工工艺、验收与质量评定、试运行、运行、维护	信息	信息安全	
2282	104.7-425	GB/T 33133.1—2016	信息安全技术 祖冲之序列密码算法 第1部分：算法描述	国标	2017-5-1			规划、设计、采购、建设	规划、初设、施工图、招标、品控、施工工艺、验收与质量评定、试运行	信息	信息安全	
2283	104.7-426	GB/T 33133.2—2021	信息安全技术 祖冲之序列密码算法 第2部分：保密性算法	国标	2022-5-1			规划、采购、建设	规划、招标、品控、施工工艺、验收与质量评定、试运行	信息	信息安全	
2284	104.7-427	GB/T 33133.3—2021	信息安全技术 祖冲之序列密码算法 第3部分：完整性算法	国标	2022-5-1			规划、采购、建设	规划、招标、品控、施工工艺、验收与质量评定、试运行	信息	信息安全	
2285	104.7-428	GB/T 33134—2016	信息安全技术 公共域名服务系统安全要求	国标	2017-5-1			设计、建设、运维	初设、验收与质量评定、运行	调度及二次	电力监控系统网络安全	
2286	104.7-429	GB/T 33138—2016	存储备份系统等级和测试方法	国标	2017-5-1			建设、修试	验收与质量评定、试验	信息	信息安全	
2287	104.7-430	GB/T 33560—2017	信息安全技术 密码应用标识规范	国标	2017-12-1			规划、设计、采购、建设、运维	规划、初设、施工图、招标、品控、施工工艺、验收与质量评定、试运行、运行、维护	信息	信息安全	
2288	104.7-431	GB/T 33562—2017	信息安全技术 安全域名系统实施指南	国标	2017-12-1			建设、运维	施工工艺、验收与质量评定、试运行、运行、维护	信息	信息安全	

序号	体系结构号	标准编号	标准名称	标准级别	实施日期	与国际标准对应关系	代替标准	阶段	分阶段	专业	分专业	备注
2289	104.7-432	GB/T 33563—2017	信息安全技术 无线局域网客户端安全技术要求（评估保障级2级增强）	国标	2017-12-1			设计、建设、运维	初设、施工图、施工工艺、验收与质量评定、试运行、运行、维护	信息	信息安全	
2290	104.7-433	GB/T 33565—2017	信息安全技术 无线局域网接入系统安全技术要求（评估保障级2级增强）	国标	2017-12-1			设计、建设、运维	初设、施工图、施工工艺、验收与质量评定、试运行、运行、维护	信息	信息安全	
2291	104.7-434	GB/T 34942—2017	信息安全技术 云计算服务安全能力评估方法	国标	2018-5-1			建设、修试	验收与质量评定、试验	信息	信息安全	
2292	104.7-435	GB/T 34943—2017	C/C++语言源代码漏洞测试规范	国标	2018-5-1			建设、修试	验收与质量评定、试验	信息	信息安全	
2293	104.7-436	GB/T 34944—2017	Java语言源代码漏洞测试规范	国标	2018-5-1			建设、修试	验收与质量评定、试验	信息	信息安全	
2294	104.7-437	GB/T 34945—2017	信息技术 数据溯源描述模型	国标	2018-5-1			设计、建设、运维	初设、施工图、施工工艺、验收与质量评定、试运行、运行、维护	信息	信息安全	
2295	104.7-438	GB/T 34946—2017	C#语言源代码漏洞测试规范	国标	2018-5-1	ISO 10791-10:2007		建设、修试	验收与质量评定、试验	信息	信息安全	
2296	104.7-439	GB/T 34953.1—2017	信息技术 安全技术 匿名实体鉴别 第1部分：总则	国标	2018-5-1	ISO/IEC 20009-1:2013		规划、设计、采购、建设、运维、修试、退役	规划、初设、施工图、招标、品控、施工工艺、验收与质量评定、试运行、运行、维护、检修、试验、退役、报废	信息	信息安全	

序号	体系结构号	标准编号	标准名称	标准级别	实施日期	与国际标准对应关系	代替标准	阶段	分阶段	专业	分专业	备注
2297	104.7-440	GB/T 34953.2—2018	信息技术 安全技术 匿名实体鉴别 第2部分：基于群组公钥签名的机制	国标	2019-4-1			规划、设计、采购、建设、运维、修试、退役	规划、初设、施工图、招标、品控、施工工艺、验收与质量评定、试运行、运行、维护、检修、试验、退役、报废	信息	信息安全	
2298	104.7-441	GB/T 34953.4—2020	信息技术 安全技术 匿名实体鉴别 第4部分：基于弱秘密的机制	国标	2020-11-1			规划、设计、采购、建设、运维、修试、退役	规划、初设、施工图、招标、品控、施工工艺、验收与质量评定、试运行、运行、维护、检修、试验、退役、报废	信息	信息安全	
2299	104.7-442	GB/T 34975—2017	信息安全技术 移动智能终端应用软件安全技术要求和测试评价方法	国标	2018-5-1			设计、建设、运维、修试	初设、施工图、施工工艺、验收与质量评定、试运行、运行、维护、试验	信息	信息安全	
2300	104.7-443	GB/T 34976—2017	信息安全技术 移动智能终端操作系统安全技术要求和测试评价方法	国标	2018-5-1			设计、建设、运维、修试	初设、施工图、施工工艺、验收与质量评定、试运行、运行、维护、试验	信息	信息安全	
2301	104.7-444	GB/T 34977—2017	信息安全技术 移动智能终端数据存储安全技术要求与测试评价方法	国标	2018-5-1			设计、建设、运维、修试	初设、施工图、施工工艺、验收与质量评定、试运行、运行、维护、试验	信息	信息安全	
2302	104.7-445	GB/T 34978—2017	信息安全技术 移动智能终端个人信息保护技术要求	国标	2018-5-1			设计、建设、运维	初设、施工图、施工工艺、验收与质量评定、试运行、运行、维护	信息	信息安全	

序号	体系结构号	标准编号	标准名称	标准级别	实施日期	与国际标准对应关系	代替标准	阶段	分阶段	专业	分专业	备注
2303	104.7-446	GB/T 34990—2017	信息安全技术信息系统安全管理平台技术要求和测试评价方法	国标	2018-5-1			设计、建设、运维、修试	初设、施工图、施工工艺、验收与质量评定、试运行、运行、维护、试验	信息	信息安全	
2304	104.7-447	GB/T 35101—2017	信息安全技术智能卡读写机具安全技术要求（EAL4 增强）	国标	2018-5-1			设计、建设、运维	初设、施工图、施工工艺、验收与质量评定、试运行、运行、维护	信息	信息安全	
2305	104.7-448	GB/T 35273—2020	信息安全技术个人信息安全规范	国标	2020-10-1		GB/T 35273—2017	规划、设计、建设、运维	规划、初设、施工图、施工工艺、验收与质量评定、试运行、运行、维护	信息	信息安全	
2306	104.7-449	GB/T 35274—2017	信息安全技术大数据服务安全能力要求	国标	2018-7-1			设计、建设、运维	初设、施工图、施工工艺、验收与质量评定、试运行、运行、维护	信息	信息安全	
2307	104.7-450	GB/T 35275—2017	信息安全技术SM2 密码算法加密签名消息语法规范	国标	2018-7-1			规划、设计、建设、运维	规划、初设、施工图、施工工艺、验收与质量评定、试运行、运行、维护	信息	信息安全	
2308	104.7-451	GB/T 35276—2017	信息安全技术SM2 密码算法使用规范	国标	2018-7-1			建设、运维	施工工艺、验收与质量评定、试运行、运行、维护	信息	信息安全	
2309	104.7-452	GB/T 35277—2017	信息安全技术防病毒网关安全技术要求和测试评价方法	国标	2018-7-1			设计、建设、运维、修试	初设、施工图、施工工艺、验收与质量评定、试运行、运行、维护、试验	信息	信息安全	

序号	体系结构号	标准编号	标准名称	标准级别	实施日期	与国际标准对应关系	代替标准	阶段	分阶段	专业	分专业	备注
2310	104.7-453	GB/T 35278—2017	信息安全技术移动终端安全保护技术要求	国标	2018-7-1			设计、建设、运维	初设、施工图、施工工艺、验收与质量评定、试运行、运行、维护	信息	信息安全	
2311	104.7-454	GB/T 35279—2017	信息安全技术云计算安全参考架构	国标	2018-7-1			设计、建设	初设、施工图、施工工艺、验收与质量评定、试运行	信息	信息安全	
2312	104.7-455	GB/T 35280—2017	信息安全技术信息技术产品安全检测机构条件和行为准则	国标	2018-7-1			建设、修试	验收与质量评定、试验	信息	信息安全	
2313	104.7-456	GB/T 35281—2017	信息安全技术移动互联网应用服务器安全技术要求	国标	2018-7-1			设计、建设、运维	初设、施工图、施工工艺、验收与质量评定、试运行、运行、维护	信息	信息安全	
2314	104.7-457	GB/T 35283—2017	信息安全技术计算机终端核心配置基线结构规范	国标	2018-7-1			设计、建设	初设、施工图、施工工艺	信息	信息安全	
2315	104.7-458	GB/T 35284—2017	信息安全技术网站身份和系统安全要求与评估方法	国标	2018-7-1			设计、建设、修试	初设、施工图、施工工艺、验收与质量评定、试运行、试验	信息	信息安全	
2316	104.7-459	GB/T 35285—2017	信息安全技术公钥基础设施基于数字证书的可靠电子签名生成及验证技术要求	国标	2018-7-1			设计、建设、运维	初设、施工图、施工工艺、验收与质量评定、试运行、运行、维护	信息	信息安全	
2317	104.7-460	GB/T 35286—2017	信息安全技术低速无线个域网空口安全测试规范	国标	2018-7-1			建设、修试	验收与质量评定、试验	信息	信息安全	

序号	体系结构号	标准编号	标准名称	标准级别	实施日期	与国际标准对应关系	代替标准	阶段	分阶段	专业	分专业	备注
2318	104.7-461	GB/T 35287—2017	信息安全技术 网站可信标识技术指南	国标	2018-7-1			设计、建设、运维	初设、施工图、施工工艺、验收与质量评定、试运行、运行、维护	信息	信息安全	
2319	104.7-462	GB/T 35288—2017	信息安全技术 电子认证服务机构从业人员岗位技能规范	国标	2018-7-1			建设、运维	施工工艺、验收与质量评定、试运行、运行、维护	信息	信息安全	
2320	104.7-463	GB/T 35289—2017	信息安全技术 电子认证服务机构服务质量规范	国标	2018-7-1			建设、运维	施工工艺、验收与质量评定、试运行、运行、维护	信息	信息安全	
2321	104.7-464	GB/T 35290—2017	信息安全技术 射频识别（RFID）系统通用安全技术要求	国标	2018-7-1			设计、建设、运维	初设、施工图、施工工艺、验收与质量评定、试运行、运行、维护	信息	信息安全	
2322	104.7-465	GB/T 35291—2017	信息安全技术 智能密码钥匙应用接口规范	国标	2018-7-1			设计、建设、运维	初设、施工图、施工工艺、验收与质量评定、试运行、运行、维护	信息	信息安全	
2323	104.7-466	GB/T 35673—2017	工业通信网络 网络和系统安全 系统安全要求和安全等级	国标	2018-7-1			设计、建设、运维	初设、施工图、施工工艺、验收与质量评定、试运行、运行、维护	信息	信息安全	
2324	104.7-467	GB/T 36047—2018	电力信息系统安全检查规范	国标	2018-10-1			设计、建设、运维	初设、施工图、施工工艺、验收与质量评定、试运行、运行、维护	信息	信息安全	

序号	体系结构号	标准编号	标准名称	标准级别	实施日期	与国际标准对应关系	代替标准	阶段	分阶段	专业	分专业	备注
2325	104.7-468	GB/T 36099—2018	基于行为声明的应用软件可信性验证	国标	2018-10-1			设计、建设、运维	初设、施工图、施工工艺、验收与质量评定、试运行、运行、维护	信息	信息安全	
2326	104.7-469	GB/T 36322—2018	信息安全技术 密码设备应用接口规范	国标	2019-1-1			设计、建设、运维	初设、施工图、施工工艺、验收与质量评定、试运行、运行、维护	信息	信息安全	
2327	104.7-470	GB/T 36464.1—2020	信息技术 智能语音交互系统 第1部分:通用规范	国标	2020-11-1			设计、建设、运维	初设、施工图、施工工艺、验收与质量评定、试运行、运行、维护	信息	信息安全	
2328	104.7-471	GB/T 36618—2018	信息安全技术 金融信息服务安全规范	国标	2019-4-1			设计、建设、运维	初设、施工图、施工工艺、验收与质量评定、试运行、运行、维护	信息	信息安全	
2329	104.7-472	GB/T 36624—2018	信息技术 安全技术 可鉴别的加密机制	国标	2019-4-1			设计、建设、运维	初设、施工图、施工工艺、验收与质量评定、试运行、运行、维护	信息	信息安全	
2330	104.7-473	GB/T 36626—2018	信息安全技术 信息系统安全运维管理指南	国标	2019-4-1			设计、建设、运维	初设、施工图、施工工艺、验收与质量评定、试运行、运行、维护	信息	信息安全	
2331	104.7-474	GB/T 36627—2018	信息安全技术 网络安全等级保护测试评估技术指南	国标	2019-4-1			设计、建设、运维	初设、施工图、施工工艺、验收与质量评定、试运行、运行、维护	信息	信息安全	

序号	体系结构号	标准编号	标准名称	标准级别	实施日期	与国际标准对应关系	代替标准	阶段	分阶段	专业	分专业	备注
2332	104.7-475	GB/T 36630.1—2018	信息安全技术 信息技术产品安全可控评价指标 第1部分：总则	国标	2019-4-1			设计、建设、运维	初设、施工图、施工工艺、验收与质量评定、试运行、运行、维护	信息	信息安全	
2333	104.7-476	GB/T 36630.2—2018	信息安全技术 信息技术产品安全可控评价指标 第2部分：中央处理器	国标	2019-4-1			设计、建设、运维	初设、施工图、施工工艺、验收与质量评定、试运行、运行、维护	信息	信息安全	
2334	104.7-477	GB/T 36630.3—2018	信息安全技术 信息技术产品安全可控评价指标 第3部分：操作系统	国标	2019-4-1			设计、建设、运维	初设、施工图、施工工艺、验收与质量评定、试运行、运行、维护	信息	信息安全	
2335	104.7-478	GB/T 36630.4—2018	信息安全技术 信息技术产品安全可控评价指标 第4部分：办公套件	国标	2019-4-1			设计、建设、运维	初设、施工图、施工工艺、验收与质量评定、试运行、运行、维护	信息	信息安全	
2336	104.7-479	GB/T 36630.5—2018	信息安全技术 信息技术产品安全可控评价指标 第5部分：通用计算机	国标	2019-4-1			设计、建设、运维	初设、施工图、施工工艺、验收与质量评定、试运行、运行、维护	信息	信息安全	
2337	104.7-480	GB/T 36631—2018	信息安全技术 时间戳策略和时间戳业务操作规则	国标	2019-4-1			设计、建设、运维	初设、施工图、施工工艺、验收与质量评定、试运行、运行、维护	信息	信息安全	
2338	104.7-481	GB/T 36633—2018	信息安全技术 网络用户身份鉴别技术指南	国标	2019-4-1			设计、建设、运维	初设、施工图、施工工艺、验收与质量评定、试运行、运行、维护	信息	信息安全	

序号	体系结构号	标准编号	标准名称	标准级别	实施日期	与国际标准对应关系	代替标准	阶段	分阶段	专业	分专业	备注
2339	104.7-482	GB/T 36635—2018	信息安全技术 网络安全监测基本要求与实施指南	国标	2019-4-1			设计、建设、运维	初设、施工图、施工工艺、验收与质量评定、试运行、运行、维护	信息	信息安全	
2340	104.7-483	GB/T 36637—2018	信息安全技术 ICT供应链安全风险管理指南	国标	2019-5-1			设计、建设、运维	初设、施工图、施工工艺、验收与质量评定、试运行、运行、维护	信息	信息安全	
2341	104.7-484	GB/T 36639—2018	信息安全技术 可信计算规范 服务器可信支撑平台	国标	2019-4-1			设计、建设、运维	初设、施工图、施工工艺、验收与质量评定、试运行、运行、维护	信息	信息安全	
2342	104.7-485	GB/T 36643—2018	信息安全技术 网络安全威胁信息格式规范	国标	2019-5-1			设计、建设、运维	初设、施工图、施工工艺、验收与质量评定、试运行、运行、维护	信息	信息安全	
2343	104.7-486	GB/T 36644—2018	信息安全技术 数字签名应用安全证明获取方法	国标	2019-4-1			设计、建设、运维	初设、施工图、施工工艺、验收与质量评定、试运行、运行、维护	信息	信息安全	
2344	104.7-487	GB/T 36950—2018	信息安全技术 智能卡安全技术要求（EAL4+）	国标	2019-7-1			设计、建设、运维	初设、施工图、施工工艺、验收与质量评定、试运行、运行、维护	信息	信息安全	
2345	104.7-488	GB/T 36957—2018	信息安全技术 灾难恢复服务要求	国标	2019-7-1			设计、建设、运维	初设、施工图、施工工艺、验收与质量评定、试运行、运行、维护	信息	信息安全	

序号	体系结构号	标准编号	标准名称	标准级别	实施日期	与国际标准对应关系	代替标准	阶段	分阶段	专业	分专业	备注
2346	104.7-489	GB/T 36958—2018	信息安全技术 网络安全等级保护安全管理中心技术要求	国标	2019-7-1			设计、建设、运维	初设、施工图、施工工艺、验收与质量评定、试运行、运行、维护	信息	信息安全	
2347	104.7-490	GB/T 36959—2018	信息安全技术 网络安全等级保护测评机构能力要求和评估规范	国标	2019-7-1			设计、建设、运维	初设、施工图、施工工艺、验收与质量评定、试运行、运行、维护	信息	信息安全	
2348	104.7-491	GB/T 36960—2018	信息安全技术 鉴别与授权 访问控制中间件框架与接口	国标	2019-7-1			设计、建设、运维	初设、施工图、施工工艺、验收与质量评定、试运行、运行、维护	信息	信息安全	
2349	104.7-492	GB/T 36968—2018	信息安全技术 IPSec VPN 技术规范	国标	2019-7-1			设计、建设、运维	初设、施工图、施工工艺、验收与质量评定、试运行、运行、维护	信息	信息安全	
2350	104.7-493	GB/T 37002—2018	信息安全技术 电子邮件系统安全技术要求	国标	2019-7-1			设计、建设、运维	初设、施工图、施工工艺、验收与质量评定、试运行、运行、维护	信息	信息安全	
2351	104.7-494	GB/T 37027—2018	信息安全技术 网络攻击定义及描述规范	国标	2019-7-1			设计、建设、运维	初设、施工图、施工工艺、验收与质量评定、试运行、运行、维护	信息	信息安全	
2352	104.7-495	GB/T 37033.2—2018	信息安全技术 射频识别系统密码应用技术要求 第2部分：电子标签与读写器及其通信密码应用技术要求	国标	2019-7-1			设计、建设、运维	初设、施工图、施工工艺、验收与质量评定、试运行、运行、维护	信息	信息安全	

序号	体系结构号	标准编号	标准名称	标准级别	实施日期	与国际标准对应关系	代替标准	阶段	分阶段	专业	分专业	备注
2353	104.7-496	GB/T 37046—2018	信息安全技术灾难恢复服务能力评估准则	国标	2019-7-1			建设、修试	验收与质量评定、试验	信息	信息安全	
2354	104.7-497	GB/T 37090—2018	信息安全技术病毒防治产品安全技术要求和测试评价方法	国标	2019-7-1			设计、建设、运维	初设、施工图、施工工艺、验收与质量评定、试运行、运行、维护	信息	信息安全	
2355	104.7-498	GB/T 37091—2018	信息安全技术安全办公U盘安全技术要求	国标	2019-7-1			设计、建设、运维	初设、施工图、施工工艺、验收与质量评定、试运行、运行、维护	信息	信息安全	
2356	104.7-499	GB/T 37092—2018	信息安全技术密码模块安全要求	国标	2019-7-1			设计、建设、运维	初设、施工图、施工工艺、验收与质量评定、试运行、运行、维护	信息	信息安全	
2357	104.7-500	GB/T 37094—2018	信息安全技术办公信息系统安全管理要求	国标	2019-7-1			设计、建设、运维	初设、施工图、施工工艺、验收与质量评定、试运行、运行、维护	信息	信息安全	
2358	104.7-501	GB/T 37095—2018	信息安全技术办公信息系统安全基本技术要求	国标	2019-7-1			设计、建设、运维	初设、施工图、施工工艺、验收与质量评定、试运行、运行、维护	信息	信息安全	
2359	104.7-502	GB/T 37096—2018	信息安全技术办公信息系统安全测试规范	国标	2019-7-1			设计、建设、运维	初设、施工图、施工工艺、验收与质量评定、试运行、运行、维护	信息	信息安全	

序号	体系结构号	标准编号	标准名称	标准级别	实施日期	与国际标准对应关系	代替标准	阶段	分阶段	专业	分专业	备注
2360	104.7-503	GB/T 37138—2018	电力信息系统安全等级保护实施指南	国标	2019-7-1			设计、建设、运维	初设、施工图、施工工艺、验收与质量评定、试运行、运行、维护	信息	信息安全	
2361	104.7-504	GB/T 37931—2019	信息安全技术 Web 应用安全检测系统安全技术要求和测试评价方法	国标	2020-3-1			设计、建设、运维	初设、施工图、施工工艺、验收与质量评定、试运行、运行、维护	信息	信息安全	
2362	104.7-505	GB/T 37932—2019	信息安全技术 数据交易服务安全要求	国标	2020-3-1			设计、建设、运维	初设、施工图、施工工艺、验收与质量评定、试运行、运行、维护	信息	信息安全	
2363	104.7-506	GB/T 37935—2019	信息安全技术 可信计算规范 可信软件基	国标	2020-3-1			设计、建设、运维	初设、施工图、施工工艺、验收与质量评定、试运行、运行、维护	信息	信息安全	
2364	104.7-507	GB/T 37939—2019	信息安全技术 网络存储安全技术要求	国标	2020-3-1			设计、建设、运维	初设、施工图、施工工艺、验收与质量评定、试运行、运行、维护	信息	信息安全	
2365	104.7-508	GB/T 37950—2019	信息安全技术 桌面云安全技术要求	国标	2020-3-1			设计、建设、运维	初设、施工图、施工工艺、验收与质量评定、试运行、运行、维护	信息	信息安全	
2366	104.7-509	GB/T 37952—2019	信息安全技术 移动终端安全管理平台技术要求	国标	2020-3-1			设计、建设、运维	初设、施工图、施工工艺、验收与质量评定、试运行、运行、维护	信息	信息安全	

序号	体系结构号	标准编号	标准名称	标准级别	实施日期	与国际标准对应关系	代替标准	阶段	分阶段	专业	分专业	备注
2367	104.7-510	GB/T 37955—2019	信息安全技术数控网络安全技术要求	国标	2020-3-1			设计、建设、运维	初设、施工图、施工工艺、验收与质量评定、试运行、运行、维护	信息	信息安全	
2368	104.7-511	GB/T 37956—2019	信息安全技术网站安全云防护平台技术要求	国标	2020-3-1			设计、建设、运维	初设、施工图、施工工艺、验收与质量评定、试运行、运行、维护	信息	信息安全	
2369	104.7-512	GB/T 37964—2019	信息安全技术个人信息去标识化指南	国标	2020-3-1			设计、建设、运维	初设、施工图、施工工艺、验收与质量评定、试运行、运行、维护	信息	信息安全	
2370	104.7-513	GB/T 37971—2019	信息安全技术智慧城市安全体系框架	国标	2020-3-1			设计、建设、运维	初设、施工图、施工工艺、验收与质量评定、试运行、运行、维护	信息	信息安全	
2371	104.7-514	GB/T 37972—2019	信息安全技术云计算服务运行监管框架	国标	2020-3-1			设计、建设、运维	初设、施工图、施工工艺、验收与质量评定、试运行、运行、维护	信息	信息安全	
2372	104.7-515	GB/T 37973—2019	信息安全技术大数据安全管理指南	国标	2020-3-1			设计、建设、运维	初设、施工图、施工工艺、验收与质量评定、试运行、运行、维护	信息	信息安全	
2373	104.7-516	GB/T 37979—2019	可编程逻辑器件软件 VHDL 编程安全要求	国标	2020-3-1			设计、建设、运维	初设、施工图、施工工艺、验收与质量评定、试运行、运行、维护	信息	信息安全	

序号	体系结构号	标准编号	标准名称	标准级别	实施日期	与国际标准对应关系	代替标准	阶段	分阶段	专业	分专业	备注
2374	104.7-517	GB/T 37988—2019	信息安全技术 数据安全能力成熟度模型	国标	2020-3-1			设计、建设、运维	初设、施工图、施工工艺、验收与质量评定、试运行、运行、维护	信息	信息安全	
2375	104.7-518	GB/T 38371.2—2020	数字内容对象存储、复用与交换规范 第2部分：对象封装、存储与交换	国标	2020-10-1			设计、建设、运维	初设、施工图、施工工艺、验收与质量评定、试运行、运行、维护	信息	信息安全	
2376	104.7-519	GB/T 38371.3—2020	数字内容对象存储、复用与交换规范 第3部分：对象一致性检查方法	国标	2020-10-1			设计、建设、运维	初设、施工图、施工工艺、验收与质量评定、试运行、运行、维护	信息	信息安全	
2377	104.7-520	GB/T 38606—2020	物联网标识体系 数据内容标识符	国标	2020-10-1			设计、建设、运维	初设、施工图、施工工艺、验收与质量评定、试运行、运行、维护	信息	信息安全	
2378	104.7-521	GB/T 38618—2020	信息技术 系统间远程通信和信息交换高可靠低时延的无线网络通信协议规范	国标	2020-11-1			设计、建设、运维	初设、施工图、施工工艺、验收与质量评定、试运行、运行、维护	信息	信息安全	
2379	104.7-522	GB/T 38645—2020	信息安全技术 网络安全事件应急演练指南	国标	2020-11-1			建设、运维、修试	验收与质量评定、运行、维护、试验	信息	信息安全	
2380	104.7-523	GB/T 38674—2020	信息安全技术 应用软件安全编程指南	国标	2020-11-1			建设、运维、修试	验收与质量评定、运行、维护、试验	信息	信息安全	
2381	104.7-524	GB/T 39205—2020	信息安全技术 轻量级鉴别与访问控制机制	国标	2021-5-1			规划、建设、运维	规划、施工工艺、验收与质量评定、运行、维护	信息	信息安全	

序号	体系结构号	标准编号	标准名称	标准级别	实施日期	与国际标准对应关系	代替标准	阶段	分阶段	专业	分专业	备注
2382	104.7-525	GB/T 39272—2020	公共安全视频监控联网技术测试规范	国标	2021-6-1			设计、建设、运维	初设、施工图、施工工艺、验收与质量评定、试运行、运行、维护	信息	信息安全	
2383	104.7-526	GB/T 39274—2020	公共安全视频监控数字视音频编解码技术测试规范	国标	2021-6-1			设计、建设、运维	初设、施工图、施工工艺、验收与质量评定、试运行、运行、维护	信息	信息安全	
2384	104.7-527	GB/T 39276—2020	信息安全技术网络产品和服务安全通用要求	国标	2021-6-1			设计、建设、运维	初设、施工图、施工工艺、验收与质量评定、试运行、运行、维护	信息	信息安全	
2385	104.7-528	GB/T 39335—2020	信息安全技术个人信息安全影响评估指南	国标	2021-6-1			设计、建设、运维	初设、施工图、施工工艺、验收与质量评定、试运行、运行、维护	信息	信息安全	
2386	104.7-529	GB/T 39403—2020	云制造服务平台安全防护管理要求	国标	2021-6-1			设计、建设、运维	初设、施工图、施工工艺、验收与质量评定、试运行、运行、维护	信息	信息安全	
2387	104.7-530	GB/T 39404—2020	工业机器人控制单元的信息安全通用要求	国标	2021-6-1			设计、建设、运维	初设、施工图、施工工艺、验收与质量评定、试运行、运行、维护	信息	信息安全	
2388	104.7-531	GB/T 39412—2020	信息安全技术代码安全审计规范	国标	2021-6-1			设计、建设、运维	初设、施工图、施工工艺、验收与质量评定、试运行、运行、维护	信息	信息安全	

序号	体系结构号	标准编号	标准名称	标准级别	实施日期	与国际标准对应关系	代替标准	阶段	分阶段	专业	分专业	备注
2389	104.7-532	GB/T 39477—2020	信息安全技术 政务信息共享 数据安全技术要求	国标	2021-6-1			设计、建设、运维	初设、施工图、施工工艺、验收与质量评定、试运行、运行、维护	信息	信息安全	
2390	104.7-533	GB/T 39680—2020	信息安全技术 服务器安全技术要求和测评准则	国标	2021-7-1		GB/T 21028—2007，GB/T 25063—2010	设计、建设、运维	初设、施工图、施工工艺、验收与质量评定、试运行、运行、维护	信息	信息安全	
2391	104.7-534	GB/T 39720—2020	信息安全技术 移动智能终端安全技术要求及测试评价方法	国标	2021-7-1			设计、建设、运维	初设、施工图、施工工艺、验收与质量评定、试运行、运行、维护	信息	信息安全	
2392	104.7-535	GB/T 39770—2021	信息技术服务 服务安全要求	国标	2021-10-1			建设、运维	施工工艺、验收与质量评定、试运行、运行、维护	信息	信息安全	
2393	104.7-536	GB/T 39786—2021	信息安全技术 信息系统密码应用基本要求	国标	2021-10-1			建设、运维	施工工艺、验收与质量评定、试运行、运行、维护	信息	信息安全	
2394	104.7-537	GB/T 40018—2021	信息安全技术 基于多信道的证书申请和应用协议	国标	2021-11-1			建设、运维	施工工艺、验收与质量评定、试运行、运行、维护	信息	信息安全	
2395	104.7-538	GB/T 40218—2021	工业通信网络 网络和系统安全 工业自动化和控制系统信息安全技术	国标	2021-12-1			建设、运维	施工工艺、验收与质量评定、试运行、运行、维护	信息	信息安全	
2396	104.7-539	GB/T 40645—2021	信息安全技术 互联网信息服务安全通用要求	国标	2022-5-1			建设、运维	施工工艺、验收与质量评定、试运行、运行、维护	信息	信息安全	

序号	体系结构号	标准编号	标准名称	标准级别	实施日期	与国际标准对应关系	代替标准	阶段	分阶段	专业	分专业	备注
2397	104.7-540	GB/T 40650—2021	信息安全技术 可信计算规范 可信平台控制模块	国标	2022-5-1			规划、设计、采购、建设、运维、修试、退役	规划、初设、招标、验收与质量评定、运行、试验、退役	调度及二次	电力监控系统网络安全	
2398	104.7-541	GB/T 40651—2021	信息安全技术 实体鉴别保障框架	国标	2022-5-1			规划、设计、采购、建设、运维、修试、退役	规划、初设、招标、验收与质量评定、运行、试验、退役	调度及二次	电力监控系统网络安全	
2399	104.7-542	GB/T 40652—2021	信息安全技术 恶意软件事件预防和处理指南	国标	2022-5-1			建设、运维	施工工艺、验收与质量评定、试运行、运行、维护	信息	信息安全	
2400	104.7-543	GB/T 40653—2021	信息安全技术 安全处理器技术要求	国标	2022-5-1			建设、运维	施工工艺、验收与质量评定、试运行、运行、维护	信息	信息安全	
2401	104.7-544	GB/T 40660—2021	信息安全技术 生物特征识别信息保护基本要求	国标	2022-5-1			建设、运维	施工工艺、验收与质量评定、试运行、运行、维护	信息	信息安全	
2402	104.7-545	GB/T 40813—2021	信息安全技术 工业控制系统安全防护技术要求和测试评价方法	国标	2022-5-1			修试	试验	调度及二次	电力监控系统网络安全	
2403	104.7-546	GB/T 41268—2022	网络关键设备安全检测方法 路由器设备	国标	2022-10-1			建设、运维	施工工艺、验收与质量评定、试运行、运行、维护	信息	信息安全	
2404	104.7-547	GB/T 41269—2022	网络关键设备安全技术要求 路由器设备	国标	2022-10-1			建设、运维	施工工艺、验收与质量评定、试运行、运行、维护	信息	信息安全	

序号	体系结构号	标准编号	标准名称	标准级别	实施日期	与国际标准对应关系	代替标准	阶段	分阶段	专业	分专业	备注
2405	104.7-548	GB/T 41306—2022	基于互联网的个人知识服务通用要求	国标	2022-10-1			建设、运维	施工工艺、验收与质量评定、试运行、运行、维护	信息	信息安全	
2406	104.7-549	GB/T 41389—2022	信息安全技术 SM9密码算法使用规范	国标	2022-11-1			建设、运维	施工工艺、验收与质量评定、试运行、运行、维护	信息	信息安全	
2407	104.7-550	GB/T 41574—2022	信息技术 安全技术 公有云中个人信息保护实践指南	国标	2023-2-1			建设、运维	施工工艺、验收与质量评定、试运行、运行、维护	信息	信息安全	
2408	104.7-551	GB/T 41781—2022	物联网 面向Web开放服务的系统 安全要求	国标	2022-10-12			建设、运维	施工工艺、验收与质量评定、试运行、运行、维护	信息	信息安全	
2409	104.7-552	GB/T 41800—2022	信息技术 传感器网络 爆炸危险化学品贮存安全监测系统技术要求	国标	2023-5-1			建设、运维	施工工艺、验收与质量评定、试运行、运行、维护	信息	信息安全	
2410	104.7-553	GB/T 41802—2022	信息技术 验证码程序要求	国标	2023-5-1			建设、运维	施工工艺、验收与质量评定、试运行、运行、维护	信息	信息安全	
2411	104.7-554	GB/T 42446—2023	信息安全技术 网络安全从业人员能力基本要求	国标	2023-10-1			设计、建设、运维	初设、验收与质量评定、运行	调度及二次	电力监控系统网络安全	
2412	104.7-555	GB/T 42453—2023	信息安全技术 网络安全态势感知通用技术要求	国标	2023-10-1			设计、建设、运维	初设、验收与质量评定、运行	调度及二次	电力监控系统网络安全	
2413	104.7-556	GB/T 42461—2023	信息安全技术 网络安全服务成本度量指南	国标	2023-10-1			设计、建设、运维	初设、验收与质量评定、运行	调度及二次	电力监控系统网络安全	

序号	体系结构号	标准编号	标准名称	标准级别	实施日期	与国际标准对应关系	代替标准	阶段	分阶段	专业	分专业	备注
2414	104.7-557	ANSI INCITS 494—2012（R2017）	信息技术 角色访问控制	国际标准	2017-1-1		ANSI INCITS 494—2012	规划、设计、采购、建设、运维、修试、退役	规划、初设、施工图、招标、品控、施工工艺、验收与质量评定、试运行、运行、维护、检修、试验、退役、报废	信息	信息安全	
2415	104.7-558	ANSI INCITS ISO IEC 15408-1—2012	信息技术 安全技术.IT 安全的评价标准 第 1 部分：介绍和通用模型	国际标准	2012-1-1	ISO/IEC 15408-1 2009，IDT	ANSI INCITS ISO IEC 15408-1—2008	设计、建设、运维	初设、施工图、施工工艺、验收与质量评定、试运行、运行、维护	信息	信息安全	
2416	104.7-559	ANSI INCITS ISO IEC 27005—2012	信息技术 安全技术.信息安全风险管理	国际标准	2012-1-1	ISO/IEC 27005—2009，IDT	ANSI INCITS ISO TEC 27005—2009	建设、运维	施工工艺、验收与质量评定、试运行、运行、维护	信息	信息安全	
2417	104.7-560	ANSI INCITS ISO IEC TR 15446—2009（R2015）	信息技术 安全技术 产品的保护轮廓及安全目标用指南（技术报告）	国际标准	2015-6-28			建设、运维	施工工艺、验收与质量评定、试运行、运行、维护	信息	信息安全	
2418	104.7-561	ANSI TNCITS ISO IEC 29192-2—2012	信息技术 保密技术.轻量级密码 第 2 部分：分组密码	国际标准	2012-1-1	ISO/IEC 29192-2—2012，IDT		设计、建设、运维	初设、施工图、施工工艺、验收与质量评定、试运行、运行、维护	信息	信息安全	
2419	104.7-562	IEC 60950-1—2005/Cor 2—2013	信息技术设备安全性 第 1 部分：通用要求	国际标准	2013-8-6			规划、设计、采购、建设、运维、修试、退役	规划、初设、施工图、招标、品控、施工工艺、验收与质量评定、试运行、运行、维护、检修、试验、退役、报废	信息	信息安全	

序号	体系结构号	标准编号	标准名称	标准级别	实施日期	与国际标准对应关系	代替标准	阶段	分阶段	专业	分专业	备注
2420	104.7-563	IEC 62351-2—2008	功率系统管理和联合信息交换数据和通信安全性 第2部分:术语表	国际标准	2008-8-19			规划、设计、采购、建设、运维、修试、退役	规划、初设、施工图、招标、品控、施工工艺、验收与质量评定、试运行、运行、维护、检修、试验、退役、报废	信息	信息安全	
2421	104.7-564	IEC/TS 62351-2—2008	电力系统管理和相关信息交换数据和通信安全 第2部分:术语表	国际标准	2008-8-19	BS DD IEC/TS 62351-2—2009,IDT	IEC 57/853/DTS—2007	规划、设计、采购、建设、运维、修试、退役	规划、初设、施工图、招标、品控、施工工艺、验收与质量评定、试运行、运行、维护、检修、试验、退役、报废	信息	信息安全	
2422	104.7-565	IEC/TS 62351-5—2013	电力系统管理和相关信息的交换 数据和通信安全 第5部分:IEC 60870-5及其派生标准用安全设置	国际标准	2013-4-29		IEC/TS 62351-5—2009	规划、设计、采购、建设、运维、修试、退役	规划、初设、施工图、招标、品控、施工工艺、验收与质量评定、试运行、运行、维护、检修、试验、退役、报废	信息	信息安全	
2423	104.7-566	IEC/TS 62351-7—2017	电力系统管理和相关信息的交换 数据和通信安全 第7部分:网络和系统管理(NSM)数据对象模型	国际标准	2017-7-18		IEC/TS 62351-7—2010	规划、设计、采购、建设、运维、修试、退役	规划、初设、施工图、招标、品控、施工工艺、验收与质量评定、试运行、运行、维护、检修、试验、退役、报废	信息	信息安全	
2424	104.7-567	IOS/IEC 30144—2020	变电站无线传感器网络系统	国际标准	2020-10-29			设计、建设、运维	初设、施工图、施工工艺、验收与质量评定、试运行、运行、维护	信息	信息安全	

序号	体系结构号	标准编号	标准名称	标准级别	实施日期	与国际标准对应关系	代替标准	阶段	分阶段	专业	分专业	备注
2425	104.7-568	ISO/IEC 11770-2—2018	信息技术 密钥管理 第2部分：用对称技术的机制	国际标准	2018-9-28		ISO/IEC 11770-2—2008	设计、建设、运维	初设、施工图、施工工艺、验收与质量评定、试运行、运行、维护	信息	信息安全	
2426	104.7-569	ISO/IEC 11770-3—2015	信息技术安全技术关键管理 第3部分：使用不对称技术的机械装置	国际标准	2015-8-4	ANSI/INCITS/ISO/IEC 11770-3—2009，IDT；BS ISO/IEC 11770-3—2008，IDT；CAN/CSA-ISO/IEC 11770-3-09—2009，IDT	ISO/IEC 11770-3—2008	设计、建设、运维	初设、施工图、施工工艺、验收与质量评定、试运行、运行、维护	信息	信息安全	
2427	104.7-570	ISO/IEC 11889-1—2015	信息技术 可信平台模块库 第1部分：体系结构	国际标准	2015-12-15		ISO IEC DIS 11889-1—2008	规划、设计、采购、建设、运维、修试、退役	规划、初设、施工图、招标、品控、施工工艺、验收与质量评定、试运行、运行、维护、检修、试验、退役、报废	信息	信息安全	
2428	104.7-571	ISO/IEC 11889-2—2015	信息技术 可信平台模块库 第2部分：结构	国际标准	2015-12-15		ISO/IEC 11889-2—2009	设计	初设、施工图	信息	信息安全	
2429	104.7-572	ISO/IEC 11889-3—2015	信息技术 可信平台模块库 第3部分：命令	国际标准	2015-12-15		ISO/IEC 11889-3—2009	设计、建设、运维	初设、施工图、施工工艺、验收与质量评定、试运行、运行、维护	信息	信息安全	
2430	104.7-573	ISO/IEC 11889-4—2015	信息技术 可信平台模块库 第4部分：支持例程	国际标准	2015-12-15		ISO/IEC 11889-4—2009	规划、设计、采购、建设、运维、修试、退役	规划、初设、施工图、招标、品控、施工工艺、验收与质量评定、试运行、运行、维护、检修、试验、退役、报废	信息	信息安全	

序号	体系结构号	标准编号	标准名称	标准级别	实施日期	与国际标准对应关系	代替标准	阶段	分阶段	专业	分专业	备注
2431	104.7-574	ISO/IEC 14888-1—2008	信息技术安全技术有附录的数字信号 第1部分：总则	国际标准	2008-4-15	ANSI/INCITS/ISO/IEC 14888-1—2010，IDT；BS ISO/IEC 14888-1—2008，IDT	ISO IEC 14888-1—1998	规划、设计、采购、建设、运维、修试、退役	规划、初设、施工图、招标、品控、施工工艺、验收与质量评定、试运行、运行、维护、检修、试验、退役、报废	信息	信息安全	
2432	104.7-575	ISO/IEC 14888-2—2008	信息技术安全技术有附录的数字信号 第2部分：基于整数因子的分解机制	国际标准	2008-4-15	ANSI/INCITS/ISO/IEC 14888-12—2009，IDT；BS ISO/IEC 14888-2—2008，IDT	ISO IEC 14888-2—1999	设计、建设	初设、施工图、施工工艺、验收与质量评定、试运行	信息	信息安全	
2433	104.7-576	ISO/IEC 15408-3—2008	信息技术安全技术 IT安全的评价标准 第3部分：安全保证元件	国际标准	2008-8-15	ANSI/INCITS/ISO/IEC 15408-3—2008，IDT；BS ISO/IEC 15408-3—2009，IDT；CAN/CSA-ISO/IEC 15408-3-09—2009，IDT；COST R ISO/IEC TR 15446—2008，MOD	ISO IEC 15408-3—2005	建设、修试	验收与质量评定、试验	信息	信息安全	
2434	104.7-577	ISO/IEC 19772—2009	信息技术安全技术验证加密术	国际标准	2009-2-15	ANSI/INCTTS/ISO/IEC 19772—2009，IDT；BS ISO/IEC 19772—2009，IDT		建设	施工工艺、验收与质量评定、试运行	信息	信息安全	
2435	104.7-578	ISO/IEC 21827—2008	信息技术安全技术系统安全工程能力成熟模型（SSE-CMM）	国际标准	2008-10-15	ANSI/INCTTS/ISO/IEC 21827—2009，IDT；BS ISO/IEC 21827—2009，IDT	ISO IEC 21827—2002	规划、设计、采购、建设、运维	规划、初设、施工图、招标、品控、施工工艺、验收与质量评定、试运行、运行、维护	信息	信息安全	
2436	104.7-579	ISO/IEC 24759—2017	信息技术 安全技术 密码模块的测试要求	国际标准	2017-4-4		ISO/IEC 24759—2014	建设、修试	验收与质量评定、试验	信息	信息安全	

序号	体系结构号	标准编号	标准名称	标准级别	实施日期	与国际标准对应关系	代替标准	阶段	分阶段	专业	分专业	备注
2437	104.7-580	ISO/IEC 24824-3—2008	信息技术 ASN.1 的一般应用:快速信息设备安全	国际标准	2008-5-1	ITU-T X.893—2007，IDT		规划、设计、采购、建设、运维、修试、退役	规划、初设、施工图、招标、品控、施工工艺、验收与质量评定、试运行、运行、维护、检修、试验、退役、报废	信息	信息安全	
2438	104.7-581	ISO/IEC 27005—2018	信息技术 安全技术 信息安全风险管理	国际标准	2018-7-9		ISO/IEC 27005—2011	建设、运维	施工工艺、验收与质量评定、试运行、运行、维护	信息	信息安全	
2439	104.7-582	ISO/IEC 27011—2016	信息技术 安全技术 基于电信组织 ISO/IEC 27002 的信息安全控制实务守则	国际标准	2016-11-23		ISO/IEC 27011—2008	建设、运维	施工工艺、验收与质量评定、试运行、运行、维护	信息	信息安全	
2440	104.7-583	ISO/IEC 30161-1—2020	物联网服务数据交换平台 第1部分:一般要求和体系结构	国际标准	2020-11-27			设计、建设、运维	初设、施工图、施工工艺、验收与质量评定、试运行、运行、维护	信息	信息安全	
2441	104.7-584	ITU-T X.1034—2011	数据通信网络中基于扩展认证协议的鉴别和秘钥管理指南	国际标准	2011-2-13		ITU-T X.1034—2008	建设、运维	施工工艺、验收与质量评定、试运行、运行、维护	信息	信息安全	
2442	104.7-585	ITU-T X.1051—2016	信息技术 安全技术 电信组织的基于 ISO/IEC 27002 信息安全控制的实施规程	国际标准	2016-4-29		ITU-T X.1051—2008	建设、运维	施工工艺、验收与质量评定、试运行、运行、维护	信息	信息安全	
2443	104.7-586	ITU-T X.1161—2008	安全点到点通信的框架	国际标准	2008-5-29			设计、建设	初设、施工图、施工工艺、验收与质量评定、试运行	信息	信息安全	

序号	体系结构号	标准编号	标准名称	标准级别	实施日期	与国际标准对应关系	代替标准	阶段	分阶段	专业	分专业	备注
2444	104.7-587	ITU-T X.1205—2008	信息安全综述	国际标准	2008-4-18			规划、设计、采购、建设、运维	规划、初设、施工图、招标、品控、施工工艺、验收与质量评定、试运行、运行、维护	信息	信息安全	
105 职业健康												
105.1 职业健康—基础综合												
2445	105.1-1	DL/T 325—2010	电力行业职业健康监护技术规范	行标	2011-5-1			安全监管			基础综合	
2446	105.1-2	GB 5083—1999	生产设备安全卫生设计总则	国标	1999-12-1	DIN 31000/VDE 1000：1993，REF；γOCT 12.2.003:1992，REF	GB 5083—1985	安全监管			基础综合	
2447	105.1-3	GB/T 6441—1986	企业职工伤亡事故分类	国标	1987-2-1			安全监管			基础综合	
2448	105.1-4	GB/T 6721—1986	企业职工伤亡事故经济损失统计标准	国标	1987-5-1			安全监管			基础综合	
2449	105.1-5	GB/T 15499—1995	事故伤害损失工作日标准	国标	1995-10-1			安全监管			基础综合	
2450	105.1-6	GB/T 16180—2014	劳动能力鉴定 职工工伤与职业病致残等级	国标	2015-1-1		GB/T 16180—2006	安全监管			基础综合	
2451	105.1-7	GB/T 40437—2021	电气安全 风险预警指南	国标	2022-3-1			安全监管			基础综合	
2452	105.1-8	GB/T 41091—2021	人员密集场所电气安全风险评估和风险降低指南	国标	2022-7-1			安全监管			基础综合	
2453	105.1-9	GB/T 41092—2021	多重应用环境场所电气安全风险评估和风险降低指南	国标	2022-7-1			安全监管			基础综合	

序号	体系结构号	标准编号	标准名称	标准级别	实施日期	与国际标准对应关系	代替标准	阶段	分阶段	专业	分专业	备注
2454	105.1-10	GB/T 45001—2020	职业健康安全管理体系 要求及使用指南	国标	2020-3-6	ISO 45001:2018	GB/T 28001—2011；GB/T 28002—2011	安全监管		基础综合		
2455	105.1-11	GBZ 188—2014	职业健康监护技术规范	国标	2014-10-1		GBZ 188—2007	安全监管		基础综合		
2456	105.1-12	GBZ/T 225—2010	用人单位职业病防治指南	国标	2010-8-1			安全监管		基础综合		
105.2 职业健康—作业安全												
2457	105.2-1	Q/CSG 1205056.1—2022	中国南方电网有限责任公司电力安全工作规程 第1部分：发电厂和变电站	企标	2022-12-17			安全监管		基础综合		
2458	105.2-2	Q/CSG 1205056.2—2022	中国南方电网有限责任公司电力安全工作规程 第2部分：高压输电	企标	2022-12-17			安全监管		基础综合		
2459	105.2-3	Q/CSG 1205056.3—2022	中国南方电网有限责任公司电力安全工作规程 第3部分：配电	企标	2022-12-17			安全监管		基础综合		
2460	105.2-4	T/CEC 5004—2017	电力工程测绘作业安全工作规程	团标	2017-8-1			安全监管		基础综合		
2461	105.2-5	T/CSEE 0143—2019	变电站继电保护现场作业安全技术规范	团标	2019-3-1			安全监管		基础综合		
2462	105.2-6	DL 408—1991	电业安全工作规程（发电厂和变电所电气部分）	行标	1991-9-1			安全监管		基础综合		
2463	105.2-7	DL 409—1991	电业安全工作规程（电力线路部分）	行标	1991-9-1			安全监管		基础综合		

序号	体系结构号	标准编号	标准名称	标准级别	实施日期	与国际标准对应关系	代替标准	阶段	分阶段	专业	分专业	备注
2464	105.2-8	DL 5009.1—2014	电力建设安全工作规程 第1部分：火力发电	行标	2015-3-1		DL 5009.1—2002	安全监管		基础综合		
2465	105.2-9	DL 5009.2—2013	电力建设安全工作规程 第2部分：电力线路	行标	2014-4-1		DL 5009.2—2004	安全监管		基础综合		
2466	105.2-10	DL 5009.3—2013	电力建设安全工作规程 第3部分：变电站	行标	2014-4-1		DL 5009.3—1997	安全监管		基础综合		
2467	105.2-11	CH/Z 3001—2010	无人机航摄安全作业基本要求	行标	2010-10-1			安全监管		基础综合		
2468	105.2-12	DL/T 477—2021	农村电网低压电气安全工作规程	行标	2022-3-22		DL/T 477—2010	安全监管		基础综合		
2469	105.2-13	DL/T 560—2022	电业安全工作规程（高压试验室部分）	行标	2022-11-13		DL 560—1995	安全监管		基础综合		
2470	105.2-14	DL/T 854—2017	带电作业用绝缘斗臂车使用导则	行标	2018-3-1		DL/T 854—2004	安全监管		基础综合		
2471	105.2-15	DL/T 876—2021	带电作业绝缘配合导则	行标	2022-3-22		DL/T 876—2004	安全监管		基础综合		
2472	105.2-16	DL/T 1200—2013	电力行业缺氧危险作业监测与防护技术规范	行标	2013-8-1			安全监管		基础综合		
2473	105.2-17	DL/T 1345—2021	直升机电力作业安全工作规程	行标	2021-7-1		DL/T 1345—2014	安全监管		基础综合		
2474	105.2-18	DL/T 5250—2010	汽车起重机安全操作规程	行标	2010-10-1			安全监管		基础综合		
2475	105.2-19	DL/T 5266—2011	水电水利工程缆索起重机安全操作规程	行标	2011-11-1			安全监管		基础综合		

序号	体系结构号	标准编号	标准名称	标准级别	实施日期	与国际标准对应关系	代替标准	阶段	分阶段	专业	分专业	备注
2476	105.2-20	DL/T 5370—2017	水电水利工程施工通用安全技术规程	行标	2018-3-1		DL/T 5370—2007	安全监管		基础综合		
2477	105.2-21	DL/T 5371—2017	水电水利工程土建施工安全技术规程	行标	2018-3-1		DL/T 5371—2007	安全监管		基础综合		
2478	105.2-22	DL/T 5372—2017	水电水利工程金属结构与机电设备安装安全技术规程	行标	2018-3-1		DL/T 5372—2007	安全监管		基础综合		
2479	105.2-23	DL/T 5373—2017	水电水利工程施工作业人员安全操作规程	行标	2018-3-1		DL/T 5373—2007	安全监管		基础综合		
2480	105.2-24	DL/T 5701—2014	水电水利工程施工机械安全操作规程 反井钻机	行标	2015-3-1			安全监管		基础综合		
2481	105.2-25	DL/T 5711—2014	水电水利工程施工机械安全操作规程 带式输送机	行标	2015-3-1			安全监管		基础综合		
2482	105.2-26	DL/T 5722—2015	水电水利工程施工机械安全操作规程 塔带机	行标	2015-9-1			安全监管		基础综合		
2483	105.2-27	DL/T 5723—2015	水电水利工程施工机械安全操作规程 履带式布料机	行标	2015-9-1			安全监管		基础综合		
2484	105.2-28	DL/T 5730—2016	水电水利工程施工机械安全操作规程 振捣机械	行标	2016-7-1			安全监管		基础综合		
2485	105.2-29	DL/T 5731—2016	水电水利工程施工机械安全操作规程 振动机	行标	2016-7-1			安全监管		基础综合		

序号	体系结构号	标准编号	标准名称	标准级别	实施日期	与国际标准对应关系	代替标准	阶段	分阶段	专业	分专业	备注
2486	105.2-30	DL/T 5752—2017	水电水利工程施工机械安全操作规程 混凝土预冷系统	行标	2018-3-1			安全监管		基础综合		
2487	105.2-31	JGJ 80—2016	建筑施工高处作业安全技术规范	行标	2016-12-1		JGJ 80-91	安全监管		基础综合		
2488	105.2-32	JGJ 130—2011	建筑施工扣件式钢管脚手架安全技术规范	行标	2011-12-1		JGJ 130—2001	安全监管		基础综合		
2489	105.2-33	JGJ 160—2016	施工现场机械设备检查技术规范	行标	2017-3-1		JGJ 160—2008	安全监管		基础综合		
2490	105.2-34	JGJ/T 128—2019	建筑施工门式钢管脚手架安全技术标准	行标	2020-1-1		JGJ 128—2010	安全监管		基础综合		
2491	105.2-35	JGJ/T 429—2018	建筑施工易发事故防治安全标准	行标	2018-10-1			安全监管		基础综合		
2492	105.2-36	MH/T 1064.1—2017	直升机电力作业安全规程 第1部分：通用要求	行标	2017-4-1			安全监管		基础综合		
2493	105.2-37	MH/T 1064.2—2017	直升机电力作业安全规程 第2部分：巡检作业	行标	2017-4-1			安全监管		基础综合		
2494	105.2-38	MH/T 1064.3—2017	直升机电力作业安全规程 第3部分：激光扫描作业	行标	2017-4-1			安全监管		基础综合		
2495	105.2-39	MH/T 1064.4—2017	直升机电力作业安全规程 第4部分：带电作业	行标	2017-4-1			安全监管		基础综合		

序号	体系结构号	标准编号	标准名称	标准级别	实施日期	与国际标准对应关系	代替标准	阶段	分阶段	专业	分专业	备注
2496	105.2-40	MH/T 1064.5—2017	直升机电力作业安全规程 第5部分：带电水冲洗作业	行标	2017-4-1			安全监管		基础综合		
2497	105.2-41	MH/T 1064.6—2017	直升机电力作业安全规程 第6部分：带装组塔作业	行标	2017-4-1			安全监管		基础综合		
2498	105.2-42	MH/T 1064.7—2017	直升机电力作业安全规程 第7部分：展放导引绳作业	行标	2017-4-1			安全监管		基础综合		
2499	105.2-43	NB/T 10096—2018	电力建设工程施工安全管理导则	行标	2019-1-1			安全监管		基础综合		
2500	105.2-44	NB/T 10393—2020	海上风电场工程施工安全技术规范	行标	2021-2-1			安全监管		基础综合		
2501	105.2-45	NB/T 10592—2021	风电场无人机集电线路安全巡检技术规范	行标	2021-7-1			安全监管		基础综合		
2502	105.2-46	NB/T 31052—2014	风力发电场高处作业安全规程	行标	2015-3-1			安全监管		基础综合		
2503	105.2-47	QX/T 246—2014	建筑施工现场雷电安全技术规范	行标	2015-3-1			安全监管		基础综合		
2504	105.2-48	SJ/T 11532.1—2015	危险化学品气瓶标识用电子标签通用技术要求 第1部分：气瓶电子标识代码	行标	2015-10-1			安全监管		基础综合		

序号	体系结构号	标准编号	标准名称	标准级别	实施日期	与国际标准对应关系	代替标准	阶段	分阶段	专业	分专业	备注
2505	105.2-49	SJ/T 11532.2—2015	危险化学品气瓶标识用电子标签通用技术要求 第2部分：应用技术规范	行标	2015-10-1			安全监管		基础综合		
2506	105.2-50	SJ/T 11532.3—2015	危险化学品气瓶标识用电子标签通用技术要求 第3部分：读写器特殊要求	行标	2015-10-1			安全监管		基础综合		
2507	105.2-51	SL 400—2016	水利水电工程机电设备安装安全技术规程	行标	2017-3-20		SL 400—2007	安全监管		基础综合		
2508	105.2-52	SL/T 780—2020	水利水电工程金属结构制作与安装安全技术规程	行标	2020-9-30			安全监管		基础综合		
2509	105.2-53	GB 6722—2014	爆破安全规程	国标	2015-7-1		GB 6722—2003	安全监管		基础综合		
2510	105.2-54	GB 8958—2006	缺氧危险作业安全规程	国标	2006-12-1		GB 8958—1988	安全监管		基础综合		
2511	105.2-55	GB 12158—2006	防止静电事故通用导则	国标	2006-12-1		GB 12158—1990	安全监管		基础综合		
2512	105.2-56	GB 26164.1—2010	电业安全工作规程 第1部分：热力和机械	国标	2011-12-1			安全监管		基础综合		
2513	105.2-57	GB 26545—2011	建筑施工机械与设备 钻孔设备安全规范	国标	2012-5-1			安全监管		基础综合		
2514	105.2-58	GB 26859—2011	电力安全工作规程 电力线路部分	国标	2012-6-1			安全监管		基础综合		
2515	105.2-59	GB 26860—2011	电力安全工作规程 发电厂和变电站电气部分	国标	2012-6-1			安全监管		基础综合		

序号	体系结构号	标准编号	标准名称	标准级别	实施日期	与国际标准对应关系	代替标准	阶段	分阶段	专业	分专业	备注
2516	105.2-60	GB 26861—2011	电力安全工作规程 高压试验室部分	国标	2012-6-1			安全监管		基础综合		
2517	105.2-61	GB 50870—2013	建筑施工安全技术统一规范	国标	2014-3-1			安全监管		基础综合		
2518	105.2-62	GB 51210—2016	建筑施工脚手架安全技术统一标准	国标	2017-7-1			安全监管		基础综合		
2519	105.2-63	GB/T 3608—2008	高处作业分级	国标	2009-6-1		GB/T 3608—1993	安全监管		基础综合		
2520	105.2-64	GB/T 3787—2017	手持式电动工具的管理、使用、检查和维修安全技术规程	国标	2018-2-1		GB/T 3787—2006	安全监管		基础综合		
2521	105.2-65	GB/T 3883.1—2014	手持式、可移式电动工具和园林工具的安全 第1部分：通用要求	国标	2017-3-23		GB 3883.1—2014	安全监管		基础综合		
2522	105.2-66	GB/T 5082—2019	起重机 手势信号	国标	2020-7-1		GB 5082—1985	安全监管		基础综合		
2523	105.2-67	GB/T 5905—2011	起重机 试验规范和程序	国标	2012-6-1	ISO 4310:2009，IDT	GB/T 5905—1986	安全监管		基础综合		
2524	105.2-68	GB/T 6067.1—2010	起重机械安全规程 第1部分：总则	国标	2011-6-1		GB 6067.1—2010	安全监管		基础综合		
2525	105.2-69	GB/T 9465—2018	高空作业车	国标	2018-12-1		GB/T 9465—2008	安全监管		基础综合		
2526	105.2-70	GB/T 12265—2021	机械安全 防止人体部位挤压的最小间距	国标	2021-12-1		GB/T 12265.3—1997	安全监管		基础综合		
2527	105.2-71	GB/T 13441.1—2007	机械振动与冲击 人体暴露于全身振动的评价 第1部分：一般要求	国标	2007-11-1	ISO 2631-1:1997 IDT	GB/T 13441—1992；GB/T 13442—1992	安全监管		基础综合		

序号	体系结构号	标准编号	标准名称	标准级别	实施日期	与国际标准对应关系	代替标准	阶段	分阶段	专业	分专业	备注
2528	105.2-72	GB/T 16754—2021	机械安全 急停功能 设计原则	国标	2021-12-1		GB/T 16754—2008	安全监管		基础综合		
2529	105.2-73	GB/T 16755—2015	机械安全 安全标准的起草与表述规则	国标	2016-7-1	ISO GUIDE 78:2012, MOD	GB/T 16755—2008	安全监管		基础综合		
2530	105.2-74	GB/T 16804—2011	气瓶警示标签	国标	2017-3-23	ISO 7225:2005	GB 16804—2011	安全监管		基础综合		
2531	105.2-75	GB/T 16855.2—2015	机械安全 控制系统安全相关部件 第2部分：确认	国标	2016-7-1	ISO 13849-2:2012, IDT	GB/T 16855.2—2007	安全监管		基础综合		
2532	105.2-76	GB/T 16856—2015	机械安全 风险评估 实施指南和方法举例	国标	2016-7-1	ISO/TR 14121-2:2012, MOD	GB/T 16856.2—2008	安全监管		基础综合		
2533	105.2-77	GB/T 20118—2017	钢丝绳通用技术条件	国标	2018-9-1	ISO 2408:2017	GB/T 20118—2006	安全监管		基础综合		
2534	105.2-78	GB/T 23723.1—2009	起重机 安全使用 第1部分：总则	国标	2010-1-1	ISO 12480-1:1997, IDT		安全监管		基础综合		
2535	105.2-79	GB/T 23724.1—2016	起重机 检查 第1部分：总则	国标	2016-9-1	ISO 9927-1:2013，IDT	GB/T 23724.1—2009	安全监管		基础综合		
2536	105.2-80	GB/T 29480—2013	接近电气设备的安全导则	国标	2013-7-1			安全监管		基础综合		
2537	105.2-81	GB/T 34525—2017	气瓶搬运、装卸、储存和使用安全规定	国标	2018-5-1			安全监管		基础综合		
2538	105.2-82	GB/T 35076—2018	机械安全 生产设备安全通则	国标	2018-12-1			安全监管		基础综合		
2539	105.2-83	GB/T 35077—2018	机械安全 局部排气通风系统安全要求	国标	2018-12-1			安全监管		基础综合		

序号	体系结构号	标准编号	标准名称	标准级别	实施日期	与国际标准对应关系	代替标准	阶段	分阶段	专业	分专业	备注
2540	105.2-84	GB/T 36507—2023	工业车辆 使用、操作与维护安全规范	国标	2023-12-1		GB/T 36507—2018	安全监管		基础综合		
2541	105.2-85	GB/T 40431—2021	电气运行场所的人身安全约束指南	国标	2022-3-1			安全监管		基础综合		
2542	105.2-86	IEC 60745-2-13 Edition 2.1—2011	手持式电动工具安全性 第2-13部分：链锯的详细要求	国际标准	2011-4-14		IEC 60745-2-13—2006	安全监管		基础综合		
2543	105.2-87	IEC 60745-2-19—2005/ Amd 1—2010	手持式电动工具安全性 第2-19部分：连接器的详细要求	国际标准	2010-5-26		IEC 60745-2-19—2005	安全监管		基础综合		
2544	105.2-88	IEC 60745-2-3 Edition 2.2—2012	手持式电动工具安全性 第2-3部分：研磨机、抛光机和盘式砂光机详细要求	国际标准	2012-7-30		IEC 60745-2-3—2011	安全监管		基础综合		
105.3 职业健康—劳动保护												
2545	105.3-1	Q/CSG 112001—2012	一般劳动防护用品制作标准（2012型）	企标	2012-5-1			安全监管		基础综合		
2546	105.3-2	Q/CSG 1207004—2020	中国南方电网有限责任公司一般劳动防护用品制作标准	企标	2020-9-30		Q/CSG 112001—2012	安全监管		基础综合		
2547	105.3-3	T/CEC 265—2019	智能安全帽技术条件	团标	2020-1-1			安全监管		基础综合		
2548	105.3-4	T/CEC 280—2019	电力用智能安全带技术条件	团标	2020-1-1			安全监管		基础综合		
2549	105.3-5	T/CEC 562—2021	输电杆塔地脚螺栓混凝土保护帽技术规范	团标	2022-3-1			安全监管		基础综合		

序号	体系结构号	标准编号	标准名称	标准级别	实施日期	与国际标准对应关系	代替标准	阶段	分阶段	专业	分专业	备注
2550	105.3-6	T/CEC 563—2021	输电杆塔地脚螺栓混凝土保护帽质量检测技术规范	团标	2022-3-1			安全监管		基础综合		
2551	105.3-7	T/CEC 566—2021	输电杆塔地脚螺栓混凝土保护帽耐久性评价技术规范	团标	2022-3-1			安全监管		基础综合		
2552	105.3-8	T/CEC 635—2022	六氟化硫电气设备运行、试验及检修人员防护用品 选用导则	团标	2022-10-1			安全监管		基础综合		
2553	105.3-9	AQ 6109—2012	坠落防护 登杆脚扣	行标	2013-3-1			安全监管		附属设施及工器具	工器具	
2554	105.3-10	DL/T 320—2019	个人电弧防护用品通用技术要求	行标	2019-10-1		DL/T 320—2010	安全监管		附属设施及工器具	工器具	
2555	105.3-11	DL/T 639—2016	六氟化硫电气设备、试验及检修人员安全防护导则	行标	2016-6-1		DL/T 639—1997	安全监管		基础综合		
2556	105.3-12	DL/T 1147—2018	电力高处作业防坠器	行标	2018-7-1		DL/T 1147—2009	安全监管		附属设施及工器具	工器具	
2557	105.3-13	DL/T 1209.1—2013	变电站登高作业及防护器材技术要求 第1部分：抱杆梯、梯具、梯台及过桥	行标	2013-8-1			安全监管		附属设施及工器具	工器具	
2558	105.3-14	DL/T 1238—2013	1000kV交流系统用静电防护服装	行标	2013-8-1			安全监管		附属设施及工器具	工器具	
2559	105.3-15	DL/T 1475—2015	电力安全工器具配置与存放技术要求	行标	2015-12-1			安全监管		附属设施及工器具	工器具	

序号	体系结构号	标准编号	标准名称	标准级别	实施日期	与国际标准对应关系	代替标准	阶段	分阶段	专业	分专业	备注
2560	105.3-16	DL/T 1476—2015	电力安全工器具预防性试验规程	行标	2015-12-1			安全监管		附属设施及工器具	工器具	
2561	105.3-17	DL/T 2129—2020	电力设施高空警示球	行标	2021-2-4			安全监管		基础综合		
2562	105.3-18	DL/T 2134—2020	电力用安全帽动态性能测试装置	行标	2021-2-1			安全监管		附属设施及工器具	工器具	
2563	105.3-19	LD 4—1991	焊接防护鞋	行标	1992-7-1			安全监管		附属设施及工器具	工器具	
2564	105.3-20	NB/T 10395—2020	水电工程劳动安全与工业卫生后评价规程	行标	2021-2-1			安全监管		基础综合		
2565	105.3-21	NB/T 10581—2021	风力发电机组安全带/安全工器具应用技术规范	行标	2021-7-1			安全监管		基础综合		
2566	105.3-22	YB/T 4575—2016	高处作业吊篮用钢丝绳	行标	2017-4-1			安全监管		附属设施及工器具	工器具	
2567	105.3-23	GB 2626—2019	呼吸防护自吸过滤式防颗粒物呼吸器	国标	2020-7-1		GB 2626—2006	安全监管		附属设施及工器具	工器具	
2568	105.3-24	GB 2811—2019	头部防护 安全帽	国标	2020-7-1		GB 2811—2007	安全监管		附属设施及工器具	工器具	
2569	105.3-25	GB 2890—2009	呼吸防护 自吸过滤式防毒面具	国标	2009-12-1		GB 2890—1995;GB 2891—1995;GB 2892—1995	安全监管		附属设施及工器具	工器具	
2570	105.3-26	GB 4053.1—2009	固定式钢梯及平台安全要求 第1部分：钢直梯	国标	2009-12-1		GB 4053.1—1993	安全监管		基础综合		
2571	105.3-27	GB 4053.2—2009	固定式钢梯及平台安全要求 第2部分：钢斜梯	国标	2009-12-1		GB 4053.2—1993	安全监管		基础综合		

序号	体系结构号	标准编号	标准名称	标准级别	实施日期	与国际标准对应关系	代替标准	阶段	分阶段	专业	分专业	备注
2572	105.3-28	GB 4053.3—2009	固定式钢梯及平台安全要求 第3部分:工业防护栏杆及钢平台	国标	2009-12-1		GB 4053.3—1993; GB 4053.4—1983	安全监管		基础综合		
2573	105.3-29	GB 5725—2009	安全网	国标	2009-12-1		GB 16909—1997; GB 5725—1997	安全监管		附属设施及工器具	工器具	
2574	105.3-30	GB 6095—2021	坠落防护 安全带	国标	2022-9-1		GB 6095—2009	安全监管		附属设施及工器具	工器具	
2575	105.3-31	GB 7000.17—2003	限制表面温度灯具安全要求	国标	2004-2-1	IEC 60598-2-24:1997, IDT		安全监管		附属设施及工器具	工器具	
2576	105.3-32	GB 7059—2007	便携式木折梯安全要求	国标	2008-2-1		GB 7059.1—1986; GB 7059.2—1986	安全监管		附属设施及工器具	工器具	
2577	105.3-33	GB 12014—2019	防护服装 防静电服	国标	2020-7-1		GB 12014—1989	安全监管		附属设施及工器具	工器具	
2578	105.3-34	GB 12142—2007	便携式金属梯安全要求	国标	2008-2-1		GB 12142—1989; GB 7059.3—1986	安全监管		附属设施及工器具	工器具	
2579	105.3-35	GB 14050—2008	系统接地的型式及安全技术要求	国标	2009-8-1		GB 14050—1993	安全监管		基础综合		
2580	105.3-36	GB 21148—2020	足部防护 电绝缘鞋	国标	2021-8-1		GB 12011—2009; GB 21146—2007; GB 21147—2007; GB 21148—2007	安全监管		附属设施及工器具	工器具	
2581	105.3-37	GB 24543—2009	坠落防护 安全绳	国标	2010-9-1	ISO 10333-2:2000, MOD		安全监管		附属设施及工器具	工器具	
2582	105.3-38	GB 24544—2009	坠落防护 速差自控器	国标	2010-9-1	ISO 10333-3:2000, MOD		安全监管		附属设施及工器具	工器具	
2583	105.3-39	GB 30862—2014	坠落防护 挂点装置	国标	2015-6-1			安全监管		附属设施及工器具	工器具	
2584	105.3-40	GB 30863—2014	个体防护装备 眼面部防护 激光防护镜	国标	2015-6-1			安全监管		附属设施及工器具	工器具	

序号	体系结构号	标准编号	标准名称	标准级别	实施日期	与国际标准对应关系	代替标准	阶段	分阶段	专业	分专业	备注
2585	105.3-41	GB 39800.1—2020	个体防护装备选用规范	国标	2022-1-1		GB/T 11651—2008	安全监管		附属设施及工器具	工器具	
2586	105.3-42	GB/T 1251.1—2008	人类工效学 公共场所和工作区域的险情信号 险情听觉信号	国标	2009-1-1	ISO 7731:2003，IDT	GB 1251.1—1989	安全监管		基础综合		
2587	105.3-43	GB/T 3609.1—2008	职业眼面部防护 焊接防护 第1部分：焊接防护具	国标	2009-10-1		GB 3609.2—1983；GB 3609.3—1983；GB 3609.1—1994	安全监管		附属设施及工器具	工器具	
2588	105.3-44	GB/T 8196—2018	机械安全 防护装置 固定式和活动式防护装置的设计与制造一般要求	国标	2019-7-1		GB/T 8196—2003	安全监管		附属设施及工器具	工器具	
2589	105.3-45	GB/T 11651—2008	个体防护装备选用规范	国标	2009-10-1			安全监管		附属设施及工器具		
2590	105.3-46	GB/T 12624—2020	手部防护 通用测试方法	国标	2021-5-1		GB/T 12624—2009	安全监管		附属设施及工器具	工器具	
2591	105.3-47	GB/T 13459—2008	劳动防护服 防寒保暖要求	国标	2009-1-1		GB/T 13459—1992	安全监管		附属设施及工器具	工器具	
2592	105.3-48	GB/T 13547—1992	工作空间人体尺寸	国标	1993-4-1			安全监管		基础综合		
2593	105.3-49	GB/T 13640—2008	劳动防护服号型	国标	2009-6-1		GB/T 13640—1992	安全监管		附属设施及工器具	工器具	
2594	105.3-50	GB/T 14776—1993	人类工效学 工作岗位尺寸设计原则及其数值	国标	1994-7-1	DIN 33406-88		安全监管		基础综合		
2595	105.3-51	GB/T 17045—2020	电击防护 装置和设备的通用部分	国标	2020-10-1		GB/T 17045—2008	安全监管		基础综合		
2596	105.3-52	GB/T 18136—2008	交流高压静电防护服装及试验方法	国标	2009-8-1		GB 18136—2000	安全监管		附属设施及工器具	工器具	

序号	体系结构号	标准编号	标准名称	标准级别	实施日期	与国际标准对应关系	代替标准	阶段	分阶段	专业	分专业	备注
2597	105.3-53	GB/T 18664—2002	呼吸防护用品的选择、使用与维护	国标	2002-10-1			安全监管		附属设施及工器具		
2598	105.3-54	GB/T 20097—2006	防护服 一般要求	国标	2006-9-1	ISO 13688—1998，MOD		安全监管		附属设施及工器具	工器具	
2599	105.3-55	GB/T 20098—2006	低温环境作业保护靴通用技术要求	国标	2006-9-1	ISO 2252:1993，NEQ		安全监管		附属设施及工器具	工器具	
2600	105.3-56	GB/T 20654—2006	防护服装 机械性能 材料抗刺穿及动态撕裂性的试验方法	国标	2007-7-1	ISO 13995—2000，IDT		安全监管		附属设施及工器具	工器具	
2601	105.3-57	GB/T 23468—2009	坠落防护装备安全使用规范	国标	2009-12-1			安全监管		附属设施及工器具	工器具	
2602	105.3-58	GB/T 23469—2009	坠落防护 连接器	国标	2009-12-1	ISO 10333-5:2001，NEQ		安全监管		附属设施及工器具	工器具	
2603	105.3-59	GB/T 24538—2009	坠落防护 缓冲器	国标	2010-9-1	ISO 10333-2:2000，MOD		安全监管		附属设施及工器具	工器具	
2604	105.3-60	GB/T 28409—2012	个体防护装备.足部防护鞋（靴）的选择、使用和维护指南	国标	2013-3-1			安全监管		附属设施及工器具	工器具	
2605	105.3-61	GB/T 29481—2013	电气安全标志	国标	2013-12-1			安全监管		基础综合		
2606	105.3-62	GB/T 29483—2013	机械电气安全 检测人体存在的保护设备应用	国标	2013-7-1	IEC/TS 62046:2008，IDT		安全监管		基础综合		
2607	105.3-63	GB/T 29510—2013	个体防护装备配备基本要求	国标	2014-2-1			安全监管		附属设施及工器具		
2608	105.3-64	GB/T 29512—2013	手部防护 防护手套的选择、使用和维护指南	国标	2014-2-1			安全监管		附属设施及工器具	工器具	
2609	105.3-65	GB/T 30041—2013	头部防护 安全帽选用规范	国标	2014-9-1			安全监管		附属设施及工器具	工器具	

序号	体系结构号	标准编号	标准名称	标准级别	实施日期	与国际标准对应关系	代替标准	阶段	分阶段	专业	分专业	备注
2610	105.3-66	GB/T 34137—2017	电气设备的安全 人体工程的安全指南	国标	2018-2-1			安全监管		基础综合		
2611	105.3-67	GBZ 158—2003	工作场所职业病危害警示标识	国标	2003-12-1			安全监管		附属设施及工器具		
2612	105.3-68	GBZ/T 194—2007	工作场所防止职业中毒卫生工程防护措施规范	国标	2008-2-1			安全监管		基础综合		
2613	105.3-69	GBZ/T 203—2007	高毒物品作业岗位职业病危害告知规范	国标	2008-3-1			安全监管		附属设施及工器具		
2614	105.3-70	GBZ/T 204—2007	高毒物品作业岗位职业病危害信息指南	国标	2008-3-1			安全监管		附属设施及工器具		
2615	105.3-71	GBZ/T 205—2007	密闭空间作业职业危害防护规范	国标	2008-3-1			安全监管		基础综合		
2616	105.3-72	IEC 60903—2014	带电作业 电气绝缘手套	国际标准	2014-7-28		IEC 60903—2002	安全监管		附属设施及工器具	工器具	
2617	105.3-73	IEC 61140—2016	电击防护 安装和设备的共同方面	国际标准	2016-1-7		IEC 61140—2001	安全监管		基础综合		
105.4 职业健康—职业卫生												
2618	105.4-1	DL/T 669—1999	室外高温作业分级	行标	1999-10-1			安全监管		基础综合		
2619	105.4-2	DL/T 799.1—2019	电力行业劳动环境监测技术规范 第1部分:总则	行标	2020-5-1		DL/T 799.1—2010	安全监管		基础综合		
2620	105.4-3	DL/T 799.2—2019	电力行业劳动环境监测技术规范 第2部分:生产性粉尘监测	行标	2020-5-1		DL/T 799.2—2010	安全监管		基础综合		

序号	体系结构号	标准编号	标准名称	标准级别	实施日期	与国际标准对应关系	代替标准	阶段	分阶段	专业	分专业	备注
2621	105.4-4	DL/T 799.3—2019	电力行业劳动环境监测技术规范 第3部分:生产性噪声监测	行标	2020-5-1		DL/T 799.3—2010	安全监管		基础综合		
2622	105.4-5	DL/T 799.4—2019	电力行业劳动环境监测技术规范 第4部分:生产性毒物监测	行标	2020-5-1		DL/T 799.4—2010	安全监管		基础综合		
2623	105.4-6	DL/T 799.5—2019	电力行业劳动环境监测技术规范 第5部分:高温作业监测	行标	2020-5-1		DL/T 799.5—2010	安全监管		基础综合		
2624	105.4-7	DL/T 799.6—2019	电力行业劳动环境监测技术规范 第6部分:微波辐射监测	行标	2020-5-1		DL/T 799.6—2010	安全监管		基础综合		
2625	105.4-8	DL/T 799.7—2019	电力行业劳动环境监测技术规范 第7部分:工频电场、磁场监测	行标	2020-5-1		DL/T 799.7—2010	安全监管		基础综合		
2626	105.4-9	LD 80—1995	噪声作业分级	行标	1996-6-1	ISO TC43 ISO R1999, EQV		安全监管		基础综合		
2627	105.4-10	NB/T 35025—2014	水电工程劳动安全与工业卫生验收规程	行标	2014-11-1			安全监管		基础综合		
2628	105.4-11	WS/T 370—2022	卫生健康信息基本数据集编制标准	行标	2023-4-1		WS 370—2022	安全监管		基础综合		
2629	105.4-12	WS/T 723—2010	作业场所职业危害基础信息数据	行标	2011-5-1		AQ/T 4206—2010	安全监管		基础综合		
2630	105.4-13	WS/T 724—2010	作业场所职业危害监管信息系统基础数据结构	行标	2011-5-1		AQ/T 4207—2010	安全监管		基础综合		

序号	体系结构号	标准编号	标准名称	标准级别	实施日期	与国际标准对应关系	代替标准	阶段	分阶段	专业	分专业	备注
2631	105.4-14	WS/T 765—2010	有毒作业场所危害程度分级	行标	2020-3-16		AQ/T 4208—2010	安全监管		基础综合		
2632	105.4-15	YD/T 3030—2016	人体暴露于无线通信设施周边的射频电磁场的评定、评估和监测方法	行标	2016-7-1		YD/T 3030—2015	安全监管		基础综合		
2633	105.4-16	GB 18871—2002	电离辐射防护与辐射源安全基本标准	国标	2003-4-1		GB 4792—1984；GB 8703—1988	安全监管		基础综合		
2634	105.4-17	GB/T 12801—2008	生产过程安全卫生要求总则	国标	2009-10-1		GB 12801—1991	安全监管		基础综合		
2635	105.4-18	GB/T 21230—2014	声学 职业噪声暴露的测定工程法	国标	2015-2-1	ISO 9612:2009，IDT	GB/T 21230—2007	安全监管		基础综合		
2636	105.4-19	GB/T 25915.1—2021	洁净室及相关受控环境 第1部分:空气洁净度等级	国标	2022-3-1	ISO 14644-1:1999 IDT	GB/T 25915.1—2010	安全监管		基础综合		
2637	105.4-20	GBZ 2.1—2019	工作场所有害因素职业接触限值 第1部分:化学有害因素	国标	2020-4-1		GBZ 2.1—2007	安全监管		基础综合		
2638	105.4-21	GBZ 2.2—2007	工作场所有害因素职业接触限值 第2部分:物理因素	国标	2007-11-1		GBZ 2—2002	安全监管		基础综合		
2639	105.4-22	GBZ/T 189.3—2018	工作场所物理因素测量 第3部分:1Hz～100kHz电场和磁场	国标	2019-7-1			安全监管		基础综合		
2640	105.4-23	GBZ/T 189.7—2007	工作场所物理因素测量 第7部分:高温	国标	2007-11-1			安全监管		基础综合		

序号	体系结构号	标准编号	标准名称	标准级别	实施日期	与国际标准对应关系	代替标准	阶段	分阶段	专业	分专业	备注
2641	105.4-24	GBZ/T 189.8—2007	工作场所物理因素测量 第8部分：噪声	国标	2007-11-1			安全监管		基础综合		
2642	105.4-25	GBZ/T 210.1—2008	职业卫生标准制定指南 第1部分：工作场所化学物质职业接触限值	国标	2008-12-30			安全监管		基础综合		
2643	105.4-26	GBZ/T 210.2—2008	职业卫生标准制定指南 第2部分：工作场所粉尘职业接触限值	国标	2008-12-30			安全监管		基础综合		
2644	105.4-27	GBZ/T 210.3—2008	职业卫生标准制定指南 第3部分：工作场所物理因素职业接触限值	国标	2008-12-30			安全监管		基础综合		
2645	105.4-28	GBZ/T 210.4—2008	职业卫生标准制定指南 第4部分：工作场所空气中化学物质测定方法	国标	2008-12-30			安全监管		基础综合		
2646	105.4-29	GBZ/T 210.5—2008	职业卫生标准制定指南 第5部分：生物材料中化学物质的测定方法	国标	2008-12-30			安全监管		基础综合		
2647	105.4-30	GBZ/T 222—2009	密闭空间直读式气体检测仪选用指南	国标	2010-6-1			安全监管		基础综合		
2648	105.4-31	GBZ/T 223—2009	工作场所有毒气体检测报警装置设置规范	国标	2010-6-1			安全监管		基础综合		

序号	体系结构号	标准编号	标准名称	标准级别	实施日期	与国际标准对应关系	代替标准	阶段	分阶段	专业	分专业	备注
2649	105.4-32	GBZ/T 229.1—2010	工作场所职业病危害作业分级 第1部分：生产性粉尘	国标	2010-10-1			安全监管		基础综合		
2650	105.4-33	GBZ/T 229.2—2010	工作场所职业病危害作业分级 第2部分：化学物	国标	2010-11-1			安全监管		基础综合		
2651	105.4-34	GBZ/T 229.3—2010	工作场所职业病危害作业分级 第3部分：高温	国标	2010-10-1			安全监管		基础综合		
2652	105.4-35	GBZ/T 277—2016	职业病危害评价通则	国标	2017-5-1			安全监管		基础综合		
105.5 职业健康—应急监护												
2653	105.5-1	DL/T 692—2018	电力行业紧急救护技术规范	行标	2018-7-1		DL/T 692—2008	安全监管		基础综合		
2654	105.5-2	DL/T 2282—2021	电力高处作业坠落营救装置	行标	2021-10-26			安全监管		基础综合		
2655	105.5-3	NB/T 10578—2021	风力发电机组高处逃生应急演练规程	行标	2021-7-1			安全监管		基础综合		
2656	105.5-4	NB/T 10806—2021	墙壁紧急呼叫开关	行标	2022-5-16			安全监管		基础综合		
2657	105.5-5	WB/T 1072—2018	应急物资仓储设施设备配置规范	行标	2018-8-1			安全监管		基础综合		
2658	105.5-6	GB/T 29639—2020	生产经营单位生产安全事故应急预案编制导则	国标	2021-4-1		GB/T 29639—2013	安全监管		基础综合		
2659	105.5-7	GB/T 38315—2019	社会单位灭火和应急疏散预案编制及实施导则	国标	2020-4-1			安全监管		基础综合		
2660	105.5-8	GB/T 40151—2021	安全与韧性 应急管理 能力评估指南	国标	2021-11-1			安全监管		基础综合		

序号	体系结构号	标准编号	标准名称	标准级别	实施日期	与国际标准对应关系	代替标准	阶段	分阶段	专业	分专业	备注
105.6	**职业健康—其他**											
2661	105.6-1	GB/T 26444—2010	危险货物运输物质可运输性试验方法和判据	国标	2011-7-1			安全监管		基础综合		
2662	105.6-2	GBZ/T 297—2017	职业健康促进技术导则	国标	2018-4-15			安全监管		基础综合		
106	**技术监督**											
106.1	**技术监督—基础综合**											
2663	106.1-1	T/CEC 101.1—2016	能源互联网 第1部分：总则	团标	2017-1-1			技术监督		基础综合		
2664	106.1-2	T/CEC 291.6—2020	天然酯绝缘油电力变压器 第6部分：技术经济性评价导则	团标	2020-10-1			技术监督		基础综合		
2665	106.1-3	T/CEC 301—2020	电力电缆用导管安全性能检验规程	团标	2020-10-1			技术监督		基础综合		
2666	106.1-4	T/CEC 310.1—2020	电力工程用接地材料性能分级评价 第1部分：总则	团标	2020-10-1			技术监督		基础综合		
2667	106.1-5	T/CEC 310.2—2020	电力工程用接地材料性能分级评价 第2部分：电气性能分级评价	团标	2020-10-1			技术监督		基础综合		
2668	106.1-6	T/CEC 310.3—2020	电力工程用接地材料性能分级评价 第3部分：机械性能分级评价	团标	2020-10-1			技术监督		基础综合		

序号	体系结构号	标准编号	标准名称	标准级别	实施日期	与国际标准对应关系	代替标准	阶段	分阶段	专业	分专业	备注
2669	106.1-7	T/CEC 310.4—2020	电力工程用接地材料性能分级评价 第4部分：耐腐蚀性能分级评价	团标	2020-10-1			技术监督		基础综合		
2670	106.1-8	T/CSEE 0159—2020	电力电缆故障测寻车技术规范	团标	2020-1-15			技术监督		基础综合		
2671	106.1-9	DL/T 836.1—2016	供电系统供电可靠性评价规程 第1部分：通则	行标	2016-6-1			技术监督		基础综合		
2672	106.1-10	DL/T 836.2—2016	供电系统供电可靠性评价规程 第2部分：高中压用户	行标	2016-6-1			技术监督		基础综合		
2673	106.1-11	DL/T 836.3—2016	供电系统供电可靠性评价规程 第3部分：低压用户	行标	2016-6-1			技术监督		基础综合		
2674	106.1-12	DL/T 989—2022	直流输电系统可靠性评价规程	行标	2022-11-13		DL/T 989—2013	技术监督		基础综合		
2675	106.1-13	DL/T 1051—2019	电力技术监督导则	行标	2019-10-1		DL/T 1051—2007	技术监督		基础综合		
2676	106.1-14	DL/T 1090—2008	串联补偿系统可靠性统计评价规程	行标	2008-11-1			技术监督		基础综合		
2677	106.1-15	DL/T 1320—2014	电力企业能源管理体系 实施指南	行标	2014-8-1			技术监督		基础综合		
2678	106.1-16	DL/T 1424—2015	电网金属技术监督规程	行标	2015-9-1			环境保护、安全通用标准		基础综合		
2679	106.1-17	DL/T 1563—2016	中压配电网可靠性评估导则	行标	2016-6-1			技术监督		基础综合		
2680	106.1-18	DL/T 1680—2016	大型接地网状态评估技术导则	行标	2017-5-1			技术监督		基础综合		

序号	体系结构号	标准编号	标准名称	标准级别	实施日期	与国际标准对应关系	代替标准	阶段	分阶段	专业	分专业	备注
2681	106.1-19	DL/T 1781—2017	电力器材质量监督检验技术规程	行标	2018-6-1			技术监督		基础综合		
2682	106.1-20	DL/T 1815—2018	电化学储能电站设备可靠性评价规程	行标	2018-7-1			技术监督		基础综合		
2683	106.1-21	DL/T 1839.1—2018	电力可靠性管理信息系统数据接口规范 第1部分：通用要求	行标	2018-7-1			技术监督		基础综合		
2684	106.1-22	DL/T 1839.2—2018	电力可靠性管理信息系统数据接口规范 第2部分:输变电设施	行标	2018-7-1			技术监督		基础综合		
2685	106.1-23	DL/T 1839.3—2019	电力可靠性管理信息系统数据接口规范 第3部分：发电设备	行标	2020-5-1			技术监督		基础综合		
2686	106.1-24	DL/T 1839.4—2018	电力可靠性管理信息系统数据接口规范 第4部分:供电系统用户供电	行标	2018-7-1			技术监督		基础综合		
2687	106.1-25	DL/T 1957—2018	电网直流偏磁风险评估与防御导则	行标	2019-5-1			技术监督		基础综合		
2688	106.1-26	DL/T 2030—2019	输变电回路可靠性评价规程	行标	2019-10-1			技术监督		基础综合		
2689	106.1-27	DL/T 2094—2020	交流电力工程接地防腐蚀技术规范	行标	2021-2-1			技术监督		基础综合		
2690	106.1-28	DL/T 2121—2020	高压直流输电换流阀冷却系统化学监督导则	行标	2021-2-1			技术监督		基础综合		

序号	体系结构号	标准编号	标准名称	标准级别	实施日期	与国际标准对应关系	代替标准	阶段	分阶段	专业	分专业	备注
2691	106.1-29	DL/T 2135—2020	电力用可塑性绝缘遮蔽带通用技术条件	行标	2021-2-1			技术监督		基础综合		
2692	106.1-30	DL/T 2303.1—2021	电力生产统计技术导则 第1部分:发电生产统计	行标	2021-10-26			技术监督		基础综合		
2693	106.1-31	DL/T 2303.2—2021	电力生产统计技术导则 第2部分:供用电统计	行标	2021-10-26			技术监督		基础综合		
2694	106.1-32	JB/T 14263—2022	电子电气产品可再制造性评价通则	行标	2023-4-1			技术监督		基础综合		
2695	106.1-33	YD/T 3554—2019	高压变电站与数据中心共址电磁影响与防护技术要求	行标	2020-1-1			技术监督		基础综合		
2696	106.1-34	GB/T 7826—2012	系统可靠性分析技术 失效模式和影响分析(FMEA)程序	国标	2013-2-15	IEC 60812:2006	GB/T 7826—1987	技术监督		基础综合		
2697	106.1-35	GB/T 17166—2019	能源审计技术通则	国标	2020-5-1		GB/T 17166—1997	技术监督		基础综合		
2698	106.1-36	GB/T 27020—2016	合格评定 各类检验机构的运作要求	国标	2016-8-1	ISO/IEC 17020:2012 IDT	GB/T 18346—1998	技术监督		基础综合		
2699	106.1-37	GB/T 27021.10—2021	合格评定 管理体系审核认证机构要求 第10部分:职业健康安全管理体系审核与认证能力要求	国标	2021-11-1			技术监督		基础综合		

序号	体系结构号	标准编号	标准名称	标准级别	实施日期	与国际标准对应关系	代替标准	阶段	分阶段	专业	分专业	备注
2700	106.1-38	GB/T 27021.2—2021	合格评定 管理体系审核认证机构要求 第2部分:环境管理体系审核与认证能力要求	国标	2021-12-1		GB/T 27021.2—2017	技术监督		基础综合		
2701	106.1-39	GB/T 27021.3—2021	合格评定 管理体系审核认证机构要求 第3部分:质量管理体系审核与认证能力要求	国标	2021-12-1		GB/T 27021.3—2016	技术监督		基础综合		
2702	106.1-40	GB/T 27021.4—2018	合格评定 管理体系审核认证机构要求 第4部分:大型活动可持续性管理体系审核和认证能力要求	国标	2019-7-1			技术监督		基础综合		
2703	106.1-41	GB/T 27021.5—2018	合格评定 管理体系审核认证机构要求 第5部分:资产管理体系审核和认证能力要求	国标	2019-7-1			技术监督		基础综合		
2704	106.1-42	GB/T 27021.9—2021	合格评定 管理体系审核认证机构要求 第9部分:反贿赂管理体系审核与认证能力要求	国标	2021-11-1			技术监督		基础综合		
2705	106.1-43	GB/T 27022—2017	合格评定 管理体系第三方审核报告内容要求和建议	国标	2018-4-1	ISO/IEC TS 17022:2012		技术监督		基础综合		

序号	体系结构号	标准编号	标准名称	标准级别	实施日期	与国际标准对应关系	代替标准	阶段	分阶段	专业	分专业	备注
2706	106.1-44	GB/T 27029—2022	合格评定 审定与核查机构通用原则和要求	国标	2022-11-1			技术监督		基础综合		
2707	106.1-45	GB/T 27204—2017	合格评定 确定管理体系认证审核时间指南	国标	2018-5-1	ISO/IEC TS 17023:2013		技术监督		基础综合		
2708	106.1-46	GB/T 27400—2020	合格评定 服务认证技术通则	国标	2020-10-1			技术监督		基础综合		
2709	106.1-47	GB/T 30556.7—2014	电磁兼容 安装和减缓导则 外壳的电磁骚扰防护等级（EM 编码）	国标	2014-10-28	IEC 61000-5-7:2001		技术监督		基础综合		
2710	106.1-48	GB/T 30716—2014	能量系统绩效评价通则	国标	2014-10-1			技术监督		基础综合		
2711	106.1-49	GB/T 30842—2014	高压试验室电磁屏蔽效能要求与测量方法	国标	2015-1-22			技术监督		基础综合		
2712	106.1-50	GB/T 31274—2014	电子电气产品限用物质管理体系 要求	国标	2015-4-16			技术监督		基础综合		
2713	106.1-51	GB/T 37079—2018	设备可靠性 可靠性评估方法	国标	2018-12-28			技术监督		基础综合		
2714	106.1-52	GB/T 37080—2018	可信性分析技术 事件树分析（ETA）	国标	2018-12-28			技术监督		基础综合		
2715	106.1-53	GB/T 40117—2021	无损检测 无损检测人员视力评价	国标	2021-12-1			技术监督		基础综合		
2716	106.1-54	GB/Z 27021.11—2022	合格评定 管理体系审核认证机构要求 第11部分:设施管理管理体系审核及认证能力要求	国标	2022-11-1			技术监督		基础综合		

序号	体系结构号	标准编号	标准名称	标准级别	实施日期	与国际标准对应关系	代替标准	阶段	分阶段	专业	分专业	备注
2717	106.1-55	GB/Z 30556.1—2017	电磁兼容 安装和减缓导则 一般要求	国标	2018-7-1	IEC/TR 61000-5-1:1996		技术监督		基础综合		
2718	106.1-56	GB/Z 30556.2—2017	电磁兼容 安装和减缓导则 接地和布线	国标	2018-7-1	IEC/TR 61000-5-2:1997		技术监督		基础综合		
2719	106.1-57	GB/Z 30556.3—2017	电磁兼容 安装和减缓导则 高空核电磁脉冲（HEMP）的防护概念	国标	2018-4-1	IEC TR 61000-5-3:1999		技术监督		基础综合		
2720	106.1-58	GB/Z 36046—2018	电力监管指标评价规范	国标	2018-10-1			技术监督		基础综合		
2721	106.1-59	GB/Z 37150—2018	电磁兼容可靠性风险评估导则	国标	2019-7-1			技术监督		基础综合		
2722	106.1-60	IEC/TR 60943—2009	关于电气设备部件（尤其是终端）的容许温升指导意见	国际标准	2009-3-1			技术监督		基础综合		
106.2 技术监督—常规电源												
2723	106.2-1	T/CSEE 0171—2020	电力系统自动高频切除发电机组技术规定	团标	2020-1-15			技术监督		发电	水电、火电	
2724	106.2-2	T/CSEE 0246—2021	新建火电机组电气二次可靠性技术管理规程	团标	2021-9-17			技术监督		发电	火电	
2725	106.2-3	DL/T 793.1—2017	发电设备可靠性评价规程 第1部分：通则	行标	2017-12-1		DL/T 793—2012	技术监督		发电	水电、火电	
2726	106.2-4	DL/T 793.4—2019	发电设备可靠性评价规程 第4部分：抽水蓄能机组	行标	2019-10-1			技术监督		发电	水电	

序号	体系结构号	标准编号	标准名称	标准级别	实施日期	与国际标准对应关系	代替标准	阶段	分阶段	专业	分专业	备注
2727	106.2-5	DL/T 846.13—2020	高电压测试设备通用技术条件 第13部分：避雷器监测器测试仪	行标	2021-2-1			技术监督		发电	其他	
2728	106.2-6	DL/T 1049—2007	发电机励磁系统技术监督规程	行标	2007-12-1			技术监督		发电	水电、火电	
2729	106.2-7	DL/T 1055—2021	火力发电厂汽轮机技术监督导则	行标	2022-3-22		DL/T 1055—2007	技术监督		发电	火电	
2730	106.2-8	DL/T 1213—2013	火力发电机组辅机故障减负荷技术规程	行标	2013-8-1			技术监督		发电	火电	
2731	106.2-9	DL/T 1318—2014	水电厂金属技术监督规程	行标	2014-8-1			技术监督		发电	水电	
2732	106.2-10	DL/T 1559—2016	水电站水工技术监督导则	行标	2016-6-1			技术监督		发电	水电	
2733	106.2-11	DL/T 1717—2017	燃气-蒸汽联合循环发电厂化学监督技术导则	行标	2017-12-1			技术监督		发电	火电	
2734	106.2-12	DL/T 2139—2020	火力发电厂辅助设备可靠性评价规程	行标	2021-2-1			技术监督		发电	火电	
2735	106.2-13	DL/T 2154—2020	大中型水电工程运行风险管理规范	行标	2021-2-1			技术监督		发电	水电	
2736	106.2-14	DL/T 2155—2020	大坝安全监测系统评价规程	行标	2021-2-1			技术监督		发电	水电	
2737	106.2-15	DL/T 2253—2021	发电厂继电保护及安全自动装置技术监督导则	行标	2021-7-1			技术监督		发电	水电、火电	
2738	106.2-16	DL/T 2273—2021	联合循环电站燃气轮机技术监督规程	行标	2021-10-26			技术监督		发电	火电	

序号	体系结构号	标准编号	标准名称	标准级别	实施日期	与国际标准对应关系	代替标准	阶段	分阶段	专业	分专业	备注
2739	106.2-17	DL/T 2286—2021	大型水轮发电机组励磁控制系统性能测试与评价导则	行标	2021-10-26			技术监督		发电	水电	
2740	106.2-18	DL/T 2299—2021	火力发电厂设备缺陷管理导则	行标	2021-10-26			技术监督		发电	火电	
2741	106.2-19	DL/T 2393—2021	火力发电厂监控系统信息安全技术监督导则	行标	2022-3-22			技术监督		发电	火电	
2742	106.2-20	DL/T 2443—2021	燃气分布式能源站技术经济指标规范	行标	2022-6-22			技术监督		发电	火电	
2743	106.2-21	DL/T 2446—2021	燃气分布式能源项目后评价标准	行标	2022-6-22			技术监督		发电	火电	
2744	106.2-22	DL/T 5313—2014	水电站大坝运行安全评价导则	行标	2014-8-1			技术监督		发电	水电	
2745	106.2-23	DRZ/T 02—2004	火力发电厂厂级监控信息系统实时/历史数据库系统基准测试规范	行标	2004-12-20			技术监督		发电	火电	
2746	106.2-24	NB/T 35015—2021	水电工程安全预评价报告编制规程	行标	2021-7-1		NB/T 35015—2013	技术监督		发电	水电	
2747	106.2-25	SL 75—2014	水闸技术管理规程	行标	2014-12-10		SL 75—1994	技术监督		发电	水电	
2748	106.2-26	SL 775—2018	水工混凝土结构耐久性评定规范	行标	2019-3-5			技术监督		发电	水电	
2749	106.2-27	SL/T 752—2020	绿色小水电评价标准	行标	2021-2-28		SL/T 752—2017	技术监督		发电	水电	

序号	体系结构号	标准编号	标准名称	标准级别	实施日期	与国际标准对应关系	代替标准	阶段	分阶段	专业	分专业	备注
2750	106.2-28	TSG 21—2016	固定式压力容器安全技术监察规程	行标	2016-10-1		TSG R0004—2009；TSG R0001—2004；TSG R0002—2005；TSG R0003—2007；TSG R5002—2013；TSG R7004—2013 部分；TSG R7001—2013 部分	技术监督		发电	水电	
2751	106.2-29	GB/T 15469.1—2008	水轮机、蓄能泵和水泵水轮机空蚀评定 第 1 部分：反击式水轮机的空蚀评定	国标	2009-4-1	IEC 60609-1:2004, MOD	GB/T 15469—1995	技术监督		发电	水电	
2752	106.2-30	GB/T 15469.2—2007	水轮机、蓄能泵和水泵水轮机空蚀评定 第 2 部分：蓄能泵和水泵水轮机的空蚀评定	国标	2008-5-1	IEC 60609-1:2004, MOD		技术监督		发电	水电	
2753	106.2-31	GB/T 32584—2016	水力发电厂和蓄能泵站机组机械振动的评定	国标	2016-11-1			技术监督		发电	水电	
106.3 技术监督—新能源并网												
2754	106.3-1	Q/CSG 1211011—2016	并网光伏发电站监控系统技术规范	企标	2016-3-18			技术监督		发电、调度及二次	光伏、调度自动化	
2755	106.3-2	T/CSEE 0160—2020	光伏电站现场能效测试和评估技术规范	团标	2020-1-15			技术监督		发电	光伏	
2756	106.3-3	DL/T 793.7—2022	发电设备可靠性评价规程 第 7 部分：光伏发电设备	行标	2022-11-13			技术监督		发电	光伏	

序号	体系结构号	标准编号	标准名称	标准级别	实施日期	与国际标准对应关系	代替标准	阶段	分阶段	专业	分专业	备注
2757	106.3-4	DL/T 1084—2021	风力发电场噪声限值及测量方法	行标	2021-7-1		DL/T 1084—2008	技术监督		发电	风电	
2758	106.3-5	DL/T 1364—2014	光伏发电站防雷技术规程	行标	2015-3-1			技术监督		发电	光伏	
2759	106.3-6	DL/T 2127—2020	多能互补分布式能源系统能效评估技术导则	行标	2021-2-1			技术监督		发电	其他	
2760	106.3-7	NB/T 10110—2018	风力发电场技术监督导则	行标	2019-5-1			技术监督		发电	风电	
2761	106.3-8	NB/T 10113—2018	光伏发电站技术监督导则	行标	2019-5-1			技术监督		发电	光伏	
2762	106.3-9	NB/T 10114—2018	光伏发电站绝缘技术监督规程	行标	2019-5-1			技术监督		发电	光伏	
2763	106.3-10	NB/T 10185—2019	并网光伏电站用关键设备性能检测与质量评估技术规范	行标	2019-10-1			技术监督		发电	光伏	
2764	106.3-11	NB/T 10316—2019	风电场动态无功补偿装置并网性能测试规范	行标	2020-5-1			技术监督		发电	风电	
2765	106.3-12	NB/T 10559—2021	风力发电场监控自动化技术监督规程	行标	2021-7-1			技术监督		发电	风电	
2766	106.3-13	NB/T 10560—2021	风力发电机组技术监督规程	行标	2021-7-1			技术监督		发电	风电	
2767	106.3-14	NB/T 10563—2021	风力发电场继电保护技术监督规程	行标	2021-7-1			技术监督		发电	风电	
2768	106.3-15	NB/T 10564—2021	风力发电场金属技术监督规程	行标	2021-7-1			技术监督		发电	风电	
2769	106.3-16	NB/T 10585—2021	风电场节能运行维护监督规程	行标	2021-7-1			技术监督		发电	风电	

序号	体系结构号	标准编号	标准名称	标准级别	实施日期	与国际标准对应关系	代替标准	阶段	分阶段	专业	分专业	备注
2770	106.3-17	NB/T 10634—2021	光伏发电站支架及跟踪系统技术监督规程	行标	2021-10-26			技术监督		发电	光伏	
2771	106.3-18	NB/T 10635—2021	光伏发电站光伏组件技术监督规程	行标	2021-10-26			技术监督		发电	光伏	
2772	106.3-19	NB/T 10636—2021	光伏发电站逆变器及汇流箱技术监督规程	行标	2021-10-26			技术监督		发电	光伏	
2773	106.3-20	NB/T 10637—2021	光伏发电站监控及自动化技术监督规程	行标	2021-10-26			技术监督		发电	光伏	
2774	106.3-21	NB/T 10638—2021	光伏发电站能效技术监督规程	行标	2021-10-26			技术监督		发电	光伏	
2775	106.3-22	NB/T 10650—2021	风电场并网性能监测评估方法	行标	2021-10-26			技术监督		发电	风电	
2776	106.3-23	NB/T 10899—2021	光伏发电站继电保护技术监督	行标	2022-6-22			技术监督		发电	光伏	
2777	106.3-24	NB/T 10913—2021	太阳能热发电站运行指标评价导则	行标	2022-3-22			技术监督		发电	其他	
2778	106.3-25	NB/T 31058—2014	风力发电机组电气系统匹配及能效	行标	2015-3-1			技术监督		发电	风电	
2779	106.3-26	NB/T 31078—2022	风电场并网性能评价方法	行标	2023-5-4		NB/T 31078—2016	技术监督		发电	风电	
2780	106.3-27	NB/T 32026—2015	光伏发电站并网性能测试与评价方法	行标	2015-9-1			技术监督		发电	光伏	
2781	106.3-28	GB/T 20047.1—2006	光伏（PV）组件安全鉴定 第1部分：结构要求	国标	2006-2-1	IEC 61730-1:2004，IDT		技术监督		发电	光伏	

序号	体系结构号	标准编号	标准名称	标准级别	实施日期	与国际标准对应关系	代替标准	阶段	分阶段	专业	分专业	备注
2782	106.3-29	GB/T 31999—2015	光伏发电系统接入配电网特性评价技术规范	国标	2016-4-1			技术监督		发电	光伏	
2783	106.3-30	GB/T 36119—2018	精准扶贫 村级光伏电站管理与评价导则	国标	2018-10-1			技术监督		发电	光伏	
2784	106.3-31	GB/T 39854—2021	光伏发电站性能评估技术规范	国标	2021-10-1			技术监督		发电	光伏	
2785	106.3-32	GB/T 40614—2021	光热发电站性能评估技术要求	国标	2022-5-1			技术监督		发电	其他	
106.4 技术监督—储能并网												
2786	106.4-1	T/CEC 330—2020	电化学储能系统并网特性符合性评价导则	团标	2020-10-1			技术监督		发电	储能	
2787	106.4-2	T/CEC 680—2022	电化学储能电站技术监督导则	团标	2023-2-1			技术监督		发电	储能	
2788	106.4-3	T/CES 062—2021	港口岸电储能系统能量管理系统技术导则	团标	2021-2-25			技术监督		发电	储能	
2789	106.4-4	T/CES 076—2021	中压直挂式储能系统技术规范	团标	2021-9-30			技术监督		发电	储能	
2790	106.4-5	T/CES 078—2021	压缩空气储能电站接入电网技术规范	团标	2021-9-30			技术监督		发电	储能	
2791	106.4-6	T/CNESA 1005—2021	电化学储能电站协调控制器技术规范	团标	2021-9-13			技术监督		发电	储能	
2792	106.4-7	DL/T 2580—2022	储能电站技术监督导则	行标	2023-5-4			技术监督		发电	储能	
106.5 技术监督—电能质量												
2793	106.5-1	Q/CSG 1208001—2019	电能质量监测系统主站技术规范（试行）	企标	2019-2-27			技术监督		配电	其他	

序号	体系结构号	标准编号	标准名称	标准级别	实施日期	与国际标准对应关系	代替标准	阶段	分阶段	专业	分专业	备注
2794	106.5-2	Q/CSG 1208002—2019	电能质量监测终端技术规范（试行）	企标	2019-2-27			技术监督		配电	其他	
2795	106.5-3	T/CEC 296—2020	电容式电压互感器谐波传递特性测试技术规范	团标	2020-10-1			技术监督		配电、用电	其他	
2796	106.5-4	T/CEC 512—2021	中压串联型含储能的电压质量综合治理装置技术规范	团标	2021-10-1			技术监督		其他		
2797	106.5-5	T/CPSS 1003—2022	优质电力园区电能质量治理装置通信技术要求	团标	2022-9-7			技术监督		配电、用电	其他	
2798	106.5-6	T/CPSS 1003—2019	交流输入电压暂降与短时中断的低压直流型补偿装置技术规范	团标	2019-8-1			技术监督		配电、用电	其他	
2799	106.5-7	T/CPSS 1004—2020	用户侧电能质量在线监测装置及接入系统技术规范	团标	2020-9-1			技术监督		配电、用电	其他	
2800	106.5-8	T/CPSS 1004—2019	智能变电站电能质量测量方法	团标	2019-8-1			技术监督		配电、用电	其他	
2801	106.5-9	T/CPSS 1004—2022	电压暂降敏感用户接入电网风险评估导则	团标	2022-9-7			技术监督		配电、用电	其他	
2802	106.5-10	T/CPSS 1005—2018	电压暂降监测系统技术规范	团标	2018-6-6			技术监督		配电、用电	其他	
2803	106.5-11	T/CPSS 1007—2021	公用交流电网稳态电能质量综合指标评估方法	团标	2021-9-1			技术监督		配电、用电	其他	
2804	106.5-12	T/CPSS 1008—2021	低压直流配电系统能效与电能质量综合评估方法	团标	2021-9-1			技术监督		配电、用电	其他	

序号	体系结构号	标准编号	标准名称	标准级别	实施日期	与国际标准对应关系	代替标准	阶段	分阶段	专业	分专业	备注
2805	106.5-13	T/CPSS 1010—2021	民用建筑低压交流配电系统电能质量技术要求	团标	2021-9-1			技术监督		配电、用电	其他	
2806	106.5-14	T/CSEE 0169—2020	并网光伏发电站电能质量预评估导则	团标	2020-1-15			技术监督		其他		
2807	106.5-15	T/CSEE 0242—2021	电能质量现场测试技术规范	团标	2021-9-17			技术监督		其他		
2808	106.5-16	DL/T 1028—2006	电能质量测试分析仪检定规程	行标	2006-12-17			技术监督		配电、用电	其他	
2809	106.5-17	DL/T 1053—2017	电能质量技术监督规程	行标	2017-8-1		DL/T 1053—2007	技术监督		配电、用电	其他	
2810	106.5-18	DL/T 1198—2013	电力系统电能质量技术管理规定	行标	2013-8-1		SD 126—1984	技术监督		配电、用电	其他	
2811	106.5-19	DL/T 1208—2013	电能质量评估技术导则 供电电压偏差	行标	2013-8-1			技术监督		配电、用电	其他	
2812	106.5-20	DL/T 1228—2013	电能质量监测装置运行规程	行标	2013-8-1			技术监督		配电、用电	其他	
2813	106.5-21	DL/T 1297—2013	电能质量监测系统技术规范	行标	2014-4-1			技术监督		配电、用电	其他	
2814	106.5-22	DL/T 1344—2014	干扰性用户接入电力系统技术规范	行标	2015-3-1			技术监督		配电、用电	其他	
2815	106.5-23	DL/T 1351—2014	电力系统暂态过电压在线测量及记录系统技术导则	行标	2015-3-1			技术监督		配电、用电	其他	
2816	106.5-24	DL/T 1368—2014	电能质量标准源校准规范	行标	2015-3-1			技术监督		配电、用电	其他	
2817	106.5-25	DL/T 1375—2014	电能质量评估技术导则 三相电压不平衡	行标	2015-3-1			技术监督		配电、用电	其他	

序号	体系结构号	标准编号	标准名称	标准级别	实施日期	与国际标准对应关系	代替标准	阶段	分阶段	专业	分专业	备注
2818	106.5-26	DL/T 1412—2015	优质电力园区供电技术规范	行标	2015-9-1			技术监督		配电	变压器、线缆、开关、其他	
2819	106.5-27	DL/T 1585—2016	电能质量监测系统运行维护规范	行标	2016-7-1			技术监督		配电、用电	其他	
2820	106.5-28	DL/T 1608—2016	电能质量数据交换格式规范	行标	2016-12-1			技术监督		配电、用电	其他	
2821	106.5-29	DL/T 1724—2017	电能质量评估技术导则 电压波动和闪变	行标	2017-12-1			技术监督		配电、用电	其他	
2822	106.5-30	DL/T 1862—2018	电能质量监测终端检测技术规范	行标	2018-10-1			技术监督		配电、用电	其他	
2823	106.5-31	DL/T 2071—2019	配电网电压质量控制技术导则	行标	2020-5-1			技术监督		配电	其他	
2824	106.5-32	DL/T 2112—2020	敏感负荷电压暂降控制技术导则	行标	2021-2-1			技术监督		变电	其他	
2825	106.5-33	NB/T 10421—2020	低压配网不平衡电流综合治理装置技术规范	行标	2021-2-1			技术监督		配电	其他	
2826	106.5-34	NB/T 10613—2021	电动汽车充换电站电能质量测试评价技术规范	行标	2021-10-26			技术监督		用电	电动汽车	
2827	106.5-35	NB/T 10815—2021	柔性配电网用超高次谐波滤波器技术规范	行标	2022-5-16			技术监督		其他		
2828	106.5-36	NB/T 10816—2021	非工业用户供电系统用谐波治理装置技术条件	行标	2022-5-16			技术监督		配电、用电	其他	
2829	106.5-37	NB/T 10900—2021	光伏发电站电能质量技术监督	行标	2022-6-22			技术监督		发电	光伏	

序号	体系结构号	标准编号	标准名称	标准级别	实施日期	与国际标准对应关系	代替标准	阶段	分阶段	专业	分专业	备注
2830	106.5-38	NB/T 31005—2022	风电场电能质量测试方法	行标	2023-5-4		NB/T 31005—2011	技术监督		发电	风电	
2831	106.5-39	NB/T 31132—2018	风力发电场电能质量技术监督规程	行标	2018-7-1			技术监督		发电	风电	
2832	106.5-40	NB/T 32006—2013	光伏发电站电能质量检测技术规程	行标	2014-4-1			技术监督		发电	光伏	
2833	106.5-41	NB/T 32008—2013	光伏发电站逆变器电能质量检测技术规程	行标	2014-4-1			技术监督		发电	光伏	
2834	106.5-42	NB/T 41004—2014	电能质量现象分类	行标	2014-8-1			技术监督		配电、用电	其他	
2835	106.5-43	NB/T 41005—2014	电能质量控制设备通用技术要求	行标	2014-3-18			技术监督		配电、用电	其他	
2836	106.5-44	NB/T 41008—2017	交流电弧炉供电技术导则 电能质量评估	行标	2017-12-1			技术监督		配电、用电	其他	
2837	106.5-45	NB/T 41009—2017	定制电力技术导则	行标	2018-3-1			技术监督		变电	其他	
2838	106.5-46	NB／T 41010—2018	交流电弧炉供电技术导则 电能质量控制	行标	2018-4-3			技术监督		发电	其他	
2839	106.5-47	TB/T 3328—2015	便携式牵引变电所电能质量检测装置	行标	2015-11-1			技术监督		配电、用电	其他	
2840	106.5-48	GB 17625.1—2022	电磁兼容 限值 谐波电流发射限值（设备每相输入电流≤16A）	国标	2024-7-1	IEC 61000-3-2:2009，IDT	GB 17625.1—2012	技术监督		基础综合		
2841	106.5-49	GB/T 12325—2008	电能质量 供电电压偏差	国标	2009-5-1		GB/T 12325—2003	技术监督		配电、用电	其他	

序号	体系结构号	标准编号	标准名称	标准级别	实施日期	与国际标准对应关系	代替标准	阶段	分阶段	专业	分专业	备注
2842	106.5-50	GB/T 12326—2008	电能质量 电压波动和闪变	国标	2009-5-1		GB 12326—2000	技术监督		配电、用电	其他	
2843	106.5-51	GB/T 14549—1993	电能质量 公用电网谐波	国标	1994-3-1			技术监督		配电、用电	其他	
2844	106.5-52	GB/T 15543—2008	电能质量 三相电压不平衡	国标	2009-5-1		GB/T 15543—1995	技术监督		配电、用电	其他	
2845	106.5-53	GB/T 15945—2008	电能质量 电力系统频率偏差	国标	2009-5-1		GB/T 15945—1995	技术监督		用电	其他	
2846	106.5-54	GB/T 17625.2—2007	电磁兼容 限值 对每相额定电流≤16A 且无条件接入的设备在公用低压供电系统中产生的电压变化、电压波动和闪烁的限制	国标	2017-3-23	IEC 61000-3-3:2005	GB 17625.2—2007	技术监督		用电	其他	
2847	106.5-55	GB/T 17625.7—2013	电磁兼容 限值 对额定电流≤75A 且有条件接入的设备在公用低压供电系统中产生的电压变化、电压波动和闪烁的限制	国标	2013-12-2	IEC 61000-3-11:2000, MOD		技术监督		配电、用电	其他	
2848	106.5-56	GB/T 17625.8—2015	电磁兼容 限值 每相输入电流大于 16A 小于等于 75A 连接到公用低压系统的设备产生的谐波电流限值	国标	2016-4-1	IEC 61000-3-12—2004, IDT		技术监督		配电、用电	其他	
2849	106.5-57	GB/T 17625.9—2016	电磁兼容 限值 低压电气设施上的信号传输发射电平、频段和电磁骚扰电平	国标	2017-7-1	IEC 61000-3-8:1997		技术监督		配电、用电	其他	

序号	体系结构号	标准编号	标准名称	标准级别	实施日期	与国际标准对应关系	代替标准	阶段	分阶段	专业	分专业	备注
2850	106.5-58	GB/T 17626.11—2008	电磁兼容 试验和测量技术 电压暂降、短时中断和电压变化的抗扰度试验	国标	2008-5-20			技术监督		配电、用电	其他	
2851	106.5-59	GB/T 17626.30—2012	电磁兼容 试验和测量技术 电能质量测量方法	国标	2012-10-5			技术监督		配电、用电	其他	
2852	106.5-60	GB/T 17626.7—2017	电磁兼容 试验和测量技术 供电系统及所连设备谐波、谐间波的测量和测量仪器导则	国标	2017-7-12			技术监督		配电、用电	其他	
2853	106.5-61	GB/T 18481—2001	电能质量 暂时过电压和瞬态过电压	国标	2002-4-1			技术监督		配电、用电	其他	
2854	106.5-62	GB/T 19862—2016	电能质量监测设备通用要求	国标	2017-3-1		GB/T 19862—2005	技术监督		配电、用电	其他	
2855	106.5-63	GB/T 20320—2013	风力发电机组电能质量测量和评估方法	国标	2014-10-1	IEC 61400-21:2008	GB/T 20320—2006	技术监督		配电、用电	其他	
2856	106.5-64	GB/T 20840.103—2020	互感器 第103部分:互感器在电能质量测量中的应用	国标	2020-3-31			技术监督		配电、用电	其他	
2857	106.5-65	GB/T 24337—2009	电能质量 公用电网间谐波	国标	2010-6-1			技术监督		用电	其他	
2858	106.5-66	GB/T 26870—2011	滤波器和并联电容器在受谐波影响的工业交流电网中的应用	国标	2011-12-1	IEC 61642:1997, MOD		技术监督		配电、用电	其他	
2859	106.5-67	GB/T 29316—2012	电动汽车充换电设施电能质量技术要求	国标	2013-6-1			技术监督		用电	电动汽车	

序号	体系结构号	标准编号	标准名称	标准级别	实施日期	与国际标准对应关系	代替标准	阶段	分阶段	专业	分专业	备注
2860	106.5-68	GB/T 30137—2013	电能质量 电压暂降与短时中断	国标	2014-5-10			技术监督		配电、用电	其他	
2861	106.5-69	GB/T 32880.3—2016	电能质量经济性评估 第3部分：数据收集方法	国标	2017-3-1			技术监督		换流	其他	
2862	106.5-70	GB/T 35725—2017	电能质量监测设备自动检测系统通用技术要求	国标	2018-7-1			技术监督		配电、用电	其他	
2863	106.5-71	GB/T 35726—2017	并联型有源电能质量治理设备性能检测规程	国标	2018-7-1			技术监督		用电	其他	
2864	106.5-72	GB/T 39227—2020	1000V以下敏感过程电压暂降免疫时间测试方法	国标	2020-11-19			技术监督		配电、用电	其他	
2865	106.5-73	GB/T 39269—2020	电压暂降/短时中断 低压设备耐受特性测试方法	国标	2020-11-19			技术监督		配电、用电	其他	
2866	106.5-74	GB/T 39853.1—2021	供电系统中的电能质量测量 第1部分：电能质量监测设备（PQI）	国标	2021-10-1			技术监督		用电	其他	
2867	106.5-75	GB/T 39853.2—2021	供电系统中的电能质量测量 第2部分：功能试验和不确定度要求	国标	2021-10-1			技术监督		用电	其他	
2868	106.5-76	GB/T 40597—2021	电能质量规划总则	国标	2022-5-1			技术监督		用电	其他	
2869	106.5-77	GB/T 42154—2022	配电网电能质量监测技术导则	国标	2023-4-1			技术监督		配电	变压器	

序号	体系结构号	标准编号	标准名称	标准级别	实施日期	与国际标准对应关系	代替标准	阶段	分阶段	专业	分专业	备注
2870	106.5-78	GB/Z 17625.13—2020	电磁兼容 限值 接入中压、高压、超高压电力系统的不平衡设施发射限值的评估	国标	2021-6-1			技术监督		基础综合		
2871	106.5-79	GB/Z 17625.14—2017	电磁兼容 限值 骚扰装置接入低压电力系统的谐波、间谐波、电压波动和不平衡的发射限值评估	国标	2018-5-1	IEC/TR 61000-3-14:2011		技术监督		配电、用电	其他	
2872	106.5-80	GB/Z 17625.15—2017	电磁兼容 限值 低压电网中分布式发电系统低频电磁抗扰度和发射要求的评估	国标	2018-5-1	IEC/TR 61000-3-15:2011		技术监督		配电、用电	其他	
2873	106.5-81	GB/Z 17625.3—2000	电磁兼容 限值 对额定电流大于16A的设备在低压供电系统中产生的电压波动和闪烁的限制	国标	2000-12-1	IEC 61000-3-5:1994, IDT		技术监督		变电、配电	其他	
2874	106.5-82	GB/Z 17625.4—2000	电磁兼容限值 中、高压电力系统中畸变负荷发射限值的评估	国标	2000-12-1			技术监督		基础综合		
2875	106.5-83	GB/Z 17625.5—2000	电磁兼容 限值 中、高压电力系统中波动负荷发射限值的评估	国标	2000-12-1	IEC 61000-3-7:1996, IDT		技术监督		配电、用电	其他	
2876	106.5-84	GB/Z 17625.6—2003	电磁兼容 限值 对额定电流大于16A的设备在低压供电系统中产生的谐波电流的限制	国标	2003-8-1	IEC TR 61000-3-4:1988, IDT		技术监督		配电、用电	其他	

序号	体系结构号	标准编号	标准名称	标准级别	实施日期	与国际标准对应关系	代替标准	阶段	分阶段	专业	分专业	备注
2877	106.5-85	GB/Z 32880.1—2016	电能质量经济性评估 第1部分：电力用户的经济性评估方法	国标	2017-7-1			技术监督		配电、用电	其他	
2878	106.5-86	GB/Z 32880.2—2016	电能质量经济性评估 第2部分：公用配电网的经济性评估方法	国标	2017-7-1			技术监督		配电、用电	其他	
2879	106.5-87	IEC TR 63191:2018	需求侧电能质量管理	国际标准	2018-11-23			技术监督		配电、用电	其他	
2880	106.5-88	IEEE 519—2014	电力系统谐波控制推荐规程和要求	国际标准	2014-3-27			技术监督		配电、用电	其他	
2881	106.5-89	IEEE 1159—2009	电能质量数据传送用实施规程	国际标准	2009-3-18	ANSI/IEEE 1159—1995，IDT	IEEE 1159—1995（R2001）	技术监督		用电	其他	
106.6 技术监督—绝缘												
2882	106.6-1	T/CEC 347—2020	高压架空线—GIL混合线路继电保护技术规范	团标	2020-10-1			技术监督		输电	线路	
2883	106.6-2	T/CEC 439—2021	35kV及以下交联聚乙烯电力电缆水树老化绝缘修复技术导则	团标	2021-9-1			技术监督		输电	电缆	
2884	106.6-3	T/CEC 617—2022	高海拔地区交源输变电设备外绝缘配置	团标	2022-10-1			技术监督		输电	电缆	
2885	106.6-4	T/CSEE 0243—2021	10kV配电网架空地线防雷技术应用导则	团标	2021-9-17			技术监督		配电	线缆	
2886	106.6-5	T/CSEE 0260—2021	电力设备导电镀层现场修复技术规程	团标	2021-9-17			技术监督		基础综合		
2887	106.6-6	T/CSEE 0330—2022	异步风力发电机绝缘状态检测与评估技术规范	团标	2022-12-8			技术监督		基础综合		

序号	体系结构号	标准编号	标准名称	标准级别	实施日期	与国际标准对应关系	代替标准	阶段	分阶段	专业	分专业	备注
2888	106.6-7	DL/T 381—2010	电子设备防雷技术导则	行标	2010-10-1			技术监督		基础综合		
2889	106.6-8	DL/T 1054—2021	高压电气设备绝缘技术监督规程	行标	2021-10-26		DL/T 1054—2007	技术监督		基础综合		
2890	106.6-9	DL/T 2209—2021	架空输电线路雷电防护导则	行标	2021-7-1			技术监督		基础综合		
2891	106.6-10	DL/T 2243—2021	六氟化硫混合绝缘气体充补气技术规范	行标	2021-7-1			技术监督		基础综合		
2892	106.6-11	DL/T 2323—2021	火电厂高压电气设备绝缘技术监督导则	行标	2022-3-22			技术监督		基础综合		
2893	106.6-12	DL/T 2470—2021	10kV 台架变压器防雷技术导则	行标	2022-6-22			技术监督		基础综合		
2894	106.6-13	NB/T 10440—2020	风力发电机定子绕组绝缘结构评定规程 耐湿热性	行标	2021-2-1			技术监督		基础综合		
2895	106.6-14	NB/T 10565—2021	风力发电场绝缘技术监督规程	行标	2021-7-1			技术监督		基础综合		
2896	106.6-15	NB/T 10824—2021	换流变压器用绝缘材料耐火等级评定导则	行标	2022-5-16			技术监督		基础综合		
2897	106.6-16	NB/T 31049—2021	风力发电机绝缘规范	行标	2021-10-26		NB/T 31049—2014	技术监督		基础综合		
2898	106.6-17	NB/T 31050—2021	风力发电机绝缘系统的评定方法	行标	2021-10-26		NB/T 31050—2014	技术监督		基础综合		
2899	106.6-18	NB/T 42093.2—2018	干式变压器绝缘系统 热评定试验规程 第2部分：600V 及以下绕组	行标	2018-7-1			技术监督		变电	变压器	

序号	体系结构号	标准编号	标准名称	标准级别	实施日期	与国际标准对应关系	代替标准	阶段	分阶段	专业	分专业	备注
2900	106.6-19	QX/T 106—2018	雷电防护装置设计技术评价规范	行标	2019-2-1		QX/T 106—2009	技术监督		基础综合		
2901	106.6-20	QX/T 263—2015	太阳能光伏系统防雷技术规范	行标	2015-5-1			技术监督		发电	光伏	
2902	106.6-21	QX/T 312—2015	风力发电机组防雷装置检测技术规范	行标	2016-4-1			技术监督		发电	风电	
2903	106.6-22	SH/T 0205—1992	电气绝缘液体的折射率和比色散测定法	行标	1992-5-20	ASTM D1807-84（89）部分，NEQ	ZB E38001-88	技术监督		基础综合		
2904	106.6-23	GB/T 311.1—2012	绝缘配合 第1部分：定义、原则和规则	国标	2017-3-23	IEC 60071-1:2006；IEC 60071-1 Aml：2010	GB 311.1—2012	技术监督		基础综合		
2905	106.6-24	GB/T 311.2—2013	绝缘配合 第2部分：使用导则	国标	2013-7-1		GB/T 311.2—2002	技术监督		基础综合		
2906	106.6-25	GB/T 13542.2—2021	电气绝缘用薄膜 第2部分:试验方法	国标	2022-5-1		GB/T 13542.2—2009	技术监督		基础综合		
2907	106.6-26	GB/T 17948.4—2016	旋转电机 绝缘结构功能性评定 成型绕组试验规程 电压耐久性评定	国标	2016-9-1	IEC 60034-18-32:2010	GB/T 17948.4—2006	技术监督		发电	其他	
2908	106.6-27	GB/T 17948.5—2016	旋转电机 绝缘结构功能性评定 成型绕组试验规程 热、电综合应力耐久性多因子评定	国标	2016-9-1	IEC/TS 60034-18-33:2010，IDT	GB/T 17948.5—2007	技术监督		发电	其他	
2909	106.6-28	GB/T 17948.7—2016	旋转电机 绝缘结构功能性评定 总则	国标	2016-9-1	IEC 60034-18-1:2010，IDT	GB/T 17948—2003	技术监督		发电	其他	

序号	体系结构号	标准编号	标准名称	标准级别	实施日期	与国际标准对应关系	代替标准	阶段	分阶段	专业	分专业	备注
2910	106.6-29	GB/T 20111.1—2015	电气绝缘系统 热评定规程 第1部分：通用要求 低压	国标	2016-2-1	IEC 61857-1:2008，IDT	GB/T 20111.1—2006	技术监督		基础综合		
2911	106.6-30	GB/T 20111.2—2016	电气绝缘系统 热评定规程 第2部分：通用模型的特殊要求 散绕绕组应用	国标	2017-3-1	IEC 61857-21:2009	GB/T 20111.2—2008	技术监督		基础综合		
2912	106.6-31	GB/T 20111.3—2016	电气绝缘系统 热评定规程 第3部分：包封线圈模型的特殊要求 散绕绕组电气绝缘系统（EIS）	国标	2017-3-1	IEC 61857-22:2008	GB/T 20111.3—2008	技术监督		基础综合		
2913	106.6-32	GB/T 20111.4—2017	电气绝缘系统 热评定规程 第4部分：评定和分级电气绝缘系统试验方法的选用导则	国标	2018-7-1	IEC/TR 61857-2:2015		技术监督		基础综合		
2914	106.6-33	GB/T 20111.6—2022	电气绝缘系统 热评定规程 第6部分：在诊断试验中增加因子的多因子评定	国标	2023-2-1			技术监督		基础综合		
2915	106.6-34	GB/T 20139.1—2016	电气绝缘系统 已确定等级的电气绝缘系统（EIS）组分调整的热评定 第1部分：散绕绕组 EIS	国标	2017-3-1	IEC 61858-1:2014	GB/T 20139—2006	技术监督		基础综合		
2916	106.6-35	GB/T 20139.2—2017	电气绝缘系统 已确定等级的电气绝缘系统（EIS）组分调整的热评定 第2部分：成型绕组 EIS	国标	2017-12-1	IEC 61858-2:2014		技术监督		基础综合		

序号	体系结构号	标准编号	标准名称	标准级别	实施日期	与国际标准对应关系	代替标准	阶段	分阶段	专业	分专业	备注
2917	106.6-36	GB/T 20833.4—2021	旋转电机 绕组绝缘 第4部分:绝缘电阻和极化指数测量	国标	2021-10-1			技术监督		基础综合		
2918	106.6-37	GB/T 21697—2022	低压电力线路和电子设备系统的雷电过电压绝缘配合	国标	2023-2-1		GB/T 21697—2008	技术监督		输电	线路	
2919	106.6-38	GB/T 21714.1—2015	雷电防护 第1部分:总则	国标	2016-4-1	IEC 62305-1:2010，IDT	GB/T 21714.1—2008	技术监督		基础综合		
2920	106.6-39	GB/T 21714.2—2015	雷电防护 第2部分:风险管理	国标	2016-4-1	IEC 62305-2:2010，IDT	GB/T 21714.2—2008	技术监督		基础综合		
2921	106.6-40	GB/T 21714.3—2015	雷电防护 第3部分:建筑物的物理损坏和生命危险	国标	2016-4-1	IEC 62305-3:2010，IDT	GB/T 21714.3—2008	技术监督		基础综合		
2922	106.6-41	GB/T 21714.4—2015	雷电防护 第4部分:建筑物内电气和电子系统	国标	2016-4-1	IEC 62305-4:2010，IDT	GB/T 21714.4—2008	技术监督		基础综合		
2923	106.6-42	GB/T 22566—2017	电气绝缘材料和系统 重复电压冲击下电气耐久性评定的通用方法	国标	2018-7-1	IEC 62068:2013	GB/T 22566.1—2008	技术监督		基础综合		
2924	106.6-43	GB/T 22578.1—2017	电气绝缘系统(EIS)液体和固体组件的热评定 第1部分:通用要求	国标	2018-7-1	IEC/TS 62332-1:2011	GB/T 22578.1—2008	技术监督		基础综合		
2925	106.6-44	GB/T 22578.2—2017	电气绝缘系统(EIS)液体和固体组件的热评定 第2部分:简化试验	国标	2018-7-1	IEC/TS 62332-2:2014		技术监督		基础综合		

序号	体系结构号	标准编号	标准名称	标准级别	实施日期	与国际标准对应关系	代替标准	阶段	分阶段	专业	分专业	备注
2926	106.6-45	GB/T 23642—2017	电气绝缘材料和系统 瞬时上升和重复电压冲击条件下的局部放电（PD）电气测量	国标	2018-7-1	IEC/TS 61934:2011	GB/T 23642—2009	技术监督		基础综合		
2927	106.6-46	GB/T 23756.2—2010	电气绝缘系统耐电寿命评定 第2部分：在极值分布基础上的评定程序	国标	2011-7-1	IEC/TR 60727-2—1993，IDT		技术监督		基础综合		
2928	106.6-47	GB/T 29310—2012	电气绝缘击穿数据统计分析导则	国标	2013-6-1	IEC 62539:2007，IDT		技术监督		基础综合		
2929	106.6-48	GB/T 32938—2016	防雷装置检测服务规范	国标	2017-3-1			技术监督		基础综合		
2930	106.6-49	GB/T 36490—2018	风力发电机组防雷装置检测技术规范	国标	2019-2-1			技术监督		发电	风电	
2931	106.6-50	GB/T 36963—2018	光伏建筑一体化系统防雷技术规范	国标	2019-7-1			技术监督		发电	光伏	
2932	106.6-51	GB/T 40250—2021	城市景观照明设施防雷技术规范	国标	2021-9-1			技术监督		基础综合		
2933	106.6-52	GB/T 40619—2021	基于雷电定位系统的雷电临近预警技术规范	国标	2022-5-1			技术监督		基础综合		
2934	106.6-53	GB/T 41089—2021	基于雷电临近预警的电子系统隔离防雷技术规范	国标	2022-7-1			技术监督		基础综合		
2935	106.6-54	IEC 60505—2011	电气绝缘系统的评定和鉴定	国际标准	2011-7-1		IEC 60505—2004；IEC 112/174/FDIS—2011	技术监督		基础综合		

序号	体系结构号	标准编号	标准名称	标准级别	实施日期	与国际标准对应关系	代替标准	阶段	分阶段	专业	分专业	备注
2936	106.6-55	IEC 60544-5—2011	电绝缘材料 确定电离辐射的影响 第5部分:在使用过程中的老化评定方法	国际标准	2011-12-14		IEC 60544-5—2003;IEC 112/171/CDV—2011	技术监督		基础综合		
2937	106.6-56	IEC 60071-11:2022	高压直流系统的绝缘配合 第1部分:定义、原则和规则	国际标准	2022-11-8			技术监督		基础综合		
2938	106.6-57	IEC 61858-2—2014	电气绝缘系统对现有电气绝缘系统改造的热评估 第2部分:模绕电气绝缘系统	国际标准	2014-2-12			技术监督		基础综合		
106.7 技术监督—计量及热工												
2939	106.7-1	DL/T 278—2012	直流电子式电流互感器技术监督导则	行标	2012-3-1			技术监督		变电	互感器	
2940	106.7-2	DL/T 589—2022	火力发电厂燃煤锅炉的检测与控制技术条件	行标	2022-11-13		DL/T 589—2010	技术监督		发电	火电	
2941	106.7-3	DL/T 711—2019	汽轮机调节保安系统试验导则	行标	2000-7-1		DL/T 711—1999	技术监督		发电	火电、其他	
2942	106.7-4	DL/T 1199—2013	电测技术监督规程	行标	2013-8-1		SD 261—1988	技术监督		用电	电能计量	
2943	106.7-5	GB/T 12993—1991	电子设备热性能评定	国标	1992-4-1			技术监督		基础综合		
2944	106.7-6	GB/T 21369—2008	火力发电企业能源计量器具配备和管理要求	国标	2008-7-1			技术监督		发电	火电	
2945	106.7-7	GB/T 36160.1—2018	分布式冷热电能源系统技术条件 第1部分:制冷和供热单元	国标	2018-12-1			技术监督		发电	其他	

序号	体系结构号	标准编号	标准名称	标准级别	实施日期	与国际标准对应关系	代替标准	阶段	分阶段	专业	分专业	备注
2946	106.7-8	GB/T 36160.2—2018	分布式冷热电能源系统技术条件 第2部分:动力单元	国标	2018-12-1			技术监督		发电	其他	
2947	106.7-9	JJF 1030—2010	恒温槽技术性能测试规范	国标	2011-3-6		JJF 1030—1998	技术监督		基础综合		
2948	106.7-10	JJF 1033—2023	计量标准考核规范	国标	2023-3-15		JJF 1033—2008	技术监督		基础综合		
2949	106.7-11	JJF 1069—2012	法定计量检定机构考核规范	国标	2012-6-2		JJF 1069—2007	技术监督		基础综合		
2950	106.7-12	JJF 1098—2003	热电偶、热电阻自动测量系统校准规范	国标	2003-6-1			技术监督		基础综合		
2951	106.7-13	JJF 1183—2007	温度变送器校准规范	国标	2008-5-21		JJG 829—1993	技术监督		基础综合		
2952	106.7-14	JJF 1187—2008	热像仪校准规范	国标	2008-4-30			技术监督		基础综合		
2953	106.7-15	JJF 1637—2017	廉金属热电偶校准规范	国标	2018-3-26		JJG 351—1996	技术监督		基础综合		
2954	106.7-16	JJF 1908—2021	双金属温度计检定规程	国标	2022-1-28		JJG 226—2001	技术监督		基础综合		
2955	106.7-17	JJF 1909—2021	压力式温度计检定规程	国标	2022-1-28		JJG 310—2002	技术监督		基础综合		
2956	106.7-18	JJG 49—2013	弹性元件式精密压力表和真空表检定规程	国标	2013-12-27		JJG 49—1999	技术监督		基础综合		
2957	106.7-19	JJG 52—2013	弹性元件式一般压力表、压力真空表和真空表检定规程	国标	2013-12-27		JJG 52—1999;JJG 573—2003	技术监督		基础综合		
2958	106.7-20	JJG 59—2007	活塞式压力计检定规程	国标	2007-12-14		JJG 59—1990	技术监督		基础综合		

序号	体系结构号	标准编号	标准名称	标准级别	实施日期	与国际标准对应关系	代替标准	阶段	分阶段	专业	分专业	备注
2959	106.7-21	JJG 160—2007	标准铂电阻温度计检定规程	国标	2007-12-14		JJG 716—1991；JJG 160—1992；JJG 859—1994	技术监督		基础综合		
2960	106.7-22	JJG 161—2010	标准水银温度计检定规程	国标	2011-3-6		JJG 161—1994；JJG 128—2003	技术监督		基础综合		
2961	106.7-23	JJG 172—2011	倾斜式微压计	国标	2012-6-28		JJG 172—1994	技术监督		基础综合		
2962	106.7-24	JJG 229—2010	工业铂、铜热电阻检定规程	国标	2011-3-6		JJG 229—1998	技术监督		基础综合		
2963	106.7-25	JJG 544—2011	压力控制器检定规程	国标	2012-6-28		JJG 544—1997	技术监督		基础综合		
2964	106.7-26	JJG 856—2015	工作用辐射温度计检定规程	国标	2016-6-7		JJG 415—2001；JJG 67—2003；JJG 856—1994	技术监督		基础综合		
2965	106.7-27	JJG 875—2019	数字压力计检定规程	国标	2020-3-31		JJG 875—2005	技术监督		基础综合		
2966	106.7-28	JJG 882—2019	压力变送器检定规程	国标	2020-3-31		JJG 882—2004	技术监督		基础综合		
2967	106.7-29	JJG 926—2015	记录式压力表、压力真空表和真空表检定规程	国标	2015-7-30		JJG 926—1997	技术监督		基础综合		
106.8 技术监督—无功												
2968	106.8-1	Q/CSG 1206023—2022	南方电网风电场动态无功补偿装置并网性能实时仿真试验技术规范（试行）	企标	2022-7-3			技术监督		发电	风电、光伏、其他	
2969	106.8-2	Q/CSG 2063043—2021	南方电网公司电能质量及无功电压管理细则	企标	2021-7-1			技术监督		配电、用电	其他	
2970	106.8-3	T/CSEE 0080—2018	大规模新能源外送输电系统无功配置和电压控制技术规范	团标	2018-12-25			技术监督		发电	风电、光伏、其他	

序号	体系结构号	标准编号	标准名称	标准级别	实施日期	与国际标准对应关系	代替标准	阶段	分阶段	专业	分专业	备注
2971	106.8-4	NB/T 10314—2019	风电机组无功调压技术要求与测试规程	行标	2020-5-1			技术监督		发电	风电	
2972	106.8-5	NB/T 10614—2021	动态无功补偿装置并列运行协调控制通用要求	行标	2021-10-26			技术监督		输电	其他	
2973	106.8-6	NB/T 10643—2021	风电场用静止无功发生器技术要求与试验方法	行标	2021-10-26			技术监督		发电	风电	
2974	106.8-7	NB/T 10818—2021	无功补偿和谐波治理装置 术语	行标	2022-5-16			技术监督		输电	其他	
2975	106.8-8	NB/T 31099—2016	风力发电场无功配置及电压控制技术规定	行标	2016-12-1			技术监督		发电	风电	
2976	106.8-9	GB/T 20297—2006	静止无功补偿装置（SVC）现场试验	国标	2007-1-1	IEEE Std 1303—1994，NEQ		技术监督		变电	电抗器	
2977	106.8-10	GB/T 20298—2006	静止无功补偿装置（SVC）功能特性	国标	2007-1-1	IEEE Std 1031—2000，NEQ		技术监督		变电	电抗器	
2978	106.8-11	GB/T 29321—2012	光伏发电站无功补偿技术规范	国标	2013-6-1			技术监督		发电	光伏	
2979	106.8-12	GB/T 34931—2017	光伏发电站无功补偿装置检测技术规程	国标	2018-5-1			技术监督		发电	光伏	
106.9 技术监督—节能												
2980	106.9-1	Q/CSG 11301—2008	线损理论计算技术标准	企标	2008-9-20			技术监督		输电	线路	
2981	106.9-2	Q/CSG 11302—2008	线损理论计算软件技术标准（试行）	企标	2008-9-20			技术监督		输电	线路	

序号	体系结构号	标准编号	标准名称	标准级别	实施日期	与国际标准对应关系	代替标准	阶段	分阶段	专业	分专业	备注
2982	106.9-3	Q/CSG 11624—2008	配电变压器能效标准及技术经济评价导则	企标	2008-4-11			技术监督		配电	变压器	
2983	106.9-4	T/CEC 135—2017	余热余压发电项目节约电力电量测量与验证导则	团标	2017-8-1			技术监督		用电	需求侧管理	
2984	106.9-5	T/CEC 533—2021	低压台区三相不平衡调节节能装置技术规范	团标	2022-3-1			技术监督		配电	其他	
2985	106.9-6	T/CEC 534—2021	市电升压远传节能装置技术规范	团标	2022-3-1			技术监督		配电	其他	
2986	106.9-7	DL/T 686—2018	电力网电能损耗计算导则	行标	2019-5-1		DL/T 686—1999	技术监督		用电	需求侧管理	
2987	106.9-8	DL/T 985—2022	配电变压器能效技术经济评价导则	行标	2022-11-13		DL/T 985—2012	技术监督		配电	变压器	
2988	106.9-9	DL/T 1052—2016	电力节能技术监督导则	行标	2017-5-1		DL/T 1052—2007	技术监督		技术经济		
2989	106.9-10	DL/T 1758—2017	移动式电力能效检测系统技术规范	行标	2018-3-1			技术监督		用电	需求侧管理	
2990	106.9-11	DL/T 1948—2018	架空导体能耗试验方法	行标	2019-5-1			技术监督		输电	线路	
2991	106.9-12	DL/T 2128—2020	配电网电线电缆节能评价技术规范	行标	2021-2-1			技术监督		发电	其他	
2992	106.9-13	JB/T 11706.1—2013	三相交流电动机拖动典型负载机组能效等级 第1部分:清水离心泵机组能效等级	行标	2014-3-1			技术监督		用电	需求侧管理	

序号	体系结构号	标准编号	标准名称	标准级别	实施日期	与国际标准对应关系	代替标准	阶段	分阶段	专业	分专业	备注
2993	106.9-14	JB/T 14196—2022	中小型电动机节能监察技术规范	行标	2023-4-1			技术监督		发电	其他	
2994	106.9-15	NB/T 10086—2018	风电场工程节能报告编制标准	行标	2019-3-1			技术监督		发电	风电	
2995	106.9-16	NB/T 10184—2019	瓷绝缘子单位产品能源消耗限额	行标	2019-10-1			技术监督		输电	线路	
2996	106.9-17	NB/T 10196—2019	架空导线单位产品能源消耗限额	行标	2019-10-1			技术监督		输电	线路	
2997	106.9-18	NB/T 10394—2020	光伏发电系统效能规范	行标	2020-10-23			技术监督		发电	光伏	
2998	106.9-19	NB/T 10494—2021	水电工程节能验收技术导则	行标	2021-7-1			技术监督		发电	水电	
2999	106.9-20	NB/T 10496—2021	水电工程节能施工技术规范	行标	2021-7-1			技术监督		发电	水电	
3000	106.9-21	NB/T 10633—2021	风电场工程节能验收报告编制规程	行标	2021-10-26			技术监督		发电	风电	
3001	106.9-22	YB/T 6005—2022	交流电弧炉供电系统节能设计规范	行标	2023-4-1			技术监督		发电	其他	
3002	106.9-23	GB 20052—2020	电力变压器能效限定值及能效等级	国标	2021-6-1		GB 24790—2009；GB 20052—2013	技术监督		配电	变压器	
3003	106.9-24	GB 31276—2014	普通照明用卤钨灯能效限定值及节能评价值	国标	2015-9-1			技术监督		用电	需求侧管理	
3004	106.9-25	GB 50189—2015	公共建筑节能设计标准	国标	2015-10-1		GB 50189—2005	技术监督		用电	需求侧管理	

序号	体系结构号	标准编号	标准名称	标准级别	实施日期	与国际标准对应关系	代替标准	阶段	分阶段	专业	分专业	备注
3005	106.9-26	GB 55015—2021	建筑节能与可再生能源利用通用规范	国标	2022-4-1			技术监督		用电	其他	
3006	106.9-27	GB/T 2589—2020	综合能耗计算通则	国标	2008-6-1		GB/T 2589—2008	技术监督		用电	需求侧管理	
3007	106.9-28	GB/T 13234—2018	用能单位节能量计算方法	国标	2019-4-1		GB/T 13234—2009	技术监督		用电	需求侧管理	
3008	106.9-29	GB/T 15316—2009	节能监测技术通则	国标	2009-11-1		GB/T 15316—1994	技术监督		用电	需求侧管理	
3009	106.9-30	GB/T 16664—1996	企业供配电系统节能监测方法	国标	1997-7-1			技术监督		用电	需求侧管理	
3010	106.9-31	GB/T 22336—2008	企业节能标准体系编制通则	国标	2018-11-1			技术监督		用电	需求侧管理	
3011	106.9-32	GB/T 28557—2012	电力企业节能降耗主要指标的监管评价	国标	2012-11-1			技术监督		用电	需求侧管理	
3012	106.9-33	GB/T 28750—2012	节能量测量和验证技术通则	国标	2013-1-1			技术监督		用电	需求侧管理	
3013	106.9-34	GB/T 29148—2012	温室节能技术通则	国标	2013-10-1			技术监督		用电	需求侧管理	
3014	106.9-35	GB/T 30257—2013	节能量测量和验证技术要求 通风机系统	国标	2014-7-1			技术监督		用电	需求侧管理	
3015	106.9-36	GB/T 31345—2014	节能量测量和验证技术要求 居住建筑供暖项目	国标	2015-7-1			技术监督		用电	需求侧管理	
3016	106.9-37	GB/T 31348—2014	节能量测量和验证技术要求 照明系统	国标	2015-7-1			技术监督		用电	需求侧管理	
3017	106.9-38	GB/T 31349—2014	节能量测量和验证技术要求 中央空调系统	国标	2015-7-1			技术监督		用电	需求侧管理	

序号	体系结构号	标准编号	标准名称	标准级别	实施日期	与国际标准对应关系	代替标准	阶段	分阶段	专业	分专业	备注
3018	106.9-39	GB/T 31367—2015	中低压配电网能效评估导则	国标	2015-9-1			技术监督		配电	其他	
3019	106.9-40	GB/T 31960.10—2016	电力能效监测系统技术规范 第10部分：电力能效监测终端检验规范	国标	2016-11-1			技术监督		用电	需求侧管理	
3020	106.9-41	GB/T 31960.1—2015	电力能效监测系统技术规范 第1部分：总则	国标	2016-4-1			技术监督		用电	需求侧管理	
3021	106.9-42	GB/T 31960.11—2016	电力能效监测系统技术规范 第11部分：电力能效信息集中与交互终端检验规范	国标	2016-11-1			技术监督		用电	需求侧管理	
3022	106.9-43	GB/T 31960.2—2015	电力能效监测系统技术规范 第2部分：主站功能规范	国标	2016-4-1			技术监督		用电	需求侧管理	
3023	106.9-44	GB/T 31960.3—2015	电力能效监测系统技术规范 第3部分：通信协议	国标	2016-4-1			技术监督		用电	需求侧管理	
3024	106.9-45	GB/T 31960.4—2015	电力能效监测系统技术规范 第4部分：子站功能设计规范	国标	2016-4-1			技术监督		用电	需求侧管理	
3025	106.9-46	GB/T 31960.5—2015	电力能效监测系统技术规范 第5部分：主站设计导则	国标	2016-4-1			技术监督		用电	需求侧管理	
3026	106.9-47	GB/T 31960.6—2015	电力能效监测系统技术规范 第6部分：电力能效信息集中与交互终端技术条件	国标	2016-4-1			技术监督		用电	需求侧管理	

序号	体系结构号	标准编号	标准名称	标准级别	实施日期	与国际标准对应关系	代替标准	阶段	分阶段	专业	分专业	备注
3027	106.9-48	GB/T 31960.7—2015	电力能效监测系统技术规范 第7部分：电力能效监测终端技术条件	国标	2016-4-1			技术监督		用电	需求侧管理	
3028	106.9-49	GB/T 31960.8—2015	电力能效监测系统技术规范 第8部分：安全防护规范	国标	2016-4-1			技术监督		用电	需求侧管理	
3029	106.9-50	GB/T 31960.9—2016	电力能效监测系统技术规范 第9部分：系统检验规范	国标	2016-11-1			技术监督		用电	需求侧管理	
3030	106.9-51	GB/T 32038—2015	照明工程节能监测方法	国标	2016-4-1			技术监督		用电	需求侧管理	
3031	106.9-52	GB/T 32045—2015	节能量测量和验证实施指南	国标	2016-4-1			技术监督		用电	需求侧管理	
3032	106.9-53	GB/T 32823—2016	电网节能项目节约电力电量测量和验证技术导则	国标	2017-3-1			技术监督		技术经济		
3033	106.9-54	GB/T 33857—2017	节能评估技术导则 热电联产项目	国标	2017-12-1			技术监督		用电	需求侧管理	
3034	106.9-55	GB/T 34606—2017	建筑围护结构整体节能性能评价方法	国标	2018-1-1			技术监督		用电	需求侧管理	
3035	106.9-56	GB/T 34867.1—2017	电动机系统节能量测量和验证方法 第1部分：电动机现场能效测试方法	国标	2018-5-1			技术监督		用电	需求侧管理	
3036	106.9-57	GB/T 36571—2018	并联无功补偿节约电力电量测量和验证技术规范	国标	2019-4-1			技术监督		用电	需求侧管理	

序号	体系结构号	标准编号	标准名称	标准级别	实施日期	与国际标准对应关系	代替标准	阶段	分阶段	专业	分专业	备注
3037	106.9-58	GB/T 36573—2018	电力线路升压运行节约电力电量测量和验证技术规范	国标	2019-4-1			技术监督		用电	需求侧管理	
3038	106.9-59	GB/T 36674—2018	公共机构能耗监控系统通用技术要求	国标	2019-4-1			技术监督		用电	需求侧管理	
3039	106.9-60	GB/T 36675—2018	节能评估技术导则 公共建筑项目	国标	2019-4-1			技术监督		用电	需求侧管理	
3040	106.9-61	GB/T 36710—2018	公共机构办公区节能运行管理规范	国标	2019-4-1			技术监督		用电	需求侧管理	
3041	106.9-62	GB/T 36712—2018	节能评估技术导则 风力发电项目	国标	2019-4-1			技术监督		用电	需求侧管理	
3042	106.9-63	GB/T 36714—2018	用能单位能效对标指南	国标	2019-4-1			技术监督		用电	需求侧管理	
3043	106.9-64	GB/T 37227.1—2018	制冷系统绩效评价与计算测试方法 第1部分：蓄能空调系统	国标	2019-7-1			技术监督		用电	需求侧管理	
3044	106.9-65	GB/T 39583—2020	既有建筑节能改造智能化技术要求	国标	2021-7-1			技术监督		用电	需求侧管理	
3045	106.9-66	GB/T 39965—2021	节能量前评估计算方法	国标	2021-10-1			技术监督		用电	需求侧管理	
3046	106.9-67	GB/T 40064—2021	节能技术评价导则	国标	2021-11-1			技术监督		用电	需求侧管理	
3047	106.9-68	GB/T 41014—2021	照明系统能效评价	国标	2022-7-1			环境保护、安全通用标准				

序号	体系结构号	标准编号	标准名称	标准级别	实施日期	与国际标准对应关系	代替标准	阶段	分阶段	专业	分专业	备注
106.10	**技术监督—调度、二次及信息**											
3048	106.10-1	YD/T 3026—2016	通信基站电磁辐射管理技术要求	行标	2016-4-1			技术监督		调度及二次	电力通信	
106.11	**技术监督—辅助服务**											
3049	106.11-1	GB/T 23718.6—2014	机器状态监测与诊断　人员资格与人员评估的要求　第6部分：声发射	国标	2015-3-1			技术监督				
3050	106.11-2	IEEE 1250—2018	对瞬时电压干扰敏感设备的维护指南	国际标准	2018-9-27		IEEE 1250—2011	技术监督		用电	其他	
106.12	**技术监督—化学**											
3051	106.12-1	T/CSEE 0150—2020	变电站金属材料大气环境防腐蚀技术规范	团标	2020-1-15			技术监督			基础综合	
3052	106.12-2	DL/T 246—2015	化学监督导则	行标	2015-9-1		DL/T 246—2006	技术监督			基础综合	
3053	106.12-3	DL/T 595—2016	六氟化硫电气设备气体监督导则	行标	2016-6-1		DL/T 595—1996	技术监督			基础综合	
3054	106.12-4	DL/T 705—2021	运行中氢冷发电机用密封油质量	行标	2021-7-1		DL/T 705—1999	技术监督			基础综合	
3055	106.12-5	DL/T 889—2015	电力基本建设热力设备化学监督导则	行标	2015-12-1		DL/T 889—2004	技术监督			基础综合	
3056	106.12-6	DL/T 941—2021	运行中变压器用六氟化硫质量标准	行标	2022-3-22		DL/T 941—2005	技术监督			基础综合	
3057	106.12-7	DL/T 1096—2018	变压器油中颗粒度限值	行标	2018-7-1		DL/T 1096—2008	技术监督			基础综合	

序号	体系结构号	标准编号	标准名称	标准级别	实施日期	与国际标准对应关系	代替标准	阶段	分阶段	专业	分专业	备注
3058	106.12-8	DL/T 1419—2015	变压器油再生与使用导则	行标	2015-9-1			技术监督		基础综合		
3059	106.12-9	DL/T 1425—2015	变电站金属材料大气环境防腐蚀技术规范	行标	2015-9-1			技术监督		基础综合		
3060	106.12-10	DL/T 1554—2016	接地网土壤腐蚀性评价导则	行标	2016-7-1			技术监督		基础综合		
3061	106.12-11	DL/T 1978—2019	电力用油颗粒污染度分级标准	行标	2019-10-1			技术监督		基础综合		
3062	106.12-12	DL/T 2409—2021	特高压直流换流站运行中调相机润滑油质量	行标	2022-3-22			技术监督		基础综合		
3063	106.12-13	NB/T 10562—2021	风力发电场化学技术监督规程	行标	2021-7-1			技术监督		基础综合		
3064	106.12-14	GB 31040—2014	混凝土外加剂中残留甲醛的限量	国标	2015-12-1			技术监督		基础综合		
3065	106.12-15	GB/T 5275.2—2022	气体分析 动态法制备校准用混合气体 第2部分：活塞泵	国标	2023-7-1			技术监督		基础综合		
3066	106.12-16	GB/T 7595—2017	运行中变压器油质量	国标	2017-12-1		GB/T 7595—2008	技术监督		基础综合		
3067	106.12-17	GB/T 7596—2017	电厂运行中矿物涡轮机油质量	国标	2017-12-1		GB/T 7596—2008	技术监督		发电	火电	
3068	106.12-18	GB/T 8905—2012	六氟化硫电气设备中气体管理和检测导则	国标	2013-2-1		GB/T 8905—1996	技术监督		基础综合		
3069	106.12-19	GB/T 12145—2016	火力发电机组及蒸汽动力设备水汽质量	国标	2016-9-1		GB/T 12145—2008	技术监督		发电	火电	
3070	106.12-20	GB/T 14542—2017	变压器油维护管理导则	国标	2017-12-1	IEC 60422:2013	GB/T 14542—2005	技术监督		变电	变压器	

序号	体系结构号	标准编号	标准名称	标准级别	实施日期	与国际标准对应关系	代替标准	阶段	分阶段	专业	分专业	备注
3071	106.12-21	GB/T 27417—2017	合格评定 化学分析方法确认和验证指南	国标	2018-4-1			技术监督		基础综合		
3072	106.12-22	GB/T 35655—2017	化学分析方法验证确认和内部质量控制实施指南 色谱分析	国标	2018-7-1			技术监督		基础综合		
3073	106.12-23	GB/T 35656—2017	化学分析方法验证确认和内部质量控制实施指南 报告定性结果的方法	国标	2018-7-1			技术监督		基础综合		
3074	106.12-24	GB/T 35657—2017	化学分析方法验证确认和内部质量控制实施指南 基于样品消解的金属组分分析	国标	2018-7-1			技术监督		基础综合		
106.13 技术监督—环保												
3075	106.13-1	T/CEC 328—2020	电抗器隔声罩降噪性能现场测量及评价方法	团标	2020-10-1			技术监督		基础综合		
3076	106.13-2	T/CEC 371—2020	电力储能用锂离子电池烟气毒性评价方法	团标	2020-10-1			技术监督		基础综合		
3077	106.13-3	T/CEC 547 2021	电力物资绿色包装技术规范	团标	2022-3-1			技术监督		基础综合		
3078	106.13-4	DL/T 259—2012	六氟化硫气体密度继电器校验规程	行标	2012-7-1			技术监督		基础综合		
3079	106.13-5	DL/T 362—2016	火力发电厂环保设施运行状况评价技术	行标	2016-7-1		DL/T 362—2010	技术监督		基础综合		
3080	106.13-6	DL/T 414—2022	火电厂环境监测技术规范	行标	2022-11-13		DL/T 414—2012	技术监督		基础综合		

序号	体系结构号	标准编号	标准名称	标准级别	实施日期	与国际标准对应关系	代替标准	阶段	分阶段	专业	分专业	备注
3081	106.13-7	DL/T 1050—2016	电力环境保护技术监督导则	行标	2016-6-1		DL/T 1050—2007	技术监督		基础综合		
3082	106.13-8	DL/T 1088—2020	±800kV 特高压直流线路电磁环境参数限值	行标	2008-11-1		DL/T 1088—2008	技术监督		基础综合		
3083	106.13-9	DL/T 1518—2016	变电站噪声控制技术导则	行标	2016-6-1			技术监督		基础综合		
3084	106.13-10	DL/T 1545—2016	燃气发电厂噪声防治技术导则	行标	2016-6-1			技术监督		基础综合		
3085	106.13-11	DL/T 1993—2019	电气设备用六氟化硫气体回收、再生及再利用技术规范	行标	2019-10-1			技术监督		基础综合		
3086	106.13-12	DL/T 2037—2019	变电站厂界环境噪声执行标准申请原则	行标	2019-10-1			技术监督		基础综合		
3087	106.13-13	DL/T 5829—2021	户内配电变压器振动与噪声控制工程技术规范	行标	2021-10-26			技术监督		基础综合		
3088	106.13-14	HJ 24—2020	环境影响评价技术导则 输变电	行标	2021-3-1		HJ 24—2014	技术监督		基础综合		
3089	106.13-15	HJ 130—2019	规划环境影响评价技术导则 总纲	行标	2020-3-1		HJ 130—2014	技术监督		基础综合		
3090	106.13-16	JB/T 10088—2016	6kV～1000kV级电力变压器声级	行标	2017-4-1		JB/T 10088—2004	技术监督		基础综合		
3091	106.13-17	NB/T 10672—2021	智能电力管廊传感设备环境技术要求与导则	行标	2021-10-26			技术监督		基础综合		
3092	106.13-18	NB/T 10673—2021	智能配电房传感设备环境技术要求与导则	行标	2021-10-26			技术监督		基础综合		

序号	体系结构号	标准编号	标准名称	标准级别	实施日期	与国际标准对应关系	代替标准	阶段	分阶段	专业	分专业	备注
3093	106.13-19	NB/T 35063—2015	水电工程环境监理规范	行标	2016-3-1			技术监督		基础综合		
3094	106.13-20	YD/T 3137—2016	低功率电子与电气设备的电磁场（10MHz到300GHz）人体照射基本限值符合性评估方法	行标	2016-10-1			技术监督		基础综合		
3095	106.13-21	GB 3095—2012	环境空气质量标准	国标	2016-1-1		GB 3095—1996；GB 9137—1988	技术监督		基础综合		
3096	106.13-22	GB 8978—1996	污水综合排放标准	国标	1998-1-1		GB 8978—1988；GBJ 48—1983；GB 3545—1983；GB 3546—1983；GB 3547—1983；GB 3548—1983；GB 3549—1983；GB 3550—1983；GB 3551—1983；GB 3553—1983；GB 4280—1984；GB 4281—1984；GB 4282—1984；GB 4283—1984；GB 4912—1983；GB 4913—1983	技术监督		基础综合		
3097	106.13-23	GB 13015—2017	含多氯联苯废物污染控制标准	国标	2017-10-1		GB 13015—1991	技术监督		基础综合		
3098	106.13-24	GB/T 15658—2012	无线电噪声测量方法	国标	2013-6-1		GB/T 15658—1995	技术监督		基础综合		
3099	106.13-25	GB/T 20877—2016	电子电气产品标准中引入环境因素的指南	国标	2017-3-1	IEC Guide 109:2012，MOD	GB/T 20877—2007	技术监督		基础综合		

序号	体系结构号	标准编号	标准名称	标准级别	实施日期	与国际标准对应关系	代替标准	阶段	分阶段	专业	分专业	备注
3100	106.13-26	GB/T 28534—2012	高压开关设备和控制设备中六氟化硫（SF₆）气体的释放对环境和健康的影响	国标	2012-11-1	IEC 62271-303:2008, MOD		技术监督		基础综合		
3101	106.13-27	GB/T 33059—2016	锂离子电池材料废弃物回收利用的处理方法	国标	2017-5-1			技术监督		基础综合		
3102	106.13-28	GB/T 36999—2018	海洋波浪能电站环境条件要求	国标	2019-7-1			技术监督		基础综合		
3103	106.13-29	GB/T 40583—2021	生态设计产品评价技术规范 电池产品	国标	2022-5-1			技术监督		基础综合		
3104	106.13-30	GB/T 50878—2013	绿色工业建筑评价标准	国标	2014-3-1			技术监督		基础综合		
3105	106.13-31	GB/Z 38251—2019	声学 换流站声传播衰减计算工程法	国标	2020-5-1			技术监督		基础综合		
3106	106.13-32	JJF 1263—2010	六氟化硫检测报警仪校准规范	国标	2011-3-6		JJG 914—1996	技术监督		基础综合		
3107	106.13-33	IEC 62479—2010	与人体暴露在电磁场（10MHz～300GHz）相关的带有基本限制的小功率电子和电气设备的合格评定	国际标准	2010-6-16	EN 62479—2010, MOD	IEC 106/198/FDIS—2010	技术监督		基础综合		
106.14 技术监督—其他												
3108	106.14-1	T/CSEE 0229—2021	电力设备热喷涂过程质量控制	团标	2021-3-11			技术监督		基础综合		
3109	106.14-2	NB/T 33018—2015	电动汽车充换电设施供电系统技术规范	行标	2015-9-1			采购、建设、运维、退役		用电	电动汽车	

続表

序号	体系结构号	标准编号	标准名称	标准级别	实施日期	与国际标准对应关系	代替标准	阶段	分阶段	专业	分专业	备注
3110	106.14-3	NB/T 47013.1—2015	承压设备无损检测 第1部分：通用要求	行标	2015-9-1		JB/T 4730.1—2005	技术监督		其他		
3111	106.14-4	NB/T 47013.11—2015	承压设备无损检测 第11部分：X射线数字成像检测	行标	2018-7-1		NB/T 47013.11—2015	技术监督		其他		本标准有NB/T 47013.11—2015/XG1—2018《承压设备无损检测 第11部分：X射线数字成像检测》第1号修改单
3112	106.14-5	NB/T 47013.2—2015	承压设备无损检测 第2部分：射线检测	行标	2015-9-1		JB/T 4730.2—2005	技术监督		其他		
3113	106.14-6	NB/T 47013.3—2015	承压设备无损检测 第3部分：超声检测	行标	2015-9-1		JB/T 4730.3—2005	技术监督		其他		
3114	106.14-7	NB/T 47013.4—2015	承压设备无损检测 第4部分：磁粉检测	行标	2015-9-1		JB/T 4730.4—2005	技术监督		其他		
3115	106.14-8	NB/T 47013.5—2015	承压设备无损检测 第5部分：渗透检测	行标	2015-9-1		JB/T 4730.5—2005	技术监督		其他		
3116	106.14-9	NB/T 47013.6—2015	承压设备无损检测 第6部分：涡流检测	行标	2015-9-1		JB/T 4730.6—2005	技术监督		其他		
3117	106.14-10	GB/T 6461—2002	金属基体上金属和其他无机覆盖层 经腐蚀试验后的试样和试件的评级	国标	2003-4-1	ISO 10289:1999，IDT	GB/T 6461—1986；GB/T 12335—1990	技术监督		其他		
3118	106.14-11	GB/T 30031—2021	工业车辆 电磁兼容性	国标	2022-7-1		GB/T 30031—2013	技术监督		其他		

序号	体系结构号	标准编号	标准名称	标准级别	实施日期	与国际标准对应关系	代替标准	阶段	分阶段	专业	分专业	备注
3119	106.14-12	GB/T 31586.2—2015	防护涂料体系对钢结构的防腐蚀保护 涂层附着力/内聚力(破坏强度)的评定和验收准则 第2部分:划格试验和划叉试验	国标	2016-2-1	ISO 16276:2007,IDT		技术监督		其他		
3120	106.14-13	GB/T 39663—2021	检验检测机构诚信报告编制规范	国标	2021-11-1			技术监督		其他		
3121	106.14-14	JJG 105—2019	转速表检定规程	国标	2020-3-31		JJG 105—2000	技术监督		基础综合		
3122	106.14-15	JJG 134—2003	磁电式速度传感器检定规程	国标	2004-3-23		JJG 134—1987	技术监督		基础综合		
3123	106.14-16	JJG 326—2006	转速标准装置检定规程	国标	2006-9-8		JJG 326—1983	技术监督		基础综合		
107	**支持保障**											
107.1	**支持保障—基础综合**											
3124	107.1-1	T/CEC 369—2020	电力企业合规管理体系规范	团标	2020-10-1			辅助支持		其他		
3125	107.1-2	T/CEC 459—2021	电力企业社会责任实施指南	团标	2021-9-1			辅助支持		其他		
3126	107.1-3	T/CEC 710—2022	世界一流抽水蓄能电厂评价指标规范	团标	2023-2-1			辅助支持		发电	储能	
3127	107.1-4	DL/T 837—2020	输变电设施可靠性评价规程	行标	2021-2-1		DL/T 837—2012	辅助支持		输电、变电	其他	
3128	107.1-5	DL/T 1004—2018	电力企业管理体系整合导则	行标	2018-10-1		DL/T 1004—2006	辅助支持		其他		
3129	107.1-6	DL/T 1381—2014	电力企业信用评价规范	行标	2015-3-1			辅助支持		其他		

序号	体系结构号	标准编号	标准名称	标准级别	实施日期	与国际标准对应关系	代替标准	阶段	分阶段	专业	分专业	备注
3130	107.1-7	DL/T 1384—2014	电力行业供应商信用评价指标体系分类及代码	行标	2015-3-1			辅助支持		其他		
3131	107.1-8	RB/T 116—2014	能源管理体系电力企业认证要求	行标	2015-3-1			辅助支持		其他		
3132	107.1-9	GB/T 15587—2008	工业企业能源管理导则	国标	2009-5-1		GB/T 15587—1995	辅助支持		其他		
3133	107.1-10	GB/T 19001—2016	质量管理体系要求	国标	2017-7-1	ISO 9001:2008，IDT	GB/T 19001—2008	辅助支持		其他		
3134	107.1-11	GB/T 19002—2018	质量管理体系GB/T 19001—2016应用指南	国标	2019-7-1			辅助支持		其他		
3135	107.1-12	GB/T 19010—2021	质量管理 顾客满意 组织行为规范指南	国标	2021-12-1		GB/T 19010—2009	辅助支持		其他		
3136	107.1-13	GB/T 19011—2021	管理体系审核指南	国标	2021-12-1		GB/T 19011—2013	辅助支持		其他		
3137	107.1-14	GB/T 19013—2021	质量管理 顾客满意 组织外部争议解决指南	国标	2021-12-1		GB/T 19013—2009	辅助支持		其他		
3138	107.1-15	GB/T 19014—2019	质量管理 顾客满意 监视和测量指南	国标	2020-7-1			辅助支持		其他		
3139	107.1-16	GB/T 19015—2021	质量管理 质量计划指南	国标	2021-12-1		GB/T 19015—2008	辅助支持		其他		
3140	107.1-17	GB/T 19016—2021	质量管理 项目质量管理指南	国标	2021-12-1		GB/T 19016—2005	辅助支持		其他		
3141	107.1-18	GB/T 19028—2018	质量管理 人员参与和能力指南	国标	2019-7-1			辅助支持		其他		
3142	107.1-19	GB/T 23331—2020	能源管理体系要求及使用指南	国标	2021-6-1			辅助支持		其他		

序号	体系结构号	标准编号	标准名称	标准级别	实施日期	与国际标准对应关系	代替标准	阶段	分阶段	专业	分专业	备注
3143	107.1-20	GB/T 29456—2012	能源管理体系实施指南	国标	2013-10-1			辅助支持		其他		
3144	107.1-21	GB/T 33173—2016	资产管理 管理体系 要求	国标	2017-5-1	ISO 55001:2014		辅助支持		其他		
3145	107.1-22	GB/T 33174—2022	资产管理 管理体系GB/T 33173应用指南	国标	2022-12-30	ISO 55002:2014	GB/T 33174—2016	辅助支持		其他		
3146	107.1-23	GB/T 33456—2016	工业企业供应商管理评价准则	国标	2017-7-1			辅助支持		其他		
3147	107.1-24	GB/T 36549—2018	电化学储能电站运行指标及评价	国标	2019-2-1			辅助支持		发电	储能	
3148	107.1-25	GB/T 36679—2018	品牌价值评价 自主创新企业	国标	2019-4-1			辅助支持		其他		
3149	107.1-26	GB/T 37507—2019	项目管理指南	国标	2019-12-1			辅助支持		其他		
3150	107.1-27	GB/T 39532—2020	能源绩效测量和验证指南	国标	2021-6-1			辅助支持		其他		
3151	107.1-28	GB/T 39775—2021	能源管理绩效评价导则	国标	2021-10-1			辅助支持		其他		
3152	107.1-29	GB/T 39780—2021	资源综合利用企业评价规范	国标	2021-10-1			辅助支持		其他		
3153	107.1-30	GB/T 39887—2021	企业在线信誉评价指标体系	国标	2021-10-1			辅助支持		其他		
3154	107.1-31	GB/T 39888—2021	项目和项目群管理中的挣值管理	国标	2021-10-1			辅助支持		其他		
3155	107.1-32	GB/T 39903—2021	项目工作分解结构	国标	2021-10-1			辅助支持		其他		
3156	107.1-33	GB/T 40010—2021	合同能源管理服务评价技术导则	国标	2021-11-1			辅助支持		其他		

序号	体系结构号	标准编号	标准名称	标准级别	实施日期	与国际标准对应关系	代替标准	阶段	分阶段	专业	分专业	备注
3157	107.1-34	GB/T 40046—2021	设施管理 质量评价指南	国标	2021-11-1			辅助支持		其他		
3158	107.1-35	GB/T 40957—2021	企业竞争力评价规范	国标	2022-6-1			辅助支持		其他		
3159	107.1-36	GB/T 40958—2021	企业生产力评价规范	国标	2022-6-1			辅助支持		其他		
3160	107.1-37	GB/T 41196—2021	公共信用信息公示通则	国标	2022-7-1			辅助支持		其他		
3161	107.1-38	GB/T 41597—2022	质量管理 文化和机制支撑服务提升指南	国标	2022-10-12			辅助支持		其他		
3162	107.1-39	GB/T 42109—2022	供应链资产管理体系实施指南	国标	2022-12-30			辅助支持		其他		
107.2 支持保障—科技创新												
3163	107.2-1	Q/CSG 1107006—2022	南方电网公司知识分类体系导则	企标	2022-9-26			辅助支持		其他		
3164	107.2-2	T/CEC 267—2019	电力科技项目后评估导则	团标	2020-1-1			辅助支持		其他		
3165	107.2-3	T/CEC 268—2019	电力科技项目立项评价导则	团标	2020-1-1			辅助支持		其他		
3166	107.2-4	T/CEC 502—2021	电力质量创新成果评价准则	团标	2021-10-1			辅助支持		其他		
3167	107.2-5	T/CEC 718—2022	电力科技成果产业化评价导则	团标	2023-2-1			辅助支持		其他		
3168	107.2-6	T/CEC 719—2022	电力科技成果评价规范	团标	2023-2-1			辅助支持		其他		
3169	107.2-7	T/CEC 720—2022	电力科技项目经费评估规范	团标	2023-2-1			辅助支持		其他		
3170	107.2-8	T/CEC 721—2022	电力行业创新型企业评价标准	团标	2023-2-1			辅助支持		其他		

序号	体系结构号	标准编号	标准名称	标准级别	实施日期	与国际标准对应关系	代替标准	阶段	分阶段	专业	分专业	备注
3171	107.2-9	T/CSEE 0311—2022	电力科技查新技术规范	团标	2022-9-27			辅助支持		其他		
3172	107.2-10	DL/T 2137—2020	电力技术转移服务规范	行标	2021-2-1			辅助支持		其他		
3173	107.2-11	DL/T 2138—2020	电力专利价值评估规范	行标	2021-2-1			辅助支持		其他		
3174	107.2-12	DL/T 2426—2021	电力科技成果产权交易平台技术规范	行标	2022-3-22			辅助支持		其他		
3175	107.2-13	GB/T 7713.2—2022	学术论文编写规则	国标	2023-7-1		GB/T 7713—1987	辅助支持		其他		
3176	107.2-14	GB/T 7713.3—2014	科技报告编写规则	国标	2014-11-1		GB/T 7713.3—2009	辅助支持		其他		
3177	107.2-15	GB/T 11822—2008	科学技术档案案卷构成的一般要求	国标	2009-5-1		GB/T 11822—2000	辅助支持		其他		
3178	107.2-16	GB/T 22900—2022	科学技术研究项目评价通则	国标	2022-10-12		GB/T 22900—2009	辅助支持		其他		
3179	107.2-17	GB/T 23703.1—2009	知识管理 第1部分：框架	国标	2009-11-1			辅助支持		其他		
3180	107.2-18	GB/T 23703.2—2010	知识管理 第2部分：术语	国标	2011-8-1			辅助支持		其他		
3181	107.2-19	GB/T 23703.3—2010	知识管理 第3部分：组织文化	国标	2011-8-1			辅助支持		其他		
3182	107.2-20	GB/T 23703.4—2010	知识管理 第4部分：知识活动	国标	2011-8-1			辅助支持		其他		
3183	107.2-21	GB/T 23703.5—2010	知识管理 第5部分：实施指南	国标	2011-8-1			辅助支持		其他		
3184	107.2-22	GB/T 23703.6—2010	知识管理 第6部分：实施指南	国标	2011-8-1			辅助支持		其他		
3185	107.2-23	GB/T 23703.7—2014	知识管理 第7部分：知识分类通用要求	国标	2014-11-1			辅助支持		其他		

序号	体系结构号	标准编号	标准名称	标准级别	实施日期	与国际标准对应关系	代替标准	阶段	分阶段	专业	分专业	备注
3186	107.2-24	GB/T 23703.8—2014	知识管理 第8部分：知识管理系统功能构件	国标	2015-2-1			辅助支持		其他		
3187	107.2-25	GB/T 30534—2014	科技报告保密等级代码与标识	国标	2014-11-1			辅助支持		其他		
3188	107.2-26	GB/T 30535—2014	科技报告元数据规范	国标	2014-11-1			辅助支持		其他		
3189	107.2-27	GB/T 31769—2015	创新方法应用能力等级规范	国标	2015-7-1			辅助支持		其他		
3190	107.2-28	GB/T 31779—2015	科技服务产品数据描述规范	国标	2016-2-1			辅助支持		其他		
3191	107.2-29	GB/T 32003—2015	科技查新技术规范	国标	2016-4-1			辅助支持		其他		
3192	107.2-30	GB/T 32089—2015	科学技术研究项目知识产权管理	国标	2016-7-1			辅助支持		其他		
3193	107.2-31	GB/T 33250—2016	科研组织知识产权管理规范	国标	2017-1-1			辅助支持		其他		
3194	107.2-32	GB/T 33268—2016	科技奖励评价分类单元	国标	2017-7-1			辅助支持		其他		
3195	107.2-33	GB/T 33450—2016	科技成果转化为标准指南	国标	2017-7-1			辅助支持		其他		
3196	107.2-34	GB/T 34061.1—2017	知识管理体系 第1部分：指南	国标	2018-2-1			辅助支持		其他		
3197	107.2-35	GB/T 34061.2—2017	知识管理体系 第2部分：研究开发	国标	2018-2-1			辅助支持		其他		
3198	107.2-36	GB/T 34670—2017	技术转移服务规范	国标	2018-1-1			辅助支持		其他		
3199	107.2-37	GB/T 35397—2017	科技人才元数据元素集	国标	2018-4-1			辅助支持		其他		

序号	体系结构号	标准编号	标准名称	标准级别	实施日期	与国际标准对应关系	代替标准	阶段	分阶段	专业	分专业	备注
3200	107.2-38	GB/T 35559—2017	技术产权交易服务流程规范	国标	2018-7-1			辅助支持		其他		
3201	107.2-39	GB/T 37097—2018	企业创新方法工作规范	国标	2019-7-1			辅助支持		其他		
3202	107.2-40	GB/T 37098—2018	创新方法知识扩散能力等级划分要求	国标	2018-12-28			辅助支持		其他		
3203	107.2-41	GB/T 37286—2019	知识产权分析评议服务 服务规范	国标	2019-10-1			辅助支持		其他		
3204	107.2-42	GB/T 39908—2021	科技计划形成的科学数据汇交通用代码集	国标	2021-10-1			辅助支持		其他		
3205	107.2-43	GB/T 39909—2021	科技计划形成的科学数据汇交通用数据元	国标	2021-10-1			辅助支持		其他		
3206	107.2-44	GB/T 39912—2021	科技计划形成的科学数据汇交技术与管理规范	国标	2021-10-1			辅助支持		其他		
3207	107.2-45	GB/T 40147—2021	科技评估通则	国标	2021-12-1			辅助支持		其他		
3208	107.2-46	GB/T 41304.1—2022	知识管理方法和工具 第1部分:工艺知识管理	国标	2022-10-1			辅助支持		其他		
3209	107.2-47	GB/T 41304.2—2022	知识管理方法和工具 第2部分:设计理性知识建模	国标	2022-10-1			辅助支持		其他		
3210	107.2-48	GB/T 41573—2022	自动化系统与集成 科技资源云平台集成通用要求	国标	2023-2-1			辅助支持		其他		
3211	107.2-49	GB/T 41619—2022	科学技术研究项目评价实施指南 基础研究项目	国标	2022-10-12			辅助支持		其他		

序号	体系结构号	标准编号	标准名称	标准级别	实施日期	与国际标准对应关系	代替标准	阶段	分阶段	专业	分专业	备注
3212	107.2-50	GB/T 41620—2022	科学技术研究项目评价实施指南 应用研究项目	国标	2022-10-12			辅助支持		其他		
3213	107.2-51	GB/T 41621—2022	科学技术研究项目评价实施指南 开发研究项目	国标	2022-10-12			辅助支持		其他		
3214	107.2-52	GB/Z 30525—2014	科技平台标准化工作指南	国标	2014-8-1			辅助支持		其他		
107.3 支持保障—教育培训												
3215	107.3-1	Q/CSG 125001—2011	中国南方电网有限责任公司培训基地功能和建设标准	企标	2011-11-3			辅助支持		其他		
3216	107.3-2	Q/CSG 1106001—2012	中国南方电网有限责任公司作业安全体感实训室功能和建设标准	企标	2012-11-1			辅助支持		其他		
3217	107.3-3	T/CEC 193—2018	电力行业无人机巡检作业人员培训考核规范	团标	2019-2-1			辅助支持		其他		
3218	107.3-4	T/CEC 194—2018	电力行业电缆附件安装人员培训考核规范	团标	2019-2-1			辅助支持		其他		
3219	107.3-5	T/CEC 286—2019	电力造价从业人员培训考核规范	团标	2020-1-1			辅助支持		其他		
3220	107.3-6	T/CEC 315—2020	高电压试验技术人员培训考核规范	团标	2020-10-1			辅助支持		其他		
3221	107.3-7	T/CEC 317—2020	变电站带电检测人员培训考核规范	团标	2020-10-2			辅助支持		其他		

序号	体系结构号	标准编号	标准名称	标准级别	实施日期	与国际标准对应关系	代替标准	阶段	分阶段	专业	分专业	备注
3222	107.3-8	T/CEC 318—2020	电力行业企业培训师能力标准与评价规范	团标	2020-10-3			辅助支持		其他		
3223	107.3-9	T/CEC 319—2020	电力行业可靠性管理专业技术人员培训考核规范	团标	2020-10-4			辅助支持		其他		
3224	107.3-10	T/CEC 320—2020	电力行业仿真培训基地建设规范	团标	2020-10-5			辅助支持		其他		
3225	107.3-11	T/CEC 321.10—2020	电力行业仿真培训与考核规范 第10部分：水轮发电机组值班员	团标	2020-10-10			辅助支持		其他		
3226	107.3-12	T/CEC 321.11—2020	电力行业仿真培训与考核规范 第11部分：水电运行培训指导教师	团标	2020-10-11			辅助支持		其他		
3227	107.3-13	T/CEC 321.14—2020	电力行业仿真培训与考核规范 第14部分：风电运维值班员	团标	2020-10-8			辅助支持		其他		
3228	107.3-14	T/CEC 321.15—2020	电力行业仿真培训与考核规范 第15部分：风电运行培训指导教师	团标	2020-10-9			辅助支持		其他		
3229	107.3-15	T/CEC 321.4—2020	电力行业仿真培训与考核规范 第4部分：电气值班员	团标	2020-10-6			辅助支持		其他		
3230	107.3-16	T/CEC 321.7—2020	电力行业仿真培训与考核规范 第7部分：调控运行值班员	团标	2020-10-7			辅助支持		其他		

序号	体系结构号	标准编号	标准名称	标准级别	实施日期	与国际标准对应关系	代替标准	阶段	分阶段	专业	分专业	备注
3231	107.3-17	T/CEC 321.8—2020	电力行业仿真培训与考核规范 第8部分：变电运维值班员	团标	2020-10-8			辅助支持		其他		
3232	107.3-18	T/CEC 321.9—2020	电力行业仿真培训与考核规范 第9部分：电网运行培训指导教师	团标	2020-10-9			辅助支持		其他		
3233	107.3-19	T/CEC 519—2021	发电企业网络安全人员培训考核规范	团标	2021-10-1			辅助支持		其他		
3234	107.3-20	T/CEC 529—2021	带电作业人员培训考核规范	团标	2022-3-1			辅助支持		其他		
3235	107.3-21	T/CEC 581—2021	电力行业职业技能标准风力发电运维值班员	团标	2022-3-1			辅助支持		其他		
3236	107.3-22	T/CEC 652—2022	电力行业职业技能标准电力交易员	团标	2022-10-1			辅助支持		其他		
3237	107.3-23	T/CEC 653—2022	电力行业职业技能标准综合能源运维管理员	团标	2022-10-1			辅助支持		其他		
3238	107.3-24	T/CEC 654—2022	海上风电作业人员安全专项能力培训考核规范	团标	2022-10-1			辅助支持		其他		
3239	107.3-25	T/CEC 656—2022	电力行业职业技能标准光伏发电运维值班员	团标	2022-10-1			辅助支持		其他		
3240	107.3-26	T/CEC 659—2022	电力行业职业技能标准换流站设备检修工	团标	2022-10-1			辅助支持		其他		
3241	107.3-27	T/CEC 660—2022	电力行业职业技能标准换流站二次设备检修工	团标	2022-10-1			辅助支持		其他		

序号	体系结构号	标准编号	标准名称	标准级别	实施日期	与国际标准对应关系	代替标准	阶段	分阶段	专业	分专业	备注
3242	107.3-28	T/CEC 661—2022	电力行业职业技能标准用电信息采集监控员	团标	2022-10-1			辅助支持		其他		
3243	107.3-29	T/CEC 662—2022	电力行业职业技能标准电力信息系统运行值班员	团标	2022-10-1			辅助支持		其他		
3244	107.3-30	T/CEC 663—2022	电力行业职业技能标准电力信息系统运行检修员	团标	2022-10-1			辅助支持		其他		
3245	107.3-31	T/CEC 664—2022	电力行业职业技能标准电力网络安全员	团标	2022-10-1			辅助支持		其他		
3246	107.3-32	T/CEC 665—2022	电力行业职业技能标准电力通信设备运检员	团标	2022-10-1			辅助支持		其他		
3247	107.3-33	T/CEC 666—2022	电力行业职业技能标准电力通信线路运检员	团标	2022-10-1			辅助支持		其他		
3248	107.3-34	T/CEC 667—2022	电力行业职业技能标准电力通信网络管理员	团标	2022-10-1			辅助支持		其他		
3249	107.3-35	T/CEC 668—2022	电力行业职业技能标准电力监控员	团标	2022-10-1			辅助支持		其他		
3250	107.3-36	T/CEC 709—2022	电力企业标准化人员培训规范	团标	2023-2-1			辅助支持		其他		
3251	107.3-37	AQ/T 8011—2016	安全培训机构基本条件	行标	2017-3-1			辅助支持		其他		
3252	107.3-38	AQ/T 9008—2012	安全生产应急管理人员培训及考核规范	行标	2013-3-1			辅助支持		其他		

序号	体系结构号	标准编号	标准名称	标准级别	实施日期	与国际标准对应关系	代替标准	阶段	分阶段	专业	分专业	备注
3253	107.3-39	DL/T 675—2014	电力行业无损检测人员资格考核规则	行标	2015-3-1		DL/T 675—1999	辅助支持		其他		
3254	107.3-40	DL/T 679—2012	焊工技术考核规程	行标	2012-3-1		DL/T 679—1999	辅助支持		其他		
3255	107.3-41	DL/T 816—2017	电力行业焊接操作技能教师考核规则	行标	2017-12-1		DL/T 816—2003	辅助支持		其他		
3256	107.3-42	DL/T 931—2017	电力行业理化检验人员考核规程	行标	2017-8-1		DL/T 931—2005	辅助支持		其他		
3257	107.3-43	DL/T 1265—2013	电力行业焊工培训机构基本能力要求	行标	2014-4-1			辅助支持		其他		
3258	107.3-44	DL/T 1377—2014	电力调度员培训仿真技术规范	行标	2015-3-1			辅助支持		其他		
3259	107.3-45	DL/T 1972—2019	水电厂培训仿真系统基本技术条件	行标	2019-10-1			辅助支持		其他		
3260	107.3-46	DL/T 2522—2022	电网企业应急演练导则	行标	2022-11-13			辅助支持		其他		
3261	107.3-47	QX/T 406—2017	雷电防护装置检测专业技术人员职业要求	行标	2018-4-1			辅助支持		其他		
3262	107.3-48	QX/T 407—2017	雷电防护装置检测专业技术人员职业能力评价	行标	2018-4-1			辅助支持		其他		
3263	107.3-49	QX/T 646—2022	雷电防护装置检测资质认定现场操作考核规范	行标	2022-4-1			辅助支持		其他		
3264	107.3-50	SB/T 11223—2018	管理培训服务规范	行标	2019-4-1			辅助支持		其他		

序号	体系结构号	标准编号	标准名称	标准级别	实施日期	与国际标准对应关系	代替标准	阶段	分阶段	专业	分专业	备注
3265	107.3-51	SJ/T 11678.1—2017	信息技术 学习、教育和培训 协作技术 协作空间 第1部分：协作空间数据模型	行标	2017-7-1			辅助支持		其他		
3266	107.3-52	SJ/T 11678.2—2017	信息技术 学习、教育和培训 协作技术 协作空间 第2部分：协作环境数据模型	行标	2017-7-1			辅助支持		其他		
3267	107.3-53	SJ/T 11678.3—2017	信息技术 学习、教育和培训 协作技术 协作空间 第3部分：协作组数据模型	行标	2017-7-1			辅助支持		其他		
3268	107.3-54	SJ/T 11679.1—2017	信息技术 学习、教育和培训 协作技术 协作学习通信 第1部分：基于文本的通信	行标	2017-7-1			辅助支持		其他		
3269	107.3-55	SJ/T 11805—2022	人工智能从业人员能力要求	行标	2022-7-1			辅助支持		其他		
3270	107.3-56	SJ/T 11806—2022	物联网从业人员能力要求	行标	2022-7-1			辅助支持		其他		
3271	107.3-57	GB/T 7713.1—2006	学位论文编写规则	国标	2007-5-1	ISO 7144:1986	部分替代 GB 7713—1987	辅助支持		其他		
3272	107.3-58	GB/T 9445—2015	无损检测 人员资格鉴定与认证	国标	2016-7-1	ISO 9712:2012	GB/T 9445—2008	辅助支持		其他		
3273	107.3-59	GB/T 19805—2005	焊接操作工技能评定	国标	2005-12-1	ISO 14732:1998，IDT		辅助支持		其他		

序号	体系结构号	标准编号	标准名称	标准级别	实施日期	与国际标准对应关系	代替标准	阶段	分阶段	专业	分专业	备注
3274	107.3-60	GB/T 23718.7—2022	机器状态监测与诊断 人员资格与人员评估的要求 第7部分：热成像	国标	2022-10-12				辅助支持	其他		
3275	107.3-61	GB/T 29811.2—2018	信息技术 学习、教育和培训 学习系统体系结构与服务接口 第2部分：教育管理信息服务接口	国标	2019-1-1				辅助支持	其他		
3276	107.3-62	GB/T 29811.3—2018	信息技术 学习、教育和培训 学习系统体系结构与服务接口 第3部分：资源访问服务接口	国标	2019-1-1				辅助支持	其他		
3277	107.3-63	GB/T 30265—2013	信息技术 学习、教育和培训 学习设计信息模型	国标	2014-7-15				辅助支持	其他		
3278	107.3-64	GB/T 30564—2014	无损检测 无损检测人员培训机构指南	国标	2014-12-1	ISO/TR 25108:2006			辅助支持	其他		
3279	107.3-65	GB/T 32624—2016	人力资源培训服务规范	国标	2016-11-1				辅助支持	其他		
3280	107.3-66	GB/T 32625—2016	人力资源管理咨询服务规范	国标	2016-11-1				辅助支持	其他		
3281	107.3-67	GB/T 33782—2017	信息技术 学习、教育和培训 教育管理基础代码	国标	2017-12-1				辅助支持	其他		
3282	107.3-68	GB/T 34569—2017	带电作业仿真训练系统	国标	2018-4-1				辅助支持	其他		

序号	体系结构号	标准编号	标准名称	标准级别	实施日期	与国际标准对应关系	代替标准	阶段	分阶段	专业	分专业	备注
3283	107.3-69	GB/T 35298—2017	信息技术 学习、教育和培训 教育管理基础信息	国标	2018-7-1			辅助支持		其他		
3284	107.3-70	GB/T 36095—2018	信息技术 学习、教育和培训 电子书包终端规范	国标	2018-10-1			辅助支持		其他		
3285	107.3-71	GB/T 36096—2018	信息技术 学习、教育和培训 虚拟实验构件服务接口	国标	2018-10-1			辅助支持		其他		
3286	107.3-72	GB/T 36097—2018	信息技术 学习、教育和培训 虚拟实验构件元数据	国标	2018-10-1			辅助支持		其他		
3287	107.3-73	GB/T 36098—2018	信息技术 学习、教育和培训 虚拟实验构件封装	国标	2018-10-1			辅助支持		其他		
3288	107.3-74	GB/T 36234—2018	钛及钛合金、锆及锆合金熔化焊焊工技能评定	国标	2018-12-1			辅助支持		其他		
3289	107.3-75	GB/T 36347—2018	信息技术 学习、教育和培训 学习资源通用包装	国标	2019-1-1			辅助支持		其他		
3290	107.3-76	GB/T 36348—2018	信息技术 学习、教育和培训 虚拟实验框架	国标	2019-1-1			辅助支持		其他		
3291	107.3-77	GB/T 36349—2018	信息技术 学习、教育和培训 虚拟实验 数据交换	国标	2019-1-1			辅助支持		其他		

序号	体系结构号	标准编号	标准名称	标准级别	实施日期	与国际标准对应关系	代替标准	阶段	分阶段	专业	分专业	备注
3292	107.3-78	GB/T 36350—2018	信息技术 学习、教育和培训 数字化学习资源语义描述	国标	2019-1-1			辅助支持		其他		
3293	107.3-79	GB/T 36351.1—2018	信息技术 学习、教育和培训 教育管理数据元素 第1部分：设计与管理规范	国标	2019-1-1			辅助支持		其他		
3294	107.3-80	GB/T 36351.2—2018	信息技术 学习、教育和培训 教育管理数据元素 第2部分：公共数据元素	国标	2019-1-1			辅助支持		其他		
3295	107.3-81	GB/T 36352—2018	信息技术 学习、教育和培训 教育云服务：框架	国标	2019-1-1			辅助支持		其他		
3296	107.3-82	GB/T 36366—2018	信息技术 学习、教育和培训 电子学档信息模型规范	国标	2019-1-1			辅助支持		其他		
3297	107.3-83	GB/T 36436—2018	信息技术 学习、教育和培训 简单课程编列 XML 绑定	国标	2019-1-1			辅助支持		其他		
3298	107.3-84	GB/T 36437—2018	信息技术 学习、教育和培训 简单课程编列	国标	2019-1-1			辅助支持		其他		
3299	107.3-85	GB/T 36438—2018	学习设计 XML 绑定规范	国标	2019-1-1			辅助支持		其他		
3300	107.3-86	GB/T 36447—2018	多媒体教学环境设计要求	国标	2019-1-1			辅助支持		其他		
3301	107.3-87	GB/T 36449—2018	电子考场系统通用要求	国标	2019-1-1			辅助支持		其他		

序号	体系结构号	标准编号	标准名称	标准级别	实施日期	与国际标准对应关系	代替标准	阶段	分阶段	专业	分专业	备注
3302	107.3-88	GB/T 36453—2018	信息技术 学习、教育和培训 电子课本信息模型	国标	2019-1-1			辅助支持		其他		
3303	107.3-89	GB/T 36459—2018	信息技术 学习、教育和培训 电子课本内容包装	国标	2019-1-1			辅助支持		其他		
3304	107.3-90	GB/T 36642—2018	信息技术 学习、教育和培训 在线课程	国标	2019-4-1			辅助支持		其他		
3305	107.3-91	GB/T 37716—2019	信息技术 学习、教育和培训 电子课本与电子书包术语	国标	2020-3-1			辅助支持		其他		
3306	107.3-92	GB/T 37717—2019	信息技术 学习、教育和培训 电子书包标准引用轮廓	国标	2020-3-1			辅助支持		其他		
107.4 支持保障—档案文献												
3307	107.4-1	DA/T 13—2022	档号编制规则	行标	2022-7-1		DA/T 13—1994	辅助支持		其他		
3308	107.4-2	DA/T 18—2022	档案著录规则	行标	2022-7-1		DA/T 18—1999	辅助支持		其他		
3309	107.4-3	DA/T 22—2015	归档文件整理规则	行标	2016-6-1		DA/T 22—2000	辅助支持		其他		
3310	107.4-4	DA/T 28—2018	建设项目档案整理规范	行标	2018-10-1		DA/T 28—2002	辅助支持		其他		
3311	107.4-5	DA/T 31—2017	纸质档案数字化规范	行标	2018-1-1		DA/T 31—2005	辅助支持		其他		
3312	107.4-6	DA/T 42—2009	企业档案工作规范	行标	2010-1-1			辅助支持		其他		
3313	107.4-7	DA/T 50—2014	数码照片归档与管理规范	行标	2015-8-1			辅助支持		其他		

序号	体系结构号	标准编号	标准名称	标准级别	实施日期	与国际标准对应关系	代替标准	阶段	分阶段	专业	分专业	备注
3314	107.4-8	DA/T 62—2017	录音录像档案数字化规范	行标	2018-1-1			辅助支持		其他		
3315	107.4-9	DA/T 63—2017	录音录像类电子档案元数据方案	行标	2018-1-1			辅助支持		其他		
3316	107.4-10	DA/T 64.1—2017	纸质档案抢救与修复规范 第1部分:破损等级的划分	行标	2018-1-1			辅助支持		其他		
3317	107.4-11	DA/T 64.2—2017	纸质档案抢救与修复规范 第2部分:档案保存状况的调查方法	行标	2018-1-1			辅助支持		其他		
3318	107.4-12	DA/T 64.3—2017	纸质档案抢救与修复规范 第3部分:修复质量要求	行标	2018-1-1			辅助支持		其他		
3319	107.4-13	DA/T 65—2017	档案密集架智能管理系统技术要求	行标	2018-1-1			辅助支持		其他		
3320	107.4-14	DA/T 67—2017	档案保管外包服务管理规范	行标	2018-1-1			辅助支持		其他		
3321	107.4-15	DA/T 68—2017	档案服务外包工作规范	行标	2018-1-1			辅助支持		其他		
3322	107.4-16	DA/T 68.4—2022	档案服务外包工作规范 第4部分:档案整理服务	行标	2022-7-1			辅助支持		其他		
3323	107.4-17	DA/T 69—2018	纸质归档文件装订规范	行标	2018-10-1			辅助支持		其他		
3324	107.4-18	DA/T 70—2018	文书类电子档案检测一般要求	行标	2018-10-1			辅助支持		其他		
3325	107.4-19	DA/T 71—2018	纸质档案缩微数字一体化技术规范	行标	2018-10-1			辅助支持		其他		

序号	体系结构号	标准编号	标准名称	标准级别	实施日期	与国际标准对应关系	代替标准	阶段	分阶段	专业	分专业	备注
3326	107.4-20	DA/T 89—2022	实物档案数字化规范	行标	2022-7-1			辅助支持		其他		
3327	107.4-21	DA/T 90—2022	档案仿真复制工作规范	行标	2022-7-1			辅助支持		其他		
3328	107.4-22	DA/T 92—2022	电子档案单套管理一般要求	行标	2022-7-1			辅助支持		其他		
3329	107.4-23	DA/T 93—2022	电子档案移交接收操作规程	行标	2022-7-1			辅助支持		其他		
3330	107.4-24	DA/T 94—2022	电子会计档案管理规范	行标	2022-7-1			辅助支持		其他		
3331	107.4-25	DA/Z 64.4—2018	纸质档案抢救与修复规范　第4部分：修复操作指南	行标	2018-10-1			辅助支持		其他		
3332	107.4-26	DL/T 241—2012	火电建设项目文件收集及档案整理规范	行标	2012-7-1			辅助支持		其他		
3333	107.4-27	DL/T 1363—2014	电网建设项目文件归档与档案整理规范	行标	2015-3-1			辅助支持		其他		
3334	107.4-28	DL/T 1396—2014	水电建设项目文件收集与档案整理规范	行标	2015-3-1			辅助支持		其他		
3335	107.4-29	DL/T 1757—2017	电子数据恢复和销毁技术要求	行标	2018-3-1			辅助支持		其他		
3336	107.4-30	DL/T 5615—2021	发电工程数字化移交内容规定	行标	2022-5-16			辅助支持		其他		
3337	107.4-31	NB/T 10239—2019	水电工程声像文件收集与归档规范	行标	2020-5-1			辅助支持		其他		
3338	107.4-32	NB/T 35075—2015	水电工程项目编号及产品文件管理规定	行标	2016-3-1			辅助支持		其他		

序号	体系结构号	标准编号	标准名称	标准级别	实施日期	与国际标准对应关系	代替标准	阶段	分阶段	专业	分专业	备注
3339	107.4-33	QX/T 319—2021	雷电防护装置检测文件归档整理规范	行标	2021-11-1		QX/T 319—2016	辅助支持		其他		
3340	107.4-34	GB/T 3792—2021	信息与文献 资源描述	国标	2021-10-1		GB/T 3792.1—2009；GB/T 3792.2—2006；GB/T 3792.3—2009；GB/T 3792.4—2009；GB/T 3792.6—2005；GB/T 3792.7—2008；GB/T 3972.9—2009；GB/T 3469—2013	辅助支持		其他		
3341	107.4-35	GB/T 7714—2015	信息与文献 参考文献著录规则	国标	2015-12-1		GB/T 7714—2005	辅助支持		其他		
3342	107.4-36	GB/T 9704—2012	党政机关公文格式	国标	2012-7-1		GB/T 9704—1999	辅助支持		其他		
3343	107.4-37	GB/T 9705—2008	文书档案案卷格式	国标	2009-5-1		GB/T 9705—1988	辅助支持		其他		
3344	107.4-38	GB/T 11821—2002	照片档案管理规范	国标	2003-5-1		GB/T 11821—1989	辅助支持		其他		
3345	107.4-39	GB/T 13190.1—2015	信息与文献 叙词表及与其他词表的互操作 第1部分：用于信息检索的叙词表	国标	2015-12-1		GB/T 13190—1991；GB/T 15417—1994	辅助支持		其他		
3346	107.4-40	GB/T 13190.2—2018	信息与文献 叙词表及与其他词表的互操作 第2部分：与其他词表的互操作	国标	2019-1-1			辅助支持		其他		
3347	107.4-41	GB/T 15418—2009	档案分类标引规则	国标	2010-2-1		GB/T 15418—1994	辅助支持		其他		
3348	107.4-42	GB/T 18894—2016	电子文件归档与电子档案管理规范	国标	2017-3-1		GB/T 18894—2002	辅助支持		其他		

序号	体系结构号	标准编号	标准名称	标准级别	实施日期	与国际标准对应关系	代替标准	阶段	分阶段	专业	分专业	备注
3349	107.4-43	GB/T 23286.3—2021	文献管理 长期保存的电子文档文件格式 第3部分：支持嵌入式文件的 ISO 32000-1 的使用（PDF/A-3）	国标	2021-11-1			辅助支持		其他		
3350	107.4-44	GB/T 26162—2021	信息与文献 文件（档案）管理 概念与原则	国标	2022-7-1		GB/T 26162.1—2010	辅助支持		其他		
3351	107.4-45	GB/T 29194—2012	电子文件管理系统通用功能要求	国标	2013-6-1			辅助支持		其他		
3352	107.4-46	GB/T 30541—2014	文献管理 电子内容/文档管理（CDM）数据交换格式	国标	2014-11-1	ISO 22938:2008		辅助支持		其他		
3353	107.4-47	GB/T 32004—2015	信息与文献 纸张上书写、打印和复印字迹的耐久和耐用性 要求与测试方法	国标	2016-4-1			辅助支持		其他		
3354	107.4-48	GB/T 32010.1—2015	文献管理 可移植文档格式 第1部分：PDF 1.7	国标	2016-4-1	ISO 32000-1:2008		辅助支持		其他		
3355	107.4-49	GB/T 32153—2015	文献分类标引规则	国标	2016-7-1			辅助支持		其他		
3356	107.4-50	GB/T 33189—2016	电子文件管理装备规范	国标	2017-5-1			辅助支持		其他		
3357	107.4-51	GB/T 33190—2016	电子文件存储与交换格式版式文档	国标	2017-5-1			辅助支持		其他		
3358	107.4-52	GB/T 33870—2017	干部人事档案数字化技术规范	国标	2017-7-1			辅助支持		其他		

序号	体系结构号	标准编号	标准名称	标准级别	实施日期	与国际标准对应关系	代替标准	阶段	分阶段	专业	分专业	备注
3359	107.4-53	GB/T 34112—2022	信息与文献 文件管理体系 要求	国标	2023-2-1	ISO 30300:2011	GB/T 34112—2017	辅助支持		其他		
3360	107.4-54	GB/T 34840.2—2017	信息与文献 电子办公环境中文件管理原则与功能要求 第2部分：数字文件管理系统指南与功能要求	国标	2018-4-1	ISO 16175-2:2011		辅助支持		其他		
3361	107.4-55	GB/T 34840.3—2017	信息与文献 电子办公环境中文件管理原则与功能要求 第3部分：业务系统中文件管理指南与功能要求	国标	2018-4-1	ISO 16175-3:2010		辅助支持		其他		
3362	107.4-56	GB/T 35430—2017	信息与文献 期刊描述型元数据元素集	国标	2018-4-1			辅助支持		其他		
3363	107.4-57	GB/T 36067—2018	信息与文献 引文数据库数据加工规则	国标	2018-10-1			辅助支持		其他		
3364	107.4-58	GB/T 36294—2018	抽水蓄能发电企业档案分类导则	国标	2019-1-1			辅助支持		其他		
3365	107.4-59	GB/T 36369—2018	信息与文献 数字对象唯一标识符系统	国标	2019-1-1			辅助支持		其他		
3366	107.4-60	GB/T 36560—2018	电子电气产品有害物质限制使用符合性证明技术文档规范	国标	2019-2-1			辅助支持		其他		

序号	体系结构号	标准编号	标准名称	标准级别	实施日期	与国际标准对应关系	代替标准	阶段	分阶段	专业	分专业	备注
3367	107.4-61	GB/T 37003.1—2018	文献管理 采用 PDF 的工程文档格式 第 1 部分：PDF1.6（PDF/E-1）的使用	国标	2019-7-1			辅助支持		其他		
3368	107.4-62	GB/T 38548.1—2020	内容资源数字化加工 第 1 部分：术语	国标	2020-10-1			辅助支持		其他		
3369	107.4-63	GB/T 38548.2—2020	内容资源数字化加工 第 2 部分：采集方法	国标	2020-10-1			辅助支持		其他		
3370	107.4-64	GB/T 38548.3—2020	内容资源数字化加工 第 3 部分：加工规格	国标	2020-10-1			辅助支持		其他		
3371	107.4-65	GB/T 38548.4—2020	内容资源数字化加工 第 4 部分：元数据	国标	2020-10-1			辅助支持		其他		
3372	107.4-66	GB/T 38548.5—2020	内容资源数字化加工 第 5 部分：质量控制	国标	2020-10-1			辅助支持		其他		
3373	107.4-67	GB/T 38548.6—2020	内容资源数字化加工 第 6 部分：应用模式	国标	2020-10-1			辅助支持		其他		
3374	107.4-68	GB/T 39755.2—2021	电子文件管理能力体系 第 2 部分：评估规范	国标	2021-11-1			辅助支持		其他		
3375	107.4-69	GB/T 39784—2021	电子档案管理系统通用功能要求	国标	2021-10-1			辅助支持		其他		
3376	107.4-70	GB/T 39872—2021	标准文献技术指标揭示数据规范	国标	2021-10-1			辅助支持		其他		
3377	107.4-71	GB/T 39910—2021	标准文献分类规则	国标	2021-10-1			辅助支持		其他		

序号	体系结构号	标准编号	标准名称	标准级别	实施日期	与国际标准对应关系	代替标准	阶段	分阶段	专业	分专业	备注
3378	107.4-72	GB/T 40149—2021	检验检测机构从业人员信用档案建设规范	国标	2021-12-1			辅助支持		其他		
3379	107.4-73	GB/T 40959—2021	期刊文章标签集	国标	2022-6-1			辅助支持		其他		
3380	107.4-74	GB/T 41132—2021	科普信息资源唯一标识符	国标	2021-11-26			辅助支持		其他		
3381	107.4-75	GB/T 41207—2021	信息与文献 文件(档案)管理体系 实施指南	国标	2022-7-1			辅助支持		其他		
3382	107.4-76	GB/T 42107—2022	国家科技重大专项文件归档与档案管理规范	国标	2023-7-1			辅助支持		其他		
3383	107.4-77	GB/T 42108—2022	信息与文献 组织机构元数据	国标	2023-7-1			辅助支持		其他		
3384	107.4-78	GB/T 42133—2022	信息技术 OFD档案应用指南	国标	2023-7-1			辅助支持		其他		
3385	107.4-79	GB/Z 32002—2015	信息与文献 文件管理工作过程分析	国标	2016-4-1	ISO/TR 26122:2008		辅助支持		其他		
3386	107.4-80	GB/Z 42215—2022	文档管理 影响缩微胶片冲洗机的环境与工作场所安全规则	国标	2023-7-1			辅助支持		其他		
107.5 支持保障—其他												
3387	107.5-1	Q/CSG 1205011—2017	变电站照明应用技术规范	企标	2017-2-1			辅助支持		其他		
3388	107.5-2	DL/T 1071—2014	电力大件运输规范	行标	2014-8-1		DL/T 1071—2007	辅助支持		其他		
3389	107.5-3	DL/T 2535—2022	电力用卫星遥感影像产品分类分级标准	行标	2023-5-4			辅助支持		其他		

序号	体系结构号	标准编号	标准名称	标准级别	实施日期	与国际标准对应关系	代替标准	阶段	分阶段	专业	分专业	备注
3390	107.5-4	DL/T 5390—2014	发电厂和变电站照明设计技术规定	行标	2015-3-1		DL/T 5390—2007	辅助支持		其他		
3391	107.5-5	GB/T 32866—2016	电子商务产品质量信息规范通则	国标	2016-12-1			辅助支持		其他		
3392	107.5-6	GB/T 32873—2016	电子商务主体基本信息规范	国标	2017-3-1			辅助支持		其他		
3393	107.5-7	GB/T 36311—2018	电子商务管理体系 要求	国标	2018-10-1			辅助支持		其他		
3394	107.5-8	GB/T 36313—2018	电子商务供应商评价准则 优质服务商	国标	2018-10-1			辅助支持		其他		
3395	107.5-9	GB/T 36314—2018	电子商务企业信用档案信息规范	国标	2018-10-1			辅助支持		其他		
3396	107.5-10	GB/T 40953—2021	数字版权保护 版权资源加密与封装	国标	2022-6-1			辅助支持		其他		
3397	107.5-11	GB/T 40985—2021	数字版权保护 版权资源标识与描述	国标	2022-6-1			辅助支持		其他		
3398	107.5-12	GB/T 41245—2022	项目、项目群和项目组合管理 治理指南	国标	2022-10-1			辅助支持		其他		
3399	107.5-13	GB/T 41246—2022	项目、项目群和项目组合管理 项目群管理指南	国标	2022-10-1			辅助支持		其他		
3400	107.5-14	GB/T 41542—2022	地球卫星轨道空间环境探测要素通用规范	国标	2023-2-1			辅助支持		其他		
3401	107.5-15	GB/T 42232—2022	品牌价值评价 多元化经营企业	国标	2022-12-30			辅助支持		其他		

序号	体系结构号	标准编号	标准名称	标准级别	实施日期	与国际标准对应关系	代替标准	阶段	分阶段	专业	分专业	备注
201	**规划设计**											
201.1	**规划设计—基础综合**											
3402	201.1-1	Q/CSG 11516—2009	500kV 及以上交直流输变电工程可行性研究内容深度规定	企标	2009-10-13			规划	规划	基础综合		
3403	201.1-2	Q/CSG 1201003—2015	220kV 及以上电网规划技术原则（系统一次部分）	企标	2015-4-10			规划	规划	基础综合		
3404	201.1-3	Q/CSG 1201014—2016	变电站和换流站噪声控制设计规程	企标	2017-1-1			设计、采购、建设、运维、修试	初设、施工图、招标、品控、施工工艺、验收与质量评定、试运行、运行、维护、检修、试验	基础综合		
3405	201.1-4	Q/CSG 1201018—2017	南方电网提高综合防灾保障能力规划设计原则	企标	2017-8-1			规划、设计、采购、建设、运维、修试	规划、初设、施工图、招标、品控、施工工艺、验收与质量评定、试运行、运行、维护、检修、试验	基础综合		
3406	201.1-5	Q/CSG 1201027—2020	电网风区分布图绘制导则	企标	2020-6-30			规划、设计、运维、修试、退役	规划、初设、施工图、运行、检修、试验、退役、报废	基础综合		
3407	201.1-6	Q/CSG 1201033—2021	输变电工程设计标准强制性条文实施规程（试行）	企标	2021-12-30			规划、设计	规划、初设、施工图	基础综合		
3408	201.1-7	Q/CSG 1201038—2022	南方电网防灾减灾差异化规划设计原则	企标	2022-10-28			规划、设计	规划、初设、施工图	基础综合		

序号	体系结构号	标准编号	标准名称	标准级别	实施日期	与国际标准对应关系	代替标准	阶段	分阶段	专业	分专业	备注
3409	201.1-8	Q/CSG 1202010—2020	35kV 及以上输变电工程数字化移交标准	企标	2020-3-31			设计、采购、建设、运维、修试、退役	初设、施工图、招标、品控、施工工艺、验收与质量评定、试运行、运行、维护、检修、试验、退役、报废	输电、变电	线路、其他	
3410	201.1-9	Q/CSG 1204053—2019	电力系统计算分析数据规范	企标	2019-9-30			规划、设计	规划、初设、施工图	基础综合		
3411	201.1-10	Q/CSG 1210048—2020	中国南方电网公司统一数字电网模型设计规范（试行）	企标	2020-12-30			设计、采购、建设、运维、修试	初设、施工图、招标、品控、施工工艺、验收与质量评定、试运行、运行、维护、检修、试验	基础综合		
3412	201.1-11	Q/CSG 11102001—2013	标准设计和典型造价总体技术原则	企标	2013-4-10			设计、采购、建设、运维、修试、退役	初设、施工图、招标、品控、施工工艺、验收与质量评定、试运行、运行、维护、检修、试验、退役、报废	基础综合		
3413	201.1-12	T/CEC 696—2022	统计用供电可靠性地区特征划分导则	团标	2023-2-1			设计、采购、建设、运维、修试	初设、施工图、招标、品控、施工工艺、验收与质量评定、试运行、运行、维护、检修、试验	基础综合		
3414	201.1-13	T/CEC 724—2022	电网生产技术改造工程初步设计评审导则	团标	2023-2-1			设计、采购、建设、运维、修试、退役	初设、施工图、招标、品控、施工工艺、验收与质量评定、试运行、运行、维护、检修、试验、退役、报废	基础综合		

序号	体系结构号	标准编号	标准名称	标准级别	实施日期	与国际标准对应关系	代替标准	阶段	分阶段	专业	分专业	备注
3415	201.1-14	T/CEC 5055—2021	输变电工程三维设计模型数据交互规范	团标	2021-10-1			设计、采购、建设、运维、修试	初设、施工图、招标、品控、施工工艺、验收与质量评定、试运行、运行、维护、检修、试验	基础综合		
3416	201.1-15	T/CEC 5059—2021	输变电工程三维设计软件平台基本功能规范	团标	2021-10-1			设计、采购、建设、运维、修试	初设、施工图、招标、品控、施工工艺、验收与质量评定、试运行、运行、维护、检修、试验	基础综合		
3417	201.1-16	T/CSEE 0241.6—2021	柔性直流电网 第6部分:建模技术导则 机电暂态模型	团标	2021-9-17			设计、采购、建设、运维、修试	初设、施工图、招标、品控、施工工艺、验收与质量评定、试运行、运行、维护、检修、试验	基础综合		
3418	201.1-17	T/CSEE 0278—2021	基于MMC的柔性直流输电系统实时仿真建模方法导则	团标	2021-9-17			设计、采购、建设、运维、修试	初设、施工图、招标、品控、施工工艺、验收与质量评定、试运行、运行、维护、检修、试验	基础综合		
3419	201.1-18	T/CSEE/Z 0130—2019	高压直流输电系统研究用实时仿真建模导则	团标	2019-3-1			规划、设计	规划、初设、施工图	输电	线路	
3420	201.1-19	CECS 160—2004	建筑工程抗震性态设计通则(试用)	行标	2004-8-1			设计、采购、建设、运维、修试、退役	初设、施工图、招标、品控、施工工艺、验收与质量评定、试运行、运行、维护、检修、试验、退役、报废	基础综合		

序号	体系结构号	标准编号	标准名称	标准级别	实施日期	与国际标准对应关系	代替标准	阶段	分阶段	专业	分专业	备注
3421	201.1-20	DL/T 1572.1—2016	变电站和发电厂直流辅助电源系统短路电流 第1部分：短路电流计算	行标	2016-7-1	IEC 61660-1:1997，IDT		设计	初设、施工图	基础综合		
3422	201.1-21	DL/T 1572.2—2016	变电站及发电厂直流辅助电源系统短路电流 第2部分：效应计算	行标	2016-7-1	IEC 61660-2:1997，IDT		设计	初设、施工图	基础综合		
3423	201.1-22	DL/T 1572.3—2016	变电站和发电厂直流辅助电源系统短路电流 第3部分：算例	行标	2016-7-1	IEC 61660-3:2000，IDT		设计	初设、施工图	基础综合		
3424	201.1-23	DL/T 1678—2016	电力工程接地降阻技术规范	行标	2017-5-1			设计、建设	初设、施工图、施工工艺、验收与质量评定、试运行	基础综合		
3425	201.1-24	DL/T 1773—2017	电力系统电压和无功电力技术导则	行标	2018-6-1		SD 325—1989	设计、建设	初设、施工图、施工工艺、验收与质量评定、试运行	基础综合		
3426	201.1-25	DL/T 1981.2—2020	统一潮流控制器 第2部分：系统设计导则	行标	2021-2-2			设计、建设	初设、施工图、施工工艺、验收与质量评定	基础综合		
3427	201.1-26	DL/T 2088—2020	直流接地极线路绝缘配合技术导则	行标	2021-2-1			规划、设计	规划、初设、施工图	基础综合		
3428	201.1-27	DL/T 2108—2020	高压直流输电系统主回路参数计算导则	行标	2021-2-1			规划、设计	规划、初设、施工图	基础综合		
3429	201.1-28	DL/T 2114—2020	电力网无功补偿配置技术导则	行标	2021-2-1			规划、设计	规划、初设、施工图	基础综合		

序号	体系结构号	标准编号	标准名称	标准级别	实施日期	与国际标准对应关系	代替标准	阶段	分阶段	专业	分专业	备注
3430	201.1-29	DL/T 2158—2020	接地极线路带电作业技术导则	行标	2021-2-1			设计、采购、建设、运维、修试、退役	初设、施工图、招标、品控、施工工艺、验收与质量评定、试运行、运行、维护、检修、试验、退役、报废	基础综合		
3431	201.1-30	DL/T 2188—2020	港口岸电系统总则	行标	2021-2-1			规划、设计、建设、运维	规划、初设、验收与质量评定、试运行、运行、维护	基础综合		
3432	201.1-31	DL/T 2272—2021	输变电工程环境监理规范	行标	2021-10-26			设计、建设、运维	施工图、施工工艺、验收与质量评定、试运行、运行、维护	基础综合		
3433	201.1-32	DL/T 2305—2021	高压直流工程空气间隙放电电压海拔校正导则	行标	2021-10-26			设计、采购、建设、运维、修试、退役	初设、施工图、招标、品控、施工工艺、验收与质量评定、试运行、运行、维护、检修、试验、退役、报废	输电	线路	
3434	201.1-33	DL/T 2339—2021	输变电工程地下管线探测技术规程	行标	2022-3-22			设计、建设	初设、施工图、施工工艺、验收与质量评定、试运行	基础综合		
3435	201.1-34	DL/T 5044—2014	电力工程直流电源系统设计技术规程	行标	2015-3-1		DL/T 5044—2004	设计、采购、建设、运维、修试、退役	初设、施工图、招标、品控、施工工艺、验收与质量评定、试运行、运行、维护、检修、试验、退役、报废	变电	其他	
3436	201.1-35	DL/T 5093—2016	电力岩土工程勘测资料整编技术规程	行标	2016-6-1		DL/T 5093—1999	设计	初设、施工图	基础综合		

序号	体系结构号	标准编号	标准名称	标准级别	实施日期	与国际标准对应关系	代替标准	阶段	分阶段	专业	分专业	备注
3437	201.1-36	DL/T 5104—2016	电力工程工程地质测绘技术规程	行标	2016-6-1		DL/T 5104—1999	规划、设计、建设、退役	规划、初设、施工图、施工工艺、验收与质量评定、试运行、报废	基础综合		
3438	201.1-37	DL/T 5136—2012	火力发电厂、变电站二次接线设计技术规程	行标	2013-3-1		DL/T 5136—2001	规划、设计、采购、建设、运维、修试、退役	规划、初设、施工图、招标、品控、施工工艺、验收与质量评定、试运行、运行、维护、检修、试验、退役、报废	基础综合		
3439	201.1-38	DL/T 5158—2021	电力工程气象勘测技术规程	行标	2022-5-16			规划、设计	规划、初设、施工图	基础综合		
3440	201.1-39	DL/T 5159—2012	电力工程物探技术规程	行标	2012-12-1		DL/T 5159—2002	设计	初设、施工图	基础综合		
3441	201.1-40	DL/T 5222—2021	导体和电器选择设计技术规定	行标	2022-6-22		DL/T 5222—2005	设计、采购、建设、运维、修试、退役	初设、施工图、招标、品控、施工工艺、验收与质量评定、试运行、运行、维护、检修、试验、退役、报废	基础综合		
3442	201.1-41	DL/T 5224—2014	高压直流输电大地返回系统设计技术规范	行标	2014-11-1		DL/T 5224—2005	设计、采购、建设、运维、修试、退役	初设、施工图、招标、品控、施工工艺、验收与质量评定、试运行、运行、维护、检修、试验、退役、报废	输电、换流	线路、其他	
3443	201.1-42	DL/T 5229—2016	电力工程竣工图文件编制规定	行标	2016-6-1		DL/T 5229—2005	设计	施工图	基础综合		

序号	体系结构号	标准编号	标准名称	标准级别	实施日期	与国际标准对应关系	代替标准	阶段	分阶段	专业	分专业	备注
3444	201.1-43	DL/T 5352—2018	高压配电装置设计规范	行标	2018-7-1		DL/T 5352—2006	设计、采购、建设、运维、修试、退役	初设、施工图、招标、品控、施工工艺、验收与质量评定、试运行、运行、维护、检修、试验、退役、报废	变电	其他	
3445	201.1-44	DL/T 5408—2009	发电厂、变电站电子信息系统220/380V电源电涌保护配置、安装及验收规程	行标	2009-12-1			设计、采购、建设、运维、修试、退役	初设、施工图、招标、品控、施工工艺、验收与质量评定、试运行、运行、维护、检修、试验、退役、报废	基础综合		
3446	201.1-45	DL/T 5429—2009	电力系统设计技术规程	行标	2009-12-1		SDJ 161—1985	设计、采购、建设、运维、修试、退役	初设、施工图、招标、品控、施工工艺、验收与质量评定、试运行、运行、维护、检修、试验、退役、报废	基础综合		
3447	201.1-46	DL/T 5444—2010	电力系统设计内容深度规定	行标	2010-12-15			设计	初设、施工图	基础综合		
3448	201.1-47	DL/T 5448—2012	输变电工程可行性研究内容深度规定	行标	2012-3-1			规划	规划	基础综合		
3449	201.1-48	DL/T 5491—2014	电力工程交流不间断电源系统设计技术规程	行标	2015-3-1			设计、采购、建设、运维、修试、退役	初设、施工图、招标、品控、施工工艺、验收与质量评定、试运行、运行、维护、检修、试验、退役、报废	基础综合		

序号	体系结构号	标准编号	标准名称	标准级别	实施日期	与国际标准对应关系	代替标准	阶段	分阶段	专业	分专业	备注
3450	201.1-49	DL/T 5506—2015	电力系统继电保护设计技术规范	行标	2015-12-1			设计、采购、建设、运维、修试、退役	初设、施工图、招标、品控、施工工艺、验收与质量评定、试运行、运行、维护、检修、试验、退役、报废	基础综合		
3451	201.1-50	DL/T 5511—2016	直流融冰系统设计技术规程	行标	2016-6-1			设计、采购、建设、运维、修试、退役	初设、施工图、招标、品控、施工工艺、验收与质量评定、试运行、运行、维护、检修、试验、退役、报废	基础综合		
3452	201.1-51	DL/T 5522—2017	特高压输变电工程压覆矿产资源调查内容深度规定	行标	2017-8-1			规划	规划	基础综合		
3453	201.1-52	DL/T 5543—2018	特高压输变电工程环境影响评价内容深度规定	行标	2018-10-1			规划	规划	基础综合		
3454	201.1-53	DL/T 5553—2019	电力系统电气计算设计规程	行标	2019-10-1			规划、设计	规划、初设、施工图	基础综合		
3455	201.1-54	DL/T 5554—2019	电力系统无功补偿及调压设计技术导则	行标	2019-10-1			规划、设计	规划、初设、施工图	基础综合		
3456	201.1-55	DL/T 5564—2019	输变电工程接入系统设计规程	行标	2019-10-1			规划、设计	规划、初设、施工图	基础综合		
3457	201.1-56	DL/T 5567—2019	电力规划研究报告内容深度规定	行标	2020-5-1			规划	规划	基础综合		
3458	201.1-57	DL/T 5613—2021	固体绝缘母线设计规程	行标	2021-10-26			规划、设计	规划、初设、施工图、	输电	线路	
3459	201.1-58	DL/T 5630—2021	输变电工程防灾减灾设计规程	行标	2022-6-22			规划、设计	规划、初设、施工图	基础综合		

序号	体系结构号	标准编号	标准名称	标准级别	实施日期	与国际标准对应关系	代替标准	阶段	分阶段	专业	分专业	备注
3460	201.1-59	QX/T 405—2017	雷电灾害风险区划技术指南	行标	2018-4-1			设计、采购、建设	初设、施工图、招标、施工工艺、验收与质量评定、试运行	基础综合		
3461	201.1-60	GB 50003—2011	砌体结构设计规范	国标	2012-8-1		GB 50003—2001	设计、采购、建设、运维、修试、退役	初设、施工图、招标、品控、施工工艺、验收与质量评定、试运行、运行、维护、检修、退役、报废	基础综合		
3462	201.1-61	GB 50116—2013	火灾自动报警系统设计规范	国标	2014-5-1		GB 50116—1998	设计、采购、建设、运维、修试、退役	初设、施工图、招标、品控、施工工艺、验收与质量评定、试运行、运行、维护、检修、试验、退役、报废	基础综合		
3463	201.1-62	GB 50140—2005	建筑灭火器配置设计规范	国标	2005-10-1		GBJ 140—1990	设计、采购、建设、运维、修试、退役	初设、施工图、招标、品控、施工工艺、验收与质量评定、试运行、运行、维护、检修、试验、退役、报废	基础综合		
3464	201.1-63	GB 50151—2021	泡沫灭火系统技术标准	国标	2021-10-1		GB 50151—2010	设计、建设、运维	初设、施工工艺、验收与质量评定、试运行、运行、维护	基础综合		
3465	201.1-64	GB 50191—2012	构筑物抗震设计规范	国标	2012-10-1		GB 50191—1993	设计、采购、建设、运维、修试、退役	初设、施工图、招标、品控、施工工艺、验收与质量评定、试运行、运行、维护、检修、试验、退役、报废	基础综合		

序号	体系结构号	标准编号	标准名称	标准级别	实施日期	与国际标准对应关系	代替标准	阶段	分阶段	专业	分专业	备注
3466	201.1-65	GB 50222—2017	建筑内部装修设计防火规范	国标	2018-4-1			设计、采购、建设、运维、修试、退役	初设、施工图、招标、品控、施工工艺、验收与质量评定、试运行、运行、维护、检修、试验、退役、报废	基础综合		
3467	201.1-66	GB 50229—2019	火力发电厂与变电站设计防火标准	国标	2019-8-1		GB 50229—2006	设计、采购、建设	初设、施工图、招标、品控、施工工艺、验收与质量评定、试运行	基础综合		
3468	201.1-67	GB 50260—2013	电力设施抗震设计规范	国标	2013-9-1		GB 50260—1996	设计、采购、建设、运维、修试、退役	初设、施工图、招标、品控、施工工艺、验收与质量评定、试运行、运行、维护、检修、试验、退役、报废	基础综合		
3469	201.1-68	GB 50413—2007	城市抗震防灾规划标准(附条文说明)	国标	2007-11-1			规划	规划	基础综合		
3470	201.1-69	GB 50515—2010	导（防）静电地面设计规范	国标	2010-12-1			设计、采购、建设、运维、修试、退役	初设、施工图、招标、品控、施工工艺、验收与质量评定、试运行、运行、维护、检修、试验、退役、报废	基础综合		
3471	201.1-70	GB 50936—2014	钢管混凝土结构技术规范	国标	2014-12-1			设计	初设、施工图	基础综合		
3472	201.1-71	GB 50974—2014	消防给水及消火栓系统技术规范	国标	2014-10-1			设计、采购、建设、运维、修试、退役	初设、施工图、招标、品控、施工工艺、验收与质量评定、试运行、运行、维护、检修、试验、退役、报废	基础综合		

序号	体系结构号	标准编号	标准名称	标准级别	实施日期	与国际标准对应关系	代替标准	阶段	分阶段	专业	分专业	备注
3473	201.1-72	GB 51245—2017	工业建筑节能设计统一标准	国标	2018-1-1			设计、采购、建设	初设、施工图、招标、品控、施工工艺、验收与质量评定、试运行	基础综合		
3474	201.1-73	GB 55001—2021	工程结构通用规范	国标	2022-1-1			设计、建设、运维	初设、施工图、验收与质量评定、运行、维护	基础综合		
3475	201.1-74	GB 55004—2021	组合结构通用规范	国标	2022-1-1			设计、建设、运维	初设、施工图、验收与质量评定、运行、维护	基础综合		
3476	201.1-75	GB 55006—2021	钢结构通用规范	国标	2022-1-1			设计、建设、运维	初设、施工图、验收与质量评定、运行、维护	基础综合		
3477	201.1-76	GB 55007—2021	砌体结构通用规范	国标	2022-1-1			设计、建设、运维	初设、施工图、验收与质量评定、运行、维护	基础综合		
3478	201.1-77	GB 55008—2021	混凝土结构通用规范	国标	2022-4-1			设计、建设、运维	初设、施工图、验收与质量评定、运行、维护	基础综合		
3479	201.1-78	GB/T 311.4—2010	绝缘配合 第4部分：电网绝缘配合及其模拟的计算导则	国标	2011-5-1	IEC 60071-4:2004, MOD		设计	初设、施工图	基础综合		
3480	201.1-79	GB/T 3836.15—2017	爆炸性环境 第15部分：电气装置的设计、选型和安装	国标	2018-7-1	IEC 60079-14:2007	GB 3836.15—2000	设计	初设、施工图	基础综合		
3481	201.1-80	GB/T 7260.40—2020	不间断电源系统（UPS） 第4部分：环境 要求及报告	国标	2021-7-1			规划、设计、采购、建设、运维、修试、退役	规划、初设、施工图、招标、品控、施工工艺、验收与质量评定、试运行、运行、维护、检修、试验、退役、报废	基础综合		

序号	体系结构号	标准编号	标准名称	标准级别	实施日期	与国际标准对应关系	代替标准	阶段	分阶段	专业	分专业	备注
3482	201.1-81	GB/T 7260.503—2020	不间断电源系统（UPS）第5-3部分：直流输出UPS 性能和试验要求	国标	2021-7-1			规划、设计、采购、建设、运维、修试、退役	规划、初设、施工图、招标、品控、施工工艺、验收与质量评定、试运行、运行、维护、检修、试验、退役、报废	基础综合		
3483	201.1-82	GB/T 10217—2021	电工控制设备造型设计导则	国标	2022-5-1		GB/T 10217—2011	规划、设计、建设	规划、初设、验收与质量评定	基础综合		
3484	201.1-83	GB/T 17941—2008	数字测绘成果质量要求	国标	2008-12-1		GB/T 17941.1—2000	规划、设计	规划、初设、施工图	基础综合		
3485	201.1-84	GB/T 23686—2022	电子电气产品环境意识设计	国标	2023-7-1		GB/T 23686—2018	设计、采购、建设、运维、修试	初设、施工图、招标、品控、施工工艺、验收与质量评定、试运行、运行、维护、检修、试验	基础综合		
3486	201.1-85	GB/T 26218.1—2010	污秽条件下使用的高压绝缘子的选择和尺寸确定 第1部分：定义、信息和一般原则	国标	2011-7-1	IEC/TS 60815-1:2008，MOD	GB/T 16434—1996；GB/T 5582—1993	设计、运维	初设、运行	基础综合		
3487	201.1-86	GB/T 26218.2—2010	污秽条件下使用的高压绝缘子的选择和尺寸确定 第2部分：交流系统用瓷和玻璃绝缘子	国标	2011-7-1	IEC/TS 60815-2:2008，MOD	GB/T 16434—1996；GB/T 5582—1993	设计、采购	初设、品控	基础综合		
3488	201.1-87	GB/T 26218.4—2019	污秽条件下使用的高压绝缘子的选择和尺寸确定 第4部分：直流系统用绝缘子	国标	2020-7-1			设计、采购	初设、品控	基础综合		

序号	体系结构号	标准编号	标准名称	标准级别	实施日期	与国际标准对应关系	代替标准	阶段	分阶段	专业	分专业	备注
3489	201.1-88	GB/T 31487.1—2015	直流融冰装置 第1部分：系统设计和应用导则	国标	2015-12-1			设计、采购、建设、运维、修试、退役	初设、施工图、招标、品控、施工工艺、验收与质量评定、试运行、运行、维护、检修、试验、退役、报废	基础综合		本标准有英文版
3490	201.1-89	GB/T 35641—2017	工程测绘基本技术要求	国标	2018-7-1			设计、采购、建设、运维、修试、退役	初设、施工图、招标、品控、施工工艺、验收与质量评定、试运行、运行、维护、检修、试验、退役、报废	基础综合		
3491	201.1-90	GB/T 35692—2017	高压直流输电工程系统规划导则	国标	2018-7-1			规划	规划	基础综合		
3492	201.1-91	GB/T 39230—2020	重型海底电缆收放装置安装与调试规程	国标	2021-6-1			设计、采购、建设、运维、修试、退役	初设、施工图、招标、品控、施工工艺、验收与质量评定、试运行、运行、维护、检修、试验、退役、报废	基础综合		
3493	201.1-92	GB/T 40601—2021	电力系统实时数字仿真技术要求	国标	2022-5-1			设计、采购、建设、运维、修试、退役	初设、施工图、招标、品控、施工工艺、验收与质量评定、试运行、运行、维护、检修、试验、退役、报废	基础综合		
3494	201.1-93	GB/T 50046—2018	工业建筑防腐蚀设计标准	国标	2019-3-1		GB 50046—2008	设计、采购、建设、运维、修试、退役	初设、施工图、招标、品控、施工工艺、验收与质量评定、试运行、运行、维护、检修、试验、退役、报废	基础综合		

序号	体系结构号	标准编号	标准名称	标准级别	实施日期	与国际标准对应关系	代替标准	阶段	分阶段	专业	分专业	备注
3495	201.1-94	GB/T 50064—2014	交流电气装置的过电压保护和绝缘配合设计规范	国标	2014-12-1		GBJ 64—1983	设计、采购、建设、运维、修试、退役	初设、施工图、招标、品控、施工工艺、验收与质量评定、试运行、运行、维护、检修、试验、退役、报废	基础综合		
3496	201.1-95	GB/T 50065—2011	交流电气装置的接地设计规范	国标	2012-6-1		GBJ 65-83	设计、采购、建设、运维、修试、退役	初设、施工图、招标、品控、施工工艺、验收与质量评定、试运行、运行、维护、检修、试验、退役、报废	基础综合		
3497	201.1-96	GB/T 50476—2019	混凝土结构耐久性设计标准	国标	2019-12-1		GB/T 50476—2008	设计、运维	初设、施工图、运行、维护	基础综合		
3498	201.1-97	GB/Z 35728—2017	互联电力系统设计导则	国标	2018-7-1			设计、采购、建设、运维	初设、施工图、招标、品控、施工工艺、验收与质量评定、试运行、运行、维护	基础综合		
3499	201.1-98	GB/Z 35733—2017	对构成及接入智能电网设备的电磁兼容要求导则	国标	2018-7-1			设计、采购、建设、运维	初设、施工图、招标、品控、施工工艺、验收与质量评定、试运行、运行、维护	基础综合		
201.2 规划设计—发电												
201.2.1 规划设计—发电—风电												
3500	201.2.1-1	Q/CSG 1211005—2016	风力发电并网技术标准	企标	2016-2-1			设计、建设、运维	初设、施工工艺、验收与质量评定、试运行、运行、维护	发电、调度及二次	风电、电力调度	

序号	体系结构号	标准编号	标准名称	标准级别	实施日期	与国际标准对应关系	代替标准	阶段	分阶段	专业	分专业	备注
3501	201.2.1-2	Q/CSG 1211017—2018	风电场接入电网技术规范	企标	2018-10-23		Q/CSG 110008—2011	设计、建设、运维	初设、施工图、施工工艺、验收与质量评定、试运行、运行、维护	发电、调度及二次	风电、电力调度	
3502	201.2.1-3	Q/CSG 1211024—2021	海上风电场接入电网技术规范（试行）	企标	2021-6-30			设计、建设、运维	初设、施工工艺、验收与质量评定、试运行、运行、维护	发电、调度及二次	风电、电力调度	
3503	201.2.1-4	T/CSEE 0017—2016	陆上风电场设备选型技术导则	团标	2017-5-1			设计	初设	发电	风电	
3504	201.2.1-5	T/CSEE 0188—2021	海上升压站钢结构设计、建造与安装规范	团标	2021-3-11			设计、建设、运维	初设、施工图、施工工艺、验收与质量评定、试运行、运行、维护	发电	风电	
3505	201.2.1-6	T/CSEE 0270—2021	海上风电场设备选型技术导则	团标	2021-9-17			规划、设计、采购、建设、运维、修试、退役	规划、初设、施工图、招标、品控、施工工艺、验收与质量评定、试运行、维护、检修、试验、退役、报废	发电	风电	
3506	201.2.1-7	T/CSEE 0313—2022	海上风力发电机组及升压站消防设计导则	团标	2022-12-8			采购、运维	招标、运行、维护	发电	风电	
3507	201.2.1-8	T/CSEE 0352.1—2022	海上风电直流送出 第1部分：柔性直流输电系统成套设计导则	团标	2022-12-8			规划、设计、采购、建设、运维、修试、退役	规划、初设、施工图、招标、品控、施工工艺、验收与质量评定、试运行、运行、维护、检修、试验、退役、报废	发电	风电	

序号	体系结构号	标准编号	标准名称	标准级别	实施日期	与国际标准对应关系	代替标准	阶段	分阶段	专业	分专业	备注
3508	201.2.1-9	DL/T 1631—2016	并网风电场继电保护配置及整定技术规范	行标	2017-5-1			设计	初设	发电	风电	
3509	201.2.1-10	DL/T 2237—2021	电网风区分布图绘制技术导则	行标	2021-7-1			设计	施工图	发电	风电	
3510	201.2.1-11	DL/T 5383—2007	风力发电场设计技术规范	行标	2007-12-1			规划、设计	规划、初设	发电	风电	
3511	201.2.1-12	NB/T 10206—2019	风电机组招标文件编制导则	行标	2019-10-1			设计、采购	初设、招标、品控	发电	风电	
3512	201.2.1-13	NB/T 10313—2019	风电场接入电力系统设计内容深度规定	行标	2020-5-1			设计	初设、施工图	发电	风电	
3513	201.2.1-14	NB/T 10387—2020	海上风电场风能资源小尺度数值模拟技术规程	行标	2021-2-1			规划、设计、采购、建设、运维、修试、退役	规划、初设、施工图、招标、品控、施工工艺、验收与质量评定、试运行、运行、维护、检修、试验、退役、报废	发电	风电	
3514	201.2.1-15	NB/T 10431—2020	风电场工程招标文件编制导则	行标	2021-2-1			采购	招标、品控	发电	风电	
3515	201.2.1-16	NB/T 10432—2020	风电功率预测系统设计规范	行标	2021-2-1			设计、采购、建设、运维、修试、退役	初设、施工图、招标、品控、施工工艺、验收与质量评定、试运行、运行、维护、检修、试验、退役、报废	发电	风电	
3516	201.2.1-17	NB/T 10586—2021	风力发电场标准能量利用率评价规程	行标	2021-7-1			设计、建设、运维	初设、施工工艺、验收与质量评定、试运行、运行、维护	发电	风电	

序号	体系结构号	标准编号	标准名称	标准级别	实施日期	与国际标准对应关系	代替标准	阶段	分阶段	专业	分专业	备注
3517	201.2.1-18	NB/T 10587—2021	风电场机组功率曲线验证技术规程	行标	2021-7-1			设计、建设、运维	初设、施工工艺、验收与质量评定、试运行、运行、维护	发电	风电	
3518	201.2.1-19	NB/T 10590—2021	多雷区风电场集电线路防雷改造技术规范	行标	2021-7-1			设计、建设、运维	初设、施工工艺、验收与质量评定、试运行、运行、维护	发电	风电	
3519	201.2.1-20	NB/T 10626—2021	海上风电场工程防腐蚀设计规范	行标	2021-10-26			设计、建设、运维	初设、施工工艺、验收与质量评定、试运行、运行、维护	发电	风电	
3520	201.2.1-21	NB/T 10629—2021	陆上风电场覆冰环境评价技术规范	行标	2021-10-26			设计、建设、运维	初设、施工工艺、验收与质量评定、试运行、运行、维护	发电	风电	
3521	201.2.1-22	NB/T 10639—2021	风电场工程场址选择技术规范	行标	2021-10-26			设计、建设、运维	初设、施工工艺、验收与质量评定、试运行、运行、维护	发电	风电	
3522	201.2.1-23	NB/T 10651—2021	风电场阻抗特性评估技术规范	行标	2021-10-26			设计、建设、运维	初设、施工工艺、验收与质量评定、试运行、运行、维护	发电	风电	
3523	201.2.1-24	NB/T 10663—2021	海上型风力发电机组 电气控制设备腐蚀防护结构设计规范	行标	2021-10-26			规划、设计	规划、初设	发电	风电	
3524	201.2.1-25	NB/T 10907—2021	风电机组混凝土—钢混合塔筒设计规范	行标	2022-3-22			规划、设计	规划、初设	发电	风电	

序号	体系结构号	标准编号	标准名称	标准级别	实施日期	与国际标准对应关系	代替标准	阶段	分阶段	专业	分专业	备注
3525	201.2.1-26	NB/T 10909—2021	微观选址中风能资源分析及发电量计算方法	行标	2022-3-22			规划、设计、采购、建设、运维、修试、退役	规划、初设、施工图、招标、品控、施工工艺、验收与质量评定、试运行、运行、维护、检修、试验、退役、报废	发电	风电	
3526	201.2.1-27	NB/T 10910—2021	海上风电场工程安全标识设置设计规范	行标	2022-3-22			规划、设计	规划、初设	发电	风电	
3527	201.2.1-28	NB/T 10912—2021	海冰地区海上风电场工程设计导则	行标	2022-3-22			规划、设计	规划、初设	发电	风电	
3528	201.2.1-29	NB/T 10918—2022	智能风电场技术导则	行标	2022-11-13			规划、设计	规划、初设	发电	风电	
3529	201.2.1-30	NB/T 10920—2022	风电场工程风电机组基础安全监测设计规范	行标	2022-11-13			规划、设计、采购、建设、运维、修试、退役	规划、初设、施工图、招标、品控、施工工艺、验收与质量评定、试运行、运行、维护、检修、试验、退役、报废	发电	风电	
3530	201.2.1-31	NB/T 11002—2022	海上风电场工程嵌岩桩基设计规程	行标	2023-5-4			规划、设计	规划、初设	发电	风电	
3531	201.2.1-32	NB/T 31003.1—2022	大型风电场并网设计技术规范	行标	2023-5-4		NB/T 31003—2011	设计	初设	发电	风电	
3532	201.2.1-33	NB/T 31003.2—2022	风电场接入电力系统设计技术规范 第2部分：海上风电	行标	2023-5-4		NB/T 31003—2011	设计、采购、建设、运维	初设、施工图、招标、品控、验收与质量评定、试运行、运行	发电、调度及二次	风电、电力调度	

序号	体系结构号	标准编号	标准名称	标准级别	实施日期	与国际标准对应关系	代替标准	阶段	分阶段	专业	分专业	备注
3533	201.2.1-34	NB/T 31003.3—2022	风电场接入电力系统设计技术规范 第3部分：分散式风电	行标	2023-5-4		NB/T 31003—2011	设计、采购、建设、运维	初设、施工图、招标、品控、验收与质量评定、试运行、运行	发电、调度及二次	风电、电力调度	
3534	201.2.1-35	NB/T 31017—2018	风力发电机组主控制系统技术规范	行标	2018-10-1		NB/T 31017—2011	设计、采购	初设、品控	发电	风电	
3535	201.2.1-36	NB/T 31026—2022	风电场工程电气设计规范	行标	2022-11-13		NB/T 31026—2012	设计	初设	发电	风电	
3536	201.2.1-37	NB/T 31031—2019	海上风电场工程预可行性研究报告编制规程	行标	2020-5-1		NB/T 31031—2012	规划	规划	发电	风电	
3537	201.2.1-38	NB/T 31032—2019	海上风电场工程可行性研究报告编制规程	行标	2020-5-1		NB/T 31032—2012	规划	规划	发电	风电	
3538	201.2.1-39	NB/T 31033—2019	海上风电场工程施工组织设计规范	行标	2020-5-1		NB/T 31033—2012	设计、建设、运维	初设、施工工艺、验收与质量评定、试运行、运行、维护	发电	风电	
3539	201.2.1-40	NB/T 31038—2012	风力发电用低压成套无功功率补偿装置	行标	2013-3-1			设计、采购、运维	初设、品控、运行	发电	风电	
3540	201.2.1-41	NB/T 31039—2012	风力发电机组雷电防护系统技术规范	行标	2013-3-1			设计、采购	初设、施工图、品控	发电	风电	
3541	201.2.1-42	NB/T 31041—2019	海上双馈风力发电机变流器技术规范	行标	2019-10-1		NB/T 31041—2012	规划、设计、采购、建设、运维、修试、退役	规划、初设、施工图、招标、品控、施工工艺、验收与质量评定、试运行、运行、维护、检修、试验、退役、报废	发电	风电	

序号	体系结构号	标准编号	标准名称	标准级别	实施日期	与国际标准对应关系	代替标准	阶段	分阶段	专业	分专业	备注
3542	201.2.1-43	NB/T 31042—2019	海上永磁风力发电机变流器技术规范	行标	2019-10-1		NB/T 31042—2012	规划、设计、采购、建设、运维、修试、退役	规划、初设、施工图、招标、品控、施工工艺、验收与质量评定、试运行、运行、维护、检修、试验、退役、报废	发电	风电	
3543	201.2.1-44	NB/T 31043—2019	海上风力发电机组主控制系统技术规范	行标	2019-10-1		NB/T 31043—2012	规划、设计、采购、建设、运维、修试、退役	规划、初设、施工图、招标、品控、施工工艺、验收与质量评定、试运行、运行、维护、检修、试验、退役、报废	发电	风电	
3544	201.2.1-45	NB/T 31044—2012	永磁风力发电机—变流器组技术规范	行标	2013-3-1			采购、运维	品控、运行、维护	发电	风电	
3545	201.2.1-46	NB/T 31056—2014	风力发电机组接地技术规范	行标	2015-3-1			设计、建设、运维	初设、施工图、施工工艺、运行、维护	发电	风电	
3546	201.2.1-47	NB/T 31057—2014	风力发电场集电系统过电压保护技术规范	行标	2015-3-1			设计、运维	初设、运行、维护	发电	风电	
3547	201.2.1-48	NB/T 31066—2015	风电机组电气仿真模型建模导则	行标	2015-9-1			设计、运维、修试	初设、运行、试验	发电	风电	
3548	201.2.1-49	NB/T 31075—2016	风电场电气仿真模型建模及验证规程	行标	2016-6-1			设计、建设、运维、修试	初设、验收与质量评定、试运行、运行、试验	发电	风电	
3549	201.2.1-50	NB/T 31077—2016	风电场低电压穿越建模及评价方法	行标	2016-6-1			设计、建设、运维、修试	初设、验收与质量评定、试运行、运行、试验	发电	风电	
3550	201.2.1-51	NB/T 31098—2016	风电场工程规划报告编制规程	行标	2016-6-1			规划、设计	规划、初设	发电	风电	

序号	体系结构号	标准编号	标准名称	标准级别	实施日期	与国际标准对应关系	代替标准	阶段	分阶段	专业	分专业	备注
3551	201.2.1-52	NB/T 31104—2016	陆上风电场工程预可行性研究报告编制规程	行标	2017-5-1			规划	规划	发电	风电	
3552	201.2.1-53	NB/T 31105—2016	陆上风电场工程可行性研究报告编制规程	行标	2017-5-1			规划	规划	发电	风电	
3553	201.2.1-54	NB/T 31108—2017	海上风电场工程规划报告编制规程	行标	2017-8-1			规划、设计	规划、初设	发电	风电	
3554	201.2.1-55	NB/T 31112—2017	风电场工程招标设计技术规定	行标	2018-3-1			规划、设计	规划、初设	发电	风电	
3555	201.2.1-56	NB/T 31115—2017	风电场工程110kV ～ 220kV海上升压变电站设计规范	行标	2018-3-1			设计	初设	发电	风电	
3556	201.2.1-57	NB/T 31117—2017	海上风电场交流海底电缆选型敷设技术导则	行标	2018-3-1			设计、建设	初设、施工工艺	发电	风电	
3557	201.2.1-58	NB/T 31140—2018	高原风力发电机组主控制系统技术规范	行标	2018-7-1			规划、设计、采购、建设、运维、修试、退役	规划、初设、施工图、招标、品控、施工工艺、验收与质量评定、试运行、运行、维护、检修、试验、退役、报废	发电	风电	
3558	201.2.1-59	NB/T 31147—2018	风电场工程风能资源测量与评估技术规范	行标	2018-10-1			规划、设计	规划、初设	发电	风电	
3559	201.2.1-60	GB 51096—2015	风力发电场设计规范	国标	2015-11-1			规划、设计	规划、初设	发电	风电	
3560	201.2.1-61	GB/T 18709—2002	风电场风能资源测量方法	国标	2002-10-1			规划	规划	发电	风电	

序号	体系结构号	标准编号	标准名称	标准级别	实施日期	与国际标准对应关系	代替标准	阶段	分阶段	专业	分专业	备注
3561	201.2.1-62	GB/T 19963.1—2021	风电场接入电力系统技术规定 第1部分：陆上风电	国标	2022-3-1		GB/T 19963—2011	设计、采购、建设、运维	初设、施工图、招标、品控、验收与质量评定、试运行、运行	发电、调度及二次	风电、电力调度	
3562	201.2.1-63	GB/T 36237—2018	风力发电机组 电气仿真模型	国标	2018-12-1			设计、采购、运维、修试	初设、招标、运行、维护、试验	发电	风电	
3563	201.2.1-64	GB/T 38174—2019	风能发电系统 风力发电场可利用率	国标	2020-5-1			规划、设计	规划、初设	发电	风电	
3564	201.2.1-65	GB/T 51308—2019	海上风力发电场设计标准	国标	2019-10-1			设计	初设、施工图	发电	风电	
201.2.2　规划设计—发电—太阳能												
3565	201.2.2-1	Q/CSG 1211002—2014	光伏发电站接入电网技术规范	企标	2014-1-16			设计、建设、运维	初设、施工工艺、验收与质量评定、试运行、运行、维护	发电、调度及二次	光伏、电力调度	
3566	201.2.2-2	Q/CSG 1211006—2016	光伏发电并网技术标准	企标	2016-2-1			设计、建设、运维	初设、施工工艺、验收与质量评定、试运行、运行、维护	发电、调度及二次	光伏、电力调度	
3567	201.2.2-3	Q/CSG 1211023—2021	南方电网直流升压光伏系统并网技术规范（试行）	企标	2021-5-31			设计、建设、运维	初设、施工工艺、验收与质量评定、试运行、运行、维护	发电、调度及二次	光伏、电力调度	
3568	201.2.2-4	T/CEC 538—2021	光伏发电站晶体硅光伏组件选型技术规范	团标	2022-3-1			设计、建设、运维	初设、施工工艺、验收与质量评定、试运行、运行、维护	发电、调度及二次	光伏、电力调度	
3569	201.2.2-5	T/CEC 5031—2020	户用光伏系统勘察技术规范	团标	2021-2-1			设计、建设、运维	初设、施工工艺、验收与质量评定、试运行、运行、维护	发电、调度及二次	光伏、电力调度	

序号	体系结构号	标准编号	标准名称	标准级别	实施日期	与国际标准对应关系	代替标准	阶段	分阶段	专业	分专业	备注
3570	201.2.2-6	T/CSEE 0193—2021	塔式太阳能热发电厂镜场配电设计规范	团标	2021-3-11			设计、建设、运维	初设、施工工艺、验收与质量评定、试运行、运行、维护	发电、调度及二次	电力调度、其他	
3571	201.2.2-7	T/CSEE 0271—2021	地面用晶体硅光伏组件选型技术导则	团标	2021-9-17			设计、建设、运维	初设、施工工艺、验收与质量评定、试运行、运行、维护	发电、调度及二次	光伏、电力调度	
3572	201.2.2-8	DL/T 5572—2020	太阳能热发电厂可行性研究报告内容深度规定	行标	2021-2-1			设计、建设、运维	初设、施工工艺、试运行、运行、维护	发电	其他	
3573	201.2.2-9	DL/T 5573—2020	太阳能热发电厂初步设计文件内容深度规定	行标	2021-2-1			设计、建设、运维	初设、施工工艺、试运行、运行、维护	发电	其他	
3574	201.2.2-10	DL/T 5585—2020	太阳能热发电厂预可行性研究报告编制规程	行标	2021-2-6			设计、建设、运维	初设、施工工艺、验收与质量评定、试运行、运行、维护	发电、调度及二次	电力调度、其他	
3575	201.2.2-11	DL/T 5603—2021	太阳能热发电厂汽轮发电机组及其辅助系统设计规范	行标	2021-10-26			设计、建设、运维	初设、施工工艺、验收与质量评定、试运行、运行、维护	发电、调度及二次	电力调度、其他	
3576	201.2.2-12	DL/T 5604—2021	太阳能热发电厂总图运输设计规范	行标	2021-10-26			设计、建设、运维	初设、施工图、施工工艺、验收与质量评定、试运行、运行、维护	发电、调度及二次	电力调度、其他	
3577	201.2.2-13	NB/T 10128—2019	光伏发电工程电气设计规范	行标	2019-10-1			规划、设计	规划、初设、施工图	发电	光伏	
3578	201.2.2-14	NB/T 32016—2013	并网光伏发电监控系统技术规范	行标	2014-4-1			设计、运维	初设、运行、维护	发电	光伏	
3579	201.2.2-15	NB/T 32043—2018	光伏发电工程可行性研究报告编制规程	行标	2018-10-1			规划	规划	发电	光伏	

序号	体系结构号	标准编号	标准名称	标准级别	实施日期	与国际标准对应关系	代替标准	阶段	分阶段	专业	分专业	备注
3580	201.2.2-16	NB/T 32044—2018	光伏发电工程预可行性研究报告编制规程	行标	2018-10-1			规划	规划	发电	光伏	
3581	201.2.2-17	NB/T 32045—2018	光伏发电站直流发电系统设计规范	行标	2018-10-1			设计	初设、施工图	发电	光伏	
3582	201.2.2-18	NB/T 32046—2018	光伏发电工程规划报告编制规程	行标	2018-10-1			规划、设计	规划、初设	发电	光伏	
3583	201.2.2-19	QX/T 89—2018	太阳能资源评估方法	行标	2018-10-1		QX/T 89—2008	规划	规划	发电	光伏	
3584	201.2.2-20	GB 50797—2012	光伏发电站设计规范	国标	2012-11-1			设计	初设、施工图	发电	光伏	
3585	201.2.2-21	GB/T 19939—2005	光伏系统并网技术要求	国标	2006-1-1			设计、采购、建设、运维	初设、施工图、招标、品控、施工工艺、验收与质量评定、试运行、运行、维护	发电、调度及二次	光伏、电力调度	
3586	201.2.2-22	GB/T 19964—2012	光伏发电站接入电力系统技术规定	国标	2013-6-1		GB/Z 19964—2005	设计、建设、运维	初设、施工图、施工工艺、验收与质量评定、试运行、运行、维护	发电、调度及二次	光伏、电力调度	
3587	201.2.2-23	GB/T 20046—2006	光伏（PV）系统电网接口特性	国标	2006-2-1	IEC 61727:2004，MOD		设计、修试	初设、试验	发电	光伏	
3588	201.2.2-24	GB/T 29319—2012	光伏发电系统接入配电网技术规定	国标	2013-6-1			设计、建设、运维	初设、施工图、施工工艺、验收与质量评定、试运行、运行、维护	发电	光伏	
3589	201.2.2-25	GB/T 29320—2012	光伏电站太阳跟踪系统技术要求	国标	2013-6-1			设计、修试	初设、检修、试验	发电	光伏	

序号	体系结构号	标准编号	标准名称	标准级别	实施日期	与国际标准对应关系	代替标准	阶段	分阶段	专业	分专业	备注
3590	201.2.2-26	GB/T 30153—2013	光伏发电站太阳能资源实时监测技术要求	国标	2014-8-1			设计、运维	初设、运行、维护	发电	光伏	
3591	201.2.2-27	GB/T 32512—2016	光伏发电站防雷技术要求	国标	2016-9-1			设计、建设、运维	初设、施工图、施工工艺、验收与质量评定、运行、维护	发电	光伏	
3592	201.2.2-28	GB/T 32826—2016	光伏发电系统建模导则	国标	2017-3-1			规划、设计、建设、运维	规划、初设、验收与质量评定、运行	发电	光伏	
3593	201.2.2-29	GB/T 32900—2016	光伏发电站继电保护技术规范	国标	2017-3-1			设计、运维	初设、运行	发电	光伏	
3594	201.2.2-30	GB/T 33766—2017	独立太阳能光伏电源系统技术要求	国标	2017-12-1			规划、设计、运维、修试	规划、初设、运行、检修、试验	发电	光伏	
3595	201.2.2-31	GB/T 36116—2018	村镇光伏发电站集群控制系统功能要求	国标	2018-10-1			设计、建设、修试	初设、施工图、施工工艺、验收与质量评定、试运行、检修、试验	发电	光伏	
3596	201.2.2-32	GB/T 36117—2018	村镇光伏发电站集群接入电网规划设计导则	国标	2018-10-1			规划、设计	规划、初设、施工图	发电	光伏	
3597	201.2.2-33	GB/T 37526—2019	太阳能资源评估方法	国标	2020-1-1			规划、设计	规划、初设	发电	光伏	
3598	201.2.2-34	GB/T 39750—2021	光伏发电系统直流电弧保护技术要求	国标	2021-10-1			建设	施工工艺、验收与质量评定	发电	光伏	
3599	201.2.2-35	GB/T 39857—2021	光伏发电效率技术规范	国标	2021-10-1			设计、运维	初设、运行、维护	发电	光伏	
3600	201.2.2-36	GB/T 40099—2021	太阳能光热发电站 代表年太阳辐射数据集的生成方法	国标	2021-12-1			设计、运维	初设、运行、维护	发电	其他	

序号	体系结构号	标准编号	标准名称	标准级别	实施日期	与国际标准对应关系	代替标准	阶段	分阶段	专业	分专业	备注
3601	201.2.2-37	GB/T 40103—2021	太阳能热发电站接入电力系统技术规定	国标	2021-12-1			设计、建设、运维	初设、施工图、施工工艺、验收与质量评定、试运行、运行、维护	发电、调度及二次	电力调度、其他	
3602	201.2.2-38	GB/T 50795—2012	光伏发电工程施工组织设计规范	国标	2012-11-1			设计、建设	施工图、施工工艺	发电	光伏	
3603	201.2.2-39	GB/T 50865—2013	光伏发电接入配电网设计规范	国标	2014-5-1			设计	初设、施工图	发电、调度及二次	光伏、电力调度	
3604	201.2.2-40	GB/T 50866—2013	光伏发电站接入电力系统设计规范	国标	2013-9-1			设计	初设、施工图	发电、调度及二次	光伏、电力调度	
201.2.3 规划设计—发电—水电与抽水蓄能												
3605	201.2.3-1	Q/CSG 1203046—2017	抽水蓄能发电电动机变压器组继电保护配置导则	企标	2017-4-1			规划、设计、采购、建设、运维、修试、退役	规划、初设、施工图、招标、品控、施工工艺、验收与质量评定、试运行、运行、维护、检修、试验、退役、报废	发电	水电	
3606	201.2.3-2	Q/CSG 1204077—2020	抽水蓄能电站计算机监控系统技术规范（试行）	企标	2020-8-31			规划、设计、采购、建设、运维、修试、退役	规划、初设、施工图、招标、品控、施工工艺、验收与质量评定、试运行、运行、维护、检修、试验、退役、报废	发电	水电	

序号	体系结构号	标准编号	标准名称	标准级别	实施日期	与国际标准对应关系	代替标准	阶段	分阶段	专业	分专业	备注
3607	201.2.3-3	Q/CSG 1204078—2020	南方电网抽水蓄能电站励磁系统技术规范（试行）	企标	2020-8-31			规划、设计、采购、建设、运维、修试、退役	规划、初设、施工图、招标、品控、施工工艺、验收与质量评定、试运行、运行、维护、检修、试验、退役、报废	发电	水电	
3608	201.2.3-4	T/CEC 5010—2019	抽水蓄能电站水力过渡过程计算分析导则	团标	2019-7-1			规划、设计、采购、建设、运维、修试、退役	规划、初设、施工图、招标、品控、施工工艺、验收与质量评定、试运行、运行、维护、检修、试验、退役、报废	发电	水电	
3609	201.2.3-5	T/CEC 5046—2021	抽水蓄能电站预可行性研究报告编制导则	团标	2021-10-1			规划、设计	规划、初设、施工图	发电	水电	
3610	201.2.3-6	T/CEC 5047—2021	抽水蓄能电站场内交通道路工程设计导则	团标	2021-10-1			规划、设计	规划、初设、施工图	发电	水电	
3611	201.2.3-7	T/CEC 5049—2021	抽水蓄能电站进/出水口设计导则	团标	2021-10-1			规划、设计	规划、初设、施工图	发电	水电	
3612	201.2.3-8	T/CEC 5050—2021	抽水蓄能电站施工组织设计规范	团标	2021-10-1			规划、设计、建设	规划、初设、施工图、施工工艺、验收与质量评定	发电	水电	
3613	201.2.3-9	T/CEC 5051—2021	抽水蓄能电站直流系统设计规范	团标	2021-10-1			规划、设计、建设	规划、初设、施工图、施工工艺、验收与质量评定	发电	水电	
3614	201.2.3-10	NB 35074—2015	水电工程劳动安全与工业卫生设计规范	行标	2016-3-1		DL 5061—1996	设计	初设、施工图	发电	水电	

序号	体系结构号	标准编号	标准名称	标准级别	实施日期	与国际标准对应关系	代替标准	阶段	分阶段	专业	分专业	备注
3615	201.2.3-11	DL/T 295—2021	抽水蓄能机组自动控制系统技术条件	行标	2022-6-22		DL/T 295—2011	设计、采购、建设、运维、修试、退役	初设、招标、品控、施工工艺、验收与质量评定、试运行、运行、维护、检修、试验、退役、报废	发电	水电	
3616	201.2.3-12	DL/T 321—2021	水力发电厂计算机监控系统与厂内设备及系统通信技术规定	行标	2022-6-22		DL/T 321—2012	设计、采购、建设、运维、修试、退役	初设、招标、品控、施工工艺、验收与质量评定、试运行、运行、维护、检修、试验、退役、报废	发电	水电	
3617	201.2.3-13	DL/T 556—2016	水轮发电机组振动监测装置设置导则	行标	2016-6-1		DL/T 556—1994	设计、采购	初设、招标	发电	水电	
3618	201.2.3-14	DL/T 1547—2021	智慧水电厂技术导则	行标	2022-6-22		DL/T 1547—2016	规划、设计、采购、建设、运维、修试、退役	规划、初设、施工图、招标、品控、施工工艺、验收与质量评定、试运行、运行、维护、检修、试验、退役、报废	发电	水电	
3619	201.2.3-15	DL/T 1548—2016	水轮机调节系统设计与应用导则	行标	2016-6-1			设计、采购、建设、运维、修试、退役	初设、施工图、招标、品控、施工工艺、验收与质量评定、试运行、运行、维护、检修、试验、退役、报废	发电	水电	

序号	体系结构号	标准编号	标准名称	标准级别	实施日期	与国际标准对应关系	代替标准	阶段	分阶段	专业	分专业	备注
3620	201.2.3-16	DL/T 1904—2018	可逆式抽水蓄能机组振动保护技术导则	行标	2019-5-1			规划、设计、采购、建设、运维、修试、退役	规划、初设、施工图、招标、品控、施工工艺、验收与质量评定、试运行、运行、维护、检修、试验、退役、报废	发电	水电	
3621	201.2.3-17	DL/T 1969—2019	水电厂水力机械保护配置导则	行标	2019-10-1			规划、设计、采购、建设、运维、修试、退役	规划、初设、施工图、招标、品控、施工工艺、验收与质量评定、试运行、运行、维护、检修、试验、退役、报废	发电	水电	
3622	201.2.3-18	DL/T 1970—2019	水轮发电机励磁系统配置导则	行标	2019-10-1			规划、设计、采购、建设、运维、修试、退役	规划、初设、施工图、招标、品控、施工工艺、验收与质量评定、试运行、运行、维护、检修、试验、退役、报废	发电	水电	
3623	201.2.3-19	DL/T 2396—2021	抽水蓄能机组非电气量保护系统技术导则	行标	2022-3-22			规划、设计、采购、建设、运维、修试、退役	规划、初设、施工图、招标、品控、施工工艺、验收与质量评定、试运行、运行、维护、检修、试验、退役、报废	发电	水电	

序号	体系结构号	标准编号	标准名称	标准级别	实施日期	与国际标准对应关系	代替标准	阶段	分阶段	专业	分专业	备注
3624	201.2.3-20	DL/T 5034—2006	电力工程水文地质勘测技术规程	行标	2006-10-1		DL/T 5034—1994	规划、设计、采购、建设、运维、修试、退役	规划、初设、施工图、招标、品控、施工工艺、验收与质量评定、试运行、运行、维护、检修、试验、退役、报废	发电	水电	
3625	201.2.3-21	DL/T 5084—2021	电力工程水文技术规程	行标	2022-5-16			规划、设计、采购、建设、运维、修试、退役	规划、初设、施工图、招标、品控、施工工艺、验收与质量评定、试运行、运行、维护、检修、试验、退役、报废	发电	水电	
3626	201.2.3-22	DL/T 5180—2003	水电枢纽工程等级划分及设计安全标准	行标	2003-6-1		SDJ 12—1978；SDJ 217—1987	设计	初设、施工图	发电	水电	
3627	201.2.3-23	DL/T 5212—2005	水电工程招标设计报告编制规程	行标	2005-6-1			设计、采购	初设、施工图、招标、品控	发电	水电	
3628	201.2.3-24	DL/T 5807—2020	水电工程岩体稳定性微震监测技术规范	行标	2021-2-1			设计、采购、建设、运维、修试、退役	初设、施工图、招标、品控、施工工艺、验收与质量评定、试运行、运行、维护、检修、试验、退役、报废	发电	水电	
3629	201.2.3-25	DL/T 5808—2020	水电工程水库地震监测技术规范	行标	2021-2-1			设计、采购、建设、运维、修试、退役	初设、施工图、招标、品控、施工工艺、验收与质量评定、试运行、运行、维护、检修、试验、退役、报废	发电	水电	

序号	体系结构号	标准编号	标准名称	标准级别	实施日期	与国际标准对应关系	代替标准	阶段	分阶段	专业	分专业	备注
3630	201.2.3-26	NB/T 10072—2018	抽水蓄能电站设计规范	行标	2019-3-1		DL/T 5208—2005	设计、采购、建设、运维、修试、退役	初设、施工图、招标、品控、施工工艺、验收与质量评定、试运行、运行、维护、检修、试验、退役、报废	发电	水电	
3631	201.2.3-27	NB/T 10073—2018	抽水蓄能电站工程地质勘察规程	行标	2019-3-1			规划、设计	规划、初设、施工图	发电	水电	
3632	201.2.3-28	NB/T 10074—2018	水电工程地质测绘规程	行标	2019-3-1		DL/T 5185—2004	规划、设计	规划、初设、施工图	发电	水电	
3633	201.2.3-29	NB/T 10075—2018	水电工程岩溶工程地质勘察规程	行标	2019-3-1		DL/T 5338—2006	规划、设计	规划、初设、施工图	发电	水电	
3634	201.2.3-30	NB/T 10079—2018	水电工程水生生态调查与评价技术规范	行标	2019-3-1			规划、设计	规划、初设	发电	水电	
3635	201.2.3-31	NB/T 10080—2018	水电工程陆生生态调查与评价技术规范	行标	2019-3-1			规划、设计	规划、初设	发电	水电	
3636	201.2.3-32	NB/T 10083—2018	水电工程水利计算规范	行标	2019-3-1		DL/T 5105—1999	规划、设计	规划、初设、施工图	发电	水电	
3637	201.2.3-33	NB/T 10084—2018	水电工程运行调度规程编制导则	行标	2019-3-1			规划、设计	规划、初设	发电	水电	
3638	201.2.3-34	NB/T 10085—2018	水电工程水文预报规范	行标	2019-3-1			设计	初设	发电	水电	
3639	201.2.3-35	NB/T 10102—2018	水电工程建设征地实物指标调查规范	行标	2019-5-1		DL/T 5377—2007	规划、设计	规划、初设、施工图	发电	水电	
3640	201.2.3-36	NB/T 10108—2018	水电工程阶段性蓄水移民安置实施方案专题报告编制规程	行标	2019-5-1			规划、设计	规划、初设	发电	水电	

序号	体系结构号	标准编号	标准名称	标准级别	实施日期	与国际标准对应关系	代替标准	阶段	分阶段	专业	分专业	备注
3641	201.2.3-37	NB/T 10131—2019	水电工程水库区工程地质勘察规程	行标	2019-10-1		DL/T 5336—2006	规划、设计	规划、初设、施工图	发电	水电	
3642	201.2.3-38	NB/T 10132—2019	水电工程通信设计内容和深度规定	行标	2019-10-1		DL/T 5184—2004	规划、设计	规划、初设、施工图	发电	水电	
3643	201.2.3-39	NB/T 10135—2019	大中型水轮机基本技术规范	行标	2019-10-1		DL/T 445—2002	规划、设计、采购、建设、运维、修试、退役	规划、初设、施工图、招标、品控、施工工艺、验收与质量评定、试运行、运行、维护、检修、试验、退役、报废	发电	水电	
3644	201.2.3-40	NB/T 10140—2019	水电工程环境影响后评价技术规范	行标	2019-10-1			规划、设计、建设、运维、修试	规划、初设、施工图、施工工艺、验收与质量评定、试运行、运行、维护、检修、试验	发电	水电	
3645	201.2.3-41	NB/T 10141—2019	水电工程水库专项工程勘察规程	行标	2019-10-1			规划、设计	规划、初设、施工图	发电	水电	
3646	201.2.3-42	NB/T 10233—2019	水电工程水文设计规范	行标	2020-5-1		DL/T 5431—2009	规划、设计	规划、初设、施工图	发电	水电	
3647	201.2.3-43	NB/T 10236—2019	水电工程水文地质勘察规程	行标	2020-5-1			规划、设计	规划、初设、施工图	发电	水电	
3648	201.2.3-44	NB/T 10237—2019	水电工程施工机械选择设计规范	行标	2020-5-1		DL/T 5133—2001	设计、采购、建设	初设、施工图、招标、品控、施工工艺、验收与质量评定、试运行	发电	水电	
3649	201.2.3-45	NB/T 10238—2019	水电工程料源选择与料场开采设计规范	行标	2020-5-1			规划、设计	规划、初设、施工图	发电	水电	

序号	体系结构号	标准编号	标准名称	标准级别	实施日期	与国际标准对应关系	代替标准	阶段	分阶段	专业	分专业	备注
3650	201.2.3-46	NB/T 10389—2020	水电工程下闸蓄水规划报告编制规程	行标	2021-2-1			设计、采购、建设、运维、修试、退役	初设、施工图、招标、品控、施工工艺、验收与质量评定、试运行、运行、维护、检修、试验、退役、报废	发电	火电、水电	
3651	201.2.3-47	NB/T 10491—2021	水电工程施工组织设计规范	行标	2021-7-1		DL/T 5397—2007；DL/T 5201—2004	规划、设计、建设	规划、初设、施工工艺、验收与质量评定	发电	水电	
3652	201.2.3-48	NB/T 10498—2021	水力发电厂交流110kV～500kV电力电缆工程设计规范	行标	2021-7-1		DL/T 5228—2005	规划、设计、建设	规划、初设、施工工艺、验收与质量评定	发电	水电	
3653	201.2.3-49	NB/T 10504—2021	水电工程环境保护设计规范	行标	2021-7-1		DL/T 5402—2007	规划、设计、建设	规划、初设、施工工艺、验收与质量评定	发电	水电	
3654	201.2.3-50	NB/T 10505—2021	水电工程环境保护总体设计报告编制规程	行标	2021-7-1			规划、设计、建设	规划、初设、施工工艺、验收与质量评定	发电	水电	
3655	201.2.3-51	NB/T 10507—2021	水电工程信息模型数据描述规范	行标	2021-7-1			规划、设计、建设	规划、初设、施工工艺、验收与质量评定	发电	水电	
3656	201.2.3-52	NB/T 10508—2021	水电工程信息模型设计交付规范	行标	2021-7-1			规划、设计、建设	规划、初设、施工工艺、验收与质量评定	发电	水电	
3657	201.2.3-53	NB/T 10513—2021	水电工程边坡工程地质勘察规程	行标	2021-7-1		DL/T 5337—2006	规划、设计	规划、初设、施工图	发电	水电	
3658	201.2.3-54	NB/T 10606—2021	水力发电厂直流电源系统设计规范	行标	2021-10-26			规划、设计	规划、初设、施工图	发电	水电	
3659	201.2.3-55	NB/T 10607—2021	水力发电厂门禁系统设计导则	行标	2021-10-26			规划、设计	规划、初设、施工图	发电	水电	

序号	体系结构号	标准编号	标准名称	标准级别	实施日期	与国际标准对应关系	代替标准	阶段	分阶段	专业	分专业	备注
3660	201.2.3-56	NB/T 10608—2021	水电工程环境影响经济损益分析技术规范	行标	2021-10-26			规划、设计、采购	规划、初设、施工图、招标	发电	水电	
3661	201.2.3-57	NB/T 10796—2021	水力发电厂电缆防火设计导则	行标	2022-5-16			规划、设计、采购	规划、初设、施工图、招标	发电	水电	
3662	201.2.3-58	NB/T 10798—2021	水电工程建设征地移民安置技术通则	行标	2022-5-16			设计、建设	初设、验收与质量评定	发电	水电	
3663	201.2.3-59	NB/T 10799—2021	水电工程地质勘察资料整编规程	行标	2022-5-16			规划、设计	规划、初设、施工图	发电	水电	
3664	201.2.3-60	NB/T 10857—2021	水电工程合理使用年限及耐久性设计规范	行标	2022-6-22			规划、设计	规划、初设、施工图	发电	水电	
3665	201.2.3-61	NB/T 10858—2021	水电站进水口设计规范	行标	2022-6-22		DL/T 5398—2007	规划、设计	规划、初设、施工图	发电	水电	
3666	201.2.3-62	NB/T 10859—2021	水电工程金属结构设备状态在线监测系统技术条件	行标	2022-6-22			规划、设计	规划、初设、施工图	发电	水电	
3667	201.2.3-63	NB/T 10860—2021	水电站排水系统规范	行标	2022-6-22			规划、设计	规划、初设、施工图	发电	水电	
3668	201.2.3-64	NB/T 10861—2021	水力发电厂测量装置配置设计规范	行标	2022-6-22		DL/T 5413—2009	规划、设计	规划、初设、施工图	发电	水电	
3669	201.2.3-65	NB/T 10873—2021	水电开发流域生态环境监测实施方案编制规程	行标	2022-6-22			规划、设计	规划、初设、施工图	发电	水电	
3670	201.2.3-66	NB/T 10874—2021	水电工程生态调度方案编制规程	行标	2022-6-22			规划、设计	规划、初设、施工图	发电	水电	
3671	201.2.3-67	NB/T 10876—2021	水电工程建设征地移民安置规划设计规范	行标	2022-6-22		DL/T 5064—2007	规划、设计	规划、初设	发电	水电	

序号	体系结构号	标准编号	标准名称	标准级别	实施日期	与国际标准对应关系	代替标准	阶段	分阶段	专业	分专业	备注
3672	201.2.3-68	NB/T 10878—2021	水力发电厂机电设计规范	行标	2022-6-22		DL/T 5186—2004	规划、设计	规划、初设、施工图	发电	水电	
3673	201.2.3-69	NB/T 10879—2021	水力发电厂计算机监控系统设计规范	行标	2022-6-22		DL/T 5065—2009	规划、设计	规划、初设、施工图	发电	水电	
3674	201.2.3-70	NB/T 10881—2021	水力发电厂火灾自动报警系统设计规范	行标	2022-6-22		DL/T 5412—2009	规划、设计	规划、初设、施工图	发电	水电	
3675	201.2.3-71	NB/T 11013—2022	水电工程可行性研究报告编制规程	行标	2023-5-4		DL/T 5020—2007	规划	规划	发电	水电	
3676	201.2.3-72	NB/T 35004—2013	水力发电厂自动化设计技术规范	行标	2013-10-1		DL/T 5081—1997	设计、采购、建设、运维、修试、退役	初设、施工图、招标、品控、施工工艺、验收与质量评定、试运行、运行、维护、检修、试验、退役、报废	发电、调度及二次	水电、电力调度、运行方式、继电保护及安全自动装置、调度自动化、水调、其他	
3677	201.2.3-73	NB/T 35009—2013	抽水蓄能电站选点规划编制规范	行标	2013-10-1		DL/T 5172—2003	规划	规划	发电	水电	
3678	201.2.3-74	NB/T 35010—2013	水力发电厂继电保护设计规范	行标	2013-10-1		DL/T 5177—2003	设计、采购、建设、运维、修试、退役	初设、施工图、招标、品控、施工工艺、验收与质量评定、试运行、运行、维护、检修、试验、退役、报废	发电、调度及二次	水电、水调	
3679	201.2.3-75	NB/T 35040—2014	水力发电厂供暖通风与空气调节设计规范	行标	2015-3-1		DL/T 5165—2002	设计、采购、建设、运维、修试、退役	初设、施工图、招标、品控、施工工艺、验收与质量评定、试运行、运行、维护、检修、试验、退役、报废	发电	水电	

序号	体系结构号	标准编号	标准名称	标准级别	实施日期	与国际标准对应关系	代替标准	阶段	分阶段	专业	分专业	备注
3680	201.2.3-76	NB/T 35041—2014	水电工程施工导流设计规范	行标	2015-3-1		DL/T 5114—2000	设计、采购、建设、运维、修试、退役	初设、施工图、招标、品控、施工工艺、验收与质量评定、试运行、运行、维护、检修、试验、退役、报废	发电	水电	
3681	201.2.3-77	NB/T 35042—2014	水力发电厂通信设计规范	行标	2015-3-1		DL/T 5080—1997	设计、采购、建设、运维、修试、退役	初设、施工图、招标、品控、施工工艺、验收与质量评定、试运行、运行、维护、检修、试验、退役、报废	发电、调度及二次	水电、电力通信	
3682	201.2.3-78	NB/T 35067—2015	水力发电厂过电压保护和绝缘配合设计技术导则	行标	2016-3-1		DL/T 5090—1999	设计	初设、施工图	发电	水电	
3683	201.2.3-79	NB/T 35071—2015	抽水蓄能电站水能规划设计规范	行标	2016-3-1			规划、设计	规划、初设、施工图	发电	水电	
3684	201.2.3-80	NB/T 35076—2016	水力发电厂二次接线设计规范	行标	2016-6-1		DL/T 5132—2001	设计、采购、建设、运维、修试、退役	初设、施工图、招标、品控、施工工艺、验收与质量评定、试运行、运行、维护、检修、试验、退役、报废	发电、调度及二次	水电、水调	
3685	201.2.3-81	NB/T 35108—2018	气体绝缘金属封闭开关设备配电装置设计规范	行标	2018-7-1		DL/T 5139—2001	设计、采购、建设、运维、修试、退役	初设、施工图、招标、品控、施工工艺、验收与质量评定、试运行、运行、维护、检修、试验、退役、报废	发电	水电	
3686	201.2.3-82	NB/T 35115—2018	水电工程钻探规程	行标	2018-7-1		DL/T 5013—2005	规划、设计	规划、初设、施工图	发电	水电	

序号	体系结构号	标准编号	标准名称	标准级别	实施日期	与国际标准对应关系	代替标准	阶段	分阶段	专业	分专业	备注
3687	201.2.3-83	SL 73.1—2013	水利水电工程制图标准 基础制图	行标	2013-4-14		SL 73.1-95	规划、设计	规划、初设、施工图	发电	水电	
3688	201.2.3-84	SL 73.2—2013	水利水电工程制图标准 水工建筑图	行标	2013-4-14		SL 73.2-95	规划、设计	规划、初设、施工图	发电	水电	
3689	201.2.3-85	SL 73.3—2013	水利水电工程制图标准 勘测图	行标	2013-4-14		SL 73.3-95	规划、设计	规划、初设、施工图	发电	水电	
3690	201.2.3-86	SL 73.4—2013	水利水电工程制图标准 水力机械图	行标	2013-4-14		SL 73.4-95	规划、设计	规划、初设、施工图	发电	水电	
3691	201.2.3-87	SL 73.5—2013	水利水电工程制图标准 电气图	行标	2013-4-14		SL 73.4-95	规划、设计	规划、初设、施工图	发电	水电	
3692	201.2.3-88	SL 266—2014	水电站厂房设计规范	行标	2014-7-21		SL 266—2001	设计、采购、建设、运维、修试、退役	初设、施工图、招标、品控、施工工艺、验收与质量评定、试运行、运行、维护、检修、试验、退役、报废	发电	水电	
3693	201.2.3-89	SL 311—2004	水利水电工程高压配电装置设计规范	行标	2005-2-1		SDJ 5—1985	设计、采购、建设、运维、修试、退役	初设、施工图、招标、品控、施工工艺、验收与质量评定、试运行、运行、维护、检修、试验、退役、报废	发电	水电	
3694	201.2.3-90	SL 455—2010	水利水电工程继电保护设计规范	行标	2010-6-1			设计、采购、建设、运维、修试、退役	初设、施工图、招标、品控、施工工艺、验收与质量评定、试运行、运行、维护、检修、试验、退役、报废	发电、调度及二次	水电、继电保护及安全自动装置	

序号	体系结构号	标准编号	标准名称	标准级别	实施日期	与国际标准对应关系	代替标准	阶段	分阶段	专业	分专业	备注
3695	201.2.3-91	SL 585—2012	水利水电工程三相交流系统短路电流计算导则	行标	2012-12-19			规划、设计、运维	规划、初设、运行	发电	水电	
3696	201.2.3-92	SL 587—2012	水利水电工程接地设计规范	行标	2012-12-19			设计、采购、建设、运维、修试、退役	初设、施工图、招标、品控、施工工艺、验收与质量评定、试运行、运行、维护、检修、试验、退役、报废	发电	水电	
3697	201.2.3-93	SL/T 179—2019	小型水电站初步设计报告编制规程	行标	2019-8-31		SL 179—2011	设计	初设	发电	水电	
3698	201.2.3-94	SL/T 618—2021	水利水电工程可行性研究报告编制规程	行标	2021-11-16		SL 618—2013	设计	初设	发电	水电	
3699	201.2.3-95	SL/T 619—2021	水利水电工程初步设计报告编制规程	行标	2021-11-16		SL 619—2013	设计	初设	发电	水电	
3700	201.2.3-96	SL/T 781—2020	水利水电工程过电压保护及绝缘配合设计规范	行标	2020-7-15			设计	初设	发电	水电	
3701	201.2.3-97	SY/T 7636—2021	水下电力与光纤接头及飞线的功能设计与测试技术规范	行标	2022-5-16			设计	初设	发电	水电	
3702	201.2.3-98	GB 50287—2016	水力发电工程地质勘察规范（附条文说明）	国标	2017-4-1		GB 50287—2006	规划、设计、采购、建设、运维、修试、退役	规划、初设、施工图、招标、品控、施工工艺、验收与质量评定、试运行、运行、维护、检修、试验、退役、报废	发电	水电	

序号	体系结构号	标准编号	标准名称	标准级别	实施日期	与国际标准对应关系	代替标准	阶段	分阶段	专业	分专业	备注
3703	201.2.3-99	GB 50487—2008	水利水电工程地质勘察规范	国标	2009-8-1			规划、设计	规划、初设、施工图	发电	水电	
3704	201.2.3-100	GB 50872—2014	水电工程设计防火规范	国标	2014-8-1			规划、设计	规划、初设、施工图	发电	水电	
3705	201.2.3-101	GB/T 28570—2012	水轮发电机组状态在线监测系统技术导则	国标	2012-11-1			设计、采购、建设	初设、招标、施工工艺	发电	水电	
3706	201.2.3-102	GB/T 31153—2014	小型水力发电站汇水区降水资源气候评价方法	国标	2015-1-1			规划、设计	规划、初设、施工图	发电	水电	
3707	201.2.3-103	GB/T 32576—2016	抽水蓄能电站厂用电继电保护整定计算导则	国标	2016-11-1			规划、设计	规划、初设、施工图	发电、调度及二次	水电、继电保护及安全自动装置	
3708	201.2.3-104	GB/T 32898—2016	抽水蓄能发电电动机变压器组继电保护配置导则	国标	2017-3-1			设计、采购	初设、招标	发电、变电	水电、变压器	
3709	201.2.3-105	GB/T 39264—2020	智能水电厂一体化管控平台技术规范	国标	2021-6-1			设计、采购、建设、运维	初设、施工图、招标、品控、施工工艺、验收与质量评定、试运行、运行、维护	发电	水电	
3710	201.2.3-106	GB/T 39324—2020	智能水电厂主设备状态检修决策支持系统技术导则	国标	2021-6-1			规划、设计	规划、初设、施工图	发电	水电	
3711	201.2.3-107	GB/T 39565—2020	智能水电厂防汛应急指挥系统技术规范	国标	2021-7-1			规划、设计	规划、初设、施工图	发电	水电	
3712	201.2.3-108	GB/T 39629—2020	智能水电厂安全防护系统联动技术要求	国标	2021-7-1			规划、设计	规划、初设、施工图	发电	水电	
3713	201.2.3-109	GB/T 40221—2021	智能水电厂经济运行系统技术条件	国标	2021-12-1			规划、设计	规划、初设、施工图	发电	水电	

序号	体系结构号	标准编号	标准名称	标准级别	实施日期	与国际标准对应关系	代替标准	阶段	分阶段	专业	分专业	备注
3714	201.2.3-110	GB/T 40222—2021	智能水电厂技术导则	国标	2021-12-1			规划、设计	规划、初设、施工图	发电	水电	
3715	201.2.3-111	GB/T 40234—2021	智能水电厂公共信息模型技术要求	国标	2021-12-1			规划、设计	规划、初设、施工图	发电	水电	
3716	201.2.3-112	GB/T 40285—2021	智能水电厂大坝安全分析评估系统技术规范	国标	2021-12-1			规划、设计	规划、初设、施工图	发电	水电	
3717	201.2.3-113	GB/T 40589—2021	同步发电机励磁系统建模导则	国标	2022-5-1			规划、设计	规划、初设、施工图	发电	水电	
3718	201.2.3-114	GB/T 50102—2014	工业循环水冷却设计规范	国标	2015-8-1		GB/T 50102—2003	规划、设计	规划、初设、施工图	发电	水电	
3719	201.2.3-115	GB/T 51372—2019	小型水电站水能设计标准	国标	2019-10-1			设计、建设	初设、施工图、施工工艺、验收与质量评定、试运行	发电	水电	
3720	201.2.3-116	IEC/IEEE P63198—2775	智能水电厂技术指南	国际标准	2023-2-17		IEC 62270—2004	规划、设计、采购、建设、运维、修试、退役	规划、初设、施工图、招标、品控、施工工艺、验收与质量评定、试运行、运行、维护、检修、退役、报废	发电、调度及二次	水电、水调	
201.2.4	**规划设计—发电—核电**											
201.2.5	**规划设计—发电—燃煤电厂与气电**											
3721	201.2.5-1	T/CSEE 0178—2021	火力发电厂电气监控管理系统设计规程	团标	2021-3-11			设计、采购、建设、运维、修试、退役	初设、施工图、招标、品控、施工工艺、验收与质量评定、试运行、运行、维护、检修、试验、退役、报废	发电	火电	

序号	体系结构号	标准编号	标准名称	标准级别	实施日期	与国际标准对应关系	代替标准	阶段	分阶段	专业	分专业	备注
3722	201.2.5-2	T/CSEE 0179—2021	火力发电厂交流保安电源系统设计规程	团标	2021-3-11			设计、采购、建设、运维、修试、退役	初设、施工图、招标、品控、施工工艺、验收与质量评定、试运行、运行、维护、检修、试验、退役、报废	发电	火电	
3723	201.2.5-3	T/CSEE 0181—2021	火力发电厂电气设备在线监测设计规范	团标	2021-3-11			设计、采购、建设、运维、修试、退役	初设、施工图、招标、品控、施工工艺、验收与质量评定、试运行、运行、维护、检修、试验、退役、报废	发电	火电	
3724	201.2.5-4	T/CSEE 0315—2022	燃煤电厂噪声控制设计工作导则	团标	2022-12-8			设计、采购、建设、运维、修试、退役	初设、施工图、招标、品控、施工工艺、验收与质量评定、试运行、运行、维护、检修、试验、退役、报废	发电	火电	
3725	201.2.5-5	DL/T 5035—2016	发电厂供暖通风与空气调节设计规范	行标	2016-12-1		DL/T 5035—2004	设计、采购、建设、运维、修试、退役	初设、施工图、招标、品控、施工工艺、验收与质量评定、试运行、运行、维护、检修、试验、退役、报废	发电	火电	
3726	201.2.5-6	DL/T 5153—2014	火力发电厂厂用电设计技术规程	行标	2015-3-1		DL/T 5153—2002	设计、采购、建设、运维、修试、退役	初设、施工图、招标、品控、施工工艺、验收与质量评定、试运行、运行、维护、检修、试验、退役、报废	发电	火电	

序号	体系结构号	标准编号	标准名称	标准级别	实施日期	与国际标准对应关系	代替标准	阶段	分阶段	专业	分专业	备注
3727	201.2.5-7	DL/T 5174—2020	燃气—蒸汽联合循环电厂设计规范	行标	2021-2-1		DL/T 5174—2003	设计、采购、建设、运维、修试、退役	初设、施工图、招标、品控、施工工艺、验收与质量评定、试运行、运行、维护、检修、试验、退役、报废	发电	火电	
3728	201.2.5-8	DL/T 5182—2021	火力发电厂仪表与控制就地设备安装、管路、电缆设计规程	行标	2021-7-1		DL/T 5182—2004	设计、采购、建设、运维、修试、退役	初设、施工图、招标、品控、施工工艺、验收与质量评定、试运行、运行、维护、检修、试验、退役、报废	发电	火电	
3729	201.2.5-9	DL/T 5203—2022	火力发电厂煤和制粉系统防爆设计技术规程	行标	2022-11-13		DL/T 5203—2005	设计、采购、建设、运维、修试、退役	初设、施工图、招标、品控、施工工艺、验收与质量评定、试运行、运行、维护、检修、试验、退役、报废	发电	火电	
3730	201.2.5-10	DL/T 5339—2018	火力发电厂水工设计规范	行标	2019-5-1		DL/T 5339—2006	设计、采购、建设、运维、修试、退役	初设、施工图、招标、品控、施工工艺、验收与质量评定、试运行、运行、维护、检修、试验、退役、报废	发电	火电	
3731	201.2.5-11	DL/T 5375—2018	火力发电厂可行性研究报告内容深度规定	行标	2018-10-1		DL/T 5375—2008	规划	规划	发电	火电	
3732	201.2.5-12	DL/T 5427—2009	火力发电厂初步设计文件内容深度规定	行标	2009-12-1			设计	初设	发电	火电	

序号	体系结构号	标准编号	标准名称	标准级别	实施日期	与国际标准对应关系	代替标准	阶段	分阶段	专业	分专业	备注
3733	201.2.5-13	DLGJ 167—2004	火力发电厂调节阀选型导则	行标	2004-12-31			设计、采购、建设、运维、修试、退役	初设、施工图、招标、品控、施工工艺、验收与质量评定、试运行、运行、维护、检修、试验、退役、报废	发电	火电	
3734	201.2.5-14	NB/T 42121—2017	火电机组辅机变频器低电压穿越技术规范	行标	2017-12-1			设计、采购、建设	初设、招标、施工工艺	发电	火电	
201.2.6	**规划设计—发电—生物质能**											
3735	201.2.6-1	NB/T 10147—2019	生物质发电工程地质勘察规范	行标	2019-10-1			规划、设计	规划、初设、施工图	发电	其他	
3736	201.2.6-2	NB/T 10493—2021	生物质能资源调查与评价技术规范	行标	2021-7-1			规划、设计	规划、初设、施工图	发电	其他	
201.2.7	**规划设计—发电—多能互补**											
3737	201.2.7-1	T/CEC 431—2021	区域能源互联网技术导则	团标	2021-9-1			设计、建设、运维	初设、验收与质量评定、试运行、运行、维护	发电	光伏、风电	
3738	201.2.7-2	T/CEC 432—2021	能源互联网能源利用与转换效率评价	团标	2021-9-1			设计、建设、运维	初设、验收与质量评定、试运行、运行、维护	发电	光伏、风电	
3739	201.2.7-3	T/CEC 582—2021	多能互补集成优化技术导则	团标	2022-3-1			设计、建设、运维	初设、验收与质量评定、试运行、运行、维护	发电	光伏、风电	
3740	201.2.7-4	DL/T 2403—2021	工业园区综合能源系统互动技术导则	行标	2022-3-22			设计、建设、运维	初设、验收与质量评定、试运行、运行、维护	发电	光伏、风电	
3741	201.2.7-5	GB/T 19115.1—2018	风光互补发电系统 第1部分：技术条件	国标	2019-7-1		GB/T 19115.1—2003	设计、建设、运维	初设、验收与质量评定、试运行、运行、维护	发电	光伏、风电	
3742	201.2.7-6	GB/T 51437—2021	风光储联合发电站设计标准	国标	2021-12-1			规划、设计	规划、初设、施工图	发电	光伏、风电	

序号	体系结构号	标准编号	标准名称	标准级别	实施日期	与国际标准对应关系	代替标准	阶段	分阶段	专业	分专业	备注
201.2.8 规划设计—发电—其他												
3743	201.2.8-1	Q/CSG 11517—2009	电厂接入系统设计内容深度规定	企标	2009-10-13			设计	初设、施工图	发电、变电	火电、水电、光伏、风电、储能、其他	
3744	201.2.8-2	T/CEC 5036—2021	大规模电采暖接入配电网设计规范	团标	2021-9-1			设计	初设、施工图	发电、变电	火电、水电、光伏、风电、储能、其他	
3745	201.2.8-3	T/CSEE 0012—2016	风电场及光伏发电站接入电力系统通信技术规范	团标	2017-5-1			设计、建设、运维	初设、验收与质量评定、试运行、运行、维护	发电、调度及二次	光伏、风电、电力通信	
3746	201.2.8-4	T/CSEE 0262—2021	大规模电采暖接入配电网适应性评价导则	团标	2021-9-17			设计、建设、运维	初设、验收与质量评定、试运行、运行、维护	发电、调度及二次	其他、电力调度	
3747	201.2.8-5	DL/T 331—2010	发电机与电网规划设计关键参数配合导则	行标	2011-5-1			规划、设计、采购、建设	规划、初设、施工图、招标、品控、施工工艺、验收与质量评定、试运行	发电	火电、水电、光伏、风电、储能、其他	
3748	201.2.8-6	DL/T 1163—2012	隐极发电机在线监测装置配置导则	行标	2012-12-1			设计、采购	初设、招标	发电	其他	
3749	201.2.8-7	DL/T 2160—2020	电力设施安全防范系统技术规范	行标	2021-2-1			设计、采购、建设、运维、修试、退役	初设、施工图、招标、品控、施工工艺、验收与质量评定、试运行、运行、维护、检修、试验、退役、报废	发电	其他	

序号	体系结构号	标准编号	标准名称	标准级别	实施日期	与国际标准对应关系	代替标准	阶段	分阶段	专业	分专业	备注
3750	201.2.8-8	DL/T 5226—2013	发电厂电力网络计算机监控系统设计技术规程	行标	2014-4-1		DL/T 5226—2005	设计、采购、建设、运维、修试、退役	初设、施工图、招标、品控、施工工艺、验收与质量评定、试运行、运行、维护、检修、试验、退役、报废	发电	火电、水电、其他	
3751	201.2.8-9	DL/T 5439—2021	电源接入系统设计报告内容深度规定	行标	2021-10-26		DL/T 5439—2009	设计、采购、建设、运维、修试、退役	初设、施工图、招标、品控、施工工艺、验收与质量评定、试运行、运行、维护、检修、试验、退役、报废	发电	其他	
3752	201.2.8-10	DL/T 5608—2021	电源规划设计规程	行标	2021-10-26			设计、采购、建设、运维、修试、退役	初设、施工图、招标、品控、施工工艺、验收与质量评定、试运行、运行、维护、检修、试验、退役、报废	发电	其他	
3753	201.2.8-11	DL/T 5611—2021	电源接入系统设计规程	行标	2021-10-26			设计、采购、建设、运维、修试、退役	初设、施工图、招标、品控、施工工艺、验收与质量评定、试运行、运行、维护、检修、试验、退役、报废	发电	其他	
3754	201.2.8-12	DLGJ 164—2003	电厂信息管理系统设计内容深度规定	行标	2004-3-1			设计	初设、施工图	发电、信息	其他、基础设施	
3755	201.2.8-13	NB/T 10388—2020	潮汐发电工程地质勘察规范	行标	2021-2-1			规划、设计	规划、初设、施工图	发电	其他	
3756	201.2.8-14	NB/T 10866—2021	沼气发电工程可行性研究报告编制规程	行标	2022-6-22			设计	初设、施工图	发电、信息	其他、基础设施	

序号	体系结构号	标准编号	标准名称	标准级别	实施日期	与国际标准对应关系	代替标准	阶段	分阶段	专业	分专业	备注
3757	201.2.8-15	GB/T 150.3—2011	压力容器　第3部分：设计	国标	2017-3-23		GB 150.3—2011	设计、采购	初设、招标	发电	水电、火电	
3758	201.2.8-16	GB/T 17285—2022	电气设备电源特性的标记　安全要求	国标	2023-5-1	IEC 61293:1994	GB/T 17285—2009	设计	初设、施工图	发电	其他	
3759	201.2.8-17	GB/T 19962—2016	地热电站接入电力系统技术规定	国标	2017-3-1		GB/T 19962—2005	规划、设计、采购、建设、运维、修试、退役	规划、初设、施工图、招标、品控、施工工艺、验收与质量评定、试运行、运行、维护、检修、试验、退役、报废	发电	其他	
3760	201.2.8-18	GB/T 26916—2011	小型氢能综合能源系统性能评价方法	国标	2012-3-1			设计、采购、运维	初设、招标、运行、维护	发电	其他	
3761	201.2.8-19	GB/T 34130.1—2017	电源母线系统　第1部分：通用要求	国标	2018-2-1	IEC 61534-1:2014		设计、运维	初设、采购、运行	发电	其他	
3762	201.2.8-20	GB/T 41088—2021	海洋能系统的设计要求	国标	2022-7-1			设计、运维	初设、采购、运行	发电	其他	
3763	201.2.8-21	GB/Z 40295—2021	波浪能转换装置发电性能评估	国标	2021-12-1			设计、运维	初设、采购、运行	发电	其他	
201.3　规划设计—输电												
3764	201.3-1	Q/CSG 10702—2008	南方电网融冰技术规程编写导则	企标	2008-7-5			设计、采购、建设、运维、修试、退役	初设、施工图、招标、品控、施工工艺、验收与质量评定、试运行、运行、维护、检修、试验、退役、报废	输电	线路、其他	本标准有英文版

序号	体系结构号	标准编号	标准名称	标准级别	实施日期	与国际标准对应关系	代替标准	阶段	分阶段	专业	分专业	备注
3765	201.3-2	Q/CSG 11512—2010	±800kV 直流架空输电线路设计技术规程	企标	2010-6-1			设计、采购、建设、运维、修试、退役	初设、施工图、招标、品控、施工工艺、验收与质量评定、试运行、运行、维护、检修、试验、退役、报废	输电、换流	线路、其他	
3766	201.3-3	Q/CSG 11518—2010	直流融冰装置技术导则	企标	2010-5-1			设计、采购、建设、运维、修试、退役	初设、施工图、招标、品控、施工工艺、验收与质量评定、试运行、运行、维护、检修、试验、退役、报废	输电	线路、其他	本标准有英文版
3767	201.3-4	Q/CSG 1107003—2019	35kV ~ 500kV 交流输电线路装备技术导则	企标	2019-2-27		Q/CSG 1203004.2—2015	设计、采购、建设、运维、修试、退役	初设、施工图、招标、品控、施工工艺、验收与质量评定、试运行、运行、维护、检修、试验、退役、报废	输电	线路、其他	
3768	201.3-5	Q/CSG 1201011—2016	输电线路防风设计技术规范	企标	2016-8-1			设计、采购、建设、运维、修试、退役	初设、施工图、招标、品控、施工工艺、验收与质量评定、试运行、运行、维护、检修、试验、退役、报废	输电	线路、其他	本标准有英文版
3769	201.3-6	Q/CSG 1201020—2019	电缆隧道防火设计规范	企标	2019-9-30			设计、采购、建设、运维、修试、退役	初设、施工图、招标、品控、施工工艺、验收与质量评定、试运行、运行、维护、检修、试验、退役、报废	输电	电缆	

序号	体系结构号	标准编号	标准名称	标准级别	实施日期	与国际标准对应关系	代替标准	阶段	分阶段	专业	分专业	备注
3770	201.3-7	Q/CSG 1203056.1—2018	110kV～500kV架空输电线路杆塔复合横担技术规定 第1部分：设计规定（试行）	企标	2018-12-28			设计、采购、建设、运维、修试、退役	初设、施工图、招标、品控、施工工艺、验收与质量评定、试运行、运行、维护、检修、试验、退役、报废	输电	线路	
3771	201.3-8	Q/CSG 1203060.2—2019	绞合型复合材料芯架空导线 第2部分：导线设计、施工工艺及验收技术规范（试行）	企标	2019-2-27			设计、采购、建设、运维、修试、退役	初设、施工图、招标、品控、施工工艺、验收与质量评定、试运行、运行、维护、检修、试验、退役、报废	输电	线路	本标准有英文版
3772	201.3-9	Q/CSG 1204158—2022	绝缘光单元光纤复合架空相线（IOPPC）设计规范	企标	2022-11-4			设计、采购、建设、运维、修试、退役	初设、施工图、招标、品控、施工工艺、验收与质量评定、试运行、运行、维护、检修、试验、退役、报废	输电	线路	
3773	201.3-10	T/CEC 327—2020	特高压交、直流线路同走廊对雷达影响设计规范	团标	2020-10-1			设计、采购、建设、运维、修试、退役	初设、施工图、招标、品控、施工工艺、验收与质量评定、试运行、运行、维护、检修、试验、退役、报废	输电	线路、其他	
3774	201.3-11	T/CEC 442—2021	直流电缆载流量计算公式	团标	2021-9-1			设计、采购、建设、运维、修试、退役	初设、施工图、招标、品控、施工工艺、验收与质量评定、试运行、运行、维护、检修、试验、退役、报废	输电	线路	

序号	体系结构号	标准编号	标准名称	标准级别	实施日期	与国际标准对应关系	代替标准	阶段	分阶段	专业	分专业	备注
3775	201.3-12	T/CEC 443—2021	单芯交联聚乙烯电缆导体温度计算方法	团标	2021-9-1			设计、采购、建设、运维、修试、退役	初设、施工图、招标、品控、施工工艺、验收与质量评定、试运行、运行、维护、检修、试验、退役、报废	输电	线路	
3776	201.3-13	T/CEC 558—2021	架空输电线路结构安全性评估导则	团标	2022-3-1			规划、设计、建设、运维	规划、初设、验收与质量评定、试运行、运行、维护	输电	线路	
3777	201.3-14	T/CEC 688—2022	超特高压架空输电线路交直流混合电场设计控制值	团标	2023-2-1			设计、采购、建设、运维、修试、退役	初设、施工图、招标、品控、施工工艺、验收与质量评定、试运行、运行、维护、检修、试验、退役、报废	输电	线路	
3778	201.3-15	T/CEC 5013—2019	直流输电线路设计规范	团标	2020-1-1			设计、采购、建设、运维、修试、退役	初设、施工图、招标、品控、施工工艺、验收与质量评定、试运行、运行、维护、检修、试验、退役、报废	输电	线路	
3779	201.3-16	T/CEC 5017—2020	输电线路工程多年冻土地区勘察与防治导则	团标	2020-10-1			设计、采购、建设、运维、修试、退役	初设、施工图、招标、品控、施工工艺、验收与质量评定、试运行、运行、维护、检修、试验、退役、报废	输电	线路	

序号	体系结构号	标准编号	标准名称	标准级别	实施日期	与国际标准对应关系	代替标准	阶段	分阶段	专业	分专业	备注
3780	201.3-17	T/CEC 5054—2021	架空输电线路黄土地基杆塔基础设计技术规定	团标	2021-10-1			设计、采购、建设、运维、修试、退役	初设、施工图、招标、品控、施工工艺、验收与质量评定、试运行、运行、维护、检修、试验、退役、报废	输电	线路	
3781	201.3-18	T/CEC 5056.2—2021	输变电工程三维设计建模规范 第2部分：架空线路	团标	2021-10-1			设计、采购、建设、运维、修试、退役	初设、施工图、招标、品控、施工工艺、验收与质量评定、试运行、运行、维护、检修、试验、退役、报废	输电	线路	
3782	201.3-19	T/CEC 5056.3—2021	输变电工程三维设计建模规范 第3部分：电缆线路	团标	2021-10-1			设计、采购、建设、运维、修试、退役	初设、施工图、招标、品控、施工工艺、验收与质量评定、试运行、运行、维护、检修、试验、退役、报废	输电	线路	
3783	201.3-20	T/CEC 5057.2—2021	输变电工程三维设计应用范围和深度规定 第2部分：架空线路	团标	2021-10-1			设计、采购、建设、运维、修试、退役	初设、施工图、招标、品控、施工工艺、验收与质量评定、试运行、运行、维护、检修、试验、退役、报废	输电	线路	
3784	201.3-21	T/CEC 5064—2021	架空输电线路拉线塔设计规范	团标	2022-3-1			设计、采购、建设、运维、修试、退役	初设、施工图、招标、品控、施工工艺、验收与质量评定、试运行、运行、维护、检修、试验、退役、报废	输电	线路	

序号	体系结构号	标准编号	标准名称	标准级别	实施日期	与国际标准对应关系	代替标准	阶段	分阶段	专业	分专业	备注
3785	201.3-22	T/CSEE 0077—2018	重腐蚀地区输电线路钢制杆塔腐蚀防护材料选用技术导则	团标	2018-5-1			设计、采购、建设、运维、修试、退役	初设、施工图、招标、品控、施工工艺、验收与质量评定、试运行、运行、维护、检修、试验、退役、报废	输电	线路	
3786	201.3-23	T/CSEE 0198—2021	输电网动态无功补偿规划技术导则	团标	2021-3-11			设计、采购、建设、运维、修试、退役	初设、施工图、招标、品控、施工工艺、验收与质量评定、试运行、运行、维护、检修、试验、退役、报废	输电	线路	
3787	201.3-24	T/DIPA 7—2022	直流输电线路杆塔接地引下线选用技术规范(简体中文版)	团标	2023-1-1			规划、设计	规划、初设、施工图	输电	线路	
3788	201.3-25	T/DIPA 8—2022	直流输电线路杆塔接地引下线选用技术规范(繁体中文版)	团标	2023-1-1			规划、设计	规划、初设、施工图	输电	线路	
3789	201.3-26	T/DIPA 9—2022	直流输电线路杆塔接地引下线选用技术规范(英文版)	团标	2023-1-1			规划、设计	规划、初设、施工图	输电	线路	
3790	201.3-27	DL/T 361—2010	气体绝缘金属封闭输电线路使用导则	行标	2010-10-1			设计、运维	初设、运行	输电	线路	
3791	201.3-28	DL/T 368—2010	输电线路用绝缘子污秽外绝缘的高海拔修正	行标	2010-10-1			设计	初设、施工图	输电	线路	

序号	体系结构号	标准编号	标准名称	标准级别	实施日期	与国际标准对应关系	代替标准	阶段	分阶段	专业	分专业	备注
3792	201.3-29	DL/T 401—2017	高压电缆选用导则	行标	2017-12-1	IEC 183:1984，NEQ	DL/T 401—2002	设计、采购、建设、运维、修试、退役	初设、施工图、招标、品控、施工工艺、验收与质量评定、试运行、运行、维护、检修、试验、退役、报废	输电	电缆	
3793	201.3-30	DL/T 436—2021	高压直流架空送电线路技术导则	行标	2021-7-1		DL/T 436—2005	设计、采购、建设、运维、修试、退役	初设、施工图、招标、品控、施工工艺、验收与质量评定、试运行、运行、维护、检修、试验、退役、报废	输电	线路	
3794	201.3-31	DL/T 691—2019	高压架空输电线路无线电干扰计算方法	行标	2019-10-1		DL/T 691—1999	设计	初设、施工图	输电	线路	
3795	201.3-32	DL/T 1000.1—2018	标称电压高于1000V 架空线路绝缘子 使用导则 第1部分：交流系统用瓷或玻璃绝缘子	行标	2019-5-1		DL/T 1000.1—2006	设计、运维	初设、运行	输电	线路	
3796	201.3-33	DL/T 1000.2—2015	标称电压高于1000V 架空线路用绝缘子使用导则 第2部分：直流系统用瓷或玻璃绝缘子	行标	2015-12-1		DL/T 1000.2—2006	设计、运维	初设、运行	输电	线路	
3797	201.3-34	DL/T 1000.3—2015	标称电压高于1000V 架空线路用绝缘子使用导则 第3部分：交流系统用棒形悬式复合绝缘子	行标	2015-12-1		DL/T 864—2004	设计、运维	初设、运行	输电	线路	

序号	体系结构号	标准编号	标准名称	标准级别	实施日期	与国际标准对应关系	代替标准	阶段	分阶段	专业	分专业	备注
3798	201.3-35	DL/T 1000.4—2018	标称电压高于1000V 架空线路绝缘子 使用导则 第4部分：直流系统用棒形悬式复合绝缘子	行标	2019-5-1			设计、运维	初设、运行	输电	线路	
3799	201.3-36	DL/T 1122—2009	架空输电线路外绝缘配置技术导则	行标	2009-12-1			设计、采购、建设、运维、修试、退役	初设、施工图、招标、品控、施工工艺、验收与质量评定、试运行、运行、维护、检修、试验、退役、报废	输电	线路	
3800	201.3-37	DL/T 1179—2021	1000kV 交流架空输电线路工频参数测量导则	行标	2022-3-22		DL/T 1179—2012	设计、采购、建设、运维、修试、退役	初设、招标、品控、施工工艺、验收与质量评定、试运行、运行、维护、检修、试验、退役、报废	输电	线路	
3801	201.3-38	DL/T 1293—2021	交流架空输电线路绝缘子并联间隙使用导则	行标	2022-3-22		DL/T 1293—2013	设计、采购、建设、运维、修试、退役	初设、施工图、招标、品控、施工工艺、验收与质量评定、试运行、运行、维护、检修、试验、退役、报废	输电	线路	
3802	201.3-39	DL/T 1378—2014	光纤复合架空地线（OPGW）防雷接地技术导则	行标	2015-3-1			设计、采购、建设、运维、修试、退役	初设、施工图、招标、品控、施工工艺、验收与质量评定、试运行、运行、维护、检修、试验、退役、报废	输电	其他	

序号	体系结构号	标准编号	标准名称	标准级别	实施日期	与国际标准对应关系	代替标准	阶段	分阶段	专业	分专业	备注
3803	201.3-40	DL/T 1519—2016	交流输电线路架空地线接地技术导则	行标	2016-6-1			设计、采购、建设、运维、修试、退役	初设、施工图、招标、品控、施工工艺、验收与质量评定、试运行、运行、维护、检修、试验、退役、报废	输电	其他	
3804	201.3-41	DL/T 1573—2016	电力电缆分布式光纤测温系统技术规范	行标	2016-7-1			设计、采购	初设、招标	输电	电缆	
3805	201.3-42	DL/T 1580—2021	交、直流复合绝缘子用芯体技术条件	行标	2022-6-22		DL/T 1580—2016	设计、采购、建设、运维、修试、退役	初设、施工图、招标、品控、施工工艺、验收与质量评定、试运行、运行、维护、检修、试验、退役、报废	输电	线路	
3806	201.3-43	DL/T 1676—2016	交流输电线路用避雷器选用导则	行标	2017-5-1			设计、采购、建设、运维、修试、退役	初设、施工图、招标、品控、施工工艺、验收与质量评定、试运行、运行、维护、检修、试验、退役、报废	输电	线路	
3807	201.3-44	DL/T 1784—2017	多雷区 110kV～500kV 交流同塔多回输电线路防雷技术导则	行标	2018-6-1			设计、采购、建设、运维、修试、退役	初设、施工图、招标、品控、施工工艺、验收与质量评定、试运行、运行、维护、检修、试验、退役、报废	输电	线路	
3808	201.3-45	DL/T 1840—2018	交流高压架空输电线路对短波无线电测向台（站）保护间距要求	行标	2018-7-1			设计	初设、施工图	输电	线路	

序号	体系结构号	标准编号	标准名称	标准级别	实施日期	与国际标准对应关系	代替标准	阶段	分阶段	专业	分专业	备注
3809	201.3-46	DL/T 1841—2018	交流高压架空输电线路与对空情报雷达站防护距离要求	行标	2018-7-1			设计	初设、施工图	输电	线路	
3810	201.3-47	DL/T 1888—2018	160kV～500kV挤包绝缘直流电缆使用技术规范	行标	2019-5-1			设计、运维	初设、运行	输电	电缆	
3811	201.3-48	DL/T 1897—2018	交、直流架空线路用长棒形瓷绝缘子串元件 使用导则	行标	2019-5-1			设计、运维	初设、运行	输电	线路	
3812	201.3-49	DL/T 2036—2019	高压交流架空输电线路可听噪声计算方法	行标	2019-10-1			规划、设计	规划、初设、施工图	输电	线路	
3813	201.3-50	DL/T 2044—2019	输电系统谐波引发谐振过电压计算导则	行标	2019-10-1			规划、设计	规划、初设、施工图	输电	线路	
3814	201.3-51	DL/T 2110—2020	交流架空线路防雷用自灭弧并联间隙选用导则	行标	2021-2-1			设计、采购、建设、运维、修试、退役	初设、施工图、招标、品控、施工工艺、验收与质量评定、试运行、运行、维护、检修、试验、退役、报废	输电	线路、其他	
3815	201.3-52	DL/T 2130—2020	海底电力电缆退扭装置通用技术条件	行标	2021-2-1			设计、采购、建设、运维、修试、退役	初设、施工图、招标、品控、施工工艺、验收与质量评定、试运行、运行、维护、检修、试验、退役、报废	输电、换流	线路、其他	

序号	体系结构号	标准编号	标准名称	标准级别	实施日期	与国际标准对应关系	代替标准	阶段	分阶段	专业	分专业	备注
3816	201.3-53	DL/T 2260—2021	电力用铜铝复合母线选用导则	行标	2021-10-26			设计、采购、建设、运维、修试、退役	初设、施工图、招标、品控、施工工艺、验收与质量评定、试运行、运行、维护、检修、试验、退役、报废	输电	线路	
3817	201.3-54	DL/T 2307—2021	高海拔交流输电线路用复合外套避雷器选用导则	行标	2021-10-26			设计、采购、建设、运维、修试、退役	初设、施工图、招标、品控、施工工艺、验收与质量评定、试运行、运行、维护、检修、试验、退役、报废	输电	线路	
3818	201.3-55	DL/T 2389—2021	覆冰地区架空输电线路绝缘子选用导则	行标	2022-3-22			设计、采购、建设、运维、修试、退役	初设、施工图、招标、品控、施工工艺、验收与质量评定、试运行、运行、维护、检修、试验、退役、报废	输电	线路	
3819	201.3-56	DL/T 2412—2021	电力电缆终端用绝缘油选用导则	行标	2022-3-22			设计、采购、建设、运维、修试、退役	初设、施工图、招标、品控、施工工艺、验收与质量评定、试运行、运行、维护、检修、试验、退役、报废	输电	线路	
3820	201.3-57	DL/T 2420—2021	架空输电线路导线舞动区域分布图绘制技术导则	行标	2022-3-22			设计、采购、建设、运维、修试、退役	初设、施工图、招标、品控、施工工艺、验收与质量评定、试运行、运行、维护、检修、试验、退役、报废	输电	线路	

序号	体系结构号	标准编号	标准名称	标准级别	实施日期	与国际标准对应关系	代替标准	阶段	分阶段	专业	分专业	备注
3821	201.3-58	DL/T 2435.1—2021	架空输电线路机载激光雷达测量技术规程 第1部分：数据采集与处理	行标	2022-3-22			设计、采购、建设、运维、修试、退役	初设、招标、品控、施工工艺、验收与质量评定、试运行、运行、维护、检修、试验、退役、报废	输电	线路	
3822	201.3-59	DL/T 2457—2021	海底电缆通道监控预警系统技术规范	行标	2022-6-22			设计、采购、建设、运维、修试、退役	初设、招标、品控、施工工艺、验收与质量评定、试运行、运行、维护、检修、试验、退役、报废	输电	线路	
3823	201.3-60	DL/T 5033—2006	输电线路对电信线路危险和干扰影响防护设计规程	行标	2006-10-1		DL 5033—1994；DL 5063—1996	设计	初设、施工图	输电	线路	
3824	201.3-61	DL/T 5040—2017	交流架空输电线路对无线电台影响防护设计规范	行标	2017-12-1		DL/T 5040—2006	设计	初设、施工图	输电	线路	
3825	201.3-62	DL/T 5049—2016	架空输电线路大跨越工程勘测技术规程	行标	2017-5-1		DL/T 5049—2006	设计	初设、施工图	输电	线路	
3826	201.3-63	DL/T 5076—2008	220kV及以下架空送电线路勘测技术规程	行标	2008-11-1		DL 5076—1997；DL 5146—2001	设计	初设、施工图	输电	线路	
3827	201.3-64	DL/T 5122—2000	500kV架空送电线路勘测技术规程	行标	2001-1-1		SDGJ 68—1987	设计	初设、施工图	输电	线路	

序号	体系结构号	标准编号	标准名称	标准级别	实施日期	与国际标准对应关系	代替标准	阶段	分阶段	专业	分专业	备注
3828	201.3-65	DL/T 5219—2023	架空输电线路基础设计规程	行标	2023-8-6		DL/T 5219—2005	设计、采购、建设、运维、修试、退役	初设、施工图、招标、品控、施工工艺、验收与质量评定、试运行、运行、维护、检修、试验、退役、报废	输电	线路	
3829	201.3-66	DL/T 5221—2016	城市电力电缆线路设计技术规定	行标	2016-12-1		DL/T 5221—2005	设计、采购、建设、运维、修试、退役	初设、施工图、招标、品控、施工工艺、验收与质量评定、试运行、运行、维护、检修、试验、退役、报废	输电	电缆	
3830	201.3-67	DL/T 5340—2015	直流架空输电线路对电信线路危险和干扰影响防护设计技术规程	行标	2015-12-1		DL/T 5340—2006	设计	初设、施工图	输电	线路	
3831	201.3-68	DL/T 5405—2021	城市电力电缆线路初步设计内容深度规定	行标	2021-10-26		DL/T 5405—2008	设计	初设、施工图	输电	线路	
3832	201.3-69	DL/T 5440—2020	重覆冰架空输电线路设计技术规程	行标	2021-2-3		DL/T 5440—2009	设计、采购、建设、运维、修试、退役	初设、施工图、招标、品控、施工工艺、验收与质量评定、试运行、运行、维护、检修、试验、退役、报废	输电	线路	
3833	201.3-70	DL/T 5442—2020	输电线路杆塔制图和构造规定	行标	2021-2-1		DL/T 5442—2010	设计、采购、建设、运维、修试、退役	初设、施工图、招标、品控、施工工艺、验收与质量评定、试运行、运行、维护、检修、试验、退役、报废	输电	线路、其他	

序号	体系结构号	标准编号	标准名称	标准级别	实施日期	与国际标准对应关系	代替标准	阶段	分阶段	专业	分专业	备注
3834	201.3-71	DL/T 5451—2012	架空输电线路工程初步设计内容深度规定	行标	2012-3-1			设计	初设	输电	线路	
3835	201.3-72	DL/T 5463—2012	110kV～750kV架空输电线路施工图设计内容深度规定	行标	2013-3-1			设计	施工图	输电	线路	
3836	201.3-73	DL/T 5484—2013	电力电缆隧道设计规程	行标	2014-4-1			设计、采购、建设、运维、修试、退役	初设、施工图、招标、品控、施工工艺、验收与质量评定、试运行、运行、维护、检修、试验、退役、报废	输电	电缆	
3837	201.3-74	DL/T 5486—2020	架空输电线路杆塔结构设计技术规程	行标	2021-2-1		DL/T 5486—2013；DL/T 5254—2010；DL/T 5130—2001	设计、采购、建设、运维、修试、退役	初设、施工图、招标、品控、施工工艺、验收与质量评定、试运行、运行、维护、检修、试验、退役、报废	输电	线路	
3838	201.3-75	DL/T 5490—2014	500kV交流海底电缆线路设计技术规程	行标	2014-11-1			设计、采购、建设、运维、修试、退役	初设、施工图、招标、品控、施工工艺、验收与质量评定、试运行、运行、维护、检修、试验、退役、报废	输电	电缆	
3839	201.3-76	DL/T 5501—2015	冻土地区架空输电线路基础设计技术规程	行标	2015-9-1			设计、采购、建设、运维、修试、退役	初设、施工图、招标、品控、施工工艺、验收与质量评定、试运行、运行、维护、检修、试验、退役、报废	输电	线路	
3840	201.3-77	DL/T 5509—2015	架空输电线路覆冰勘测规程	行标	2015-12-1			设计	初设、施工图	输电	线路	

序号	体系结构号	标准编号	标准名称	标准级别	实施日期	与国际标准对应关系	代替标准	阶段	分阶段	专业	分专业	备注
3841	201.3-78	DL/T 5514—2016	城市电力电缆线路施工图设计文件内容深度规定	行标	2016-12-1			设计	初设	输电	电缆	
3842	201.3-79	DL/T 5530—2017	特高压输变电工程水土保持方案内容深度规定	行标	2017-12-1			设计	初设、施工图	输电、变电、基础综合	其他	
3843	201.3-80	DL/T 5536—2017	直流架空输电线路对无线电台影响防护设计规范	行标	2018-3-1			设计	初设、施工图	输电、换流、基础综合	线路、其他	
3844	201.3-81	DL/T 5539—2018	采动影响区架空输电线路设计规范	行标	2018-7-1			设计、采购、建设、运维、修试、退役	初设、施工图、招标、品控、施工工艺、验收与质量评定、试运行、运行、维护、检修、试验、退役、报废	输电	线路	
3845	201.3-82	DL/T 5544—2018	架空输电线路锚杆基础设计规程	行标	2018-10-1			设计、采购、建设、运维、修试、退役	初设、施工图、招标、品控、施工工艺、验收与质量评定、试运行、运行、维护、检修、试验、退役、报废	输电	线路	
3846	201.3-83	DL/T 5551—2018	架空输电线路荷载规范	行标	2019-5-1			设计、采购、建设、运维、修试	初设、施工图、招标、品控、施工工艺、验收与质量评定、试运行、运行、维护、检修、试验	输电	线路	
3847	201.3-84	DL/T 5555—2019	海上架空输电线路设计技术规程	行标	2019-10-1			规划、设计	规划、初设、施工图	输电	线路	
3848	201.3-85	DL/T 5566—2019	架空输电线路工程勘测数据交换标准	行标	2020-5-1			规划、设计	规划、初设、施工图	输电	线路	

序号	体系结构号	标准编号	标准名称	标准级别	实施日期	与国际标准对应关系	代替标准	阶段	分阶段	专业	分专业	备注
3849	201.3-86	DL/T 5579—2020	架空输电线路复合横担杆塔设计规程	行标	2021-2-1			设计、采购、建设、运维、修试、退役	初设、施工图、招标、品控、施工工艺、验收与质量评定、试运行、运行、维护、检修、试验、退役、报废	输电	线路、其他	
3850	201.3-87	DL/T 5582—2020	架空输电线路电气设计规程	行标	2021-2-3			设计、采购、建设、运维、修试、退役	初设、施工图、招标、品控、施工工艺、验收与质量评定、试运行、运行、维护、检修、试验、退役、报废	换流	其他	
3851	201.3-88	DL/T 5598—2021	海底电缆工程初步设计文件内容深度规定	行标	2021-7-1			规划、设计	规划、初设、施工图	输电	线路	
3852	201.3-89	DL/T 5610—2021	输电网规划设计规程	行标	2021-10-26			规划、设计	规划、初设、施工图	基础综合		
3853	201.3-90	DL/T 5624—2021	海底电缆工程施工图设计文件内容深度规定	行标	2022-5-16			规划、设计	规划、初设、施工图	输电	线路	
3854	201.3-91	DL/T 5629—2021	架空输电线路钢骨钢管混凝土结构设计技术规程	行标	2022-6-22			规划、设计	规划、初设、施工图	输电	线路	
3855	201.3-92	DL/T 5631—2021	输电网规划设计内容深度规定	行标	2022-6-22			规划、设计	规划、初设、施工图	基础综合		
3856	201.3-93	DL/T 5708—2014	架空输电线路戈壁碎石土地基掏挖基础设计与施工技术导则	行标	2015-3-1			设计、采购、建设	初设、施工图、招标、品控、施工工艺、验收与质量评定、试运行	输电、基础综合	其他	
3857	201.3-94	JB/T 8996—2014	高压电缆选择导则	行标	2014-10-1		JB/T 8996—1999	设计、采购、运维、修试	初设、招标、运行、维护、试验	输电	电缆	

序号	体系结构号	标准编号	标准名称	标准级别	实施日期	与国际标准对应关系	代替标准	阶段	分阶段	专业	分专业	备注
3858	201.3-95	JB/T 10181.11—2014	电缆载流量计算 第11部分：载流量公式（100%负荷因数）和损耗计算 一般规定	行标	2014-10-1	IEC 60287-1-1:2006，IDT	JB/T 10181.1—2000	设计	初设、施工图	输电	电缆	
3859	201.3-96	JB/T 10181.12—2014	电缆载流量计算 第12部分：载流量公式（100%负荷因数）和损耗计算 双回路平面排列电缆金属套涡流损耗因数	行标	2014-10-1	IEC 60287-1-2:1993，IDT	JB/T 10181.2—2000	设计	初设、施工图	输电	电缆	
3860	201.3-97	JB/T 10181.21—2014	电缆载流量计算 第21部分：热阻 热阻的计算	行标	2014-10-1	IEC 60287-2-1:2006，IDT	JB/T 10181.3—2000	设计	初设、施工图	输电	电缆	
3861	201.3-98	JB/T 10181.22—2014	电缆载流量计算 第22部分：热阻 自由空气中不受到日光直接照射的电缆群载流量降低因数的计算	行标	2014-10-1	IEC 60287-2-2:1995，IDT	JB/T 10181.4—2000	设计	初设、施工图	输电	电缆	
3862	201.3-99	JB/T 10181.31—2014	电缆载流量计算 第31部分：运行条件相关 基准运行条件和电缆选型	行标	2014-10-1	IEC 60287-3-1:1999，IDT	JB/T 10181.5—2000	设计	初设、施工图	输电	电缆	
3863	201.3-100	JB/T 10181.32—2014	电缆载流量计算 第32部分：运行条件相关 电力电缆截面的经济优化选择	行标	2014-10-1	IEC 60287-3-2:1995，IDT	JB/T 10181.6—2000	设计	初设、施工图	输电	电缆	

序号	体系结构号	标准编号	标准名称	标准级别	实施日期	与国际标准对应关系	代替标准	阶段	分阶段	专业	分专业	备注
3864	201.3-101	JB/T 12065—2014	高海拔覆冰地区盘型悬式绝缘子片数选择导则	行标	2014-11-1			设计、采购、建设、运维、修试、退役	初设、施工图、招标、品控、施工工艺、验收与质量评定、试运行、运行、维护、检修、试验、退役、报废	输电	线路	
3865	201.3-102	JB/T 12066—2014	高海拔污秽地区盘型悬式绝缘子片数选择导则	行标	2014-11-1			设计、采购、建设、运维、修试、退役	初设、施工图、招标、品控、施工工艺、验收与质量评定、试运行、运行、维护、检修、试验、退役、报废	输电	线路	
3866	201.3-103	NB/T 10675—2021	110kV 多端输电线路保护装置标准化设计规范	行标	2021-10-26			设计、采购、运维、修试	初设、招标、运行、维护、试验	输电	电缆	
3867	201.3-104	NB/T 10977—2022	输电线路在线监测设计规程	行标	2022-11-13			设计、采购、运维、修试	初设、招标、运行、维护、试验	输电	线路	
3868	201.3-105	NB/T 42165—2018	多端线路保护技术要求	行标	2018-10-1			设计、采购、建设、运维、修试、退役	初设、施工图、招标、品控、施工工艺、验收与质量评定、试运行、运行、维护、检修、试验、退役、报废	输电	线路	
3869	201.3-106	SY/T 10017—2017	海底电缆地震资料采集技术规程	行标	2017-8-1			设计	初设、施工图	输电	电缆	
3870	201.3-107	GB 50061—2010	66kV 及以下架空电力线路设计规范	国标	2010-7-1		GB 50061—1997	设计、采购、建设、运维、修试、退役	初设、施工图、招标、品控、施工工艺、验收与质量评定、试运行、运行、维护、检修、试验、退役、报废	输电	线路	

序号	体系结构号	标准编号	标准名称	标准级别	实施日期	与国际标准对应关系	代替标准	阶段	分阶段	专业	分专业	备注
3871	201.3-108	GB 50217—2018	电力工程电缆设计标准	国标	2018-9-1		GB 50217—2007	设计、采购、建设、运维、修试、退役	初设、施工图、招标、品控、施工工艺、验收与质量评定、试运行、运行、维护、检修、试验、退役、报废	输电	电缆	
3872	201.3-109	GB 50289—2016	城市工程管线综合规划规范	国标	2016-12-1			设计	初设	输电	电缆	
3873	201.3-110	GB 50545—2010	110kV～750kV架空输电线路设计规范	国标	2010-7-1			设计、采购、建设、运维、修试、退役	初设、施工图、招标、品控、施工工艺、验收与质量评定、试运行、运行、维护、检修、试验、退役、报废	输电	线路	
3874	201.3-111	GB 50665—2011	1000kV架空输电线路设计规范	国标	2012-5-1			设计、采购、建设、运维、修试、退役	初设、施工图、招标、品控、施工工艺、验收与质量评定、试运行、运行、维护、检修、试验、退役、报废	输电	线路	
3875	201.3-112	GB 50790—2013	±800kV 直流架空输电线路设计规范（2019年版）	国标	2020-3-1		GB 50790—2013	设计、采购、建设、运维、修试、退役	初设、施工图、招标、品控、施工工艺、验收与质量评定、试运行、运行、维护、检修、试验、退役、报废	输电、换流	线路、其他	本标准中有7条（款）为强制性条文，必须严格执行
3876	201.3-113	GB/T 4056—2019	绝缘子串元件的球窝联接尺寸	国标	2020-7-1	IEC 60120:1984, IDT	GB/T 4056—2008	设计、采购、建设、运维、修试、退役	初设、施工图、招标、品控、施工工艺、验收与质量评定、试运行、运行、维护、检修、试验、退役、报废	输电	线路	

序号	体系结构号	标准编号	标准名称	标准级别	实施日期	与国际标准对应关系	代替标准	阶段	分阶段	专业	分专业	备注
3877	201.3-114	GB/T 15707—2017	高压交流架空输电线路无线电干扰限值	国标	2018-7-1		GB 15707—1995	设计	初设、施工图	输电	线路	
3878	201.3-115	GB/T 17502—2009	海底电缆管道路由勘察规范	国标	2010-4-1		GB 17502—1998	规划、设计	规划、初设、施工图	输电	电缆	
3879	201.3-116	GB/T 29782—2013	电线电缆环境意识设计导则	国标	2012-2-1			设计	初设、施工图	输电	线路、电缆	
3880	201.3-117	GB/T 36551—2018	同心绞架空导线性能计算方法	国标	2019-2-1			设计	初设、施工图	输电	线路	
3881	201.3-118	GB/T 41141—2021	高压海底电缆风险评估导则	国标	2022-7-1			规划	规划	输电	线路	
3882	201.3-119	GB/T 42001—2022	高压输变电工程外绝缘放电电压海拔校正方法	国标	2023-5-1			规划	规划	输电	线路	
3883	201.3-120	GB/T 50548—2018	330kV～750kV架空输电线路勘测标准	国标	2019-3-1		GB 50548—2010	设计	初设、施工图	输电	线路	
3884	201.3-121	GB/T 51190—2016	海底电力电缆输电工程设计规范	国标	2017-7-1			设计、采购、建设、运维、修试、退役	初设、施工图、招标、品控、施工工艺、验收与质量评定、试运行、运行、维护、检修、试验、退役、报废	输电	电缆	
3885	201.3-122	GB/Z 37627.1—2019	架空电力线路和高压设备的无线电干扰特性 第1部分：现象描述	国标	2020-1-1			规划、设计	规划、初设、施工图	输电	线路	
3886	201.3-123	GB/Z 37627.3—2019	架空电力线路和高压设备的无线电干扰特性 第3部分：减少无线电噪声至最小程度的实施规程	国标	2020-1-1			规划、设计	规划、初设、施工图	输电	线路	

序号	体系结构号	标准编号	标准名称	标准级别	实施日期	与国际标准对应关系	代替标准	阶段	分阶段	专业	分专业	备注
3887	201.3-124	IEC 60853-3—2002	电缆周期性和事故电流定额的计算 第3部分：带有局部干燥土壤的一切电压电缆的周期性定额因数	国际标准	2002-2-18			规划、设计、运维	规划、初设、施工图、运行	输电	电缆	
201.4 规划设计—变电												
3888	201.4-1	Q/CSG 11006—2009	数字化变电站技术规范	企标	2009-11-26			规划、设计、运维、修试、退役	规划、初设、施工图、运行、检修、试验、退役、报废	变电	其他	
3889	201.4-2	Q/CSG 11511—2010	±800kV直流换流站设计技术规程	企标	2010-6-1			设计、采购、建设、运维、修试、退役	初设、施工图、招标、品控、施工工艺、验收与质量评定、试运行、运行、维护、检修、试验、退役、报废	换流	换流阀、换流变压器、其他	
3890	201.4-3	Q/CSG 11513—2010	±800kV直流接地极设计技术规程	企标	2010-6-1			设计、采购、建设、运维、修试、退役	初设、施工图、招标、品控、施工工艺、验收与质量评定、试运行、运行、维护、检修、试验、退役、报废	换流	其他	
3891	201.4-4	Q/CSG 11514—2010	±800kV直流阀厅设计技术规程	企标	2010-6-1			设计、采购、建设、运维、修试、退役	初设、施工图、招标、品控、施工工艺、验收与质量评定、试运行、运行、维护、检修、试验、退役、报废	换流	换流阀、其他	

序号	体系结构号	标准编号	标准名称	标准级别	实施日期	与国际标准对应关系	代替标准	阶段	分阶段	专业	分专业	备注
3892	201.4-5	Q/CSG 11515—2010	±800kV 换流站交直流场设计技术规程	企标	2010-1-1			设计、采购、建设、运维、修试、退役	初设、施工图、招标、品控、施工工艺、验收与质量评定、试运行、运行、维护、检修、试验、退役、报废	换流、变电	换流阀、换流变压器、其他、变压器、互感器、电抗器、开关、避雷器、其他	
3893	201.4-6	Q/CSG 1107001—2018	南方电网35kV～500kV 变电站装备技术导则(变电一次分册)	企标	2018-8-7		Q/CSG 1203004.1—2014	规划、设计、运维、修试、退役	规划、初设、施工图、运行、检修、试验、退役、报废	变电	其他	
3894	201.4-7	Q/CSG 1201025—2020	南方电网智能变电站设计技术导则	企标	2020-3-31			规划、设计、运维、修试、退役	规划、初设、施工图、运行、检修、试验、退役、报废	变电	其他	
3895	201.4-8	Q/CSG 1201026—2020	±800kV 特高压柔性直流换流站阀厅电气设计原则	企标	2020-6-30			设计、采购、建设、运维、修试、退役	初设、施工图、招标、品控、施工工艺、验收与质量评定、试运行、运行、维护、检修、试验、退役、报废	换流	换流阀、其他	
3896	201.4-9	Q/CSG 1201032—2021	特高压换流站抗震设计规范(试行)	企标	2021-12-30			规划、设计、运维、修试、退役	规划、初设、施工图、运行、检修、试验、退役、报废	变电	其他	
3897	201.4-10	Q/CSG 1203086—2021	220kV 变压器保护技术规范	企标	2021-12-30			规划、设计、运维、修试、退役	规划、初设、施工图、运行、检修、试验、退役、报废	变电	其他	
3898	201.4-11	Q/CSG 1204095—2021	±800kV 特高压多端直流运行接线方式技术规范（试行）	企标	2021-7-30			规划、设计、运维、修试、退役	规划、初设、施工图、运行、检修、试验、退役、报废	变电	其他	

序号	体系结构号	标准编号	标准名称	标准级别	实施日期	与国际标准对应关系	代替标准	阶段	分阶段	专业	分专业	备注
3899	201.4-12	Q/CSG 1204103—2021	多端直流站控系统功能配置规范（试行）	企标	2021-9-30			设计、采购、建设、运维、修试、退役	初设、施工图、招标、品控、施工工艺、验收与质量评定、试运行、运行、维护、检修、试验、退役、报废	换流	换流阀、换流变压器、其他	
3900	201.4-13	T/CEC 245—2019	变电站继电保护接地技术规范	团标	2020-1-1			规划、设计、运维、修试、退役	规划、初设、施工图、运行、检修、试验、退役、报废	变电	变压器、互感器、电抗器、开关、避雷器、其他	
3901	201.4-14	T/CEC 506—2021	电力电子设备用大容量干式高频变压器设计规范	团标	2021-10-1			规划、设计、运维、修试、退役	规划、初设、施工图、运行、检修、试验、退役、报废	变电	其他	
3902	201.4-15	T/CEC 694—2022	变电站二次系统数字化设计编码规范	团标	2023-2-1			规划、设计、运维、修试、退役	规划、初设、施工图、运行、检修、试验、退役、报废	变电	其他	
3903	201.4-16	T/CEC 5016—2020	变电站场地勘测技术规程	团标	2020-10-1			规划、设计、运维、修试、退役	规划、初设、施工图、运行、检修、试验、退役、报废	变电	其他	
3904	201.4-17	T/CEC 5056.1—2021	输变电工程三维设计建模规范 第1部分：变电站（换流站）	团标	2021-10-1			规划、设计、运维、修试、退役	规划、初设、施工图、运行、检修、试验、退役、报废	变电	其他	
3905	201.4-18	T/CEC 5057.1—2021	输变电工程三维设计应用范围和深度规定 第1部分：变电站（换流站）	团标	2021-10-1			规划、设计、运维、修试、退役	规划、初设、施工图、运行、检修、试验、退役、报废	变电	其他	

序号	体系结构号	标准编号	标准名称	标准级别	实施日期	与国际标准对应关系	代替标准	阶段	分阶段	专业	分专业	备注
3906	201.4-19	T/CEC 5061—2021	±800kV 及以上特高压直流工程阀厅设计导则	团标	2022-3-1			规划、设计、运维、修试、退役	规划、初设、施工图、运行、检修、试验、退役、报废	变电	其他	
3907	201.4-20	T/CES 108—2022	气体绝缘金属封闭开关设备用双断口隔离开关	团标	2022-10-1			设计、采购、运维	初设、施工图、招标、运行、维护	变电	开关	
3908	201.4-21	T/CSEE 0030—2017	±800kV 特高压直流工程换流站消防设计导则	团标	2018-5-1			设计、采购、建设、运维、修试、退役	初设、施工图、招标、品控、施工工艺、验收与质量评定、试运行、运行、维护、检修、试验、退役、报废	换流	换流阀、换流变压器、其他	
3909	201.4-22	T/CSEE 0106—2019	变电站电气设备抗震设计规范	团标	2019-3-1			设计、采购、建设、运维、修试、退役	初设、施工图、招标、品控、施工工艺、验收与质量评定、试运行、运行、维护、检修、试验、退役、报废	变电	变压器、互感器、电抗器、开关、避雷器、其他	
3910	201.4-23	T/CSEE 0153—2020	变电站建（构）筑物装配式设计技术规程	团标	2020-1-15			设计、采购、建设、运维、修试、退役	初设、施工图、招标、品控、施工工艺、验收与质量评定、试运行、运行、维护、检修、试验、退役、报废	变电	变压器、互感器、电抗器、开关、避雷器、其他	
3911	201.4-24	T/CSEE 0259—2021	晶闸管控制变压器（TCT）型可控电抗器装置应用导则	团标	2021-9-17			设计、采购、建设、运维、修试、退役	初设、施工图、招标、品控、施工工艺、验收与质量评定、试运行、运行、维护、检修、试验、退役、报废	变电	其他	

序号	体系结构号	标准编号	标准名称	标准级别	实施日期	与国际标准对应关系	代替标准	阶段	分阶段	专业	分专业	备注
3912	201.4-25	T/DIPA 13—2022	柔性直流输电阀级控制设备技术规范(简体中文版)	团标	2023-1-1			采购、运维	招标、品控、运行、维护	调度及二次	其他	
3913	201.4-26	T/DIPA 14—2022	柔性直流输电阀级控制设备技术规范(繁体中文版)	团标	2023-1-1			采购、运维、修试	招标、品控、运行、维护、检修、试验	调度及二次	继电保护及安全自动装置	
3914	201.4-27	T/DIPA 15—2022	柔性直流输电阀级控制设备技术规范（英文版）	团标	2023-1-1			设计、采购、修试	初设、施工图、招标、品控、试验	调度及二次	继电保护及安全自动装置	
3915	201.4-28	DL/T 275—2012	±800kV 特高压直流换流站电磁环境限值	行标	2012-3-1			设计	初设、施工图	换流	其他	
3916	201.4-29	DL/T 437—2012	高压直流接地极技术导则	行标	2012-3-1		DL/T 437—1991	设计、采购、建设、运维、修试、退役	初设、施工图、招标、品控、施工工艺、验收与质量评定、试运行、运行、维护、检修、试验、退役、报废	换流	其他	
3917	201.4-30	DL/T 615—2013	高压交流断路器参数选用导则	行标	2014-4-1		DL/T 615—1997	设计、采购、建设、运维、修试、退役	初设、施工图、招标、品控、施工工艺、验收与质量评定、试运行、运行、维护、检修、试验、退役、报废	变电	开关	
3918	201.4-31	DL/T 672—2017	变电站及配电线路用电压无功调节控制系统使用技术条件	行标	2018-6-1		DL/T 672—1999	设计、采购、建设、运维、修试、退役	初设、施工图、招标、品控、施工工艺、验收与质量评定、试运行、运行、维护、检修、试验、退役、报废	变电	开关	

序号	体系结构号	标准编号	标准名称	标准级别	实施日期	与国际标准对应关系	代替标准	阶段	分阶段	专业	分专业	备注
3919	201.4-32	DL/T 728—2013	气体绝缘金属封闭开关设备选用导则	行标	2014-4-1		DL/T 728—2000	设计、采购、建设、运维、修试、退役	初设、施工图、招标、品控、施工工艺、验收与质量评定、试运行、运行、维护、检修、试验、退役、报废	变电	变压器、互感器、电抗器、开关、避雷器、其他	
3920	201.4-33	DL/T 866—2015	电流互感器和电压互感器选择及计算规程	行标	2015-9-1		DL/T 866—2004	设计、采购、建设、运维、修试、退役	初设、施工图、招标、品控、施工工艺、验收与质量评定、试运行、运行、维护、检修、试验、退役、报废	变电	互感器	
3921	201.4-34	DL/T 1010.1—2006	高压静止无功补偿装置 第1部分：系统设计	行标	2007-3-1			设计、采购、运维	初设、招标、品控、运行、维护	变电	其他	
3922	201.4-35	DL/T 1087—2008	±800kV 特高压直流换流站二次设备抗扰度要求	行标	2008-11-1			设计、采购、建设	初设、施工图、招标、品控、施工工艺、验收与质量评定、试运行	换流	其他	
3923	201.4-36	DL/T 1219—2013	串联电容器补偿装置 设计导则	行标	2013-8-1			设计、采购、建设、运维、修试、退役	初设、施工图、招标、品控、施工工艺、验收与质量评定、试运行、运行、维护、检修、试验、退役、报废	变电	其他	
3924	201.4-37	DL/T 1535—2016	10kV～35kV 干式空心限流电抗器使用导则	行标	2016-6-1			设计	初设	变电	电抗器	

序号	体系结构号	标准编号	标准名称	标准级别	实施日期	与国际标准对应关系	代替标准	阶段	分阶段	专业	分专业	备注
3925	201.4-38	DL/T 1873—2018	智能变电站系统配置描述（SCD）文件技术规范	行标	2018-10-1			设计、采购、建设、运维、修试、退役	初设、施工图、招标、品控、施工工艺、验收与质量评定、试运行、运行、维护、检修、试验、退役、报废	变电	变压器、互感器、电抗器、开关、避雷器、其他	
3926	201.4-39	DL/T 1875—2018	智能变电站即插即用接口规范	行标	2018-10-1			设计、采购、建设、运维、修试、退役	初设、施工图、招标、品控、施工工艺、验收与质量评定、试运行、运行、维护、检修、试验、退役、报废	变电	变压器、互感器、电抗器、开关、避雷器、其他	
3927	201.4-40	DL/T 2084—2020	直流换流站阀厅电磁兼容导则	行标	2021-2-1			设计、采购、建设、运维、修试、退役	初设、施工图、招标、品控、施工工艺、验收与质量评定、试运行、运行、维护、检修、试验、退役、报废	变电	变压器、互感器、电抗器、开关、避雷器、其他	
3928	201.4-41	DL/T 2227—2021	±800kV 及以上特高压直流系统用高压直流转换开关选用导则	行标	2021-7-1			设计、采购、建设、运维、修试、退役	初设、施工图、招标、品控、施工工艺、验收与质量评定、试运行、运行、维护、检修、试验、退役、报废	变电	开关	
3929	201.4-42	DL/T 2239—2021	变电站巡检机器人检测技术规范	行标	2021-7-1			设计、采购、建设、运维、修试、退役	初设、施工图、招标、品控、施工工艺、验收与质量评定、试运行、运行、维护、检修、试验、退役、报废	变电	其他	

序号	体系结构号	标准编号	标准名称	标准级别	实施日期	与国际标准对应关系	代替标准	阶段	分阶段	专业	分专业	备注
3930	201.4-43	DL/T 2325—2021	变电站防雷及接地装置状态评价导则	行标	2022-3-22			设计、采购、建设、运维、修试、退役	初设、施工图、招标、品控、施工工艺、验收与质量评定、试运行、运行、维护、检修、试验、退役、报废	变电	避雷器	
3931	201.4-44	DL/T 2449—2021	柔性变电站技术导则	行标	2022-6-22			设计、采购、建设、运维、修试、退役	初设、施工图、招标、品控、施工工艺、验收与质量评定、试运行、运行、维护、检修、试验、退役、报废	变电	其他	
3932	201.4-45	DL/T 5014—2010	330kV～750kV变电站无功补偿装置设计技术规定	行标	2010-12-15		DL/T 5014—1992	设计、采购、建设、运维、修试、退役	初设、施工图、招标、品控、施工工艺、验收与质量评定、试运行、运行、维护、检修、试验、退役、报废	变电	电抗器、其他	
3933	201.4-46	DL/T 5043—2010	高压直流换流站初步设计内容深度规定	行标	2010-12-15			设计	初设	换流	换流阀、换流变压器、其他	
3934	201.4-47	DL/T 5056—2007	变电站总布置设计技术规程	行标	2008-6-1		DL/T 5056—1996	设计、采购、建设、运维、修试、退役	初设、施工图、招标、品控、施工工艺、验收与质量评定、试运行、运行、维护、检修、试验、退役、报废	变电	变压器、互感器、电抗器、开关、避雷器、其他	
3935	201.4-48	DL/T 5103—2012	35kV～220kV无人值班变电站设计技术规程	行标	2012-3-1		DL/T 5103—1999	设计、采购、建设、运维、修试、退役	初设、施工图、招标、品控、施工工艺、验收与质量评定、试运行、运行、维护、检修、试验、退役、报废	变电	变压器、互感器、电抗器、开关、避雷器、其他	

序号	体系结构号	标准编号	标准名称	标准级别	实施日期	与国际标准对应关系	代替标准	阶段	分阶段	专业	分专业	备注
3936	201.4-49	DL/T 5119—2021	农村变电站设计技术规程	行标	2021-10-26		DL/T 5119—2000	设计、采购、建设、运维、修试、退役	初设、施工图、招标、品控、施工工艺、验收与质量评定、试运行、运行、维护、检修、试验、退役、报废	变电	其他	
3937	201.4-50	DL/T 5143—2018	变电站和换流站给水排水设计规程	行标	2019-5-1		DL/T 5143—2002	设计、采购、建设、运维、退役	初设、施工图、招标、品控、施工工艺、验收与质量评定、试运行、运行、维护、退役、报废	变电	其他	
3938	201.4-51	DL/T 5155—2016	220kV～1000kV变电站站用电设计技术规程	行标	2016-12-1		DL/T 5155—2002	设计、采购、建设、运维、修试、退役	初设、施工图、招标、品控、施工工艺、验收与质量评定、试运行、运行、维护、检修、试验、退役、报废	变电	其他	
3939	201.4-52	DL/T 5170—2015	变电站岩土工程勘测技术规程	行标	2015-9-1		DL/T 5170—2002	设计	初设、施工图	变电	其他	
3940	201.4-53	DL/T 5216—2017	35kV～220kV城市地下变电站设计规程	行标	2018-3-1		DL/T 5216—2005	设计、采购、建设、运维、修试、退役	初设、施工图、招标、品控、施工工艺、验收与质量评定、试运行、运行、维护、检修、试验、退役、报废	变电	变压器、互感器、电抗器、开关、避雷器、其他	
3941	201.4-54	DL/T 5218—2012	220kV～750kV变电站设计技术规程	行标	2012-12-1		DL/T 5218—2005	设计、采购、建设、运维、修试、退役	初设、施工图、招标、品控、施工工艺、验收与质量评定、试运行、运行、维护、检修、试验、退役、报废	变电	变压器、互感器、电抗器、开关、避雷器、其他	

序号	体系结构号	标准编号	标准名称	标准级别	实施日期	与国际标准对应关系	代替标准	阶段	分阶段	专业	分专业	备注
3942	201.4-55	DL/T 5242—2010	35kV ～ 220kV 变电站无功补偿装置设计技术规定	行标	2010-10-1			设计、采购、建设、运维、修试、退役	初设、施工图、招标、品控、施工工艺、验收与质量评定、试运行、运行、维护、检修、试验、退役、报废	变电	变压器、互感器、电抗器、开关、避雷器、其他	
3943	201.4-56	DL/T 5393—2023	高压直流换流站接入系统设计内容深度规定	行标	2023-8-6		DL/T 5393—2007	设计	初设、施工图	换流、变电、输电	换流阀、换流变压器、变压器、互感器、电抗器、开关、避雷器、线路、电缆、其他	
3944	201.4-57	DL/T 5426—2020	±800kV 高压直流输电系统成套设计规程	行标	2021-2-1		DL/T 5426—2009	设计	初设、施工图	换流、变电、输电	换流阀、换流变压器、变压器、互感器、电抗器、开关、避雷器、线路、电缆、其他	
3945	201.4-58	DL/T 5430—2009	无人值班变电站远方监控中心设计技术规程	行标	2009-12-1		SDJ 161—1985	设计	初设、施工图	换流、变电、输电	换流阀、换流变压器、变压器、互感器、电抗器、开关、避雷器、线路、电缆、其他	
3946	201.4-59	DL/T 5452—2012	变电工程初步设计内容深度规定	行标	2012-3-1			设计	初设	变电	变压器、互感器、电抗器、开关、避雷器、其他	

序号	体系结构号	标准编号	标准名称	标准级别	实施日期	与国际标准对应关系	代替标准	阶段	分阶段	专业	分专业	备注
3947	201.4-60	DL/T 5453—2020	串补站设计技术规程	行标	2021-2-1		DL/T 5453—2012	规划、设计	规划、初设、施工图	基础综合		
3948	201.4-61	DL/T 5457—2012	变电站建筑结构设计技术规程	行标	2012-12-1			设计、采购、建设、运维、修试、退役	初设、施工图、招标、品控、施工工艺、验收与质量评定、试运行、运行、维护、检修、试验、退役、报废	变电	其他	
3949	201.4-62	DL/T 5458—2012	变电工程施工图设计内容深度规定	行标	2013-3-1			设计	施工图	变电	变压器、互感器、电抗器、开关、避雷器、其他	
3950	201.4-63	DL/T 5459—2012	换流站建筑结构设计技术规程	行标	2013-3-1			设计、采购、建设、运维、修试、退役	初设、施工图、招标、品控、施工工艺、验收与质量评定、试运行、运行、维护、检修、试验、退役、报废	换流	其他	
3951	201.4-64	DL/T 5460—2012	换流站站用电设计技术规定	行标	2013-3-1			设计、采购、建设、运维、修试、退役	初设、施工图、招标、品控、施工工艺、验收与质量评定、试运行、运行、维护、检修、试验、退役、报废	换流	其他	
3952	201.4-65	DL/T 5495—2015	35kV ～ 110kV户内变电站设计规程	行标	2015-9-1			设计、采购、建设、运维、修试、退役	初设、施工图、招标、品控、施工工艺、验收与质量评定、试运行、运行、维护、检修、试验、退役、报废	变电	变压器、互感器、电抗器、开关、避雷器、其他	

序号	体系结构号	标准编号	标准名称	标准级别	实施日期	与国际标准对应关系	代替标准	阶段	分阶段	专业	分专业	备注
3953	201.4-66	DL/T 5496—2015	220kV～500kV户内变电站设计规程	行标	2015-9-1			设计、采购、建设、运维、修试、退役	初设、施工图、招标、品控、施工工艺、验收与质量评定、试运行、运行、维护、检修、试验、退役、报废	变电	变压器、互感器、电抗器、开关、避雷器、其他	
3954	201.4-67	DL/T 5498—2015	330kV～500kV无人值班变电站设计技术规程	行标	2015-9-1			设计、采购、建设、运维、修试、退役	初设、施工图、招标、品控、施工工艺、验收与质量评定、试运行、运行、维护、检修、试验、退役、报废	变电	变压器、互感器、电抗器、开关、避雷器、其他	
3955	201.4-68	DL/T 5502—2015	串补站初步设计内容深度规定	行标	2015-12-1			设计	初设	变电	其他	
3956	201.4-69	DL/T 5503—2015	直流换流站施工图设计内容深度规定	行标	2015-12-1			设计	施工图	换流	换流阀、换流变压器、其他	
3957	201.4-70	DL/T 5510—2016	智能变电站设计技术规定	行标	2016-6-1			设计、采购、建设、运维、修试、退役	初设、施工图、招标、品控、施工工艺、验收与质量评定、试运行、运行、维护、检修、试验、退役、报废	变电	变压器、互感器、电抗器、开关、避雷器、其他	
3958	201.4-71	DL/T 5517—2016	串补站施工图设计文件内容深度规定	行标	2016-12-1			设计	施工图	变电	其他	
3959	201.4-72	DL/T 5520—2016	变电工程施工组织大纲设计导则	行标	2017-5-1			设计	施工图	变电	变压器、互感器、电抗器、开关、避雷器、其他	

序号	体系结构号	标准编号	标准名称	标准级别	实施日期	与国际标准对应关系	代替标准	阶段	分阶段	专业	分专业	备注
3960	201.4-73	DL/T 5526—2017	换流站噪声控制设计规程	行标	2017-8-1			设计、采购、建设、运维、修试、退役	初设、施工图、招标、品控、施工工艺、验收与质量评定、试运行、运行、维护、检修、试验、退役、报废	换流	其他	
3961	201.4-74	DL/T 5529—2017	电力系统串联电容补偿系统设计规程	行标	2017-12-1			设计、采购、建设、运维、修试、退役	初设、施工图、招标、品控、施工工艺、验收与质量评定、试运行、运行、维护、检修、试验、退役、报废	变电	其他	
3962	201.4-75	DL/T 5561—2019	换流站接地极设计文件内容深度规定	行标	2019-10-1			设计、采购、建设、运维、修试、退役	初设、施工图、招标、品控、施工工艺、验收与质量评定、试运行、运行、维护、检修、试验、退役、报废	换流	其他	
3963	201.4-76	DL/T 5562—2019	换流站阀冷系统设计技术规程	行标	2019-10-1			设计、采购、建设、运维、修试、退役	初设、施工图、招标、品控、施工工艺、验收与质量评定、试运行、运行、维护、检修、试验、退役、报废	换流	换流阀	
3964	201.4-77	DL/T 5563—2019	换流站监控系统设计规程	行标	2019-10-1			设计、采购、建设、运维、修试、退役	初设、施工图、招标、品控、施工工艺、验收与质量评定、试运行、运行、维护、检修、试验、退役、报废	换流	其他	

序号	体系结构号	标准编号	标准名称	标准级别	实施日期	与国际标准对应关系	代替标准	阶段	分阶段	专业	分专业	备注
3965	201.4-78	DL/T 5583—2020	换流站直流场配电装置设计规程	行标	2021-2-4			设计、采购、建设、运维、修试、退役	初设、施工图、招标、品控、施工工艺、验收与质量评定、试运行、运行、维护、检修、试验、退役、报废	换流	其他	
3966	201.4-79	DL/T 5584—2020	换流站导体和电器选择设计规程	行标	2021-2-5			设计、采购、建设、运维、修试、退役	初设、施工图、招标、品控、施工工艺、验收与质量评定、试运行、运行、维护、检修、试验、退役、报废	换流	其他	
3967	201.4-80	DL/T 5586—2020	换流站辅助控制系统设计规程	行标	2021-2-7			设计、采购、建设、运维、修试、退役	初设、施工图、招标、品控、施工工艺、验收与质量评定、试运行、运行、维护、检修、试验、退役、报废	换流	其他	
3968	201.4-81	DL/T 5602—2021	户内变电站建筑结构设计规程	行标	2021-10-26			设计、采购、建设、运维、修试、退役	初设、施工图、招标、品控、施工工艺、验收与质量评定、试运行、运行、维护、检修、试验、退役、报废	换流	其他	
3969	201.4-82	DL/T 5606—2021	220kV～750kV限流串抗站设计规程	行标	2021-10-26			设计、采购、建设、运维、修试、退役	初设、施工图、招标、品控、施工工艺、验收与质量评定、试运行、运行、维护、检修、试验、退役、报废	换流	其他	

序号	体系结构号	标准编号	标准名称	标准级别	实施日期	与国际标准对应关系	代替标准	阶段	分阶段	专业	分专业	备注
3970	201.4-83	DL/T 5735—2016	1000kV 可控并联电抗器设计技术导则	行标	2016-12-1			设计、采购、建设、运维、修试、退役	初设、施工图、招标、品控、施工工艺、验收与质量评定、试运行、运行、维护、检修、试验、退役、报废	变电	电抗器	
3971	201.4-84	NB/T 10976—2022	高压电气设备减隔震设计规程	行标	2022-11-13			设计、采购、建设、运维、修试、退役	初设、施工图、招标、品控、施工工艺、验收与质量评定、试运行、运行、维护、检修、试验、退役、报废	变电	电抗器	
3972	201.4-85	NB/T 11163—2023	统一潮流控制器（UPFC）工程设计规程	行标	2023-8-6			规划、设计、采购、建设、运维	初设、施工图、施工工艺、验收与质量评定、试运行、运行、维护	发电、输电、变电、配电	火电、水电、光伏、风电、储能、其他	
3973	201.4-86	NB/T 11164—2023	±800kV 柔性直流换流站设计规程	行标	2023-8-6			设计、采购、建设、运维、修试、退役	初设、施工图、招标、品控、施工工艺、验收与质量评定、试运行、运行、维护、检修、试验、退役、报废	换流	换流阀、换流变压器、其他	
3974	201.4-87	NB/T 42155—2018	高原用交流40.5kV 金属封闭开关设备最小安全距离	行标	2018-10-1			设计、采购、建设、运维	初设、施工图、招标、品控、施工工艺、验收与质量评定、试运行、运行、维护	变电	开关	
3975	201.4-88	GB 50059—2011	35kV ～ 110kV 变电站设计规范	国标	2012-8-1		GB 50059—1992	设计、采购、建设、运维、修试、退役	初设、施工图、招标、品控、施工工艺、验收与质量评定、试运行、运行、维护、检修、试验、退役、报废	变电	变压器、互感器、电抗器、开关、避雷器、其他	

序号	体系结构号	标准编号	标准名称	标准级别	实施日期	与国际标准对应关系	代替标准	阶段	分阶段	专业	分专业	备注
3976	201.4-89	GB 50227—2017	并联电容器装置设计规范	国标	2017-11-1		GB 50227—2008	设计、采购、建设、运维、修试、退役	初设、施工图、招标、品控、施工工艺、验收与质量评定、试运行、运行、维护、检修、试验、退役、报废	变电	其他	
3977	201.4-90	GB/T 311.3—2017	绝缘配合 第3部分：高压直流换流站绝缘配合程序	国标	2018-4-1	IEC 60071-5:2014	GB/T 311.3—2007	设计、采购、建设、运维、修试、退役	初设、施工图、招标、品控、施工工艺、验收与质量评定、试运行、运行、维护、检修、试验、退役、报废	换流	其他	
3978	201.4-91	GB/T 13540—2009	高压开关设备和控制设备的抗震要求	国标	2010-4-1	IEC 62271-2:2003，MOD	GB/T 13540—1992	设计、采购、建设、运维	初设、施工图、招标、品控、施工工艺、验收与质量评定、试运行、运行、维护	变电	开关、其他	
3979	201.4-92	GB/T 17468—2019	电力变压器选用导则	国标	2020-7-1		GB/T 17468—2008	设计、采购、建设、运维、修试、退役	初设、施工图、招标、品控、施工工艺、验收与质量评定、试运行、运行、维护、检修、试验、退役、报废	变电	变压器	
3980	201.4-93	GB/T 20996.1—2020	采用电网换相换流器的高压直流系统的性能 第1部分：稳态	国标	2021-7-1		GB/Z 20996.1—2007	设计、采购、建设、运维、修试、退役	初设、施工图、招标、品控、施工工艺、验收与质量评定、试运行、运行、维护、检修、试验、退役、报废	换流	其他	

序号	体系结构号	标准编号	标准名称	标准级别	实施日期	与国际标准对应关系	代替标准	阶段	分阶段	专业	分专业	备注
3981	201.4-94	GB/T 20996.2—2020	采用电网换相换流器的高压直流系统的性能 第2部分：故障和操作	国标	2021-7-1		GB/Z 20996.2—2007	设计、采购、建设、运维、修试、退役	初设、施工图、招标、品控、施工工艺、验收与质量评定、试运行、运行、维护、检修、试验、退役、报废	换流	其他	
3982	201.4-95	GB/T 20996.3—2020	采用电网换相换流器的高压直流系统的性能 第3部分：动态	国标	2021-7-1		GB/Z 20996.3—2007	设计、采购、建设、运维、修试、退役	初设、施工图、招标、品控、施工工艺、验收与质量评定、试运行、运行、维护、检修、试验、退役、报废	换流	其他	
3983	201.4-96	GB/T 25840—2010	规定电气设备部件（特别是接线端子）允许温升的导则	国标	2011-5-1	IEC/TR 60943—2009，IDT		规划、设计	规划、初设、施工图	变电	其他	
3984	201.4-97	GB/T 26868—2011	高压滤波装置设计与应用导则	国标	2011-12-1			设计、采购、运维	初设、施工图、招标、品控、运行、维护	变电	其他	
3985	201.4-98	GB/T 28541—2012	±800kV 高压直流换流站设备的绝缘配合	国标	2012-11-1			设计、采购、建设、运维、修试、退役	初设、施工图、招标、品控、施工工艺、验收与质量评定、试运行、运行、维护、检修、试验、退役、报废	换流	其他	
3986	201.4-99	GB/T 30155—2013	智能变电站技术导则	国标	2014-8-1			设计、采购、建设、运维、修试、退役	初设、施工图、招标、品控、施工工艺、验收与质量评定、试运行、运行、维护、检修、试验、退役、报废	换流	其他	

序号	体系结构号	标准编号	标准名称	标准级别	实施日期	与国际标准对应关系	代替标准	阶段	分阶段	专业	分专业	备注
3987	201.4-100	GB/T 30553—2014	基于电压源换流器的高压直流输电	国标	2014-10-28			设计、采购、建设、运维、修试、退役	初设、施工图、招标、品控、施工工艺、验收与质量评定、试运行、运行、维护、检修、试验、退役、报废	换流	其他	
3988	201.4-101	GB/T 31460—2015	高压直流换流站无功补偿与配置技术导则	国标	2015-12-1			设计、采购、建设、运维、修试、退役	初设、施工图、招标、品控、施工工艺、验收与质量评定、试运行、运行、维护、检修、试验、退役、报废	换流	其他	
3989	201.4-102	GB/T 35703—2017	柔性直流输电系统成套设计规范	国标	2018-7-1			设计、采购、建设、运维、修试、退役	初设、施工图、招标、品控、施工工艺、验收与质量评定、试运行、运行、维护、检修、试验、退役、报废	换流	其他	
3990	201.4-103	GB/T 35711—2017	高压直流输电系统直流侧谐波分析、抑制与测量导则	国标	2018-7-1			设计、采购、建设、运维、修试、退役	初设、施工图、招标、品控、施工工艺、验收与质量评定、试运行、运行、维护、检修、试验、退役、报废	换流	其他	
3991	201.4-104	GB/T 36498—2018	柔性直流换流站绝缘配合导则	国标	2019-4-1			设计、采购、建设、运维、修试、退役	初设、施工图、招标、品控、施工工艺、验收与质量评定、试运行、运行、维护、检修、试验、退役、报废	换流	换流阀、换流变压器、其他	

序号	体系结构号	标准编号	标准名称	标准级别	实施日期	与国际标准对应关系	代替标准	阶段	分阶段	专业	分专业	备注
3992	201.4-105	GB/T 36955—2018	柔性直流输电用启动电阻技术规范	国标	2019-7-1			设计、采购、运维	初设、招标、品控、运行、维护	换流	其他	
3993	201.4-106	GB/T 37008—2018	柔性直流输电用电抗器技术规范	国标	2019-7-1			设计、采购、运维	初设、招标、品控、运行、维护	换流	其他	
3994	201.4-107	GB/T 37010—2018	柔性直流输电换流阀技术规范	国标	2019-7-1			设计、采购、运维	初设、招标、品控、运行、维护	换流	换流阀	
3995	201.4-108	GB/T 37011—2018	柔性直流输电用变压器技术规范	国标	2019-7-1			设计、采购、运维	初设、招标、品控、运行、维护	换流	换流变压器	
3996	201.4-109	GB/T 37012—2018	柔性直流输电接地设备技术规范	国标	2019-7-1			设计、采购、运维	初设、招标、品控、运行、维护	换流	其他	
3997	201.4-110	GB/T 37015.1—2018	柔性直流输电系统性能 第1部分：稳态	国标	2019-7-1			设计、采购、建设、运维	初设、施工图、招标、品控、验收与质量评定、试运行、运行、维护	换流	换流阀、换流变压器、其他	
3998	201.4-111	GB/T 37015.2—2018	柔性直流输电系统性能 第2部分：暂态	国标	2019-7-1			设计、采购、建设、运维	初设、施工图、招标、品控、验收与质量评定、试运行、运行、维护	换流	换流阀、换流变压器、其他	
3999	201.4-112	GB/T 37660—2019	柔性直流输电用电力电子器件技术规范	国标	2020-1-1			设计、采购、运维	初设、招标、品控、运行、维护	换流	换流阀、换流变压器、其他	
4000	201.4-113	GB/T 37755—2019	智能变电站光纤回路建模及编码技术规范	国标	2020-1-1			设计、建设、运维	初设、施工图、施工工艺、运行、维护	变电	其他	
4001	201.4-114	GB/T 40091—2021	智能变电站继电保护和电网安全自动装置安全措施要求	国标	2021-11-1			设计、建设、运维	初设、施工图、施工工艺、运行、维护	变电	其他	

序号	体系结构号	标准编号	标准名称	标准级别	实施日期	与国际标准对应关系	代替标准	阶段	分阶段	专业	分专业	备注
4002	201.4-115	GB/T 40867—2021	统一潮流控制器技术规范	国标	2022-5-1			设计、建设、运维	初设、施工图、施工工艺、运行、维护	变电	其他	
4003	201.4-116	GB/T 50789—2012	±800kV 直流换流站设计规范	国标	2012-12-1			设计、采购、建设、运维、修试、退役	初设、施工图、招标、品控、施工工艺、验收与质量评定、试运行、运行、维护、检修、试验、退役、报废	换流	换流阀、换流变压器、其他	
4004	201.4-117	GB/T 51071—2014	330kV～750kV 智能变电站设计规范	国标	2015-8-1			设计、采购、建设、运维、修试、退役	初设、施工图、招标、品控、施工工艺、验收与质量评定、试运行、运行、维护、检修、试验、退役、报废	变电	变压器、互感器、电抗器、开关、避雷器、其他	
4005	201.4-118	GB/T 51072—2014	110（66）kV～220kV 智能变电站设计规范	国标	2015-8-1			设计、采购、建设、运维、修试、退役	初设、施工图、招标、品控、施工工艺、验收与质量评定、试运行、运行、维护、检修、试验、退役、报废	变电	变压器、互感器、电抗器、开关、避雷器、其他	
4006	201.4-119	GB/T 51200—2016	高压直流换流站设计规范	国标	2017-7-1			设计、采购、建设、运维、修试、退役	初设、施工图、招标、品控、施工工艺、验收与质量评定、试运行、运行、维护、检修、试验、退役、报废	换流	换流阀、换流变压器、其他	
4007	201.4-120	GB/T 51381—2019	柔性直流输电换流站设计标准	国标	2019-12-1			设计、采购、建设、运维、修试、退役	初设、施工图、招标、品控、施工工艺、验收与质量评定、试运行、运行、维护、检修、试验、退役、报废	换流	换流阀、换流变压器、其他	

序号	体系结构号	标准编号	标准名称	标准级别	实施日期	与国际标准对应关系	代替标准	阶段	分阶段	专业	分专业	备注
4008	201.4-121	GB/T 51397—2019	柔性直流输电成套设计标准	国标	2020-1-1			设计、采购、建设、运维、修试、退役	初设、施工图、招标、品控、施工工艺、验收与质量评定、试运行、运行、维护、检修、试验、退役、报废	换流	换流阀、换流变压器、其他	
4009	201.4-122	GB/Z 30424—2013	高压直流输电晶闸管阀设计导则	国标	2014-7-13			设计、采购、建设、运维、修试、退役	初设、施工图、招标、品控、施工工艺、验收与质量评定、试运行、运行、维护、检修、试验、退役、报废	换流	其他	本标准有英文版
4010	201.4-123	IEEE 1127—2013	社区可接受和环境兼容的变电站设计、建设和运营的指南	国际标准	2013-12-11	IEEE 1127—1998，IDT		设计、采购、建设、运维、修试、退役	初设、施工图、招标、品控、施工工艺、验收与质量评定、试运行、运行、维护、检修、试验、退役、报废	变电	其他	
201.5　规划设计—配电												
4011	201.5-1	Q/CSG 10012—2005	城市配电网技术导则	企标	2006-1-1			设计、采购、建设、运维、修试、退役	初设、施工图、招标、品控、施工工艺、验收与质量评定、试运行、运行、维护、检修、试验、退役、报废	配电	变压器、线缆、开关、其他	
4012	201.5-2	Q/CSG 10701—2008	20kV输配电设计标准	企标	2008-11-10			设计、采购、建设、运维、修试、退役	初设、施工图、招标、品控、施工工艺、验收与质量评定、试运行、运行、维护、检修、试验、退役、报废	输电、配电	线路、线缆	

序号	体系结构号	标准编号	标准名称	标准级别	实施日期	与国际标准对应关系	代替标准	阶段	分阶段	专业	分专业	备注
4013	201.5-3	Q/CSG 115003—2011	35～110kV 配电网项目可行性研究内容深度规定	企标	2011-4-20			规划	规划	配电	变压器、线缆、开关、其他	
4014	201.5-4	Q/CSG 1201012—2016	配电线路防风设计技术规范	企标	2016-8-25			设计、采购、建设、运维、修试、退役	初设、施工图、招标、品控、施工工艺、验收与质量评定、试运行、运行、维护、检修、试验、退役、报废	配电	线缆、其他	本标准有英文版
4015	201.5-5	Q/CSG 1201019—2018	主动配电网规划技术导则	企标	2018-12-28			规划	规划	配电	变压器、线缆、开关、其他	
4016	201.5-6	Q/CSG 1201023—2019	110kV 及以下配电网规划技术指导原则	企标	2019-12-30			规划	规划	配电	变压器、线缆、开关、其他	本标准有英文版
4017	201.5-7	Q/CSG 1201024—2019	配电自动化规划设计技术导则	企标	2019-12-30		Q/CSG 1201001—2014	规划、设计、建设	规划、初设、施工图、施工工艺	配电	开关	
4018	201.5-8	Q/CSG 1201028—2020	配电网防雷技术导则（试行）	企标	2020-11-30			设计、采购、建设、运维、修试、退役	初设、施工图、招标、品控、施工工艺、验收与质量评定、试运行、运行、维护、检修、试验、退役、报废	配电	变压器、线缆、开关、其他	
4019	201.5-9	Q/CSG 1201030—2021	10（20）kV 及以下配电网项目可行性研究内容深度规定	企标	2021-4-30		Q/CSG 115004—2011	设计、采购、建设、运维、修试、退役	初设、施工图、招标、品控、施工工艺、验收与质量评定、试运行、运行、维护、检修、试验、退役、报废	配电	变压器、线缆、开关、其他	
4020	201.5-10	Q/CSG 1201036—2022	配网 10kV 架空线路 OPGW 设计规范（暂行）	企标	2022-3-30			设计	初设、施工图	配电	变压器、线缆、开关、其他	

序号	体系结构号	标准编号	标准名称	标准级别	实施日期	与国际标准对应关系	代替标准	阶段	分阶段	专业	分专业	备注
4021	201.5-11	Q/CSG 1201037—2022	配电网规划计算分析规范（试行）	企标	2022-5-25			设计	初设、施工图	配电	变压器、线缆、开关、其他	
4022	201.5-12	Q/CSG 1202009—2020	20kV 及以下配电网工程数字化移交标准	企标	2020-3-31			设计、采购、建设、运维、修试、退役	初设、施工图、招标、品控、施工工艺、验收与质量评定、试运行、运行、维护、检修、试验、退役、报废	配电	变压器、线缆、开关、其他	
4023	201.5-13	Q/CSG 1203004.3—2017	南方电网公司20kV 及以下电网装备技术导则	企标	2017-1-3		Q/CSG 1203004.3—2014	设计、采购、建设、运维、修试、退役	初设、施工图、招标、品控、施工工艺、验收与质量评定、试运行、运行、维护、检修、试验、退役、报废	配电	变压器、线缆、开关、其他	本标准有英文版
4024	201.5-14	Q/CSG 1203069—2020	中压柔性直流配电网机械式直流断路器技术规范	企标	2020-6-30			设计、采购、建设、运维、修试、退役	初设、施工图、招标、品控、施工工艺、验收与质量评定、试运行、运行、维护、检修、试验、退役、报废	配电	变压器、线缆、开关、其他	
4025	201.5-15	Q/CSG 1203070—2020	中压柔性直流配电网成套设计规范	企标	2020-6-30			设计、采购、建设、运维、修试、退役	初设、施工图、招标、品控、施工工艺、验收与质量评定、试运行、运行、维护、检修、试验、退役、报废	配电	变压器、线缆、开关、其他	
4026	201.5-16	Q/CSG 1204052—2019	住宅区四网融合设计技术原则	企标	2019-6-26			设计、采购、建设、运维、修试、退役	初设、施工图、招标、品控、施工工艺、验收与质量评定、试运行、运行、维护、检修、试验、退役、报废	配电	变压器、线缆、开关、其他	

序号	体系结构号	标准编号	标准名称	标准级别	实施日期	与国际标准对应关系	代替标准	阶段	分阶段	专业	分专业	备注
4027	201.5-17	Q/CSG 1204094—2021	中国南方电网配电线路环网图绘图规范（试行）	企标	2021-7-30			设计	初设、施工图	配电	变压器、线缆、开关、其他	
4028	201.5-18	T/CEC 103—2016	新型城镇化配电网发展评估规范	团标	2017-1-1			设计	初设、施工图	配电	变压器、线缆、开关、其他	
4029	201.5-19	T/CEC 166—2018	中压直接配电网典型网架结构及供电方案技术导则	团标	2018-4-1			设计、采购、建设、运维、修试、退役	初设、施工图、招标、品控、施工工艺、验收与质量评定、试运行、运行、维护、检修、试验、退役、报废	配电	变压器、线缆、开关、其他	
4030	201.5-20	T/CEC 167—2018	直流配电网与交流配电网互联技术要求	团标	2018-4-1			设计、采购、建设、运维、修试、退役	初设、施工图、招标、品控、施工工艺、验收与质量评定、试运行、运行、维护、检修、试验、退役、报废	配电	变压器、线缆、开关、其他	
4031	201.5-21	T/CEC 274—2019	配电网供电能力计算导则	团标	2020-1-1			规划、设计、运维	规划、初设、施工图、运行	配电	变压器、线缆、开关、其他	
4032	201.5-22	T/CEC 364—2020	±10kV 及以下直流配电系统供电方案技术导则	团标	2020-10-1			设计、采购、建设、运维、修试、退役	初设、施工图、招标、品控、施工工艺、验收与质量评定、试运行、运行、维护、检修、试验、退役、报废	输电、配电	线路、线缆	
4033	201.5-23	T/CEC 393—2020	配网带电作业机器人通用技术条件	团标	2021-2-1			设计、采购、运维	初设、施工图、招标、品控、运行、维护	配电	线缆	

序号	体系结构号	标准编号	标准名称	标准级别	实施日期	与国际标准对应关系	代替标准	阶段	分阶段	专业	分专业	备注
4034	201.5-24	T/CEC 430—2021	双花瓣式中压配电网技术导则	团标	2021-9-1			设计、采购、建设、运维、修试、退役	初设、施工图、招标、品控、施工工艺、验收与质量评定、试运行、运行、维护、检修、试验、退役、报废	配电	其他	
4035	201.5-25	T/CEC 494—2021	馈线自动化模式选型与配置技术规范	团标	2021-10-1			设计、采购、建设、运维、修试、退役	初设、施工图、招标、品控、施工工艺、验收与质量评定、试运行、运行、维护、检修、试验、退役、报废	配电	线缆	
4036	201.5-26	T/CEC 5014—2019	园区电力专项规划内容深度规定	团标	2020-1-1			规划	规划	配电	其他	
4037	201.5-27	T/CEC 5015—2019	配电网网格化规划设计技术导则	团标	2020-1-1			规划、设计	规划、初设、施工图	配电	变压器、线缆、开关、其他	
4038	201.5-28	T/CEC 5027—2020	智能园区配电网规划设计技术导则	团标	2020-1-3			设计、采购、建设、运维、修试、退役	初设、施工图、招标、品控、施工工艺、验收与质量评定、试运行、运行、维护、检修、试验、退役、报废	配电	其他	
4039	201.5-29	T/CEC 5028—2020	配电网规划图纸绘制规范	团标	2020-1-4			设计、采购、建设、运维、修试、退役	初设、施工图、招标、品控、施工工艺、验收与质量评定、试运行、运行、维护、检修、试验、退役、报废	配电	其他	

序号	体系结构号	标准编号	标准名称	标准级别	实施日期	与国际标准对应关系	代替标准	阶段	分阶段	专业	分专业	备注
4040	201.5-30	T/CEC 5060—2021	中低压直流配电网规划设计技术规范	团标	2022-3-1			设计、采购、建设、运维、修试、退役	初设、施工图、招标、品控、施工工艺、验收与质量评定、试运行、运行、维护、检修、试验、退役、报废	配电	其他	
4041	201.5-31	T/CSEE 0034—2017	配电网网格法规划技术规范	团标	2018-5-1			设计、采购、建设、运维、修试、退役	初设、施工图、招标、品控、施工工艺、验收与质量评定、试运行、运行、维护、检修、试验、退役、报废	配电	其他	
4042	201.5-32	T/CSEE 0277—2021	有源型低压直流配电系统保护与配合设计规范	团标	2021-9-17			设计、采购、建设、运维、修试、退役	初设、施工图、招标、品控、施工工艺、验收与质量评定、试运行、运行、维护、检修、试验、退役、报废	配电	其他	
4043	201.5-33	T/CSEE 0280—2021	中压柔性直流配电网成套设计规范	团标	2021-9-17			设计、采购、建设、运维、修试、退役	初设、施工图、招标、品控、施工工艺、验收与质量评定、试运行、运行、维护、检修、试验、退役、报废	配电	其他	
4044	201.5-34	DL 5449—2012	20kV配电设计技术规定	行标	2012-3-1			设计、采购、建设、运维、修试、退役	初设、施工图、招标、品控、施工工艺、验收与质量评定、试运行、运行、维护、检修、试验、退役、报废	配电	线缆	

序号	体系结构号	标准编号	标准名称	标准级别	实施日期	与国际标准对应关系	代替标准	阶段	分阶段	专业	分专业	备注
4045	201.5-35	DL/T 256—2012	城市电网供电安全标准	行标	2012-7-1			设计、采购、建设、运维、修试	初设、施工图、招标、品控、施工工艺、验收与质量评定、试运行、运行、维护、检修、试验	配电	其他	
4046	201.5-36	DL/T 390—2016	县域配电自动化技术导则	行标	2016-6-1		DL/T 390—2010	设计、采购、建设、运维、修试、退役	初设、施工图、招标、品控、施工工艺、验收与质量评定、试运行、运行、维护、检修、试验、退役、报废	配电	开关	
4047	201.5-37	DL/T 599—2016	中低压配电网改造技术导则	行标	2016-6-1		DL/T 599—2005	设计、采购、建设、运维、修试、退役	初设、施工图、招标、品控、施工工艺、验收与质量评定、试运行、运行、维护、检修、试验、退役、报废	配电	变压器、线缆、开关、其他	
4048	201.5-38	DL/T 1406—2015	配电自动化技术导则	行标	2015-9-1			设计、采购、建设、运维、修试、退役	初设、施工图、招标、品控、施工工艺、验收与质量评定、试运行、运行、维护、检修、试验、退役、报废	配电	变压器、线缆、开关、其他	
4049	201.5-39	DL/T 1438—2015	单相配电变压器选用导则	行标	2015-9-1			设计	初设	配电	变压器	
4050	201.5-40	DL/T 1439—2015	镇村户配电技术导则	行标	2015-9-1			设计	初设	配电	变压器	

序号	体系结构号	标准编号	标准名称	标准级别	实施日期	与国际标准对应关系	代替标准	阶段	分阶段	专业	分专业	备注
4051	201.5-41	DL/T 1531—2016	20kV 配电网过电压保护与绝缘配合	行标	2016-6-1			设计、采购、建设、运维、修试、退役	初设、施工图、招标、品控、施工工艺、验收与质量评定、试运行、运行、维护、检修、试验、退役、报废	配电	其他	
4052	201.5-42	DL/T 1674—2016	35kV 及以下配网防雷技术导则	行标	2017-5-1			设计、采购、建设、运维、修试、退役	初设、施工图、招标、品控、施工工艺、验收与质量评定、试运行、运行、维护、检修、试验、退役、报废	配电	变压器、线缆、开关、其他	
4053	201.5-43	DL/T 1813—2018	油浸式非晶合金铁心配电变压器选用导则	行标	2018-7-1			设计	初设	配电	变压器	
4054	201.5-44	DL/T 2432—2021	交直流混合配电网综合评价导则	行标	2022-3-22			设计、采购、建设、运维、修试、退役	初设、施工图、招标、品控、施工工艺、验收与质量评定、试运行、运行、维护、检修、试验、退役、报废	配电	变压器	
4055	201.5-45	DL/T 2433—2021	交直流混合中压配电网技术导则	行标	2022-3-22			设计、采购、建设、运维、修试、退役	初设、施工图、招标、品控、施工工艺、验收与质量评定、试运行、运行、维护、检修、试验、退役、报废	配电	变压器	
4056	201.5-46	DL/T 2436—2021	配电网用户侧电供暖不增容技术规范	行标	2022-3-22			设计、采购、建设、运维、修试、退役	初设、施工图、招标、品控、施工工艺、验收与质量评定、试运行、运行、维护、检修、试验、退役、报废	配电	变压器	

序号	体系结构号	标准编号	标准名称	标准级别	实施日期	与国际标准对应关系	代替标准	阶段	分阶段	专业	分专业	备注
4057	201.5-47	DL/T 2584—2022	增量配电网接入电力系统技术规定	行标	2023-5-4			设计、采购、建设、运维、修试、退役	初设、施工图、招标、品控、施工工艺、验收与质量评定、试运行、运行、维护、检修、试验、退役、报废	配电	其他	
4058	201.5-48	DL/T 5131—2015	农村电网建设与改造技术导则	行标	2015-9-1		DL/T 5131—2001	设计、采购、建设、运维、修试、退役	初设、施工图、招标、品控、施工工艺、验收与质量评定、试运行、运行、维护、检修、试验、退役、报废	配电	变压器、线缆、开关、其他	
4059	201.5-49	DL/T 5220—2021	10kV 及以下架空配电线路设计规范	行标	2021-7-1		DL/T 5220—2005	设计、采购、建设、运维、修试、退役	初设、施工图、招标、品控、施工工艺、验收与质量评定、试运行、运行、维护、检修、试验、退役、报废	配电	变压器、线缆、开关、其他	
4060	201.5-50	DL/T 5253—2010	架空平行集束绝缘线低压配电线路设计与施工规程	行标	2011-5-1			设计、采购、建设、运维、修试、退役	初设、施工图、招标、品控、施工工艺、验收与质量评定、试运行、运行、维护、检修、试验、退役、报废	配电	线缆	
4061	201.5-51	DL/T 5450—2012	20kV 配电设备选型技术规定	行标	2012-3-1			设计、采购、建设、运维、修试、退役	初设、施工图、招标、品控、施工工艺、验收与质量评定、试运行、运行、维护、检修、试验、退役、报废	配电	变压器、开关、其他	

序号	体系结构号	标准编号	标准名称	标准级别	实施日期	与国际标准对应关系	代替标准	阶段	分阶段	专业	分专业	备注
4062	201.5-52	DL/T 5534—2017	配电网可行性研究报告内容深度规定	行标	2018-3-1			规划	规划	配电	变压器、线缆、开关、其他	
4063	201.5-53	DL/T 5542—2018	配电网规划设计规程	行标	2018-7-1			规划、设计、采购、建设、运维、修试、退役	规划、初设、施工图、招标、品控、施工工艺、验收与质量评定、试运行、运行、维护、检修、试验、退役、报废	配电	变压器、线缆、开关、其他	
4064	201.5-54	DL/T 5552—2018	配电网规划研究报告内容深度规定	行标	2019-5-1			规划	规划	配电	变压器、线缆、开关、其他	
4065	201.5-55	DL/T 5568—2020	配电网初步设计文件内容深度规定	行标	2021-2-1			设计、采购、建设、运维、修试、退役	初设、施工图、招标、品控、施工工艺、验收与质量评定、试运行、运行、维护、检修、试验、退役、报废	配电	变压器、线缆、开关、其他	
4066	201.5-56	DL/T 5569—2020	配电网施工图设计文件内容深度规定	行标	2021-2-1			设计、采购、建设、运维、修试、退役	初设、施工图、招标、品控、施工工艺、验收与质量评定、试运行、运行、维护、检修、试验、退役、报废	配电	变压器、线缆、开关、其他	
4067	201.5-57	DL/T 5587—2021	配电自动化系统设计规程	行标	2021-7-1			设计、采购、建设、运维、修试、退役	初设、施工图、招标、品控、施工工艺、验收与质量评定、试运行、运行、维护、检修、试验、退役、报废	配电	变压器、线缆、开关、其他	

序号	体系结构号	标准编号	标准名称	标准级别	实施日期	与国际标准对应关系	代替标准	阶段	分阶段	专业	分专业	备注
4068	201.5-58	DL/T 5618—2021	配电网数字化勘测设计和移交数据交换标准	行标	2022-5-16			设计、采购、建设、运维、修试、退役	初设、施工图、招标、品控、施工工艺、验收与质量评定、试运行、运行、维护、检修、试验、退役、报废	配电	变压器、线缆、开关、其他	
4069	201.5-59	DL/T 5709—2014	配电自动化规划设计导则	行标	2015-3-1			设计、采购、建设、运维、修试、退役	初设、施工图、招标、品控、施工工艺、验收与质量评定、试运行、运行、维护、检修、试验、退役、报废	配电	开关	
4070	201.5-60	DL/T 5729—2016	配电网规划设计技术导则	行标	2016-6-1			设计、采购、建设、运维、修试、退役	初设、施工图、招标、品控、施工工艺、验收与质量评定、试运行、运行、维护、检修、试验、退役、报废	配电	变压器、开关、线缆、其他	
4071	201.5-61	DL/T 5771—2018	农村电网35kV配电化技术导则	行标	2018-10-1			设计、采购、建设、运维、修试、退役	初设、施工图、招标、品控、施工工艺、验收与质量评定、试运行、运行、维护、检修、试验、退役、报废	配电	变压器、线缆、开关、其他	
4072	201.5-62	DL/Z 1697—2017	柔性直流配电系统用电压源换流器技术导则	行标	2017-8-1			设计、采购	初设、施工图、招标、品控	配电	其他	
4073	201.5-63	NB/T 10978—2022	增量配电网规划技术导则	行标	2022-11-13			设计、采购、建设、运维、修试、退役	初设、施工图、招标、品控、施工工艺、验收与质量评定、试运行、运行、维护、检修、试验、退役、报废	配电	变压器	

序号	体系结构号	标准编号	标准名称	标准级别	实施日期	与国际标准对应关系	代替标准	阶段	分阶段	专业	分专业	备注
4074	201.5-64	NB/T 42166—2018	配电网电压时间型馈线保护控制技术规范	行标	2018-10-1			设计、采购、建设、运维、修试、退役	初设、施工图、招标、品控、施工工艺、验收与质量评定、试运行、运行、维护、检修、试验、退役、报废	配电	变压器、开关、其他	
4075	201.5-65	GB 50052—2009	供配电系统设计规范	国标	2010-7-1		GB 50052—1995	设计、采购、建设、运维、修试、退役	初设、施工图、招标、品控、施工工艺、验收与质量评定、试运行、运行、维护、检修、试验、退役、报废	配电	变压器、线缆、开关、其他	
4076	201.5-66	GB 50053—2013	20kV 及以下变电所设计规范	国标	2014-7-1		GB 50053—1994	设计、采购、建设、运维、修试、退役	初设、施工图、招标、品控、施工工艺、验收与质量评定、试运行、运行、维护、检修、试验、退役、报废	配电	变压器、线缆、开关、其他	
4077	201.5-67	GB 50054—2011	低压配电设计规范	国标	2012-6-1		GB 50054—1995	设计、采购、建设、运维、修试、退役	初设、施工图、招标、品控、施工工艺、验收与质量评定、试运行、运行、维护、检修、试验、退役、报废	配电	线缆	
4078	201.5-68	GB 50055—2011	通用用电设备配电设计规范	国标	2012-6-1		GB 50055—1993	设计、采购、建设、运维、修试、退役	初设、施工图、招标、品控、施工工艺、验收与质量评定、试运行、运行、维护、检修、试验、退役、报废	配电	线缆	

序号	体系结构号	标准编号	标准名称	标准级别	实施日期	与国际标准对应关系	代替标准	阶段	分阶段	专业	分专业	备注
4079	201.5-69	GB 50060—2008	3～110kV 高压配电装置设计规范	国标	2009-6-1		GB 50060—1992	设计	初设、施工图	配电	其他	
4080	201.5-70	GB 50314—2015	智能建筑设计标准	国标	2015-11-1		GB/T 50314—2006	设计、采购、建设、运维、修试、退役	初设、施工图、招标、品控、施工工艺、验收与质量评定、试运行、运行、维护、检修、试验、退役、报废	配电	其他	
4081	201.5-71	GB 50613—2010	城市配电网规划设计规范	国标	2011-2-1			设计、采购、建设、运维、修试、退役	初设、施工图、招标、品控、施工工艺、验收与质量评定、试运行、运行、维护、检修、试验、退役、报废	配电	变压器、线缆、开关、其他	
4082	201.5-72	GB 50838—2015	城市综合管廊工程技术规范	国标	2009-11-1			设计、采购、建设、运维、修试、退役	初设、施工图、招标、品控、施工工艺、验收与质量评定、试运行、运行、维护、检修、试验、退役、报废	配电	其他	
4083	201.5-73	GB/T 35689—2017	配电信息交换总线技术要求	国标	2018-7-1			设计、采购、建设	初设、施工图、招标、品控、施工工艺、验收与质量评定、试运行	配电	其他	
4084	201.5-74	GB/T 35727—2017	中低压直流配电电压导则	国标	2018-7-1			设计、采购、建设、运维、修试、退役	初设、施工图、招标、品控、施工工艺、验收与质量评定、试运行、运行、维护、检修、试验、退役、报废	配电	其他	

序号	体系结构号	标准编号	标准名称	标准级别	实施日期	与国际标准对应关系	代替标准	阶段	分阶段	专业	分专业	备注
4085	201.5-75	GB/T 36040—2018	居民住宅小区电力配置规范	国标	2018-10-1			设计、采购、建设、运维、修试、退役	初设、施工图、招标、品控、施工工艺、验收与质量评定、试运行、运行、维护、检修、试验、退役、报废	配电	变压器、线缆、开关、其他	
4086	201.5-76	GB/T 50293—2014	城市电力规划规范	国标	2015-5-1		GB 50293—1999	规划	规划	配电	其他	
4087	201.5-77	GB/Z 16935.2—2013	低压系统内设备的绝缘配合 第2-1部分：应用指南 GB/T 16935系列应用解释，定尺寸示例及介电试验	国标	2014-4-9			设计、采购	初设、施工图、招标、品控	配电、用电	其他	
4088	201.5-78	GB/Z 28805—2012	能源系统需求开发的智能电网方法	国标	2013-5-1			设计、采购	初设、施工图、招标、品控	配电、用电	其他	
201.6	**规划设计—分布式电源与微电网**											
4089	201.6-1	Q/CSG 1211001—2014	分布式光伏发电系统接入电网技术规范	企标	2014-1-1			设计、建设、运维	初设、施工图、施工工艺、验收与质量评定、试运行、运行、维护	发电、调度及二次	光伏、电力调度	
4090	201.6-2	Q/CSG 1211018—2018	微电网接入电网技术规定	企标	2018-10-23			设计、采购、建设、运维	初设、施工图、招标、品控、施工工艺、验收与质量评定、试运行、运行、维护	发电	其他	
4091	201.6-3	Q/CSG 1211020—2019	分散式风电并网技术标准	企标	2019-6-26			设计、建设、运维	初设、施工图、施工工艺、验收与质量评定、试运行、运行、维护	发电、调度及二次	风电、电力调度	

序号	体系结构号	标准编号	标准名称	标准级别	实施日期	与国际标准对应关系	代替标准	阶段	分阶段	专业	分专业	备注
4092	201.6-4	Q/CSG 1211022—2019	分散式风电接入配电网技术规范	企标	2019-12-30			设计、建设、运维	初设、施工图、施工工艺、验收与质量评定、试运行、运行、维护	发电、调度及二次	风电、电力调度	
4093	201.6-5	T/CEC 106—2016	微电网规划设计评价导则	团标	2017-1-1			规划、设计	规划、初设、施工图	发电	其他	
4094	201.6-6	T/CEC 333—2020	户用光伏发电系统并网技术要求	团标	2020-10-1			设计、建设、运维	初设、施工工艺、验收与质量评定、试运行、运行、维护	发电	光伏	
4095	201.6-7	T/CEC 389—2020	能源互联网与微能源网互动	团标	2021-2-1			设计、运维	初设、运行、维护	发电、调度及二次	其他、电力调度	
4096	201.6-8	T/CEC 390—2020	能源互联网系统评估	团标	2021-2-1			规划、设计	规划、初设	发电	其他	
4097	201.6-9	T/CEC 420—2020	户用光伏发电系统电压控制技术要求	团标	2021-2-1			设计、建设、运维	初设、施工工艺、验收与质量评定、试运行、运行、维护	发电	光伏	
4098	201.6-10	T/CEC 435—2021	微能源网规划设计评价导则	团标	2021-9-1			设计、建设、运维	初设、施工工艺、验收与质量评定、试运行、运行、维护	发电	光伏	
4099	201.6-11	T/CEC 470—2021	户用光伏发电系统薄膜组件选型导则	团标	2021-10-1			设计、采购、建设、运维	初设、施工图、招标、品控、施工工艺、验收与质量评定、试运行、运行、维护	发电	光伏	
4100	201.6-12	T/CEC 476—2021	建筑光伏发电系统防雷接地技术规范	团标	2021-10-1			设计、建设、运维	初设、施工工艺、验收与质量评定、试运行、运行、维护	发电	光伏	
4101	201.6-13	T/CEC 5005—2018	微电网工程设计规范	团标	2018-4-1			设计	初设	发电	其他	

序号	体系结构号	标准编号	标准名称	标准级别	实施日期	与国际标准对应关系	代替标准	阶段	分阶段	专业	分专业	备注
4102	201.6-14	T/CEC 5006—2018	微电网接入系统设计规范	团标	2018-4-1			设计	初设	发电	其他	
4103	201.6-15	T/CEC 5032—2020	用户光伏发电系统设计规范	团标	2021-2-1			规划、设计	规划、初设	发电	光伏	
4104	201.6-16	T/CEC 5038—2021	微能源网规划设计技术导则	团标	2021-9-1			规划、设计	规划、初设	发电	光伏	
4105	201.6-17	T/CEC 5039—2021	微能源网工程设计规范	团标	2021-9-1			规划、设计	规划、初设	发电	光伏	
4106	201.6-18	T/CEC 5040—2021	微能源网接入设计规范	团标	2021-9-1			规划、设计	规划、初设	发电	光伏	
4107	201.6-19	T/CEC 5044—2021	户用光伏发电系统接入配电网设计规范	团标	2021-10-1			规划、设计	规划、初设	发电	光伏	
4108	201.6-20	T/CSEE 0261—2021	分散式风力发电接入配电网规划设计内容深度规定	团标	2021-9-17			规划、设计	规划、初设	发电	光伏	
4109	201.6-21	15D202-4	建筑一体化光伏系统电气设计与施工	行标	2015-6-1			设计、建设	初设、施工图、施工工艺	发电	光伏	
4110	201.6-22	DL/T 1864—2018	独立型微电网监控系统技术规范	行标	2018-10-1			设计、采购、建设	初设、施工图、招标、品控、施工工艺、验收与质量评定、试运行	发电	其他	
4111	201.6-23	DL/T 2041—2019	分布式电源接入电网承载力评估导则	行标	2019-10-1			规划、设计	规划、初设	发电	其他	
4112	201.6-24	DL/T 5601—2021	分布式电源接入及微电网设计规程	行标	2021-10-26			规划、设计	规划、初设	发电	其他	
4113	201.6-25	NB/T 10148—2019	微电网 第1部分:微电网规划设计导则	行标	2019-10-1	IEC/TS 62898-1:2017		规划、设计	规划、初设	发电	其他	

序号	体系结构号	标准编号	标准名称	标准级别	实施日期	与国际标准对应关系	代替标准	阶段	分阶段	专业	分专业	备注
4114	201.6-26	NB/T 10683—2021	微电网区域保护控制装置技术要求	行标	2021-10-26			规划、设计	规划、初设	发电	其他	
4115	201.6-27	NB/T 10911—2021	分散式风电接入配电网技术规定	行标	2022-3-22			规划、设计	规划、初设	发电	其他	
4116	201.6-28	NB/T 32015—2013	分布式电源接入配电网技术规定	行标	2014-4-1			规划、设计	规划、初设	发电、调度及二次	其他、电力调度	
4117	201.6-29	NB/T 33012—2014	分布式电源接入电网监控系统功能规范	行标	2015-3-1			规划、设计	规划、初设	发电	其他	
4118	201.6-30	GB/T 33342—2016	户用分布式光伏发电并网接口技术规范	国标	2017-7-1			规划、设计	规划、初设	发电	光伏	
4119	201.6-31	GB/T 33589—2017	微电网接入电力系统技术规定	国标	2017-12-1			规划、设计	规划、初设	发电	其他	
4120	201.6-32	GB/T 33593—2017	分布式电源并网技术要求	国标	2017-12-1			设计、建设、运维	初设、施工图、施工工艺、验收与质量评定、运行、维护	发电、调度及二次	其他、电力调度	
4121	201.6-33	GB/T 33982—2017	分布式电源并网继电保护技术规范	国标	2018-2-1			设计、建设、运维	初设、验收与质量评定、试运行、运行	发电	其他	
4122	201.6-34	GB/T 39779—2021	分布式冷热电能源系统设计导则	国标	2021-10-1			设计、建设、运维	初设、验收与质量评定、试运行、运行	发电	其他	
4123	201.6-35	GB/T 41236—2022	能源互联网与分布式电源互动规范	国标	2022-10-1			设计、建设、运维	初设、验收与质量评定、试运行、运行	发电	其他	
4124	201.6-36	GB/Z 41238—2022	能源互联网系统 用例	国标	2022-10-1			设计、建设、运维	初设、验收与质量评定、试运行、运行	发电	其他	

序号	体系结构号	标准编号	标准名称	标准级别	实施日期	与国际标准对应关系	代替标准	阶段	分阶段	专业	分专业	备注
201.7	规划设计—储能与氢能											
4125	201.7-1	Q/CSG 1201034—2021	电化学储能电站装备技术导则（试行）	企标	2021-12-30			设计、采购、建设、运维、修试、退役	初设、施工图、招标、品控、施工工艺、验收与质量评定、试运行、运行、维护、检修、试验、退役、报废	发电	储能	
4126	201.7-2	Q/CSG 1201035—2022	预制舱式电化学储能电站设计导则（试行）	企标	2022-3-30			设计、采购、建设、运维、修试、退役	初设、施工图、招标、品控、施工工艺、验收与质量评定、试运行、运行、维护、检修、试验、退役、报废	发电	储能	
4127	201.7-3	T/CEC 173—2018	分布式储能系统接入配电网设计规范	团标	2018-4-1			设计	初设	发电	储能	
4128	201.7-4	T/CEC 174—2018	分布式储能系统远程集中监控技术规范	团标	2018-4-1			设计、运维	初设、运行	发电	储能	
4129	201.7-5	T/CEC 175—2018	电化学储能系统方舱设计规范	团标	2018-4-1			设计	初设	发电	储能	
4130	201.7-6	T/CEC 5025—2020	电化学储能电站可行性研究报告内容深度规定	团标	2020-10-1			设计、采购、建设、运维、修试、退役	初设、施工图、招标、品控、施工工艺、验收与质量评定、试运行、运行、维护、检修、试验、退役、报废	发电、变电	储能、变压器、互感器、电抗器、开关、避雷器、其他	
4131	201.7-7	T/CEC 5026—2020	电化学储能电站初步设计内容深度规定	团标	2020-1-2			设计、采购、建设、运维、修试、退役	初设、施工图、招标、品控、施工工艺、验收与质量评定、试运行、运行、维护、检修、试验、退役、报废	发电	储能	

序号	体系结构号	标准编号	标准名称	标准级别	实施日期	与国际标准对应关系	代替标准	阶段	分阶段	专业	分专业	备注
4132	201.7-8	T/CEC 5069—2022	飞轮储能电站设计规范	团标	2023-2-1			设计、运维	初设、运行	发电	储能	
4133	201.7-9	T/CEC 5070—2022	海水抽水蓄能电站设计导则	团标	2023-2-1			设计	初设	发电	储能	
4134	201.7-10	T/CEC 5071—2022	抽水蓄能电站施工总布置规划专题报告编制规程	团标	2023-2-1			设计、采购、建设、运维、修试、退役	初设、施工图、招标、品控、施工工艺、验收与质量评定、试运行、运行、维护、检修、试验、退役、报废	发电、变电	储能、变压器、互感器、电抗器、开关、避雷器、其他	
4135	201.7-11	T/CEC 5073—2022	抽水蓄能电站环境保护设计导则	团标	2023-2-1			设计、采购、建设、运维、修试、退役	初设、施工图、招标、品控、施工工艺、验收与质量评定、试运行、运行、维护、检修、试验、退役、报废	发电	储能	
4136	201.7-12	T/CEC 5075—2022	抽水蓄能电站施工导流与度汛设计导则	团标	2023-2-1			设计、建设、运维、修试	初设、验收与质量评定、运行、维护、检修、试验	发电	储能	
4137	201.7-13	T/CEC 5076—2022	抽水蓄能电站钢筋混凝土岔管设计导则	团标	2023-2-1			设计、建设、运维、修试	初设、验收与质量评定、运行、维护、检修、试验	发电	储能	
4138	201.7-14	T/CES 061—2021	压缩空气储能电站标识系统（KKS）编码导则	团标	2021-2-26			设计、采购、运维、修试	初设、招标、运行、维护、试验	发电	储能	
4139	201.7-15	T/CSEE 0214—2021	大型电热储能设备接入电网技术规范	团标	2021-3-11			设计、建设、运维、修试	初设、验收与质量评定、运行、维护、检修、试验	发电	储能	
4140	201.7-16	T/CSEE 0258—2021	储能电站接入系统设计内容深度规定	团标	2021-9-17			设计、建设、运维、修试	初设、验收与质量评定、运行、维护、检修、试验	发电	储能	

序号	体系结构号	标准编号	标准名称	标准级别	实施日期	与国际标准对应关系	代替标准	阶段	分阶段	专业	分专业	备注
4141	201.7-17	DL/T 2226—2021	电力用阀控式铅酸蓄电池组在线监测系统技术条件	行标	2021-7-1			设计、建设、运维、修试	初设、验收与质量评定、运行、维护、检修、试验	发电	储能	
4142	201.7-18	DL/T 2248.1—2021	移动车载式储能电站并网与运行 第1部分:并网技术条件	行标	2021-7-1			设计、建设、运维、修试	初设、验收与质量评定、运行、维护、检修、试验	发电	储能	
4143	201.7-19	DL/T 2313—2021	参与辅助调频的电厂侧储能系统并网管理规范	行标	2021-10-26			设计、建设、运维、修试	初设、验收与质量评定、运行、维护、检修、试验	发电	储能	
4144	201.7-20	DL/T 5810—2020	电化学储能电站接入电网设计规范	行标	2021-2-1			设计、建设、运维、修试	初设、验收与质量评定、运行、维护、检修、试验	发电、调度及二次	储能、继电保护及安全自动装置	
4145	201.7-21	DL/T 5816—2020	分布式电化学储能系统接入配电网设计规范	行标	2021-2-2			设计、采购、建设、运维、修试、退役	初设、施工图、招标、品控、施工工艺、验收与质量评定、试运行、运行、维护、检修、试验、退役、报废	发电	储能	
4146	201.7-22	NB/T 33015—2014	电化学储能系统接入配电网技术规定	行标	2015-3-1			设计、运维	初设、运行、维护	发电	储能	
4147	201.7-23	NB/T 42089—2016	电化学储能电站功率变换系统技术规范	行标	2016-12-1			设计、运维	初设、运行、维护	发电	储能	
4148	201.7-24	NB/T 42090—2016	电化学储能电站监控系统技术规范	行标	2016-12-1			设计、运维	初设、运行、维护	发电	储能	
4149	201.7-25	NB/T 42091—2016	电化学储能电站用锂离子电池技术规范	行标	2016-12-1			设计、建设、运维、修试	初设、验收与质量评定、运行、维护、检修、试验	发电	储能	

序号	体系结构号	标准编号	标准名称	标准级别	实施日期	与国际标准对应关系	代替标准	阶段	分阶段	专业	分专业	备注
4150	201.7-26	GB 51048—2014	电化学储能电站设计规范	国标	2015-8-1			规划、设计	规划、初设	发电	储能	
4151	201.7-27	GB/T 36545—2018	移动式电化学储能系统技术要求	国标	2019-2-1			设计、采购、建设	初设、施工图、招标、品控、施工工艺、验收与质量评定、试运行	发电	储能	
4152	201.7-28	GB/T 36547—2018	电化学储能系统接入电网技术规定	国标	2019-2-1			设计、建设、运维	初设、验收与质量评定、试运行、运行、维护	发电	储能	
4153	201.7-29	GB/T 36558—2018	电力系统电化学储能系统通用技术条件	国标	2019-2-1			设计、采购、建设	初设、施工图、招标、品控、施工工艺、验收与质量评定、试运行	发电	储能	
4154	201.7-30	GB/T 41235—2022	能源互联网与储能系统互动规范	国标	2022-10-1			设计、建设、运维	初设、验收与质量评定、试运行、运行	发电	其他	
201.8 规划设计—备用												
4155	201.8-1	T/CSEE 0197—2021	电力系统事故备用容量配置技术原则	团标	2021-3-11			设计、建设、运维、修试	初设、验收与质量评定、运行、维护、检修、试验	发电	其他	
4156	201.8-2	DL/T 2238—2021	电力系统事故备用容量配置技术规范	行标	2021-7-1			设计、建设、运维、修试	初设、验收与质量评定、运行、维护、检修、试验	调度及二次	其他	
4157	201.8-3	NB/T 10691—2021	数字中心机房用不间断电源系统	行标	2021-10-26			设计、建设、运维、修试	初设、验收与质量评定、运行、维护、检修、试验	发电	其他	
4158	201.8-4	NB/T 10692—2021	大容量不间断电源系统	行标	2021-10-26			设计、建设、运维、修试	初设、验收与质量评定、运行、维护、检修、试验	发电	其他	

序号	体系结构号	标准编号	标准名称	标准级别	实施日期	与国际标准对应关系	代替标准	阶段	分阶段	专业	分专业	备注
4159	201.8-5	NB/T 10693—2021	模块化不间断电源系统	行标	2021-10-26			设计、建设、运维、修试	初设、验收与质量评定、运行、维护、检修、试验	发电	其他	
4160	201.8-6	NB/T 10694—2021	一体化不间断电源系统	行标	2021-10-26			设计、建设、运维、修试	初设、验收与质量评定、运行、维护、检修、试验	发电	其他	
201.9 规划设计—CO₂捕集、利用与封存												
201.10 规划设计—调度及二次												
4161	201.10-1	Q/CSG 110010—2011	南方电网继电保护通用技术规范	企标	2011-12-1			设计、采购、建设、运维、修试、退役	初设、施工图、招标、品控、施工工艺、验收与质量评定、试运行、运行、维护、检修、试验、退役、报废	调度及二次	继电保护及安全自动装置	
4162	201.10-2	Q/CSG 1201002—2015	中国南方电网有限责任公司35kV及以上电网二次系统规划技术原则	企标	2015-1-20			规划、设计、采购、建设、运维、修试、退役	规划、初设、施工图、招标、品控、施工工艺、验收与质量评定、试运行、运行、维护、检修、试验、退役、报废	调度及二次	电力调度、运行方式、继电保护及安全自动装置、调度自动化、电力通信、其他	
4163	201.10-3	Q/CSG 1201010—2016	110kV变电站二次接线标准	企标	2016-4-1			设计、建设、运维、修试、退役	初设、施工图、施工工艺、验收与质量评定、试运行、运行、维护、检修、试验、退役、报废	调度及二次	电力调度、运行方式、继电保护及安全自动装置、调度自动化、其他	

序号	体系结构号	标准编号	标准名称	标准级别	实施日期	与国际标准对应关系	代替标准	阶段	分阶段	专业	分专业	备注
4164	201.10-4	Q/CSG 1201016—2017	南方电网 500kV 变电站二次接线标准	企标	2017-4-1		Q/CSG 11102002—2012	设计、建设、运维、修试、退役	初设、施工图、施工工艺、验收与质量评定、试运行、运行、维护、检修、试验、退役、报废	调度及二次	电力调度、运行方式、继电保护及安全自动装置、调度自动化、其他	
4165	201.10-5	Q/CSG 1201017—2017	南方电网220kV 变电站二次接线标准	企标	2017-4-1		Q/CSG 11102001—2012	设计、建设、运维、修试、退役	初设、施工图、施工工艺、验收与质量评定、试运行、运行、维护、检修、试验、退役、报废	调度及二次	电力调度、运行方式、继电保护及安全自动装置、调度自动化、其他	
4166	201.10-6	Q/CSG 1201031—2021	多端直流工程控制系统冗余设计及其试验规范（试行）	企标	2021-9-30			设计、建设、运维、修试、退役	初设、施工图、施工工艺、验收与质量评定、试运行、运行、维护、检修、试验、退役、报废	调度及二次	电力调度、运行方式、继电保护及安全自动装置、调度自动化、其他	
4167	201.10-7	Q/CSG 1202023—2022	站内通信光缆设计及施工技术规范	企标	2022-11-4			设计、采购、建设、运维、修试、退役	初设、施工图、招标、品控、施工工艺、验收与质量评定、试运行、运行、维护、检修、试验、退役、报废	调度及二次	电力通信	
4168	201.10-8	Q/CSG 1203005—2015	南方电网电力二次装备技术导则	企标	2015-8-12			设计、建设、运维、修试、退役	初设、施工图、施工工艺、验收与质量评定、试运行、运行、维护、检修、试验、退役、报废	调度及二次	电力调度、运行方式、继电保护及安全自动装置、调度自动化、其他	

序号	体系结构号	标准编号	标准名称	标准级别	实施日期	与国际标准对应关系	代替标准	阶段	分阶段	专业	分专业	备注
4169	201.10-9	Q/CSG 1204065—2020	地方电网并网运行二次设备技术导则	企标	2020-3-31			设计、采购、建设、运维、修试、退役	初设、施工图、招标、品控、施工工艺、验收与质量评定、试运行、运行、维护、检修、试验、退役、报废	调度及二次	继电保护及安全自动装置	
4170	201.10-10	T/CEC 492—2021	智能变电站二次光纤回路及虚回路设计软件	团标	2021-10-1			规划、设计、运维、修试、退役	规划、初设、施工图、运行、检修、试验、退役、报废	调度及二次	继电保护及安全自动装置、调度自动化	
4171	201.10-11	T/CEC 583—2021	能源互联网能量路由装置功能配置与技术要求	团标	2022-3-1			设计、建设、运维、修试、退役	初设、施工图、施工工艺、验收与质量评定、试运行、运行、维护、检修、试验、退役、报废	调度及二次	电力调度、运行方式、继电保护及安全自动装置、调度自动化、其他	
4172	201.10-12	T/CEC 584—2021	能源互联网能量管理平台功能技术规范	团标	2022-3-1			设计、建设、运维、修试、退役	初设、施工图、施工工艺、验收与质量评定、试运行、运行、维护、检修、试验、退役、报废	调度及二次	电力调度、运行方式、继电保护及安全自动装置、调度自动化、其他	
4173	201.10-13	T/CEC 5037—2021	电力通信机房设计技术规范	团标	2021-9-1			设计、建设、运维、修试、退役	初设、施工图、施工工艺、验收与质量评定、试运行、运行、维护、检修、试验、退役、报废	调度及二次	电力调度、运行方式、继电保护及安全自动装置、调度自动化、其他	

序号	体系结构号	标准编号	标准名称	标准级别	实施日期	与国际标准对应关系	代替标准	阶段	分阶段	专业	分专业	备注
4174	201.10-14	T/CSEE 0011—2016	电力通信机房设计规范	团标	2017-5-1			设计、采购、建设、运维、修试、退役	初设、施工图、招标、品控、施工工艺、验收与质量评定、试运行、运行、维护、检修、试验、退役、报废	调度及二次	电力通信	
4175	201.10-15	T/CSEE 0119—2019	电力架空光缆线路设计规范	团标	2019-3-1			设计、采购、建设、运维、修试、退役	初设、施工图、招标、品控、施工工艺、验收与质量评定、试运行、运行、维护、检修、试验、退役、报废	调度及二次	电力通信	
4176	201.10-16	T/CSEE 0180.1—2021	发电厂及变电站电气数字化设计技术规范 第1部分：高压配电装置	团标	2021-3-11			设计、采购、建设、运维、修试、退役	初设、施工图、招标、品控、施工工艺、验收与质量评定、试运行、运行、维护、检修、试验、退役、报废	调度及二次	电力通信	
4177	201.10-17	T/CSEE 0180.2—2021	发电厂及变电站电气数字化设计技术规范 第2部分：厂用电及站用电系统	团标	2021-3-11			设计、采购、建设、运维、修试、退役	初设、施工图、招标、品控、施工工艺、验收与质量评定、试运行、运行、维护、检修、试验、退役、报废	调度及二次	电力通信	
4178	201.10-18	T/CSEE 0250—2021	电力通信光缆设计选型规范	团标	2021-9-17			设计、采购、建设、运维、修试、退役	初设、施工图、招标、品控、施工工艺、验收与质量评定、试运行、运行、维护、检修、试验、退役、报废	调度及二次	电力通信	

序号	体系结构号	标准编号	标准名称	标准级别	实施日期	与国际标准对应关系	代替标准	阶段	分阶段	专业	分专业	备注
4179	201.10-19	DL/T 2548—2022	电力行业云应用设计与技术要求	行标	2023-5-4			设计、采购、建设、运维、修试、退役	初设、施工图、招标、品控、施工工艺、验收与质量评定、试运行、运行、维护、检修、试验、退役、报废	调度及二次	电力通信	
4180	201.10-20	DL/T 5002—2021	地区电网调度自动化设计规程	行标	2021-10-26		DL/T 5002—2005	设计、采购	初设、招标、品控	调度及二次	电力通信	
4181	201.10-21	DL/T 5003—2017	电力系统调度自动化设计规程	行标	2017-12-1		DL/T 5003—2005	设计、采购、建设、运维、修试、退役	初设、施工图、招标、品控、施工工艺、验收与质量评定、试运行、运行、维护、检修、试验、退役、报废	调度及二次	调度自动化	
4182	201.10-22	DL/T 5149—2020	变电站监控系统设计规程	行标	2021-2-1		DL/T 5149—2001	设计、采购、建设、运维、退役	初设、施工图、招标、品控、施工工艺、验收与质量评定、试运行、运行、维护、退役、报废	调度及二次	调度自动化	
4183	201.10-23	DL/T 5157—2012	电力系统调度通信交换网设计技术规程	行标	2013-3-1		DL/T 5157—2002	设计、采购、建设、运维、修试、退役	初设、施工图、招标、品控、施工工艺、验收与质量评定、试运行、运行、维护、检修、试验、退役、报废	调度及二次	电力通信	
4184	201.10-24	DL/T 5225—2016	220kV～1000kV变电站通信设计规程	行标	2017-5-1		DL/T 5225—2005	设计、采购、建设、运维、修试、退役	初设、施工图、招标、品控、施工工艺、验收与质量评定、试运行、运行、维护、检修、试验、退役、报废	调度及二次	电力通信	

序号	体系结构号	标准编号	标准名称	标准级别	实施日期	与国际标准对应关系	代替标准	阶段	分阶段	专业	分专业	备注
4185	201.10-25	DL/T 5364—2015	电力调度数据网络工程初步设计内容深度规定	行标	2015-12-1		DL/T 5364—2006	设计	初设、施工图	调度及二次	电力通信	
4186	201.10-26	DL/T 5365—2018	电力数据通信网络工程初步设计文件内容深度规定	行标	2019-5-1		DL/T 5365—2006	设计	初设、施工图	调度及二次	电力通信	
4187	201.10-27	DL/T 5392—2007	电力系统数字同步网工程设计规范	行标	2007-12-1			设计、采购、建设、运维、修试、退役	初设、施工图、招标、品控、施工工艺、验收与质量评定、试运行、运行、维护、检修、试验、退役、报废	调度及二次	电力通信	
4188	201.10-28	DL/T 5404—2007	电力系统同步数字系列（SDH）光缆通信工程设计技术规定	行标	2008-6-1			设计、采购、建设、运维、修试、退役	初设、施工图、招标、品控、施工工艺、验收与质量评定、试运行、运行、维护、检修、试验、退役、报废	调度及二次	电力通信	
4189	201.10-29	DL/T 5446—2012	电力系统调度自动化工程可行性研究报告内容深度规定	行标	2012-3-1			规划	规划	调度及二次	调度自动化	
4190	201.10-30	DL/T 5447—2012	电力系统通信系统设计内容深度规定	行标	2012-3-1		DLGJ 165—2003	设计	初设、施工图	调度及二次	电力通信	
4191	201.10-31	DL/T 5499—2015	换流站二次系统设计技术规程	行标	2015-9-1			设计、采购、建设、运维、修试、退役	初设、施工图、招标、品控、施工工艺、验收与质量评定、试运行、运行、维护、检修、试验、退役、报废	调度及二次	继电保护及安全自动装置、调度自动化	

序号	体系结构号	标准编号	标准名称	标准级别	实施日期	与国际标准对应关系	代替标准	阶段	分阶段	专业	分专业	备注
4192	201.10-32	DL/T 5505—2015	电力应急通信设计技术规程	行标	2015-12-1			设计、采购、建设、运维、修试、退役	初设、施工图、招标、品控、施工工艺、验收与质量评定、试运行、运行、维护、检修、试验、退役、报废	调度及二次	电力通信	
4193	201.10-33	DL/T 5518—2016	电力工程厂站内通信光缆设计规程	行标	2017-5-1			设计、采购、建设、运维、修试、退役	初设、施工图、招标、品控、施工工艺、验收与质量评定、试运行、运行、维护、检修、试验、退役、报废	调度及二次	电力通信	
4194	201.10-34	DL/T 5524—2017	电力系统光传送网（OTN）设计规程	行标	2017-8-1			设计、采购、建设、运维、修试、退役	初设、施工图、招标、品控、施工工艺、验收与质量评定、试运行、运行、维护、检修、试验、退役、报废	调度及二次	电力通信	
4195	201.10-35	DL/T 5557—2019	电力系统会议电视系统设计规程	行标	2019-10-1			设计、采购、建设	初设、施工图、招标、品控、施工工艺、验收与质量评定、试运行	调度及二次	基础综合	
4196	201.10-36	DL/T 5558—2019	电力系统调度自动化工程初步设计文件内容深度规定	行标	2019-10-1			设计	初设	调度及二次	调度自动化	
4197	201.10-37	DL/T 5560—2019	电力调度数据网络工程设计规程	行标	2019-10-1			设计、采购、建设、运维、修试、退役	初设、施工图、招标、品控、施工工艺、验收与质量评定、试运行、运行、维护、检修、试验、退役、报废	调度及二次	电力通信	

序号	体系结构号	标准编号	标准名称	标准级别	实施日期	与国际标准对应关系	代替标准	阶段	分阶段	专业	分专业	备注
4198	201.10-38	DL/T 5575—2020	广域测量系统设计规程	行标	2021-2-1			规划、设计	规划、初设、施工图	调度及二次	基础综合	
4199	201.10-39	DL/T 5576—2020	变电站信息采集及交互设计规范	行标	2021-2-1			设计、采购、建设、运维、修试、退役	初设、施工图、招标、品控、施工工艺、验收与质量评定、试运行、运行、维护、检修、试验、退役、报废	调度及二次	调度自动化	
4200	201.10-40	DL/T 5588—2021	电力系统视频监控系统设计规程	行标	2021-7-1			设计、采购、建设、运维、修试、退役	初设、施工图、招标、品控、施工工艺、验收与质量评定、试运行、运行、维护、检修、试验、退役、报废	调度及二次	电力通信	
4201	201.10-41	DL/T 5599—2021	电力系统通信设计导则	行标	2021-7-1			设计、采购、建设、运维、修试、退役	初设、施工图、招标、品控、施工工艺、验收与质量评定、试运行、运行、维护、检修、试验、退役、报废	调度及二次	电力通信	
4202	201.10-42	DL/T 5612—2021	电力系统光通信工程 可行性研究报告内容深度规定	行标	2021-10-26			设计、采购、建设、运维、修试、退役	初设、施工图、招标、品控、施工工艺、验收与质量评定、试运行、运行、维护、检修、试验、退役、报废	调度及二次	电力通信	
4203	201.10-43	DL/T 5625—2021	智能变电站监控系统设计规程	行标	2022-5-16			设计、采购、建设、运维、修试、退役	初设、施工图、招标、品控、施工工艺、验收与质量评定、试运行、运行、维护、检修、试验、退役、报废	调度及二次	调度自动化	

序号	体系结构号	标准编号	标准名称	标准级别	实施日期	与国际标准对应关系	代替标准	阶段	分阶段	专业	分专业	备注
4204	201.10-44	DL/T 5734—2016	电力通信超长站距光传输工程设计技术规程	行标	2016-7-1			设计、采购、建设、运维、修试、退役	初设、施工图、招标、品控、施工工艺、验收与质量评定、试运行、运行、维护、检修、试验、退役、报废	调度及二次	电力通信	
4205	201.10-45	DLGJ 151—2000	电力系统光缆通信工程可行性研究内容深度规定	行标	2001-1-1			规划	规划	调度及二次	电力通信	
4206	201.10-46	DLGJ 152—2000	电力系统光缆通信工程初步设计内容深度规定	行标	2001-1-1			设计	初设	调度及二次	电力通信	
4207	201.10-47	DLGJ 163—2003	微波通信工程初步设计内容深度规定	行标	2004-3-1			设计	初设	调度及二次	电力通信	
4208	201.10-48	NB/T 10192—2019	电流闭锁式母线保护技术导则	行标	2019-10-1			规划、设计、运维、修试、退役	规划、初设、施工图、运行、维护、检修、试验、退役、报废	调度及二次	继电保护及安全自动装置	
4209	201.10-49	YD 5003—2014	通信建筑工程设计规范	行标	2014-7-1		YD/T 5003—2005	设计、采购、建设、运维、修试、退役	初设、施工图、招标、品控、施工工艺、验收与质量评定、试运行、运行、维护、检修、试验、退役、报废	调度及二次	电力通信	
4210	201.10-50	YD 5076—2014	固定电话交换网工程设计规范	行标	2014-7-1		YD/T 5076—2005；YD 5153—2007；YD/T 5155—2007	设计、采购、建设、运维、修试、退役	初设、施工图、招标、品控、施工工艺、验收与质量评定、试运行、运行、维护、检修、试验、退役、报废	调度及二次	电力通信	

序号	体系结构号	标准编号	标准名称	标准级别	实施日期	与国际标准对应关系	代替标准	阶段	分阶段	专业	分专业	备注
4211	201.10-51	YD 5092—2014	波分复用（W-DM）光纤传输系统工程设计规范	行标	2014-7-1		YD/T 5092—2005；YD/T 5166—2009	设计、采购、建设、运维、修试、退役	初设、施工图、招标、品控、施工工艺、验收与质量评定、试运行、运行、维护、检修、试验、退役、报废	调度及二次	电力通信	
4212	201.10-52	YD 5095—2014	同步数字体系（SDH）光纤传输系统工程设计规范	行标	2014-7-1		YD/T 5095—2005；YD/T 5024—2005；YD/T 5119—2005	设计、采购、建设、运维、修试、退役	初设、施工图、招标、品控、施工工艺、验收与质量评定、试运行、运行、维护、检修、试验、退役、报废	调度及二次	电力通信	
4213	201.10-53	YD 5193—2014	互联网数据中心（IDC）工程设计规范	行标	2014-7-1			设计、采购、建设、运维、修试、退役	初设、施工图、招标、品控、施工工艺、验收与质量评定、试运行、运行、维护、检修、试验、退役、报废	调度及二次	电力通信	
4214	201.10-54	YD/T 5026—2021	信息通信机房槽架安装设计规范	行标	2022-4-1		YD/T 5026—2005	设计、采购、建设、运维、修试、退役	初设、施工图、招标、品控、施工工艺、验收与质量评定、试运行、运行、维护、检修、试验、退役、报废	调度及二次	电力通信	
4215	201.10-55	YD/T 5080—2005	SDH光缆通信工程网管系统设计规范	行标	2006-6-1		YD 5080—1999	设计、采购、建设、运维、修试、退役	初设、施工图、招标、品控、施工工艺、验收与质量评定、试运行、运行、维护、检修、试验、退役、报废	调度及二次	电力通信	

序号	体系结构号	标准编号	标准名称	标准级别	实施日期	与国际标准对应关系	代替标准	阶段	分阶段	专业	分专业	备注
4216	201.10-56	YD/T 5186—2021	通信系统用室外机柜安装设计规范	行标	2022-4-1		YD/T 5186—2010	设计、采购、建设、运维、修试、退役	初设、施工图、招标、品控、施工工艺、验收与质量评定、试运行、运行、维护、检修、试验、退役、报废	调度及二次	电力通信	
4217	201.10-57	YD/T 5227—2015	云计算资源池系统设备安装工程设计规范	行标	2016-1-1			设计、采购、建设、运维、修试、退役	初设、施工图、招标、品控、施工工艺、验收与质量评定、试运行、运行、维护、检修、试验、退役、报废	调度及二次	电力通信	
4218	201.10-58	YD/T 5240—2018	时间同步网工程设计规范	行标	2019-4-1			设计、建设、运维、退役、修试	初设、施工工艺、验收与质量评定、试运行、运行、维护、退役、报废、检修、试验	调度及二次	电力通信	
4219	201.10-59	GB 50689—2011	通信局（站）防雷与接地工程设计规范	国标	2012-5-1			设计、采购、建设、运维、修试、退役	初设、施工图、招标、品控、施工工艺、验收与质量评定、试运行、运行、维护、检修、试验、退役、报废	调度及二次	电力通信	
4220	201.10-60	GB 51158—2015	通信线路工程设计规范	国标	2016-6-1			设计、采购、建设、运维、修试、退役	初设、施工图、招标、品控、施工工艺、验收与质量评定、试运行、运行、维护、检修、试验、退役、报废	调度及二次	电力通信	

序号	体系结构号	标准编号	标准名称	标准级别	实施日期	与国际标准对应关系	代替标准	阶段	分阶段	专业	分专业	备注
4221	201.10-61	GB/T 14285—2006	继电保护和安全自动装置技术规程	国标	2006-11-1		GB 14285—1993	规划、采购、建设、运维、修试	规划、招标、品控、施工工艺、验收与质量评定、运行、维护、检修、试验	调度及二次	继电保护及安全自动装置	
4222	201.10-62	GB/T 26264—2010	通信用太阳能电源系统	国标	2011-6-1			设计、采购、建设、运维、修试、退役	初设、施工图、招标、品控、施工工艺、验收与质量评定、试运行、运行、维护、检修、试验、退役、报废	调度及二次	电力通信	
4223	201.10-63	GB/T 32901—2016	智能变电站继电保护通用技术条件	国标	2017-3-1			规划、设计、采购、建设、运维、修试	规划、初设、招标、品控、施工工艺、验收与质量评定、运行、维护、检修、试验	调度及二次	继电保护及安全自动装置	
4224	201.10-64	GB/T 33266—2016	模块化机器人高速通用通信总线性能	国标	2017-7-1			设计、采购	初设、招标、品控	调度及二次	电力通信	
4225	201.10-65	GB/T 34121—2017	智能变电站继电保护配置工具技术规范	国标	2018-2-1			规划、设计	规划、初设、采购、运维、修试	调度及二次	继电保护及安全自动装置	
4226	201.10-66	GB/T 34122—2017	220kV～750kV电网继电保护和安全自动装置配置技术规范	国标	2018-2-1			规划、设计	规划、初设、采购、运维、修试	调度及二次	继电保护及安全自动装置	
4227	201.10-67	GB/T 37880—2019	就地化环网母线保护技术导则	国标	2020-3-1			规划、设计、运维、修试、退役	规划、初设、施工图、运行、维护、检修、试验、退役、报废	调度及二次	电力通信、继电保护及安全自动装置	
4228	201.10-68	GB/T 40586—2021	并网电源涉网保护技术要求	国标	2022-5-1			规划、设计、运维、修试、退役	规划、初设、施工图、运行、维护、检修、试验、退役、报废	调度及二次	电力通信、继电保护及安全自动装置	

序号	体系结构号	标准编号	标准名称	标准级别	实施日期	与国际标准对应关系	代替标准	阶段	分阶段	专业	分专业	备注
4229	201.10-69	GB/T 40864—2021	柔性交流输电设备接入电网继电保护技术要求	国标	2022-5-1			规划、设计、运维、修试、退役	规划、初设、施工图、运行、维护、检修、试验、退役、报废	调度及二次	电力通信、继电保护及安全自动装置	
4230	201.10-70	GB/T 50062—2008	电力装置的继电保护和自动装置设计规范	国标	2009-6-1		GB 50062—1992	规划、设计、运维、修试、退役	规划、初设、施工图、运行、维护、检修、试验、退役、报废	调度及二次	电力通信	
4231	201.10-71	GB/T 50587—2010	水库调度设计规范	国标	2010-12-1			设计、采购、建设、运维、修试、退役	初设、施工图、招标、品控、施工工艺、验收与质量评定、试运行、运行、维护、检修、试验、退役、报废	调度及二次	电力调度、水调	
4232	201.10-72	GB/T 50703—2011	电力系统安全自动装置设计规范	国标	2012-6-1			设计、采购、建设、运维、修试、退役	初设、施工图、招标、品控、施工工艺、验收与质量评定、试运行、运行、维护、检修、试验、退役、报废	调度及二次	电力通信	
4233	201.10-73	GB/T 50853—2013	城市通信工程规划规范	国标	2013-9-1			规划、设计、采购、建设、运维、修试、退役	规划、初设、施工图、招标、品控、施工工艺、验收与质量评定、试运行、运行、维护、检修、试验、退役、报废	调度及二次	电力通信	
4234	201.10-74	GB/T 50980—2014	电力调度通信中心工程设计规范	国标	2014-12-1			设计、采购、建设、运维、修试、退役	初设、施工图、招标、品控、施工工艺、验收与质量评定、试运行、运行、维护、检修、试验、退役、报废	调度及二次	电力通信	

序号	体系结构号	标准编号	标准名称	标准级别	实施日期	与国际标准对应关系	代替标准	阶段	分阶段	专业	分专业	备注
4235	201.10-75	GB/T 51242—2017	同步数字体系（SDH）光纤传输系统工程设计规范	国标	2018-1-1			设计、采购、建设、运维、修试、退役	初设、施工图、招标、品控、施工工艺、验收与质量评定、试运行、运行、维护、检修、试验、退役、报废	调度及二次	电力通信	
201.11 规划设计—经济评价												
4236	201.11-1	Q/CSG 1201005—2021	办公用房装修投资控制标准	企标	2021-12-30		Q/CSG 1201005—2015	设计、采购	初设、招标	技术经济		
4237	201.11-2	Q/CSG 1201008—2021	技术业务用房可行性研究投资控制指标	企标	2021-12-30		Q/CSG 1201013—2016	设计、采购	初设、招标	技术经济		
4238	201.11-3	T/CSEE 0161—2020	分布式光伏发电工程建设预算项目划分导则	团标	2020-1-15			设计、采购	初设、招标	技术经济		
4239	201.11-4	T/OEC 429—2021	分布式电源接入配电网技术经济评价导则	团标	2021-9-1			设计、建设	初设、施工工艺、验收与质量评定、试运行	技术经济		
4240	201.11-5	DL/T 5438—2019	输变电经济评价导则	行标	2019-10-1		DL/T 5438—2009	设计、建设、运维、修试	初设、施工工艺、验收与质量评定、试运行、运行、维护、检修、试验	技术经济		
4241	201.11-6	DL/T 5464—2021	火力发电工程初步设计概算编制导则	行标	2021-10-26		DL/T 5464—2013	设计、采购	初设、招标	技术经济		
4242	201.11-7	DL/T 5465—2021	火力发电工程施工图预算编制导则	行标	2021-10-26		DL/T 5465—2013	设计、采购	初设、招标	技术经济		
4243	201.11-8	DL/T 5466—2021	火力发电工程可行性研究投资估算编制导则	行标	2021-10-26		DL/T 5466—2013	设计、采购	初设、招标	技术经济		

序号	体系结构号	标准编号	标准名称	标准级别	实施日期	与国际标准对应关系	代替标准	阶段	分阶段	专业	分专业	备注
4244	201.11-9	DL/T 5467—2021	输变电工程初步设计概算编制导则	行标	2021-10-26		DL/T 5467—2013	设计、采购	初设、招标	技术经济		
4245	201.11-10	DL/T 5468—2021	输变电工程施工图预算编制导则	行标	2021-10-26		DL/T 5468—2013	设计、采购	初设、招标	技术经济		
4246	201.11-11	DL/T 5469—2021	输变电工程可行性研究投资估算编制导则	行标	2021-10-26		DL/T 5469—2013	设计、采购	初设、招标	技术经济		
4247	201.11-12	DL/T 5471—2021	变电站、开关站、换流站工程建设预算项目划分导则	行标	2021-10-26		DL/T 5471—2013	设计、采购	初设、招标	技术经济		
4248	201.11-13	DL/T 5472—2021	架空输电线路工程建设预算项目划分导则	行标	2022-5-16			规划	规划	技术经济		
4249	201.11-14	DL/T 5476—2021	电缆输电线路工程建设预算项目划分导则	行标	2021-10-26		DL/T 5476—2013	设计、采购	初设、招标	技术经济		
4250	201.11-15	DL/T 5477—2013	串联补偿站及静止无功补偿工程建设预算项目划分导则	行标	2013-10-1			设计、采购	初设、招标	技术经济		
4251	201.11-16	DL/T 5478—2021	20kV 及以下配电网工程建设预算项目划分导则	行标	2021-10-26		DL/T 5478—2013	设计、采购	初设、招标	技术经济		
4252	201.11-17	DL/T 5479—2022	通信工程建设预算项目划分导则	行标	2022-11-13		DL/T 5479—2013	设计、采购、建设	施工图、品控、施工工艺、验收与质量评定	技术经济		
4253	201.11-18	DL/T 5538—2017	电力系统安全稳定控制工程建设预算项目划分导则	行标	2018-3-1			设计、建设	初设、施工图、施工工艺、验收与质量评定、试运行	技术经济		

序号	体系结构号	标准编号	标准名称	标准级别	实施日期	与国际标准对应关系	代替标准	阶段	分阶段	专业	分专业	备注
4254	201.11-19	DL/T 5541—2018	换流站接地极工程建设预算项目划分导则	行标	2018-7-1			规划、设计	规划、初设、施工图	技术经济		
4255	201.11-20	DL/T 5591—2021	20kV 及以下配电网工程建设预算编制导则	行标	2021-7-1			规划、设计	规划、初设、施工图	技术经济		
4256	201.11-21	DL/T 5595—2021	太阳能热发电厂可行性研究设计概算编制规定	行标	2021-7-1			规划、设计	规划、初设、施工图	技术经济		
4257	201.11-22	DL/T 5596—2021	太阳能热发电厂预可行性研究投资估算编制规定	行标	2021-7-1			规划、设计	规划、初设、施工图	技术经济		
4258	201.11-23	DL/T 5597—2021	太阳能热发电工程经济评价导则	行标	2021-7-1			规划、设计	规划、初设、施工图	技术经济		
4259	201.11-24	NB/T 31009—2019	海上风电场工程设计概算编制规定及费用标准	行标	2019-10-1		NB/T 31009—2011	规划、设计、采购	规划、初设、施工图、招标	技术经济		
4260	201.11-25	NB/T 31011—2019	陆上风电场工程设计概算编制规定及费用标准	行标	2019-10-1		NB/T 31011—2011	规划、设计、采购	规划、初设、施工图、招标	技术经济		
4261	201.11-26	NB/T 31085—2016	风电场项目经济评价规范	行标	2016-6-1			规划、设计、采购	规划、初设、施工图、招标	技术经济		
4262	201.11-27	NB/T 32027—2016	光伏发电工程设计概算编制规定及费用标准	行标	2016-6-1			规划、设计、采购	规划、初设、施工图、招标	技术经济		
201.12 规划设计—其他												
4263	201.12-1	Q/CSG 1201004—2015	办公用房建设标准	企标	2015-8-6		Q/CSG 115007—2011	设计、采购、建设	初设、施工图、招标、品控、施工工艺、验收与质量评定	其他		
4264	201.12-2	Q/CSG 1201006—2015	小型基建规划内容深度规定	企标	2015-8-6			规划	规划	其他		

序号	体系结构号	标准编号	标准名称	标准级别	实施日期	与国际标准对应关系	代替标准	阶段	分阶段	专业	分专业	备注
4265	201.12-3	Q/CSG 1201007—2021	小型基建项目可行性研究内容深度规定	企标	2021-12-30		Q/CSG 1201007—2015	规划	规划	其他		
4266	201.12-4	Q/CSG 1201009—2021	技术业务用房可行性研究技术导则	企标	2021-12-30		Q/CSG 1201009—2016	规划	规划	其他		
4267	201.12-5	Q/CSG 1202004—2019	清水混凝土工程设计及施工导则	企标	2019-6-26			设计、建设	初设、施工图、施工工艺、验收与质量评定	其他		
4268	201.12-6	T/CEC 436—2021	电力北斗地基增强系统规划设计导则	团标	2021-9-1			规划	规划	其他		
4269	201.12-7	T/CSEE 0256—2021	粗颗粒盐渍土区电力工程岩土勘察技术规程	团标	2021-9-17			规划	规划	其他		
4270	201.12-8	DL/T 2495—2022	电站减温减压装置选型导则	行标	2022-11-13			规划	规划	其他		
4271	201.12-9	GA 1290—2016	建设工程消防设计审查规则	行标	2016-7-8			设计、采购、建设、运维、修试、退役	初设、施工图、招标、品控、施工工艺、验收与质量评定、试运行、运行、维护、检修、试验、退役、报废	其他		
4272	201.12-10	GB 50057—2010	建筑物防雷设计规范	国标	2011-10-1		GB 50057—1994	设计、采购、建设、运维、修试、退役	初设、施工图、招标、品控、施工工艺、验收与质量评定、试运行、运行、维护、检修、试验、退役、报废	其他		

序号	体系结构号	标准编号	标准名称	标准级别	实施日期	与国际标准对应关系	代替标准	阶段	分阶段	专业	分专业	备注
4273	201.12-11	GB 50058—2014	爆炸危险环境电力装置设计规范	国标	2014-10-1		GB 50058—1992	设计、采购、建设、运维、修试、退役	初设、施工图、招标、品控、施工工艺、验收与质量评定、试运行、运行、维护、检修、试验、退役、报废	其他		
4274	201.12-12	GB 50395—2007	视频安防监控系统工程设计规范	国标	2007-8-1			设计、采购、建设、运维、修试、退役	初设、施工图、招标、品控、施工工艺、验收与质量评定、试运行、运行、维护、检修、试验、退役、报废	其他		
4275	201.12-13	GB 50582—2010	室外作业场地照明设计标准	国标	2010-12-1			设计、采购、建设、运维、修试、退役	初设、施工图、招标、品控、施工工艺、验收与质量评定、试运行、运行、维护、检修、试验、退役、报废	其他		
4276	201.12-14	GB/T 12668.4—2006	调速电气传动系统 第4部分：一般要求 交流电压 1000V 以上但不超过 35kV 的交流调速电气传动系统额定值的规定	国标	2006-9-1	IEC 61800-4:2002, IDT		设计、采购、建设、运维、修试、退役	初设、施工图、招标、品控、施工工艺、验收与质量评定、试运行、运行、维护、检修、试验、退役、报废	其他		
4277	201.12-15	GB/T 12668.7201—2019	调速电气传动系统 第 7-201 部分:电气传动系统的通用接口和使用规范 1 型规范说明	国标	2019-10-1			设计、采购、建设、运维、修试、退役	初设、施工图、招标、品控、施工工艺、验收与质量评定、试运行、运行、维护、检修、试验、退役、报废	其他		

序号	体系结构号	标准编号	标准名称	标准级别	实施日期	与国际标准对应关系	代替标准	阶段	分阶段	专业	分专业	备注
4278	201.12-16	GB/T 12668.7301—2019	调速电气传动系统 第7-301部分:电气传动系统的通用接口和使用规范 1型规范对应至网络技术	国标	2019-10-1			设计、采购、建设、运维、修试、退役	初设、施工图、招标、品控、施工工艺、验收与质量评定、试运行、运行、维护、检修、试验、退役、报废	其他		
4279	201.12-17	GB/T 12668.7302—2021	调速电气传动系统 第7-302部分:电气传动系统的通用接口和使用规范 2型规范对应至网络技术	国标	2022-5-1			设计、采购、建设、运维、修试、退役	初设、施工图、招标、品控、施工工艺、验收与质量评定、试运行、运行、维护、检修、试验、退役、报废	其他		
4280	201.12-18	GB/T 12668.901—2021	调速电气传动系统 第9-1部分:电气传动系统、电机起动器、电力电子设备及其传动应用的生态设计 采用扩展产品法(EPA)和半解析模型(SAM)制定电气传动设备能效标准的一般要求	国标	2021-10-1			设计、采购、建设、运维、修试、退役	初设、施工图、招标、品控、施工工艺、验收与质量评定、试运行、运行、维护、检修、试验、退役、报废	其他		
4281	201.12-19	GB/T 12668.902—2021	调速电气传动系统 第9-2部分:电气传动系统、电机起动器、电力电子设备及其传动应用的生态设计 电气传动系统和电机起动器的能效指标	国标	2021-10-1			设计、采购、建设、运维、修试、退役	初设、施工图、招标、品控、施工工艺、验收与质量评定、试运行、运行、维护、检修、试验、退役、报废	其他		

序号	体系结构号	标准编号	标准名称	标准级别	实施日期	与国际标准对应关系	代替标准	阶段	分阶段	专业	分专业	备注
4282	201.12-20	GB/T 17214.2—2005	工业过程测量和控制装置的工作条件 第2部分：动力	国标	2006-4-1	IEC 60654-2:1979, IDT	JB/T 9237.2—1999	设计、采购、建设、运维、修试、退役	初设、施工图、招标、品控、施工工艺、验收与质量评定、试运行、运行、维护、检修、试验、退役、报废	其他		
4283	201.12-21	GB/T 17214.4—2005	工业过程测量和控制装置的工作条件 第4部分：腐蚀和侵蚀影响	国标	2006-4-1	IEC 60654-4:1987, IDT	JB/T 9237.1—1999	设计、采购、建设、运维、修试、退役	初设、施工图、招标、品控、施工工艺、验收与质量评定、试运行、运行、维护、检修、试验、退役、报废	其他		
4284	201.12-22	GB/T 26757—2011	节能自愿协议技术通则	国标	2011-11-1			设计、运维	初设、运行	其他		
4285	201.12-23	GB/T 28564—2012	电工电子设备机柜 模数化设计要求	国标	2012-11-1			设计、采购、建设、运维、修试、退役	初设、施工图、招标、品控、施工工艺、验收与质量评定、试运行、运行、维护、检修、试验、退役、报废	其他		
4286	201.12-24	GB/T 28568—2012	电工电子设备机柜 安全设计要求	国标	2012-11-1			设计、采购、建设	初设、品控、验收与质量评定	其他		
4287	201.12-25	GB/T 30032.2—2013	移动式升降工作平台 带有特殊部件的设计、计算、安全要求和试验方法 第2部分：装有非导电（绝缘）部件的移动式升降工作平台	国标	2014-3-1	ISO 16653-2—2009, MOD		设计、采购、建设、运维、修试、退役	初设、施工图、招标、品控、施工工艺、验收与质量评定、试运行、运行、维护、检修、试验、退役、报废	其他		

序号	体系结构号	标准编号	标准名称	标准级别	实施日期	与国际标准对应关系	代替标准	阶段	分阶段	专业	分专业	备注
4288	201.12-26	GB/T 31841—2015	电工电子设备机械结构 电磁屏蔽和静电放电防护设计指南	国标	2016-2-1			设计、采购、建设、运维、修试、退役	初设、施工图、招标、品控、施工工艺、验收与质量评定、试运行、运行、维护、检修、试验、退役、报废	其他		
4289	201.12-27	GB/T 31842—2015	电工电子设备机械结构 环境防护设计指南	国标	2016-2-1			设计、采购、建设、运维、修试、退役	初设、施工图、招标、品控、施工工艺、验收与质量评定、试运行、运行、维护、检修、试验、退役、报废	其他		
4290	201.12-28	GB/T 31845—2015	电工电子设备机械结构 热设计规范	国标	2016-2-1			设计、采购、建设、运维、修试、退役	初设、施工图、招标、品控、施工工艺、验收与质量评定、试运行、运行、维护、检修、试验、退役、报废	其他		
4291	201.12-29	GB/T 33262—2016	工业机器人模块化设计规范	国标	2017-7-1			设计、采购、建设、运维、修试、退役	初设、施工图、招标、品控、施工工艺、验收与质量评定、试运行、运行、维护、检修、试验、退役、报废	其他		
4292	201.12-30	GB/T 33263—2016	机器人软件功能组件设计规范	国标	2017-7-1			设计、采购、建设、运维、修试、退役	初设、施工图、招标、品控、施工工艺、验收与质量评定、试运行、运行、维护、检修、试验、退役、报废	其他		

序号	体系结构号	标准编号	标准名称	标准级别	实施日期	与国际标准对应关系	代替标准	阶段	分阶段	专业	分专业	备注
4293	201.12-31	GB/T 51077—2015	电动汽车电池更换站设计规范	国标	2015-9-1			设计、采购、建设、运维、修试、退役	初设、施工图、招标、品控、施工工艺、验收与质量评定、试运行、运行、维护、检修、试验、退役、报废	其他		
4294	201.12-32	GB/T 51375-201	网络工程设计标准	国标	2019-10-1			设计、采购、建设、运维、修试、退役	初设、施工图、招标、品控、施工工艺、验收与质量评定、试运行、运行、维护、检修、试验、退役、报废	其他		
4295	201.12-33	GB/Z 29630—2013	静止无功补偿装置 系统设计和应用导则	国标	2013-12-2			设计、采购、建设、运维、修试、退役	初设、施工图、招标、品控、施工工艺、验收与质量评定、试运行、运行、维护、检修、试验、退役、报废	其他		
4296	201.12-34	IEC 61853-1—2011	光电（PV）模块性能试验和额定功率 第1部分：辐照度、温度性能测量和额定功率	国际标准	2011-1-26	BS EN 61853-1—2011，IDT；EN 61853-1—2011，IDT	IEC 82/613/FD1S—2010	设计、采购、建设、运维、修试、退役	初设、施工图、招标、品控、施工工艺、验收与质量评定、试运行、运行、维护、检修、试验、退役、报废	其他		
202	**工程建设**											
202.1	**工程建设—基础综合**											
4297	202.1-1	Q/CSG 1202008—2019	电力工程接地防腐技术规范	企标	2019-12-30			采购、建设、运维	招标、品控、施工工艺、验收与质量评定、试运行、运行、维护	基础综合		

序号	体系结构号	标准编号	标准名称	标准级别	实施日期	与国际标准对应关系	代替标准	阶段	分阶段	专业	分专业	备注
4298	202.1-2	Q/CSG 1202014—2020	中国南方电网有限责任公司智慧工程管控技术导则	企标	2020-6-30			建设	施工工艺	基础综合		
4299	202.1-3	Q/CSG 1203065—2020	变电站IEC 61850工程通用应用模型	企标	2020-7-31		Q/CSG 12040005.34—2014	建设	施工工艺、验收与质量评定	基础综合		
4300	202.1-4	Q/CSG 1210045—2020	人工智能应用建设规范（试行）	企标	2020-10-30			采购、建设、运维	招标、品控、施工工艺、验收与质量评定、试运行、运行、维护	基础综合		
4301	202.1-5	T/CEC 554.1—2021	电力工程外部腐蚀源信息管理 第1部分：总则	团标	2022-3-1			采购、建设、运维	招标、品控、施工工艺、验收与质量评定、试运行、运行、维护	基础综合		
4302	202.1-6	T/CEC 554.2—2021	电力工程外部腐蚀源信息管理 第2部分：腐蚀源识别	团标	2022-3-1			采购、建设、运维	招标、品控、施工工艺、验收与质量评定、试运行、运行、维护	基础综合		
4303	202.1-7	T/CEC 554.3—2021	电力工程外部腐蚀源信息管理 第3部分：检测方法	团标	2022-3-1			采购、建设、运维	招标、品控、施工工艺、验收与质量评定、试运行、运行、维护	基础综合		
4304	202.1-8	T/CEC 554.5—2021	电力工程外部腐蚀源信息管理 第5部分：可视化技术要求	团标	2022-3-1			采购、建设、运维	招标、品控、施工工艺、验收与质量评定、试运行、运行、维护	基础综合		
4305	202.1-9	T/CEC 5023—2020	电力建设工程起重施工技术规范	团标	2020-1-2			建设	施工工艺	基础综合		
4306	202.1-10	T/CBC 554.4—2021	电力工程外部腐蚀源信息管理 第4部分：数据统计分析方法	团标	2022-3-1			采购、建设、运维	招标、品控、施工工艺、验收与质量评定、试运行、运行、维护	基础综合		

序号	体系结构号	标准编号	标准名称	标准级别	实施日期	与国际标准对应关系	代替标准	阶段	分阶段	专业	分专业	备注
4307	202.1-11	T/CSEE 0021.2—2016	输变电工程数字化设计技术导则 第2部分:输电线路工程	团标	2017-5-1			设计、采购、建设、运维、退役	初设、施工图、招标、品控、施工工艺、验收与质量评定、试运行、运行、维护、退役、报废	基础综合		
4308	202.1-12	T/CSEE 0059—2017	输变电工程地基基础检测规范	团标	2018-5-1			设计、采购、建设、运维、退役	初设、施工图、招标、品控、施工工艺、验收与质量评定、试运行、运行、维护、退役、报废	基础综合		
4309	202.1-13	T/CSEE 0145—2019	电气工程类工程能力评价规范	团标	2019-3-1			采购、建设、运维	招标、品控、施工工艺、验收与质量评定、试运行、运行、维护	基础综合		
4310	202.1-14	T/CSEE 0200—2021	弱联系交流联网工程调试技术导则	团标	2021-3-11			采购、建设、运维	招标、品控、施工工艺、验收与质量评定、试运行、运行、维护	基础综合		
4311	202.1-15	DL 5190.4—2019	电力建设施工技术规范 第4部分:热工仪表及控制装置	行标	2019-10-1		DL 5190.4—2012	采购、建设、运维	招标、品控、施工工艺、验收与质量评定、试运行、运行、维护	基础综合		
4312	202.1-16	DL 5190.5—2019	电力建设施工技术规范 第5部分:管道及系统	行标	2019-10-1		DL 5190.5—2012	采购、建设、运维	招标、品控、施工工艺、验收与质量评定、试运行、运行、维护	基础综合		
4313	202.1-17	DL/T 1918—2018	电力工程接地用铝铜合金技术条件	行标	2019-5-1			采购、建设、运维、修试、退役	招标、品控、施工工艺、验收与质量评定、试运行、运行、维护、检修、试验、退役、报废	基础综合		

序号	体系结构号	标准编号	标准名称	标准级别	实施日期	与国际标准对应关系	代替标准	阶段	分阶段	专业	分专业	备注
4314	202.1-18	DL/T 1982—2019	电力工程热转印标识技术规范	行标	2019-10-1			采购、建设	招标、品控施工工艺、验收与质量评定	基础综合		
4315	202.1-19	DL/T 2049—2019	电力工程接地装置选材导则	行标	2020-5-1	IEC 61964-04:1999		采购、建设	招标、品控施工工艺、验收与质量评定	基础综合		
4316	202.1-20	DL/T 2118—2020	电网检修安全防护综合管控系统技术导则	行标	2021-2-3			建设	施工工艺、验收与质量评定	基础综合		
4317	202.1-21	DL/T 2197—2020	电力工程信息模型应用统一标准	行标	2021-2-1			建设	施工工艺、验收与质量评定	基础综合		
4318	202.1-22	DL/T 2333—2021	输变电工程地面三维激光扫描测量技术规程	行标	2022-3-22			建设、运维、修试	施工工艺、验收与质量评定、试运行、运行、维护、检修、试验	基础综合		
4319	202.1-23	DL/T 2334—2021	电网工程建设遥感动态监控技术规程	行标	2022-3-22			建设	施工工艺、验收与质量评定	基础综合		
4320	202.1-24	DL/T 2479—2022	变电站 SCD 模型映射到电网 CIM 模型技术导则	行标	2022-11-13			建设、运维、修试	施工工艺、验收与质量评定、试运行、运行、维护、检修、试验	基础综合		
4321	202.1-25	DL/T 2583—2022	电网项目全过程工程咨询服务导则	行标	2023-5-4			建设	施工工艺、验收与质量评定	基础综合		
4322	202.1-26	DL/T 5024—2020	电力工程地基处理技术规程	行标	2021-2-1		DL/T 5024—2005	采购、建设	招标、品控施工工艺、验收与质量评定	基础综合		
4323	202.1-27	DL/T 5138—2014	电力工程数字摄影测量规程	行标	2015-3-1		DL/T 5138—2001	采购、建设	招标、品控、施工工艺、验收与质量评定	基础综合		

序号	体系结构号	标准编号	标准名称	标准级别	实施日期	与国际标准对应关系	代替标准	阶段	分阶段	专业	分专业	备注
4324	202.1-28	DL/T 5234—2010	±800kV及以下直流输电工程启动及竣工验收规程	行标	2010-10-1			建设、运维、修试	施工工艺、验收与质量评定、试运行、运行、维护、检修、试验	基础综合		
4325	202.1-29	DL/T 5297—2013	混凝土面板堆石坝挤压边墙技术规范	行标	2014-4-1			采购、建设、运维、修试、退役	招标、品控、施工工艺、验收与质量评定、试运行、运行、维护、检修、试验、退役、报废	基础综合		
4326	202.1-30	DL/T 5481—2013	电力岩土工程监理规程	行标	2014-4-1			建设	施工工艺、验收与质量评定、试运行	基础综合		
4327	202.1-31	DL/T 5492—2014	电力工程遥感调查技术规程	行标	2015-3-1			建设	施工工艺、验收与质量评定	基础综合		
4328	202.1-32	DL/T 5494—2014	电力工程场地地震安全性评价规程	行标	2015-3-1			建设	施工工艺、验收与质量评定	基础综合		
4329	202.1-33	DL/T 5590—2021	电网工程施工招标文件与合同编制导则	行标	2021-7-1			建设	施工工艺、验收与质量评定	基础综合		
4330	202.1-34	HJ 169—2018	建设项目环境风险评价技术导则	行标	2019-3-1			采购、建设	招标、品控、施工工艺、验收与质量评定、试运行	基础综合		
4331	202.1-35	JGJ/T 408—2017	建筑施工测量标准	行标	2017-11-1			建设	施工工艺、验收与质量评定	基础综合		
4332	202.1-36	NB/T 10479—2020	交联电缆本体及附件 湿热环境条件与技术要求	行标	2021-2-1			建设	施工工艺、验收与质量评定	基础综合		
4333	202.1-37	NB/T 11021—2022	发变电工程勘测数据 交换标准	行标	2023-5-4			建设、运维、修试	施工工艺、验收与质量评定、试运行、运行、维护、检修、试验	发电、变电	其他	

序号	体系结构号	标准编号	标准名称	标准级别	实施日期	与国际标准对应关系	代替标准	阶段	分阶段	专业	分专业	备注
4334	202.1-38	GB 5144—2006	塔式起重机安全规程	国标	2007-10-1		GB 5144—1994	采购、建设	招标、品控、施工工艺、验收与质量评定、试运行	基础综合		
4335	202.1-39	GB 50330—2013	建筑边坡工程技术规范	国标	2014-6-1		GB 50330—2002	采购、建设、运维、退役	招标、品控、施工工艺、验收与质量评定、试运行、运行、维护、退役、报废	基础综合		
4336	202.1-40	GB 50877—2014	防火卷帘、防火门、防火窗施工及验收规范	国标	2014-8-1			建设	施工工艺、验收与质量评定	基础综合		
4337	202.1-41	GB/T 21839—2019	预应力混凝土用钢材试验方法	国标	2020-5-1		GB/T 21839—2008	建设	施工工艺、验收与质量评定、试运行	基础综合		
4338	202.1-42	GB/T 24818.3—2009	起重机 通道及安全防护设施 第3部分:塔式起重机	国标	2010-7-1	ISO 11660-3—2008，IDT		建设	施工工艺、验收与质量评定、试运行	基础综合		
4339	202.1-43	GB/T 32146.1—2015	检验检测实验室设计与建设技术要求 第1部分：通用要求	国标	2016-7-1			采购、建设、运维、修试、退役	招标、品控、施工工艺、验收与质量评定、试运行、运行、维护、检修、试验、退役、报废	基础综合		
4340	202.1-44	GB/T 32146.2—2015	检验检测实验室设计与建设技术要求 第2部分：电气实验室	国标	2016-7-1			采购、建设、运维、修试、退役	招标、品控、施工工艺、验收与质量评定、试运行、运行、维护、检修、试验、退役、报废	基础综合		
4341	202.1-45	GB/T 35975—2018	起重吊具 分类	国标	2018-9-1			建设	施工工艺、验收与质量评定、试运行	基础综合		

序号	体系结构号	标准编号	标准名称	标准级别	实施日期	与国际标准对应关系	代替标准	阶段	分阶段	专业	分专业	备注
4342	202.1-46	GB/T 38436—2019	输变电工程数据移交规范	国标	2020-7-1			建设	施工工艺、验收与质量评定、试运行	基础综合		
4343	202.1-47	GB/T 50319—2013	建设工程监理规范	国标	2014-3-1		GB 50319—2000	采购、建设	招标、品控、施工工艺、验收与质量评定、试运行	基础综合		
4344	202.1-48	GB/T 50326—2017	建设工程项目管理规范	国标	2018-1-1		GB/T 50326—2006	采购、建设	招标、品控、施工工艺、验收与质量评定、试运行	基础综合		
4345	202.1-49	GB/T 50328—2014	建设工程文件归档规范（2019年版）	国标	2020-3-1		GB/T 50328—2014	采购、建设	招标、品控、施工工艺、验收与质量评定、试运行	基础综合		
4346	202.1-50	GB/T 50353—2013	建筑工程建筑面积计算规范	国标	2014-7-1			建设	施工工艺、验收与质量评定	基础综合		
4347	202.1-51	GB/T 50358—2017	建设项目工程总承包管理规范	国标	2018-1-1		GB/T 50358—2005	采购、建设	招标、品控、施工工艺、验收与质量评定、试运行	基础综合		
202.2 工程建设—发电												
202.2.1 工程建设—发电—风电												
4348	202.2.1-1	T/CSEE 0190—2021	风力发电导电轨（空气型母线槽)安装及运行维护导则	团标	2021-3-11			建设	验收与质量评定	发电	风电	
4349	202.2.1-2	NB/T 10207—2019	风电场工程竣工图文件编制规程	行标	2019-10-1			建设	验收与质量评定	发电	风电	
4350	202.2.1-3	NB/T 10582—2021	风力发电场电气设备监造技术规程	行标	2021-7-1			建设	验收与质量评定	发电	风电	

序号	体系结构号	标准编号	标准名称	标准级别	实施日期	与国际标准对应关系	代替标准	阶段	分阶段	专业	分专业	备注
4351	202.2.1-4	NB/T 10684—2021	风电场工程质量管理规程	行标	2021-10-26			建设	验收与质量评定	发电	风电	
4352	202.2.1-5	NB/T 10906—2021	陆上风电场工程风电机组基础施工规范	行标	2022-3-22			建设	验收与质量评定	发电	风电	
4353	202.2.1-6	NB/T 10908—2021	风电机组混凝土—钢混合塔筒施工规范	行标	2022-3-22			建设	验收与质量评定	发电	风电	
4354	202.2.1-7	NB/T 10996—2022	风力发电场并网安全条件及评价规范	行标	2023-3-4			建设	验收与质量评定	发电	风电	
4355	202.2.1-8	NB/T 11001—2022	海上风电场工程基础防撞设施技术规程	行标	2023-5-4			规划、设计	规划、初设	发电	风电	
4356	202.2.1-9	NB/T 31028—2012	风电场工程安全预评价报告编制规程	行标	2012-12-1			建设	验收与质量评定	发电	风电	
4357	202.2.1-10	NB/T 31076—2016	风力发电场并网验收规范	行标	2016-6-1			建设	验收与质量评定	发电	风电	
4358	202.2.1-11	NB/T 31113—2017	陆上风电场工程施工组织设计规范	行标	2018-3-1			建设	施工工艺	发电	风电	
4359	202.2.1-12	QX/T 645—2022	风电机组测风资料质量审核与订正	行标	2022-4-1			建设	验收与质量评定	发电	风电	
202.2.2	**工程建设—发电—太阳能**											
4360	202.2.2-1	T/CEC 5081—2022	户用墙面薄膜光伏发电系统安装与调试规范	团标	2023-2-1			建设	验收与质量评定	发电	光伏	
4361	202.2.2-2	NB/T 10433—2020	光伏发电建设项目声像文件收集与归档规范	行标	2021-2-2			建设	验收与质量评定	发电	光伏	

序号	体系结构号	标准编号	标准名称	标准级别	实施日期	与国际标准对应关系	代替标准	阶段	分阶段	专业	分专业	备注
4362	202.2.2-3	NB/T 10930—2022	光伏发电站组件监造导则	行标	2022-11-13			设计、建设、运维	初设、施工图、施工工艺、验收与质量评定、试运行、运行、维护	发电、调度及二次	光伏、电力调度	
4363	202.2.2-4	NB/T 10931—2022	光伏发电站跟踪系统及支架监造导则	行标	2022-11-13			规划、设计	规划、初设、施工图	发电	光伏	
4364	202.2.2-5	RB/T 094—2022	光伏系统持续发电性能评价技术规范	行标	2023-1-1			建设	验收与质量评定	发电	光伏	
4365	202.2.2-6	SJ/T 11800—2022	太阳能光伏用自洁净玻璃	行标	2022-7-1			建设	验收与质量评定	发电	光伏	
4366	202.2.2-7	GB/T 37658—2019	并网光伏电站启动验收技术规范	国标	2020-1-1			建设	验收与质量评定	发电	光伏	
4367	202.2.2-8	GB/T 40102—2021	太阳能热发电站接入电力系统检测规程	国标	2021-12-1			建设	验收与质量评定	发电	其他	
202.2.3　工程建设—发电—水电与抽水蓄能												
4368	202.2.3-1	Q/CSG 1202013—2020	抽水蓄能电站机组启动调试技术导则	企标	2020-6-30			建设	施工工艺、验收与质量评定、试运行	发电	水电	
4369	202.2.3-2	Q/CSG 1205013—2017	抽水蓄能电站充电导则	企标	2017-7-1			建设	施工工艺、验收与质量评定、试运行	发电	水电	
4370	202.2.3-3	T/CEC 5033—2021	水电水利工程深埋地下洞室开挖施工规范	团标	2021-9-1			建设	施工工艺、验收与质量评定、试运行	发电	水电	
4371	202.2.3-4	T/CEC 5062—2021	水电水利工程总承包项目监理规范	团标	2022-3-1			建设	施工工艺、验收与质量评定、试运行	发电	水电	

序号	体系结构号	标准编号	标准名称	标准级别	实施日期	与国际标准对应关系	代替标准	阶段	分阶段	专业	分专业	备注
4372	202.2.3-5	DL 5190.6—2019	电力建设施工技术规范　第6部分：水处理和制（供）氢设备及系统	行标	2019-10-1		DL 5190.6—2012	建设	施工工艺、验收与质量	发电	水电	
4373	202.2.3-6	DL/T 543—2009	电厂用水处理设备验收导则	行标	2009-12-1		DL/T 543—1994	建设	施工工艺、验收与质量	发电	水电	
4374	202.2.3-7	DL/T 862—2016	水电厂自动化元件（装置）安装和验收规程	行标	2016-6-1		DL/T 862—2004	建设	施工工艺、验收与质量	发电	水电	
4375	202.2.3-8	DL/T 1770—2017	抽水蓄能电站输水系统充排水技术规程	行标	2018-3-1			设计、采购	初设、招标	发电	水电	
4376	202.2.3-9	DL/T 2079—2020	水电站大坝安全管理实绩评价规程	行标	2021-2-1			建设	施工工艺、验收与质量	发电	水电	
4377	202.2.3-10	DL/T 5070—2012	水轮机金属蜗壳现场制造安装及焊接工艺导则	行标	2012-3-1		DL/T 5070—1997	建设、运维、修试	施工工艺、验收与质量评定、试运行、运行、维护、检修、试验	发电	水电	
4378	202.2.3-11	DL/T 5071—2012	混流式水轮机转轮现场制造工艺导则	行标	2012-3-1		DL/T 5071—1997	建设、运维、修试	施工工艺、验收与质量评定、试运行、运行、维护、检修、试验	发电	水电	
4379	202.2.3-12	DL/T 5099—2011	水工建筑物地下工程开挖施工技术规范	行标	2011-11-1		DL/T 5099—1999	建设、运维、修试	施工工艺、验收与质量评定、试运行、运行、维护、检修、试验	发电	水电	
4380	202.2.3-13	DL/T 5269—2012	水电水利工程砾石土心墙堆石坝施工规范	行标	2012-3-1			设计、建设、运维、修试	初设、施工图、施工工艺、验收与质量评定、试运行、运行、维护、检修、试验	发电	水电	

序号	体系结构号	标准编号	标准名称	标准级别	实施日期	与国际标准对应关系	代替标准	阶段	分阶段	专业	分专业	备注
4381	202.2.3-14	DL/T 5271—2012	水电水利工程砂石加工系统施工技术规程	行标	2012-7-1			建设	施工工艺	发电	水电	
4382	202.2.3-15	DL/T 5274—2012	水电水利工程施工重大危险源辩识及评价导则	行标	2012-7-1			设计、建设、运维、修试	初设、施工图、施工工艺、验收与质量评定、试运行、运行、维护、检修、试验	发电	水电	
4383	202.2.3-16	DL/T 5363—2016	水工碾压式沥青混凝土施工规范	行标	2017-5-1		DL/T 5363—2006	建设	施工工艺	发电	水电	
4384	202.2.3-17	DL/T 5432—2021	水电水利工程项目建设管理规范	行标	2021-7-1		DL/T 5432—2009	建设	施工工艺、验收与质量评定	发电	水电	
4385	202.2.3-18	DL/T 5772—2018	水电水利工程水力学安全监测规程	行标	2019-5-1			建设	施工工艺	发电	水电	
4386	202.2.3-19	DL/T 5773—2018	水电水利工程施工机械安全操作规程 混凝土运输车	行标	2019-5-1			建设	施工工艺	发电	水电	
4387	202.2.3-20	DL/T 5778—2018	水工混凝土用速凝剂技术规范	行标	2019-5-1			设计、建设、运维、修试	初设、施工图、施工工艺、验收与质量评定、试运行、运行、维护、检修、试验	发电	水电	
4388	202.2.3-21	DL/T 5811—2020	水轮发电机内冷安装技术导则	行标	2021-2-1			设计、建设、运维、修试	初设、施工图、施工工艺、验收与质量评定、试运行、运行、维护、检修、试验	发电	水电	
4389	202.2.3-22	NB/T 10145—2019	水电工程竣工决算报告编制规定	行标	2019-10-1			建设	验收与质量评定	发电	水电	

序号	体系结构号	标准编号	标准名称	标准级别	实施日期	与国际标准对应关系	代替标准	阶段	分阶段	专业	分专业	备注
4390	202.2.3-23	NB/T 10492—2021	水电工程施工期防洪度汛报告编制规程	行标	2021-7-1			建设	验收与质量评定	发电	水电	
4391	202.2.3-24	NB/T 10509—2021	水电建设项目水土保持技术规范	行标	2021-7-1		DL/T 5419—2009	建设	验收与质量评定	发电	水电	
4392	202.2.3-25	NB/T 10510—2021	水电工程水土保持生态修复技术规范	行标	2021-7-1			建设	验收与质量评定	发电	水电	
4393	202.2.3-26	NB/T 10791—2021	水电工程金属结构设备更新改造导则	行标	2022-5-16			建设	验收与质量评定	发电	水电	
4394	202.2.3-27	NB/T 35117—2018	水电工程钻孔振荡式渗透试验规程	行标	2018-7-1			建设、运维、修试	施工工艺、验收与质量评定、试运行、运行、维护、检修、试验	发电	水电	
4395	202.2.3-28	NB/T 35120—2018	水电工程施工总布置设计规范	行标	2018-10-1		DL/T 5192—2004	建设	施工工艺、验收与质量评定、试运行	发电	水电	
4396	202.2.3-29	GB/T 8564—2003	水轮发电机组安装技术规范	国标	2004-3-1		GB 8564—1988	建设	施工工艺	发电	水电	
4397	202.2.3-30	GB/T 18482—2010	可逆式抽水蓄能机组启动试运行规程	国标	2011-5-1		GB/T 18482—2001	建设	试运行	发电	水电	
202.2.4	**工程建设—发电—核电**											
202.2.5	**工程建设—发电—燃煤电站与气电**											
4398	202.2.5-1	DL 5713—2014	火力发电厂热力设备及管道保温施工工艺导则	行标	2015-3-1			建设	施工工艺	发电	火电	
4399	202.2.5-2	DL 5714—2014	火力发电厂热力设备及管道保温防腐施工技术规范	行标	2015-3-1			建设	施工工艺	发电	火电	

序号	体系结构号	标准编号	标准名称	标准级别	实施日期	与国际标准对应关系	代替标准	阶段	分阶段	专业	分专业	备注
4400	202.2.5-3	DL/T 752—2010	火力发电厂异种钢焊接技术规程	行标	2010-10-1		DL/T 752—2001	建设	施工工艺	发电	火电	
4401	202.2.5-4	DL/T 869—2021	火力发电厂焊接技术规程	行标	2022-3-22		DL/T 869—2012	建设	施工工艺	发电	火电	
4402	202.2.5-5	DL/T 1097—2008	火电厂凝汽器管板焊接技术规程	行标	2008-11-1		SD 339—1989	建设	施工工艺	发电	火电	
4403	202.2.5-6	DL/T 1269—2013	火力发电建设工程机组蒸汽吹管导则	行标	2014-4-1			建设	施工工艺、验收与质量评定	发电	火电	
4404	202.2.5-7	DL/T 5294—2013	火力发电建设工程机组调试技术规范	行标	2014-4-1			设计、建设、运维、修试	初设、施工图、施工工艺、验收与质量评定、试运行、运行、维护、检修、试验	发电	火电	
4405	202.2.5-8	DL/T 5589—2021	火力发电工程施工招标文件与合同编制导则	行标	2021-7-1			建设	施工工艺、验收与质量评定、试运行	发电	火电	
4406	202.2.5-9	HJ 562—2010	火电厂烟气脱硝工程技术规范选择性催化还原法	行标	2010-4-1			规划、设计、采购、建设、运维、修试、退役	规划、初设、施工图、招标、品控、施工工艺、验收与质量评定、试运行、运行、维护、检修、试验、退役、报废	发电	火电	
202.2.6 工程建设—发电—生物质能												
4407	202.2.6-1	DL/T 2423—2021	生物质电厂烟气净化工程技术规范	行标	2022-3-22			建设、运维、修试	施工工艺、验收与质量评定、试运行、运行、维护、检修、试验	发电	其他	

序号	体系结构号	标准编号	标准名称	标准级别	实施日期	与国际标准对应关系	代替标准	阶段	分阶段	专业	分专业	备注
202.2.7　工程建设—发电—多能互补												
4408	202.2.7-1	CJJ 145—2010	燃气冷热电三联供工程技术规程	行标	2011-3-1			设计、采购、建设	初设、施工图、招标、品控、施工工艺、验收与质量评定、试运行	发电	其他	
4409	202.2.7-2	GB/T 51311—2018	风光储联合发电站调试及验收标准	国标	2019-3-1			建设、运维	验收与质量评定、运行、维护	发电	光伏、风电、储能	
202.2.8　工程建设—发电—其他												
4410	202.2.8-1	T/CEC 234—2019	直流输电工程大型调相机组设备监造技术导则	团标	2020-1-1			采购	品控	变电	其他	
4411	202.2.8-2	T/CEC 235—2019	直流输电工程大型调相机交接及启动试验导则	团标	2020-1-1			建设	验收与质量评定	输电	其他	
4412	202.2.8-3	DL/T 490—2011	发电机励磁系统及装置安装、验收规程	行标	2011-11-1		DL/T 490—1992	建设、运维、修试、退役	施工工艺、验收与质量评定、试运行、运行、维护、检修、试验、退役、报废	发电	火电、水电	
4413	202.2.8-4	DL/T 641—2015	电站阀门电动执行机构	行标	2015-12-1		DL/T 641—2005	设计、建设	施工图、施工工艺、验收与质量评定	发电	水电、火电、其他	
4414	202.2.8-5	DL/T 5619—2021	调相机工程项目划分导则	行标	2022-5-16			建设、运维、修试	施工工艺、验收与质量评定、试运行、运行、维护、检修、试验	换流	换流阀、换流变、其他	
4415	202.2.8-6	GB/T 14902—2012	预拌混凝土	国标	2013-9-1		GB/T 14902—2003	建设	施工工艺	发电	其他	
4416	202.2.8-7	GB/T 32575—2016	发电工程数据移交	国标	2016-11-1			建设、运维	验收与质量评定、运行、维护	发电	其他	

序号	体系结构号	标准编号	标准名称	标准级别	实施日期	与国际标准对应关系	代替标准	阶段	分阶段	专业	分专业	备注
202.3	**工程建设—输电**											
4417	202.3-1	Q/CSG 11501—2008	35kV 及以下架空电力线路抗冰加固技术导则	企标	2008-6-2			设计、采购、建设、运维、退役、退役	初设、施工图、招标、品控、施工工艺、验收与质量评定、试运行、运行、维护、退役、报废	输电	线路	
4418	202.3-2	Q/CSG 1202012—2020	输电线路杆塔接地网施工导则	企标	2020-6-30			建设	施工工艺、验收与质量评定	输电	线路	
4419	202.3-3	Q/CSG 1203056.4—2018	110kV～500kV架空输电线路杆塔复合横担技术规定 第4部分：施工与验收（试行）	企标	2018-12-28			建设	施工工艺、验收与质量评定	输电	线路	
4420	202.3-4	Q/CSG 1204159—2022	绝缘光单元光纤复合架空相线（IOPPC）建设规范	企标	2022-11-4			建设	施工工艺、验收与质量评定	输电	线路	
4421	202.3-5	T/CEC 305.1—2020	架空输电线路耐候钢杆塔 第1部分：耐候结构钢	团标	2020-10-2			建设	验收与质量评定	输电	线路	
4422	202.3-6	T/CEC 305.2—2020	架空输电线路耐候钢杆塔 第2部分：设计	团标	2020-10-1			建设	施工工艺、验收与质量评定	输电	线路	
4423	202.3-7	T/CEC 305.3—2020	架空输电线路耐候钢杆塔 第3部分：加工	团标	2020-10-1			建设	施工工艺、验收与质量评定	输电	线路	
4424	202.3-8	T/CEC 305.4—2020	架空输电线路耐候钢杆塔 第4部分：耐候钢紧固件	团标	2020-10-1			建设	施工工艺、验收与质量评定	输电	线路	

序号	体系结构号	标准编号	标准名称	标准级别	实施日期	与国际标准对应关系	代替标准	阶段	分阶段	专业	分专业	备注
4425	202.3-9	T/CEC 314—2020	电能替代工程技术方案选择指南	团标	2020-10-1			建设	施工工艺、验收与质量评定	输电	线路	
4426	202.3-10	T/CEC 324—2020	电力建设工程监理文件管理导则	团标	2020-10-1			建设	施工工艺、验收与质量评定	输电	线路	
4427	202.3-11	T/CEC 5053—2021	架空输电线路岩石锚杆基础工程技术规程	团标	2021-10-1			建设	施工工艺、验收与质量评定	输电	线路	
4428	202.3-12	T/CEC 5058—2021	电缆线路工程数字化移交技术导则	团标	2021-10-1			建设	施工工艺、验收与质量评定	输电	线路	
4429	202.3-13	T/CSEE 0118—2019	大长度海底电缆施工技术导则	团标	2019-3-1			建设	施工工艺	输电	电缆	
4430	202.3-14	T/CSEE 0129—2019	架空输电线路防鸟装置安装及验收规范	团标	2019-3-1			建设	施工工艺、验收与质量评定	输电	线路	
4431	202.3-15	T/CSEE 0235—2021	输电线路铁塔混凝土保护帽技术规范	团标	2021-3-11			建设	施工工艺、验收与质量评定	输电	线路	
4432	202.3-16	T/CSEE 0237—2021	高海拔地区架空输电线路施工技术导则	团标	2021-3-11			建设	施工工艺、验收与质量评定	输电	线路	
4433	202.3-17	DL 5319—2014	架空输电线路大跨越工程施工及验收规范	行标	2014-8-1			建设	施工工艺、验收与质量评定	输电	线路	
4434	202.3-18	DL/T 319—2018	架空输电线路施工抱杆通用技术条件及试验方法	行标	2018-7-1		DL/T 319—2010	建设、运维、修试	施工工艺、验收与质量评定、试运行、运行、维护、检修、试验	输电	线路	
4435	202.3-19	DL/T 342—2010	额定电压66kV～220kV 交联聚乙烯绝缘电力电缆接头安装规程	行标	2011-5-1			建设	施工工艺、验收与质量评定、试运行	输电	电缆	

序号	体系结构号	标准编号	标准名称	标准级别	实施日期	与国际标准对应关系	代替标准	阶段	分阶段	专业	分专业	备注
4436	202.3-20	DL/T 343—2010	额定电压 66kV～220kV 交联聚乙烯绝缘电力电缆 GIS 终端安装规程	行标	2011-5-1			建设	施工工艺、验收与质量评定、试运行	输电	电缆	
4437	202.3-21	DL/T 344—2010	额定电压 66kV～220kV 交联聚乙烯绝缘电力电缆户外终端安装规程	行标	2011-5-1			建设	施工工艺、验收与质量评定、试运行	输电	电缆	
4438	202.3-22	DL/T 875—2016	架空输电线路施工机具基本技术要求	行标	2016-6-1		DL/T 875—2004	建设、运维、修试	施工工艺、验收与质量评定、试运行、运行、维护、检修、试验	输电	线路	
4439	202.3-23	DL/T 1453—2015	输电线路铁塔防腐蚀保护涂装	行标	2015-9-1			建设	施工工艺	输电	线路	
4440	202.3-24	DL/T 1601—2016	光纤复合架空相线施工、验收及运行规范	行标	2016-12-1			建设、运维、修试	施工工艺、验收与质量评定、试运行、运行、维护、检修、试验	输电	线路	
4441	202.3-25	DL/T 2059—2019	±160kV～500kV 直流挤包绝缘电缆附件安装规程	行标	2020-5-1			建设	施工工艺	输电	电缆	
4442	202.3-26	DL/T 2435.3—2021	架空输电线路机载激光雷达测量技术规程 第3部分：基建验收	行标	2022-3-22			建设、运维、修试	施工工艺、验收与质量评定、试运行、运行、维护、检修、试验	输电	电缆	
4443	202.3-27	DL/T 5106—2017	跨越电力线路架线施工规程	行标	2018-3-1		DL/T 5106—1999	建设	施工工艺	输电	线路	
4444	202.3-28	DL/T 5235—2010	±800kV 及以下直流架空输电线路工程施工及验收规程	行标	2010-10-1			建设	施工工艺、验收与质量评定	换流、输电	其他、线路	

序号	体系结构号	标准编号	标准名称	标准级别	实施日期	与国际标准对应关系	代替标准	阶段	分阶段	专业	分专业	备注
4445	202.3-29	DL/T 5527—2017	架空输电线路工程施工组织大纲设计导则	行标	2017-8-1			建设	施工工艺	输电	线路	
4446	202.3-30	DL/T 5744.1—2016	额定电压 66kV～220kV 交联聚乙烯绝缘电力电缆敷设规程　第 1 部分：直埋敷设	行标	2017-5-1			建设、运维	施工工艺、验收与质量评定、试运行、运行、维护	输电	电缆	
4447	202.3-31	DL/T 5744.2—2016	额定电压 66kV～220kV 交联聚乙烯绝缘电力电缆敷设规程　第 2 部分：排管敷设	行标	2017-5-1			建设、运维、修试	施工工艺、验收与质量评定、试运行、运行、维护、检修、试验	输电	电缆	
4448	202.3-32	DL/T 5744.3—2016	额定电压 66kV～220kV 交联聚乙烯绝缘电力电缆敷设规程　第 3 部分：隧道敷设	行标	2017-5-1			建设、运维、修试	施工工艺、验收与质量评定、试运行、运行、维护、检修、试验	输电	电缆	
4449	202.3-33	DL/T 5792—2019	架空输电线路货运索道运输施工工艺导则	行标	2020-5-1			建设	施工工艺	输电	线路	
4450	202.3-34	DL/T 5793—2019	光纤复合低压电缆和附件施工及验收规范	行标	2020-5-1			建设	施工工艺、验收与质量评定	输电	电缆	
4451	202.3-35	DL/T 5845—2021	输电线路岩石地基挖孔基础工程技术规范	行标	2022-3-22			建设	施工工艺、验收与质量评定	输电	电缆	
4452	202.3-36	IEC TR 63363-1:2022	基于电压源变换器的高压直流输电性能　第 1 部分：稳态条件	国际标准	2022-5-30			建设	施工工艺、验收与质量评定	输电	电缆	
202.4	工程建设—变电											
4453	202.4-1	Q/CSG 1202018—2021	±160kV 及以下超导直流限流器交接试验规范（试行）	企标	2021-12-30			建设	施工工艺、验收与质量评定	变电	其他	

序号	体系结构号	标准编号	标准名称	标准级别	实施日期	与国际标准对应关系	代替标准	阶段	分阶段	专业	分专业	备注
4454	202.4-2	Q/CSG 1203049—2018	六氟化硫气体变压器监造技术导则	企标	2018-4-16			建设、采购、运维	验收与质量评定、招标、品控、运行、维护	变电、配电	变压器	
4455	202.4-3	Q/CSG 1206014—2020	高压直流输电工程控制保护系统调试技术规范（试行）	企标	2020-8-31			建设	施工工艺	变电	其他	
4456	202.4-4	Q/CSG 1209030.6—2022	港口岸电系统建设技术规范 第6部分：容量100kVA以上低压岸电电源（试行）	企标	2022-3-30			建设、采购、运维	验收与质量评定、招标、品控、运行、维护	变电、配电	变压器	
4457	202.4-5	Q/CSG 1209030.7—2022	港口岸电系统建设技术规范 第7部分：高压电源（试行）	企标	2022-4-7			建设	施工工艺	变电	其他	
4458	202.4-6	T/CEC 240—2019	变电站内引下光缆及导引光缆安装技术规范	团标	2020-1-1			建设	施工工艺	变电	其他	
4459	202.4-7	T/CEC 392—2020	变电站机器人巡检系统施工技术规范	团标	2021-2-1			建设	施工工艺	变电	其他	
4460	202.4-8	T/CEC 5041—2021	变电站钢筋混凝土构架可靠性评估技术 规程	团标	2021-9-1			建设	施工工艺	变电	其他	
4461	202.4-9	T/CSEE 0203.1—2021	柔性直流设备调试规程 第1部分：500kV模块化多电平电压源型换流阀	团标	2021-3-11			建设	施工工艺	变电	其他	
4462	202.4-10	T/CSEE 0203.2—2021	柔性直流设备调试规程 第2部分：500kV混合式直流断路器	团标	2021-3-11			建设	施工工艺	变电	其他	

序号	体系结构号	标准编号	标准名称	标准级别	实施日期	与国际标准对应关系	代替标准	阶段	分阶段	专业	分专业	备注
4463	202.4-11	T/CSEE 0219—2021	110kV 预装式变电站	团标	2021-3-11			建设	施工工艺	变电	其他	
4464	202.4-12	T/CSEE 0255—2021	变电站混凝土构筑物可靠性鉴定及加固技术规程	团标	2021-9-17			建设	施工工艺	变电	其他	
4465	202.4-13	DL/T 363—2018	超、特高压电力变压器（电抗器）设备监造导则	行标	2018-7-1		DL/T 363—2010	建设、采购、运维	验收与质量评定、招标、品控、运行、维护	换流、变电	其他	
4466	202.4-14	DL/T 399—2020	直流输电工程主要设备监理导则	行标	2021-2-1		DL/T 399—2010	采购、建设、运维	品控、施工工艺、验收与质量评定、试运行、运行、维护	变电	其他	
4467	202.4-15	DL/T 2122—2020	大型同步调相机调试技术规范	行标	2021-2-2			设计、运维	初设、运行	发电	火电	
4468	202.4-16	DL/T 5232—2019	直流换流站电气装置安装工程施工及验收规范	行标	2020-5-1		DL/T 5232—2010；DL/T 5231—2010	建设、运维、修试	施工工艺、验收与质量评定、试运行、运行、维护、检修、试验	换流	换流阀、换流变、其他	
4469	202.4-17	DL/T 5233—2019	直流换流站电气装置施工质量检验及评定规程	行标	2020-5-1		DL/T 5233—2010；DL/T 5275—2012	建设、运维、修试	施工工艺、验收与质量评定、试运行、运行、维护、检修、试验	换流	换流阀、换流变、其他	
4470	202.4-18	DL/T 5616—2021	柔性直流换流站工程项目划分导则	行标	2022-5-16			设计、采购、建设、运维、修试、退役	初设、施工图、招标、品控、施工工艺、验收与质量评定、试运行、运行、维护、检修、试验、退役、报废	换流	其他	
4471	202.4-19	GB 50147—2010	电气装置安装工程 高压电器施工及验收规范	国标	2010-12-1		GBJ 147—1990	建设、运维、修试	施工工艺、验收与质量评定、试运行、运行、维护、检修、试验	变电	变压器、互感器、电抗器	

序号	体系结构号	标准编号	标准名称	标准级别	实施日期	与国际标准对应关系	代替标准	阶段	分阶段	专业	分专业	备注
4472	202.4-20	GB 50148—2010	电气装置安装工程 电力变压器、油浸电抗器、互感器施工及验收规范	国标	2010-12-1		GBJ 148—1990	建设、运维、修试	施工工艺、验收与质量评定、试运行、运行、维护、检修、试验	变电	其他	
4473	202.4-21	GB 50149—2010	电气装置安装工程 母线装置施工及验收规范	国标	2011-10-1		GBJ 149—1990	建设、运维、修试	施工工艺、验收与质量评定、试运行、运行、维护、检修、试验	变电	其他	
4474	202.4-22	GB 50169—2016	电气装置安装工程 接地装置施工及验收规范	国标	2017-4-1		GB 50169—2006	建设、运维、修试	施工工艺、验收与质量评定、试运行、运行、维护、检修、试验	变电	其他	
4475	202.4-23	GB 50171—2012	电气装置安装工程盘、柜及二次回路接线施工及验收规范	国标	2012-12-1		GB 50171—1992	建设、运维、修试	施工工艺、验收与质量评定、试运行、运行、维护、检修、试验	变电	其他	
4476	202.4-24	GB 50172—2012	电气装置安装工程蓄电池施工及验收规范	国标	2012-12-1		GB 50172—1992	建设、运维、修试	施工工艺、验收与质量评定、试运行、运行、维护、检修、试验	变电	变压器、互感器、电抗器、开关、避雷器、其他	
4477	202.4-25	IEEE 1268—2016	Guide For Safety In The Installation Of Mobile Substation Equipment	国际标准	2016-1-29		IEEE 1268—2005	建设、运维、修试	施工工艺、验收与质量评定、试运行、运行、维护、检修、试验	变电	其他	
202.5 工程建设—配电												
4478	202.5-1	Q/CSG 1204121—2022	配网 10kV 架空线路 OPGW 建设规范（试行）	企标	2022-3-30			建设、运维、退役、修试	施工工艺、验收与质量评定、试运行、运行、维护、退役、报废、检修、试验	配电	变压器、线缆、开关、其他	

序号	体系结构号	标准编号	标准名称	标准级别	实施日期	与国际标准对应关系	代替标准	阶段	分阶段	专业	分专业	备注
4479	202.5-2	Q/CSG 1206013—2020	中压柔性直流配网系统调试规程	企标	2020-6-30			建设、运维、退役、修试	施工工艺、验收与质量评定、试运行、运行、维护、退役、报废、检修、试验	配电	变压器、线缆、开关、其他	
4480	202.5-3	T/CEC 132—2017	新型城镇化配电网建设改造成效评价技术规范	团标	2017-8-1			建设、运维、退役、修试	施工工艺、验收与质量评定、试运行、运行、维护、退役、报废、检修、试验	配电	变压器、线缆、开关、其他	
4481	202.5-4	T/CEC 349—2020	柔性互联交直流配电系统绝缘配合导则	团标	2020-10-1			建设、运维、退役、修试	施工工艺、验收与质量评定、试运行、运行、维护、退役、报废、检修、试验	配电	变压器、线缆、开关、其他	
4482	202.5-5	T/CSEE 0210—2021	配电房智能监控系统功能规范	团标	2021-3-11			建设、运维	施工工艺、试运行、运行、维护	配电	其他	
4483	202.5-6	DL/T 358—2010	7.2kV～12kV 预装式户外开关站安装与验收规程	行标	2011-5-1			建设、运维、修试	施工工艺、验收与质量评定、试运行、运行、维护、检修、试验	配电	变压器、线缆、开关、其他	
4484	202.5-7	DL/T 5700—2014	城市居住区供配电设施建设规范	行标	2015-3-1			建设、运维、退役、修试	施工工艺、验收与质量评定、试运行、运行、维护、退役、报废、检修、试验	配电	变压器、线缆、开关、其他	
4485	202.5-8	DL/T 5717—2015	农村住宅电气工程技术规范	行标	2015-9-1			建设、运维、修试	施工工艺、验收与质量评定、试运行、运行、维护、检修、试验	配电	变压器、线缆、开关、其他	
4486	202.5-9	DL/T 5756—2017	额定电压 35kV（U_m=40.5kV）及以下冷缩式电缆附件安装规程	行标	2018-3-1			建设、运维、修试	施工工艺、验收与质量评定、试运行、运行、维护、检修、试验	配电	其他	

序号	体系结构号	标准编号	标准名称	标准级别	实施日期	与国际标准对应关系	代替标准	阶段	分阶段	专业	分专业	备注
4487	202.5-10	DL/T 5758—2017	额定电压35kV（U_m=40.5kV）及以下预制式电缆附件安装规程	行标	2018-3-1			建设、运维、修试	施工工艺、验收与质量评定、试运行、运行、维护、检修、试验	配电	其他	
4488	202.5-11	DL/T 5782—2018	20kV及以下配电网工程后评价导则	行标	2019-5-1			规划、设计、建设、运维、修试	规划、初设、施工图、施工工艺、验收与质量评定、试运行、运行、维护、检修、试验	配电	变压器、线缆、开关、其他	
4489	202.5-12	DL/T 5844—2021	配电自动化终端设备调试验收规程	行标	2022-3-22			建设、运维、修试	施工工艺、验收与质量评定、试运行、运行、维护、检修、试验	配电	变压器、线缆、开关、其他	
4490	202.5-13	DL/T 5847—2021	配电系统电气装置安装工程施工质量检验及评定规程	行标	2022-6-22			建设、运维、修试	施工工艺、验收与质量评定、试运行、运行、维护、检修、试验	配电	变压器、线缆、开关、其他	
4491	202.5-14	GB/T 36932—2018	家用和类似用途电器安装及布线通用要求	国标	2019-7-1			建设、运维、修试	施工工艺、验收与质量评定、试运行、运行、维护、检修、试验	配电	其他	
4492	202.5-15	GB/T 16895.29—2008	建筑物电气装置 第7-713部分:特殊装置或场所的要求 家具	国标	2010-2-1		IEC 60364-7-713—2013	建设、运维、修试	施工工艺、验收与质量评定、试运行、运行、维护、检修、试验	配电	其他	
202.6 工程建设—分布式电源与微电网												
4493	202.6-1	T/CEC 149—2018	微电网能量管理系统技术规范	团标	2018-4-1			建设、运维	施工工艺、试运行、运行、维护	发电	其他	
4494	202.6-2	T/CEC 224—2019	分布式电源低压并网测试用模拟电源	团标	2019-7-1			建设、修试	验收与质量评定、试验	发电	其他	
4495	202.6-3	T/CEC 334—2020	户用光伏发电系统并网检测规程	团标	2020-10-1			建设、修试	验收与质量评定、试验	发电	光伏	

序号	体系结构号	标准编号	标准名称	标准级别	实施日期	与国际标准对应关系	代替标准	阶段	分阶段	专业	分专业	备注
4496	202.6-4	T/CEC 477—2021	建筑光伏发电系统建筑结构安全校核导则	团标	2021-10-1			建设	施工工艺、验收与质量评定	发电	其他	
4497	202.6-5	T/CEC 5043—2021	户用光伏发电系统薄膜组件安装技术规范	团标	2021-10-1			建设	施工工艺、验收与质量评定	发电	光伏	
4498	202.6-6	DL/T 2206—2021	分布式电源燃气发电性能测试规程	行标	2021-7-1			建设	施工工艺、验收与质量评定	发电	其他	
4499	202.6-7	GB/T 51250—2017	微电网接入配电网系统调试与验收规范	国标	2018-4-1			建设、运维、修试	验收与质量评定、运行、维护、检修、试验	发电	其他	
202.7 工程建设—储能与氢能												
4500	202.7-1	Q/CSG 1202020—2021	电化学储能电站设备交接验收规程（试行）	企标	2021-12-30			建设、运维、修试	施工工艺、验收与质量评定、试运行、运行、维护、检修、试验	发电	储能	
4501	202.7-2	Q/CSG 1202021—2022	预制舱式电化学储能电站施工安装技术规范（试行）	企标	2022-3-30			建设、运维、修试	施工工艺、验收与质量评定、试运行、运行、维护、检修、试验	发电	储能	
4502	202.7-3	Q/CSG 1205042—2021	电化学储能电站电池系统定验规范（试行）	企标	2021-12-30			建设、运维、修试	施工工艺、验收与质量评定、试运行、运行、维护、检修、试验	发电	储能	
4503	202.7-4	Q/CSG 1205044—2021	电化学储能电站变流器定验技术规范（试行）	企标	2021-12-30			建设、运维、修试	施工工艺、验收与质量评定、试运行、运行、维护、检修、试验	发电	储能	
4504	202.7-5	Q/CSG 1206021—2022	预制舱式电化学储能电站调试导则（试行）	企标	2022-3-30			建设、运维、修试	施工工艺、验收与质量评定、试运行、运行、维护、检修、试验	发电	储能	

序号	体系结构号	标准编号	标准名称	标准级别	实施日期	与国际标准对应关系	代替标准	阶段	分阶段	专业	分专业	备注
4505	202.7-6	T/CEC 176—2018	大型电化学储能电站电池监控数据管理规范	团标	2018-4-1			建设、运维	施工工艺、试运行、运行、维护	发电	储能	
4506	202.7-7	T/CEC 5042—2021	寒温带地区电化学储能电站安装与验收 技术规范	团标	2021-9-1			建设、运维、修试	施工工艺、验收与质量评定、试运行、运行、维护、检修、试验	发电	储能	
4507	202.7-8	T/CEC 5074—2022	抽水蓄能电站工程施工总进度编制导则	团标	2023-2-1			建设、运维、修试	施工工艺、验收与质量评定、试运行、运行、维护、检修、试验	发电	储能	
4508	202.7-9	T/CES 077—2021	移动储能远程监控安全数据采集及应用技术要求	团标	2021-9-30			设计、采购、运维、修试	初设、招标、运行、维护、试验	发电	储能	
4509	202.7-10	DL/T 2246.1—2021	电化学储能电站并网运行与控制技术规范 第1部分：并网运行调试	行标	2021-7-1			建设、运维、修试	施工工艺、验收与质量评定、试运行、运行、维护、检修、试验	发电	储能	
4510	202.7-11	DL/T 2246.2—2021	电化学储能电站并网运行与控制技术规范 第2部分：并网运行	行标	2021-7-1			建设、运维、修试	施工工艺、验收与质量评定、试运行、运行、维护、检修、试验	发电	储能	
4511	202.7-12	DL/T 2246.3—2021	电化学储能电站并网运行与控制技术规范 第3部分：并网运行验收	行标	2021-7-1			建设、运维、修试	施工工艺、验收与质量评定、试运行、运行、维护、检修、试验	发电	储能	
4512	202.7-13	DL/T 2581—2022	参与辅助调频的电源侧电化学储能系统调试导则	行标	2023-5-4			建设、运维、修试	施工工艺、验收与质量评定、试运行、运行、维护、检修、试验	发电	储能	
4513	202.7-14	NB/T 33016—2014	电化学储能系统接入配电网测试规程	行标	2015-3-1			建设、修试	验收与质量评定、试验	发电	储能	

序号	体系结构号	标准编号	标准名称	标准级别	实施日期	与国际标准对应关系	代替标准	阶段	分阶段	专业	分专业	备注
4514	202.7-15	GB/T 36548—2018	电化学储能系统接入电网测试规范	国标	2019-2-1			建设、修试	验收与质量评定、试验	发电	储能	
4515	202.7-16	IEC 62924—2017	轨道交通 固定装置 直流牵引系统的固定储能系统	国际标准	2017-1-1			设计、采购、运维、修试	初设、招标、运行、维护、试验	发电	储能	
202.8 工程建设—备用												
202.9 工程建设—CO$_2$捕集、利用与封存												
202.10 工程建设—调度及二次												
4516	202.10-1	Q/CSG 1202007—2020	智能变电站继电保护调试及验收规范	企标	2020-7-31			建设、运维、修试	验收与质量评定、运行、维护、检修、试验	调度及二次	继电保护及安全自动装置	
4517	202.10-2	Q/CSG 1202015—2020	南方电网备用调度建设技术标准（试行）	企标	2020-11-30			建设、运维、修试	验收与质量评定、运行、维护、检修、试验	调度及二次	继电保护及安全自动装置	
4518	202.10-3	Q/CSG 1203064—2019	柔性直流换流器控制保护系统与阀基控制系统接口规范	企标	2019-9-30			采购、建设、运维、修试	招标、品控、验收与质量评定、运行、维护、检修、试验	调度及二次	继电保护及安全自动装置	
4519	202.10-4	Q/CSG 1204066—2020	电力调度自动化系统主站—子站 DL/T 860.905 工程实施规范	企标	2020-3-31			建设、运维、修试	验收与质量评定、运行、维护、检修、试验	调度及二次	调度自动化	
4520	202.10-5	Q/CSG 1204067—2020	电力调度自动化系统主站—子站 DL/T 860.801 工程实施规范	企标	2020-3-31			建设、运维、修试	验收与质量评定、运行、维护、检修、试验	调度及二次	调度自动化	
4521	202.10-6	Q/CSG 1204145—2022	南方电网一体化电网运行智能系统技术规范 第8部分：验收 第1篇：电网运行监控主站系统及功能验收规范（试行）	企标	2022-9-19			规划、设计、采购、建设、运维、修试、退役	规划、初设、施工图、招标、品控、施工工艺、验收与质量评定、试运行、运行、维护、检修、试验、退役、报废	调度及二次	调度自动化	

序号	体系结构号	标准编号	标准名称	标准级别	实施日期	与国际标准对应关系	代替标准	阶段	分阶段	专业	分专业	备注
4522	202.10-7	T/CEC 615—2022	变电站机器人巡检系统集中监控验收规范	团标	2022-10-1			建设、运维、修试	验收与质量评定、运行、维护、检修、试验	变电	其他	
4523	202.10-8	DL/T 1101—2009	35kV～110kV变电站自动化系统验收规范	行标	2009-12-1			建设、运维、修试	施工工艺、验收与质量评定、试运行、运行、维护、检修、试验	调度及二次	调度自动化	
4524	202.10-9	DL/T 1503—2016	变压器用速动油压继电器检验规程	行标	2016-6-1			建设、运维、修试	验收与质量评定、运行、维护、检修、试验	调度及二次	继电保护及安全自动装置	
4525	202.10-10	DL/T 1733—2017	电力通信光缆安装技术要求	行标	2017-12-1			建设、运维、修试	施工工艺、验收与质量评定、试运行、运行、维护、检修、试验	调度及二次	电力通信	
4526	202.10-11	DL/T 1794—2017	柔性直流输电控制保护系统联调试验技术规程	行标	2018-6-1			建设、运维、修试	验收与质量评定、运行、维护、检修、试验	调度及二次	继电保护及安全自动装置	
4527	202.10-12	DL/T 1874—2018	智能变电站系统规格描述（SSD）建模工程实施技术规范	行标	2018-10-1			建设	施工工艺、验收与质量评定	调度及二次	调度自动化	
4528	202.10-13	DL/T 5344—2018	电力光纤通信工程验收规范	行标	2019-5-1		DL/T 5344—2006	建设	验收与质量评定	调度及二次	电力通信	
4529	202.10-14	DL/T 5780—2018	智能变电站监控系统建设规范	行标	2019-5-1			建设、运维、修试	施工工艺、验收与质量评定、试运行、运行、维护、检修、试验	调度及二次	调度自动化	
4530	202.10-15	NB/T 10191—2019	继电保护光纤回路标识编制方法	行标	2019-10-1			建设、运维、修试	施工工艺、验收与质量评定、试运行、运行、维护、检修、试验	调度及二次	继电保护及安全自动装置	
4531	202.10-16	YD 5044—2014	同步数字体系（SDH）光纤传输系统工程验收规范	行标	2014-7-1		YD/T 5044—2005；YD/T 5149—2007；YD/T 5150—2007	建设	验收与质量评定	调度及二次	电力通信	

序号	体系结构号	标准编号	标准名称	标准级别	实施日期	与国际标准对应关系	代替标准	阶段	分阶段	专业	分专业	备注
4532	202.10-17	YD 5077—2014	固定电话交换网工程验收规范	行标	2014-7-1		YD/T 5077—2005；YD 5154—2007；YD/T 5156—2007	建设	验收与质量评定	调度及二次	电力通信	
4533	202.10-18	YD 5122—2014	波分复用（WDM）光纤传输系统工程验收规范	行标	2014-7-1		YD/T 5122—2005；YD/T 5176—2009	建设	验收与质量评定	调度及二次	电力通信	
4534	202.10-19	YD 5125—2014	通信设备安装工程施工监理规范	行标	2014-7-1		YD 5125—2005	建设	施工工艺、验收与质量评定、试运行	调度及二次	电力通信	
4535	202.10-20	YD 5201—2014	通信建设工程安全生产操作规范	行标	2014-7-1			建设、运维、修试	施工工艺、验收与质量评定、试运行、运行、维护、检修、试验	调度及二次	电力通信	
4536	202.10-21	YD 5204—2014	通信建设工程施工安全监理暂行规定	行标	2014-7-1			建设	施工工艺、验收与质量评定、试运行	调度及二次	电力通信	
4537	202.10-22	YD 5209—2014	光传送网(OTN)工程验收暂行规定	行标	2014-7-1			建设、运维、修试	施工工艺、验收与质量评定、试运行、运行、维护、检修、试验	调度及二次	电力通信	
4538	202.10-23	YD/T 4074—2022	网络功能虚拟化（NFV）故障管理技术要求	行标	2023-01-01			建设、运维	施工工艺、验收与质量评定、试运行、运行、维护	调度及二次	电力通信	
4539	202.10-24	YD/T 5027—2021	通信电源集中监控系统工程技术规范	行标	2022-4-1		YD/T 5027—2005；YD/T 5058—2005	建设、运维、修试	施工工艺、验收与质量评定、试运行、运行、维护、检修、试验	调度及二次	电力通信	
4540	202.10-25	YD/T 5094—2019	信令网工程技术规范	行标	2020-1-1		YD/T 5094—2005	建设、运维、修试	施工工艺、验收与质量评定、试运行、运行、维护、检修、试验	调度及二次	电力通信	

序号	体系结构号	标准编号	标准名称	标准级别	实施日期	与国际标准对应关系	代替标准	阶段	分阶段	专业	分专业	备注
4541	202.10-26	YD/T 5126—2015	通信电源设备安装工程施工监理规范	行标	2016-1-1		YD 5126—2005	建设、运维、修试	施工工艺、验收与质量评定、试运行、运行、维护、检修、试验	调度及二次	电力通信	
4542	202.10-27	YD/T 5200—2021	分组传送网（PTN）工程技术规范	行标	2022-4-1		YD 5199—2014；YD 5200—2014	建设、运维、修试	施工工艺、验收与质量评定、试运行、运行、维护、检修、试验	调度及二次	电力通信	
4543	202.10-28	YD/T 5241—2018	通信光缆和电缆线路工程安装标准图集	行标	2019-4-1			建设、运维、修试	施工工艺、验收与质量评定、试运行、运行、维护、检修、试验	调度及二次	电力通信	
4544	202.10-29	YD/T 5258—2021	信息通信网络功能虚拟化(NFV)工程技术规范	行标	2022-4-1			建设、运维、修试	施工工艺、验收与质量评定、试运行、运行、维护、检修、试验	调度及二次	电力通信	
4545	202.10-30	GB/T 7260.3—2003	不间断电源设备（UPS）第3部分：确定性能的方法和试验要求	国标	2003-8-1	IEC 62040-3:1999, MOD	GB/T 7260—1987	建设、运维、修试	验收与质量评定、运行、维护、检修、试验	调度及二次	继电保护及安全自动装置	
4546	202.10-31	GB/T 16608.1—2003	有质量评定的有或无基础机电继电器 第1部分：总规范	国标	2004-8-1	IEC 61811-1:1999, IDT	GB/T 16608—1996	建设、修试	验收与质量评定、检修、试验	调度及二次	继电保护及安全自动装置	
4547	202.10-32	GB/T 32890—2016	继电保护 IEC 61850 工程应用模型	国标	2017-3-1			建设、运维、修试	验收与质量评定、运行、维护、检修、试验	调度及二次	继电保护及安全自动装置	
4548	202.10-33	GB/T 51380—2019	宽带光纤接入工程技术标准	国标	2019-12-1			建设、运维、退役、修试	施工工艺、验收与质量评定、试运行、运行、维护、退役、报废、检修、试验	调度及二次	电力通信	

序号	体系结构号	标准编号	标准名称	标准级别	实施日期	与国际标准对应关系	代替标准	阶段	分阶段	专业	分专业	备注
202.11 工程建设—施工工艺												
4549	202.11-1	T/CEC 302—2020	输电线路施工机具现场监督检验规范	团标	2020-10-1			建设、运维、修试	施工工艺、验收与质量评定、试运行、运行、维护、检修、试验	基础综合		
4550	202.11-2	T/CEC 437—2021	电力北斗地基增强系统基准站安装要求	团标	2021-9-1			建设、运维、修试	施工工艺、验收与质量评定、试运行、运行、维护、检修、试验	基础综合		
4551	202.11-3	T/CEC 5024—2020	电化学储能电站施工图设计内容深度规定	团标	2020-10-1			设计、采购、建设、运维	初设、施工图、招标、品控、验收与质量评定、试运行、运行	基础综合		
4552	202.11-4	T/CSEE 0236—2021	OPGW 引下安装技术规范	团标	2021-3-11			建设、运维、修试	施工工艺、验收与质量评定、试运行、运行、维护、检修、试验	基础综合		
4553	202.11-5	T/CSEE 0238—2021	高海拔地区架空输电线路施工环保技术规范	团标	2021-3-11			建设、运维、修试	施工工艺、验收与质量评定、试运行、运行、维护、检修、试验	基础综合		
4554	202.11-6	T/CSEE 0301—2022	1000kV 分级式可控并联电抗器施工工艺导则	团标	2022-9-27			建设、运维、修试	施工工艺、验收与质量评定、试运行、运行、维护、检修、试验	基础综合		
4555	202.11-7	DL/T 371—2019	架空输电线路放线滑车	行标	2020-5-1		DL/T 371—2010	建设、运维、修试	施工工艺、验收与质量评定、试运行、运行、维护、检修、试验	输电	其他	
4556	202.11-8	DL/T 372—2019	输电线路张力架线用牵引机通用技术条件	行标	2020-5-1		DL/T 372—2010	建设、运维、修试	施工工艺、验收与质量评定、试运行、运行、维护、检修、试验	输电	其他	

序号	体系结构号	标准编号	标准名称	标准级别	实施日期	与国际标准对应关系	代替标准	阶段	分阶段	专业	分专业	备注
4557	202.11-9	DL/T 454—2021	水利电力建设用起重机检验规程	行标	2022-6-22		DL/T 454—2005	建设、运维、修试	施工工艺、验收与质量评定、试运行、运行、维护、检修、试验	输电	其他	
4558	202.11-10	DL/T 678—2013	电力钢结构焊接通用技术条件	行标	2013-8-1		DL/T 678—1999	建设、运维、修试	施工工艺、验收与质量评定、试运行、运行、维护、检修、试验	基础综合		
4559	202.11-11	DL/T 754—2013	母线焊接技术规程	行标	2013-8-1		DL/T 754—2001	建设、运维、修试	施工工艺、验收与质量评定、试运行、运行、维护、检修、试验	变电	其他	
4560	202.11-12	DL/T 868—2014	焊接工艺评定规程	行标	2014-8-1		DL/T 868—2004	建设、运维、修试	施工工艺、验收与质量评定、试运行、运行、维护、检修、试验	其他		
4561	202.11-13	DL/T 1079—2016	输电线路张力放线用防扭钢丝绳	行标	2016-7-1		DL/T 1079—2007	采购、建设	招标、施工工艺	附属设施及工器具	工器具	
4562	202.11-14	DL/T 1109—2019	输电线路张力架线用张力机通用技术条件	行标	2009-12-1		DL/T 1109—2009	采购、建设	招标、施工工艺	附属设施及工器具	工器具	
4563	202.11-15	DL/T 1762—2017	钢管塔焊接技术导则	行标	2018-3-1			建设、运维、修试	施工工艺、验收与质量评定、试运行、运行、维护、检修、试验	输电	线路	
4564	202.11-16	DL/T 1902—2018	高压交、直流空心复合绝缘子施工、运行和维护管理规范	行标	2019-5-1			建设、运维	施工工艺、验收与质量评定、试运行、运行、维护	基础综合		
4565	202.11-17	DL/T 2309—2021	电力工程用缓释型离子接地装置施工工艺导则	行标	2021-10-26			建设、运维	施工工艺、验收与质量评定、试运行、运行、维护	基础综合		

序号	体系结构号	标准编号	标准名称	标准级别	实施日期	与国际标准对应关系	代替标准	阶段	分阶段	专业	分专业	备注
4566	202.11-18	DL/T 2540—2022	大面积导线压接工艺导则	行标	2023-5-4			建设、运维	施工工艺、验收与质量评定、试运行、运行、维护	基础综合		
4567	202.11-19	DL/T 5100—2014	水工混凝土外加剂技术规程	行标	2014-8-1		DL/T 5100—1999	建设、运维、修试	施工工艺、验收与质量评定、试运行、运行、维护、检修、试验	基础综合		
4568	202.11-20	DL/T 5110—2013	水电水利工程模板施工规范	行标	2013-8-1		DL/T 5110—2000	建设、运维、修试	施工工艺、验收与质量评定、试运行、运行、维护、检修、试验	发电	水电	
4569	202.11-21	DL/T 5190.1—2022	电力建设施工技术规范 第1部分：土建结构工程	行标	2022-11-13		DL 5190.1—2012	建设、运维、修试	施工工艺、验收与质量评定、试运行、运行、维护、检修、试验	基础综合		
4570	202.11-22	DL/T 5190.9—2022	电力建设施工技术规范 第9部分：水工结构工程	行标	2022-11-13		DL 5190.9—2012	建设、运维、修试	施工工艺、验收与质量评定、试运行、运行、维护、检修、试验	基础综合		
4571	202.11-23	DL/T 5198—2013	水电水利工程岩壁梁施工规程	行标	2013-8-1		DL/T 5198—2004	建设、运维、修试	施工工艺、验收与质量评定、试运行、运行、维护、检修、试验	发电	水电	
4572	202.11-24	DL/T 5230—2009	水轮发电机转子现场装配工艺导则	行标	2009-12-1			建设、运维、修试	施工工艺、验收与质量评定、试运行、运行、维护、检修、试验	发电	水电	
4573	202.11-25	DL/T 5276—2012	±800kV及以下换流站母线、跳线施工工艺导则	行标	2012-7-1			建设、运维、修试	施工工艺、验收与质量评定、试运行、运行、维护、检修、试验	换流	其他	
4574	202.11-26	DL/T 5285—2018	输变电工程架空导线（800mm²以下）及地线液压压接工艺规程	行标	2018-7-1		DL/T 5285—2013	建设、运维、修试	施工工艺、验收与质量评定、试运行、运行、维护、检修、试验	基础综合、输电、变电	其他	

序号	体系结构号	标准编号	标准名称	标准级别	实施日期	与国际标准对应关系	代替标准	阶段	分阶段	专业	分专业	备注
4575	202.11-27	DL/T 5286—2013	±800kV架空输电线路张力架线施工工艺导则	行标	2013-8-1			建设、运维、修试	施工工艺、验收与质量评定、试运行、运行、维护、检修、试验	换流、输电	其他、线路	
4576	202.11-28	DL/T 5287—2013	±800kV架空输电线路铁塔组立施工工艺导则	行标	2013-8-1			建设、运维、修试	施工工艺、验收与质量评定、试运行、运行、维护、检修、试验	换流、输电	其他、线路	
4577	202.11-29	DL/T 5288—2013	架空输电线路大跨越工程跨越塔组立施工工艺导则	行标	2013-8-1			建设、运维、修试	施工工艺、验收与质量评定、试运行、运行、维护、检修、试验	输电	线路	
4578	202.11-30	DL/T 5289—2013	1000kV架空输电线路铁塔组立施工工艺导则	行标	2013-8-1			建设、运维、修试	施工工艺、验收与质量评定、试运行、运行、维护、检修、试验	输电	线路	
4579	202.11-31	DL/T 5290—2013	1000kV架空输电线路张力架线施工工艺导则	行标	2013-8-1			建设、运维、修试	施工工艺、验收与质量评定、试运行、运行、维护、检修、试验	输电	线路	
4580	202.11-32	DL/T 5291—2013	1000kV输变电工程导地线液压施工工艺规程	行标	2013-8-1			建设、运维、修试	施工工艺、验收与质量评定、试运行、运行、维护、检修、试验	输电	线路	
4581	202.11-33	DL/T 5301—2013	架空输电线路无跨越架不停电跨越架线施工工艺导则	行标	2014-4-1			建设、运维、修试	施工工艺、验收与质量评定、试运行、运行、维护、检修、试验	输电	线路	
4582	202.11-34	DL/T 5318—2014	架空输电线路扩径导线架线施工工艺导则	行标	2014-8-1			建设、运维、修试	施工工艺、验收与质量评定、试运行、运行、维护、检修、试验	输电	线路	
4583	202.11-35	DL/T 5320—2014	架空输电线路大跨越工程架线施工工艺导则	行标	2014-8-1			建设、运维、修试	施工工艺、验收与质量评定、试运行、运行、维护、检修、试验	输电	线路	

序号	体系结构号	标准编号	标准名称	标准级别	实施日期	与国际标准对应关系	代替标准	阶段	分阶段	专业	分专业	备注
4584	202.11-36	DL/T 5342—2018	110kV～750kV架空输电线路铁塔组立施工工艺导则	行标	2018-7-1		DL/T 5342—2006	建设、运维、修试	施工工艺、验收与质量评定、试运行、运行、维护、检修、试验	输电	线路	
4585	202.11-37	DL/T 5343—2018	110kV～750kV架空输电线路张力架线施工工艺导则	行标	2018-7-1		SDJJS2—1987；DL/T 5343—2006	建设、运维、修试	施工工艺、验收与质量评定、试运行、运行、维护、检修、试验	输电	线路	
4586	202.11-38	DL/T 5707—2014	电力工程电缆防火封堵施工工艺导则	行标	2015-3-1			建设、运维、修试	施工工艺、验收与质量评定、试运行、运行、维护、检修、试验	输电	电缆	
4587	202.11-39	DL/T 5710—2014	电力建设土建工程施工技术检验规范	行标	2015-3-1			建设、运维、修试	施工工艺、验收与质量评定、试运行、运行、维护、检修、试验	基础综合		
4588	202.11-40	DL/T 5726—2015	1000kV串联电容器补偿装置施工工艺导则	行标	2015-12-1			建设、运维、修试	施工工艺、验收与质量评定、试运行、运行、维护、检修、试验	变电	其他	
4589	202.11-41	DL/T 5733—2016	架空输电线路接地模块施工工艺导则	行标	2016-7-1			建设、运维、修试	施工工艺、验收与质量评定、试运行、运行、维护、检修、试验	输电	线路	
4590	202.11-42	DL/T 5740—2016	智能变电站施工技术规范	行标	2016-12-1			建设、运维、修试	施工工艺、验收与质量评定、试运行、运行、维护、检修、试验	基础综合		
4591	202.11-43	DL/T 5753—2017	±200kV及以下柔性直流换流站换流阀施工工艺导则	行标	2018-3-1			建设、运维、修试	施工工艺、验收与质量评定、试运行、运行、维护、检修、试验	换流	换流阀	
4592	202.11-44	DL/T 5789—2019	绝缘管型母线施工工艺导则	行标	2019-10-1			建设、运维、修试	施工工艺、验收与质量评定、试运行、运行、维护、检修、试验	输电	线路	

序号	体系结构号	标准编号	标准名称	标准级别	实施日期	与国际标准对应关系	代替标准	阶段	分阶段	专业	分专业	备注
4593	202.11-45	DL/T 5806—2020	水电水利工程堆石混凝土施工规范	行标	2021-2-1			建设、运维、修试	施工工艺、验收与质量评定、试运行、运行、维护、检修、试验	基础综合		
4594	202.11-46	DL/T 5820—2021	水电水利工程锚索施工质量无损检测规程	行标	2021-10-26			建设、运维、修试	施工工艺、验收与质量评定、试运行、运行、维护、检修、试验	输电	线路	
4595	202.11-47	DL/T 5827—2021	地下洞室绿色施工技术规范	行标	2021-10-26			建设、运维、修试	施工工艺、验收与质量评定、试运行、运行、维护、检修、试验	输电	线路	
4596	202.11-48	DL/T 5842—2021	110kV～750kV架空输电线路铁塔基础施工工艺导则	行标	2022-3-22			建设、运维、修试	施工工艺、验收与质量评定、试运行、运行、维护、检修、试验	输电	线路	
4597	202.11-49	DL/T 5848—2021	架空输电线路铁塔直升机牵放初级导引绳施工工艺导则	行标	2022-6-22			建设、运维、修试	施工工艺、验收与质量评定、试运行、运行、维护、检修、试验	输电	线路	
4598	202.11-50	DL/T 5849—2021	架空输电线路铁塔直升机组立施工工艺导则	行标	2022-6-22			建设、运维、修试	施工工艺、验收与质量评定、试运行、运行、维护、检修、试验	输电	线路	
4599	202.11-51	HG/T 4077—2009	防腐蚀涂层涂装技术规范	行标	2009-7-1			建设、运维、修试	施工工艺、验收与质量评定、试运行、运行、维护、检修、试验	基础综合		
4600	202.11-52	HG/T 20691—2017	高压喷射注浆施工技术规范	行标	2018-1-1		HG/T 20691—2006	建设、运维、修试	施工工艺、验收与质量评定、试运行、运行、维护、检修、试验	基础综合		
4601	202.11-53	YD 5219—2015	通信局（站）防雷与接地工程施工监理暂行规定	行标	2015-7-1			建设、运维、修试	施工工艺、验收与质量评定、试运行、运行、维护、检修、试验	输电	线路	

序号	体系结构号	标准编号	标准名称	标准级别	实施日期	与国际标准对应关系	代替标准	阶段	分阶段	专业	分专业	备注
4602	202.11-54	GB 9448—1999	焊接与切割安全	国标	2000-5-1	ANSI/AWS Z49.1，EQV	GB 9448—1988	建设、运维、修试	施工工艺、验收与质量评定、试运行、运行、维护、检修、试验	基础综合		
4603	202.11-55	GB 50235—2010	工业金属管道工程施工规范	国标	2011-6-1		GB 50235—1997	建设、运维、修试	施工工艺、验收与质量评定、试运行、运行、维护、检修、试验	基础综合		
4604	202.11-56	GB 50236—2011	现场设备、工业管道焊接工程施工规范	国标	2011-10-1		GB 50236—1998	建设、运维、修试	施工工艺、验收与质量评定、试运行、运行、维护、检修、试验	基础综合		
4605	202.11-57	GB 50606—2010	智能建筑工程施工规范	国标	2011-2-1			建设、运维、修试	施工工艺、验收与质量评定、试运行、运行、维护、检修、试验	基础综合		
4606	202.11-58	GB 50661—2011	钢结构焊接规范	国标	2012-8-1			建设、运维、修试	施工工艺、验收与质量评定、试运行、运行、维护、检修、试验	基础综合		
4607	202.11-59	GB 50666—2011	混凝土结构工程施工规范	国标	2012-8-1			建设、运维、修试	施工工艺、验收与质量评定、试运行、运行、维护、检修、试验	基础综合		
4608	202.11-60	GB 50720—2011	建设工程施工现场消防安全技术规范	国标	2011-8-1			建设、运维、修试	施工工艺、验收与质量评定、试运行、运行、维护、检修、试验	基础综合		
4609	202.11-61	GB 51004—2015	建筑地基基础工程施工规范	国标	2015-11-1			建设、运维、修试	施工工艺、验收与质量评定、试运行、运行、维护、检修、试验	基础综合		
4610	202.11-62	GB/T 985.2—2008	埋弧焊的推荐坡口	国标	2008-9-1	ISO 9692-2:1998，MOD	GB 986—1988	建设、运维、修试	施工工艺、验收与质量评定、试运行、运行、维护、检修、试验	基础综合		

序号	体系结构号	标准编号	标准名称	标准级别	实施日期	与国际标准对应关系	代替标准	阶段	分阶段	专业	分专业	备注
4611	202.11-63	GB/T 3323.1—2019	焊缝无损检测 射线检测 第1部分：X 和伽玛射线的胶片技术	国标	2020-3-1	EN 1435，MOD	GB/T 3323—2005	建设、运维、修试	施工工艺、验收与质量评定、试运行、运行、维护、检修、试验	基础综合		
4612	202.11-64	GB/T 3323.2—2019	焊缝无损检测 射线检测 第2部分：使用数字化探测器的 X 和伽玛射线技术	国标	2020-3-1			建设、运维、修试	施工工艺、验收与质量评定、试运行、运行、维护、检修、试验	基础综合		
4613	202.11-65	GB/T 9793—2012	热喷涂 金属和其他无机覆盖层 锌、铝及其合金	国标	2013-3-1	ISO 2063:2005	GB/T 9793—1997	建设、运维、修试	施工工艺、验收与质量评定、试运行、运行、维护、检修、试验	基础综合		
4614	202.11-66	GB/T 12467.1—2009	金属材料熔焊质量要求 第1部分：质量要求相应等级的选择准则	国标	2010-4-1	ISO 15609-6:2013	GB/T 12467.1—1998	建设、运维、修试	施工工艺、验收与质量评定、试运行、运行、维护、检修、试验	基础综合		
4615	202.11-67	GB/T 12467.2—2009	金属材料熔焊质量要求 第2部分：完整质量要求	国标	2010-4-1	ISO 3834-2:2005，IDT	GB/T 12467.2—1998	建设、运维、修试	施工工艺、验收与质量评定、试运行、运行、维护、检修、试验	基础综合		
4616	202.11-68	GB/T 12467.4—2009	金属材料熔焊质量要求 第4部分：基本质量要求	国标	2010-4-1	ISO 3834-4:2005，IDT	GB/T 12467.4—1998	建设、运维、修试	施工工艺、验收与质量评定、试运行、运行、维护、检修、试验	基础综合		
4617	202.11-69	GB/T 19804—2005	焊接结构的一般尺寸公差和形位公差	国标	2005-12-1	ISO 13920:1996，IDT		建设、修试	施工工艺、验收与质量评定、检修、试验	基础综合		
4618	202.11-70	GB/T 19866—2005	焊接工艺规程及评定的一般原则	国标	2006-4-1	ISO 15607:2003，IDT		建设、修试	施工工艺、验收与质量评定、检修、试验	基础综合		
4619	202.11-71	GB/T 19867.1—2005	电弧焊焊接工艺规程	国标	2006-4-1	ISO 15609-1:2004，IDT		建设、修试	施工工艺、验收与质量评定、检修、试验	基础综合		

序号	体系结构号	标准编号	标准名称	标准级别	实施日期	与国际标准对应关系	代替标准	阶段	分阶段	专业	分专业	备注
4620	202.11-72	GB/T 20262—2006	焊接、切割及类似工艺用气瓶减压器安全规范	国标	2017-3-23		GB 20262—2006	建设、修试	施工工艺、验收与质量评定、检修、试验	基础综合		
4621	202.11-73	GB/T 25776—2010	焊接材料焊接工艺性能评定方法	国标	2011-6-1			建设、修试	施工工艺、验收与质量评定、检修、试验	基础综合		
4622	202.11-74	ISO 6520-2—2013	焊接和相关工艺金属材料中几何缺陷的分类 第2部分：压力焊接	国际标准	2013-8-1	EN ISO 6520-2—2013，IDT	ISO 6520-2—2001	建设、运维、修试	施工工艺、验收与质量评定、试运行、运行、维护、检修、试验	基础综合		
4623	202.11-75	ISO 17636-2—2013	焊缝的无损检测放射线检验 第2部分：带数字探测器的X射线和Y射线技术	国际标准	2013-1-8	EN ISO 17636-2—2013，IDT		建设、运维、修试	施工工艺、验收与质量评定、试运行、运行、维护、检修、试验	基础综合		
4624	202.11-76	NF C13-200—2018	高压电气安装生产场地和工业、商业和农业安装的附加规范	国际标准	2018-6-23		NF C13-200—200909（C13-200）	建设、运维、修试	施工工艺、验收与质量评定、试运行、运行、维护、检修、试验	基础综合		
202.12 工程建设—验收与质量评定												
4625	202.12-1	Q/CSG 1202001—2017	公司基建工程质量控制（WHS）标准	企标	2017-10-25			建设	验收与质量评定	基础综合		
4626	202.12-2	Q/CSG 1202002—2018	抽水蓄能电站主机设备安装质量标准	企标	2018-4-16			建设	验收与质量评定	发电	水电	
4627	202.12-3	Q/CSG 1202011—2020	微电网接入电网验收规范	企标	2020-6-30			建设	验收与质量评定	基础综合		
4628	202.12-4	Q/CSG 1205019—2018	电力设备交接验收规程	企标	2018-5-17			建设	验收与质量评定	基础综合		
4629	202.12-5	Q/CSG 1205054—2022	光伏发电站并网验收规范	企标	2022-11-16			建设	验收与质量评定	发电	光伏	
4630	202.12-6	Q/CSG 1205055—2022	风电场并网验收规范	企标	2022-11-16			建设	验收与质量评定	发电	风电	

序号	体系结构号	标准编号	标准名称	标准级别	实施日期	与国际标准对应关系	代替标准	阶段	分阶段	专业	分专业	备注
4631	202.12-7	T/CEC 141—2017	变压器油中溶解气体在线监测装置现场安装及验收规范	团标	2017-8-1			建设	验收与质量评定	变电	变压器	
4632	202.12-8	T/CEC 145—2018	微电网接入配电网系统调试与验收规范	团标	2018-4-1			建设、运维	验收与质量评定、运行、维护	发电	其他	
4633	202.12-9	T/CEC 425—2020	电力用气相色谱仪验收及使用维护导则	团标	2021-2-1			建设	验收与质量评定	其他		
4634	202.12-10	T/CEC 723—2022	电网生产技术改造工程后评价导则	团标	2023-2-1			建设	验收与质量评定	其他		
4635	202.12-11	T/CEC 5029—2020	抽水蓄能电站施工监理规范	团标	2020-10-1			建设	验收与质量评定	基础综合		
4636	202.12-12	T/CEC 5035—2021	水电水利工程质量评价标准	团标	2021-9-1			建设	验收与质量评定	基础综合		
4637	202.12-13	T/CEC 5045—2021	抽水蓄能电站防雷与接地工程施工及验收规范	团标	2021-10-1			建设	验收与质量评定	基础综合		
4638	202.12-14	T/CEC 5080—2022	户用光伏发电系统安装调试与验收规范	团标	2023-2-1			建设	验收与质量评定	发电	光伏	
4639	202.12-15	T/CSEE 0074—2018	风力发电机组最终验收技术规程	团标	2018-12-25			建设	验收与质量评定	发电	风电	
4640	202.12-16	T/CSEE 0186—2021	电站燃气轮机保护系统验收测试规程	团标	2021-3-11			建设	验收与质量评定	发电	火电	
4641	202.12-17	T/CSEE 0241.26—2021	柔性直流电网 第26部分：换流站高压电气设备施工及验收规范	团标	2021-3-11			建设	验收与质量评定	换流	其他	

序号	体系结构号	标准编号	标准名称	标准级别	实施日期	与国际标准对应关系	代替标准	阶段	分阶段	专业	分专业	备注
4642	202.12-18	T/CSEE 0245—2021	电力工程接地用不锈钢复合材料安装施工及验收规范	团标	2021-9-17			建设	验收与质量评定	变电	其他	
4643	202.12-19	T/CSEE 0251—2021	电力通信光缆隧道（沟道）敷设施工及验收规范	团标	2021-9-17			建设	验收与质量评定	调度及二次	电力通信	
4644	202.12-20	T/CSEE 0254—2021	城市综合管廊电力舱设计及验收规程	团标	2021-9-17			建设	验收与质量评定	输电	线路、电缆、其他	
4645	202.12-21	T/CSEE 0297—2022	太阳能热发电机组投产运行验收技术条件	团标	2022-9-27			建设	验收与质量评定	发电	其他	
4646	202.12-22	T/CSEE 0302—2022	架空输电线路水土保持质量检验及评定规程	团标	2022-9-27			建设	验收与质量评定	输电	线路、电缆、其他	
4647	202.12-23	DL 5277—2012	火电工程达标投产验收规程	行标	2012-7-1			建设	验收与质量评定	发电	火电	
4648	202.12-24	DL 5279—2012	输变电工程达标投产验收规程	行标	2012-7-1			建设	验收与质量评定	变电、输电	变压器、互感器、电抗器、开关、避雷器、其他、线路、电缆、其他	
4649	202.12-25	DL/T 274—2012	±800kV 高压直流设备交接试验	行标	2012-3-1			建设	验收与质量评定	换流	换流阀、换流变、其他	
4650	202.12-26	DL/T 377—2010	高压直流设备验收试验	行标	2010-10-1			建设	验收与质量评定	换流	换流阀、换流变、其他	
4651	202.12-27	DL/T 521—2018	真空净油机验收及使用维护导则	行标	2018-7-1		DL/T 521—2004	建设	验收与质量评定	变电	其他	
4652	202.12-28	DL/T 618—2022	气体绝缘金属封闭开关设备现场交接试验规程	行标	2022-11-13		DL/T 618—2011	建设、运维、修试	施工工艺、验收与质量评定、试运行、运行、维护、检修、试验	变电	开关	

序号	体系结构号	标准编号	标准名称	标准级别	实施日期	与国际标准对应关系	代替标准	阶段	分阶段	专业	分专业	备注
4653	202.12-29	DL/T 658—2017	火力发电厂开关量控制系统验收测试规程	行标	2017-8-1		DL/T 658—2006	建设、运维、修试	施工工艺、验收与质量评定、试运行、运行、维护、检修、试验	发电	火电	
4654	202.12-30	DL/T 659—2016	火力发电厂分散控制系统验收测试规程	行标	2016-7-1		DL/T 659—2006	建设、运维、修试	施工工艺、验收与质量评定、试运行、运行、维护、检修、试验	发电	火电	
4655	202.12-31	DL/T 782—2001	110kV 及以上送变电工程启动及竣工验收规程	行标	2002-2-1		（83）水电基字第4号	建设、修试	验收与质量评定、检修、试验	变电、输电	变压器、互感器、电抗器、开关、避雷器、其他、线路、电缆、其他	
4656	202.12-32	DL/T 822—2012	水电厂计算机监控系统试验验收规程	行标	2012-12-1		DL/T 822—2002	建设、修试	验收与质量评定、检修、试验	发电	水电	
4657	202.12-33	DL/T 952—2013	火力发电厂超滤水处理装置验收导则	行标	2014-4-1		DL/Z 952—2005	建设、修试	验收与质量评定、检修、试验	发电	水电	
4658	202.12-34	DL/T 1129—2009	直流换流站二次电气设备交接试验规程	行标	2009-12-1			建设、修试	验收与质量评定、检修、试验	换流	其他	
4659	202.12-35	DL/T 1130—2009	高压直流输电工程系统试验规程	行标	2009-12-1			建设、修试	验收与质量评定、检修、试验	换流	其他	
4660	202.12-36	DL/T 1131—2019	±800kV 高压直流输电工程系统试验规程	行标	2019-10-1		DL/T 1131—2009	建设	验收与质量评定	变电	其他	
4661	202.12-37	DL/T 1210—2013	火力发电厂自动发电控制性能测试验收规程	行标	2013-8-1			建设、修试	验收与质量评定、检修、试验	发电	火电	
4662	202.12-38	DL/T 1220—2013	串联电容器补偿装置 交接试验及验收规范	行标	2013-8-1			建设、修试	验收与质量评定、检修、试验	变电	其他	

序号	体系结构号	标准编号	标准名称	标准级别	实施日期	与国际标准对应关系	代替标准	阶段	分阶段	专业	分专业	备注
4663	202.12-39	DL/T 1279—2013	110kV 及以下海底电力电缆线路验收规范	行标	2014-4-1			建设、修试	验收与质量评定、检修、试验	输电	电缆	
4664	202.12-40	DL/T 1311—2013	电力系统实时动态监测主站应用要求及验收细则	行标	2014-4-1			建设、修试	验收与质量评定、检修、试验	变电	其他	
4665	202.12-41	DL/T 1362—2014	输变电工程项目质量管理规程	行标	2015-3-1			建设、修试	验收与质量评定、检修、试验	变电、输电	变压器、互感器、电抗器、开关、避雷器、其他、线路、电缆、其他	
4666	202.12-42	DL/T 1526—2016	柔性直流输电工程系统试验规程	行标	2016-6-1			建设、修试	验收与质量评定、试验	换流	其他	
4667	202.12-43	DL/T 1544—2016	电子式互感器现场交接验收规范	行标	2016-6-1			建设、修试	验收与质量评定、试验	变电	互感器	
4668	202.12-44	DL/T 1798—2018	换流变压器交接及预防性试验规程	行标	2018-7-1			建设、运维、修试	施工工艺、验收与质量评定、试运行、运行、维护、检修、试验	换流	换流阀、换流变、其他	
4669	202.12-45	DL/T 1846—2018	变电站机器人巡检系统验收规范	行标	2018-7-1			建设、修试	验收与质量评定、检修、试验	变电	其他	
4670	202.12-46	DL/T 1849—2018	电站减温减压装置订货、验收导则	行标	2018-7-1			采购、建设、修试	招标、品控、验收与质量评定、检修、试验	基础综合		
4671	202.12-47	DL/T 1850—2018	电站用水泵出口液控止回蝶阀订货、验收导则	行标	2018-7-1			采购、建设、修试	招标、品控、验收与质量评定、检修、试验	基础综合		
4672	202.12-48	DL/T 1879—2018	智能变电站监控系统验收规范	行标	2019-5-1			建设、修试	验收与质量评定、检修、试验	调度及二次	调度自动化	

序号	体系结构号	标准编号	标准名称	标准级别	实施日期	与国际标准对应关系	代替标准	阶段	分阶段	专业	分专业	备注
4673	202.12-49	DL/T 1947—2018	交流特高压电气设备现场交接特殊试验监督规程	行标	2019-5-1			建设、修试	验收与质量评定、检修、试验	基础综合		
4674	202.12-50	DL/T 1981.9—2021	统一潮流控制器 第9部分：交接试验规程	行标	2021-10-26			建设、修试	验收与质量评定、检修、试验	基础综合		
4675	202.12-51	DL/T 2054—2019	电力建设焊接接头金相检验与评定技术导则	行标	2020-5-1			建设、修试	验收与质量评定、检修、试验	基础综合		
4676	202.12-52	DL/T 2289—2021	抽水蓄能电站计算机监控系统试验验收规程	行标	2021-10-26			建设、修试	验收与质量评定、检修、试验	基础综合		
4677	202.12-53	DL/T 2338—2021	电力监控系统网络安全并网验收要求	行标	2022-3-22			建设、修试	验收与质量评定、检修、试验	基础综合		
4678	202.12-54	DL/T 2413—2021	变电站监控信息自动验收技术规范	行标	2022-3-22			建设、运维、修试	验收与质量评定、运行、维护、检修、试验	调度及二次	调度自动化	
4679	202.12-55	DL/T 2463—2021	变电站室内轨道式巡检机器人系统验收规范	行标	2022-6-22			建设、修试	验收与质量评定、检修、试验	基础综合		
4680	202.12-56	DL/T 2490—2022	电站截止阀闸阀订货与验收导则	行标	2022-11-13			建设、运维、修试	验收与质量评定、运行、维护、检修、试验	调度及二次	调度自动化	
4681	202.12-57	DL/T 2492—2022	电站汽轮机旁路阀订货与验收导则	行标	2022-11-13			建设、修试	验收与质量评定、检修、试验	基础综合		
4682	202.12-58	DL/T 5113.1—2019	水电水利基本建设工程 单元工程质量等级评定标准 第1部分：土建工程	行标	2019-10-1		DL/T 5113.1—2005	建设、运维、修试	施工工艺、验收与质量评定、试运行、运行、维护、检修、试验	发电	水电	

序号	体系结构号	标准编号	标准名称	标准级别	实施日期	与国际标准对应关系	代替标准	阶段	分阶段	专业	分专业	备注
4683	202.12-59	DL/T 5113.4—2012	水电水利基本建设工程 单元工程质量等级评定标准 第4部分：水力机械辅助设备安装工程	行标	2012-3-1		SDJ 249.4—1988	建设、运维、修试	施工工艺、验收与质量评定、试运行、运行、维护、检修、试验	发电	水电	
4684	202.12-60	DL/T 5113.5—2012	水电水利基本建设工程 单元工程质量等级评定标准 第5部分：发电电气设备安装工程	行标	2012-3-1		SDJ 249.5—1988	建设、运维、修试	施工工艺、验收与质量评定、试运行、运行、维护、检修、试验	发电	水电	
4685	202.12-61	DL/T 5113.6—2012	水电水利基本建设工程 单元工程质量等级评定标准 第6部分：升压变电电气设备安装工程	行标	2012-3-1		SDJ 249.6—1988	建设、运维、修试	施工工艺、验收与质量评定、试运行、运行、维护、检修、试验	发电	水电	
4686	202.12-62	DL/T 5113.8—2012	水电水利基本建设工程 单元工程质量等级评定标准 第8部分：水工碾压混凝土工程	行标	2012-7-1		DL/T 5113.8—2000	建设、运维、修试	施工工艺、验收与质量评定、试运行、运行、维护、检修、试验	发电	水电	
4687	202.12-63	DL/T 5161.1—2018	电气装置安装工程质量检验及评定规程 第1部分：通则	行标	2019-5-1		DL/T 5161.10—2002	建设、运维、修试	施工工艺、验收与质量评定、试运行、运行、维护、检修、试验	变电	变压器、互感器、电抗器、开关、避雷器、其他	
4688	202.12-64	DL/T 5161.10—2018	电气装置安装工程质量检验及评定规程 第10部分：66kV及以下架空电力线路施工质量检验	行标	2019-5-1		DL/T 5161.10—2002	建设、运维、修试	施工工艺、验收与质量评定、试运行、运行、维护、检修、试验	变电	变压器、互感器、电抗器、开关、避雷器、其他	

序号	体系结构号	标准编号	标准名称	标准级别	实施日期	与国际标准对应关系	代替标准	阶段	分阶段	专业	分专业	备注
4689	202.12-65	DL/T 5161.11—2018	电气装置安装工程质量检验及评定规程 第11部分:通信工程施工质量检验	行标	2019-5-1		DL/T 5161.11—2002	建设、运维、修试	施工工艺、验收与质量评定、试运行、运行、维护、检修、试验	变电	变压器、互感器、电抗器、开关、避雷器、其他	
4690	202.12-66	DL/T 5161.12—2018	电气装置安装工程质量检验及评定规程 第12部分:低压电器施工质量检验	行标	2019-5-1		DL/T 5161.12—2002	建设、运维、修试	施工工艺、验收与质量评定、试运行、运行、维护、检修、试验	变电	变压器、互感器、电抗器、开关、避雷器、其他	
4691	202.12-67	DL/T 5161.13—2018	电气装置安装工程质量检验及评定规程 第13部分:电力变流设备施工质量检验	行标	2019-5-1		DL/T 5161.13—2002	建设、运维、修试	施工工艺、验收与质量评定、试运行、运行、维护、检修、试验	变电	变压器、互感器、电抗器、开关、避雷器、其他	
4692	202.12-68	DL/T 5161.14—2018	电气装置安装工程质量检验及评定规程 第14部分:起重机电气装置施工质量检验	行标	2019-5-1		DL/T 5161.14—2002	建设、运维、修试	施工工艺、验收与质量评定、试运行、运行、维护、检修、试验	变电	变压器、互感器、电抗器、开关、避雷器、其他	
4693	202.12-69	DL/T 5161.15—2018	电气装置安装工程质量检验及评定规程 第15部分:爆炸及火灾危险环境电气装置施工质量检验	行标	2019-5-1		DL/T 5161.15—2002	建设、运维、修试	施工工艺、验收与质量评定、试运行、运行、维护、检修、试验	变电	变压器、互感器、电抗器、开关、避雷器、其他	
4694	202.12-70	DL/T 5161.16—2018	电气装置安装工程质量检验及评定规程 第16部分:1kV及以下配线工程施工质量检验	行标	2019-5-1		DL/T 5161.16—2002	建设、运维、修试	施工工艺、验收与质量评定、试运行、运行、维护、检修、试验	变电	变压器、互感器、电抗器、开关、避雷器、其他	

序号	体系结构号	标准编号	标准名称	标准级别	实施日期	与国际标准对应关系	代替标准	阶段	分阶段	专业	分专业	备注
4695	202.12-71	DL/T 5161.17—2018	电气装置安装工程质量检验及评定规程 第17部分:电气照明装置施工质量检验	行标	2019-5-1		DL/T 5161.17—2002	建设、运维、修试	施工工艺、验收与质量评定、试运行、运行、维护、检修、试验	变电	变压器、互感器、电抗器、开关、避雷器、其他	
4696	202.12-72	DL/T 5161.2—2018	电气装置安装工程质量检验及评定规程 第2部分:高压电器施工质量检验	行标	2019-5-1		DL/T 5161.2—2002	建设、运维、修试	施工工艺、验收与质量评定、试运行、运行、维护、检修、试验	变电	变压器、互感器、电抗器、开关、避雷器、其他	
4697	202.12-73	DL/T 5161.3—2018	电气装置安装工程质量检验及评定规程 第3部分:电力变压器、油浸电抗器、互感器施工质量检验	行标	2019-5-1		DL/T 5161.3—2002	建设、运维、修试	施工工艺、验收与质量评定、试运行、运行、维护、检修、试验	变电	变压器、互感器、电抗器、开关、避雷器、其他	
4698	202.12-74	DL/T 5161.4—2018	电气装置安装工程质量检验及评定规程 第4部分:母线装置施工质量检验	行标	2019-5-1		DL/T 5161.4—2002	建设、运维、修试	施工工艺、验收与质量评定、试运行、运行、维护、检修、试验	变电	变压器、互感器、电抗器、开关、避雷器、其他	
4699	202.12-75	DL/T 5161.5—2018	电气装置安装工程质量检验及评定规程 第5部分:电缆线路施工质量检验	行标	2019-5-1		DL/T 5161.5—2002	建设、运维、修试	施工工艺、验收与质量评定、试运行、运行、维护、检修、试验	变电	变压器、互感器、电抗器、开关、避雷器、其他	
4700	202.12-76	DL/T 5161.6—2018	电气装置安装工程质量检验及评定规程 第6部分:接地装置施工质量检验	行标	2019-5-1		DL/T 5161.6—2002	建设、运维、修试	施工工艺、验收与质量评定、试运行、运行、维护、检修、试验	变电	变压器、互感器、电抗器、开关、避雷器、其他	
4701	202.12-77	DL/T 5161.7—2018	电气装置安装工程质量检验及评定规程 第7部分:旋转电机施工质量检验	行标	2019-5-1		DL/T 5161.7—2002	建设、运维、修试	施工工艺、验收与质量评定、试运行、运行、维护、检修、试验	变电	变压器、互感器、电抗器、开关、避雷器、其他	

序号	体系结构号	标准编号	标准名称	标准级别	实施日期	与国际标准对应关系	代替标准	阶段	分阶段	专业	分专业	备注
4702	202.12-78	DL/T 5161.8—2018	电气装置安装工程质量检验及评定规程 第8部分：盘、柜及二次回路接线施工质量检验	行标	2019-5-1		DL/T 5161.8—2002	建设、运维、修试	施工工艺、验收与质量评定、试运行、运行、维护、检修、试验	变电	变压器、互感器、电抗器、开关、避雷器、其他	
4703	202.12-79	DL/T 5161.9—2018	电气装置安装工程质量检验及评定规程 第9部分：蓄电池施工质量检验	行标	2019-5-1		DL/T 5161.9—2002	建设、运维、修试	施工工艺、验收与质量评定、试运行、运行、维护、检修、试验	变电	变压器、互感器、电抗器、开关、避雷器、其他	
4704	202.12-80	DL/T 5168—2016	110kV～750kV架空输电线路施工质量检验及评定规程	行标	2016-7-1		DL/T 5168—2002	建设、运维、修试	施工工艺、验收与质量评定、试运行、运行、维护、检修、试验	输电	线路	
4705	202.12-81	DL/T 5210.1—2021	电力建设施工质量验收规程 第1部分：土建工程	行标	2021-7-1		DL/T 5210.1—2012	建设、运维、修试	施工工艺、验收与质量评定、试运行、运行、维护、检修、试验	基础综合		
4706	202.12-82	DL/T 5210.2—2018	电力建设施工质量验收规程 第2部分：锅炉机组	行标	2018-7-1		DL/T 5210.2—2009；DL/T 5210.8—2009	建设、运维、修试	施工工艺、验收与质量评定、试运行、运行、维护、检修、试验	基础综合		
4707	202.12-83	DL/T 5210.3—2018	电力建设施工质量验收规程 第3部分：汽轮发电机组	行标	2018-7-1		DL/T 5210.3—2009；DL/T 5210.5—2009；DL/T 5210.6—2009	建设、运维、修试	施工工艺、验收与质量评定、试运行、运行、维护、检修、试验	基础综合		
4708	202.12-84	DL/T 5210.4—2018	电力建设施工质量验收规程 第4部分：热工仪表及控制装置	行标	2018-7-1		DL/T 5210.4—2009	建设、运维、修试	施工工艺、验收与质量评定、试运行、运行、维护、检修、试验	基础综合		
4709	202.12-85	DL/T 5210.5—2018	电力建设施工质量验收规程 第5部分：焊接	行标	2019-5-1		DL/T 5210.7—2010	建设、运维、修试	施工工艺、验收与质量评定、试运行、运行、维护、检修、试验	基础综合		

序号	体系结构号	标准编号	标准名称	标准级别	实施日期	与国际标准对应关系	代替标准	阶段	分阶段	专业	分专业	备注
4710	202.12-86	DL/T 5210.6—2019	电力建设施工质量验收规程 第6部分：调整试验	行标	2019-10-1		DL/T 5295—2013	建设、运维、修试	施工工艺、验收与质量评定、试运行、运行、维护、检修、试验	基础综合		
4711	202.12-87	DL/T 5236—2010	±800kV及以下直流架空输电线路工程施工质量检验及评定规程	行标	2010-10-1			建设、运维、修试	施工工艺、验收与质量评定、试运行、运行、维护、检修、试验	换流	其他	
4712	202.12-88	DL/T 5257—2010	火电厂烟气脱硝工程施工验收技术规程	行标	2011-5-1			建设	验收与质量评定	发电	火电	
4713	202.12-89	DL/T 5272—2012	大坝安全监测自动化系统实用化要求及验收规程	行标	2012-7-1			建设、运维	施工工艺、验收与质量评定、运行、维护	发电	水电	
4714	202.12-90	DL/T 5293—2013	电气装置安装工程电气设备交接试验报告统一格式	行标	2014-4-1			建设	验收与质量评定	变电	变压器、互感器、电抗器、开关、避雷器、其他	
4715	202.12-91	DL/T 5300—2013	1000kV架空输电线路工程施工质量检验及评定规程	行标	2014-4-1			建设	验收与质量评定	输电	线路	
4716	202.12-92	DL/T 5312—2013	1000kV变电站电气装置安装工程施工质量检验及评定规程	行标	2014-4-1			建设	验收与质量评定	变电	变压器、互感器、电抗器、开关、避雷器、其他	
4717	202.12-93	DL/T 5434—2021	电力建设工程监理规范	行标	2021-7-1		DL/T 5434—2009	建设	验收与质量评定	基础综合		
4718	202.12-94	DL/T 5437—2022	火力发电建设工程启动试运及验收规程	行标	2023-5-4		DL/T 5437—2009	建设	验收与质量评定、试运行	基础综合		

序号	体系结构号	标准编号	标准名称	标准级别	实施日期	与国际标准对应关系	代替标准	阶段	分阶段	专业	分专业	备注
4719	202.12-95	DL/T 5523—2017	输变电工程项目后评价导则	行标	2017-8-1			建设	验收与质量评定	基础综合		
4720	202.12-96	DL/T 5732—2016	架空输电线路大跨越工程施工质量检验及评定规程	行标	2016-7-1			建设	验收与质量评定	输电	线路	
4721	202.12-97	DL/T 5746—2017	火力发电厂烟囱（烟道）防腐蚀工程施工质量验收规范	行标	2017-8-1			建设	验收与质量评定	发电	火电	
4722	202.12-98	DL/T 5754—2017	智能变电站工程调试质量检验评定规程	行标	2018-3-1			建设	验收与质量评定	基础综合		
4723	202.12-99	DL/T 5759—2017	配电系统电气装置安装工程施工及验收规范	行标	2018-6-1			建设	施工工艺、验收与质量评定	配电	变压器、线缆、开关、其他	
4724	202.12-100	DL/T 5779—2018	气体绝缘金属封闭输电线路施工及验收规范	行标	2019-5-1			建设	施工工艺、验收与质量评定	输电	线路	
4725	202.12-101	DL/T 5781—2018	配电自动化系统验收技术规范	行标	2019-5-1			建设	验收与质量评定	调度及二次	调度自动化	
4726	202.12-102	DL/T 5814—2020	变电站、换流站土建工程施工质量验收规程	行标	2021-2-9			建设、运维、修试	施工工艺、验收与质量评定、试运行、运行、维护、检修、试验	发电	火电、水电	
4727	202.12-103	DL/T 5840—2021	电气装置安装工程 电力变压器、油浸电抗器、互感器施工及验收规范	行标	2022-3-22			建设、运维、修试	施工工艺、验收与质量评定、试运行、运行、维护、检修、试验	发电	火电、水电	
4728	202.12-104	DL/T 5841—2021	电气装置安装工程 母线装置施工及验收规范	行标	2022-3-22			建设、运维、修试	施工工艺、验收与质量评定、试运行、运行、维护、检修、试验	发电	火电、水电	

序号	体系结构号	标准编号	标准名称	标准级别	实施日期	与国际标准对应关系	代替标准	阶段	分阶段	专业	分专业	备注
4729	202.12-105	DL/T 5843—2021	变电站、换流站土建工程质量验收施工统一表式	行标	2022-3-22			建设、运维、修试	施工工艺、验收与质量评定、试运行、运行、维护、检修、试验	发电	火电、水电	
4730	202.12-106	DL/T 5850—2021	电气装置安装工程 高压电器施工及验收规范	行标	2022-6-22			建设、运维、修试	施工工艺、验收与质量评定、试运行、运行、维护、检修、试验	发电	火电、水电	
4731	202.12-107	DL/T 5852—2022	电气装置安装工程接地装置施工及验收规范	行标	2022-11-13			建设、运维、修试	施工工艺、验收与质量评定、试运行、运行、维护、检修、试验	发电	火电、水电	
4732	202.12-108	DL/T 5857—2022	架空输电线路水土保持设施质量验收规程	行标	2023-5-4			建设、运维、修试	施工工艺、验收与质量评定、试运行、运行、维护、检修、试验	输电	线路	
4733	202.12-109	HJ 705—2020	建设项目竣工环境保护验收技术规范 输变电	行标	2021-3-1		HJ 705—2014	建设、运维、修试	施工工艺、验收与质量评定、试运行、运行、维护、检修、试验	发电	火电、水电	
4734	202.12-110	JGJ 59—2011	建筑施工安全检查标准	行标	2012-7-1		JGJ 59—1999	建设	验收与质量评定	基础综合		
4735	202.12-111	JGJ 126—2015	外墙饰面砖工程施工及验收规程	行标	2015-9-1		JGJ 126—2000	建设	施工工艺、验收与质量评定	基础综合		
4736	202.12-112	JGJ/T 454—2019	智能建筑工程质量检测标准	行标	2019-6-1			建设	验收与质量评定	基础综合		
4737	202.12-113	NB/T 10076—2018	水电工程项目档案验收工作导则	行标	2019-3-1			建设	验收与质量评定	发电	水电	
4738	202.12-114	NB/T 10109—2018	风电场工程后评价规程	行标	2019-5-1			建设	验收与质量评定	发电	风电	
4739	202.12-115	NB/T 10970—2022	水轮机进水液动蝶阀选用、试验及验收导则	行标	2022-11-13		DL/T 1068—2007	建设、修试	验收与质量评定、检修、试验	发电	水电	

序号	体系结构号	标准编号	标准名称	标准级别	实施日期	与国际标准对应关系	代替标准	阶段	分阶段	专业	分专业	备注
4740	202.12-116	NB/T 31022—2012	风力发电工程达标投产验收规程	行标	2012-7-1			建设	验收与质量评定	发电	风电	
4741	202.12-117	NB/T 31027—2012	风电场工程安全验收评价报告编制规程	行标	2012-12-1			建设	验收与质量评定	发电	风电	
4742	202.12-118	NB/T 31116—2017	风电场工程社会稳定风险分析技术规范	行标	2018-3-1			运维	运行、维护	发电	风电	
4743	202.12-119	NB/T 31118—2017	风电场工程档案验收规程	行标	2018-3-1			建设	验收与质量评定	发电	风电	
4744	202.12-120	NB/T 32028—2016	光热发电工程安全验收评价规程	行标	2016-6-1			建设	验收与质量评定	发电	其他	
4745	202.12-121	NB/T 32038—2017	光伏发电工程安全验收评价规程	行标	2018-3-1			建设	验收与质量评定	发电	光伏	
4746	202.12-122	NB/T 33004—2020	电动汽车充换电设施工程施工和竣工验收规范	行标	2021-2-1		NB/T 33004—2013	建设	验收与质量评定	其他		
4747	202.12-123	NB/T 35014—2021	水电工程安全验收评价报告编制规程	行标	2021-7-1		NB/T 35014—2013	建设	验收与质量评定	发电	水电	
4748	202.12-124	NB/T 35048—2015	水电工程验收规程	行标	2015-9-1		DL/T 5123—2000	建设	施工工艺、验收与质量评定	发电	火电	
4749	202.12-125	NB/T 35097.2—2017	水电工程单元工程质量等级评定标准 第2部分:金属结构及启闭机安装工程	行标	2018-3-1		SDJ 249.2—1988	建设	验收与质量评定	基础综合		
4750	202.12-126	NB/T 35119—2018	水电工程水土保持设施验收规程	行标	2018-10-1			建设	验收与质量评定	基础综合		

序号	体系结构号	标准编号	标准名称	标准级别	实施日期	与国际标准对应关系	代替标准	阶段	分阶段	专业	分专业	备注
4751	202.12-127	QX/T 105—2018	雷电防护装置施工质量验收规范	行标	2019-4-1		QX/T 105—2009	建设	验收与质量评定	基础综合		
4752	202.12-128	SL 223—2008	水利水电建设工程验收规程	行标	2008-6-3		SL 223—1999	建设	施工工艺、验收与质量评定	基础综合		
4753	202.12-129	SL 632—2012	水利水电工程单元工程施工质量验收评定标准——混凝土工程	行标	2012-12-19		SDJ 249.1—88；SL 38—92	建设	验收与质量评定	基础综合		
4754	202.12-130	SL 635—2012	水利水电工程单元工程施工质量验收评定标准——水工金属结构安装工程	行标	2012-12-19		SDJ 249.2—1988	建设	验收与质量评定	基础综合		
4755	202.12-131	SL 765—2018	水利水电建设工程安全设施验收导则	行标	2018-6-2			建设	验收与质量评定	基础综合		
4756	202.12-132	XF 836—2016	建设工程消防验收评定规则	行标	2016-9-1		GA 836—2009	建设	验收与质量评定	基础综合		
4757	202.12-133	YD 5198—2014	IP 多媒体子系统（IMS）核心网工程验收暂行规定	行标	2014-7-1			建设	验收与质量评定	基础综合		
4758	202.12-134	YD/T 5141—2021	数字微波接力通信系统工程验收规范	行标	2022-4-1		YD/T 5141—2005	建设	验收与质量评定	基础综合		
4759	202.12-135	YD/T 5236—2018	云计算资源池系统设备安装工程验收规范	行标	2019-4-1			建设	验收与质量评定	基础综合		
4760	202.12-136	GB 50093—2013	自动化仪表工程施工及质量验收规范	国标	2013-9-1		GB 50131—2007；GB 50093—2002	建设、运维、修试	施工工艺、验收与质量评定、试运行、运行、维护、检修、试验	基础综合		

序号	体系结构号	标准编号	标准名称	标准级别	实施日期	与国际标准对应关系	代替标准	阶段	分阶段	专业	分专业	备注
4761	202.12-137	GB 50150—2016	电气装置安装工程电气设备交接试验标准	国标	2016-12-1			建设	验收与质量评定	基础综合		
4762	202.12-138	GB 50166—2019	火灾自动报警系统施工及验收标准	国标	2020-3-1		GB 50166—2007	建设	施工工艺、验收与质量评定	基础综合		
4763	202.12-139	GB 50168—2018	电气装置安装工程 电缆线路施工及验收标准	国标	2019-5-1		GB 50168—2006	建设	施工工艺、验收与质量评定	基础综合		
4764	202.12-140	GB 50170—2018	电气装置安装工程 旋转电机施工及验收标准	国标	2019-5-1		GB 50170—2006	建设	施工工艺、验收与质量评定	基础综合		
4765	202.12-141	GB 50173—2014	电气装置安装工程66kV及以下架空电力线路施工及验收规范	国标	2015-1-1		GB 50173—1992	建设	施工工艺、验收与质量评定	基础综合		
4766	202.12-142	GB 50185—2019	工业设备及管道绝热工程施工质量验收标准	国标	2020-3-1		GB 50185—2010	建设	验收与质量评定	基础综合		
4767	202.12-143	GB 50202—2018	建筑地基基础工程施工质量验收标准	国标	2018-10-1		GB 50202—2002	建设	验收与质量评定	基础综合		
4768	202.12-144	GB 50205—2020	钢结构工程施工质量验收标准	国标	2020-8-1		GB 50205—1995	建设	验收与质量评定	基础综合		
4769	202.12-145	GB 50231—2009	机械设备安装工程施工及验收通用规范	国标	2009-10-1			建设	施工工艺、验收与质量评定	基础综合		
4770	202.12-146	GB 50233—2014	110kV～750kV架空输电线路施工及验收规范	国标	2015-8-1		GB 50233—2005；GB 50389—2006	建设	施工工艺、验收与质量评定	输电	线路	
4771	202.12-147	GB 50243—2016	通风与空调工程施工质量验收规范	国标	2017-7-1		GB 50243—2002	建设	施工工艺、验收与质量评定	基础综合		

序号	体系结构号	标准编号	标准名称	标准级别	实施日期	与国际标准对应关系	代替标准	阶段	分阶段	专业	分专业	备注
4772	202.12-148	GB 50254—2014	电气装置安装工程 低压电器施工及验收规范	国标	2014-10-1		GB 50254—1996	建设	施工工艺、验收与质量评定	基础综合		
4773	202.12-149	GB 50255—2014	电气装置安装工程 电力变流设备施工及验收规范	国标	2014-10-1		GB 50255—1996	建设	施工工艺、验收与质量评定	基础综合		
4774	202.12-150	GB 50256—2014	电气装置安装工程 起重机电气装置施工及验收规范	国标	2015-8-1		GB 50256—1996	建设	施工工艺、验收与质量评定	基础综合		
4775	202.12-151	GB 50257—2014	电气装置安装工程 爆炸和火灾危险环境电气装置施工及验收规范	国标	2015-8-1		GB 50257—1996	建设	施工工艺、验收与质量评定	基础综合		
4776	202.12-152	GB 50261—2017	自动喷水灭火系统施工及验收规范	国标	2018-1-1		GB 50261—2005	建设	施工工艺、验收与质量评定	基础综合		
4777	202.12-153	GB 50275—2010	风机、压缩机、泵安装工程施工及验收规范	国标	2011-2-1		GB 50275—1998	建设	施工工艺、验收与质量评定	基础综合		
4778	202.12-154	GB 50303—2015	建筑电气工程施工质量验收规范	国标	2016-8-1		GB 50303—2002	建设	验收与质量评定	基础综合		
4779	202.12-155	GB 50339—2013	智能建筑工程质量验收规范	国标	2014-2-1		GB 50339—2003	建设	验收与质量评定	基础综合		
4780	202.12-156	GB 50411—2019	建筑节能工程施工质量验收标准	国标	2019-12-1		GB 50411—2007	建设	施工工艺、验收与质量评定、试运行	用电	需求侧管理	
4781	202.12-157	GB 50444—2008	建筑灭火器配置验收及检查规范	国标	2008-11-1			建设	验收与质量评定	基础综合		

序号	体系结构号	标准编号	标准名称	标准级别	实施日期	与国际标准对应关系	代替标准	阶段	分阶段	专业	分专业	备注
4782	202.12-158	GB 50575—2010	1kV 及以下配线工程施工与验收规范	国标	2010-12-1			建设	验收与质量评定	基础综合		
4783	202.12-159	GB 50729—2012	±800kV 及以下直流换流站土建工程施工质量验收规范	国标	2012-10-1			建设	验收与质量评定	基础综合		
4784	202.12-160	GB 50774—2012	±800kV 及以下换流站干式平波电抗器施工及验收规范	国标	2012-12-1			建设	验收与质量评定	基础综合		
4785	202.12-161	GB 50776—2012	±800kV 及以下换流站换流变压器施工及验收规范	国标	2012-12-1			建设	验收与质量评定	基础综合		
4786	202.12-162	GB 50777—2012	±800kV 及以下换流站构支架施工及验收规范	国标	2012-12-1			建设	验收与质量评定	基础综合		
4787	202.12-163	GB 51049—2014	电气装置安装工程串联电容器补偿装置施工及验收规范	国标	2015-8-1			建设	验收与质量评定	基础综合		
4788	202.12-164	GB 51171—2016	通信线路工程验收规范	国标	2016-12-1			建设	验收与质量评定	基础综合		
4789	202.12-165	GB 51378—2019	通信高压直流电源系统工程验收标准	国标	2019-11-1			建设	验收与质量评定	调度及二次	电力通信	
4790	202.12-166	GB 12523－2011	建筑施工场界环境噪声排放标准	国标	2012-7-1			建设	验收与质量评定	基础综合		
4791	202.12-167	GB/T 2317.4—2008	电力金具试验方法 第4部分：验收规则	国标	2009-10-1		GB/T 2317.4—2000	建设	验收与质量评定	输电	线路	
4792	202.12-168	GB/T 13393—2008	验收抽样检验导则	国标	2009-1-1		GB/T 13393—1992	建设	验收与质量评定	基础综合		

序号	体系结构号	标准编号	标准名称	标准级别	实施日期	与国际标准对应关系	代替标准	阶段	分阶段	专业	分专业	备注
4793	202.12-169	GB/T 17215.811—2017	交流电测量设备 验收检验 第11部分：通用验收检验方法	国标	2018-7-1	IEC 62058-11:2008	部分代替：GB/T 17442—1998；GB/T 3925—1983	建设	验收与质量评定	用电	电能计量	
4794	202.12-170	GB/T 17215.821—2017	交流电测量设备 验收检验 第21部分：机电式有功电能表的特殊要求（0.5级、1级和2级）	国标	2017-12-29	IEC 62058-21:2008	部分代替：GB/T 3925—1983	建设	验收与质量评定	用电	电能计量	
4795	202.12-171	GB/T 20043—2005	水轮机、蓄能泵和水泵水轮机水力性能现场验收试验规程	国标	2006-6-1	IEC 60041:1991，MOD		建设	验收与质量评定	基础综合		
4796	202.12-172	GB/T 20319—2017	风力发电机组验收规范	国标	2018-2-1		GB/T 20319—2006	建设	验收与质量评定	发电	风电	
4797	202.12-173	GB/T 25928—2010	过程工业自动化系统出厂验收测试（FAT）、现场验收测试（SAT）、现场综合测试（SIT）规范	国标	2011-5-1	IEC 62381:2006 Ed.1.0		建设	验收与质量评定	基础综合		
4798	202.12-174	GB/T 26429—2022	设备工程监理规范	国标	2022-8-1		GB/T 26429—2010	建设	验收与质量评定	换流、变电	其他	
4799	202.12-175	GB/T 30370—2022	火力发电机组一次调频试验及性能验收导则	国标	2023-5-1		GB/T 30370—2013	建设	验收与质量评定	基础综合		
4800	202.12-176	GB/T 30372—2013	火力发电厂分散控制系统验收导则	国标	2015-3-1			建设	验收与质量评定	基础综合		
4801	202.12-177	GB/T 30423—2013	高压直流设施的系统试验	国标	2014-7-13	IEC 61975:2010，IDT		修试	检修、试验	变电	其他	
4802	202.12-178	GB/T 31997—2015	风力发电场项目建设工程验收规程	国标	2016-4-1			建设	验收与质量评定	发电	风电	

序号	体系结构号	标准编号	标准名称	标准级别	实施日期	与国际标准对应关系	代替标准	阶段	分阶段	专业	分专业	备注
4803	202.12-179	GB/T 32352—2015	高原用风力发电机组现场验收规范	国标	2016-7-1			建设	验收与质量评定	发电	风电	
4804	202.12-180	GB/T 33764—2017	独立光伏系统验收规范	国标	2017-12-1			建设	验收与质量评定	发电	光伏	
4805	202.12-181	GB/T 37140—2018	检验检测实验室技术要求验收规范	国标	2019-7-1			建设	验收与质量评定	基础综合		
4806	202.12-182	GB/T 37655—2019	光伏与建筑一体化发电系统验收规范	国标	2020-1-1			建设	验收与质量评定	发电	光伏	
4807	202.12-183	GB/T 38878—2020	柔性直流输电工程系统试验	国标	2020-12-1			修试	检修、试验	基础综合		
4808	202.12-184	GB/T 50107—2010	混凝土强度检验评定标准	国标	2010-12-1		GBJ 107—87	建设	验收与质量评定	基础综合		
4809	202.12-185	GB/T 50266—2013	工程岩体试验方法标准	国标	2013-9-1		GB/T 50266—1999	建设	验收与质量评定	基础综合		
4810	202.12-186	GB/T 50312—2016	综合布线系统工程验收规范	国标	2017-4-1		GB 50312—2007	建设	验收与质量评定	基础综合		
4811	202.12-187	GB/T 50375—2016	建筑工程施工质量评价标准	国标	2017-4-1		GB/T 50375—2006	建设	验收与质量评定	基础综合		
4812	202.12-188	GB/T 50775—2012	±800kV 及以下换流站换流阀施工及验收规范	国标	2012-12-1			建设、运维、修试	施工工艺、验收与质量评定、试运行、运行、维护、检修、试验	基础综合		
4813	202.12-189	GB/T 50796—2012	光伏发电工程验收规范	国标	2012-11-1			建设	验收与质量评定	发电	光伏	
4814	202.12-190	GB/T 50876—2013	小型水电站安全检测与评价规范	国标	2014-3-1			建设	验收与质量评定	基础综合		
4815	202.12-191	GB/T 50976—2014	继电保护及二次回路安装及验收规范	国标	2014-12-1			建设	施工工艺、验收与质量评定	基础综合		

序号	体系结构号	标准编号	标准名称	标准级别	实施日期	与国际标准对应关系	代替标准	阶段	分阶段	专业	分专业	备注
4816	202.12-192	GB/T 51103—2015	电磁屏蔽室工程施工及质量验收规范	国标	2016-2-1			建设	施工工艺、验收与质量评定	基础综合		
4817	202.12-193	GB/T 51351—2019	建筑边坡工程施工质量验收标准	国标	2019-9-1			建设	验收与质量评定	基础综合		
4818	202.12-194	GB/T 51365—2019	网络工程验收标准	国标	2019-10-1			建设	验收与质量评定	基础综合		
202.13	**工程建设—技术经济**											
4819	202.13-1	Q/CSG 1201021—2019	电网基建工程造价水平分析内容深度规定	企标	2019-9-30			设计、建设	初设、施工图、施工工艺、验收与质量评定、试运行	技术经济		
4820	202.13-2	Q/CSG 1202005—2019	小型基建项目概预算编制标准	企标	2019-9-30			设计、采购	初设、招标	技术经济		
4821	202.13-3	T/CEC 637—2022	分布式光伏项目经济评价规范	团标	2022-10-1			设计、建设	初设、施工图、施工工艺、验收与质量评定、试运行	技术经济		
4822	202.13-4	T/CEC 638—2022	营销计量项目全过程造价标准	团标	2022-10-1			设计、采购	初设、招标	技术经济		
4823	202.13-5	T/CEC 640—2022	电网节能改造项目计价规范	团标	2022-10-1			设计、建设	初设、施工图、施工工艺、验收与质量评定、试运行	技术经济		
4824	202.13-6	T/CEC 643—2022	电力行业信息系统工程监理规范	团标	2022-10-1			设计、建设	初设、施工图、施工工艺、验收与质量评定、试运行	技术经济		
4825	202.13-7	T/CEC 5068—2022	能效监测信息系统工程计价规范	团标	2022-10-1			设计、建设	初设、施工图、施工工艺、验收与质量评定、试运行	技术经济		

序号	体系结构号	标准编号	标准名称	标准级别	实施日期	与国际标准对应关系	代替标准	阶段	分阶段	专业	分专业	备注
4826	202.13-8	DL/T 5205—2021	电力建设工程工程量清单计算规范 输电线路工程	行标	2021-10-26		DL/T 5205—2016	设计、采购	初设、招标	技术经济		
4827	202.13-9	DL/T 5341—2021	电力建设工程工程量清单计算规范 变电工程	行标	2021-10-26		DL/T 5341—2016	设计、采购	初设、招标	技术经济		
4828	202.13-10	DL/T 5369—2021	电力建设工程工程量清单计算规范 火力发电工程	行标	2017-5-1		DL/T 5369—2016	设计、采购	初设、招标	技术经济		
4829	202.13-11	DL/T 5528—2017	输变电工程结算审核报告编制导则	行标	2017-8-1			建设	施工工艺、验收与质量评定、试运行	技术经济		
4830	202.13-12	DL/T 5548—2018	变电工程技术经济指标编制导则	行标	2018-10-1			规划、设计、建设	规划、初设、施工图、施工工艺、验收与质量评定、试运行	技术经济		
4831	202.13-13	DL/T 5549—2018	输电工程(架空线路)技术经济指标编制导则	行标	2018-10-1			规划、设计、建设	规划、初设、施工图、施工工艺、验收与质量评定、试运行	技术经济		
4832	202.13-14	DL/T 5614—2021	火力发电工程结算审核报告编制导则	行标	2022-5-16			建设	施工工艺、验收与质量评定、试运行	技术经济		
4833	202.13-15	DL/T 5617—2021	电缆输电线路工程技术经济指标编制导则	行标	2022-5-16			规划、设计、建设	规划、初设、施工图、施工工艺、验收与质量评定、试运行	技术经济		
4834	202.13-16	DL/T 5626—2021	20kV 及以下配电网工程技术经济指标编制导则	行标	2022-5-16			规划、设计、建设	规划、初设、施工图、施工工艺、验收与质量评定、试运行	技术经济		

序号	体系结构号	标准编号	标准名称	标准级别	实施日期	与国际标准对应关系	代替标准	阶段	分阶段	专业	分专业	备注
4835	202.13-17	DL/T 5627—2021	20kV 及以下配电网工程结算审核报告编制导则	行标	2022-5-16			建设	施工工艺、验收与质量评定、试运行	技术经济		
4836	202.13-18	DL/T 5745—2021	电力建设工程工程量清单计价规范	行标	2021-10-26		DL/T 5745—2016	规划、设计、采购	规划、初设、施工图、招标	技术经济		
4837	202.13-19	DL/T 5765—2018	20kV 及以下配电网工程工程量清单计价规范	行标	2018-7-1			规划、设计、采购	规划、初设、施工图、招标	技术经济		
4838	202.13-20	DL/T 5766—2018	20kV 及以下配电网工程工程量清单计算规范	行标	2018-7-1			规划、设计、采购	规划、初设、施工图、招标	技术经济		
4839	202.13-21	DL/T 5767—2018	电网技术改造工程工程量清单计价规范	行标	2018-7-1			规划、设计、采购	规划、初设、施工图、招标	技术经济		
4840	202.13-22	DL/T 5768—2018	电网技术改造工程工程量清单计算规范	行标	2018-7-1			规划、设计、采购	规划、初设、施工图、招标	技术经济		
4841	202.13-23	DL/T 5769—2018	电网检修工程工程量清单计价规范	行标	2018-7-1			规划、设计、采购	规划、初设、施工图、招标	技术经济		
4842	202.13-24	DL/T 5770—2018	电网检修工程工程量清单计算规范	行标	2018-7-1			规划、设计、采购	规划、初设、施工图、招标	技术经济		
4843	202.13-25	NB/T 10980—2022	变电工程结算报告编制导则	行标	2022-11-13			规划、设计、采购	规划、初设、施工图、招标	技术经济		
4844	202.13-26	NB/T 10981—2022	架空输电线路工程结算报告编制导则	行标	2022-11-13			规划、设计、采购	规划、初设、施工图、招标	技术经济		
4845	202.13-27	NB/T 10982—2022	电缆输电线路工程结算报告编制导则	行标	2022-11-13			规划、设计、采购	规划、初设、施工图、招标	技术经济		

序号	体系结构号	标准编号	标准名称	标准级别	实施日期	与国际标准对应关系	代替标准	阶段	分阶段	专业	分专业	备注
4846	202.13-28	NB/T 10983—2022	20kV 及以下配电网工程结算报告编制导则	行标	2022-11-13			规划、设计、采购	规划、初设、施工图、招标	技术经济		
4847	202.13-29	NB/T 10999—2022	海上风电场工程工程量清单计价规范	行标	2023-3-4			规划、设计、采购	规划、初设、施工图、招标	技术经济		
4848	202.13-30	NB/T 11000—2022	陆上风电场工程工程量清单计价规范	行标	2023-3-4			规划、设计、采购	规划、初设、施工图、招标	技术经济		
4849	202.13-31	NB/T 11017—2022	光伏发电工程工程量清单计价规范	行标	2023-3-4			规划、设计、采购	规划、初设、施工图、招标	技术经济		
4850	202.13-32	NB/T 31008—2019	海上风电场工程概算定额	行标	2019-10-1		NB/T 31008—2011	规划、设计、采购	规划、初设、施工图、招标	技术经济		
4851	202.13-33	NB/T 31010—2019	陆上风电场工程概算定额	行标	2019-10-1		NB/T 31010—2011	规划、设计、采购	规划、初设、施工图、招标	技术经济		
4852	202.13-34	NB/T 32035—2016	光伏发电工程概算定额	行标	2016-12-1			规划、设计、采购	规划、初设、施工图、招标	技术经济		
4853	202.13-35	GB 50500—2013	建设工程工程量清单计价规范	国标	2013-4-1		GB 50500—2008	规划、设计、采购	规划、初设、施工图、招标	技术经济		
202.14　工程建设—其他												
4854	202.14-1	Q/CSG 1209030—2021	港口岸电系统建设技术规范（试行）	企标	2021-1-31			建设	施工工艺、验收与质量评定	其他		
4855	202.14-2	DL/T 2159—2020	变电站绝缘管型母线带电检测技术导则	行标	2021-2-1			建设	施工工艺、验收与质量评定	其他		
4856	202.14-3	DL/T 5096—2008	电力工程钻探技术规程	行标	2008-11-1		DL 5096—1999；DL 5171—2002	建设	施工工艺、验收与质量评定	其他		
4857	202.14-4	DL/T 5334—2016	电力工程勘测安全规程	行标	2016-12-1		DL 5334—2006	建设	施工工艺、验收与质量评定	其他		
4858	202.14-5	DL/T 5394—2021	电力工程地下金属构筑物防腐技术导则	行标	2021-7-1		DL/T 5394—2007	建设	施工工艺、验收与质量评定	其他		

序号	体系结构号	标准编号	标准名称	标准级别	实施日期	与国际标准对应关系	代替标准	阶段	分阶段	专业	分专业	备注
4859	202.14-6	DL/T 5493—2014	电力工程基桩检测技术规程	行标	2015-3-1			建设	验收与质量评定	其他		
4860	202.14-7	JGJ 52—2006	普通混凝土用砂、石质量及检验方法标准	行标	2007-6-1		JGJ 52—1992；JGJ 53—1992	建设	验收与质量评定	其他		
4861	202.14-8	JGJ 63—2006	混凝土用水标准	行标	2006-12-1		JGJ 63—1989	建设	施工工艺	其他		
4862	202.14-9	JGJ 94—2008	建筑桩基技术规范	行标	2008-10-1		JGJ 94—1994	建设	施工工艺、验收与质量评定	其他		
4863	202.14-10	GB 175—2007	通用硅酸盐水泥	国标	2008-6-1	ENV 197-1:2000, NEQ	GB 12958—1999；GB 1344—1999；GB 175—1999	建设	施工工艺、验收与质量评定	其他		
4864	202.14-11	GB/T 1499.2—2018	钢筋混凝土用钢 第2部分：热轧带肋钢筋	国标	2018-11-1		GB/T 1499.2—2007	建设	施工工艺、验收与质量评定	其他		
4865	202.14-12	GB/T 50719—2011	电磁屏蔽室工程技术规范	国标	2012-6-1			建设	施工工艺、验收与质量评定	其他		
4866	202.14-13	GB/T 51238—2018	岩溶地区建筑地基基础技术标准	国标	2019-4-1			建设	施工工艺、验收与质量评定	其他		
203	**设备材料**											
203.1	**设备材料—基础综合**											
4867	203.1-1	Q/CSG 1203047—2017	设备身份证编码二维码标识技术规范	企标	2017-10-1			采购、运维	招标、运行、维护	基础综合		
4868	203.1-2	Q/CSG 1203071—2020	电网资产实物编码技术规范	企标	2020-6-30			采购、运维	招标、运行、维护	基础综合		
4869	203.1-3	Q/CSG 1205010—2017	高压直流换流站设备技术文档体系规范	企标	2017-1-20			采购、运维	招标、运行、维护	基础综合		
4870	203.1-4	T/CEC 388—2020	变电站设备二维码标识技术规范	团标	2021-2-1			采购、运维	招标、运行、维护	基础综合		

序号	体系结构号	标准编号	标准名称	标准级别	实施日期	与国际标准对应关系	代替标准	阶段	分阶段	专业	分专业	备注
4871	203.1-5	T/CEC 438—2021	电力北斗地基增强系统基准站设备组成及技术参数要求	团标	2021-9-1			采购、运维	招标、运行、维护	基础综合		
4872	203.1-6	T/CEC 543—2021	电工装备物联体系通用导则	团标	2022-3-1			采购、运维	招标、运行、维护	基础综合		
4873	203.1-7	T/CEC 544—2021	电力物资仓储射频识别标签应用规范	团标	2022-3-1			采购、运维	招标、运行、维护	基础综合		
4874	203.1-8	T/CEC 548—2021	输变电主设备材料供货周期编制指南	团标	2022-3-1			采购、运维	招标、运行、维护	基础综合		
4875	203.1-9	T/CSEE 0221—2021	胶浸纤维绝缘套管技术规范	团标	2021-3-11			采购、运维	招标、运行、维护	基础综合		
4876	203.1-10	DL/T 586—2008	电力设备监造技术导则	行标	2008-11-1		DL/T 586—1995	采购、运维	招标、品控、运行、维护	基础综合		
4877	203.1-11	DL/T 687—2010	微机型防止电气误操作系统通用技术条件	行标	2011-5-1		DL/T 687—1999	采购、运维	招标、运行、维护	基础综合		
4878	203.1-12	DL/T 700—2017	电力物资分类与编码导则	行标	2018-3-1		DL/T 700.1—1999；DL/T 700.2—1999；DL/T 700.3—1999	采购、建设、运维、修试、退役	招标、品控、施工工艺、验收与质量评定、试运行、运行、维护、检修、试验、退役、报废	基础综合		
4879	203.1-13	DL/T 892—2021	电站汽轮机技术条件	行标	2022-3-22	IEC 60045-1:1991，MOD	DL/T 892—2004	采购、运维	招标、运行、维护	基础综合		
4880	203.1-14	DL/T 994—2006	火电厂风机水泵用高压变频器	行标	2006-10-1			采购、运维	招标、运行、维护	基础综合		
4881	203.1-15	DL/T 1134—2009	大坝安全监测数据自动采集装置	行标	2009-12-1			采购、运维	招标、运行、维护	基础综合		

序号	体系结构号	标准编号	标准名称	标准级别	实施日期	与国际标准对应关系	代替标准	阶段	分阶段	专业	分专业	备注
4882	203.1-16	DL/T 1868—2018	电力资产全寿命周期管理体系规范	行标	2018-10-1			采购、运维	招标、运行、维护	基础综合		
4883	203.1-17	DL/T 2123—2020	电站阀门分类导则	行标	2021-2-3			技术监督		基础综合		
4884	203.1-18	DL/T 2131—2020	架空输电线路施工卡线器	行标	2021-2-5			技术监督		基础综合		
4885	203.1-19	DL/T 2285—2021	同步发电机励磁系统热管散热整流装置技术条件	行标	2021-10-26			采购、运维	招标、运行、维护	基础综合		
4886	203.1-20	JB/T 2729—2020	交流移动电站用三相四极插头插座	行标	2021-1-1		JB/T 2729—1999	采购、运维	招标、运行、维护	基础综合		
4887	203.1-21	JB/T 4160—2013	电工产品热带自然环境条件	行标	2014-7-1		JB/T 4160—1999	采购、运维	招标、运行、维护	基础综合		
4888	203.1-22	JB/T 7605—2020	移动电站额定功率、电压及转速	行标	2021-1-1		JB/T 7605—1994	采购、运维	招标、运行、维护	基础综合		
4889	203.1-23	JB/T 8182—2020	交流移动电站用控制屏 通用技术条件	行标	2021-1-1		JB/T 8182—1999	采购、运维	招标、运行、维护	基础综合		
4890	203.1-24	JB/T 9683—2012	绝缘子 产品型号编制方法	行标	2012-11-1		JB/T 9683—1999	采购、运维	招标、运行、维护	基础综合		
4891	203.1-25	JB/T 11155—2011	断路器专用交直流两用电动机技术条件	行标	2012-4-1			采购、运维	招标、运行、维护	基础综合		
4892	203.1-26	JB/T 13761—2019	汽轮机储运技术条件	行标	2020-10-1			采购、运维	招标、运行、维护	基础综合		
4893	203.1-27	NB/T 10186—2019	光储系统用功率转换设备技术规范	行标	2019-10-1			采购、运维	招标、运行、维护	基础综合		
4894	203.1-28	NB/T 10279—2019	输变电设备 湿热环境条件	行标	2020-5-1			采购、运维	招标、运行、维护	基础综合		

序号	体系结构号	标准编号	标准名称	标准级别	实施日期	与国际标准对应关系	代替标准	阶段	分阶段	专业	分专业	备注
4895	203.1-29	NB/T 10685—2021	光伏发电用汇流箱技术规范	行标	2021-10-26			采购、运维	招标、运行、维护	基础综合		
4896	203.1-30	NB/T 10686—2021	光伏预装式变电站技术规范	行标	2021-10-26			采购、运维	招标、运行、维护	基础综合		
4897	203.1-31	NB/T 32041—2018	光伏发电站设备后评价规程	行标	2018-7-1			采购、运维	招标、运行、维护	基础综合		
4898	203.1-32	SJ/T 10691—2022	变频变压电源通用规范	行标	2023-01-01		SJ/T 10691—1996	采购、运维	招标、运行、维护	基础综合		
4899	203.1-33	SY 4063—1993	电气设施抗震鉴定技术标准	行标	1993-9-1			采购、运维	招标、运行、维护	基础综合		
4900	203.1-34	YD/T 4006—2022	信息通信用10kV交流输入的直流不间断电源系统	行标	2022-7-1			采购、运维	招标、运行、维护	基础综合		
4901	203.1-35	GB 5226.6—2014	机械电气安全 机械电气设备 第6部分：建设机械技术条件	国标	2015-6-29			采购、运维	招标、运行、维护	基础综合		
4902	203.1-36	GB 55024—2022	建筑电气与智能化通用规范	国标	2022-10-1			采购、运维	招标、运行、维护	基础综合		
4903	203.1-37	GB/T 754—2007	发电用汽轮机参数系列	国标	2008-5-1		GB/T 754—1965；GB/T 4773—1984	采购、运维	招标、运行、维护	基础综合		
4904	203.1-38	GB/T 755—2019	旋转电机 定额和性能	国标	2020-7-1		GB/T 755—2008	采购、运维	招标、运行、维护	基础综合		
4905	203.1-39	GB/T 4797.1—2018	环境条件分类 自然环境条件 温度和湿度	国标	2018-12-1		GB/T 4797.1—2005	采购、运维	招标、运行、维护	基础综合		
4906	203.1-40	GB/T 7409.3—2007	同步电机励磁系统大、中型同步发电机励磁系统技术要求	国标	2007-8-1		GB/T 7409.3—1997	采购、运维	招标、运行、维护	基础综合		
4907	203.1-41	GB/T 7894—2009	水轮发电机基本技术条件	国标	2010-4-1			采购、运维	招标、运行、维护	基础综合		

序号	体系结构号	标准编号	标准名称	标准级别	实施日期	与国际标准对应关系	代替标准	阶段	分阶段	专业	分专业	备注
4908	203.1-42	GB/T 9969—2008	工业产品使用说明书 总则	国标	2009-5-1			采购、运维	招标、运行、维护	基础综合		
4909	203.1-43	GB/T 10969—2008	水轮机、蓄能泵和水泵水轮机通流部件技术条件	国标	2009-4-1	IEC 60193:1999，REF	GB/T 10969—1996	采购、运维	招标、运行、维护	基础综合		
4910	203.1-44	GB/T 11026.2—2012	电气绝缘材料耐热性 第2部分:试验判断标准的选择	国标	2013-6-1	IEC 60216-2:2005	GB/T 11026.2—2000	采购、运维、修试	招标、品控、运行、维护、检修、试验	基础综合		
4911	203.1-45	GB/T 14824—2021	高压交流发电机断路器	国标	2022-5-1		GB/T 14824—2008	采购、运维	招标、运行、维护	基础综合		
4912	203.1-46	GB/T 21419—2021	变压器、电源装置、电抗器及其类似产品 电磁兼容（EMC）要求	国标	2022-7-1		GB/T 21419—2013	采购、运维	招标、运行、维护	基础综合		
4913	203.1-47	GB/T 34934—2017	机械电气安全 安全相关设备中的通信系统使用指南	国标	2018-5-1	IEC/TS 62513:2008		采购、运维	招标、运行、维护	基础综合		
4914	203.1-48	GB/T 36271.1—2018	交流1kV以上电力设施 第1部分：通则	国标	2019-1-1			采购、运维	招标、运行、维护	基础综合		
4915	203.1-49	GB/T 36271.2—2021	交流1kV及直流1.5kV以上电力设施 第2部分：直流	国标	2022-3-1			采购、运维	招标、运行、维护	基础综合		
4916	203.1-50	GB/T 37157—2018	机械安全 串联的无电势触点联锁装置故障掩蔽的评价	国标	2019-7-1			采购、运维	招标、运行、维护	基础综合		
4917	203.1-51	GB/T 37282—2019	产品标签内容核心元数据	国标	2019-10-1			采购、运维	招标、运行、维护	基础综合		
4918	203.1-52	GB/T 40093—2021	变压器产品生命周期评价方法	国标	2021-12-1			采购、运维	招标、运行、维护	基础综合		

序号	体系结构号	标准编号	标准名称	标准级别	实施日期	与国际标准对应关系	代替标准	阶段	分阶段	专业	分专业	备注
4919	203.1-53	GB/T 40100—2021	电机产品生命周期评价方法	国标	2021-12-1			采购、运维	招标、运行、维护	基础综合		
4920	203.1-54	GB/Z 40825—2021	电器附件 总则协调	国标	2022-5-1			采购、运维	招标、运行、维护	基础综合		
4921	203.1-55	IEC 60079-26—2014	电气设备 第26部分：设备保护水平（EPL）为Ga稼的设备	国际标准	2014-10-28	EN 60079-26—2007，IDT	IEC 60079-26—2006	采购、运维	招标、运行、维护	基础综合		
203.2 设备材料—发电												
——风电												
4922	203.2-1	DL/T 1638—2016	风力发电机组单元变压器保护测控装置技术条件	行标	2017-5-1			采购、运维	招标、运行、维护	发电	风电	
4923	203.2-2	DL/T 2469—2021	并联型电网侧风电次同步振荡抑制装置技术规范	行标	2022-6-22			采购、建设、运维、修试、退役	招标、品控、施工工艺、验收与质量评定、试运行、运行、维护、检修、试验、退役、报废	发电	风电	
4924	203.2-3	NB/T 10112—2018	风力发电机组设备监造导则	行标	2019-5-1			采购、运维	招标、品控、运行、维护	发电	风电	
4925	203.2-4	NB/T 10437—2020	风力发电机组变流系统用机侧滤波器技术规范	行标	2021-2-3			设计、采购、建设、运维、修试、退役	初设、施工图、招标、品控、施工工艺、验收与质量评定、试运行、运行、维护、检修、试验、退役、报废	发电	风电	
4926	203.2-5	NB/T 10438—2020	风力发电机组电控偏航控制系统技术条件	行标	2021-2-1			设计、采购、建设、运维、修试、退役	初设、施工图、招标、品控、施工工艺、验收与质量评定、试运行、运行、维护、检修、试验、退役、报废	发电	风电	

序号	体系结构号	标准编号	标准名称	标准级别	实施日期	与国际标准对应关系	代替标准	阶段	分阶段	专业	分专业	备注
4927	203.2-6	NB/T 10574—2021	风力发电设备障碍评级标准	行标	2021-7-1			采购、运维	招标、运行、维护	发电	风电	
4928	203.2-7	NB/T 10660—2021	风力发电机组工业以太网通信系统	行标	2021-10-26			采购、运维	招标、运行、维护	发电	风电	
4929	203.2-8	NB/T 10662—2021	风力发电机组电气系统电磁兼容技术规范	行标	2021-10-26			采购、建设、运维、修试、退役	招标、品控、施工工艺、验收与质量评定、试运行、运行、维护、检修、试验、退役、报废	发电	风电	
4930	203.2-9	NB/T 10923—2022	风力发电机组变流器 安全要求	行标	2022-11-13			设计、采购、建设、运维、修试、退役	初设、施工图、招标、品控、施工工艺、验收与质量评定、试运行、运行、维护、检修、试验、退役、报废	发电	风电	
4931	203.2-10	NB/T 10929—2022	风力发电机组变流器 可靠性技术规范	行标	2022-11-13			设计、采购、建设、运维、修试、退役	初设、施工图、招标、品控、施工工艺、验收与质量评定、试运行、运行、维护、检修、试验、退役、报废	发电	风电	
4932	203.2-11	NB/T 10987—2022	风力发电机组叶片气动组件规范	行标	2023-5-4			采购、运维	招标、运行、维护	发电	风电	
4933	203.2-12	NB/T 10991—2022	风力发电机组塔架升降机	行标	2023-5-4			采购、运维	招标、运行、维护	发电	风电	
4934	203.2-13	NB/T 10992—2022	风力发电机组发电量评估折减系数取值方法	行标	2023-5-4			设计、采购、建设、运维、修试、退役	初设、施工图、招标、品控、施工工艺、验收与质量评定、试运行、运行、维护、检修、试验、退役、报废	发电	风电	

序号	体系结构号	标准编号	标准名称	标准级别	实施日期	与国际标准对应关系	代替标准	阶段	分阶段	专业	分专业	备注
4935	203.2-14	NB/T 10993—2022	风力发电机组焊接机架	行标	2023-5-4			采购、运维	招标、运行、维护	发电	风电	
4936	203.2-15	NB/T 10994—2022	海上风力发电机组外平台起重设备规范	行标	2023-5-4			采购、运维	招标、运行、维护	发电	风电	
4937	203.2-16	NB/T 31012—2019	永磁风力发电机技术规范	行标	2020-5-1		NB/T 31012—2011	采购、建设、运维、修试、退役	招标、品控、施工工艺、验收与质量评定、试运行、运行、维护、检修、试验、退役、报废	发电	风电	
4938	203.2-17	NB/T 31013—2019	双馈风力发电机技术规范	行标	2020-5-1		NB/T 31013—2011	采购、运维	招标、运行、维护	发电	风电	
4939	203.2-18	NB/T 31014—2018	双馈风力发电机变流器技术规范	行标	2018-10-1		NB/T 31014—2011	采购、运维	招标、运行、维护	发电	风电	
4940	203.2-19	NB/T 31015—2018	永磁风力发电机变流器技术规范	行标	2018-10-1		NB/T 31015—2011	采购、运维	招标、运行、维护	发电	风电	
4941	203.2-20	NB/T 31063—2022	海上永磁同步风力发电机	行标	2022-11-13		NB/T 31063—2014	采购、运维	招标、运行、维护	发电	风电	
4942	203.2-21	NB/T 31064—2022	海上双馈风力发电机技术条件	行标	2022-11-13		NB/T 31064—2014	采购、运维	招标、运行、维护	发电	风电	
4943	203.2-22	NB/T 31081—2016	风力发电场仿真机技术规范	行标	2016-6-1			采购、运维	招标、运行、维护	发电	风电	
4944	203.2-23	NB/T 31092—2016	微电网用风力发电机组性能与安全技术要求	行标	2016-6-1			采购、运维	招标、品控、运行、维护	发电	风电	
4945	203.2-24	NB/T 31093—2016	微电网用风力发电机组主控制器技术规范	行标	2016-6-1			采购、运维	招标、品控、运行、维护	发电	风电	
4946	203.2-25	GB/T 1094.16—2013	电力变压器 第16部分：风力发电用变压器	国标	2014-12-14	IEC 60076-16:2011	GB 1094.16—2013	采购、运维	招标、运行、维护	发电	风电	

序号	体系结构号	标准编号	标准名称	标准级别	实施日期	与国际标准对应关系	代替标准	阶段	分阶段	专业	分专业	备注
4947	203.2-26	GB/T 19071.1—2018	风力发电机组异步发电机 第1部分：技术条件	国标	2018-12-1		GB/T 19071.1—2003	采购、运维	招标、运行、维护	发电	风电	
4948	203.2-27	GB/T 21407—2015	双馈式变速恒频风力发电机组	国标	2016-6-1		GB/T 21407—2008	采购、运维	招标、运行、维护	发电	风电	
4949	203.2-28	GB/T 25386.1—2021	风力发电机组控制系统 第1部分：技术条件	国标	2021-10-1		GB/T 25386.1—2010	采购、运维	招标、运行、维护	发电	风电	
4950	203.2-29	GB/T 25387.1—2021	风力发电机组全功率变流器 第1部分：技术条件	国标	2021-10-1		GB/T 25387.1—2010	采购、运维	招标、运行、维护	发电	风电	
4951	203.2-30	GB/T 25388.1—2021	风力发电机组双馈式变流器 第1部分：技术条件	国标	2021-10-1		GB/T 25388.1—2010	采购、运维	招标、运行、维护	发电	风电	
4952	203.2-31	GB/T 25389.1—2018	风力发电机组永磁同步发电机 第1部分：技术条件	国标	2018-12-1		GB/T 25389.1—2010	采购、运维	招标、运行、维护	发电	风电	
4953	203.2-32	GB/T 29543—2013	低温型风力发电机组	国标	2014-1-1			采购、运维	招标、运行、维护	发电	风电	
4954	203.2-33	GB/T 31518.1—2015	直驱永磁风力发电机组 第1部分：技术条件	国标	2016-2-1			采购、运维	招标、运行、维护	发电	风电	
4955	203.2-34	GB/T 35207—2017	电励磁直驱风力发电机组	国标	2018-7-1			采购、运维	招标、运行、维护	发电	风电	
4956	203.2-35	GB/T 41512—2022	分散式风力发电机组	国标	2023-2-1			采购、运维	招标、运行、维护	发电	风电	
4957	203.2-36	GB/Z 25427—2010	风力发电机组雷电防护	国标	2011-1-1	IEC TR 61400-24:2002,MOD		采购、运维	招标、运行、维护	发电	风电	
4958	203.2-37	GB/Z 25458—2010	风力发电机组合格认证 规则及程序	国标	2011-1-1	IEC WT 01:2001 NEQ		采购、运维	招标、运行、维护	发电	风电	

序号	体系结构号	标准编号	标准名称	标准级别	实施日期	与国际标准对应关系	代替标准	阶段	分阶段	专业	分专业	备注
——光伏发电												
4959	203.2-38	T/CEC 468—2021	中压并网光伏逆变器技术要求	团标	2021-10-1			采购、运维	招标、运行、维护	发电	光伏	
4960	203.2-39	T/CSEE 0093—2018	分布式光伏专用电压型反孤岛装置技术规范	团标	2018-12-25			采购、运维	招标、运行、维护	发电	光伏	
4961	203.2-40	T/CSEE 0170—2020	光伏电站快速功率控制装置技术规范	团标	2020-1-15			采购、运维	招标、运行、维护	发电	光伏	
4962	203.2-41	NB/T 10088—2018	户外型光伏逆变成套装置技术规范	行标	2019-3-1			采购、运维	招标、运行、维护	发电	光伏	
4963	203.2-42	NB/T 10204—2019	分布式光伏发电低压并网接口装置技术要求	行标	2019-10-1			采购、运维	招标、运行、维护	发电	光伏	
4964	203.2-43	NB/T 10298—2019	光伏电站适应性移动检测装置技术规范	行标	2020-5-1			采购、运维	招标、运行、维护	发电	光伏	
4965	203.2-44	NB/T 10642—2021	光伏发电站支架技术要求	行标	2021-10-26			采购、运维	招标、运行、维护	发电	光伏	
4966	203.2-45	NB/T 32004—2018	光伏并网逆变器技术规范	行标	2018-7-1		NB/T 32004—2013	采购、运维	招标、运行、维护	发电	光伏	
4967	203.2-46	NB/T 42142—2018	光伏并网微型逆变器技术规范	行标	2018-7-1			采购、运维	招标、运行、维护	发电	光伏	
4968	203.2-47	SJ/T 11799—2022	光伏组件背板用氟塑料薄膜	行标	2022-7-1			采购、运维	招标、运行、维护	发电	光伏	
4969	203.2-48	GB/T 18802.31—2021	低压电涌保护器 第31部分：用于光伏系统的电涌保护器 性能要求和试验方法	国标	2021-10-1		GB/T 18802.31—2016	采购、运维	招标、运行、维护	发电	光伏	

序号	体系结构号	标准编号	标准名称	标准级别	实施日期	与国际标准对应关系	代替标准	阶段	分阶段	专业	分专业	备注
4970	203.2-49	GB/T 18802.32—2021	低压电涌保护器 第32部分：用于光伏系统的电涌保护器 选择和使用导则	国标	2021-10-1			采购、运维	招标、运行、维护	发电	光伏	
4971	203.2-50	GB/T 30427—2013	并网光伏发电专用逆变器技术要求和试验方法	国标	2014-8-15			采购、运维	招标、运行、维护	发电	光伏	
4972	203.2-51	GB/T 37408—2019	光伏发电并网逆变器技术要求	国标	2019-12-1			采购、运维	招标、运行、维护	发电	光伏	
4973	203.2-52	GB/T 39753—2021	光伏组件回收再利用通用技术要求	国标	2022-2-1			采购、运维	招标、运行、维护	发电	光伏	
4974	203.2-53	GB/T 41314—2022	建筑光伏组件用镀膜玻璃	国标	2022-10-1			采购、运维	招标、运行、维护	发电	光伏	
——水电												
4975	203.2-54	Q/CSG 1205015—2018	水电站发电设备在线监测系统技术规范	企标	2018-4-16			采购、运维、修试	招标、品控、运行、维护、检修、试验	发电	水电	
4976	203.2-55	T/CEC 712—2022	抽水蓄能电站故障录波配置导则	团标	2023-2-1			采购、运维、修试	招标、品控、运行、维护、检修、试验	发电	储能	
4977	203.2-56	DL/T 443—2016	水轮发电机组及其附属设备出厂检验导则	行标	2016-6-1		DL/T 443—1991	采购	品控、招标	发电	水电	
4978	203.2-57	DL/T 563—2016	水轮机电液调节系统及装置技术规程	行标	2016-6-1		DL/T 563—2004	采购、运维	招标、运行、维护	发电	水电	
4979	203.2-58	DL/T 578—2008	水电厂计算机监控系统基本技术条件	行标	2008-11-1		DL/T 578—1995	采购	招标	发电	水电	
4980	203.2-59	DL/T 583—2018	大中型水轮发电机静止整流励磁系统技术条件	行标	2018-7-1		DL/T 583—2006	采购、运维	招标、运行、维护	发电	水电	

序号	体系结构号	标准编号	标准名称	标准级别	实施日期	与国际标准对应关系	代替标准	阶段	分阶段	专业	分专业	备注
4981	203.2-60	DL/T 622—2012	立式水轮发电机弹性金属塑料推力轴瓦技术条件	行标	2012-3-1		DL/T 622—1997	采购、运维	招标、运行、维护	发电	水电	
4982	203.2-61	DL/T 948—2019	混凝土坝监测仪器系列型谱	行标	2020-5-1		DL/T 948—2005	采购、运维	招标、运行、维护	发电	水电	
4983	203.2-62	DL/T 1016—2019	电容式引张线仪	行标	2020-5-1		DL/T 1016—2006	采购、运维	招标、运行、维护	发电	水电	
4984	203.2-63	DL/T 1017—2019	电容式位移计	行标	2020-5-1		DL/T 1017—2006	采购、运维	招标、运行、维护	发电	水电	
4985	203.2-64	DL/T 1018—2019	电容式测缝计	行标	2020-5-1		DL/T 1018—2006	采购、运维	招标、运行、维护	发电	水电	
4986	203.2-65	DL/T 1019—2019	电容式垂线坐标仪	行标	2020-5-1		DL/T 1019—2006	采购、运维	招标、运行、维护	发电	水电	
4987	203.2-66	DL/T 1020—2019	电容式静力水准仪	行标	2020-5-1		DL/T 1020—2006	采购、运维	招标、运行、维护	发电	水电	
4988	203.2-67	DL/T 1021—2019	电容式量水堰水位计	行标	2020-5-1		DL/T 1021—2006	采购、运维	招标、运行、维护	发电	水电	
4989	203.2-68	DL/T 1024—2015	水电仿真机技术规范	行标	2015-12-1		DL/T 1024—2006	采购	招标	发电	水电	
4990	203.2-69	DL/T 1043—2007	钢弦式测缝计	行标	2007-12-1			采购、运维	招标、运行、维护	发电	水电	
4991	203.2-70	DL/T 1044—2007	钢弦式应变计	行标	2007-12-1			采购、运维	招标、运行、维护	发电	水电	
4992	203.2-71	DL/T 1045—2007	钢弦式孔隙水压力计	行标	2007-12-1			采购、运维	招标、运行、维护	发电	水电	
4993	203.2-72	DL/T 1046—2007	引张线式水平位移计	行标	2007-12-1			采购、运维	招标、运行、维护	发电	水电	
4994	203.2-73	DL/T 1047—2007	水管式沉降仪	行标	2007-12-1			采购、运维	招标、运行、维护	发电	水电	
4995	203.2-74	DL/T 1061—2020	光电式（CCD）垂线坐标仪	行标	2021-2-1		DL/T 1061—2007	采购、运维	招标、运行、维护	发电	水电	

序号	体系结构号	标准编号	标准名称	标准级别	实施日期	与国际标准对应关系	代替标准	阶段	分阶段	专业	分专业	备注
4996	203.2-75	DL/T 1062—2020	光电式（CCD）引张线仪	行标	2021-2-1		DL/T 1062—2007	采购、运维	招标、运行、维护	发电	水电	
4997	203.2-76	DL/T 1067—2020	蒸发冷却水轮发电机基本技术条件	行标	2021-2-1		DL/T 1067—2007	采购、运维	招标、运行、维护	发电	水电	
4998	203.2-77	DL/T 1120—2018	水轮机调节系统测试与实时仿真装置技术规程	行标	2018-10-1		DL/T 1120—2009	运维	运行、维护	发电	水电	
4999	203.2-78	DL/T 1197—2012	水轮发电机组状态在线监测系统技术条件	行标	2012-12-1			采购、运维	招标、运行、维护	发电	水电	
5000	203.2-79	DL/T 1626—2016	700MW 及以上机组水电厂计算机监控系统基本技术条件	行标	2017-5-1			采购	招标	发电	水电	
5001	203.2-80	DL/T 1627—2016	水轮发电机励磁系统晶闸管整流桥技术条件	行标	2017-5-1			采购、运维	招标、运行、维护	发电	水电	
5002	203.2-81	DL/T 1628—2016	水轮发电机励磁变压器技术条件	行标	2017-5-1			采购、运维	招标、运行、维护	发电	水电	
5003	203.2-82	DL/T 1754—2017	水电站大坝运行安全管理信息系统技术规范	行标	2018-3-1			采购、建设	招标、施工工艺	发电	水电	
5004	203.2-83	DL/T 1802—2018	水电厂自动发电控制及自动电压控制系统技术规范	行标	2018-7-1			采购、运维	招标、运行、维护	发电	水电	
5005	203.2-84	DL/T 1803—2018	水电厂辅助设备控制装置技术条件	行标	2018-7-1			采购、运维	招标、运行、维护	发电	水电	
5006	203.2-85	DL/T 1804—2018	水轮发电机组振动摆度装置技术条件	行标	2018-7-1			采购、运维	招标、运行、维护	发电	水电	

序号	体系结构号	标准编号	标准名称	标准级别	实施日期	与国际标准对应关系	代替标准	阶段	分阶段	专业	分专业	备注
5007	203.2-86	DL/T 1819—2018	抽水蓄能电站静止变频装置技术条件	行标	2018-7-1			采购、运维	招标、运行、维护	发电	水电	
5008	203.2-87	DL/T 2021—2019	抽水蓄能机组设备监造导则	行标	2019-10-1			采购、运维	招标、品控、运行、维护	发电	水电	
5009	203.2-88	DL/T 2258—2021	水电站厂房结构与水轮发电机组耦合动力监测技术规范	行标	2021-10-26			采购、修试	品控、检修、试验	发电	水电	
5010	203.2-89	NB/T 10231—2019	水电站多声道超声波流量计基本技术条件	行标	2020-5-1			采购、运维	招标、运行、维护	发电	水电	
5011	203.2-90	NB/T 10792—2021	水电站技术供水系统规范	行标	2022-5-16			采购、运维	招标、运行、维护	发电	水电	
5012	203.2-91	NB/T 10793—2021	水电站压缩空气系统规范	行标	2022-5-16			采购、运维	招标、运行、维护	发电	水电	
5013	203.2-92	NB/T 35088—2016	水电机组机械液压过速保护装置基本技术条件	行标	2017-5-1			采购、运维	招标、运行、维护	发电	水电	
5014	203.2-93	NB/T 35089—2016	水轮机筒形阀技术规范	行标	2017-5-1			采购、运维	招标、运行、维护	发电	水电	
5015	203.2-94	NB/T 42022—2013	高压变频调速用油浸式变流变压器	行标	2014-4-1			采购、运维	招标、运行、维护	发电	水电	
5016	203.2-95	NB/T 42054—2015	小型水轮机操作器技术条件	行标	2015-12-1			采购、运维	招标、运行、维护	发电	水电	
5017	203.2-96	NB/T 42056—2015	小型水轮机进水阀门基本技术条件	行标	2015-12-1			采购、运维	招标、运行、维护	发电	水电	
5018	203.2-97	NB/T 42161—2018	微小型水轮发电机组电子负荷控制器技术条件	行标	2018-10-1			采购、运维	招标、运行、维护	发电	水电	

序号	体系结构号	标准编号	标准名称	标准级别	实施日期	与国际标准对应关系	代替标准	阶段	分阶段	专业	分专业	备注
5019	203.2-98	NB/T 47063—2017	电站安全阀	行标	2018-6-1		JB/T 9624—1999	采购、运维	招标、品控、运行、维护	发电	水电	
5020	203.2-99	SL 615—2013	水轮机电液调节系统及装置基本技术条件	行标	2013-12-6			采购、运维	招标、运行、维护	发电	水电	
5021	203.2-100	SL 755—2017	中小型水轮机调节系统技术规程	行标	2018-3-1			采购、运维	招标、运行、维护	发电	水电	
5022	203.2-101	SL 774—2019	小型水轮发电机励磁系统技术条件	行标	2019-5-11			采购、运维	招标、运行、维护	发电	水电	
5023	203.2-102	GB/T 9652.1—2019	水轮机调速系统技术条件	国标	2020-1-1		GB/T 9652.1—2007	规划、采购、建设、运维、修试、退役	规划、招标、品控、施工工艺、验收与质量评定、试运行、运行、维护、检修、试验、退役、报废	发电	水电	
5024	203.2-103	GB/T 11805—2019	水轮发电机组自动化元件（装置）及其系统基本技术条件	国标	2020-1-1			采购、运维	招标、运行、维护	发电	水电	
5025	203.2-104	GB/T 15468—2020	水轮机基本技术条件	国标	2020-12-1		GB/T 15468—2006	采购、运维	招标、运行、维护	发电	水电	
5026	203.2-105	GB/T 19624—2019	在用含缺陷压力容器安全评定	国标	2020-1-1		GB/T 19624—2004	采购、运维	招标、运行、维护	发电	水电	
5027	203.2-106	GB/T 21718—2021	小型水轮机基本技术条件	国标	2021-11-1		GB/T 21718—2008；GB/T 21717—2008	采购、运维	招标、运行、维护	发电	水电	
5028	203.2-107	GB/T 28546—2012	大中型水电机组包装、运输和保管规范	国标	2012-11-1			采购	招标	发电	水电	
5029	203.2-108	GB/T 30141—2013	水轮机筒形阀基本技术条件	国标	2014-5-14			采购	招标	发电	水电	

序号	体系结构号	标准编号	标准名称	标准级别	实施日期	与国际标准对应关系	代替标准	阶段	分阶段	专业	分专业	备注
5030	203.2-109	GB/T 32594—2016	抽水蓄能电站保安电源技术导则	国标	2016-11-1			采购	招标、运维	发电	水电	
5031	203.2-110	GB/T 39627—2020	智能水电厂智能测控装置技术规范	国标	2021-7-1			采购、建设、运维	招标、品控、施工工艺、验收与质量评定、试运行、运行、维护	发电	水电	
——燃气轮机												
5032	203.2-111	JB/T 7822—1995	燃气轮机 电气设备通用技术条件	行标	1996-7-1			设计、采购、运维	初设、招标、运行、维护	发电	火电	
5033	203.2-112	GB/T 10489—2009	轻型燃气轮机通用技术要求	国标	2010-1-1		GB/T 10489—1989	设计、采购、运维	初设、招标、运行、维护	发电	火电	
5034	203.2-113	GB/T 15736—2016	燃气轮机辅助设备通用技术要求	国标	2017-7-1		GB/T 15736—1995	设计、采购	初设、招标	发电	火电	
——火电												
5035	203.2-114	T/CEC 329—2020	发电机绝缘过热在线监测装置技术要求	团标	2020-10-1			采购、运维	招标、运行、维护	发电	其他	
5036	203.2-115	T/CSEE 0215—2021	发电厂电气量变送装置通用技术条件	团标	2021-3-11			采购、运维	招标、运行、维护	发电	其他	
5037	203.2-116	DL/T 439—2018	火力发电厂高温紧固件技术导则	行标	2018-7-1		DL/T 439—2006	采购	招标	发电	火电	
5038	203.2-117	DL/T 777—2012	火力发电厂锅炉耐火材料	行标	2012-12-1		DL/T 777—2001	采购、运维	招标、品控、运行	发电	火电	
5039	203.2-118	DL/T 843—2021	同步发电机励磁系统技术条件	行标	2021-7-1		DL/T 843—2010	采购、运维	招标、运行、维护	发电	其他	
5040	203.2-119	DL/T 922—2016	火力发电用钢制通用阀门订货、验收导则	行标	2017-5-1		DL/T 922—2005	采购	招标	发电	火电	

序号	体系结构号	标准编号	标准名称	标准级别	实施日期	与国际标准对应关系	代替标准	阶段	分阶段	专业	分专业	备注
5041	203.2-120	DL/T 1022—2015	火电机组仿真机技术规范	行标	2015-12-1		DL/T 1022—2006	采购	招标	发电	火电	
5042	203.2-121	DL/T 1073—2019	发电厂厂用电源快速切换装置通用技术条件	行标	2019-10-1		DL/T 1073—2007	采购	招标	发电	火电、水电、光伏、风电、储能、其他	
5043	203.2-122	DL/T 1309—2013	大型发电机组涉网保护技术规范	行标	2014-4-1			规划、采购、建设、运维、修试、退役	规划、招标、品控、施工工艺、验收与质量评定、试运行、运行、维护、检修、试验、退役、报废	发电	火电	
5044	203.2-123	DL/T 1505—2016	大型燃气轮发电机组继电保护装置通用技术条件	行标	2016-6-1			采购、运维	招标、运行、维护	发电	火电	
5045	203.2-124	DL/T 1521—2016	火力发电厂微米级干雾除尘装置	行标	2016-6-1			采购、运维	招标、运行、维护	发电	火电	
5046	203.2-125	DL/T 1556—2016	火力发电厂PROFIBUS现场总线技术规程	行标	2016-6-1			规划、采购、建设、运维、修试、退役	规划、招标、品控、施工工艺、验收与质量评定、试运行、运行、维护、检修、试验、退役、报废	发电	火电	
5047	203.2-126	DL/T 1767—2017	数字式励磁调节器辅助控制技术要求	行标	2018-3-1			采购	招标	发电	火电	
5048	203.2-127	GB/T 7064—2017	隐极同步发电机技术要求	国标	2018-7-1		GB 7064—2008	采购	招标	发电	火电	
5049	203.2-128	GB/T 27748.1—2017	固定式燃料电池发电系统 第1部分：安全	国标	2018-2-1	IEC 62282-3-100:2012	GB/T 27748.1—2011	采购	招标	发电	火电	

序号	体系结构号	标准编号	标准名称	标准级别	实施日期	与国际标准对应关系	代替标准	阶段	分阶段	专业	分专业	备注
5050	203.2-129	GB/T 27748.3—2017	固定式燃料电池发电系统 第3部分：安装	国标	2018-4-1	IEC 62282-3-300:2012	GB/T 27748.3—2011	采购	招标	发电	火电	
5051	203.2-130	GB/T 28559—2012	超临界及超超临界汽轮机 叶片	国标	2012-11-1			采购、运维	招标、运行、维护	发电	火电	
5052	203.2-131	GB/T 37089—2018	往复式内燃机驱动的交流发电机组 控制器	国标	2019-7-1			采购、运维	招标、运行、维护	发电	火电	
5053	203.2-132	GB/T 38179—2019	燃气轮机应用用于发电设备的要求	国标	2020-5-1			采购、运维	招标、运行、维护	发电	火电	
5054	203.2-133	GB/T 40593—2021	同步发电机调速系统参数实测及建模导则	国标	2022-5-1			采购、运维	招标、运行、维护	发电	其他	
203.3 设备材料—输电												
5055	203.3-1	Q/CSG 1101005—2013	架空线路钢管塔、角钢塔技术规范	企标	2013-5-15			采购	招标	输电	线路	
5056	203.3-2	Q/CSG 1203051—2018	交流输电线路用复合外套金属氧化物避雷器技术规范	企标	2018-5-17			采购	招标	输电	线路	
5057	203.3-3	Q/CSG 1203056.2—2018	110kV～500kV架空输电线路杆塔复合横担技术规定 第2部分：元件技术（试行）	企标	2018-12-28			采购	招标	输电	线路	
5058	203.3-4	Q/CSG 1203060.1—2019	绞合型复合材料芯架空导线 第1部分：导线技术规范（试行）	企标	2019-2-27			采购	招标	输电	线路	本标准有英文版
5059	203.3-5	Q/CSG 1204157—2022	绝缘光单元光纤复合架空相线（IOPPC）技术规范	企标	2022-11-4			采购、运维	招标、品控、运行、维护	输电	线路	

序号	体系结构号	标准编号	标准名称	标准级别	实施日期	与国际标准对应关系	代替标准	阶段	分阶段	专业	分专业	备注
5060	203.3-6	T/CEC 136—2017	输电线路钢管塔用直缝焊管	团标	2017-8-1			采购、运维	招标、品控、运行、维护	输电	线路	
5061	203.3-7	T/CEC 186—2018	可融冰光纤复合架空地线及其接续盒	团标	2019-2-1			采购	招标	输电	线路	
5062	203.3-8	T/CEC 241—2019	盘形悬式绝缘子用铁帽技术规范	团标	2020-1-1			采购、运维	招标、品控、运行、维护	输电	线路	
5063	203.3-9	T/CEC 399.1—2020	金属基增容导线技术条件 第1部分：间隙型导线	团标	2021-2-1			采购、建设	品控、验收与质量评定	输电	线路	
5064	203.3-10	T/CEC 399.3—2020	金属基增容导线技术条件 第3部分：钢芯高导电率耐热铝合金导线	团标	2021-2-1			采购、建设	品控、验收与质量评定	输电	线路	
5065	203.3-11	T/CEC 508—2021	低压架空绝缘导线用扣压式聚合物绝缘子技术条件	团标	2021-10-1			采购、建设	品控、验收与质量评定	输电	线路	
5066	203.3-12	T/CEC 560.1—2021	额定电压500kV直流电缆用材料 第1部分：可交联聚乙烯绝缘材料	团标	2022-3-1			采购、建设	品控、验收与质量评定	输电	电缆	
5067	203.3-13	T/CEC 560.2—2021	额定电压500kV直流电缆用材料 第2部分：可交联半导电屏蔽材料	团标	2022-3-1			采购、建设	品控、验收与质量评定	输电	电缆	
5068	203.3-14	T/CSEE 0128—2019	架空输电线路安全备用线夹技术要求	团标	2019-3-1			采购	招标	输电	线路	

序号	体系结构号	标准编号	标准名称	标准级别	实施日期	与国际标准对应关系	代替标准	阶段	分阶段	专业	分专业	备注
5069	203.3-15	T/CSEE 0165—2020	额定电压 1kV（U_m=1.2kV）及以下气吹型光纤复合低压电缆	团标	2020-1-15			规划、采购、建设、运维、修试、退役	规划、招标、品控、施工工艺、验收与质量评定、试运行、运行、维护、检修、试验、退役、报废	输电	电缆	
5070	203.3-16	T/CSEE 0252—2021	电力用非金属阻燃光缆	团标	2021-9-17			采购、建设	品控、验收与质量评定	输电	电缆	
5071	203.3-17	T/CSEE 0303—2022	高强度高伸长率铝包钢芯铝合金绞线	团标	2022-9-27			采购、建设	品控、验收与质量评定	输电	线路	
5072	203.3-18	DL/T 248—2012	输电线路杆塔不锈钢复合材料耐腐蚀接地装置	行标	2012-7-1			采购、建设、运维	品控、验收与质量评定、运行	输电	线路	
5073	203.3-19	DL/T 376—2019	聚合物绝缘子伞裙和护套用绝缘材料通用技术条件	行标	2020-5-1		DL/T 376—2010	采购	招标	输电	线路	
5074	203.3-20	DL/T 413—2006	额定电压 35kV（U_m=40.5kV）及以下电力电缆热缩式附件技术条件	行标	2006-10-1	IEC 60502—4:1997，NEQ	DL 413—1991	采购	招标、品控	输电、配电	电缆、线缆	
5075	203.3-21	DL/T 646—2021	输变电钢管结构制造技术条件	行标	2021-7-1		DL/T 646—2012	采购、建设	品控、验收与质量评定	输电、配电	电缆、线缆	
5076	203.3-22	DL/T 760.3—2012	均压环、屏蔽环和均压屏蔽环	行标	2012-12-1		DL/T 760.3—2001	采购、运维	招标、品控、运行、维护	变电、输电	变压器、开关、线路	
5077	203.3-23	DL/T 802.1—2007	电力电缆用导管技术条件 第1部分：总则	行标	2007-12-1			采购	招标、品控	输电	电缆	
5078	203.3-24	DL/T 802.10—2019	电力电缆用导管技术条件 第10部分：涂塑钢质电缆导管	行标	2020-5-1			采购	招标、品控	输电	电缆	

序号	体系结构号	标准编号	标准名称	标准级别	实施日期	与国际标准对应关系	代替标准	阶段	分阶段	专业	分专业	备注
5079	203.3-25	DL/T 802.2—2017	电力电缆用导管 第2部分：玻璃纤维增强塑料电缆导管	行标	2017-12-1		DL/T 802.2—2007	采购、运维	招标、品控、运行、维护	输电	电缆	
5080	203.3-26	DL/T 802.3—2007	电力电缆用导管技术条件 第3部分：氯化聚氯乙烯及硬聚氯乙烯塑料电缆导管	行标	2007-12-1			采购	招标、品控	输电	电缆	
5081	203.3-27	DL/T 802.4—2007	电力电缆用导管技术条件 第4部分：氯化聚氯乙烯及硬聚氯乙烯塑料双壁波纹电缆导管	行标	2007-12-1			采购	招标、品控	输电	电缆	
5082	203.3-28	DL/T 802.5—2007	电力电缆用导管技术条件 第5部分：纤维水泥电缆导管	行标	2007-12-1			采购	招标、品控	输电	电缆	
5083	203.3-29	DL/T 802.6—2007	电力电缆用导管技术条件 第6部分：承插式混凝土预制电缆导管	行标	2007-12-1			采购	招标、品控	输电	电缆	
5084	203.3-30	DL/T 802.7—2010	电力电缆用导管技术条件 第7部分：非开挖用改性聚丙烯塑料电缆导管	行标	2011-5-1			采购	招标、品控	输电	电缆	
5085	203.3-31	DL/T 802.8—2014	电力电缆用导管技术条件 第8部分：埋地用改性聚丙烯塑料单壁波纹电缆导管	行标	2015-3-1			采购	招标、品控	输电	电缆	

序号	体系结构号	标准编号	标准名称	标准级别	实施日期	与国际标准对应关系	代替标准	阶段	分阶段	专业	分专业	备注
5086	203.3-32	DL/T 802.9—2018	电力电缆用导管技术条件 第9部分:高强度聚氯乙烯塑料电缆导管	行标	2019-5-1			采购	招标、品控	输电	电缆	
5087	203.3-33	DL/T 815—2021	交流输电线路用复合外套金属氧化物避雷器	行标	2022-6-22		DL/T 815—2012	采购、运维	招标、品控、运行、维护	输电	线路	
5088	203.3-34	DL/T 832—2016	光纤复合架空地线	行标	2016-6-1		DL/T 832—2003	采购、运维	招标、运行	输电	线路	
5089	203.3-35	DL/T 978—2018	气体绝缘金属封闭输电线路技术条件	行标	2019-5-1		DL/T 978—2005	采购	招标	输电	线路	
5090	203.3-36	DL/T 1000.5—2021	标称电压高于1000V架空线路绝缘子使用导则 第5部分:交流系统用盘形悬式复合瓷或玻璃绝缘子	行标	2022-6-22			采购	招标	输电	线路	
5091	203.3-37	DL/T 1000.6—2021	标称电压高于1000V架空线路绝缘子使用导则 第6部分:直流系统用盘形悬式复合瓷或玻璃绝缘子	行标	2022-6-22			采购	招标	输电	线路	
5092	203.3-38	DL/T 1058—2016	交流架空线路用复合相间间隔棒技术条件	行标	2016-7-1		DL/T 1058—2007	采购	招标	输电	线路	
5093	203.3-39	DL/T 1307—2013	铝基陶瓷纤维复合芯超耐热铝合金绞线	行标	2014-4-1			采购、建设	品控、验收与质量评定	输电	线路	
5094	203.3-40	DL/T 1372—2014	架空输电线路跳线技术条件	行标	2015-3-1			采购	招标	输电	线路	

序号	体系结构号	标准编号	标准名称	标准级别	实施日期	与国际标准对应关系	代替标准	阶段	分阶段	专业	分专业	备注
5095	203.3-41	DL/T 1471—2015	高压直流线路用盘形悬式复合瓷或玻璃绝缘子串元件	行标	2015-12-1			采购、建设	品控、验收与质量评定	输电	线路	
5096	203.3-42	DL/T 1506—2016	高压交流电缆在线监测系统通用技术规范	行标	2016-6-1			采购	招标	输电	电缆	
5097	203.3-43	DL/T 1508—2016	架空输电线路导地线覆冰监测装置	行标	2016-6-1			采购、建设、运维、修试	品控、验收与质量评定、运行、维护、检修	输电	线路	
5098	203.3-44	DL/T 1571—2016	机器人检测劣化盘形悬式瓷绝缘子技术规范	行标	2016-7-1			采购、运维	招标、运行	输电	线路	
5099	203.3-45	DL/T 1613—2016	光纤复合架空相线及相关附件	行标	2016-12-1			采购、建设	品控、验收与质量评定	输电	线路	
5100	203.3-46	DL/T 1740—2017	直流气体绝缘金属封闭输电线路技术条件	行标	2018-3-1			采购、建设	品控、验收与质量评定	输电	线路	
5101	203.3-47	DL/T 1899.1—2018	电力架空光缆接头盒 第1部分:光纤复合架空地线接头盒	行标	2019-5-1			采购、建设	品控、验收与质量评定	输电	电缆	
5102	203.3-48	DL/T 1899.2—2018	电力架空光缆接头盒 第2部分:全介质自承式光缆接头盒	行标	2019-5-1			采购、建设	品控、验收与质量评定	输电	电缆	
5103	203.3-49	DL/T 1899.3—2018	电力架空光缆接头盒 第3部分:光纤复合架空相线接头盒	行标	2019-5-1			采购、建设	品控、验收与质量评定	输电	电缆	
5104	203.3-50	DL/T 1923—2018	架空输电线路机器人巡检系统通用技术条件	行标	2019-5-1			采购	招标、品控	输电	线路	

序号	体系结构号	标准编号	标准名称	标准级别	实施日期	与国际标准对应关系	代替标准	阶段	分阶段	专业	分专业	备注
5105	203.3-51	DL/T 2058—2019	110kV 交联聚乙烯轻型绝缘电力电缆及附件	行标	2020-5-1			采购	招标、品控	输电	电缆	
5106	203.3-52	DL/T 2060—2019	额定电压 500kV（U_m=550kV）交联聚乙烯绝缘大长度交流海底电缆及附件	行标	2020-5-1			采购	招标、品控	输电	电缆	
5107	203.3-53	DL/T 2388—2021	标称电压高于 1000V 的交流架空线路用线路柱式复合绝缘子——定义、试验方法及接收准则	行标	2022-3-22			采购、运维	招标、品控、运行、维护	输电	线路	
5108	203.3-54	DL/T 2421—2021	输电线路架空地线融冰自动接线装置	行标	2022-3-22			采购、运维	招标、品控、运行、维护	输电	线路	
5109	203.3-55	JB/T 4015.1—2013	电缆设备通用部件 收放线装置 第1部分：基本技术要求	行标	2014-7-1		JB/T 4015.1—1999	采购、运维	招标、品控、运行、维护	输电	电缆	
5110	203.3-56	JB/T 4015.2—2013	电缆设备通用部件 收放线装置 第2部分：立柱式收放线装置	行标	2014-7-1		JB/T 4015.2—1999	设计、采购、运维、修试	初设、招标、运行、维护、试验	输电	电缆	
5111	203.3-57	JB/T 4015.3—2013	电缆设备通用部件 收放线装置 第3部分：行车式收放线装置	行标	2014-7-1		JB/T 4015.3—1999	采购、运维	招标、品控、运行、维护	输电	电缆	
5112	203.3-58	JB/T 4015.4—2013	电缆设备通用部件 收放线装置 第4部分：导轨式收放线装置	行标	2014-7-1		JB/T 4015.4—1999	设计、采购、运维、修试	初设、招标、运行、维护、试验	输电	电缆	

序号	体系结构号	标准编号	标准名称	标准级别	实施日期	与国际标准对应关系	代替标准	阶段	分阶段	专业	分专业	备注
5113	203.3-59	JB/T 4015.5—2013	电缆设备通用部件 收放线装置 第5部分:柜式收线装置	行标	2014-7-1		JB/T 4015.5—1999	采购、运维	招标、品控、运行、维护	输电	电缆	
5114	203.3-60	JB/T 4015.6—2013	电缆设备通用部件 收放线装置 第6部分:静盘放线装置	行标	2014-7-1		JB/T 4015.6—1999	采购、运维	招标、品控、运行、维护	输电	电缆	
5115	203.3-61	JB/T 4032.1—2013	电缆设备通用部件 牵引装置 第1部分:基本技术要求	行标	2014-7-1		JB/T 4032.1—1999	采购、运维	招标、品控、运行、维护	输电	电缆	
5116	203.3-62	JB/T 4032.2—2013	电缆设备通用部件 牵引装置 第2部分:轮式牵引装置	行标	2014-7-1		JB/T 4032.2—1999	采购、运维	招标、品控、运行、维护	输电	电缆	
5117	203.3-63	JB/T 4032.3—2013	电缆设备通用部件 牵引装置 第3部分:履带式牵引装置	行标	2014-7-1		JB/T 4032.3—1999	采购、运维	招标、品控、运行、维护	输电	电缆	
5118	203.3-64	JB/T 4032.4—2013	电缆设备通用部件 牵引装置 第4部分:轮带式牵引装置	行标	2014-7-1		JB/T 4032.4—1999	采购、运维	招标、品控、运行、维护	输电	电缆	
5119	203.3-65	JB/T 4033.1—2013	电缆设备通用部件 绕包装置 第1部分:基本技术要求	行标	2014-7-1		JB/T 4033.1—1999	采购、运维	招标、品控、运行、维护	输电	电缆	
5120	203.3-66	JB/T 4033.2—2013	电缆设备通用部件 绕包装置 第2部分:普通式绕包装置	行标	2014-7-1		JB/T 4033.4—1999	采购、运维	招标、品控、运行、维护	输电	电缆	
5121	203.3-67	JB/T 4033.3—2013	电缆设备通用部件 绕包装置 第3部分:平面式绕包装置	行标	2014-7-1		JB/T 4033.2—1999	采购、运维	招标、品控、运行、维护	输电	电缆	

序号	体系结构号	标准编号	标准名称	标准级别	实施日期	与国际标准对应关系	代替标准	阶段	分阶段	专业	分专业	备注
5122	203.3-68	JB/T 4033.4—2013	电缆设备通用部件 绕包装置 第4部分:半切线式绕包装置	行标	2014-7-1		JB/T 4033.2—1999;JB/T 4033.3—1999	采购、运维	招标、品控、运行、维护	输电	电缆	
5123	203.3-69	JB/T 6743—2013	户内户外钢制电缆桥架防腐环境技术要求	行标	2014-7-1		JB/T 6743—1993	采购、运维	招标、品控、运行、维护	输电	电缆	
5124	203.3-70	JB/T 8177—1999	绝缘子金属附件热镀锌层 通用技术条件	行标	2000-1-1	IEC 60168:1994, NEQ;IEC 60383-1:1994, NEQ	JB/T 8177—1995	采购、运维	招标、品控、运行、维护	输电	线路	
5125	203.3-71	JB/T 8178—1999	悬式绝缘子铁帽 技术条件	行标	2000-1-1		JB/T 8178—1995	采购、运维	招标、品控、运行、维护	输电	线路	
5126	203.3-72	JB/T 8640—2014	额定电压26/35kV及以下电力电缆附件型号编制方法	行标	2014-10-1		JB/T 8640—1997	采购、运维	招标、品控、运行、维护	输电、配电	电缆、线缆	
5127	203.3-73	JB/T 8999—2014	光纤复合架空地线	行标	2014-10-1		JB/T 8999—1999	采购、运维	招标、品控、运行、维护	输电	线路	
5128	203.3-74	JB/T 9673—1999	绝缘子 产品包装	行标	2000-1-1		JB/Z 94—1989	采购、运维	招标、品控、运行、维护	输电、配电	其他	
5129	203.3-75	JB/T 9677—1999	盘形悬式绝缘子钢脚	行标	2000-1-1	IEC 60120:1984, EQV	ZB K50001—1987	采购、运维	招标、品控、运行、维护	输电	线路	
5130	203.3-76	JB/T 9680—2012	高压架空输电线路地线用绝缘子	行标	2012-11-1		JB/T 9680—1999	采购、运维	招标、品控、运行、维护	输电	线路	
5131	203.3-77	JB/T 10497—2005	交流输电线路用复合外套有串联间隙金属氧化物避雷器	行标	2005-9-1	IEC 60099-4:2001, NEQ		采购、运维	招标、品控、运行、维护	输电	线路	
5132	203.3-78	JB/T 10740.2—2007	额定电压6kV(U_m=7.2kV)到35kV(U_m=40.5kV)挤包绝缘电力电缆 冷收缩式附件 第2部分:直通接头	行标	2007-11-1			采购、运维	招标、品控、运行、维护	输电、配电	电缆、线缆	

序号	体系结构号	标准编号	标准名称	标准级别	实施日期	与国际标准对应关系	代替标准	阶段	分阶段	专业	分专业	备注
5133	203.3-79	JB/T 11167.3—2011	额定电压 10kV（U_m=12kV）至 110kV（U_m=126kV）交联聚乙烯绝缘大长度交流海底电缆及附件 第3部分：额定电压 10kV（U_m=12kV）至 110kV（U_m=126kV）交联聚乙烯绝缘大长度交流海底电缆附件	行标	2011-8-1			采购、运维	招标、品控、运行、维护	输电、配电	电缆、线缆	
5134	203.3-80	NB/T 10287—2019	玻璃钢电缆桥架	行标	2020-5-1			采购、运维	招标、品控、运行、维护	输电	电缆	
5135	203.3-81	NB/T 10292—2019	铝合金电缆桥架	行标	2020-5-1			采购、运维	招标、品控、运行、维护	输电	电缆	
5136	203.3-82	NB/T 10305—2019	架空线路预绞式金具用铝合金线	行标	2020-5-1			采购、运维	招标、品控、运行、维护	输电	线路	
5137	203.3-83	NB/T 10667—2021	低风压架空导线	行标	2021-10-26			采购、运维	招标、品控、运行、维护	输电	线路	
5138	203.3-84	NB/T 11022—2022	架空导线用绞合型碳纤维复合材料芯	行标	2023-5-4			采购、运维	招标、品控、运行、维护	输电	线路	
5139	203.3-85	NB/T 11023—2022	绞合型碳纤维复合材料芯架空导线	行标	2023-5-4			采购、运维	招标、品控、运行、维护	输电	线路	
5140	203.3-86	NB/T 11024—2022	大跨越工程用架空导线技术规范	行标	2023-5-4			采购、运维	招标、品控、运行、维护	输电	线路	
5141	203.3-87	NB/T 42042—2014	架空绞线用中强度铝合金线	行标	2015-3-1			采购、运维	招标、品控、运行、维护	输电	线路	
5142	203.3-88	NB/T 42060—2015	钢芯耐热铝合金架空导线	行标	2016-3-1			采购、运维	招标、品控、运行、维护	输电	线路	

序号	体系结构号	标准编号	标准名称	标准级别	实施日期	与国际标准对应关系	代替标准	阶段	分阶段	专业	分专业	备注
5143	203.3-89	NB/T 42061—2015	钢芯软铝绞线	行标	2016-3-1			采购、运维	招标、品控、运行、维护	输电	线路	
5144	203.3-90	NB/T 42062—2015	扩径型钢芯铝绞线	行标	2016-3-1			采购、运维	招标、品控、运行、维护	输电	线路	
5145	203.3-91	YB/T 124—2017	铝包钢绞线	行标	2018-4-1		YB/T 124—1997	采购、运维	招标、品控、运行、维护	输电	线路	
5146	203.3-92	GB/T 1000—2016	高压线路针式瓷绝缘子尺寸与特性	国标	2016-11-1		GB/T 1000.2—1988	采购、运维	招标、品控、运行、维护	输电	线路	
5147	203.3-93	GB/T 1001.1—2021	标称电压高于1000V 的架空线路绝缘子 第1部分:交流系统用瓷或玻璃绝缘子元件 定义、试验方法和判定准则	国标	2022-7-1	IEC 60383-1:1993, MOD	GB/T 1001.1—2003	采购、运维	招标、品控、运行、维护	输电	线路	
5148	203.3-94	GB/T 1179—2017	圆线同心绞架空导线	国标	2018-5-1	IEC 61089:1991	GB/T 1179—2008	采购、运维	招标、品控、运行、维护	输电	线路	
5149	203.3-95	GB/T 2694—2018	输电线路铁塔制造技术条件	国标	2019-2-1		GB/T 2694—2010	采购、建设	品控、验收与质量评定	输电	线路	
5150	203.3-96	GB/T 2952.1—2008	电缆外护层 第1部分:总则	国标	2009-11-1		GB/T 2952.1—1989	采购、运维	招标、品控、运行、维护	输电	电缆	
5151	203.3-97	GB/T 2952.2—2008	电缆外护层 第2部分:金属套电缆外护层	国标	2009-11-1		GB 2952.2—1989;GB 2952.4—1989	采购、运维	招标、品控、运行、维护	输电	电缆	
5152	203.3-98	GB/T 2952.3—2008	电缆外护层 第3部分:非金属套电缆通用外护层	国标	2009-11-1		GB/T 2952.3—1989	采购、运维	招标、品控、运行、维护	输电	电缆	
5153	203.3-99	GB/T 3195—2016	铝及铝合金拉制圆线材	国标	2017-9-1		GB/T 3195—2008	采购、运维	招标、品控、运行、维护	输电	线路	
5154	203.3-100	GB/T 3428—2012	架空绞线用镀锌钢线	国标	2013-6-1		GB/T 3428—2002	采购、运维	招标、品控、运行、维护	输电	线路	

序号	体系结构号	标准编号	标准名称	标准级别	实施日期	与国际标准对应关系	代替标准	阶段	分阶段	专业	分专业	备注
5155	203.3-101	GB/T 3953—2009	电工圆铜线	国标	2009-12-1		GB/T 3953—1983	采购、运维	招标、品控、运行、维护	输电	线路	
5156	203.3-102	GB/T 3955—2009	电工圆铝线	国标	2009-12-1		GB/T 3955—1983	采购、运维	招标、品控、运行、维护	输电	线路	
5157	203.3-103	GB/T 3956—2008	电缆的导体	国标	2009-10-1	IEC 60228:2004，IDT	GB/T 3956—1997	采购、运维	招标、品控、运行、维护	输电	电缆	
5158	203.3-104	GB/T 7253—2019	标称电压高于1000V的架空线路绝缘子 交流系统用瓷或玻璃绝缘子件 盘形悬式绝缘子件的特性	国标	2020-7-1	IEC 60305:1995，MOD	GB/T 7253—2005	采购、运维	招标、品控、运行、维护	输电	线路	
5159	203.3-105	GB/T 9326.2—2008	交流 500kV 及以下纸或聚丙烯复合纸绝缘金属套充油电缆及附件 第2部分:交流500kV 及以下纸绝缘铅套充油电缆	国标	2009-5-1		GB 9326.2—1988	采购、运维	招标、品控、运行、维护	输电	电缆	
5160	203.3-106	GB/T 9326.3—2008	交流 500kV 及以下纸或聚丙烯复合纸绝缘金属套充油电缆及附件 第3部分:终端	国标	2009-5-1		GB 9326.3—1988	采购、运维	招标、品控、运行、维护	输电	电缆	
5161	203.3-107	GB/T 9326.4—2008	交流 500kV 及以下纸或聚丙烯复合纸绝缘金属套充油电缆及附件 第4部分:接头	国标	2009-5-1		GB 9326.4—1988	采购、运维	招标、品控、运行、维护	输电	电缆	

序号	体系结构号	标准编号	标准名称	标准级别	实施日期	与国际标准对应关系	代替标准	阶段	分阶段	专业	分专业	备注
5162	203.3-108	GB/T 9326.5—2008	交流 500kV 及以下纸或聚丙烯复合纸绝缘金属套充油电缆及附件 第 5 部分：压力供油箱	国标	2009-5-1		GB 9326.5—1988	采购、运维	招标、品控、运行、维护	输电	电缆	
5163	203.3-109	GB/T 11017.2—2014	额定电压 110kV（U_m=126kV）交联聚乙烯绝缘电力电缆及其附件 第 2 部分：电缆	国标	2015-1-22		GB/T 11017.2—2002	采购、运维	招标、品控、运行、维护	输电	电缆	
5164	203.3-110	GB/T 11017.3—2014	额定电压 110kV（U_m=126kV）交联聚乙烯绝缘电力电缆及其附件 第 3 部分：电缆附件	国标	2015-1-22		GB/T 11017.3—2002	采购、运维	招标、品控、运行、维护	输电	电缆	
5165	203.3-111	GB/T 12706.3—2020	额定电压 1kV（U_m=1.2kV）到 35kV（U_m=40.5kV）挤包绝缘电力电缆及附件 第 3 部分：额定电压 35kV（U_m=40.5kV）电缆	国标	2020-10-1		GB/T 12706.3—2008	采购、运维	招标、品控、运行、维护	输电	电缆	
5166	203.3-112	GB/T 17048—2017	架空绞线用硬铝线	国标	2018-5-1	IEC 60889:1987	GB/T 17048—2009	采购、运维	招标、品控、运行、维护	输电	线路	
5167	203.3-113	GB/T 18890.2—2015	额定电压 220kV（U_m=252kV）交联聚乙烯绝缘电力电缆及其附件 第 2 部分：电缆	国标	2016-5-1		GB/Z 18890.2—2002	采购、运维	招标、品控、运行、维护	输电	电缆	
5168	203.3-114	GB/T 18890.3—2015	额定电压 220kV（U_m=252kV）交联聚乙烯绝缘电力电缆及其附件 第 3 部分：电缆附件	国标	2016-5-1		GB/Z 18890.3—2002	采购、运维	招标、品控、运行、维护	输电	电缆	

序号	体系结构号	标准编号	标准名称	标准级别	实施日期	与国际标准对应关系	代替标准	阶段	分阶段	专业	分专业	备注
5169	203.3-115	GB/T 19666—2019	阻燃和耐火电线电缆或光缆通则	国标	2020-7-1	IEC 60331:1999；IEC 60332:2000；IEC 60754:1997；IEC 61034:1997	GB/T 19666—2019	采购、运维	招标、品控、运行、维护	输电	电缆	
5170	203.3-116	GB/T 20141—2018	型线同心绞架空导线	国标	2019-7-1		GB/T 20141—2006	采购、运维	招标、品控、运行、维护	输电	线路	
5171	203.3-117	GB/T 21206—2007	线路柱式绝缘子特性	国标	2008-5-1	IEC 60720:1981，MOD	JB/T 8179—1999	采购、运维	招标、品控、运行、维护	输电	线路	
5172	203.3-118	GB/T 21421.1—2021	标称电压高于1000V的架空线路用复合绝缘子串元件 第1部分：标准强度等级和端部装配件	国标	2022-7-1		GB/T 21421.1—2008	采购、运维	招标、品控、运行、维护	输电	线路	
5173	203.3-119	GB/T 21421.2—2014	标称电压高于1000V的架空线路用复合绝缘子串元件 第2部分：尺寸与特性	国标	2015-1-22		GB/T 20876.2—2007	采购、运维	招标、品控、运行、维护	输电	线路	
5174	203.3-120	GB/T 22078.2—2008	额定电压500kV（U_m=550kV）交联聚乙烯绝缘电力电缆及其附件 第2部分：额定电压500kV（U_m=550kV）交联聚乙烯绝缘电力电缆	国标	2009-4-1			采购、运维	招标、品控、运行、维护	输电	电缆	
5175	203.3-121	GB/T 22078.3—2008	额定电压500kV（U_m=550kV）交联聚乙烯绝缘电力电缆及其附件 第3部分：额定电压500kV（U_m=550kV）交联聚乙烯绝缘电力电缆附件	国标	2009-4-1			采购、运维	招标、品控、运行、维护	输电	电缆	

序号	体系结构号	标准编号	标准名称	标准级别	实施日期	与国际标准对应关系	代替标准	阶段	分阶段	专业	分专业	备注
5176	203.3-122	GB/T 22381—2017	额定电压72.5kV及以上气体绝缘金属封闭开关设备与充流体及挤包绝缘电力电缆的连接 充流体及干式电缆终端	国标	2018-2-1	IEC 62271-209:2007	GB/T 22381—2008	采购、运维	招标、品控、运行、维护	输电	电缆	
5177	203.3-123	GB/T 22383—2017	额定电压72.5kV及以上刚性气体绝缘输电线路	国标	2018-7-1	IEC 62271-204:2011	GB/T 22383—2008	采购、运维	招标、品控、运行、维护	输电	线路	
5178	203.3-124	GB/T 22709—2008	架空线路玻璃或瓷绝缘子串元件绝缘体机械破损后的残余强度	国标	2009-10-1	IEC/TR 60797:1984，MOD		采购、运维	招标、品控、运行、维护	输电	线路	
5179	203.3-125	GB/T 25094—2010	架空输电线路抢修杆塔通用技术条件	国标	2011-2-1			采购、运维	招标、品控、运行、维护	输电	线路	
5180	203.3-126	GB/T 26047—2022	一次柱式锂电池绝缘子	国标	2023-2-1		GB/T 26047—2010	采购、运维	招标、品控、运行、维护	输电	其他	
5181	203.3-127	GB/T 26218.3—2011	污秽条件下使用的高压绝缘子的选择和尺寸确定 第3部分：交流系统用复合绝缘子	国标	2012-5-1	IEC/TS 60815-3:2008，MOD	JB/T 8737—1998	采购、运维	招标、品控、运行、维护	变电、输电	变压器、开关、线路	
5182	203.3-128	GB/T 26874—2011	高压架空线路用长棒形瓷绝缘子元件特性	国标	2011-12-1	IEC 60433:1998，MOD		采购、运维	招标、品控、运行、维护	输电	线路	
5183	203.3-129	GB/T 27794—2011	电力电缆用承插式混凝土导管	国标	2012-8-1			采购、运维	招标、品控、运行、维护	输电	电缆	
5184	203.3-130	GB/T 29324—2012	架空导线用纤维增强树脂基复合材料芯棒	国标	2013-6-1			采购、运维	招标、品控、运行、维护	输电	线路	
5185	203.3-131	GB/T 29325—2012	架空导线用软铝型线	国标	2013-6-1			采购、运维	招标、品控、运行、维护	输电	线路	

序号	体系结构号	标准编号	标准名称	标准级别	实施日期	与国际标准对应关系	代替标准	阶段	分阶段	专业	分专业	备注
5186	203.3-132	GB/T 30550—2014	含有一个或多个间隙的同心绞架空导线	国标	2014-10-28			采购、运维	招标、品控、运行、维护	输电	线路	
5187	203.3-133	GB/T 30551—2014	架空绞线用耐热铝合金线	国标	2014-10-28			采购、运维	招标、品控、运行、维护	输电	其他	
5188	203.3-134	GB/T 30552—2014	电缆导体用铝合金线	国标	2014-10-28			采购、运维	招标、品控、运行、维护	输电	电缆	
5189	203.3-135	GB/T 31840.3—2015	额定电压 1kV（U_m=1.2kV）到 35kV（U_m=40.5kV）铝合金芯挤包绝缘电力电缆 第3部分：额定电压 35kV（U_m=40.5kV）电缆	国标	2016-2-1			采购、运维	招标、品控、运行、维护	输电	电缆	
5190	203.3-136	GB/T 32346.2—2015	额定电压 220kV（U_m=252kV）交联聚乙烯绝缘大长度交流海底电缆及附件 第2部分：大长度交流海底电缆	国标	2016-7-1			采购、运维	招标、品控、运行、维护	输电	电缆	
5191	203.3-137	GB/T 32346.3—2015	额定电压 220kV（U_m=252kV）交联聚乙烯绝缘大长度交流海底电缆及附件 第3部分：海底电缆附件	国标	2016-7-1			采购、运维	招标、品控、运行、维护	输电	电缆	
5192	203.3-138	GB/T 32502—2016	复合材料芯架空导线	国标	2016-9-1			采购、运维	招标、品控、运行、维护	输电	线路	
5193	203.3-139	GB/T 32520—2016	交流 1kV 以上架空输电和配电线路用带外串联间隙金属氧化物避雷器（EGLA）	国标	2016-9-1	IEC 60099-8:2011		采购、运维	招标、品控、运行、维护	输电、配电	线路、线缆	

序号	体系结构号	标准编号	标准名称	标准级别	实施日期	与国际标准对应关系	代替标准	阶段	分阶段	专业	分专业	备注
5194	203.3-140	GB/T 33363—2016	预应力热镀锌钢绞线	国标	2017-9-1			采购、运维	招标、品控、运行、维护	输电	线路	
5195	203.3-141	GB/T 34937—2017	架空线路绝缘子 标称电压高于1500 V直流系统用悬垂和耐张复合绝缘子 定义、试验方法及接收准则	国标	2018-5-1			采购、运维	招标、品控、运行、维护	输电	线路	
5196	203.3-142	GB/T 35721—2017	输电线路分布式故障诊断系统	国标	2018-7-1			采购、运维	招标、品控、运行、维护	输电	线路	
5197	203.3-143	GB/T 41629.2—2022	额定电压500kV（U_m=550kV）交联聚乙烯绝缘大长度交流海底电缆及附件 第2部分：大长度交流海底电缆	国标	2023-2-1			采购、运维	招标、品控、运行、维护	输电	电缆	
5198	203.3-144	GB/T 41629.3—2022	额定电压500kV（U_m=550kV）交联聚乙烯绝缘大长度交流海底电缆及附件 第3部分：海底电缆附件	国标	2023-2-1			采购、运维	招标、品控、运行、维护	输电	电缆	
5199	203.3-145	ANSI/UL 514B—2012	导线管、管道和电缆配件用安全标准	国际标准	2012-1-1			采购、运维	招标、品控、运行、维护	输电	线路	
203.4 设备材料—变电												
5200	203.4-1	Q/CSG 11602—2007	±800kV直流输电用换流变压器（试行）	企标	2007-1-1			采购、运维	招标、品控、运行、维护	换流	其他	
5201	203.4-2	Q/CSG 11603—2007	±800kV直流输电用干式平波电抗器（试行）	企标	2007-10-1			采购、运维	招标、品控、运行、维护	换流	其他	

序号	体系结构号	标准编号	标准名称	标准级别	实施日期	与国际标准对应关系	代替标准	阶段	分阶段	专业	分专业	备注
5202	203.4-3	Q/CSG 11604—2007	±800kV 直流输电用晶闸管换流阀（试行）	企标	2007-10-1			采购、运维	招标、品控、运行、维护	换流	其他	
5203	203.4-4	Q/CSG 11605—2007	±800kV 直流输电用直流侧穿墙套管（试行）	企标	2007-10-1			采购、运维	招标、品控、运行、维护	换流	其他	
5204	203.4-5	Q/CSG 11606—2007	±800kV 直流输电用无间隙金属氧化物避雷器（试行）	企标	2007-10-1			采购	招标	变电	避雷器	
5205	203.4-6	Q/CSG 11607—2007	±800kV 直流输电用旁路开关（试行）	企标	2007-10-1			采购	招标	变电	开关	
5206	203.4-7	Q/CSG 11608—2007	±800kV 直流输电用直流转换开关设备（试行）	企标	2007-1-1			采购	招标	变电	开关	
5207	203.4-8	Q/CSG 11609—2007	±800kV 直流输电用线路棒形悬式复合绝缘子	企标	2007-10-1			采购	招标	变电	其他	
5208	203.4-9	Q/CSG 11610—2007	±800kV 直流输电用支柱绝缘子（试行）	企标	2007-10-1			采购	招标	变电	其他	
5209	203.4-10	Q/CSG 11611—2007	±800kV 直流输电用隔离开关和接地开关（试行）	企标	2007-10-1			采购	招标	变电	开关	
5210	203.4-11	Q/CSG 11612—2007	±800kV 直流输电用直流滤波电容器及中性母线电容器（试行）	企标	2007-10-1			采购	招标	变电	其他	
5211	203.4-12	Q/CSG 11613—2007	±800kV 直流输电用交流 PLC 阻波器（试行）	企标	2007-10-1			采购	招标	变电	其他	

序号	体系结构号	标准编号	标准名称	标准级别	实施日期	与国际标准对应关系	代替标准	阶段	分阶段	专业	分专业	备注
5212	203.4-13	Q/CSG 11614—2007	±800kV 直流输电用交流 PLC 耦合电容器（试行）	企标	2007-1-1			采购	招标	变电	其他	
5213	203.4-14	Q/CSG 11615—2007	±800kV 直流输电用直流 PLC 阻波器	企标	2007-1-1			采购	招标	变电	其他	
5214	203.4-15	Q/CSG 11616—2007	±800kV 直流输电用直流 PLC 耦合电容器（试行）	企标	2007-1-1			采购	招标	变电	其他	
5215	203.4-16	Q/CSG 11619—2007	±800kV 直流输电用换流阀冷却系统（试行）	企标	2007-1-31			采购、运维	招标、品控、运行、维护	换流	其他	
5216	203.4-17	Q/CSG 11621—2009	高压直流系统直流滤波器	企标	2009-6-15			采购	招标	变电	其他	
5217	203.4-18	Q/CSG 11622—2009	高压直流系统交流滤波器	企标	2009-6-15			采购	招标	变电	其他	
5218	203.4-19	Q/CSG 123004.1—2011	500kV 瓷柱式高压交流六氟化硫断路器技术规范	企标	2011-10-14			采购、运维	招标、品控、运行、维护	变电	开关	
5219	203.4-20	Q/CSG 123005.1—2011	500kV 交流高压隔离开关和接地开关技术规范	企标	2011-10-14			采购、运维	招标、品控、运行、维护	变电	开关	
5220	203.4-21	Q/CSG 123005.2—2011	220kV 隔离开关和接地开关技术规范	企标	2011-10-14			采购、运维	招标、品控、运行、维护	变电	开关	
5221	203.4-22	Q/CSG 123006.1—2011	500kV 电容式电压互感器技术规范	企标	2011-10-14			采购、运维	招标、品控、运行、维护	变电	互感器	
5222	203.4-23	Q/CSG 123007.1—2011	500kV 电流互感器技术规范	企标	2011-10-14			采购、运维	招标、品控、运行、维护	变电	互感器	

序号	体系结构号	标准编号	标准名称	标准级别	实施日期	与国际标准对应关系	代替标准	阶段	分阶段	专业	分专业	备注
5223	203.4-24	Q/CSG 1101011—2013	静止同步补偿器（STATCOM）技术规范	企标	2013-7-10			采购、运维、修试	招标、品控、运行、维护、检修	变电	其他	
5224	203.4-25	Q/CSG 1202017—2021	柔性直流输电阀级控制设备技术规范（试行）	企标	2021-9-30			采购、运维	招标、品控、运行、维护	换流	其他	
5225	203.4-26	Q/CSG 1203003—2013	变电站直流电源系统技术规范	企标	2012-9-28			采购、运维	招标、品控、运行、维护	变电	其他	
5226	203.4-27	Q/CSG 1203022—2016	直流偏磁抑制装置技术规范	企标	2017-1-9			采购、运维	招标、品控、运行、维护	变电	其他	
5227	203.4-28	Q/CSG 1203043—2017	柔性直流输电系统换流器技术规范	企标	2017-5-3			采购、运维	招标、品控、运行、维护	变电	其他	
5228	203.4-29	Q/CSG 1203093—2022	直流输电用晶闸管换流阀技术规范	企标	2022-7-15			采购	招标	输电	线路	
5229	203.4-30	Q/CSG 1204110—2022	柔性直流极/阀组保护技术规范（试行）	企标	2022-3-30			采购、运维	招标、品控、运行、维护	调度及二次	继电保护及安全自动装置	
5230	203.4-31	Q/CSG 1204117—2022	直流换流站最后断路器及母线分裂功能技术规范（试行）	企标	2022-3-30			采购、运维	招标、品控、运行、维护	变电	其他	
5231	203.4-32	Q/CSG 1205037—2021	基于高耦合分裂电抗器的限流器技术规范（试行）	企标	2021-8-30			采购、运维	招标、品控、运行、维护	变电	其他	
5232	203.4-33	T/CEC 109—2016	10kV ～ 66kV油浸式并联电抗器技术要求	团标	2017-1-1			采购、运维	招标、品控、运行、维护	变电	电抗器	
5233	203.4-34	T/CEC 130—2016	10kV ～ 110kV干式空心并联电抗器技术要求	团标	2017-1-1			采购、运维	招标、品控、运行、维护	变电	电抗器	

序号	体系结构号	标准编号	标准名称	标准级别	实施日期	与国际标准对应关系	代替标准	阶段	分阶段	专业	分专业	备注
5234	203.4-35	T/CEC 155—2018	柔性输电用压接型绝缘栅双极晶体管（IGBT）器件的一般要求	团标	2018-4-1			采购、运维	招标、品控、运行、维护	变电	其他	
5235	203.4-36	T/CEC 183—2018	高压交直流空心复合绝缘子技术规范	团标	2019-2-1			采购、运维	招标、品控、运行、维护	变电	其他	
5236	203.4-37	T/CEC 188—2018	550kV 及以下气体绝缘金属封闭开关设备（GIS）用绝缘拉杆	团标	2019-2-1			采购、运维	招标、品控、运行、维护	变电	其他	
5237	203.4-38	T/CEC 202—2019	油浸式电力变压器用皱纹绝缘纸选用导则	团标	2019-7-1			采购、运维	招标、品控、运行、维护	变电	变压器	
5238	203.4-39	T/CEC 206—2019	油浸式抽能电抗器技术规范	团标	2019-7-1			采购、运维	招标、品控、运行、维护	变电	电抗器	
5239	203.4-40	T/CEC 242—2019	直流系统用盘形悬式绝缘子锌套和锌环技术条件	团标	2020-1-1			采购、运维	招标、品控、运行、维护	变电	其他	
5240	203.4-41	T/CEC 256—2019	混合式高压直流断路器技术规范	团标	2020-1-1			采购、运维	招标、品控、运行、维护	变电	开关	
5241	203.4-42	T/CEC 291.1—2020	天然酯绝缘油电力变压器 第1部分：通用要求	团标	2020-10-1			采购、运维	招标、品控、运行、维护	变电	变压器	
5242	203.4-43	T/CEC 291.2—2020	天然酯绝缘油电力变压器 第2部分：技术参数	团标	2020-10-1			采购、运维	招标、品控、运行、维护	变电	变压器	
5243	203.4-44	T/CEC 297.1—2020	高压直流输电换流阀冷却技术规范 第1部分：总则	团标	2020-10-1			采购、运维	招标、品控、运行、维护	换流	换流阀	

序号	体系结构号	标准编号	标准名称	标准级别	实施日期	与国际标准对应关系	代替标准	阶段	分阶段	专业	分专业	备注
5244	203.4-45	T/CEC 297.5—2020	高压直流输电换流阀冷却技术规范 第5部分：空气冷却器清洗	团标	2020-10-1			采购、运维	招标、品控、运行、维护	换流	换流阀	
5245	203.4-46	T/CEC 326—2020	交直流配电网用电力电子变压器技术规范	团标	2020-10-1			采购、运维	招标、品控、运行、维护	变电	变压器	
5246	203.4-47	T/CEC 342—2020	变压器中性点接地控制装置技术规范	团标	2020-10-1			采购、运维	招标、品控、运行、维护	变电	变压器	
5247	203.4-48	T/CEC 406—2020	10kV ～ 220kV 干式空心高耦合分裂电抗器技术规范	团标	2021-2-1			采购、运维	招标、品控、运行、维护	变电	电抗器	
5248	203.4-49	T/CEC 407—2020	电力变压器中低压侧出线绝缘化改造技术规范	团标	2021-2-1			采购、运维	招标、品控、运行、维护	变电	变压器	
5249	203.4-50	T/CEC 408—2020	油浸式配电变压器用真空有载调压分接开关技术规范	团标	2021-2-1			采购、运维	招标、品控、运行、维护	变电	变压器	
5250	203.4-51	T/CEC 412—2020	同期线损用高压电能测量装置通用技术条件	团标	2021-2-1			采购、运维	招标、品控、运行、维护	变电	其他	
5251	203.4-52	T/CEC 427.1—2020	蒸发冷却电力变压器 第1部分：总则	团标	2021-9-1			采购、运维	招标、品控、运行、维护	变电	其他	
5252	203.4-53	T/CEC 427.2—2020	蒸发冷却电力变压器 第2部分：氟碳绝缘冷却液	团标	2021-9-1			采购、运维	招标、品控、运行、维护	变电	其他	
5253	203.4-54	T/CEC 497.1—2021	智能变电站冗余后备测控装置 第1部分：技术要求	团标	2021-10-1			采购、运维	招标、品控、运行、维护	变电	其他	

序号	体系结构号	标准编号	标准名称	标准级别	实施日期	与国际标准对应关系	代替标准	阶段	分阶段	专业	分专业	备注
5254	203.4-55	T/CEC 503—2021	额定电压72.5kV及以上采用 SF₆/N₂ 混合气体绝缘的 GIS 母线和 GIL 应用导则	团标	2021-10-1			采购、运维	招标、品控、运行、维护	变电	其他	
5255	203.4-56	T/CEC 513—2021	550kV 及以上气体绝缘金属封闭开关设备中抑制 VFTO 用磁环型阻尼母线技术规范	团标	2021-10-1			采购、运维	招标、品控、运行、维护	变电	其他	
5256	203.4-57	T/CEC 527—2021	换流站阀厅及直流场设备端子	团标	2021-10-1			采购、运维	招标、品控、运行、维护	变电	其他	
5257	203.4-58	T/CEC 571—2021	电阻分压式电压传感器使用技术规范	团标	2022-3-1			采购、建设	品控、验收与质量评定	变电	其他	
5258	203.4-59	T/CEC 598.3—2022	车载移动式变电站 第3部分：中（低）压模块	团标	2022-10-1			采购、运维	招标、品控、运行、维护	变电	其他	
5259	203.4-60	T/CEC 598.5—2022	车载移动式变电站 第5部分：车载系统	团标	2022-10-1			采购、运维	招标、品控、运行、维护	变电	其他	
5260	203.4-61	T/CEC 598.6—2022	车载移动式变电站 第6部分：防雷与接地	团标	2022-10-1			采购、运维	招标、品控、运行、维护	变电	其他	
5261	203.4-62	T/CEC 598.1—2022	车载移动式变电站 第1部分：总则	团标	2022-10-1			采购、运维	招标、品控、运行、维护	变电	其他	
5262	203.4-63	T/CEC 598.2—2022	车载移动式变电站 第2部分：高压及变压模块	团标	2022-10-1			采购、运维	招标、品控、运行、维护	变电	其他	
5263	203.4-64	T/CEC 598.4—2022	车载移动式变电站 第4部分：控制及保护模块	团标	2022-10-1			采购、运维	招标、品控、运行、维护	变电	其他	

序号	体系结构号	标准编号	标准名称	标准级别	实施日期	与国际标准对应关系	代替标准	阶段	分阶段	专业	分专业	备注
5264	203.4-65	T/CEC 598.7—2022	车载移动式变电站 第7部分：运输与贮存	团标	2022-10-1			采购、运维	招标、品控、运行、维护	变电	其他	
5265	203.4-66	T/CEEIA 456—2020	高压开关设备机械特性在线监测装置技术规范	团标	2020-12-1			采购、运维	招标、品控、运行、维护	变电	开关	
5266	203.4-67	T/CSEE 0066—2017	柔性直流输电用联接变压器	团标	2018-5-1			采购、运维	招标、品控、运行、维护	换流	其他	
5267	203.4-68	T/CSEE 0081.20—2021	统一潮流控制器（UPFC） 第20部分：阀冷却设备技术规范	团标	2021-9-17			采购、运维	招标、品控、运行、维护	换流	其他	
5268	203.4-69	T/CSEE 0081.21—2021	统一潮流控制器（UPFC） 第21部分：电压源型换流器技术规范	团标	2021-9-17			采购、运维	招标、品控、运行、维护	换流	其他	
5269	203.4-70	T/CSEE 0081.23—2021	统一潮流控制器（UPFC） 第23部分：油浸式串联变压器技术条件	团标	2021-3-11			采购、运维	招标、品控、运行、维护	换流	其他	
5270	203.4-71	T/CSEE 0081.24—2021	统一潮流控制器（UPFC） 第24部分：晶闸管旁路开关技术规范	团标	2021-9-17			采购、运维	招标、品控、运行、维护	换流	其他	
5271	203.4-72	T/CSEE 0081.3—2022	统一潮流控制器（UPFC） 第3部分：仿真建模导则	团标	2022-12-8			采购、运维	招标、品控、运行、维护	换流	其他	
5272	203.4-73	T/CSEE 0081.4—2022	统一潮流控制器（UPFC） 第4部分：调度运行规范	团标	2022-12-8			采购、运维	招标、品控、运行、维护	换流	其他	

序号	体系结构号	标准编号	标准名称	标准级别	实施日期	与国际标准对应关系	代替标准	阶段	分阶段	专业	分专业	备注
5273	203.4-74	T/CSEE 0121—2019	电容式变压器中性点直流隔流装置通用技术条件	团标	2019-3-1			采购、运维	招标、品控、运行、维护	变电	变压器	
5274	203.4-75	T/CSEE 0177—2021	油浸式变压器用内置隔声板技术条件	团标	2021-3-11			采购、运维	招标、品控、运行、维护	变电	变压器	
5275	203.4-76	T/CSEE 0205.1—2021	高压直流输电用换流阀及阀冷系统设备技术规范 第1部分:阀基电子设备	团标	2021-3-11			采购、运维	招标、品控、运行、维护	换流	其他	
5276	203.4-77	T/CSEE 0205.2—2021	高压直流输电用换流阀及阀冷系统设备技术规范 第2部分:阀冷控制保护	团标	2021-3-11			采购、运维	招标、品控、运行、维护	换流	其他	
5277	203.4-78	T/CSEE 0220—2021	变电站磷酸铁锂电池直流电源技术规定	团标	2021-3-11			采购、运维	招标、品控、运行、维护	变电	变压器	
5278	203.4-79	T/CSEE 0233—2021	变电设备带电热风除冰装置技术规范	团标	2021-3-11			采购、运维	招标、品控、运行、维护	变电	变压器	
5279	203.4-80	T/CSEE 0241.18—2021	柔性直流电网 第18部分:高压直流断路器技术规范	团标	2021-3-11			采购、运维	招标、品控、运行、维护	换流	其他	
5280	203.4-81	T/CSEE 0308—2022	电气设备用全氟异丁腈气体	团标	2022-9-27			采购、运维	招标、品控、运行、维护	换流	其他	
5281	203.4-82	T/CSEE 0333—2022	特高压变压器选相投切装置技术规范	团标	2022-12-8			采购、运维	招标、品控、运行、维护	变电	变压器	
5282	203.4-83	T/CSEE 0350—2022	直接串入式分布式潮流控制器技术规范	团标	2022-12-8			采购、运维	招标、品控、运行、维护	换流	其他	

序号	体系结构号	标准编号	标准名称	标准级别	实施日期	与国际标准对应关系	代替标准	阶段	分阶段	专业	分专业	备注
5283	203.4-84	DL 462—1992	高压并联电容器用串联电抗器订货技术条件	行标	1992-11-1			采购、运维	招标、品控、运行、维护	变电	其他	
5284	203.4-85	DL/T 271—2022	330kV～750kV油浸式并联电抗器使用技术条件	行标	2022-11-13		DL/T 271—2012	采购、运维、修试	招标、品控、运行、维护、检修	变电	电抗器	
5285	203.4-86	DL/T 272—2022	220kV～750kV油浸式电力变压器使用技术条件	行标	2022-11-13		DL/T 272—2012	采购、运维	招标、品控、运行、维护	变电	变压器	
5286	203.4-87	DL/T 329—2010	基于 DL/T 860的变电站低压电源设备通信接口	行标	2011-5-1			采购、运维	招标、品控、运行、维护	变电	其他	
5287	203.4-88	DL/T 378—2010	变压器出线端子用绝缘防护罩通用技术条件	行标	2010-10-1			采购、运维	招标、品控、运行、维护	变电	变压器	
5288	203.4-89	DL/T 402—2016	高压交流断路器	行标	2016-7-1	IEC 62271-100:2008, MOD	DL/T 402—2007	采购、运维	招标、品控、运行、维护	变电	开关	
5289	203.4-90	DL/T 403—2017	12kV～40.5kV高压真空断路器订货技术条件	行标	2018-3-1		DL/T 403—2000	采购、运维	招标、品控、运行、维护	变电	开关	
5290	203.4-91	DL/T 442—2017	高压并联电容器单台保护用熔断器使用技术条件	行标	2018-6-1		DL/T 442—1991	采购、运维	招标、品控、运行、维护	变电	其他	
5291	203.4-92	DL/T 459—2017	电力用直流电源设备	行标	2018-3-1		DL/T 459—2000	采购、运维	招标、品控、运行、维护	变电、配电、用电	其他	
5292	203.4-93	DL/T 486—2021	高压交流隔离开关和接地开关	行标	2021-10-26		DL/T 486—2010	采购、运维	招标、品控、运行、维护	变电、配电、用电	其他	
5293	203.4-94	DL/T 536—1993	耦合电容器及电容分压器订货技术条件	行标	1994-5-1			采购、运维	招标、品控、运行、维护	变电	其他	
5294	203.4-95	DL/T 537—2018	高压/低压预装式变电站	行标	2019-5-1		DL/T 537—2002	采购、运维	招标、品控、运行、维护	变电	其他	

序号	体系结构号	标准编号	标准名称	标准级别	实施日期	与国际标准对应关系	代替标准	阶段	分阶段	专业	分专业	备注
5295	203.4-96	DL/T 579—1995	开关设备用接线座订货技术条件	行标	1995-12-1	IEC 947-7-1:1989, NEQ		采购、运维	招标、品控、运行、维护	变电	开关	
5296	203.4-97	DL/T 593—2016	高压开关设备和控制设备标准的共用技术要求	行标	2016-7-1		DL/T 593—2006	采购、运维	招标、品控、运行、维护	变电	开关	
5297	203.4-98	DL/T 604—2020	高压并联电容器装置使用技术条件	行标	2021-2-1		DL/T 604—2009	采购、运维	招标、品控、运行、维护	变电	其他	
5298	203.4-99	DL/T 617—2019	气体绝缘金属封闭开关设备技术条件	行标	2020-5-1	IEC 62271-203:2011	DL/T 617—2010	采购、运维	招标、品控、运行、维护	变电	开关	
5299	203.4-100	DL/T 628—1997	集合式高压并联电容器订货技术条件	行标	1998-3-1			采购、运维	招标、品控、运行、维护	变电	其他	
5300	203.4-101	DL/T 653—2009	高压并联电容器用放电线圈使用技术条件	行标	2009-12-1		DL/T 653—1998	采购、运维	招标、品控、运行、维护	变电	其他	
5301	203.4-102	DL/T 662.1—2021	六氟化硫气体回收装置技术条件 第1部分:六氟化硫气体回收装置	行标	2021-10-26		DL/T 662—2009	采购、运维	招标、品控、运行、维护	变电	其他	
5302	203.4-103	DL/T 662.2—2021	六氟化硫气体回收装置技术条件 第2部分:SF_6/N_2混合气体回收装置	行标	2021-10-26			采购、运维	招标、品控、运行、维护	变电	其他	
5303	203.4-104	DL/T 725—2013	电力用电流互感器使用技术规范	行标	2014-4-1		DL/T 725—2000	采购、运维	招标、品控、运行、维护	变电	互感器	
5304	203.4-105	DL/T 726—2013	电力用电磁式电压互感器使用技术规范	行标	2014-4-1		DL/T 726—2000	采购、运维	招标、品控、运行、维护	变电	互感器	

序号	体系结构号	标准编号	标准名称	标准级别	实施日期	与国际标准对应关系	代替标准	阶段	分阶段	专业	分专业	备注
5305	203.4-106	DL/T 804—2014	交流电力系统金属氧化物避雷器使用导则	行标	2015-3-1		DL/T 804—2002	采购、运维	招标、品控、运行、维护	变电	避雷器	
5306	203.4-107	DL/T 810—2012	±500kV及以上电压等级直流棒形悬式复合绝缘子技术条件	行标	2012-7-1	IEC 61109:1992，NEQ	DL/T 810—2002	采购、运维	招标、品控、运行、维护	变电	其他	
5307	203.4-108	DL/T 811—2002	进口110kV～500kV棒式支柱绝缘子技术规范	行标	2002-9-1		SD 331—1989	采购、运维	招标、品控、运行、维护	变电	变压器、开关	
5308	203.4-109	DL/T 840—2016	高压并联电容器使用技术条件	行标	2017-5-1		DL/T 840—2003	采购、运维	招标、品控、运行、维护	变电	其他	
5309	203.4-110	DL/T 841—2003	高压并联电容器用阻尼式限流器使用技术条件	行标	2003-6-1			采购、运维	招标、品控、运行、维护	变电	变压器、开关	
5310	203.4-111	DL/T 865—2004	126kV～550kV电容式瓷套管技术规范	行标	2004-6-1		SD 330—1989	采购、运维	招标、品控、运行、维护	变电	变压器、开关	
5311	203.4-112	DL/T 1001—2006	复合绝缘高压穿墙套管技术条件	行标	2006-10-1			采购、运维	招标、品控、运行、维护	变电	其他	
5312	203.4-113	DL/T 1074—2019	电力用直流和交流一体化不间断电源	行标	2019-10-1		DL/T 1074—2007	采购、运维	招标、品控、运行、维护	变电、配电、用电	其他	
5313	203.4-114	DL/T 1094—2018	电力变压器用绝缘油选用导则	行标	2018-7-1		DL/T 1094—2008	采购、运维	招标、品控、运行、维护	变电	变压器	
5314	203.4-115	DL/T 1215.2—2021	链式静止同步补偿器 第2部分：换流链的试验	行标	2022-6-22		DL/T 1215.2—2013	采购、运维	招标、品控、运行、维护	变电	变压器	
5315	203.4-116	DL/T 1215.3—2013	链式静止同步补偿器 第3部分：控制保护监测系统	行标	2013-8-1			采购、运维	招标、品控、运行、维护	变电	其他	

序号	体系结构号	标准编号	标准名称	标准级别	实施日期	与国际标准对应关系	代替标准	阶段	分阶段	专业	分专业	备注
5316	203.4-117	DL/T 1217—2013	磁控型可控并联电抗器技术规范	行标	2013-8-1			采购、运维	招标、品控、运行、维护	变电	电抗器	
5317	203.4-118	DL/T 1218—2013	固定式直流融冰装置通用技术条件	行标	2013-8-1			采购、运维	招标、品控、运行、维护	变电	其他	
5318	203.4-119	DL/T 1251—2013	电力用电容式电压互感器使用技术规范	行标	2014-4-1		SD 333—1989	采购、运维	招标、品控、运行、维护	变电	互感器	
5319	203.4-120	DL/T 1267—2013	组合式变压器使用技术条件	行标	2014-4-1			采购、运维	招标、品控、运行、维护	变电、配电	变压器	
5320	203.4-121	DL/T 1268—2013	三相组合互感器使用技术规范	行标	2014-4-1			采购、运维	招标、品控、运行、维护	变电	互感器	
5321	203.4-122	DL/T 1284—2013	500kV 干式空心限流电抗器使用导则	行标	2014-4-1			采购、运维	招标、品控、运行、维护	变电	电抗器	
5322	203.4-123	DL/T 1294—2013	交流电力系统金属氧化物避雷器用脱离器使用导则	行标	2014-4-1			采购、运维、修试	招标、品控、运行、维护、检修	变电	避雷器	
5323	203.4-124	DL/T 1386—2014	电力变压器用吸湿器选用导则	行标	2015-3-1			采购、运维	招标、品控、运行、维护	变电	变压器	
5324	203.4-125	DL/T 1387—2014	电力变压器用绕组线选用导则	行标	2015-3-1			采购、运维	招标、品控、运行、维护	变电	变压器	
5325	203.4-126	DL/T 1389—2014	500kV 变压器中性点接地电抗器选用导则	行标	2015-3-1			采购、运维	招标、品控、运行、维护	变电	变压器	
5326	203.4-127	DL/T 1470—2015	交流系统用盘形悬式复合瓷或玻璃绝缘子串元件	行标	2015-12-1			采购、建设	品控、验收与质量评定	变电	其他	
5327	203.4-128	DL/T 1472.1—2015	换流站直流场用支柱绝缘子第1部分:技术条件	行标	2015-12-1			采购、运维	招标、品控、运行、维护	变电	变压器、开关	

序号	体系结构号	标准编号	标准名称	标准级别	实施日期	与国际标准对应关系	代替标准	阶段	分阶段	专业	分专业	备注
5328	203.4-129	DL/T 1472.2—2015	换流站直流场用支柱绝缘子 第2部分:尺寸与特性	行标	2015-12-1			采购、运维	招标、品控、运行、维护	变电	其他	
5329	203.4-130	DL/T 1498.1—2016	变电设备在线监测装置技术规范 第1部分:通则	行标	2016-6-1			采购、运维	招标、品控、运行、维护	变电	其他	
5330	203.4-131	DL/T 1498.2—2016	变电设备在线监测装置技术规范 第2部分:变压器油中溶解气体在线监测装置	行标	2016-6-1			采购、运维	招标、品控、运行、维护	变电	其他	
5331	203.4-132	DL/T 1498.3—2016	变电设备在线监测装置技术规范 第3部分:电容型设备及金属氧化物避雷器绝缘在线监测装置	行标	2016-6-1			采购、运维	招标、品控、运行、维护	变电	互感器	
5332	203.4-133	DL/T 1498.4—2017	变电设备在线监测装置技术规范 第4部分:气体绝缘金属封闭开关设备局部放电特高频在线监测装置	行标	2017-12-1			采购、运维	招标、品控、运行、维护	变电	变压器、开关	
5333	203.4-134	DL/T 1498.5—2019	变电设备在线监测装置技术规范 第5部分:变压器铁心接地电流在线监测装置	行标	2020-5-1			采购、运维	招标、品控、运行、维护	变电	变压器、开关	
5334	203.4-135	DL/T 1515—2016	电子式互感器接口技术规范	行标	2016-6-1			采购、运维	招标、品控、运行、维护	变电	互感器	
5335	203.4-136	DL/T 1538—2016	电力变压器用真空有载分接开关使用导则	行标	2016-6-1			采购、运维	招标、品控、运行、维护	变电	变压器	

序号	体系结构号	标准编号	标准名称	标准级别	实施日期	与国际标准对应关系	代替标准	阶段	分阶段	专业	分专业	备注
5336	203.4-137	DL/T 1539—2016	电力变压器（电抗器）用高压套管选用导则	行标	2016-6-1			采购、运维	招标、品控、运行、维护	变电	变压器	
5337	203.4-138	DL/T 1541—2016	电力变压器中性点直流限（隔）流装置技术规范	行标	2016-6-1			采购、运维	招标、品控、运行、维护	变电	变压器	
5338	203.4-139	DL/T 1542—2016	电子式电流互感器选用导则	行标	2016-6-1			采购、运维	招标、品控、运行、维护	变电	互感器	
5339	203.4-140	DL/T 1543—2016	电子式电压互感器选用导则	行标	2016-6-1			采购、运维	招标、品控、运行、维护	变电	互感器	
5340	203.4-141	DL/T 1633—2016	紧凑型高压并联电容器装置技术规范	行标	2017-5-1			采购、运维	招标、品控、运行、维护	变电	其他	
5341	203.4-142	DL/T 1647—2016	防火电力电容器使用技术条件	行标	2017-5-1			采购、运维	招标、品控、运行、维护	变电、配电	其他	
5342	203.4-143	DL/T 1667—2016	变电站不锈钢复合材料耐腐蚀接地装置	行标	2017-5-1			采购、运维	招标、品控、运行、维护	变电、输电	变压器、开关、线路	
5343	203.4-144	DL/T 1673—2016	换流变压器阀侧套管技术规范	行标	2017-5-1			采购、运维	招标、品控、运行、维护	变电、输电	变压器、开关、线路	
5344	203.4-145	DL/T 1675—2016	高压直流接地极馈电元件技术条件	行标	2017-5-1			采购、运维	招标、品控、运行、维护	变电	其他	
5345	203.4-146	DL/T 1679—2016	高压直流接地极用煅烧石油焦炭技术条件	行标	2017-5-1			采购、运维	招标、品控、运行、维护	变电	其他	
5346	203.4-147	DL/T 1725—2017	超高压磁控型可控并联电抗器技术规范	行标	2017-12-1			采购、运维	招标、品控、运行、维护	换流	其他	
5347	203.4-148	DL/T 1726—2017	特高压直流穿墙套管技术规范	行标	2017-12-1			采购、运维	招标、品控、运行、维护	换流	其他	
5348	203.4-149	DL/T 1776—2017	电力系统用交流滤波电容器技术导则	行标	2018-6-1			采购、运维	招标、品控、运行、维护	变电	其他	

序号	体系结构号	标准编号	标准名称	标准级别	实施日期	与国际标准对应关系	代替标准	阶段	分阶段	专业	分专业	备注
5349	203.4-150	DL/T 1793—2017	柔性直流输电设备监造技术导则	行标	2018-6-1			采购、运维	招标、品控、运行、维护	变电	互感器	
5350	203.4-151	DL/T 1805—2018	电力变压器用有载分接开关选用导则	行标	2018-7-1			采购、运维	招标、品控、运行、维护	变电	变压器	
5351	203.4-152	DL/T 1810—2018	110（66）kV 六氟化硫气体绝缘电力变压器使用技术条件	行标	2018-7-1			采购、运维	招标、品控、运行、维护	变电	变压器	
5352	203.4-153	DL/T 1848—2018	220kV 和 110kV 变压器中性点过电压保护技术规范	行标	2018-7-1			采购、运维	招标、品控、运行、维护	变电	变压器	
5353	203.4-154	DL/T 1945—2018	高压直流输电系统换流变压器标准化接口规范	行标	2019-5-1			采购、运维	招标、品控、运行、维护	换流	换流变	
5354	203.4-155	DL/T 1981.1—2019	统一潮流控制器 第 1 部分：功能规范	行标	2019-10-1			采购、运维	招标、品控、运行、维护	变电	其他	
5355	203.4-156	DL/T 1981.4—2021	统一潮流控制器 第 4 部分：换流器技术规范	行标	2022-6-22			采购、运维	招标、品控、运行、维护	变电	其他	
5356	203.4-157	DL/T 1998—2019	感应滤波变压器成套设备使用技术条件	行标	2019-10-1			采购、运维	招标、品控、运行、维护	变电	变压器	
5357	203.4-158	DL/T 2004—2019	直流电流互感器使用技术条件	行标	2019-10-1			采购、运维	招标、品控、运行、维护	变电	互感器	
5358	203.4-159	DL/T 2005—2019	直流电压互感器使用技术条件	行标	2019-10-1			采购、运维	招标、品控、运行、维护	变电	互感器	
5359	203.4-160	DL/T 2085—2020	变电站降噪材料和降噪装置技术要求	行标	2021-2-1			采购、运维	招标、品控、运行、维护	变电	变压器	

序号	体系结构号	标准编号	标准名称	标准级别	实施日期	与国际标准对应关系	代替标准	阶段	分阶段	专业	分专业	备注
5360	203.4-161	DL/T 2109—2020	直流输电线路用复合外套带外串联间隙金属氧化物避雷器选用导则	行标	2021-2-1			采购、运维	招标、品控、运行、维护	变电	避雷器	
5361	203.4-162	DL/T 2283—2021	车载移动式变电站通用技术条件	行标	2021-10-26			采购、运维	招标、品控、运行、维护	变电	其他	
5362	203.4-163	DL/T 2306—2021	高压直流换流站用直流电容器使用技术条件	行标	2021-10-26			采购、运维	招标、品控、运行、维护	变电	其他	
5363	203.4-164	DL/T 2438.1—2021	静止同步串联补偿器 第1部分：功能规范	行标	2022-6-22			采购、运维	招标、品控、运行、维护	变电	其他	
5364	203.4-165	DL/T 2439.1—2021	标称电压高于1000V站用支柱绝缘子使用导则 第1部分:支柱瓷绝缘子	行标	2022-6-22			采购、运维	招标、品控、运行、维护	变电	其他	
5365	203.4-166	DL/T 2482—2022	消弧线圈并联低电阻接地装置技术条件	行标	2022-11-13			采购、运维	招标、品控、运行、维护	变电	其他	
5366	203.4-167	DL/T 2484—2022	天然酯绝缘油电力变压器选用导则	行标	2022-11-13			采购、运维	招标、品控、运行、维护	变电	变压器	
5367	203.4-168	DL/T 2550—2022	大型油浸式电力变压器（电抗器）充气存放技术要求及评价方法	行标	2023-5-4			采购、运维	招标、品控、运行、维护	变电	变压器	
5368	203.4-169	JB 7112—2000	集合式高电压并联电容器	行标	2000-1-10		JB 7112—1993	采购、运维	招标、品控、运行、维护	变电	其他	
5369	203.4-170	JB/T 831—2016	热带电力变压器、互感器、调压器、电抗器	行标	2017-4-1		JB/T 831—2005	采购、运维	招标、品控、运行、维护	变电	变压器	

序号	体系结构号	标准编号	标准名称	标准级别	实施日期	与国际标准对应关系	代替标准	阶段	分阶段	专业	分专业	备注
5370	203.4-171	JB/T 2426—2016	发电厂和变电所自用三相变压器技术参数和要求	行标	2017-4-1		JB/T 2426—2004	采购、运维	招标、品控、运行、维护	变电	变压器	
5371	203.4-172	JB/T 3855—2008	高压交流真空断路器	行标	2008-7-1		JB/T 3855—1996	采购、运维	招标、品控、运行、维护	变电	开关	
5372	203.4-173	JB/T 6758.1—2007	换位导线 第1部分：一般规定	行标	2007-9-1			采购、运维	招标、品控、运行、维护	变电	其他	
5373	203.4-174	JB/T 8315—2022	变压器用强迫油循环风冷却器	行标	2023-4-1		JB/T 8315—2007	采购、运维	招标、品控、运行、维护	变电	变压器	
5374	203.4-175	JB/T 8316—2007	变压器用强迫油循环水冷却器	行标	2007-7-1		JB/T 8316—1996	采购、运维	招标、品控、运行、维护	变电	变压器	
5375	203.4-176	JB/T 8318—2007	变压器用成型绝缘件技术条件	行标	2007-7-1		JB/T 8318—1996	采购、运维	招标、品控、运行、维护	变电	变压器	
5376	203.4-177	JB/T 8448.1—2018	变压器类产品用密封制品技术条件 第1部分：橡胶密封制品	行标	2018-12-1		JB/T 8448.1—2004	采购、运维	招标、品控、运行、维护	变电	变压器	
5377	203.4-178	JB/T 8448.2—2018	变压器类产品用密封制品技术条件 第2部分：软木橡胶密封制品	行标	2018-12-1			采购、运维	招标、品控、运行、维护	变电	变压器	
5378	203.4-179	JB/T 8738—2008	高压交流开关设备用真空灭弧室	行标	2008-1-1			采购、运维、修试	招标、品控、运行、维护、检修	变电	开关	
5379	203.4-180	JB/T 8970—2014	高压并联电容器用放电线圈	行标	2014-10-1		JB/T 8970—1999	采购、运维	招标、品控、运行、维护	变电	其他	
5380	203.4-181	JB/T 9672.1—2013	串联间隙金属氧化物避雷器 第1部分：3kV及以下直流系统用有串联间隙金属氧化物避雷器	行标	2014-7-1		JB/T 9672.1—1999	采购、运维	招标、品控、运行、维护	变电	避雷器	

序号	体系结构号	标准编号	标准名称	标准级别	实施日期	与国际标准对应关系	代替标准	阶段	分阶段	专业	分专业	备注
5381	203.4-182	JB/T 9694—2008	高压交流六氟化硫断路器	行标	2008-7-1		JB/T 9694—1999	采购、运维	招标、品控、运行、维护	变电	开关	
5382	203.4-183	JB/T 10217—2013	组合式变压器	行标	2013-9-1		JB/T 10217—2000	采购、运维	招标、品控、运行、维护	变电、配电	变压器	
5383	203.4-184	JB/T 10557—2006	高压无功就地补偿装置	行标	2006-10-1			采购、运维	招标、品控、运行、维护	变电	其他	
5384	203.4-185	JB/T 10941—2010	合成薄膜绝缘电流互感器	行标	2010-7-1			采购、运维	招标、品控、运行、维护	变电	互感器	
5385	203.4-186	JB/T 11056—2010	变压器专用设备 气相干燥设备	行标	2010-7-1			采购、运维	招标、品控、运行、维护	变电	变压器	
5386	203.4-187	JB/T 13992—2022	等电位联结端子箱箱体	行标	2023-04-01			采购、运维	招标、品控、运行、维护	变电	其他	
5387	203.4-188	NB/T 10091—2018	高压开关设备温度在线监测装置技术规范	行标	2019-3-1			采购、运维	招标、品控、运行、维护	变电	开关	
5388	203.4-189	NB/T 10289—2019	高压无功补偿装置用铁心滤波电抗器技术规范	行标	2020-5-1			采购、运维	招标、品控、运行、维护	变电	电抗器	
5389	203.4-190	NB/T 10481—2020	有载调压型高压并联电容器装置	行标	2021-2-1			采购、运维	招标、品控、运行、维护	变电、配电	其他	
5390	203.4-191	NB/T 10482—2020	柜式高压并联电容器装置	行标	2021-2-1			采购、运维、修试	招标、品控、运行、维护、检修	变电	其他	
5391	203.4-192	NB/T 10646—2021	海上风电场直流接入电力系统用换流器 技术规范	行标	2021-10-26			采购、运维	招标、品控、运行、维护	变电、配电	其他	
5392	203.4-193	NB/T 10647—2021	海上风电场直流接入电力系统用直流断路器技术规范	行标	2021-10-26			采购、运维	招标、品控、运行、维护	变电、配电	其他	

序号	体系结构号	标准编号	标准名称	标准级别	实施日期	与国际标准对应关系	代替标准	阶段	分阶段	专业	分专业	备注
5393	203.4-194	NB/T 10676—2021	110kV 合并单元智能终端集成装置通用技术条件	行标	2021-10-26			采购、运维	招标、品控、运行、维护	变电、配电	其他	
5394	203.4-195	NB/T 10809—2021	3.6kV～40.5kV交流金属封闭开关设备用绝缘套管	行标	2022-5-16			采购、运维	招标、品控、运行、维护	变电、配电	其他	
5395	203.4-196	NB/T 10814—2021	一体化集合式（箱式）高压并联电容器装置	行标	2022-5-16			采购、运维	招标、品控、运行、维护	变电、配电	其他	
5396	203.4-197	NB/T 42025—2013	额定电压72.5kV及以上智能气体绝缘金属封闭开关设备	行标	2014-4-1			采购、运维	招标、品控、运行、维护	变电	开关	
5397	203.4-198	NB/T 42043—2014	高压静止同步补偿装置	行标	2015-3-1			采购、运维	招标、品控、运行、维护	变电	其他	
5398	203.4-199	NB/T 42100—2016	高压并联电容器组投切用固态复合开关	行标	2017-5-1			采购、运维	招标、品控、运行、维护	变电	开关	
5399	203.4-200	NB/T 42105—2016	高压交流气体绝缘金属封闭开关设备用盆式绝缘子	行标	2017-5-1			采购、运维	招标、品控、运行、维护	变电	开关	
5400	203.4-201	NB/T 42107—2017	高压直流断路器	行标	2017-12-1			采购、运维	招标、品控、运行、维护	变电	开关	
5401	203.4-202	NB/T 42153—2018	交流插拔式无间隙金属氧化物避雷器	行标	2018-7-1			采购、运维	招标、品控、运行、维护	变电	避雷器	
5402	203.4-203	NB/T 42159—2018	三电平交流/直流双向变换器技术规范	行标	2018-10-1			采购、运维	招标、品控、运行、维护	变电	其他	
5403	203.4-204	NB/T 42160—2018	三电平直流/直流双向变换器技术规范	行标	2018-10-1			采购、运维	招标、品控、运行、维护	变电	其他	

序号	体系结构号	标准编号	标准名称	标准级别	实施日期	与国际标准对应关系	代替标准	阶段	分阶段	专业	分专业	备注
5404	203.4-205	SH 0040—1991	超高压变压器油	行标	1992-7-1	ASTM D3487-82		采购、运维	招标、品控、运行、维护	变电	变压器	
5405	203.4-206	SJ/T 10557.1—2022	电解电容器用铝箔技术条件	行标	2023-01-01			采购、运维	招标、品控、运行、维护	变电	其他	
5406	203.4-207	GB 1985—2014	高压交流隔离开关和接地开关	国标	2015-1-22	IEC 62271-102:2001+A1:2011		采购、运维	招标、品控、运行、维护	变电	变压器	
5407	203.4-208	GB/T 772—2005	高压绝缘子瓷件 技术条件	国标	2006-4-1		GB 772—1987	采购、运维	招标、品控、运行、维护	变电、输电	变压器、开关、线路	
5408	203.4-209	GB/T 1094.1—2013	电力变压器 第1部分：总则	国标	2014-12-14	IEC 60076-1:2011	GB 1094.1—2013	采购、运维	招标、品控、运行、维护	变电	变压器	
5409	203.4-210	GB/T 1094.10—2022	电力变压器 第10部分：声级测定	国标	2023-5-1	IEC 60076-10:2001，MOD	GB/T 1094.10—2003	采购、运维	招标、品控、运行、维护	变电	变压器	
5410	203.4-211	GB/T 1094.11—2022	电力变压器 第11部分：干式变压器	国标	2022-10-1	IEC 60076-11:2004	GB/T 1094.11—2007	采购、运维	招标、品控、运行、维护	变电	变压器	
5411	203.4-212	GB/T 1094.12—2013	电力变压器 第12部分：干式电力变压器负载导则	国标	2014-4-9	IEC 905:1987，EQV	GB/T 17211—1998	采购、运维	招标、品控、运行、维护	变电	变压器	
5412	203.4-213	GB/T 1094.14—2022	电力变压器 第14部分：采用高温绝缘材料的液浸式变压器的设计和应用	国标	2022-10-1		GB/Z 1094.14—2011	采购、运维	招标、品控、运行、维护	变电	变压器	
5413	203.4-214	GB/T 1094.2—2013	电力变压器 第2部分：液浸式变压器的温升	国标	2014-12-14	IEC 60076-2:2011	GB 1094.2—2013	采购、运维	招标、品控、运行、维护	变电	变压器	
5414	203.4-215	GB/T 1094.23—2019	电力变压器 第23部分：直流偏磁抑制装置	国标	2020-7-1			采购、运维	招标、品控、运行、维护	变电	变压器	

序号	体系结构号	标准编号	标准名称	标准级别	实施日期	与国际标准对应关系	代替标准	阶段	分阶段	专业	分专业	备注
5415	203.4-216	GB/T 1094.3—2017	电力变压器 第3部分：绝缘水平、绝缘试验和外绝缘空气间隙	国标	2018-7-1	IEC 60076-3:2013	GB/T 1094.3—2003	采购、运维	招标、品控、运行、维护	变电	变压器	
5416	203.4-217	GB/T 1094.5—2008	电力变压器 第5部分：承受短路的能力	国标	2009-6-1	IEC 60076-5:2006	GB 1094.5—2008	采购、运维	招标、品控、运行、维护	变电	变压器	
5417	203.4-218	GB/T 1094.6—2011	电力变压器 第6部分：电抗器	国标	2011-12-1	IEC 289-87，IDT	GB/T 10229—1988	采购、运维	招标、品控、运行、维护	变电	变压器	
5418	203.4-219	GB/T 1094.7—2008	电力变压器 第7部分：油浸式电力变压器负载导则	国标	2009-8-1	IEC 60076-7:2005，MOD	GB/T 15164—1994	采购、运维	招标、品控、运行、维护	变电	变压器	
5419	203.4-220	GB/T 1984—2014	高压交流断路器	国标	2015-1-22	IEC 62271-100:2008	GB 1984—2014	采购、运维	招标、品控、运行、维护	变电	开关	
5420	203.4-221	GB/T 4109—2022	交流电压高于1000V的绝缘套管	国标	2022-10-1	IEC 60137 Ed.6.0，MOD	GB/T 4109—2008	采购、运维	招标、品控、运行、维护	变电	变压器、开关	
5421	203.4-222	GB/T 6115.1—2008	电力系统用串联电容器 第1部分：总则	国标	2009-4-1	IEC 62271-106:2011	GB/T 6115.1—1998	采购、运维	招标、品控、运行、维护	变电	其他	
5422	203.4-223	GB/T 6115.3—2002	电力系统用串联电容器 第3部分：内部熔丝	国标	2003-4-1	IEC 60358-1:2012		采购、运维	招标、品控、运行、维护	变电	其他	
5423	203.4-224	GB/T 6115.4—2014	电力系统用串联电容器 第4部分：晶闸管控制的串联电容器	国标	2015-1-22			采购、运维	招标、品控、运行、维护	变电	其他	
5424	203.4-225	GB/T 6451—2015	油浸式电力变压器技术参数和要求	国标	2016-4-1		GB/T 6451—2008	采购、运维	招标、品控、运行、维护	变电	变压器	
5425	203.4-226	GB/T 7674—2020	额定电压72.5kV及以上气体绝缘金属封闭开关设备	国标	2021-6-1		GB/T 7674—2008	采购、运维	招标、品控、运行、维护	变电	开关	

序号	体系结构号	标准编号	标准名称	标准级别	实施日期	与国际标准对应关系	代替标准	阶段	分阶段	专业	分专业	备注
5426	203.4-227	GB/T 8287.1—2008	标称电压高于1000V 系统用户内和户外支柱绝缘子 第1部分：瓷或玻璃绝缘子的试验	国标	2009-4-1	IEC 60168:2001，MOD	GB 12744—1991；GB 8287.1—1998	采购、运维	招标、品控、运行、维护	变电	变压器、开关	
5427	203.4-228	GB/T 8287.2—2008	标称电压高于1000V 系统用户内和户外支柱绝缘子 第2部分：尺寸与特性	国标	2009-4-1	IEC 60273:1990，MOD	GB 12744—1991；GB 8287.2—1999	采购、运维	招标、品控、运行、维护	变电	变压器、开关	
5428	203.4-229	GB/T 8349—2000	金属封闭母线	国标	2000-12-1	IEC 60216-2:2005	GB 8349—1987	采购、运维	招标、品控、运行、维护	变电	其他	
5429	203.4-230	GB/T 9090—1988	标准电容器	国标	1989-1-1	ISO 5466-80，REF		采购、运维	招标、品控、运行、维护	变电	其他	
5430	203.4-231	GB/T 10230.1—2019	分接开关 第1部分：性能要求和试验方法	国标	2020-7-1	IEC 60214-1:2014	GB/T 10230.1—2007	采购、运维	招标、品控、运行、维护	变电	开关	
5431	203.4-232	GB/T 10241—2020	旋转变压器通用技术条件	国标	2021-7-1		GB/T 10241—2007	采购、运维	招标、品控、运行、维护	变电	变压器	
5432	203.4-233	GB/T 11024.1—2019	标称电压1000V 以上交流电力系统用并联电容器 第1部分：总则	国标	2019-10-1	IEC 60871-1:2005，MOD	GB/T 11024.1—2010	采购、运维	招标、品控、运行、维护	变电	其他	
5433	203.4-234	GB/T 11024.2—2019	标称电压1kV 以上交流电力系统用并联电容器 第2部分:耐久性试验	国标	2019-10-1	IEC/TS 60871-2:1999，IDT	GB/T 11024.2—2001	采购、运维	招标、品控、运行、维护	变电	其他	
5434	203.4-235	GB/T 11024.4—2019	标称电压1kV 以上交流电力系统用并联电容器 第4部分：内部熔丝	国标	2019-10-1	IEC 60871-4:1996，IDT	GB/T 11024.4—2001	采购、运维	招标、品控、运行、维护	变电	其他	

序号	体系结构号	标准编号	标准名称	标准级别	实施日期	与国际标准对应关系	代替标准	阶段	分阶段	专业	分专业	备注
5435	203.4-236	GB/T 11032—2020	交流无间隙金属氧化物避雷器	国标	2021-7-1	IEC 60099-4:2006	GB 11032—2010	采购、运维	招标、品控、运行、维护	变电	其他	
5436	203.4-237	GB/T 12944—2011	高压穿墙瓷套管	国标	2011-12-1		GB/T 12944.2—1991	采购、运维	招标、品控、运行、维护	变电	变压器、开关	
5437	203.4-238	GB/T 13026—2017	交流电容式套管型式与尺寸	国标	2018-7-1		GB/T 13026—2008	采购、运维	招标、品控、运行、维护	变电	变压器、开关	
5438	203.4-239	GB/T 13499—2002	电力变压器应用导则	国标	2003-3-1	IEC 60076-8:1997, IDT	GB/T 13499—1992	采购、运维	招标、品控、运行、维护	变电	变压器	
5439	203.4-240	GB/T 14808—2016	高压交流接触器、基于接触器的控制器及电动机起动器	国标	2017-3-1	IEC 62271-106:2011	GB/T 14808—2001	采购、运维	招标、品控、运行、维护	变电	其他	
5440	203.4-241	GB/T 14810—2014	额定电压72.5kV及以上交流负荷开关	国标	2014-10-28		GB/T 14810—1993	采购、运维	招标、品控、运行、维护	变电	开关	
5441	203.4-242	GB/T 15166.2—2008	高压交流熔断器 第2部分:限流熔断器	国标	2009-8-1	IEC 60282-1:2005, MOD	部分代替: GB 15166.2—1994; GB 15166.4—1994	采购、运维	招标、品控、运行、维护	变电	其他	
5442	203.4-243	GB/T 15166.3—2008	高压交流熔断器 第3部分:喷射熔断器	国标	2009-8-1	IEC 60282-2:1995, MOD	GB 15166.3—1994; GB 15166.4—1994	采购、运维	招标、品控、运行、维护	变电	其他	
5443	203.4-244	GB/T 15166.4—2021	高压交流熔断器 第4部分:并联电容器外保护用熔断器	国标	2022-7-1	IEC 60549:1976, MOD	GB/T 15166.4—2008	采购、运维	招标、品控、运行、维护	变电	其他	
5444	203.4-245	GB/T 15166.5—2008	高压交流熔断器 第5部分:用于电动机回路的高压熔断器的熔断件选用导则	国标	2009-8-1	IEC 60644:1979, MOD	GB 15166.2—1994	采购、运维	招标、品控、运行、维护	变电	其他	
5445	203.4-246	GB/T 15166.5—2022	高压交流熔断器 第5部分:用于电动机回路的高压熔断器的熔断件选用导则	国标	2023-7-1			采购、运维	招标、品控、运行、维护	变电	其他	

序号	体系结构号	标准编号	标准名称	标准级别	实施日期	与国际标准对应关系	代替标准	阶段	分阶段	专业	分专业	备注
5446	203.4-247	GB/T 15166.6—2008	高压交流熔断器 第6部分:用于变压器回路的高压熔断器的熔断件选用导则	国标	2009-8-1	IEC 60787:1983，MOD	GB 15166.2—1994	采购、运维	招标、品控、运行、维护	变电	其他	
5447	203.4-248	GB/T 16926—2009	高压交流负荷开关 熔断器组合电器	国标	2010-2-1	IEC 62271-105:2002	GB 16926—2009	采购、运维	招标、品控、运行、维护	变电	开关	
5448	203.4-249	GB/T 17467—2020	高压/低压预装式变电站	国标	2020-10-1	IEC 62271-202:2014	GB/T 17467—2010	采购、运维	招标、品控、运行、维护	变电	其他	
5449	203.4-250	GB/T 17701—2008	设备用断路器	国标	2009-6-1	IEC 60934:2007	GB 17701—2008	采购、运维	招标、品控、运行、维护	变电	其他	
5450	203.4-251	GB/T 18216.12—2010	交流1000V和直流1500V以下低压配电系统电气安全防护措施的试验、测量或监控设备 第12部分:性能测量和监控装置（PMD）	国标	2011-5-1			采购、运维	招标、品控、运行、维护	变电	其他	
5451	203.4-252	GB/T 18494.1—2014	变流变压器 第1部分:工业用变流变压器	国标	2015-2-1		GB/T 18494.1—2001	采购、运维	招标、品控、运行、维护	变电	变压器	
5452	203.4-253	GB/T 18494.2—2022	变流变压器 第2部分:高压直流输电用换流变压器	国标	2022-10-1	IEC 61378-2:2001，MOD	GB/T 18494.2—2007	采购、运维	招标、品控、运行、维护	变电	变压器	
5453	203.4-254	GB/T 18494.3—2012	变流变压器 第3部分:应用导则	国标	2012-11-1	IEC 61378-3:2006，MOD		采购、运维	招标、品控、运行、维护	变电	变压器	
5454	203.4-255	GB/T 19638.1—2014	固定型阀控式铅酸蓄电池 第1部分:技术条件	国标	2015-1-22		GB/T 19638.2—2005	采购、运维	招标、品控、运行、维护	变电、配电、用电	其他	
5455	203.4-256	GB/T 19638.2—2014	固定型阀控式铅酸蓄电池 第2部分:产品品种和规格	国标	2015-1-22			采购、运维	招标、品控、运行、维护	变电、配电、用电	其他	

序号	体系结构号	标准编号	标准名称	标准级别	实施日期	与国际标准对应关系	代替标准	阶段	分阶段	专业	分专业	备注
5456	203.4-257	GB/T 19639.1—2014	通用阀控式铅酸蓄电池 第1部分：技术条件	国标	2015-7-1		GB/T 19639.1—2005	采购、运维	招标、品控、运行、维护	变电、配电、用电	其他	
5457	203.4-258	GB/T 19639.2—2014	通用阀控式铅酸蓄电池 第2部分：规格型号	国标	2015-7-1		GB/T 19639.2—2007	采购、运维	招标、品控、运行、维护	变电、配电、用电	其他	
5458	203.4-259	GB/T 19749.1—2016	耦合电容器和电容分压器 第1部分：总则	国标	2016-9-1	IEC 60358-1:2012	GB/T 19749—2005	采购、运维	招标、品控、运行、维护	变电	其他	
5459	203.4-260	GB/T 19749.2—2022	耦合电容器及电容分压器 第2部分：接于线与地之间用于电力线路载波（PLC）的直流或交流单相耦合电容器	国标	2022-10-1			采购、运维	招标、品控、运行、维护	变电、配电、用电	其他	
5460	203.4-261	GB/T 19749.3—2022	耦合电容器及电容分压器 第3部分：用于谐波滤波器的交流或直流耦合电容器	国标	2022-10-1			采购、运维	招标、品控、运行、维护	变电	其他	
5461	203.4-262	GB/T 19826—2014	电力工程直流电源设备通用技术条件及安全要求	国标	2014-10-28	ISO 3452-4:1998，IDT	GB/T 19826—2005	采购、运维	招标、品控、运行、维护	变电、配电、用电	其他	
5462	203.4-263	GB/T 20836—2007	高压直流输电用油浸式平波电抗器	国标	2007-8-1			采购、运维	招标、品控、运行、维护	换流	其他	
5463	203.4-264	GB/T 20837—2007	高压直流输电用油浸式平波电抗器技术参数和要求	国标	2007-8-1			采购、运维	招标、品控、运行、维护	换流	其他	
5464	203.4-265	GB/T 20838—2007	高压直流输电用油浸式换流变压器技术参数和要求	国标	2007-8-1			采购、运维	招标、品控、运行、维护	换流	其他	

序号	体系结构号	标准编号	标准名称	标准级别	实施日期	与国际标准对应关系	代替标准	阶段	分阶段	专业	分专业	备注
5465	203.4-266	GB/T 20840.2—2014	互感器 第2部分:电流互感器的补充技术要求	国标	2015-8-3	IEC 61869-2:2012	GB 20840.2—2014	采购、运维	招标、品控、运行、维护	变电	互感器	
5466	203.4-267	GB/T 20840.3—2013	互感器 第3部分:电磁式电压互感器的补充技术要求	国标	2014-11-14	IEC 61869-3:2011	GB 20840.3—2013	采购、运维	招标、品控、运行、维护	变电	互感器	
5467	203.4-268	GB/T 20840.4—2015	互感器 第4部分:组合互感器的补充技术要求	国标	2016-6-1	IEC 61869-4:2013	GB 20840.4—2015	采购、运维	招标、品控、运行、维护	变电	互感器	
5468	203.4-269	GB/T 20840.5—2013	互感器 第5部分:电容式电压互感器的补充技术要求	国标	2013-7-1		GB/T 4703—2007	采购、运维	招标、品控、运行、维护	变电	互感器	
5469	203.4-270	GB/T 20840.6—2017	互感器 第6部分:低功率互感器的补充通用技术要求	国标	2018-5-1	IEC 61869-6:2016		采购、运维	招标、品控、运行、维护	变电	互感器	
5470	203.4-271	GB/T 20840.7—2007	互感器 第7部分:电子式电压互感器	国标	2007-8-1	IEC 60044-7:1999, MOD		采购、运维	招标、品控、运行、维护	变电	互感器	
5471	203.4-272	GB/T 20840.9—2017	互感器 第9部分:互感器的数字接口	国标	2018-5-1	IEC 61869-9:2016		采购、运维	招标、品控、运行、维护	变电	互感器	
5472	203.4-273	GB/T 20993—2012	高压直流输电系统用直流滤波电容器及中性母线冲击电容器	国标	2012-11-1		GB/T 20993—2007	采购、运维	招标、品控、运行、维护	换流	其他	
5473	203.4-274	GB/T 20994—2007	高压直流输电系统用并联电容器及交流滤波电容器	国标	2008-2-1			采购、运维	招标、品控、运行、维护	换流	其他	
5474	203.4-275	GB/T 21420—2008	高压直流输电用光控晶闸管的一般要求	国标	2008-9-1			采购、运维	招标、品控、运行、维护	换流	其他	

序号	体系结构号	标准编号	标准名称	标准级别	实施日期	与国际标准对应关系	代替标准	阶段	分阶段	专业	分专业	备注
5475	203.4-276	GB/T 21429—2008	户外和户内电气设备用空心复合绝缘子 定义、试验方法、接收准则和设计推荐	国标	2008-9-1	IEC 61462:1998，MOD		采购	招标、品控	变电	其他	
5476	203.4-277	GB/T 21698—2022	复合接地体	国标	2023-2-1			采购	招标、品控	变电	其他	
5477	203.4-278	GB/T 22382—2017	额定电压72.5kV及以上气体绝缘金属封闭开关设备与电力变压器之间的直接连接	国标	2018-2-1	IEC 62271-211:2014	GB/T 22382—2008	采购、运维	招标、品控、运行、维护	变电	避雷器	
5478	203.4-279	GB/T 22389—2008	高压直流换流站无间隙金属氧化物避雷器导则	国标	2009-8-1	CIGRE 33/14.05，NEQ		采购、运维	招标、品控、运行、维护	变电	避雷器	
5479	203.4-280	GB/T 22674—2008	直流系统用套管	国标	2009-10-1	IEC 62199:2004，MOD		采购、运维	招标、品控、运行、维护	换流	其他	
5480	203.4-281	GB/T 23753—2020	110kV及以上油浸式并联电抗器技术参数和要求	国标	2021-6-1		GB/T 23753—2009	采购、运维	招标、品控、运行、维护	变电	电抗器	
5481	203.4-282	GB/T 23755—2020	三相组合式电力变压器	国标	2021-6-1		GB/T 23755—2009	采购、运维	招标、品控、运行、维护	变电	变压器	
5482	203.4-283	GB/T 25082—2010	800kV直流输电用油浸式换流变压器技术参数和要求	国标	2011-2-1			采购、运维	招标、品控、运行、维护	换流	其他	
5483	203.4-284	GB/T 25083—2010	±800kV直流系统用金属氧化物避雷器	国标	2011-2-1			采购、运维	招标、品控、运行、维护	换流	其他	
5484	203.4-285	GB/T 25091—2010	高压直流隔离开关和接地开关	国标	2011-2-1			采购、运维	招标、品控、运行、维护	换流	其他	
5485	203.4-286	GB/T 25092—2010	高压直流输电用干式空心平波电抗器	国标	2011-2-1			采购、运维	招标、品控、运行、维护	变电	其他	

序号	体系结构号	标准编号	标准名称	标准级别	实施日期	与国际标准对应关系	代替标准	阶段	分阶段	专业	分专业	备注
5486	203.4-287	GB/T 25093—2010	高压直流系统交流滤波器	国标	2011-2-1	IEC/PAS 62001:2004，NEQ		采购、运维	招标、品控、运行、维护	换流	其他	
5487	203.4-288	GB/T 25301—2021	电阻焊设备 变压器 适用于所有变压器的通用技术条件	国标	2021-12-1		GB/T 25301—2010	采购、运维	招标、品控、运行、维护	变电	变压器	
5488	203.4-289	GB/T 25307—2010	高压直流旁路开关	国标	2011-5-1			采购、运维	招标、品控、运行、维护	换流	其他	
5489	203.4-290	GB/T 25308—2010	高压直流输电系统直流滤波器	国标	2011-5-1			采购、运维	招标、品控、运行、维护	变电	其他	
5490	203.4-291	GB/T 25309—2010	高压直流转换开关	国标	2011-5-1			采购、运维	招标、品控、运行、维护	换流	其他	
5491	203.4-292	GB/T 26166—2010	±800kV 直流系统用穿墙套管	国标	2011-7-1			采购、运维	招标、品控、运行、维护	换流	其他	
5492	203.4-293	GB/T 26215—2010	高压直流输电系统换流阀阻尼吸收回路用电容器	国标	2011-7-1			采购、运维	招标、品控、运行、维护	变电	其他	
5493	203.4-294	GB/T 27747—2011	额定电压72.5kV及以上交流隔离断路器	国标	2012-5-1	IEC 62271-108:2005，MOD		采购、运维	招标、品控、运行、维护	变电	开关	
5494	203.4-295	GB/T 28180—2011	变压器环境意识设计导则	国标	2012-6-1			采购、运维	招标、品控、运行、维护	变电	变压器	
5495	203.4-296	GB/T 28525—2012	额定电压72.5kV及以上紧凑型成套开关设备	国标	2013-5-1	IEC 62271-205:2008	GB 28525—2012	采购、运维	招标、品控、运行、维护	变电	开关	
5496	203.4-297	GB/T 28547—2012	交流金属氧化物避雷器选择和使用导则	国标	2012-11-1	IEC 60099-5:2000，NEQ		采购、运维	招标、品控、运行、维护	变电	避雷器	
5497	203.4-298	GB/T 28565—2012	高压交流串联电容器用旁路开关	国标	2012-11-1			采购、运维	招标、品控、运行、维护	变电	开关	

序号	体系结构号	标准编号	标准名称	标准级别	实施日期	与国际标准对应关系	代替标准	阶段	分阶段	专业	分专业	备注
5498	203.4-299	GB/T 28810—2012	高压开关设备和控制设备 电子及其相关技术在开关设备和控制设备的辅助设备中的应用	国标	2013-2-1	IEC 62063:1999, MOD		采购、运维	招标、品控、运行、维护	变电	开关	
5499	203.4-300	GB/T 28811—2012	高压开关设备和控制设备 基于 IEC 61850 的数字接口	国标	2013-5-1	IEC 62271-3:2006, MOD		采购、运维	招标、品控、运行、维护	变电	开关	
5500	203.4-301	GB/T 28819—2012	充气高压开关设备用铝合金外壳	国标	2013-2-1			采购、运维	招标、品控、运行、维护	变电	开关	
5501	203.4-302	GB/T 30547—2014	高压直流输电系统滤波器用电阻器	国标	2014-10-28			采购、运维	招标、品控、运行、维护	变电	其他	
5502	203.4-303	GB/T 30841—2014	高压并联电容器装置的通用技术要求	国标	2015-1-22			采购、运维	招标、品控、运行、维护	变电	其他	
5503	203.4-304	GB/T 30846—2014	具有预定极间不同期操作高压交流断路器	国标	2015-1-22			采购、运维	招标、品控、运行、维护	变电	开关	
5504	203.4-305	GB/T 31462—2015	500kV 和 750kV 级分级式可控并联电抗器本体技术规范	国标	2015-12-1			采购、运维	招标、品控、运行、维护	变电	电抗器	
5505	203.4-306	GB/T 31487.2—2015	直流融冰装置 第 2 部分: 晶闸管阀	国标	2015-12-1			采购、运维	招标、品控、运行、维护	变电	其他	
5506	203.4-307	GB/T 31954—2015	高压直流输电系统用交流 PLC 滤波电容器	国标	2016-4-1			采购、运维	招标、品控、运行、维护	变电	其他	
5507	203.4-308	GB/T 32130—2015	高压直流输电系统用直流 PLC 滤波电容器	国标	2016-5-1			采购、运维	招标、品控、运行、维护	换流	其他	

序号	体系结构号	标准编号	标准名称	标准级别	实施日期	与国际标准对应关系	代替标准	阶段	分阶段	专业	分专业	备注
5508	203.4-309	GB/T 32516—2016	超高压分级式可控并联电抗器晶闸管阀	国标	2016-9-1			采购、运维	招标、品控、运行、维护	换流	其他	
5509	203.4-310	GB/T 34139—2017	柔性直流输电换流器技术规范	国标	2018-2-1			采购、运维	招标、品控、运行、维护	变电	其他	
5510	203.4-311	GB/T 34865—2017	高压直流转换开关用电容器	国标	2018-5-1			采购、运维	招标、品控、运行、维护	变电	开关	
5511	203.4-312	GB/T 34869—2017	串联补偿装置电容器组保护用金属氧化物限压器	国标	2018-5-1			采购、运维	招标、品控、运行、维护	变电	避雷器	
5512	203.4-313	GB/T 34939.1—2017	±800kV 直流支柱复合绝缘子 第1部分：环氧玻璃纤维实心芯体复合绝缘子	国标	2018-5-1			采购、运维	招标、品控、运行、维护	输电	线路	
5513	203.4-314	GB/T 35702.1—2017	高压直流系统用电压源换流器阀损耗 第1部分：一般要求	国标	2018-7-1			采购、运维	招标、品控、运行、维护	变电	其他	
5514	203.4-315	GB/T 35702.2—2017	高压直流系统用电压源换流器阀损耗 第2部分：模块化多电平换流器	国标	2018-7-1			采购、运维	招标、品控、运行、维护	变电	其他	
5515	203.4-316	GB/T 36559—2018	高压直流输电用晶闸管阀	国标	2019-2-1			采购、运维	招标、品控、运行、维护	换流	换流阀	
5516	203.4-317	GB/T 37761—2019	电力变压器冷却系统 PLC 控制装置技术要求	国标	2020-1-1			采购、运维	招标、品控、运行、维护	变电	变压器	
5517	203.4-318	GB/T 38328—2019	柔性直流系统用高压直流断路器的共用技术要求	国标	2020-7-1			采购、运维	招标、品控、运行、维护	变电	开关	

序号	体系结构号	标准编号	标准名称	标准级别	实施日期	与国际标准对应关系	代替标准	阶段	分阶段	专业	分专业	备注
5518	203.4-319	GB/T 39572.1—2020	并网双向电力变流器 第1部分：通用要求	国标	2021-7-1			技术监督		其他		
5519	203.4-320	GB/T 41631—2022	充油电缆用未使用过的矿物绝缘油	国标	2023-2-1			采购、运维	招标、品控、运行、维护	变电	开关	
5520	203.4-321	GB/T 42009—2022	滤波器用高压交流断路器	国标	2023-5-1			采购、运维	招标、品控、运行、维护	变电	开关	
5521	203.4-322	GB/Z 34935—2017	油浸式智能化电力变压器技术规范	国标	2018-5-1			采购、运维	招标、品控、运行、维护	变电	变压器	
5522	203.4-323	IEC 60076-1—2011	电力变压器 第1部分：总则	国际标准	2011-4-20	BS EN 60076-1—2011，IDT；EN 60076-1—2011，IDT	IEC 60076-1—1993；IEC 60076-1—1993/Amd 1—1999；IEC 60076-1—1993+Amd 1—1999	采购、运维	招标、品控、运行、维护	变电	变压器	
5523	203.4-324	IEC 60076-13—2006	电力变压器 第13部分：自我保护式充液变压器	国际标准	2006-5-24	BS EN 60076-13—2006，IDT；EN 60076-13—2006，IDT		采购、运维	招标、品控、运行、维护	变电	变压器	
5524	203.4-325	IEC 60076-14—2013	电力变压器 第14部分：使用高温绝缘材料的液浸电力变压器	国际标准	2013-9-16		IEC/TS 60076-14—2009	采购、运维	招标、品控、运行、维护	变电	变压器	
5525	203.4-326	IEC 60076-2—2011	电力变压器 第2部分：温升	国际标准	2011-2-23	DIN EN 60076-2—1994，EQV；EN 60076-2—1997，EQV	IEC 60076-2—1993	采购、运维	招标、品控、运行、维护	变电	变压器	
5526	203.4-327	IEC 60076-4—2002	电力变压器 第4部分：雷电冲击和开关试验导则电力变压器和电抗器	国际标准	2002-6-6	BS EN 60076-4—2002，IDT；EN 60076-4—2002，IDT；DIN EN 60076-4—2003，IDT；OEVE/OENORM EN 60076-4—2003，IDT	IEC 60076-4—1976；IEC 60722—1982	采购、运维	招标、品控、运行、维护	变电	变压器	

序号	体系结构号	标准编号	标准名称	标准级别	实施日期	与国际标准对应关系	代替标准	阶段	分阶段	专业	分专业	备注
5527	203.4-328	IEC 60076-5—2006	电力变压器 第5部分：抗短路能力	国际标准	2006-2-7	BS EN 60076-5—2006，IDT；EN 60076-5—2006，IDT	IEC 60076-5—2000	采购、运维	招标、品控、运行、维护	变电	变压器	
5528	203.4-329	IEC 60076-8—1997	电力变压器 第8部分：应用指南	国际标准	1997-10-1	BS IEC 60076-8—1998，IDT；UNE 207005—2002，IDT	IEC 60606—1978	采购、运维	招标、品控、运行、维护	变电	变压器	
5529	203.4-330	IEC 60076-57-129—2017	直流输电用换流变压器	国际标准	2017-1-1			采购、运维	招标、品控、运行、维护	变电	其他	
5530	203.4-331	IEC 60076-6—2007	电力变压器 第6部分：电抗器	国际标准	2006-2-7			采购、运维	招标、品控、运行、维护	变电	变压器	
5531	203.4-332	IEC 60099-4—2014	避雷器 第4部分：交流系统用无间隙金属氧化物避雷器	国际标准	2014-6-30		IEC 60099-4—2004；IEC 60099-4—2004/Amd 1—2006；IEC 60099-4—2004/Amd 2—2009；IEC 60099-4—2004+Amd 1—2006；IEC 60099-4—2004+Amd 1—2006+Amd 2—2009	采购、运维	招标、品控、运行、维护	变电	避雷器	
5532	203.4-333	IEC 62271-204—2011	高压开关设备和控制设备 第204部分额定电压高于52kV的刚性气体绝缘输电线路	国际标准	2011-7-26	IEC TR 61644—1998；IEC 17C/510/FD1S—2011	IEC TR 61644—1998；IEC 17C/510/FDIS—2011	采购、运维	招标、品控、运行、维护	变电	开关	
5533	203.4-334	IEC 62271-206—2011	高压开关装置和控制设备 第206部分：高于1kV和高于并包括52kV的额定电压用现场指示系统	国际标准	2011-1-27	EN 62271-206—2011，IDT	IEC 61958—2000；IEC 17 C/491/FDIS—2010	采购、运维	招标、品控、运行、维护	变电	开关	

序号	体系结构号	标准编号	标准名称	标准级别	实施日期	与国际标准对应关系	代替标准	阶段	分阶段	专业	分专业	备注
203.5 设备材料—配电												
5534	203.5-1	Q/CSG 110029—2012	10kV 油浸式非晶合金铁心配电变压器技术规范	企标	2012-4-27			采购、运维	招标、品控、运行、维护	配电	变压器	
5535	203.5-2	Q/CSG 1101002—2013	10kV 油浸式配电变压器技术规范	企标	2013-3-1			采购、运维	招标、品控、运行、维护	配电	变压器	
5536	203.5-3	Q/CSG 1101003—2013	10kV 户外柱上开关技术规范	企标	2013-3-1			采购、运维	招标、品控、运行、维护	配电	开关	
5537	203.5-4	Q/CSG 1101006—2013	10kV 户外跌落式熔断器技术规范	企标	2013-5-10			采购、运维	招标、品控、运行、维护	配电	开关	
5538	203.5-5	Q/CSG 1101009—2013	10kV 干式配电变压器技术规范	企标	2013-5-10			采购、运维	招标、品控、运行、维护	配电	变压器	
5539	203.5-6	Q/CSG 1203016—2016	12kV 固体绝缘环网柜技术规范	企标	2016-1-1			采购、运维	招标、品控、运行、维护	配电	开关	
5540	203.5-7	Q/CSG 1203019—2016	配电线路故障指示器技术规范	企标	2016-1-1			采购、运维	招标、品控、运行、维护	配电	其他	
5541	203.5-8	Q/CSG 1203055—2018	10kV 天然酯绝缘油配电变压器技术规范	企标	2018-12-28			采购、运维	招标、品控、运行、维护	配电	变压器	
5542	203.5-9	Q/CSG 1203074—2021	微型智能电流传感器技术规范（试行）	企标	2021-1-31			采购、运维	招标、品控、运行、维护	配电	变压器	
5543	203.5-10	Q/CSG 1203075—2021	10kV 柱上真空断路器成套设备技术规范（试行）	企标	2021-1-31		Q/CSG 1203014—2016	采购、运维	招标、品控、运行、维护	配电	开关	
5544	203.5-11	Q/CSG 1203076—2021	配电网智能分布式终端技术规范（试行）	企标	2021-1-31			采购、运维	招标、品控、运行、维护	配电	其他	
5545	203.5-12	Q/CSG 1203077—2021	配电自动化馈线终端技术规范（试行）	企标	2021-1-31		Q/CSG 1203018—2016	采购、运维	招标、品控、运行、维护	配电	其他	

序号	体系结构号	标准编号	标准名称	标准级别	实施日期	与国际标准对应关系	代替标准	阶段	分阶段	专业	分专业	备注
5546	203.5-13	Q/CSG 1203078—2021	配电自动化站所终端技术规范（试行）	企标	2021-1-31		Q/CSG 1203017—2016	采购、运维	招标、品控、运行、维护	配电	其他	
5547	203.5-14	Q/CSG 1204122—2022	配网10kV架空线路OPGW技术规范（暂行）	企标	2022-3-30			采购、运维	招标、品控、运行、维护	配电	线路	
5548	203.5-15	T/CEC 108—2016	配网复合材料电杆	团标	2017-1-1			采购、运维	招标、品控、运行、维护	配电	线路	
5549	203.5-16	T/CEC 110—2016	配电线路串联调压装置技术规范	团标	2017-1-1			采购、运维	招标、品控、运行、维护	配电	其他	
5550	203.5-17	T/CEC 111—2016	柱上变压器一体化成套设备技术条件	团标	2017-1-1			采购、运维	招标、品控、运行、维护	配电	变压器	
5551	203.5-18	T/CEC 118—2016	额定电压35kV（U_m=40.5kV）及以下冷缩电缆附件技术规范	团标	2017-1-1			采购	招标、品控	输电、配电	电缆	
5552	203.5-19	T/CEC 119—2016	额定电压35kV（U_m=40.5kV）及以下热缩电缆附件技术规范	团标	2017-1-1			采购	招标、品控	输电、配电	电缆	
5553	203.5-20	T/CEC 120—2016	额定电压35kV（U_m=40.5kV）及以下预制电缆附件技术规范	团标	2017-1-1			采购	招标、品控	输电、配电	电缆	
5554	203.5-21	T/CEC 143—2017	超高性能混凝土电杆	团标	2017-8-1			采购、运维	招标、品控、运行、维护	配电	其他	
5555	203.5-22	T/CEC 163—2018	16kV少维护有载调压配电变压器技术规范	团标	2018-4-1			采购、运维	招标、品控、运行、维护	配电	变压器	
5556	203.5-23	T/CEC 207—2019	低压换相开关型负荷自动平衡装置技术规范	团标	2019-7-1			采购、运维	招标、品控、运行、维护	配电	其他	

序号	体系结构号	标准编号	标准名称	标准级别	实施日期	与国际标准对应关系	代替标准	阶段	分阶段	专业	分专业	备注
5557	203.5-24	T/CEC 225—2019	直流配电网DCDC变换器技术条件	团标	2019-7-1			采购、运维	招标、品控、运行、维护	配电	其他	
5558	203.5-25	T/CEC 289—2019	10kV直流断路器通用技术要求	团标	2020-1-1			采购、运维	招标、品控、运行、维护	配电	开关	
5559	203.5-26	T/CEC 350—2020	10kV带电作业用消弧开关技术条件	团标	2020-10-1			采购、运维	招标、品控、运行、维护	配电	开关	
5560	203.5-27	T/CEC 351—2020	10kV柔性电缆快速接头技术条件	团标	2020-10-1			采购、运维	招标、品控、运行、维护	配电	开关	
5561	203.5-28	T/CEC 495—2021	配电网同步相量测量装置技术规范	团标	2021-10-1			采购、运维	招标、品控、运行、维护	配电	其他	
5562	203.5-29	T/CEC 498—2021	配电台区智能终端技术要求	团标	2021-10-1			采购、运维	招标、品控、运行、维护	配电	其他	
5563	203.5-30	T/CEC 557—2021	中压配网单相接地故障快速开关型消弧选线装置技术要求	团标	2022-3-1			采购、运维	招标、品控、运行、维护	配电	其他	
5564	203.5-31	T/CEC 647—2022	配电网架空线路用绝缘保护套管技术规范	团标	2022-10-1			采购、运维	招标、品控、运行、维护	配电	线路	
5565	203.5-32	T/CEC 683—2022	10kV～20kV城市配网油浸式变压器集成装置使用导则	团标	2023-2-1			采购、运维	招标、品控、运行、维护	变电	变压器	
5566	203.5-33	T/CSEE 0048—2017	暂态录波型故障指示器技术规范	团标	2018-5-1			采购、运维	招标、品控、运行、维护	配电	其他	
5567	203.5-34	T/CSEE 0062—2017	400V～1000V架空配电线路绝缘导线用耐张线夹	团标	2018-5-1			采购、运维	招标、品控、运行、维护	配电	线路	

序号	体系结构号	标准编号	标准名称	标准级别	实施日期	与国际标准对应关系	代替标准	阶段	分阶段	专业	分专业	备注
5568	203.5-35	T/CSEE 0063—2017	配电网用户侧电压源变流器技术导则	团标	2018-5-1			采购、运维	招标、品控、运行、维护	配电	其他	
5569	203.5-36	T/CSEE 0082—2018	中压配电线路用多腔室间隙防雷装置通用技术条件	团标	2018-12-25			采购、运维	招标、品控、运行、维护	配电	线路	
5570	203.5-37	T/CSEE 0115—2019	架空配电线路巡检用超声波检测仪技术规范	团标	2019-3-1			设计、采购、运维	初设、施工图、招标、品控、运行、维护	配电	线缆	
5571	203.5-38	T/CSEE 0117—2019	安全型电能表接线端子盒技术规范	团标	2019-3-1			采购、运维	招标、品控、运行、维护	配电、用电	线缆	
5572	203.5-39	T/CSEE 0217—2021	一体化有源补偿配电柜通用技术条件	团标	2021-3-11			采购、运维	招标、品控、运行、维护	配电	开关	
5573	203.5-40	T/CSEE 0323—2022	配电系统用级联三电平换流器成套装置	团标	2022-12-8			采购、运维	招标、品控、运行、维护	配电	其他	
5574	203.5-41	DL/T 267—2012	油浸式全密封卷铁心配电变压器使用技术条件	行标	2012-7-1			采购、运维	招标、品控、运行、维护	配电	变压器	
5575	203.5-42	DL/T 339—2010	低压变频调速装置技术条件	行标	2011-5-1			采购、运维	招标、品控、运行、维护	配电、用电	其他	
5576	203.5-43	DL/T 375—2010	户外配电箱通用技术条件	行标	2011-5-1			采购、运维	招标、品控、运行、维护	配电、用电	其他	
5577	203.5-44	DL/T 379—2010	低压晶闸管投切滤波装置技术规范	行标	2010-10-1			采购、运维	招标、品控、运行、维护	配电、用电	其他	
5578	203.5-45	DL/T 404—2018	3.6kV～40.5kV交流金属封闭开关设备和控制设备	行标	2019-5-1		DL/T 404—2007	采购、运维	招标、品控、运行、维护	配电	开关	

序号	体系结构号	标准编号	标准名称	标准级别	实施日期	与国际标准对应关系	代替标准	阶段	分阶段	专业	分专业	备注
5579	203.5-46	DL/T 406—2010	交流自动分段器订货技术条件	行标	2011-5-1		DL/T 406—1991	采购、运维	招标、品控、运行、维护	配电	开关	
5580	203.5-47	DL/T 597—2017	低压无功补偿控制器使用技术条件	行标	2018-6-1		DL/T 597—1996	采购、运维	招标、品控、运行、维护	配电、用电	其他	
5581	203.5-48	DL/T 640—2019	高压交流跌落式熔断器	行标	2019-10-1	IEC 282-2:1995，EQV	DL/T 640—1997	采购、运维	招标、品控、运行、维护	配电	开关	
5582	203.5-49	DL/T 780—2001	配电系统中性点接地电阻器	行标	2002-2-1	ANSI/IEEE 32:1990，NEQ		采购、运维	招标、品控、运行、维护	配电	其他	
5583	203.5-50	DL/T 813—2002	12kV 高压交流自动重合器技术条件	行标	2002-9-1		SD 317—1989	采购、运维	招标、品控、运行、维护	配电	其他	
5584	203.5-51	DL/T 842—2015	低压并联电容器装置使用技术条件	行标	2015-9-1		DL/T 842—2003	采购、运维	招标、品控、运行、维护	配电、用电	其他	
5585	203.5-52	DL/T 844—2003	12kV 少维护户外配电开关设备通用技术条件	行标	2003-6-1			采购、运维	招标、品控、运行、维护	配电	开关	
5586	203.5-53	DL/T 1057—2007	自动跟踪补偿消弧线圈成套装置技术条件	行标	2007-12-1			采购、运维	招标、品控、运行、维护	配电	其他	
5587	203.5-54	DL/T 1216—2019	低压静止无功发生装置技术规范	行标	2020-5-1		DL/T 1216—2013	采购、运维	招标、品控、运行、维护	配电	其他	
5588	203.5-55	DL/T 1226—2013	固态切换开关技术规范	行标	2013-8-1			采购、运维	招标、品控、运行、维护	配电	开关	
5589	203.5-56	DL/T 1263—2013	12kV～40.5kV 电缆分接箱技术条件	行标	2014-4-1			采购、运维	招标、品控、运行、维护	配电	电缆	
5590	203.5-57	DL/T 1390—2014	12kV 高压交流自动用户分界开关设备	行标	2015-3-1			采购、运维	招标、品控、运行、维护	配电	开关	

序号	体系结构号	标准编号	标准名称	标准级别	实施日期	与国际标准对应关系	代替标准	阶段	分阶段	专业	分专业	备注
5591	203.5-58	DL/T 1441—2015	智能低压配电箱技术条件	行标	2015-9-1			采购、运维	招标、品控、运行、维护	配电	其他	
5592	203.5-59	DL/T 1586—2016	12kV 固体绝缘金属封闭开关设备和控制设备	行标	2016-7-1			采购、运维	招标、品控、运行、维护	配电	开关	
5593	203.5-60	DL/T 1658—2016	35kV 及以下固体绝缘管型母线	行标	2017-5-1			采购、运维	招标、品控、运行、维护	配电	其他	
5594	203.5-61	DL/T 1796—2017	低压有源电力滤波器技术规范	行标	2018-6-1			采购、运维	招标、品控、运行、维护	配电、用电	其他	
5595	203.5-62	DL/T 1832—2018	配电网串联电容器补偿装置技术规范	行标	2018-7-1			采购、运维	招标、品控、运行、维护	配电	其他	
5596	203.5-63	DL/T 1853—2018	10kV 有载调容调压变压器技术导则	行标	2018-10-1			采购、运维	招标、品控、运行、维护	配电	变压器	
5597	203.5-64	DL/T 1861—2018	高过载能力配电变压器技术导则	行标	2018-10-1			采购、运维	招标、品控、运行、维护	配电	变压器	
5598	203.5-65	DL/T 1910—2018	配电网分布式馈线自动化技术规范	行标	2019-5-1			运维	运行	配电	其他	
5599	203.5-66	DL/T 2229—2021	35kV 及以下高压陶瓷电容传感器技术规范	行标	2021-7-1			采购、运维	招标、品控、运行、维护	配电	其他	
5600	203.5-67	DL/T 2240—2021	配网复合材料电杆及其配套横担技术条件	行标	2021-7-1			采购、运维	招标、品控、运行、维护	配电	线路	
5601	203.5-68	DL/T 2344—2021	费控低压塑壳断路器技术规范	行标	2022-3-22			采购、运维	招标、品控、运行、维护	配电	开关	
5602	203.5-69	DL/T 2448—2021	配电网柔性切换装置技术规范	行标	2022-6-22			采购、运维	招标、品控、运行、维护	配电	其他	
5603	203.5-70	DL/T 854—2017	带电作业用绝缘斗臂车使用导则	行标	2018-3-1		DL/T 854—2004	运维	运行、维护	配电	其他	

序号	体系结构号	标准编号	标准名称	标准级别	实施日期	与国际标准对应关系	代替标准	阶段	分阶段	专业	分专业	备注
5604	203.5-71	JB/T 5268.1—2011	电缆金属套 第1部分 总则	行标	2011-8-1		JB/T 5268.1—1991	采购、运维	招标、品控、运行、维护	配电	电缆	
5605	203.5-72	JB/T 8456—2017	低压直流成套开关设备和控制设备	行标	2018-4-1		JB/T 8456—2005	采购、运维	招标、品控、运行、维护	配电	开关	
5606	203.5-73	JB/T 8734.1—2016	额定电压 450/750V 及以下聚氯乙烯绝缘电缆电线和软线 第1部分：一般规定	行标	2016-9-1		JB/T 8734.1—2012	采购、运维	招标、品控、运行、维护	配电	电缆	
5607	203.5-74	JB/T 8734.3—2016	额定电压 450/750V 及以下聚氯乙烯绝缘电缆电线和软线 第3部分：连接用软电线和软电缆	行标	2016-9-1		JB/T 8734.3—2012	采购、运维	招标、品控、运行、维护	配电	电缆	
5608	203.5-75	JB/T 10438—2022	额定电压 300/500V 交联聚氯乙烯绝缘软电线	行标	2023-04-01		JB/T 10438—2004	采购、运维	招标、品控、运行、维护	配电	电缆	
5609	203.5-76	JB/T 10491—2022	额定电压 450/750V 及以下交联聚烯烃绝缘电线和电缆	行标	2023-04-01			采购、运维	招标、品控、运行、维护	配电	电缆	
5610	203.5-77	JB/T 10695—2007	低压无功功率动态补偿装置	行标	2007-7-1			采购、运维	招标、品控、运行、维护	配电	其他	
5611	203.5-78	JB/T 10840—2008	3.6kV～40.5kV 高压交流金属封闭电缆分接开关设备	行标	2008-7-1			采购、运维	招标、品控、运行、维护	配电	开关	
5612	203.5-79	JB/T 13484—2018	额定电压 0.6/1kV 氟塑料绝缘电力电缆	行标	2018-12-1			采购、运维	招标、品控、运行、维护	配电	电缆	
5613	203.5-80	JB/T 13485—2018	额定电压 450/750V 及以下氟塑料绝缘控制电缆	行标	2018-12-1			采购、运维	招标、品控、运行、维护	配电	电缆	

序号	体系结构号	标准编号	标准名称	标准级别	实施日期	与国际标准对应关系	代替标准	阶段	分阶段	专业	分专业	备注
5614	203.5-81	JB/T 13689—2019	集成低压无功补偿装置	行标	2020-4-1			采购、运维	招标、品控、运行、维护	配电	其他	
5615	203.5-82	NB/T 10188—2019	交流并网侧用低压断路器技术规范	行标	2019-10-1			采购、运维	招标、品控、运行、维护	配电	开关	
5616	203.5-83	NB/T 10327—2019	低压有源三相不平衡调节装置	行标	2020-7-1			采购、运维	招标、品控、运行、维护	配电、用电	其他	
5617	203.5-84	NB/T 10444—2020	继电保护自动测试通用接口技术规范	行标	2021-2-1			采购、运维	招标、品控、运行、维护	配电、用电	其他	
5618	203.5-85	NB/T 10446—2020	1000V 以下馈线保护装置通用技术要求	行标	2021-2-1			采购、运维	招标、品控、运行、维护	配电、用电	其他	
5619	203.5-86	NB/T 10473—2020	架空导线用钢绞线	行标	2021-2-1			采购、运维	招标、品控、运行、维护	配电	线路	
5620	203.5-87	NB/T 10942—2022	10kV 及以下有源型电压暂降治理设备通用技术要求	行标	2022-11-13			采购、运维	招标、品控、运行、维护	配电	线缆	
5621	203.5-88	NB/T 42044—2014	3.6kV～40.5kV 智能交流金属封闭开关设备和控制设备	行标	2015-3-1			采购、运维	招标、品控、运行、维护	配电	开关	
5622	203.5-89	NB/T 42066—2016	6kV～35kV 级干式铝绕组电力变压器技术参数和要求	行标	2016-6-1			采购、运维	招标、品控、运行、维护	配电	变压器	
5623	203.5-90	NB/T 42067—2016	6kV～36kV 级油浸式铝绕组配电变压器技术参数和要求	行标	2016-6-1			采购、运维	招标、品控、运行、维护	配电	变压器	
5624	203.5-91	NB/T 42150—2021	低压电涌保护器专用保护装置	行标	2021-4-26		NB/T 42150—2018	采购、运维	招标、品控、运行、维护	配电	其他	

序号	体系结构号	标准编号	标准名称	标准级别	实施日期	与国际标准对应关系	代替标准	阶段	分阶段	专业	分专业	备注
5625	203.5-92	NB/T 42156—2018	配电网串联电容器补偿装置	行标	2018-10-1			采购、运维	招标、品控、运行、维护	配电	其他	
5626	203.5-93	SJ/T 2932—2016	阻燃聚氯乙烯绝缘安装电线电缆	行标	2016-9-1		SJ/T 2932—1982	采购、运维	招标、品控、运行、维护	配电	电缆	
5627	203.5-94	GB/T 2819—1995	移动电站通用技术条件	国标	1996-8-1		GB 2819—1981	采购、运维	招标、品控、运行、维护	配电	其他	
5628	203.5-95	GB/T 3804—2017	3.6kV～40.5kV高压交流负荷开关	国标	2018-4-1	IEC 62271-103:2011	GB 3804—2004	采购、运维	招标、品控、运行、维护	配电	开关	
5629	203.5-96	GB/T 3906—2020	3.6kV～40.5kV交流金属封闭开关设备和控制设备	国标	2020-10-1	IEC 62271-200:2011	GB/T 3906—2006	采购、运维	招标、品控、运行、维护	配电	开关	
5630	203.5-97	GB/T 3954—2014	电工圆铝杆	国标	2015-2-1			采购、运维	招标、品控、运行、维护	配电	线路	
5631	203.5-98	GB/T 4623—2014	环形混凝土电杆	国标	2015-12-1		GB 4623—2014	采购、运维	招标、品控、运行、维护	配电	线路	
5632	203.5-99	GB/T 5013.1—2008	额定电压 450/750V 及以下橡皮绝缘电缆 第1部分：一般要求	国标	2008-9-1	IEC 60245-1:2003，IDT	GB 5013.1—1997	采购、运维	招标、品控、运行、维护	配电	电缆	
5633	203.5-100	GB/T 5013.3—2008	额定电压 450/750V 及以下橡皮绝缘电缆 第3部分:耐热硅橡胶绝缘电缆	国标	2008-9-1	IEC 60245-3:2003，IDT	GB 5013.3—1997	采购、运维	招标、品控、运行、维护	配电	电缆	
5634	203.5-101	GB/T 5013.4—2008	额定电压 450/750V 及以下橡皮绝缘电缆 第4部分：软线和软电缆	国标	2008-9-1	IEC 60245-4:2003，IDT	GB 5013.4—1997	采购、运维	招标、品控、运行、维护	配电	电缆	
5635	203.5-102	GB/T 5013.5—2008	额定电压 450/750V 及以下橡皮绝缘电缆 第5部分：电梯电缆	国标	2008-9-1	IEC 60245-5:2003，IDT	GB 5013.5—1997	采购、运维	招标、品控、运行、维护	配电	电缆	

序号	体系结构号	标准编号	标准名称	标准级别	实施日期	与国际标准对应关系	代替标准	阶段	分阶段	专业	分专业	备注
5636	203.5-103	GB/T 5013.6—2008	额定电压 450/750V 及以下橡皮绝缘电缆 第6部分：电焊机电缆	国标	2008-9-1	IEC 60245-6:2003，IDT	GB 5013.6—1997	采购、运维	招标、品控、运行、维护	配电	电缆	
5637	203.5-104	GB/T 5013.7—2008	额定电压 450/750V 及以下橡皮绝缘电缆 第7部分：耐热乙烯—乙酸乙烯酯橡皮绝缘电缆	国标	2008-9-1	IEC 60245-7:2003，IDT	GB 5013.7—1997	采购、运维	招标、品控、运行、维护	配电	电缆	
5638	203.5-105	GB/T 5013.8—2013	额定电压 450/750V 及以下橡皮绝缘电缆 第8部分：特软电线	国标	2013-12-2		GB/T 5013.8—2006	采购、运维	招标、品控、运行、维护	配电	电缆	
5639	203.5-106	GB/T 5023.1—2008	额定电压 450/750V 及以下聚氯乙烯绝缘电缆 第1部分：一般要求	国标	2009-5-1	IEC 60227-1:2007，IDT	GB 5023.1—1997	采购、运维	招标、品控、运行、维护	配电	电缆	
5640	203.5-107	GB/T 5023.3—2008	额定电压 450/750V 及以下聚氯乙烯绝缘电缆 第3部分：固定布线用无护套电缆	国标	2009-5-1	IEC 60227-3:2007，IDT	GB 5023.3—1997	设计、采购	初设、施工图、招标、品控	配电	电缆	
5641	203.5-108	GB/T 5023.4—2008	额定电压 450/750V 及以下聚氯乙烯绝缘电缆 第4部分：固套电缆	国标	2009-5-1	IEC 60227-4:2007，IDT	GB 5023.4—1997	采购、运维	招标、品控、运行、维护	配电	电缆	
5642	203.5-109	GB/T 5023.5—2008	额定电压 450/750V 及以下聚氯乙烯绝缘电缆 第5部分：软电缆（软线）	国标	2009-5-1	IEC 60227-5:2007，IDT	GB 5023.5—1997	采购、运维	招标、品控、运行、维护	配电	电缆	

序号	体系结构号	标准编号	标准名称	标准级别	实施日期	与国际标准对应关系	代替标准	阶段	分阶段	专业	分专业	备注
5643	203.5-110	GB/T 5023.6—2006	额定电压 450/750V 及以下聚氯乙烯绝缘电缆 第6部分：电梯电缆和挠性连接用电缆	国标	2006-12-1	IEC 60227-6:2007，IDT	GB 5023.6—1997	采购、运维	招标、品控、运行、维护	配电	电缆	
5644	203.5-111	GB/T 5023.7—2008	额定电压 450/750V 及以下聚氯乙烯绝缘电缆 第7部分：二芯或多芯屏蔽和非屏蔽软电缆	国标	2009-5-1	IEC 60227-7:2007，IDT	GB 5023.7—1997	采购、运维	招标、品控、运行、维护	配电	电缆	
5645	203.5-112	GB/T 7251.1—2013	低压成套开关设备和控制设备 第1部分：总则	国标	2015-1-13	IEC 61439-1:2011	GB 7251.1—2013	采购、运维	招标、品控、运行、维护	配电	开关	
5646	203.5-113	GB/T 7251.10—2014	低压成套开关设备和控制设备 第10部分：规定成套设备的指南	国标	2015-6-1			采购、运维	招标、品控、运行、维护	配电	开关	
5647	203.5-114	GB/T 7251.12—2013	低压成套开关设备和控制设备 第2部分：成套电力开关和控制设备	国标	2015-1-13	IEC 61439-2:2011	GB 7251.12—2013	采购、运维	招标、品控、运行、维护	配电	开关	
5648	203.5-115	GB/T 7251.3—2017	低压成套开关设备和控制设备 第3部分：由一般人员操作的配电板（DBO）	国标	2018-5-1	IEC 61439-3:2012	GB 7251.3—2006	采购、运维	招标、品控、运行、维护	配电	开关	
5649	203.5-116	GB/T 7251.5—2017	低压成套开关设备和控制设备 第5部分：公用电网电力配电成套设备	国标	2018-2-1	IEC 61439-5:2014	GB/T 7251.5—2008	采购、运维	招标、品控、运行、维护	配电	开关	
5650	203.5-117	GB/T 7251.6—2015	低压成套开关设备和控制设备 第6部分：母线干线系统（母线槽）	国标	2016-6-1	IEC 61439-6:2012	GB 7251.6—2015	采购、运维	招标、品控、运行、维护	配电	开关	

序号	体系结构号	标准编号	标准名称	标准级别	实施日期	与国际标准对应关系	代替标准	阶段	分阶段	专业	分专业	备注
5651	203.5-118	GB/T 7251.7—2015	低压成套开关设备和控制设备 第7部分：特定应用的成套设备——如码头、露营地、市集广场、电动车辆充电站	国标	2015-12-1			采购、运维	招标、品控、运行、维护	配电	开关	
5652	203.5-119	GB/T 7251.8—2020	低压成套开关设备和控制设备 第8部分：智能型成套设备通用技术要求	国标	2021-6-1		GB/T 7251.8—2005	采购、运维	招标、品控、运行、维护	配电	开关	
5653	203.5-120	GB/T 9330—2020	塑料绝缘控制电缆	国标	2020-10-1		GB/T 9330.2—2008；GB/T 9330.1—2008；GB/T 9330.3—2008	采购、运维	招标、品控、运行、维护	配电	电缆	
5654	203.5-121	GB/T 9364.3—2018	小型熔断器 第3部分：超小型熔断体	国标	2018-12-1		GB/T 9364.3—1997	采购、运维	招标、品控、运行、维护	配电	开关	
5655	203.5-122	GB/T 10228—2015	干式电力变压器技术参数和要求	国标	2016-4-1		GB/T 10228—2008	采购、运维	招标、品控、运行、维护	配电	变压器	
5656	203.5-123	GB/T 12527—2008	额定电压 1kV 及以下架空绝缘电缆	国标	2009-4-1		GB 12527—1990	采购、运维	招标、品控、运行、维护	配电	电缆	
5657	203.5-124	GB/T 12706.1—2020	额定电压 1kV（U_m=1.2kV）到 35kV（U_m=40.5kV）挤包绝缘电力电缆及附件 第1部分：额定电压 1kV（U_m=1.2kV）和 3kV（U_m=3.6kV）电缆	国标	2020-10-1	IEC 60502-1:2004	GB/T 12706.1—2008	采购、运维	招标、品控、运行、维护	配电	电缆	

序号	体系结构号	标准编号	标准名称	标准级别	实施日期	与国际标准对应关系	代替标准	阶段	分阶段	专业	分专业	备注
5658	203.5-125	GB/T 12706.2—2020	额定电压 1kV（U_m=1.2kV）到 35kV（U_m=40.5kV）挤包绝缘电力电缆及附件 第2部分：额定电压 6kV（U_m=7.2kV）到 30kV（U_m=36kV）电缆	国标	2020-10-1	IEC 60502-2:2014	GB/T 12706.2—2008	采购、运维	招标、品控、运行、维护	配电	电缆	
5659	203.5-126	GB/T 12747.2—2017	标称电压 1000V 及以下交流电力系统用自愈式并联电容器 第2部分：老化试验、自愈性试验和破坏试验	国标	2018-2-1	IEC 60831-2:2014	GB/T 12747.2—2004	采购、运维	招标、品控、运行、维护	配电、用电	其他	
5660	203.5-127	GB/T 12976.1—2008	额定电压 35kV（U_m=40.5kV）及以下纸绝缘电力电缆及其附件 第1部分：额定电压 30kV 及以下电缆一般规定和结构要求	国标	2009-4-1		GB 12976.1—1991；GB 12976.2—1991；GB 12976.3—1991	采购、运维	招标、品控、运行、维护	配电	电缆	
5661	203.5-128	GB/T 12976.2—2008	额定电压 35kV（U_m=40.5kV）及以下纸绝缘电力电缆及其附件 第2部分：额定电压 35kV 电缆一般规定和结构要求	国标	2009-4-1	IEC 60055-2:1981，NEQ	GB 12976.1—1991；GB 12976.2—1991；GB 12976.3—1991	采购、运维	招标、品控、运行、维护	配电	电缆	
5662	203.5-129	GB/T 13002—2022	旋转电机 热保护	国标	2023-2-1		GB/T 13002—2008	采购、运维	招标、品控、运行、维护	配电	线缆	
5663	203.5-130	GB/T 13033.1—2007	额定电压 750V 及以下矿物绝缘电缆及终端 第1部分：电缆	国标	2007-8-1	IEC 60702-1:2002，IDT	GB 13033.1—1991	采购、运维	招标、品控、运行、维护	配电	电缆	

序号	体系结构号	标准编号	标准名称	标准级别	实施日期	与国际标准对应关系	代替标准	阶段	分阶段	专业	分专业	备注
5664	203.5-131	GB/T 13033.2—2007	额定电压750V及以下矿物绝缘电缆及终端 第2部分：终端	国标	2007-8-1	IEC 60702-2:2002，IDT	GB/T 13033.2—1991	采购、运维	招标、品控、运行、维护	配电	电缆	
5665	203.5-132	GB/T 13337.1—2011	固定型排气式铅酸蓄电池 第1部分：技术条件	国标	2011-12-1		GB/T 13337.1—1991	采购、运维	招标、品控、运行、维护	配电	其他	
5666	203.5-133	GB/T 13337.2—2011	固定性排气式铅酸蓄电池 第2部分：规格及尺寸	国标	2011-12-1		GB/T 13337.2—1991	采购、运维	招标、品控、运行、维护	配电、用电	其他	
5667	203.5-134	GB/T 13539.1—2015	低压熔断器 第1部分：基本要求	国标	2016-10-1	IEC 60269-1:2009	GB 13539.1—2015	采购、运维	招标、品控、运行、维护	配电	开关	
5668	203.5-135	GB/T 13539.5—2020	低压熔断器 第5部分：低压熔断器应用指南	国标	2021-6-1		GB/T 13539.5—2013	采购、运维	招标、品控、运行、维护	配电	开关	
5669	203.5-136	GB/T 14048.1—2012	低压开关设备和控制设备 第1部分：总则	国标	2013-12-1	IEC 60947-1:2011	GB 14048.1—2012	采购、运维	招标、品控、运行、维护	配电	开关	
5670	203.5-137	GB/T 14048.10—2016	低压开关设备和控制设备 第5-2部分：控制电路电器和开关元件 接近开关	国标	2017-3-1	IEC 60947-5-2:2012	GB/T 14048.10—2008	采购、运维	招标、品控、运行、维护	配电	开关	
5671	203.5-138	GB/T 14048.11—2016	低压开关设备和控制设备 第6-1部分：多功能电器 转换开关电器	国标	2016-11-1	IEC 60947-6-1:2013（2.1版），MOD	GB/T 14048.11—2008	采购、运维	招标、品控、运行、维护	配电	开关	
5672	203.5-139	GB/T 14048.12—2016	低压开关设备和控制设备 第4-3部分：接触器和电动机起动器 非电动机负载用交流半导体控制器和接触器	国标	2017-7-1	IEC 60947-4-3:2014	GB/T 14048.12—2006	采购、运维	招标、品控、运行、维护	配电	开关	

序号	体系结构号	标准编号	标准名称	标准级别	实施日期	与国际标准对应关系	代替标准	阶段	分阶段	专业	分专业	备注
5673	203.5-140	GB/T 14048.13—2017	低压开关设备和控制设备 第5-3部分：控制电路电器和开关元件 在故障条件下具有确定功能的接近开关（PDDB）的要求	国标	2018-4-1	IEC 60947-5-3:2013 Ed 2.0	GB/T 14048.13—2006	采购、运维	招标、品控、运行、维护	配电	开关	
5674	203.5-141	GB/T 14048.14—2019	低压开关设备和控制设备 第5-5部分：控制电路电器和开关元件—具有机械锁闩功能的电气紧急制动装置	国标	2020-1-1	IEC 60947-7-3:2009（2.0版）IDT	GB/T 14048.14—2006	采购、运维	招标、品控、运行、维护	配电	开关	
5675	203.5-142	GB/T 14048.15—2006	低压开关设备和控制设备 第5-6部分：控制电路电器和开关元件—接近传感器和开关放大器的DC接口（NAMUR）	国标	2007-4-1	IEC 60947-5-6:1999，IDT		采购、运维	招标、品控、运行、维护	配电	开关	
5676	203.5-143	GB/T 14048.16—2016	低压开关设备和控制设备 第8部分：旋转电机用装入式热保护（PTC）控制单元	国标	2017-3-1	IEC 60947-8:2011	GB/T 14048.16—2006	采购、运维	招标、品控、运行、维护	配电	开关	
5677	203.5-144	GB/T 14048.17—2008	低压开关设备和控制设备 第5-4部分：控制电路电器和开关元件 小容量触头的性能评定方法 特殊试验	国标	2009-10-1	IEC 60947-5-4:2002		设计、采购	初设、施工图、招标、品控	配电	开关	

序号	体系结构号	标准编号	标准名称	标准级别	实施日期	与国际标准对应关系	代替标准	阶段	分阶段	专业	分专业	备注
5678	203.5-145	GB/T 14048.18—2016	低压开关设备和控制设备 第7-3部分：辅助器件 熔断器接线端子排的安全要求	国标	2016-9-1	IEC 60947-7-3:2009（2.0版）IDT	GB/T 14048.18—2008	采购、运维	招标、品控、运行、维护	配电	开关	
5679	203.5-146	GB/T 14048.19—2013	低压开关设备和控制设备 第5-7部分：控制电路电器和开关元件 用于带模拟输出的接近设备的要求	国标	2014-4-9			采购、运维	招标、品控、运行、维护	配电	开关	
5680	203.5-147	GB/T 14048.2—2020	低压开关设备和控制设备 第2部分：断路器	国标	2021-4-1		GB/T 14048.2—2008	采购、运维	招标、品控、运行、维护	配电	开关	
5681	203.5-148	GB/T 14048.20—2013	低压开关设备和控制设备 第5-8部分：控制电路电器和开关元件 三位使能开关	国标	2014-4-9			采购、运维	招标、品控、运行、维护	配电	开关	
5682	203.5-149	GB/T 14048.21—2013	低压开关设备和控制设备 第5-9部分：控制电路电器和开关元件 流量开关	国标	2014-4-9			采购、运维	招标、品控、运行、维护	配电	开关	
5683	203.5-150	GB/T 14048.22—2022	低压开关设备和控制设备 第7-4部分：辅助器件 铜导体的PCB接线端子排	国标	2023-5-1	IEC 60947-7-4:2013	GB/T 14048.22—2017	采购、运维	招标、品控、运行、维护	配电	开关	
5684	203.5-151	GB/T 14048.23—2022	低压开关设备和控制设备 第9-1部分：电弧故障主动抑制系统 灭弧电器	国标	2023-5-1			采购、运维	招标、品控、运行、维护	配电	开关	

序号	体系结构号	标准编号	标准名称	标准级别	实施日期	与国际标准对应关系	代替标准	阶段	分阶段	专业	分专业	备注
5685	203.5-152	GB/T 14048.3—2017	低压开关设备和控制设备 第3部分：开关、隔离器、隔离开关及熔断器组合电器	国标	2018-7-1	IEC 60947-3:2015	GB 14048.3—2008	采购、运维	招标、品控、运行、维护	配电	开关	
5686	203.5-153	GB/T 14048.4—2020	低压开关设备和控制设备 第4-1部分：接触器和电动机起动器 机电式接触器和电动机起动器（含电动机保护器）	国标	2021-4-1		GB/T 14048.4—2010	采购、运维	招标、品控、运行、维护	配电	开关	
5687	203.5-154	GB/T 14048.5—2017	低压开关设备和控制设备 第5-1部分：控制电路电器和开关元件 机电式控制电路电器	国标	2009-6-1	IEC 60947-5-1:2016	GB 14048.5—2008	采购、运维	招标、品控、运行、维护	配电	开关	
5688	203.5-155	GB/T 14048.6—2016	低压开关设备和控制设备 第4-2部分：接触器和电动机起动器 交流电动机用半导体控制器和起动器（含软起动器）	国标	2011-9-1	IEC 60947-4-2:2011	GB 14048.6—2008	采购、运维	招标、品控、运行、维护	配电	开关	
5689	203.5-156	GB/T 14048.7—2016	低压开关设备和控制设备 第7-1部分：辅助器件 铜导体的接线端子排	国标	2016-9-1	IEC 60947-7-1:2009（第3.0版）MOD	GB/T 14048.7—2006	采购、运维	招标、品控、运行、维护	配电	开关	
5690	203.5-157	GB/T 14048.8—2016	低压开关设备和控制设备 第7-2部分：辅助器件 铜导体的保护导体接线端子排	国标	2011-9-1	IEC 60947-7-2:2009（第3.0版），MOD	GB/T 14048.8—2006	采购、运维	招标、品控、运行、维护	配电	开关	

序号	体系结构号	标准编号	标准名称	标准级别	实施日期	与国际标准对应关系	代替标准	阶段	分阶段	专业	分专业	备注
5691	203.5-158	GB/T 14048.9—2008	低压开关设备和控制设备 第6-2部分：多功能电器（设备）控制与保护开关电器（设备）（CPS）	国标	2009-6-1	IEC 60947-6-2:2007	GB 14048.9—2008	采购、运维	招标、品控、运行、维护	配电	开关	
5692	203.5-159	GB/T 14049—2008	额定电压 10kV 架空绝缘电缆	国标	2009-4-1		GB 14049—1993	采购、运维	招标、品控、运行、维护	配电	电缆	
5693	203.5-160	GB/T 15576—2020	低压成套无功功率补偿装置	国标	2021-6-1		GB/T 15576—2008	采购、运维	招标、品控、运行、维护	配电、用电	其他	
5694	203.5-161	GB/T 16895.1—2008	低压电气装置 第1部分：基本原则、一般特性评估和定义	国标	2009-4-1	IEC 60364-1:2005 Ed.4.0, IDT	GB 16895.1—1997	设计、采购	初设、施工图、招标、品控	配电	开关	
5695	203.5-162	GB/T 16895.10—2021	低压电气装置 第4-44部分：安全防护 电压骚扰和电磁骚扰防护	国标	2022-5-1		GB/T 16895.10—2010	采购、运维	招标、品控、运行、维护	配电、用电	其他	
5696	203.5-163	GB/T 16895.13—2022	低压电气装置 第7-701部分：特殊装置或场所的要求 装有浴盆或淋浴的场所	国标	2023-7-1		GB/T16895.13—2012	采购、运维	招标、品控、运行、维护	配电、用电	其他	
5697	203.5-164	GB/T 16895.19—2017	低压电气装置 第7-702部分：特殊装置或场所的要求 游泳池和喷泉	国标	2015-8-3	IEC 60364-7-702:2010	GB/T 16895.19—2002	采购、运维	招标、品控、运行、维护	配电、用电	其他	
5698	203.5-165	GB/T 16895.2—2017	低压电气装置 第4-42部分：安全防护 热效应保护	国标	2018-5-1	IEC 60364-4-42:2010	GB 16895.2—2005	采购	品控	配电	其他	

序号	体系结构号	标准编号	标准名称	标准级别	实施日期	与国际标准对应关系	代替标准	阶段	分阶段	专业	分专业	备注
5699	203.5-166	GB/T 16895.20—2017	低压电气装置 第5-55部分：电气设备的选择和安装 其他设备	国标	2018-7-1	IEC 60364-5-55:2012	GB 16895.20—2003	采购、运维	招标、品控、运行、维护	配电、用电	其他	
5700	203.5-167	GB/T 16895.22—2004	建筑物电气装置 第5-53部分：电气设备的选择和安装-隔离、开关和控制设备 第534节：过电压保护电器	国标	2005-6-1		GB 16895.22—2004	采购、运维	招标、品控、运行、维护	配电、用电	其他	
5701	203.5-168	GB/T 16895.22—2022	低压电气装置 第5-53部分：电气设备的选择和安装 用于安全防护、隔离、通断、控制和监测的电器	国标	2022-12-30			采购、运维	招标、品控、运行、维护	配电、用电	其他	
5702	203.5-169	GB/T 16895.25—2022	低压电气装置 第7-711部分：特殊装置或场所的要求 展览、展示及展区	国标	2023-2-1		GB/T 16895.25—2005	采购、运维	招标、品控、运行、维护	配电、用电	其他	
5703	203.5-170	GB/T 16895.28—2017	低压电气装置 第7-714部分：特殊装置或场所的要求 户外照明装置	国标	2018-2-1	IEC 60364-7-714:2011	GB/T 16895.28—2008	采购、运维	招标、品控、运行、维护	配电、用电	其他	
5704	203.5-171	GB/T 16895.3—2017	低压电气装置 第5-54部分：电气设备的选择和安装 接地配置和保护导体	国标	2018-2-1	IEC 60364-5-54:2011	GB/T 16895.3—2004	采购、运维	招标、品控、运行、维护	配电、用电	其他	

序号	体系结构号	标准编号	标准名称	标准级别	实施日期	与国际标准对应关系	代替标准	阶段	分阶段	专业	分专业	备注
5705	203.5-172	GB/T 16895.32—2021	低压电气装置 第7-712部分:特殊装置或场所的要求 太阳能光伏（PV）电源系统	国标	2021-11-1		GB/T 16895.32—2008	采购、运维	招标、品控、运行、维护	配电、用电	其他	
5706	203.5-173	GB/T 16895.33—2021	低压电气装置 第5-56部分:电气设备的选择和安装 安全设施	国标	2022-5-1		GB/T 16895.33—2017	采购、运维	招标、品控、运行、维护	配电、用电	其他	
5707	203.5-174	GB/T 16895.34—2018	低压电气装置 第7-753部分:特殊装置或场所的要求 加热电缆及埋入式加热系统	国标	2018-10-1			采购、运维	招标、品控、运行、维护	配电、用电	其他	
5708	203.5-175	GB/T 16895.5—2012	低压电气装置 第4-43部分:安全防护 过电流保护	国标	2013-5-1	IEC 60364-4-43:2008	GB 16895.5—2012	采购、运维	招标、品控、运行、维护	配电、用电	其他	
5709	203.5-176	GB/T 16895.6—2014	低压电气装置 第5-52部分:电气设备的选择和安装 布线系统	国标	2010-3-1		GB 16895.6—2000；GB/T 16895.15—2002	采购、运维	招标、品控、运行、维护	配电、用电	其他	
5710	203.5-177	GB/T 16895.7—2021	低压电气装置 第7-704部分:特殊装置或场所的要求 施工和拆除场所的电气装置	国标	2021-10-11	IEC 60364-7-704:2005	GB/T 16895.7—2009	采购、运维	招标、品控、运行、维护	配电、用电	其他	
5711	203.5-178	GB/T 16895.9—2000	建筑物电气装置 第7部分:特殊装置或场所的要求 第707节:数据处理设备用电气装置的接地要求	国标	2001-10-1	IEC 60364-7-707:1984, IDT		设计、采购	初设、施工图、招标、品控	配电	其他	

序号	体系结构号	标准编号	标准名称	标准级别	实施日期	与国际标准对应关系	代替标准	阶段	分阶段	专业	分专业	备注
5712	203.5-179	GB/T 16935.1—2008	低压系统内设备的绝缘配合 第1部分：原理、要求和试验	国标	2008-12-1	IEC 60664-1:2007，IDT	GB/T 16935.1—1997	采购、运维	招标、品控、运行、维护	配电、用电	其他	
5713	203.5-180	GB/T 16935.4—2011	低压系统内设备的绝缘配合 第4部分：高频电压应力考虑事项	国标	2012-5-1	IEC 60664-4:2005，IDT		采购、运维	招标、品控、运行、维护	配电、用电	其他	
5714	203.5-181	GB/T 17478—2004	低压直流电源设备的性能特性	国标	2005-2-1	IEC 61204:2001，MOD	GB 17478—1998	采购、运维	招标、品控、运行、维护	配电、用电	其他	
5715	203.5-182	GB/T 17886.1—1999	标称电压 1kV 及以下交流电力系统用非自愈式并联电容器 第1部分：总则——性能、试验和定额——安全要求 安装和运行导则	国标	2000-5-1	IEC 60931-1:1996，IDT	GB/T 3983.1—1989	采购、运维	招标、品控、运行、维护	配电、用电	其他	
5716	203.5-183	GB/T 17886.2—1999	标称电压 1kV 及以下交流电力系统用非自愈式并联电容器 第2部分：老化试验和破坏试验	国标	2000-5-1	IEC 60931-2:1995，IDT		采购、运维	招标、品控、运行、维护	配电、用电	其他	
5717	203.5-184	GB/T 17886.3—1999	标称电压 1kV 及以下交流电力系统用非自愈式并联电容器 第3部分：内部熔丝	国标	2000-5-1	IEC 60931-3:1996，IDT		采购、运维	招标、品控、运行、维护	配电、用电	其他	
5718	203.5-185	GB/T 18802.12—2014	低压电涌保护器（SPD） 第12部分：低压配电系统的电涌保护器选择和使用导则	国标	2015-1-22	IEC 61643-12:2008		采购、运维	招标、品控、运行、维护	配电	其他	

序号	体系结构号	标准编号	标准名称	标准级别	实施日期	与国际标准对应关系	代替标准	阶段	分阶段	专业	分专业	备注
5719	203.5-186	GB/T 18802.21—2016	低压电涌保护器 第21部分:电信和信号网络的电涌保护器(SPD)性能要求和试验方法	国标	2016-9-1	IEC 61643-21:2012 IDT		采购、运维	招标、品控、运行、维护	配电	其他	
5720	203.5-187	GB/T 18802.22—2019	低压电涌保护器 第22部分:电信和信号网络的电涌保护器 选择和使用导则	国标	2020-7-1	IEC 61643-22:2015 IDT	GB/T 18802.22—2008	采购、运维	招标、品控、运行、维护	配电	其他	
5721	203.5-188	GB/T 18802.311—2017	低压电涌保护器元件 第311部分:气体放电管(GDT)的性能要求和测试回路	国标	2018-5-1	IEC 61643—311:2013	GB/T 18802.311—2007	采购、运维	招标、品控、运行、维护	配电、用电	其他	
5722	203.5-189	GB/T 18802.351—2019	低压电涌保护器元件 第351部分:电信和信号网络的电涌隔离变压器(SIT)的性能要求和试验方法	国标	2020-7-1			采购、运维	招标、品控、运行、维护	配电	其他	
5723	203.5-190	GB/T 18802.352—2022	低压电涌保护器元件 第352部分:电信和信号网络的电涌隔离变压器(SIT)的选择和使用导则	国标	2022-12-30			采购、运维	招标、品控、运行、维护	变电	变压器	
5724	203.5-191	GB/T 18858.1—2012	低压开关设备和控制设备 控制器 设备接口(CDI)第1部分:总则	国标	2013-2-1		GB/T 18858.1—2002	采购、运维	招标、品控、运行、维护	配电	开关	

序号	体系结构号	标准编号	标准名称	标准级别	实施日期	与国际标准对应关系	代替标准	阶段	分阶段	专业	分专业	备注
5725	203.5-192	GB/T 18858.2—2012	低压开关设备和控制设备 控制器 设备接口（CDI） 第2部分：执行器传感器接口（AS-i）	国标	2013-2-1		GB/T 18858.2—2002	采购、运维	招标、品控、运行、维护	配电	开关	
5726	203.5-193	GB/T 18858.3—2012	低压开关设备和控制设备 控制器 设备接口（CDI） 第3部分：DeviceNet	国标	2013-2-1	IEC 62026-3:2008 IDT	GB/T 18858.3—2002	采购、运维	招标、品控、运行、维护	配电	开关	
5727	203.5-194	GB/T 19215.3—2012	电气安装用电缆槽管系统 第2部分：特殊要求 第2节：安装在地板下和与地板齐平的电缆槽管系统	国标	2013-5-1	IEC 61084-2-2:2003 Ed.1	GB 19215.3—2012	采购、运维	招标、品控、运行、维护	配电、用电	电缆	
5728	203.5-195	GB/T 19334—2021	低压开关设备和控制设备的尺寸 在开关设备和控制设备及其附件中作机械支承的标准安装轨	国标	2022-5-1		GB/T 19334—2003	采购、运维	招标、品控、运行、维护	配电、用电	其他	
5729	203.5-196	GB/T 20641—2014	低压成套开关设备和控制设备 空壳体的一般要求	国标	2015-6-1		GB/T 20641—2006	采购、运维	招标、品控、运行、维护	配电	开关	
5730	203.5-197	GB/T 21207.1—2014	低压开关设备和控制设备 入网工业设备描述 第1部分：设备描述编制总则	国标	2015-4-1		GB/T 21207—2007	采购、运维	招标、品控、运行、维护	配电	开关	

序号	体系结构号	标准编号	标准名称	标准级别	实施日期	与国际标准对应关系	代替标准	阶段	分阶段	专业	分专业	备注
5731	203.5-198	GB/T 21207.2—2014	低压开关设备和控制设备 入网工业设备描述 第2部分:起动器和类似设备的根设备描述	国标	2015-4-1			采购、运维	招标、品控、运行、维护	配电	开关	
5732	203.5-199	GB/T 21560.3—2008	低压直流电源 第3部分:电磁兼容性（EMC）	国标	2008-11-1	IEC 61204-3:2000，MOD		采购、运维	招标、品控、运行、维护	配电、用电	其他	
5733	203.5-200	GB/T 21560.6—2008	低压直流电源 第6部分:评定低压直流电源性能的要求	国标	2008-11-1	IEC 61204-6:2000，MOD		采购、运维	招标、品控、运行、维护	配电、用电	其他	
5734	203.5-201	GB/T 22072—2018	干式非晶合金铁心配电变压器技术参数和要求	国标	2019-7-1		GB/T 22072—2008	采购、运维	招标、品控、运行、维护	配电	变压器	
5735	203.5-202	GB/T 22582—2008	电力电容器 低压功率因数补偿装置	国标	2009-10-1	IEC 61921:2003，MOD		采购、运维	招标、品控、运行、维护	配电、用电	其他	
5736	203.5-203	GB/T 22710—2008	低压断路器用电子式控制器	国标	2009-10-1			采购、运维	招标、品控、运行、维护	配电、用电	其他	
5737	203.5-204	GB/T 24274—2019	低压抽出式成套开关设备和控制设备	国标	2020-5-1		GB/T 24274—2009	采购、运维	招标、品控、运行、维护	配电	开关	
5738	203.5-205	GB/T 24275—2019	低压固定封闭式成套开关设备和控制设备	国标	2020-5-1		GB/T 24275—2009	采购、运维	招标、品控、运行、维护	配电	开关	
5739	203.5-206	GB/T 24621.1—2021	低压成套开关设备和控制设备的电气安全应用指南 第1部分:成套开关设备	国标	2022-5-1		GB/T 24621.1—2009	采购、运维	招标、品控、运行、维护	配电	开关	
5740	203.5-207	GB/T 25099—2010	配电降压节电装置	国标	2011-2-1			采购、运维	招标、品控、运行、维护	配电	其他	

序号	体系结构号	标准编号	标准名称	标准级别	实施日期	与国际标准对应关系	代替标准	阶段	分阶段	专业	分专业	备注
5741	203.5-208	GB/T 25284—2010	12kV～40.5kV高压交流自动重合器	国标	2011-9-1	IEC 62271-111:2005	GB 25284—2010	采购、运维	招标、品控、运行、维护	配电	其他	
5742	203.5-209	GB/T 25289—2010	20kV油浸式配电变压器技术参数和要求	国标	2011-5-1			采购、运维	招标、品控、运行、维护	配电	变压器	
5743	203.5-210	GB/T 25316—2010	静止式岸电装置	国标	2011-5-1			采购、运维	招标、品控、运行、维护	配电	其他	
5744	203.5-211	GB/T 25438—2010	三相油浸式立体卷铁心配电变压器技术参数和要求	国标	2011-5-1			采购、运维	招标、品控、运行、维护	配电	变压器	
5745	203.5-212	GB/T 25446—2010	油浸式非晶合金铁心配电变压器技术参数和要求	国标	2011-5-1			采购、运维	招标、品控、运行、维护	配电	变压器	
5746	203.5-213	GB/T 27746—2011	低压电器用金属氧化物压敏电阻器（MOV）技术规范	国标	2012-5-1			采购、运维	招标、品控、运行、维护	配电、用电	其他	
5747	203.5-214	GB/T 28182—2011	额定电压52kV及以下带串联间隙避雷器	国标	2012-6-1	IEC 60099-6:2002，MOD		采购、运维	招标、品控、运行、维护	配电	其他	
5748	203.5-215	GB/T 28567—2022	电线电缆专用设备技术要求	国标	2023-5-1		GB/T 28567—2012	采购、运维	招标、品控、运行、维护	配电	电缆	
5749	203.5-216	GB/T 29312—2012	低压无功功率补偿投切装置	国标	2013-6-1			采购、运维	招标、品控、运行、维护	配电	其他	
5750	203.5-217	GB/T 29839—2013	额定电压 1kV（U_m=1.2kV）及以下光纤复合低压电缆	国标	2014-3-7			采购、运维	招标、品控、运行、维护	配电	电缆	

序号	体系结构号	标准编号	标准名称	标准级别	实施日期	与国际标准对应关系	代替标准	阶段	分阶段	专业	分专业	备注
5751	203.5-218	GB/T 31840.1—2015	额定电压 1kV（U_m=1.2kV）到 35kV（U_m=40.5kV）铝合金芯挤包绝缘电力电缆 第1部分：额定电压 1kV（U_m=1.2kV）和 3kV（U_m=3.6kV）电缆	国标	2016-2-1			采购、运维	招标、品控、运行、维护	配电	电缆	
5752	203.5-219	GB/T 31840.2—2015	额定电压 1kV（U_m=1.2kV）到 35kV（U_m=40.5kV）铝合金芯挤包绝缘电力电缆 第2部分：额定电压 6kV（U_m=7.2kV）到 30kV（U_m=36kV）电缆	国标	2016-2-1			采购、运维	招标、品控、运行、维护	配电	电缆	
5753	203.5-220	GB/T 32825—2016	三相干式立体卷铁心配电变压器技术参数和要求	国标	2017-3-1			采购、运维	招标、品控、运行、维护	配电	变压器	
5754	203.5-221	GB/T 32891.1—2016	旋转电机 效率分级（IE 代码）第1部分：电网供电的交流电动机	国标	2017-3-1	IEC 60034-30-1:2014		采购、运维	招标、品控、运行、维护	配电、用电	其他	
5755	203.5-222	GB/T 35685.1—2017	低压封闭式开关设备和控制设备 第1部分：在维修和维护工作中提供隔离功能的封闭式隔离开关	国标	2018-7-1			采购、运维	招标、品控、运行、维护	配电	开关	
5756	203.5-223	GB/T 35732—2017	配电自动化智能终端技术规范	国标	2018-7-1			采购、修试	招标、品控、检修、试验	配电	其他	

序号	体系结构号	标准编号	标准名称	标准级别	实施日期	与国际标准对应关系	代替标准	阶段	分阶段	专业	分专业	备注
5757	203.5-224	GB/T 35743—2017	低压开关设备和控制设备 用于信息交换的产品数据与特性	国标	2018-7-1			采购、运维	招标、品控、运行、维护	配电	开关	
5758	203.5-225	GB/T 40823—2021	配电变电站用紧凑型成套设备（CEADS）	国标	2022-5-1			采购、运维	招标、品控、运行、维护	配电	开关	
5759	203.5-226	GB/T 41491—2022	配网用复合材料杆塔	国标	2022-11-1			采购、运维	招标、品控、运行、维护	配电	线路	
5760	203.5-227	GB/Z 25842.1—2010	低压开关设备和控制设备 过电流保护电器 第1部分：短路定额的应用	国标	2011-5-1	IEC/TR 61912-1:2007, IDT		采购、运维	招标、品控、运行、维护	配电	其他	
5761	203.5-228	GB/Z 25842.2—2012	低压开关设备和控制设备 过电流保护电器 第2部分：过电流条件下的选择性	国标	2013-2-1			采购、运维	招标、品控、运行、维护	配电	开关	
5762	203.5-229	GB/Z 41909—2022	低压开关设备和控制设备 开关设备和控制设备及其成套设备的EMC评估	国标	2023-5-1			采购、运维	招标、品控、运行、维护	配电	开关	
5763	203.5-230	GB/Z 41912—2022	低压开关设备和控制设备 嵌入式软件开发指南	国标	2023-5-1			采购、运维	招标、品控、运行、维护	配电	开关	
5764	203.5-231	ANSI/UL 5085-1—2012	低压变压器安全标准 第1部分：一般要求	国际标准	2006-4-17	UL 5085-1—2006, IDT		采购、运维	招标、品控、运行、维护	配电	变压器	
5765	203.5-232	ANSI/UL 5085-2—2012	低压变压器安全标准 第2部分：一般用途变压器	国际标准	2006-4-17	UL 5085-2—2006, IDT		采购、运维	招标、品控、运行、维护	配电	变压器	

序号	体系结构号	标准编号	标准名称	标准级别	实施日期	与国际标准对应关系	代替标准	阶段	分阶段	专业	分专业	备注
5766	203.5-233	IEC 61558-2-26—2013	电力变压器 第2-26 部分：反应器、供电机组及其组合的安全性全部用于节约能源和其他用途的变压器和供电机组的详细要求和试验	国际标准	2013-7-10	EN 61558-2-26—2013，IDT		采购、运维	招标、品控、运行、维护	配电	变压器	
5767	203.5-234	NF C 67-220—2005	架空线路支架D 级和 E 级水泥电杆	国际标准	2005-12-1		NF C 67-220—1987（C67-220）	采购、运维	招标、品控、运行、维护	配电	线路	
203.6	设备材料—分布式电源与微电网											
5768	203.6-1	Q/CSG 1204064—2020	并网型微电网二次设备技术规范	企标	2020-3-31			采购、运维	招标、品控、运行、维护	发电	其他	
5769	203.6-2	T/CEC 150—2018	低压微电网并网一体化装置技术规范	团标	2018-4-1			采购、运维	招标、品控、运行、维护	发电	其他	
5770	203.6-3	NB/T 31071—2015	风力发电场远程监控系统技术规程	行标	2015-9-1			采购、运维	招标、品控、运行、维护	发电	风电	
5771	203.6-4	NB/T 31083—2016	风电场控制系统功能规范	行标	2016-6-1			采购、运维	招标、品控、运行、维护	发电	风电	
203.7	设备材料—用电											
5772	203.7-1	DL/T 2365—2021	非介入式用电负荷监测装置技术规范	行标	2022-3-22			采购、运维	招标、品控、运行、维护	用电	电能计量	
5773	203.7-2	SJ/T 11140—2022	铝电解电容器用电极箔	行标	2023-01-01		SJ/T 11140—2012	采购、运维	招标、品控、运行、维护	用电	其他	
5774	203.7-3	GB/T 5171.1—2014	小功率电动机 第 1 部分:通用技术条件	国标	2014-10-28		GB/T 5171—2002	设计、采购	初设、施工图、招标、品控	配电、用电	其他	

序号	体系结构号	标准编号	标准名称	标准级别	实施日期	与国际标准对应关系	代替标准	阶段	分阶段	专业	分专业	备注
5775	203.7-4	GB/T 12350—2022	小功率电动机的安全要求	国标	2022-11-1		GB/T 12350—2009	采购、运维	招标、品控、运行、维护	用电	其他	
5776	203.7-5	GB/T 13957—2022	大型三相异步电动机基本系列技术条件	国标	2023-7-1		GB/T 13957—2008	采购、运维	招标、品控、运行、维护	用电	其他	
5777	203.7-6	GB/T 30549—2014	永磁交流伺服电动机 通用技术条件	国标	2014-10-28			采购、运维、修试	招标、品控、运行、维护、检修	用电	其他	
5778	203.7-7	GB/T 41913—2022	陀螺电机通用技术规范	国标	2023-5-1			采购、运维	招标、品控、运行、维护	用电	其他	
203.8 设备材料—调度及二次												
——电力调度及通信												
5779	203.8-1	Q/CSG 1203066—2019	变电站过程层以太网交换机技术规范	企标	2019-12-30			采购、运维	招标、品控、运行、维护	调度及二次	继电保护及安全自动装置、电力通信	
5780	203.8-2	Q/CSG 1204018—2016	南方电网光通信网络技术规范	企标	2015-3-25		Q/CSG 110002—2011	设计、采购	初设、招标、品控	调度及二次	电力通信	
5781	203.8-3	Q/CSG 1204022—2017	电力无线专网技术规范	企标	2017-2-1			设计、采购	初设、招标、品控	调度及二次	电力通信	
5782	203.8-4	Q/CSG 1204027—2018	南方电网通信电源监控系统技术规范	企标	2018-5-17			设计、采购	初设、招标、品控	调度及二次	电力通信	
5783	203.8-5	Q/CSG 1204034—2022	南方电网配网工业以太网交换机网管系统技术规范	企标	2022-4-7			设计、采购	初设、招标、品控	调度及二次	电力通信	
5784	203.8-6	Q/CSG 1204043—2019	南方电网视频会议系统技术规范	企标	2019-2-27		Q/CSG 110002—2012	设计、采购	初设、招标、品控	调度及二次	电力通信	

序号	体系结构号	标准编号	标准名称	标准级别	实施日期	与国际标准对应关系	代替标准	阶段	分阶段	专业	分专业	备注
5785	203.8-7	Q/CSG 1204146—2022	南方电网自动化主站机房及设备设施标识规范	企标	2022-9-26			规划、设计、采购、建设、运维、修试、退役	规划、初设、施工图、招标、品控、施工工艺、验收与质量评定、试运行、运行、维护、检修、试验、退役、报废	调度及二次	调度自动化	
5786	203.8-8	Q/CSG 1204152—2022	南方电网光通信网管北向接口技术规范	企标	2022-10-11			设计、采购	初设、招标、品控	调度及二次	电力通信	
5787	203.8-9	T/CEC 192—2018	电力通信机房动力环境监控系统及接口技术规范	团标	2019-2-1			设计、采购	初设、招标、品控	调度及二次	电力通信	
5788	203.8-10	T/CEC 629.1—2022	基于北斗短报文的用电信息采集终端通信单元技术 规范第1部分：技术要求	团标	2022-10-1			设计、采购	初设、招标、品控	调度及二次	电力通信	
5789	203.8-11	T/CEC 642—2022	电力5G通信模组通用技术要求	团标	2022-10-1			设计、采购	初设、招标、品控	调度及二次	电力通信	
5790	203.8-12	T/CSEE 0087.2—2018	电力量子保密通信系统 第2部分：VPN 网关设备	团标	2018-12-25			设计、采购	初设、招标、品控	调度及二次	电力通信	
5791	203.8-13	DL/T 629—1997	电力线载波结合设备分频滤波器	行标	1998-5-1			设计、采购	初设、招标、品控	调度及二次	电力通信	
5792	203.8-14	DL/T 788—2016	全介质自承式光缆	行标	2016-6-1		DL/T 788—2001	采购、运维	招标、品控、运行、维护	调度及二次	电力通信	
5793	203.8-15	DL/T 795—2016	电力系统数字调度交换机	行标	2017-5-1		DL/T 795—2001	采购、运维	招标、品控、运行、维护	调度及二次	电力通信	
5794	203.8-16	DL/T 1241—2013	电力工业以太网交换机技术规范	行标	2013-8-1			设计、采购	初设、招标、品控	调度及二次	电力通信	

序号	体系结构号	标准编号	标准名称	标准级别	实施日期	与国际标准对应关系	代替标准	阶段	分阶段	专业	分专业	备注
5795	203.8-17	DL/T 1336—2014	电力通信站光伏电源系统技术要求	行标	2014-8-1			设计、采购	初设、招标、品控	调度及二次	电力通信	
5796	203.8-18	DL/T 1509—2016	电力系统光传送网（OTN）技术要求	行标	2016-6-1			设计、采购	初设、招标、品控	调度及二次	电力通信	
5797	203.8-19	DL/T 1894—2018	电力光纤传感器通用规范	行标	2019-5-1			采购、运维	招标、品控、运行、维护	调度及二次	电力通信	
5798	203.8-20	DL/T 1912—2018	智能变电站以太网交换机技术规范	行标	2019-5-1			采购、运维	招标、品控、运行、维护	调度及二次	电力通信	
5799	203.8-21	YD/T 841.8—2014	地下通信管道用塑料管　第8部分：塑料合金复合型管	行标	2014-10-14			采购、运维	招标、品控、运行、维护	调度及二次	电力通信	
5800	203.8-22	YD/T 1181.7—2022	光缆用非金属加强件的特性　第7部分：纤维增强塑料柔性杆	行标	2022-7-1			设计、采购	初设、招标、品控	调度及二次	电力通信	
5801	203.8-23	YD/T 1255—2013	具有路由功能的以太网交换机技术要求	行标	2014-1-1		YD/T 1255—2003	设计、采购	初设、招标、品控	调度及二次	电力通信	
5802	203.8-24	YD/T 1436—2014	室外型通信电源系统	行标	2014-10-14			采购、运维	招标、品控、运行、维护	调度及二次	电力通信	
5803	203.8-25	YD/T 1997.4—2022	通信用引入光缆　第4部分：光电混合缆	行标	2023-01-01			设计、采购	初设、招标、品控	调度及二次	电力通信	
5804	203.8-26	YD/T 2159—2022	接入网用光电混合缆	行标	2023-01-01			设计、采购	初设、招标、品控	调度及二次	电力通信	
5805	203.8-27	YD/T 3358.3—2022	双通道光收发合一模块　第3部分：2×50Gb/s	行标	2022-7-1			设计、采购	初设、招标、品控	调度及二次	电力通信	

序号	体系结构号	标准编号	标准名称	标准级别	实施日期	与国际标准对应关系	代替标准	阶段	分阶段	专业	分专业	备注
5806	203.8-28	YD/T 3408—2018	通信用 48V 磷酸铁锂电池管理系统技术要求和试验方法	行标	2019-4-1			采购、运维	招标、品控、运行、维护	调度及二次	电力通信	
5807	203.8-29	YD/T 3421.13—2022	基于公用电信网的宽带客户智能网关 第13部分:企业用智能网关设备安全技术要求	行标	2023-01-01			设计、采购	初设、招标、品控	调度及二次	电力通信	
5808	203.8-30	YD/T 3424—2018	通信用 240V 直流供电系统使用技术要求	行标	2019-4-1			设计、采购	初设、招标、品控	调度及二次	电力通信	
5809	203.8-31	YD/T 3692.3—2021	智能光分配网络 智能门禁技术要求 第3部分:智能门禁管理终端与应用	行标	2022-11-1			采购、运维	招标、品控、运行、维护	调度及二次	电力通信	
5810	203.8-32	YD/T 3833—2021	无线通信小基站用光电混合缆	行标	2021-4-1			设计、采购	初设、招标、品控	调度及二次	电力通信	
5811	203.8-33	YD/T 4009—2022	5G 数字化室内分布系统技术要求	行标	2022-7-1			设计、采购	初设、招标、品控	调度及二次	电力通信	
5812	203.8-34	YD/T 4011—2022	5G 网络管理技术要求 总体要求	行标	2022-7-1			设计、建设、运维	初设、施工图、施工工艺、验收与质量评定、运行、维护	调度及二次	电力通信	
5813	203.8-35	YD/T 4012—2022	5G 网络管理技术要求 通用管理服务	行标	2022-7-1			规划、设计、建设	规划、初设、施工图、施工工艺、验收与质量评定、试运行	调度及二次	电力通信	
5814	203.8-36	YD/T 4019.1—2022	25Gb/s 波分复用（WDM）光收发合一模块 第1部分:CWDM	行标	2022-7-1			设计、采购	初设、招标、品控	调度及二次	电力通信	

序号	体系结构号	标准编号	标准名称	标准级别	实施日期	与国际标准对应关系	代替标准	阶段	分阶段	专业	分专业	备注
5815	203.8-37	YD/T 4019.2—2022	25Gb/s 波分复用（WDM）光收发合一模块 第2部分：LWDM	行标	2022-7-1			设计、采购	初设、招标、品控	调度及二次	电力通信	
5816	203.8-38	YD/T 4020.1—2022	城域接入用单纤双向波分复用器 第1部分：DWDM	行标	2022-7-1			采购、运维	招标、品控、运行、维护	调度及二次	电力通信	
5817	203.8-39	YD/T 4021.1—2022	城域应用线路侧光收发合一模块 第1部分：100Gb/s	行标	2022-7-1			设计、采购	初设、招标、品控	调度及二次	电力通信	
5818	203.8-40	YD/T 4022—2022	100Gb/s 单波长光收发合一模块	行标	2022-7-1			设计、采购	初设、招标、品控	调度及二次	电力通信	
5819	203.8-41	YD/T 4034—2022	网络功能虚拟化编排器（NFVO）技术要求 NFVO 与虚拟化基础设施管理（VIM）接口	行标	2022-7-1			设计、采购	初设、招标、品控	调度及二次	电力通信	
5820	203.8-42	YD/T 4035—2022	网络功能虚拟化编排器（NFVO）技术要求 NFVO 与运营支撑系统（OSS）接口	行标	2022-7-1			设计、采购	初设、招标、品控	调度及二次	电力通信	
5821	203.8-43	YD/T 4047.3—2022	分布式中间件服务技术能力要求 第3部分：API 网关	行标	2022-7-1			采购、运维	招标、品控、运行、维护	调度及二次	电力通信	
5822	203.8-44	YD/T 4075—2022	以太网交换机多机虚拟化系统技术要求	行标	2023-01-01			设计、采购	初设、招标、品控	调度及二次	电力通信	
5823	203.8-45	YD/T 4080—2022	通信电缆光缆用绕扎材料	行标	2023-01-01			设计、采购	初设、招标、品控	调度及二次	电力通信	

序号	体系结构号	标准编号	标准名称	标准级别	实施日期	与国际标准对应关系	代替标准	阶段	分阶段	专业	分专业	备注
5824	203.8-46	YD/T 4081—2022	通信电缆光缆用撕裂绳	行标	2023-01-01			设计、采购	初设、招标、品控	调度及二次	电力通信	
5825	203.8-47	YD/T 4083—2022	数字通信对称电缆用连接器 第1部分：总则	行标	2023-01-01			设计、采购	初设、招标、品控	调度及二次	电力通信	
5826	203.8-48	YD/T 4114.1—2022	光线路终端（OLT）虚拟化技术要求（第一阶段）第1部分：总体	行标	2023-01-01			采购、运维	招标、品控、运行、维护	调度及二次	电力通信	
5827	203.8-49	YD/T 4141—2022	网络汇聚分流设备技术要求	行标	2023-01-01			设计、采购	初设、招标、品控	调度及二次	电力通信	
5828	203.8-50	YD/T 4143—2022	可重构数据网络 总体架构	行标	2023-01-01			设计、采购	初设、招标、品控	调度及二次	电力通信	
5829	203.8-51	YD/T 4144—2022	可重构数据网络 网络功能描述	行标	2023-01-01			设计、采购	初设、招标、品控	调度及二次	电力通信	
5830	203.8-52	YD/T 4145—2022	可重构数据网络 控制层与转发层接口	行标	2023-01-01			设计、采购	初设、招标、品控	调度及二次	电力通信	
5831	203.8-53	GB/T 7329—2008	电力线载波结合设备	国标	2008-10-1	IEC 60481:1974，NEQ	GB/T 7329—1998	采购、运维	招标、品控、运行、维护	调度及二次	电力通信	
5832	203.8-54	GB/T 7424.4—2003	光缆 第4部分:分规范 光纤复合架空地线	国标	2004-8-1	IEC 60794-1:1999，NEQ		设计、采购	初设、招标、品控	调度及二次	电力通信	
5833	203.8-55	GB/T 11444.4—1996	国内卫星通信地球站发射、接收和地面通信设备技术要求 第四部分:中速数据传输设备	国标	1997-1-2	IESS 308，REF	GB 12406—1990	采购、运维	招标、品控、运行、维护	调度及二次	电力通信	
5834	203.8-56	GB/T 37548—2019	变电站设备物联网通信架构及接口要求	国标	2020-1-1			设计、采购	初设、招标、品控	调度及二次	电力通信	

序号	体系结构号	标准编号	标准名称	标准级别	实施日期	与国际标准对应关系	代替标准	阶段	分阶段	专业	分专业	备注
5835	203.8-57	GB/T 41266—2022	网络关键设备安全检测方法 交换机设备	国标	2022-10-1			建设、运维	施工工艺、验收与质量评定、试运行、运行、维护	调度及二次	电力通信	
5836	203.8-58	GB/T 41267—2022	网络关键设备安全技术要求 交换机设备	国标	2022-10-1			建设、运维	施工工艺、验收与质量评定、试运行、运行、维护	调度及二次	电力通信	
5837	203.8-59	GB/T 42151.5—2022	电力自动化通信网络和系统 第5部分：功能和装置模型的通信要求	国标	2023-4-1			设计、采购	初设、招标、品控	调度及二次	调度自动化	
5838	203.8-60	IEC 60870-5-101—2003	远程控制设备和系统 第5部分：传输协议第101节：基本遥控工作的副标准	国际标准	2003-2-7	NF C46-951-01—2004, IDT；BS EN60870-5-101—2003，IDT；DIN EN60870-5-101—2003，IDT；EN 60870-5-101—2003, IDT	IEC 60870-5-101—1995；IEC 60870-5-101—1995/Amd 1—2000；IEC 60870-5-101—1995/Amd 2—2001	采购、运维	招标、品控、运行、维护	调度及二次	电力通信	
5839	203.8-61	IEC 62148-11—2009	光纤有源元件和器件光纤连接器包装和接口标准 第11部分：14 引线有源器件模块	国际标准	2009-6-25	EN 62148-11—2009, IDT	IEC 62148-11—2003	采购、运维	招标、品控、运行、维护	调度及二次	电力通信	
5840	203.8-62	IEC 62148-16—2009	光纤有源元件及器件包装和接口标准 第16部分：与LC连接器接口一同使用的发射器和接收器部件	国际标准	2009-8-6	DIN EN 62148-16-20I0, IDT；BS EN 62148-16—2010, IDT；EN 62148-16—2009, IDT；NFC 93-883-16—2010, IDT		采购、运维	招标、品控、运行、维护	调度及二次	电力通信	

序号	体系结构号	标准编号	标准名称	标准级别	实施日期	与国际标准对应关系	代替标准	阶段	分阶段	专业	分专业	备注
5841	203.8-63	IEC 62149-5—2009	光纤有源元件和设备性能标准　第5部分：包括 LD 驱动器和 CDR 集成电路的 ATM-PON 收发机	国际标准	2009-8-11	EN 62149-5—2011，IDT	IEC 62149-5—2003	采购、运维	招标、品控、运行、维护	调度及二次	电力通信	
5842	203.8-64	IEC/TR 62627-02—2010	光纤互连设备和无源元件　第02部分：SC 塞型固定衰减器的系列测试结果报告	国际标准	2010-6-28			采购、运维	招标、品控、运行、维护	调度及二次	电力通信	
5843	203.8-65	IEC/TR 62627-03-01—2011	光纤互连设备和无源元件　第03-01部分：可靠性、温度和湿度循环器件连接器的纤维活塞故障用验收试验的设计：界限分析	国际标准	2011-4-7			采购、运维	招标、品控、运行、维护	调度及二次	电力通信	
——继电保护												
5844	203.8-66	Q/CSG 1203090—2022	南方电网 500kV 变压器保护及并联电抗器保护技术规范	企标	2023-1-1		Q/CSG 110009—2011	采购、运维、修试	招标、品控、运行、维护、检修试验	调度及二次	继电保护及安全自动装置	
5845	203.8-67	Q/CSG 1203088—2022	南方电网 220kV 母线保护技术规范	企标	2023-1-1		Q/CSG 110022—2012	采购、运维、修试	招标、品控、运行、维护、检修试验	调度及二次	继电保护及安全自动装置	
5846	203.8-68	Q/CSG 110033—2012	南方电网大型发电机及发变组保护技术规范	企标	2012-4-26			采购、运维、修试	招标、品控、运行、维护、检修试验	调度及二次	继电保护及安全自动装置	
5847	203.8-69	Q/CSG 1203007—2015	串联电容补偿装置保护技术规范	企标	2016-1-4			采购、运维、修试	招标、品控、运行、维护、检修试验	调度及二次	继电保护及安全自动装置	
5848	203.8-70	Q/CSG 1203008—2015	直流输电系统直流保护及故障录波装置技术规范	企标	2015-12-31			采购、运维、修试	招标、品控、运行、维护、检修试验	调度及二次	继电保护及安全自动装置	

序号	体系结构号	标准编号	标准名称	标准级别	实施日期	与国际标准对应关系	代替标准	阶段	分阶段	专业	分专业	备注
5849	203.8-71	Q/CSG 1203009—2015	直流输电系统交流滤波器保护及直流滤波器保护技术规范	企标	2015-12-31			采购、运维、修试	招标、品控、运行、维护、检修、试验	调度及二次	继电保护及安全自动装置	
5850	203.8-72	Q/CSG 1203034—2017	直流融冰装置控制保护技术规范	企标	2017-4-1			采购、运维、修试	招标、品控、运行、维护、检修、试验	调度及二次	继电保护及安全自动装置	
5851	203.8-73	Q/CSG 1203036—2017	220kV 两相式供电线路保护技术规范	企标	2017-5-2			采购、运维、修试	招标、品控、运行、维护、检修、试验	调度及二次	继电保护及安全自动装置	
5852	203.8-74	Q/CSG 1203037—2017	10kV ～ 110kV T 接线路差动保护技术规范	企标	2017-3-24			采购、运维、修试	招标、品控、运行、维护、检修、试验	调度及二次	继电保护及安全自动装置	
5853	203.8-75	Q/CSG 1203040—2017	故障录波器及行波测距装置技术规范	企标	2017-5-1		Q/CSG 110031—2012	采购、运维、修试	招标、品控、运行、维护、检修、试验	调度及二次	继电保护及安全自动装置	
5854	203.8-76	Q/CSG 1203041—2017	柔性直流输电系统控制保护系统(含多端控制保护)技术规范	企标	2017-5-1			采购、运维、修试	招标、品控、运行、维护、检修、试验	调度及二次	继电保护及安全自动装置	
5855	203.8-77	Q/CSG 1203042—2017	STATCOM装置控制保护技术规范	企标	2017-5-1			采购、运维、修试	招标、品控、运行、维护、检修、试验	调度及二次	继电保护及安全自动装置	
5856	203.8-78	Q/CSG 1203044—2017	500kV 站用变压器保护技术规范	企标	2017-4-1			采购、运维、修试	招标、品控、运行、维护、检修、试验	调度及二次	继电保护及安全自动装置	
5857	203.8-79	Q/CSG 1203045—2017	智能变电站继电保护及相关二次设备信息描述规范	企标	2017-8-15			采购、运维、修试	招标、品控、运行、维护、检修、试验	调度及二次	继电保护及安全自动装置	
5858	203.8-80	Q/CSG 1203050—2018	高压直流极(阀组)控制系统技术规范	企标	2018-5-17			采购、运维、修试	招标、品控、运行、维护、检修、试验	调度及二次	继电保护及安全自动装置	

序号	体系结构号	标准编号	标准名称	标准级别	实施日期	与国际标准对应关系	代替标准	阶段	分阶段	专业	分专业	备注
5859	203.8-81	Q/CSG 1203057—2018	±100kV 及以下直流控制保护及保护设备技术导则	企标	2018-12-28			采购、运维、修试	招标、品控、运行、维护、检修、试验	调度及二次	继电保护及安全自动装置	
5860	203.8-82	Q/CSG 1203059—2019	保护屏柜及端子箱接线端子排技术规范	企标	2019-2-27			采购、运维	招标、品控、运行、维护	调度及二次	继电保护及安全自动装置	
5861	203.8-83	Q/CSG 1203061—2019	二次控制电缆技术标准	企标	2019-2-27			采购、运维	招标、品控、运行、维护	调度及二次	继电保护及安全自动装置、电力通信	
5862	203.8-84	Q/CSG 1203068—2019	小电流接地选线装置技术规范	企标	2019-12-30		Q/CSG 110040—2012	采购、运维	招标、品控、运行、维护	调度及二次	继电保护及安全自动装置	
5863	203.8-85	Q/CSG 1203079—2021	220kV 线路保护技术规范	企标	2021-12-31		Q/CSG 1203006—2015	采购、运维、修试	招标、品控、运行、维护、检修、试验	调度及二次	继电保护及安全自动装置	
5864	203.8-86	Q/CSG 1203080—2021	500kV 线路和辅助保护技术规范	企标	2021-12-31		Q/CSG 1203035—2017	采购、运维、修试	招标、品控、运行、维护、检修、试验	调度及二次	继电保护及安全自动装置	
5865	203.8-87	Q/CSG 1203081—2021	智能录波器技术规范	企标	2021-5-31		Q/CSG 1204005.67.3—2014	采购、运维	招标、品控、运行、维护	调度及二次	继电保护及安全自动装置	
5866	203.8-88	Q/CSG 1203089—2022	500kV 母线保护技术规范	企标	2022-3-30			采购、运维、修试	招标、品控、运行、维护、检修、试验	调度及二次	继电保护及安全自动装置	
5867	203.8-89	Q/CSG 1203091—2022	直流控制保护系统二次回路标识技术规范（试行）	企标	2022-3-30			运维	运行、维护	调度及二次	继电保护及安全自动装置	
5868	203.8-90	Q/CSG 1203092—2022	抽水蓄能电站发电电动机变压器组保护技术规范（试行）	企标	2022-5-25			采购、运维	招标、品控、运行、维护	调度及二次	继电保护及安全自动装置	

序号	体系结构号	标准编号	标准名称	标准级别	实施日期	与国际标准对应关系	代替标准	阶段	分阶段	专业	分专业	备注
5869	203.8-91	Q/CSG 1204008—2015	智能变电站继电保护及相关设备二次回路接口规范	企标	2015-12-21			采购、运维	招标、品控、运行、维护	调度及二次	继电保护及安全自动装置	
5870	203.8-92	Q/CSG 1204013—2016	继电保护信息系统主站—子站以太网103通信规范	企标	2016-3-30			采购、运维	招标、品控、运行、维护	调度及二次	继电保护及安全自动装置	
5871	203.8-93	Q/CSG 1204014—2016	继电保护信息系统主站—子站DL/T 860 工程实施规范	企标	2016-3-30			采购、运维	招标、品控、运行、维护	调度及二次	继电保护及安全自动装置	
5872	203.8-94	Q/CSG 1204015—2016	继电保护信息系统主站—分站通信规范	企标	2016-3-30			采购、运维	招标、品控、运行、维护	调度及二次	继电保护及安全自动装置	
5873	203.8-95	Q/CSG 1204033—2018	南方电网备自投装置配置与技术功能规范	企标	2018-12-28		Q/CSG 110012—2011	采购、运维、修试	招标、品控、运行、维护、检修、试验	调度及二次	继电保护及安全自动装置	
5874	203.8-96	Q/CSG 1204040—2018	南方电网执行站稳控执行站装置标准化技术规范	企标	2018-12-28			设计、采购、建设	初设、招标、验收与质量评定	调度及二次	继电保护及安全自动装置	
5875	203.8-97	Q/CSG 1204059—2020	变电站间隔层和过程层 IEC 61850 配置工具技术规范	企标	2020-7-31		Q/CSG 1204059—2020	设计、采购、建设、运维、修试、退役	初设、施工图、招标、施工工艺、验收与质量评定、试运行、运行、维护、检修、试验、退役、报废	调度及二次	继电保护及安全自动装置	
5876	203.8-98	Q/CSG 1204079—2020	10kV ～ 110kV 线路保护技术规范（试行）	企标	2020-8-31		Q/CSG 110035—2012	采购、运维、修试	招标、品控、运行、维护、检修、试验	调度及二次	继电保护及安全自动装置	
5877	203.8-99	Q/CSG 1204080—2020	10kV ～ 110kV 元件保护技术规范（试行）	企标	2020-8-31		Q/CSG 110032—2012	采购、运维、修试	招标、品控、运行、维护、检修、试验	调度及二次	继电保护及安全自动装置	

序号	体系结构号	标准编号	标准名称	标准级别	实施日期	与国际标准对应关系	代替标准	阶段	分阶段	专业	分专业	备注
5878	203.8-100	Q/CSG 1204102—2021	高压直流控制保护系统与安全稳定控制装置接口规范（试行）	企标	2021-9-30			采购、运维、修试	招标、品控、运行、维护、检修、试验	调度及二次	继电保护及安全自动装置	
5879	203.8-101	Q/CSG 1204108—2022	多端直流线路与汇流母线保护技术规范（试行）	企标	2022-3-30			采购、运维	招标、品控、运行、维护	调度及二次	调度自动化	
5880	203.8-102	Q/CSG 1204124—2022	继电保护及安全自动装置运行管理规程（试行）	企标	2022-4-1			运维	运行、维护	调度及二次	继电保护及安全自动装置	
5881	203.8-103	Q/CSG 1205029—2020	变电站自动化系统监控后台一体化运维配置技术规范	企标	2020-3-31			采购、运维	招标、品控、运行、维护	调度及二次	调度自动化	
5882	203.8-104	Q/CSG 1205030—2020	变电站自动化系统远动机一体化运维配置技术规范	企标	2020-3-31			采购、运维	招标、品控、运行、维护	调度及二次	调度自动化	
5883	203.8-105	Q/CSG 1206019—2021	智能变电站过程层网络测试装置技术规范（试行）	企标	2021-7-30			采购、建设、运维、修试	招标、验收与质量评定、运行、维护、检修、试验	调度及二次	继电保护及安全自动装置	
5884	203.8-106	Q/CSG 1206022—2022	智能变电站手持式光数字信号测试装置技术规范（试行）	企标	2022-5-25			运维、修试	维护、检修、试验	调度及二次	继电保护及安全自动化装置	
5885	203.8-107	Q/CSG 1207005—2022	35kV及以上厂站继电保护设备命名及标识规范（试行）	企标	2022-5-25			采购、建设、运维、修试	招标、验收与质量评定、运行、维护、检修、试验	调度及二次	继电保护及安全自动装置	
5886	203.8-108	T/CEC 273—2019	交直流混合配电网交流侧二次装置技术规范	团标	2020-1-1			采购、运维、修试	招标、品控、运行、维护、检修、试验	调度及二次	继电保护及安全自动装置	
5887	203.8-109	T/CEC 295—2020	柔性直流输电工程控制系统技术导则	团标	2020-10-1			采购、运维	品控、运行、维护	调度及二次	其他	

序号	体系结构号	标准编号	标准名称	标准级别	实施日期	与国际标准对应关系	代替标准	阶段	分阶段	专业	分专业	备注
5888	203.8-110	T/CEC 343—2020	电压切换与并列功能技术规范	团标	2020-10-1			采购、运维、修试	招标、品控、运行、维护、检修、试验	调度及二次	继电保护及安全自动装置	
5889	203.8-111	T/CEC 345—2020	谐波过电压保护装置技术规范	团标	2020-10-1			采购、运维、修试	招标、品控、运行、维护、检修、试验	调度及二次	继电保护及安全自动装置	
5890	203.8-112	T/CEC 382—2020	网源协调在线监测就地装置技术规范	团标	2021-2-1			采购、运维、修试	招标、品控、运行、维护、检修、试验	调度及二次	继电保护及安全自动装置	
5891	203.8-113	T/CEC 409—2020	压力式 SF_6/N_2 混合气体密度继电器技术要求	团标	2021-2-1			采购、运维	招标、品控、运行、维护	调度及二次	其他	
5892	203.8-114	T/CEC 410—2020	SF_6/N_2 混合气体密度继电器校验装置技术规范	团标	2021-2-1			采购、运维	招标、品控、运行、维护	调度及二次	其他	
5893	203.8-115	T/CEC 486—2021	保护屏柜及端子箱接线端子排技术规范	团标	2021-10-1			规划、设计、采购、建设、运维	规划、初设、招标、施工工艺、验收与质量评定、试运行、运行、维护	调度及二次	继电保护及安全自动装置	
5894	203.8-116	T/CEC 491—2021	高压直流控制保护系统与安全稳定控制装置接口技术规范	团标	2021-10-1			采购、运维、修试	招标、品控、运行、维护、检修、试验	调度及二次	继电保护及安全自动装置	
5895	203.8-117	T/CEC 690.1—2022	继电保护和安全自动装置用预制光缆连接器技术规范 第1部分：J599-MT型	团标	2023-2-1			采购、运维	招标、品控、运行、维护	调度及二次	继电保护及安全自动装置	
5896	203.8-118	T/CEC 693—2022	10kV 配电系统继电保护技术导则	团标	2023-2-1			规划、设计、采购、建设、运维	规划、初设、招标、施工工艺、验收与质量评定、试运行、运行、维护	调度及二次	继电保护及安全自动装置	

序号	体系结构号	标准编号	标准名称	标准级别	实施日期	与国际标准对应关系	代替标准	阶段	分阶段	专业	分专业	备注
5897	203.8-119	T/CEC 695—2022	35kV 及以上厂站继电保护设备命名及标识规范	团标	2023-2-1			采购、运维、修试	招标、品控、运行、维护、检修、试验	调度及二次	继电保护及安全自动装置	
5898	203.8-120	T/CSEE 0019—2016	分布式光伏发电一体化控制保护装置通用技术条件	团标	2017-5-1			设计、采购	初设、招标、品控	调度及二次	继电保护及安全自动装置	
5899	203.8-121	T/CSEE 0211—2021	接入柔性直流互联装置的交直流混合配电网保护、测控、安自装置技术规范	团标	2021-3-11			采购、运维、修试	招标、品控、运行、维护、检修、试验	调度及二次	继电保护及安全自动装置	
5900	203.8-122	T/CSEE 0232—2021	基于电容式电压互感器的暂态电压在线监测装置技术规范	团标	2021-3-11			采购、运维	招标、品控、运行、维护	调度及二次	其他	
5901	203.8-123	T/CSEE 0273—2021	有源配电网继电保护和安全自动装置技术规范	团标	2021-9-17			采购、运维、修试	招标、品控、运行、维护、检修、试验	调度及二次	继电保护及安全自动装置	
5902	203.8-124	T/CSEE/Z 0064—2017	直流配电网用直流控制与保护设备技术要求	团标	2018-5-1			设计、采购、修试	初设、施工图、招标、品控、试验	调度及二次	继电保护及安全自动装置	
5903	203.8-125	DL/T 242—2012	高压并联电抗器保护装置通用技术条件	行标	2012-7-1			采购、运维、修试	招标、品控、运行、维护、检修、试验	调度及二次	继电保护及安全自动装置	
5904	203.8-126	DL/T 250—2012	并联补偿电容器保护装置通用技术条件	行标	2012-7-1			采购、运维、修试	招标、品控、运行、维护、检修、试验	调度及二次	继电保护及安全自动装置	
5905	203.8-127	DL/T 252—2012	高压直流输电系统用换流变压器保护装置通用技术条件	行标	2012-7-1			采购、运维、修试	招标、品控、运行、维护、检修、试验	调度及二次	继电保护及安全自动装置	
5906	203.8-128	DL/T 280—2012	电力系统同步相量测量装置通用技术条件	行标	2012-3-1			设计、采购、建设	初设、招标、验收与质量评定	调度及二次	运行方式、调度自动化	

序号	体系结构号	标准编号	标准名称	标准级别	实施日期	与国际标准对应关系	代替标准	阶段	分阶段	专业	分专业	备注
5907	203.8-129	DL/T 294.1—2011	发电机灭磁及转子过电压保护装置技术条件 第1部分：磁场断路器	行标	2011-11-1			设计、采购、运维、修试	初设、招标、品控、运行、维护、检修、试验	调度及二次	继电保护及安全自动装置	
5908	203.8-130	DL/T 294.2—2011	发电机灭磁及转子过电压保护装置技术条件 第2部分：非线性电阻	行标	2011-11-1			设计、采购、运维、修试	初设、招标、品控、运行、维护、检修、试验	调度及二次	继电保护及安全自动装置	
5909	203.8-131	DL/T 294.3—2019	发电机灭磁及转子过电压保护装置技术条件 第3部分：转子过电压保护	行标	2019-10-1			设计、采购、运维、修试	初设、招标、品控、运行、维护、检修、试验	调度及二次	继电保护及安全自动装置	
5910	203.8-132	DL/T 294.4—2019	发电机灭磁及转子过电压保护装置技术条件 第4部分：灭磁容量计算	行标	2019-10-1			设计、采购、运维、修试	初设、招标、品控、运行、维护、检修、试验	调度及二次	继电保护及安全自动装置	
5911	203.8-133	DL/T 314—2010	电力系统低压减负荷和低压解列装置通用技术条件	行标	2011-5-1			采购、运维、修试	招标、品控、运行、维护、检修、试验	调度及二次	继电保护及安全自动装置	
5912	203.8-134	DL/T 315—2010	电力系统低频减负荷和低频解列装置通用技术条件	行标	2011-5-1			采购、运维、修试	招标、品控、运行、维护、检修、试验	调度及二次	继电保护及安全自动装置	
5913	203.8-135	DL/T 317—2010	继电保护设备标准化设计规范	行标	2011-5-1			采购、运维、修试	招标、品控、运行、维护、检修、试验	调度及二次	继电保护及安全自动装置	
5914	203.8-136	DL/T 478—2013	继电保护和安全自动装置通用技术条件	行标	2013-8-1		DL/T 478—2010	采购、运维、修试	招标、品控、运行、维护、检修、试验	调度及二次	继电保护及安全自动装置	

序号	体系结构号	标准编号	标准名称	标准级别	实施日期	与国际标准对应关系	代替标准	阶段	分阶段	专业	分专业	备注
5915	203.8-137	DL/T 479—2017	阻抗保护功能技术规范	行标	2018-3-1		DL/T 479—1992	采购、运维、修试	招标、品控、运行、维护、检修、试验	调度及二次	继电保护及安全自动装置	
5916	203.8-138	DL/T 526—2013	备用电源自动投入装置技术条件	行标	2014-4-1		DL/T 526—2002	采购、运维、修试	招标、品控、运行、维护、检修、试验	调度及二次	继电保护及安全自动装置	
5917	203.8-139	DL/T 527—2013	继电保护及控制装置电源模块（模件）技术条件	行标	2014-4-1		DL/T 527—2002	采购、运维、修试	招标、品控、运行、维护、检修、试验	调度及二次	继电保护及安全自动装置	
5918	203.8-140	DL/T 553—2013	电力系统动态记录装置通用技术条件	行标	2014-4-1		DL/T 553—1994；DL/T 663—1999	采购、运维、修试	招标、品控、运行、维护、检修、试验	调度及二次	继电保护及安全自动装置	
5919	203.8-141	DL/T 587—2016	继电保护和安全自动装置运行管理规程	行标	2017-5-1		DL/T 587—2007	采购、运维	招标、品控、运行、维护	调度及二次	继电保护及安全自动装置	
5920	203.8-142	DL/T 623—2010	电力系统继电保护及安全自动装置运行评价规程	行标	2011-5-1		DL/T 623—1997	采购、运维	招标、品控、运行、维护	调度及二次	继电保护及安全自动装置	
5921	203.8-143	DL/T 624—2010	继电保护微机型试验装置技术条件	行标	2011-5-1		DL/T 624—1997	采购、修试	招标、试验	调度及二次	继电保护及安全自动装置	
5922	203.8-144	DL/T 670—2010	母线保护装置通用技术条件	行标	2011-5-1		DL/T 670—1999	采购、运维、修试	招标、品控、运行、维护、检修、试验	调度及二次	继电保护及安全自动装置	
5923	203.8-145	DL/T 671—2010	发电机变压器组保护装置通用技术条件	行标	2011-5-1		DL/T 671—1999	采购、运维、修试	招标、品控、运行、维护、检修、试验	调度及二次	继电保护及安全自动装置	
5924	203.8-146	DL/T 688—1999	电力系统远方跳闸信号传输装置	行标	2000-7-1			采购、运维、修试	招标、品控、运行、维护、检修、试验	调度及二次	继电保护及安全自动装置	
5925	203.8-147	DL/T 720—2013	电力系统继电保护及安全自动装置柜（屏）通用技术条件	行标	2014-4-1		DL/T 720—2000	采购、运维、修试	招标、品控、运行、维护、检修、试验	调度及二次	继电保护及安全自动装置	

序号	体系结构号	标准编号	标准名称	标准级别	实施日期	与国际标准对应关系	代替标准	阶段	分阶段	专业	分专业	备注
5926	203.8-148	DL/T 744—2012	电动机保护装置通用技术条件	行标	2012-7-1		DL/T 744—2001	采购、运维、修试	招标、品控、运行、维护、检修、试验	调度及二次	继电保护及安全自动装置	
5927	203.8-149	DL/T 770—2012	变压器保护装置通用技术条件	行标	2012-7-1	IEC 60255，NEQ	DL/T 770—2001	采购、运维、修试	招标、品控、运行、维护、检修、试验	调度及二次	继电保护及安全自动装置	
5928	203.8-150	DL/T 823—2017	反时限电流保护功能技术规范	行标	2018-6-1		DL/T 823—2002	采购、运维、修试	招标、品控、运行、维护、检修、试验	调度及二次	继电保护及安全自动装置	
5929	203.8-151	DL/T 856—2018	电力用直流电源和一体化电源监控装置	行标	2019-5-1		DL/T 856—2004	采购、运维、修试	招标、品控、运行、维护、检修、试验	调度及二次	继电保护及安全自动装置	
5930	203.8-152	DL/T 872—2016	小电流接地系统单相接地故障选线装置技术条件	行标	2017-5-1		DL/T 872—2004	采购、运维、修试	招标、品控、运行、维护、检修、试验	调度及二次	继电保护及安全自动装置	
5931	203.8-153	DL/T 993—2019	电力系统失步解列装置通用技术条件	行标	2019-10-1		DL/T 993—2006	采购、运维、修试	招标、品控、运行、维护、检修、试验	调度及二次	继电保护及安全自动装置	
5932	203.8-154	DL/T 1010.3—2006	高压静止无功补偿装置 第3部分：控制系统	行标	2007-3-1			采购、运维	招标、品控、运行、维护	调度及二次	继电保护及安全自动装置	
5933	203.8-155	DL/T 1075—2016	保护测控装置技术条件	行标	2017-5-1		DL/T 1075—2007	采购、运维、修试	招标、品控、运行、维护、检修、试验	调度及二次	继电保护及安全自动装置	
5934	203.8-156	DL/T 1348—2014	自动准同期装置通用技术条件	行标	2015-3-1			采购、运维、修试	招标、品控、运行、维护、检修、试验	调度及二次	运行方式、调度自动化	
5935	203.8-157	DL/T 1349—2014	断路器保护装置通用技术条件	行标	2015-3-1			采购、运维、修试	招标、品控、运行、维护、检修、试验	调度及二次	继电保护及安全自动装置	
5936	203.8-158	DL/T 1403—2015	智能变电站监控系统技术规范	行标	2015-9-1			采购、运维	招标、品控、运行、维护	调度及二次	调度自动化	

序号	体系结构号	标准编号	标准名称	标准级别	实施日期	与国际标准对应关系	代替标准	阶段	分阶段	专业	分专业	备注
5937	203.8-159	DL/T 1405.1—2015	智能变电站的同步相量测量装置 第1部分:通信接口规范	行标	2015-9-1			采购、运维	招标、品控、运行、维护	调度及二次	调度自动化	
5938	203.8-160	DL/T 1405.2—2018	智能变电站的同步相量测量装置 第2部分:技术规范	行标	2019-5-1			采购、运维	招标、品控、运行、维护	调度及二次	调度自动化	
5939	203.8-161	DL/T 1405.3—2018	智能变电站的同步相量测量装置 第3部分:检测规范	行标	2019-5-1			采购、运维	招标、品控、运行、维护	调度及二次	调度自动化	
5940	203.8-162	DL/T 1415—2015	高压并联电容器装置保护导则	行标	2015-9-1			采购、运维、修试	招标、品控、运行、维护、检修、试验	调度及二次	继电保护及安全自动装置	
5941	203.8-163	DL/T 1442—2015	智能配变终端技术条件	行标	2015-9-1			设计、采购	初设、施工图、招标、品控	调度及二次	继电保护及安全自动装置	
5942	203.8-164	DL/T 1504—2016	弧光保护装置通用技术条件	行标	2016-6-1			采购、运维、修试	招标、品控、运行、维护、检修、试验	调度及二次	继电保护及安全自动装置	
5943	203.8-165	DL/T 1734—2017	过激磁保护功能技术规范	行标	2018-3-1		SD 278—1988	采购、运维、修试	招标、品控、运行、维护、检修、试验	调度及二次	继电保护及安全自动装置	
5944	203.8-166	DL/T 1771—2017	比率差动保护功能技术规范	行标	2018-6-1		SD 276—1988	采购、运维、修试	招标、品控、运行、维护、检修、试验	调度及二次	继电保护及安全自动装置	
5945	203.8-167	DL/T 1772—2017	功率方向元件技术规范	行标	2018-6-1		SD 277—1988	采购、运维、修试	招标、品控、运行、维护、检修、试验	调度及二次	继电保护及安全自动装置	
5946	203.8-168	DL/T 1777—2017	智能变电站二次设备屏柜光纤回路技术规范	行标	2018-6-1			采购、运维、修试	招标、品控、运行、维护、检修、试验	调度及二次	继电保护及安全自动装置	
5947	203.8-169	DL/T 1778—2017	柔性直流保护和控制设备技术条件	行标	2018-6-1			采购、运维、修试	招标、品控、运行、维护、检修、试验	调度及二次	继电保护及安全自动装置	

序号	体系结构号	标准编号	标准名称	标准级别	实施日期	与国际标准对应关系	代替标准	阶段	分阶段	专业	分专业	备注
5948	203.8-170	DL/T 1789—2017	光纤电流互感器技术规范	行标	2018-6-1			采购、运维	招标、品控、运行、维护	调度及二次	继电保护及安全自动装置	
5949	203.8-171	DL/T 1881—2018	智能变电站智能控制柜技术规范	行标	2019-5-1			采购、运维	招标、品控、运行、维护	调度及二次	继电保护及安全自动装置	
5950	203.8-172	DL/T 1890—2018	智能变电站状态监测系统站内接口规范	行标	2019-5-1			采购、运维	招标、品控、运行、维护	调度及二次	继电保护及安全自动装置	
5951	203.8-173	DL/T 2016—2019	电力系统过频切机和过频解列装置通用技术条件	行标	2019-10-1			采购、运维、修试	招标、品控、运行、维护、检修、试验	调度及二次	继电保护及安全自动装置	
5952	203.8-174	DL/T 2026—2019	高压直流接地极监测系统通用技术规范	行标	2019-10-1			设计、采购	初设、招标、品控	调度及二次	继电保护及安全自动装置	
5953	203.8-175	DL/T 2040—2019	220kV变电站负荷转供装置技术规范	行标	2019-10-1			采购、运维、修试	招标、品控、运行、维护、检修、试验	调度及二次	继电保护及安全自动装置	
5954	203.8-176	DL/T 2047—2019	基于一次侧电流监测反窃电设备技术规范	行标	2019-10-1			采购、运维、修试	招标、品控、运行、维护、检修、试验	调度及二次	继电保护及安全自动装置	
5955	203.8-177	DL/T 2250—2021	同步调相机控制保护系统技术导则	行标	2021-7-1			采购、运维、修试	招标、品控、运行、维护、检修、试验	调度及二次	继电保护及安全自动装置	
5956	203.8-178	DL/T 2254—2021	变电站站域失灵（死区）保护装置技术规范	行标	2021-7-1			采购、运维、修试	招标、品控、运行、维护、检修、试验	调度及二次	继电保护及安全自动装置	
5957	203.8-179	DL/T 2378—2021	变电站继电保护综合记录与智能运维装置通用技术条件	行标	2022-3-22			采购、运维、修试	招标、品控、运行、维护、检修、试验	调度及二次	继电保护及安全自动装置	
5958	203.8-180	DL/T 2381—2021	智能变电站网络性能测试装置技术规范	行标	2022-3-22			采购、运维、修试	招标、品控、运行、维护、检修、试验	调度及二次	继电保护及安全自动装置	

序号	体系结构号	标准编号	标准名称	标准级别	实施日期	与国际标准对应关系	代替标准	阶段	分阶段	专业	分专业	备注
5959	203.8-181	DL/T 2383—2021	预制式二次设备舱用机柜技术规范	行标	2022-3-22			采购、运维、修试	招标、品控、运行、维护、检修、试验	调度及二次	继电保护及安全自动装置	
5960	203.8-182	DL/T 2416—2021	就地化继电保护装置运行管理规程	行标	2022-3-22			采购、运维、修试	招标、品控、运行、维护、检修、试验	调度及二次	继电保护及安全自动装置	
5961	203.8-183	DL/T 2531—2022	继电保护远程智能运行管控技术导则	行标	2023-5-4			采购、运维、修试	招标、品控、运行、维护、检修、试验	调度及二次	继电保护及安全自动装置	
5962	203.8-184	DL/T 2533—2022	发电厂继电保护和安全自动装置现场工作安全措施规范	行标	2023-5-4			采购、运维、修试	招标、品控、运行、维护、检修、试验	调度及二次	继电保护及安全自动装置	
5963	203.8-185	DL/Z 713—2000	500kV 变电所保护和控制设备抗扰度要求	行标	2001-1-1			采购、运维、修试	招标、品控、运行、维护、检修、试验	调度及二次	继电保护及安全自动装置	
5964	203.8-186	JB/T 3962—2002	综合重合闸装置技术条件	行标	2002-12-1		JB/T 3962—1991	采购、运维、修试	招标、运行、维护、检修、试验	调度及二次	继电保护及安全自动装置	
5965	203.8-187	JB/T 5777.2—2002	电力系统二次电路用控制及继电保护屏（柜、台）通用技术条件	行标	2002-12-1		JB/T 5777.2—1991	采购、运维	招标、品控、运行、维护	调度及二次	继电保护及安全自动装置	
5966	203.8-188	JB/T 8664—1997	高压输电线路保护屏（柜）	行标	1998-2-1		JB/DQ 2399—1988	采购、运维	招标、品控、运行、维护	调度及二次	继电保护及安全自动装置	
5967	203.8-189	JB/T 9647—2014	变压器用气体继电器	行标	2014-10-1		JB/T 9647—1999	采购、运维	招标、品控、运行、维护	调度及二次	继电保护及安全自动装置	
5968	203.8-190	JB/T 9663—2013	低压无功功率自动补偿控制器	行标	2014-7-1		JB/T 9663—1999	采购、运维	招标、品控、运行、维护	调度及二次	继电保护及安全自动装置	
5969	203.8-191	JB/T 10428—2015	变压器用多功能保护装置	行标	2016-3-1		JB/T 10428—2004	采购、运维	招标、品控、运行、维护	调度及二次	继电保护及安全自动装置	

序号	体系结构号	标准编号	标准名称	标准级别	实施日期	与国际标准对应关系	代替标准	阶段	分阶段	专业	分专业	备注
5970	203.8-192	NB/T 10280—2019	电网用状态监测装置湿热环境条件与技术要求	行标	2020-5-1			采购、运维、修试	招标、品控、运行、维护、检修、试验	调度及二次	继电保护及安全自动装置	
5971	203.8-193	NB/T 10648—2021	海上风电场 直流接入电力系统控制保护设备技术规范	行标	2021-10-26			采购、运维	招标、品控、运行、维护	调度及二次	继电保护及安全自动装置	
5972	203.8-194	NB/T 10677—2021	串联电容器补偿装置控制与保护技术要求	行标	2021-10-26			采购、运维	招标、品控、运行、维护	调度及二次	继电保护及安全自动装置	
5973	203.8-195	NB/T 10679—2021	混合直流输电控制与保护设备技术要求	行标	2021-10-26			采购、运维、修试	招标、品控、运行、维护、检修、试验	调度及二次	继电保护及安全自动装置	
5974	203.8-196	NB/T 10817—2021	换相型负荷不平衡调节装置技术规范	行标	2022-5-16			采购、运维	招标、品控、运行、维护	调度及二次	继电保护及安全自动装置	
5975	203.8-197	NB/T 42015—2013	智能变电站网络报文记录及分析装置技术条件	行标	2014-4-1			采购、运维、修试	招标、品控、运行、维护、检修、试验	调度及二次	继电保护及安全自动装置	
5976	203.8-198	NB/T 42071—2016	保护和控制用智能单元设备通用技术条件	行标	2016-12-1			采购、运维、修试	招标、品控、运行、维护、检修、试验	调度及二次	继电保护及安全自动装置	
5977	203.8-199	NB/T 42076—2016	弧光保护装置选用导则	行标	2016-12-1			采购、运维	招标、品控、运行、维护	调度及二次	继电保护及安全自动装置	
5978	203.8-200	NB/T 42088—2016	继电保护信息系统子站技术规范	行标	2016-12-1			采购、运维、修试	招标、品控、运行、维护、检修、试验	调度及二次	继电保护及安全自动装置	
5979	203.8-201	NB/T 42167—2018	预制舱式二次组合设备技术要求	行标	2018-10-1			采购、运维、修试	招标、品控、运行、维护、检修、试验	调度及二次	继电保护及安全自动装置	
5980	203.8-202	SJ/T 11776—2021	谐波保护器	行标	2021-7-1			采购、运维	招标、品控、运行、维护	调度及二次	继电保护及安全自动装置	

序号	体系结构号	标准编号	标准名称	标准级别	实施日期	与国际标准对应关系	代替标准	阶段	分阶段	专业	分专业	备注
5981	203.8-203	GB/T 6115.2—2017	电力系统用串联电容器 第2部分：串联电容器组用保护设备	国标	2018-4-1	IEC 60143-2:2012	GB/T 6115.2—2002	采购、运维	招标、品控、运行、维护	调度及二次	继电保护及安全自动装置	
5982	203.8-204	GB/T 6829—2017	剩余电流动作保护电器（RCD）的一般要求	国标	2018-5-1	IEC/TR 60755:2008	GB/Z 6829—2008	采购、运维	招标、品控、运行、维护	调度及二次	继电保护及安全自动装置	
5983	203.8-205	GB/T 7267—2015	电力系统二次回路保护及自动化机柜（屏）基本尺寸系列	国标	2015-12-1		GB/T 7267—2003	采购、运维	招标、品控、运行、维护	调度及二次	继电保护及安全自动装置	
5984	203.8-206	GB/T 7268—2015	电力系统保护及其自动化装置用插箱及插件面板基本尺寸系列	国标	2015-12-1		GB/T 7268—2005	采购、运维	招标、品控、运行、维护	调度及二次	继电保护及安全自动装置	
5985	203.8-207	GB/T 7330—2008	交流电力系统阻波器	国标	2008-10-1	IEC 60353:1989，NEQ	GB/T 7330—1998	采购、运维	招标、品控、运行、维护	调度及二次	继电保护及安全自动装置	
5986	203.8-208	GB/T 10963.3—2016	家用及类似场所用过电流保护断路器 第3部分：用于直流的断路器	国标	2016-11-1			采购、运维	招标、品控、运行、维护	调度及二次	继电保护及安全自动装置	
5987	203.8-209	GB/T 11920—2008	电站电气部分集中控制设备及系统通用技术条件	国标	2009-8-1		GB 11920—1989	采购、建设、运维、修试	招标、品控、施工工艺、验收与质量评定、运行、维护、检修、试验	调度及二次	继电保护及安全自动装置	
5988	203.8-210	GB/T 14598.118—2021	量度继电器和保护装置 第118部分：电力系统同步相量测量	国标	2022-7-1			采购、建设、运维、修试	招标、品控、施工工艺、验收与质量评定、运行、维护、检修、试验	调度及二次	继电保护及安全自动装置	
5989	203.8-211	GB/T 14598.121—2017	量度继电器和保护装置 第121部分：距离保护功能要求	国标	2018-2-1	IEC 60255-121:2014		采购、运维	招标、品控、运行、维护	调度及二次	继电保护及安全自动装置	

序号	体系结构号	标准编号	标准名称	标准级别	实施日期	与国际标准对应关系	代替标准	阶段	分阶段	专业	分专业	备注
5990	203.8-212	GB/T 14598.127—2013	量度继电器和保护装置 第127部分：过/欠电压保护功能要求	国标	2013-12-2			采购、运维	招标、品控、运行、维护	调度及二次	继电保护及安全自动装置	
5991	203.8-213	GB/T 14598.181—2021	量度继电器和保护装置 第181部分：频率保护功能要求	国标	2022-7-1			采购、建设、运维、修试	招标、品控、施工工艺、验收与质量评定、运行、维护、检修、试验	调度及二次	继电保护及安全自动装置	
5992	203.8-214	GB/T 14598.2—2011	量度继电器和保护装置 第1部分：通用要求	国标	2012-6-1	IEC 60255-0-20:1974，IDT；IEC 60255-1-0:1975，IDT；IEC 60255-1-00:1975，IDT；IEC 60255-1:1967, IDT；IEC 60255-1:2009，IDT	GB/T 14047—1993	采购、运维	招标、品控、运行、维护	调度及二次	继电保护及安全自动装置	
5993	203.8-215	GB/T 14598.24—2017	量度继电器和保护装置 第24部分：电力系统暂态数据交换（COMTRADE）通用格式	国标	2018-2-1	IEC 60255-24:2013	GB/T 22386—2008	采购、运维	招标、品控、运行、维护	调度及二次	继电保护及安全自动装置	
5994	203.8-216	GB/T 14598.27—2017	量度继电器和保护装置 第27部分：产品安全要求	国标	2018-5-1	IEC 60255-27:2013	GB 14598.27—2008	采购、运维	招标、品控、运行、维护	调度及二次	继电保护及安全自动装置	
5995	203.8-217	GB/T 14598.300—2017	变压器保护装置通用技术要求	国标	2018-7-1		GB/T 14598.300—2008	采购、运维	招标、品控、运行、维护	调度及二次	继电保护及安全自动装置	
5996	203.8-218	GB/T 14598.8—2008	电气继电器 第20部分：保护系统	国标	2009-3-1	IEC 60255-20:1984，MOD	GB/T 14598.8—1995	采购、运维	招标、品控、运行、维护	调度及二次	继电保护及安全自动装置	

序号	体系结构号	标准编号	标准名称	标准级别	实施日期	与国际标准对应关系	代替标准	阶段	分阶段	专业	分专业	备注
5997	203.8-219	GB/T 15145—2017	输电线路保护装置通用技术条件	国标	2018-2-1		GB/T 15145—2008	采购、建设、运维、修试	招标、品控、施工工艺、验收与质量评定、运行、维护、检修、试验	调度及二次	继电保护及安全自动装置	
5998	203.8-220	GB/T 22387—2016	剩余电流动作继电器	国标	2017-3-1		GB/T 22387—2008	采购、运维	招标、品控、运行、维护	调度及二次	继电保护及安全自动装置	
5999	203.8-221	GB/T 22390.1—2008	高压直流输电系统控制与保护设备 第1部分：运行人员控制系统	国标	2009-8-1			采购、运维	招标、品控、运行、维护	调度及二次	继电保护及安全自动装置	
6000	203.8-222	GB/T 22390.2—2008	高压直流输电系统控制与保护设备 第2部分：交直流系统站控设备	国标	2009-8-1			采购、运维	招标、品控、运行、维护	调度及二次	继电保护及安全自动装置	
6001	203.8-223	GB/T 22390.3—2008	高压直流输电系统控制与保护设备 第3部分：直流系统极控设备	国标	2009-8-1			采购、运维	招标、品控、运行、维护	调度及二次	继电保护及安全自动装置	
6002	203.8-224	GB/T 22390.4—2008	高压直流输电系统控制与保护设备 第4部分：直流系统保护设备	国标	2009-8-1			采购、运维	招标、品控、运行、维护	调度及二次	继电保护及安全自动装置	
6003	203.8-225	GB/T 22390.5—2008	高压直流输电系统控制与保护设备 第5部分：直流线路故障定位装置	国标	2009-8-1			采购、运维	招标、品控、运行、维护	调度及二次	继电保护及安全自动装置	
6004	203.8-226	GB/T 22390.6—2008	高压直流输电系统控制与保护设备 第6部分：换流站暂态故障录波装置	国标	2009-8-1			采购、运维	招标、品控、运行、维护	调度及二次	继电保护及安全自动装置	

序号	体系结构号	标准编号	标准名称	标准级别	实施日期	与国际标准对应关系	代替标准	阶段	分阶段	专业	分专业	备注
6005	203.8-227	GB/T 25843—2017	±800kV特高压直流输电控制与保护设备技术要求	国标	2018-7-1		GB/Z 25843—2010	采购、运维	招标、品控、运行、维护	调度及二次	继电保护及安全自动装置	
6006	203.8-228	GB/T 31143—2014	电弧故障保护电器（AFDD）的一般要求	国标	2015-4-1			采购、运维	招标、品控、运行、维护	调度及二次	继电保护及安全自动装置	
6007	203.8-229	GB/T 31955.1—2015	超高压可控并联电抗器控制保护系统技术规范 第1部分：分级调节式	国标	2016-4-1			采购、建设、运维、修试	招标、品控、施工工艺、验收与质量评定、运行、维护、检修、试验	调度及二次	继电保护及安全自动装置	
6008	203.8-230	GB/T 32897—2016	智能变电站多功能保护测控一体化装置通用技术条件	国标	2017-3-1			采购、建设、运维、修试	招标、品控、施工工艺、验收与质量评定、运行、维护、检修、试验	调度及二次	继电保护及安全自动装置	
6009	203.8-231	GB/T 34123—2017	电力系统变频器保护技术规范	国标	2018-2-1			采购、修试	招标、品控、检修、试验	调度及二次	继电保护及安全自动装置	
6010	203.8-232	GB/T 34125—2017	电力系统继电保护及安全自动装置户外柜通用技术条件	国标	2018-2-1			采购、建设	招标、品控、施工工艺、验收与质量评定	调度及二次	继电保护及安全自动装置	
6011	203.8-233	GB/T 34126—2017	站域保护控制装置技术导则	国标	2018-2-1			采购、修试	招标、品控、检修、试验	调度及二次	继电保护及安全自动装置	
6012	203.8-234	GB/T 34132—2017	智能变电站智能终端装置通用技术条件	国标	2018-2-1			采购、修试	招标、品控、检修、试验	调度及二次	继电保护及安全自动装置	
6013	203.8-235	GB/T 35745—2017	柔性直流输电控制与保护设备技术要求	国标	2018-7-1			采购、运维、修试	招标、品控、运行、维护、检修、试验	调度及二次	继电保护及安全自动装置	

序号	体系结构号	标准编号	标准名称	标准级别	实施日期	与国际标准对应关系	代替标准	阶段	分阶段	专业	分专业	备注
6014	203.8-236	GB/T 36273—2018	智能变电站继电保护和安全自动装置数字化接口技术规范	国标	2019-1-1			采购、运维、修试	招标、品控、运行、维护、检修、试验	调度及二次	继电保护及安全自动装置	
6015	203.8-237	GB/T 36283—2018	智能变电站二次舱通用技术条件	国标	2019-1-1			采购、运维、修试	招标、品控、运行、维护、检修、试验	调度及二次	继电保护及安全自动装置	
6016	203.8-238	GB/T 37155.1—2018	区域保护控制系统技术导则 第1部分：功能规范	国标	2019-7-1			采购、运维、修试	招标、品控、运行、维护、检修、试验	调度及二次	继电保护及安全自动装置	
6017	203.8-239	GB/T 37762—2019	同步调相机组保护装置通用技术条件	国标	2020-1-1			采购、运维、修试	招标、品控、运行、维护、检修、试验	调度及二次	继电保护及安全自动装置	
6018	203.8-240	GB/T 37763—2019	TA自供电保护装置技术规范	国标	2020-1-1			采购、运维、修试	招标、品控、运行、维护、检修、试验	调度及二次	继电保护及安全自动装置	
6019	203.8-241	GB/T 38922—2020	35kV及以下标准化继电保护装置通用技术要求	国标	2020-12-1			采购、运维、修试	招标、品控、运行、维护、检修、试验	调度及二次	继电保护及安全自动装置	
6020	203.8-242	GB/T 40095—2021	智能变电站测控装置技术规范	国标	2021-12-1			采购、运维	招标、品控、运行、维护	调度及二次	调度自动化	
6021	203.8-243	GB/T 40096.1—2021	就地化继电保护装置技术规范 第1部分：通用技术条件	国标	2021-12-1			采购、运维、修试	招标、品控、运行、维护、检修、试验	调度及二次	继电保护及安全自动装置	
6022	203.8-244	GB/T 40096.2—2021	就地化继电保护装置技术规范 第2部分：连接器及预制缆	国标	2021-12-1			采购、运维、修试	招标、品控、运行、维护、检修、试验	调度及二次	继电保护及安全自动装置	
6023	203.8-245	GB/T 40096.3—2021	就地化继电保护装置技术规范 第3部分：就地操作箱	国标	2021-12-1			采购、运维、修试	招标、品控、运行、维护、检修、试验	调度及二次	继电保护及安全自动装置	

序号	体系结构号	标准编号	标准名称	标准级别	实施日期	与国际标准对应关系	代替标准	阶段	分阶段	专业	分专业	备注
6024	203.8-246	GB/T 40096.4—2021	就地化继电保护装置技术规范 第4部分：智能管理单元	国标	2021-12-1			采购、运维、修试	招标、品控、运行、维护、检修、试验	调度及二次	继电保护及安全自动装置	
6025	203.8-247	GB/T 40096.5—2021	就地化继电保护装置技术规范 第5部分：线路保护	国标	2021-12-1			采购、运维、修试	招标、品控、运行、维护、检修、试验	调度及二次	继电保护及安全自动装置	
6026	203.8-248	GB/T 40777—2021	家用及类似用途断路器、RCCB、RCBO自动重合闸电器（ARD）的一般要求	国标	2022-5-1			采购、运维	招标、品控、运行、维护	调度及二次	继电保护及安全自动装置	
6027	203.8-249	GB/Z 34124—2017	智能保护测控设备技术规范	国标	2018-2-1			采购、运维、修试	招标、品控、运行、维护、检修、试验	调度及二次	继电保护及安全自动装置	
6028	203.8-250	GB/Z 34161—2017	智能微电网保护设备技术导则	国标	2018-4-1			采购、修试	招标、品控、检修、试验	调度及二次	继电保护及安全自动装置	
6029	203.8-251	IEC 60255-1—2009	测量继电器和保护设备 第1部分：共同要求	国际标准	2009-8-18	BS EN 60255-1—2010，IDT；EN 60255-1—2010，IDT	IEC 60255-6—1988；IEC 60255-1—1967	采购、运维	招标、品控、运行、维护	调度及二次	继电保护及安全自动装置	
6030	203.8-252	IEC 60255-127—2010	测量继电器和保护设备 第127部分：过/欠电流保护的功能要求	国际标准	2010-4-27	C45-200-127PR，IDT		采购、运维	招标、品控、运行、维护	调度及二次	继电保护及安全自动装置	
6031	203.8-253	IEC 60255-151—2009	测量继电器和保护设备 第151部分：过/欠电流保护的功能要求	国际标准	2009-8-28	DIN EN 60255-I51—2010，IDT；EN 60255-151—2009，IDT；NF C45-200-151—2010，IDT；OEVEIOENORM EN 60255-151—2010，IDT	IEC 60255-3—1989	采购、运维	招标、品控、运行、维护	调度及二次	继电保护及安全自动装置	

序号	体系结构号	标准编号	标准名称	标准级别	实施日期	与国际标准对应关系	代替标准	阶段	分阶段	专业	分专业	备注
6032	203.8-254	IEC 60255-24—2013	测量继电器和保护设备 第24部分：电力系统瞬态数据交换的通用格式（COM-TRADE）	国际标准	2013-4-30	IEEE C 37.111—2013，IDT	IEC 60255-24—2001	采购、运维	招标、品控、运行、维护	调度及二次	继电保护及安全自动装置	
6033	203.8-255	IEC 60255-26—2013	测量继电器和保护设备 第26部分：电磁兼容性要求	国际标准	2013-5-24		IEC 60255-22-4—2008；IEC 60255-26—2008；IEC 60255-22-1—2007；IEC 60255-22-5—2008；IEC 60255-22-6—2001；IEC 60255-22-7—2003；IEC 60255-25—2000；IEC 60255-22-3—2007；IEC 60255-22-2—2008；IEC 60255-11—2008	采购、运维	招标、品控、运行、维护	调度及二次	继电保护及安全自动装置	
203.9 设备材料—储能与氢能												
6034	203.9-1	Q/CSG 1203085—2021	预制舱式电化学储能电站设备技术规范（试行）	企标	2021-12-30			采购、运维、修试	招标、品控、运行、维护、检修、试验	发电	储能	
6035	203.9-2	Q/CSG 1205041—2021	电化学储能系统设备缺陷定级技术规范（试行）	企标	2021-12-30			采购、运维、修试	招标、品控、运行、维护、检修、试验	发电	储能	
6036	203.9-3	T/CEC 131.1—2016	铅酸蓄电池二次利用 第1部分：总则	团标	2017-1-1			退役	退役、报废	发电	储能	
6037	203.9-4	T/CEC 131.10—2021	铅酸蓄电池二次利用 第10部分：社区级储能系统技术规范	团标	2020-10-1			退役	退役、报废	发电	储能	
6038	203.9-5	T/CEC 131.11—2021	铅酸蓄电池二次利用 第11部分：极板失效检测技术规范——电位差法	团标	2020-10-1			退役	退役、报废	发电	储能	

序号	体系结构号	标准编号	标准名称	标准级别	实施日期	与国际标准对应关系	代替标准	阶段	分阶段	专业	分专业	备注
6039	203.9-6	T/CEC 131.2—2016	铅酸蓄电池二次利用 第2部分：电池评价分级及成组技术规范	团标	2017-1-1			退役	退役、报废	发电	储能	
6040	203.9-7	T/CEC 131.3—2016	铅酸蓄电池二次利用 第3部分：电池修复技术规范	团标	2017-1-1			退役	退役、报废	发电	储能	
6041	203.9-8	T/CEC 131.4—2016	铅酸蓄电池二次利用 第4部分：电池维护技术规范	团标	2017-1-1			退役	退役、报废	发电	储能	
6042	203.9-9	T/CEC 131.5—2016	铅酸蓄电池二次利用 第5部分：电池贮存与运输技术规范	团标	2017-1-1			退役	退役、报废	发电	储能	
6043	203.9-10	T/CEC 131.6—2020	铅酸蓄电池二次利用 第6部分：电池模块技术规范	团标	2020-10-1			退役	退役、报废	发电	储能	
6044	203.9-11	T/CEC 131.7—2020	铅酸蓄电池二次利用 第7部分：储能电池管理系统技术规范	团标	2020-10-1			退役	退役、报废	发电	储能	
6045	203.9-12	T/CEC 131.8—2020	铅酸蓄电池二次利用 第8部分：便携式移动储能装置技术规范	团标	2020-10-1			退役	退役、报废	发电	储能	
6046	203.9-13	T/CEC 331—2020	电力储能用飞轮储能系统	团标	2020-10-1			采购、运维、修试	招标、品控、运行、维护、检修、试验	发电	储能	
6047	203.9-14	T/CEC 372—2020	电力储能用有机液体氢储存系统	团标	2020-10-1			设计、采购、运维	初设、招标、运行、维护	发电	储能	

序号	体系结构号	标准编号	标准名称	标准级别	实施日期	与国际标准对应关系	代替标准	阶段	分阶段	专业	分专业	备注
6048	203.9-15	T/CEC 385—2020	电化学储能电站 DL/T 860 工程应用信息模型	团标	2021-2-1			设计、采购、运维	初设、招标、运行、维护	发电	储能	
6049	203.9-16	T/CEC 446.1—2021	电力用锂电池直流电源系统 第1部分：总则与安全要求	团标	2021-9-1			采购、运维、修试	招标、品控、运行、维护、检修、试验	发电	储能	
6050	203.9-17	T/CEC 446.2—2021	电力用锂电池直流电源系统 第2部分：锂离子电池组技术要求	团标	2021-9-1			采购、运维、修试	招标、品控、运行、维护、检修、试验	发电	储能	
6051	203.9-18	T/CEC 449—2021	电力用磷酸铁锂电池直流电源技术规定	团标	2021-9-1			采购、运维、修试	招标、品控、运行、维护、检修、试验	发电	储能	
6052	203.9-19	T/CEC 463—2021	氢燃料电池移动应急电源技术条件	团标	2021-9-1			采购、运维、修试	招标、品控、运行、维护、检修、试验	发电	储能	
6053	203.9-20	T/CEC 465—2021	高压电化学储能变流器技术规范	团标	2021-9-1			采购、运维、修试	招标、品控、运行、维护、检修、试验	发电	储能	
6054	203.9-21	T/CSEE 0283—2022	氢冷发电机氢气提纯净化装置技术条件	团标	2022-9-27			采购、运维、修试	招标、品控、运行、维护、检修、试验	发电	其他	
6055	203.9-22	T/CSEE 0284—2022	氢冷发电机吸附再生式气体干燥器技术条件	团标	2022-9-27			采购、运维、修试	招标、品控、运行、维护、检修、试验	发电	其他	
6056	203.9-23	T/QGCML 230—2021	光伏发电储能系统的多功能自动切换装置及自动切换方法	团标	2022-1-5			设计、采购、运维、修试	初设、招标、运行、维护、试验	发电	储能	
6057	203.9-24	DL/T 637—2019	电力用固定型阀控式铅酸蓄电池	行标	2019-10-1	IEC 896-2:1995，NEQ；JISC 8707:1992，NEQ	DL/T 637—1997	采购、运维、修试	招标、品控、运行、维护、检修、试验	发电	储能	

序号	体系结构号	标准编号	标准名称	标准级别	实施日期	与国际标准对应关系	代替标准	阶段	分阶段	专业	分专业	备注
6058	203.9-25	DL/T 1989—2019	电化学储能电站监控系统与电池管理系统通信协议	行标	2019-10-1			设计、建设、运维	初设、施工图、施工工艺、验收与质量评定、试运行、运行、维护	发电	储能	
6059	203.9-26	DL/T 2080—2020	电力储能用超级电容器	行标	2021-2-1			设计、采购、运维	初设、招标、运行、维护	发电	储能	
6060	203.9-27	DL/T 2315—2021	电力储能用梯次利用锂离子电池系统技术导则	行标	2021-10-26			采购、运维、修试	招标、品控、运行、维护、检修、试验	发电	储能	
6061	203.9-28	DL/T 2316—2021	电力储能用锂离子梯次利用动力电池再退役技术条件	行标	2021-10-26			采购、运维、修试	招标、品控、运行、维护、检修、试验	发电	储能	
6062	203.9-29	NB/T 31016—2019	电池储能功率控制系统 变流器 技术规范	行标	2019-10-1		NB/T 31016—2011	设计、采购、运维	初设、招标、运行、维护	发电	储能	
6063	203.9-30	SJ/T 11797—2022	锂金属蓄电池及电池组总规范	行标	2022-7-1			设计、采购、运维	初设、招标、运行、维护	发电	储能	
6064	203.9-31	SJ/T 11812.1—2022	分布式储能用锂离子电池和电池组性能规范 第1部分：家庭储能	行标	2023-01-01			采购、运维、修试	招标、品控、运行、维护、检修、试验	发电	储能	
6065	203.9-32	SJ/T 11812.2—2022	分布式储能用锂离子电池和电池组性能规范 第2部分：道路交通与景观照明设施	行标	2023-01-01			采购、运维、修试	招标、品控、运行、维护、检修、试验	发电	储能	
6066	203.9-33	YS/T 1518—2022	氢燃料电池用锆带	行标	2023-04-01			设计、采购、运维	初设、招标、运行、维护	发电	储能	
6067	203.9-34	GB/T 22473.1—2021	储能用蓄电池 第1部分：光伏离网应用技术条件	国标	2022-7-1		GB/T 22473—2008	采购、运维、修试	招标、品控、运行、维护、检修、试验	发电	储能	

序号	体系结构号	标准编号	标准名称	标准级别	实施日期	与国际标准对应关系	代替标准	阶段	分阶段	专业	分专业	备注
6068	203.9-35	GB/T 31138—2022	加氢机	国标	2022-10-12		GB/T 31138—2014	采购、运维、修试	招标、品控、运行、维护、检修、试验	发电	储能	
6069	203.9-36	GB/T 34120—2017	电化学储能系统储能变流器技术规范	国标	2018-2-1			设计、采购、运维	初设、招标、运行、维护	发电	储能	
6070	203.9-37	GB/T 34131—2017	电化学储能电站用锂离子电池管理系统技术规范	国标	2018-2-1			设计、采购、运维	初设、招标、运行、维护	发电	储能	
6071	203.9-38	GB/T 36276—2018	电力储能用锂离子电池	国标	2019-1-1			设计、采购、运维	初设、招标、运行、维护	发电	储能	
6072	203.9-39	GB/T 36280—2018	电力储能用铅炭电池	国标	2019-1-1			设计、采购、运维	初设、招标、运行、维护	发电	储能	
6073	203.9-40	GB/T 40045—2021	氢能汽车用燃料液氢	国标	2021-11-1			设计、采购、运维、修试	初设、招标、运行、维护、试验	发电	储能	
6074	203.9-41	GB/T 40434—2021	工业电池充电整流设备	国标	2022-3-1			设计、采购、运维	初设、招标、运行、维护	发电	储能	
6075	203.9-42	GB/T 42177—2022	加氢站氢气阀门技术要求及试验方法	国标	2023-4-1			采购、运维、修试	招标、品控、运行、维护、检修、试验	发电	储能	
6076	203.9-43	IEC 62282-8-102—2019	燃料电池技术 第8-102部分：反向模式下使用燃料电池模块的储能系统 带有质子交换膜的单电池和电池堆性能测试程序,包括可逆操作	国际标准	2019-12-1			设计、采购、运维、修试	初设、招标、运行、维护、试验	发电	储能	

序号	体系结构号	标准编号	标准名称	标准级别	实施日期	与国际标准对应关系	代替标准	阶段	分阶段	专业	分专业	备注
6077	203.9-44	IEC 62282-8-101—2020	燃料电池技术 第8-101部分：反向模式下使用燃料电池模块的储能系统 固体氧化物单电池和电池组性能的测试程序,包括可逆操作	国际标准	2020-2-1			设计、采购、运维、修试	初设、招标、运行、维护、试验	发电	储能	
6078	203.9-45	IEC 62282-8-201—2020	燃料电池技术 第8-201部分：反向模式下使用燃料电池模块的储能系统 动力系统性能测试程序	国际标准	2020-2-1			设计、采购、运维、修试	初设、招标、运行、维护、试验	发电	储能	
203.10 设备材料—备用												
6079	203.10-1	Q/CSG 1204132—2022	南方电网 110kV 备用电源自动投入装置标准化设计规范（试行）	企标	2022-5-25			采购、运维、修试	招标、品控、运行、维护、检修、试验	基础综合		
6080	203.10-2	Q/CSG 1204133—2022	南方电网 220kV 备用电源自动投入装置标准化设计规范（试行）	企标	2022-5-25			采购、运维、修试	招标、品控、运行、维护、检修、试验	基础综合		
6081	203.10-3	T/CEC 704—2022	电力用直流守护电源系统	团标	2023-2-1			采购、运维、修试	招标、品控、运行、维护、检修、试验	基础综合		
6082	203.10-4	YD/T 4151—2022	小型一体化交直流不间断电源	行标	2023-01-01			采购、运维、修试	招标、品控、运行、维护、检修、试验	基础综合		
203.11 设备材料—CO_2 捕集、利用与封存												
203.12 设备材料—工器具												
6083	203.12-1	Q/CSG 1203087—2022	绝缘斗臂车检验检测规范（试行）	企标	2022-4-2			采购、运维、修试	招标、品控、运行、维护、检修、试验	附属设施及工器具	工器具	

序号	体系结构号	标准编号	标准名称	标准级别	实施日期	与国际标准对应关系	代替标准	阶段	分阶段	专业	分专业	备注
6084	203.12-2	T/CEC 230—2019	变电站智能钥匙及锁具管理系统技术规范	团标	2020-1-1			采购、运维、修试	招标、品控、运行、维护、检修、试验	附属设施及工器具	工器具	
6085	203.12-3	T/CEC 262—2019	电能表安装接插件技术条件	团标	2020-1-1			采购、运维、修试	招标、品控、运行、维护、检修、试验	附属设施及工器具	工器具	
6086	203.12-4	T/CEC 263—2019	抢修计量周转箱技术条件	团标	2020-1-1			采购、运维、修试	招标、品控、运行、维护、检修、试验	附属设施及工器具	工器具	
6087	203.12-5	T/CEC 307—2020	气体绝缘输电线路用铝合金螺旋焊管	团标	2020-10-1			采购、运维、修试	招标、品控、运行、维护、检修、试验	附属设施及工器具	工器具	
6088	203.12-6	T/CEC 340—2020	电力系统预制舱二次设备机架通用技术条件	团标	2020-10-1			采购、运维、修试	招标、品控、运行、维护、检修、试验	附属设施及工器具	工器具	
6089	203.12-7	T/CEC 341—2020	电力系统回转框架型机柜通用技术条件	团标	2020-10-1			采购、运维、修试	招标、品控、运行、维护、检修、试验	附属设施及工器具	工器具	
6090	203.12-8	T/CEC 521—2021	输电线路杆塔攀爬助力装置	团标	2021-10-1			采购、运维、修试	招标、品控、运行、维护、检修、试验	附属设施及工器具	工器具	
6091	203.12-9	T/CEC 585—2021	电力系统北斗监测接收机技术规范 第1部分：技术要求	团标	2022-3-1			采购、运维、修试	招标、品控、运行、维护、检修、试验	附属设施及工器具	工器具	
6092	203.12-10	T/CEC 602—2022	气体绝缘金属封闭开关设备和输电线路用伸缩节补偿单元技术规范	团标	2022-10-1			采购、运维、修试	招标、品控、运行、维护、检修、试验	附属设施及工器具	工器具	
6093	203.12-11	T/CEC 603—2022	550kV及以上交流气体绝缘金属封闭开关设备用绝缘拉杆技术条件	团标	2022-10-1			采购、运维、修试	招标、品控、运行、维护、检修、试验	附属设施及工器具	工器具	

序号	体系结构号	标准编号	标准名称	标准级别	实施日期	与国际标准对应关系	代替标准	阶段	分阶段	专业	分专业	备注
6094	203.12-12	T/CEC 604—2022	交流气体绝缘金属封闭输电线路用绝缘子技术规范	团标	2022-10-1			采购、运维、修试	招标、品控、运行、维护、检修、试验	附属设施及工器具	工器具	
6095	203.12-13	T/CEC 608—2022	表面电位测量杆通用技术条件	团标	2022-10-1			采购、运维、修试	招标、品控、运行、维护、检修、试验	附属设施及工器具	工器具	
6096	203.12-14	T/CEC 609—2022	表面电位测量杆校准规范	团标	2022-10-1			采购、运维、修试	招标、品控、运行、维护、检修、试验	附属设施及工器具	工器具	
6097	203.12-15	T/CEC 616—2022	输电线路激光扫描飞行机器人技术规范	团标	2022-10-1			采购、运维、修试	招标、品控、运行、维护、检修、试验	附属设施及工器具	工器具	
6098	203.12-16	T/CEC 630—2022	35kV～500kV电力电缆固定金具通用技术条件	团标	2022-10-1			采购、运维、修试	招标、品控、运行、维护、检修、试验	附属设施及工器具	工器具	
6099	203.12-17	T/CEC 700—2022	分段组塔用对接装置技术条件	团标	2023-2-1			采购、运维、修试	招标、品控、运行、维护、检修、试验	附属设施及工器具	工器具	
6100	203.12-18	T/CEC 717—2022	内衬式封闭碗头连接金具	团标	2023-2-1			采购、运维、修试	招标、品控、运行、维护、检修、试验	附属设施及工器具	工器具	
6101	203.12-19	T/CSEE 0223—2021	现场用自立式冲击电压发生器技术条件	团标	2021-3-11			采购、运维、修试	招标、品控、运行、维护、检修、试验	附属设施及工器具	工器具	
6102	203.12-20	T/CSEE 0304—2022	特高压输变电工程施工机具安全技术规范	团标	2022-9-27			采购、运维、修试	招标、品控、运行、维护、检修、试验	附属设施及工器具	工器具	
6103	203.12-21	T/CSEE 0345—2022	架空输电线路大跨越工程导线、OPGW和金具	团标	2022-12-8			采购、运维、修试	招标、品控、运行、维护、检修、试验	附属设施及工器具	工器具	
6104	203.12-22	T/CSEE 0346—2022	绝缘导线用非接触式验电器通用技术条件	团标	2022-12-8			采购、运维、修试	招标、品控、运行、维护、检修、试验	附属设施及工器具	工器具	

序号	体系结构号	标准编号	标准名称	标准级别	实施日期	与国际标准对应关系	代替标准	阶段	分阶段	专业	分专业	备注
6105	203.12-23	DL/T 463—2020	带电作业用绝缘子卡具	行标	2021-2-1		DL/T 463—2006	采购、运维、修试	招标、品控、运行、维护、检修、试验	附属设施及工器具	工器具	
6106	203.12-24	DL/T 636—2017	带电作业用导线飞车	行标	2018-3-1		DL/T 636—2006	采购、运维、修试	招标、品控、运行、维护、检修、试验	附属设施及工器具	工器具	
6107	203.12-25	DL/T 676—2012	带电作业用绝缘鞋（靴）通用技术条件	行标	2012-3-1		DL/T 676—1999	采购、建设、运维、修试	招标、品控、验收与质量评定、运行、维护、检修、试验	附属设施及工器具	工器具	
6108	203.12-26	DL/T 689—2012	输变电工程液压压接机	行标	2012-12-1		DL/T 689—1999	采购、运维	招标、品控、运行、维护	附属设施及工器具	工器具	
6109	203.12-27	DL/T 699—2007	带电作业用绝缘托瓶架通用技术条件	行标	2007-12-1		DL/T 699—1999	采购、建设、运维、修试	招标、品控、验收与质量评定、运行、维护、检修、试验	附属设施及工器具	工器具	
6110	203.12-28	DL/T 733—2022	输变电工程用绞磨	行标	2022-11-13		DL/T 733—2014	采购、运维、修试	招标、品控、运行、维护、检修、试验	附属设施及工器具	工器具	
6111	203.12-29	DL/T 740—2014	电容型验电器	行标	2014-8-1	IEC 61243-1:2003，MOD	DL 740—2000	采购、运维、修试	招标、品控、运行、维护、检修、试验	附属设施及工器具	工器具	
6112	203.12-30	DL/T 778—2014	带电作业用绝缘袖套	行标	2014-8-1	IEC 60984:2002，MOD	DL 778—2001	采购、运维、修试	招标、品控、运行、维护、检修、试验	附属设施及工器具	工器具	
6113	203.12-31	DL/T 779—2021	带电作业用绝缘绳索类工具	行标	2022-3-22		DL 779—2001	采购、运维、修试	招标、品控、运行、维护、检修、试验	附属设施及工器具	工器具	
6114	203.12-32	DL/T 803—2015	带电作业用绝缘垫	行标	2015-12-1		DL/T 803—2002	采购、运维、修试	招标、品控、运行、维护、检修、试验	附属设施及工器具	工器具	
6115	203.12-33	DL/T 858—2004	架空配电线路带电安装及作业工具设备	行标	2004-6-1	IEC 61911:1998，MOD		采购、运维、修试	招标、品控、运行、维护、检修、试验	附属设施及工器具	工器具	

序号	体系结构号	标准编号	标准名称	标准级别	实施日期	与国际标准对应关系	代替标准	阶段	分阶段	专业	分专业	备注
6116	203.12-34	DL/T 877—2004	带电作业用工具、装置和设备使用的一般要求	行标	2004-6-1	IEC 61477:2001，IDT		采购、运维、修试	招标、品控、运行、维护、检修、试验	附属设施及工器具	工器具	
6117	203.12-35	DL/T 880—2021	带电作业用导线软质遮蔽罩	行标	2022-6-22		DL/T 880—2004	采购、运维、修试	招标、品控、运行、维护、检修、试验	附属设施及工器具	工器具	
6118	203.12-36	DL/T 946—2021	水利电力建设用起重机	行标	2022-6-22		DL/T 946—2005	采购、运维、修试	招标、品控、运行、维护、检修、试验	附属设施及工器具	工器具	
6119	203.12-37	DL/T 972—2005	带电作业工具、装置和设备的质量保证导则	行标	2006-6-1	IEC 61318:2003，IDT		采购、运维、修试	招标、品控、运行、维护、检修、试验	附属设施及工器具	工器具	
6120	203.12-38	DL/T 974—2018	带电作业用工具库房	行标	2019-5-1		DL/T 974—2005	采购、建设、运维、修试	招标、品控、验收与质量评定、运行、维护、检修、试验	附属设施及工器具	工器具	
6121	203.12-39	DL/T 975—2005	带电作业用防机械刺穿手套	行标	2006-6-1	IEC 61942:1997，MOD		采购、运维、修试	招标、品控、运行、维护、检修、试验	附属设施及工器具	工器具	
6122	203.12-40	DL/T 1099—2021	防振锤技术条件和试验方法	行标	2022-3-22		DL/T 1099—2009	采购、运维、修试	招标、品控、运行、维护、检修、试验	附属设施及工器具	工器具	
6123	203.12-41	DL/T 1125—2009	10kV 带电作业用绝缘服装	行标	2009-12-1			采购、运维、修试	招标、品控、运行、维护、检修、试验	附属设施及工器具	工器具	
6124	203.12-42	DL/T 1209.2—2014	变电站登高作业及防护器材技术要求 第2部分：拆卸型检修平台	行标	2014-8-1			采购、建设、运维、修试	招标、品控、验收与质量评定、运行、维护、检修、试验	附属设施及工器具	工器具	
6125	203.12-43	DL/T 1209.3—2014	变电站登高作业及防护器材技术要求 第3部分：升降型检修平台	行标	2014-8-1			采购、建设、运维、修试	招标、品控、验收与质量评定、运行、维护、检修、试验	附属设施及工器具	工器具	

序号	体系结构号	标准编号	标准名称	标准级别	实施日期	与国际标准对应关系	代替标准	阶段	分阶段	专业	分专业	备注
6126	203.12-44	DL/T 1209.4—2014	变电站登高作业及防护器材技术要求 第4部分：复合材料快装脚手架	行标	2014-8-1			采购、建设、运维、修试	招标、品控、验收与质量评定、运行、维护、检修、试验	附属设施及工器具	工器具	
6127	203.12-45	DL/T 1399.1—2014	电力试验/检测车 第1部分：通用技术条件	行标	2015-3-1			采购、建设、运维、修试	招标、品控、验收与质量评定、运行、维护、检修、试验	附属设施及工器具	工器具	
6128	203.12-46	DL/T 1399.2—2016	电力试验/检测车 第2部分：电力互感器检测车	行标	2017-5-1			采购、运维、修试	招标、品控、运行、维护、检修、试验	附属设施及工器具	工器具	
6129	203.12-47	DL/T 1399.3—2019	电力试验/检测车 第3部分：电力设备综合试验车	行标	2020-5-1			采购、运维、修试	招标、品控、运行、维护、检修、试验	附属设施及工器具	工器具	
6130	203.12-48	DL/T 1413—2015	变电站用接地线绕线装置	行标	2015-9-1			采购、运维、修试	招标、品控、运行、维护、检修、试验	附属设施及工器具	工器具	
6131	203.12-49	DL/T 1465—2015	10kV带电作业用绝缘平台	行标	2015-12-1			采购、运维、修试	招标、品控、运行、维护、检修、试验	附属设施及工器具	工器具	
6132	203.12-50	DL/T 1468—2015	电力用车载式带电水冲洗装置	行标	2015-12-1			采购、运维、修试	招标、品控、运行、维护、检修、试验	附属设施及工器具	工器具	
6133	203.12-51	DL/T 1565—2015	引张线装置	行标	2016-7-1			采购、运维、修试	招标、品控、运行、维护、检修、试验	附属设施及工器具	工器具	
6134	203.12-52	DL/T 1643—2016	电杆用登高板	行标	2017-5-1			采购、运维、修试	招标、品控、运行、维护、检修、试验	附属设施及工器具	工器具	
6135	203.12-53	DL/T 1659—2016	电力作业用软梯技术要求	行标	2017-5-1			采购、运维、修试	招标、品控、运行、维护、检修、试验	附属设施及工器具	工器具	

序号	体系结构号	标准编号	标准名称	标准级别	实施日期	与国际标准对应关系	代替标准	阶段	分阶段	专业	分专业	备注
6136	203.12-54	DL/T 1692—2017	安全工器具柜技术条件	行标	2017-8-1			采购、建设、运维、修试	招标、品控、验收与质量评定、运行、维护、检修、试验	附属设施及工器具	工器具	
6137	203.12-55	DL/T 1728—2017	人货两用型输电杆塔登塔装备	行标	2017-12-1			采购、运维、修试	招标、品控、运行、维护、检修、试验	附属设施及工器具	工器具	
6138	203.12-56	DL/T 1743—2017	带电作业用绝缘导线剥皮器	行标	2018-3-1			采购、运维、修试	招标、品控、运行、维护、检修、试验	附属设施及工器具	工器具	
6139	203.12-57	DL/T 1882—2018	验电器用工频高压发生器	行标	2019-5-1			采购、运维、修试	招标、品控、运行、维护、检修、试验	附属设施及工器具	工器具	
6140	203.12-58	DL/T 1995—2019	变电站换流站带电作业用绝缘平台	行标	2019-10-1			采购、运维、修试	招标、品控、运行、维护、检修、试验	附属设施及工器具	工器具	
6141	203.12-59	DL/T 2077—2019	电力用鱼竿式绝缘伸缩梯	行标	2020-5-1			采购、运维、修试	招标、品控、运行、维护、检修、试验	附属设施及工器具	工器具	
6142	203.12-60	DL/T 2132—2020	低温下电容型验电器的使用导则	行标	2021-2-4			建设	施工工艺、验收与质量评定	基础综合		
6143	203.12-61	DL/T 2133—2020	低温下电容型验电器预防性试验规程	行标	2021-2-1			运维、修试	运行、维护、检修、试验	基础综合		
6144	203.12-62	DL/T 2136—2020	电缆牵引报警装置技术条件	行标	2021-2-1			采购、运维、修试	招标、品控、运行、维护、检修、试验	附属设施及工器具	工器具	
6145	203.12-63	DL/T 2211—2021	直流验电器	行标	2021-7-1			采购、运维、修试	招标、品控、运行、维护、检修、试验	附属设施及工器具	工器具	
6146	203.12-64	DL/T 2212—2021	特高压用绝缘软拉棒	行标	2021-7-1			采购、运维、修试	招标、品控、运行、维护、检修、试验	附属设施及工器具	工器具	

序号	体系结构号	标准编号	标准名称	标准级别	实施日期	与国际标准对应关系	代替标准	阶段	分阶段	专业	分专业	备注
6147	203.12-65	DL/T 2317—2021	带电作业用绝缘软梯	行标	2022-3-22			采购、运维、修试	招标、品控、运行、维护、检修、试验	附属设施及工器具	工器具	
6148	203.12-66	DL/T 2320—2021	配电线路带电作业用线夹技术条件	行标	2022-3-22			采购、运维、修试	招标、品控、运行、维护、检修、试验	附属设施及工器具	工器具	
6149	203.12-67	DL/T 2472—2021	带电作业用绝缘操作杆工具附件	行标	2022-6-22			采购、运维、修试	招标、品控、运行、维护、检修、试验	附属设施及工器具	工器具	
6150	203.12-68	DL/T 2555.1—2022	配电线路旁路作业工具装备 第1部分：旁路电缆及连接器	行标	2023-5-4			采购、运维、修试	招标、品控、运行、维护、检修、试验	附属设施及工器具	工器具	
6151	203.12-69	GJB 2347—1995	无人机通用规范	行标	1995-12-1			采购、运维、修试	招标、品控、运行、维护、检修、试验	附属设施及工器具	工器具	
6152	203.12-70	GJB 5433—2005	无人机系统通用要求	行标	2005-10-1			采购、运维、修试	招标、品控、运行、维护、检修、试验	附属设施及工器具	工器具	
6153	203.12-71	JB/T 14525—2022	电动平衡器具用开关	行标	2023-04-01			采购、运维、修试	招标、品控、运行、维护、检修、试验	附属设施及工器具	工器具	
6154	203.12-72	NB/T 10197—2019	高海拔现场移动冲击电压发生器通用技术条件	行标	2019-10-1			采购、运维、修试	招标、品控、运行、维护、检修、试验	附属设施及工器具	工器具	
6155	203.12-73	NB/T 10674—2021	直流故障电流控制器技术要求	行标	2021-10-26			采购、运维、修试	招标、品控、运行、维护、检修、试验	附属设施及工器具	工器具	
6156	203.12-74	NB/T 42148.2—2020	电池驱动器具及设备的开关 第2-1部分：电动工具开关的特殊要求	行标	2021-2-1			采购、运维	招标、运行、维护	附属设施及工器具	工器具	

序号	体系结构号	标准编号	标准名称	标准级别	实施日期	与国际标准对应关系	代替标准	阶段	分阶段	专业	分专业	备注
6157	203.12-75	GB 13398—2008	带电作业用空心绝缘管、泡沫填充绝缘管和实心绝缘棒	国标	2010-2-1	IEC 61235:1993, MOD; IEC 60855:1985, MOD	GB 13398—2003	采购、运维、修试	招标、品控、运行、维护、检修、试验	附属设施及工器具	工器具	
6158	203.12-76	GB/T 6568—2008	带电作业用屏蔽服装	国标	2009-8-1	IEC 60895:2002, MOD	GB 6568.1—2000; GB 6568.2—2000	采购、运维、修试	招标、品控、运行、维护、检修、试验	附属设施及工器具	工器具	
6159	203.12-77	GB/T 8366—2021	电阻焊　电阻焊设备　机械和电气要求	国标	2021-12-1		GB/T 8366—2004	采购、运维、修试	招标、品控、运行、维护、检修、试验	附属设施及工器具	工器具	
6160	203.12-78	GB/T 9089.1—2021	户外严酷条件下的电气设施　第1部分：范围和定义	国标	2022-5-1		GB/T 9089.1—2008	采购	品控	附属设施及工器具	工器具	
6161	203.12-79	GB/T 9089.2—2008	户外严酷条件下的电气设施　第2部分：一般防护要求	国标	2009-3-1	IEC 60621-2—1987, MOD	GB/T 9089.2—1988	采购	品控	附属设施及工器具	工器具	
6162	203.12-80	GB/T 9089.3—2008	户外严酷条件下的电气设施　第3部分：设备及附件的一般要求	国标	2009-3-1	IEC 60621-3—1986, IDT	GB/T 9089.3—1991	采购	品控	附属设施及工器具	工器具	
6163	203.12-81	GB/T 9089.4—2008	户外严酷条件下的电气设施　第4部分：装置要求	国标	2009-3-1	IEC 60621-4—1981, IDT	GB/T 9089.4—1992	采购	品控	附属设施及工器具	工器具	
6164	203.12-82	GB/T 12167—2006	带电作业用铝合金紧线卡线器	国标	2006-11-1		GB/T 12167—1990	采购、运维、修试	招标、品控、运行、维护、检修、试验	附属设施及工器具	工器具	
6165	203.12-83	GB/T 12168—2006	带电作业用遮蔽罩	国标	2006-11-1	IEC 61229:2002, MOD	GB/T 12168—1990	采购、运维、修试	招标、品控、运行、维护、检修、试验	附属设施及工器具	工器具	
6166	203.12-84	GB/T 13034—2008	带电作业用绝缘滑车	国标	2009-8-1		GB/T 13034—2003	采购、运维、修试	招标、品控、运行、维护、检修、试验	附属设施及工器具	工器具	

序号	体系结构号	标准编号	标准名称	标准级别	实施日期	与国际标准对应关系	代替标准	阶段	分阶段	专业	分专业	备注
6167	203.12-85	GB/T 13035—2008	带电作业用绝缘绳索	国标	2009-8-1		GB/T 13035—2003	采购、运维、修试	招标、品控、运行、维护、检修、试验	附属设施及工器具	工器具	
6168	203.12-86	GB/T 14545—2008	带电作业用小水量冲洗工具(长水柱短水枪型)	国标	2009-8-1		GB/T 14545—2003	采购、运维、修试	招标、品控、运行、维护、检修、试验	附属设施及工器具	工器具	
6169	203.12-87	GB/T 15632—2008	带电作业用提线工具通用技术条件	国标	2010-2-1		GB 15632—1995	采购、运维、修试	招标、品控、运行、维护、检修、试验	附属设施及工器具	工器具	
6170	203.12-88	GB/T 17620—2008	带电作业用绝缘硬梯	国标	2010-2-1		GB 17620—1998	采购、运维、修试	招标、品控、运行、维护、检修、试验	附属设施及工器具	工器具	
6171	203.12-89	GB/T 17622—2008	带电作业用绝缘手套	国标	2009-8-1	IEC 60903:2002，MOD	GB 17622—1998	采购、运维、修试	招标、品控、运行、维护、检修、试验	附属设施及工器具	工器具	
6172	203.12-90	GB/T 18037—2008	带电作业工具基本技术要求与设计导则	国标	2009-8-1		GB/T 18037—2000	采购、运维、修试	招标、品控、运行、维护、检修、试验	附属设施及工器具	工器具	
6173	203.12-91	GB/T 18269—2008	交流 1kV、直流 1.5kV 及以下电压等级带电作业用绝缘手工工具	国标	2009-8-1	IEC 60900:2004，MOD		采购、运维、修试	招标、品控、运行、维护、检修、试验	附属设施及工器具	工器具	
6174	203.12-92	GB/T 25725—2010	带电作业工具专用车	国标	2011-5-1			采购、运维、修试	招标、品控、运行、维护、检修、试验	附属设施及工器具	工器具	
6175	203.12-93	GB/T 34570.1—2017	电动工具用可充电电池包和充电器的安全　第1部分：电池包的安全	国标	2018-4-1			采购、运维、修试	招标、品控、运行、维护、检修、试验	附属设施及工器具	工器具	
6176	203.12-94	GB/T 34570.2—2017	电动工具用可充电电池包和充电器的安全　第2部分：充电器的安全	国标	2018-4-1			采购、运维、修试	招标、品控、运行、维护、检修、试验	附属设施及工器具	工器具	

序号	体系结构号	标准编号	标准名称	标准级别	实施日期	与国际标准对应关系	代替标准	阶段	分阶段	专业	分专业	备注
6177	203.12-95	GB/T 37405—2019	高压晶闸管相控调压软起动装置	国标	2019-12-1			采购、运维、修试	招标、品控、运行、维护、检修、试验	附属设施及工器具	工器具	
6178	203.12-96	GB/T 37556—2019	10kV 带电作业用绝缘斗臂车	国标	2020-1-1			采购、运维、修试	招标、品控、运行、维护、检修、试验	附属设施及工器具	工器具	
6179	203.12-97	GB/T 39275—2020	电力电子系统和设备 有源馈电变流器（AIC）应用的运行条件和特性	国标	2021-6-1			采购、运维、修试	招标、品控、运行、维护、检修、试验	附属设施及工器具	工器具	
6180	203.12-98	GB/T 41982—2022	电站用高合金耐热钢厚壁管道和锻件 通用技术条件	国标	2022-10-12			采购、运维、修试	招标、品控、运行、维护、检修、试验	附属设施及工器具	工器具	
6181	203.12-99	IEC 60832-1—2010	带电作业绝缘杆及附件设备 第1部分：绝缘杆	国际标准	2010-2-11	EN 60832-1—2010，IDT	IEC 60832—1988	采购、运维、修试	招标、品控、运行、维护、检修、试验	附属设施及工器具	工器具	
6182	203.12-100	IEC 60832-2—2010	带电作业绝缘杆及附件设备 第2部分：附件设备	国际标准	2010-2-11	EN 60832-2—2010，IDT	IEC 60832—1988	采购、运维、修试	招标、品控、运行、维护、检修、试验	附属设施及工器具	工器具	
6183	203.12-101	IEC 61111—2009	带电作业电气绝缘垫	国际标准	2009-4-7	DIN EN 61111—2010 IDT；NF C 18-421—2009，IDT	IEC 61111—1992；IEC 61111—1992/Amd 1—2002；IEC 61111—1992+Amd 1—2002	采购、运维、修试	招标、品控、运行、维护、检修、试验	附属设施及工器具	工器具	
6184	203.12-102	IEC 61112—2009	带电作业电气绝缘涂层	国际标准	2009-4-7	DIN EN 61112—2010，IDT；EN 61111—2009，IDT；EN 61112—2009，IDT；NF C18-422—2009，IDT	IEC 61112—1992；IEC 61112—1992/Amd 1—2002；IEC 61112—1992+Amd 1—2002	采购、运维、修试	招标、品控、运行、维护、检修、试验	附属设施及工器具	工器具	

序号	体系结构号	标准编号	标准名称	标准级别	实施日期	与国际标准对应关系	代替标准	阶段	分阶段	专业	分专业	备注
6185	203.12-103	IEC 62192—2009	带电作业绝缘绳索	国际标准	2009-2-20	DIN EN 62192—2010, IDT; EN 62192—2009, IDT; NF C18-408—2009, IDT; C18-408PR, IDT; OEVE/OENORM EN 62192—2010, IDT		采购、运维、修试	招标、品控、运行、维护、检修、试验	附属设施及工器具	工器具	
203.13 设备材料—仪器仪表												
6186	203.13-1	Q/CSG 11617—2007	±800kV直流输电用直流电流测量装置（试行）	企标	2007-10-1			采购、运维、修试	招标、品控、运行、维护、检修、试验	附属设施及工器具	工器具	
6187	203.13-2	Q/CSG 11618—2007	±800kV直流输电用直流电压测量装置（试行）	企标	2007-10-1			采购、运维、修试	招标、品控、运行、维护、检修、试验	附属设施及工器具	工器具	
6188	203.13-3	Q/CSG 1203021—2016	变电设备在线监测装置通用技术规范	企标	2017-1-10			采购、运维	招标、品控、运行、维护	附属设施及工器具	工器具	
6189	203.13-4	Q/CSG 1203025—2017	变压器油中溶解气体在线监测装置技术规范	企标	2017-2-15			采购、运维、修试	招标、品控、运行、维护、检修、试验	附属设施及工器具	工器具	
6190	203.13-5	T/CEC 121—2016	高压电缆接头内置式导体测温装置技术规范	团标	2017-1-1			采购、运维、修试	招标、品控、运行、维护、检修、试验	附属设施及工器具	工器具	
6191	203.13-6	T/CEC 293—2020	六氟化硫气体分解产物带电检测仪器技术规范	团标	2020-10-1			设计、采购、运维	初设、招标、运行、维护	附属设施及工器具	工器具	
6192	203.13-7	T/CEC 344—2020	无线相位测量装置技术条件	团标	2020-10-1			设计、采购、运维	初设、招标、运行、维护	附属设施及工器具	工器具	
6193	203.13-8	T/CEC 354—2020	变压器低电压短路阻抗测试仪通用技术条件	团标	2020-10-1			设计、采购、运维	初设、招标、运行、维护	附属设施及工器具	工器具	
6194	203.13-9	T/CEC 356—2020	电气设备六氟化硫红外检漏仪通用技术条件	团标	2020-10-1			设计、采购、运维	初设、招标、运行、维护	附属设施及工器具	工器具	

序号	体系结构号	标准编号	标准名称	标准级别	实施日期	与国际标准对应关系	代替标准	阶段	分阶段	专业	分专业	备注
6195	203.13-10	T/CEC 357—2020	基于超声波法的闪络定位仪通用技术条件	团标	2020-10-1			设计、采购、运维	初设、招标、运行、维护	附属设施及工器具	工器具	
6196	203.13-11	T/CEC 426.3—2022	电力用油测试仪器通用技术条件 第3部分：颗粒度仪	团标	2023-2-1			设计、采购、运维	初设、招标、运行、维护	附属设施及工器具	工器具	
6197	203.13-12	T/CEC 542.2—2022	电力用气测试仪器通用技术条件 第2部分：六氟化硫气体纯度测试仪 气相色谱法	团标	2023-2-1			设计、采购、运维	初设、招标、运行、维护	附属设施及工器具	工器具	
6198	203.13-13	T/CEC 607—2022	电压互感器计量性能监测规范	团标	2022-10-1			设计、采购、运维	初设、招标、运行、维护	附属设施及工器具	工器具	
6199	203.13-14	T/CEC 610—2022	电力设备专用测试装置远程校准系统可信性评估准则	团标	2022-10-1			设计、采购、运维	初设、招标、运行、维护	附属设施及工器具	工器具	
6200	203.13-15	T/CEC 611—2022	变电站设备声成像测试技术导则	团标	2022-10-1			设计、采购、运维	初设、招标、运行、维护	附属设施及工器具	工器具	
6201	203.13-16	T/CEC 672—2022	变压器油中溶解气体在线监测装置现场校验器技术条件	团标	2022-10-1			设计、采购、运维	初设、招标、运行、维护	附属设施及工器具	工器具	
6202	203.13-17	T/CEC 691—2022	故障录波及行波测距一体化装置技术规范	团标	2023-2-1			设计、采购、运维	初设、招标、运行、维护	附属设施及工器具	工器具	
6203	203.13-18	T/CEC 703—2022	站用低压交流电源系统剩余电流监测装置技术规范	团标	2023-2-1			设计、采购、运维	初设、招标、运行、维护	附属设施及工器具	工器具	

序号	体系结构号	标准编号	标准名称	标准级别	实施日期	与国际标准对应关系	代替标准	阶段	分阶段	专业	分专业	备注
6204	203.13-19	T/CSEE 0114—2019	中性点异频信号注入电容电流测试导则	团标	2019-5-28			采购、运维、修试	招标、品控、运行、维护、检修、试验	附属设施及工器具	工器具	
6205	203.13-20	T/CSEE 0226—2021	绝缘频域介电谱测试装置技术条件	团标	2021-3-11			设计、采购、运维	初设、招标、运行、维护	附属设施及工器具	工器具	
6206	203.13-21	T/CSEE 0314—2022	电磁式电压互感器一次侧消谐装置	团标	2022-12-8			设计、采购、运维	初设、招标、运行、维护	附属设施及工器具	工器具	
6207	203.13-22	DL/T 326—2010	步进式引张线仪	行标	2011-5-1			设计、采购、运维	初设、招标、运行、维护	附属设施及工器具	工器具	
6208	203.13-23	DL/T 327—2010	步进式垂线坐标仪	行标	2011-5-1			设计、采购、运维	初设、招标、运行、维护	附属设施及工器具	工器具	
6209	203.13-24	DL/T 328—2022	真空激光准直位移测量装置	行标	2022-11-13		DL/T 328—2010	设计、采购、运维	初设、招标、运行、维护	附属设施及工器具	工器具	
6210	203.13-25	DL/T 415—2009	带电作业用火花间隙检测装置	行标	2009-12-1		DL 415—1991	采购、运维、修试	招标、品控、运行、维护、检修、试验	附属设施及工器具	工器具	
6211	203.13-26	DL/T 500—2017	电压监测仪使用技术条件	行标	2018-6-1		DL/T 500—2009	采购、运维、修试	招标、品控、运行、维护、检修、试验	附属设施及工器具	工器具	
6212	203.13-27	DL/T 668—2017	测量用互感器检验装置	行标	2018-3-1		DL/T 668—1999	采购、运维、修试	招标、品控、运行、维护、检修、试验	附属设施及工器具	工器具	
6213	203.13-28	DL/T 845.1—2019	电阻测量装置通用技术条件 第1部分：电子式绝缘电阻表	行标	2020-5-1		DL/T 845.1—2004	采购、运维、修试	招标、品控、运行、维护、检修、试验	附属设施及工器具	工器具	
6214	203.13-29	DL/T 845.2—2020	电阻测量装置通用技术条件 第2部分：工频接地电阻测试仪	行标	2020-5-1			采购、运维、修试	招标、品控、运行、维护、检修、试验	附属设施及工器具	工器具	

序号	体系结构号	标准编号	标准名称	标准级别	实施日期	与国际标准对应关系	代替标准	阶段	分阶段	专业	分专业	备注
6215	203.13-30	DL/T 845.3—2019	电阻测量装置通用技术条件 第3部分：直流电阻测试仪	行标	2020-5-1		DL/T 845.3—2004	采购、运维、修试	招标、品控、运行、维护、检修、试验	附属设施及工器具	工器具	
6216	203.13-31	DL/T 845.4—2019	电阻测量装置通用技术条件 第4部分：回路电阻测试仪	行标	2020-5-1		DL/T 845.4—2004	采购、运维、修试	招标、品控、运行、维护、检修、试验	附属设施及工器具	工器具	
6217	203.13-32	DL/T 845.5—2021	电阻测量装置通用技术条件 第5部分：水内冷发电机绝缘电阻测试仪	行标	2022-6-22			采购、运维、修试	招标、品控、运行、维护、检修、试验	附属设施及工器具	工器具	
6218	203.13-33	DL/T 846.1—2016	高电压测试设备通用技术条件 第1部分：高电压分压器测量系统	行标	2017-5-1		DL/T 846.1—2004	采购、运维、修试	招标、品控、运行、维护、检修、试验	附属设施及工器具	工器具	
6219	203.13-34	DL/T 846.10—2016	高电压测试设备通用技术条件 第10部分：暂态地电压局部放电检测仪	行标	2017-5-1			采购、运维、修试	招标、品控、运行、维护、检修、试验	附属设施及工器具	工器具	
6220	203.13-35	DL/T 846.11—2016	高电压测试设备通用技术条件 第11部分：特高频局部放电检测仪	行标	2017-5-1			采购、运维、修试	招标、品控、运行、维护、检修、试验	附属设施及工器具	工器具	
6221	203.13-36	DL/T 846.12—2016	高电压测试设备通用技术条件 第12部分：电力电容测试仪	行标	2017-5-1			采购、运维、修试	招标、品控、运行、维护、检修、试验	附属设施及工器具	工器具	
6222	203.13-37	DL/T 846.15—2021	高电压测试设备通用技术条件 第15部分：高压脉冲源电缆故障检测装置	行标	2022-6-22			采购、运维、修试	招标、品控、运行、维护、检修、试验	附属设施及工器具	工器具	

序号	体系结构号	标准编号	标准名称	标准级别	实施日期	与国际标准对应关系	代替标准	阶段	分阶段	专业	分专业	备注
6223	203.13-38	DL/T 846.16—2021	高电压测试设备通用技术条件 第16部分：电力少油设备压力检测装置	行标	2022-6-22			采购、运维、修试	招标、品控、运行、维护、检修、试验	附属设施及工器具	工器具	
6224	203.13-39	DL/T 846.2—2004	高电压测试设备通用技术条件 第2部分：冲击电压测量系统	行标	2004-6-1			采购、运维、修试	招标、品控、运行、维护、检修、试验	附属设施及工器具	工器具	
6225	203.13-40	DL/T 846.3—2017	高电压测试设备通用技术条件 第3部分：高压开关综合特性测试仪	行标	2018-6-1		DL/T 846.3—2004	采购、运维、修试	招标、品控、运行、维护、检修、试验	附属设施及工器具	工器具	
6226	203.13-41	DL/T 846.4—2016	高电压测试设备通用技术条件 第4部分：脉冲电流法局部放电测量仪	行标	2017-5-1		DL/T 846.4—2004	采购、运维、修试	招标、品控、运行、维护、检修、试验	附属设施及工器具	工器具	
6227	203.13-42	DL/T 846.6—2018	高电压测试设备通用技术条件 第6部分：六氟化硫气体检漏仪	行标	2019-5-1		DL/T 846.6—2004	采购、运维、修试	招标、品控、运行、维护、检修、试验	附属设施及工器具	工器具	
6228	203.13-43	DL/T 846.7—2016	高电压测试设备通用技术条件 第7部分：绝缘油介电强度测试仪	行标	2017-5-1		DL/T 846.7—2004	采购、运维、修试	招标、品控、运行、维护、检修、试验	附属设施及工器具	工器具	
6229	203.13-44	DL/T 846.8—2017	高电压测试设备通用技术条件 第8部分：有载分接开关测试仪	行标	2018-6-1		DL/T 846.8—2004	采购、运维、修试	招标、品控、运行、维护、检修、试验	附属设施及工器具	工器具	
6230	203.13-45	DL/T 846.9—2004	高电压测试设备通用技术条件 第9部分：真空开关真空度测试仪	行标	2004-6-1			采购、运维、修试	招标、品控、运行、维护、检修、试验	附属设施及工器具	工器具	

序号	体系结构号	标准编号	标准名称	标准级别	实施日期	与国际标准对应关系	代替标准	阶段	分阶段	专业	分专业	备注
6231	203.13-46	DL/T 848.1—2019	高压试验装置通用技术条件 第1部分：直流高压发生器	行标	2020-5-1		DL/T 848.1—2004	采购、运维、修试	招标、品控、运行、维护、检修、试验	附属设施及工器具	工器具	
6232	203.13-47	DL/T 848.2—2018	高压试验装置通用技术条件 第2部分：工频高压试验装置	行标	2019-5-1		DL/T 848.2—2004	采购、运维、修试	招标、品控、运行、维护、检修、试验	附属设施及工器具	工器具	
6233	203.13-48	DL/T 848.3—2019	高压试验装置通用技术条件 第3部分：无局放试验变压器	行标	2020-5-1		DL/T 848.3—2004；DL/T 848.4—2004；DL/T 848.5—2004；DL/T 849.1—2004；DL/T 849.2—2004；DL/T 849.3—2004	采购、运维、修试	招标、品控、运行、维护、检修、试验	附属设施及工器具	工器具	
6234	203.13-49	DL/T 848.4—2019	高压试验装置通用技术条件 第4部分：三倍频试验变压器装置	行标	2020-5-1		DL/T 848.4—2004	采购、运维、修试	招标、品控、运行、维护、检修、试验	附属设施及工器具	工器具	
6235	203.13-50	DL/T 848.5—2019	高压试验装置通用技术条件 第5部分：冲击电压发生器	行标	2020-5-1		DL/T 848.5—2004	采购、运维、修试	招标、品控、运行、维护、检修、试验	附属设施及工器具	工器具	
6236	203.13-51	DL/T 848.6—2021	高压试验装置通用技术条件 第6部分：110kV及以上电力变压器现场空、负载试验装置	行标	2022-6-22			采购、运维、修试	招标、品控、运行、维护、检修、试验	附属设施及工器具	工器具	
6237	203.13-52	DL/T 849.1—2019	电力设备专用测试仪器通用技术条件 第1部分：电缆故障闪测仪	行标	2020-5-1		DL/T 849.1—2004	采购、运维、修试	招标、品控、运行、维护、检修、试验	附属设施及工器具	工器具	
6238	203.13-53	DL/T 849.2—2019	电力设备专用测试仪器通用技术条件 第2部分：电缆故障定点仪	行标	2020-5-1		DL/T 849.2—2004	采购、运维、修试	招标、品控、运行、维护、检修、试验	附属设施及工器具	工器具	

序号	体系结构号	标准编号	标准名称	标准级别	实施日期	与国际标准对应关系	代替标准	阶段	分阶段	专业	分专业	备注
6239	203.13-54	DL/T 849.3—2019	电力设备专用测试仪器通用技术条件 第3部分：电缆路径仪	行标	2020-5-1		DL/T 849.3—2004	采购、运维、修试	招标、品控、运行、维护、检修、试验	附属设施及工器具	工器具	
6240	203.13-55	DL/T 849.4—2004	电力设备专用测试仪器通用技术条件 第4部分：超低频高压发生器	行标	2004-6-1			采购、运维、修试	招标、品控、运行、维护、检修、试验	附属设施及工器具	工器具	
6241	203.13-56	DL/T 849.5—2019	电力设备专用测试仪器通用技术条件 第5部分：振荡波高压发生器	行标	2020-5-1		DL/T 849.5—2004	采购、运维、修试	招标、品控、运行、维护、检修、试验	附属设施及工器具	工器具	
6242	203.13-57	DL/T 849.6—2016	电力设备专用测试仪器通用技术条件 第6部分：高压谐振试验装置	行标	2017-5-1		DL/T 849.6—2004	采购、运维、修试	招标、品控、运行、维护、检修、试验	附属设施及工器具	工器具	
6243	203.13-58	DL/T 947—2005	土石坝监测仪器系列型谱	行标	2005-6-1		SD 314—1989	采购、运维、修试	招标、品控、运行、维护、检修、试验	附属设施及工器具	工器具	
6244	203.13-59	DL/T 962—2005	高压介质损耗测试仪通用技术条件	行标	2005-6-1			采购、运维、修试	招标、品控、运行、维护、检修、试验	附属设施及工器具	工器具	
6245	203.13-60	DL/T 963—2005	变压比测试仪通用技术条件	行标	2005-6-1			采购、运维、修试	招标、品控、运行、维护、检修、试验	附属设施及工器具	工器具	
6246	203.13-61	DL/T 971—2017	带电作业用便携式核相仪	行标	2018-3-1		DL/T 971—2005	采购、运维、修试	招标、品控、运行、维护、检修、试验	附属设施及工器具	工器具	
6247	203.13-62	DL/T 980—2005	数字多用表检定规程	行标	2006-6-1			采购、运维、修试	招标、品控、运行、维护、检修、试验	附属设施及工器具	工器具	

序号	体系结构号	标准编号	标准名称	标准级别	实施日期	与国际标准对应关系	代替标准	阶段	分阶段	专业	分专业	备注
6248	203.13-63	DL/T 987—2017	氧化锌避雷器阻性电流测试仪通用技术条件	行标	2018-6-1		DL/T 987—2005	采购、运维、修试	招标、品控、运行、维护、检修、试验	附属设施及工器具	工器具	
6249	203.13-64	DL/T 1013—2018	大中型水轮发电机微机励磁调节器试验导则	行标	2018-7-1		DL/T 1013—2006	采购、运维、修试	招标、品控、运行、维护、检修、试验	附属设施及工器具	工器具	
6250	203.13-65	DL/T 1063—2021	差动电阻式位移计	行标	2022-3-22		DL/T 1063—2007	采购、运维、修试	招标、品控、运行、维护、检修、试验	附属设施及工器具	工器具	
6251	203.13-66	DL/T 1064—2021	差动电阻式锚索测力计	行标	2022-3-22		DL/T 1064—2007	采购、运维、修试	招标、品控、运行、维护、检修、试验	附属设施及工器具	工器具	
6252	203.13-67	DL/T 1065—2021	差动电阻式锚杆应力计	行标	2022-3-22		DL/T 1065—2007	采购、运维、修试	招标、品控、运行、维护、检修、试验	附属设施及工器具	工器具	
6253	203.13-68	DL/T 1104—2009	电位器式仪器测量仪	行标	2009-12-1			采购、运维、修试	招标、品控、运行、维护、检修、试验	附属设施及工器具	工器具	
6254	203.13-69	DL/T 1119—2010	输电线路工频参数测试仪通用技术条件	行标	2011-5-1			采购、运维、修试	招标、品控、运行、维护、检修、试验	附属设施及工器具	工器具	
6255	203.13-70	DL/T 1140—2012	电气设备六氟化硫激光检漏仪通用技术条件	行标	2012-3-1			采购、运维、修试	招标、品控、运行、维护、检修、试验	附属设施及工器具	工器具	
6256	203.13-71	DL/T 1157—2019	配电线路故障指示器通用技术条件	行标	2020-5-1		DL/T 1157—2012	采购、运维、修试	招标、品控、运行、维护、检修、试验	附属设施及工器具	工器具	
6257	203.13-72	DL/T 1221—2013	互感器综合特性测试仪通用技术条件	行标	2013-8-1			采购、运维、修试	招标、品控、运行、维护、检修、试验	附属设施及工器具	工器具	
6258	203.13-73	DL/T 1256—2013	变压器空、负载损耗测试仪通用技术条件	行标	2014-4-1			采购、运维、修试	招标、品控、运行、维护、检修、试验	附属设施及工器具	工器具	

序号	体系结构号	标准编号	标准名称	标准级别	实施日期	与国际标准对应关系	代替标准	阶段	分阶段	专业	分专业	备注
6259	203.13-74	DL/T 1258—2013	互感器校验仪通用技术条件	行标	2014-4-1			采购、运维、修试	招标、品控、运行、维护、检修、试验	附属设施及工器具	工器具	
6260	203.13-75	DL/T 1305—2013	变压器油介损测试仪通用技术条件	行标	2014-4-1			采购、运维、修试	招标、品控、运行、维护、检修、试验	附属设施及工器具	工器具	
6261	203.13-76	DL/T 1392—2014	直流电源系统绝缘监测装置技术条件	行标	2015-3-1			采购、运维、修试	招标、品控、运行、维护、检修、试验	附属设施及工器具	工器具	
6262	203.13-77	DL/T 1394—2014	电子式电流、电压互感器校验仪技术条件	行标	2015-3-1			采购、运维、修试	招标、品控、运行、维护、检修、试验	附属设施及工器具	工器具	
6263	203.13-78	DL/T 1397.1—2014	电力直流电源系统用测试设备通用技术条件 第1部分：蓄电池电压巡检仪	行标	2015-3-1			采购、运维、修试	招标、品控、运行、维护、检修、试验	附属设施及工器具	工器具	
6264	203.13-79	DL/T 1397.2—2014	电力直流电源系统用测试设备通用技术条件 第2部分：蓄电池容量放电测试仪	行标	2015-3-1			采购、运维、修试	招标、品控、运行、维护、检修、试验	附属设施及工器具	工器具	
6265	203.13-80	DL/T 1397.3—2014	电力直流电源系统用测试设备通用技术条件 第3部分：充电装置特性测试系统	行标	2015-3-1			采购、运维、修试	招标、品控、运行、维护、检修、试验	附属设施及工器具	工器具	
6266	203.13-81	DL/T 1397.4—2014	电力直流电源系统用测试设备通用技术条件 第4部分：直流断路器动作特性测试系统	行标	2015-3-1			采购、运维、修试	招标、品控、运行、维护、检修、试验	附属设施及工器具	工器具	

序号	体系结构号	标准编号	标准名称	标准级别	实施日期	与国际标准对应关系	代替标准	阶段	分阶段	专业	分专业	备注
6267	203.13-82	DL/T 1397.5—2014	电力直流电源系统用测试设备通用技术条件 第5部分：蓄电池内阻测试仪	行标	2015-3-1			采购、运维、修试	招标、品控、运行、维护、检修试验	附属设施及工器具	工器具	
6268	203.13-83	DL/T 1397.6—2014	电力直流电源系统用测试设备通用技术条件 第6部分：便携式接地巡测仪	行标	2015-3-1			采购、运维、修试	招标、品控、运行、维护、检修试验	附属设施及工器具	工器具	
6269	203.13-84	DL/T 1397.7—2014	电力直流电源系统用测试设备通用技术条件 第7部分：蓄电池单体活化仪	行标	2015-3-1			采购、运维、修试	招标、品控、运行、维护、检修试验	附属设施及工器具	工器具	
6270	203.13-85	DL/T 1397.8—2021	电力直流电源系统用测试设备通用技术条件 第8部分：绝缘监测装置校验仪	行标	2021-7-1			采购、运维、修试	招标、品控、运行、维护、检修试验	附属设施及工器具	工器具	
6271	203.13-86	DL/T 1516—2016	相对介损及电容测试仪通用技术条件	行标	2016-6-1			采购、运维、修试	招标、品控、运行、维护、检修试验	附属设施及工器具	工器具	
6272	203.13-87	DL/T 1528—2016	电能计量现场手持设备技术规范	行标	2016-6-1			采购、运维、修试	招标、品控、运行、维护、检修试验	附属设施及工器具	工器具	
6273	203.13-88	DL/T 1567—2016	开合无功补偿设备测试装置通用技术条件	行标	2016-7-1			采购、运维、修试	招标、品控、运行、维护、检修试验	附属设施及工器具	工器具	
6274	203.13-89	DL/T 1742—2017	差动电阻式仪器测量仪表	行标	2018-3-1			采购、运维、修试	招标、品控、运行、维护、检修试验	附属设施及工器具	工器具	
6275	203.13-90	DL/T 1745—2017	低压电能计量箱技术条件	行标	2018-3-1			采购、运维、修试	招标、品控、运行、维护、检修试验	附属设施及工器具	工器具	

序号	体系结构号	标准编号	标准名称	标准级别	实施日期	与国际标准对应关系	代替标准	阶段	分阶段	专业	分专业	备注
6276	203.13-91	DL/T 1746—2017	变电站端子箱	行标	2018-3-1			采购、运维、修试	招标、品控、运行、维护、检修、试验	附属设施及工器具	工器具	
6277	203.13-92	DL/T 1779—2017	高压电气设备电晕放电检测用紫外成像仪技术条件	行标	2018-6-1			采购、运维、修试	招标、品控、运行、维护、检修、试验	附属设施及工器具	工器具	
6278	203.13-93	DL/T 1790—2017	变压器现场局部放电测量用电源装置通用技术条件	行标	2018-6-1			采购、运维、修试	招标、品控、运行、维护、检修、试验	附属设施及工器具	工器具	
6279	203.13-94	DL/T 1791—2017	电力巡检用头戴式红外成像测温仪技术规范	行标	2018-6-1			采购、运维、修试	招标、品控、运行、维护、检修、试验	附属设施及工器具	工器具	
6280	203.13-95	DL/T 1911—2018	智能变电站监控系统试验装置技术规范	行标	2019-5-1			采购、运维、修试	招标、品控、运行、维护、检修、试验	附属设施及工器具	工器具	
6281	203.13-96	DL/T 1944—2018	智能变电站手持式光数字信号试验装置技术规范	行标	2019-5-1			采购、运维、修试	招标、品控、运行、维护、检修、试验	附属设施及工器具	工器具	
6282	203.13-97	DL/T 1951—2018	变压器绕组变形测试仪通用技术条件	行标	2019-5-1			采购、运维、修试	招标、品控、运行、维护、检修、试验	附属设施及工器具	工器具	
6283	203.13-98	DL/T 1953—2018	电容电流测试仪通用技术条件	行标	2019-5-1			采购、运维、修试	招标、品控、运行、维护、检修、试验	附属设施及工器具	工器具	
6284	203.13-99	DL/T 1985—2019	六氟化硫混合绝缘气体混气比检测方法	行标	2019-10-1			设计、采购、运维	初设、招标、运行、维护	附属设施及工器具	工器具	
6285	203.13-100	DL/T 1987—2019	六氟化硫气体泄漏在线监测报警装置技术条件	行标	2019-10-1			采购、运维、修试	招标、品控、运行、维护、检修、试验	附属设施及工器具	工器具	

序号	体系结构号	标准编号	标准名称	标准级别	实施日期	与国际标准对应关系	代替标准	阶段	分阶段	专业	分专业	备注
6286	203.13-101	DL/T 2006—2019	干式空心电抗器匝间绝过电压试验设备技术规范	行标	2019-10-1			采购、运维、修试	招标、品控、运行、维护、检修、试验	附属设施及工器具	工器具	
6287	203.13-102	DL/T 2095—2020	输电线路杆塔石墨基柔性接地体技术条件	行标	2021-2-1			采购、运维、修试	招标、品控、运行、维护、检修、试验	附属设施及工器具	工器具	
6288	203.13-103	DL/T 2164—2020	差动电阻式土压力计	行标	2021-2-1			采购、运维、修试	招标、品控、运行、维护、检修、试验	附属设施及工器具	工器具	
6289	203.13-104	DL/T 2187—2020	直流互感器校验仪通用技术条件	行标	2021-2-7			采购、运维、修试	招标、品控、运行、维护、检修、试验	附属设施及工器具	工器具	
6290	203.13-105	DL/T 2213.1—2021	交流标准功率源 第1部分:通用技术要求	行标	2021-7-1			采购、运维、修试	招标、品控、运行、维护、检修、试验	附属设施及工器具	工器具	
6291	203.13-106	DL/T 2255—2021	气体继电器检测装置技术规范	行标	2021-7-1			采购、运维、修试	招标、品控、运行、维护、检修、试验	附属设施及工器具	工器具	
6292	203.13-107	DL/T 2261—2021	移动式手持电动工具绝缘电阻试验仪技术要求	行标	2021-10-26			采购、运维、修试	招标、品控、运行、维护、检修、试验	附属设施及工器具	工器具	
6293	203.13-108	DL/T 2277—2021	电力设备带电检测仪器通用技术规范	行标	2021-10-26			采购、运维、修试	招标、品控、运行、维护、检修、试验	附属设施及工器具	工器具	
6294	203.13-109	DL/T 2278—2021	高频法局部放电带电检测仪器技术规范	行标	2021-10-26			采购、运维、修试	招标、品控、运行、维护、检修、试验	附属设施及工器具	工器具	
6295	203.13-110	DL/T 2341—2021	陶瓷电容式压力传感器	行标	2022-3-22			采购、运维、修试	招标、品控、运行、维护、检修、试验	附属设施及工器具	工器具	
6296	203.13-111	DL/T 2342—2021	差动电阻式孔隙压力计	行标	2022-3-22			采购、运维、修试	招标、品控、运行、维护、检修、试验	附属设施及工器具	工器具	

序号	体系结构号	标准编号	标准名称	标准级别	实施日期	与国际标准对应关系	代替标准	阶段	分阶段	专业	分专业	备注
6297	203.13-112	DL/T 2437.1—2021	六氟化硫测试仪通用技术条件 第1部分:六氟化硫密度继电器校验仪	行标	2022-6-22			采购、运维、修试	招标、品控、运行、维护、检修、试验	附属设施及工器具	工器具	
6298	203.13-113	DL/T 2458—2021	直流互感器暂态校验仪通用技术条件	行标	2022-6-22			采购、运维、修试	招标、品控、运行、维护、检修、试验	附属设施及工器具	工器具	
6299	203.13-114	DL/T 2483—2022	发电机出口侧电压互感器技术导则	行标	2022-11-13			采购、运维、修试	招标、品控、运行、维护、检修、试验	附属设施及工器具	工器具	
6300	203.13-115	DL/T 2530.1—2022	电力电缆测试设备通用技术条件 第1部分:电缆故障定位电桥;JJF(机械)1042—2020 电缆故障测试仪校准规范	行标	2023-5-4			采购、运维、修试	招标、品控、运行、维护、检修、试验	附属设施及工器具	工器具	
6301	203.13-116	DL/T 2547—2022	交流断面失电监测装置技术规范	行标	2023-5-4			采购、运维、修试	招标、品控、运行、维护、检修、试验	附属设施及工器具	工器具	
6302	203.13-117	DL/T 2556.1—2022	电力行业电磁兼容检测辅助设备 第1部分:通用要求	行标	2023-5-4			采购、运维、修试	招标、品控、运行、维护、检修、试验	附属设施及工器具	工器具	
6303	203.13-118	DL/T 2556.2—2022	电力行业电磁兼容检测辅助设备 第2部分:电磁兼容检测用电能表检验装置	行标	2023-5-4			采购、运维、修试	招标、品控、运行、维护、检修、试验	附属设施及工器具	工器具	
6304	203.13-119	DL/Z 249—2012	变压器油中溶解气体在线监测装置选用导则	行标	2012-7-1			采购、运维、修试	招标、品控、运行、维护、检修、试验	附属设施及工器具	工器具	

序号	体系结构号	标准编号	标准名称	标准级别	实施日期	与国际标准对应关系	代替标准	阶段	分阶段	专业	分专业	备注
6305	203.13-120	DL/Z 1812—2018	低功耗电容式电压互感器选用导则	行标	2018-7-1			采购、运维、修试	招标、品控、运行、维护、检修、试验	附属设施及工器具	工器具	
6306	203.13-121	JB/T 5472—2022	仪用电流互感器	行标	2022-10-1		JB/T 5472—1991	采购、运维、修试	招标、品控、运行、维护、检修、试验	附属设施及工器具	工器具	
6307	203.13-122	JB/T 5473—2022	仪用电压互感器	行标	2022-10-1		JB/T 5473—1991	采购、运维、修试	招标、品控、运行、维护、检修、试验	附属设施及工器具	工器具	
6308	203.13-123	JB/T 8317—2022	变压器冷却器用油流继电器	行标	2023-4-1		JB/T 8317—2007	采购、运维、修试	招标、品控、运行、维护、检修、试验	附属设施及工器具	工器具	
6309	203.13-124	JB/T 8749.2—2013	调压器 第2部分:感应调压器	行标	2013-9-1		JB/T 10093—2000	采购、运维、修试	招标、品控、运行、维护、检修、试验	附属设施及工器具	工器具	
6310	203.13-125	JB/T 10430—2015	变压器用速动油压继电器	行标	2016-3-1		JB/T 10430—2004	采购、运维、修试	招标、品控、运行、维护、检修、试验	附属设施及工器具	工器具	
6311	203.13-126	JB/T 10549—2006	SF$_6$气体密度继电器和密度表通用技术条件	行标	2006-10-1			采购、运维、修试	招标、品控、运行、维护、检修、试验	附属设施及工器具	工器具	
6312	203.13-127	JB/T 10665—2016	电能表用微型电流互感器	行标	2016-9-1		JB/T 10665—2006	采购、运维、修试	招标、品控、运行、维护、检修、试验	附属设施及工器具	工器具	
6313	203.13-128	JB/T 10667—2016	电能表用微型电压互感器	行标	2016-9-1		JB/T 10667—2006	采购、运维、修试	招标、品控、运行、维护、检修、试验	附属设施及工器具	工器具	
6314	203.13-129	JB/T 10692—2018	变压器用油位计	行标	2018-12-1		JB/T 10692—2007	采购、运维、修试	招标、品控、运行、维护、检修、试验	附属设施及工器具	工器具	
6315	203.13-130	JB/T 14253—2022	直流电能表检验用功率源技术规范	行标	2022-10-1			采购、运维、修试	招标、品控、运行、维护、检修、试验	附属设施及工器具	工器具	

序号	体系结构号	标准编号	标准名称	标准级别	实施日期	与国际标准对应关系	代替标准	阶段	分阶段	专业	分专业	备注
6316	203.13-131	JJF 1701.2—2018	测量用互感器型式评价大纲 第2部分：标准电压互感器	行标	2018-5-27			设计、采购、运维	初设、招标、运行、维护	附属设施及工器具	工器具	
6317	203.13-132	JJF（电子）0030—2019	脉冲电流源校准规范	行标	2019-12-1			采购、运维、修试	招标、品控、运行、维护、检修、试验	附属设施及工器具	工器具	
6318	203.13-133	JJF（机械）1029—2019	冲击电压测量系统校准规范	行标	2019-12-1			采购、运维、修试	招标、品控、运行、维护、检修、试验	附属设施及工器具	工器具	
6319	203.13-134	JJG 123—2004	直流电位差计检定规程	行标	2005-3-21			采购、运维、修试	招标、品控、运行、维护、检修、试验	附属设施及工器具	工器具	
6320	203.13-135	JJG 1137—2017	高压相对介损及电容测试仪检定规程	行标	2017-5-28			采购、运维、修试	招标、品控、运行、维护、检修、试验	附属设施及工器具	工器具	
6321	203.13-136	JJG 1139—2017	计量用低压电流互感器自动化检定系统检定规程	行标	2017-5-28			采购、运维、修试	招标、品控、运行、维护、检修、试验	附属设施及工器具	工器具	
6322	203.13-137	JJG（电力）01—1994	电测量变送器检定规程	行标	2003-3-1			采购、运维、修试	招标、品控、运行、维护、检修、试验	附属设施及工器具	工器具	
6323	203.13-138	NB/T 10294—2019	机房走线架	行标	2020-5-1			采购、运维、修试	招标、品控、运行、维护、检修、试验	附属设施及工器具	工器具	
6324	203.13-139	NB/T 42086—2016	无线测温装置技术要求	行标	2016-12-1			采购、运维、修试	招标、品控、运行、维护、检修、试验	附属设施及工器具	工器具	
6325	203.13-140	NB/T 42087—2016	合并单元测试设备技术规范	行标	2016-12-1			采购、运维、修试	招标、品控、运行、维护、检修、试验	附属设施及工器具	工器具	
6326	203.13-141	NB/T 42123—2017	电测量变送器校准规范	行标	2017-12-1			采购、运维、修试	招标、品控、运行、维护、检修、试验	附属设施及工器具	工器具	

序号	体系结构号	标准编号	标准名称	标准级别	实施日期	与国际标准对应关系	代替标准	阶段	分阶段	专业	分专业	备注
6327	203.13-142	NB/T 42125—2017	电压监测仪技术要求	行标	2017-12-1			采购、运维、修试	招标、品控、运行、维护、检修、试验	附属设施及工器具	工器具	
6328	203.13-143	SJ/T 11803—2022	有质量评定的基础机电继电器通用继电器空白详细规范	行标	2022-7-1			采购、运维、修试	招标、品控、运行、维护、检修、试验	附属设施及工器具	工器具	
6329	203.13-144	SY/T 6844—2021	微电阻率成像测井仪	行标	2022-5-16			采购、运维、修试	招标、品控、运行、维护、检修、试验	附属设施及工器具	工器具	
6330	203.13-145	GB 12358—2006	作业场所环境气体检测报警仪通用技术要求	国标	2006-12-1		GB 12358—1990	采购、运维、修试	招标、品控、运行、维护、检修、试验	附属设施及工器具	工器具	
6331	203.13-146	GB/T 1226—2017	一般压力表	国标	2018-7-1		GB/T 1226—2010	采购、运维、修试	招标、品控、运行、维护、检修、试验	附属设施及工器具	工器具	
6332	203.13-147	GB/T 1227—2017	精密压力表	国标	2018-7-1		GB/T 1227—2010	采购、运维、修试	招标、品控、运行、维护、检修、试验	附属设施及工器具	工器具	
6333	203.13-148	GB/T 3408.1—2008	大坝监测仪器 应变计 第1部分:差动电阻式应变计	国标	2008-5-1		GB/T 3408—1994	采购、运维、修试	招标、品控、运行、维护、检修、试验	附属设施及工器具	工器具	
6334	203.13-149	GB/T 3409.1—2008	大坝监测仪器 钢筋计 第1部分:差动电阻式钢筋计	国标	2008-7-1		GB/T 3409—1994	采购、运维、修试	招标、品控、运行、维护、检修、试验	附属设施及工器具	工器具	
6335	203.13-150	GB/T 3410.1—2008	大坝监测仪器 测缝计 第1部分:差动电阻式测缝计	国标	2008-5-1		GB/T 3410—1994	采购、运维、修试	招标、品控、运行、维护、检修、试验	附属设施及工器具	工器具	
6336	203.13-151	GB/T 3411—1994	差动电阻式孔隙压力计	国标	1995-10-1			采购、运维、修试	招标、品控、运行、维护、检修、试验	附属设施及工器具	工器具	

序号	体系结构号	标准编号	标准名称	标准级别	实施日期	与国际标准对应关系	代替标准	阶段	分阶段	专业	分专业	备注
6337	203.13-152	GB/T 3412—1994	电阻比电桥	国标	1995-10-1		GB 3412—1982	采购、运维、修试	招标、品控、运行、维护、检修、试验	附属设施及工器具	工器具	
6338	203.13-153	GB/T 3927—2008	直流电位差计	国标	2009-3-1	IEC 60523:1997，IDT	GB/T 3927—1983	采购、运维、修试	招标、品控、运行、维护、检修、试验	附属设施及工器具	工器具	
6339	203.13-154	GB/T 3928—2008	直流电阻分压箱	国标	2009-3-1	IEC 60524:1997，IDT	GB/T 3928—1983	采购、运维、修试	招标、品控、运行、维护、检修、试验	附属设施及工器具	工器具	
6340	203.13-155	GB/T 3930—2008	测量电阻用直流电桥	国标	2009-3-1	IEC 60564:1997，IDT	GB/T 3930—1983	采购、运维、修试	招标、品控、运行、维护、检修、试验	附属设施及工器具	工器具	
6341	203.13-156	GB/T 6592—2010	电工和电子测量设备性能表示	国标	2011-5-1	IEC 60359:2001，IDT	GB/T 6592—1996	采购、运维、修试	招标、品控、运行、维护、检修、试验	附属设施及工器具	工器具	
6342	203.13-157	GB/T 7260.1—2008	不间断电源设备　第1-1部分：操作人员触及区使用的UPS的一般规定和安全要求	国标	2009-4-1	IEC 62040-1-1:2002	GB 7260.1—2008	采购、运维、修试	招标、品控、运行、维护、检修、试验	附属设施及工器具	工器具	
6343	203.13-158	GB/T 7260.2—2009	不间断电源设备（UPS）　第2部分：电磁兼容性（EMC）要求	国标	2010-2-1	IEC 62040-2:2005	GB 7260.2—2009	采购、运维、修试	招标、品控、运行、维护、检修、试验	附属设施及工器具	工器具	
6344	203.13-159	GB/T 7260.4—2008	不间断电源设备　第1-2部分：限制触及区使用的UPS的一般规定和安全要求	国标	2009-4-1	IEC 62040-1-2:2002	GB 7260.4—2008	采购、运维、修试	招标、品控、运行、维护、检修、试验	附属设施及工器具	工器具	
6345	203.13-160	GB/T 7676.1—2017	直接作用模拟指示电测量仪表及其附件　第1部分：定义和通用要求	国标	2018-4-1		GB/T 7676.1—1998	采购、运维、修试	招标、品控、运行、维护、检修、试验	附属设施及工器具	工器具	

序号	体系结构号	标准编号	标准名称	标准级别	实施日期	与国际标准对应关系	代替标准	阶段	分阶段	专业	分专业	备注
6346	203.13-161	GB/T 7676.2—2017	直接作用模拟指示电测量仪表及其附件 第2部分:电流表和电压表的特殊要求	国标	2018-4-1		GB/T 7676.2—1998	采购、运维、修试	招标、品控、运行、维护、检修、试验	附属设施及工器具	工器具	
6347	203.13-162	GB/T 7676.3—2017	直接作用模拟指示电测量仪表及其附件 第3部分:功率表和无功功率表的特殊要求	计量技术	2018-4-1		GB/T 7676.3—1998	采购、运维、修试	招标、品控、运行、维护、检修、试验	附属设施及工器具	工器具	
6348	203.13-163	GB/T 7676.4—2017	直接作用模拟指示电测量仪表及其附件 第4部分:频率表的特殊要求	国标	2018-4-1		GB/T 7676.4—1998	采购、运维、修试	招标、品控、运行、维护、检修、试验	附属设施及工器具	工器具	
6349	203.13-164	GB/T 7676.5—2017	直接作用模拟指示电测量仪表及其附件 第5部分:相位表、功率因数表和同步指示器的特殊要求	国标	2018-4-1		GB/T 7676.5—1998	采购、运维、修试	招标、品控、运行、维护、检修、试验	附属设施及工器具	工器具	
6350	203.13-165	GB/T 7676.6—2017	直接作用模拟指示电测量仪表及其附件 第6部分:电阻表(阻抗表)和电导表的特殊要求	国标	2018-4-1		GB/T 7676.6—1998	采购、运维、修试	招标、品控、运行、维护、检修、试验	附属设施及工器具	工器具	
6351	203.13-166	GB/T 7676.7—2017	直接作用模拟指示电测量仪表及其附件 第7部分:多功能仪表的特殊要求	国标	2018-4-1		GB/T 7676.7—1998	采购、运维、修试	招标、品控、运行、维护、检修、试验	附属设施及工器具	工器具	

序号	体系结构号	标准编号	标准名称	标准级别	实施日期	与国际标准对应关系	代替标准	阶段	分阶段	专业	分专业	备注
6352	203.13-167	GB/T 7676.8—2017	直接作用模拟指示电测量仪表及其附件 第8部分:附件的特殊要求	国标	2018-4-1		GB/T 7676.8—1998	采购、运维、修试	招标、品控、运行、维护、检修、试验	附属设施及工器具	工器具	
6353	203.13-168	GB/T 7676.9—2017	直接作用模拟指示电测量仪表及其附件 第9部分:推荐的试验方法	国标	2018-4-1		GB/T 7676.9—1998	采购、运维、修试	招标、品控、运行、维护、检修、试验	附属设施及工器具	工器具	
6354	203.13-169	GB/T 7782—2020	计量泵	国标	2020-11-1		GB/T 7782—2008	采购、运维、修试	招标、品控、运行、维护、检修、试验	附属设施及工器具	工器具	
6355	203.13-170	GB/T 11150—2001	电能表检验装置	国标	2002-3-1	IEC 60736:1982，NEQ	GB/T 11150—1989	采购、运维、修试	招标、品控、运行、维护、检修、试验	附属设施及工器具	工器具	
6356	203.13-171	GB/T 11605—2005	湿度测量方法	国标	2005-12-1		GB/T 11605—1989	采购、运维、修试	招标、品控、运行、维护、检修、试验	附属设施及工器具	工器具	
6357	203.13-172	GB/T 11828.1—2019	水位测量仪器 第1部分:浮子式水位计	国标	2020-1-1		GB/T 11828.1—2002	采购、运维、修试	招标、品控、运行、维护、检修、试验	附属设施及工器具	工器具	
6358	203.13-173	GB/T 12807—2021	实验室玻璃仪器 分度吸量管	国标	2021-12-1		GB/T 12807—1991	采购、运维、修试	招标、品控、运行、维护、检修、试验	附属设施及工器具	工器具	
6359	203.13-174	GB/T 13743—1992	直流磁电系检流计	国标	1993-8-1			采购、运维、修试	招标、品控、运行、维护、检修、试验	附属设施及工器具	工器具	
6360	203.13-175	GB/T 13850—1998	交流电量转换为模拟量或数字信号的电测量变送器	国标	1999-5-1	IEC 688:1992，IDT	GB 13850.1—1992；GB 13850.2—1992	采购、运维、修试	招标、品控、运行、维护、检修、试验	附属设施及工器具	工器具	
6361	203.13-176	GB/T 14913—2008	直流数字电压表及直流模数转换器	国标	2009-3-1		GB/T 14913—1994	采购、运维、修试	招标、品控、运行、维护、检修、试验	附属设施及工器具	工器具	

序号	体系结构号	标准编号	标准名称	标准级别	实施日期	与国际标准对应关系	代替标准	阶段	分阶段	专业	分专业	备注
6362	203.13-177	GB/T 15637—2012	数字多用表校准仪通用规范	国标	2013/6/1			采购、运维、修试	招标、品控、运行、维护、检修、试验	附属设施及工器具	工器具	
6363	203.13-178	GB/T 16896.1—2005	高电压冲击测量仪器和软件 第1部分:对仪器的要求	国标	2005-12-1	IEC 61083:2001,MOD	GB 813—1989;GB 16896.1—1997	采购、运维、修试	招标、品控、运行、维护、检修、试验	附属设施及工器具	工器具	
6364	203.13-179	GB/T 16896.2—2016	高电压和大电流试验测量用仪器和软件 第2部分:对冲击电压和冲击电流试验用软件的要求	国标	2016-9-1		GB/T 16896.2—2010	采购、运维、修试	招标、品控、运行、维护、检修、试验	附属设施及工器具	工器具	
6365	203.13-180	GB/T 20840.1—2010	互感器 第1部分:通用技术要求	国标	2011-8-1	IEC 61869-1:2007,MOD		采购、运维、修试	招标、品控、运行、维护、检修、试验	附属设施及工器具	工器具	
6366	203.13-181	GB/T 20840.14—2022	互感器 第14部分:直流电流互感器的补充技术要求	国标	2023-5-1			采购、运维、修试	招标、品控、运行、维护、检修、试验	附属设施及工器具	工器具	
6367	203.13-182	GB/T 20840.15—2022	互感器 第15部分:直流电压互感器的补充技术要求	国标	2023-5-1			采购、运维、修试	招标、品控、运行、维护、检修、试验	附属设施及工器具	工器具	
6368	203.13-183	GB/T 20840.8—2007	互感器 第8部分:电子式电流互感器	国标	2007-8-1	IEC 60044-8:2002,MOD		采购、运维、修试	招标、品控、运行、维护、检修、试验	附属设施及工器具	工器具	
6369	203.13-184	GB/T 22264.1—2022	安装式数字显示电测量仪表 第1部分:定义和通用要求	国标	2022-11-1		GB/T 22264.1—2008	采购、运维、修试	招标、品控、运行、维护、检修、试验	附属设施及工器具	工器具	
6370	203.13-185	GB/T 22264.2—2022	安装式数字显示电测量仪表 第2部分:电流表和电压表的特殊要求	国标	2023-7-1		GB/T 22264.2—2008	采购、运维、修试	招标、品控、运行、维护、检修、试验	附属设施及工器具	工器具	

序号	体系结构号	标准编号	标准名称	标准级别	实施日期	与国际标准对应关系	代替标准	阶段	分阶段	专业	分专业	备注
6371	203.13-186	GB/T 22264.3—2022	安装式数字显示电测量仪表 第3部分：功率表和无功功率表的特殊要求	国标	2023-7-1		GB/T 22264.3—2008	采购、运维、修试	招标、品控、运行、维护、检修、试验	附属设施及工器具	工器具	
6372	203.13-187	GB/T 22264.4—2022	安装式数字显示电测量仪表 第4部分：频率表的特殊要求	国标	2023-7-1		GB/T 22264.4—2008	采购、运维、修试	招标、品控、运行、维护、检修、试验	附属设施及工器具	工器具	
6373	203.13-188	GB/T 22264.5—2022	安装式数字显示电测量仪表 第5部分：相位表和功率因数表的特殊要求	国标	2023-7-1		GB/T 22264.5—2008	采购、运维、修试	招标、品控、运行、维护、检修、试验	附属设施及工器具	工器具	
6374	203.13-189	GB/T 22264.6—2022	安装式数字显示电测量仪表 第6部分：绝缘电阻表的特殊要求	国标	2023-7-1		GB/T 22264.6—2009	采购、运维、修试	招标、品控、运行、维护、检修、试验	附属设施及工器具	工器具	
6375	203.13-190	GB/T 22264.7—2022	安装式数字显示电测量仪表 第7部分：多功能仪表的特殊要求	国标	2023-7-1		GB/T 22264.7—2008	采购、运维、修试	招标、品控、运行、维护、检修、试验	附属设施及工器具	工器具	
6376	203.13-191	GB/T 26216.1—2019	高压直流输电系统直流电流测量装置 第1部分：电子式直流电流测量装置	国标	2020-7-1		GB/T 26216.1—2010	采购、运维、修试	招标、品控、运行、维护、检修、试验	附属设施及工器具	工器具	
6377	203.13-192	GB/T 26216.2—2019	高压直流输电系统直流电流测量装置 第2部分：电磁式直流电流测量装置	国标	2020-7-1		GB/T 26216.2—2010	采购、运维、修试	招标、品控、运行、维护、检修、试验	附属设施及工器具	工器具	
6378	203.13-193	GB/T 26217—2019	高压直流输电系统直流电压测量装置	国标	2020-7-1		GB/T 26217—2010	采购、运维、修试	招标、品控、运行、维护、检修、试验	附属设施及工器具	工器具	

序号	体系结构号	标准编号	标准名称	标准级别	实施日期	与国际标准对应关系	代替标准	阶段	分阶段	专业	分专业	备注
6379	203.13-194	GB/T 28879—2022	电工仪器仪表产品型号编制方法	国标	2023-5-1		GB/T 28879—2012	采购、运维、修试	招标、品控、运行、维护、检修、试验	附属设施及工器具	工器具	
6380	203.13-195	GB/T 32192—2015	耐电压测试仪	国标	2016-7-1			采购、运维、修试	招标、品控、运行、维护、检修、试验	附属设施及工器具	工器具	
6381	203.13-196	GB/T 32856—2016	高压电能表通用技术要求	国标	2017-3-1			采购、运维、修试	招标、品控、运行、维护、检修、试验	附属设施及工器具	工器具	
6382	203.13-197	GB/T 33708—2017	静止式直流电能表	国标	2017-12-1			采购、运维、修试	招标、品控、运行、维护、检修、试验	附属设施及工器具	工器具	
6383	203.13-198	GB/T 34036—2017	智能记录仪表通用技术条件	国标	2018-2-1			采购、运维、修试	招标、品控、运行、维护、检修、试验	附属设施及工器具	工器具	
6384	203.13-199	GB/T 35086—2018	MEMS 电场传感器通用技术条件	国标	2018-12-1			采购、运维、修试	招标、品控、运行、维护、检修、试验	附属设施及工器具	工器具	
6385	203.13-200	GB/T 36015—2018	无损检测仪器工业 X 射线数字成像装置性能和检测规则	国标	2018-10-1			采购、运维、修试	招标、品控、运行、维护、检修、试验	附属设施及工器具	工器具	
6386	203.13-201	GB/T 36071—2018	无损检测仪器 X 射线实时成像系统检测仪技术要求	国标	2018-10-1			采购、运维、修试	招标、品控、运行、维护、检修、试验	附属设施及工器具	工器具	
6387	203.13-202	GB/T 38238—2019	无损检测仪器红外线热成像系统与设备 性能描述	国标	2020-5-1			采购、运维、修试	招标、品控、运行、维护、检修、试验	附属设施及工器具	工器具	
6388	203.13-203	GB/T 39849—2021	无损检测仪器超声衍射声时检测仪 性能测试方法	国标	2022-4-1			采购、运维、修试	招标、品控、运行、维护、检修、试验	附属设施及工器具	工器具	

序号	体系结构号	标准编号	标准名称	标准级别	实施日期	与国际标准对应关系	代替标准	阶段	分阶段	专业	分专业	备注
6389	203.13-204	GB/T 40023—2021	无损检测仪器 超声衍射声时检测仪 技术要求	国标	2022-5-1			采购、运维、修试	招标、品控、运行、维护、检修、试验	附属设施及工器具	工器具	
6390	203.13-205	GB/T 41135.1—2021	故障路径指示用电流和电压传感器或探测器 第1部分：通用原理和要求	国标	2022-7-1			采购、运维、修试	招标、品控、运行、维护、检修、试验	附属设施及工器具	工器具	
6391	203.13-206	GB/T 41135.2—2021	故障路径指示用电流和电压传感器或探测器 第2部分：系统应用	国标	2022-7-1			采购、运维、修试	招标、品控、运行、维护、检修、试验	附属设施及工器具	工器具	
6392	203.13-207	GB/T 50063—2017	电力装置电测量仪表装置设计规范	国标	2017-7-1		GB/T 50063—2008	采购、运维、修试	招标、品控、运行、维护、检修、试验	附属设施及工器具	工器具	
6393	203.13-208	GB/Z 41285.1—2022	无损检测仪器 密封放射性源技术应用射线防护规则 第1部分：γ射线机的固定和移动操作	国标	2022-10-1			采购、运维、修试	招标、品控、运行、维护、检修、试验	附属设施及工器具	工器具	
6394	203.13-209	GB/Z 41285.3—2022	无损检测仪器 密封放射性源技术应用射线防护规则 第3部分：γ射线机在操作和运输过程中的射线防护措施	国标	2022-10-1			采购、运维、修试	招标、品控、运行、维护、检修、试验	附属设施及工器具	工器具	
6395	203.13-210	GB/Z 41285.4—2022	无损检测仪器 密封放射性源技术应用射线防护规则 第4部分：γ射线机用可移动设备的制造和检测	国标	2022-10-1			采购、运维、修试	招标、品控、运行、维护、检修、试验	附属设施及工器具	工器具	

序号	体系结构号	标准编号	标准名称	标准级别	实施日期	与国际标准对应关系	代替标准	阶段	分阶段	专业	分专业	备注
6396	203.13-211	GB/Z 41285.5—2022	无损检测仪器密封放射性源技术应用射线防护规则 第5部分：γ射线机的预防护措施	国标	2022-10-1			采购、运维、修试	招标、品控、运行、维护、检修、试验	附属设施及工器具	工器具	
6397	203.13-212	GB/Z 41285.6—2022	无损检测仪器密封放射性源技术应用射线防护规则 第6部分：γ射线机用可移动设备的检验、维护和功能检测	国标	2022-10-1			采购、运维、修试	招标、品控、运行、维护、检修、试验	附属设施及工器具	工器具	
6398	203.13-213	GB/Z 41286—2022	无损检测仪器X射线管道爬行器	国标	2022-10-1			采购、运维、修试	招标、品控、运行、维护、检修、试验	附属设施及工器具	工器具	
6399	203.13-214	GB/Z 41289—2022	无损检测仪器鉴定程序	国标	2022-10-1			采购、运维、修试	招标、品控、运行、维护、检修、试验	附属设施及工器具	工器具	
6400	203.13-215	GB/Z 41476.1—2022	无损检测仪器1MV以下X射线设备的辐射防护规则 第1部分：通用安全技术要求	国标	2022-11-1			采购、运维、修试	招标、品控、运行、维护、检修、试验	附属设施及工器具	工器具	
6401	203.13-216	GB/Z 41476.2—2022	无损检测仪器1MV以下X射线设备的辐射防护规则 第2部分：防护技术要求	国标	2022-11-1			采购、运维、修试	招标、品控、运行、维护、检修、试验	附属设施及工器具	工器具	
6402	203.13-217	GB/Z 41476.3—2022	无损检测仪器1MV以下X射线设备的辐射防护规则 第3部分：450kV以下X射线设备辐射防护的计算公式和图表	国标	2022-11-1			采购、运维、修试	招标、品控、运行、维护、检修、试验	附属设施及工器具	工器具	

序号	体系结构号	标准编号	标准名称	标准级别	实施日期	与国际标准对应关系	代替标准	阶段	分阶段	专业	分专业	备注
6403	203.13-218	GB/Z 41476.4—2022	无损检测仪器 1MV 以下 X 射线设备的辐射防护规则 第 4 部分：控制区域的计算	国标	2022-11-1			采购、运维、修试	招标、品控、运行、维护、检修、试验	附属设施及工器具	工器具	
6404	203.13-219	JJF 1701.1—2018	测量用互感器型式评价大纲 第 1 部分：标准电流互感器	计量技术规范	2018-5-27			采购、运维、修试	招标、品控、运行、维护、检修、试验	附属设施及工器具	工器具	
6405	203.13-220	JJF 1701.3—2019	测量用互感器型式评价大纲 第 3 部分：电磁式电压互感器	计量技术规范	2019-3-31			采购、运维、修试	招标、品控、运行、维护、检修、试验	附属设施及工器具	工器具	
6406	203.13-221	JJF 1701.4—2019	测量用互感器型式评价大纲 第 4 部分：电流互感器	计量技术规范	2020-3-31			采购、运维、修试	招标、品控、运行、维护、检修、试验	附属设施及工器具	工器具	
6407	203.13-222	JJF 1701.5—2019	测量用互感器型式评价大纲 第 5 部分：电容式电压互感器	计量技术规范	2020-3-31			采购、运维、修试	招标、品控、运行、维护、检修、试验	附属设施及工器具	工器具	
6408	203.13-223	JJF 1701.6—2019	测量用互感器型式评价大纲 第 6 部分：三相组合互感器	计量技术规范	2020-3-31			采购、运维、修试	招标、品控、运行、维护、检修、试验	附属设施及工器具	工器具	
6409	203.13-224	JJG 124—2005	电流表、电压表、功率表及电阻表	计量检定规程	2006-4-9		JJG 124—1993	采购、运维、修试	招标、品控、运行、维护、检修、试验	附属设施及工器具	工器具	
6410	203.13-225	JJG 780—1992	交流数字功率表	计量检定规程	1993-1-1			采购、运维、修试	招标、品控、运行、维护、检修、试验	附属设施及工器具	工器具	
6411	203.13-226	JJG 873—1994	直流高阻电桥	计量检定规程	1995-3-1			采购、运维、修试	招标、品控、运行、维护、检修、试验	附属设施及工器具	工器具	

序号	体系结构号	标准编号	标准名称	标准级别	实施日期	与国际标准对应关系	代替标准	阶段	分阶段	专业	分专业	备注
6412	203.13-227	JJG 1005—2019	电子式绝缘电阻表检定规程	计量检定规程	2020-3-31		JJG 1005—2005	采购、运维、修试	招标、品控、运行、维护、检修、试验	附属设施及工器具	工器具	
6413	203.13-228	IEC 60567—2011	充油电气设备分析游离气体和溶解气体用气体和油的取样指南	国际标准	2011-2-1			采购、运维、修试	招标、品控、运行、维护、检修、试验	附属设施及工器具	工器具	
6414	203.13-229	IEC 61869-3—2011	仪表变压器 第3部分：感应式电压互感器用附加要求	国际标准	2011-7-13		IEC 60044-2—1997；IEC 60044-2—1997/Amd 1—2000；IEC 60044-2—1997/Amd 2—2002；IEC 60044-2—1997+Amd 1—2000+Amd 2—2002；IEC 60044-2—1997+Amd 1—2000	采购、运维、修试	招标、品控、运行、维护、检修、试验	附属设施及工器具	工器具	
6415	203.13-230	IEC 62052-11:2020	Electricity metering equipment - General requirements, tests and test conditions - Part 11: Metering equipment	国际标准	2020-6-1			采购、运维、修试	招标、品控、运行、维护、检修、试验	附属设施及工器具	工器具	
6416	203.13-231	IEC 62053-21:2020	Electricity metering equipment - Particular requirements - Part 21: Static meters for AC active energy (classes 0, 5, 1 and 2)	国际标准	2020-6-1			采购、运维、修试	招标、品控、运行、维护、检修、试验	附属设施及工器具	工器具	
6417	203.13-232	IEC 62053-22:2020	Electricity metering equipment - Particular requirements - Part 22: Static meters for AC active energy (classes 0, 1S, 0, 2S and 0, 5S)	国际标准	2020-6-1			采购、运维、修试	招标、品控、运行、维护、检修、试验	附属设施及工器具	工器具	

序号	体系结构号	标准编号	标准名称	标准级别	实施日期	与国际标准对应关系	代替标准	阶段	分阶段	专业	分专业	备注
6418	203.13-233	IEC 62053-23:2020	Electricity metering equipment - Particular requirements - Part 23: Static meters for reactive energy (classes 2 and 3)	国际标准	2020-6-1			采购、运维、修试	招标、品控、运行、维护、检修、试验	附属设施及工器具	工器具	
6419	203.13-234	IEC 62053-24:2020	Electricity metering equipment - Particular requirements - Part 24: Static meters for fundamental component reactive energy (classes 0, 5S, 1S, 1, 2 and 3)	国际标准	2020-6-1			采购、运维、修试	招标、品控、运行、维护、检修、试验	附属设施及工器具	工器具	
203.14 设备材料—零部件及材料												
——线材类												
6420	203.14-1	T/CEC 157—2018	架空线路钢线用盘条技术条件	团标	2018-4-1			采购、运维	招标、品控、运行、维护	输电	线路	
6421	203.14-2	T/CEC 158—2018	架空导线用防腐脂技术条件	团标	2018-4-1			采购、运维	招标、品控、运行、维护	输电	线路	
6422	203.14-3	T/CEC 399.2—2021	金属基增容导线技术条件 第2部分：铝包殷钢芯耐热铝合金绞线	团标	2022-3-1			采购、运维	招标、品控、运行、维护	输电	线路	
6423	203.14-4	T/CEC 510—2021	绝缘子用纳米复合材料防污闪涂料	团标	2021-10-1			采购、运维	招标、品控、运行、维护	输电	线路	
6424	203.14-5	T/CEC 511—2021	绝缘子用无溶剂型硅橡胶防污闪涂料	团标	2021-10-1			采购、运维	招标、品控、运行、维护	输电	线路	
6425	203.14-6	T/CEC 520—2021	应力转移型特强钢芯铝型线绞线	团标	2021-10-1			采购、运维	招标、品控、运行、维护	输电	线路	

序号	体系结构号	标准编号	标准名称	标准级别	实施日期	与国际标准对应关系	代替标准	阶段	分阶段	专业	分专业	备注
6426	203.14-7	DL/T 247—2012	输变电设备用铜包铝母线	行标	2012-7-1			采购、运维	招标、品控、运行、维护	输电	线路	
6427	203.14-8	DL/T 1289—2013	可拆卸式全钢瓦楞结构架空导线交货盘	行标	2014-4-1			采购、运维	招标、品控、运行、维护	输电	线路	
6428	203.14-9	DL/T 1310—2022	架空输电线路旋转连接器	行标	2022-11-13		DL/T 1310—2013	采购、运维	招标、品控、运行、维护	输电	线路	
6429	203.14-10	DL/T 2242—2021	气体绝缘金属封闭设备铝合金外壳材料及焊接通用技术条件	行标	2021-7-1			采购、运维	招标、品控、运行、维护	输电	线路	
6430	203.14-11	DL/T 2308—2021	电力工程接地用导电防腐涂料技术条件	行标	2021-10-26			采购、运维	招标、品控、运行、维护	输电	线路	
6431	203.14-12	DL/T 2311—2021	复合芯导线用碳纤维技术规范	行标	2021-10-26			采购、运维	招标、品控、运行、维护	输电	线路	
6432	203.14-13	DL/T 2386—2021	光纤复合绝缘子技术条件	行标	2022-3-22			采购、运维	招标、品控、运行、维护	输电	线路	
6433	203.14-14	DL/T 2536—2022	架空输电线路临时锚体	行标	2023-5-4			采购、运维	招标、品控、运行、维护	输电	线路	
6434	203.14-15	DL/T 2537—2022	架空输电线路施工用纤维绳索	行标	2023-5-4			采购、运维	招标、品控、运行、维护	输电	线路	
6435	203.14-16	DL/T 2538—2022	架空输电线路网套连接器	行标	2023-5-4			采购、运维	招标、品控、运行、维护	输电	线路	
6436	203.14-17	DL/T 2539—2022	架空输电线路施工提线器	行标	2023-5-4			采购、运维	招标、品控、运行、维护	输电	线路	
6437	203.14-18	DL/T 2541—2022	架空输电线路货运索道	行标	2023-5-4			采购、运维	招标、品控、运行、维护	输电	线路	
6438	203.14-19	JB/T 8137.2—2013	电线电缆交货盘 第2部分：全木结构交货盘	行标	2014-7-1		JB/T 8137.2—1999	采购、运维	招标、品控、运行、维护	输电	线路	

序号	体系结构号	标准编号	标准名称	标准级别	实施日期	与国际标准对应关系	代替标准	阶段	分阶段	专业	分专业	备注
6439	203.14-20	JB/T 8137.3—2013	电线电缆交货盘 第3部分:全钢瓦楞结构交货盘	行标	2014-7-1		JB/T 8137.3—1999	采购、运维	招标、品控、运行、维护	输电	电缆	
6440	203.14-21	JB/T 8137.4—2013	电线电缆交货盘 第4部分:型钢复合结构交货盘	行标	2014-7-1		JB/T 8137.4—1999	采购、运维	招标、品控、运行、维护	输电	电缆	
6441	203.14-22	JB/T 9678—2012	盘形悬式绝缘子用钢化玻璃绝缘件外观质量	行标	2012-11-1		JB/T 9678—1999	采购	招标、品控	输电	线路	
6442	203.14-23	JB/T 10436—2022	电线电缆用可交联阻燃聚烯烃料	行标	2023-04-01		JB/T 10436—2004	采购	招标、品控	输电	线路	
6443	203.14-24	JB/T 11900—2014	电缆管理用导管系统 耐腐蚀套接紧定式钢导管配件	行标	2014-10-1			采购、运维	招标、品控、运行、维护	输电	电缆	
6444	203.14-25	NB/T 42018—2013	屏蔽用铜包铝合金线	行标	2014-4-1			采购、运维	招标、品控、运行、维护	输电	其他	
6445	203.14-26	NB/T 42106—2016	铝管支撑性耐热铝合金扩径导线	行标	2017-5-1			采购、运维	招标、品控、运行、维护	输电	其他	
6446	203.14-27	GB 50018—2002	冷弯薄壁型钢结构技术规范	国标	2003-1-1			设计、采购、运维	初设、施工图、招标、品控、运行、维护	输电、变电、配电	其他	
6447	203.14-28	GB/T 1173—2013	铸造铝合金	国标	2014-6-1			采购、运维、修试	招标、品控、运行、维护、检修、试验	输电、变电	其他	
6448	203.14-29	GB/T 3190—2020	变形铝及铝合金化学成分	国标	2021-2-1			采购、运维、修试	招标、品控、运行、维护、检修、试验	输电、变电	其他	
6449	203.14-30	GB/T 5584.1—2020	电工用铜、铝及其合金扁线 第1部分:一般规定	国标	2021-7-1		GB/T 5584.1—2009	采购、运维、修试	招标、品控、运行、维护、检修、试验	输电、变电	其他	

序号	体系结构号	标准编号	标准名称	标准级别	实施日期	与国际标准对应关系	代替标准	阶段	分阶段	专业	分专业	备注
6450	203.14-31	GB/T 5584.2—2020	电工用铜、铝及其合金扁线 第2部分：铜及其合金扁线	国标	2021-7-1		GB/T 5584.2—2009	采购、运维、修试	招标、品控、运行、维护、检修、试验	输电、变电	其他	
6451	203.14-32	GB/T 5584.4—2020	电工用铜、铝及其合金扁线 第4部分：铜带	国标	2021-7-1		GB/T 5584.4—2009	采购、运维、修试	招标、品控、运行、维护、检修、试验	输电、变电	其他	
6452	203.14-33	GB/T 5585.1—2018	电工用铜、铝及其合金母线 第1部分：铜和铜合金母线	国标	2019-7-1		GB/T 5585.1—2005	采购、运维、修试	招标、品控、运行、维护、检修、试验	输电、变电	其他	
6453	203.14-34	GB/T 5585.2—2018	电工用铜、铝及其合金母线 第2部分：铝和铝合金母线	国标	2019-7-1		GB/T 5585.2—2005	采购、运维、修试	招标、品控、运行、维护、检修、试验	输电、变电	其他	
6454	203.14-35	GB/T 11091—2014	电缆用铜带	国标	2015-5-1		GB/T 11091—2005	采购、运维	招标、品控、运行、维护	输电	电缆	
6455	203.14-36	GB/T 12970.2—2009	电工软铜绞线 第2部分：软铜绞线	国标	2009-12-1		GB/T 12970.2—1991	采购	招标	输电	线路	
6456	203.14-37	GB/T 12970.4—2009	电工软铜绞线 第4部分：铜电刷线	国标	2009-12-1		GB/T 12970.4—1991	采购	招标	输电	线路	
6457	203.14-38	GB/T 14315—2008	电力电缆导体用压接型铜、铝接线端子和连接管	国标	2009-10-1		GB/T 14315—1993	采购、运维	招标、品控、运行、维护	输电	电缆	
6458	203.14-39	GB/T 14316—2008	间距1.27mm绝缘刺破型端接式聚氯乙烯绝缘带状电缆	国标	2009-4-1		GB 14316—1993	采购、运维	招标、品控、运行、维护	输电	电缆	
6459	203.14-40	GB/T 15022.1—2009	电气绝缘用树脂基活性复合物 第1部分：定义及一般要求	国标	2009-12-1	IEC 60455-1—1998，IDT	GB/T 15022—1994	采购、运维	招标、品控、运行、维护	变电	其他	

序号	体系结构号	标准编号	标准名称	标准级别	实施日期	与国际标准对应关系	代替标准	阶段	分阶段	专业	分专业	备注
6460	203.14-41	GB/T 15115—2009	压铸铝合金	国标	2009-12-1			采购、运维、修试	招标、品控、运行、维护、检修、试验	输电、变电	其他	
6461	203.14-42	GB/T 16316—1996	电气安装用导管配件的技术要求 第1部分:通用要求	国标	1997-1-1	IEC 1035-1:1990, EQV		采购、运维	招标、品控、运行、维护	发电、变电、输电、配电	其他	
6462	203.14-43	GB/T 17937—2009	电工用铝包钢线	国标	2009-12-1		GB/T 17937—1999	采购、运维	招标、品控、运行、维护	输电	线路	
6463	203.14-44	GB/T 20041.1—2015	电缆管理用导管系统 第1部分:通用要求	国标	2015-12-1	IEC 61386-1:2008, MOD	GB/T 20041.1—2005	采购、运维	招标、品控、运行、维护	输电	电缆	
6464	203.14-45	GB/T 20041.22—2009	电缆管理用导管系统 第22部分:可弯曲导管系统的特殊要求	国标	2010-2-1	IEC 61386-22:2002	GB 20041.22—2009	采购、运维	招标、品控、运行、维护	输电	电缆	
6465	203.14-46	GB/T 20041.23—2009	电缆管理用导管系统 第23部分:柔性导管系统的特殊要求	国标	2010-2-1	IEC 61386-23:2002	GB 20041.23—2009	采购、运维	招标、品控、运行、维护	输电	电缆	
6466	203.14-47	JJG 75—2022	标准铂铑10—铂热电偶	计量检定规程	1995-12-1		JJG 75—1995	采购、运维	招标、品控、运行、维护	输电	电缆	
6467	203.14-48	IEC 60626-1—2009	电气绝缘用组合柔性材料 第1部分:定义和一般要求	国际标准	2009-8-31		IEC 60626-1—1995; IEC 60626-1—1995/Amd 1—1996	采购、运维	招标、品控、运行、维护	输电	电缆	
6468	203.14-49	IEC 60684-3-271—2011	绝缘软管 第3部分:各种型号软管规范 活页271;阻燃、耐流体、收缩比2:1的热收缩,弹性体软管	国际标准	2011-6-21		IEC 60684-3-271—2004	采购、运维	招标、品控、运行、维护	输电	电缆	

序号	体系结构号	标准编号	标准名称	标准级别	实施日期	与国际标准对应关系	代替标准	阶段	分阶段	专业	分专业	备注
6469	203.14-50	IEC 60893-3-5—2009	绝缘材料 基于电气目的热固树脂的工业刚性层压板 第3-5部分：独立材料的规格基于聚酯树脂的刚性层压板要求	国际标准	2009-10-13			采购、运维	招标、品控、运行、维护	输电	电缆	
			——金具、器配件									
6470	203.14-51	T/CEC 124—2016	断路器操作箱通用技术条件	团标	2017-1-1			采购、运维	招标、品控、运行、维护	变电	开关	
6471	203.14-52	T/CEC 139—2017	电力设备隔声罩技术条件	团标	2017-8-1			采购、运维	招标、品控、运行、维护	变电、配电	其他	
6472	203.14-53	T/CEC 189—2018	电气设备灭弧室喷口用耐烧蚀聚四氟乙烯复合材料技术条件	团标	2019-2-1			采购、运维	招标、品控、运行、维护	其他		
6473	203.14-54	T/CEC 221—2019	高梯度及低残压金属氧化物电阻片通用技术标准	团标	2019-7-1			采购、运维	招标、品控、运行、维护	其他		
6474	203.14-55	T/CEC 229—2019	聚烯烃基导电材料包覆金属导体技术条件	团标	2020-1-1			采购、运维	招标、品控、运行、维护	其他		
6475	203.14-56	T/CEC 352—2020	输电线路铁塔用热轧等边角钢	团标	2020-10-1			采购、运维	招标、品控、运行、维护	输电	其他	
6476	203.14-57	T/CEC 363—2020	750V及以下不接地直流系统用机械式多功能断路器技术规范	团标	2020-10-1			采购、运维	招标、品控、运行、维护	变电、配电	开关	
6477	203.14-58	T/CEC 394—2020	高压直流输电换流阀饱和电抗器用超薄取向电工钢带材（片）技术条件	团标	2021-2-1			采购、运维	招标、品控、运行、维护	换流	换流阀	

序号	体系结构号	标准编号	标准名称	标准级别	实施日期	与国际标准对应关系	代替标准	阶段	分阶段	专业	分专业	备注
6478	203.14-59	T/CEC 395—2020	配电变压器用非晶合金带材技术条件	团标	2021-2-1			采购、运维	招标、品控、运行、维护	变电、配电	变压器	
6479	203.14-60	T/CEC 522—2021	高压盆式绝缘子浇注用环氧树脂复合物选用导则	团标	2021-10-1			采购、运维	招标、品控、运行、维护	变电、配电	变压器	
6480	203.14-61	T/CEC 523—2021	六氟化硫高压电器设备用三元乙丙橡胶密封圈	团标	2021-10-1			采购、运维	招标、品控、运行、维护	变电、配电	变压器	
6481	203.14-62	T/CEC 524.1—2021	碳纤维复合芯导线配套金具技术条件 第1部分：耐张线夹	团标	2021-10-1			采购、运维	招标、品控、运行、维护	变电、配电	变压器	
6482	203.14-63	T/CEC 524.2—2021	碳纤维复合芯导线配套金具技术条件 第2部分：接续管	团标	2021-10-1			采购、运维	招标、品控、运行、维护	变电、配电	变压器	
6483	203.14-64	T/CEC 525—2021	电力金具表面耐磨激光强化技术要求	团标	2021-10-1			采购、运维	招标、品控、运行、维护	变电、配电	变压器	
6484	203.14-65	T/CEC 620—2022	额定电压10kV及以下架空线路用异径并沟线夹	团标	2022-10-1			采购、运维	招标、品控、运行、维护	变电、配电	其他	
6485	203.14-66	T/CEC 674—2022	薄壁离心复合电杆	团标	2022-10-1			采购、运维	招标、品控、运行、维护	变电、配电	其他	
6486	203.14-67	T/CEC 701—2022	输变电工程用多工步自动压接机	团标	2023-2-1			采购、运维	招标、品控、运行、维护	变电、配电	其他	
6487	203.14-68	T/CEC 722—2022	配电网物资储存运输物流器具使用导则	团标	2023-2-1			采购、运维	招标、品控、运行、维护	变电、配电	变压器	
6488	203.14-69	T/CSEE 0240—2021	楔形耐张线夹	团标	2021-3-11			采购、运维	招标、品控、运行、维护	变电、配电	变压器	

序号	体系结构号	标准编号	标准名称	标准级别	实施日期	与国际标准对应关系	代替标准	阶段	分阶段	专业	分专业	备注
6489	203.14-70	T/CSEE 0305—2022	高压直流接地极对周边埋地钢质油气管道影响评估技术规范	团标	2022-9-27			采购、运维	招标、品控、运行、维护	变电、配电	变压器	
6490	203.14-71	T/CSEE 0332—2022	抽能高抗保护装置通用技术条件	团标	2022-12-8			采购、运维	招标、品控、运行、维护	变电、配电	变压器	
6491	203.14-72	T/CSEE 0349—2022	高压直流高速并列开关	团标	2022-12-8			采购、运维	招标、品控、运行、维护	变电、配电	开关	
6492	203.14-73	DL/T 284—2021	输电线路杆塔及电力金具用热浸镀锌螺栓与螺母	行标	2021-10-26		DL/T 284—2012	采购、运维	招标、品控、运行、维护	变电、配电	变压器	
6493	203.14-74	DL/T 346—2010	设备线夹	行标	2011-5-1			采购、运维	招标、品控、运行、维护	输电、变电	其他	
6494	203.14-75	DL/T 347—2010	T 型线夹	行标	2011-5-1			采购、运维	招标、品控、运行、维护	输电、变电	其他	
6495	203.14-76	DL/T 515—2018	电站弯管	行标	2018-7-1		DL/T 515—2004	采购、运维	招标、品控、运行、维护	发电、输电、变电	其他	
6496	203.14-77	DL/T 538—2006	高压带电显示装置	行标	2006-10-1	IEC 61958:2000, MOD	DL/T 538—1993	采购、运维	招标、品控、运行、维护	变电	其他	
6497	203.14-78	DL/T 627—2018	绝缘子用常温固化硅橡胶防污闪涂料	行标	2019-5-1		DL/T 627—2012	采购、运维	招标、品控、运行、维护	变电、输电	变压器、开关、线路	
6498	203.14-79	DL/T 682—2021	母线金具用开槽沉头螺钉	行标	2021-10-26		DL/T 682—1999	采购、运维	招标、品控、运行、维护	变电、输电	变压器、开关、线路	
6499	203.14-80	DL/T 683—2010	电力金具产品型号命名方法	行标	2011-5-1		DL/T 683—1999	采购、运维	招标、品控、运行、维护	输电、变电、配电	其他	
6500	203.14-81	DL/T 695—2014	电站钢制对焊管件	行标	2014-8-1		DL/T 695—1999	采购、运维	招标、品控、运行、维护	发电	其他	
6501	203.14-82	DL/T 696—2013	软母线金具	行标	2014-4-1		DL/T 696—1999	采购、运维	招标、品控、运行、维护	变电、配电	其他	

序号	体系结构号	标准编号	标准名称	标准级别	实施日期	与国际标准对应关系	代替标准	阶段	分阶段	专业	分专业	备注
6502	203.14-83	DL/T 697—2021	硬母线金具	行标	2022-3-22		DL/T 697—2013	采购、运维	招标、品控、运行、维护	变电、配电	其他	
6503	203.14-84	DL/T 756—2009	悬垂线夹	行标	2009-12-1		DL/T 756—2001	采购、运维	招标、品控、运行、维护	输电	线路	
6504	203.14-85	DL/T 757—2021	耐张线夹	行标	2022-3-22		DL/T 757—2009	采购、运维	招标、品控、运行、维护	输电	线路	
6505	203.14-86	DL/T 758—2021	接续金具	行标	2022-3-22		DL/T 758—2009	采购、运维	招标、品控、运行、维护	输电	线路	
6506	203.14-87	DL/T 763—2013	架空线路用预绞式金具技术条件	行标	2013-8-1		DL/T 763—2001	采购、运维	招标、品控、运行、维护	输电	线路	
6507	203.14-88	DL/T 764—2014	电力金具用杆部带销孔六角头螺栓	行标	2015-3-1		DL/T 764.1—2001	采购、运维	招标、品控、运行、维护	输电	线路	
6508	203.14-89	DL/T 765.1—2021	架空配电线路金具 第1部分：通用技术条件	行标	2021-10-26		DL/T 765.1—2001	采购、运维	招标、品控、运行、维护	输电	线路	
6509	203.14-90	DL/T 765.2—2021	架空配电线路金具 第2部分：额定电压35kV及以下架空裸导线金具	行标	2021-10-26		DL/T 765.2—2004	采购、运维	招标、品控、运行、维护	输电	线路	
6510	203.14-91	DL/T 765.3—2021	架空配电线路金具 第3部分：额定电压35kV及以下架空绝缘导线金具	行标	2021-10-26		DL/T 765.3—2004	采购、运维	招标、品控、运行、维护	输电	线路	
6511	203.14-92	DL/T 766—2013	光纤复合架空地线（OPGW）用预绞式金具技术条件和试验方法	行标	2013-8-1		DL/T 766—2003	采购、运维	招标、品控、运行、维护	输电	其他	
6512	203.14-93	DL/T 768.1—2017	电力金具制造质量 第1部分：可锻铸铁件	行标	2017-8-1		DL/T 768.1—2002	采购、运维	招标、品控、运行、维护	输电	其他	

序号	体系结构号	标准编号	标准名称	标准级别	实施日期	与国际标准对应关系	代替标准	阶段	分阶段	专业	分专业	备注
6513	203.14-94	DL/T 768.2—2017	电力金具制造质量 第2部分：黑色金属锻制件	行标	2017-12-1		DL/T 768.2—2002	采购、运维	招标、品控、运行、维护	输电	其他	
6514	203.14-95	DL/T 768.3—2017	电力金具制造质量 第3部分：冲压件	行标	2017-12-1		DL/T 768.3—2002	采购、运维	招标、品控、运行、维护	输电	其他	
6515	203.14-96	DL/T 768.4—2017	电力金具制造质量 第4部分：球墨铸铁件	行标	2017-12-1		DL/T 768.4—2002	采购、运维	招标、品控、运行、维护	输电	其他	
6516	203.14-97	DL/T 768.5—2017	电力金具制造质量 第5部分：铝制件	行标	2017-12-1		DL/T 768.5—2002	采购、运维	招标、品控、运行、维护	输电	其他	
6517	203.14-98	DL/T 768.6—2021	电力金具制造质量 第6部分：焊接件和热切割件	行标	2021-10-26		DL/T 768.6—2002	采购、运维	招标、品控、运行、维护	输电	其他	
6518	203.14-99	DL/T 768.7—2012	电力金具制造质量钢铁件热镀锌层	行标	2012-12-1		DL/T 768.7—2002	采购、运维	招标、品控、运行、维护	输电	其他	
6519	203.14-100	DL/T 857—2004	发电厂、变电所蓄电池用整流逆变设备技术条件	行标	2004-6-1			采购、建设、运维、修试	招标、品控、验收与质量评定、运行、维护、检修、试验	发电、变电	其他	
6520	203.14-101	DL/T 1098—2016	间隔棒技术条件和试验方法	行标	2016-6-1	IEC 61854:1998, MOD	DL/T 1098—2009	采购、运维	招标、品控、运行、维护	输电	线路	
6521	203.14-102	DL/T 1192—2020	架空输电线路接续管保护装置	行标	2021-2-1		DL/T 1192—2012	采购、运维	招标、品控、运行、维护	输电	其他	
6522	203.14-103	DL/T 1236—2021	输电杆塔用地脚螺栓与螺母	行标	2021-10-26		DL/T 1236—2013	采购、运维	招标、品控、运行、维护	输电	其他	
6523	203.14-104	DL/T 1266—2013	变压器用片式散热器选用导则	行标	2014-4-1			采购、运维	招标、品控、运行、维护	变电	变压器	
6524	203.14-105	DL/T 1288—2013	电力金具能耗测试与节能技术评价要求	行标	2014-4-1			采购、运维	招标、品控、运行、维护	输电	其他	

序号	体系结构号	标准编号	标准名称	标准级别	实施日期	与国际标准对应关系	代替标准	阶段	分阶段	专业	分专业	备注
6525	203.14-106	DL/T 1312—2013	电力工程接地用铜覆钢技术条件	行标	2014-4-1			采购、运维	招标、品控、运行、维护	输电、变电	其他	
6526	203.14-107	DL/T 1342—2014	电气接地工程用材料及连接件	行标	2014-8-1			采购、运维	招标、品控、运行、维护	输电	其他	
6527	203.14-108	DL/T 1343—2014	电力金具用闭口销	行标	2015-3-1		DL/T 764.2—2001	采购、运维	招标、品控、运行、维护	输电	其他	
6528	203.14-109	DL/T 1366—2014	电力设备用六氟化硫气体	行标	2015-3-1			采购、运维	招标、品控、运行、维护	变电	其他	
6529	203.14-110	DL/T 1401—2015	输变电钢结构用钢管制造技术条件	行标	2015-9-1			采购、运维	招标、品控、运行、维护	输电、变电	其他	
6530	203.14-111	DL/T 1457—2015	电力工程接地用锌包钢技术条件	行标	2015-12-1			采购、运维	招标、品控、运行、维护	输电、变电	其他	
6531	203.14-112	DL/T 1469—2015	输变电设备外绝缘用硅橡胶辅助伞裙使用导则	行标	2015-12-1			采购、运维	招标、品控、运行、维护	输电、变电	其他	
6532	203.14-113	DL/T 1530—2016	高压绝缘光纤柱	行标	2016-6-1			采购、运维	招标、品控、运行、维护	变电	其他	
6533	203.14-114	DL/T 1642—2016	环形混凝土电杆用脚扣	行标	2017-5-1			采购、运维	招标、品控、运行、维护	输电	其他	
6534	203.14-115	DL/T 1806—2018	油浸式电力变压器用绝缘纸板及绝缘件选用导则	行标	2018-7-1			采购、运维	招标、品控、运行、维护	变电	变压器	
6535	203.14-116	DL/T 1811—2018	电力变压器用天然酯绝缘油选用导则	行标	2018-7-1			采购、运维	招标、品控、运行、维护	变电	变压器	
6536	203.14-117	DL/T 1817—2018	变压器低压侧用绝缘铜管母使用技术条件	行标	2018-7-1			采购、运维	招标、品控、运行、维护	变电	变压器	

序号	体系结构号	标准编号	标准名称	标准级别	实施日期	与国际标准对应关系	代替标准	阶段	分阶段	专业	分专业	备注
6537	203.14-118	DL/T 1837—2018	电力用矿物绝缘油换油指标	行标	2018-7-1			采购、运维	招标、品控、运行、维护	变电、配电	其他	
6538	203.14-119	DL/T 1838—2018	电力用圆形及异形绝缘管	行标	2018-7-1			采购、运维	招标、品控、运行、维护	变电、配电	其他	
6539	203.14-120	DL/T 1981.3—2020	统一潮流控制器 第3部分:控制保护系统技术规范	行标	2021-2-1			采购、运维	招标、品控、运行、维护	变电、配电	其他	
6540	203.14-121	DL/T 2304—2021	架空集束绝缘电缆用金具技术条件	行标	2021-10-26			采购、运维	招标、品控、运行、维护	变电、配电	其他	
6541	203.14-122	DL/T 2310—2021	电力系统高压功率器件用碳化硅外延片使用条件	行标	2021-10-26			采购、运维	招标、品控、运行、维护	变电、配电	其他	
6542	203.14-123	DL/T 2496—2022	电站汽轮机旁路阀技术条件	行标	2022-11-13			采购、运维	招标、品控、运行、维护	变电、配电	其他	
6543	203.14-124	DL/T 2546—2022	旋转型转子接地保护装置通用技术条件	行标	2023-5-4			采购、运维	招标、品控、运行、维护	变电、配电	其他	
6544	203.14-125	JB/T 5345—2016	变压器用蝶阀	行标	2017-4-1		JB/T 5345—2005	采购、运维	招标、品控、运行、维护	变电、配电	变压器	
6545	203.14-126	JB/T 5347—2013	变压器用片式散热器	行标	2013-9-1		JB/T 5347—1999	采购、运维	招标、品控、运行、维护	变电、配电	变压器	
6546	203.14-127	JB/T 5889—1991	绝缘子用有色金属铸件 技术条件	行标	1992-10-1			采购、运维	招标、品控、运行、维护	输电、变电、配电	其他	
6547	203.14-128	JB/T 6302—2016	变压器用油面温控器	行标	2017-4-1		JB/T 6302—2005	采购、运维	招标、品控、运行、维护	变电、配电	变压器	
6548	203.14-129	JB/T 6484—2016	变压器用储油柜	行标	2017-4-1		JB/T 6484—2005	采购、运维	招标、品控、运行、维护	变电、配电	变压器	
6549	203.14-130	JB/T 7065—2015	变压器用压力释放阀	行标	2016-3-1		JB/T 7065—2004; JB/T 7069—2004	采购、运维	招标、品控、运行、维护	变电、配电	变压器	

序号	体系结构号	标准编号	标准名称	标准级别	实施日期	与国际标准对应关系	代替标准	阶段	分阶段	专业	分专业	备注
6550	203.14-131	JB/T 7757—2020	机械密封用O形橡胶圈	行标	2021-4-1		JB/T 7757.2—2006	采购、运维	招标、品控、运行、维护	其他		
6551	203.14-132	JB/T 9642—2013	变压器用风扇	行标	2013-9-1		JB/T 9642—1999	采购、运维	招标、品控、运行、维护	变电、配电	变压器	
6552	203.14-133	JB/T 9669—2013	避雷器用橡胶密封件及材料规范	行标	2014-7-1		JB/T 9669—1999	采购、运维	招标、品控、运行、维护	变电	避雷器	
6553	203.14-134	JB/T 10112—2013	变压器用油泵	行标	2013-9-1		JB/T 10112—1999	采购、运维	招标、品控、运行、维护	变电、配电	变压器	
6554	203.14-135	JB/T 10260—2014	架空绝缘电缆用绝缘料	行标	2014-10-1		JB/T 10260—2001	采购、运维	招标、品控、运行、维护	输电	电缆	
6555	203.14-136	JB/T 10319—2014	变压器用波纹油箱	行标	2014-10-1		JB/T 10319—2002	采购、运维	招标、品控、运行、维护	变电、配电	变压器	
6556	203.14-137	JB/T 11203—2011	高压交流真空开关设备用固封极柱	行标	2012-4-1			采购、运维	招标、品控、运行、维护	变电	开关	
6557	203.14-138	JB/T 11493—2013	变压器用闸阀	行标	2013-9-1			采购、运维	招标、品控、运行、维护	变电、配电	变压器	
6558	203.14-139	JB/T 11868.1—2014	电工用铜包钢线 第1部分：硬态铜包钢线	行标	2014-10-1			采购、运维	招标、品控、运行、维护	输电、变电	其他	
6559	203.14-140	JB/T 11868.2—2014	电工用铜包钢线 第2部分：软态铜包钢线	行标	2014-10-1			采购、运维	招标、品控、运行、维护	输电、变电	其他	
6560	203.14-141	JB/T 12168—2015	电气用压敏胶黏带 涂压敏胶黏剂的PVC薄膜胶黏带	行标	2015-10-1			采购、运维	招标、品控、运行、维护	输电、变电	其他	
6561	203.14-142	JB/T 12169—2015	电气用压纸板和薄纸板 薄纸板	行标	2015-10-1			采购、运维	招标、品控、运行、维护	输电、变电	其他	

序号	体系结构号	标准编号	标准名称	标准级别	实施日期	与国际标准对应关系	代替标准	阶段	分阶段	专业	分专业	备注
6562	203.14-143	JB/T 12171—2015	电气用压敏胶黏带　涂压敏胶黏剂的聚四氟乙烯薄膜胶黏带	行标	2015-10-1	IEC 60454-3-14:2001		采购、运维	招标、品控、运行、维护	输电、变电	其他	
6563	203.14-144	JB/T 12424—2015	电气用热固性模塑制品可视缺陷定义及分类（SMC/BMC）	行标	2016-3-1			采购、运维	招标、品控、运行、维护	输电、变电	其他	
6564	203.14-145	NB/T 10306—2019	电缆屏蔽用铜带	行标	2020-5-1			采购、运维	招标、品控、运行、维护	输电	电缆	
6565	203.14-146	NB/T 10441—2020	混合式高压直流断路器	行标	2021-2-1			采购、运维	招标、品控、运行、维护	变电	开关	
6566	203.14-147	NB/T 10511—2021	水电工程泄水阀技术条件	行标	2021-7-1			采购、运维	招标、品控、运行、维护	变电	开关	
6567	203.14-148	NB/T 42037—2014	防腐电缆桥架	行标	2014-11-1			采购、运维	招标、品控、运行、维护	输电	电缆	
6568	203.14-149	NB/T 42136—2017	电网设施金属构件　湿热环境防腐涂层技术要求	行标	2018-3-1			采购、运维	招标、品控、运行、维护	输电、变电、配电	其他	
6569	203.14-150	NB/T 42152—2018	非线性金属氧化物电阻片通用技术要求	行标	2018-7-1			采购、运维	招标、品控、运行、维护	输电、变电	其他	
6570	203.14-151	NB/T 47020—2012	压力容器法兰分类与技术条件	行标	2013-3-1		JB/T 4700—2000	采购、运维	招标、品控、运行、维护	变电	其他	
6571	203.14-152	NB/T 47037—2021	电站阀门型号编制方法	行标	2022-5-16			采购、运维	招标、品控、运行、维护	变电	其他	
6572	203.14-153	SJ/T 99—2016	变压器和扼流圈用铁心片及铁心叠厚系列	行标	2016-6-1		SJ 97—1965；SJ 99—1987	采购、运维	招标、品控、运行、维护	变电、配电	变压器	
6573	203.14-154	SJ/T 2911—2022	电子设备用电位器详细规范WH159型低功率电位器　评定水平E	行标	2023-01-01			采购、运维	招标、品控、运行、维护	输电、变电、配电	其他	

序号	体系结构号	标准编号	标准名称	标准级别	实施日期	与国际标准对应关系	代替标准	阶段	分阶段	专业	分专业	备注
6574	203.14-155	SJ/T 10354—2022	电子设备用电位器详细规范 WHE121 型低功率电位器 评定水平 E	行标	2023-01-01			采购、运维	招标、品控、运行、维护	输电、变电	其他	
6575	203.14-156	SJ/T 11854—2022	光伏用直拉单晶硅炉	行标	2023-01-01			采购、运维	招标、品控、运行、维护	发电	光伏	
6576	203.14-157	SJ/T 11856.1—2022	光纤通信用半导体激光器芯片技术规范 第1部分：光源用法布里—泊罗型及分布式反馈型半导体激光器芯片	行标	2023-01-01			采购、运维	招标、品控、运行、维护	变电、配电	变压器	
6577	203.14-158	SJ/T 11856.2—2022	光纤通信用半导体激光器芯片技术规范 第2部分：光源用垂直腔面发射型半导体激光器芯片	行标	2023-01-01			采购、运维	招标、品控、运行、维护	变电、配电	变压器	
6578	203.14-159	SJ/T 11856.3—2022	光纤通信用半导体激光器芯片技术规范 第3部分：光源用电吸收调制型半导体激光器芯片	行标	2023-01-01			采购、运维	招标、品控、运行、维护	变电、配电	变压器	
6579	203.14-160	SY/T 0516—2016	绝缘接头与绝缘法兰技术规范	行标	2017-5-1		SY/T 0516—2008	采购、运维	招标、品控、运行、维护	发电、输电、变电	其他	
6580	203.14-161	GB 28374—2012	电缆防火涂料	国标	2012-9-1			采购、运维	招标、品控、运行、维护	输电	电缆	
6581	203.14-162	GB 29415—2013	耐火电缆槽盒	国标	2014-8-1			采购、运维	招标、品控、运行、维护	发电、变电、配电	其他	
6582	203.14-163	GB/T 2—2016	紧固件 外螺纹零件末端	国标	2016-6-1		GB/T 2—2001	采购、运维	招标、品控、运行、维护	输电、变电	其他	

序号	体系结构号	标准编号	标准名称	标准级别	实施日期	与国际标准对应关系	代替标准	阶段	分阶段	专业	分专业	备注
6583	203.14-164	GB/T 95—2002	平垫圈 C级	国标	2003-6-1	EQV ISO 7091:2000	GB/T 95—1985	采购、运维	招标、品控、运行、维护	输电、变电	其他	
6584	203.14-165	GB/T 197—2018	普通螺纹 公差	国标	2018-10-1		GB/T 197—2003	采购、运维	招标、品控、运行、维护	输电、变电	其他	
6585	203.14-166	GB/T 699—2015	优质碳素结构钢	国标	2016-11-1		GB/T 699—1999	采购、运维	招标、品控、运行、维护	输电、变电	其他	
6586	203.14-167	GB/T 984—2001	堆焊焊条	国标	2002-6-1	ANSI/AWS A5.13，EQV	GB/T 984—1985	采购、运维	招标、品控、运行、维护	输电、变电	其他	
6587	203.14-168	GB/T 1591—2018	低合金高强度结构钢	国标	2019-2-1		GB/T 1591—2008	采购、运维	招标、品控、运行、维护	输电、变电	其他	
6588	203.14-169	GB/T 2061—2013	散热器散热片专用铜及铜合金箔材	国标	2014-5-1		GB/T 2061—2004	采购、运维	招标、品控、运行、维护	输电、变电	其他	
6589	203.14-170	GB/T 2314—2008	电力金具通用技术条件	国标	2009-8-1	IEC 61284:1997，MOD	GB 2314—1997	采购、运维	招标、品控、运行、维护	输电、变电、配电	其他	
6590	203.14-171	GB/T 2315—2017	电力金具标称破坏载荷系列及连接型式尺寸	国标	2018-7-1		GB/T 2315—2008	采购、运维	招标、品控、运行、维护	输电、变电、配电	其他	
6591	203.14-172	GB/T 3098.1—2010	紧固件机械性能 螺栓、螺钉和螺柱	国标	2011-10-1	ISO 898-1—2009，MOD	GB/T 3098.1—2000	采购、运维	招标、品控、运行、维护	其他		
6592	203.14-173	GB/T 3098.2—2015	紧固件机械性能 螺母	国标	2017-1-1		GB/T 3098.2—2000；GB/T 3098.4—2000	采购、运维	招标、品控、运行、维护	其他		
6593	203.14-174	GB/T 5019.10—2022	以云母为基的绝缘材料 第10部分：耐火安全电缆用云母带	国标	2023-2-1		GB/T 5019.10—2009	采购、运维	招标、品控、运行、维护	其他		
6594	203.14-175	GB/T 5019.4—2009	以云母为基的绝缘材料 第4部分：云母纸	国标	2009-12-1	IEC 60371-3-2—2005，MOD	GB/T 10216—1998	采购、运维	招标、品控、运行、维护	其他		
6595	203.14-176	GB/T 5117—2012	非合金钢及细晶粒钢焊条	国标	2013-3-1	ISO 2560—2009，MOD	GB/T 5117—1995	采购、运维	招标、品控、运行、维护	其他		

序号	体系结构号	标准编号	标准名称	标准级别	实施日期	与国际标准对应关系	代替标准	阶段	分阶段	专业	分专业	备注
6596	203.14-177	GB/T 5273—2016	高压电器端子尺寸标准化	国标	2016-11-1	IEC/TR 62271-301:2009，MOD	GB/T 5273—1985	采购、运维	招标、品控、运行、维护	其他		
6597	203.14-178	GB/T 5293—2018	埋弧焊用非合金钢及细晶粒钢实心焊丝、药芯焊丝和焊丝—焊剂组合分类要求	国标	2018-10-1		GB/T 5293—1999	采购、运维	招标、品控、运行、维护	发电、变电	其他	
6598	203.14-179	GB/T 12233—2006	通用阀门 铁制截止阀与升降式止回阀	国标	2007-5-1		GB/T 12233—1989	采购、运维	招标、品控、运行、维护	发电、变电	其他	
6599	203.14-180	GB/T 12241—2021	安全阀一般要求	国标	2021-10-1	ISO 4126-1—1991，MOD	GB/T 12241—2005	采购、运维	招标、品控、运行、维护	发电、变电	其他	
6600	203.14-181	GB/T 15022.3—2011	电气绝缘用树脂基活性复合物 第3部分：无填料环氧树脂复合物	国标	2012-5-1	IEC 60455-3-1:2003，IDT		采购、运维	招标、品控、运行、维护	变电	其他	
6601	203.14-182	GB/T 15022.9—2022	电气绝缘用树脂基活性复合物 第9部分：电缆附件用树脂	国标	2023-2-1			采购、运维	招标、品控、运行、维护	变电	其他	
6602	203.14-183	GB/T 15601—2013	管法兰用金属包覆垫片	国标	2014-10-1		GB/T 15601—1995	采购、运维	招标、品控、运行、维护	发电、变电	其他	
6603	203.14-184	GB/T 17116.1—2018	管道支吊架 第1部分：技术规范	国标	2018-10-1		GB/T 17116.1—1997	设计、采购、建设、运维	施工图、招标、品控、施工工艺、运行、维护	发电	火电、水电、其他	
6604	203.14-185	GB/T 17116.2—2018	管道支吊架 第2部分：管道连接部件	国标	2018-9-1		GB/T 17116.2—1997	设计、采购、建设、运维	施工图、招标、品控、施工工艺、运行、维护	发电	火电、水电、其他	
6605	203.14-186	GB/T 17116.3—2018	管道支吊架 第3部分：中间连接件和建筑结构连接件	国标	2018-10-1		GB/T 17116.3—1997	设计、采购、建设、运维	施工图、招标、品控、施工工艺、运行、维护	发电	火电、水电、其他	

序号	体系结构号	标准编号	标准名称	标准级别	实施日期	与国际标准对应关系	代替标准	阶段	分阶段	专业	分专业	备注
6606	203.14-187	GB/T 20041.24—2009	电缆管理用导管系统 第24部分：埋入地下的导管系统的特殊要求	国标	2010-2-1	IEC 61386-24:2004	GB 20041.24—2009	采购、运维	招标、品控、运行、维护	输电	电缆	
6607	203.14-188	GB/T 20041.25—2016	电缆管理用导管系统 第25部分：导管固定装置的特殊要求	国标	2016-9-1	IEC 61386-25:2011 MOD		采购、运维	招标、品控、运行、维护	输电	电缆	
6608	203.14-189	GB/T 20626.3—2022	特殊环境条件 高原电工电子产品 第3部分：雷电、污秽、凝露的防护要求	国标	2023-5-1		GB/T 20626.3—2006	采购、运维、修试	招标、品控、运行、维护、检修、试验	基础综合		
6609	203.14-190	GB/T 20632.3—2022	电气用钢纸 第3部分：平板钢纸	国标	2023-2-1			采购、运维、修试	招标、品控、运行、维护、检修、试验	基础综合		
6610	203.14-191	GB/T 21698—2008	复合接地体技术条件	国标	2008-12-1			采购	招标、品控	输电、变电	其他	
6611	203.14-192	GB/T 22920—2022	电解电容器纸	国标	2023-2-1		GB/T 22920—2008	采购	招标、品控	输电、变电	其他	
6612	203.14-193	GB/T 25081—2010	高压带电显示装置（VPIS）	国标	2011-8-1	IEC 61958:2000	GB 25081—2010	采购、运维、修试	招标、运行、维护、检修、试验	输电、变电	其他	
6613	203.14-194	GB/T 29920—2013	电工用稀土高铁铝合金杆	国标	2014-8-1			采购、运维	招标、品控、运行、维护	输电、变电	其他	
6614	203.14-195	GB/T 30147—2013	安防监控视频实时智能分析设备技术要求	国标	2014-8-1			采购、运维	招标、品控、运行、维护	输电、变电、配电	其他	
6615	203.14-196	GB/T 31235—2014	±800kV 直流输电线路金具技术规范	国标	2015-4-1			采购、运维	招标、品控、运行、维护	输电	线路	
6616	203.14-197	GB/T 31239—2014	1000kV 变电站金具技术规范	国标	2015-4-1			采购、运维	招标、品控、运行、维护	变电	其他	
6617	203.14-198	GB/T 31838.1—2015	固体绝缘材料介电和电阻特性 第1部分：总则	国标	2016-2-1	IEC 62631-1:2011		采购、运维	招标、品控、运行、维护	基础综合		

序号	体系结构号	标准编号	标准名称	标准级别	实施日期	与国际标准对应关系	代替标准	阶段	分阶段	专业	分专业	备注
6618	203.14-199	GB/T 32129—2015	电线电缆用无卤低烟阻燃电缆料	国标	2016-5-1			采购、运维	招标、品控、运行、维护	输电	电缆	
6619	203.14-200	GB/T 32288—2020	电力变压器用电工钢铁心	国标	2020-12-1		GB/T 32288—2015	采购、运维	招标、品控、运行、维护	变电、配电	变压器	
6620	203.14-201	GB/T 32511—2016	电磁屏蔽塑料通用技术要求	国标	2016-9-1			采购、运维	招标、品控、运行、维护	输电、变电、配电	其他	
6621	203.14-202	GB/T 32517—2016	固定装置中永久性连接用安装式耦合器	国标	2016-9-1	IEC 61535:2012		采购、运维	招标、品控、运行、维护	输电、变电、配电	其他	
6622	203.14-203	GB/T 32968—2016	钢筋混凝土用锌铝合金镀层钢筋	国标	2017-7-1			采购、运维	招标、品控、运行、维护	输电、变电、配电	其他	
6623	203.14-204	GB/T 33143—2022	锂离子电池用铝及铝合金箔	国标	2022-10-1		GB/T 33143—2016	采购、运维	招标、品控、运行、维护	输电、变电、配电	其他	
6624	203.14-205	GB/T 33214—2016	钢、镍及镍合金的激光—电弧复合焊接接头 缺欠质量分级指南	国标	2017-7-1	ISO 12932:2013		采购、运维	招标、品控、运行、维护	输电、变电、配电	其他	
6625	203.14-206	GB/T 34182—2017	复合材料电缆支架	国标	2018-8-1			采购、运维	招标、品控、运行、维护	输电	电缆	
6626	203.14-207	GB/T 34320—2017	六氟化硫电气设备用分子筛吸附剂使用规范	国标	2018-4-1			采购、运维	招标、品控、运行、维护	变电	其他	
6627	203.14-208	GB/T 35693—2017	±800kV 特高压直流输电工程阀厅金具技术规范	国标	2018-7-1			采购、运维	招标、品控、运行、维护	换流	其他	
6628	203.14-209	GB/T 36010—2018	铂铑 40—铂铑 20 热电偶丝及分度表	国标	2018-10-1			采购、运维	招标、品控、运行、维护	输电、变电、配电	其他	
6629	203.14-210	GB/T 36034—2018	埋弧焊用高强钢实心焊丝、药芯焊丝和焊丝—焊剂组合分类要求	国标	2018-10-1			采购、运维	招标、品控、运行、维护	输电、变电、配电	其他	

序号	体系结构号	标准编号	标准名称	标准级别	实施日期	与国际标准对应关系	代替标准	阶段	分阶段	专业	分专业	备注
6630	203.14-211	GB/T 36037—2018	埋弧焊和电渣焊用焊剂	国标	2018-10-1			采购、运维	招标、品控、运行、维护	输电、变电、配电	其他	
6631	203.14-212	GB/T 36130—2018	铁塔结构用热轧钢板和钢带	国标	2019-2-1			采购、运维	招标、品控、运行、维护	输电、变电、配电	其他	
6632	203.14-213	GB/T 36146—2018	锂离子电池用压延铜箔	国标	2019-2-1			采购、运维	招标、品控、运行、维护	输电、变电、配电	其他	
6633	203.14-214	GB/T 36763—2018	电磁屏蔽用硫化橡胶通用技术要求	国标	2019-4-1			采购、运维	招标、品控、运行、维护	输电、变电、配电	其他	
6634	203.14-215	GB/T 37204—2018	全钒液流电池用电解液	国标	2019-11-1			采购、运维	招标、品控、运行、维护	发电	储能	
6635	203.14-216	GB/T 37571—2019	继电器用铜及铜合金带	国标	2020-5-1			采购、运维、修试	招标、品控、运行、维护、检修、试验	其他		
6636	203.14-217	GB/T 41154—2021	金属材料 多轴疲劳试验 轴向—扭转应变控制热机械疲劳试验方法	国标	2022-7-1			采购、修试	招标、检修、试验	其他		
6637	203.14-218	GB/T 42207.5—2022	电子设备用连接器 产品要求 矩形连接器 第5部分：额定电压直流250V额定电流30A卡扣锁紧可重复接线电源连接器详细规范	国标	2023-7-1			采购、修试	招标、检修、试验	其他		
6638	203.14-219	GB/Z 33588.8—2022	雷电防护系统部件（LPSC） 第8部分：雷电防护系统隔离部件的要求	国标	2023-2-1			采购、修试	招标、检修、试验	其他		
6639	203.14-220	ANSI C12.9—2014（R2021）	变压器额定仪表用测试开关	国际标准	2014-9-17		ANSI C 12.9—1993	采购、运维	招标、品控、运行、维护	变电、配电	变压器	

序号	体系结构号	标准编号	标准名称	标准级别	实施日期	与国际标准对应关系	代替标准	阶段	分阶段	专业	分专业	备注
6640	203.14-221	IEC 60455-3-8—2021	电气绝缘用树脂基活性化合物 第3部分：单项材料规格 活页8：电缆附件树脂	国际标准	2021-8-11	EN 60455-3-8—2013，IDT		采购、运维	招标、品控、运行、维护	输电、配电	其他	
——电力电子类												
6641	203.14-222	Q/CSG 1204070—2020	柔性直流阀级控制器与功率模块控制器接口技术规范	企标	2020-6-30			规划、设计、采购、建设、运维、修试、退役	规划、初设、施工图、招标、品控、施工工艺、验收与质量评定、试运行、运行、维护、检修、试验、退役、报废	信息	基础设施	
6642	203.14-223	T/CEC 123—2016	断路器选相控制器通用技术条件	团标	2017-1-1			采购、运维、修试	招标、运行、维护、检修、试验	变电	开关	
6643	203.14-224	T/CEC 377—2020	柔性直流输电工程换流阀阀基控制设备与子模块通信接口技术规范	团标	2021-2-1			采购、运维	招标、品控、运行、维护	换流	换流阀	
6644	203.14-225	T/CEC 378—2020	柔性直流输电工程换流阀IGBT驱动板卡通用技术规范	团标	2021-2-1			采购、运维	招标、品控、运行、维护	换流	换流阀	
6645	203.14-226	T/CEC 379—2020	柔性直流输电工程换流阀子模块中控板通用技术规范	团标	2021-2-1			采购、运维	招标、品控、运行、维护	换流	换流阀	
6646	203.14-227	T/CEC 380—2020	柔性直流输电工程换流阀子模块故障录波技术规范	团标	2021-2-1			采购、运维	招标、品控、运行、维护	换流	换流阀	

序号	体系结构号	标准编号	标准名称	标准级别	实施日期	与国际标准对应关系	代替标准	阶段	分阶段	专业	分专业	备注
6647	203.14-228	DL/T 282—2018	合并单元技术条件	行标	2019-5-1		DL/T 282—2012	采购、运维、修试	招标、品控、运行、维护、检修、试验	调度及二次	继电保护及安全自动装置	
6648	203.14-229	DL/T 781—2021	电力用高频开关整流模块	行标	2021-7-1		DL/T 781—2001	采购、运维、修试	招标、品控、运行、维护、检修、试验	调度及二次	继电保护及安全自动装置	
6649	203.14-230	DL/T 879—2021	便携式接地和接地短路装置	行标	2022-3-22		DL/T 879—2004	采购、运维、修试	招标、品控、运行、维护、检修、试验	调度及二次	继电保护及安全自动装置	
6650	203.14-231	DL/T 1579—2016	棒形悬式复合绝缘子用端部装配件技术规范	行标	2016-7-1			设计、采购、运维	初设、施工图、招标、品控、运行、维护	输电、配电	其他	
6651	203.14-232	DL/T 2256—2021	电力用智能换相装置技术规范	行标	2021-7-1			采购、运维、修试	招标、品控、运行、维护、检修、试验	调度及二次	继电保护及安全自动装置	
6652	203.14-233	DL/T 2485—2022	电力变压器用无励磁分接开关选用导则	行标	2022-11-13			设计、采购、运维	初设、施工图、招标、品控、运行、维护	变电	变压器	
6653	203.14-234	DL/T 2489—2022	电站安全阀选型导则	行标	2022-11-13			采购、运维、修试	招标、品控、运行、维护、检修、试验	调度及二次	继电保护及安全自动装置	
6654	203.14-235	NB/T 31040—2021	具有短路保护功能的电涌保护器	行标	2021-10-26		NB/T 31040—2012	采购、运维、修试	招标、品控、运行、维护、检修、试验	调度及二次	继电保护及安全自动装置	
6655	203.14-236	GB/T 3859.1—2013	半导体变流器通用要求和电网换相变流器 第1-1部分：基本要求规范	国标	2013-12-2	IEC 60146-1-1:2009, MOD	GB/T 3859.1—1993	采购、运维、修试	招标、品控、运行、维护、检修、试验	换流	其他	
6656	203.14-237	GB/T 3859.2—2013	半导体变流器通用要求和电网换相变流器 第1-2部分：应用导则	国标	2013-12-2	IEC/TR 60146-1-2:2011, MOD	GB/T 3859.2—1993	采购、运维、修试	招标、品控、运行、维护、检修、试验	换流	其他	

序号	体系结构号	标准编号	标准名称	标准级别	实施日期	与国际标准对应关系	代替标准	阶段	分阶段	专业	分专业	备注
6657	203.14-238	GB/T 3859.3—2013	半导体变流器通用要求和电网换相变流器 第1-3部分：变压器和电抗器	国标	2013-12-2	IEC 60146-1-3:1991，MOD	GB/T 3859.3—1993	采购、运维、修试	招标、品控、运行、维护、检修、试验	换流	其他	
6658	203.14-239	GB/T 4787.1—2021	高压交流断路器用均压电容器 第1部分：总则	国标	2021-12-1		GB/T 4787—2010	采购、运维、修试	招标、品控、运行、维护、检修、试验	换流	其他	
6659	203.14-240	GB/T 6346.25—2018	电子设备用固定电容器 第25部分:分规范 表面安装导电高分子固体电解质铝固定电容器	国标	2018-7-1			采购、运维、修试	招标、品控、运行、维护、检修、试验	用电	其他	
6660	203.14-241	GB/T 6346.2501—2018	电子设备用固定电容器 第25-1部分：空白详细规范 表面安装导电高分子固体电解质铝固定电容器 评定水平EZ	国标	2018-7-1			采购、运维、修试	招标、品控、运行、维护、检修、试验	用电	其他	
6661	203.14-242	GB/T 6346.2601—2018	电子设备用固定电容器 第26-1部分：空白详细规范 导电高分子固体电解质铝固定电容器 评定水平EZ	国标	2019-1-1			采购、运维、修试	招标、品控、运行、维护、检修、试验	用电	其他	
6662	203.14-243	GB/T 8446.1—2022	电力半导体器件用散热器 第1部分：散热体	国标	2022-10-1		GB/T 8446.1—2004	采购、运维、修试	招标、品控、运行、维护、检修、试验	用电	其他	
6663	203.14-244	GB/T 8446.2—2022	电力半导体器件用散热器 第2部分：热阻和流阻测量方法	国标	2022-10-1		GB/T 8446.2—2004	采购、运维、修试	招标、品控、运行、维护、检修、试验	用电	其他	

序号	体系结构号	标准编号	标准名称	标准级别	实施日期	与国际标准对应关系	代替标准	阶段	分阶段	专业	分专业	备注
6664	203.14-245	GB/T 8446.3—2022	电力半导体器件用散热器 第3部分：绝缘件和紧固件	国标	2022-10-1		GB/T 8446.3—2004	采购、运维、修试	招标、品控、运行、维护、检修、试验	用电	其他	
6665	203.14-246	GB/T 10186—2012	电子设备用固定电容器 第7-1部分：空白详细规范 金属箔式聚苯乙烯膜介质直流固定电容器 评定水平E	国标	2013-2-15		GB/T 10186—1988	采购、运维、修试	招标、品控、运行、维护、检修、试验	用电	其他	
6666	203.14-247	GB/T 15291—2015	半导体器件 第6部分：晶闸管	国标	2017-1-1	IEC 60747-6:2000	GB/T 15291—1994	采购、运维、修试	招标、品控、运行、维护、检修、试验	换流	其他	
6667	203.14-248	GB/T 17702—2021	电力电子电容器	国标	2021-12-1		GB/T 17702—2013	采购、运维、修试	招标、品控、运行、维护、检修、试验	换流	其他	
6668	203.14-249	GB/T 29332—2012	半导体器件 分立器件 第9部分：绝缘栅双极晶体管（IGBT）	国标	2013-6-1	IEC 60747-9:2007，IDT		采购、运维、修试	招标、品控、运行、维护、检修、试验	用电	其他	
6669	203.14-250	GB/T 33588.1—2020	雷电防护系统部件（LPSC） 第1部分：连接件的要求	国标	2021-6-1		GB/T 33588.1—2017	采购、运维、修试	招标、品控、运行、维护、检修、试验	输电、变电	其他	
6670	203.14-251	GB/T 33588.2—2020	雷电防护系统部件（LPSC） 第2部分：接闪器、引下线和接地极的要求	国标	2021-6-1		GB/T 33588.2—2017	采购、运维、修试	招标、品控、运行、维护、检修、试验	输电、变电	其他	
6671	203.14-252	GB/T 33588.3—2020	雷电防护系统部件（LPSC） 第3部分：隔离放电间隙（ISG）的要求	国标	2021-6-1		GB/T 33588.3—2017	采购、运维、修试	招标、品控、运行、维护、检修、试验	输电、变电	其他	

序号	体系结构号	标准编号	标准名称	标准级别	实施日期	与国际标准对应关系	代替标准	阶段	分阶段	专业	分专业	备注
6672	203.14-253	GB/T 33588.4—2020	雷电防护系统部件（LPSC） 第4部分：导体的紧固件要求	国标	2021-6-1		GB/T 33588.4—2017	采购、运维、修试	招标、品控、运行、维护、检修、试验	输电、变电	其他	
6673	203.14-254	GB/T 33588.5—2020	雷电防护系统部件（LPSC） 第5部分：接地极检测箱和接地极密封件的要求	国标	2021-6-1		GB/T 33588.5—2017	采购、运维、修试	招标、品控、运行、维护、检修、试验	输电、变电	其他	
6674	203.14-255	GB/T 33588.6—2020	雷电防护系统部件（LPSC） 第6部分：雷击计数器（LSC）的要求	国标	2021-6-1		GB/T 33588.6—2016	采购、运维、修试	招标、品控、运行、维护、检修、试验	输电、变电	其他	
6675	203.14-256	GB/T 33588.7—2020	雷电防护系统部件（LPSC） 第7部分：接地降阻材料的要求	国标	2021-6-1		GB/T 33588.7—2017	采购、运维、修试	招标、品控、运行、维护、检修、试验	输电、变电	其他	
6676	203.14-257	GB/T 34114—2017	电动机用电磁制动器通用技术条件	国标	2018-2-1			采购、运维、修试	招标、品控、运行、维护、检修、试验	输电、变电	其他	
6677	203.14-258	GB/T 35010.3—2018	半导体芯片产品 第3部分：操作、包装和贮存指南	国标	2018-8-1			采购、运维、修试	招标、品控、运行、维护、检修、试验	用电	其他	
6678	203.14-259	GB/T 35010.4—2018	半导体芯片产品 第4部分：芯片使用者和供应商要求	国标	2018-8-1			采购、运维、修试	招标、品控、运行、维护、检修、试验	用电	其他	
6679	203.14-260	GB/T 35010.5—2018	半导体芯片产品 第5部分：电学仿真要求	国标	2018-8-1			采购、运维、修试	招标、品控、运行、维护、检修、试验	用电	其他	
6680	203.14-261	GB/T 35010.6—2018	半导体芯片产品 第6部分：热仿真要求	国标	2018-8-1			采购、运维、修试	招标、品控、运行、维护、检修、试验	用电	其他	

序号	体系结构号	标准编号	标准名称	标准级别	实施日期	与国际标准对应关系	代替标准	阶段	分阶段	专业	分专业	备注
6681	203.14-262	GB/T 35010.7—2018	半导体芯片产品 第7部分:数据交换的XML格式	国标	2018-8-1			采购、运维、修试	招标、品控、运行、维护、检修、试验	用电	其他	
6682	203.14-263	GB/T 35010.8—2018	半导体芯片产品 第8部分:数据交换的EXPRESS格式	国标	2018-8-1			采购、运维、修试	招标、品控、运行、维护、检修、试验	用电	其他	
6683	203.14-264	GB/T 40562—2021	电子设备用电位器 第6部分:分规范 表面安装预调电位器	国标	2022-5-1			采购、运维、修试	招标、品控、运行、维护、检修、试验	用电	其他	
6684	203.14-265	GB/T 41996—2022	开关设备数字化车间运行管理模型指南	国标	2023-5-1			采购、运维、修试	招标、品控、运行、维护、检修、试验	用电	其他	
6685	203.14-266	GB/Z 41305.2—2022	环境条件 电子设备振动和冲击 第2部分:设备的贮存和搬运	国标	2022-11-1			采购、运维、修试	招标、品控、运行、维护、检修、试验	用电	其他	
6686	203.14-267	IEC 60893-3-4 Edition 2.1—2012	绝缘材料 基于电气目的热固树脂的工业刚性层压板 第3-4部分:独立材料的规格,基于酚醛树脂的刚性层压板要求	国际标准	2012-10-14		IEC 60893-3-4—2003	采购、运维	招标、品控、运行、维护	变电	其他	
6687	203.14-268	IEC 61212-3-1—2013	绝缘材料 电工用热固性树脂基工业刚性圆形层压管和棒 第3部分:单项材料规格活页 1:圆形层压轧制管	国际标准	2013-4-29	EN 61212-3-1—2013 IDT	IEC 61212-3-1—2006	采购、运维	招标、品控、运行、维护	变电	其他	

序号	体系结构号	标准编号	标准名称	标准级别	实施日期	与国际标准对应关系	代替标准	阶段	分阶段	专业	分专业	备注
6688	203.14-269	IEC 61212-3-2—2013	绝缘材料 电工用基于热固树脂的工业刚性圆形层压管材和杆材 第3部分:单项材料规范活页2:圆形层压模制管材	国际标准	2013-4-29	EN 61212-3-2—2013 IDT	IEC 61212-3-2—2006	采购、运维	招标、品控、运行、维护	变电	其他	
203.15 设备材料—其他												
6689	203.15-1	T/CEC 138—2017	油浸式变压器用阻尼橡胶材料技术条件	团标	2017-8-1			采购、运维	招标、品控、运行、维护	变电	变压器	
6690	203.15-2	T/CEC 187—2018	电磁式电压互感器用碳化硅消谐器技术规范	团标	2019-2-1			采购、运维	招标、品控、运行、维护	变电	互感器	
6691	203.15-3	T/CEC 203—2019	故障相经电抗器接地消弧装置	团标	2019-7-1			采购、运维	招标、品控、运行、维护	变电	电抗器	
6692	203.15-4	T/CEC 223—2019	负载馈能装置技术规范	团标	2019-7-1			采购、运维	招标、品控、运行、维护	其他		
6693	203.15-5	T/CEC 285—2019	配电网运行状态综合监测终端功能规范	团标	2020-1-1			采购、运维	招标、品控、运行、维护	配电	其他	
6694	203.15-6	T/CEC 446.4—2022	电力用锂电池直流电源系统 第4部分:间歇充电式直流电源设备	团标	2022-10-1			采购、运维	招标、品控、运行、维护	发电	其他	
6695	203.15-7	T/CEC 488—2021	柔性直流电网合并单元技术条件	团标	2021-10-1			采购、运维	招标、品控、运行、维护	换流	换流阀	
6696	203.15-8	T/CEC 561—2021	换流站阀厅套管封堵材料和封堵系统技术要求	团标	2022-3-1			采购、运维	招标、品控、运行、维护	换流	换流阀	

序号	体系结构号	标准编号	标准名称	标准级别	实施日期	与国际标准对应关系	代替标准	阶段	分阶段	专业	分专业	备注
6697	203.15-9	T/CEC 606—2022	电力用直流电源系统蓄电池组远程充放电技术规范	团标	2022-10-1			采购、运维	招标、品控、运行、维护	发电	其他	
6698	203.15-10	T/CEC 621.1—2022	电力系统外绝缘用硅橡胶老化评估及修变技术 第1部分：硅橡胶清洗修复剂技术条件	团标	2022-10-1			采购、运维	招标、品控、运行、维护	发电	其他	
6699	203.15-11	T/CSEE 0218—2021	非入户型居民负荷辨识终端技术规范	团标	2021-3-11			采购、运维	招标、品控、运行、维护	换流	换流阀	
6700	203.15-12	T/CSEE 0257—2021	电气设备油坑轻型化阻燃层结构技术规程	团标	2021-9-17			采购、运维	招标、品控、运行、维护	换流	换流阀	
6701	203.15-13	DL/T 283.1—2018	电力视频监控系统及接口 第1部分：技术要求	行标	2019-5-1		DL/T 283.1—2012	采购、运维	招标、运行、维护	变电	其他	
6702	203.15-14	DL/T 283.4—2021	电力视频监控系统及接口 第4部分：前端设备	行标	2022-3-22			采购、运维	招标、运行、维护	变电	其他	
6703	203.15-15	DL/T 380—2010	接地降阻材料技术条件	行标	2010-10-1			采购、运维	招标、品控、运行、维护	发电、输电、变电、配电	其他	
6704	203.15-16	DL/T 721—2013	配电自动化远方终端	行标	2013-8-1	IEC 60870-05-101，NEQ	DL/T 721—2000	设计、采购、运维	初设、招标、维护	配电	其他	
6705	203.15-17	DL/T 1215.1—2020	链式静止同步补偿器 第1部分：功能规范	行标	2021-2-5		DL/T 1215.1—2013	规划、设计、采购、建设、运维、修试、退役	规划、初设、施工图、招标、品控、施工工艺、验收与质量评定、试运行、运行、维护、检修、试验、退役、报废	发电	火电、水电	

序号	体系结构号	标准编号	标准名称	标准级别	实施日期	与国际标准对应关系	代替标准	阶段	分阶段	专业	分专业	备注
6706	203.15-18	DL/T 1227—2013	电能质量监测装置技术规范	行标	2013-8-1			设计、采购、运维	初设、施工图、招标、品控、运行、维护	配电	其他	
6707	203.15-19	DL/T 1229—2013	动态电压恢复器技术规范	行标	2013-8-1			采购、运维、修试	招标、品控、运行、维护、检修	变电	其他	
6708	203.15-20	DL/T 1283—2013	电力系统雷电定位监测系统技术规程	行标	2014-4-1			采购、运维、修试	招标、品控、运行、维护、检修	变电	其他	
6709	203.15-21	DL/T 1295—2013	串联补偿装置用火花间隙	行标	2014-4-1			采购、运维、修试	招标、品控、运行、维护、检修	变电	其他	
6710	203.15-22	DL/T 1296—2013	串联谐振型故障电流限制器技术规范	行标	2014-4-1			采购、运维、修试	招标、品控、运行、维护、检修	变电	其他	
6711	203.15-23	DL/T 1314—2013	电力工程用缓释型离子接地装置技术条件	行标	2014-4-1			采购、运维、修试	招标、品控、运行、维护、检修	输电	其他	
6712	203.15-24	DL/T 1353—2014	六氟化硫处理系统技术规范	行标	2015-3-1			采购、运维、修试	招标、品控、运行、维护、检修	输电	其他	
6713	203.15-25	DL/T 1617—2016	变压器油腐蚀性硫处理设备技术条件	行标	2016-12-1			采购、运维、修试	招标、品控、运行、维护、检修	变电	其他	
6714	203.15-26	DL/T 1677—2016	电力工程用降阻接地模块技术条件	行标	2017-5-1			采购、运维、修试	招标、品控、运行、维护、检修	输电	其他	
6715	203.15-27	DL/T 1893—2018	变电站辅助监控系统技术及接口规范	行标	2019-5-1			设计、采购、运维	初设、招标、维护	变电	其他	
6716	203.15-28	DL/T 1900—2018	智能变电站网络记录分析装置技术规范	行标	2019-5-1			设计、采购、运维	初设、招标、维护	变电	其他	
6717	203.15-29	GA/T 1993—2022	公安监管场所信息交互终端	行标	2022-9-1			采购、运维、修试	招标、品控、运行、维护、检修	输电	其他	

序号	体系结构号	标准编号	标准名称	标准级别	实施日期	与国际标准对应关系	代替标准	阶段	分阶段	专业	分专业	备注
6718	203.15-30	JB/T 9981—2022	矩形槽或梯形槽电机振动给料机 型式和基本参数	行标	2022-10-1		JB/T 9981—2008	设计、采购、运维	初设、招标、维护	变电	其他	
6719	203.15-31	JB/T 9983—2022	筒形槽电机振动给料机 型式和基本参数	行标	2022-10-1		JB/T 9983—2008	设计、采购、运维	初设、招标、维护	附属设施及工器具	工器具	
6720	203.15-32	JB/T 12010—2014	非晶合金铁心变压器真空注油设备	行标	2014-11-1			采购、运维、修试	招标、品控、运行、维护、检修	变电	变压器	
6721	203.15-33	JB/T 12482—2015	线杆综合作业车	行标	2016-3-1			采购、运维	招标、维护	输电	其他	
6722	203.15-34	JB/T 14260—2022	电能路由器技术条件	行标	2023-04-01			采购、运维、修试	招标、品控、运行、维护、检修	附属设施及工器具	工器具	
6723	203.15-35	MH/T 6126—2022	城市场景物流电动多旋翼无人驾驶航空器（轻小型）系统技术要求	行标	2022-4-1			采购、运维	招标、维护	其他		
6724	203.15-36	NB/T 10688—2021	高原用高压直流设备密封制品技术条件	行标	2021-10-26			采购、运维	招标、维护	输电	其他	
6725	203.15-37	NB/T 10819—2021	高压并联电容器状态监测装置通用技术要求	行标	2022-5-16			采购、运维	招标、维护	输电	其他	
6726	203.15-38	SJ/T 11807—2022	锂离子电池和电池组充放电测试设备规范	行标	2023-01-01			采购、运维	招标、维护	其他		
6727	203.15-39	YD/T 1996.1—2022	接入网技术要求 第二代甚高速数字用户线（VDSL2） 第1部分：总体要求	行标	2023-01-01			采购、运维	招标、维护	输电	其他	

序号	体系结构号	标准编号	标准名称	标准级别	实施日期	与国际标准对应关系	代替标准	阶段	分阶段	专业	分专业	备注
6728	203.15-40	YD/T 1996.2—2022	接入网技术要求 第二代甚高速数字用户线（VDSL2）第2部分：收发器	行标	2023-01-01			采购、运维	招标、维护	输电	其他	
6729	203.15-41	YD/T 2061—2020	通信机房用恒温恒湿空调系统	行标	2021-1-1		YD/T 2061—2009	设计、采购、运维	初设、招标、维护	附属设施及工器具	生产楼宇	
6730	203.15-42	YD/T 2164.1—2022	电信基础设施共建共享技术要求 第1部分:铁塔	行标	2023-01-01			设计、采购、运维	初设、招标、维护	附属设施及工器具	生产楼宇	
6731	203.15-43	YD/T 3692.4—2022	智能光分配网络 智能门禁技术要求 第4部分:基于NB-IoT的门锁	行标	2023-01-01			设计、采购、运维	初设、招标、维护	附属设施及工器具	生产楼宇	
6732	203.15-44	YD/T 4019.3—2022	25Gb/s 波分复用（WDM）光收发合一模块 第3部分：DWDM	行标	2023-01-01			采购、运维、修试	招标、品控、运行、维护、检修试验	附属设施及工器具	工器具	
6733	203.15-45	YD/T 4019.4—2022	25Gb/s 波分复用（WDM）光收发合一模块 第4部分：MWDM	行标	2023-01-01			采购、运维、修试	招标、品控、运行、维护、检修试验	附属设施及工器具	工器具	
6734	203.15-46	YD/T 4085—2022	地下通信管道用预成型复合材料人（手）孔	行标	2023-01-01			设计、采购、运维	初设、招标、维护	附属设施及工器具	生产楼宇	
6735	203.15-47	YD/T 4176—2022	通信设施与高压电力杆塔共址时危险影响及防护技术要求	行标	2023-01-01			设计、采购、运维	初设、招标、维护	附属设施及工器具	生产楼宇	
6736	203.15-48	GB 2536—2011	电工流体 变压器和开关用的未使用过的矿物绝缘油	国标	2012-6-1	IEC 60296:2003, MOD	GB 2536—1990	采购、运维、修试	招标、品控、运行、维护、检修	变电	变压器、开关	

序号	体系结构号	标准编号	标准名称	标准级别	实施日期	与国际标准对应关系	代替标准	阶段	分阶段	专业	分专业	备注
6737	203.15-49	GB 11120—2011	涡轮机油	国标	2012-6-1	ISO 80068:2006，MOD	GB 11120—1989	采购、运维、修试	招标、品控、运行、维护、检修	发电	其他	
6738	203.15-50	GB 28184—2011	消防设备电源监控系统	国标	2012-8-1			采购、运维、修试	招标、品控、运行、维护、检修	变电	其他	
6739	203.15-51	GB/T 192—2003	普通螺纹 基本牙型	国标	2004-1-1	ISO 68-1—1998，MOD	GB/T 192—1981	采购、运维、修试	招标、品控、运行、维护、检修	其他		
6740	203.15-52	GB/T 1303.12—2022	电气用热固性树脂工业硬质层压板 第12部分：典型值	国标	2023-2-1			采购、运维、修试	招标、品控、运行、维护、检修	其他		
6741	203.15-53	GB/T 3929—1983	标准电池	国标	1984-6-1	IEC 428:1973，REF	JB 1824—1976	采购、运维、修试	招标、品控、运行、维护、检修	变电	其他	
6742	203.15-54	GB/T 4272—2008	设备及管道绝热技术通则	国标	2009-1-1		GB/T 11790—1996；GB/T 4272—1992	采购、运维、修试	招标、品控、运行、维护、检修	变电	其他	
6743	203.15-55	GB/T 11313.11—2018	射频连接器 第11部分：外导体内径为9.5mm（0.374in）、特性阻抗为50Ω、螺纹连接的射频同轴连接器（4.1/9.5型）分规范	国标	2019-1-1			采购、运维、修试	招标、品控、运行、维护、检修	其他		
6744	203.15-56	GB/T 11313.15—2018	射频连接器 第15部分：外导体内径为4.13mm（0.163in）、特性阻抗为50Ω、螺纹连接的射频同轴连接器（SMA型）	国标	2018-10-1			采购、运维、修试	招标、品控、运行、维护、检修	其他		
6745	203.15-57	GB/T 12022—2014	工业六氟化硫	国标	2014-12-1		GB/T 12022—2006	采购、运维、修试	招标、品控、运行、维护、检修	输电、变电	其他	
6746	203.15-58	GB/T 14194—2017	压缩气体气瓶充装规定	国标	2018-5-1		GB/T 14194—2006	采购、运维、修试	招标、品控、运行、维护、检修	输电、变电	其他	
6747	203.15-59	GB/T 19249—2017	反渗透水处理设备	国标	2018-11-1			设计、采购、运维	初设、招标、品控、运行、维护	换流	换流阀	

序号	体系结构号	标准编号	标准名称	标准级别	实施日期	与国际标准对应关系	代替标准	阶段	分阶段	专业	分专业	备注
6748	203.15-60	GB/T 28264—2017	起重机械 安全监控管理系统	国标	2018-5-1			设计、采购、运维	初设、招标、品控、运行、维护	附属设施及工器具	工器具	
6749	203.15-61	GB/T 29629—2013	静止无功补偿装置水冷却设备	国标	2013-12-2			采购、运维、修试	招标、品控、运行、维护、检修	变电	其他	
6750	203.15-62	GB/T 29733—2013	混凝土结构用成型钢筋制品	国标	2014-6-1			采购、运维、修试	招标、品控、运行、维护、检修	附属设施及工器具	变电站构筑物	
6751	203.15-63	GB/T 30425—2013	高压直流输电换流阀水冷却设备	国标	2014-7-13			采购、运维、修试	招标、品控、运行、维护、检修	换流	换流阀	
6752	203.15-64	GB/T 31133—2014	电力设备用液压式提升设备技术规范	国标	2015-2-1			采购、运维、修试	招标、品控、运行、维护、检修	变电	其他	
6753	203.15-65	GB/T 31538—2015	混凝土接缝防水用预埋注浆管	国标	2016-2-1			采购、运维、修试	招标、品控、运行、维护、检修	输电、变电	其他	
6754	203.15-66	GB/T 36292—2018	架空导线用防腐脂	国标	2019-1-1			采购、运维	招标、品控、运行、维护	输电	线路	
6755	203.15-67	GB/T 36417.1—2018	全分布式工业控制网络 第1部分：总则	国标	2019-1-1			采购、运维、修试	招标、品控、运行、维护、检修	变电	其他	
6756	203.15-68	GB/T 36417.3—2018	全分布式工业控制网络 第3部分：接口通用要求	国标	2019-1-1			采购、运维、修试	招标、品控、运行、维护、检修	变电	其他	
6757	203.15-69	GB/T 36417.4—2018	全分布式工业控制网络 第4部分：异构网络技术规范	国标	2019-1-1			采购、运维、修试	招标、品控、运行、维护、检修	变电	其他	
6758	203.15-70	GB/T 36531—2018	生产现场可视化管理系统技术规范	国标	2019-2-1			采购、运维、修试	招标、品控、运行、维护、检修	变电	其他	

序号	体系结构号	标准编号	标准名称	标准级别	实施日期	与国际标准对应关系	代替标准	阶段	分阶段	专业	分专业	备注
6759	203.15-71	GB/T 40815.2—2021	电气和电子设备机械结构 符合英制系列和公制系列机柜的热管理 第2部分：强迫风冷的确定方法	国标	2022-5-1			采购、运维、修试	招标、品控、运行、维护、检修	变电	其他	
6760	203.15-72	GB/T 40815.4—2021	电气和电子设备机械结构 符合英制系列和公制系列机柜的热管理 第4部分：电子机柜中供水热交换器的冷却性能试验	国标	2022-5-1			采购、运维、修试	招标、品控、运行、维护、检修	变电	其他	
6761	203.15-73	GB/T 41589—2022	电动汽车模式2充电的缆上控制与保护装置（IC-CPD）	国标	2023-2-1			采购、运维、修试	招标、品控、运行、维护、检修	用电	电动汽车	
6762	203.15-74	GB/T 41771.1—2022	现场设备集成 第1部分：概述	国标	2023-5-1			采购、运维、修试	招标、品控、运行、维护、检修	变电	其他	
6763	203.15-75	GB/T 41771.2—2022	现场设备集成 第2部分：客户端	国标	2023-5-1			采购、运维、修试	招标、品控、运行、维护、检修	变电	其他	
6764	203.15-76	GB/T 41771.3—2022	现场设备集成 第3部分：服务器	国标	2023-5-1			采购、运维、修试	招标、品控、运行、维护、检修	变电	其他	
6765	203.15-77	GB/T 41771.4—2022	现场设备集成 第4部分：包	国标	2023-5-1			采购、运维、修试	招标、品控、运行、维护、检修	变电	其他	
6766	203.15-78	GB/T 41771.5—2022	现场设备集成 第5部分：信息模型	国标	2023-5-1			采购、运维、修试	招标、品控、运行、维护、检修	变电	其他	
204	**调度控制**											
204.1	**调度控制—基础综合**											
6767	204.1-1	Q/CSG 110012—2012	中国南方电网调度信息披露系统功能规范	企标	2012-3-1			设计、采购、运维	初设、招标、运行	调度及二次	基础综合	

序号	体系结构号	标准编号	标准名称	标准级别	实施日期	与国际标准对应关系	代替标准	阶段	分阶段	专业	分专业	备注
6768	204.1-2	Q/CSG 1204044—2019	南方电网调控一体化设备监视信息及告警设置规范	企标	2019-6-26			运维	运行、维护	调度及二次	电力调度、调度自动化	
6769	204.1-3	Q/CSG 1204134—2022	南方电网失步解列装置配置与功能技术规范(试行)	企标	2022-5-25			采购、运维	招标、品控、运行、维护	调度及二次	电力调度、调度自动化	
6770	204.1-4	DL/T 606.1—2014	火力发电厂能量平衡导则 第1部分：总则	行标	2015-3-1		DL/T 606.1—1996	设计、建设、运维	初设、施工工艺、验收与质量评定、试运行、运行	调度及二次	基础综合	
6771	204.1-5	DL/T 606.4—2018	火力发电厂能量平衡导则 第4部分：电平衡	行标	2019-5-1		DL/T 606.4—1996	设计、建设、运维	初设、施工工艺、验收与质量评定、试运行、运行	调度及二次	基础综合	
6772	204.1-6	DL/T 1169—2012	电力调度消息邮件传输规范	行标	2012-12-1			设计、采购	初设、招标、品控	调度及二次	基础综合	
6773	204.1-7	DL/T 1872—2018	电力系统即时消息传输规范	行标	2018-10-1			设计、采购	初设、招标、品控	调度及二次	基础综合	
6774	204.1-8	DL/T 2330—2021	中压配电网调度图形模型规范	行标	2022-3-22			运维	运行、维护	调度及二次	基础综合	
6775	204.1-9	GB/T 31464—2022	电网运行准则	国标	2023-7-1		GB/T 31464—2015	运维	运行	调度及二次	基础综合	
6776	204.1-10	GB/T 31992—2015	电力系统通用告警格式	国标	2016-4-1			运维	运行	调度及二次	基础综合	
6777	204.1-11	GB/T 33602—2017	电力系统通用服务协议	国标	2017-12-1			运维	运行	调度及二次	基础综合	
6778	204.1-12	GB/T 39119—2020	综合能源 泛能网协同控制总体功能与过程要求	国标	2021-5-1			设计、建设、运维	初设、施工工艺、验收与质量评定、试运行、运行	调度及二次	基础综合	
6779	204.1-13	GB/T 40608—2021	电网设备模型参数和运行方式数据技术要求	国标	2022-5-1			规划、设计、运维	规划、初设、运行	调度及二次	基础综合	

序号	体系结构号	标准编号	标准名称	标准级别	实施日期	与国际标准对应关系	代替标准	阶段	分阶段	专业	分专业	备注
6780	204.1-14	GB/T 40610—2021	电力系统在线潮流数据二进制描述及交换规范	国标	2022-5-1			规划、设计、运维	规划、初设、运行	调度及二次	基础综合	
204.2	调度控制—电力调度											
204.2.1	调度控制—电力调度—常规电源调度											
6781	204.2.1-1	Q/CSG 110016—2012	南方电网水电厂水库调度资料整编规范	企标	2012-3-1			设计、建设、运维	初设、验收与质量评定、试运行、运行、维护	调度及二次	水调	
6782	204.2.1-2	Q/CSG 110017—2012	南方电网水电优化调度规范	企标	2012-3-1			设计、运维	初设、运行、维护	调度及二次	水调	
6783	204.2.1-3	Q/CSG 110018—2012	南方电网水文气象情报预报规范	企标	2012-3-1			运维	运行、维护	调度及二次	水调	
6784	204.2.1-4	Q/CSG 110020—2012	南方电网水调自动化系统信息交换编码规范	企标	2012-3-1			设计、建设、运维	初设、验收与质量评定、试运行、运行、维护	调度及二次	水调	
6785	204.2.1-5	Q/CSG 1204007—2015	南方电网气象信息应用技术规范	企标	2015-8-1			运维	运行、维护	调度及二次	水调	
6786	204.2.1-6	Q/CSG 1204020—2016	南方电网水电调度运行指标统计规范	企标	2016-9-1			运维	运行、维护	调度及二次	水调	
6787	204.2.1-7	Q/CSG 1204049—2019	南方电网无人值班变电站调度监控技术原则	企标	2019-6-26			运维	运行、维护	调度及二次	电力调度、调度自动化	
6788	204.2.1-8	Q/CSG 1204058—2019	中国南方电网水调自动化系统技术规范	企标	2019-9-30			设计、建设、运维	初设、验收与质量评定、试运行、运行、维护	调度及二次	水调	
6789	204.2.1-9	T/CSEE 0202—2021	源网荷协同控制系统紧急切负荷技术规范	团标	2021-3-11			建设、运维	验收与质量评定、试运行、运行、维护	调度及二次	水调	

序号	体系结构号	标准编号	标准名称	标准级别	实施日期	与国际标准对应关系	代替标准	阶段	分阶段	专业	分专业	备注
6790	204.2.1-10	T/CSEE 0274—2021	火力发电机组自动快速甩负荷技术规程	团标	2021-9-17			运维	运行、维护	调度及二次	电力调度、继电保护及安全自动装置	
6791	204.2.1-11	DL/T 279—2012	发电机励磁系统调度管理规程	行标	2012-3-1			建设、运维	试运行、运行	发电、调度及二次	其他、电力调度	
6792	204.2.1-12	DL/T 961—2020	电网调度规范用语	行标	2021-2-1		DL/T 961—2005	运维	运行	调度及二次	电力调度	
6793	204.2.1-13	DL/T 1170—2012	电力调度工作流程描述规范	行标	2012-12-1			运维	运行	调度及二次	电力调度	
6794	204.2.1-14	DL/T 1313—2013	流域梯级水电站集中控制规程	行标	2014-4-1			运维	运行、维护	调度及二次	水调	
6795	204.2.1-15	DL/T 1650—2016	小水电站并网运行规范	行标	2017-5-1			规划、设计、建设、运维	规划、初设、验收与质量评定、试运行、运行、维护	调度及二次	水调	
6796	204.2.1-16	DL/T 1666—2016	水电站水调自动化系统技术条件	行标	2017-5-1			规划、设计、建设、运维	规划、初设、验收与质量评定、试运行、运行、维护	调度及二次	水调	
6797	204.2.1-17	DL/T 1707—2017	电网自动电压控制运行技术导则	行标	2017-12-1			设计、建设、运维	初设、验收与质量评定、运行	调度及二次	电力调度、调度自动化	
6798	204.2.1-18	DL/T 1981.11—2021	统一潮流控制器 第11部分：调度运行规程	行标	2021-10-26			建设、运维	验收与质量评定、试运行、运行、维护	调度及二次	水调	
6799	204.2.1-19	DL/T 2290—2021	抽水蓄能电站自动发电控制/自动电压控制技术规范	行标	2021-10-26			设计、建设、运维	初设、验收与质量评定、试运行、运行、维护	调度及二次	水调	
6800	204.2.1-20	DL/T 2302—2021	流域梯级水电站经济调度控制技术导则	行标	2021-10-26			运维	运行、维护	调度及二次	水调	

序号	体系结构号	标准编号	标准名称	标准级别	实施日期	与国际标准对应关系	代替标准	阶段	分阶段	专业	分专业	备注
6801	204.2.1-21	DL/T 2466—2021	梯级水电厂智慧调度技术导则	行标	2022-6-22			建设、运维	验收与质量评定、试运行、运行、维护	调度及二次	水调	
6802	204.2.1-22	GB 17621—1998	大中型水电站水库调度规范	国标	1999-4-1			运维	运行、维护	调度及二次	水调	
6803	204.2.1-23	GB/T 38334—2019	水电站黑启动技术规范	国标	2020-7-1			运维	运行	调度及二次	电力调度	
6804	204.2.1-24	GB/T 40592—2021	电力系统自动高频切除发电机组技术规定	国标	2022-5-1			运维	运行	调度及二次	继电保护及安全自动装置	
6805	204.2.1-25	GB/T 40595—2021	并网电源一次调频技术规定及试验导则	国标	2022-5-1			建设、运维	验收与质量评定、运行、维护	调度及二次	电力调度	
204.2.2 调度控制—电力调度—新能源调度												
6806	204.2.2-1	Q/CSG 1204021—2017	并网风电场有功控制技术规范	企标	2017-1-26			设计、建设、运维	初设、验收与质量评定、运行、维护	调度及二次	风电、电力调度、调度自动化	
6807	204.2.2-2	Q/CSG 1204042—2019	分布式光伏发电系统调度监控技术要求（试行）	企标	2019-2-27			建设、运维	验收与质量评定、运行、维护	调度及二次	光伏、电力调度、调度自动化	
6808	204.2.2-3	Q/CSG 1204045—2019	南方电网分布式光伏调度运行规范	企标	2019-6-26			运维	运行、维护	发电、调度及二次	光伏、电力调度	
6809	204.2.2-4	Q/CSG 1204127—2022	新能源调度运行信息交换规范（试行）	企标	2022-4-12			运维	运行、维护	发电、调度及二次	风电、光伏、电力调度	
6810	204.2.2-5	Q/CSG 1204137—2022	南方电网新能源无功电压自动控制系统技术规范（试行）	企标	2022-9-9			设计、建设、运维	初设、验收与质量评定、运行、维护	发电、调度及二次	风电、光伏、调度自动化	
6811	204.2.2-6	Q/CSG 1204138—2022	分布式电源调度运行信息采集与交换规范	企标	2022-9-9			运维	运行、维护	调度及二次	电力调度	

序号	体系结构号	标准编号	标准名称	标准级别	实施日期	与国际标准对应关系	代替标准	阶段	分阶段	专业	分专业	备注
6812	204.2.2-7	Q/CSG 1211003—2016	南方电网光伏发电站无功补偿及电压控制技术规范	企标	2016-2-1			设计、建设、运维	初设、施工工艺、验收与质量评定、试运行、运行、维护	发电、调度及二次	光伏、电力调度	
6813	204.2.2-8	Q/CSG 1211004—2016	南方电网风电场无功补偿及电压控制技术规范	企标	2016-1-12			设计、建设、运维	初设、施工工艺、验收与质量评定、试运行、运行、维护	发电、调度及二次	风电、电力调度	
6814	204.2.2-9	Q/CSG 1211008—2016	光伏发电调度运行控制技术规范	企标	2016-3-1			运维	运行、维护	发电、调度及二次	光伏、电力调度	
6815	204.2.2-10	Q/CSG 1211009—2016	风电调度运行控制技术规范	企标	2016-3-1			运维	运行、维护	发电、调度及二次	风电、电力调度	
6816	204.2.2-11	Q/CSG 1211010—2016	并网风电功率预测功能规范	企标	2016-3-15			运维	运行、维护	发电、调度及二次	风电、运行方式	
6817	204.2.2-12	Q/CSG 1211014—2016	南方电网并网光伏发电功率预测功能规范	企标	2016-6-6			运维	运行、维护	发电、调度及二次	光伏、运行方式	
6818	204.2.2-13	T/CEC 147—2018	微电网接入配电网运行控制规范	团标	2018-4-1			运维	运行、维护	调度及二次	电力调度	
6819	204.2.2-14	T/CEC 255—2019	光伏发电有功功率自动控制技术规范	团标	2020-1-1			设计、建设、运维	初设、施工工艺、验收与质量评定、试运行、运行、维护	发电、调度及二次	光伏、电力调度、调度自动化	
6820	204.2.2-15	T/CSEE 0196—2021	规模化太阳能热发电厂并网技术规范	团标	2021-3-11			设计、建设、运维	初设、施工工艺、验收与质量评定、试运行、运行、维护	发电、调度及二次	光伏、电力调度	
6821	204.2.2-16	T/CSEE 0275—2021	风电场一次调频性能测试技术规范	团标	2021-9-17			运维、修试	运行、维护、试验	发电、调度及二次	风电、调度自动化	
6822	204.2.2-17	DL/T 2195—2020	新能源和小水电供电系统频率稳定计算导则	行标	2021-2-1			设计、采购、建设、运维	初设、施工图、招标、验收与质量评定、运行	发电、调度及二次	水电、风电、光伏、电力调度	

序号	体系结构号	标准编号	标准名称	标准级别	实施日期	与国际标准对应关系	代替标准	阶段	分阶段	专业	分专业	备注
6823	204.2.2-18	NB/T 10205—2019	风电功率预测技术规定	行标	2019-10-1			运维	运行、维护	发电、调度及二次	风电、电力调度	
6824	204.2.2-19	NB/T 10315—2019	风电机组一次调频技术要求与测试规程	行标	2020-5-1			运维、修试	运行、维护、试验	发电	风电	
6825	204.2.2-20	NB/T 10986—2022	风电机组控制与保护参数运行管理规范	行标	2023-5-4			运维	运行、维护	发电、调度及二次	风电、继电保护及安全自动装置	
6826	204.2.2-21	NB/T 10997—2022	光伏发电站并网安全条件及评价规范	行标	2023-3-4			建设、运维	验收与质量评定、试运行、运行、维护	发电、调度及二次	光伏、运行方式、电力调度、调度自动化、网络安全	
6827	204.2.2-22	NB/T 31046—2022	风电功率预测系统功能规范	行标	2023-5-4		NB/T 31046—2013	运维	运行、维护	发电、调度及二次	风电、运行方式	
6828	204.2.2-23	NB/T 31047.1—2022	风电调度运行管理规范	行标	2023-5-4		NB/T 31047—2013	运维	运行、维护	发电、调度及二次	风电、电力调度	
6829	204.2.2-24	NB/T 31047.2—2022	风电调度运行管理规范 第2部分：海上风电	行标	2023-5-4		NB/T 31047—2013	运维	运行、维护	发电、调度及二次	风电、电力调度	
6830	204.2.2-25	NB/T 31055—2022	风电场理论发电量与弃风电量评估导则	行标	2023-5-4		NB/T 31055—2014	规划、设计	规划、初设	发电	风电	
6831	204.2.2-26	NB/T 31065—2015	风力发电场调度运行规程	行标	2015-9-1			运维	运行、维护	发电、调度及二次	风电、电力调度	
6832	204.2.2-27	NB/T 31079—2016	风电功率预测系统测风塔数据测量技术要求	行标	2016-6-1			运维	运行、维护	发电、调度及二次	风电、运行方式	
6833	204.2.2-28	NB/T 31109—2017	风电场调度运行信息交换规范	行标	2017-12-1			运维	运行、维护	发电、调度及二次	风电、电力调度	
6834	204.2.2-29	NB/T 31110—2017	风电场有功功率调节与控制技术规定	行标	2017-12-1			建设、运维	验收与质量评定、运行、维护	发电、调度及二次	风电、电力调度、调度自动化	

序号	体系结构号	标准编号	标准名称	标准级别	实施日期	与国际标准对应关系	代替标准	阶段	分阶段	专业	分专业	备注
6835	204.2.2-30	NB/T 32011—2013	光伏发电站功率预测系统技术要求	行标	2014-4-1			运维	运行、维护	发电、调度及二次	光伏、电力调度	
6836	204.2.2-31	NB/T 32025—2015	光伏发电调度技术规范	行标	2015-9-1			运维	运行、维护	发电、调度及二次	光伏、电力调度	
6837	204.2.2-32	NB/T 32031—2016	光伏发电功率预测系统功能规范	行标	2016-6-1			运维	运行、维护	发电、调度及二次	光伏、电力调度	
6838	204.2.2-33	NB/T 33010—2014	分布式电源接入电网运行控制规范	行标	2015-3-1			运维	运行、维护	发电、调度及二次	其他、调度自动化、电力调度	
6839	204.2.2-34	RB/T 091—2022	光伏发电站并网运行服务认证要求	行标	2023-1-1			建设、运维	验收与质量评定、运行、维护	发电、调度及二次	光伏、电力调度	
6840	204.2.2-35	GB/T 33592—2017	分布式电源并网运行控制规范	国标	2017-12-1			运维	运行、维护	发电、调度及二次	其他、调度自动化、电力调度	
6841	204.2.2-36	GB/T 33599—2017	光伏发电站并网运行控制规范	国标	2017-12-1			运维	运行、维护	发电、调度及二次	光伏、调度自动化、电力调度	
6842	204.2.2-37	GB/T 38993—2020	光伏电站有功及无功控制系统的控制策略导则	国标	2021-2-1			建设、运维	验收与质量评定、运行、维护	发电、调度及二次	光伏、电力调度、调度自动化	
6843	204.2.2-38	GB/T 40289—2021	光伏发电站功率控制系统技术要求	国标	2021-12-1			建设、运维	验收与质量评定、运行、维护	发电、调度及二次	光伏、电力调度、调度自动化	
6844	204.2.2-39	GB/T 40600—2021	风电场功率控制系统调度功能技术要求	国标	2022-5-1			运维	运行、维护	发电、调度及二次	风电、电力调度	
6845	204.2.2-40	GB/T 40603—2021	风电场受限电量评估导则	国标	2022-5-1			运维	运行、维护	发电	风电	
6846	204.2.2-41	GB/T 40604—2021	新能源场站调度运行信息交换技术要求	国标	2022-5-1			运维	运行、维护	发电、调度及二次	风电、光伏、电力调度	

序号	体系结构号	标准编号	标准名称	标准级别	实施日期	与国际标准对应关系	代替标准	阶段	分阶段	专业	分专业	备注
6847	204.2.2-42	GB/T 40607—2021	调度侧风电或光伏功率预测系统技术要求	国标	2022-5-1			运维	运行、维护	发电、调度及二次	风电、光伏、运行方式	
6848	204.2.2-43	GB/T 40866—2021	太阳能光热发电站调度命名规则	国标	2022-5-1			运维	运行、维护	发电	其他	
6849	204.2.2-44	GB/Z 35482—2017	风力发电机组时间可利用率	国标	2018-7-1			运维	运行、维护	发电	风电	
6850	204.2.2-45	GB/Z 35483—2017	风力发电机组发电量可利用率	国标	2018-7-1			运维	运行、维护	发电	风电	
204.2.3　调度控制—电力调度—需求侧调度												
6851	204.2.3-1	Q/CSG 1204006—2022	南方电网网源协调二次系统技术规范	企标	2022-5-25			建设、运维	施工工艺、试运行、运行、维护	调度及二次	二次一体化	
6852	204.2.3-2	T/CEC 253—2019	源网荷友好互动精准切负荷系统技术规范	团标	2020-1-1			建设、运维	施工工艺、试运行、运行、维护	调度及二次	继电保护及安全自动	
6853	204.2.3-3	T/CEC 254—2019	源网荷友好互动精准切负荷系统调试规范	团标	2020-1-1			建设、运维	施工工艺、试运行、运行、维护	调度及二次	继电保护及安全自动	
6854	204.2.3-4	DL/T 324—2010	大坝安全监测自动化系统通信规约	行标	2011-5-1			设计、修试	初设、试验	发电	水电	
6855	204.2.3-5	DL/T 2473.1—2022	可调节负荷并网运行与控制技术规范　第1部分：资源接入	行标	2022-11-13			建设、运维	施工工艺、试运行、运行、维护	调度及二次	运行方式	
6856	204.2.3-6	DL/T 2473.10—2022	可调节负荷并网运行与控制技术规范　第10部分：仿真计算模型与参数实测	行标	2022-11-13			建设、运维	施工工艺、试运行、运行、维护	调度及二次	运行方式	

序号	体系结构号	标准编号	标准名称	标准级别	实施日期	与国际标准对应关系	代替标准	阶段	分阶段	专业	分专业	备注
6857	204.2.3-7	DL/T 2473.11—2022	可调节负荷并网运行与控制技术规范 第11部分:调控运行规程	行标	2022-11-13			建设、运维	施工工艺、试运行、运行、维护	调度及二次	电力调度	
6858	204.2.3-8	DL/T 2473.12—2022	可调节负荷并网运行与控制技术规范 第12部分:调度命名	行标	2022-11-13			建设、运维	施工工艺、试运行、运行、维护	调度及二次	电力调度	
6859	204.2.3-9	DL/T 2473.13—2022	可调节负荷并网运行与控制技术规范 第13部分:电力系统二次接口	行标	2022-11-13			建设、运维	施工工艺、试运行、运行、维护	调度及二次	二次一体化	
6860	204.2.3-10	DL/T 2473.2—2022	可调节负荷并网运行与控制技术规范 第2部分:网络安全防护	行标	2022-11-13			建设、运维	施工工艺、试运行、运行、维护	调度及二次	网络安全	
6861	204.2.3-11	DL/T 2473.3—2022	可调节负荷并网运行与控制技术规范 第3部分:负荷调控系统	行标	2022-11-13			建设、运维	施工工艺、试运行、运行、维护	调度及二次	电力调度	
6862	204.2.3-12	DL/T 2473.4—2022	可调节负荷并网运行与控制技术规范 第4部分:数据模型与存储	行标	2022-11-13			建设、运维	施工工艺、试运行、运行、维护	调度及二次	运行方式	
6863	204.2.3-13	DL/T 2473.5—2022	可调节负荷并网运行与控制技术规范 第5部分:负荷能力评估	行标	2022-11-13			建设、运维	施工工艺、试运行、运行、维护	调度及二次	运行方式	
6864	204.2.3-14	DL/T 2473.6—2022	可调节负荷并网运行与控制技术规范 第6部分:并网运行调试	行标	2022-11-13			建设、运维	施工工艺、试运行、运行、维护	调度及二次	运行方式	

序号	体系结构号	标准编号	标准名称	标准级别	实施日期	与国际标准对应关系	代替标准	阶段	分阶段	专业	分专业	备注
6865	204.2.3-15	DL/T 2473.7—2022	可调节负荷并网运行与控制技术规范 第7部分：继电保护	行标	2022-11-13			建设、运维	施工工艺、试运行、运行、维护	调度及二次	继电保护及安全自动装置	
6866	204.2.3-16	DL/T 2473.8—2022	可调节负荷并网运行与控制技术规范 第8部分:安全稳定控制	行标	2022-11-13			建设、运维	施工工艺、试运行、运行、维护	调度及二次	继电保护及安全自动装置	
6867	204.2.3-17	DL/T 2473.9—2022	可调节负荷并网运行与控制技术规范 第9部分:调度信息通信	行标	2022-11-13			设计、修试	初设、试验	调度及二次	电力通信	
6868	204.2.3-18	GB/T 34930—2017	微电网接入配电网运行控制规范	国标	2018-5-1			运维	运行、维护	发电	其他	
6869	204.2.3-19	GB/T 41995—2022	并网型微电网运行特性评价技术规范	国标	2023-5-1			运维	运行、维护	发电	其他	
204.2.4 调度控制—电力调度—储能调度												
6870	204.2.4-1	Q/CSG 1204142—2022	并网型电化学储能系统监控及通信技术规范（试行）	企标	2022-9-19			规划、设计、采购、建设、运维、修试、退役	规划、初设、施工图、招标、品控、施工工艺、验收与质量评定、试运行、运行、维护、检修、试验、退役、报废	调度及二次	调度自动化	
6871	204.2.4-2	Q/CSG 1204168—2023	南方电网独立电化学储能有功自动控制系统技术规范（试行）	企标	2022-3-30			设计、采购、运维、修试	初设、招标、运行、维护、试验	发电	储能	
6872	204.2.4-3	Q/CSG 1205052—2022	电化学储能电站监控系统技术规范（试行）	企标	2022-3-30			运维	运行、维护	发电、调度及二次	储能、电力调度、调度自动化	

序号	体系结构号	标准编号	标准名称	标准级别	实施日期	与国际标准对应关系	代替标准	阶段	分阶段	专业	分专业	备注
6873	204.2.4-4	T/CEC 370—2020	电化学储能电站调频与调峰技术规范	团标	2020-10-1			运维	运行、维护	发电、调度及二次	储能、电力调度	
6874	204.2.4-5	DL/T 2247.1—2021	电化学储能电站调度运行管理 第1部分：调度规程	行标	2021-7-1			运维	运行、维护	发电、调度及二次	储能、电力调度	
6875	204.2.4-6	DL/T 2247.2—2021	电化学储能电站调度运行管理 第2部分：调度命名	行标	2021-7-1			运维	运行、维护	发电、调度及二次	储能、电力调度	
6876	204.2.4-7	DL/T 2247.3—2021	电化学储能电站调度运行管理 第3部分：调度端实时监视与控制	行标	2021-7-1			运维	运行、维护	发电、调度及二次	储能、电力调度	
6877	204.2.4-8	DL/T 2247.4—2021	电化学储能电站调度运行管理 第4部分：调度端与储能电站监控系统检测	行标	2021-7-1			运维	运行、维护	发电、调度及二次	储能、调度自动化	
6878	204.2.4-9	DL/T 2247.5—2021	电化学储能电站调度运行管理 第5部分：应急处置	行标	2021-7-1			运维	运行、维护	发电、调度及二次	储能、电力调度	
6879	204.2.4-10	DL/T 2314—2021	电厂侧储能系统调度运行管理规范	行标	2021-10-26			运维	运行、维护	发电、调度及二次	储能、电力调度	
204.2.5	调度控制—电力调度—备用调度											
204.2.6	调度控制—电力调度—主配网调度											
6880	204.2.6-1	DL/T 1883—2018	配电网运行控制技术导则	行标	2019-5-1			运维	运行、维护	调度及二次	电力调度	
204.3	调度控制—运行方式											
6881	204.3-1	Q/CSG 110021—2012	南方电网运行方式编制规范	企标	2012-3-10			运维	运行、维护	调度及二次	运行方式	
6882	204.3-2	Q/CSG 110036—2011	南方电网节能发电调度评价规范	企标	2012-6-1			运维	运行	调度及二次	运行方式	

序号	体系结构号	标准编号	标准名称	标准级别	实施日期	与国际标准对应关系	代替标准	阶段	分阶段	专业	分专业	备注
6883	204.3-3	Q/CSG 114002—2012	南方电网电力系统稳定器整定试验导则	企标	2012-2-1			建设、运维、修试	验收与质量评定、试运行、运行、维护、试验	调度及二次	运行方式	
6884	204.3-4	Q/CSG 1204017—2016	南方电网有功功率运行备用技术规范	企标	2016-6-1			运维	运行	调度及二次	运行方式	
6885	204.3-5	Q/CSG 1204062—2019	小电源解列装置配置原则与技术功能规范	企标	2019-12-30			规划、设计、运维	规划、初设、运行	调度及二次	运行方式	
6886	204.3-6	Q/CSG 1204068—2020	南方电网运行控制断面标准化定义技术规范	企标	2020-3-31			设计、采购	初设、招标、品控	调度及二次	运行方式	
6887	204.3-7	Q/CSG 1204097—2021	柔性直流输电系统建模技术标准:电磁暂态模型（试行）	企标	2021-9-30			规划、设计、运维	规划、初设、运行	调度及二次	运行方式	
6888	204.3-8	Q/CSG 1205039—2021	多端直流输电系统实时仿真建模导则（试行）	企标	2021-9-30			规划、设计、运维	规划、初设、运行	调度及二次	运行方式	
6889	204.3-9	Q/CSG 1206001—2015	同步发电机励磁系统参数实测与建模导则	企标	2015-1-29		Q/CSG 114003—2011	修试	试验	调度及二次	运行方式	
6890	204.3-10	Q/CSG 1206002—2015	同步发电机原动机及调节系统参数测试与建模导则	企标	2015-2-3		Q/CSG 114003—2012	修试	试验	调度及二次	运行方式	
6891	204.3-11	T/CEC 153—2018	并网型微电网的负荷管理技术导则	团标	2018-4-1			运维	运行、维护	调度及二次	运行方式	
6892	204.3-12	T/CEC 182—2018	微电网并网调度运行规范	团标	2018-9-1			运维	运行、维护	调度及二次	运行方式	
6893	204.3-13	T/CSEE 0195—2021	高压直流控制保护电磁暂态封装建模技术规范	团标	2021-3-11			修试	试验	调度及二次	运行方式	

序号	体系结构号	标准编号	标准名称	标准级别	实施日期	与国际标准对应关系	代替标准	阶段	分阶段	专业	分专业	备注
6894	204.3-14	T/CSEE 0241.25—2022	柔性直流电网第25部分：系统调试规范	团标	2022-9-27			建设、修试	验收与质量评定、试验	输电、配电	其他	
6895	204.3-15	T/CSEE 0348—2022	风电场和光伏电站故障穿越参数整定技术导则	团标	2022-12-8			建设、运维	施工工艺、验收与质量评定、试运行、运行、维护	发电、调度及二次	风电、运行方式	
6896	204.3-16	DL/T 428—2010	电力系统自动低频减负荷技术规定	行标	2011-5-1		DL 428—1991	设计、运维	初设、运行	调度及二次	运行方式	
6897	204.3-17	DL/T 1167—2019	同步发电机励磁系统建模导则	行标	2019-10-1		DL/T 1167—2012	设计、建设、运维	初设、验收与质量评定、运行	调度及二次	运行方式	
6898	204.3-18	DL/T 1231—2018	电力系统稳定器整定试验导则	行标	2018-10-1		DL/T 1231—2013	建设、修试	验收与质量评定、检修、试验	调度及二次	运行方式	
6899	204.3-19	DL/T 1235—2019	同步发电机原动机及其调节系统参数实测与建模导则	行标	2019-10-1		DL/T 1235—2013	采购、建设	品控、验收与质量评定	调度及二次	运行方式	
6900	204.3-20	DL/T 1454—2015	电力系统自动低压减负荷技术规定	行标	2015-12-1			规划、设计、建设、运维	规划、初设、施工工艺、验收与质量评定、试运行、运行、维护	调度及二次	运行方式	
6901	204.3-21	DL/T 1711—2017	电网短期和超短期负荷预测技术规范	行标	2017-12-1			规划、设计、运维	规划、初设、运行	调度及二次	运行方式	
6902	204.3-22	DL/T 2246.5—2021	电化学储能电站并网运行与控制技术规范 第5部分：安全稳定控制	行标	2021-7-1			设计、建设、运维	初设、验收与质量评定、运行	调度及二次	运行方式	
6903	204.3-23	DL/T 2246.7—2021	电化学储能电站并网运行与控制技术规范 第7部分：惯量支撑与阻尼控制	行标	2021-7-1			规划、设计、运维	规划、初设、运行	调度及二次	运行方式	

序号	体系结构号	标准编号	标准名称	标准级别	实施日期	与国际标准对应关系	代替标准	阶段	分阶段	专业	分专业	备注
6904	204.3-24	DL/T 2246.8—2021	电化学储能电站并网运行与控制技术规范 第8部分：仿真建模	行标	2021-7-1			规划、设计、运维、运行	规划、初设、运行	调度及二次	运行方式	
6905	204.3-25	DL/T 2246.9—2021	电化学储能电站并网运行与控制技术规范 第9部分：仿真计算模型与参数实测	行标	2021-7-1			规划、设计、运维、运行	规划、初设、运行	调度及二次	运行方式	
6906	204.3-26	DL/T 2415—2021	电力系统负荷批量控制功能规范	行标	2022-3-22			运维	运行、维护	调度及二次	运行方式	
6907	204.3-27	GB/T 7409.1—2008	同步电机励磁系统 定义	国标	2009-3-1	IEC 60034-16-1:1991，MOD	GB/T 7409.1—1997	规划、设计、运维	规划、初设、运行	调度及二次	运行方式	
6908	204.3-28	GB/T 7409.2—2020	同步电机励磁系统 第2部分：电力系统研究用模型	国标	2020-12-1		GB/T 7409.2—2008	规划、设计、运维	规划、初设、运行	调度及二次	运行方式	
6909	204.3-29	GB/T 14909—2021	能量系统 分析技术导则	国标	2021-11-1		GB/T 14909—2005	建设、运维	施工工艺、验收与质量评定、试运行、运行	调度及二次	运行方式	
6910	204.3-30	GB/T 40580—2021	高压直流输电系统机电暂态仿真建模技术导则	国标	2022-5-1			规划、设计、运维	规划、初设、运行	调度及二次	运行方式	
6911	204.3-31	GB/T 40588—2021	电力系统自动低压减负荷技术规定	国标	2022-5-1			建设、运维	施工工艺、验收与质量评定、试运行、运行	调度及二次	运行方式	
6912	204.3-32	GB/T 40594—2021	电力系统网源协调技术导则	国标	2022-5-1			设计、建设、运维	初设、施工工艺、验收与质量评定、试运行、运行	调度及二次	运行方式	
6913	204.3-33	GB/T 40605—2021	高压直流工程数模混合仿真建模及试验导则	国标	2022-5-1			规划、设计、运维	规划、初设、运行	调度及二次	运行方式	

序号	体系结构号	标准编号	标准名称	标准级别	实施日期	与国际标准对应关系	代替标准	阶段	分阶段	专业	分专业	备注
204.4	**调度控制—继保整定**											
6914	204.4-1	Q/CSG 110026—2012	地区电网继电保护整定方案及整定计算书编制规范	企标	2012-4-30			运维	运行、维护	调度及二次	继电保护及安全自动装置	
6915	204.4-2	Q/CSG 110027—2012	南方电网高压直流输电系统保护整定计算规程	企标	2012-4-30			运维	运行、维护	调度及二次	继电保护及安全自动装置	
6916	204.4-3	Q/CSG 110028—2012	南方电网220kV～500kV系统继电保护整定计算规程	企标	2012-4-30			运维	运行、维护	调度及二次	继电保护及安全自动装置	
6917	204.4-4	Q/CSG 1203013—2016	继电保护信息系统技术规范	企标	2016-3-1		Q/CSG 110030—2012	采购、运维、修试	招标、品控、运行、维护、检修、试验	调度及二次	继电保护及安全自动装置	
6918	204.4-5	Q/CSG 1203038—2017	继电保护定值在线校核及预警系统技术规范	企标	2017-8-1			采购、建设、运维、修试	招标、品控、验收与质量评定、运行、维护、检修、试验	调度及二次	继电保护及安全自动装置	
6919	204.4-6	Q/CSG 1203039—2017	继电保护整定计算系统技术规范	企标	2017-8-1			采购、建设、运维、修试	招标、品控、验收与质量评定、运行、维护、检修、试验	调度及二次	继电保护及安全自动装置	
6920	204.4-7	Q/CSG 1204025—2017	大型发电机变压器继电保护整定计算规程	企标	2017-3-1		Q/CSG 110034—2012	运维	运行、维护	调度及二次	继电保护及安全自动装置	
6921	204.4-8	Q/CSG 1204031—2018	串联电容补偿装置保护整定计算规程	企标	2018-12-28			运维	运行、维护	调度及二次	继电保护及安全自动装置	
6922	204.4-9	Q/CSG 1204032—2018	南方电网安全自动装置定值整定规范	企标	2018-12-28			运维	运行、维护	调度及二次	继电保护及安全自动装置	
6923	204.4-10	Q/CSG 1204076—2020	10kV～110kV系统继电保护整定计算规程（试行）	企标	2020-8-31		Q/CSG 110037—2012	运维	运行、维护	调度及二次	继电保护及安全自动装置	

序号	体系结构号	标准编号	标准名称	标准级别	实施日期	与国际标准对应关系	代替标准	阶段	分阶段	专业	分专业	备注
6924	204.4-11	Q/CSG 1204106—2022	常规直流输电系统保护整定计算规程（试行）	企标	2022-3-30			运维	运行、维护	调度及二次	继电保护及安全自动装置	
6925	204.4-12	Q/CSG 1204107—2022	柔性直流输电系统保护整定计算规程（试行）	企标	2022-3-30			运维	运行、维护	调度及二次	继电保护及安全自动装置	
6926	204.4-13	Q/CSG 1204109—2022	多端直流控制保护系统通用技术条件及设计导则（试行）	企标	2022-3-30			运维	运行、维护	调度及二次	继电保护及安全自动装置	
6927	204.4-14	Q/CSG 1204161—2022	继电保护整定计算云平台数据交互规范	企标	2022-11-16			运维	运行、维护	调度及二次	继电保护及安全自动装置	
6928	204.4-15	Q/CSG 1211021—2019	新能源接入电网继电保护技术规范	企标	2019-12-30			运维	运行、维护	调度及二次	继电保护及安全自动装置	
6929	204.4-16	T/CEC 338—2020	中性点调压变压器继电保护技术规范	团标	2020-10-1			运维	运行、维护	调度及二次	继电保护及安全自动装置	
6930	204.4-17	T/CEC 493—2021	智能变电站继电保护设备顺序控制技术规范	团标	2021-10-1			运维	运行、维护	调度及二次	继电保护及安全自动装置	
6931	204.4-18	T/CEC 569—2021	油浸式电力变压器用非电量保护装置整定技术规范	团标	2022-3-1			运维	运行、维护	调度及二次	继电保护及安全自动装置	
6932	204.4-19	T/CEC 677—2022	电化学储能电站接入电网继电保护配置技术条件	团标	2023-2-1			运维	运行、维护	调度及二次	继电保护及安全自动装置	
6933	204.4-20	T/DIPA 1—2022	多端混合直流控制保护通用技术要求（简体中文版）	团标	2023-1-1			运维	运行、维护	调度及二次	继电保护及安全自动装置	

序号	体系结构号	标准编号	标准名称	标准级别	实施日期	与国际标准对应关系	代替标准	阶段	分阶段	专业	分专业	备注
6934	204.4-21	T/DIPA 2—2022	多端混合直流控制保护通用技术要求（繁体中文版）	团标	2023-1-1			运维	运行、维护	调度及二次	继电保护及安全自动装置	
6935	204.4-22	T/DIPA 3—2022	多端混合直流控制保护通用技术要求（英文版）	团标	2023-1-1			运维	运行、维护	调度及二次	继电保护及安全自动装置	
6936	204.4-23	T/DIPA 4—2022	多端直流线路与汇流母线保护技术规范（简体中文版）	团标	2023-1-1			运维	运行、维护	调度及二次	继电保护及安全自动装置	
6937	204.4-24	T/DIPA 5—2022	多端直流线路与汇流母线保护技术规范（繁体中文版）	团标	2023-1-1			运维	运行、维护	调度及二次	继电保护及安全自动装置	
6938	204.4-25	T/DIPA 6—2022	多端直流线路与汇流母线保护技术规范（英文版）	团标	2023-1-1			运维	运行、维护	调度及二次	继电保护及安全自动装置	
6939	204.4-26	DL/T 243—2012	继电保护及控制设备数据采集及信息交换技术导则	行标	2012-7-1			采购、运维	招标、品控、运行、维护	调度及二次	继电保护及安全自动装置	
6940	204.4-27	DL/T 277—2012	高压直流输电系统控制保护整定技术规程	行标	2012-3-1			运维	运行、维护	调度及二次	继电保护及安全自动装置	
6941	204.4-28	DL/T 559—2018	220kV～750kV电网继电保护装置运行整定规程	行标	2019-5-1		DL/T 559—2007	运维	运行、维护	调度及二次	继电保护及安全自动装置	
6942	204.4-29	DL/T 584—2017	3kV～110kV电网继电保护装置运行整定规程	行标	2018-6-1		DL/T 584—2007	运维	运行、维护	调度及二次	继电保护及安全自动装置	
6943	204.4-30	DL/T 684—2012	大型发电机变压器继电保护整定计算导则	行标	2012-7-1		DL/T 684—1999	运维	运行、维护	调度及二次	继电保护及安全自动装置	

序号	体系结构号	标准编号	标准名称	标准级别	实施日期	与国际标准对应关系	代替标准	阶段	分阶段	专业	分专业	备注
6944	204.4-31	DL/T 1011—2016	电力系统继电保护整定计算数据交换格式规范	行标	2017-5-1		DL/T 1011—2006	运维	运行、维护	调度及二次	继电保护及安全自动装置	
6945	204.4-32	DL/T 1502—2016	厂用电继电保护整定计算导则	行标	2016-6-1			运维	运行、维护	调度及二次	继电保护及安全自动装置	
6946	204.4-33	DL/T 1639—2016	变电站继电保护信息以太网103传输规范	行标	2017-5-1			采购、运维、修试	招标、品控、运行、维护、检修、试验	调度及二次	继电保护及安全自动装置	
6947	204.4-34	DL/T 1640—2016	继电保护定值在线校核及预警技术规范	行标	2017-5-1			采购、建设、运维、修试	招标、品控、验收与质量评定、运行、维护、检修、试验	调度及二次	继电保护及安全自动装置	
6948	204.4-35	DL/T 1663—2016	智能变电站继电保护在线监视和智能诊断技术导则	行标	2017-5-1			采购、建设、运维、修试	招标、品控、验收与质量评定、运行、维护、检修、试验	调度及二次	继电保护及安全自动装置	
6949	204.4-36	DL/T 2009—2019	超高压可控并联电抗器继电保护配置及整定技术规范	行标	2019-10-1			运维	运行、维护	调度及二次	继电保护及安全自动装置	
6950	204.4-37	DL/T 2010—2019	高压无功补偿装置继电保护配置及整定技术规范	行标	2019-10-1			运维	运行、维护	调度及二次	继电保护及安全自动装置	
6951	204.4-38	DL/T 2246.4—2021	电化学储能电站并网运行与控制技术规范 第4部分：继电保护	行标	2021-7-1			运维	运行、维护	调度及二次	继电保护及安全自动装置	
6952	204.4-39	DL/T 2249—2021	柔性直流输电系统保护整定技术规程	行标	2021-7-1			运维	运行、维护	调度及二次	继电保护及安全自动装置	
6953	204.4-40	DL/T 2252—2021	智能变电站继电保护及相关二次设备镜像调试技术规范	行标	2021-7-1			运维	运行、维护	调度及二次	继电保护及安全自动装置	

序号	体系结构号	标准编号	标准名称	标准级别	实施日期	与国际标准对应关系	代替标准	阶段	分阶段	专业	分专业	备注
6954	204.4-41	DL/T 2380—2021	抽水蓄能电站发电电动机变压器组继电保护整定计算技术规范	行标	2022-3-22			运维	运行、维护	调度及二次	继电保护及安全自动装置	
6955	204.4-42	DL/T 2542—2022	同步调相机变压器组继电保护整定计算导则	行标	2023-5-4			运维	运行、维护	调度及二次	继电保护及安全自动装置	
6956	204.4-43	GB/T 40584—2021	继电保护整定计算软件及数据技术规范	国标	2022-5-1			运维	运行、维护	调度及二次	继电保护及安全自动装置	
6957	204.4-44	GB/T 40591—2021	电力系统稳定器整定试验导则	国标	2022-5-1			运维	运行、维护	调度及二次	继电保护及安全自动装置	
6958	204.4-45	GB/T 40599—2021	继电保护及安全自动装置在线监视与分析技术规范	国标	2022-5-1			修试	试验	调度及二次	继电保护及安全自动装置	
204.5	**调度控制—调度自动化**											
6959	204.5-1	Q/CSG 11005—2009	地/县级调度自动化主站系统技术规范	企标	2009-10-14			建设	验收与质量评定、试运行	调度及二次	调度自动化	
6960	204.5-2	Q/CSG 110003—2012	南方电网 EMS 电网模型交换技术规范	企标	2011-7-1			设计、建设	初设、验收与质量评定	调度及二次	调度自动化	
6961	204.5-3	Q/CSG 110006—2012	DL 634.5.104—2002 远动协议实施细则	企标	2012-2-1			设计、建设	初设、验收与质量评定	调度及二次	调度自动化	
6962	204.5-4	Q/CSG 110007—2012	DL 634.5.101—2002 远动协议实施细则	企标	2012-2-1			设计、建设	初设、验收与质量评定	调度及二次	调度自动化	
6963	204.5-5	Q/CSG 110016—2011	南方电网并网燃煤机组脱硫在线监测系统技术规范	企标	2012-1-12			建设	验收与质量评定、试运行	调度及二次	调度自动化	

序号	体系结构号	标准编号	标准名称	标准级别	实施日期	与国际标准对应关系	代替标准	阶段	分阶段	专业	分专业	备注
6964	204.5-6	Q/CSG 1202003—2018	南方电网调度大屏幕显示系统技术规范	企标	2018-2-8			设计、采购、运维	初设、招标、运行	调度及二次	调度自动化	
6965	204.5-7	Q/CSG 1202006—2019	智能变电站自动化系统及设备配置工具技术规范	企标	2019-9-30			设计、建设	初设、验收与质量评定	调度及二次	调度自动化	
6966	204.5-8	Q/CSG 1202016—2021	多端直流站间协调控制技术规范（试行）	企标	2021-9-30			建设	验收与质量评定、试运行	调度及二次	调度自动化	
6967	204.5-9	Q/CSG 1202026—2022	高压直流输电系统顺序控制功能技术规范	企标	2022-11-16			采购、运维、修试	招标、品控、运行、维护、检修、试验	调度及二次	继电保护及安全自动装置	
6968	204.5-10	Q/CSG 1203020—2016	输电线路在线监测装置通用技术规范	企标	2017-1-9			设计、采购	初设、招标	调度及二次	调度自动化	
6969	204.5-11	Q/CSG 1203023—2017	数字及时间同步系统技术规范	企标	2017-1-18		Q/CSG 110018—2011	建设、运维	验收与质量评定、运行、维护	调度及二次	调度自动化	
6970	204.5-12	Q/CSG 1203029—2017	220kV～500kV变电站计算机监控系统技术规范	企标	2017-3-1		Q/CSG 110024—2012	建设、运维	验收与质量评定、运行、维护	调度及二次	调度自动化	
6971	204.5-13	Q/CSG 1203030—2017	110kV及以下变电站计算机监控系统技术规范	企标	2017-3-1		Q/CSG 110025—2012	设计、建设	初设、验收与质量评定	调度及二次	调度自动化	
6972	204.5-14	Q/CSG 1203031—2017	换流站计算机监控系统技术规范	企标	2017-4-1			建设	验收与质量评定、试运行	调度及二次	调度自动化	
6973	204.5-15	Q/CSG 1203032—2017	南方电网自动电压控制（AVC）技术规范	企标	2017-5-2		Q/CSG 110008—2012	设计、建设	初设、验收与质量评定	调度及二次	调度自动化	
6974	204.5-16	Q/CSG 1203052—2018	南方电网相量测量装置（PMU）技术规范	企标	2018-5-17		Q/CSG 110011—2011	设计、建设	初设、验收与质量评定	调度及二次	调度自动化	

序号	体系结构号	标准编号	标准名称	标准级别	实施日期	与国际标准对应关系	代替标准	阶段	分阶段	专业	分专业	备注
6975	204.5-17	Q/CSG 1203053—2018	北斗系统应用技术规范	企标	2018-10-23			设计、建设	初设、验收与质量评定	调度及二次	调度自动化	
6976	204.5-18	Q/CSG 1203054—2018	调度自动化系统主站交流不间断电源技术规范	企标	2018-10-23		Q/CSG 115001—2012	设计、建设	初设、验收与质量评定	调度及二次	调度自动化	
6977	204.5-19	Q/CSG 1204001—2014	并网火电厂脱硝监测技术规范	企标	2014-2-20			设计、建设	初设、验收与质量评定	调度及二次	调度自动化	
6978	204.5-20	Q/CSG 1204002—2014	中国南方电网有限责任公司并网火电厂煤耗在线监测技术规范	企标	2014-2-20			设计、建设	初设、验收与质量评定	调度及二次	调度自动化	
6979	204.5-21	Q/CSG 1204003—2014	南方电网 EMS 电网拓扑和运行数据交换规范	企标	2016-6-10			设计、建设	初设、验收与质量评定	调度及二次	调度自动化	
6980	204.5-22	Q/CSG 1204004—2014	调度自动化系统及网络综合监管系统技术规范	企标	2014-7-1			设计、建设	初设、验收与质量评定	调度及二次	调度自动化	
6981	204.5-23	Q/CSG 1204030—2018	南方电网变电站交流不间断电源技术规范	企标	2018-8-3			采购、运维	招标、品控、运行、维护	调度及二次	调度自动化	
6982	204.5-24	Q/CSG 1204035—2018	南方电网配网自动化DL/T 634.5101—2002 规约实施细则	企标	2018-12-28			设计、建设	初设、验收与质量评定	调度及二次	调度自动化	
6983	204.5-25	Q/CSG 1204036—2018	南方电网配网自动化 DLT 634.5104—2009 规约实施细则	企标	2018-12-28			设计、建设	初设、验收与质量评定	调度及二次	调度自动化	
6984	204.5-26	Q/CSG 1204041—2018	南方电网自动化功能用房技术规范	企标	2018-12-28			设计、建设	初设、验收与质量评定	调度及二次	调度自动化	
6985	204.5-27	Q/CSG 1204055—2019	南方电网变电站 CIM 模型文件生成技术规范	企标	2019-9-30			运维	运行、维护	调度及二次	调度自动化	

序号	体系结构号	标准编号	标准名称	标准级别	实施日期	与国际标准对应关系	代替标准	阶段	分阶段	专业	分专业	备注
6986	204.5-28	Q/CSG 1204061—2019	分布式电源监控技术规范	企标	2019-12-30			运维	运行、维护	调度及二次	调度自动化	
6987	204.5-29	Q/CSG 1204101—2021	配电自动化系统信息集成规范（试行）	企标	2021-9-30			采购、建设、运维、修试、退役	招标、品控、施工工艺、验收与质量评定、试运行、运行、维护、检修、试验、退役、报废	调度及二次	调度自动化	
6988	204.5-30	Q/CSG 1204139—2022	交直流微电网监控系统技术导则	企标	2022-9-19			规划、设计、采购、建设、运维、修试、退役	规划、初设、施工图、招标、品控、施工工艺、验收与质量评定、试运行、运行、维护、检修、试验、退役、报废	调度及二次	调度自动化	
6989	204.5-31	Q/CSG 1204140—2022	新能源有功功率自动控制系统技术规范	企标	2022-9-19			规划、设计、采购、建设、运维、修试、退役	规划、初设、施工图、招标、品控、施工工艺、验收与质量评定、试运行、运行、维护、检修、试验、退役、报废	调度及二次	调度自动化	
6990	204.5-32	Q/CSG 1204144—2022	南方电网自动发电控制（AGC）技术规范	企标	2022-9-19			规划、设计、采购、建设、运维、修试、退役	规划、初设、施工图、招标、品控、施工工艺、验收与质量评定、试运行、运行、维护、检修、试验、退役、报废	调度及二次	调度自动化	

序号	体系结构号	标准编号	标准名称	标准级别	实施日期	与国际标准对应关系	代替标准	阶段	分阶段	专业	分专业	备注
6991	204.5-33	Q/CSG 1204150—2022	配电网分布式馈线自动化的智能终端互操作技术规范	企标	2022-9-26			规划、设计、采购、建设、运维、修试、退役	规划、初设、施工图、招标、品控、施工工艺、验收与质量评定、试运行、运行、维护、检修、试验、退役、报废	调度及二次	其他	
6992	204.5-34	Q/CSG 1204151—2022	南方电网配电主站自愈功能技术规范	企标	2022-9-26			规划、设计、采购、建设、运维、修试、退役	规划、初设、施工图、招标、品控、施工工艺、验收与质量评定、试运行、运行、维护、检修、试验、退役、报废	调度及二次	调度自动化	
6993	204.5-35	Q/CSG 1205028—2020	变电站自动化系统工业以太网交换机一体化运维配置技术规范	企标	2020-3-31			规划、设计、采购、建设、运维、修试、退役	规划、初设、施工图、招标、品控、施工工艺、验收与质量评定、试运行、运行、维护、检修、试验、退役、报废	调度及二次	调度自动化	
6994	204.5-36	Q/CSG 1211007—2016	并网风电场监控系统技术规范	企标	2016-2-22			运维	运行、维护	发电、调度及二次	风电、调度自动化	
6995	204.5-37	T/CEC 148—2018	微电网监控系统技术规范	团标	2018-4-1			运维	运行、维护	发电、调度及二次	其他、调度自动化	
6996	204.5-38	T/CEC 386—2020	智能远动网关运维配置技术规范	团标	2021-2-1			运维	运行、维护	调度及二次	调度自动化	
6997	204.5-39	T/CEC 595—2022	基于云的电力应用的开发与测试要求	团标	2022-10-1			运维	运行、维护	调度及二次	运行方式	
6998	204.5-40	T/CEC 597—2022	电力信息系统运行统计分析规程	团标	2022-10-1			运维	运行、维护	信息	信息应用	

序号	体系结构号	标准编号	标准名称	标准级别	实施日期	与国际标准对应关系	代替标准	阶段	分阶段	专业	分专业	备注
6999	204.5-41	T/CEC 628—2022	基于北斗短报文的电力业务数据编码要求	团标	2022-10-1			采购、建设、运维、修试、退役	招标、品控、施工工艺、验收与质量评定、试运行、运行、维护、检修、试验、退役、报废	调度及二次	电力通信	
7000	204.5-42	T/CEC 648—2022	电力系统超算云仿真平台软件接口要求	团标	2022-10-1			规划、设计、采购、建设、运维、修试、退役	规划、初设、施工图、招标、品控、施工工艺、验收与质量评定、试运行、运行、维护、检修、试验、退役、报废	调度及二次	调度自动化	
7001	204.5-43	T/CEC 649—2022	电力可信计算体系结构	团标	2022-10-1			运维	运行、维护	调度及二次	调度自动化	
7002	204.5-44	T/CSEE 0047—2017	配电自动化建设及应用效果评价导则	团标	2018-5-1			运维	运行、维护	调度及二次	调度自动化	
7003	204.5-45	T/CSEE 0091—2018	地区电网自动电压控制（AVC）系统运行维护规范	团标	2018-12-25			运维	运行、维护	调度及二次	调度自动化	
7004	204.5-46	T/CSEE 0105—2019	风力发电场集中监控系统技术规范	团标	2019-3-1			运维	运行、维护	调度及二次	调度自动化	
7005	204.5-47	T/CSEE 0132—2019	风电场和光伏发电站自动电压控制技术导则	团标	2019-3-1			运维	运行、维护	调度及二次	调度自动化	
7006	204.5-48	T/CSEE 0199—2021	大型抽蓄机组自动电压控制（AVC）技术规范	团标	2021-3-11			运维	运行、维护	调度及二次	调度自动化	
7007	204.5-49	DL/T 411—2018	电力大屏幕显示系统通用技术条件	行标	2019-5-1		DL/T 411—1991；DL/T 631—1997；DL/T 632—1997	采购、修试、退役	招标、品控、检修、试验、退役、报废	调度及二次	调度自动化	

序号	体系结构号	标准编号	标准名称	标准级别	实施日期	与国际标准对应关系	代替标准	阶段	分阶段	专业	分专业	备注
7008	204.5-50	DL/T 476—2012	电力系统实时数据通信应用层协议	行标	2012-12-1		DL 476—1992	设计、采购、运维	初设、招标、维护	调度及二次	调度自动化	
7009	204.5-51	DL/T 516—2017	电力调度自动化运行管理规程	行标	2017-12-1		DL/T 516—2006	运维	运行	调度及二次	调度自动化	
7010	204.5-52	DL/T 550—2014	地区电网调度控制系统技术规范	行标	2015-3-1		DL/T 550—1994	设计、采购、建设、运维、修试、退役	初设、施工图、招标、品控、施工工艺、验收与质量评定、试运行、运行、维护、检修、试验、退役、报废	调度及二次	调度自动化	
7011	204.5-53	DL/T 630—2020	交流采样远动终端技术条件	行标	2021-2-1		DL/T 630—1997	设计、采购、运维	初设、招标、维护	调度及二次	调度自动化	
7012	204.5-54	DL/T 634.5101—2022	远动设备及系统 第5-101部分:传输规约 基本远动任务配套标准	行标	2022-11-13	IEC 608-70-5-101:2002	DL/T 634.5101—2002	运维、修试	维护、试验	调度及二次	调度自动化	
7013	204.5-55	DL/T 634.5104—2009	远动设备及系统 第5-104部分:传输规约 采用标准传输协议集的IEC 60870-5-101网络访问	行标	2009-12-1	IEC 60870-5-104:2006,IDT	DL/T 634.5104—2002	运维、修试	维护、试验	调度及二次	调度自动化	
7014	204.5-56	DL/T 634.5124—2009	远动设备及系统 第5-124部分:传输规约 采用标准传输协议集的IEC 60870-5-121网络访问	行标	2009-12-1	IEC 60870-5-124:2006	DL/T 634.5124—2002	运维、修试	维护、试验	调度及二次	调度自动化	
7015	204.5-57	DL/T 634.56—2010	远动设备及系统 第5-6部分:IEC 60870-5 配套标准一致性测试导则	行标	2010-10-1	IEC 60870-5-6:2006,IDT	DL/Z 634.56—2004	设计	初设	调度及二次	调度自动化	

序号	体系结构号	标准编号	标准名称	标准级别	实施日期	与国际标准对应关系	代替标准	阶段	分阶段	专业	分专业	备注
7016	204.5-58	DL/T 634.5601—2016	远动设备及系统 第 5-601 部分：DL/T 634.510 配套标准一致性测试用例	行标	2016-6-1	IEC/TS 60870-5-601：2006，IDT		建设、修试	验收与质量评定、试验	调度及二次	调度自动化	
7017	204.5-59	DL/T 667—1999	远动设备及系统 第 5 部分：传输规约 第 103 篇：继电保护设备信息接口配套标准	行标	1999-10-1	IEC 60870-5-103:1997，IDT		建设、修试	验收与质量评定、试验	调度及二次	调度自动化	
7018	204.5-60	DL/T 719—2000	远动设备及系统 第 5 部分：传输规约 第 102 篇 电力系统电能累计量传输配套标准	行标	2001-1-1	IEC 60870-5-102:1996，IDT		建设、修试	验收与质量评定、试验	调度及二次	调度自动化	
7019	204.5-61	DL/T 814—2013	配电自动化系统技术规范	行标	2014-4-1		DL/T 814—2002	设计、建设、运维	初设、验收与质量评定、运行	调度及二次	调度自动化	
7020	204.5-62	DL/T 860.10—2018	电力自动化通信网络和系统 第 10 部分：一致性测试	行标	2019-5-1		DL/T 860.10—2006	修试	试验	调度及二次	调度自动化	
7021	204.5-63	DL/T 860.3—2004	变电站通信网络和系统 第 3 部分：总体要求	行标	2004-6-1	IEC 61850-3:2002，IDT		规划、设计	规划、初设	调度及二次	调度自动化	
7022	204.5-64	DL/T 860.4—2018	电力自动化通信网络和系统 第 4 部分：系统和项目管理	行标	2019-5-1		DL/T 860.4—2004	建设、修试、退役	验收与质量评定、试验、退役	调度及二次	调度自动化	
7023	204.5-65	DL/T 860.5—2006	变电站通信网络和系统 第 5 部分：功能的通信要求和装置模型	行标	2007-3-1	IEC 61850-5:2003，IDT		修试	试验	调度及二次	调度自动化	

序号	体系结构号	标准编号	标准名称	标准级别	实施日期	与国际标准对应关系	代替标准	阶段	分阶段	专业	分专业	备注
7024	204.5-66	DL/T 860.6—2012	电力企业自动化通信网络和系统 第6部分:与智能电子设备有关的变电站内通信配置描述语言	行标	2012-12-1	IEC 61850-6,IDT	DL/T 860.6—2008	修试	试验	调度及二次	调度自动化	
7025	204.5-67	DL/T 860.71—2014	电力自动化通信网络和系统 第7-1部分:基本通信结构原理和模型	行标	2015-3-1	IEC 61850-7-1,IDT	DL/T 860.71—2006	修试	试验	调度及二次	调度自动化	
7026	204.5-68	DL/T 860.72—2013	电力自动化通信网络和系统 第7-2部分:基本信息和通信结构—抽象通信服务接口（ACSI）	行标	2014-4-1	IEC 61850-7-2:2010,IDT	DL/T 860.72—2004	修试	试验	调度及二次	调度自动化	
7027	204.5-69	DL/T 860.73—2013	电力自动化通信网络和系统 第7-3部分:基本通信结构公用数据类	行标	2014-4-1	IEC 61850-7-3:2010,IDT	DL/T 860.73—2004	修试	试验	调度及二次	调度自动化	
7028	204.5-70	DL/T 860.74—2014	电力自动化通信网络和系统 第7-4部分:基本通信结构 兼容逻辑节点类和数据类	行标	2015-3-1	IEC 61850-7-4:2010,IDT	DL/T 860.74—2006	修试	试验	调度及二次	调度自动化	
7029	204.5-71	DL/T 860.7420—2012	电力企业自动化通信网络和系统 第7-420部分:基本通信结构 分布式能源逻辑节点	行标	2012-12-1	IEC 61850-7-420,IDT		设计、建设	初设、验收与质量评定	调度及二次	调度自动化	

序号	体系结构号	标准编号	标准名称	标准级别	实施日期	与国际标准对应关系	代替标准	阶段	分阶段	专业	分专业	备注
7030	204.5-72	DL/T 860.801—2016	电力自动化通信网络和系统 第80-1 部分：应用 DL/T 634.5101 或 DL/T 634.5104 交换基于 CDC 的数据模型信息导则	行标	2016-6-1	IEC/TS 61850-80-1:2008，IDT		修试	试验	调度及二次	调度自动化	
7031	204.5-73	DL/T 860.81—2016	电力自动化通信网络和系统 第8-1 部分：特定通信服务映射（SC-SM）—映射到 MMS（ISO 9506-1 和 ISO 9506-2）及 ISO/IEC 8802-3	行标	2016-6-1	IEC 61850-8-1:2011，IDT	DL/T 860.81—2006	修试	试验	调度及二次	调度自动化	
7032	204.5-74	DL/T 860.901—2014	电力自动化通信网络和系统 第901 部分：DL/T 860 在变电站间通信中的应用	行标	2015-3-1	IEC/TR 61850-90-1:2010，IDT		建设、修试	验收与质量评定、试验	调度及二次	调度自动化	
7033	204.5-75	DL/T 860.904—2018	电力自动化通信网络和系统 第90-4 部分：网络工程指南	行标	2019-5-1			设计、建设	初设、验收与质量评定	调度及二次	调度自动化	
7034	204.5-76	DL/T 860.905—2019	电力自动化通信网络和系统 第90-5 部分：使用 IEC 61850 传输符合 IEEE C37.118 的同步相量信息	行标	2020-5-1	IEC/TR 61850-90-5:2012		修试	试验	调度及二次	调度自动化	
7035	204.5-77	DL/T 860.92—2016	电力自动化通信网络和系统 第9-2 部分：特定通信服务映射（SC-SM）——基于 ISO/IEC 8802-3 的采样值	行标	2016-6-1	IEC 61850-9-2:2011，IDT	DL/T 860.92—2006	修试	试验	调度及二次	调度自动化	

序号	体系结构号	标准编号	标准名称	标准级别	实施日期	与国际标准对应关系	代替标准	阶段	分阶段	专业	分专业	备注
7036	204.5-78	DL/T 860.93—2019	电力自动化通信网络和系统 第9-3部分：电力自动化系统精确时间协议子集	行标	2020-5-1	IEC/IEEE 61850-9-3:2016		修试	试验	调度及二次	调度自动化	
7037	204.5-79	DL/T 890.1—2007	能量管理系统应用程序接口（EMS-API）第1部分：导则和一般要求	行标	2008-6-1	IEC 61970-1:2005, IDT		建设、运维	验收与质量评定、运行	调度及二次	调度自动化	
7038	204.5-80	DL/T 890.301—2016	能量管理系统应用程序接口（EMS-API）第301部分：公共信息模型（CIM）基础	行标	2016-6-1	IEC 61970-301:2013, IDT	DL/T 890.301—2004	建设、运维	验收与质量评定、运行	调度及二次	调度自动化	
7039	204.5-81	DL/T 890.402—2012	能量管理系统应用程序接口（EMS-API）第402部分：公共服务	行标	2012-3-1	IEC 61970-402:2008, IDT		建设、运维	验收与质量评定、运行	调度及二次	调度自动化	
7040	204.5-82	DL/T 890.403—2012	能量管理系统应用程序接口（EMS-API）第403部分：通用数据访问	行标	2012-12-1	IEC 61970-403:2008, IDT		建设、运维	验收与质量评定、运行	调度及二次	调度自动化	
7041	204.5-83	DL/T 890.404—2009	能量管理系统应用程序接口（EMS-API）第404部分：高速数据访问（HSDA）	行标	2009-12-1	IEC 61970-404:2007, IDT		建设、运维	验收与质量评定、运行	调度及二次	调度自动化	
7042	204.5-84	DL/T 890.405—2009	能量管理系统应用程序接口（EMS-API）第405部分：通用事件和订阅（GES）	行标	2009-12-1	IEC 61970-405:2007, IDT		建设、运维	验收与质量评定、运行	调度及二次	调度自动化	

序号	体系结构号	标准编号	标准名称	标准级别	实施日期	与国际标准对应关系	代替标准	阶段	分阶段	专业	分专业	备注
7043	204.5-85	DL/T 890.407—2010	能量管理系统应用程序接口（EMS-API）第407部分：时间序列数据访问（TSDA）	行标	2010-10-1	IEC 61970-407:2007，IDT		建设、运维	验收与质量评定、运行	调度及二次	调度自动化	
7044	204.5-86	DL/T 890.452—2018	能量管理系统应用程序接口（EMS-API）第452部分：CIM稳态输电网络模型子集	行标	2019-5-1			建设、运维	验收与质量评定、运行	调度及二次	调度自动化	
7045	204.5-87	DL/T 890.453—2018	能量管理系统应用程序接口（EMS-API）第453部分：图形布局子集	行标	2019-5-1		DL/T 890.453—2012	建设、运维	验收与质量评定、运行	调度及二次	调度自动化	
7046	204.5-88	DL/T 890.456—2016	能量管理系统应用程序接口（EMS-API）第456部分：电力系统状态解子集	行标	2016-6-1	IEC 61970-456:2013，IDT		建设、运维	验收与质量评定、运行	调度及二次	调度自动化	
7047	204.5-89	DL/T 890.501—2007	能量管理系统应用程序接口（EMS-API）第501部分：公共信息模型的资源描述框架（CIM RDF）模式	行标	2008-6-1	IEC 61970-501:2006，IDT		建设、运维	验收与质量评定、运行	调度及二次	调度自动化	
7048	204.5-90	DL/T 890.552—2014	能量管理系统应用程序接口第552部分：CIMXML模型交换格式	行标	2015-3-1	IEC 61970-552:2013，IDT		建设、运维	验收与质量评定、运行	调度及二次	调度自动化	
7049	204.5-91	DL/T 1100.1—2018	电力系统的时间同步系统 第1部分：技术规范	行标	2019-5-1		DL/T 1100.1—2009	设计、建设	初设、验收与质量评定	调度及二次	调度自动化	

序号	体系结构号	标准编号	标准名称	标准级别	实施日期	与国际标准对应关系	代替标准	阶段	分阶段	专业	分专业	备注
7050	204.5-92	DL/T 1100.2—2021	电力系统的时间同步系统 第2部分：基于局域网的精确时间同步	行标	2022-3-22		DL/T 1100.2—2013	设计、建设	初设、验收与质量评定	调度及二次	调度自动化	
7051	204.5-93	DL/T 1100.3—2018	电力系统的时间同步系统 第3部分：基于数字同步网的时间同步技术规范	行标	2019-5-1			设计、建设	初设、验收与质量评定	调度及二次	调度自动化	
7052	204.5-94	DL/T 1100.4—2018	电力系统的时间同步系统 第4部分：测试仪技术规范	行标	2019-5-1			设计、建设	初设、验收与质量评定	调度及二次	调度自动化	
7053	204.5-95	DL/T 1100.5—2019	电力系统的时间同步系统 第5部分：防欺骗和抗干扰技术要求	行标	2020-5-1			设计、建设	初设、验收与质量评定	调度及二次	调度自动化	
7054	204.5-96	DL/T 1100.6—2018	电力系统的时间同步系统 第6部分：监测规范	行标	2019-5-1			设计、建设	初设、验收与质量评定	调度及二次	调度自动化	
7055	204.5-97	DL/T 1100.7—2021	电力系统的时间同步系统 第7部分：基于卫星共视的时间同步技术	行标	2022-3-22			设计、建设	初设、验收与质量评定	调度及二次	调度自动化	
7056	204.5-98	DL/T 1146—2021	DL/T 860 实施技术规范	行标	2022-3-22		DL/T 1146—2009	设计、建设	初设、验收与质量评定	调度及二次	调度自动化	
7057	204.5-99	DL/T 1232—2013	电力系统动态消息编码规范	行标	2013-8-1			设计、建设、运维	初设、验收与质量评定、运行	调度及二次	调度自动化	
7058	204.5-100	DL/T 1233—2013	电力系统简单服务接口规范	行标	2013-8-1			设计、建设、运维	初设、验收与质量评定、运行	调度及二次	调度自动化	
7059	204.5-101	DL/T 1512—2016	变电站测控装置技术规范	行标	2016-6-1			建设、修试	验收与质量评定、试验	调度及二次	调度自动化	

序号	体系结构号	标准编号	标准名称	标准级别	实施日期	与国际标准对应关系	代替标准	阶段	分阶段	专业	分专业	备注
7060	204.5-102	DL/T 1649—2016	配电网调度控制系统技术规范	行标	2017-5-1			设计、建设、运维	初设、验收与质量评定、运行	调度及二次	调度自动化	
7061	204.5-103	DL/T 1660—2016	电力系统消息总线接口规范	行标	2017-5-1			设计、建设、运维	初设、验收与质量评定、运行	调度及二次	调度自动化	
7062	204.5-104	DL/T 1661—2016	智能变电站监控数据与接口技术规范	行标	2017-5-1			设计、采购	初设、招标、品控	调度及二次	调度自动化	
7063	204.5-105	DL/T 1708—2017	电力系统顺序控制技术规范	行标	2017-12-1			设计、建设、运维	初设、验收与质量评定、运行	调度及二次	调度自动化	
7064	204.5-106	DL/T 1709.10—2017	智能电网调度控制系统技术规范 第10部分：硬件设备测试	行标	2017-12-1			设计、建设、运维	初设、验收与质量评定、运行	调度及二次	调度自动化	
7065	204.5-107	DL/T 1709.3—2017	智能电网调度控制系统技术规范 第3部分：基础平台	行标	2017-12-1			设计、建设、运维	初设、验收与质量评定、运行	调度及二次	调度自动化	
7066	204.5-108	DL/T 1709.4—2017	智能电网调度控制系统技术规范 第4部分：实时监控与预警	行标	2017-12-1			设计、建设、运维	初设、验收与质量评定、运行	调度及二次	调度自动化	
7067	204.5-109	DL/T 1709.5—2017	智能电网调度控制系统技术规范 第5部分：调度计划	行标	2017-12-1			设计、建设、运维	初设、验收与质量评定、运行	调度及二次	调度自动化	
7068	204.5-110	DL/T 1709.6—2017	智能电网调度控制系统技术规范 第6部分：调度管理	行标	2017-12-1			设计、建设、运维	初设、验收与质量评定、运行	调度及二次	调度自动化	
7069	204.5-111	DL/T 1709.7—2017	智能电网调度控制系统技术规范 第7部分：电网运行驾驶舱	行标	2017-12-1			设计、建设、运维	初设、验收与质量评定、运行	调度及二次	调度自动化	

序号	体系结构号	标准编号	标准名称	标准级别	实施日期	与国际标准对应关系	代替标准	阶段	分阶段	专业	分专业	备注
7070	204.5-112	DL/T 1709.8—2017	智能电网调度控制系统技术规范 第8部分:运行评估	行标	2017-12-1			设计、建设、运维	初设、验收与质量评定、运行	调度及二次	调度自动化	
7071	204.5-113	DL/T 1709.9—2017	智能电网调度控制系统技术规范 第9部分:软件测试	行标	2017-12-1			设计、建设、运维	初设、验收与质量评定、运行	调度及二次	调度自动化	
7072	204.5-114	DL/T 1871—2018	智能电网调度控制系统与变电站即插即用框架规范	行标	2018-10-1			设计、建设、运维	初设、验收与质量评定、运行	调度及二次	调度自动化	
7073	204.5-115	DL/T 1908.907—2018	电力自动化通信网络和系统 第90-7部分：分布式能源（DER）系统功率变换器对象模型	行标	2019-5-1			设计、建设、运维	初设、验收与质量评定、运行	调度及二次	调度自动化	
7074	204.5-116	DL/T 1913—2018	DL/T 860变电站配置工具技术规范	行标	2019-5-1			设计、建设、运维	初设、验收与质量评定、运行	调度及二次	调度自动化	
7075	204.5-117	DL/T 1914—2018	DL/T 698.45至DL/T 860的数据模型映射规范	行标	2019-5-1			设计、建设、运维	初设、验收与质量评定、运行	调度及二次	调度自动化	
7076	204.5-118	DL/T 2246.6—2021	电化学储能电站并网运行与控制技术规范 第6部分：调度信息通信	行标	2021-7-1			运维	运行、维护	调度及二次	调度自动化	
7077	204.5-119	DL/T 2251—2021	次同步振荡监测与控制系统技术规范	行标	2021-7-1			设计、建设、运维	初设、验收与质量评定、运行	调度及二次	调度自动化	
7078	204.5-120	DL/T 2274—2021	配电自动化系统与电网地理信息系统接口技术规范	行标	2021-10-26			设计、建设、运维	初设、验收与质量评定、运行	调度及二次	调度自动化	

序号	体系结构号	标准编号	标准名称	标准级别	实施日期	与国际标准对应关系	代替标准	阶段	分阶段	专业	分专业	备注
7079	204.5-121	DL/T 2329—2021	调度自动化主站智能告警技术规范	行标	2022-3-22			设计、建设、运维	初设、验收与质量评定、运行	调度及二次	调度自动化	
7080	204.5-122	DL/T 2331—2021	变电站监控系统应用服务及接口技术规范	行标	2022-3-22			设计、建设、运维	初设、验收与质量评定、运行	调度及二次	调度自动化	
7081	204.5-123	DL/T 2332—2021	变电站自动化系统智能告警技术要求	行标	2022-3-22			设计、建设、运维	初设、验收与质量评定、运行	调度及二次	调度自动化	
7082	204.5-124	DL/T 2370—2021	燃煤电厂环保数据电网接入技术规范 烟气脱硫	行标	2022-3-22			采购、建设	品控、验收与质量评定	调度及二次	调度自动化	
7083	204.5-125	DL/T 2371—2021	燃煤电厂环保数据电网接入技术规范 烟气脱销	行标	2022-3-22			采购、建设	品控、验收与质量评定	调度及二次	调度自动化	
7084	204.5-126	DL/T 2401.1—2021	北斗卫星导航系统电力通用接收机 第1部分：技术规范	行标	2022-3-22			设计、采购	初设、招标、品控	调度及二次	调度自动化	
7085	204.5-127	DL/T 2401.2—2021	北斗卫星导航系统电力通用接收机 第2部分：测试方法	行标	2022-3-22			运维、修试	运行、维护、检修、试验	调度及二次	调度自动化	
7086	204.5-128	DL/T 2414—2021	同步发电机网源协调在线监测系统功能规范	行标	2022-3-22			设计、建设、运维	初设、验收与质量评定、运行	调度及二次	调度自动化	
7087	204.5-129	DL/T 2477—2022	电力调度自动化在线监视与管控技术要求	行标	2022-11-13			设计、建设、运维	初设、验收与质量评定、运行	调度及二次	调度自动化	
7088	204.5-130	DL/T 5500—2015	配电自动化系统信息采集及分类技术规范	行标	2015-9-1			设计、建设、运维	施工图、验收与质量评定、维护	调度及二次	调度自动化	

序号	体系结构号	标准编号	标准名称	标准级别	实施日期	与国际标准对应关系	代替标准	阶段	分阶段	专业	分专业	备注
7089	204.5-131	DL/Z 634.14—2005	远动设备及系统 第1-4部分：远动数据传输的基本方面 及 IEC 60870-5 与 IEC 60870-6 标准的结构	行标	2006-6-1	IEC/TR 60870-1-4:1994, IDT		设计	初设	调度及二次	调度自动化	
7090	204.5-132	DL/Z 634.15—2005	远动设备及系统 第1-5部分：总则 带扰码的调制解调器传输过程对使用 IEC 60875-5 规约的传输系统的数据完整	行标	2006-1-1	IEC/TR 60870-1-5:2000, IDT		修试	试验	调度及二次	调度自动化	
7091	204.5-133	DL/Z 860.1—2018	电力自动化通信网络和系统 第1部分：概论	行标	2019-5-1		DL/Z 860.1—2004	设计、建设、运维	初设、验收与质量评定、运行	调度及二次	调度自动化	
7092	204.5-134	DL/Z 860.7510—2016	电力自动化通信网络和系统 第7-510部分：基本通信结构 水力发电厂建模原理与应用指南	行标	2016-6-1	IEC 61850-7-510:2012, IDT		设计、建设	初设、验收与质量评定	调度及二次	调度自动化	
7093	204.5-135	DL/Z 890.401—2006	能量管理系统应用程序接口（EMS-API） 第401部分：组件接口规范（CIS）框架	行标	2007-5-1	IEC 61970-401 TS: 2005, IDT		建设、运维	验收与质量评定、运行	调度及二次	调度自动化	
7094	204.5-136	DL/Z 890.6001—2019	能量管理系统应用程序接口（EMS-API） 第600-1部分：公共电网模型交换规范（CGMES）——结构与规则	行标	2020-5-1	IEC 61970-600-1:2017		建设、运维	验收与质量评定、运行	调度及二次	调度自动化	

序号	体系结构号	标准编号	标准名称	标准级别	实施日期	与国际标准对应关系	代替标准	阶段	分阶段	专业	分专业	备注
7095	204.5-137	NB/T 10321—2019	风电场监控系统技术规范	行标	2020-5-1			建设、运维	验收与质量评定、运行	调度及二次	调度自动化	
7096	204.5-138	NB/T 33014—2014	电化学储能系统接入配电网运行控制规范	行标	2015-3-1			建设、运维	验收与质量评定、运行	调度及二次	调度自动化	
7097	204.5-139	GB/T 13729—2019	远动终端设备	国标	2020-1-1		GB/T 13729—2002	规划、设计、采购	规划、初设、招标	调度及二次	调度自动化	
7098	204.5-140	GB/T 15153.1—1998	远动设备及系统 第2部分:工作条件 第1篇:电源和电磁兼容性	国标	1999-6-1	IEC 870-2-1:1995, IDT		修试	试验	调度及二次	调度自动化	
7099	204.5-141	GB/T 15153.2—2000	远动设备及系统 第2部分:工作条件 第2篇:环境条件（气候、机械和其他非电影响因素）	国标	2001-10-1	IEC 60870-2-2:1996, IDT		运维	运行	调度及二次	调度自动化	
7100	204.5-142	GB/T 16435.1—1996	远动设备及系统接口（电气特性）	国标	1997-1-1	IEC 870-3:1989		修试	试验	调度及二次	调度自动化	
7101	204.5-143	GB/T 16436.1—1996	远动设备及系统 第1部分:总则 第2篇:制定规范的导则	国标	1997-1-1	IEC 807-1-2:1989, IDT		修试	试验	调度及二次	调度自动化	
7102	204.5-144	GB/T 17463—1998	远动设备及系统 第4部分:性能要求	国标	1999-6-1	IEC 870-4:1990, IDT		修试	试验	调度及二次	调度自动化	
7103	204.5-145	GB/T 18657.1—2002	远动设备及系统 第5部分:传输规约 第1篇:传输帧格式	国标	2002-8-1	IEC 60870-5-1:1990, IDT		修试	试验	调度及二次	调度自动化	
7104	204.5-146	GB/T 18657.2—2002	远动设备及系统 第5部分:传输规约 第2篇:链路传输规则	国标	2002-8-1	IEC 60870-5-2:1992, IDT		修试	试验	调度及二次	调度自动化	

序号	体系结构号	标准编号	标准名称	标准级别	实施日期	与国际标准对应关系	代替标准	阶段	分阶段	专业	分专业	备注
7105	204.5-147	GB/T 18657.3—2002	远动设备及系统 第5部分:传输规约 第3篇:应用数据的一般结构	国标	2002-8-1	IEC 60870-5-3:1992, IDT		修试	试验	调度及二次	调度自动化	
7106	204.5-148	GB/T 18657.4—2002	远动设备及系统 第5部分:传输规约 第4篇:应用信息元素的定义和编码	国标	2002-8-1	IEC 60870-5-4:1993, IDT		修试	试验	调度及二次	调度自动化	
7107	204.5-149	GB/T 18657.5—2002	远动设备及系统 第5部分:传输规约 第5篇:基本应用功能	国标	2002-8-1	IEC 60870-5-5:1995, IDT		修试	试验	调度及二次	调度自动化	
7108	204.5-150	GB/T 18700.1—2002	远动设备和系统 第6部分:与ISO标准和ITU-T建议兼容的远动协议 第503篇:TASE.2服务和协议	国标	2002-12-1	IEC 60870-6-503:1997, IDT		修试	试验	调度及二次	调度自动化	
7109	204.5-151	GB/T 18700.2—2002	远动设备和系统 第6部分:与ISO标准和ITU-T建议兼容的远动协议 第802篇:TASE.2对象模型	国标	2002-12-1	IEC 60870-6-802:1997, IDT		修试	试验	调度及二次	调度自动化	
7110	204.5-152	GB/T 18700.3—2002	远动设备和系统 第6-702部分:与ISO标准和ITU-T建议兼容的远动协议在端系统中提供TASE.2应用服务的功能协议子集	国标	2003-6-1	IEC 60870-6-702:1998, IDT		修试	试验	调度及二次	调度自动化	

序号	体系结构号	标准编号	标准名称	标准级别	实施日期	与国际标准对应关系	代替标准	阶段	分阶段	专业	分专业	备注
7111	204.5-153	GB/T 18700.6—2005	远动设备和系统 第6-2部分：与ISO标准和ITU-T建议兼容的远动协议 OSI 1至4层基本标准的使用	国标	2005-12-1	IEC 60870-6-2:1995，IDT		修试	试验	调度及二次	调度自动化	
7112	204.5-154	GB/T 18700.8—2005	远动设备和系统 第6-601部分：与ISO标准和ITU-T建议兼容的远动协议 在通过永久接入分组交换数据网连接的端系统中提供基于连接传输服务的功能协议集	国标	2005-12-1	IEC 60870-6-601:1994，IDT		修试	试验	调度及二次	调度自动化	
7113	204.5-155	GB/T 26865.2—2011	电力系统实时动态监测系统 第2部分：数据传输协议	国标	2011-12-1			修试	试验	调度及二次	调度自动化	
7114	204.5-156	GB/T 26866—2022	电力系统的时间同步系统检测规范	国标	2023-5-1		GB/T 26866—2011	修试	试验	调度及二次	调度自动化	
7115	204.5-157	GB/T 28815—2012	电力系统实时动态监测主站技术规范	国标	2013-2-1			修试	试验	调度及二次	调度自动化	
7116	204.5-158	GB/T 31366—2015	光伏发电站监控系统技术要求	国标	2015-9-1			设计、运维	初设、运行	调度及二次	调度自动化	
7117	204.5-159	GB/T 31994—2015	智能远动网关技术规范	国标	2016-4-1			设计、运维、修试	初设、维护、试验	调度及二次	调度自动化	
7118	204.5-160	GB/T 32353—2015	电力系统实时动态监测系统数据接口规范	国标	2016-7-1			建设、运维	验收与质量评定、运行	调度及二次	调度自动化	

序号	体系结构号	标准编号	标准名称	标准级别	实施日期	与国际标准对应关系	代替标准	阶段	分阶段	专业	分专业	备注
7119	204.5-161	GB/T 33591—2017	智能变电站时间同步系统及设备技术规范	国标	2017-12-1			设计、运维、修试	初设、运行、试验	调度及二次	调度自动化	
7120	204.5-162	GB/T 33603—2017	电力系统模型数据动态消息编码规范	国标	2017-12-1			设计、运维、修试	初设、运行、试验	调度及二次	调度自动化	
7121	204.5-163	GB/T 33604—2017	电力系统简单服务接口规范	国标	2017-12-1			建设、运维	验收与质量评定、运行	调度及二次	调度自动化	
7122	204.5-164	GB/T 33607—2017	智能电网调度控制系统总体框架	国标	2017-12-1			设计、建设、运维	初设、验收与质量评定、运行	调度及二次	调度自动化	
7123	204.5-165	GB/T 34039—2017	远程终端单元（RTU）技术规范	国标	2018-2-1			建设、修试	验收与质量评定、试验	调度及二次	调度自动化	
7124	204.5-166	GB/T 35682—2017	电网运行与控制数据规范	国标	2018-7-1			运维	运行	调度及二次	调度自动化	
7125	204.5-167	GB/T 35718.2—2017	电力系统管理及其信息交换 长期互操作性 第2部分：监控和数据采集（SCADA）端到端品质码	国标	2018-7-1			建设、运维	验收与质量评定、运行	调度及二次	调度自动化	
7126	204.5-168	GB/T 36050—2018	电力系统时间同步基本规定	国标	2018-10-1			采购、建设	品控、验收与质量评定	调度及二次	调度自动化	
7127	204.5-169	GB/T 36270—2018	微电网监控系统技术规范	国标	2019-1-1			采购、建设、运维	品控、验收与质量评定、运行、维护	调度及二次	调度自动化	
7128	204.5-170	GB/T 36274—2018	微电网能量管理系统技术规范	国标	2019-1-1			采购、建设、运维	品控、验收与质量评定、运行、维护	调度及二次	调度自动化	
7129	204.5-171	GB/T 40606—2021	电网在线安全分析与控制辅助决策技术规范	国标	2022-5-1			修试	试验	调度及二次	调度自动化	

序号	体系结构号	标准编号	标准名称	标准级别	实施日期	与国际标准对应关系	代替标准	阶段	分阶段	专业	分专业	备注
7130	204.5-172	GB/Z 18700.4—2002	运动设备和系统 第6-602部分：与ISO标准和ITU-T建议兼容的远动协议TASE传输协议子集	国标	2003-6-1	IEC TS 60870-6-602:2001，IDT		修试	试验	调度及二次	调度自动化	
7131	204.5-173	GB/Z 18700.5—2003	远动设备及系统 第6-1部分：与ISO标准和ITU-T建议兼容的远协议标准的应用环境和结构	国标	2004-3-1	IEC 60870-6-1:1995，IDT		修试	试验	调度及二次	调度自动化	
7132	204.5-174	GB/Z 18700.7—2005	远动设备和系统 第6-505部分：与ISO标准和ITU-T建议兼容的远动协议TASE.2用户指南	国标	2005-12-1	IEC TR 60870-6-505:2002，IDT		修试	试验	调度及二次	调度自动化	
7133	204.5-175	GB/Z 25320.1—2010	电力系统管理及其信息交换 数据和通信安全 第1部分：通信网络和系统安全安全问题介绍	国标	2011-5-1	IEC TS 62351-1:2007，IDT		修试	试验	调度及二次	调度自动化	
7134	204.5-176	GB/Z 25320.2—2013	电力系统管理及其信息交换 数据和通信安全 第2部分：术语	国标	2013-7-1	IEC/TS 62351-2 Ed1.0:2008，IDT		修试	试验	调度及二次	调度自动化	
7135	204.5-177	GB/Z 25320.3—2010	电力系统管理及其信息交换 数据和通信安全 第3部分：通信网络和系统安全 包含TCP/IP的协议集	国标	2011-5-1	IEC TS 62351-3:2007，IDT		修试	试验	调度及二次	调度自动化	

序号	体系结构号	标准编号	标准名称	标准级别	实施日期	与国际标准对应关系	代替标准	阶段	分阶段	专业	分专业	备注
7136	204.5-178	GB/Z 25320.4—2010	电力系统管理及其信息交换　数据和通信安全　第4部分：包含 MMS 的协议集	国标	2011-5-1	IEC TS 62351-4:2007, IDT		修试	试验	调度及二次	调度自动化	
7137	204.5-179	GB/Z 25320.5—2013	电力系统管理及其信息交换　数据和通信安全　第5部分：GB/T 18657 等及其衍生标准的安全	国标	2013-7-1	IEC/TS 62351-5:2009, IDT		修试	试验	调度及二次	调度自动化	
7138	204.5-180	GB/Z 25320.6—2011	电力系统管理及其信息交换　数据和通信安全　第6部分：10IEC 61850 的安全	国标	2012-5-1	IEC TS 62351-6:2007, IDT		修试	试验	调度及二次	调度自动化	
7139	204.5-181	GB/Z 25320.7—2015	电力系统管理及其信息交换　数据和通信安全　第7部分：网络和系统管理（NSM）的数据对象模型	国标	2015-12-1	IEC/TS 62351-7:2010, IDT		修试	试验	调度及二次	调度自动化	
204.6	**调度控制—电力监控系统网络安全**											
7140	204.6-1	Q/CSG 1204009—2015	中国南方电网电力监控系统安全防护技术规范	企标	2016-1-1			规划、设计、运维	规划、初设、维护	调度及二次	电力监控系统网络安全	
7141	204.6-2	Q/CSG 1204051—2019	配电自动化系统安全防护技术规范	企标	2019-6-26			设计、建设、运维	初设、施工图、施工工艺、验收与质量评定、试运行、运行、维护	调度及二次	电力监控系统网络安全	
7142	204.6-3	Q/CSG 1204060—2019	中国南方电网电力监控系统并网安全评估规范	企标	2019-12-30			规划、设计、运维	规划、初设、维护	调度及二次	电力监控系统网络安全	

序号	体系结构号	标准编号	标准名称	标准级别	实施日期	与国际标准对应关系	代替标准	阶段	分阶段	专业	分专业	备注
7143	204.6-4	Q/CSG 1204069—2020	电力监控系统网络安全态势感知采集装置技术规范	企标	2020-6-30			设计、建设、运维	初设、施工图、施工工艺、验收与质量评定、试运行、运行、维护	调度及二次	电力监控系统网络安全	
7144	204.6-5	Q/CSG 1204084—2021	南方电网电力监控系统防病毒系统技术规范(试行)	企标	2021-2-28			设计、建设、运维	初设、施工图、施工工艺、验收与质量评定、试运行、运行、维护	调度及二次	电力监控系统网络安全	
7145	204.6-6	Q/CSG 1204085—2021	南方电网电力监控系统防火墙技术规范(试行)	企标	2021-2-28			设计、建设、运维	初设、施工图、施工工艺、验收与质量评定、试运行、运行、维护	调度及二次	电力监控系统网络安全	
7146	204.6-7	Q/CSG 1204086—2021	南方电网电力监控系统入侵检测系统技术规范(试行)	企标	2021-2-28			设计、建设、运维	初设、施工图、施工工艺、验收与质量评定、试运行、运行、维护	调度及二次	电力监控系统网络安全	
7147	204.6-8	Q/CSG 1204087—2021	南方电网电力监控系统网络安全合规基线技术规范(试行)	企标	2021-2-28			设计、建设、运维	初设、施工图、施工工艺、验收与质量评定、试运行、运行、维护	调度及二次	电力监控系统网络安全	
7148	204.6-9	Q/CSG 1204088—2021	南方电网电力监控系统网络安全送样检测标准(试行)	企标	2021-2-28			设计、建设、运维	初设、施工图、施工工艺、验收与质量评定、试运行、运行、维护	调度及二次	电力监控系统网络安全	
7149	204.6-10	Q/CSG 1204089—2021	南方电网电力监控系统网络安全态势感知主站系统技术规范(试行)	企标	2021-2-28			设计、建设、运维	初设、施工图、施工工艺、验收与质量评定、试运行、运行、维护	调度及二次	电力监控系统网络安全	

序号	体系结构号	标准编号	标准名称	标准级别	实施日期	与国际标准对应关系	代替标准	阶段	分阶段	专业	分专业	备注
7150	204.6-11	Q/CSG 1204099—2021	南方电网电力监控系统网络安全技术规范	企标	2021-9-30			设计、建设、运维	初设、施工图、施工工艺、验收与质量评定、试运行、运行、维护	调度及二次	电力监控系统网络安全	
7151	204.6-12	Q/CSG 1204100—2021	南方电网电力监控系统模块网络安全通用技术条件（试行）	企标	2021-9-30			设计、建设、运维	初设、施工图、施工工艺、验收与质量评定、试运行、运行、维护	调度及二次	电力监控系统网络安全	
7152	204.6-13	Q/CSG 1204104—2021	南方电网智能电网电力监控系统网络安全防护技术要求（试行）	企标	2021-12-30			设计、建设、运维	初设、施工图、施工工艺、验收与质量评定、试运行、运行、维护	调度及二次	电力监控系统网络安全	
7153	204.6-14	Q/CSG 1204113—2022	南方电网电力监控系统应用软件系统安全通用技术规范（试行）	企标	2022-3-30			设计、建设、运维	初设、施工图、施工工艺、验收与质量评定、试运行、运行、维护	调度及二次	电力监控系统网络安全	
7154	204.6-15	Q/CSG 1204115—2022	并网新能源场站涉网电力监控系统网络安全防护技术规范（试行）	企标	2022-3-30			设计、建设、运维	初设、施工图、施工工艺、验收与质量评定、试运行、运行、维护	调度及二次	电力监控系统网络安全	
7155	204.6-16	Q/CSG 1204116—2022	南方电网电力监控系统物联网安全防护技术原则（试行）	企标	2022-3-30			设计、建设、运维	初设、施工图、施工工艺、验收与质量评定、试运行、运行、维护	调度及二次	电力监控系统网络安全	
7156	204.6-17	Q/CSG 1204130—2022	南方电网电力调度云平台安全防护技术规范（试行）	企标	2022-5-25			运维	运行、维护	调度及二次	调度自动化	

序号	体系结构号	标准编号	标准名称	标准级别	实施日期	与国际标准对应关系	代替标准	阶段	分阶段	专业	分专业	备注
7157	204.6-18	Q/CSG 1204135—2022	电网运行监控系统主站综合防误功能技术规范（试行）	企标	2022-9-9			设计、建设、运维	初设、施工图、施工工艺、验收与质量评定、试运行、运行、维护	调度及二次	电力监控系统网络安全	
7158	204.6-19	Q/CSG 1204147—2022	电网运行监控系统智能顺序控制功能技术规范	企标	2022-9-26			规划、设计、采购、建设、运维、修试、退役	规划、初设、施工图、招标、品控、施工工艺、验收与质量评定、试运行、运行、维护、检修、试验、退役、报废	调度及二次	调度自动化	
7159	204.6-20	Q/CSG 1204148—2022	电网运行监控系统主站智能告警功能技术规范	企标	2022-9-26			规划、设计、采购、建设、运维、修试、退役	规划、初设、施工图、招标、品控、施工工艺、验收与质量评定、试运行、运行、维护、检修、试验、退役、报废	调度及二次	调度自动化	
7160	204.6-21	Q/CSG 1204149—2022	电网运行监控系统主站综合防误功能技术规范	企标	2022-9-26			规划、设计、采购、建设、运维、修试、退役	规划、初设、施工图、招标、品控、施工工艺、验收与质量评定、试运行、运行、维护、检修、试验、退役、报废	调度及二次	调度自动化	
7161	204.6-22	T/CEC 180—2018	发电厂监控系统信息安全评估导则	团标	2018-9-1			设计、建设、运维	初设、施工图、施工工艺、验收与质量评定、试运行、运行、维护	调度及二次	电力监控系统网络安全	
7162	204.6-23	T/CEC 591—2021	电力监控系统软件安全技术要求及测试规范	团标	2022-3-1			建设、修试	验收与质量评定、试验	调度及二次	电力监控系统网络安全	

序号	体系结构号	标准编号	标准名称	标准级别	实施日期	与国际标准对应关系	代替标准	阶段	分阶段	专业	分专业	备注
7163	204.6-24	T/CEC 622—2022	电力物联网感知层设备安全认证技术要求	团标	2022-10-1			设计、建设、运维	初设、施工图、施工工艺、验收与质量评定、试运行、运行、维护	调度及二次	电力监控系统网络安全	
7164	204.6-25	T/CEC 623—2022	电力物联网嵌入式测控类终端应用安全技术要求	团标	2022-10-1			设计、建设、运维	初设、施工图、施工工艺、验收与质量评定、试运行、运行、维护	调度及二次	电力监控系统网络安全	
7165	204.6-26	T/CEC 626—2022	电力监控系统网络安全信息采集系统检测规范	团标	2022-10-1			建设、修试	验收与质量评定、试验	调度及二次	电力监控系统网络安全	
7166	204.6-27	T/CESA 1100—2020	工业控制系统信息安全防护建设实施规范	团标	2020-6-20			规划、设计、运维	规划、初设、维护	调度及二次	电力监控系统网络安全	
7167	204.6-28	T/CSEE 0015—2016	电力工业控制系统上线信息安全检测技术规范	团标	2017-5-1			建设、修试	验收与质量评定、试验	调度及二次	电力监控系统网络安全	
7168	204.6-29	DL/T 1455—2015	电力系统控制类软件安全性及其测评技术要求	行标	2015-12-1			建设、修试	验收与质量评定、试验	调度及二次	电力监控系统网络安全	
7169	204.6-30	DL/T 1511—2016	电力系统移动作业PDA终端安全防护技术规范	行标	2016-6-1			设计、建设、运维	初设、施工图、施工工艺、验收与质量评定、试运行、运行、维护	调度及二次	电力监控系统网络安全	
7170	204.6-31	DL/T 1527—2016	用电信息安全防护技术规范	行标	2016-6-1			设计、建设、运维	初设、施工图、施工工艺、验收与质量评定、试运行、运行、维护	调度及二次	电力监控系统网络安全	
7171	204.6-32	DL/T 1931—2018	电力LTE无线通信网络安全防护要求	行标	2019-5-1			设计、建设、运维	初设、施工图、施工工艺、验收与质量评定、试运行、运行、维护	调度及二次	电力监控系统网络安全	

序号	体系结构号	标准编号	标准名称	标准级别	实施日期	与国际标准对应关系	代替标准	阶段	分阶段	专业	分专业	备注
7172	204.6-33	DL/T 1936—2018	配电自动化系统安全防护技术导则	行标	2019-5-1			设计、建设、运维	初设、施工图、施工工艺、验收与质量评定、试运行、运行、维护	调度及二次	电力监控系统网络安全	
7173	204.6-34	DL/T 1941—2018	可再生能源发电站电力监控系统网络安全防护技术规范	行标	2019-5-1			设计、建设、运维	初设、施工图、施工工艺、验收与质量评定、试运行、运行、维护	调度及二次	电力监控系统网络安全	
7174	204.6-35	DL/T 2202—2020	发电厂监控系统信息安全防护技术规范	行标	2021-2-1			规划、设计、运维	规划、初设、维护	调度及二次	电力监控系统网络安全	
7175	204.6-36	DL/T 2335—2021	电力监控系统网络安全防护技术导则	行标	2022-3-22			设计、建设、运维	初设、施工图、施工工艺、验收与质量评定、试运行、运行、维护	调度及二次	电力监控系统网络安全	
7176	204.6-37	DL/T 2336—2021	电力监控系统设备及软件网络安全检测要求	行标	2022-3-22			设计、建设、运维	初设、施工图、施工工艺、验收与质量评定、试运行、运行、维护	调度及二次	电力监控系统网络安全	
7177	204.6-38	DL/T 2337—2021	电力监控系统设备及软件网络安全技术要求	行标	2022-3-22			设计、建设、运维	初设、施工图、施工工艺、验收与质量评定、试运行、运行、维护	调度及二次	电力监控系统网络安全	
7178	204.6-39	DL/Z 981—2005	电力系统控制及其通信数据和通信安全	行标	2006-1-1	IEC TR 62210:2003，IDT		设计、采购、运维	初设、招标、维护	调度及二次	电力监控系统网络安全	
7179	204.6-40	GA/T 1485—2018	信息安全技术工业控制系统入侵检测产品安全技术要求	行标	2018-5-7			设计、建设、运维	初设、施工图、施工工艺、验收与质量评定、试运行、运行、维护	调度及二次	电力监控系统网络安全	

序号	体系结构号	标准编号	标准名称	标准级别	实施日期	与国际标准对应关系	代替标准	阶段	分阶段	专业	分专业	备注
7180	204.6-41	GA/T 1559—2019	信息安全技术工业控制系统软件脆弱性扫描产品安全技术要求	行标	2019-4-16			设计、建设、运维	初设、施工图、施工工艺、验收与质量评定、试运行、运行、维护	调度及二次	电力监控系统网络安全	
7181	204.6-42	GA/T 1560—2019	信息安全技术工业控制系统主机安全防护与审计监控产品安全技术要求	行标	2019-4-16			设计、建设、运维	初设、施工图、施工工艺、验收与质量评定、试运行、运行、维护	调度及二次	电力监控系统网络安全	
7182	204.6-43	GA/T 1562—2019	信息安全技术工业控制系统边界安全专用网关产品安全技术要求	行标	2019-5-5			设计、建设、运维	初设、施工图、施工工艺、验收与质量评定、试运行、运行、维护	调度及二次	电力监控系统网络安全	
7183	204.6-44	GM/T 0008—2012	安全芯片密码检测准则	行标	2012-11-22			设计、建设、运维	初设、施工图、施工工艺、验收与质量评定、试运行、运行、维护	调度及二次	电力监控系统网络安全	
7184	204.6-45	JB/T 11960—2014	工业过程测量和控制安全 网络和系统安全	行标	2014-10-1	IEC/PAS 62443-3:2008，IDT		设计、采购、建设、运维、修试	初设、施工图、招标、品控、施工工艺、验收与质量评定、试运行、运行、维护、检修、试验	调度及二次	电力监控系统网络安全	
7185	204.6-46	JB/T 11962—2014	工业通信网络 网络和系统安全 工业自动化和控制系统信息安全技术	行标	2014-10-1	IEC/PAS 62443-3-1:2009，IDT		规划、设计、采购、建设、运维	规划、初设、施工图、招标、品控、施工工艺、验收与质量评定、试运行、运行、维护	调度及二次	电力监控系统网络安全	
7186	204.6-47	NB/T 10921—2022	风电场监控系统信息安全防护技术规范	行标	2022-11-13			设计、建设、运维	初设、施工图、施工工艺、验收与质量评定、试运行、运行、维护	调度及二次	电力监控系统网络安全	

序号	体系结构号	标准编号	标准名称	标准级别	实施日期	与国际标准对应关系	代替标准	阶段	分阶段	专业	分专业	备注
7187	204.6-48	YD/T 4056—2022	5G 多接入边缘计算平台通用安全防护要求	行标	2022-7-1			设计、建设、运维	初设、施工图、施工工艺、验收与质量评定、试运行、运行、维护	调度及二次	电力监控系统网络安全	
7188	204.6-49	YD/T 4059—2022	混合云平台安全能力要求	行标	2022-7-1			设计、建设、运维	初设、施工图、施工工艺、验收与质量评定、试运行、运行、维护	调度及二次	电力监控系统网络安全	
7189	204.6-50	YD/T 4063—2022	基于协议的 DDoS 攻击定义与分类	行标	2022-7-1			设计、采购、建设、运维、修试	初设、施工图、招标、品控、施工工艺、验收与质量评定、试运行、运行、维护、检修、试验	调度及二次	电力监控系统网络安全	
7190	204.6-51	GB 42250—2022	信息安全技术 网络安全专用产品安全技术要求	国标	2023-7-1			规划、设计、采购、建设、运维、修试、退役	规划、初设、招标、验收与质量评定、运行、试验、退役	调度及二次	电力监控系统网络安全	
7191	204.6-52	GB/T 26333—2010	工业控制网络安全风险评估规范	国标	2011-6-1			建设、运维、修试	验收与质量评定、试运行、运行、维护、检修、试验	调度及二次	电力监控系统网络安全	
7192	204.6-53	GB/T 30976.1—2014	工业控制系统信息安全 第 1 部分：评估规范	国标	2015-2-1			建设、修试	验收与质量评定、试验	调度及二次	电力监控系统网络安全	
7193	204.6-54	GB/T 30976.2—2014	工业控制系统信息安全 第 2 部分：验收规范	国标	2015-2-1			建设、修试	验收与质量评定、试验	调度及二次	电力监控系统网络安全	

序号	体系结构号	标准编号	标准名称	标准级别	实施日期	与国际标准对应关系	代替标准	阶段	分阶段	专业	分专业	备注
7194	204.6-55	GB/T 32919—2016	信息安全技术 工业控制系统安全控制应用指南	国标	2017-3-1			规划、设计、采购、建设、运维、修试、退役	规划、初设、施工图、招标、品控、施工工艺、验收与质量评定、试运行、运行、维护、检修、试验、退役、报废	调度及二次	电力监控系统网络安全	
7195	204.6-56	GB/T 33007—2016	工业通信网络 网络和系统安全 建立工业自动化和控制系统安全程序	国标	2017-5-1	IEC 62443-2-1:2010		建设、运维	验收与质量评定、运行、维护	调度及二次	电力监控系统网络安全	
7196	204.6-57	GB/T 33009.1—2016	工业自动化和控制系统网络安全 集散控制系统（DCS）第1部分：防护要求	国标	2017-5-1			建设、运维	验收与质量评定、运行、维护	调度及二次	电力监控系统网络安全	
7197	204.6-58	GB/T 33009.2—2016	工业自动化和控制系统网络安全 集散控制系统（DCS）第2部分：管理要求	国标	2017-5-1			建设、运维	验收与质量评定、运行、维护	调度及二次	电力监控系统网络安全	
7198	204.6-59	GB/T 33009.3—2016	工业自动化和控制系统网络安全 集散控制系统（DCS）第3部分：评估指南	国标	2017-5-1			建设、运维	验收与质量评定、运行、维护	调度及二次	电力监控系统网络安全	
7199	204.6-60	GB/T 33009.4—2016	工业自动化和控制系统网络安全 集散控制系统（DCS）第4部分：风险与脆弱性检测要求	国标	2017-5-1			建设、运维	验收与质量评定、运行、维护	调度及二次	电力监控系统网络安全	

序号	体系结构号	标准编号	标准名称	标准级别	实施日期	与国际标准对应关系	代替标准	阶段	分阶段	专业	分专业	备注
7200	204.6-61	GB/T 34040—2017	工业通信网络功能安全现场总线行规 通用规则和行规定义	国标	2018-2-1	IEC 61784-3:2016		规划、设计、采购、建设、运维	规划、初设、施工图、招标、品控、施工工艺、验收与质量评定、试运行、运行、维护	调度及二次	电力监控系统网络安全	
7201	204.6-62	GB/T 36006—2018	控制与通信网络 Safety-over-Ether CAT 规范	国标	2018-10-1			设计、建设、运维	初设、施工图、施工工艺、验收与质量评定、试运行、运行、维护	调度及二次	电力监控系统网络安全	
7202	204.6-63	GB/T 36323—2018	信息安全技术 工业控制系统安全管理基本要求	国标	2019-1-1			设计、建设、运维	初设、施工图、施工工艺、验收与质量评定、试运行、运行、维护	调度及二次	电力监控系统网络安全	
7203	204.6-64	GB/T 36324—2018	信息安全技术 工业控制系统信息安全分级规范	国标	2019-1-1			设计、建设、运维	初设、施工图、施工工艺、验收与质量评定、试运行、运行、维护	调度及二次	电力监控系统网络安全	
7204	204.6-65	GB/T 36466—2018	信息安全技术 工业控制系统风险评估实施指南	国标	2019-1-1			设计、建设、运维	初设、施工图、施工工艺、验收与质量评定、试运行、运行、维护	调度及二次	电力监控系统网络安全	
7205	204.6-66	GB/T 36470—2018	信息安全技术 工业控制系统现场测控设备通用安全功能要求	国标	2019-1-1			设计、建设、运维	初设、施工图、施工工艺、验收与质量评定、试运行、运行、维护	调度及二次	电力监控系统网络安全	
7206	204.6-67	GB/T 36572—2018	电力监控系统网络安全防护导则	国标	2019-4-1			规划、设计、运维	规划、初设、维护	调度及二次	电力监控系统网络安全	

序号	体系结构号	标准编号	标准名称	标准级别	实施日期	与国际标准对应关系	代替标准	阶段	分阶段	专业	分专业	备注
7207	204.6-68	GB/T 36951—2018	信息安全技术物联网感知终端应用安全技术要求	国标	2019-7-1			设计、建设、运维	初设、施工图、施工工艺、验收与质量评定、试运行、运行、维护	调度及二次	电力监控系统网络安全	
7208	204.6-69	GB/T 37024—2018	信息安全技术物联网感知层网关安全技术要求	国标	2019-7-1			设计、建设、运维	初设、施工图、施工工艺、验收与质量评定、试运行、运行、维护	调度及二次	电力监控系统网络安全	
7209	204.6-70	GB/T 37025—2018	信息安全技术物联网数据传输安全技术要求	国标	2019-7-1			设计、建设、运维	初设、施工图、施工工艺、验收与质量评定、试运行、运行、维护	调度及二次	电力监控系统网络安全	
7210	204.6-71	GB/T 37044—2018	信息安全技术物联网安全参考模型及通用要求	国标	2019-7-1			规划、设计、采购、建设、运维、修试、退役	规划、初设、施工图、招标、品控、施工工艺、验收与质量评定、试运行、运行、维护、检修、试验、退役、报废	调度及二次	电力监控系统网络安全	
7211	204.6-72	GB/T 37093—2018	信息安全技术物联网感知层接入通信网的安全要求	国标	2019-7-1			设计、建设、运维	初设、施工图、施工工艺、验收与质量评定、试运行、运行、维护	调度及二次	电力监控系统网络安全	
7212	204.6-73	GB/T 37933—2019	信息安全技术工业控制系统专用防火墙技术要求	国标	2020-3-1			设计、建设、运维	初设、施工图、施工工艺、验收与质量评定、试运行、运行、维护	调度及二次	电力监控系统网络安全	
7213	204.6-74	GB/T 37934—2019	信息安全技术工业控制网络安全隔离与信息交换系统安全技术要求	国标	2020-3-1			设计、建设、运维	初设、施工图、施工工艺、验收与质量评定、试运行、运行、维护	调度及二次	电力监控系统网络安全	

序号	体系结构号	标准编号	标准名称	标准级别	实施日期	与国际标准对应关系	代替标准	阶段	分阶段	专业	分专业	备注
7214	204.6-75	GB/T 37941—2019	信息安全技术 工业控制系统网络审计产品安全技术要求	国标	2020-3-1			设计、建设、运维	初设、施工图、施工工艺、验收与质量评定、试运行、运行、维护	调度及二次	电力监控系统网络安全	
7215	204.6-76	GB/T 37953—2019	信息安全技术 工业控制网络监测安全技术要求及测试评价方法	国标	2020-3-1			设计、建设、运维	初设、施工图、施工工艺、验收与质量评定、试运行、运行、维护	调度及二次	电力监控系统网络安全	
7216	204.6-77	GB/T 37954—2019	信息安全技术 工业控制系统漏洞检测产品技术要求及测试评价方法	国标	2020-3-1			设计、建设、运维	初设、施工图、施工工艺、验收与质量评定、试运行、运行、维护	调度及二次	电力监控系统网络安全	
7217	204.6-78	GB/T 37962—2019	信息安全技术 工业控制系统产品信息安全通用评估准则	国标	2020-3-1			建设、修试	验收与质量评定、试验	调度及二次	电力监控系统网络安全	
7218	204.6-79	GB/T 37980—2019	信息安全技术 工业控制系统安全检查指南	国标	2020-3-1			建设、修试	验收与质量评定、试验	调度及二次	电力监控系统网络安全	
7219	204.6-80	GB/T 38318—2019	电力监控系统网络安全评估指南	国标	2020-7-1			规划、设计、运维	规划、初设、维护	调度及二次	电力监控系统网络安全	
7220	204.6-81	GB/T 39204—2022	信息安全技术 关键信息基础设施安全保护要求	国标	2023-5-1			规划、设计、采购、建设、运维、修试、退役	规划、初设、招标、验收与质量评定、运行、试验、退役	调度及二次	电力监控系统网络安全	
7221	204.6-82	GB/T 41274—2022	可编程控制系统内生安全体系架构	国标	2022-10-1			规划、设计、采购、建设、运维、修试、退役	规划、初设、施工图、招标、品控、施工工艺、验收与质量评定、试运行、运行、维护、检修、试验、退役、报废	调度及二次	电力监控系统网络安全	

序号	体系结构号	标准编号	标准名称	标准级别	实施日期	与国际标准对应关系	代替标准	阶段	分阶段	专业	分专业	备注
7222	204.6-83	GB/T 41391—2022	信息安全技术移动互联网应用程序（App）收集个人信息基本要求	国标	2022-11-1			设计、建设、运维	初设、施工图、施工工艺、验收与质量评定、试运行、运行、维护	信息	信息安全	
7223	204.6-84	GB/T 41400—2022	信息安全技术工业控制系统信息安全防护能力成熟度模型	国标	2022/11/1			规划、设计、采购、建设、运维、修试、退役	规划、初设、招标、验收与质量评定、运行、试验、退役	调度及二次	电力监控系统网络安全	
7224	204.6-85	GB/T 41479—2022	信息安全技术网络数据处理安全要求	国标	2022-11-1			设计、建设、运维	初设、施工图、施工工艺、验收与质量评定、试运行、运行、维护	信息	信息安全	
7225	204.6-86	GB/T 41806—2022	信息安全技术基因识别数据安全要求	国标	2023-5-1			设计、建设、运维	初设、施工图、施工工艺、验收与质量评定、试运行、运行、维护	信息	信息安全	
7226	204.6-87	GB/T 41807—2022	信息安全技术声纹识别数据安全要求	国标	2023-5-1			设计、建设、运维	初设、施工图、施工工艺、验收与质量评定、试运行、运行、维护	信息	信息安全	
7227	204.6-88	GB/T 41817—2022	信息安全技术个人信息安全工程指南	国标	2023-5-1			设计、建设、运维	初设、施工图、施工工艺、验收与质量评定、试运行、运行、维护	信息	信息安全	
7228	204.6-89	GB/T 41819—2022	信息安全技术人脸识别数据安全要求	国标	2023-5-1			设计、建设、运维	初设、施工图、施工工艺、验收与质量评定、试运行、运行、维护	信息	信息安全	

序号	体系结构号	标准编号	标准名称	标准级别	实施日期	与国际标准对应关系	代替标准	阶段	分阶段	专业	分专业	备注
7229	204.6-90	GB/T 42012—2022	信息安全技术 即时通信服务数据安全要求	国标	2023-5-1			建设、修试	验收与质量评定、试验	信息	信息安全	
7230	204.6-91	GB/T 42457—2023	工业自动化和控制系统信息安全 产品安全开发生命周期要求	国标	2023-10-1			规划、设计、采购、建设、运维、修试、退役	规划、初设、招标、验收与质量评定、运行、试验、退役	调度及二次	电力监控系统网络安全	
7231	204.6-92	GB/Z 41288—2022	信息安全技术 重要工业控制系统网络安全防护导则	国标	2022-10-1			建设	验收与质量评定	调度及二次	电力监控系统网络安全	
7232	204.6-93	GB/Z 41290—2022	信息安全技术 移动互联网安全审计指南	国标	2022-10-1			规划、设计、运维	规划、初设、维护	信息	信息安全	
204.7 调度控制—电力通信												
7233	204.7-1	Q/CSG 110005—2011	南方电网公网通信技术应用规范	企标	2011-11-11			设计、采购	初设、招标、品控	调度及二次	电力通信	
7234	204.7-2	Q/CSG 110010—2012	南方电网载波通信技术规范	企标	2012-2-1			设计、采购	初设、招标、品控	调度及二次	电力通信	
7235	204.7-3	Q/CSG 110019—2011	南方电网通信网资源编码命名规范	企标	2011-8-1			规划、设计、采购、建设、运维、修试、退役	规划、初设、施工图、招标、品控、施工工艺、验收与质量评定、试运行、运行、维护、检修、试验、退役、报废	调度及二次	电力通信	
7236	204.7-4	Q/CSG 1107004—2020	南方电网电力光缆技术规范（试行）	企标	2020-10-30		Q/CSG 110003—2011	规划、设计、采购	规划、初设、招标、品控	调度及二次	电力通信	
7237	204.7-5	Q/CSG 1203028—2017	南方电网应急通信网络及装备技术规范	企标	2017-3-1			设计、采购	初设、招标、品控	调度及二次	电力通信	

序号	体系结构号	标准编号	标准名称	标准级别	实施日期	与国际标准对应关系	代替标准	阶段	分阶段	专业	分专业	备注
7238	204.7-6	Q/CSG 1203062—2019	模块化多电平换流器阀控装置与实时仿真器通信协议（试行）	企标	2019-2-27			设计、采购	初设、招标、品控	调度及二次	电力通信	
7239	204.7-7	Q/CSG 1204010—2022	南方电网中压电力线载波通信技术规范	企标	2022-3-30			设计、采购	初设、招标、品控	调度及二次	电力通信	
7240	204.7-8	Q/CSG 1204011—2015	南方电网无源光网络（EPON）技术规范	企标	2016-3-1			设计、采购	初设、招标、品控	调度及二次	电力通信	
7241	204.7-9	Q/CSG 1204012—2016	南方电网通信网络生产应用接口技术规范	企标	2016-3-1			设计、采购	初设、招标、品控	调度及二次	电力通信	
7242	204.7-10	Q/CSG 1204019—2016	南方电网通信运行管控系统技术规范	企标	2016-9-1		Q/CSG 118002—2012	设计、采购	初设、招标、品控	调度及二次	电力通信	
7243	204.7-11	Q/CSG 1204037—2018	南方电网通信网管及业务应用系统安全防护技术规范	企标	2018-12-28			设计、采购、运维	初设、招标、品控、运行	调度及二次	电力通信	
7244	204.7-12	Q/CSG 1204038—2018	南方电网无线蜂窝通信接入设备技术规范	企标	2018-12-28			设计、采购	初设、招标、品控	调度及二次	电力通信	
7245	204.7-13	Q/CSG 1204039—2018	南方电网无线通信综合管理系统技术规范	企标	2018-12-28			设计、采购	初设、招标、品控	调度及二次	电力通信	
7246	204.7-14	Q/CSG 1204046—2019	南方电网配电数据网技术规范	企标	2019-6-26			设计、采购	初设、招标、品控	调度及二次	电力通信	
7247	204.7-15	Q/CSG 1204048—2019	南方电网配网通信运行管控系统技术规范	企标	2019-6-26			设计、采购	初设、招标、品控	调度及二次	电力通信	
7248	204.7-16	Q/CSG 1204054—2019	南方电网 2M光接口测试技术规范	企标	2019-9-30			修试	试验	调度及二次	电力通信	

序号	体系结构号	标准编号	标准名称	标准级别	实施日期	与国际标准对应关系	代替标准	阶段	分阶段	专业	分专业	备注
7249	204.7-17	Q/CSG 1204056—2019	南方电网分组传送网（PTN）技术规范	企标	2019-9-30			设计、采购	初设、招标、品控	调度及二次	电力通信	
7250	204.7-18	Q/CSG 1204057—2019	南方电网统一通信系统技术规范	企标	2019-9-30			设计、采购	初设、招标、品控	调度及二次	电力通信	
7251	204.7-19	Q/CSG 1204081—2020	南方电网通信电源技术规范（试行）	企标	2020-8-31		Q/CSG 1203011—2016	规划、设计、采购、建设、运维、修试、退役	规划、初设、施工图、招标、品控、施工工艺、验收与质量评定、试运行、运行、维护、检修、试验、退役、报废	调度及二次	电力通信	
7252	204.7-20	Q/CSG 1204096—2021	南方电网物联网通信规范（试行）	企标	2021-8-30			设计、采购	初设、招标、品控	调度及二次	电力通信	
7253	204.7-21	Q/CSG 1204112—2022	南方电网通信设备及业务调度命名编码规范（试行）	企标	2022-3-30			修试	试验	调度及二次	电力通信	
7254	204.7-22	Q/CSG 1204118—2022	南方电网 WAPI 无线局域网接入控制器北向接口技术规范（试行）	企标	2022-3-30			设计、采购	初设、招标、品控	调度及二次	电力通信	
7255	204.7-23	Q/CSG 1204119—2022	南方电网 WAPI 无线局域网综合管理系统技术规范（试行）	企标	2022-3-30			修试	试验	调度及二次	电力通信	
7256	204.7-24	Q/CSG 1204123—2022	南方电网无线蜂窝通信接入设备测试规范（试行）	企标	2022-3-30			设计、采购	初设、招标、品控	调度及二次	电力通信	
7257	204.7-25	Q/CSG 1204125—2022	南方电网 WAPI 无线局域网技术规范（试行）	企标	2022-4-7			设计、采购	初设、招标、品控	调度及二次	电力通信	

序号	体系结构号	标准编号	标准名称	标准级别	实施日期	与国际标准对应关系	代替标准	阶段	分阶段	专业	分专业	备注
7258	204.7-26	Q/CSG 1204128.1—2022	南方电网5G技术应用标准 第1部分：总体技术要求（试行）	企标	2022-5-5			规划、设计、采购、建设、运维、修试、退役	规划、初设、施工图、招标、品控、施工工艺、验收与质量评定、试运行、运行、维护、检修、试验、退役、报废	调度及二次	电力通信	
7259	204.7-27	Q/CSG 1204128.2—2022	南方电网5G技术应用标准 第2部分：电力通信终端技术要求(试行)	企标	2022-5-5			设计、采购	初设、招标、品控	调度及二次	电力通信	
7260	204.7-28	Q/CSG 1204128.3—2022	南方电网5G技术应用标准 第3部分：电力网关技术要求（试行）	企标	2022-5-5			设计、采购	初设、招标、品控	调度及二次	电力通信	
7261	204.7-29	Q/CSG 1204128.4—2022	南方电网5G技术应用标准 第4部分：电力通信终端测试规范(试行)	企标	2022-5-5			设计、采购	初设、招标、品控	调度及二次	电力通信	
7262	204.7-30	Q/CSG 1204128.5—2022	南方电网5G技术应用标准 第5部分：电力网关测试规范（试行）	企标	2022-5-5			设计、采购	初设、招标、品控	调度及二次	电力通信	
7263	204.7-31	Q/CSG 1204128.6—2022	南方电网5G技术应用标准 第6部分：支撑系统总体架构（试行）	企标	2022-5-5			设计、采购、运维	初设、招标、品控、运行	调度及二次	电力通信	
7264	204.7-32	Q/CSG 1204128.7—2022	南方电网5G技术应用标准 第7部分：支撑系统功能规范（试行）	企标	2022-5-5			设计、采购	初设、招标、品控	调度及二次	电力通信	

序号	体系结构号	标准编号	标准名称	标准级别	实施日期	与国际标准对应关系	代替标准	阶段	分阶段	专业	分专业	备注
7265	204.7-33	Q/CSG 1204153—2022	南方电网通信运行管控系统技术规范 第1部分：总体要求	企标	2022-10-11			设计、采购	初设、招标、品控	调度及二次	电力通信	
7266	204.7-34	Q/CSG 1204154—2022	南方电网通信运行管控系统技术规范 第2部分：资源管理	企标	2022-10-11			设计、采购	初设、招标、品控	调度及二次	电力通信	
7267	204.7-35	Q/CSG 1204155—2022	南方电网通信运行管控系统技术规范 第3部分：综合监控	企标	2022-10-11			修试	试验	调度及二次	电力通信	
7268	204.7-36	Q/CSG 1204156—2022	南方电网通信运行管控系统技术规范 第4部分：运行控制	企标	2022-10-11			设计、采购	初设、招标、品控	调度及二次	电力通信	
7269	204.7-37	Q/CSG 1204160—2022	南方电网通信设备标识标签技术规范	企标	2022-11-4			修试	试验	调度及二次	电力通信	
7270	204.7-38	Q/CSG 1204162.1—2022	基于区块链的配电数据网可信传输技术规范 第1部分 体系架构	企标	2022-12-17			设计、采购	初设、招标、品控	调度及二次	电力通信	
7271	204.7-39	Q/CSG 1204162.2—2022	基于区块链的配电数据网可信传输技术规范 第2部分 数据标识命名服务	企标	2022-12-17			设计、采购	初设、招标、品控	调度及二次	电力通信	
7272	204.7-40	Q/CSG 1209030.8—2022	港口岸电系统建设技术规范 第8部分：平台与监控系统通信规约（试行）	企标	2022-4-7			规划、设计、采购、建设、运维、修试、退役	规划、初设、施工图、招标、品控、施工工艺、验收与质量评定、试运行、运行、维护、检修、试验、退役、报废	调度及二次	调度自动化	

序号	体系结构号	标准编号	标准名称	标准级别	实施日期	与国际标准对应关系	代替标准	阶段	分阶段	专业	分专业	备注
7273	204.7-41	Q/CSG 1209030.9—2022	港口岸电系统建设技术规范 第9部分：监控系统与岸基设备通信规约（试行）	企标	2022-4-7			规划、设计、采购、建设、运维、修试、退役	规划、初设、施工图、招标、品控、施工工艺、验收与质量评定、试运行、运行、维护、检修、试验、退役、报废	调度及二次	调度自动化	
7274	204.7-42	T/CEC 178—2018	电力系统通信统计分析规范	团标	2018-9-1			运维、修试	运行、维护、检修、试验	调度及二次	电力通信	
7275	204.7-43	T/CEC 231.1—2019	电力系统卫星定位设备 第1部分：技术条件	团标	2020-1-1			设计、采购	初设、招标、品控	调度及二次	电力通信	
7276	204.7-44	T/CEC 231.2—2019	电力系统卫星定位设备 第2部分：检测规范	团标	2020-1-1			设计、采购	初设、招标、品控	调度及二次	电力通信	
7277	204.7-45	T/CEC 337.1—2020	2MHz～12MHz低压电力线高速载波通信系统 第1部分：总则	团标	2020-10-1			规划、设计、采购、建设、运维、修试、退役	规划、初设、施工图、招标、品控、施工工艺、验收与质量评定、试运行、运行、维护、检修、试验、退役、报废	调度及二次	电力通信	
7278	204.7-46	T/CEC 337.2—2021	2MHz～12MHz低压电力线高速载波通信系统 第2部分：技术要求	团标	2021-10-1			规划、设计、采购、建设、运维、修试、退役	规划、初设、施工图、招标、品控、施工工艺、验收与质量评定、试运行、运行、维护、检修、试验、退役、报废	调度及二次	电力通信	

序号	体系结构号	标准编号	标准名称	标准级别	实施日期	与国际标准对应关系	代替标准	阶段	分阶段	专业	分专业	备注
7279	204.7-47	T/CEC 337.3—2021	2MHz～12MHz低压电力线高速载波通信系统 第3部分：检验方法	团标	2021-10-1			规划、设计、采购、建设、运维、修试、退役	规划、初设、施工图、招标、品控、施工工艺、验收与质量评定、试运行、运行、维护、检修、试验、退役、报废	调度及二次	电力通信	
7280	204.7-48	T/CEC 337.41—2021	2MHz～12MHz低压电力线高速载波通信系统 第4-1部分：物理层通信协议	团标	2021-10-1			规划、设计、采购、建设、运维、修试、退役	规划、初设、施工图、招标、品控、施工工艺、验收与质量评定、试运行、运行、维护、检修、试验、退役、报废	调度及二次	电力通信	
7281	204.7-49	T/CEC 337.42—2021	2MHz～12MHz低压电力线高速载波通信系统 第4-2部分：数据链路层通信协议	团标	2021-10-1			规划、设计、采购、建设、运维、修试、退役	规划、初设、施工图、招标、品控、施工工艺、验收与质量评定、试运行、运行、维护、检修、试验、退役、报废	调度及二次	电力通信	
7282	204.7-50	T/CEC 337.43—2021	2MHz～12MHz低压电力线高速载波通信系统 第4-3部分：应用层通信协议	团标	2021-10-1			规划、设计、采购、建设、运维、修试、退役	规划、初设、施工图、招标、品控、施工工艺、验收与质量评定、试运行、运行、维护、检修、试验、退役、报废	调度及二次	电力通信	

序号	体系结构号	标准编号	标准名称	标准级别	实施日期	与国际标准对应关系	代替标准	阶段	分阶段	专业	分专业	备注
7283	204.7-51	T/CEC 499—2021	电力系统时间同步系统卫星共视技术规范	团标	2021-10-1			规划、设计、采购、建设、运维、修试、退役	规划、初设、施工图、招标、品控、施工工艺、验收与质量评定、试运行、运行、维护、检修、试验、退役、报废	调度及二次	电力通信	
7284	204.7-52	T/CEC 732—2022	工业互联网边缘网关技术要求	团标	2023-2-1			规划、设计、采购、建设、运维、修试、退役	规划、初设、施工图、招标、品控、施工工艺、验收与质量评定、试运行、运行、维护、检修、试验、退役、报废	调度及二次	电力通信	
7285	204.7-53	T/CIAPS 0006—2020	储能变流器与电池管理系统通信协议 第1部分：CAN通信协议	团标	2020-5-1			设计、采购、运维、修试	初设、招标、运行、维护、试验	发电	储能	
7286	204.7-54	T/CIAPS 0007—2020	三相储能变流器上位机Modbus监控协议	团标	2020-6-1			设计、采购、运维、修试	初设、招标、运行、维护、试验	发电	储能	
7287	204.7-55	T/CSEE 0085—2018	电力通信光缆运行维护规程	团标	2018-12-25			运维	运行、维护	调度及二次	电力通信	
7288	204.7-56	T/CSEE 0142—2019	智能变电站二次系统光纤通信回路物理配置语言规范	团标	2019-3-1			设计、采购	初设、招标、品控	调度及二次	电力通信	
7289	204.7-57	T/CSEE 0162.2—2021	电力通信终端接入网设备网管北向接口 第2部分：工业以太网	团标	2021-9-17			规划、设计、采购、建设、运维、修试、退役	规划、初设、施工图、招标、品控、施工工艺、验收与质量评定、试运行、运行、维护、检修、试验、退役、报废	调度及二次	电力通信	

序号	体系结构号	标准编号	标准名称	标准级别	实施日期	与国际标准对应关系	代替标准	阶段	分阶段	专业	分专业	备注
7290	204.7-58	T/CSEE 0162.3—2021	电力通信终端接入网设备网管北向接口 第3部分：无线专网	团标	2021-9-17			规划、设计、采购、建设、运维、修试、退役	规划、初设、施工图、招标、品控、施工工艺、验收与质量评定、试运行、运行、维护、检修、试验、退役、报废	调度及二次	电力通信	
7291	204.7-59	T/CSEE 0162.4—2021	电力通信终端接入网设备网管北向接口 第4部分：电力线载波	团标	2021-9-17			规划、设计、采购、建设、运维、修试、退役	规划、初设、施工图、招标、品控、施工工艺、验收与质量评定、试运行、运行、维护、检修、试验、退役、报废	调度及二次	电力通信	
7292	204.7-60	T/CSEE 0172—2021	电力通信统计基础数据需求	团标	2021-3-11			规划、设计、采购、建设、运维、修试、退役	规划、初设、施工图、招标、品控、施工工艺、验收与质量评定、试运行、运行、维护、检修、试验、退役、报废	调度及二次	电力通信	
7293	204.7-61	T/CSEE 0249—2021	电力通信电源系统建设和运维规程	团标	2021-9-17			设计、建设、运维	初设、施工图、施工工艺、验收与质量评定、试运行、运行、维护	调度及二次	电力通信	
7294	204.7-62	T/CSEE 0253—2021	电力通信网承载精准负荷控制业务技术要求	团标	2021-9-17			运维	运行、维护	调度及二次	电力通信	
7295	204.7-63	T/CSEE 0266—2021	电缆通道光纤振动防外破监测系统技术规范	团标	2021-9-17			运维	运行、维护	调度及二次	电力通信	

序号	体系结构号	标准编号	标准名称	标准级别	实施日期	与国际标准对应关系	代替标准	阶段	分阶段	专业	分专业	备注
7296	204.7-64	T/CSEE 0316.1—2022	电力远程低功耗通信系统技术规范 第1部分：230MHz 频段通用技术要求	团标	2022-12-8			规划、设计、采购、建设、运维、修试、退役	规划、初设、施工图、招标、品控、施工工艺、验收与质量评定、试运行、运行、维护、检修、试验、退役、报废	调度及二次	电力通信	
7297	204.7-65	T/CSEE 0317—2022	电力通信系统G.654.E 光纤技术规范	团标	2022-12-8			规划、设计、采购、建设、运维、修试、退役	规划、初设、施工图、招标、品控、施工工艺、验收与质量评定、试运行、运行、维护、检修、试验、退役、报废	调度及二次	电力通信	
7298	204.7-66	T/CSEE 0318—2022	中压电力线载波通信技术规范	团标	2022-12-8			规划、设计、采购、建设、运维、修试、退役	规划、初设、施工图、招标、品控、施工工艺、验收与质量评定、试运行、运行、维护、检修、试验、退役、报废	调度及二次	电力通信	
7299	204.7-67	T/CSEE 0319.1—2022	电力通信切片分组网络（SPN）第1部分：网络架构总体技术要求	团标	2022-12-8			设计、建设、运维	初设、施工图、施工工艺、验收与质量评定、试运行、运行、维护	调度及二次	电力通信	
7300	204.7-68	T/CSEE 0319.2—2022	电力通信切片分组网络（SPN）第2部分：多颗粒度帧结构和切片调度技术要求	团标	2022-12-8			运维	运行、维护	调度及二次	电力通信	
7301	204.7-69	DL/T 364—2019	光纤通道传输保护信息通用技术条件	行标	2019-10-1		DL/T 364—2010	运维	运行、维护	调度及二次	电力通信	

序号	体系结构号	标准编号	标准名称	标准级别	实施日期	与国际标准对应关系	代替标准	阶段	分阶段	专业	分专业	备注
7302	204.7-70	DL/T 395—2010	低压电力线通信宽带接入系统技术要求	行标	2010-10-1			设计、采购	初设、招标、品控	调度及二次	电力通信	
7303	204.7-71	DL/T 544—2012	电力通信运行管理规程	行标	2012-3-1		DL/T 544—1994	运维、修试	运行、维护、检修、试验	调度及二次	电力通信	
7304	204.7-72	DL/T 545—2012	电力系统微波通信运行管理规程	行标	2012-3-1		DL/T 545—1994	设计、采购	初设、招标、品控	调度及二次	电力通信	
7305	204.7-73	DL/T 546—2012	电力线载波通信运行管理规程	行标	2012-3-1		DL/T 546—1994	运维、修试	运行、维护、检修、试验	调度及二次	电力通信	
7306	204.7-74	DL/T 547—2020	电力系统光纤通信运行管理规程	行标	2021-2-1		DL/T 547—2010	运维、修试	运行、维护、检修、试验	调度及二次	电力通信	
7307	204.7-75	DL/T 548—2012	电力系统通信站过电压防护规程	行标	2012-3-1		DL 548—1994	运维、修试	运行、维护、检修、试验	调度及二次	电力通信	
7308	204.7-76	DL/T 598—2010	电力系统自动交换电话网技术规范	行标	2011-5-1		DL/T 598—1996	设计、采购	初设、招标、品控	调度及二次	电力通信	
7309	204.7-77	DL/T 767—2013	全介质自承式光缆（ADSS）用预绞式金具技术条件和试验方法	行标	2013-8-1		DL/T 767—2003	采购、建设	品控、验收与质量评定	调度及二次	电力通信	
7310	204.7-78	DL/T 798—2002	电力系统卫星通信运行管理规程	行标	2002-9-1			运维、修试	运行、维护、检修、试验	调度及二次	电力通信	
7311	204.7-79	DL/T 888—2004	电力调度交换机电力 DTMF 信令规范	行标	2005-4-1			设计、采购	初设、招标、品控	调度及二次	电力通信	
7312	204.7-80	DL/T 1306—2013	电力调度数据网技术规范	行标	2014-4-1			设计、采购	初设、招标、品控	调度及二次	电力通信	
7313	204.7-81	DL/T 1407—2015	低压电力线载波通信设备通用技术条件	行标	2015-9-1			设计、采购	初设、招标、品控	调度及二次	电力通信	

序号	体系结构号	标准编号	标准名称	标准级别	实施日期	与国际标准对应关系	代替标准	阶段	分阶段	专业	分专业	备注
7314	204.7-82	DL/T 1414.301—2015	电力市场通信 第301部分:公共信息模型	行标	2015-9-1			设计、建设、运维	初设、验收与质量评定、运行	调度及二次	电力通信	
7315	204.7-83	DL/T 1574—2016	基于以太网方式的无源光网络(EPON)系统技术条件	行标	2016-7-1			设计、采购	初设、招标、品控	调度及二次	电力通信	
7316	204.7-84	DL/T 1623—2016	智能变电站预制光缆技术规范	行标	2016-12-1			采购、运维	招标、品控、运行、维护	调度及二次	电力通信	
7317	204.7-85	DL/T 1710—2017	电力通信站运行维护技术规范	行标	2017-12-1			设计、采购	初设、招标、品控	调度及二次	电力通信	
7318	204.7-86	DL/T 1880—2018	智能用电电力线宽带通信技术要求	行标	2019-5-1			规划、设计、采购、建设、运维、修试、退役	规划、初设、施工图、招标、品控、施工工艺、验收与质量评定、试运行、运行、维护、检修、试验、退役、报废	调度及二次	电力通信	
7319	204.7-87	DL/T 1933.4—2018	塑料光纤信息传输技术实施规范 第4部分:塑料光缆	行标	2019-5-1			设计、采购	初设、招标、品控	调度及二次	电力通信	
7320	204.7-88	DL/T 1933.5—2018	塑料光纤信息传输技术实施规范 第5部分:光缆布线要求	行标	2019-5-1			设计、采购	初设、招标、品控	调度及二次	电力通信	
7321	204.7-89	DL/T 2053—2019	电力系统IP多媒体子系统行政交换网组网技术规范	行标	2020-5-1			设计、采购、建设、运维、修试、退役	初设、施工图、招标、品控、施工工艺、验收与质量评定、试运行、运行、维护、检修、试验、退役、报废	调度及二次	电力通信	

序号	体系结构号	标准编号	标准名称	标准级别	实施日期	与国际标准对应关系	代替标准	阶段	分阶段	专业	分专业	备注
7322	204.7-90	DL/T 2065—2019	无线传感器网络设备电磁电气基本特性规范	行标	2020-5-1			设计、采购	初设、招标、品控	调度及二次	电力通信	
7323	204.7-91	DL/T 5041—2012	火力发电厂厂内通信设计技术规定	行标	2012-3-1		DL/T 5041—1995	设计、采购、建设、运维、修试、退役	初设、施工图、招标、品控、施工工艺、验收与质量评定、试运行、运行、维护、检修、试验、退役、报废	调度及二次	电力通信	
7324	204.7-92	YD/T 1095—2018	通信用交流不间断电源（UPS）	行标	2018-7-1		YD/T 1095—2008	设计、采购	初设、招标、品控	调度及二次	电力通信	
7325	204.7-93	YD/T 1096—2009	路由器设备技术要求　边缘路由器	行标	2009-9-1		YD/T 1096—2001	规划、设计、采购、建设、运维、修试、退役	规划、初设、施工图、招标、品控、施工工艺、验收与质量评定、试运行、运行、维护、检修、试验、退役、报废	调度及二次	电力通信	
7326	204.7-94	YD/T 1258.1—2015	室内光缆　第1部分：总则	行标	2015-7-1		YD/T 1258.1—2003	采购、运维	招标、品控、运行、维护	调度及二次	电力通信	
7327	204.7-95	YD/T 1289.5—2007	同步数字体系（SDH）传送网网络管理技术要求　第5部分　网元管理系统（EMS）—网络管理系统（NMS）接口通用信息模型	行标	2007-10-1			设计、采购	初设、招标、品控	调度及二次	电力通信	
7328	204.7-96	YD/T 1341—2005	IPv6基本协议—IPv6协议	行标	2005-11-1	RFC 2460（1998），MOD		规划、设计、采购、建设、运维、修试、退役	规划、初设、施工图、招标、品控、施工工艺、验收与质量评定、试运行、运行、维护、检修、试验、退役、报废	调度及二次	电力通信	

序号	体系结构号	标准编号	标准名称	标准级别	实施日期	与国际标准对应关系	代替标准	阶段	分阶段	专业	分专业	备注
7329	204.7-97	YD/T 1363.1—2014	通信局（站）电源、空调及环境集中监控管理系统　第1部分:系统技术要求	行标	2014-10-14		YD/T 1363.1—2005	设计、采购	初设、招标、品控	调度及二次	电力通信	
7330	204.7-98	YD/T 1363.2—2014	通信局（站）电源、空调及环境集中监控管理系统　第2部分:互联协议	行标	2014-10-14		YD/T 1363.2—2005	设计、采购	初设、招标、品控	调度及二次	电力通信	
7331	204.7-99	YD/T 1363.3—2014	通信局（站）电源、空调及环境集中监控管理系统　第3部分:前端智能设备协议	行标	2014-10-14		YD/T 1363.3—2005	设计、采购	初设、招标、品控	调度及二次	电力通信	
7332	204.7-100	YD/T 1442—2006	IPv6 网络技术要求—地址、过渡及服务质量	行标	2006-10-1	RFC 2460，NEQ；RFC 2463，NEQ；RFC 2473，NEQ		规划、设计、建设	规划、初设、施工图、施工工艺、验收与质量评定、试运行	调度及二次	电力通信	
7333	204.7-101	YD/T 1452—2014	IPv6 网络设备技术要求　边缘路由器	行标	2015-4-1		YD/T 1452—2006	规划、设计、建设	规划、初设、施工图、施工工艺、验收与质量评定、试运行	调度及二次	电力通信	
7334	204.7-102	YD/T 1453—2014	IPv6 网络设备测试方法　边缘路由器	行标	2015-4-1		YD/T 1453—2006	建设、修试	验收与质量评定、试验	调度及二次	电力通信	
7335	204.7-103	YD/T 1454—2014	IPv6 网络设备技术要求　核心路由器	行标	2015-4-1		YD/T 1454—2006	规划、设计、建设	规划、初设、施工图、施工工艺、验收与质量评定、试运行	调度及二次	电力通信	
7336	204.7-104	YD/T 1455—2014	IPv6 网络设备测试方法　核心路由器	行标	2015-4-1		YD/T 1455—2006	建设、修试	验收与质量评定、试验	调度及二次	电力通信	

序号	体系结构号	标准编号	标准名称	标准级别	实施日期	与国际标准对应关系	代替标准	阶段	分阶段	专业	分专业	备注
7337	204.7-105	YD/T 1477—2006	基于边界网关协议/多协议标记交换的虚拟专用网（BGP/MPLS VPN）组网要求	行标	2006-10-1			规划、设计、采购、建设、运维、修试、退役	规划、初设、施工图、招标、品控、施工工艺、验收与质量评定、试运行、运行、维护、检修、试验、退役、报废	调度及二次	电力通信	
7338	204.7-106	YD/T 1638—2007	跨运营商的IPv4网络与IPv6网络互通技术要求	行标	2007-12-1			规划、设计、建设	规划、初设、施工图、施工工艺、验收与质量评定、试运行	调度及二次	电力通信	
7339	204.7-107	YD/T 1821—2018	通信局（站）机房环境条件要求与检测方法	行标	2019-4-1		YD/T 1821—2008；YD/T 1712—2007（2017）	设计、采购、修试	初设、招标、品控、检修、试验	调度及二次	电力通信	
7340	204.7-108	YD/T 1879—2009	软交换互通系列互通设备技术要求	行标	2009-9-1			设计、采购	初设、招标、品控	调度及二次	电力通信	
7341	204.7-109	YD/T 1927—2009	软交换业务接入控制设备技术要求	行标	2009-9-1			设计、采购	初设、招标、品控	调度及二次	电力通信	
7342	204.7-110	YD/T 1970.10—2009	通信局（站）电源系统维护技术要求 第10部分:阀控式密封铅酸蓄电池	行标	2009-9-1			设计、采购	初设、招标、品控	调度及二次	电力通信	
7343	204.7-111	YD/T 1970.2—2010	通信局（站）电源系统维护技术要求 第2部分:高低压变配电系统	行标	2011-1-1			设计、采购	初设、招标、品控	调度及二次	电力通信	
7344	204.7-112	YD/T 1970.3—2010	通信局（站）电源系统维护技术要求 第3部分:直流系统	行标	2011-1-1			设计、采购	初设、招标、品控	调度及二次	电力通信	

序号	体系结构号	标准编号	标准名称	标准级别	实施日期	与国际标准对应关系	代替标准	阶段	分阶段	专业	分专业	备注
7345	204.7-113	YD/T 1970.4—2009	通信局（站）电源系统维护技术要求 第4部分：不间断电源（UPS）系统	行标	2009-9-1			设计、采购	初设、招标、品控	调度及二次	电力通信	
7346	204.7-114	YD/T 1970.6—2020	通信局（站）电源系统维护技术要求 第6部分：发电机组系统	行标	2021-1-1		YD/T 1970.6—2009	设计、采购	初设、招标、品控	调度及二次	电力通信	
7347	204.7-115	YD/T 1991—2016	N×40Gbit/s 光波分复用（WDM）系统技术要求	行标	2016-7-1		YD/T 1991—2009	设计、采购	初设、招标、品控	调度及二次	电力通信	
7348	204.7-116	YD/T 1999—2021	通信用轻型自承式室外光缆	行标	2021-4-1		YD/T 1999—2009	设计、采购	初设、招标、品控	调度及二次	电力通信	
7349	204.7-117	YD/T 2024—2018	互联网骨干网网间互联扩容技术要求	行标	2019-4-1		YD/T 2024—2009	规划、设计、建设、运维	规划、初设、施工图、施工工艺、验收与质量评定、运行、维护	调度及二次	电力通信	
7350	204.7-118	YD/T 2199—2010	通信机房防火封堵安全技术要求	行标	2011-1-1			规划、设计、建设、运维	规划、初设、施工图、施工工艺、验收与质量评定、运行、维护	调度及二次	电力通信	
7351	204.7-119	YD/T 2289.3—2013	无线射频拉远单元（RRU）用线缆 第3部分：光电混合缆	行标	2014-1-1			规划、设计、采购、建设、运维、修试、退役	规划、初设、施工图、招标、品控、施工工艺、验收与质量评定、试运行、运行、维护、检修、试验、退役、报废	调度及二次	电力通信	

序号	体系结构号	标准编号	标准名称	标准级别	实施日期	与国际标准对应关系	代替标准	阶段	分阶段	专业	分专业	备注
7352	204.7-120	YD/T 2368—2011	可聚合全球单播 IPv6 地址分配技术要求	行标	2012-2-1			规划、设计、采购、建设、运维、修试、退役	规划、初设、施工图、招标、品控、施工工艺、验收与质量评定、试运行、运行、维护、检修、试验、退役、报废	调度及二次	电力通信	
7353	204.7-121	YD/T 2555—2021	通信用 240V/336V 直流供电系统配电设备	行标	2021-4-1		YD/T 2555—2013	运维	运行、维护	调度及二次	电力通信	
7354	204.7-122	YD/T 2601—2013	支持 IPv6 访问的 Web 服务器的技术要求和测试方法	行标	2014-1-1			采购、建设	品控、验收与质量评定	调度及二次	电力通信	
7355	204.7-123	YD/T 2615.1—2013	公众无线局域网网络管理 第1部分：总体技术要求	行标	2014-1-1			设计、采购	初设、招标、品控	调度及二次	电力通信	
7356	204.7-124	YD/T 2615.2—2013	公众无线局域网网络管理 第2部分：网络管理系统功能要求	行标	2014-1-1			设计、采购	初设、招标、品控	调度及二次	电力通信	
7357	204.7-125	YD/T 2615.3—2013	公众无线局域网网络管理 第3部分：接口技术要求	行标	2014-1-1			设计、采购	初设、招标、品控	调度及二次	电力通信	
7358	204.7-126	YD/T 2616.5—2014	无源光网络（PON）网络管理技术要求 第5部分：EMS-NMS 接口通用信息模型	行标	2015-4-1			规划、设计、建设	规划、初设、施工图、施工工艺、验收与质量评定、试运行	调度及二次	电力通信	

序号	体系结构号	标准编号	标准名称	标准级别	实施日期	与国际标准对应关系	代替标准	阶段	分阶段	专业	分专业	备注
7359	204.7-127	YD/T 2616.6—2014	无源光网络（PON）网络管理技术要求 第6部分：基于TL1技术的EMS-NMS接口信息模型	行标	2015-4-1			规划、设计、建设	规划、初设、施工图、施工工艺、验收与质量评定、试运行	调度及二次	电力通信	
7360	204.7-128	YD/T 2616.7—2017	无源光网络（PON）网络管理技术要求 第7部分：基于XML技术的EMS-NMS接口信息模型	行标	2018-1-1			规划、设计、建设	规划、初设、施工图、施工工艺、验收与质量评定、试运行	调度及二次	电力通信	
7361	204.7-129	YD/T 2616.8—2016	无源光网络（PON）网络管理技术要求 第8部分：基于IDL/IIOP技术的EMS-NMS接口信息模型	行标	2016-7-1			规划、设计、建设	规划、初设、施工图、施工工艺、验收与质量评定、试运行	调度及二次	电力通信	
7362	204.7-130	YD/T 2682—2014	IPv6接入地址编址编码技术要求	行标	2014-5-6			规划、设计、建设	规划、初设、施工图、施工工艺、验收与质量评定、试运行	调度及二次	电力通信	
7363	204.7-131	YD/T 2709—2014	基于承载网信息的网络服务优化技术	行标	2015-4-1			设计、建设、运维	初设、施工图、施工工艺、验收与质量评定、试运行、运行、维护	调度及二次	电力通信	
7364	204.7-132	YD/T 2710—2014	IPv6路由协议适用于低功耗有损网络的IPv6路由协议（RPL）技术要求	行标	2015-4-1	IETF RFC6550，MOD		规划、设计、建设	规划、初设、施工图、施工工艺、验收与质量评定、试运行	调度及二次	电力通信	
7365	204.7-133	YD/T 2730—2014	IPv6技术要求 基于网络的流切换移动管理技术	行标	2015-4-1			规划、设计、建设	规划、初设、施工图、施工工艺、验收与质量评定、试运行	调度及二次	电力通信	

序号	体系结构号	标准编号	标准名称	标准级别	实施日期	与国际标准对应关系	代替标准	阶段	分阶段	专业	分专业	备注
7366	204.7-134	YD/T 2796.5—2021	并行传输有源光缆光模块 第5部分：400Gb/s AOC	行标	2022-4-1			规划、设计、建设	规划、初设、施工图、施工工艺、验收与质量评定、试运行	调度及二次	电力通信	
7367	204.7-135	YD/T 2873.2—2017	基于载波的高速超宽带无线通信技术要求 第2部分：单载波空中接口物理层	行标	2018-1-1			设计、采购	初设、招标、品控	调度及二次	电力通信	
7368	204.7-136	YD/T 2873.4—2017	基于载波的高速超宽带无线通信技术要求 第4部分：双载波空中接口物理层	行标	2018-1-1			设计、采购	初设、招标、品控	调度及二次	电力通信	
7369	204.7-137	YD/T 3004—2016	模块化通信机房技术要求	行标	2016-4-1			设计、采购	初设、招标、品控	调度及二次	电力通信	
7370	204.7-138	YD/T 3005—2016	基站供电变压器系统的防雷与接地技术要求	行标	2016-4-1			设计、采购	初设、招标、品控	调度及二次	电力通信	
7371	204.7-139	YD/T 3006—2016	通信铁塔临近区域的防雷技术要求	行标	2016-4-1			设计、采购	初设、招标、品控	调度及二次	电力通信	
7372	204.7-140	YD/T 3012—2016	接入网技术要求 DSL系统支持时钟同步和时间同步	行标	2016-4-1			设计、采购	初设、招标、品控	调度及二次	电力通信	
7373	204.7-141	YD/T 3049—2016	IPv6技术要求 基于代理移动IPv6的组播	行标	2016-7-1			规划、设计、建设	规划、初设、施工图、施工工艺、验收与质量评定、试运行	调度及二次	电力通信	
7374	204.7-142	YD/T 3064—2016	轻量级IPv6业务网关设备技术要求	行标	2016-10-1			规划、设计、建设	规划、初设、施工图、施工工艺、验收与质量评定、试运行	调度及二次	电力通信	

序号	体系结构号	标准编号	标准名称	标准级别	实施日期	与国际标准对应关系	代替标准	阶段	分阶段	专业	分专业	备注
7375	204.7-143	YD/T 3065—2016	IPv6 地址编码与管理技术要求 基于 DHCPv6 的地址租约查询	行标	2016-7-1			规划、设计、建设	规划、初设、施工图、施工工艺、验收与质量评定、试运行	调度及二次	电力通信	
7376	204.7-144	YD/T 3070—2016	N×100Gbit/s 超长距离光波分复用（WDM）系统技术要求	行标	2016-7-1			设计、采购	初设、招标、品控	调度及二次	电力通信	
7377	204.7-145	YD/T 3118—2016	网站 IPv6 支持度评测指标与测试方法	行标	2016-10-1			建设、修试	验收与质量评定、试验	调度及二次	电力通信	
7378	204.7-146	YD/T 3196—2016	基于统一 IMS（第二阶段）的业务技术要求 短消息业务	行标	2017-1-1			设计、采购	初设、招标、品控	调度及二次	电力通信	
7379	204.7-147	YD/T 3232—2017	基于 IPv6 传输的 DHCPv4 技术要求	行标	2017-7-1			规划、设计、建设	规划、初设、施工图、施工工艺、验收与质量评定、试运行	调度及二次	电力通信	
7380	204.7-148	YD/T 3235—2017	具有双栈内容交换功能的以太网交换机测试方法	行标	2017-7-1			建设、修试	验收与质量评定、试验	调度及二次	电力通信	
7381	204.7-149	YD/T 3331—2018	面向物联网的蜂窝窄带接入（NB-IoT）无线网总体技术要求	行标	2019-4-1			运维	运行、维护	调度及二次	电力通信	
7382	204.7-150	YD/T 3332—2018	面向物联网的蜂窝窄带接入（NB-IoT）核心网总体技术要求	行标	2019-4-1			运维	运行、维护	调度及二次	电力通信	
7383	204.7-151	YD/T 3333—2018	面向物联网的蜂窝窄带接入（NB-IoT）核心网设备技术要求	行标	2019-4-1			运维	运行、维护	调度及二次	电力通信	

序号	体系结构号	标准编号	标准名称	标准级别	实施日期	与国际标准对应关系	代替标准	阶段	分阶段	专业	分专业	备注
7384	204.7-152	YD/T 3335—2018	面向物联网的蜂窝窄带接入（NB-IoT）基站设备技术要求	行标	2019-4-1			运维	运行、维护	调度及二次	电力通信	
7385	204.7-153	YD/T 3336—2018	面向物联网的蜂窝窄带接入（NB-IoT）基站设备测试方法	行标	2019-4-1			运维	运行、维护	调度及二次	电力通信	
7386	204.7-154	YD/T 3337—2018	面向物联网的蜂窝窄带接入（NB-IoT）终端设备技术要求	行标	2019-4-1			运维	运行、维护	调度及二次	电力通信	
7387	204.7-155	YD/T 3338—2018	面向物联网的蜂窝窄带接入（NB-IoT）终端设备测试方法	行标	2019-4-1			运维	运行、维护	调度及二次	电力通信	
7388	204.7-156	YD/T 3381—2018	射频馈入数字分布系统网管测试方法	行标	2019-4-1			修试	检修、试验	调度及二次	电力通信	
7389	204.7-157	YD/T 3402—2018	城域 $N\times100$Gbit/s 光波分复用（W-DM）系统技术要求	行标	2019-4-1			设计、采购	初设、招标、品控	调度及二次	电力通信	
7390	204.7-158	YD/T 3409—2018	基于 LTE 技术的宽带集群通信（B-TrunC）系统终端设备技术要求（第一阶段）	行标	2019-4-1			设计、采购	初设、招标、品控	调度及二次	电力通信	
7391	204.7-159	YD/T 3425—2018	通信用氢燃料电池供电系统维护技术要求	行标	2019-4-1			运维	运行、维护	调度及二次	电力通信	
7392	204.7-160	YD/T 3615—2019	5G 移动通信网核心网总体技术要求	行标	2019-12-24			设计、采购	初设、招标、品控	调度及二次	电力通信	

序号	体系结构号	标准编号	标准名称	标准级别	实施日期	与国际标准对应关系	代替标准	阶段	分阶段	专业	分专业	备注
7393	204.7-161	YD/T 3616—2019	5G 移动通信网核心网网络功能技术要求	行标	2019-12-24			设计、采购	初设、招标、品控	调度及二次	电力通信	
7394	204.7-162	YD/T 3617—2019	5G 移动通信网核心网网络功能测试方法	行标	2019-12-24			修试	检修、试验	调度及二次	电力通信	
7395	204.7-163	YD/T 3618—2019	5G 数字蜂窝移动通信网 无线接入网总体技术要求（第一阶段）	行标	2019-12-24			设计、采购	初设、招标、品控	调度及二次	电力通信	
7396	204.7-164	YD/T 3619—2019	5G 数字蜂窝移动通信网 NG 接口技术要求和测试方法（第一阶段）	行标	2019-12-24			设计、采购、修试	初设、招标、品控、试验	调度及二次	电力通信	
7397	204.7-165	YD/T 3620—2019	5G 数字蜂窝移动通信网 X_n/X_2 接口技术要求和测试方法（第一阶段）	行标	2019-12-24			设计、采购、修试	初设、招标、品控、试验	调度及二次	电力通信	
7398	204.7-166	YD/T 3627—2019	5G 数字蜂窝移动通信网 增强移动宽带终端设备技术要求（第一阶段）	行标	2019-12-24			设计、采购	初设、招标、品控	调度及二次	电力通信	
7399	204.7-167	YD/T 3628—2019	5G 移动通信网安全技术要求	行标	2019-12-24			设计、采购	初设、招标、品控	调度及二次	电力通信	
7400	204.7-168	YD/T 3929—2021	5G 数字蜂窝移动通信网 6GHz 以下频段基站设备技术要求（第一阶段）	行标	2021-7-1			设计、采购	初设、招标、品控	调度及二次	电力通信	
7401	204.7-169	YD/T 3930—2021	5G 数字蜂窝移动通信网 6GHz 以下频段基站设备测试方法（第一阶段）	行标	2021-7-1			设计、采购、修试	初设、招标、品控、试验	调度及二次	电力通信	

序号	体系结构号	标准编号	标准名称	标准级别	实施日期	与国际标准对应关系	代替标准	阶段	分阶段	专业	分专业	备注
7402	204.7-170	YD/T 3958—2021	5G 消息 终端测试方法	行标	2022-4-1			采购、建设、修试	品控、验收与质量评定、试验	调度及二次	电力通信	
7403	204.7-171	YD/T 3959—2021	接入网设备测试方法 面向5G前传的 $N×25Gbit/s$ 波分复用无源光网络（WDM-PON）	行标	2022-4-1			采购、建设、修试	品控、验收与质量评定、试验	调度及二次	电力通信	
7404	204.7-172	YD/T 3962—2021	5G 核心网边缘计算总体技术要求	行标	2021-12-2			规划、设计、运维	规划、初设、维护	调度及二次	电力通信	
7405	204.7-173	YD/T 3973—2021	5G 网络切片端到端总体技术要求	行标	2021-12-2			设计、建设	初设、验收与质量评定	调度及二次	电力通信	
7406	204.7-174	YD/T 3974—2021	5G 网络切片基于切片分组网络（SPN）承载的端到端切片对接技术要求	行标	2021-12-2			设计、建设	初设、验收与质量评定	调度及二次	电力通信	
7407	204.7-175	YD/T 3975—2021	5G 网络切片基于IP承载的端到端切片对接技术要求	行标	2021-12-2			设计、建设	初设、验收与质量评定	调度及二次	电力通信	
7408	204.7-176	YD/T 3976—2021	5G 移动通信网会话管理功能（SMF）及用户平面功能（UPF）拓扑增强总体技术要求	行标	2021-12-2			设计、建设	初设、验收与质量评定	调度及二次	电力通信	
7409	204.7-177	YD/T 3988—2021	5G 通用模组技术要求（第一阶段）	行标	2021-12-2			设计、采购	初设、招标、品控	调度及二次	电力通信	
7410	204.7-178	YD/T 3989—2021	5G 消息 总体技术要求	行标	2021-12-2			设计、建设	初设、验收与质量评定	调度及二次	电力通信	

序号	体系结构号	标准编号	标准名称	标准级别	实施日期	与国际标准对应关系	代替标准	阶段	分阶段	专业	分专业	备注
7411	204.7-179	YD/T 4002—2021	5G 数字蜂窝移动通信网 增强移动宽带终端设备测试方法（第一阶段）	行标	2021-12-2			采购、建设、修试	品控、验收与质量评定、试验	调度及二次	电力通信	
7412	204.7-180	YD/T 4013.1—2022	城域 $N\times25Gbit/s$ 波分复用（WDM）系统技术要求 第1部分：总体技术要求	行标	2022-7-1			设计、建设	初设、验收与质量评定	调度及二次	电力通信	
7413	204.7-181	YD/T 4013.2—2022	城域 $N\times25Gbit/s$ 波分复用（WDM）系统技术要求 第2部分：CWDM	行标	2022-7-1			设计、建设	初设、验收与质量评定	调度及二次	电力通信	
7414	204.7-182	YD/T 4013.5—2022	城域 $N\times25Gbit/s$ 波分复用（WDM）系统技术要求 第5部分：DWDM	行标	2022-7-1			设计、采购	初设、招标、品控	调度及二次	电力通信	
7415	204.7-183	YD/T 4107—2022	通信网敏捷运营管理框架	行标	2023-01-01			设计、建设	初设、验收与质量评定	调度及二次	电力通信	
7416	204.7-184	YD/T 4165—2022	5G 网络语音业务互联互通技术要求	行标	2023-01-01			采购、建设、修试	品控、验收与质量评定、试验	调度及二次	电力通信	
7417	204.7-185	GB/T 7611—2016	数字网系列比特率电接口特性	国标	2016-12-1		GB/T 7611—2001	设计、采购	初设、招标、品控	调度及二次	电力通信	
7418	204.7-186	GB/T 13849.3—1993	聚烯烃绝缘聚烯烃护套市内通信电缆 第3部分：铜芯、实心或泡沫（带皮泡沫）聚烯烃绝缘、填充式、挡潮层聚乙烯护套市内通信电缆	国标	1994-8-1		GB 13849—92	设计、采购	初设、招标、品控	调度及二次	电力通信	

序号	体系结构号	标准编号	标准名称	标准级别	实施日期	与国际标准对应关系	代替标准	阶段	分阶段	专业	分专业	备注
7419	204.7-187	GB/T 13849.4—1993	聚烯烃绝缘聚烯烃护套市内通信电缆 第4部分：铜芯、实心聚烯烃绝缘（非填充）、自承式、挡潮层聚乙烯护套市内通信电缆	国标	1994-8-1		GB 13849-92	设计、采购	初设、招标、品控	调度及二次	电力通信	
7420	204.7-188	GB/T 13849.5—1993	聚烯烃绝缘聚烯烃护套市内通信电缆 第5部分：铜芯、实心或泡沫（带皮泡沫）聚烯烃绝缘、隔离式（内屏蔽）、挡潮层聚乙烯护套市内通信电缆	国标	1994-8-1		GB 13849-92	设计、采购	初设、招标、品控	调度及二次	电力通信	
7421	204.7-189	GB/T 13993.1—2016	通信光缆 第1部分：总则	国标	2016-11-1		GB/T 13993.1—2004	设计、采购	初设、招标、品控	调度及二次	电力通信	
7422	204.7-190	GB/T 13993.2—2014	通信光缆 第2部分：核心网用室外光缆	国标	2015-4-1		GB/T 13993.2—2002	设计、采购	初设、招标、品控	调度及二次	电力通信	
7423	204.7-191	GB/T 13993.3—2014	通信光缆 第3部分：综合布线用室内光缆	国标	2015-4-1		GB/T 13993.3—2001	设计、采购	初设、招标、品控	调度及二次	电力通信	
7424	204.7-192	GB/T 13993.4—2014	通信光缆 第4部分：接入网用室外光缆	国标	2015-4-1		GB/T 13993.4—2002	设计、采购	初设、招标、品控	调度及二次	电力通信	
7425	204.7-193	GB/T 16712—2008	同步数字体系（SDH）设备功能块特性	国标	2009-4-1	ITU-T G783:2006，NEQ	GB/T 16712—1996	设计、采购	初设、招标、品控	调度及二次	电力通信	
7426	204.7-194	GB/T 19856.1—2005	雷电防护 通信线路 第1部分：光缆	国标	2006-4-1	IEC 61663-1:1999，IDT		设计、采购	初设、招标、品控	调度及二次	电力通信	

序号	体系结构号	标准编号	标准名称	标准级别	实施日期	与国际标准对应关系	代替标准	阶段	分阶段	专业	分专业	备注
7427	204.7-195	GB/T 19856.2—2005	雷电防护 通信线路 第2部分：金属导线	国标	2006-4-1	IEC 61663-2:2001，IDT		设计、采购	初设、招标、品控	调度及二次	电力通信	
7428	204.7-196	GB/T 21021.1—2021	无源射频和微波元器件的互调电平测量 第1部分：一般要求和测量方法	国标	2022-6-1		GB/T 21021—2007	修试	检修、试验	调度及二次	电力通信	
7429	204.7-197	GB/T 21021.2—2021	无源射频和微波元器件的互调电平测量 第2部分:同轴电缆组件的无源互调测量	国标	2022-6-1			修试	检修、试验	调度及二次	电力通信	
7430	204.7-198	GB/T 21021.3—2021	无源射频和微波元器件的互调电平测量 第3部分:同轴连接器的无源互调测量	国标	2022-6-1			修试	检修、试验	调度及二次	电力通信	
7431	204.7-199	GB/T 21021.4—2021	无源射频和微波元器件的互调电平测量 第4部分:同轴电缆的无源互调测量	国标	2022-6-1			修试	检修、试验	调度及二次	电力通信	
7432	204.7-200	GB/T 21548—2021	光通信用高速直接调制半导体激光器的测量方法	国标	2021-8-1		GB/T 21548—2008	修试	检修、试验	调度及二次	电力通信	
7433	204.7-201	GB/T 25105.2—2014	工业通信网络现场总线规范 类型10:PROFINET IO 规范 第2部分:应用层协议规范	国标	2015-4-1		GB/Z 25105.2—2010	设计、采购	初设、招标、品控	调度及二次	电力通信	

序号	体系结构号	标准编号	标准名称	标准级别	实施日期	与国际标准对应关系	代替标准	阶段	分阶段	专业	分专业	备注
7434	204.7-202	GB/T 25105.3—2014	工业通信网络现场总线规范 类型 10:PROFINET IO 规范 第3部分：PROFINET IO 通信行规	国标	2015-4-1		GB/Z 25105.3—2010	设计、采购	初设、招标、品控	调度及二次	电力通信	
7435	204.7-203	GB/T 25931—2010	网络测量和控制系统的精确时钟同步协议	国标	2011-5-1	IEC 61588:2009，IDT		设计、采购	初设、招标、品控	调度及二次	电力通信	
7436	204.7-204	GB/T 30269.1—2015	信息技术 传感器网络 第1部分:参考体系结构和通用技术要求	国标	2016-8-1			规划、设计、建设	规划、初设、施工图、施工工艺、验收与质量评定、试运行	调度及二次	电力通信	
7437	204.7-205	GB/T 30269.1001—2017	信息技术 传感器网络 第1001部分:中间件:传感器网络节点接口	国标	2017-12-1			规划、设计、采购、建设、运维、修试、退役	规划、初设、施工图、招标、品控、施工工艺、验收与质量评定、试运行、维护、检修试验、退役、报废	调度及二次	电力通信	
7438	204.7-206	GB/T 30269.301—2014	信息技术 传感器网络 第301部分:通信与信息交换:低速无线传感器网络网络层和应用支持子层规范	国标	2015-4-1			规划、设计、采购、建设、运维、修试、退役	规划、初设、施工图、招标、品控、施工工艺、验收与质量评定、试运行、维护、检修试验、退役、报废	调度及二次	电力通信	
7439	204.7-207	GB/T 30269.303—2018	信息技术 传感器网络 第303部分:通信与信息交换:基于IP的无线传感器网络网络层规范	国标	2019-1-1			规划、设计、采购、建设、运维、修试、退役	规划、初设、施工图、招标、品控、施工工艺、验收与质量评定、试运行、维护、检修试验、退役、报废	调度及二次	电力通信	

序号	体系结构号	标准编号	标准名称	标准级别	实施日期	与国际标准对应关系	代替标准	阶段	分阶段	专业	分专业	备注
7440	204.7-208	GB/T 30269.304—2019	信息技术 传感器网络 第304部分：通信与信息交换：声波通信系统技术要求	国标	2020-3-1			规划、设计、采购、建设、运维、修试、退役	规划、初设、施工图、招标、品控、施工工艺、验收与质量评定、试运行、运行、维护、检修、试验、退役、报废	调度及二次	电力通信	
7441	204.7-209	GB/T 30269.401—2015	信息技术 传感器网络 第401部分：协同信息处理：支撑协同信息处理的服务及接口	国标	2016-8-1	ISO/IEC 20005:2013，IDT		规划、设计、采购、建设、运维、修试、退役	规划、初设、施工图、招标、品控、施工工艺、验收与质量评定、试运行、运行、维护、检修、试验、退役、报废	调度及二次	电力通信	
7442	204.7-210	GB/T 30269.501—2014	信息技术 传感器网络 第501部分：标识：传感节点标识符编制规则	国标	2015-4-1			规划、设计、采购、建设、运维、修试、退役	规划、初设、施工图、招标、品控、施工工艺、验收与质量评定、试运行、运行、维护、检修、试验、退役、报废	调度及二次	电力通信	
7443	204.7-211	GB/T 30269.502—2017	信息技术 传感器网络 第502部分：标识：传感节点标识符解析	国标	2018-7-1			规划、设计、采购、建设、运维、修试、退役	规划、初设、施工图、招标、品控、施工工艺、验收与质量评定、试运行、运行、维护、检修、试验、退役、报废	调度及二次	电力通信	

序号	体系结构号	标准编号	标准名称	标准级别	实施日期	与国际标准对应关系	代替标准	阶段	分阶段	专业	分专业	备注
7444	204.7-212	GB/T 30269.503—2017	信息技术 传感器网络 第503部分：标识：传感节点标识符注册规程	国标	2018-5-1			规划、设计、采购、建设、运维、修试、退役	规划、初设、施工图、招标、品控、施工工艺、验收与质量评定、试运行、运行、维护、检修、试验、退役、报废	调度及二次	电力通信	
7445	204.7-213	GB/T 30269.504—2019	信息技术 传感器网络 第504部分：标识：传感节点标识符管理	国标	2020-3-1			规划、设计、采购、建设、运维、修试、退役	规划、初设、施工图、招标、品控、施工工艺、验收与质量评定、试运行、运行、维护、检修、试验、退役、报废	调度及二次	电力通信	
7446	204.7-214	GB/T 30269.601—2016	信息技术 传感器网络 第601部分：信息安全：通用技术规范	国标	2016-8-1			规划、设计、采购、建设、运维、修试、退役	规划、初设、施工图、招标、品控、施工工艺、验收与质量评定、试运行、运行、维护、检修、试验、退役、报废	调度及二次	电力通信	
7447	204.7-215	GB/T 30269.602—2017	信息技术 传感器网络 第602部分：信息安全：低速率无线传感器网络网络层和应用支持子层安全规范	国标	2017-12-29			规划、设计、采购、建设、运维、修试、退役	规划、初设、施工图、招标、品控、施工工艺、验收与质量评定、试运行、运行、维护、检修、试验、退役、报废	调度及二次	电力通信	

序号	体系结构号	标准编号	标准名称	标准级别	实施日期	与国际标准对应关系	代替标准	阶段	分阶段	专业	分专业	备注
7448	204.7-216	GB/T 30269.701—2014	信息技术 传感器网络 第701部分：传感器接口：信号接口	国标	2015-4-1			规划、设计、采购、建设、运维、修试、退役	规划、初设、施工图、招标、品控、施工工艺、验收与质量评定、试运行、运行、维护、检修、试验、退役、报废	调度及二次	电力通信	
7449	204.7-217	GB/T 30269.702—2016	信息技术 传感器网络 第702部分：传感器接口：数据接口	国标	2016-11-1			规划、设计、采购、建设、运维、修试、退役	规划、初设、施工图、招标、品控、施工工艺、验收与质量评定、试运行、运行、维护、检修、试验、退役、报废	调度及二次	电力通信	
7450	204.7-218	GB/T 30269.801—2017	信息技术 传感器网络 第801部分：测试：通用要求	国标	2017-12-29			规划、设计、采购、建设、运维、修试、退役	规划、初设、施工图、招标、品控、施工工艺、验收与质量评定、试运行、运行、维护、检修、试验、退役、报废	调度及二次	电力通信	
7451	204.7-219	GB/T 30269.802—2017	信息技术 传感器网络 第802部分：测试：低速无线传感器网络媒体访问控制和物理层	国标	2017-12-1			规划、设计、采购、建设、运维、修试、退役	规划、初设、施工图、招标、品控、施工工艺、验收与质量评定、试运行、运行、维护、检修、试验、退役、报废	调度及二次	电力通信	

序号	体系结构号	标准编号	标准名称	标准级别	实施日期	与国际标准对应关系	代替标准	阶段	分阶段	专业	分专业	备注
7452	204.7-220	GB/T 30269.803—2017	信息技术 传感器网络 第803部分：测试：低速无线传感器网络网络层和应用支持子层	国标	2018-7-1			规划、设计、采购、建设、运维、修试、退役	规划、初设、施工图、招标、品控、施工工艺、验收与质量评定、试运行、运行、维护、检修、试验、退役、报废	调度及二次	电力通信	
7453	204.7-221	GB/T 30269.804—2018	信息技术 传感器网络 第804部分：测试：传感器接口	国标	2019-1-1			规划、设计、采购、建设、运维、修试、退役	规划、初设、施工图、招标、品控、施工工艺、验收与质量评定、试运行、运行、维护、检修、试验、退役、报废	调度及二次	电力通信	
7454	204.7-222	GB/T 30269.805—2019	信息技术 传感器网络 第805部分：测试：传感器网关测试规范	国标	2020-3-1			规划、设计、采购、建设、运维、修试、退役	规划、初设、施工图、招标、品控、施工工艺、验收与质量评定、试运行、运行、维护、检修、试验、退役、报废	调度及二次	电力通信	
7455	204.7-223	GB/T 30269.806—2018	信息技术 传感器网络 第806部分：测试：传感节点标识符编码和解析	国标	2019-1-1			规划、设计、采购、建设、运维、修试、退役	规划、初设、施工图、招标、品控、施工工艺、验收与质量评定、试运行、运行、维护、检修、试验、退役、报废	调度及二次	电力通信	

序号	体系结构号	标准编号	标准名称	标准级别	实施日期	与国际标准对应关系	代替标准	阶段	分阶段	专业	分专业	备注
7456	204.7-224	GB/T 30269.808—2018	信息技术 传感器网络 第808部分：测试：低速率无线传感器网络网络层和应用支持子层安全	国标	2021-1-1			规划、设计、采购、建设、运维、修试、退役	规划、初设、施工图、招标、品控、施工工艺、验收与质量评定、试运行、运行、维护、检修、试验、退役、报废	调度及二次	电力通信	
7457	204.7-225	GB/T 30269.901—2016	信息技术 传感器网络 第901部分：网关：通用技术要求	国标	2017-5-1			规划、设计、采购、建设、运维、修试、退役	规划、初设、施工图、招标、品控、施工工艺、验收与质量评定、试运行、运行、维护、检修、试验、退役、报废	调度及二次	电力通信	
7458	204.7-226	GB/T 30269.902—2018	信息技术 传感器网络 第902部分：网关：远程管理技术要求	国标	2019-1-1			规划、设计、采购、建设、运维、修试、退役	规划、初设、施工图、招标、品控、施工工艺、验收与质量评定、试运行、运行、维护、检修、试验、退役、报废	调度及二次	电力通信	
7459	204.7-227	GB/T 30269.903—2018	信息技术 传感器网络 第903部分：网关：逻辑接口	国标	2019-1-1			规划、设计、采购、建设、运维、修试、退役	规划、初设、施工图、招标、品控、施工工艺、验收与质量评定、试运行、运行、维护、检修、试验、退役、报废	调度及二次	电力通信	
7460	204.7-228	GB/T 30966.1—2022	风力发电机组 风力发电场监控系统通信 第1部分：原则与模型	国标	2022-10-12	IEC 61400-25-1:2006	GB/T 30966.1—2014	运维	运行、维护	调度及二次	电力通信、调度自动化	

序号	体系结构号	标准编号	标准名称	标准级别	实施日期	与国际标准对应关系	代替标准	阶段	分阶段	专业	分专业	备注
7461	204.7-229	GB/T 30966.2—2022	风力发电机组 风力发电场监控 系统通信 第2 部分：信息模型	国标	2022-10-12	IEC 61400-25-2:26	GB/T 30966.2—2014	运维	运行、维护	调度及二次	电力通信、调度自动化	
7462	204.7-230	GB/T 30966.3—2022	风力发电机组 风力发电场监控 系统通信 第3 部分：信息交换模型	国标	2022-10-12	IEC 61400-25-3:2006	GB/T 30966.3—2014	运维	运行、维护	调度及二次	电力通信、调度自动化	
7463	204.7-231	GB/T 30966.4—2014	风力发电机组 风力发电场监控 系统通信 第4 部分：映射到通信规约	国标	2015-1-1	IEC 61400-25-4:2008		运维	运行、维护	调度及二次	电力通信、调度自动化	
7464	204.7-232	GB/T 30966.5—2022	风力发电机组 风力发电场监控 系统通信 第5 部分：一致性测试	国标	2022-10-12	IEC 61400-25-5:2006	GB/T 30966.5—2015	运维	运行、维护	调度及二次	电力通信、调度自动化	
7465	204.7-233	GB/T 30966.6—2022	风力发电机组 风力发电场监控 系统通信 第6 部分：状态监测的逻辑节点类和数据类	国标	2022-10-12	IEC 61400-25-6:2010	GB/T 30966.6—2015	运维	运行、维护	调度及二次	电力通信、调度自动化	
7466	204.7-234	GB/T 31230.1—2014	工业以太网现场总线 EtherCAT 第1部分：概述	国标	2015-4-1			设计、采购	初设、招标、品控	调度及二次	电力通信	
7467	204.7-235	GB/T 31230.2—2014	工业以太网现场总线 EtherCAT 第2部分：物理层服务和协议规范	国标	2015-4-1			设计、采购	初设、招标、品控	调度及二次	电力通信	
7468	204.7-236	GB/T 31230.3—2014	工业以太网现场总线 EtherCAT 第3部分：数据链路层服务定义	国标	2015-4-1			设计、采购	初设、招标、品控	调度及二次	电力通信	

序号	体系结构号	标准编号	标准名称	标准级别	实施日期	与国际标准对应关系	代替标准	阶段	分阶段	专业	分专业	备注
7469	204.7-237	GB/T 31230.4—2014	工业以太网现场总线 EtherCAT 第4部分:数据链路层协议规范	国标	2015-4-1			设计、采购	初设、招标、品控	调度及二次	电力通信	
7470	204.7-238	GB/T 31230.5—2014	工业以太网现场总线 EtherCAT 第5部分:应用层服务定义	国标	2015-4-1			设计、采购	初设、招标、品控	调度及二次	电力通信	
7471	204.7-239	GB/T 31230.6—2014	工业以太网现场总线 EtherCAT 第6部分:应用层协议规范	国标	2015-4-1			设计、采购	初设、招标、品控	调度及二次	电力通信	
7472	204.7-240	GB/T 31990.1—2015	塑料光纤电力信息传输系统技术规范 第1部分:技术要求	国标	2016-4-1			设计、采购	初设、招标、品控	调度及二次	电力通信	
7473	204.7-241	GB/T 31990.2—2015	塑料光纤电力信息传输系统技术规范 第2部分:收发通信单元	国标	2016-4-1			设计、采购	初设、招标、品控	调度及二次	电力通信	
7474	204.7-242	GB/T 31990.3—2015	塑料光纤电力信息传输系统技术规范 第3部分:光电收发模块	国标	2016-4-1			设计、采购	初设、招标、品控	调度及二次	电力通信	
7475	204.7-243	GB/T 31998—2015	电力软交换系统技术规范	国标	2016-4-1			设计、采购	初设、招标、品控	调度及二次	电力通信	
7476	204.7-244	GB/T 33605—2017	电力系统消息邮件传输规范	国标	2017-12-1			采购、建设	品控、验收与质量评定	调度及二次	电力通信	
7477	204.7-245	GB/T 36469—2018	信息技术 系统间远程通信和信息交换局域网和城域网 特定要求 Q波段超高速无线局域网媒体访问控制和物理层规范	国标	2019-1-1			规划、设计、采购、建设、运维、修试、退役	规划、初设、施工图、招标、品控、施工工艺、验收与质量评定、试运行、运行、维护、检修、试验、退役、报废	调度及二次	电力通信	

序号	体系结构号	标准编号	标准名称	标准级别	实施日期	与国际标准对应关系	代替标准	阶段	分阶段	专业	分专业	备注
7478	204.7-246	GB/T 37081—2018	接入网技术要求 10 Gbit/s 以太网无源光网络（10G-EPON）	国标	2019-4-1			设计、采购	初设、招标、品控	调度及二次	电力通信	
7479	204.7-247	GB/T 37083—2018	接入网技术要求 EPON 系统互通性	国标	2019-4-1			设计、采购	初设、招标、品控	调度及二次	电力通信	
7480	204.7-248	GB/T 37173—2018	接入网技术要求 GPON 系统互通性	国标	2019-4-1			设计、采购	初设、招标、品控	调度及二次	电力通信	
7481	204.7-249	GB/T 37287—2019	基于 LTE 技术的宽带集群通信（B-TrunC）系统接口技术要求（第一阶段）集群核心网到调度台接口	国标	2019-10-1			设计、采购	初设、招标、品控	调度及二次	电力通信	
7482	204.7-250	GB/T 42021—2022	工业互联网 总体网络架构	国标	2023-5-1			规划、设计、采购、建设、运维、修试、退役	规划、初设、施工图、招标、品控、施工工艺、验收与质量评定、试运行、运行、维护、检修、试验、退役、报废	调度及二次	电力通信	
7483	204.7-251	GB/Z 41293—2022	基于广域网通信的感知测控类设备快速自服务部署技术要求	国标	2022-10-1			设计、采购	初设、招标、品控	调度及二次	电力通信	
7484	204.7-252	YD/T 4134—2022	工业互联网 时间敏感网络需求及场景	国标	2023/1/1			设计、建设、运维	初设、验收与质量评定、运行	调度及二次	电力通信	

序号	体系结构号	标准编号	标准名称	标准级别	实施日期	与国际标准对应关系	代替标准	阶段	分阶段	专业	分专业	备注
7485	204.7-253	IEC 60728-7-1—2015	电视信号、声音信号和交互信号设备用电缆网络 第7-1部分：混合光纤同轴电缆外部线缆状况监测物理层规范	国际标准	2015-4-29			设计、采购、建设、运维、修试、退役	初设、施工图、招标、品控、施工工艺、验收与质量评定、试运行、运行、维护、检修、试验、退役、报废	调度及二次	电力通信	
7486	204.7-254	IEC 61158-2—2014	工业通信网络现场总线规范 第2部分：物理层规范和服务定义	国际标准	2014-7-17		IEC 61158-2—2010	设计、采购	初设、招标、品控	调度及二次	电力通信	
7487	204.7-255	IEC 62325-450—2013	能源市场通信信用框架 第450部分：配置文件和语境建模规则	国际标准	2013-4-29		IEC 57/1324/FDIS—2013	设计、采购	初设、招标、品控	调度及二次	电力通信	
7488	204.7-256	IEEE C37.118.2—2011	电力系统同步相量数据传输	国际标准	2011-12-7			建设、运维	验收与质量评定、试运行、运行、维护	调度及二次	电力通信、调度自动化	
7489	204.7-257	ISO/IEC 14165-122—2005/Amd 1-2008	信息技术光纤信道 第122部分：仲裁环路-2（PC-AL-2）	国际标准	2008-10-21		ISO IEC 14165-122—2005	规划、设计、采购、建设、运维、修试、退役	规划、初设、施工图、招标、品控、施工工艺、验收与质量评定、试运行、运行、维护、检修、试验、退役、报废	调度及二次	电力通信	
7490	204.7-258	ISO/IEC 14165-251—2008	信息技术光纤信道 第251部分：光纤信道定位和信号传输（FCFS）	国际标准	2008-1-1			规划、设计、采购、建设、运维、修试、退役	规划、初设、施工图、招标、品控、施工工艺、验收与质量评定、试运行、运行、维护、检修、试验、退役、报废	调度及二次	电力通信	

序号	体系结构号	标准编号	标准名称	标准级别	实施日期	与国际标准对应关系	代替标准	阶段	分阶段	专业	分专业	备注
7491	204.7-259	ISO/IEC 14165-521—2009	信息技术光纤信道 第521部分：光纤应用接口标准（FAIS）	国际标准	2009-1-28			规划、设计、采购、建设、运维、修试、退役	规划、初设、施工图、招标、品控、施工工艺、验收与质量评定、试运行、运行、维护、检修、试验、退役、报废	调度及二次	电力通信	
7492	204.7-260	ITU-T G.780/Y.1351—2010	同步数字体系（SDH）网络的术语和定义	国际标准	2010-7-29		ITU-T G.780/Y.1351—2008	规划、设计、采购、建设、运维、修试、退役	规划、初设、施工图、招标、品控、施工工艺、验收与质量评定、试运行、运行、维护、检修、试验、退役、报废	调度及二次	电力通信	
7493	204.7-261	ITU-T G.870/Y.1352—2016	光传输网络的术语和定义	国际标准	2016-11-13		ITU-T G.870/Y.1352—2012	规划、设计、采购、建设、运维、修试、退役	规划、初设、施工图、招标、品控、施工工艺、验收与质量评定、试运行、运行、维护、检修、试验、退役、报废	调度及二次	电力通信	
7494	204.7-262	ITU-T G.7712/Y.1703—2010/Amd 2—2016	数据通信网的架构和规范	国际标准	2016-2-26			设计、采购、建设、运维、修试、退役	初设、施工图、招标、品控、施工工艺、验收与质量评定、试运行、运行、维护、检修、试验、退役、报废	调度及二次	电力通信	
204.8 调度控制—二次一体化												
7495	204.8-1	Q/CSG 1204005.11—2014	南方电网一体化电网运行智能系统技术规范 第1-1部分：体系及定义基本描述	企标	2014-7-1			建设、运维	验收与质量评定、试运行、运行、维护	调度及二次	二次一体化	

序号	体系结构号	标准编号	标准名称	标准级别	实施日期	与国际标准对应关系	代替标准	阶段	分阶段	专业	分专业	备注
7496	204.8-2	Q/CSG 1204005.12—2014	南方电网一体化电网运行智能系统技术规范 第1部分:体系及定义 第2篇:术语和定义	企标	2014-7-1			建设、运维	验收与质量评定、试运行、运行、维护	调度及二次	二次一体化	
7497	204.8-3	Q/CSG 1204005.21—2014	南方电网一体化电网运行智能系统技术规范 第2部分:架构 第1篇:总体架构技术规范	企标	2014-7-1			建设、运维	验收与质量评定、试运行、运行、维护	调度及二次	二次一体化	
7498	204.8-4	Q/CSG 1204005.22—2014	南方电网一体化电网运行智能系统技术规范 第2部分:架构 第2篇:主站系统架构技术规范	企标	2014-7-1			建设、运维	验收与质量评定、试运行、运行、维护	调度及二次	二次一体化	
7499	204.8-5	Q/CSG 1204005.23—2014	南方电网一体化电网运行智能系统技术规范 第2部分:架构 第3篇:厂站系统架构技术规范	企标	2014-7-1			建设、运维	验收与质量评定、试运行、运行、维护	调度及二次	二次一体化	
7500	204.8-6	Q/CSG 1204005.310—2014	南方电网一体化电网运行智能系统技术规范 第3部分:数据 第10篇:通用画面调用技术规范	企标	2014-7-1			建设、运维	验收与质量评定、试运行、运行、维护	调度及二次	二次一体化	
7501	204.8-7	Q/CSG 1204005.31—2014	南方电网一体化电网运行智能系统技术规范 第3部分:数据 第1篇:数据源规范	企标	2014-7-1			建设、运维	验收与质量评定、试运行、运行、维护	调度及二次	二次一体化	

序号	体系结构号	标准编号	标准名称	标准级别	实施日期	与国际标准对应关系	代替标准	阶段	分阶段	专业	分专业	备注
7502	204.8-8	Q/CSG 1204005.311—2019	南方电网一体化电网运行智能系统技术规范 第3部分：数据 第11篇：公共图形绘制规范	企标	2019-9-30		Q/CSG 1204005.311—2014	建设、运维	验收与质量评定、试运行、运行、维护	调度及二次	二次一体化	
7503	204.8-9	Q/CSG 1204005.32—2014	南方电网一体化电网运行智能系统技术规范 第3部分：数据 第2篇：厂站数据架构	企标	2014-7-1			建设、运维	验收与质量评定、试运行、运行、维护	调度及二次	二次一体化	
7504	204.8-10	Q/CSG 1204005.33—2014	南方电网一体化电网运行智能系统技术规范 第3部分：数据 第3篇：主站数据架构	企标	2014-7-1			建设、运维	验收与质量评定、试运行、运行、维护	调度及二次	二次一体化	
7505	204.8-11	Q/CSG 1204005.34—2014	南方电网一体化电网运行智能系统技术规范 第3部分：数据 第4篇：IEC 61850实施规范	企标	2014-7-1			建设、运维	验收与质量评定、试运行、运行、维护	调度及二次	二次一体化	
7506	204.8-12	Q/CSG 1204005.35—2019	南方电网一体化电网运行智能系统技术规范 第3部分：数据 第5篇：电网公共信息模型规范	企标	2019-9-30		Q/CSG 1204005.35—2014	建设、运维	验收与质量评定、试运行、运行、维护	调度及二次	二次一体化	
7507	204.8-13	Q/CSG 1204005.37—2014	南方电网一体化电网运行智能系统技术规范 第3部分：数据 第7篇：对象命名及编码	企标	2014-7-1			建设、运维	验收与质量评定、试运行、运行、维护	调度及二次	二次一体化	

序号	体系结构号	标准编号	标准名称	标准级别	实施日期	与国际标准对应关系	代替标准	阶段	分阶段	专业	分专业	备注
7508	204.8-14	Q/CSG 1204005.38—2019	南方电网一体化电网运行智能系统技术规范 第3部分：数据 第8篇：基于SVG的公共图形交换	企标	2019-9-30		Q/CSG 1204005.3.08—2014	建设、运维	验收与质量评定、试运行、运行、维护	调度及二次	二次一体化	
7509	204.8-15	Q/CSG 1204005.41—2014	南方电网一体化电网运行智能系统技术规范 第4部分：平台 第1篇：主站系统平台技术规范	企标	2014-7-1			建设、运维	验收与质量评定、试运行、运行、维护	调度及二次	二次一体化	
7510	204.8-16	Q/CSG 1204005.42—2014	南方电网一体化电网运行智能系统技术规范 第4部分：平台 第2篇：厂站系统平台技术规范	企标	2014-7-1			建设、运维	验收与质量评定、试运行、运行、维护	调度及二次	二次一体化	
7511	204.8-17	Q/CSG 1204005.44—2014	南方电网一体化电网运行智能系统技术规范 第4部分：平台 第4篇：安全防护技术规范	企标	2014-7-1			建设、运维	验收与质量评定、试运行、运行、维护	调度及二次	二次一体化	
7512	204.8-18	Q/CSG 1204005.45—2014	南方电网一体化电网运行智能系统技术规范 第4部分：平台 第5篇：容灾备用技术规范	企标	2014-7-1			建设、运维	验收与质量评定、试运行、运行、维护	调度及二次	二次一体化	
7513	204.8-19	Q/CSG 1204005.56—2017	南方电网一体化电网运行智能系统技术规范 第5部分：主站应用 第六篇：镜像系统功能规范	企标	2017-3-1			建设、运维	验收与质量评定、试运行、运行、维护	调度及二次	二次一体化	

序号	体系结构号	标准编号	标准名称	标准级别	实施日期	与国际标准对应关系	代替标准	阶段	分阶段	专业	分专业	备注
7514	204.8-20	Q/CSG 1204005.61—2014	南方电网一体化电网运行智能系统技术规范 第6部分:厂站应用 第1篇:智能数据中心功能规范	企标	2014-7-1			建设、运维	验收与质量评定、试运行、运行、维护	调度及二次	二次一体化	
7515	204.8-21	Q/CSG 1204005.62—2014	南方电网一体化电网运行智能系统技术规范 第6部分:厂站应用 第2篇:智能监视中心功能规范	企标	2014-7-1			建设、运维	验收与质量评定、试运行、运行、维护	调度及二次	二次一体化	
7516	204.8-22	Q/CSG 1204005.63—2014	南方电网一体化电网运行智能系统技术规范 第6部分:厂站应用 第3篇:智能控制中心功能规范	企标	2014-7-1			建设、运维	验收与质量评定、试运行、运行、维护	调度及二次	二次一体化	
7517	204.8-23	Q/CSG 1204005.64—2014	南方电网一体化电网运行智能系统技术规范 第6部分:厂站应用 第4篇:智能管理中心功能规范	企标	2014-7-1			建设、运维	验收与质量评定、试运行、运行、维护	调度及二次	二次一体化	
7518	204.8-24	Q/CSG 1204005.65—2014	南方电网一体化电网运行智能系统技术规范 第6部分:厂站应用 第5篇:厂站运行驾驶舱功能规范	企标	2014-7-1			建设、运维	验收与质量评定、试运行、运行、维护	调度及二次	二次一体化	
7519	204.8-25	Q/CSG 1204005.66—2014	南方电网一体化电网运行智能系统技术规范 第6部分:厂站应用 第6篇:智能远动机功能规范	企标	2014-7-1			建设、运维	验收与质量评定、试运行、运行、维护	调度及二次	二次一体化	

序号	体系结构号	标准编号	标准名称	标准级别	实施日期	与国际标准对应关系	代替标准	阶段	分阶段	专业	分专业	备注
7520	204.8-26	Q/CSG 1204005.68—2014	南方电网一体化电网运行智能系统技术规范 第6部分：厂站应用 第8篇：智能配电终端功能规范	企标	2014-7-1			建设、运维	验收与质量评定、试运行、运行、维护	调度及二次	二次一体化	
7521	204.8-27	Q/CSG 1204005.71—2014	南方电网一体化电网运行智能系统技术规范 第7部分：配置 第1篇：主站系统配置规范	企标	2014-7-1			建设、运维	验收与质量评定、试运行、运行、维护	调度及二次	二次一体化	
7522	204.8-28	Q/CSG 1204005.72—2014	南方电网一体化电网运行智能系统技术规范 第7部分：配置 第2篇：主站辅助设施配置规范	企标	2014-7-1			建设、运维	验收与质量评定、试运行、运行、维护	调度及二次	二次一体化	
7523	204.8-29	Q/CSG 1204005.73—2014	南方电网一体化电网运行智能系统技术规范 第7部分：配置 第3篇：主站二次接线标准	企标	2014-7-1			建设、运维	验收与质量评定、试运行、运行、维护	调度及二次	二次一体化	
7524	204.8-30	Q/CSG 1204005.74—2014	南方电网一体化电网运行智能系统技术规范 第7部分：配置 第4篇：厂站系统配置规范	企标	2014-7-1			建设、运维	验收与质量评定、试运行、运行、维护	调度及二次	二次一体化	
7525	204.8-31	Q/CSG 1204005.75—2014	南方电网一体化电网运行智能系统技术规范 第7部分：配置 第5篇：厂站辅助设施配置规范	企标	2014-7-1			建设、运维	验收与质量评定、试运行、运行、维护	调度及二次	二次一体化	

序号	体系结构号	标准编号	标准名称	标准级别	实施日期	与国际标准对应关系	代替标准	阶段	分阶段	专业	分专业	备注
7526	204.8-32	Q/CSG 1204028—2018	南方电网 OS2 主站运行管控功能模块技术规范	企标	2018-5-21			建设、运维	验收与质量评定、试运行、运行、维护	调度及二次	二次一体化	
7527	204.8-33	Q/CSG 1204029.36—2019	南方电网一体化电网运行智能系统技术规范 第3部分：数据 第6篇：全景建模规范	企标	2019-6-26		Q/CSG 1204005.36—2014	建设、运维	验收与质量评定、试运行、运行、维护	调度及二次	二次一体化	
7528	204.8-34	Q/CSG 1204029.46—2018	南方电网一体化电网运行智能系统技术规范 第4部分：平台 第6篇：调控一体化主站技术条件	企标	2018-5-31			建设、运维	验收与质量评定、试运行、运行、维护	调度及二次	二次一体化	
7529	204.8-35	Q/CSG 1210071—2022	中国南方电网有限责任公司数据中心数据分类存储技术规范（试行）	企标	2022-6-27			建设、运维	验收与质量评定、试运行、运行、维护	调度及二次	二次一体化	
7530	204.8-36	Q/CSG 1204005.39.1—2014	南方电网一体化电网运行智能系统技术规范 第3部分：数据 第9篇：数据接口与协议 第1分册：厂站主站间数据交换	企标	2014-7-1			建设、运维	验收与质量评定、试运行、运行、维护	调度及二次	二次一体化	
7531	204.8-37	Q/CSG 1204005.39.2—2014	南方电网一体化电网运行智能系统技术规范 第3部分：数据 第9篇：数据接口与协议 第2分册：横向主站间数据交换	企标	2014-7-1			建设、运维	验收与质量评定、试运行、运行、维护	调度及二次	二次一体化	

序号	体系结构号	标准编号	标准名称	标准级别	实施日期	与国际标准对应关系	代替标准	阶段	分阶段	专业	分专业	备注
7532	204.8-38	Q/CSG 1204005.39.3—2014	南方电网一体化电网运行智能系统技术规范 第3部分：数据 第9篇：数据接口与协议 第3分册：纵向主站间数据交换	企标	2014-7-1			建设、运维	验收与质量评定、试运行、运行、维护	调度及二次	二次一体化	
7533	204.8-39	Q/CSG 1204005.43.1—2014	南方电网一体化电网运行智能系统技术规范 第4部分：平台 第3篇：运行服务总线（OSB）技术规范 第1分册：服务注册及管理	企标	2014-7-1			建设、运维	验收与质量评定、试运行、运行、维护	调度及二次	二次一体化	
7534	204.8-40	Q/CSG 1204005.43.2—2014	南方电网一体化电网运行智能系统技术规范 第4部分：平台 第3篇：运行服务总线（OSB）技术规范 第2分册：OSB功能	企标	2014-7-1			建设、运维	验收与质量评定、试运行、运行、维护	调度及二次	二次一体化	
7535	204.8-41	Q/CSG 1204005.51.1—2014	南方电网一体化电网运行智能系统技术规范 第5部分：主站应用 第1篇：智能数据中心 第1分册：数据采集与交互类功能规范	企标	2014-7-1			建设、运维	验收与质量评定、试运行、运行、维护	调度及二次	二次一体化	

序号	体系结构号	标准编号	标准名称	标准级别	实施日期	与国际标准对应关系	代替标准	阶段	分阶段	专业	分专业	备注
7536	204.8-42	Q/CSG 1204005.51.2—2014	南方电网一体化电网运行智能系统技术规范 第5部分：主站应用 第1篇：智能数据中心 第2分册：全景数据建模类功能规范	企标	2014-7-1			建设、运维	验收与质量评定、试运行、运行、维护	调度及二次	二次一体化	
7537	204.8-43	Q/CSG 1204005.51.3—2014	南方电网一体化电网运行智能系统技术规范 第5部分：主站应用 第1篇：智能数据中心 第3分册：数据集成与服务类功能规范	企标	2014-7-1			建设、运维	验收与质量评定、试运行、运行、维护	调度及二次	二次一体化	
7538	204.8-44	Q/CSG 1204005.52.1—2014	南方电网一体化电网运行智能系统技术规范 第5部分：主站应用 第2篇：智能监视中心 第1分册：稳态监视类功能规范	企标	2014-7-1			建设、运维	验收与质量评定、试运行、运行、维护	调度及二次	二次一体化	
7539	204.8-45	Q/CSG 1204005.52.2—2014	南方电网一体化电网运行智能系统技术规范 第5部分：主站应用 第2篇：智能监视中心 第2分册：动态监视类功能规范	企标	2014-7-1			建设、运维	验收与质量评定、试运行、运行、维护	调度及二次	二次一体化	

序号	体系结构号	标准编号	标准名称	标准级别	实施日期	与国际标准对应关系	代替标准	阶段	分阶段	专业	分专业	备注
7540	204.8-46	Q/CSG 1204005.52.3—2014	南方电网一体化电网运行智能系统技术规范　第5部分：主站应用　第2篇：智能监视中心　第3分册：暂态监视类功能规范	企标	2014-7-1			建设、运维	验收与质量评定、试运行、运行、维护	调度及二次	二次一体化	
7541	204.8-47	Q/CSG 1204005.52.4—2014	南方电网一体化电网运行智能系统技术规范　第5部分：主站应用　第2篇：智能监视中心　第4分册：环境监视类功能规范	企标	2014-7-1			建设、运维	验收与质量评定、试运行、运行、维护	调度及二次	二次一体化	
7542	204.8-48	Q/CSG 1204005.52.5—2014	南方电网一体化电网运行智能系统技术规范　第5部分：主站应用　第2篇：智能监视中心　第5分册：节能环保监视类功能规范	企标	2014-7-1			建设、运维	验收与质量评定、试运行、运行、维护	调度及二次	二次一体化	
7543	204.8-49	Q/CSG 1204005.52.6—2014	南方电网一体化电网运行智能系统技术规范　第5部分：主站应用　第2篇：智能监视中心　第6分册：在线计算类功能规范	企标	2014-7-1			建设、运维	验收与质量评定、试运行、运行、维护	调度及二次	二次一体化	

序号	体系结构号	标准编号	标准名称	标准级别	实施日期	与国际标准对应关系	代替标准	阶段	分阶段	专业	分专业	备注
7544	204.8-50	Q/CSG 1204005.52.7—2014	南方电网一体化电网运行智能系统技术规范 第5部分：主站应用 第2篇：智能监视中心 第7分册：事件记录类功能规范	企标	2014-7-1			建设、运维	验收与质量评定、试运行、运行、维护	调度及二次	二次一体化	
7545	204.8-51	Q/CSG 1204005.52.8—2014	南方电网一体化电网运行智能系统技术规范 第5部分：主站应用 第2篇：智能监视中心 第8分册：在线预警类功能规范	企标	2014-7-1			建设、运维	验收与质量评定、试运行、运行、维护	调度及二次	二次一体化	
7546	204.8-52	Q/CSG 1204005.53.1—2014	南方电网一体化电网运行智能系统技术规范 第5部分：主站应用 第3篇：智能控制中心 第1分册：手动操作类功能规范	企标	2014-7-1			建设、运维	验收与质量评定、试运行、运行、维护	调度及二次	二次一体化	
7547	204.8-53	Q/CSG 1204005.53.2—2014	南方电网一体化电网运行智能系统技术规范 第5部分：主站应用 第3篇：智能控制中心 第2分册：自动控制类功能规范	企标	2014-7-1			建设、运维	验收与质量评定、试运行、运行、维护	调度及二次	二次一体化	

序号	体系结构号	标准编号	标准名称	标准级别	实施日期	与国际标准对应关系	代替标准	阶段	分阶段	专业	分专业	备注
7548	204.8-54	Q/CSG 1204005.54.1—2014	南方电网一体化电网运行智能系统技术规范 第5部分:主站应用 第4篇:智能管理中心 第1分册:并网审核类功能规范	企标	2014-7-1			建设、运维	验收与质量评定、试运行、运行、维护	调度及二次	二次一体化	
7549	204.8-55	Q/CSG 1204005.54.10—2014	南方电网一体化电网运行智能系统技术规范 第5部分:主站应用 第4篇:智能管理中心 第10分册:用电管理类功能规范	企标	2014-7-1			建设、运维	验收与质量评定、试运行、运行、维护	调度及二次	二次一体化	
7550	204.8-56	Q/CSG 1204005.54.11—2014	南方电网一体化电网运行智能系统技术规范 第5部分:主站应用 第4篇:智能管理中心 第11分册:信息发布类功能规范	企标	2014-7-1			建设、运维	验收与质量评定、试运行、运行、维护	调度及二次	二次一体化	
7551	204.8-57	Q/CSG 1204005.54.2—2014	南方电网一体化电网运行智能系统技术规范 第5部分:主站应用 第4篇:智能管理中心 第2分册:定值整定类功能规范	企标	2014-7-1			建设、运维	验收与质量评定、试运行、运行、维护	调度及二次	二次一体化	

序号	体系结构号	标准编号	标准名称	标准级别	实施日期	与国际标准对应关系	代替标准	阶段	分阶段	专业	分专业	备注
7552	204.8-58	Q/CSG 1204005.54.3—2014	南方电网一体化电网运行智能系统技术规范 第5部分：主站应用 第4篇：智能管理中心 第3分册：运行方式类功能规范	企标	2014-7-1			建设、运维	验收与质量评定、试运行、运行、维护	调度及二次	二次一体化	
7553	204.8-59	Q/CSG 1204005.54.4—2014	南方电网一体化电网运行智能系统技术规范 第5部分：主站应用 第4篇：智能管理中心 第4分册：离线计算类功能规范	企标	2014-7-1			建设、运维	验收与质量评定、试运行、运行、维护	调度及二次	二次一体化	
7554	204.8-60	Q/CSG 1204005.54.5—2014	南方电网一体化电网运行智能系统技术规范 第5部分：主站应用 第4篇：智能管理中心 第5分册：安全风险分析与预控类功能规范	企标	2014-7-1			建设、运维	验收与质量评定、试运行、运行、维护	调度及二次	二次一体化	
7555	204.8-61	Q/CSG 1204005.54.6—2014	南方电网一体化电网运行智能系统技术规范 第5部分：主站应用 第4篇：智能管理中心 第6分册：经济运行分析与优化类功能规范	企标	2014-7-1			建设、运维	验收与质量评定、试运行、运行、维护	调度及二次	二次一体化	

序号	体系结构号	标准编号	标准名称	标准级别	实施日期	与国际标准对应关系	代替标准	阶段	分阶段	专业	分专业	备注
7556	204.8-62	Q/CSG 1204005.54.7—2014	南方电网一体化电网运行智能系统技术规范 第5部分：主站应用 第4篇：智能管理中心 第7分册：节能环保分析与优化类功能规范	企标	2014-7-1			建设、运维	验收与质量评定、试运行、运行、维护	调度及二次	二次一体化	
7557	204.8-63	Q/CSG 1204005.54.8—2014	南方电网一体化电网运行智能系统技术规范 第5部分：主站应用 第4篇：智能管理中心 第8分册：电能质量分析与优化功能规范	企标	2014-7-1			建设、运维	验收与质量评定、试运行、运行、维护	调度及二次	二次一体化	
7558	204.8-64	Q/CSG 1204005.54.9—2014	南方电网一体化电网运行智能系统技术规范 第5部分：主站应用 第4篇：智能管理中心 第9分册：统计评价类功能规范	企标	2014-7-1			建设、运维	验收与质量评定、试运行、运行、维护	调度及二次	二次一体化	
7559	204.8-65	Q/CSG 1204005.55.1—2014	南方电网一体化电网运行智能系统技术规范 第5部分：主站应用 第5篇：电力系统运行驾驶舱 第1分册：技术规范	企标	2014-7-1			建设、运维	验收与质量评定、试运行、运行、维护	调度及二次	二次一体化	

序号	体系结构号	标准编号	标准名称	标准级别	实施日期	与国际标准对应关系	代替标准	阶段	分阶段	专业	分专业	备注
7560	204.8-66	Q/CSG 1204005.55.2—2014	南方电网一体化电网运行智能系统技术规范 第5部分:主站应用 第5篇:电力系统运行驾驶舱 第2分册:功能规范	企标	2014-7-1			建设、运维	验收与质量评定、试运行、运行、维护	调度及二次	二次一体化	
7561	204.8-67	Q/CSG 1204005.67.1—2014	南方电网一体化电网运行智能系统技术规范 第6部分:厂站应用 第7篇:厂站装置功能及接口规范 第1分册:通用技术条件	企标	2014-7-1			建设、运维	验收与质量评定、试运行、运行、维护	调度及二次	二次一体化	
7562	204.8-68	Q/CSG 1204005.67.2—2014	南方电网一体化电网运行智能系统技术规范 第6部分:厂站应用 第7篇:厂站装置功能及接口规范 第2分册:一体化测控装置	企标	2014-7-1			建设、运维	验收与质量评定、试运行、运行、维护	调度及二次	二次一体化	
7563	204.8-69	Q/CSG 1204005.67.4—2014	南方电网一体化电网运行智能系统技术规范 第6部分:厂站应用 第7篇:厂站装置功能及接口规范 第4分册:一体化在线监测装置	企标	2014-7-1			建设、运维	验收与质量评定、试运行、运行、维护	调度及二次	二次一体化	
7564	204.8-70	Q/CSG 1204005.67.5—2014	南方电网一体化电网运行智能系统技术规范 第6部分:厂站应用 第7篇:厂站装置功能及接口规范 第5分册:合并单元	企标	2014-7-1			建设、运维	验收与质量评定、试运行、运行、维护	调度及二次	二次一体化	

序号	体系结构号	标准编号	标准名称	标准级别	实施日期	与国际标准对应关系	代替标准	阶段	分阶段	专业	分专业	备注
7565	204.8-71	Q/CSG 1204005.67.6—2014	南方电网一体化电网运行智能系统技术规范 第6部分:厂站应用 第7篇:厂站装置功能及接口规范 第6分册:智能终端	企标	2014-7-1			建设、运维	验收与质量评定、试运行、运行、维护	调度及二次	二次一体化	
7566	204.8-72	Q/CSG 1204005.67.7—2014	南方电网一体化电网运行智能系统技术规范 第6部分:厂站应用 第7篇:厂站装置功能及接口规范 第7分册:工业以太网交换机	企标	2014-7-1			建设、运维	验收与质量评定、试运行、运行、维护	调度及二次	二次一体化	
7567	204.8-73	Q/CSG 1204005.67.8—2014	南方电网一体化电网运行智能系统技术规范 第6部分:厂站应用 第7篇:厂站装置功能及接口规范 第8分册:调速器	企标	2014-7-1			建设、运维	验收与质量评定、试运行、运行、维护	调度及二次	二次一体化	
7568	204.8-74	Q/CSG 1204005.67.9—2014	南方电网一体化电网运行智能系统技术规范 第6部分:厂站应用 第7篇:厂站装置功能及接口规范 第9分册:励磁控制器	企标	2014-7-1			建设、运维	验收与质量评定、试运行、运行、维护	调度及二次	二次一体化	
204.9	调度控制—其他											
7569	204.9-1	Q/CSG 1204023—2017	调度生产场所建筑物防灾技术规范	企标	2017-3-1			设计、运维	初设、维护	附属设施及工器具	生产楼宇	
7570	204.9-2	Q/CSG 1204024—2017	调度生产空调配置技术规范	企标	2017-2-3			设计、运维	初设、维护	附属设施及工器具	生产楼宇	

序号	体系结构号	标准编号	标准名称	标准级别	实施日期	与国际标准对应关系	代替标准	阶段	分阶段	专业	分专业	备注
7571	204.9-3	Q/CSG 11104001—2012	南方电网调度生产供电电源配置技术规范	企标	2012-11-7			设计、运维	初设、维护	附属设施及工器具	生产楼宇	
7572	204.9-4	YD/T 3081—2016	基于表述性状态转移（REST）技术的业务能力开放应用程序接口（API）图片共享	行标	2016-7-1			设计、采购	初设、招标、品控	调度及二次	其他	
7573	204.9-5	YD/T 3188—2016	基于表述性状态转移（REST）技术的业务能力开放应用程序接口（API）文件传输业务	行标	2017-1-1			设计、采购	初设、招标、品控	调度及二次	其他	
7574	204.9-6	YD/T 3189—2016	基于表述性状态转移（REST）技术的业务能力开放应用程序接口（API）状态呈现业务	行标	2017-1-1			设计、采购	初设、招标、品控	调度及二次	其他	
205　运行检修												
205.1　运行检修—基础综合												
7575	205.1-1	Q/CSG 10703—2007	接地装置运行维护规程	企标	2007-12-20			运维、修试	运行、维护、检修、试验	基础综合		
7576	205.1-2	Q/CSG 1203024—2017	输变电设备状态监测评价系统数据接口与协议	企标	2017-2-15			运维、修试	运行、维护、检修、试验	基础综合		
7577	205.1-3	Q/CSG 1203026—2017	输变电设备状态监测评价系统总体架构技术规范	企标	2017-2-15			运维、修试	运行、维护、检修、试验	基础综合		
7578	205.1-4	Q/CSG 1203027—2017	输变电设备状态监测评价系统主站应用功能技术规范	企标	2017-2-15			运维、修试	运行、维护、检修、试验	基础综合		

序号	体系结构号	标准编号	标准名称	标准级别	实施日期	与国际标准对应关系	代替标准	阶段	分阶段	专业	分专业	备注
7579	205.1-5	Q/CSG 1205004—2016	电气工作票技术规范（调度检修申请单部分）	企标	2017-1-1			运维、修试	运行、维护、检修、试验	基础综合		
7580	205.1-6	Q/CSG 1205005—2016	电气工作票实施规范（发电、变电部分）	企标	2017-1-1			运维、修试	运行、维护、检修、试验	基础综合		
7581	205.1-7	Q/CSG 1205006—2016	电气工作票实施规范（输电线路部分）	企标	2017-1-1		Q/CSQ 10005—2004	运维、修试	运行、维护、检修、试验	基础综合		
7582	205.1-8	Q/CSG 1205007—2016	电气工作票实施规范（配电部分）	企标	2017-1-1			运维、修试	运行、维护、检修、试验	基础综合		
7583	205.1-9	Q/CSG 1205008—2016	电气操作导则（主网、配网部分）	企标	2017-1-9		Q/CSG 10006—2004	运维、修试	运行、维护、检修、试验	基础综合		
7584	205.1-10	Q/CSG 1205014—2018	电网一次设备退役报废技术导则	企标	2018-4-16			退役	退役、报废	基础综合		
7585	205.1-11	Q/CSG 1205021—2018	输变电设备状态评价大数据交换与发布技术规范	企标	2018-12-28			采购、运维	招标、品控、运行、维护	输电、变电	其他	
7586	205.1-12	Q/CSG 1205035—2020	退役电网二次设备报废技术导则（试行）	企标	2020-11-30			建设、退役	试运行、退役、报废	调度及二次	其他	
7587	205.1-13	Q/CSG 1205050—2021	无人机自主巡检技术规范（试行）	企标	2021-12-30			建设、退役	试运行、退役、报废	调度及二次	其他	
7588	205.1-14	Q/CSG 1206007—2017	电力设备检修试验规程	企标	2017-7-1			修试	检修、试验	输电、换流、变电	其他	
7589	205.1-15	T/CEC 291.4—2020	天然酯绝缘油电力交压器 第4部分：运行和维护导则	团标	2020-10-1			设计、采购、运维	初设、施工图、招标、品控、运行、维护	基础综合		

序号	体系结构号	标准编号	标准名称	标准级别	实施日期	与国际标准对应关系	代替标准	阶段	分阶段	专业	分专业	备注
7590	205.1-16	T/CEC 309—2020	石墨基柔性接地装置使用导则	团标	2020-10-1			设计、采购、运维	初设、施工图、招标、品控、运行、维护	基础综合		
7591	205.1-17	T/CEC 411—2020	输变电设备地电位检修作业用等电位地毯	团标	2021-2-1			设计、采购、运维	初设、施工图、招标、品控、运行、维护	输电、变电、配电	其他	
7592	205.1-18	T/CEC 479—2021	直流输变电设施可靠性评价规程	团标	2021-10-1			规划、设计、采购、建设、运维、修试	规划、初设、施工图、招标、品控、施工工艺、验收与质量评定、试运行、运行、维护、检修、试验	输电、变电、配电	其他	
7593	205.1-19	T/CSEE 0109.1—2019	基于大数据分析的输变电设备状态评估技术规范　总则	团标	2019-3-1			运维、修试	运行、维护、检修、试验	输电、变电	其他	
7594	205.1-20	DL/T 293—2011	抽水蓄能可逆式水泵水轮机运行规程	行标	2011-11-1			规划、设计、采购、建设、运维、修试	规划、初设、施工图、招标、品控、施工工艺、验收与质量评定、试运行、运行、维护、检修、试验	基础综合		
7595	205.1-21	DL/T 345—2019	带电设备紫外诊断技术应用导则	行标	2020-5-1		DL/T 345—2010	规划、设计、采购、建设、运维、修试	规划、初设、施工图、招标、品控、施工工艺、验收与质量评定、试运行、运行、维护、检修、试验	基础综合		
7596	205.1-22	DL/T 417—2019	电力设备局部放电现场测量导则	行标	2020-5-1		DL/T 417—2006	规划、设计、采购、建设、运维、修试	规划、初设、施工图、招标、品控、施工工艺、验收与质量评定、试运行、运行、维护、检修、试验	基础综合		

序号	体系结构号	标准编号	标准名称	标准级别	实施日期	与国际标准对应关系	代替标准	阶段	分阶段	专业	分专业	备注
7597	205.1-23	DL/T 664—2016	带电设备红外诊断应用规范	行标	2017-5-1		DL/T 664—2008	规划、设计、采购、建设、运维、修试	规划、初设、施工图、招标、品控、施工工艺、验收与质量评定、试运行、运行、维护、检修、试验	基础综合		
7598	205.1-24	DL/T 729—2000	户内绝缘子运行条件 电气部分	行标	2001-1-1	IEC 60660-1:1984，NEQ		规划、设计、采购、建设、运维、修试	规划、初设、施工图、招标、品控、施工工艺、验收与质量评定、试运行、运行、维护、检修、试验	基础综合		
7599	205.1-25	DL/T 907—2004	热力设备红外检测导则	行标	2005-6-1			规划、设计、采购、建设、运维、修试	规划、初设、施工图、招标、品控、施工工艺、验收与质量评定、试运行、运行、维护、检修、试验	基础综合		
7600	205.1-26	DL/T 1467—2015	500kV 交流输变电设备带电水冲洗作业技术规范	行标	2015-12-1			设计、采购、运维	初设、施工图、招标、品控、运行、维护	输电、变电、配电	其他	
7601	205.1-27	DL/T 2045—2019	中性点不接地系统铁磁谐振防治技术导则	行标	2019-10-1			规划、设计、采购、建设、运维、修试	规划、初设、施工图、招标、品控、施工工艺、验收与质量评定、试运行、运行、维护、检修、试验	基础综合		

序号	体系结构号	标准编号	标准名称	标准级别	实施日期	与国际标准对应关系	代替标准	阶段	分阶段	专业	分专业	备注
7602	205.1-28	DL/T 2230—2021	交流电力系统雷电侵入波过电压监测导则	行标	2021-7-1			规划、设计、采购、建设、运维、修试	规划、初设、施工图、招标、品控、施工工艺、验收与质量评定、试运行、运行、维护、检修、试验	基础综合		
7603	205.1-29	GJB 6722—2009	通用型无人机操作使用要求	行标	2009-8-1			规划、设计、采购、建设、运维、修试	规划、初设、施工图、招标、品控、施工工艺、验收与质量评定、试运行、运行、维护、检修、试验	基础综合		
7604	205.1-30	GB 50365—2019	空调通风系统运行管理规范	国标	2006-3-1		GB 50365—2005	规划、设计、采购、建设、运维、修试	规划、初设、施工图、招标、品控、施工工艺、验收与质量评定、试运行、运行、维护、检修、试验	基础综合		
7605	205.1-31	GB/T 35221—2017	地面气象观测规范 总则	国标	2018-7-1			运维	维护	基础综合		
7606	205.1-32	GB/T 35227—2017	地面气象观测规范 风向和风速	国标	2018-7-1			运维	维护	基础综合		
7607	205.1-33	GB/T 35228—2017	地面气象观测规范 降水量	国标	2018-7-1			运维	维护	基础综合		
7608	205.1-34	GB/T 35229—2017	地面气象观测规范 雪深与雪压	国标	2018-7-1			运维	维护	基础综合		
7609	205.1-35	GB/T 35237—2017	地面气象观测规范 自动观测	国标	2018-7-1			运维	维护	基础综合		
7610	205.1-36	GB/T 37047—2022	基于雷电定位系统（LLS）的地闪密度 总则	国标	2023-2-1		GB/T 37047—2018	运维	维护	基础综合		

序号	体系结构号	标准编号	标准名称	标准级别	实施日期	与国际标准对应关系	代替标准	阶段	分阶段	专业	分专业	备注
7611	205.1-37	GB/T 40862—2021	输变电设施运行可靠性评价指标导则	国标	2022-5-1			运维	维护	基础综合		
7612	205.1-38	IEC 61472—2013	带电作业 电压范围为72.5kV～800kV 的交流系统的最小安全距离.计算方法	国际标准	2013-4-11	EN 61472—2013. IDT	IEC 61472—2004；IEC 61472 Corri—2005；IEC 61472 Corri 2—2006；IEC 78/1004/FDIS—2013	运维	维护	基础综合		
7613	205.1-39	IEEE 738—2012	计算空载导线的电流 温度关系	国际标准	2012-10-19			运维	维护	基础综合		
205.2 运行检修—发电												
205.2.1 运行检修—发电—风电												
7614	205.2.1-1	T/CEC 416—2020	风力发电检修工程工程量清单计算规范	团标	2021-2-1			建设、运维	施工工艺、验收与质量评定、试运行、运行、维护	发电	风电	
7615	205.2.1-2	T/CBC 415—2020	风力发电检修工程工程量清单计价规范	团标	2021-2-1			建设、运维	施工工艺、验收与质量评定、试运行、运行、维护	发电	风电	
7616	205.2.1-3	T/CSEE 0329—2022	海上风电场智慧运维规范	团标	2022-12-8			建设、运维	施工工艺、验收与质量评定、试运行、运行、维护	发电	风电	
7617	205.2.1-4	DL/T 666—2012	风力发电场运行规程	行标	2012-12-1		DL/T 666—1999	建设、运维	施工工艺、验收与质量评定、试运行、运行、维护	发电	风电	
7618	205.2.1-5	DL/T 796—2012	风力发电场安全规程	行标	2012-12-1		DL/T 796—2001	建设、运维	施工工艺、验收与质量评定、试运行、运行、维护	发电	风电	

序号	体系结构号	标准编号	标准名称	标准级别	实施日期	与国际标准对应关系	代替标准	阶段	分阶段	专业	分专业	备注
7619	205.2.1-6	DL/T 797—2012	风力发电场检修规程	行标	2012-12-1		DL/T 797—2001	修试	检修	发电	风电	
7620	205.2.1-7	NB/T 10217—2019	风力发电场生产准备导则	行标	2019-10-1			运维	运行、维护	发电	风电	
7621	205.2.1-8	NB/T 10218—2019	海上风电场风力发电机组基础维护技术规程	行标	2019-10-1			运维	运行、维护	发电	风电	
7622	205.2.1-9	NB/T 10322—2019	海上风电场升压站运行规程	行标	2020-5-1			运维	运行	发电	风电	
7623	205.2.1-10	NB/T 10570—2021	风电机组发电机检修规程	行标	2021-7-1			运维	运行	发电	风电	
7624	205.2.1-11	NB/T 10576—2021	风力发电场升压站防雷系统运行维护规程	行标	2021-7-1			运维	运行	发电	风电	
7625	205.2.1-12	NB/T 10577—2021	风力发电机组防雷系统运行维护规程	行标	2021-7-1			运维	运行	发电	风电	
7626	205.2.1-13	NB/T 10579—2021	海上风电场运行安全规程	行标	2021-7-1			运维	运行	发电	风电	
7627	205.2.1-14	NB/T 10583—2021	风力发电机组变流器检修技术规程	行标	2021-7-1			运维	运行	发电	风电	
7628	205.2.1-15	NB/T 10584—2021	风力发电机组控制系统改造技术规程	行标	2021-7-1			运维	运行	发电	风电	
7629	205.2.1-16	NB/T 10588—2021	风力发电场集控中心运行管理规程	行标	2021-7-1			运维	运行	发电	风电	
7630	205.2.1-17	NB/T 10591—2021	风电场雷电预警系统技术规范	行标	2021-7-1			运维	运行、维护	发电	风电	
7631	205.2.1-18	NB/T 10593—2021	风电场无人机叶片检测技术规范	行标	2021-7-1			运维	运行	发电	风电	

序号	体系结构号	标准编号	标准名称	标准级别	实施日期	与国际标准对应关系	代替标准	阶段	分阶段	专业	分专业	备注
7632	205.2.1-19	NB/T 10594—2021	风电场无人机巡检作业技术规范	行标	2021-7-1			运维	运行	发电	风电	
7633	205.2.1-20	NB/T 10595—2021	风电场智能检修技术导则	行标	2021-7-1			运维	运行	发电	风电	
7634	205.2.1-21	NB/T 10596—2021	风电场智能巡检技术导则	行标	2021-7-1			运维	运行	发电	风电	
7635	205.2.1-22	NB/T 10640—2021	风电场运行风险管理规程	行标	2021-10-26			运维	运行	发电	风电	
7636	205.2.1-23	NB/T 10644—2021	风力发电机组激光测风设备应用导则	行标	2021-10-26			运维	运行	发电	风电	
7637	205.2.1-24	NB/T 10652—2021	风电资源与运行能效评价规范	行标	2021-10-26			运维	运行	发电	风电	
7638	205.2.1-25	NB/T 10657—2021	海上风力发电机组 运维舱技术规范	行标	2021-10-26			运维	运行	发电	风电	
7639	205.2.1-26	NB/T 10659—2021	风力发电机组视频监视系统	行标	2021-10-26			运维	运行	发电	风电	
7640	205.2.1-27	NB/T 10919—2022	风电场无人值守技术规范	行标	2022-11-13			运维	运行	发电	风电	
7641	205.2.1-28	NB/T 10922—2022	风力发电机组风速风向仪检验与维护规程	行标	2022-11-13			运维	运行	发电	风电	
7642	205.2.1-29	NB/T 10985—2022	风力发电场维护规程	行标	2023-5-4			运维	运行	发电	风电	
7643	205.2.1-30	NB/T 31004—2011	风力发电机组振动状态监测导则	行标	2011-11-1			运维	运行、维护	发电	风电	
7644	205.2.1-31	NB/T 31045—2013	风电场运行指标与评价导则	行标	2014-4-1			运维	运行、维护	发电	风电	

序号	体系结构号	标准编号	标准名称	标准级别	实施日期	与国际标准对应关系	代替标准	阶段	分阶段	专业	分专业	备注
7645	205.2.1-32	QX/T 74—2007	风电场气象观测及资料审核、订正技术规范	行标	2007-10-1			规划、设计、运维	规划、初设、运行	发电	风电	
7646	205.2.1-33	GB/T 25385—2019	风力发电机组运行及维护要求	国标	2020-5-1		GB/T 25385—2010	运维	运行、维护	发电	风电	
7647	205.2.1-34	GB/T 32128—2015	海上风电场运行维护规程	国标	2016-5-1			运维	运行、维护	发电	风电	
7648	205.2.1-35	GB/T 37424—2019	海上风力发电机组 运行及维护要求	国标	2019-12-1			运维	运行、维护	发电	风电	
205.2.2 运行检修—发电—太阳能												
7649	205.2.2-1	T/CEC 417—2020	光伏发电站运行维护管理规范	团标	2021-2-1			运维	运行、维护	发电	光伏	
7650	205.2.2-2	T/CEC 588—2021	光伏发电站无人机智能巡检系统技术要求	团标	2022-3-1			运维	运行、维护	发电	光伏	
7651	205.2.2-3	T/CEC 594—2021	塔式太阳能光热发电站运行规程	团标	2022-3-1			运维	运行、维护	发电	其他	
7652	205.2.2-4	NB/T 10566—2021	离网型光伏发电站运行维护规程	行标	2021-7-1			运维	运行、维护	发电	光伏	
7653	205.2.2-5	NB/T 10589—2021	光伏电站生产准备导则	行标	2021-7-1			运维	运行、维护	发电	光伏	
7654	205.2.2-6	NB/T 10774—2021	村镇建筑离网型太阳能光伏发电系统	行标	2022-5-16			运维	运行、维护	发电	光伏	
7655	205.2.2-7	NB/T 32012—2013	光伏发电站太阳能资源实时监测技术规范	行标	2014-4-1			运维	运行、维护	发电	光伏	
7656	205.2.2-8	GB/T 34932—2017	分布式光伏发电系统远程监控技术规范	国标	2018-5-1			运维	运行	发电	光伏	

序号	体系结构号	标准编号	标准名称	标准级别	实施日期	与国际标准对应关系	代替标准	阶段	分阶段	专业	分专业	备注
7657	205.2.2-9	GB/T 38330—2019	光伏发电站逆变器检修维护规程	国标	2020-7-1			运维、修试	维护、检修	发电	光伏	
7658	205.2.2-10	GB/T 38335—2019	光伏发电站运行规程	国标	2020-7-1			运维	运行、维护	发电	光伏	
205.2.3 运行检修—发电—水电与抽水蓄能												
7659	205.2.3-1	Q/CSG 1205038—2021	南方电网抽水蓄能电站调速系统技术规范（试行）	企标	2021-9-30			运维	运行、维护	发电	水电	
7660	205.2.3-2	T/CEC 335—2020	抽水蓄能发电机断路器检修规程	团标	2020-10-1			运维	运行、维护	发电	水电	
7661	205.2.3-3	T/CEC 454—2021	抽水蓄能机组励磁系统技术条件	团标	2021-9-1			运维	运行、维护	发电	水电	
7662	205.2.3-4	T/CSEE 0194—2021	水轮发电机组振动状态评估与诊断技术导则	团标	2021-3-11			运维	运行、维护	发电	水电	
7663	205.2.3-5	DL/T 305—2012	抽水蓄能可逆式发电电动机运行规程	行标	2012-3-1			运维	运行、维护	发电	水电	
7664	205.2.3-6	DL/T 491—2008	大中型水轮发电机自并励励磁系统及装置运行和检修规程	行标	2008-11-1		DL/T 491—1999	运维、修试	运行、维护、检修、试验	发电	水电	
7665	205.2.3-7	DL/T 619—2012	水电厂自动化元件（装置）及其系统运行维护与检修试验规程	行标	2012-3-1		DL/T 619—1997	运维	运行、维护	发电	水电	
7666	205.2.3-8	DL/T 710—2018	水轮机运行规程	行标	2018-7-1		DL/T 710—1999	运维	运行、维护	发电	水电	
7667	205.2.3-9	DL/T 751—2014	水轮发电机运行规程	行标	2014-8-1		DL/T 751—2001	运维	运行、维护	发电	水电	

序号	体系结构号	标准编号	标准名称	标准级别	实施日期	与国际标准对应关系	代替标准	阶段	分阶段	专业	分专业	备注
7668	205.2.3-10	DL/T 792—2013	水轮机调节系统及装置运行与检修规程	行标	2020-10-23		DL/T 792—2001	运维、修试	运行、维护、检修	发电	水电	本标准有英文版
7669	205.2.3-11	DL/T 817—2014	立式水轮发电机检修技术规程	行标	2014-8-1		DL/T 817—2002	运维、修试	运行、维护、检修	发电	水电	
7670	205.2.3-12	DL/T 905—2016	汽轮机叶片、水轮机转轮焊接修复技术规程	行标	2016-12-1		DL/T 905—2004	运维	运行、维护	发电	水电	
7671	205.2.3-13	DL/T 1009—2016	水电厂计算机监控系统运行及维护规程	行标	2016-6-1		DL/T 1009—2006	运维	运行、维护	发电	水电	
7672	205.2.3-14	DL/T 1014—2016	水情自动测报系统运行维护规程	行标	2016-6-1		DL/T 1014—2006	运维	运行、维护	发电	水电	
7673	205.2.3-15	DL/T 1066—2007	水电站设备检修管理导则	行标	2007-12-1			运维、修试	运行、维护、检修	发电	水电	
7674	205.2.3-16	DL/T 1225—2013	抽水蓄能电站生产准备导则	行标	2013-8-1			运维	运行、维护	发电	水电	
7675	205.2.3-17	DL/T 1245—2013	水轮机调节系统并网运行技术导则	行标	2013-8-1			建设、运维	试运行、运行	发电	水电	
7676	205.2.3-18	DL/T 1246—2013	水电站设备状态检修管理导则	行标	2013-8-1			运维、修试	运行、维护、检修、试验	发电	水电	
7677	205.2.3-19	DL/T 1259—2013	水电厂水库运行管理规范	行标	2014-4-1			运维	运行、维护	发电	水电	
7678	205.2.3-20	DL/T 1302—2013	抽水蓄能机组静止变频装置运行规程	行标	2014-4-1			运维	运行、维护	发电	水电	
7679	205.2.3-21	DL/T 1303—2013	抽水蓄能发电电动机出口断路器运行规程	行标	2014-4-1			运维	运行、维护	发电	水电	
7680	205.2.3-22	DL/T 1558—2016	大坝安全监测系统运行维护规程	行标	2016-6-1			运维	运行、维护	发电	水电	

序号	体系结构号	标准编号	标准名称	标准级别	实施日期	与国际标准对应关系	代替标准	阶段	分阶段	专业	分专业	备注
7681	205.2.3-23	DL/T 1748—2017	水力发电厂设备防结露技术规范	行标	2018-3-1			运维	运行、维护	发电	水电	
7682	205.2.3-24	DL/T 1766.1—2017	水氢氢冷汽轮发电机检修导则 第1部分：总则	行标	2020-10-23			运维、修试	运行、维护、检修	发电	水电	本标准有英文版
7683	205.2.3-25	DL/T 1809—2018	水电厂设备状态检修决策支持系统技术导则	行标	2018-7-1			运维、修试	运行、维护、检修	发电	水电	
7684	205.2.3-26	DL/T 1869—2018	梯级水电厂集中监控系统运行维护规程	行标	2018-10-1			运维	运行、维护	发电	水电	
7685	205.2.3-27	DL/T 2025.3—2020	电站阀门检修导则 第3部分：止回阀	行标	2021-2-1			修试	检修	发电	水电	
7686	205.2.3-28	DL/T 2025.4—2022	电站阀门检修导则 第4部分：球阀	行标	2022-11-13			运维	运行、维护	发电	水电	
7687	205.2.3-29	DL/T 2025.7—2022	电站阀门检修导则 第7部分：调节阀	行标	2022-11-13			修试	检修	发电	水电	
7688	205.2.3-30	DL/T 2096—2020	水电站大坝运行安全在线监控系统技术规范	行标	2021-2-1			规划、设计、采购、建设、运维、修试、退役	规划、初设、施工图、招标、品控、施工工艺、验收与质量评定、试运行、运行、维护、检修、试验、退役、报废	发电	水电	
7689	205.2.3-31	DL/T 2204—2020	水电站大坝安全现场检查技术规程	行标	2021-2-1			运维	运行、维护	发电	水电	
7690	205.2.3-32	DL/T 2210—2021	水电站无人值班技术规范	行标	2021-7-1			运维	运行、维护	发电	水电	

序号	体系结构号	标准编号	标准名称	标准级别	实施日期	与国际标准对应关系	代替标准	阶段	分阶段	专业	分专业	备注
7691	205.2.3-33	DL/T 2259—2021	水电站泄洪消能安全预警系统技术规范	行标	2021-10-26			安全监管		基础综合		
7692	205.2.3-34	DL/T 2287—2021	水轮发电机电气制动技术导则	行标	2021-10-26			运维	运行、维护	发电	水电	
7693	205.2.3-35	DL/T 2288—2021	水电站水库调度自动化系统运行维护规程	行标	2021-10-26			运维	运行、维护	发电	水电	
7694	205.2.3-36	DL/T 2340—2021	大坝安全监测资料分析规程	行标	2022-3-22			运维	运行、维护	发电	水电	
7695	205.2.3-37	DL/T 2425—2021	抽水蓄能电站水库运行管理规范	行标	2022-3-22			运维	运行、维护	发电	水电	
7696	205.2.3-38	DL/T 5809—2020	水电工程库区安全监测技术规范	行标	2021-2-1			安全监管		基础综合		
7697	205.2.3-39	NB/T 10243—2019	水电站发电及检修计划编制导则	行标	2020-5-1			运维、修试	运行、维护、检修	发电	水电	
7698	205.2.3-40	NB/T 10385—2020	水电工程生态流量实时监测系统技术规范	行标	2021-2-1			设计、建设、运维	初设、施工图、施工工艺、验收与质量评定、试运行、运行、维护	发电	水电	
7699	205.2.3-41	NB/T 10386—2020	水电工程水温实时监测系统技术规范	行标	2021-2-1			设计、建设、运维	初设、施工图、施工工艺、验收与质量评定、试运行、运行、维护	发电	水电	
7700	205.2.3-42	NB/T 10810—2021	小水电机组调速系统技术条件	行标	2022-5-16			运维	运行、维护	发电	水电	
7701	205.2.3-43	NB/T 10811—2021	小水电机组调速系统运行及检修规程	行标	2022-5-16			运维、修试	运行、维护、检修	发电	水电	

序号	体系结构号	标准编号	标准名称	标准级别	实施日期	与国际标准对应关系	代替标准	阶段	分阶段	专业	分专业	备注
7702	205.2.3-44	NB/T 10812—2021	小水电机组运行及检修规程	行标	2022-5-16			运维、修试	运行、维护、检修	发电	水电	
7703	205.2.3-45	NB/T 42074—2016	无人值班小型水电站安全运行规范	行标	2016-12-1			运维	运行、维护	发电	水电	
7704	205.2.3-46	GB/T 28566—2012	发电机组并网安全条件及评价	国标	2012-11-1			运维	运行、维护	发电	水电	
7705	205.2.3-47	GB/T 32506—2016	抽水蓄能机组励磁系统运行检修规程	国标	2016-9-1			运维、修试	运行、维护、检修	发电	水电	
7706	205.2.3-48	GB/T 32574—2016	抽水蓄能电站检修导则	国标	2016-11-1			运维、修试	运行、维护、检修	发电	水电	
7707	205.2.3-49	GB/T 32894—2016	抽水蓄能机组工况转换技术导则	国标	2017-3-1			运维	运行、维护	发电	水电	
7708	205.2.3-50	GB/T 35709—2017	灯泡贯流式水轮发电机组检修规程	国标	2018-7-1			运维、修试	运行、维护、检修	发电	水电	
7709	205.2.3-51	GB/T 36570—2018	水力发电厂消防设施运行维护规程	国标	2019-4-1			运维、修试	运行、维护、检修	发电	水电	
7710	205.2.3-52	GB/T 50960—2014	小水电电网安全运行技术规范	国标	2014-10-1			运维	运行、维护	发电	水电	
205.2.4	**运行检修—发电—核电**											
205.2.5	**运行检修—发电—燃煤电站和气电**											
7711	205.2.5-1	T/CSEE 0152—2020	汽轮发电机励磁系统运行及检修技术导则	团标	2020-1-15			运维	运行、维护	发电	火电	
7712	205.2.5-2	DL/T 801—2010	大型发电机内冷却水质及系统技术要求	行标	2011-5-1		DL/T 801—2002	运维、修试	运行、维护、检修	发电	火电	本标准有英文版

序号	体系结构号	标准编号	标准名称	标准级别	实施日期	与国际标准对应关系	代替标准	阶段	分阶段	专业	分专业	备注
7713	205.2.5-3	DL/T 970—2005	大型汽轮发电机非正常和特殊运行及维护导则	行标	2006-6-1			运维	运行、维护	发电	火电	
7714	205.2.5-4	DL/T 1076—2017	火力发电厂化学调试导则	行标	2017-12-1		DL/T 1076—2007	运维、修试	运行、维护、检修	发电	火电	
7715	205.2.5-5	DL/T 2012—2019	基于风险预控的火力发电安全生产管理体系要求	行标	2019-10-1			运维、修试	运行、维护、检修	发电	火电	
7716	205.2.5-6	DL/T 2298—2021	火力发电厂运行管理导则	行标	2021-10-26			运维	运行、维护	发电	火电	
7717	205.2.5-7	DL/T 2300—2021	火力发电厂设备检修管理导则	行标	2021-10-26			运维	运行、维护	发电	火电	
7718	205.2.5-8	DL/T 2395—2021	火力发电厂现场总线设备检修维护及试验技术规程	行标	2022-3-22			运维、修试	运行、维护、检修、试验	发电	火电	
205.2.6	**运行检修—发电—生物质能**											
205.2.7	**运行检修—发电—多能互补**											
7719	205.2.7-1	T/CEC 434—2021	用户侧综合能源系统运行控制导则	团标	2021-9-1			运维	运行、维护	发电、调度及二次	其他、电力调度	
7720	205.2.7-2	NB/T 10625—2021	风光储联合发电站运行导则	行标	2021-10-26			运维	运行、维护	发电	光伏、风电、储能	
7721	205.2.7-3	NB/T 10630—2021	风光储联合发电站监控系统技术条件	行标	2021-10-26			运维	运行、维护	发电、调度及二次	光伏、风电、储能、二次一体化	
7722	205.2.7-4	NB/T 10645—2021	光储荷互动控制运行技术导则	行标	2021-10-26			运维	运行、维护	发电、调度及二次	光伏、储能、电力调度	
7723	205.2.7-5	NB/T 10773—2021	农村住宅多能互补供热系统通用要求	行标	2022-5-16			运维	运行、维护	发电	光伏、风电、储能	

序号	体系结构号	标准编号	标准名称	标准级别	实施日期	与国际标准对应关系	代替标准	阶段	分阶段	专业	分专业	备注
205.2.8 运行检修—发电—其他												
7724	205.2.8-1	T/CEC 540—2021	发电厂氢气泄漏在线监测报警系统运行维护导则	团标	2022-3-1			运维	运行、维护	发电	水电、火电	
7725	205.2.8-2	T/CEC 605—2022	电力系统站用电源运维管控平台技术导则	团标	2022-10-1			运维	运行、维护	发电	水电、火电	
7726	205.2.8-3	T/CSEE 0057—2017	发电机组一次调频运行参数设置技术导则	团标	2018-5-1			运维	运行、维护	发电	水电、火电	
7727	205.2.8-4	DL/T 2430—2021	垃圾焚烧发电厂安全生产评价导则	行标	2022-3-22			运维	运行、维护	发电	水电、火电	
205.3 运行检修—CO_2捕集、利用与封存												
205.4 运行检修—输电												
7728	205.4-1	Q/CSG 11104—2008	架空送电线路机载激光雷达测量技术规程	企标	2008-7-30			设计、采购、运维	初设、招标、运行、维护	输电	线路	
7729	205.4-2	Q/CSG 1107002—2018	架空输电线路防雷技术导则	企标	2018-10-23			设计、运维	初设、施工图、运行、维护	输电	线路	
7730	205.4-3	Q/CSG 1203056.5—2018	110kV～500kV架空输电线路杆塔复合横担技术规定 第5部分：运行导则（试行）	企标	2018-12-28			运维	运行、维护	输电	线路	
7731	205.4-4	Q/CSG 1203060.3—2019	绞合型复合材料芯架空导线 第3部分：导线运行维护技术规范(试行)	企标	2019-2-27			运维	运行、维护	输电	线路	本标准有英文版

序号	体系结构号	标准编号	标准名称	标准级别	实施日期	与国际标准对应关系	代替标准	阶段	分阶段	专业	分专业	备注
7732	205.4-5	Q/CSG 1205020.10—2018	架空输电线路机巡标准 第10部分：直升机/无人机巡检设备性能检测规范（试行）	企标	2018-12-28			运维	运行、维护	输电	线路	
7733	205.4-6	Q/CSG 1205020.1—2018	架空输电线路机巡标准 第1部分：总则（试行）	企标	2018-12-28			运维	运行、维护	输电	线路	
7734	205.4-7	Q/CSG 1205020.11—2018	架空输电线路机巡标准 第11部分：直升机/无人机巡检设备维保（试行）	企标	2018-12-28			运维	运行、维护	输电	线路	
7735	205.4-8	Q/CSG 1205020.12—2018	架空输电线路机巡标准 第12部分：直升机/无人机电力作业技术支持系统数据存储规范（试行）	企标	2018-12-28			运维	运行、维护	输电	线路	
7736	205.4-9	Q/CSG 1205020.13—2018	架空输电线路机巡标准 第13部分：直升机/无人机电力作业技术支持系统数据接口规范（试行）	企标	2018-12-28			运维	运行、维护	输电	线路	
7737	205.4-10	Q/CSG 1205020.14—2018	架空输电线路机巡标准 第14部分：直升机/无人机电力作业技术支持系统数据处理规范（试行）	企标	2018-12-28			运维	运行、维护	输电	线路	
7738	205.4-11	Q/CSG 1205020.2—2018	架空输电线路机巡标准 第2部分：机巡安全工作导则（试行）	企标	2018-12-28			运维	运行、维护	输电	线路	

序号	体系结构号	标准编号	标准名称	标准级别	实施日期	与国际标准对应关系	代替标准	阶段	分阶段	专业	分专业	备注
7739	205.4-12	Q/CSG 1205020.3—2018	架空输电线路机巡标准 第3部分:多旋翼无人机巡检技术导则(试行)	企标	2018-12-28			运维	运行、维护	输电	线路	
7740	205.4-13	Q/CSG 1205020.4—2018	架空输电线路机巡标准 第4部分:固定翼无人机巡检技术导则(试行)	企标	2018-12-28			运维	运行、维护	输电	线路	
7741	205.4-14	Q/CSG 1205020.5—2018	架空输电线路机巡标准 第5部分:无人直升机巡检技术导则(试行)	企标	2018-12-28			运维	运行、维护	输电	线路	
7742	205.4-15	Q/CSG 1205020.6—2018	架空输电线路机巡标准 第6部分:直升机巡检技术导则(试行)	企标	2018-12-28			运维	运行、维护	输电	线路	
7743	205.4-16	Q/CSG 1205020.7—2018	架空输电线路机巡标准 第7部分:无人机巡检低空空域申请业务指南(试行)	企标	2018-12-28			运维	运行、维护	输电	线路	
7744	205.4-17	Q/CSG 1205020.8—2018	架空输电线路机巡标准 第8部分:三维激光扫描点云数据分类及着色标准(试行)	企标	2018-12-28			运维	运行、维护	输电	线路	
7745	205.4-18	Q/CSG 1205020.9—2018	架空输电线路机巡标准 第9部分:直升机巡检数据采集及分析业务指南(试行)	企标	2018-12-28			运维	运行、维护	输电	线路	

序号	体系结构号	标准编号	标准名称	标准级别	实施日期	与国际标准对应关系	代替标准	阶段	分阶段	专业	分专业	备注
7746	205.4-19	Q/CSG 1205023—2019	电缆隧道轨道式巡检机器人系统技术规范	企标	2019-6-26			采购、运维	招标、运行、维护	输电	电缆	
7747	205.4-20	Q/CSG 1205024—2019	输电电缆故障测寻作业规范	企标	2019-9-30			运维	运行、维护	输电	电缆	
7748	205.4-21	Q/CSG 1205025—2019	电力与通信共享杆塔运维技术规范	企标	2019-12-30			运维、退役	运行、维护、退役、报废	输电	线路	
7749	205.4-22	Q/CSG 1205026—2019	电力与通信共享杆塔技术导则	企标	2019-12-30			运维、退役	运行、维护、退役、报废	输电	线路	
7750	205.4-23	Q/CSG 1205046—2021	架空输电线路带电作业飞行机器人技术规范（试行）	企标	2021-12-30			运维、退役	运行、维护、退役、报废	输电	线路	
7751	205.4-24	Q/CSG 1205047—2021	电缆通道分布式光纤振动在线监测系统技术规范（试行）	企标	2021-12-30			运维、退役	运行、维护、退役、报废	输电	电缆	
7752	205.4-25	Q/CSG 1205048—2021	海底电缆水下机器人巡检技术规范（试行）	企标	2021-12-30			运维、退役	运行、维护、退役、报废	输电	电缆	
7753	205.4-26	Q/CSG 1205049—2021	架空输电线路缺陷识别算法训练技术规范（试行）	企标	2021-12-30			运维、退役	运行、维护、退役、报废	输电	线路	
7754	205.4-27	T/CEC 117—2016	160kV～500kV挤包绝缘直流电缆系统运行维护与试验导则	团标	2017-1-1			运维	运行、维护	输电	电缆	
7755	205.4-28	T/CEC 233—2019	绝缘管型母线运行规程	团标	2020-1-1			运维	运行、维护	变电	其他	
7756	205.4-29	T/CEC 292—2020	输变电设备数据质量评价导则	团标	2020-10-1			运维	运行、维护	输电	其他	

序号	体系结构号	标准编号	标准名称	标准级别	实施日期	与国际标准对应关系	代替标准	阶段	分阶段	专业	分专业	备注
7757	205.4-30	T/CEC 308—2020	架空电力线路多旋翼无人机巡检系统分类和配置导则	团标	2020-10-1			运维	运行、维护	输电	其他	
7758	205.4-31	T/CEC 402—2020	输电线路飘浮异物激光带电清除装备技术规范	团标	2021-2-1			运维	运行、维护	输电	其他	
7759	205.4-32	T/CEC 403—2020	输电线路飘浮异物激光带电清除装备使用导则	团标	2021-2-1			运维	运行、维护	输电	其他	
7760	205.4-33	T/CEC 445—2021	有缆遥控水下机器人海底电缆巡检作业 规程	团标	2021-9-1			运维	运行、维护	输电	电缆	
7761	205.4-34	T/CEC 448—2021	架空输电线路无人机激光扫描作业技术 规程	团标	2021-9-1			运维	运行、维护	输电	其他	
7762	205.4-35	T/CEC 483—2021	输电线路气象监测装置技术规范	团标	2021-10-1			运维	运行、维护	输电	其他	
7763	205.4-36	T/CEC 509—2021	架空输电线路巡检影像标注规范	团标	2021-10-1			运维	运行、维护	输电	其他	
7764	205.4-37	T/CEC 556—2021	高压交流电缆在线监测装置安装调试与运行维护导则	团标	2022-3-1			运维	运行、维护	输电	其他	
7765	205.4-38	T/CEC 572—2021	输电线路风偏监测装置技术规范	团标	2022-3-1			运维	运行、维护	输电	其他	
7766	205.4-39	T/CEC 573—2021	输电线路舞动监测装置技术规范	团标	2022-3-1			运维	运行、维护	输电	其他	
7767	205.4-40	T/CEC 574—2021	架空输电线路导地线微风振动监测装置技术规范	团标	2022-3-1			运维	运行、维护	输电	其他	

序号	体系结构号	标准编号	标准名称	标准级别	实施日期	与国际标准对应关系	代替标准	阶段	分阶段	专业	分专业	备注
7768	205.4-41	T/CSEE 0060—2017	架空输电线路通道山火卫星监测系统技术规范	团标	2018-5-1			运维	运行、维护	输电	线路	
7769	205.4-42	T/CSEE 0061—2017	架空线路电流融冰技术导则	团标	2018-5-1			运维	运行、维护	输电	线路	
7770	205.4-43	T/CSEE 0076—2018	输电线路钢制杆塔腐蚀状态评估导则	团标	2018-12-25			运维	运行、维护	输电	线路	
7771	205.4-44	T/CSEE 0125.1—2019	基于北斗导航系统的架空输电线路监测规范 第1部分：地面监测装置技术要求	团标	2019-3-1			采购、运维	招标、运行、维护	输电	线路	
7772	205.4-45	T/CSEE 0125.2—2019	基于北斗导航系统的架空输电线路监测规范 第2部分：地面监测装置安装调试及验收	团标	2019-3-1			运维	运行、维护	输电	线路	
7773	205.4-46	T/CSEE 0125.3—2019	基于北斗导航系统的架空输电线路监测规范 第3部分：地面监测装置运行维护	团标	2019-3-1			运维	运行、维护	输电	线路	
7774	205.4-47	T/CSEE 0156—2020	架空输电线路导线修补机器人作业导则	团标	2020-1-15			运维	运行、维护	输电	其他	
7775	205.4-48	DL/T 251—2012	±800kV 直流架空输电线路检修规程	行标	2012-7-1			修试	检修	输电	线路	
7776	205.4-49	DL/T 257—2012	高压交直流架空线路用复合绝缘子施工、运行和维护管理规范	行标	2012-7-1			运维	运行、维护	输电	线路	

序号	体系结构号	标准编号	标准名称	标准级别	实施日期	与国际标准对应关系	代替标准	阶段	分阶段	专业	分专业	备注
7777	205.4-50	DL/T 288—2012	架空输电线路直升机巡视技术导则	行标	2012-3-1			运维	维护	输电	线路	
7778	205.4-51	DL/T 289—2012	架空输电线路直升机巡视作业标志	行标	2012-3-1			运维	维护	输电	线路	
7779	205.4-52	DL/T 392—2015	1000kV 交流输电线路带电作业技术导则	行标	2015-12-1		DL/T 392—2010	运维	维护	输电	线路	
7780	205.4-53	DL/T 393—2021	输变电设备状态检修试验规程	行标	2022-3-22		DL/T 393—2010	运维	维护	输电	线路	
7781	205.4-54	DL/T 400—2019	500kV 交流紧凑型输电线路带电作业技术导则	行标	2019-10-1		DL/T 400—2010	运维	维护	输电	线路	
7782	205.4-55	DL/T 741—2019	架空输电线路运行规程	行标	2019-10-1		DL/T 741—2010	运维	运行、维护	输电	线路	
7783	205.4-56	DL/T 881—2019	±500kV 直流输电线路带电作业技术导则	行标	2019-10-1		DL/T 881—2004	运维	维护	输电	线路	
7784	205.4-57	DL/T 966—2005	送电线路带电作业技术导则	行标	2006-6-1			运维	维护	输电	线路	
7785	205.4-58	DL/T 1006—2006	架空输电线路巡检系统	行标	2007-3-1			运维	维护	输电	线路	
7786	205.4-59	DL/T 1007—2006	架空输电线路带电安装导则及作业工具设备	行标	2007-3-1	IEC 61328:2003，IDT		运维	维护	输电	线路	
7787	205.4-60	DL/T 1069—2016	架空输电线路导地线补修导则	行标	2016-7-1		DL/T 1069—2007	修试	检修	输电	线路	
7788	205.4-61	DL/T 1126—2017	同塔多回线路带电作业技术导则	行标	2018-3-1		DL/T 1126—2009	运维	维护	输电	线路	
7789	205.4-62	DL/T 1148—2009	电力电缆线路巡检系统	行标	2009-12-1			运维	运行、维护	输电、发电	电缆、水电、火电、其他	

序号	体系结构号	标准编号	标准名称	标准级别	实施日期	与国际标准对应关系	代替标准	阶段	分阶段	专业	分专业	备注
7790	205.4-63	DL/T 1242—2022	±800kV 直流线路带电作业技术规范	行标	2022-11-13		DL/T 1242—2013	运维	维护	输电	线路	
7791	205.4-64	DL/T 1248—2013	架空输电线路状态检修导则	行标	2013-8-1			修试	检修	输电	线路	
7792	205.4-65	DL/T 1249—2013	架空输电线路运行状态评估技术导则	行标	2013-8-1			运维	运行	输电	线路	
7793	205.4-66	DL/T 1253—2013	电力电缆线路运行规程	行标	2014-4-1			运维	运行、维护	输电	电缆	
7794	205.4-67	DL/T 1278—2013	海底电力电缆运行规程	行标	2014-4-1			运维	运行、维护	输电	电缆	
7795	205.4-68	DL/T 1346—2021	架空输电线路直升机激光扫描作业技术规程	行标	2021-7-1		DL/T 1346—2014	运维	运行、维护	输电	电缆	
7796	205.4-69	DL/T 1481—2015	架空输电线路故障风险计算导则	行标	2015-12-1			运维	维护	输电	线路	
7797	205.4-70	DL/T 1482—2015	架空输电线路无人机巡检作业技术导则	行标	2015-12-1			运维	维护	输电	线路	
7798	205.4-71	DL/T 1578—2021	架空电力线路多旋翼无人机巡检系统	行标	2022-3-22		DL/T 1578—2016	运维	维护	输电	线路	
7799	205.4-72	DL/T 1609—2016	架空输电线路除冰机器人作业导则	行标	2016-12-1			运维	维护	输电	线路	
7800	205.4-73	DL/T 1615—2016	碳纤维复合材料芯架空导线运行维护技术导则	行标	2016-12-1			运维	运行、维护	输电	线路	
7801	205.4-74	DL/T 1620—2016	架空输电线路山火风险预报技术导则	行标	2016-12-1			运维	运行	输电	线路	

序号	体系结构号	标准编号	标准名称	标准级别	实施日期	与国际标准对应关系	代替标准	阶段	分阶段	专业	分专业	备注
7802	205.4-75	DL/T 1634—2016	高海拔地区输电线路带电作业技术导则	行标	2017-5-1			运维	维护	输电	线路	
7803	205.4-76	DL/T 1635—2016	耐热导线输电线路带电作业技术导则	行标	2017-5-1			运维	维护	输电	线路	
7804	205.4-77	DL/T 1636—2016	电缆隧道机器人巡检技术导则	行标	2017-5-1			运维	运行	输电	电缆	
7805	205.4-78	DL/T 1720—2017	架空输电线路直升机带电作业技术导则	行标	2017-12-1			运维	维护	输电	线路	
7806	205.4-79	DL/T 1722—2017	架空输电线路机器人巡检技术导则	行标	2017-12-1			运维	维护	输电	线路	
7807	205.4-80	DL/T 1922—2018	架空输电线路导地线机械震动除冰装置使用技术导则	行标	2019-5-1			运维	维护	输电	线路	
7808	205.4-81	DL/T 1956—2018	绝缘管型母线运行监测系统通用技术条件	行标	2019-5-1			运维	维护	输电	其他	
7809	205.4-82	DL/T 2055—2019	输电线路钢结构腐蚀安全评估导则	行标	2020-5-1			运维、退役	运行、维护、退役、报废	输电	线路	
7810	205.4-83	DL/T 2066—2019	高压交、直流盘形悬式瓷或玻璃绝缘子施工、运行和维护规范	行标	2020-5-1			建设、运维	施工工艺、运行、维护	输电	线路	
7811	205.4-84	DL/T 2101—2020	架空输电线路固定翼无人机巡检系统	行标	2021-2-1			运维	维护	输电	线路	
7812	205.4-85	DL/T 2111—2020	架空输电线路感应电防护技术导则	行标	2021-2-1			采购、建设、运维	招标、品控、试运行、运行	输电	线路	

序号	体系结构号	标准编号	标准名称	标准级别	实施日期	与国际标准对应关系	代替标准	阶段	分阶段	专业	分专业	备注
7813	205.4-86	DL/T 2119—2020	架空电力线路多旋翼无人机飞行控制系统通用技术规范	行标	2021-2-7			采购、建设、运维	招标、品控、试运行、运行	输电	线路	
7814	205.4-87	DL/T 2153—2020	输电线路用带电作业机器人	行标	2021-2-1			采购、建设、运维	招标、品控、试运行、运行	输电	线路	
7815	205.4-88	DL/T 2236—2021	架空电力线路无人机巡检系统配置导则	行标	2021-7-1			运维	维护	输电	线路	
7816	205.4-89	DL/T 2270—2021	高压电缆接地电流在线监测系统技术规范	行标	2021-10-26			运维	维护	输电	电缆	
7817	205.4-90	DL/T 2271—2021	高压电缆局部放电在线监测系统技术规范	行标	2021-10-26			运维	维护	输电	电缆	
7818	205.4-91	DL/T 2377—2021	高压直流输电控制保护系统状态评价技术规程	行标	2022-3-22			运维	维护	输电	线路	
7819	205.4-92	DL/T 2422—2021	架空输电线路飘挂物激光清除作业技术导则	行标	2022-3-22			运维	维护	输电	线路	
7820	205.4-93	DL/T 2435.4—2021	架空输电线路机载激光雷达测量技术规程 第4部分：运维巡检	行标	2022-3-22			运维	维护	输电	线路	
7821	205.4-94	DL/T 2456—2021	输电电缆故障测寻技术规范	行标	2022-6-22			运维	维护	输电	电缆	
7822	205.4-95	DL/T 2464—2021	架空输电线路巡检机器人检测规范	行标	2022-6-22			修试	检修、试验	输电	线路	
7823	205.4-96	DL/T 2513—2022	地下电力电缆光缆安全预警系统技术导则	行标	2022-11-13			运维	维护	调度及二次	电力监控系统网络安全	

序号	体系结构号	标准编号	标准名称	标准级别	实施日期	与国际标准对应关系	代替标准	阶段	分阶段	专业	分专业	备注
7824	205.4-97	DL/T 2520—2022	电力管道有限空间作业安全技术规范	行标	2022-11-13			修试	检修、试验	调度及二次	电力监控系统网络安全	
7825	205.4-98	DL/T 5462—2012	架空输电线路覆冰观测技术规定	行标	2013-3-1			运维	维护	输电	线路	
7826	205.4-99	QX/T 59—2007	地面气象观测规范 第15部分:电线积冰观测	行标	2007-10-1			运维	维护	输电	线路	
7827	205.4-100	YD/T 2979—2015	高压输电系统对通信设施危险影响防护技术要求	行标	2016-1-1			运维	维护	输电	线路	
7828	205.4-101	GB 51354—2019	城市地下综合管廊运行维护及安全技术标准	国标	2019-8-1			运维	运行、维护	输电	电缆	
7829	205.4-102	GB/T 19185—2008	交流线路带电作业安全距离计算方法	国标	2009-8-1		GB/T 19185—2003	运维	维护	输电	线路	
7830	205.4-103	GB/T 25095—2020	架空输电线路运行状态监测系统	国标	2021-7-1		GB/T 25095—2010	运维	运行	输电	线路	
7831	205.4-104	GB/T 28813—2012	±800kV直流架空输电线路运行规程	国标	2013-2-1			运维	运行	输电	线路	
7832	205.4-105	GB/T 32673—2016	架空输电线路故障巡视技术导则	国标	2016-11-1			运维	运行、维护	输电	线路	
7833	205.4-106	GB/T 35235—2017	地面气象观测规范 电线积冰	国标	2018-7-1			运维	维护	输电	线路	
7834	205.4-107	GB/T 35695—2017	架空输电线路涉鸟故障防治技术导则	国标	2018-7-1			运维	维护	输电	线路	

序号	体系结构号	标准编号	标准名称	标准级别	实施日期	与国际标准对应关系	代替标准	阶段	分阶段	专业	分专业	备注
7835	205.4-108	GB/T 35697—2017	架空输电线路在线监测装置通用技术规范	国标	2018-7-1			采购、运维	招标、品控、维护	输电	线路	
7836	205.4-109	GB/T 37013—2018	柔性直流输电线路检修规范	国标	2019-7-1			修试	检修	输电	线路	
205.5　运行检修—变电												
7837	205.5-1	Q/CSG 110023—2012	变电站防止电气误操作闭锁装置技术规范	企标	2012-4-6			采购、运维	招标、品控、运行、维护	变电	其他	
7838	205.5-2	Q/CSG 1202019—2021	变电站控制电晕噪声技术导则（导体金具类）（试行）	企标	2021-12-30			运维	运行、维护	变电	其他	
7839	205.5-3	Q/CSG 1203063—2019	变电站视频及环境监控系统技术规范	企标	2019-9-30			设计、建设、运维	初设、验收与质量评定、运行	变电	其他	
7840	205.5-4	Q/CSG 1205009—2016	高压直流换流站运行规程编制导则	企标	2017-1-10			建设、运维、修试、退役	施工工艺、验收与质量评定、试运行、运行、维护、检修、试验、退役	换流	其他	
7841	205.5-5	Q/CSG 1205012—2017	±800kV特高压直流运行接线方式技术规范	企标	2017-7-1			运维	运行、维护	换流	其他	
7842	205.5-6	Q/CSG 1205016—2018	高压直流换流阀冷却系统运行规范	企标	2018-4-16			建设、运维、修试	试运行、运行、维护、检修、试验	换流	换流阀	
7843	205.5-7	Q/CSG 1205017—2018	高压直流输电换流阀运行规范	企标	2018-4-16			建设、运维、修试	试运行、运行、维护、检修、试验	换流	换流阀	
7844	205.5-8	Q/CSG 1205022—2018	串联电容器补偿装置运行规程	企标	2018-12-28			运维	运行、维护	变电	其他	
7845	205.5-9	Q/CSG 1205036—2021	基于高耦合分裂电抗器的限流器运行规程（试行）	企标	2021-8-30			运维、退役	运行、维护、退役、报废	变电	其他	

序号	体系结构号	标准编号	标准名称	标准级别	实施日期	与国际标准对应关系	代替标准	阶段	分阶段	专业	分专业	备注
7846	205.5-10	Q/CSG 1205040—2021	±160kV 及以下超导直流限流器运行维护规范（试行）	企标	2021-12-30			运维	运行、维护	变电	其他	
7847	205.5-11	Q/CSG 1206012—2019	油浸式变压器非电量保护技术规范	企标	2019-12-30			运维	运行、维护	变电	其他	
7848	205.5-12	Q/CSG 1206016—2020	变电站视频及环境监控系统检验规范（试行）	企标	2020-8-31			运维	运行、维护	变电	其他	
7849	205.5-13	Q/CSG 1206020—2021	±160kV 及以下超导直流限流器检修试验规范（试行）	企标	2021-12-30			修试	检修、试验	变电	其他	
7850	205.5-14	T/CEC 142—2017	变压器油中溶解气体在线监测装置运行导则	团标	2017-8-1			采购、运维	招标、品控、运行、维护	变电	变压器	
7851	205.5-15	T/CEC 159—2018	变电站机器人巡检系统扩展接口技术规范	团标	2018-4-1			运维	运行、维护	变电	其他	
7852	205.5-16	T/CEC 160—2018	变电站机器人巡检系统集中监控技术导则	团标	2018-4-1			运维	运行、维护	变电	其他	
7853	205.5-17	T/CEC 161—2018	变电站机器人巡检系统运维检修技术导则	团标	2018-4-1			采购、运维	招标、品控、运行、维护	变电	其他	
7854	205.5-18	T/CEC 297.3—2020	高压直流输电换流阀冷却技术规范 第3部分：阀厅空气调节及净化处理	团标	2020-10-1			运维	运行、维护	换流	换流阀	
7855	205.5-19	T/CEC 384—2020	变电站可见光巡检图像标注规范	团标	2021-2-1			采购、运维	招标、品控、运行、维护	变电	其他	

序号	体系结构号	标准编号	标准名称	标准级别	实施日期	与国际标准对应关系	代替标准	阶段	分阶段	专业	分专业	备注
7856	205.5-20	T/CEC 391—2020	变电站巡检机器人信息采集导则	团标	2021-2-1			采购、运维	招标、品控、运行、维护	变电	其他	
7857	205.5-21	T/CEC 427.4—2020	蒸发冷却电力变压器 第4部分：安装、运行与维护	团标	2021-9-1			采购、运维	招标、品控、运行、维护	变电	其他	
7858	205.5-22	T/CEC 450—2021	高压隔离开关及通流回路接触面喷涂检修工艺导则	团标	2021-9-1			采购、运维	招标、品控、运行、维护	变电	其他	
7859	205.5-23	T/CEC 456—2021	高压直流输电调相机冷却水系统水质控制及运行维护导则	团标	2021-9-1			采购、运维	招标、品控、运行、维护	变电	其他	
7860	205.5-24	T/CEC 457—2021	高压直流输电调相机冷却水系统检修化学检查导则	团标	2021-9-1			采购、运维	招标、品控、运行、维护	变电	其他	
7861	205.5-25	T/CSEE 0081.18—2021	统一潮流控制器（UPFC） 第18部分：油浸式串联变压器状态评价和状态检修决策导则	团标	2021-3-11			采购、运维	招标、品控、运行、维护	变电	其他	
7862	205.5-26	T/CSEE 0081.19—2020	统一潮流控制器（UPFC） 第19部分：换流阀运行检修技术规范	团标	2020-1-15			建设、运维、修试	试运行、运行、维护、检修、试验	换流	换流阀	
7863	205.5-27	T/CSEE 0174.1—2021	同步调相机状态评价导则 第1部分：本体	团标	2021-3-11			建设、运维、修试	试运行、运行、维护、检修、试验	换流	换流阀	

序号	体系结构号	标准编号	标准名称	标准级别	实施日期	与国际标准对应关系	代替标准	阶段	分阶段	专业	分专业	备注
7864	205.5-28	T/CSEE 0204.1—2021	柔性直流设备运维规程 第1部分：500kV模块化多电平电压源型换流阀	团标	2021-3-11			建设、运维、修试	试运行、运行、维护、检修、试验	换流	换流阀	
7865	205.5-29	T/CSEE 0204.2—2021	柔性直流设备运维规程 第2部分：500kV混合式直流断路器	团标	2021-3-11			建设、运维、修试	试运行、运行、维护、检修、试验	换流	换流阀	
7866	205.5-30	T/CSEE 0241.30—2021	柔性直流电网 第30部分：换流站检修导则	团标	2021-9-17			建设、运维、修试	试运行、运行、维护、检修、试验	换流	换流阀	
7867	205.5-31	DL/T 348—2019	换流站设备巡检导则	行标	2019-10-1		DL/T 351—2010	建设、运维、修试	试运行、运行、维护、检修、试验	换流	其他	
7868	205.5-32	DL/T 349—2019	换流站运行操作导则	行标	2020-5-1		DL/T 352—2010	建设、运维、修试	试运行、运行、维护、检修、试验	换流	其他	
7869	205.5-33	DL/T 350—2010	换流站运行规程编制导则	行标	2011-5-1			建设、运维、修试、退役	施工工艺、验收与质量评定、试运行、运行、维护、检修、试验、退役	换流	其他	
7870	205.5-34	DL/T 351—2019	晶闸管换流阀检修导则	行标	2020-5-1		DL/T 351—2010	建设、运维、修试	试运行、运行、维护、检修、试验	换流	换流阀	
7871	205.5-35	DL/T 352—2019	直流断路器检修导则	行标	2020-5-1		DL/T 352—2010	建设、运维、修试	试运行、运行、维护、检修、试验	换流	其他	
7872	205.5-36	DL/T 353—2019	高压直流测量装置检修导则	行标	2020-5-1		DL/T 353—2010	建设、运维、修试	试运行、运行、维护、检修、试验	换流	其他	
7873	205.5-37	DL/T 354—2019	换流变压器、平波电抗器检修导则	行标	2020-5-1		DL/T 354—2010	建设、运维、修试	试运行、运行、维护、检修、试验	换流	换流变	

序号	体系结构号	标准编号	标准名称	标准级别	实施日期	与国际标准对应关系	代替标准	阶段	分阶段	专业	分专业	备注
7874	205.5-38	DL/T 355—2019	滤波器及并联电容器装置检修导则	行标	2020-5-1		DL/T 355—2010	建设、运维、修试	试运行、运行、维护、检修、试验	换流	其他	
7875	205.5-39	DL/T 572—2021	电力变压器运行规程	行标	2021-10-26		DL/T 572—2010	建设、运维、修试	试运行、运行、维护、检修、试验	换流	其他	
7876	205.5-40	DL/T 573—2021	电力变压器检修导则	行标	2021-10-26		DL/T 573—2010	建设、运维、修试	试运行、运行、维护、检修、试验	换流	其他	
7877	205.5-41	DL/T 574—2021	变压器分接开关运行维修导则	行标	2021-10-26		DL/T 574—2010	建设、运维、修试	试运行、运行、维护、检修、试验	换流	其他	
7878	205.5-42	DL/T 603—2017	气体绝缘金属封闭开关设备运行维护规程	行标	2018-6-1		DL/T 603—2006	采购、运维	招标、品控、运行、维护	变电	变压器	
7879	205.5-43	DL/T 727—2013	互感器运行检修导则	行标	2014-4-1		DL/T 727—2000	采购、运维	招标、品控、运行、维护	变电	互感器	
7880	205.5-44	DL/T 737—2021	农村无人值班变电站运行规定	行标	2022-3-22		DL/T 737—2010	采购、运维	招标、品控、运行、维护	变电	其他	
7881	205.5-45	DL/T 739—2000	LW-10 型六氟化硫断路器检修工艺规程	行标	2001-1-1			采购、运维	招标、品控、运行、维护	变电	开关	
7882	205.5-46	DL/T 969—2005	变电站运行导则	行标	2006-6-1			采购、运维	招标、品控、运行、维护	变电	其他	
7883	205.5-47	DL/T 1036—2021	变电设备巡检系统	行标	2021-10-26		DL/T 1036—2006	采购、运维	招标、品控、运行、维护	变电	其他	
7884	205.5-48	DL/T 1081—2008	12kV～40.5kV户外高压开关运行规程	行标	2008-11-1			采购、运维	招标、品控、运行、维护	变电	开关	
7885	205.5-49	DL/T 1168—2012	高压直流输电系统保护运行评价规程	行标	2012-12-1			建设、运维、修试	试运行、运行、维护、检修、试验	换流	其他	

序号	体系结构号	标准编号	标准名称	标准级别	实施日期	与国际标准对应关系	代替标准	阶段	分阶段	专业	分专业	备注
7886	205.5-50	DL/T 1215.5—2013	链式静止同步补偿器 第5部分:运行检修导则	行标	2013-8-1			采购、运维	招标、品控、运行、维护	变电	其他	
7887	205.5-51	DL/T 1298—2013	静止无功补偿装置运行规程	行标	2014-4-1			采购、运维	招标、品控、运行、维护	变电	其他	
7888	205.5-52	DL/T 1404—2015	变电站监控系统防止电气误操作技术规范	行标	2015-9-1			采购、运维	招标、品控、运行、维护	变电	其他	
7889	205.5-53	DL/T 1430—2015	变电设备在线监测系统技术导则	行标	2015-9-1			采购、运维	招标、品控、运行、维护	变电	其他	
7890	205.5-54	DL/T 1552—2016	变压器油储存管理导则	行标	2016-6-1			采购、运维	招标、品控、运行、维护	变电	变压器	
7891	205.5-55	DL/T 1553—2016	六氟化硫气体净化处理工作规程	行标	2016-6-1			采购、运维	招标、品控、运行、维护	变电	开关	
7892	205.5-56	DL/T 1555—2016	六氟化硫气体泄漏在线监测报警装置运行维护导则	行标	2016-6-1			采购、运维	招标、品控、运行、维护	变电	其他	
7893	205.5-57	DL/T 1610—2016	变电站机器人巡检系统通用技术条件	行标	2016-12-1			采购、运维	招标、品控、运行、维护	变电	其他	
7894	205.5-58	DL/T 1637—2016	变电站机器人巡检技术导则	行标	2017-5-1			采购、运维	招标、品控、运行、维护	变电	其他	
7895	205.5-59	DL/T 1682—2016	交流变电站接地安全导则	行标	2017-5-1			采购、运维	招标、品控、运行、维护	变电	其他	
7896	205.5-60	DL/T 1684—2017	油浸式变压器（电抗器）状态检修导则	行标	2017-8-1			采购、运维	招标、品控、运行、维护	变电	变压器	
7897	205.5-61	DL/T 1685—2017	油浸式变压器（电抗器）状态评价导则	行标	2017-8-1			采购、运维	招标、品控、运行、维护	变电	变压器	

序号	体系结构号	标准编号	标准名称	标准级别	实施日期	与国际标准对应关系	代替标准	阶段	分阶段	专业	分专业	备注
7898	205.5-62	DL/T 1686—2017	六氟化硫高压断路器状态检修导则	行标	2017-8-1			采购、运维	招标、品控、运行、维护	变电	开关	
7899	205.5-63	DL/T 1687—2017	六氟化硫高压断路器状态评价导则	行标	2017-8-1			采购、运维	招标、品控、运行、维护	变电	开关	
7900	205.5-64	DL/T 1688—2017	气体绝缘金属封闭开关设备状态评价导则	行标	2017-8-1			采购、运维	招标、品控、运行、维护	变电	开关	
7901	205.5-65	DL/T 1689—2017	气体绝缘金属封闭开关设备状态检修导则	行标	2017-8-1			采购、运维	招标、品控、运行、维护	变电	开关	
7902	205.5-66	DL/T 1690—2017	电流互感器状态评价导则	行标	2017-8-1			采购、运维	招标、品控、运行、维护	变电	互感器	
7903	205.5-67	DL/T 1691—2017	电流互感器状态检修导则	行标	2017-8-1			采购、运维	招标、品控、运行、维护	变电	互感器	
7904	205.5-68	DL/T 1700—2017	隔离开关及接地开关状态检修导则	行标	2017-8-1			采购、运维	招标、品控、运行、维护	变电	开关	
7905	205.5-69	DL/T 1701—2017	隔离开关及接地开关状态评价导则	行标	2017-8-1			采购、运维	招标、品控、运行、维护	变电	开关	
7906	205.5-70	DL/T 1702—2017	金属氧化物避雷器状态检修导则	行标	2017-8-1			采购、运维	招标、品控、运行、维护	变电	避雷器	
7907	205.5-71	DL/T 1703—2017	金属氧化物避雷器状态评价导则	行标	2017-8-1			采购、运维	招标、品控、运行、维护	变电	避雷器	
7908	205.5-72	DL/T 1716—2017	高压直流输电换流阀冷却水运行管理导则	行标	2017-12-1			建设、运维、修试	试运行、运行、维护、检修、试验	换流	换流阀	
7909	205.5-73	DL/T 1775—2017	串联电容器使用技术条件	行标	2018-6-1			采购、运维	招标、品控、运行、维护	变电	开关	

序号	体系结构号	标准编号	标准名称	标准级别	实施日期	与国际标准对应关系	代替标准	阶段	分阶段	专业	分专业	备注
7910	205.5-74	DL/T 1795—2017	柔性直流输电换流站运行规程	行标	2018-6-1			建设、运维、修试	试运行、运行、维护、检修、试验	换流	其他	
7911	205.5-75	DL/T 1831—2018	柔性直流输电换流站检修规程	行标	2018-7-1			建设、运维、修试	试运行、运行、维护、检修、试验	换流	其他	
7912	205.5-76	DL/T 1833—2018	柔性直流输电换流阀检修规程	行标	2018-7-1			建设、运维、修试	试运行、运行、维护、检修、试验	换流	换流阀	
7913	205.5-77	DL/T 1958—2018	电子式电压互感器状态检修导则	行标	2019-5-1			采购、运维	招标、品控、运行、维护	变电	互感器	
7914	205.5-78	DL/T 1959—2018	电子式电压互感器状态评价导则	行标	2019-5-1			采购、运维	招标、品控、运行、维护	变电	互感器	
7915	205.5-79	DL/T 2002—2019	换流变压器运行规程	行标	2019-10-1			建设、运维、修试	试运行、运行、维护、检修、试验	换流	换流变	
7916	205.5-80	DL/T 2003—2019	换流变压器有载分接开关使用导则	行标	2019-10-1			建设、运维、修试	试运行、运行、维护、检修、试验	换流	换流变	
7917	205.5-81	DL/T 2078.1—2020	调相机检修导则 第1部分:本体	行标	2021-2-1			运维	运行、维护	变电	其他	
7918	205.5-82	DL/T 2078.2—2021	调相机检修导则 第2部分:保护及励磁系统	行标	2022-3-22			建设、运维、修试	试运行、运行、维护、检修、试验	变电	其他	
7919	205.5-83	DL/T 2078.3—2021	调相机检修导则 第3部分:辅机系统	行标	2022-3-22			建设、运维、修试	试运行、运行、维护、检修、试验	变电	其他	
7920	205.5-84	DL/T 2098—2020	调相机运行规程	行标	2021-2-1			运维	运行、维护	变电	其他	

序号	体系结构号	标准编号	标准名称	标准级别	实施日期	与国际标准对应关系	代替标准	阶段	分阶段	专业	分专业	备注
7921	205.5-85	DL/T 2102—2020	电子式电流互感器状态评价导则	行标	2021-2-1			运维	运行、维护	变电	其他	
7922	205.5-86	DL/T 2103—2020	电子式电流互感器状态检修导则	行标	2021-2-1			运维	运行、维护	变电	其他	
7923	205.5-87	DL/T 2105—2020	并联电容器装置状态检修导则	行标	2021-2-1			运维	运行、维护	变电	其他	
7924	205.5-88	DL/T 2140—2020	无人值班变电站消防远程集中监控系统技术规范	行标	2021-2-1			运维	运行、维护	变电	其他	
7925	205.5-89	DL/T 2208—2021	换流变压器现场绕组更换关键工艺控制导则	行标	2021-7-1			设计、采购、建设、运维、修试、退役	初设、施工图、招标、品控、施工工艺、验收与质量评定、试运行、运行、维护、检修、试验、退役、报废	变电	变压器	
7926	205.5-90	DL/T 2228—2021	变电站用充气式开关柜运维检修规程	行标	2021-7-1			运维	运行、维护	变电	其他	
7927	205.5-91	DL/T 2241—2021	变电站室内轨道式巡检机器人系统通用技术条件	行标	2021-7-1			运维	运行、维护	变电	其他	
7928	205.5-92	DL/T 2284—2021	车载移动式变电站运行与维护规范	行标	2021-10-26			运维	运行、维护	变电	其他	
7929	205.5-93	DL/T 2321—2021	变电站直流系统状态评价导则	行标	2022-3-22			建设、运维、修试	试运行、运行、维护、检修、试验	变电	其他	
7930	205.5-94	DL/T 2322—2021	变电站直流系统状态检修导则	行标	2022-3-22			建设、运维、修试	试运行、运行、维护、检修、试验	变电	其他	

序号	体系结构号	标准编号	标准名称	标准级别	实施日期	与国际标准对应关系	代替标准	阶段	分阶段	专业	分专业	备注
7931	205.5-95	DL/T 2326—2021	变电站防雷及接地装置状态检修导则	行标	2022-3-22			建设、运维、修试	试运行、运行、维护、检修、试验	变电	其他	
7932	205.5-96	DL/T 2327—2021	电磁式电压互感器状态评价导则	行标	2022-3-22			建设、运维、修试	试运行、运行、维护、检修、试验	变电	其他	
7933	205.5-97	DL/T 2328—2021	电磁式电压互感器状态检修导则	行标	2022-3-22			建设、运维、修试	试运行、运行、维护、检修、试验	变电	其他	
7934	205.5-98	DL/T 2450—2021	超高压磁控型可控并联电抗器运维检修规范	行标	2022-6-22			运维、修试	维护、检修	变电	电抗器	
7935	205.5-99	DL/T 2452—2021	交、直流系统用支柱绝缘子施工、运行和维护规范	行标	2022-6-22			采购、建设、运维	招标、品控、试运行、运行	变电	其他	
7936	205.5-100	DL/T 2465—2021	变电站室内轨道巡检机器人检测规范	行标	2022-6-22			建设、运维、修试	试运行、运行、维护、检修、试验	变电	其他	
7937	205.5-101	GB/T 13462—2008	电力变压器经济运行	国标	2008-11-1		GB/T 13462—1992	采购、运维	招标、品控、运行、维护	变电	其他	
7938	205.5-102	GB/T 20989—2017	高压直流换流站损耗的确定	国标	2018-2-1	IEC 61803:2011	GB/T 20989—2007	设计、建设、运维、修试	初设、试运行、运行、维护、检修、试验	换流	其他	
7939	205.5-103	GB/T 28814—2012	±800kV 换流站运行规程编制导则	国标	2013-2-1			建设、运维、修试、退役	施工工艺、验收与质量评定、试运行、运行、维护、检修、试验、退役	换流	其他	
7940	205.5-104	GB/T 32893—2016	10kV 及以上电力用户变电站运行管理规范	国标	2017-3-1			采购、运维	招标、品控、运行、维护	变电	变压器	
7941	205.5-105	GB/T 37014—2018	海上柔性直流换流站检修规范	国标	2019-7-1			设计、运维、修试	初设、维护、检修、试验	换流	其他	

序号	体系结构号	标准编号	标准名称	标准级别	实施日期	与国际标准对应关系	代替标准	阶段	分阶段	专业	分专业	备注
7942	205.5-106	GB/T 40773—2021	变电站辅助设施监控系统技术规范	国标	2022-5-1			运维、修试	维护、检修、试验	换流	其他	
205.6 运行检修—配电												
7943	205.6-1	Q/CSG 1205003—2016	中低压配电运行标准	企标	2016-5-1			运维	运行	配电	其他	
7944	205.6-2	Q/CSG 1205032—2020	0.4kV 不停电作业技术导则	企标	2020-3-31			运维	运行	配电	其他	
7945	205.6-3	Q/CSG 1205034—2020	配电电缆及通道运维规程（试行）	企标	2020-11-30			运维	运行、维护	配电	线缆	
7946	205.6-4	T/CEC 248—2019	直流配电系统保护技术导则	团标	2020-1-1			规划、设计、运维、修试、退役	规划、初设、施工图、运行、检修、试验、退役、报废	配电	变压器、线缆、开关、其他	
7947	205.6-5	T/CEC 684—2022	油浸式配电变压器经济运行导则	团标	2023-2-1			采购、运维	招标、品控、运行、维护	变电	变压器	
7948	205.6-6	T/CSEE 0279—2021	中压柔性直流配电网系统调试规程	团标	2021-9-17			设计、采购、运维	初设、施工图、招标、品控、运行、维护	配电	线缆	
7949	205.6-7	DL/T 360—2010	7.2kV ～ 12kV 预装式户外开关站运行及维护规程	行标	2010-10-1			运维	运行、维护	配电	开关	
7950	205.6-8	DL/T 391—2010	12kV 户外高压真空断路器检修工艺规程	行标	2011-5-1			修试	检修	配电	开关	
7951	205.6-9	DL/T 736—2021	农村电网剩余电流动作保护器安装运行规程	行标	2022-3-22		DL/T 736—2010	修试	检修	配电	开关	
7952	205.6-10	DL/T 1102—2021	配电变压器运行规程	行标	2022-3-22		DL/T 1102—2009	修试	检修	配电	开关	

序号	体系结构号	标准编号	标准名称	标准级别	实施日期	与国际标准对应关系	代替标准	阶段	分阶段	专业	分专业	备注
7953	205.6-11	DL/T 1292—2013	配电网架空绝缘线路雷击断线防护导则	行标	2014-4-1			运维	运行、维护	配电	线缆	
7954	205.6-12	DL/T 1417—2015	低压无功补偿装置运行规程	行标	2015-9-1			运维	运行	配电	其他	
7955	205.6-13	DL/T 1753—2017	配网设备状态检修试验规程	行标	2018-3-1			修试	检修、试验	配电	其他	
7956	205.6-14	DL/T 2106—2020	配网设备状态评价导则	行标	2021-2-1			运维	运行	配电	其他	
7957	205.6-15	DL/T 2269—2021	配电变压器退运与再利用评价导则	行标	2021-10-26			采购、运维	招标、品控、运行、维护	配电	变压器	
7958	205.6-16	DL/T 2275—2021	12（7.2）kV～40.5kV 交流金属封闭开关设备状态检修导则	行标	2021-10-26			运维	运行	配电	其他	
7959	205.6-17	DL/T 2276—2021	12（7.2）kV～40.5kV 交流金属封闭开关设备状态评价导则	行标	2021-10-26			运维	运行	配电	其他	
7960	205.6-18	DL/T 2318—2021	配电带电作业机器人作业规程	行标	2022-3-22			运维	运行	配电	其他	
7961	205.6-19	DL/T 2351—2021	电压监测装置运维规程	行标	2022-3-22			运维	运行	配电	其他	
7962	205.6-20	NB/T 10943—2022	10kV 及以下有源型电压暂降治理设备检测规程	行标	2022-11-13			运维	运行	配电	其他	
7963	205.6-21	SD 292—1988	架空配电线路及设备运行规程	行标	1988-9-1			运维	运行	配电	线缆	
7964	205.6-22	GB/T 10236—2006	半导体变流器与供电系统的兼容及干扰防护导则	国标	2007-4-1			运维	运行、维护	配电	其他	

序号	体系结构号	标准编号	标准名称	标准级别	实施日期	与国际标准对应关系	代替标准	阶段	分阶段	专业	分专业	备注
7965	205.6-23	GB/T 13955—2017	剩余电流动作保护装置安装和运行	国标	2018-7-1		GB/T 13955—2005	修试	检修、试验	配电	其他	
7966	205.6-24	GB/T 18857—2019	配电线路带电作业技术导则	国标	2019-12-1		GB/T 18857—2008	运维	运行、维护	配电	线缆	
7967	205.6-25	GB/T 21205—2022	旋转电机 修理、检修和修复	国标	2023-5-1		GB/T 21205—2007	运维	运行	发电	其他	
7968	205.6-26	GB/T 34577—2017	配电线路旁路作业技术导则	国标	2018-4-1			运维	运行、维护	配电	线缆	
7969	205.6-27	GB/T 37136—2018	电力用户供配电设施运行维护规范	国标	2019-7-1			运维	运行、维护	配电	其他	
7970	205.6-28	GB/Z 41634—2022	电磁兼容检测用设备期间核查指南	国标	2023-2-1			运维	运行	配电	其他	
205.7	运行检修—分布式电源与微电网											
7971	205.7-1	T/CEC 151—2018	并网型交直流混合微电网运行与控制技术规范	团标	2018-4-1			运维	运行、维护	发电	其他	
7972	205.7-2	T/CEC 471—2021	户用薄膜光伏发电系统运行维护规程	团标	2021-10-1			运维	运行、维护	发电	其他	
7973	205.7-3	T/CEC 472—2021	户用光储一体机运行技术导则	团标	2021-10-1			运维	运行、维护	发电	其他	
7974	205.7-4	T/CSEE 0263—2021	分布式光伏发电系统运维导则	团标	2021-9-17			运维	运行、维护	发电	其他	
7975	205.7-5	DL/T 1863—2018	独立型微电网运行管理规范	行标	2018-10-1			运维	运行、维护	发电	其他	
7976	205.7-6	NB/T 10149—2019	微电网 第2部分:微电网运行导则	行标	2019-10-1	IEC/TS 62898-2:2018		运维	运行	发电	其他	
7977	205.7-7	NB/T 33013—2014	分布式电源孤岛运行控制规范	行标	2015-3-1			运维	运行、维护	发电、调度及二次	其他、电力调度	

序号	体系结构号	标准编号	标准名称	标准级别	实施日期	与国际标准对应关系	代替标准	阶段	分阶段	专业	分专业	备注
7978	205.7-8	GB/T 38946—2020	分布式光伏发电系统集中运维技术规范	国标	2020-12-1			运维	运行、维护	发电	光伏	
205.8	运行检修—储能与氢能											
7979	205.8-1	Q/CSG 1204167—2023	电化学储能系统辅助燃机电站黑启动技术规范（试行）	企标	2022-3-30			设计、采购、运维、修试	初设、招标、运行、维护、试验	发电	储能	
7980	205.8-2	Q/CSG 1205043—2021	电化学储能电站电池均衡维护作业规程（试行）	企标	2021-12-30			运维	运行、维护	发电	储能	
7981	205.8-3	Q/CSG 1205053—2022	预制舱式电化学储能电站运行维护规程（试行）	企标	2022-3-30			运维	运行、维护	发电	储能	
7982	205.8-4	T/CEC 252—2019	分布式电化学储能系统运行维护规程	团标	2020-1-1			设计、采购、运维	初设、招标、运行、维护	发电	储能	
7983	205.8-5	T/CEC 460—2021	电化学储能电站锂离子电池维护导则	团标	2021-9-1			运维	运行、维护	发电	储能	
7984	205.8-6	T/CEC 462—2021	寒温带地区预制舱电化学储能电站运行维护规程	团标	2021-9-1			运维	运行、维护	发电	储能	
7985	205.8-7	T/CEC 676—2022	电化学储能电站检修规程	团标	2023-2-1			运维	运行、维护	发电	储能	
7986	205.8-8	T/CEC 679—2022	电化学储能电站并网安全性评价技术导则	团标	2023-2-1			运维	运行、维护	发电	储能	
7987	205.8-9	T/CNESA 1202—2020	飞轮储能系统通用技术条件	团标	2020-4-10			设计、采购、运维、修试	初设、招标、运行、维护、试验	发电	储能	

序号	体系结构号	标准编号	标准名称	标准级别	实施日期	与国际标准对应关系	代替标准	阶段	分阶段	专业	分专业	备注
7988	205.8-10	DL/T 2248.2—2021	移动车载式储能电站并网与运行　第2部分:运行规程	行标	2021-7-1			运维	运行、维护	发电	储能	
7989	205.8-11	SJ/T 11798—2022	锂离子电池和电池组生产安全要求	行标	2022-7-1			运维	运行、维护	发电	储能	
7990	205.8-12	T/CES 095—2022	储能系统辅助燃气轮机组黑启动系统现场试验导则	行标	2022-1-26			设计、采购、运维、修试	初设、招标、运行、维护、试验	发电	储能	
7991	205.8-13	T/CPSS 1002—2020	飞轮储能不间断供电电源验收试验技术规范	行标	2020-9-1			设计、采购、运维、修试	初设、招标、运行、维护、试验	发电	储能	
7992	205.8-14	GB/T 40090—2021	储能电站运行维护规程	国标	2021-11-1			运维	运行、维护	发电	储能	
7993	205.8-15	GB/T 41308—2022	太阳能热发电站储热系统性能评价导则	国标	2022/10/1			运维	运行、维护	发电	储能	
7994	205.8-16	GB/Z 34541—2017	氢能车辆加氢设施安全运行管理规程	国标	2018-5-1			设计、采购、运维	初设、招标、运行、维护	发电	储能	
205.9　运行检修—备用												
205.10　运行检修—其他												
7995	205.10-1	T/CEC 424—2020	六氟化硫充气设备湿度超标现场处理工作规程	团标	2021-2-1			运维	运行、维护	其他		
7996	205.10-2	T/CSEE 0056—2017	小电流接地系统单相接地故障选线装置运行规程	团标	2018-5-1			运维、修试	运行、维护、检修、试验	调度及二次	继电保护及安全自动装置	
7997	205.10-3	T/CSEE 0155—2020	智能隔离断路器检修决策导则	团标	2020-1-15			运维	运行、维护	其他		

序号	体系结构号	标准编号	标准名称	标准级别	实施日期	与国际标准对应关系	代替标准	阶段	分阶段	专业	分专业	备注
7998	205.10-4	DL/T 724—2021	电力系统用蓄电池直流电源装置运行与维护技术规程	行标	2021-7-1		DL/T 724—2000	运维	运行、维护	其他		
7999	205.10-5	NB/T 42083—2016	电力系统用固定型铅酸蓄电池安全运行使用技术规范	行标	2016-12-1	IEC 62485-2—2010，MOD		运维	运行、维护	其他		
8000	205.10-6	QX/T 400—2017	防雷安全检查规程	行标	2018-4-1			运维	运行、维护	其他		
8001	205.10-7	TSG Q7015—2016	起重机械定期检验规则	行标	2016-7-1			运维、修试	运行、维护、检修、试验	附属设施及工器具	工器具	
8002	205.10-8	TSG Q7016—2016	起重机械安装改造重大修理监督检验规则	行标	2016-7-1			运维、修试	运行、维护、检修、试验	附属设施及工器具	工器具	
8003	205.10-9	YD/T 1666—2007	远程视频监控系统的安全技术要求	行标	2007-12-1			采购、运维、修试	招标、运行、维护、检修、试验	调度及二次	电力监控系统网络安全	
8004	205.10-10	GB/T 9089.5—2008	户外严酷条件下的电气设施 第5部分：操作要求	国标	2017-3-23	IEC 60621-5:1987	GB 9089.5—2008	采购、建设、修试	品控、验收与质量评定、试验	其他		
8005	205.10-11	GB/T 13395—2008	电力设备带电水冲洗导则	国标	2009-8-1		GB 13395—1992	运维、修试	运行、维护、检修、试验	其他		
8006	205.10-12	GB/T 25097—2010	绝缘体带电清洗剂	国标	2011-2-1			运维、修试	运行、维护、检修、试验	其他		
8007	205.10-13	GB/T 25098—2010	绝缘体带电清洗剂使用导则	国标	2011-2-1			运维、修试	运行、维护、检修、试验	其他		
8008	205.10-14	GB/T 28537—2012	高压开关设备和控制设备中六氟化硫（SF$_6$）的使用和处理	国标	2012-11-1	IEC 62271-303:2008，MOD		运维、修试	运行、维护、检修、试验	附属设施及工器具	工器具	
8009	205.10-15	GB/T 37546—2019	无人值守变电站监控系统技术规范	国标	2020-1-1			采购、运维	招标、品控、运行、维护	调度及二次	调度自动化	

序号	体系结构号	标准编号	标准名称	标准级别	实施日期	与国际标准对应关系	代替标准	阶段	分阶段	专业	分专业	备注
206	**试验与计量**											
206.1	**试验与计量—基础综合**											
8010	206.1-1	T/CSEE 0081.16—2021	统一潮流控制器（UPFC）第16部分：一次设备检修试验规程	团标	2021-3-11			修试	检修、试验	基础综合		
8011	206.1-2	T/CSEE 0154—2020	电力设备局部放电射频检测法现场应用导则	团标	2020-1-15			修试	检修、试验	基础综合		
8012	206.1-3	T/CSEE 0158—2020	GIS现场冲击耐压试验下局部放电特高频测量方法	团标	2020-1-15			修试	检修、试验	基础综合		
8013	206.1-4	T/CSEE 0241.28—2021	柔性直流电网第28部分：设备预防性试验规程	团标	2021-3-11			修试	检修、试验	基础综合		
8014	206.1-5	CH/Z 9035—2022	地理信息 民生设施质量检测符号表达	行标	2022-11-1			修试	检修、试验	信息	信息资源	
8015	206.1-6	CH/Z 9036—2022	地理信息 民生设施质量检测分类与编码	行标	2022-11-1			修试	检修、试验	信息	信息资源	
8016	206.1-7	CH/Z 9037—2022	地理信息 民生设施质量检测数据整合规范	行标	2022-11-1			修试	检修、试验	信息	信息资源	
8017	206.1-8	DL/T 273—2012	±800kV特高压直流设备预防性试验规程	行标	2012-3-1			修试	检修、试验	基础综合		
8018	206.1-9	DL/T 383—2010	污秽条件高压瓷套管的人工淋雨试验方法	行标	2011-5-1			修试	检修、试验	基础综合		
8019	206.1-10	DL/T 474.1—2018	现场绝缘试验实施导则 绝缘电阻、吸收比和极化指数试验	行标	2018-7-1		DL/T 474.1—2006	修试	检修、试验	基础综合		

序号	体系结构号	标准编号	标准名称	标准级别	实施日期	与国际标准对应关系	代替标准	阶段	分阶段	专业	分专业	备注
8020	206.1-11	DL/T 474.2—2018	现场绝缘试验实施导则 直流高电压试验	行标	2018-7-1		DL/T 474.2—2006	修试	检修、试验	基础综合		
8021	206.1-12	DL/T 474.3—2018	现场绝缘试验实施导则 介质损耗因数 tanδ 试验	行标	2018-7-1		DL/T 474.3—2006	修试	检修、试验	基础综合		
8022	206.1-13	DL/T 474.4—2018	现场绝缘试验实施导则 交流耐压试验	行标	2018-7-1		DL/T 474.4—2006	修试	检修、试验	基础综合		
8023	206.1-14	DL/T 474.5—2018	现场绝缘试验导则 避雷器试验	行标	2018-7-1		DL/T 474.5—2006	修试	检修、试验	基础综合		
8024	206.1-15	DL/T 596—2021	电力设备预防性试验规程	行标	2021-10-26		DL/T 596—1996	修试	检修、试验	基础综合		
8025	206.1-16	DL/T 859—2015	高压交流系统用复合绝缘子人工污秽试验	行标	2015-12-1		DL/T 859—2004	修试	检修、试验	基础综合		
8026	206.1-17	DL/T 878—2021	带电作业用绝缘工具试验导则	行标	2021-10-26		DL/T 878—2004	修试	检修、试验	基础综合		
8027	206.1-18	DL/T 976—2017	带电作业工具、装置和设备预防性试验规程	行标	2018-3-1		DL/T 976—2005	修试	试验	基础综合		
8028	206.1-19	DL/T 988—2005	高压交流架空送电线路、变电站工频电场和磁场测量方法	行标	2006-6-1			修试	检修、试验	基础综合		
8029	206.1-20	DL/T 991—2022	电力设备金属光谱分析技术导则	行标	2023-5-4		DL/T 991—2006	修试	检修、试验	基础综合		
8030	206.1-21	DL/T 992—2006	冲击电压测量实施细则	行标	2006-10-1		ZB F 24001—1990	修试	检修、试验	基础综合		
8031	206.1-22	DL/T 1041—2007	电力系统电磁暂态现场试验导则	行标	2007-12-1			修试	检修、试验	基础综合		

序号	体系结构号	标准编号	标准名称	标准级别	实施日期	与国际标准对应关系	代替标准	阶段	分阶段	专业	分专业	备注
8032	206.1-23	DL/T 1082—2008	高压实验室技术条件	行标	2008-11-1			设计、采购、运维、修试	初设、招标、运行、检修、试验	基础综合		
8033	206.1-24	DL/T 1244—2021	交、直流系统用高压绝缘子人工覆冰闪络试验方法	行标	2022-6-22		DL/T 1244—2013	修试	检修、试验	基础综合		
8034	206.1-25	DL/T 1399.4—2020	电力试验/检测车 第4部分：开关电器交流耐压试验车	行标	2021-2-1			设计、采购、运维、修试	初设、招标、运行、检修、试验	基础综合		
8035	206.1-26	DL/T 1694.7—2020	高压测试仪器及设备校准规范 第7部分：综合保护测控装置 电测量	行标	2021-2-1			设计、采购、运维、修试	初设、招标、运行、检修、试验	基础综合		
8036	206.1-27	DL/T 1845—2018	电力设备高合金钢里氏硬度试验方法	行标	2018-7-1			修试	检修、试验	基础综合		
8037	206.1-28	DL/T 2081—2020	电力储能用超级电容器试验规程	行标	2021-2-1			运维、修试	运行、维护、检修、试验	基础综合		
8038	206.1-29	DL/T 2083—2020	水电站库容超声波法测量规程	行标	2021-2-1			运维、修试	运行、维护、检修、试验	基础综合		
8039	206.1-30	DL/T 2086—2020	高压输电线路和变电站噪声的传声器阵列测量方法	行标	2021-2-1			运维、修试	运行、维护、检修、试验	基础综合		
8040	206.1-31	DL/T 2145.2—2020	变电设备在线监测装置现场测试导则 第2部分：电容型设备与金属氧化物避雷器绝缘在线监测装置	行标	2021-2-1			运维、修试	运行、维护、检修、试验	基础综合		

序号	体系结构号	标准编号	标准名称	标准级别	实施日期	与国际标准对应关系	代替标准	阶段	分阶段	专业	分专业	备注
8041	206.1-32	DL/T 2363—2021	金属材料微型试样室温拉伸试验规程	行标	2022-3-22			运维、修试	运行、维护、检修、试验	基础综合		
8042	206.1-33	DL/T 2514—2022	高压试验区域保护技术规范	行标	2022-11-13			运维、修试	运行、维护、检修、试验	基础综合		
8043	206.1-34	DL/T 2515—2022	电气试验接地实时监控与预警技术规范	行标	2022-11-13			运维、修试	运行、维护、检修、试验	基础综合		
8044	206.1-35	HB/Z 261—2014	电磁兼容性测试报告编写指南	行标	2014-10-1		HB/Z 261—1994	修试	检修、试验	基础综合		
8045	206.1-36	HJ 681—2013	交流输变电工程电磁环境监测方法（试行）	行标	2014-1-1			修试	检修、试验	基础综合		
8046	206.1-37	JGJ 340—2015	建筑地基检测技术规范	行标	2015-12-1			建设、修试	验收与质量评定、检修、试验	基础综合		
8047	206.1-38	JGJ/T 101—2015	建筑抗震试验规程	行标	2015-10-1			建设、修试	施工工艺、验收与质量评定、检修、试验	基础综合		
8048	206.1-39	NB/T 10189—2019	输变电设备 大气环境条件 监测方法	行标	2019-10-1			运维、修试	运行、维护、检修、试验	基础综合		
8049	206.1-40	NB/T 10450—2020	绝缘液体直流电场击穿电压测定法	行标	2021-2-1			运维、修试	运行、维护、检修、试验	基础综合		
8050	206.1-41	NB/T 10454—2020	高压交流喷射式熔断器试验导则	行标	2021-2-1			运维、修试	运行、维护、检修、试验	基础综合		
8051	206.1-42	NB/T 10455—2020	高压交流限流式熔断器试验导则	行标	2021-2-1			运维、修试	运行、维护、检修、试验	基础综合		
8052	206.1-43	NB/T 10456—2020	交流—直流开关电源 跌落可靠性试验技术规范	行标	2021-2-1			运维、修试	运行、维护、检修、试验	基础综合		

序号	体系结构号	标准编号	标准名称	标准级别	实施日期	与国际标准对应关系	代替标准	阶段	分阶段	专业	分专业	备注
8053	206.1-44	NB/T 10457—2020	交流—直流开关电源 散热风扇风量风压 测试方法	行标	2021-2-1			运维、修试	运行、维护、检修、试验	基础综合		
8054	206.1-45	NB/T 10461—2020	交流—直流开关电源 电子组件异常模拟试验技术规范	行标	2021-2-1			运维、修试	运行、维护、检修、试验	基础综合		
8055	206.1-46	NB/T 10462—2020	交流—直流开关电源 近场射频电磁场抗扰度试验技术规范	行标	2021-2-1			运维、修试	运行、维护、检修、试验	基础综合		
8056	206.1-47	NB/T 42154—2018	高压/低压预装式变电站试验导则	行标	2018-10-1	STL Guide to the interpretation of IEC 62271-202		修试	检修、试验	基础综合		
8057	206.1-48	QX/T 41—2022	空气质量预报	行标	2022-4-1		QX/T 41—2006	运维、修试	运行、维护、检修、试验	信息	信息资源	
8058	206.1-49	RB/T 171—2018	实验室测量审核结果评价指南	行标	2018-10-1			修试	检修、试验	基础综合		
8059	206.1-50	YD/T 4066—2022	移动终端图像及视频防抖性能技术要求和测试方法	行标	2022-7-1			修试	检修、试验	基础综合		
8060	206.1-51	GB 4793.1—2007	测量、控制和实验室用电气设备的安全要求 第1部分：通用要求	国标	2007-9-1	IEC 61010-1—2001，IDT	GB 4793.1—1995	修试	检修、试验	基础综合		
8061	206.1-52	GB 4793.2—2008	测量、控制和实验室用电气设备的安全要求 第2部分：电工测量和试验用手持和手操电流传感器的特殊要求	国标	2009-9-1	IEC 61010-2-032:2002，IDT	GB 4793.2—2001	修试	检修、试验	基础综合		

序号	体系结构号	标准编号	标准名称	标准级别	实施日期	与国际标准对应关系	代替标准	阶段	分阶段	专业	分专业	备注
8062	206.1-53	GB 4793.4—2019	测量、控制和实验室用电气设备的安全要求　第4部分：用于处理医用材料的灭菌器和清洗消毒器的特殊要求	国标	2021-1-1	IEC 61010-2-042:1997，IDT	GB 4793.4—2001；GB 4793.8—2008	修试	检修、试验	基础综合		
8063	206.1-54	GB 4793.5—2008	测量、控制和实验室用电气设备的安全要求　第5部分：电工测量和试验用手持探头组件的安全要求	国标	2009-9-1	IEC 61010-031:2002，IDT	GB 4793.5—2001	修试	检修、试验	基础综合		
8064	206.1-55	GB 8702—2014	电磁环境控制限值	国标	2015-1-1		GB 8702—1988；GB 9175—1988	修试	检修、试验	基础综合		
8065	206.1-56	GB 17799.3—2012	电磁兼容　通用标准　居住、商业和轻工业环境中的发射	国标	2013-7-1	CISPR/OEC 61000-6-3:2011，IDT	GB 17799.3—2001	修试	检修、试验	基础综合		
8066	206.1-57	GB 17799.4—2022	电磁兼容　通用标准　工业环境中的发射	国标	2023-11-1	IEC 61000-6-4:2011，IDT	GB 17799.4—2012	修试	检修、试验	基础综合		
8067	206.1-58	GB 39220—2020	直流输电工程合成电场限值及其监测方法	国标	2020-12-1			修试	检修、试验	基础综合		
8068	206.1-59	GB/T 228.1—2021	金属材料　拉伸试验　第1部分：室温试验方法	国标	2022-7-1	ISO 6892-1:2009，MOD	GB/T 228.1—2010	采购、建设、修试	品控、施工工艺、验收与质量评定、检修、试验	基础综合		
8069	206.1-60	GB/T 231.1—2018	金属材料　布氏硬度试验　第1部分：试验方法	国标	2019-2-1	ISO 6506-1:2014，MOD	GB/T 231.1—2009	采购、建设、修试	品控、施工工艺、验收与质量评定、检修、试验	基础综合		

序号	体系结构号	标准编号	标准名称	标准级别	实施日期	与国际标准对应关系	代替标准	阶段	分阶段	专业	分专业	备注
8070	206.1-61	GB/T 232—2010	金属材料 弯曲试验方法	国标	2011-6-1	ISO 7438:2005，MOD	GB/T 232—1999	采购、建设、修试	品控、施工工艺、验收与质量评定、检修、试验	基础综合		
8071	206.1-62	GB/T 311.6—2005	高电压测量标准空气间隙	国标	2005-12-1	IEC 60052:2002，IDT	GB/T 311.6—1983	修试	检修、试验	基础综合		
8072	206.1-63	GB/T 1408.1—2016	绝缘材料 电气强度试验方法 第1部分：工频下试验	国标	2017-7-1	IEC 60243-1:2013	GB/T 1408.1—2006	修试	检修、试验	基础综合		
8073	206.1-64	GB/T 1408.2—2016	绝缘材料 电气强度试验方法 第2部分：对应用直流电压试验的附加要求	国标	2017-7-1	IEC 60243-2:2013	GB/T 1408.2—2006	修试	检修、试验	基础综合		
8074	206.1-65	GB/T 1408.3—2016	绝缘材料 电气强度试验方法 第3部分：1.2/50μs冲击试验补充要求	国标	2017-7-1	IEC 60243-3:2013	GB/T 1408.3—2007	修试	检修、试验	基础综合		
8075	206.1-66	GB/T 2317.1—2008	电力金具试验方法 第1部分：机械试验	国标	2009-8-1		GB/T 2317.1—2000	修试	检修、试验	基础综合		
8076	206.1-67	GB/T 2317.2—2008	电力金具试验方法 第2部分：电晕和无线电干扰试验	国标	2009-10-1		GB/T 2317.2—2000	修试	检修、试验	基础综合		
8077	206.1-68	GB/T 2317.3—2008	电力金具试验方法 第3部分：热循环试验	国标	2009-10-1	IEC 61284:1997，MOD	GB/T 2317.3—2000	修试	检修、试验	基础综合		
8078	206.1-69	GB/T 2689.4—1981	寿命试验和加速寿命试验的最好线性无偏估计法（用于威布尔分布）	国标	1981-10-1			修试	检修、试验	基础综合		

序号	体系结构号	标准编号	标准名称	标准级别	实施日期	与国际标准对应关系	代替标准	阶段	分阶段	专业	分专业	备注
8079	206.1-70	GB/T 3785.3—2018	电声学 声级计 第3部分:周期试验	国标	2019-1-1			修试	检修、试验	基础综合		
8080	206.1-71	GB/T 5080.4—1985	设备可靠性试验 可靠性测定试验的点估计和区间估计方法(指数分布)	国标	1986-1-1	IEC 60605-4,MOD	SJ 2064—1982	修试	检修、试验	基础综合		
8081	206.1-72	GB/T 6096—2020	坠落防护 安全带系统性能测试方法	国标	2021-6-1		GB/T 6096—2009	修试	检修、试验	基础综合		
8082	206.1-73	GB/T 6379.2—2004	测量方法与结果的准确度(正确度与精密度) 第2部分:确定标准测量方法重复性与再现性的基本方法	国标	2005-1-1	ISO 5725-2—1994,IDT;ISO 5725-2 AMD.1—2002,IDT	GB/T 11792—1989[部分替代];GB/T 6379—1986	修试	检修、试验	基础综合		
8083	206.1-74	GB/T 6587—2012	电子测量仪器通用规范	国标	2013-6-1		GB/T 6587.1—1986;GB/T 6587.2—1986;GB/T 6587.3—1986;GB/T 6587.4—1986;GB/T 6587.5—1986;GB/T 6587.6—1986;GB/T 6587.8—1986;GB/T 6593—1996	运维、修试	维护、检修、试验	基础综合		
8084	206.1-75	GB/T 7349—2002	高压架空送电线、变电站无线电干扰测量方法	国标	2002-8-1		GB/T 7349—1987	修试	检修、试验	基础综合		
8085	206.1-76	GB/T 7354—2018	高电压试验技术 局部放电测量	国标	2019-4-1		GB/T 7354—2003	修试	检修、试验	基础综合		
8086	206.1-77	GB/T 7424.24—2020	光缆总规范 第24部分:光缆基本试验方法 电气试验方法	国标	2021-7-1		GB/T 7424.2—2008[部分代替]	修试	检修、试验	基础综合		

序号	体系结构号	标准编号	标准名称	标准级别	实施日期	与国际标准对应关系	代替标准	阶段	分阶段	专业	分专业	备注
8087	206.1-78	GB/T 11021—2014	电气绝缘 耐热性和表示方法	国标	2014-10-28	IEC 60085:2004，IDT	GB/T 11021—2007	修试	检修、试验	基础综合		
8088	206.1-79	GB/T 11022—2020	高压交流开关设备和控制设备标准的共用技术要求	国标	2021-7-1		GB/T 11022—2011	修试	检修、试验	基础综合		
8089	206.1-80	GB/T 12720—1991	工频电场测量	国标	1991-10-1	IEC 833:1987，REF		修试	检修、试验	基础综合		
8090	206.1-81	GB/T 14165—2008	金属和合金 大气腐蚀试验 现场试验的一般要求	国标	2008-12-1	ISO 8565:1992，IDT	GB 11112—1989；GB 14165—1993；GB 6464—1997	修试	检修、试验	基础综合		
8091	206.1-82	GB/T 16895.21—2020	低压电气装置 第4-41部分：安全防护 电击防护	国标	2021-7-1		GB/T 16895.21—2011	修试	检修、试验	基础综合		
8092	206.1-83	GB/T 16895.23—2020	低压电气装置 第6部分：检验	国标	2021-7-1		GB/T 16895.23—2012	修试	检修、试验	基础综合		
8093	206.1-84	GB/T 16927.1—2011	高电压试验技术 第一部分：一般定义及试验要求	国标	2012-5-1	IEC 60060-1:2010, MOD	GB/T 16927.1—1997	修试	检修、试验	基础综合		
8094	206.1-85	GB/T 16927.2—2013	高电压试验技术 第2部分：测量系统	国标	2013-7-1		GB/T 16927.2—1997	修试	检修、试验	基础综合		
8095	206.1-86	GB/T 16927.3—2010	高电压试验技术 第3部分：现场试验的定义及要求	国标	2011-5-1	IEC 60060-3:2006, MOD		修试	检修、试验	基础综合		
8096	206.1-87	GB/T 16927.4—2014	高电压和大电流试验技术 第4部分：试验电流和测量系统的定义和要求	国标	2014-10-28	IEC 62475:2010, MOD		修试	检修、试验	基础综合		

序号	体系结构号	标准编号	标准名称	标准级别	实施日期	与国际标准对应关系	代替标准	阶段	分阶段	专业	分专业	备注
8097	206.1-88	GB/T 17215.221—2021	电测量设备（交流）通用要求、试验和试验条件 第21部分：费率和负荷控制设备	国标	2021-10-1	IEC 62052-21:2016，MOD		修试	检修、试验	基础综合		
8098	206.1-89	GB/T 17215.231—2021	电测量设备（交流）通用要求、试验和试验条件 第31部分：产品安全要求和试验	国标	2022-5-1	IEC 62052-31:2015		修试	检修、试验	基础综合		
8099	206.1-90	GB/T 17215.911—2011	电测量设备 可信性 第11部分：一般概念	国标	2011-12-1	IEC/TR 62059-11:2002，IDT		修试	检修、试验	基础综合		
8100	206.1-91	GB/T 17215.921—2012	电测量设备 可信性 第21部分：现场仪表可信性数据收集	国标	2013-6-1	IEC/TR 62059-21:2002，IDT		修试	检修、试验	基础综合		
8101	206.1-92	GB/T 17215.9321—2016	电测量设备 可信性 第321部分：耐久性—高温下的计量特性稳定性试验	国标	2017-3-1	IEC/TR 62059-32-1:2011		修试	检修、试验	基础综合		
8102	206.1-93	GB/T 17626.1—2006	电磁兼容 试验和测量技术 抗扰度试验总论	国标	2007-7-1	IEC 61000-4-1:2000，IDT	GB/T 17626.1—1998	修试	检修、试验	基础综合		
8103	206.1-94	GB/T 17626.10—2017	电磁兼容 试验和测量技术 阻尼振荡磁场抗扰度试验	国标	2018-7-1	IEC 61000-4-10:2001	GB/T 17626.10—1998	修试	检修、试验	基础综合		
8104	206.1-95	GB/T 17626.12—2013	电磁兼容 试验和测量技术 振铃波抗扰度试验	国标	2014-4-9		GB/T 17626.12—1998	修试	检修、试验	基础综合		

序号	体系结构号	标准编号	标准名称	标准级别	实施日期	与国际标准对应关系	代替标准	阶段	分阶段	专业	分专业	备注
8105	206.1-96	GB/T 17626.13—2006	电磁兼容 试验和测量技术 交流电源端口谐波、谐间波及电网信号的低频抗扰度试验	国标	2007-7-1	IEC 61000-4-13:2002，IDT		修试	检修、试验	基础综合		
8106	206.1-97	GB/T 17626.14—2005	电磁兼容 试验和测量技术 电压波动抗扰度试验	国标	2005-12-1	IEC 61000-4-14:2002，IDT		修试	检修、试验	基础综合		
8107	206.1-98	GB/T 17626.15—2011	电磁兼容 试验和测量技术 闪烁仪 功能和设计规范	国标	2012-8-1	IEC 61000-4-15:2003，MOD		修试	检修、试验	基础综合		
8108	206.1-99	GB/T 17626.16—2007	电磁兼容 试验和测量技术 0Hz～150kHz 共模传导骚扰抗扰度试验	国标	2007-9-1	IEC 61000-4-16:2002，IDT		修试	检修、试验	基础综合		
8109	206.1-100	GB/T 17626.17—2005	电磁兼容 试验和测量技术 直流电源输入端口纹波抗扰度试验	国标	2005-12-1	IEC 61000-4-17:2002，IDT		修试	检修、试验	基础综合		
8110	206.1-101	GB/T 17626.18—2016	电磁兼容 试验和测量技术 阻尼振荡波抗扰度试验	国标	2017-7-1	IEC 61000-4-18:2011		修试	检修、试验	基础综合		
8111	206.1-102	GB/T 17626.19—2022	电磁兼容 试验和测量技术 第19部分：交流电源端口 2kHz～150kHz 差模传导骚扰和通信信号抗扰度试验	国标	2023-4-1			修试	检修、试验	基础综合		

序号	体系结构号	标准编号	标准名称	标准级别	实施日期	与国际标准对应关系	代替标准	阶段	分阶段	专业	分专业	备注
8112	206.1-103	GB/T 17626.2—2018	电磁兼容 试验和测量技术 静电放电抗扰度试验	国标	2019-1-1		GB/T 17626.2—2006	修试	检修、试验	基础综合		
8113	206.1-104	GB/T 17626.20—2014	电磁兼容 试验和测量技术 横电磁波（TEM）波导中的发射和抗扰度试验	国标	2015-6-1	IEC 61000-4-20 2010		修试	检修、试验	基础综合		
8114	206.1-105	GB/T 17626.21—2014	电磁兼容 试验和测量技术 混波室试验方法	国标	2015-6-1	IEC 61000-4-21 2011，IDT		修试	检修、试验	基础综合		
8115	206.1-106	GB/T 17626.22—2017	电磁兼容 试验和测量技术 全电波暗室中的辐射发射和抗扰度测量	国标	2018-7-1	IEC 61000-4-22:2010		修试	检修、试验	基础综合		
8116	206.1-107	GB/T 17626.24—2012	电磁兼容 试验和测量技术 HEMP 传导骚扰保护装置的试验方法	国标	2013-2-1	IEC 61000-4-24:1997，IDT		修试	检修、试验	基础综合		
8117	206.1-108	GB/T 17626.27—2006	电磁兼容 试验和测量技术 三相电压不平衡抗扰度试验	国标	2007-7-1	IEC 61000-4-27:2000，IDT		修试	检修、试验	基础综合		
8118	206.1-109	GB/T 17626.28—2006	电磁兼容 试验和测量技术 工频频率变化抗扰度试验	国标	2007-7-1	IEC 61000-4-28:2001，IDT		修试	检修、试验	基础综合		
8119	206.1-110	GB/T 17626.29—2006	电磁兼容 试验和测量技术 直流电源输入端口电压暂降、短时中断和电压变化的抗扰度试验	国标	2007-9-1	IEC 61000-4-29:2000，IDT		修试	检修、试验	基础综合		

序号	体系结构号	标准编号	标准名称	标准级别	实施日期	与国际标准对应关系	代替标准	阶段	分阶段	专业	分专业	备注
8120	206.1-111	GB/T 17626.3—2016	电磁兼容 试验和测量技术 射频电磁场辐射抗扰度试验	国标	2017-7-1	IEC 61000-4-3:2010	GB/T 17626.3—2006	修试	检修、试验	基础综合		
8121	206.1-112	GB/T 17626.31—2021	电磁兼容 试验和测量技术 第31部分：交流电源端口宽带传导骚扰抗扰度试验	国标	2022-7-1			修试	检修、试验	基础综合		
8122	206.1-113	GB/T 17626.4—2018	电磁兼容 试验和测量技术 电快速瞬变脉冲群抗扰度试验	国标	2019-1-1		GB/T 17626.4—2008	修试	检修、试验	基础综合		
8123	206.1-114	GB/T 17626.5—2019	电磁兼容 试验和测量技术 浪涌（冲击）抗扰度试验	国标	2020-1-1	IEC 61000-4-5:2005，IDT	GB/T 17626.5—2008	修试	检修、试验	基础综合		
8124	206.1-115	GB/T 17626.6—2017	电磁兼容 试验和测量技术 射频场感应的传导骚扰抗扰度	国标	2018-7-1	IEC 61000-4-6:2013	GB/T 17626.6—2008	修试	检修、试验	基础综合		
8125	206.1-116	GB/T 17626.8—2006	电磁兼容 试验和测量技术 工频磁场抗扰度试验	国标	2007-7-1	IEC 61000-4-8:2001，IDT	GB/T 17626.8—1998	修试	检修、试验	基础综合		
8126	206.1-117	GB/T 17626.9—2011	电磁兼容 试验和测量技术 脉冲磁场抗扰度试验	国标	2012-8-1	IEC 61000-4-9:1993，IDT	GB/T 17626.9—1998	修试	检修、试验	基础综合		
8127	206.1-118	GB/T 17799.1—2017	电磁兼容 通用标准 居住、商业和轻工业环境中的抗扰度	国标	2018-4-1	IEC 61000-6-1:2005	GB/T 17799.1—1999	修试	检修、试验	基础综合		

序号	体系结构号	标准编号	标准名称	标准级别	实施日期	与国际标准对应关系	代替标准	阶段	分阶段	专业	分专业	备注
8128	206.1-119	GB/T 17799.2—2003	电磁兼容 通用标准 工业环境中的抗扰度试验	国标	2003-8-1	IEC 61000-6-2:1999, IDT		修试	检修、试验	基础综合		
8129	206.1-120	GB/T 17799.7—2022	电磁兼容 通用标准 第7部分:工业场所中用于执行安全相关系统功能(功能安全)设备的抗扰度要求	国标	2023-4-1			修试	检修、试验	基础综合		
8130	206.1-121	GB/T 17949.1—2000	接地系统的土壤电阻率、接地阻抗和地面电位测量导则 第1部分:常规测量	国标	2000-8-1	ANSI/IEEE 81—1993, IDT		修试	检修、试验	基础综合		
8131	206.1-122	GB/T 18039.10—2018	电磁兼容 环境 HEMP环境描述 辐射骚扰	国标	2018-12-1			修试	检修、试验	基础综合		
8132	206.1-123	GB/T 18039.3—2017	电磁兼容 环境 公用低压供电系统低频传导骚扰及信号传输的兼容水平	国标	2018-7-1	IEC 61000-2-2:2002	GB/T 18039.3—2003	修试	检修、试验	基础综合		
8133	206.1-124	GB/T 18039.4—2017	电磁兼容 环境 工厂低频传导骚扰的兼容水平	国标	2018-7-1	IEC 61000-2-4:2002	GB/T 18039.4—2003	修试	检修、试验	基础综合		
8134	206.1-125	GB/T 18039.8—2012	电磁兼容 环境 高空核电磁脉冲(HEMP)环境描述 传导骚扰	国标	2013-2-1	IEC 61000-2-10:1998, IDT		修试	检修、试验	基础综合		

序号	体系结构号	标准编号	标准名称	标准级别	实施日期	与国际标准对应关系	代替标准	阶段	分阶段	专业	分专业	备注
8135	206.1-126	GB/T 18039.9—2013	电磁兼容 环境 公用中压供电系统低频传导骚扰及信号传输的兼容水平	国标	2014-3-7	IEC 61000-2-12:2003		修试	检修、试验	基础综合		
8136	206.1-127	GB/T 18134.1—2000	极快速冲击高电压试验技术 第1部分：气体绝缘变电站中陡波前过电压用测量系统	国标	2000-12-1	IEC 61321-1:1994，IDT		修试	检修、试验	基础综合		
8137	206.1-128	GB/T 18268.1—2010	测量、控制和实验室用的电设备电磁兼容性要求 第1部分：通用要求	国标	2011-5-1	IEC 61326-1:2005，IDT	GB/T 18268—2000	修试	检修、试验	基础综合		
8138	206.1-129	GB/T 18802.11—2020	低压电涌保护器（SPD） 第11部分：低压电源系统的电涌保护器性能要求和试验方法	国标	2021-7-1		GB/T 18802.1—2011	修试	检修、试验	基础综合		
8139	206.1-130	GB/T 19022—2003	测量管理体系 测量过程和测量设备的要求	国标	2004-3-1	ISO 10012:2003，IDT	GB 19022.1—1994；GB 19022.2—2000	修试	检修、试验	基础综合		
8140	206.1-131	GB/T 19212.1—2016	变压器、电抗器、电源装置及其组合的安全 第1部分：通用要求和试验	国标	2017-3-1	IEC 61558-1:2009		修试	检修、试验	基础综合		

序号	体系结构号	标准编号	标准名称	标准级别	实施日期	与国际标准对应关系	代替标准	阶段	分阶段	专业	分专业	备注
8141	206.1-132	GB/T 19212.11—2020	变压器、电抗器、电源装置及其组合的安全 第11部分：高绝缘水平分离变压器和输出电压超过1000V的分离变压器的特殊要求和试验	国标	2021-7-1			修试	检修、试验	基础综合		
8142	206.1-133	GB/T 19212.24—2020	变压器、电抗器、电源装置及其组合的安全 第24部分：建筑工地用变压器和电源装置的特殊要求和试验	国标	2021-7-1		GB/T 19212.24—2005	修试	检修、试验	基础综合		
8143	206.1-134	GB/T 19212.27—2017	变压器、电抗器、电源装置及其组合的安全 第27部分：节能和其他目的用变压器和电源装置的特殊要求和试验	国标	2018-7-1	IEC 61558-2-26:2013		修试	检修、试验	基础综合		
8144	206.1-135	GB/T 20995—2020	静止无功补偿装置 晶闸管阀的试验	国标	2021-7-1		GB/T 20995—2007	修试	检修、试验	基础综合		
8145	206.1-136	GB/T 27025—2019	检测和校准实验室能力的通用要求	国标	2020-7-1	ISO/IEC 17025—2005，IDT	GB/T 15481—2008	修试	检修、试验	基础综合		
8146	206.1-137	GB/T 27430—2022	测量不确定度在合格评定中的作用	国标	2022-12-30			修试	检修、试验	基础综合		
8147	206.1-138	GB/T 29479.2—2020	移动实验室 第2部分：能力要求	国标	2020-11-1			修试	检修、试验	基础综合		

序号	体系结构号	标准编号	标准名称	标准级别	实施日期	与国际标准对应关系	代替标准	阶段	分阶段	专业	分专业	备注
8148	206.1-139	GB/T 31016—2021	样品采集与处理移动实验室通用技术规范	国标	2021-11-1		GB/T 31016—2014	修试	检修、试验	基础综合		
8149	206.1-140	GB/T 31489.2—2020	额定电压 500kV 及以下直流输电用挤包绝缘电力电缆系统　第 2 部分:直流陆地电缆	国标	2021-7-1			修试	检修、试验	基础综合		
8150	206.1-141	GB/T 31489.3—2020	额定电压 500kV 及以下直流输电用挤包绝缘电力电缆系统　第 3 部分:直流海底电缆	国标	2021-7-1			修试	检修、试验	基础综合		
8151	206.1-142	GB/T 31489.4—2020	额定电压 500kV 及以下直流输电用挤包绝缘电力电缆系统　第 4 部分:直流电缆附件	国标	2021-7-1			修试	检修、试验	基础综合		
8152	206.1-143	GB/T 33260.3—2018	检出能力　第 3 部分:无校准数据情形响应变量临界值的确定方法	国标	2019-1-1			修试	检修、试验	基础综合		
8153	206.1-144	GB/T 33260.4—2018	检出能力　第 4 部分:最小可检出值与给定值的比较方法	国标	2019-1-1			修试	检修、试验	基础综合		
8154	206.1-145	GB/T 33260.5—2018	检出能力　第 5 部分:非线性校准情形检出限的确定方法	国标	2019-1-1			修试	检修、试验	基础综合		

序号	体系结构号	标准编号	标准名称	标准级别	实施日期	与国际标准对应关系	代替标准	阶段	分阶段	专业	分专业	备注
8155	206.1-146	GB/T 34861—2017	确定大电机各项损耗的专用试验方法	国标	2018-5-1	IEC 60034-2-2:2010		修试	检修、试验	基础综合		
8156	206.1-147	GB/T 36260.2—2018	检出能力 第2部分：线性校准情形检出限的确定方法	国标	2019-1-1			修试	检修、试验	基础综合		
8157	206.1-148	GB/T 37139—2018	直流供电设备的EMC测量方法要求	国标	2019-7-1			修试	检修、试验	基础综合		
8158	206.1-149	GB/T 38659.2—2021	电磁兼容 风险评估 第2部分：电子电气系统	国标	2022-5-1			修试	检修、试验	基础综合		
8159	206.1-150	GB/T 38845—2020	智能仪器仪表的数据描述 定位器	国标	2021-2-1			修试	检修、试验	基础综合		
8160	206.1-151	GB/T 39270—2020	电压暂降指标与严重程度评估方法	国标	2021-6-1			修试	检修、试验	基础综合		
8161	206.1-152	GB/T 39674—2020	电力软交换系统测试规范	国标	2021-7-1			修试	检修、试验	基础综合		
8162	206.1-153	GB/T 41448—2022	地理信息 观测与测量	国标	2022-4-15			修试	检修、试验	信息	信息资源	
8163	206.1-154	GB/T 41654—2022	金属和合金的腐蚀 在高温腐蚀环境下暴露后试样的金相检验方法	国标	2023-2-1			修试	检修、试验	基础综合		
8164	206.1-155	GB/T 41655—2022	无损检测 超声检测 焊接、轧制和爆炸复合覆层检测技术	国标	2023-2-1			修试	检修、试验	基础综合		
8165	206.1-156	GB/T 42008—2022	试验用变频电源通用规范	国标	2023-5-1			修试	检修、试验	变电	其他	

序号	体系结构号	标准编号	标准名称	标准级别	实施日期	与国际标准对应关系	代替标准	阶段	分阶段	专业	分专业	备注
8166	206.1-157	GB/T 42020—2022	实验室电源特性的测量规范	国标	2023-5-1			修试	检修、试验	基础综合		
8167	206.1-158	GB/Z 17624.2—2013	电磁兼容 综述 与电磁现象相关设备的电气和电子系统实现功能安全的方法	国标	2014-4-9	IEC/TS 6000-1-2:2008，IDT		修试	检修、试验	基础综合		
8168	206.1-159	GB/Z 17624.4—2019	电磁兼容 综述 2kHz内限制设备工频谐波电流传导发射的历史依据	国标	2019-6-4			修试	检修、试验	基础综合		
8169	206.1-160	GB/Z 17624.6—2021	电磁兼容 综述 第6部分 测量不确定度评定指南	国标	2022-5-1			修试	检修、试验	基础综合		
8170	206.1-161	GB/Z 17799.6—2017	电磁兼容 通用标准 发电厂和变电站环境中的抗扰度	国标	2018-2-1	IEC/TS 61000-6-5:2001		修试	检修、试验	基础综合		
8171	206.1-162	GB/Z 18039.1—2019	电磁兼容 环境 电磁环境的分类	国标	2020-1-1	IEC 61000-2-5:1996，IDT	GB/Z 18039.1—2000	修试	检修、试验	基础综合		
8172	206.1-163	GB/Z 18039.2—2000	电磁兼容 环境 工业设备电源低频传导骚扰发射水平的评估	国标	2000-12-1	IEC 61000-2-6:1996，IDT		修试	检修、试验	基础综合		
8173	206.1-164	GB/Z 18039.5—2003	电磁兼容 环境 公用供电系统低频传导骚扰及信号传输的电磁环境	国标	2003-8-1	IEC 61000-2-1:1990，IDT		修试	检修、试验	基础综合		
8174	206.1-165	GB/Z 18039.6—2005	电磁兼容 环境 各种环境中的低频磁场	国标	2005-12-1	IEC 61000-2-7:1998，IDT		修试	检修、试验	基础综合		

序号	体系结构号	标准编号	标准名称	标准级别	实施日期	与国际标准对应关系	代替标准	阶段	分阶段	专业	分专业	备注
8175	206.1-166	GB/Z 18039.7—2011	电磁兼容 环境 公用供电系统中的电压暂降、短时中断及其测量统计结果	国标	2012-6-1			修试	检修、试验	基础综合		
8176	206.1-167	GB/Z 42004—2022	确定电气设备（每相额定电流小于或等于75A）骚扰特性用的参考阻抗和公用供电网络阻抗的考虑	国标	2023-5-1			修试	检修、试验	基础综合		
8177	206.1-168	IEC 60212—2010	固体电气绝缘材料试验前和试验时采用的标准条件	国际标准	2010-12-15		IEC 60212—1971	修试	检修、试验	基础综合		
8178	206.1-169	IEC 60216-8—2013	电绝缘材料耐热性能 第8部分:使用简化规程计算耐热性能用指令	国际标准	2013-3-15	EN 60216-8—2013，IDT	IEC 112/236/FDIS—2012	修试	检修、试验	基础综合		
8179	206.1-170	IEC 60243-3—2013	绝缘材料的耐电强度 试验方法 第3部分:2/50s冲击试验的补充要求	国际标准	2013-11-26		IEC 60243-3—2001	修试	检修、试验	基础综合		
8180	206.1-171	IEC 60475—2011	液体电介质取样方法	国际标准	2011-10-20		IEC 60475—1974; IEC 10/848/FDIS—2011	修试	检修、试验	基础综合		
8181	206.1-172	IEC 60544-1—2013	电气绝缘材料电离辐射影响的测定 第1部分:辐射的交互作用和放射量测定	国际标准	2013-6-27	BS EN 60544-1—2013，IDT；EN 60544-1—2013，IDT	IEC 60544-1—1994; IEC 112/254/FDIS—2013	修试	检修、试验	基础综合		

序号	体系结构号	标准编号	标准名称	标准级别	实施日期	与国际标准对应关系	代替标准	阶段	分阶段	专业	分专业	备注
8182	206.1-173	IEC 61000-3-12—2011	电磁兼容性（EMC）第3-12部分：限值.与每相输入电流16A和75A的公用低压系统连接的设备产生的谐波电流限值	国际标准	2011-5-12		IEC 61006-3-12—2004；IEC 77 A/740/FDIS—2011	修试	检修、试验	基础综合		
8183	206.1-174	IEC 61000-3-2—2018	电磁兼容性（EMC）第3-2部分:限值 谐波电流发射限值（设备输入电流≤16A/相）	国际标准	2018-1-26		IEC 61000-3-2—2009	修试	检修、试验	基础综合		
8184	206.1-175	IEC 61000-4-14—2009	电磁兼容性 第4-14部分：试验和测量技输入电流不超过16A的设备的电压波动抗扰性试验	国际标准	2009-8-12		IEC 61000-4-14—2002	修试	检修、试验	基础综合		
8185	206.1-176	IEC 61000-4-15—2010	电磁兼容性（EMC）第4-15部分:测试与测量技术功能与设计规范	国际标准	2010-8-24	EN 61000-4-15—2011,IDT	IEC 61000-4-15—1997；IEC 1000-4-15—1997/Amd 1—2003；IEC 61000-4-15—1997+Amd 1—2003	修试	检修、试验	基础综合		
8186	206.1-177	IEC 61000-4-17—2009	电磁兼容性（EMC）第4-17部分:试验和测量技术直流电输入功率端口纹波抗扰度试验	国际标准	2009-1-28		IEC 61000-4-17—2002	修试	检修、试验	基础综合		

序号	体系结构号	标准编号	标准名称	标准级别	实施日期	与国际标准对应关系	代替标准	阶段	分阶段	专业	分专业	备注
8187	206.1-178	IEC 61000-4-19—2014	电磁兼容性（EMC）第4-19部分:试验和测量技术 交流电源端口处频率范围为2kHz～150kHz的差模扰动和信号传输所致抗干扰性的试验	国际标准	2014-5-7			修试	检修、试验	基础综合		
8188	206.1-179	IEC 61000-4-20—2010	电磁兼容性（EMC）第4-20部分:试验和测量技术横向电磁波导（TEM）辐射和干扰试验	国际标准	2010-8-31	EN 61000-4-20—2010，IDT；C91-004-20PR，IDT；PN-EN 61000-4-20—2011，IDT	IEC 61000-4-20—2003；IEC 61000-4-20—2003/Amd 1—2006；IEC 61000-4-20—2003+Amd 1—2006	修试	检修、试验	基础综合		
8189	206.1-180	IEC 61000-4-21—2011	电磁兼容性 第4-21部分：试验和测量技术.混响室试验方法	国际标准	2011-1-27		IEC 61000-4-21—2003；IEC 77 B/619/CDV—2009	修试	检修、试验	基础综合		
8190	206.1-181	IEC 61000-4-22—2010	电磁兼容性（EMC）第4-22部分:试验和测量技术完全消声室（FARs）内辐射排放和免疫测量	国际标准	2010-10-27	EN 61000-4-22—2011，IDT	CISPR A 912 FDIS—2010	修试	检修、试验	基础综合		
8191	206.1-182	IEC 61000-4-27—2009	电磁兼容性（EMC）第4-27部分:试验与测量技术在各相输入电流不超过16A情况下设备不平衡与抗扰能力测试	国际标准	2009-4-7			修试	检修、试验	基础综合		

序号	体系结构号	标准编号	标准名称	标准级别	实施日期	与国际标准对应关系	代替标准	阶段	分阶段	专业	分专业	备注
8192	206.1-183	IEC 61000-4-28—2009	电磁兼容性（EMC）第4-28部分:试验与测量技术在各相输入电流不超过16A情况下设备电力频率变化与抗扰能力测试	国际标准	2009-4-7		IEC 61000-4-28—2002	修试	检修、试验	基础综合		
8193	206.1-184	IEC 61000-4-3—2010	电磁兼容性（EMC）第4-3部分:试验和测量技术辐射、射频和电磁场抗扰试验	国际标准	2016-4-27		IEC 61000-4-1—2006	修试	检修、试验	基础综合		
8194	206.1-185	IEC 61000-4-34—2009	电磁兼容性（EMC）第4-34部分:试验及测量技术每相主电流超过16A的设备用电压骤降、短时中断及电压变化免疫测试	国际标准	2009-11-26			修试	检修、试验	基础综合		
8195	206.1-186	IEC 61000-4-4—2012	电磁兼容性（EMC）第4-4部分:试验和测量技术快速瞬变脉冲/脉冲串抗扰性试验	国际标准	2012-4-30	EN 61000-4-4—2012,IDT	IEC 61000-4-4—2004;IEC 61000-4-4—2004/Amd 1—2010;IEC 61000-4-4—2004+Amd 1—2010	修试	检修、试验	基础综合		
8196	206.1-187	IEC 61000-4-6—2013	电磁兼容性（EMC）第4-6部分:测试和测量技术 射频场感应的传导干扰抗扰性	国际标准	2013-10-23		IEC 61000-4-6—2008	修试	检修、试验	基础综合		

序号	体系结构号	标准编号	标准名称	标准级别	实施日期	与国际标准对应关系	代替标准	阶段	分阶段	专业	分专业	备注
8197	206.1-188	IEC 61000-4-7—2009	电磁兼容性（EMC）第4-7部分:试验和测量挂本供电系统及其相连设备谐波和间谐波的测量和使用仪器的通用指南	国际标准	2009-10-28			修试	检修、试验	基础综合		
8198	206.1-189	IEC 61000-4-8—2009	电磁兼容性（EMC）第4-8部分:试验和测量技术工频磁场抗扰度试验	国际标准	2009-9-3	DIN EN 61000-4-8—2010 1DT；BS EN 61000-4-8—2010 IDT；EN 61000-4-8—2010，IDT；NF C91-004-8—2010，IDT；PN-EN 61000-4-8—2010，IDT	IEC 61000-4-8—1993；IEC 61000-4-8—1993/Amd 1—2000；IEC 61000-4-8—1993+Amd 1—2000	修试	检修、试验	基础综合		
8199	206.1-190	IEC 61000-6-3—2011	电磁兼容性（EMC）第6-3部分：通用标准.住宅、商业和轻型工业环境排放标准	国际标准	2011-2-1			修试	检修、试验	基础综合		
8200	206.1-191	IEC 61000-6-7—2014	电磁兼容性（EMC）第6-7部分：通用标准 旨在工业场所中的安全相关系统(功能安全)中行使功能的设备的抗干扰要求	国际标准	2014-10-9			修试	检修、试验	基础综合		
8201	206.1-192	IEC 61558-2-12—2011	电力变压器、电源装置及类似设备的安全性 第2-12部分:恒压用恒变压器和供电机组的试验和详细要求	国际标准	2011-1-27	EN 61558-2-12—2011，TDT	IEC 61558-2-12—2001；IEC 96/370/FDIS—2010	修试	检修、试验	基础综合		

序号	体系结构号	标准编号	标准名称	标准级别	实施日期	与国际标准对应关系	代替标准	阶段	分阶段	专业	分专业	备注
8202	206.1-193	IEC 61558-2-15—2011	电力变压器、电源装置及类似设备的安全性 第2-15部分：医学区域供电用隔离变压器的特殊要求	国际标准	2011-11-22		IEC 61558-2-15—1999	修试	检修、试验	基础综合		
8203	206.1-194	IEC 61558-2-20—2010	电力变压器、电源装置及类似设备的安全性 第2-20部分：小型电抗器试验详细要求	国际标准	2010-6-29	BS EN 61558-2-26—2011 IDT；EN 61558-2-20—2011，IDT	IEC 61558-2-20—2000；IEC 96/356/FDIS—2010	修试	检修、试验	基础综合		
8204	206.1-195	IEC 61558-2-23—2010	变压器、反应器、供电机组及其组合的安全性 第2-23部分：建筑工地用变压器和供电机组的试验和详细要求	国际标准	2010-8-31	EN 61558-2-23—2010，IDT	IEC 61558-2-23—2000；IEC 96/359/FDIS—2010	修试	检修、试验	基础综合		
8205	206.1-196	IEC 61558-2-3—2010	变压器、反应器、供电机组及其组合的安全性 第2-3部分：气体燃烧器和燃油器用点火变压器的试验和详细要求	国际标准	2010-6-29	BS EN 61558-2-3—2010 IDT；EN 61558-2-3—2010，IDT	IEC 61558-2-3—1999；IEC 96/357/FDIS—2010	修试	检修、试验	基础综合		
8206	206.1-197	IEC 61558-2-5—2010	变压器、反应器、供电机组及其组合的安全性 第2-5部分：剃须刀变压器和其电源装置的试验和详细要求	国际标准	2010-6-29	BS EN 61558-2-5—2010，IDT；EN 61558-2-5—2010，IDT	IEC 61558-2-5—1997	修试	检修、试验	基础综合		

序号	体系结构号	标准编号	标准名称	标准级别	实施日期	与国际标准对应关系	代替标准	阶段	分阶段	专业	分专业	备注
8207	206.1-198	IEC 61558-2-8—2010	变压器、反应器、供电机组及其组合的安全性 第2-8部分：变压器和供电机组的详细要求和试验	国际标准	2010-6-29	BS EN 61558-2-8—2010，IDT；EN 61558-2-8—2010，IDT	IEC 61558-2-8—1998	修试	检修、试验	基础综合		
8208	206.1-199	IEC 61558-2-9—2010	变压器、反应器、供电机组及其组合的安全性 第2-9部分：III类手用钨丝灯变压器和供电机组的详细要求和试验	国际标准	2010-6-29	BS EN 61558-2-9—2011，IDT；EN 61558-2-9—2011，IDT	IEC 61558-2-9—2002；IEC 96/355/FDIS—2010	修试	检修、试验	基础综合		
8209	206.1-200	IEC 61786-1—2013	关于人体暴露于1Hz～100kHz直流电磁场、交流电磁场及交流电场的测量 第1部分：测量仪器的要求（提案的横向标准）	国际标准	2013-12-12			修试	检修、试验	基础综合		
8210	206.1-201	IEC 62475—2010	大电流试验技术试验电流和测量系统用定义和需求	国际标准	2010-9-29	EN 62475—2010，IDT；PN-EN 62475—2010，IDT		修试	检修、试验	基础综合		
8211	206.1-202	IEC/TR 61000-3-14—2011	电磁兼容性（EMC） 第3-14部分：对安装在低压系	国际标准	2011-10-20			修试	检修、试验	基础综合		
8212	206.1-203	IEC/TR 61000-3-6—2008	电磁兼容性（EMC） 第3-6部分：限值变形装置对MV，HV和EHV动力系统的连接用排放限值的评估	国际标准	2008-2-22	CAN/CSA-C61000-3-6-09—2009，NEQ	IEC/TR 61000-3-6—1996	修试	检修、试验	基础综合		

序号	体系结构号	标准编号	标准名称	标准级别	实施日期	与国际标准对应关系	代替标准	阶段	分阶段	专业	分专业	备注
8213	206.1-204	IEC/TR 61000-3-7—2008	电磁兼容性（EMC） 第3-7部分:限值变动载荷装置对 MV，HV 和 EHV 动力系统的连接用排放限值的评估	国际标准	2008-2-22	CAN/CSA-C61000-3-7-09—2009，IDT	IEC TR 61000-3-7—1996；IEC 77 A/576/DTR—2007	修试	检修、试验	基础综合		
8214	206.1-205	IEC/TR 61000-4-35—2009	电磁兼容性（EMC） 第4-35部分:测试和测量技术 HPEM 模拟器汇编	国际标准	2009-7-23			修试	检修、试验	基础综合		
8215	206.1-206	IEC/TS 61000-5-8—2009	电磁兼容性（EMC） 第5-8部分:安装和缓解指南布式基础设施的 HEMP 保护方法	国际标准	2009-8-31	BS DD IEC/TS 61000-5-8—2010，IDT		修试	检修、试验	基础综合		
8216	206.1-207	IEC/TS 61000-5-9—2009	电磁兼容性（EMC） 第5-9部分:安装和缓解指南高空电磁脉冲（HEMP）和大功率电磁（HPEM）的系统水平敏感性评定	国际标准	2009-7-8	BS DD IEC/TS 61000-5-9—2010，IDT		修试	检修、试验	基础综合		
8217	206.1-208	IEC/TS 61934—2011	电绝缘材料和系统 在短上升时间和反复电压脉冲下局部放电（PD）的电测量	国际标准	2011-4-28		IEC TS 61934—2006；IEC 112/163/DTS—2010	修试	检修、试验	基础综合		
8218	206.1-209	NF C 27-240—2007	填充矿物油的电气设备 在电气设备上将溶解气体分析（DGA）应用于工厂试验	国际标准	2007-8-4	EN 61181—2007，IDT；IEC 61181—2007，IDT	NF C 27-240—1993	修试	检修、试验	基础综合		

序号	体系结构号	标准编号	标准名称	标准级别	实施日期	与国际标准对应关系	代替标准	阶段	分阶段	专业	分专业	备注
206.2　试验与计量—发电												
8219	206.2-1	Q/CSG 1202022—2022	新能源机组电网适应性测试规程	企标	2022-11-4			修试	试验	发电	水电	
8220	206.2-2	Q/CSG 1206024—2022	南方电网光伏电站并网性能实时仿真试验技术规范（试行）	企标	2022-7-3			修试	试验	发电	光伏	
8221	206.2-3	Q/CSG 1206025—2022	南方电网风电场并网性能实时仿真试验技术规范（试行）	企标	2022-7-3			修试	试验	发电	风电	
8222	206.2-4	T/CEC 455—2021	抽水蓄能机组励磁系统试验规程	团标	2021-9-1			修试	试验	发电	水电	
8223	206.2-5	T/CEC 467—2021	光伏逆变器并网性能硬件在环仿真测试方法	团标	2021-10-1			修试	试验	发电	光伏	
8224	206.2-6	T/CEC 469—2021	中压并网光伏逆变器检测规程	团标	2021-10-1			修试	试验	发电	光伏	
8225	206.2-7	T/CEC 5001—2016	水电水利工程砂砾石料压实质量密度桶法检测技术规程	团标	2017-1-1			修试	试验	发电	水电、火电	
8226	206.2-8	T/CEC 5072—2022	抽水蓄能电站高压压水试验规程	团标	2023-2-1			设计、采购、运维、修试	初设、招标、运行、维护、试验	发电	储能	
8227	206.2-9	T/CSEE 0101.3—2021	发电设备相控阵超声检测技术导则　第3部分：发电机护环	团标	2021-9-17			修试	试验	发电	其他	
8228	206.2-10	T/CSEE 0173—2021	发电机、电动机励磁用旋转整流组件的测试与评价导则	团标	2021-3-11			修试	试验	发电	其他	

序号	体系结构号	标准编号	标准名称	标准级别	实施日期	与国际标准对应关系	代替标准	阶段	分阶段	专业	分专业	备注
8229	206.2-11	T/CSEE 0212—2021	风电场和光伏发电站自动电压控制系统检测规范	团标	2021-3-11			修试	试验	发电	光伏、风电	
8230	206.2-12	T/CSEE 0282—2022	火力发电厂励磁装置状态评价导则	团标	2022-9-27			修试	试验	发电	火电	
8231	206.2-13	T/CSEE 0293—2022	汽轮发电机组真空系统检漏导则	团标	2022-9-27			修试	试验	发电	火电	
8232	206.2-14	T/CSEE 0325—2022	风电场生产运行测风塔技术导则	团标	2022-12-8			修试	试验	发电	风电	
8233	206.2-15	T/CSEE 0326—2022	陆上风电场工程测量规范	团标	2022-12-8			修试	试验	发电	风电	
8234	206.2-16	T/CSEE 0331—2022	海上风电机组支撑结构及升压站结构监测技术规范	团标	2022-12-8			修试	试验	发电	风电	
8235	206.2-17	DL 470—1992	电站锅炉过热器和再热器试验导则	行标	1992-11-1			修试	试验	发电	火电	
8236	206.2-18	DL/T 298—2011	发电机定子绕组端部电晕检测与评定导则	行标	2011-11-1			修试	试验	发电	水电、火电	
8237	206.2-19	DL/T 489—2018	大中型水轮发电机静止整流励磁系统试验规程	行标	2018-7-1		DL/T 489—2006	修试	试验	发电	水电	
8238	206.2-20	DL/T 492—2009	发电机环氧云母定子绕组绝缘老化鉴定导则	行标	2009-12-1		DL/T 492—1992	运维、修试	运行、维护、试验	发电	水电	
8239	206.2-21	DL/T 496—2016	水轮机电液调节系统及装置调整试验导则	行标	2016-6-1		DL/T 496—2001	运维、修试	运行、维护、试验	发电	水电	

序号	体系结构号	标准编号	标准名称	标准级别	实施日期	与国际标准对应关系	代替标准	阶段	分阶段	专业	分专业	备注
8240	206.2-22	DL/T 507—2014	水轮发电机组启动试验规程	行标	2014-8-1		DL/T 507—2002	修试	试验	发电	水电	
8241	206.2-23	DL/T 717—2013	汽轮发电机组转子中心孔检验技术导则	行标	2013-8-1		DL/T 717—2000	建设、修试	施工工艺、试验	发电	火电	
8242	206.2-24	DL/T 809—2016	发电厂水质浊度的测定方法	行标	2017-5-1		DL/T 809—2002	修试	试验	发电	水电	
8243	206.2-25	DL/T 835—2003	水工钢闸门和启闭机安全检测技术规程	行标	2003-6-1			运维、修试	运行、维护、检修	发电	水电	
8244	206.2-26	DL/T 851—2004	联合循环发电机组验收试验	行标	2004-6-1	ISO 2314—1989/Amd 1—1997，MOD		修试	试验	发电	火电	
8245	206.2-27	DL/T 986—2016	湿法烟气脱硫工艺性能检测技术规范	行标	2016-6-1		DL/T 986—2005	修试	试验	发电	火电	
8246	206.2-28	DL/T 1003—2006	水轮发电机组推力轴承润滑参数测量方法	行标	2007-3-1			运维、修试	运行、维护、试验	发电	水电	
8247	206.2-29	DL/T 1166—2012	大型发电机励磁系统现场试验导则	行标	2012-12-1			修试	试验	发电	火电、水电、其他	
8248	206.2-30	DL/T 1522—2016	发电机定子绕组内冷水系统水流量超声波测量方法及评定导则	行标	2016-6-1			修试	试验	发电	火电、水电、其他	
8249	206.2-31	DL/T 1523—2016	同步发电机进相试验导则	行标	2016-6-1			修试	试验	发电	火电、水电、其他	
8250	206.2-32	DL/T 1524—2016	发电机红外检测方法及评定导则	行标	2016-6-1			修试	试验	发电	火电、水电、其他	
8251	206.2-33	DL/T 1525—2016	隐极同步发电机转子匝间短路故障诊断导则	行标	2016-6-1			修试	试验	发电	火电、水电、其他	

序号	体系结构号	标准编号	标准名称	标准级别	实施日期	与国际标准对应关系	代替标准	阶段	分阶段	专业	分专业	备注
8252	206.2-34	DL/T 1612—2016	发电机定子绕组手包绝缘施加直流电压测量方法及评定导则	行标	2016-12-1			修试	试验	发电	火电、水电、其他	
8253	206.2-35	DL/T 1616—2016	火力发电机组性能试验导则	行标	2016-12-1			修试	试验	发电	火电	
8254	206.2-36	DL/T 1704—2017	脱硫湿磨机石灰石制浆系统性能测试方法	行标	2017-8-1			修试	试验	发电	火电	
8255	206.2-37	DL/T 1718—2017	火力发电厂焊接接头相控阵超声检测技术规程	行标	2017-12-1			修试	试验	发电	火电	
8256	206.2-38	DL/T 1768—2017	旋转电机预防性试验规程	行标	2018-3-1			修试	试验	发电	水电、火电	
8257	206.2-39	DL/T 1800—2018	水轮机调节系统建模及参数实测技术导则	行标	2018-7-1			修试	试验	发电	水电	
8258	206.2-40	DL/T 2092—2020	火力发电机组电气启动试验规程	行标	2021-2-1			修试	试验	发电	火电	
8259	206.2-41	DL/T 2093—2020	火电机组阻塞滤波器设备试验规程	行标	2021-2-1			修试	试验	发电	火电	
8260	206.2-42	DL/T 2120—2020	GIS 变电站开关操作瞬态电磁骚扰抗扰度试验	行标	2021-2-8			规划、设计、采购、建设、运维、修试、退役	规划、初设、施工图、招标、品控、施工工艺、验收与质量评定、试运行、运行、维护、检修、试验、退役、报废	发电	火电、水电	

序号	体系结构号	标准编号	标准名称	标准级别	实施日期	与国际标准对应关系	代替标准	阶段	分阶段	专业	分专业	备注
8261	206.2-43	DL/T 2156—2020	火力发电机组整体性能试验规程	行标	2021-2-1			规划、设计、采购、建设、运维、修试、退役	规划、初设、施工图、招标、品控、施工工艺、验收与质量评定、试运行、运行、维护、检修、试验、退役、报废	发电	火电	
8262	206.2-44	DL/T 2431—2021	抽水蓄能电站过渡过程试验技术导则	行标	2022-3-22			修试	试验	发电	水电	
8263	206.2-45	DL/T 2562—2022	抽水蓄能电站库盆检测技术规程	行标	2023-5-4			设计、采购、运维、修试	初设、招标、运行、维护、试验	发电	储能	
8264	206.2-46	DL/T 5178—2016	混凝土坝安全监测技术规范	行标	2016-7-1		DL/T 5178—2003	运维、修试	运行、维护、试验	发电	水电	
8265	206.2-47	DL/T 5259—2010	土石坝安全监测技术规范	行标	2011-5-1			设计、采购、运维、修试	初设、招标、运行、维护、试验	发电	水电	
8266	206.2-48	DL/T 5332—2005	水工混凝土断裂试验规程（附条文说明）	行标	2006-6-1			修试	试验	发电	水电	
8267	206.2-49	DL/T 5355—2006	水电水利工程土工试验规程	行标	2007-5-1		SD 128—1984；SD 128—1986；SD 128—1987；SDS 01—1979	修试	试验	发电	水电	
8268	206.2-50	DL/T 5356—2006	水电水利工程粗粒土试验规程	行标	2007-5-1		SD 128—1984；SD 128—1986；SD 128—1987；SDS 01—1979	修试	试验	发电	水电	
8269	206.2-51	DL/T 5357—2006	水电水利工程岩土化学分析试验规程	行标	2007-5-1		SD 128—1984；SD 128—1986；SD 128—1987；SDS 01—1979	修试	试验	发电	水电	

序号	体系结构号	标准编号	标准名称	标准级别	实施日期	与国际标准对应关系	代替标准	阶段	分阶段	专业	分专业	备注
8270	206.2-52	DL/T 5359—2006	水电水利工程水流空化模型试验规程	行标	2007-5-1			修试	试验	发电	水电	
8271	206.2-53	DL/T 5361—2006	水电水利工程施工导截流模型试验规程	行标	2007-5-1			修试	试验	发电	水电	
8272	206.2-54	DL/T 5362—2018	水工沥青混凝土试验规程	行标	2019-5-1		DL/T 5362—2006	修试	试验	发电	水电	
8273	206.2-55	DL/T 5367—2007	水电水利工程岩体应力测试规程	行标	2007-12-1		DLJ 204—1981；DL 5006—1992	修试	试验	发电	水电	
8274	206.2-56	DL/T 5368—2007	水电水利工程岩石试验规程	行标	2007-12-1		DLJ 204—1981；DL 5006—1992	修试	试验	发电	水电	
8275	206.2-57	DL/T 5401—2007	水力发电厂电气试验设备配置导则	行标	2008-6-1			采购、修试	招标、试验	发电	水电	
8276	206.2-58	DL/T 5422—2009	混凝土面板堆石坝挤压边墙混凝土试验规程	行标	2009-12-1			修试	试验	发电	水电	
8277	206.2-59	DL/T 5433—2009	水工碾压混凝土试验规程	行标	2009-12-1			修试	试验	发电	水电	
8278	206.2-60	DL/T 5577—2020	冻土地区架空输电线路岩土工程勘测技术规程	行标	2021-2-1			修试	试验	输电	线路	
8279	206.2-61	JB/T 12238—2015	聚光光伏太阳能发电模组的测试方法	行标	2015-10-1			修试	试验	发电	光伏	
8280	206.2-62	JB/T 12239—2015	直流电源的回馈式老化测试方法	行标	2015-10-1			修试	试验	发电、输电、变电、配电	水电	
8281	206.2-63	NB/T 10312—2019	风力发电机组主控系统测试规程	行标	2020-5-1			修试	试验	发电	风电	

序号	体系结构号	标准编号	标准名称	标准级别	实施日期	与国际标准对应关系	代替标准	阶段	分阶段	专业	分专业	备注
8282	206.2-64	NB/T 10317—2019	风电场功率控制系统技术要求及测试方法	行标	2020-5-1			设计、采购、建设、修试	初设、施工图、招标、品控、施工工艺、验收与质量评定、试运行、试验	发电	风电	
8283	206.2-65	NB/T 10323—2019	分布式光伏发电并网接口装置测试规程	行标	2020-5-1			修试	试验	发电	光伏	
8284	206.2-66	NB/T 10324—2019	光伏发电站高电压穿越检测技术规程	行标	2020-5-1			修试、建设	试验、验收与质量评定	发电	光伏	
8285	206.2-67	NB/T 10325—2019	光伏组件移动测试平台技术规范	行标	2020-5-1			设计、采购、建设、修试	初设、品控、验收与质量评定、试验	发电	光伏	
8286	206.2-68	NB/T 10349—2019	压力钢管安全检测技术规程	行标	2000-7-1		DL/T 709—1999	修试	试验	发电	水电	
8287	206.2-69	NB/T 10439—2020	风力发电机组不间断电源 应用要求	行标	2021-2-1			运维、修试	维护、检修、试验	发电	风电	
8288	206.2-70	NB/T 10628—2021	风电场工程材料试验检测技术规范	行标	2021-10-26			运维、修试	维护、检修、试验	发电	风电	
8289	206.2-71	NB/T 10649—2021	高原型风力发电机组 电气控制设备结构环境耐久性试验	行标	2021-10-26			运维、修试	维护、检修、试验	发电	风电	
8290	206.2-72	NB/T 10668—2021	光伏电站用固定式支架系统检测与评定技术规范	行标	2021-10-26			运维、修试	维护、检修、试验	发电	光伏	
8291	206.2-73	NB/T 10805—2021	水电水利工程溃坝洪水模拟技术规程	行标	2022-5-16		DL/T 5360—2006	修试	试验	发电	水电	

序号	体系结构号	标准编号	标准名称	标准级别	实施日期	与国际标准对应关系	代替标准	阶段	分阶段	专业	分专业	备注
8292	206.2-74	NB/T 31051—2014	风电机组低电压穿越能力测试规程	行标	2015-3-1			建设、运维、修试	验收与质量评定、试运行、运行、试验	发电	风电	
8293	206.2-75	NB/T 31053—2021	风电机组电气仿真模型验证规程	行标	2021-10-26		NB/T 31053—2014	建设、运维、修试	验收与质量评定、试运行、运行、试验	发电	风电	
8294	206.2-76	NB/T 31054—2014	风电机组电网适应性测试规程	行标	2015-3-1			建设、运维、修试	验收与质量评定、试运行、运行、试验	发电	风电	
8295	206.2-77	NB/T 31111—2017	风电机组高电压穿越测试规程	行标	2017-12-1			建设、运维、修试	验收与质量评定、试运行、运行、试验	发电	风电	
8296	206.2-78	NB/T 31123—2017	高原风力发电机组用全功率变流器试验方法	行标	2018-3-1			修试	试验	发电	风电	
8297	206.2-79	NB/T 32005—2013	光伏发电站低电压穿越检测技术规程	行标	2014-4-1			修试	试验	发电	光伏	
8298	206.2-80	NB/T 32007—2013	光伏发电站功率控制能力检测技术规程	行标	2014-4-1			修试	试验	发电	光伏	
8299	206.2-81	NB/T 32009—2013	光伏发电站逆变器电压与频率响应检测技术规程	行标	2014-4-1			采购、建设、修试	品控、验收与质量评定、试验	发电	光伏	
8300	206.2-82	NB/T 32010—2013	光伏发电站逆变器防孤岛效应检测技术规程	行标	2014-4-1			采购、建设、修试	品控、验收与质量评定、试验	发电	光伏	
8301	206.2-83	NB/T 32013—2013	光伏发电站电压与频率响应检测规程	行标	2014-4-1			修试	试验	发电	光伏	
8302	206.2-84	NB/T 32014—2013	光伏发电站防孤岛效应检测技术规程	行标	2014-4-1			修试	试验	发电	光伏	

序号	体系结构号	标准编号	标准名称	标准级别	实施日期	与国际标准对应关系	代替标准	阶段	分阶段	专业	分专业	备注
8303	206.2-85	NB/T 32032—2016	光伏发电站逆变器效率检测技术要求	行标	2016-6-1			修试	试验	发电	光伏	
8304	206.2-86	NB/T 32033—2016	光伏发电站逆变器电磁兼容性检测技术要求	行标	2016-6-1			修试	试验	发电	光伏	
8305	206.2-87	NB/T 32034—2016	光伏发电站现场组件检测规程	行标	2016-6-1			修试	试验	发电	光伏	
8306	206.2-88	NB/T 35058—2015	水电工程岩体质量检测技术规程	行标	2016-3-1			修试	试验	发电	水电	
8307	206.2-89	NB/T 35081—2016	水电工程金属结构涂层强度拉开法测试规程	行标	2016-6-1	ISO 16276-1—2007，MOD		修试	试验	发电	水电	
8308	206.2-90	NB/T 35113—2018	水电工程钻孔压水试验规程	行标	2018-7-1		DL/T 5331—2005	修试	试验	发电	水电	
8309	206.2-91	NB/T 42131—2017	光伏组件环境试验要求 通则	行标	2018-3-1			修试	试验	发电	光伏	
8310	206.2-92	SJ/T 11828.1—2022	光伏组件自然曝露试验及年衰减率评价 第1部分:湿热大气环境	行标	2023-01-01			修试	试验	发电	光伏	
8311	206.2-93	SJ/T 11828.2—2022	光伏组件自然曝露试验及年衰减率评价 第2部分:干热砂尘大气环境	行标	2023-01-01			修试	试验	发电	光伏	
8312	206.2-94	SJ/T 11830—2022	晶体硅光伏电池智能制造 数据采集指南	行标	2023-01-01			修试	试验	发电	光伏	
8313	206.2-95	SJ/T 11855—2022	光伏用紫外老化试验箱辐照性能测试方法	行标	2023-1-1			修试	试验	发电	光伏	

序号	体系结构号	标准编号	标准名称	标准级别	实施日期	与国际标准对应关系	代替标准	阶段	分阶段	专业	分专业	备注
8314	206.2-96	SL 06—2006	水文测验铅鱼	行标	2006-7-1		SL 06—1989	修试	试验	发电	水电	
8315	206.2-97	GB/T 1029—2021	三相同步电机试验方法	国标	2021-12-1		GB/T 1029—2005	修试	试验	发电	其他	
8316	206.2-98	GB/T 6075.5—2002	在非旋转部件上测量和评价机器的机械振动 第5部分：水力发电厂和泵站机组	国标	2002-12-1	ISO 10816-5:2000，IDT		修试	试验	发电	水电	
8317	206.2-99	GB/T 7441—2008	汽轮机及被驱动机械发出的空间噪声的测量	国标	2009-4-1	IEC 61063:1991，IDT	GB/T 7441—1987	修试	试验	发电	火电	
8318	206.2-100	GB/T 8117.2—2008	汽轮机热力性能验收试验规程 第2部分：方法B 各种类型和容量的汽轮机宽准确度试验	国标	2009-4-1	IEC 60953-2—1990，IDT	GB/T 8117—1987	建设、修试	验收与质量评定、试验	发电	火电	
8319	206.2-101	GB/T 9652.2—2019	水轮机调速系统试验	国标	2020-1-1	IEC 60308，REF	GB/T 9652.2—2007	修试	试验	发电	水电	
8320	206.2-102	GB/T 11348.2—2012	机械振动.在旋转轴上测量评价机器的振动 第2部分：功率大于50MW，额定工作转速 1500r/min、1800r/min、3000r/min、3600r/min 陆地安装的汽轮机和发电机	国标	2013-3-1	ISO 7919-2:2009，MOD	GB/T 11348.2—2007	修试	试验	发电	火电	
8321	206.2-103	GB/T 11348.5—2008	旋转机械转轴径向振动的测量和评定 第5部分：水力发电厂和泵站机组	国标	2009-5-1	ISO 7919-5:2005，IDT	GB/T 11348.5—2002	修试	试验	发电	水电	

序号	体系结构号	标准编号	标准名称	标准级别	实施日期	与国际标准对应关系	代替标准	阶段	分阶段	专业	分专业	备注
8322	206.2-104	GB/T 15613.2—2008	水轮机、蓄能泵和水泵水轮机模型验收试验 第2部分：常规水力性能试验	国标	2009-4-1	IEC 60193:1999，NEQ		修试	试验	发电	水电	
8323	206.2-105	GB/T 15613.3—2008	水轮机、蓄能泵和水泵水轮机模型验收试验 第3部分：辅助性能试验	国标	2009-4-1	IEC 60193:1999，NEQ		修试	试验	发电	水电	
8324	206.2-106	GB/T 16752—2017	混凝土和钢筋混凝土排水管试验方法	国标	2018-9-1		GB/T 16752—2006	修试	试验	发电	水电	
8325	206.2-107	GB/T 17189—2017	水力机械（水轮机、蓄能泵和水泵水轮机）振动和脉动现场测试规程	国标	2018-7-1	IEC 60994:1991	GB/T 17189—2007	修试	试验	发电	水电	
8326	206.2-108	GB/T 17948.2—2006	旋转电机绝缘结构功能性评定 散绕绕组试验规程 变更和绝缘组分替代的分级	国标	2006-6-1	IEC 60034-18-22:2000，IDT		修试	试验	发电	火电、水电	
8327	206.2-109	GB/T 17948.3—2017	旋转电机 绝缘结构功能性评定 成型绕组试验规程 旋转电机绝缘结构热评定和分级	国标	2018-5-1	IEC 60034-18-31:2012	GB/T 17948.3—2006	修试	试验	发电	火电、水电	
8328	206.2-110	GB/T 17948.6—2018	旋转电机 绝缘结构功能性评定 成型绕组试验规程 绝缘结构热机械耐久性评定	国标	2019-2-1		GB/T 17948.6—2007	修试	试验	发电	火电、水电	
8329	206.2-111	GB/T 18451.2—2021	风力发电机组功率特性测试	国标	2022-3-1		GB/T 18451.2—2012	修试	试验	发电	风电	

序号	体系结构号	标准编号	标准名称	标准级别	实施日期	与国际标准对应关系	代替标准	阶段	分阶段	专业	分专业	备注
8330	206.2-112	GB/T 18912—2002	光伏组件盐雾腐蚀试验	国标	2003-5-1	IEC 61701—2011		修试	试验	发电	光伏	
8331	206.2-113	GB/T 18929—2002	联合循环发电装置 验收试验	国标	2003-6-1	ISO 2314—1989 AMD 1—1997（E），IDT		建设、修试	验收与质量评定、试验	发电	火电	
8332	206.2-114	GB/T 19071.2—2018	风力发电机组 异步发电机 第2部分：试验方法	国标	2019-2-1		GB/T 19071.2—2003	修试	试验	发电	风电	
8333	206.2-115	GB/T 19115.2—2018	风光互补发电系统 第2部分：试验方法	国标	2019-4-1		GB/T 19115.2—2003	修试	试验	发电	光伏、风电	
8334	206.2-116	GB/T 19960.2—2005	风力发电机组 第2部分:通用试验方法	国标	2006-1-1			修试	试验	发电	风电	
8335	206.2-117	GB/T 20140—2016	隐极同步发电机定子绕组端部动态特性和振动测量方法及评定	国标	2016-9-1		GB/T 20140—2006	修试	试验	发电	火电、水电	
8336	206.2-118	GB/T 20514—2006	光伏系统功率调节器效率测量程序	国标	2007-2-1	IEC 61683:1999		运维、修试	运行、检修、试验	发电	光伏	
8337	206.2-119	GB/T 20833.1—2021	旋转电机 旋转电机定子绕组绝缘 第1部分：离线局部放电测量	国标	2021-10-1	IEC/TS 60034-27:2006	GB/T 20833.1—2016	运维、修试	运行、检修、试验	发电	火电、水电	
8338	206.2-120	GB/T 20833.2—2016	旋转电机 旋转电机定子绕组绝缘 第2部分：在线局部放电测量	国标	2016-9-1	IEC/TS 60034-27-2:2012 IDT		修试	试验	发电	火电、水电	
8339	206.2-121	GB/T 20833.3—2018	旋转电机 旋转电机定子绕组绝缘 第3部分：介质损耗因数测量	国标	2019-2-1			修试	试验	发电	火电、水电	

序号	体系结构号	标准编号	标准名称	标准级别	实施日期	与国际标准对应关系	代替标准	阶段	分阶段	专业	分专业	备注
8340	206.2-122	GB/T 20835—2016	发电机定子铁心磁化试验导则	国标	2016-9-1		GB/T 20835—2007	修试	试验	发电	水电	
8341	206.2-123	GB/T 25386.2—2021	风力发电机组控制系统 第2部分：试验方法	国标	2021-10-1		GB/T 25386.2—2010	修试	试验	发电	风电	
8342	206.2-124	GB/T 25387.2—2021	风力发电机组全功率变流器 第2部分：试验方法	国标	2021-10-1		GB/T 25387.2—2010	修试	试验	发电	风电	
8343	206.2-125	GB/T 25388.2—2021	风力发电机组双馈式变流器 第2部分：试验方法	国标	2021-10-1		GB/T 25388.2—2010	修试	试验	发电	风电	
8344	206.2-126	GB/T 25389.2—2018	风力发电机组永磁同步发电机 第2部分：试验方法	国标	2018-12-1		GB/T 25389.2—2010	修试	试验	发电	风电	
8345	206.2-127	GB/T 26871—2011	电触头材料金相试验方法	国标	2011-12-1			修试	试验	发电	水电	
8346	206.2-128	GB/T 29851—2013	光伏电池用硅材料中 B、Al 受主杂质含量的二次离子质谱测量方法	国标	2014-4-15			修试	试验	发电	光伏	
8347	206.2-129	GB/T 30152—2013	光伏发电系统接入配电网检测规程	国标	2014-8-1			设计	初设	发电	光伏	
8348	206.2-130	GB/T 31365—2015	光伏发电站接入电网检测规程	国标	2015-9-1			修试	试验	发电	光伏	
8349	206.2-131	GB/T 31518.2—2015	直驱永磁风力发电机组 第2部分：试验方法	国标	2016-2-1			修试	试验	发电	风电	
8350	206.2-132	GB/T 32892—2016	光伏发电系统模型及参数测试规程	国标	2017-3-1			规划、设计、采购、建设、运维、修试	规划、初设、施工图、招标、品控、施工工艺、验收与质量评定、试运行、运行、维护、试验	发电	光伏	

序号	体系结构号	标准编号	标准名称	标准级别	实施日期	与国际标准对应关系	代替标准	阶段	分阶段	专业	分专业	备注
8351	206.2-133	GB/T 32899—2016	抽水蓄能机组静止变频启动装置试验规程	国标	2017-3-1			修试	试验	发电	水电	
8352	206.2-134	GB/T 34133—2017	储能变流器检测技术规程	国标	2018-2-1			修试	试验	发电	储能	
8353	206.2-135	GB/T 34160—2017	地面用光伏组件光电转换效率检测方法	国标	2018-4-1			修试	试验	发电	光伏	
8354	206.2-136	GB/T 36994—2018	风力发电机组电网适应性测试规程	国标	2019-7-1			建设、修试	验收与质量评定、试验	发电	风电	
8355	206.2-137	GB/T 36995—2018	风力发电机组故障电压穿越能力测试规程	国标	2019-7-1			建设、修试	验收与质量评定、试验	发电	风电	
8356	206.2-138	GB/T 37409—2019	光伏发电并网逆变器检测技术规范	国标	2019-12-1			修试	试验	发电	光伏	
8357	206.2-139	GB/T 40294—2021	确定电励磁同步电机参数的试验方法	国标	2021-12-1			修试	试验	发电	其他	
8358	206.2-140	GB/T 40616—2021	村镇光伏发电站集群控制系统仿真测试技术要求	国标	2022-5-1			修试	试验	发电	光伏	
8359	206.2-141	GB/T 42006—2022	高原光伏发电设备检验规范	国标	2023-5-1			修试	试验	发电	光伏	
8360	206.2-142	GB/Z 35717—2017	水轮机、蓄能泵和水泵水轮机流量的测量 超声传播时间法	国标	2018-7-1			修试	试验	发电	水电	
8361	206.2-143	ISO/TS 21486:2022	建筑用太阳能光伏夹层玻璃的重测导则	国际标准	2022-3-8			修试	试验	发电	光伏	

序号	体系结构号	标准编号	标准名称	标准级别	实施日期	与国际标准对应关系	代替标准	阶段	分阶段	专业	分专业	备注
8362	206.2-144	IEC 60904-1—2006	光伏器件 第1部分：光伏电流—电压特性的测量	国际标准	2006-9-13	EN 60904-1—2006，IDT	IBC 60904-1—1987；IEC 82/433/FDIS—2006	修试	试验	发电	光伏	
8363	206.2-145	IEC 60904-5—2011	光伏器件 第5部分：用开路电压法测定光伏（PV）器件的等效电池温度（ECT）	国际标准	2011-2-17		IEC 60904-5—1993；IEC 82/5951/DV—2010	修试	试验	发电	光伏	
8364	206.2-146	IEC 61427-1—2013	太阳光伏能系统用蓄电池和蓄电池组 一般要求和试验方法 第1部分：光伏离网应用	国际标准	2013-4-23		IEC 61427—2005；IEC 21/793/FDIS—2013	设计、修试	初设、试验	发电	光伏	
8365	206.2-147	IEC 61701—2011	光伏组件盐雾腐蚀试验	国际标准	2011-12-15		IEC 61701—1995；IEC 82/667/FDIS—2011	修试	试验	发电	光伏	
8366	206.2-148	IEC 61810-7—2006	机电基本继电器 第7部分：测试和测量程序	国际标准	2006-3-14	BS EN 61810-7—2006，IDT；EN 6I810-7—2006，IDT	IEC 61810-7—1997；IEC 94/226/FDIS—2005	修试	试验	发电	水电、火电	
206.3 试验与计量—输电												
8367	206.3-1	Q/CSG 1203048—2018	架空输电线路压接金具无损检测技术导则	企标	2018-4-16			采购、建设、修试	品控、验收与质量评定、试验	输电	线路	
8368	206.3-2	Q/CSG 1203056.3—2018	110kV～500kV架空输电线路杆塔复合横担技术规定 第3部分：试验技术（试行）	企标	2018-12-28			采购、建设、修试	品控、验收与质量评定、试验	输电	线路	
8369	206.3-3	Q/CSG 1205027—2020	6kV～35kV电缆系统超低频介损测试方法	企标	2020-3-31			修试	检修、试验	配电	电缆、线缆	
8370	206.3-4	Q/CSG 1206009—2019	电力电缆线路局部放电带电检测作业规范	企标	2019-6-26			修试	检修、试验	输电、配电	电缆	

序号	体系结构号	标准编号	标准名称	标准级别	实施日期	与国际标准对应关系	代替标准	阶段	分阶段	专业	分专业	备注
8371	206.3-5	T/CEC 184—2018	绝缘子用防覆冰涂层的测试	团标	2019-2-1			修试	检修、试验	输电	线路	
8372	206.3-6	T/CEC 243—2019	10（6）kV～35kV 挤包绝缘电力电缆系统超低频（0.1Hz）现场试验方法	团标	2020-1-1			采购、建设、修试	品控、验收与质量评定、试验	配电	电缆、线缆	
8373	206.3-7	T/CEC 440—2021	110（66）kV～500kV 交流电缆耐压试验 同时分布式局部放电检测系统	团标	2021-9-1			修试	检修、试验	输电	电缆	
8374	206.3-8	T/CEC 441—2021	110（66）kV～500kV 交流电缆耐压试验同时分布式局部放电检测方法	团标	2021-9-1			修试	检修、试验	输电	电缆	
8375	206.3-9	T/CEC 444—2021	额定电压 60kV 及以下直流电缆过渡接头 试验方法	团标	2021-9-1			修试	检修、试验	配电	电缆	
8376	206.3-10	T/CEC 516—2021	110kV 及以上电力电缆铅封涡流探伤技术规范	团标	2021-10-1			采购、建设、修试	品控、验收与质量评定、试验	输电	电缆	
8377	206.3-11	T/CEC 517—2021	160kV～500kV 挤包绝缘直流电缆系统局部放电试验方法	团标	2021-10-1			修试	检修、试验	输电	电缆	
8378	206.3-12	T/CEC 518—2021	挤包绝缘直流电缆脉冲电声法（PEA）空间电荷测试方法	团标	2021-10-1			采购、建设、修试	品控、验收与质量评定、试验	输电	电缆	
8379	206.3-13	T/CEC 526—2021	架空输电线路线夹 X 射线检测技术导则	团标	2021-10-1			采购、建设、修试	品控、验收与质量评定、试验	输电	线路	

序号	体系结构号	标准编号	标准名称	标准级别	实施日期	与国际标准对应关系	代替标准	阶段	分阶段	专业	分专业	备注
8380	206.3-14	T/CEC 559—2021	架空输电线路风洞试验方法标准	团标	2022-3-1			修试	检修、试验	输电	线路	
8381	206.3-15	T/CEC 619—2022	输电线路导线压接 X 射线数字成像无损检测作业导则	团标	2022-10-1			修试	检修、试验	输电	线路	
8382	206.3-16	T/CEC 631—2022	架空线路导地线过滑轮试验方法	团标	2022-10-1			采购、建设、修试	品控、验收与质量评定、试验	输电	线路	
8383	206.3-17	T/CEC 632—2022	架空导线温度—弧垂特性试验方法	团标	2022-10-1			修试	检修、试验	输电	线路	
8384	206.3-18	T/CSEE 0007—2016	66kV ～ 220kV 电缆振荡波局部放电现场测试方法	团标	2017-5-1			采购、建设、修试	品控、验收与质量评定、试验	输电	电缆	
8385	206.3-19	T/CSEE 0084—2018	高压交联电缆线路分布式局部放电检测技术导则	团标	2018-12-25			采购、建设、修试	品控、验收与质量评定、试验	输电	电缆	
8386	206.3-20	T/CSEE 0124—2019	架空输电线路杆塔基础静载试验方法	团标	2019-3-1			采购、建设、修试	品控、验收与质量评定、检修	输电	线路	
8387	206.3-21	T/CSEE 0126—2019	架空输电线路导地线微风振动现场测振技术规范	团标	2019-3-1			采购、建设、修试	品控、验收与质量评定、检修	输电	线路	
8388	206.3-22	T/CSEE 0231—2021	交联聚乙烯绝缘电力电缆现场交流耐压试验导则	团标	2021-3-11			修试	检修、试验	输电、配电	电缆	
8389	206.3-23	T/CSEE 0239—2021	电缆通道结构检测与评估技术规程	团标	2021-3-11			采购、建设、修试	品控、验收与质量评定、检修	输电	电缆	

序号	体系结构号	标准编号	标准名称	标准级别	实施日期	与国际标准对应关系	代替标准	阶段	分阶段	专业	分专业	备注
8390	206.3-24	T/CSEE 0244—2021	高温超导电缆交流损耗测量规范	团标	2021-9-17			采购、建设、修试	品控、验收与质量评定、检修	输电	电缆	
8391	206.3-25	T/CSEE 0264—2021	高压电缆铅封涡流检测方法	团标	2021-9-17			采购、建设、修试	品控、验收与质量评定、检修	输电	线路	
8392	206.3-26	DL/T 253—2012	直流接地极接地电阻、地电位分布、跨步电压和分流的测量方法	行标	2012-7-1			运维、修试	维护、检修	输电	线路	
8393	206.3-27	DL/T 501—2017	高压架空输电线路可听噪声测量方法	行标	2017-12-1		DL 501—1992	建设、修试	验收与质量评定、试验	输电	线路	
8394	206.3-28	DL/T 557—2021	高压线路绝缘子空气中冲击击穿试验定义、试验方法和判据	行标	2022-6-22		DL/T 557—2005	修试	检修、试验	输电	线路	
8395	206.3-29	DL/T 626—2015	劣化悬式绝缘子检测规程	行标	2015-12-1		DL/T 626—2005	修试	检修、试验	输电	线路	
8396	206.3-30	DL/T 685—1999	放线滑轮基本要求、检验规定及测试方法	行标	2000-7-1		SD 158—1985	建设、修试	验收与质量评定、试验	输电	线路	
8397	206.3-31	DL/T 812—2002	标称电压高于1000V架空线路绝缘子串工频电弧试验方法	行标	2002-9-1	IEC 61467:1997，EQV		采购、建设、修试	品控、验收与质量评定、检修	输电	线路	
8398	206.3-32	DL/T 887—2004	杆塔工频接地电阻测量	行标	2005-4-1			采购、建设、修试	品控、验收与质量评定、试验	输电	线路	
8399	206.3-33	DL/T 899—2012	架空线路杆塔结构荷载试验	行标	2012-12-1		DL/T 899—2004	采购、建设、修试	品控、验收与质量评定、试验	输电	线路	
8400	206.3-34	DL/T 1089—2008	直流换流站与线路合成场强、离子流密度测试方法	行标	2008-11-1			采购、建设、修试	品控、验收与质量评定、试验	输电	线路	

序号	体系结构号	标准编号	标准名称	标准级别	实施日期	与国际标准对应关系	代替标准	阶段	分阶段	专业	分专业	备注
8401	206.3-35	DL/T 1247—2013	高压直流绝缘子覆冰闪络试验方法	行标	2013-8-1			修试	检修、试验	输电	线路	
8402	206.3-36	DL/T 1301—2013	海底充油电缆直流耐压试验导则	行标	2014-4-1			采购、建设、修试	品控、验收与质量评定、试验	输电	电缆	
8403	206.3-37	DL/T 1367—2014	输电线路检测技术导则	行标	2015-3-1			采购、建设、修试	品控、验收与质量评定、试验	输电	线路	
8404	206.3-38	DL/T 1399.6—2021	电力试验/检测车 第6部分:电力电缆故障测试车	行标	2022-6-22			修试	检修、试验	输电	电缆	
8405	206.3-39	DL/T 1566—2016	直流输电线路及接地极线路参数测试导则	行标	2016-7-1			采购、建设、修试	品控、验收与质量评定、试验	输电	线路	
8406	206.3-40	DL/T 1575—2016	6kV～35kV电缆振荡波局部放电测量系统	行标	2016-7-1			采购、建设、运维、修试	招标、品控、试运行、运行、试验	配电	电缆、线缆	
8407	206.3-41	DL/T 1576—2016	6kV～35kV电缆振荡波局部放电测试方法	行标	2016-7-1			采购、修试	招标、试验	配电	电缆、线缆	
8408	206.3-42	DL/T 1583—2016	交流输电线路工频电气参数测量导则	行标	2016-7-1			采购、建设、修试	品控、验收与质量评定、试验	输电	线路	
8409	206.3-43	DL/T 1611—2016	输电线路铁塔钢管对接焊缝超声波检测与质量评定	行标	2016-12-1			采购、建设、修试	品控、验收与质量评定、试验	输电	线路	
8410	206.3-44	DL/T 1693—2017	输电线路金具磨损试验方法	行标	2017-8-1			采购、建设、修试	品控、验收与质量评定、试验	输电	线路	
8411	206.3-45	DL/T 1721—2017	电力电缆线路沿线土壤热阻系数测量方法	行标	2017-12-1			设计、建设、修试	施工图、施工工艺、试验	输电	电缆	

序号	体系结构号	标准编号	标准名称	标准级别	实施日期	与国际标准对应关系	代替标准	阶段	分阶段	专业	分专业	备注
8412	206.3-46	DL/T 1889—2018	输电杆塔用紧固件横向振动试验方法	行标	2019-5-1			采购、建设、修试	品控、验收与质量评定、试验	输电	线路	
8413	206.3-47	DL/T 1935—2018	架空导线载流量试验方法	行标	2019-5-1			采购、建设、修试	品控、验收与质量评定、试验	输电	线路	
8414	206.3-48	DL/T 2183—2020	直流输电用直流电流互感器暂态试验导则	行标	2021-2-5			建设、运维、修试	施工工艺、验收与质量评定、试运行、运行、维护、检修、试验	发电	火电、水电	
8415	206.3-49	DL/T 2184—2020	直流输电用直流电压互感器暂态试验导则	行标	2021-2-6			建设、运维、修试	施工工艺、验收与质量评定、试运行、运行、维护、检修、试验	发电	火电、水电	
8416	206.3-50	DL/T 2221—2021	160kV～500kV挤包绝缘直流电缆系统预鉴定试验方法	行标	2021-7-1			修试	检修、试验	输电	电缆	
8417	206.3-51	DL/T 2222—2021	交流输电线路刚性跳线可见电晕试验方法	行标	2021-7-1			修试	检修、试验	输电	线路	
8418	206.3-52	DL/T 2232—2021	500kV及以上输电线路瞬时人工接地短路试验导则	行标	2021-7-1			修试	检修、试验	输电	线路	
8419	206.3-53	DL/T 2233—2021	额定电压110kV～500kV交联聚乙烯绝缘海底电缆系统预鉴定试验规范	行标	2021-7-1			修试	检修、试验	输电	电缆	
8420	206.3-54	DL/T 2324—2021	高压电缆高频局部放电带电检测技术导则	行标	2022-3-22			采购、建设、修试	品控、验收与质量评定、试验	输电	线路	
8421	206.3-55	DL/T 2387—2021	10kV～35kV线路柱式复合绝缘子技术规范	行标	2022-3-22			采购、建设、修试	品控、验收与质量评定、试验	配电	线路	

序号	体系结构号	标准编号	标准名称	标准级别	实施日期	与国际标准对应关系	代替标准	阶段	分阶段	专业	分专业	备注
8422	206.3-56	DL/T 2390—2021	盘形悬式瓷绝缘子零值红外检测方法	行标	2022-3-22			采购、建设、修试	品控、验收与质量评定、试验	输电	线路	
8423	206.3-57	DL/T 2434—2021	输变电工程无人机倾斜摄影测量技术规程	行标	2022-3-22			采购、建设、修试	品控、验收与质量评定、试验	输电	线路	
8424	206.3-58	DL/T 2453—2021	盘形悬式瓷绝缘子零值高压冲击检测规范	行标	2022-6-22			采购、建设、修试	品控、验收与质量评定、试验	输电	线路	
8425	206.3-59	DL/T 2543—2022	高压直流输电控制保护仿真试验规范	行标	2023-5-4			运维	运行、维护	输电	其他	
8426	206.3-60	JB/T 10696.1—2007	电线电缆机械和理化性能试验方法 第1部分：一般规定	行标	2007-7-1			修试、运维	试验、维护	输电、配电	电缆、线缆	
8427	206.3-61	JB/T 10696.3—2007	电线电缆机械和理化性能试验方法 第3部分：弯曲试验	行标	2007-7-1			修试、运维	试验、维护	输电、配电	电缆、线缆	
8428	206.3-62	JB/T 10696.4—2007	电线电缆机械和理化性能试验方法 第4部分：外护层环烷酸铜含量试验	行标	2007-7-1			修试、运维	试验、维护	输电、配电	电缆、线缆	
8429	206.3-63	JB/T 10696.5—2007	电线电缆机械和理化性能试验方法 第5部分：腐蚀扩展试验	行标	2007-7-1			修试、运维	试验、维护	输电、配电	电缆、线缆	
8430	206.3-64	JB/T 10696.6—2007	电线电缆机械和理化性能试验方法 第6部分：挤出外套刮磨试验	行标	2007-7-1			修试、运维	试验、维护	输电、配电	电缆、线缆	

序号	体系结构号	标准编号	标准名称	标准级别	实施日期	与国际标准对应关系	代替标准	阶段	分阶段	专业	分专业	备注
8431	206.3-65	JB/T 10696.7—2007	电线电缆机械和理化性能试验方法 第7部分：抗撕试验	行标	2007-7-1			修试、运维	试验、维护	输电、配电	电缆、线缆	
8432	206.3-66	JB/T 10696.8—2007	电线电缆机械和理化性能试验方法 第8部分：氧化诱导期试验	行标	2007-7-1			修试、运维	试验、维护	输电、配电	电缆、线缆	
8433	206.3-67	JB/T 11167.1—2011	额定电压 10kV（U_m=12kV）至 110kV（U_m=126kV）交联聚乙烯绝缘大长度交流海底电缆及附件 第1部分：试验方法和要求	行标	2011-8-1			采购、建设、修试	品控、验收与质量评定、试验	输电、配电	电缆	
8434	206.3-68	JB/T 12748—2015	代木复合材料电线电缆交货盘材料材性测试方法	行标	2016-3-1			采购、建设、修试	品控、验收与质量评定、试验	输电	电缆	
8435	206.3-69	SN/T 4125—2015	进出口高压电器检验技术要求 高压绝缘子	行标	2015-9-1			修试	检修、试验	输电	线路	
8436	206.3-70	GB/T 1001.2—2010	标准电压高于1000V 的架空线路绝缘子 第2部分：交流系统用绝缘子串及绝缘子串组 定义、试验方法和接收准则	国标	2011-7-1	IEC 60383-2:1993，MOD		采购、建设、修试	品控、验收与质量评定、试验	输电	线路	
8437	206.3-71	GB/T 2951.11—2008	电缆和光缆绝缘和护套材料通用试验方法 第11部分：通用试验方法 厚度和外形尺寸测量 机械性能试验	国标	2009-4-1	IEC 60811-1-1:2001，IDT	GB/T 2951.1—1997	修试、运维	试验、维护	输电、配电	电缆、线缆	

序号	体系结构号	标准编号	标准名称	标准级别	实施日期	与国际标准对应关系	代替标准	阶段	分阶段	专业	分专业	备注
8438	206.3-72	GB/T 2951.12—2008	电缆和光缆绝缘和护套材料通用试验方法 第12部分：通用试验方法 热老化试验方法	国标	2009-4-1	IEC 60811-1-2:1985，IDT	GB/T 2951.2—1997	修试、运维	试验、维护	输电、配电	电缆、线缆	
8439	206.3-73	GB/T 2951.13—2008	电缆和光缆绝缘和护套材料通用试验方法 第13部分：通用试验方法 密度测定方法 吸水试验 收缩试验	国标	2009-4-1	IEC 60811-1-3:2001，IDT	GB/T 2951.3—1997	修试、运维	试验、维护	输电、配电	电缆、线缆	
8440	206.3-74	GB/T 2951.14—2008	电缆和光缆绝缘和护套材料通用试验方法 第14部分：通用试验方法 低温试验	国标	2009-4-1	IEC 60811-1-4:1985，IDT	GB/T 2951.4—1997	修试、运维	试验、维护	输电、配电	电缆、线缆	
8441	206.3-75	GB/T 2951.21—2008	电缆和光缆绝缘和护套材料通用试验方法 第21部分：弹性体混合料专用试验方法 耐臭氧试验 热延伸试验 浸矿物油试验	国标	2009-4-1	IEC 60811-2-1:2001	GB/T 2951.5—1997	修试、运维	试验、维护	输电、配电	电缆、线缆	
8442	206.3-76	GB/T 2951.31—2008	电缆和光缆绝缘和护套材料通用试验方法 第31部分：聚氯乙烯混合料专用试验方法 高温压力试验 抗开裂试验	国标	2009-4-1	IEC 60811-3-1:1985，IDT	GB/T 2951.6—1997	修试、运维	试验、维护	输电、配电	电缆、线缆	

序号	体系结构号	标准编号	标准名称	标准级别	实施日期	与国际标准对应关系	代替标准	阶段	分阶段	专业	分专业	备注
8443	206.3-77	GB/T 2951.32—2008	电缆和光缆绝缘和护套材料通用试验方法 第32部分：聚氯乙烯混合料专用试验方法 失重试验 热稳定性试验	国标	2009-4-1	IEC 60811-3-2:1985，IDT	GB/T 2951.7—1997	修试、运维	试验、维护	输电、配电	电缆、线缆	
8444	206.3-78	GB/T 2951.41—2008	电缆和光缆绝缘和护套材料通用试验方法 第41部分：聚乙烯和聚丙烯混合料专用试验方法 耐环境应力开裂试验 熔体指数测量方法 直接燃烧法测量聚乙烯中碳黑和（或）矿物质填料含量 热重分析法（TGA）测量碳黑含量 显微镜法评估聚乙烯中碳黑分散度	国标	2009-4-1	IEC 60811-4-1:2004		修试、运维	试验、维护	输电、配电	电缆、线缆	
8445	206.3-79	GB/T 2951.42—2008	电缆和光缆绝缘和护套材料通用试验方法 第42部分：聚乙烯和聚丙烯混合料专用试验方法 高温处理后抗张强度和断裂伸长率试验 高温处理后卷绕试验 空气热老化后的卷绕试验 测定质量的增加 长期热稳定性试验 铜催化氧化降解试验方法	国标	2009-4-1	IEC 60811-4-2:2004	GB/T 2951.9—1997	修试、运维	试验、维护	输电、配电	电缆、线缆	

序号	体系结构号	标准编号	标准名称	标准级别	实施日期	与国际标准对应关系	代替标准	阶段	分阶段	专业	分专业	备注
8446	206.3-80	GB/T 2951.51—2008	电缆和光缆绝缘和护套材料通用试验方法 第51部分：填充膏专用试验方法 滴点 油分离 低温脆性 总酸值 腐蚀性 23℃时的介电常数 23℃和100℃时的直流电阻率	国标	2009-4-1	IEC 60811-5-1:1990	GB/T 2951.10—1997	修试、运维	试验、维护	输电、配电	电缆、线缆	
8447	206.3-81	GB/T 3048.10—2007	电线电缆电性能试验方法 第10部分：挤出护套火花试验	国标	2008-5-1		GB/T 3048.10—1994	修试、运维	试验、维护	输电、配电	电缆、线缆	
8448	206.3-82	GB/T 3048.1—2007	电线电缆电性能试验方法 第1部分：总则	国标	2008-5-1		GB/T 3048.1—1994	修试、运维	试验、维护	输电、配电	电缆、线缆	
8449	206.3-83	GB/T 3048.11—2007	电线电缆电性能试验方法 第11部分：介质损耗角正切试验	国标	2008-5-1		GB/T 3048.11—1994	修试、运维	试验、维护	输电、配电	电缆、线缆	
8450	206.3-84	GB/T 3048.12—2007	电线电缆电性能试验方法 第12部分：局部放电试验	国标	2008-5-1	IEC 60885-3:1988, MOD	GB/T 3048.12—1994	修试、运维	试验、维护	输电、配电	电缆、线缆	
8451	206.3-85	GB/T 3048.13—2007	电线电缆电性能试验方法 第13部分：冲击电压试验	国标	2008-5-1	IEC 60230:1966, MOD	GB/T 3048.13—1992	修试、运维	试验、维护	输电、配电	电缆、线缆	
8452	206.3-86	GB/T 3048.14—2007	电线电缆电性能试验方法 第14部分：直流电压试验	国标	2008-5-1	IEC 60060-1:1989, NEQ	GB/T 3048.14—1992	修试、运维	试验、维护	输电、配电	电缆、线缆	

序号	体系结构号	标准编号	标准名称	标准级别	实施日期	与国际标准对应关系	代替标准	阶段	分阶段	专业	分专业	备注
8453	206.3-87	GB/T 3048.16—2007	电线电缆电性能试验方法 第16部分：表面电阻试验	国标	2008-5-1		GB/T 3048.16—1994	修试、运维	试验、维护	输电、配电	电缆、线缆	
8454	206.3-88	GB/T 3048.2—2007	电线电缆电性能试验方法 第2部分：金属材料电阻率试验	国标	2008-5-1		GB/T 3048.2—1994	修试、运维	试验、维护	输电、配电	电缆、线缆	
8455	206.3-89	GB/T 3048.3—2007	电线电缆电性能试验方法 第3部分：半导电橡塑材料体积电阻率试验	国标	2008-5-1		GB/T 3048.3—1994	修试、运维	试验、维护	输电、配电	电缆、线缆	
8456	206.3-90	GB/T 3048.4—2007	电线电缆电性能试验方法 第4部分：导体直流电阻试验	国标	2008-5-1		GB/T 3048.4—1994	修试、运维	试验、维护	输电、配电	电缆、线缆	
8457	206.3-91	GB/T 3048.5—2007	电线电缆电性能试验方法 第5部分：绝缘电阻试验	国标	2008-5-1		GB 3048.5—1994；GB 3048.6—1994	修试、运维	试验、维护	输电、配电	电缆、线缆	
8458	206.3-92	GB/T 3048.7—2007	电线电缆电性能试验方法 第7部分：耐电痕试验	国标	2008-5-1		GB/T 3048.7—1994	修试、运维	试验、维护	输电、配电	电缆、线缆	
8459	206.3-93	GB/T 3048.8—2007	电线电缆电性能试验方法 第8部分：交流电压试验	国标	2008-5-1	IEC 60060-1:1989，NEQ	GB/T 3048.8—1994	修试、运维	试验、维护	输电、配电	电缆、线缆	
8460	206.3-94	GB/T 3048.9—2007	电线电缆电性能试验方法 第9部分：绝缘线芯火花试验	国标	2008-5-1		GB 3048.15—1992；GB 3048.9—1994	修试、运维	试验、维护	输电、配电	电缆、线缆	
8461	206.3-95	GB/T 3333—1999	电缆纸工频击穿电压试验方法	国标	2000-2-1	IEC 554-2:1977，NEQ	GB/T 3333—1982	采购、建设、修试	品控、验收与质量评定、试验	输电	电缆	

序号	体系结构号	标准编号	标准名称	标准级别	实施日期	与国际标准对应关系	代替标准	阶段	分阶段	专业	分专业	备注
8462	206.3-96	GB/T 4585—2004	交流系统用高压绝缘子的人工污秽试验	国标	2005-2-1	IEC 60507:1991，IDT	GB 4585.1—1984；GB 4585.2—1991	修试	检修、试验	输电	线路	
8463	206.3-97	GB/T 4909.10—2009	裸电线试验方法　第10部分：镀层连续性试验　过硫酸铵法	国标	2009-12-1		GB/T 4909.10—1985	采购、建设、修试	品控、验收与质量评定、试验	输电	线路	
8464	206.3-98	GB/T 4909.1—2009	裸电线试验方法　第1部分：总则	国标	2009-12-1		GB/T 4909.1—1985	采购、建设、修试	品控、验收与质量评定、试验	输电	线路	
8465	206.3-99	GB/T 4909.11—2009	裸电线试验方法　第11部分：镀层附着性试验	国标	2009-12-1		GB/T 4909.11—1985	采购、建设、修试	品控、验收与质量评定、试验	输电	线路	
8466	206.3-100	GB/T 4909.12—2009	裸电线试验方法　第12部分：镀层可焊性试验　焊球法	国标	2009-12-1		GB/T 4909.12—1985	采购、建设、修试	品控、验收与质量评定、试验	输电	线路	
8467	206.3-101	GB/T 4909.2—2009	裸电线试验方法　第2部分：尺寸测量	国标	2009-12-1		GB/T 4909.2—1985	采购、建设、修试	品控、验收与质量评定、试验	输电	线路	
8468	206.3-102	GB/T 4909.3—2009	裸电线试验方法　第3部分：拉力试验	国标	2009-12-1		GB/T 4909.3—1985	采购、建设、修试	品控、验收与质量评定、试验	输电	线路	
8469	206.3-103	GB/T 4909.4—2009	裸电线试验方法　第4部分：扭转试验	国标	2009-12-1		GB/T 4909.4—1985	采购、建设、修试	品控、验收与质量评定、试验	输电	线路	
8470	206.3-104	GB/T 4909.5—2009	裸电线试验方法　第5部分：弯曲试验　反复弯曲	国标	2009-12-1		GB/T 4909.5—1985	采购、建设、修试	品控、验收与质量评定、试验	输电	线路	
8471	206.3-105	GB/T 4909.6—2009	裸电线试验方法　第6部分：弯曲试验　单向弯曲	国标	2009-12-1		GB/T 4909.6—1985	采购、建设、修试	品控、验收与质量评定、试验	输电	线路	

序号	体系结构号	标准编号	标准名称	标准级别	实施日期	与国际标准对应关系	代替标准	阶段	分阶段	专业	分专业	备注
8472	206.3-106	GB/T 4909.7—2009	裸电线试验方法 第7部分:卷绕试验	国标	2009-12-1		GB/T 4909.7—1985	采购、建设、修试	品控、验收与质量评定、试验	输电	线路	
8473	206.3-107	GB/T 4909.8—2009	裸电线试验方法 第8部分:硬度试验 布氏法	国标	2009-12-1		GB/T 4909.8—1985	采购、建设、修试	品控、验收与质量评定、试验	输电	线路	
8474	206.3-108	GB/T 4909.9—2009	裸电线试验方法 第9部分:镀层连续性试验 多硫化钠法	国标	2009-12-1		GB/T 4909.9—1985	采购、建设、修试	品控、验收与质量评定、试验	输电	线路	
8475	206.3-109	GB/T 9326.1—2008	交流 500kV 及以下纸或聚丙烯复合纸绝缘金属套充油电缆及附件 第1部分:试验	国标	2009-5-1	IEC 60141-1:1993, MOD	GB 9326.1—1988	采购、建设、修试	品控、验收与质量评定、试验	输电	电缆	
8476	206.3-110	GB/T 11017.1—2014	额定电压 110kV (U_m=126kV)交联聚乙烯绝缘电力电缆及其附件 第1部分:试验方法和要求	国标	2015-1-22		GB/T 11017.1—2002	采购、建设、修试	品控、验收与质量评定、试验	输电	电缆	
8477	206.3-111	GB/T 12666.1—2008	单根电线电缆燃烧试验方法 第1部分:垂直燃烧试验	国标	2009-4-1		GB/T 12666.1—1990	修试、运维	试验、维护	输电、配电	电缆、线缆	
8478	206.3-112	GB/T 12666.2—2008	单根电线电缆燃烧试验方法 第2部分:水平燃烧试验	国标	2009-4-1		GB 12666.1—1990; GB 12666.3—1990	修试、运维	试验、维护	输电、配电	电缆、线缆	
8479	206.3-113	GB/T 17651.1—2021	电缆或光缆在特定条件下燃烧的烟密度测定 第1部分:试验装置	国标	2021-11-1	IEC 61034-1:1997, IDT	GB/T 17651.1—1998	修试、运维	试验、维护	输电、配电	电缆、线缆	

序号	体系结构号	标准编号	标准名称	标准级别	实施日期	与国际标准对应关系	代替标准	阶段	分阶段	专业	分专业	备注
8480	206.3-114	GB/T 17651.2—2021	电缆或光缆在特定条件下燃烧的烟密度测定 第2部分：试验程序和要求	国标	2021-11-1	IEC 61034-2:1997，IDT	GB/T 17651.2—1998	修试、运维	试验、维护	输电、配电	电缆、线缆	
8481	206.3-115	GB/T 18380.11—2022	电缆和光缆在火焰条件下的燃烧试验 第11部分：单根绝缘电线电缆火焰垂直蔓延试验 试验装置	国标	2022-10-1	IEC 60332-1-1:2004，IDT	GB/T 18380.11—2008	修试、运维	试验、维护	输电、配电	电缆、线缆	
8482	206.3-116	GB/T 18380.12—2022	电缆和光缆在火焰条件下的燃烧试验 第12部分：单根绝缘电线电缆火焰垂直蔓延试验 1kW预混合型火焰试验方法	国标	2022-10-1	IEC 60332-1-2:2004，IDT	GB/T 18380.12—2008	修试、运维	试验、维护	输电、配电	电缆、线缆	
8483	206.3-117	GB/T 18380.13—2022	电缆和光缆在火焰条件下的燃烧试验 第13部分：单根绝缘电线电缆火焰垂直蔓延试验 测定燃烧的滴落（物）/微粒的试验方法	国标	2022-10-1	IEC 60332-1-3:2004，IDT	GB/T 18380.13—2008	修试、运维	试验、维护	输电、配电	电缆、线缆	
8484	206.3-118	GB/T 18380.21—2008	电缆和光缆在火焰条件下的燃烧试验 第21部分：单根绝缘细电线电缆火焰垂直蔓延试验 试验装置	国标	2009-4-1	IEC 60332-2-1—2004，IDT	GB/T 18380.2—2001	修试、运维	试验、维护	输电、配电	电缆、线缆	

序号	体系结构号	标准编号	标准名称	标准级别	实施日期	与国际标准对应关系	代替标准	阶段	分阶段	专业	分专业	备注
8485	206.3-119	GB/T 18380.22—2008	电缆和光缆在火焰条件下的燃烧试验 第22部分:单根绝缘细电线电缆火焰垂直蔓延试验 扩散型火焰试验方法	国标	2009-4-1	IEC 60332-2-2:2004,IDT		修试、运维	试验、维护	输电、配电	电缆、线缆	
8486	206.3-120	GB/T 18380.31—2022	电缆和光缆在火焰条件下的燃烧试验 第31部分:垂直安装的成束电线电缆火焰垂直蔓延试验 试验装置	国标	2022-10-1	IEC 60332-3-10:2000,IDT	GB/T 18380.31—2008	修试、运维	试验、维护	输电、配电	电缆、线缆	
8487	206.3-121	GB/T 18380.32—2022	电缆和光缆在火焰条件下的燃烧试验 第32部分:垂直安装的成束电线电缆火焰垂直蔓延试验 A F/R 类	国标	2022-11-1	IEC 60332-3-21:2000,IDT	GB/T 18380.32—2008	修试、运维	试验、维护	输电、配电	电缆、线缆	
8488	206.3-122	GB/T 18380.33—2022	电缆和光缆在火焰条件下的燃烧试验 第33部分:垂直安装的成束电线电缆火焰垂直蔓延试验 A 类	国标	2022-11-1	IEC 60332-3-22:2000,IDT	GB/T 18380.33—2008	修试、运维	试验、维护	输电、配电	电缆、线缆	
8489	206.3-123	GB/T 18380.34—2022	电缆和光缆在火焰条件下的燃烧试验 第34部分:垂直安装的成束电线电缆火焰垂直蔓延试验 B 类	国标	2022-11-1	IEC 60332-3-23:2000,IDT	GB/T 18380.34—2008	修试、运维	试验、维护	输电、配电	电缆、线缆	

序号	体系结构号	标准编号	标准名称	标准级别	实施日期	与国际标准对应关系	代替标准	阶段	分阶段	专业	分专业	备注
8490	206.3-124	GB/T 18380.35—2022	电缆和光缆在火焰条件下的燃烧试验 第35部分:垂直安装的成束电线电缆火焰垂直蔓延试验 C类	国标	2022-10-1	IEC 60332-3-24:2000,IDT	GB/T 18380.35—2008	修试、运维	试验、维护	输电、配电	电缆、线缆	
8491	206.3-125	GB/T 18380.36—2022	电缆和光缆在火焰条件下的燃烧试验 第36部分:垂直安装的成束电线电缆火焰垂直蔓延试验 D类	国标	2022-10-1	IEC 60332-3-25:2000,IDT	GB/T 18380.36—2008	修试、运维	试验、维护	输电、配电	电缆、线缆	
8492	206.3-126	GB/T 18890.1—2015	额定电压220kV(U_m=252kV)交联聚乙烯绝缘电力电缆及其附件 第1部分:试验方法和要求	国标	2016-5-1	IEC 62067:2011,MOD	GB/Z 18890.1—2002	采购、建设、修试	品控、验收与质量评定、试验	输电	电缆	
8493	206.3-127	GB/T 19216.11—2003	在火焰条件下电缆或光缆的线路完整性试验 第11部分:试验装置 火焰温度不低于750℃的单独供火	国标	2004-2-1	IEC 60331-11:1999,IDT	GB/T 12666.6—1990	修试、运维	试验、维护	输电、配电	电缆、线缆	
8494	206.3-128	GB/T 19216.21—2003	在火焰条件下电缆或光缆的线路完整性试验 第21部分:试验步骤和要求 额定电压0.6/1.0kV及以下电缆	国标	2004-2-1	IEC 60331-21:1999,IDT	GB/T 12666.6—1990	修试、运维	试验、维护	输电、配电	电缆、线缆	

序号	体系结构号	标准编号	标准名称	标准级别	实施日期	与国际标准对应关系	代替标准	阶段	分阶段	专业	分专业	备注
8495	206.3-129	GB/T 19216.23—2003	在火焰条件下电缆或光缆的线路完整性试验 第23部分：试验步骤和要求 数据电缆	国标	2004-2-1	IEC 60331-23:1999，IDT		修试、运维	试验、维护	输电、配电	电缆、线缆	
8496	206.3-130	GB/T 19216.25—2003	在火焰条件下电缆或光缆的线路完整性试验 第25部分：试验步骤和要求 光缆	国标	2004-2-1	IEC 60331-25:1999，IDT		修试、运维	试验、维护	输电、配电	电缆、线缆	
8497	206.3-131	GB/T 19443—2017	标称电压高于1500V 的架空线路用绝缘子 直流系统用瓷或玻璃绝缘子串元件 定义、试验方法及接收准则	国标	2018-5-1	IEC 61325:1995	GB/T 19443—2004	采购、建设、修试	品控、验收与质量评定、试验	输电	线路	
8498	206.3-132	GB/T 19519—2014	架空线路绝缘子 标称电压高于1000V 交流系统用悬垂和耐张复合绝缘子 定义、试验方法及接收准则	国标	2015-1-22		GB/T 19519—2004	采购、建设、修试	品控、验收与质量评定、试验	输电	线路	
8499	206.3-133	GB/T 20142—2006	标称电压高于1000V 的交流架空线路用线路柱式复合绝缘子—定义、试验方法及接收准则	国标	2006-8-1	IEC 61952:2002，MOD		采购、建设、修试	品控、验收与质量评定、试验	输电	线路	
8500	206.3-134	GB/T 20642—2006	高压线路绝缘子空气中冲击击穿试验	国标	2007-5-1	IEC 61211:2004，MOD		采购、建设、修试	品控、验收与质量评定、试验	输电	线路	
8501	206.3-135	GB/T 22077—2008	架空导线蠕变试验方法	国标	2009-4-1	IEC 61395:1998，IDT		采购、建设、修试	品控、验收与质量评定、试验	输电	线路	

序号	体系结构号	标准编号	标准名称	标准级别	实施日期	与国际标准对应关系	代替标准	阶段	分阶段	专业	分专业	备注
8502	206.3-136	GB/T 22078.1—2008	额定电压500kV（U_m=550kV）交联聚乙烯绝缘电力电缆及其附件 第1部分：额定电压500kV（U_m=550kV）交联聚乙烯绝缘电力电缆及其附件——试验方法和要求	国标	2009-4-1	IEC 62067:2006，MOD		采购、建设、修试	品控、验收与质量评定、试验	输电	电缆	
8503	206.3-137	GB/T 22079—2019	标称电压高于1000V使用的户内和户外聚合物绝缘子 一般定义、试验方法和接收准则	国标	2020-7-1	IEC 62217:2005，MOD	GB/T 22079—2008	采购、建设、修试	品控、验收与质量评定、试验	输电	线路	
8504	206.3-138	GB/T 22707—2008	直流系统用高压绝缘子的人工污秽试验	国标	2009-10-1	IEC/TR 61245:1993，MOD		采购、建设、修试	品控、验收与质量评定、试验	输电	线路	
8505	206.3-139	GB/T 22708—2008	绝缘子串元件的热机和机械性能试验	国标	2009-10-1	IEC/TR 60575:1977，MOD		采购、建设、修试	品控、验收与质量评定、试验	输电	线路	
8506	206.3-140	GB/T 24623—2009	高压绝缘子无线电干扰试验	国标	2010-4-1	IEC 60437:1997，MOD		修试	检修、试验	变电	其他	
8507	206.3-141	GB/T 25084—2010	标称电压高于1000V的架空线路用绝缘子串和绝缘子串组 交流工频电弧试验	国标	2011-2-1	IEC 61467—2008，MOD		修试	检修、试验	输电	线路	
8508	206.3-142	GB/T 31489.1—2015	额定电压500kV及以下直流输电用挤包绝缘电力电缆系统 第1部分：试验方法和要求	国标	2015-12-1			采购、建设、修试	品控、验收与质量评定、试验	输电	电缆	

序号	体系结构号	标准编号	标准名称	标准级别	实施日期	与国际标准对应关系	代替标准	阶段	分阶段	专业	分专业	备注
8509	206.3-143	GB/T 31723.413—2021	金属通信电缆试验方法 第4-13部分：电磁兼容 链路和信道（实验室条件）的耦合衰减 吸收钳法	国标	2022-7-1			修试	检修、试验	输电	电缆	
8510	206.3-144	GB/T 31723.414—2021	金属通信电缆试验方法 第4-14部分：电磁兼容 电缆组件（现场条件）的耦合衰减 吸收钳法	国标	2022-7-1			修试	检修、试验	输电	电缆	
8511	206.3-145	GB/T 32346.1—2015	额定电压220kV（U_m=252kV）交联聚乙烯绝缘大长度交流海底电缆及附件 第1部分：试验方法和要求	国标	2016-7-1			采购、建设、修试	品控、验收与质量评定、试验	输电	电缆	
8512	206.3-146	GB/T 36279—2018	架空导线自阻尼特性测试方法	国标	2019-1-1			修试	检修、试验	输电	线路	
8513	206.3-147	GB/T 37141.2—2018	高海拔地区电气设备紫外线成像检测导则 第2部分：输电线路	国标	2019-7-1			采购、建设、修试	品控、验收与质量评定、试验	输电	线路	
8514	206.3-148	GB/T 41629.1—2022	额定电压500kV（U_m=550kV）交联聚乙烯绝缘大长度交流海底电缆及附件 第1部分：试验方法和要求	国标	2023-2-1			采购、建设、修试	品控、验收与质量评定、试验	输电	电缆	

序号	体系结构号	标准编号	标准名称	标准级别	实施日期	与国际标准对应关系	代替标准	阶段	分阶段	专业	分专业	备注
8515	206.3-149	IEC 60507—2013	交流电流系统用高压陶瓷和玻璃绝缘子的人工污染度试验	国际标准	2013-12-13		IEC 60507—1991	修试	检修、试验	输电	线路	
8516	206.3-150	IEC 60885-3—2015	电缆的电气试验方法 第3部分：测量挤压电力电缆段局部放电的试验方法	国际标准	2015-4-9		IEC 60885-3—1988	采购、建设、修试	品控、验收与质量评定、试验	输电	电缆	
8517	206.3-151	IEC 62067—2011	额定电压150kV以上（U_m=170kV）至 500kV（U_m=550kV）的挤包绝缘电力电缆及其附件试验方法和要求	国际标准	2011-11-24		IEC 62067—2001；IEC 62067—2001/Amd 1—2006；IEC 62067—2001+Amd 1—2006	采购、建设、修试	品控、验收与质量评定、试验	输电	电缆	
8518	206.3-152	IEC/TR 62470—2011	测量电缆与导体间摩擦系数的技术指南	国际标准	2011-10-21			采购、建设、修试	品控、验收与质量评定、试验	输电	电缆	
206.4 试验与计量—变电												
8519	206.4-1	Q/CSG 11401—2010	气体绝缘金属封闭开关设备（GIS）局部放电特高频检测技术规范	企标	2010-12-20			修试	检修、试验	变电	开关	
8520	206.4-2	Q/CSG 1202024—2022	柔性直流控制链路延时实时仿真测试技术导则	企标	2022-11-16			修试	检修、试验	变电	开关	
8521	206.4-3	Q/CSG 1202025—2022	柔性直流换流器交流侧阻抗设计及测试技术规范	企标	2022-11-16			修试	检修、试验	换流	换流阀	
8522	206.4-4	Q/CSG 1205018—2018	高压直流输电晶闸管换流阀现场试验导则	企标	2018-4-16			修试	检修、试验	换流	换流阀	

序号	体系结构号	标准编号	标准名称	标准级别	实施日期	与国际标准对应关系	代替标准	阶段	分阶段	专业	分专业	备注
8523	206.4-5	Q/CSG 1206010—2019	油纸电容型套管频域介电谱测试导则	企标	2019-9-30			修试	检修、试验	变电	变压器	
8524	206.4-6	Q/CSG 1206011—2020	智能变电站继电保护试验装置技术规范	企标	2020-7-31			运维、修试	运行、维护、试验	变电	其他	
8525	206.4-7	T/CEC 201—2019	电力变压器绕组变形的扫频阻抗法检测判断导则	团标	2019-7-1			修试	检修、试验	变电	变压器	
8526	206.4-8	T/CEC 205—2019	500kV 高压并联电抗器现场局部放电试验方法	团标	2019-7-1			修试	检修、试验	变电	电抗器	
8527	206.4-9	T/CEC 297.4—2020	高压直流输电换流阀冷却技术规范 第4部分：化学仪表	团标	2020-10-1			修试	检修、试验	其他		
8528	206.4-10	T/CEC 325—2020	交直流配电网用电力电子变压器试验导则	团标	2020-10-1			修试	检修、试验	配电	其他	
8529	206.4-11	T/CEC 374—2020	柔性直流负压耦合式高压直流断路器试验规程	团标	2021-2-1			修试	检修、试验	变电	其他	
8530	206.4-12	T/CEC 375—2020	柔性直流机械式高压直流断路器试验规程	团标	2021-2-1			修试	检修、试验	变电	其他	
8531	206.4-13	T/CEC 376—2020	柔性直流换流站交流耗能装置试验规程	团标	2021-2-1			修试	检修、试验	变电	其他	
8532	206.4-14	T/CEC 404.1—2020	±800kV 特高压换流站金具试验方法 第1部分 电晕和无线电干扰试验	团标	2021-2-1			修试	检修、试验	变电	其他	

序号	体系结构号	标准编号	标准名称	标准级别	实施日期	与国际标准对应关系	代替标准	阶段	分阶段	专业	分专业	备注
8533	206.4-15	T/CEC 404.2—2020	±800kV特高压换流站金具试验方法 第2部分 温升及热循环试验	团标	2021-2-1			修试	检修、试验	变电	其他	
8534	206.4-16	T/CEC 404.3—2020	±800kV特高压换流站金具试验方法 第3部分 抗震试验	团标	2021-2-1			修试	检修、试验	变电	其他	
8535	206.4-17	T/CEC 427.3—2020	蒸发冷却电力变压器 第3部分：试验	团标	2021-9-1			修试	检修、试验	变电	其他	
8536	206.4-18	T/CEC 480—2021	变压器有载分接开关振动特性现场测试应用导则	团标	2021-10-1			修试	检修、试验	变电	其他	
8537	206.4-19	T/CEC 481—2021	变压器有载分接开关振动特性测试仪技术规范	团标	2021-10-1			修试	检修、试验	变电	其他	
8538	206.4-20	T/CEC 497.2—2021	智能变电站冗余后备测控装置 第2部分：检测要求	团标	2021-10-1			修试	检修、试验	变电	其他	
8539	206.4-21	T/CEC 505—2021	电力电子变压器用干式高频变压器绝缘试验导则	团标	2021-10-1			修试	检修、试验	变电	其他	
8540	206.4-22	T/CEC 507—2021	主动干预型消弧装置现场试验导则	团标	2021-10-1			修试	检修、试验	变电	其他	
8541	206.4-23	T/CEC 681—2022	同步发电机中性点接地系统参数试验导则	团标	2023-2-1			修试	检修、试验	变电	其他	
8542	206.4-24	T/CEC 682—2022	电力变压器集成式接线电气试验装置技术规范	团标	2023-2-1			修试	检修、试验	变电	其他	

序号	体系结构号	标准编号	标准名称	标准级别	实施日期	与国际标准对应关系	代替标准	阶段	分阶段	专业	分专业	备注
8543	206.4-25	T/CEC 689—2022	高压柔性直流设备预防性试验导则	团标	2023-2-1			修试	检修、试验	输电	其他	
8544	206.4-26	T/CSEE 0006—2016	输变电设备带电检修机器人试验检测规范	团标	2017-5-1			修试	检修、试验	变电	其他	
8545	206.4-27	T/CSEE 0029—2017	绝缘管型母线现场交接及运行检测技术导则	团标	2018-5-1			修试	检修、试验	变电	其他	
8546	206.4-28	T/CSEE 0206—2021	柔性直流输电用功率模块测试设备技术规范	团标	2021-3-11			修试	检修、试验	变电	其他	
8547	206.4-29	T/CSEE 0225—2021	电力变压器加速度法振动检测技术规范	团标	2021-3-11			修试	检修、试验	变电	其他	
8548	206.4-30	T/CSEE 0228—2021	变电站设备声成像测试技术规范	团标	2021-3-11			修试	检修、试验	变电	其他	
8549	206.4-31	T/CSEE 0230—2021	变压器绕组变形的脉冲频率响应法检测技术现场应用导则	团标	2021-3-11			修试	检修、试验	变电	其他	
8550	206.4-32	T/CSEE 0234—2021	气体绝缘金属封闭开关设备用盆式绝缘子陡波前冲击检测规范	团标	2021-3-11			修试	检修、试验	变电	其他	
8551	206.4-33	T/CSEE 0241.27—2021	柔性直流电网 第27部分：设备交接试验规程	团标	2021-3-11			建设、修试	施工工艺、验收与质量评定、试验	变电	其他	
8552	206.4-34	T/CSEE 0265—2021	变压器中性点直流电流在线监测装置的现场检测技术规范	团标	2021-9-17			修试	检修、试验	变电	其他	

序号	体系结构号	标准编号	标准名称	标准级别	实施日期	与国际标准对应关系	代替标准	阶段	分阶段	专业	分专业	备注
8553	206.4-35	T/CSEE 0306—2022	油浸式电力变压器纸质绝缘材料 X 射线数字成像检测技术导则	团标	2022-9-27			修试	检修、试验	变电	变压器	
8554	206.4-36	T/CSEE 0307—2022	高压开关环氧绝缘部件 X 射线数字成像检测技术导则	团标	2022-9-27			修试	检修、试验	配电	开关	
8555	206.4-37	T/CSEE 0335—2022	电站密集管排小径管超声表面波检测技术导则	团标	2022-12-8			修试	检修、试验	输电	其他	
8556	206.4-38	T/CSEE 0351—2022	直接串入式分布式潮流控制器交接试验规范	团标	2022-12-8			修试	检修、试验	变电	其他	
8557	206.4-39	T/DIPA 10—2022	柔性直流换流阀功率模块损耗测试方法(简体中文版)	团标	2023-1-1			修试	检修、试验	变电	其他	
8558	206.4-40	DL/T 264—2022	油浸式电力变压器(电抗器)现场密封性试验导则	行标	2022-11-13		DL/T 264—2012	修试	检修、试验	变电	变压器	
8559	206.4-41	DL/T 265—2012	变压器有载分接开关现场试验导则	行标	2012-7-1			修试	检修、试验	变电	变压器	
8560	206.4-42	DL/T 276—2012	高压直流设备无线电干扰测量方法	行标	2012-3-1			修试	检修、试验	变电	其他	
8561	206.4-43	DL/T 304—2011	气体绝缘金属封闭输电线路现场交接试验导则	行标	2011-11-1			修试	检修、试验	变电	其他	
8562	206.4-44	DL/T 366—2010	串联电容器补偿装置一次设备预防性试验规程	行标	2010-10-1			修试	检修、试验	变电	其他	

序号	体系结构号	标准编号	标准名称	标准级别	实施日期	与国际标准对应关系	代替标准	阶段	分阶段	专业	分专业	备注
8563	206.4-45	DL/T 555—2004	气体绝缘金属封闭开关设备现场耐压及绝缘试验导则	行标	2004-6-1		DL/T 555—1994	修试	检修、试验	变电	开关	
8564	206.4-46	DL/T 690—2013	高压交流断路器的合成试验	行标	2014-4-1	IEC 62271-101:2006，MOD	DL/T 690—1999	采购、运维、修试	招标、品控、运行、维护、试验	变电	开关	
8565	206.4-47	DL/T 911—2016	电力变压器绕组变形的频率响应分析法	行标	2016-7-1		DL/T 911—2004	修试	检修、试验	变电	变压器	
8566	206.4-48	DL/T 984—2018	油浸式变压器绝缘老化判断导则	行标	2018-7-1		DL/T 984—2005	修试	检修、试验	变电	变压器	
8567	206.4-49	DL/T 1010.2—2006	高压静止无功补偿装置 第2部分:晶闸管阀试验	行标	2007-3-1	IEC 61954:2003，MOD		建设、修试	验收与质量评定、试验	换流	其他	
8568	206.4-50	DL/T 1010.4—2006	高压静止无功补偿装置 第4部分：现场试验	行标	2007-3-1			建设、修试	验收与质量评定、试验	换流	其他	
8569	206.4-51	DL/T 1015—2019	现场直流和交流耐压试验电压测量系统的使用导则	行标	2019-10-1		DL/T 1015—2006	修试	检修、试验	变电	变压器	
8570	206.4-52	DL/T 1048—2021	电力系统站用支柱复合绝缘子——定义、试验方法及接收准则	行标	2022-3-22		DL/T 1048—2007	修试	检修、试验	变电	变压器	
8571	206.4-53	DL/T 1093—2018	电力变压器绕组变形的电抗法检测判断导则	行标	2018-7-1		DL/T 1093—2008	修试	检修、试验	变电	变压器	
8572	206.4-54	DL/T 1154—2012	高压电气设备额定电压下介质损耗因数试验导则	行标	2012-12-1			修试	检修、试验	变电	其他	

序号	体系结构号	标准编号	标准名称	标准级别	实施日期	与国际标准对应关系	代替标准	阶段	分阶段	专业	分专业	备注
8573	206.4-55	DL/T 1215.4—2013	链式静止同步补偿器 第4部分：现场试验	行标	2013-8-1			修试	检修、试验	变电	其他	
8574	206.4-56	DL/T 1243—2013	换流变压器现场局部放电测试技术	行标	2013-8-1			修试	检修、试验	变电	变压器	
8575	206.4-57	DL/T 1250—2013	气体绝缘金属封闭开关设备带电超声局部放电检测应用导则	行标	2013-8-1			修试	检修、试验	变电	开关	
8576	206.4-58	DL/T 1299—2013	直流融冰装置试验导则	行标	2014-4-1			修试	检修、试验	变电	其他	
8577	206.4-59	DL/T 1300—2013	气体绝缘金属封闭开关设备现场冲击试验导则	行标	2014-4-1			修试	检修、试验	变电	开关	
8578	206.4-60	DL/T 1304—2013	500kV串联电容器补偿装置系统调试规程	行标	2014-4-1			修试	检修、试验	变电	其他	
8579	206.4-61	DL/T 1323—2014	现场宽频率交流耐压试验电压测量导则	行标	2014-8-1			修试	检修、试验	变电	其他	
8580	206.4-62	DL/T 1327—2014	高压交流变电站可听噪声测量方法	行标	2014-8-1			修试	检修、试验	变电	其他	
8581	206.4-63	DL/T 1331—2014	交流变电设备不拆高压引线试验导则	行标	2014-8-1			修试	检修、试验	变电	其他	
8582	206.4-64	DL/T 1332—2014	电流互感器励磁特性现场低频试验方法测量导则	行标	2014-8-1			修试	检修、试验	变电	互感器	
8583	206.4-65	DL/T 1399.5—2022	电力试验/检测车 第5部分：电力变压器局部放电试验车	行标	2023-5-4			修试	检修、试验	变电	互感器	

序号	体系结构号	标准编号	标准名称	标准级别	实施日期	与国际标准对应关系	代替标准	阶段	分阶段	专业	分专业	备注
8584	206.4-66	DL/T 1432.1—2015	变电设备在线监测装置检验规范 第1部分:通用检验规范	行标	2015-9-1			修试	检修、试验	变电	其他	
8585	206.4-67	DL/T 1432.2—2016	变电设备在线监测装置检验规范 第2部分:变压器油中溶解气体在线监测装置	行标	2016-6-1			修试	检修、试验	变电	其他	
8586	206.4-68	DL/T 1432.3—2016	变电设备在线监测装置检验规范 第3部分:电容型设备及金属氧化物避雷器绝缘在线监测装置	行标	2016-6-1			修试	检修、试验	变电	其他	
8587	206.4-69	DL/T 1432.4—2017	变电设备在线监测装置检验规范 第4部分:气体绝缘金属封闭开关设备局部放电特高频在线监测装置	行标	2017-12-1			修试	检修、试验	变电	其他	
8588	206.4-70	DL/T 1432.5—2019	变电设备在线监测装置检验规范 第5部分:变压器铁心接地电流在线监测装置	行标	2020-5-1			修试	检修、试验	变电	其他	
8589	206.4-71	DL/T 1513—2016	柔性直流输电用电压源型换流阀 电气试验	行标	2016-6-1			设计、采购、建设、运维、修试、退役	初设、施工图、招标、品控、验收与质量评定、试运行、运行、试验、退役	换流	其他	
8590	206.4-72	DL/T 1534—2016	油浸式电力变压器局部放电的特高频检测方法	行标	2016-6-1			修试	检修、试验	变电	变压器	

序号	体系结构号	标准编号	标准名称	标准级别	实施日期	与国际标准对应关系	代替标准	阶段	分阶段	专业	分专业	备注
8591	206.4-73	DL/T 1540—2016	油浸式交流电抗器（变压器）运行振动测量方法	行标	2016-6-1			修试	检修、试验	变电	变压器	
8592	206.4-74	DL/T 1560—2016	解体运输电力变压器现场组装与试验导则	行标	2016-6-1			修试	检修、试验	变电	变压器	
8593	206.4-75	DL/T 1568—2016	换流阀现场试验导则	行标	2016-7-1			修试	检修、试验	变电	变压器	
8594	206.4-76	DL/T 1577—2016	直流设备不拆高压引线试验导则	行标	2016-7-1			修试	检修、试验	变电	变压器	
8595	206.4-77	DL/T 1630—2016	气体绝缘金属封闭开关设备局部放电特高频检测技术规范	行标	2017-5-1			修试	检修、试验	变电	变压器	
8596	206.4-78	DL/T 1669—2016	±800kV 直流设备现场直流耐压试验实施导则	行标	2017-5-1			修试	检修、试验	变电	变压器	
8597	206.4-79	DL/T 1774—2017	电力电容器外壳耐受爆破能量试验导则	行标	2018-6-1			修试	检修、试验	变电	变压器	
8598	206.4-80	DL/T 1788—2017	高压直流互感器现场校验规范	行标	2018-6-1			修试	检修、试验	变电	变压器	
8599	206.4-81	DL/T 1799—2018	电力变压器直流偏磁耐受能力试验方法	行标	2018-7-1			修试	检修、试验	变电	变压器	
8600	206.4-82	DL/T 1807—2018	油浸式电力变压器、电抗器局部放电超声波检测与定位导则	行标	2018-7-1			修试	检修、试验	变电	变压器、电抗器	
8601	206.4-83	DL/T 1808—2018	干式空心电抗器匝间过电压现场试验导则	行标	2018-7-1			修试	检修、试验	变电	电抗器	

序号	体系结构号	标准编号	标准名称	标准级别	实施日期	与国际标准对应关系	代替标准	阶段	分阶段	专业	分专业	备注
8602	206.4-84	DL/T 1946—2018	气体绝缘金属封闭开关设备 X 射线透视成像现场检测技术导则	行标	2019-5-1			修试	检修、试验	变电	开关	
8603	206.4-85	DL/T 1960—2018	变电站电气设备抗震试验技术规程	行标	2019-5-1			修试	检修、试验	变电	变压器、互感器、电抗器、开关类、避雷器、其他	
8604	206.4-86	DL/T 1999—2019	换流变压器直流局部放电测量现场试验方法	行标	2019-10-1			修试	检修、试验	换流	换流变	
8605	206.4-87	DL/T 2001—2019	换流变压器空载、负载和温升现场试验导则	行标	2019-10-1			修试	检修、试验	换流	换流变	
8606	206.4-88	DL/T 2008—2019	电力变压器、封闭式组合电器、电力电缆复合式连接现场试验方法	行标	2019-10-1			修试	检修、试验	变电、输电	变压器、开关、电缆	
8607	206.4-89	DL/T 2024—2019	大型调相机型式试验导则	行标	2019-10-1			采购、修试	品控、检修、试验	变电、输电	其他	
8608	206.4-90	DL/T 2042—2019	高压直流输电换流阀晶闸管级试验装置技术规范	行标	2019-10-1			采购、运维、修试	招标、品控、运行、维护、试验	换流	换流阀	
8609	206.4-91	DL/T 2050—2019	高压开关柜暂态地电压局部放电现场检测方法	行标	2020-5-1			修试	检修、试验	变电	开关	
8610	206.4-92	DL/T 2070—2019	超高压磁控型可控并联电抗器现场试验规程	行标	2020-5-1			修试	检修、试验	变电	电抗器	
8611	206.4-93	DL/T 2113—2020	混合式高压直流断路器试验规范	行标	2021-2-1			修试	检修、试验	变电	其他	

序号	体系结构号	标准编号	标准名称	标准级别	实施日期	与国际标准对应关系	代替标准	阶段	分阶段	专业	分专业	备注
8612	206.4-94	DL/T 2144.1—2020	变电站自动化系统及设备检测规范 第1部分：总则	行标	2021-2-1			修试	检修、试验	变电	其他	
8613	206.4-95	DL/T 2144.3—2022	变电站自动化系统及设备检测规范 第3部分：测控装置	行标	2023-5-4			修试	检修、试验	变电	其他	
8614	206.4-96	DL/T 2207—2021	电力电容器噪声测量方法	行标	2021-7-1			修试	检修、试验	变电	其他	
8615	206.4-97	DL/T 2223—2021	长波前冲击电压试验技术导则	行标	2021-7-1			修试	检修、试验	变电	其他	
8616	206.4-98	DL/T 2225—2021	电力变压器直流去磁试验导则	行标	2021-7-1			修试	检修、试验	变电	其他	
8617	206.4-99	DL/T 2234—2021	费控断路器可靠性试验规程	行标	2021-7-1			修试	检修、试验	变电	其他	
8618	206.4-100	DL/T 2263—2021	智能变压器检测规范	行标	2021-10-26			修试	检修、试验	变电	其他	
8619	206.4-101	DL/T 2264—2021	智能变压器现场检验规范	行标	2021-10-26			修试	检修、试验	变电	其他	
8620	206.4-102	DL/T 2265—2021	智能开关检测规范	行标	2021-10-26			修试	检修、试验	变电	其他	
8621	206.4-103	DL/T 2266—2021	智能开关现场检验规范	行标	2021-10-26			修试	检修、试验	变电	其他	
8622	206.4-104	DL/T 2292—2021	电力变压器抗短路能力校核导则	行标	2021-10-26			修试	检修、试验	变电	其他	
8623	206.4-105	DL/T 2293—2021	电力变压器现场空负载试验导则	行标	2021-10-26			修试	检修、试验	变电	其他	
8624	206.4-106	DL/T 2454—2021	高压交、直流系统用复合绝缘子界面特性 技术要求、试验方法和界面评价	行标	2022-6-22			运维、修试	运行、维护、试验	变电	其他	

序号	体系结构号	标准编号	标准名称	标准级别	实施日期	与国际标准对应关系	代替标准	阶段	分阶段	专业	分专业	备注
8625	206.4-107	DL/T 2486—2022	变压器振荡型操作冲击感应耐压试验导则	行标	2022-11-13			修试	检修、试验	变电	变压器	
8626	206.4-108	DL/T 2503—2022	直流输电系统单极大地回线运行方式下变压器直流偏磁测试导则	行标	2022-11-13			修试	检修、试验	变电	变压器	
8627	206.4-109	DL/T 2554—2022	接地装置短路暂态特性参数测试导则	行标	2023-5-4			修试	检修、试验	变电	其他	
8628	206.4-110	DL/T 2557—2022	换流变压器阀侧交流外施耐压及局部放电现场试验导则	行标	2023-5-4			运维、修试	运行、维护、试验	变电	变压器	
8629	206.4-111	DL/T 2587—2023	高压柔性直流设备交接试验	行标	2023-8-6			建设	验收与质量评定	基础综合		
8630	206.4-112	DL/T 5571—2020	电力系统光通信工程初步设计文件内容深度规定	行标	2021-2-1			修试	检修、试验	变电	其他	
8631	206.4-113	DL/T 5574—2020	输变电工程调试项目计价办法	行标	2021-2-1			修试	检修、试验	变电	其他	
8632	206.4-114	JB/T 501—2021	电力变压器试验导则	行标	2021-10-1		JB/T 501—2006	修试	检修、试验	变电	其他	
8633	206.4-115	JB/T 1544—2015	电气绝缘浸渍漆和漆布快速热老化试验方法——热重点斜法	行标	2015-10-1		JB/T 1544—1999	修试	检修、试验	变电	变压器	
8634	206.4-116	JB/T 3730—2015	电气绝缘用柔软复合材料耐热性能评定试验方法 卷管检查电压法	行标	2015-10-1		JB/T 3730—1999	修试	检修、试验	变电	变压器	

序号	体系结构号	标准编号	标准名称	标准级别	实施日期	与国际标准对应关系	代替标准	阶段	分阶段	专业	分专业	备注
8635	206.4-117	JB/T 7618—2011	避雷器密封试验	行标	2012-4-1		JB/T 7618—1994	修试	检修、试验	变电	避雷器	
8636	206.4-118	JB/T 8314—2008	分接开关 试验导则	行标	2008-7-1		JB/T 8314—1996	修试	检修、试验	变电	开关	
8637	206.4-119	JB/T 9641—2022	试验变压器	行标	2023-04-01		JB/T 9641—1999	修试	检修、试验	变电	变压器	
8638	206.4-120	NB/T 10281—2019	滤波器用高压交流断路器试验导则	行标	2020-5-1			修试	检修、试验	变电	开关	
8639	206.4-121	NB/T 10282—2019	交流无间隙金属氧化物避雷器试验导则	行标	2020-5-1			修试	检修、试验	变电	避雷器	
8640	206.4-122	NB/T 10283—2019	高压交流负荷开关—熔断器组合电器试验导则	行标	2020-5-1			修试	检修、试验	变电	开关	
8641	206.4-123	NB/T 10458—2020	交流—直流开关电源 半消声室内空气噪声测试方法	行标	2021-2-1			运维、修试	维护、检修、试验	变电	其他	
8642	206.4-124	NB/T 10823—2021	换流变压器绝缘纸板及纸质绝缘成型件 X 光检测导则	行标	2022-5-16			运维、修试	维护、检修、试验	变电	其他	
8643	206.4-125	NB/T 42004—2013	高压交流电机定子线圈对地绝缘电老化试验方法	行标	2013-8-1			修试	检修、试验	变电	变压器	
8644	206.4-126	NB/T 42005—2013	高压交流电机定子线圈对地绝缘电热老化试验方法	行标	2013-8-1			修试	检修、试验	变电	变压器	
8645	206.4-127	NB/T 42099—2016	高压交流断路器合成试验导则	行标	2017-5-1			修试	检修、试验	变电	开关	

序号	体系结构号	标准编号	标准名称	标准级别	实施日期	与国际标准对应关系	代替标准	阶段	分阶段	专业	分专业	备注
8646	206.4-128	NB/T 42101—2016	高压开关设备型式试验及型式试验报告通用导则	行标	2017-5-1			修试	检修、试验	变电	开关	
8647	206.4-129	NB/T 42102—2016	高压电器高电压试验技术操作细则	行标	2017-5-1			修试	检修、试验	变电	开关	
8648	206.4-130	NB/T 42137—2017	高压交流隔离开关和接地开关试验导则	行标	2018-3-1			修试	检修、试验	变电	变压器	
8649	206.4-131	NB/T 42138—2017	高压交流断路器试验导则	行标	2018-3-1			修试	检修、试验	变电	变压器	
8650	206.4-132	SJ/T 11820—2022	半导体分立器件直流参数测试设备技术要求和测量方法	行标	2023-01-01			修试	检修、试验	变电	开关	
8651	206.4-133	SJ/T 31401—1994	高压开关柜完好要求和检查评定方法	行标	1994-6-1			修试	检修、试验	变电	开关	
8652	206.4-134	GB/T 1094.101—2008	电力变压器 第10.1部分:声级测定 应用导则	国标	2009-4-1	IEC 60076-10-1:2005, IDT		修试	检修、试验	变电	变压器	
8653	206.4-135	GB/T 1094.18—2016	电力变压器 第18部分:频率响应测量	国标	2017-3-1	IEC 60076-18:2012		修试	检修、试验	变电	变压器	
8654	206.4-136	GB/T 1094.4—2005	电力变压器 第4部分:电力变压器和电抗器的雷电冲击和操作冲击试验导则	国标	2006-4-1	IEC 60076-4:2002, MOD	GB/T 7449—1987	修试	检修、试验	变电	变压器	
8655	206.4-137	GB/T 4074.1—2008	绕组线试验方法 第1部分:一般规定	国标	2008-12-1	IEC 60851-1:1996, IDT	GB/T 4074.1—1999	修试	检修、试验	变电	变压器	
8656	206.4-138	GB/T 4473—2018	高压交流断路器的合成试验	国标	2019-7-1		GB/T 4473—2008	修试	检修、试验	变电	开关	

序号	体系结构号	标准编号	标准名称	标准级别	实施日期	与国际标准对应关系	代替标准	阶段	分阶段	专业	分专业	备注
8657	206.4-139	GB/T 11023—2018	高压开关设备六氟化硫气体密封试验方法	国标	2019-7-1		GB/T 11023—1989	修试	检修、试验	变电	开关	
8658	206.4-140	GB/T 11604—2015	高压电气设备无线电干扰测试方法	国标	2016-4-1		GB/T 11604—1989	修试	检修、试验	变电	开关	
8659	206.4-141	GB/T 19212.10—2014	变压器、电抗器、电源装置及其组合的安全 第10部分：III类手提钨丝灯用变压器和电源装置的特殊要求和试验	国标	2017-3-23	IEC 61558-2-9:2010	GB 19212.10—2014	修试	检修、试验	变电	变压器	
8660	206.4-142	GB/T 19212.2—2012	电力变压器、电源、电抗器和类似产品的安全 第2部分：一般用途分离变压器和内装分离变压器的电源的特殊要求和试验	国标	2017-3-23	IEC 61558-2-1:2007	GB 19212.2—2012	修试	检修、试验	变电	变压器	
8661	206.4-143	GB/T 19212.3—2012	电力变压器、电源、电抗器和类似产品的安全 第3部分：控制变压器和内装控制变压器的电源的特殊要求和试验	国标	2017-3-23	IEC 61558-2-2:2007	GB 19212.3—2012	修试	检修、试验	变电	变压器	
8662	206.4-144	GB/T 20138—2006	电器设备外壳对外界机械碰撞的防护等级（IK代码）	国标	2006-8-1	IEC 62262:2002，IDT		修试	检修、试验	变电	其他	
8663	206.4-145	GB/T 20160—2006	旋转电机绝缘电阻测试	国标	2006-9-1	IEEE Std 43:2000，IDT		修试	检修、试验	变电	其他	
8664	206.4-146	GB/T 20639—2006	有间隙阀式避雷器人工污秽试验	国标	2007-4-1	IEC/TR 60099-3—1990，IDT		修试	检修、试验	变电	避雷器	

序号	体系结构号	标准编号	标准名称	标准级别	实施日期	与国际标准对应关系	代替标准	阶段	分阶段	专业	分专业	备注
8665	206.4-147	GB/T 20990.1—2020	高压直流输电晶闸管阀 第1部分：电气试验	国标	2021-7-1		GB/T 20990.1—2007；GB/T 28563—2012	修试	检修、试验	变电	开关	
8666	206.4-148	GB/T 20992—2007	高压直流输电用普通晶闸管的一般要求	国标	2008-2-1	IEC 60747-6-3:1993，NEQ		修试	检修、试验	变电	其他	
8667	206.4-149	GB/T 22071.1—2018	互感器试验导则 第1部分：电流互感器	国标	2019-7-1		GB/T 22071.1—2008	修试	检修、试验	变电	互感器	
8668	206.4-150	GB/T 22071.2—2017	互感器试验导则 第2部分：电磁式电压互感器	国标	2018-7-1		GB/T 22071.2—2008	修试	检修、试验	变电	互感器	
8669	206.4-151	GB/T 22075—2008	高压直流换流站的可听噪声	国标	2009-4-1			修试	检修、试验	变电	其他	
8670	206.4-152	GB/T 22720.1—2017	旋转电机 电压型变频器供电的旋转电机无局部放电（Ⅰ型）电气绝缘结构的鉴别和质量控制试验	国标	2018-5-1	IEC 60034-18-41:2014	GB/T 22720.1—2008	修试	检修、试验	变电	其他	
8671	206.4-153	GB/T 24622—2022	绝缘子表面憎水性测量导则	国标	2022-10-1			修试	检修、试验	变电	其他	
8672	206.4-154	GB/T 26869—2011	标称电压高于1000V低于300kV系统用户内有机材料支柱绝缘子的试验	国标	2011-12-1	IEC 60660:1999，MOD		修试	检修、试验	变电	其他	
8673	206.4-155	GB/T 29489—2013	高压交流开关设备和控制设备的感性负载开合	国标	2013-7-1			修试	检修、试验	变电	开关	
8674	206.4-156	GB/T 30109—2013	交流损耗测量液氦温度下横向交变磁场中圆形截面超导线总交流损耗的探测线圈测量法	国标	2014-5-15	IEC 61788-8 Ed.2:2010		修试	检修、试验	变电	其他	

序号	体系结构号	标准编号	标准名称	标准级别	实施日期	与国际标准对应关系	代替标准	阶段	分阶段	专业	分专业	备注
8675	206.4-157	GB/T 31487.3—2015	直流融冰装置 第3部分：试验	国标	2015-12-1			修试	检修、试验	变电	其他	
8676	206.4-158	GB/T 32293—2015	真空技术 真空设备的检漏方法选择	国标	2015-1-1			采购、运维、修试	招标、品控、运行、维护、检修	变电	开关	
8677	206.4-159	GB/T 32518.1—2016	超高压可控并联电抗器现场试验技术规范 第1部分：分级调节式	国标	2016-9-1			修试	检修、试验	变电	其他	
8678	206.4-160	GB/T 33348—2016	高压直流输电用电压源换流器阀 电气试验	国标	2017-7-1	IEC 62501:2014		修试	检修、试验	变电	其他	
8679	206.4-161	GB/T 33981—2017	高压交流断路器声压级测量的标准规程	国标	2018-2-1	IEC/IEEE 62271-37-082:2012		修试	检修、试验	变电	开关	
8680	206.4-162	GB/T 34925—2017	高原 110kV 变电站交流回路系统现场检验方法	国标	2018-5-1			修试	检修、试验	变电	其他	
8681	206.4-163	GB/T 36956—2018	柔性直流输电用电压源换流器阀基控制设备试验	国标	2019-7-1			修试	检修、试验	换流	换流阀	
8682	206.4-164	GB/T 37137—2018	高原 220kV 变电站交流回路系统现场检验方法	国标	2019-7-1			修试	检修、试验	变电	其他	
8683	206.4-165	GB/T 37141.1—2022	高海拔地区电气设备紫外线成像检测导则 第1部分：变电站	国标	2023-5-1			修试	检修、试验	变电	其他	
8684	206.4-166	GB/T 39891—2021	52kV 及以上断路器电气耐久性试验方法	国标	2021-10-1			修试	检修、试验	变电	其他	

序号	体系结构号	标准编号	标准名称	标准级别	实施日期	与国际标准对应关系	代替标准	阶段	分阶段	专业	分专业	备注
8685	206.4-167	GB/T 41147—2021	静止同步补偿装置用电压源换流器阀 电气试验	国标	2022-7-1			修试	检修、试验	变电	其他	
8686	206.4-168	GB/T 41635—2022	高海拔电气设备电场分布有限元计算导则	国标	2023-2-1			修试	检修、试验	变电	其他	
8687	206.4-169	GB/T 42287—2022	高电压试验技术 电磁和声学法测量局部放电	国标	2023-7-1			修试	检修、试验	变电	其他	
8688	206.4-170	IEC 60060-1—2010	高压试验技术 第1部分：一般定义和试验要求	国际标准	2010-9-1	GOST 1516.2—1997，EQV；GOST IEC 384-14—1995，EQV；GOST RIEC384-14—1994，EQV；HD 588.1 S1—1991，IDT	IEC 60060-1—1989；IEC 60060-1 CORRI 1-1992；IEC 60060-1 Corri 1—1992；IEC 2/277/FDIS—2010	修试	检修、试验	变电	其他	
8689	206.4-171	IEC 60060-2—2010	高压试验技术 第2部分：测量系统	国际标准	2010-11-29	EN 6006D-2—1994，IDT；BS EN 60060-2，IDT；DIN EN 60060-2-1996，IDT	IEC 60060-2—1994；IEC 60060-2—1994/Amd 1—1996	修试	检修、试验	变电	其他	
8690	206.4-172	IEC 60060-3—2006	高电压测试技术 第3部分：现场测试的定义和要求	国际标准	2006-2-7	DIN EN 60060-3—2006，IDT；BS EN 60060-3—2006，IDT；EN 60060-3—2006，IDT；NF C41-103—2006，IDT；OEVE/OENORM EN 60060-3—2006，IDT	IEC 60060-3—1976	修试	检修、试验	变电	其他	
8691	206.4-173	IEC 60684-2—2011	IEC 60684-2，3.0版本：软绝缘套管 第2部分：测试方法	国际标准	2013-12-13		IEC 60507—1991	修试	检修、试验	变电	其他	

序号	体系结构号	标准编号	标准名称	标准级别	实施日期	与国际标准对应关系	代替标准	阶段	分阶段	专业	分专业	备注
8692	206.4-174	IEC 61558-1—2009	电力变压器、电源、电抗器及类似设备的安全性 第1部分：一般要求和试验	国际标准	2009-4-1			规划、设计、建设、运维、修试	规划、初设、验收与质量评定、试运行、运行、维护、试验	变电	变压器、电抗器	
206.5	**试验与计量—配电**											
8693	206.5-1	Q/CSG 1203083—2021	配电网同步相量测量功能技术规范（暂行）	企标	2021-7-30			修试	检修、试验	配电	其他	
8694	206.5-2	Q/CSG 1203084—2021	配电网同步相量测量功能检测规范（暂行）	企标	2021-7-30			修试	检修、试验	配电	其他	
8695	206.5-3	Q/CSG 1205051—2022	配电台区电压及关键指标监测评估技术导则（试行）	企标	2022-4-2			修试	检修、试验	配电	其他	
8696	206.5-4	Q/CSG 1206017—2021	配电网馈线自动化功能检测技术规范（试行）	企标	2021-1-31			修试	检修、试验	配电	其他	
8697	206.5-5	Q/CSG 1206018—2021	配电自动化终端设备检测规程（试行）	企标	2021-1-31			修试	检修、试验	配电	其他	
8698	206.5-6	T/CEC 228—2019	配电变压器绕组材质的热电效应法检测导则	团标	2019-7-1			修试	检修、试验	配电	变压器	
8699	206.5-7	T/CEC 466—2021	10kV配电网人工单相接地试验技术规范	团标	2021-10-1			修试	检修、试验	配电	变压器	
8700	206.5-8	T/CEC 484—2021	10kV配电网单相接地故障真型试验技术规范	团标	2021-10-1			修试	检修、试验	配电	变压器	
8701	206.5-9	T/CEC 618—2022	交直流混合配电系统互联装置测试导则	团标	2022-10-1			修试	检修、试验	配电	其他	

序号	体系结构号	标准编号	标准名称	标准级别	实施日期	与国际标准对应关系	代替标准	阶段	分阶段	专业	分专业	备注
8702	206.5-10	T/CEC 670—2022	等电位作业智能设备电弧放电抗扰度试验方法	团标	2022-10-1			修试	检修、试验	配电	其他	
8703	206.5-11	T/CEC 702—2022	架空配电线路超声波现场检测应用导则	团标	2023-2-1			修试	检修、试验	配电	线缆	
8704	206.5-12	T/CSEE 0120—2019	配电变压器绕组铜铝材质热电法检测技术导则	团标	2019-3-1			修试	检修、试验	配电	变压器	
8705	206.5-13	T/CSEE 0127—2019	架空配电线路用预绞式绑线技术条件和试验方法	团标	2019-3-1			采购、建设、修试	品控、验收与质量评定、试验	配电	线缆	
8706	206.5-14	T/CSEE 0208—2021	配电网同步相量测量装置功能规范	团标	2021-3-11			采购、建设、修试	品控、验收与质量评定、试验	配电	线缆	
8707	206.5-15	T/CSEE 0213—2021	低压等级三电平交流直流、直流直流双向变换器试验方法	团标	2021-3-11			修试	检修、试验	配电	线缆	
8708	206.5-16	T/CSEE 0224—2021	配电变压器储能式短路试验装置技术规范	团标	2021-3-11			修试	检修、试验	配电	线缆	
8709	206.5-17	DL/T 1070—2007	中压交联电缆抗水树性能鉴定试验方法和要求	行标	2007-12-1			采购、建设、修试	品控、验收与质量评定、试验	配电	线缆	
8710	206.5-18	DL/T 1529—2016	配电自动化终端设备检测规程	行标	2016-6-1			建设、运维、修试	验收与质量评定、运行、维护、检修、试验	配电	其他	
8711	206.5-19	DL/T 1622—2016	钎焊型铜铝过渡设备线夹超声波检测导则	行标	2016-12-1			采购、建设、修试	品控、验收与质量评定、试验	配电	线缆	

序号	体系结构号	标准编号	标准名称	标准级别	实施日期	与国际标准对应关系	代替标准	阶段	分阶段	专业	分专业	备注
8712	206.5-20	DL/T 1932—2018	6kV～35kV电缆振荡波局部放电测量系统检定方法	行标	2019-5-1			运维、修试	维护、检修、试验	配电、输电	线缆、电缆	
8713	206.5-21	DL/T 2057—2019	配电网分布式馈线自动化试验技术规范	行标	2020-5-1			建设、运维、修试	验收与质量评定、运行、维护、检修、试验	配电	其他	
8714	206.5-22	DL/T 2069—2019	低压有源电力滤波器检测规程	行标	2020-5-1			修试	检修、试验	配电	其他	
8715	206.5-23	DL/T 2107—2020	配网设备状态检修导则	行标	2021-2-1	IEC 62271-1:2007, MOD		修试	检修、试验	配电	其他	
8716	206.5-24	DL/T 2367—2021	配电自动化终端自动检测系统技术规范	行标	2022-3-22			设计、建设、运维、修试	初设、验收与质量评定、运行、试验	配电	其他	
8717	206.5-25	DL/T 2382—2021	配电继电保护装置检验规程	行标	2022-3-22			修试	检修、试验	配电	其他	
8718	206.5-26	DL/T 2392—2021	10kV配网一次电力设备交接试验规程	行标	2022-3-22			修试	检修、试验	配电	其他	
8719	206.5-27	DL/T 2468—2021	低压配电线路补偿装置检测技术规范	行标	2022-6-22			修试	检修、试验	配电	其他	
8720	206.5-28	DL/T 2475.1—2022	电气设备电压暂降及短时中断耐受能力测试技术规范 第1部分：低压变频器	行标	2022-11-13			修试	检修、试验	配电	其他	
8721	206.5-29	DL/T 2648—2022	低压配电线路补偿装置检测技术规范	行标	2023-5-4			采购、运维	招标、品控、运行、维护	配电	变压器	
8722	206.5-30	JB/T 5351—2014	真空开关触头材料 基本性能试验方法	行标	2014-11-1		JB/T 5351—1991	修试	检修、试验	配电	开关	

序号	体系结构号	标准编号	标准名称	标准级别	实施日期	与国际标准对应关系	代替标准	阶段	分阶段	专业	分专业	备注
8723	206.5-31	JB/T 10696.10—2011	电线电缆机械和理化性能试验方法 第10部分:大鼠啃咬试验	行标	2011-8-1			修试	检修、试验	配电	其他	
8724	206.5-32	JB/T 10696.2—2007	电线电缆机械和理化性能试验方法 第2部分:软电线和软电缆曲挠试验	行标	2007-7-1			修试	检修、试验	配电	其他	
8725	206.5-33	JB/T 10696.9—2011	电线电缆机械和理化性能试验方法 第9部分:白蚁试验	行标	2011-8-1			修试	检修、试验	配电	其他	
8726	206.5-34	NB/T 10288—2019	交流—直流开关电源高加速寿命试验方法	行标	2020-5-1			修试	检修、试验	配电	开关	
8727	206.5-35	NB/T 10447—2020	整流变压器组保护装置通用技术要求	行标	2021-2-1			修试	检修、试验	配电	变压器	
8728	206.5-36	NB/T 42063—2021	3.6kV～40.5kV高压交流负荷开关试验导则	行标	2022-2-16	Guide to the interpretation of IEC 60265-1, MOD	NB/T 42063—2015	修试	检修、试验	配电	其他	
8729	206.5-37	NB/T 42064—2015	3.6kV～40.5kV交流金属封闭开关设备和控制设备试验导则	行标	2016-3-1	Guide to the interpretation of IEC 62271-200, MOD		修试	检修、试验	配电	其他	
8730	206.5-38	GB/T 5013.2—2008	额定电压 450/750V 及以下橡皮绝缘电缆 第2部分:试验方法	国标	2008-9-1	IEC 60245-2:1998, IDT	GB 5013.2—1997	采购、建设、修试	品控、验收与质量评定、试验	配电	线缆	
8731	206.5-39	GB/T 5023.2—2008	额定电压 450/750V 及以下聚氯乙烯绝缘电缆 第2部分:试验方法	国标	2009-5-1	IEC 60224-2:2003, IDT	GB 5023.2—1997	采购、建设、修试	品控、验收与质量评定、试验	配电	线缆	

序号	体系结构号	标准编号	标准名称	标准级别	实施日期	与国际标准对应关系	代替标准	阶段	分阶段	专业	分专业	备注
8732	206.5-40	GB/T 5171.21—2016	小功率电动机 第21部分：通用试验方法	国标	2017-3-1			修试	检修、试验	用电	其他	
8733	206.5-41	GB/T 7113.2—2014	绝缘软管 第2部分：试验方法	国标	2015-2-1	IEC 60684-2:2003，MOD	GB/T 7113.2—2005	修试	检修、试验	配电	其他	
8734	206.5-42	GB/T 9327—2008	额定电压35kV（U_m=40.5kV）及以下电力电缆导体用压接式和机械式连接金具 试验方法和要求	国标	2009-11-1		GB 9327.1—1988；GB 9327.2—1988；GB 9327.3—1988；GB 9327.4—1988；GB 9327.5—1988	采购、建设、修试	品控、验收与质量评定、试验	配电	线缆	
8735	206.5-43	GB/T 10233—2016	低压成套开关设备和电控设备基本试验方法	国标	2016-9-1		GB/T 10233—2005	修试	检修、试验	配电、用电	开关、其他	
8736	206.5-44	GB/T 11026.10—2019	电气绝缘材料 耐热性 第10部分：利用分析试验方法加速确定相对耐热指数（RTEA）基于活化能计算的导则	国标	2020-1-1			修试	检修、试验	配电、用电	其他	
8737	206.5-45	GB/T 11026.1—2016	电气绝缘材料 耐热性 第1部分：老化程序和试验结果的评定	国标	2017-7-1	IEC 60216-1:2013	GB/T 11026.1—2003	修试	检修、试验	配电、用电	其他	
8738	206.5-46	GB/T 11026.3—2017	电气绝缘材料 耐热性 第3部分：计算耐热特征参数的规程	国标	2018-7-1	IEC 60216-3:2006	GB/T 11026.3—2006	修试	检修、试验	配电、用电	其他	
8739	206.5-47	GB/T 11026.9—2016	电气绝缘材料 耐热性 第9部分：利用简化程序计算耐热性导则	国标	2017-7-1	IEC 60216-8:2013		修试	检修、试验	配电、用电	其他	
8740	206.5-48	GB/T 11313.201—2018	射频连接器 第201部分：电气试验方法 反射系数和电压驻波比	国标	2019-1-1			修试	检修、试验	配电、用电	其他	

序号	体系结构号	标准编号	标准名称	标准级别	实施日期	与国际标准对应关系	代替标准	阶段	分阶段	专业	分专业	备注
8741	206.5-49	GB/T 11313.202—2018	射频连接器 第202部分：电气试验方法 插入损耗	国标	2019-1-1			修试	检修、试验	配电、用电	其他	
8742	206.5-50	GB/T 12706.4—2020	额定电压 1kV（U_m=1.2kV）到 35kV（U_m=40.5kV）挤包绝缘电力电缆及附件 第4部分：额定电压 6kV（U_m=7.2kV）到 35kV（U_m=40.5kV）电力电缆附件试验要求	国标	2020-10-1	IEC 60502-4:2010	GB/T 12706.4—2008	修试	检修、试验	配电、用电	其他	
8743	206.5-51	GB/T 12976.3—2008	额定电压 35kV（U_m=40.5kV）及以下纸绝缘电力电缆及其附件 第3部分：电缆和附件试验	国标	2009-4-1		GB 12976.1—1991；GB 12976.2—1991；GB 12976.3—1991	采购、建设、修试	品控、验收与质量评定、试验	配电、输电	线缆、电缆	
8744	206.5-52	GB/T 17627—2019	低压电气设备的高电压试验技术 定义、试验和程序要求、试验设备	国标	2020-7-1	IEC 1180-1:1992, EQV	GB/T 17627.1—1998；GB/T 17627.2—1998	修试	检修、试验	配电、用电	其他	
8745	206.5-53	GB/T 18216.1—2021	交流 1000V 和直流 1500V 以下低压配电系统电气安全 防护措施的试验、测量或监控设备 第1部分：通用要求	国标	2013-2-15		GB/T 18216.1—2000	修试、运维	试验、运行、维护	配电、用电	其他	

序号	体系结构号	标准编号	标准名称	标准级别	实施日期	与国际标准对应关系	代替标准	阶段	分阶段	专业	分专业	备注
8746	206.5-54	GB/T 18216.10—2022	交流 1000V 和直流 1500V 及以下低压配电系统电气安全 防护措施的试验、测量或监控设备 第10 部分：用于防护措施的试验、测量或监控的组合测量设备	国标	2023-5-1			修试、运维	试验、运行、维护	配电、用电	其他	
8747	206.5-55	GB/T 18216.2—2021	交流 1000V 和直流 1500V 以下低压配电系统电气安全 防护措施的试验、测量或监控设备 第2部分：绝缘电阻	国标	2013-2-15	IEC 61557-2:2007, IDT	GB/T 18216.2—2002	修试、运维	试验、运行、维护	配电、用电	其他	
8748	206.5-56	GB/T 18216.3—2021	交流 1000V 和直流 1500V 以下低压配电系统电气安全 防护措施的试验、测量或监控设备 第3部分：环路阻抗	国标	2013-2-15	IEC 61557-3:2007, IDT	GB/T 18216.3—2007	修试、运维	试验、运行、维护	配电、用电	其他	
8749	206.5-57	GB/T 18216.4—2021	交流 1000V 和直流 1500V 以下低压配电系统电气安全 防护措施的试验、测量或监控设备 第4部分:接地电阻和等电位接地电阻	国标	2013-2-15	IEC 61557-4:2007, IDT	GB/T 18216.4—2007	修试、运维	试验、运行、维护	配电、用电	其他	

序号	体系结构号	标准编号	标准名称	标准级别	实施日期	与国际标准对应关系	代替标准	阶段	分阶段	专业	分专业	备注
8750	206.5-58	GB/T 18216.5—2021	交流 1000V 和直流 1500V 以下低压配电系统电气安全 防护措施的试验、测量或监控设备 第5部分：对地阻抗	国标	2013-2-15	IEC 61557-5:2007，IDT	GB/T 18216.5—2007	修试、运维	试验、运行、维护	配电、用电	其他	
8751	206.5-59	GB/T 18216.6—2022	交流 1000V 和直流 1500V 及以下低压配电系统电气安全 防护措施的试验、测量或监控设备 第6部分：TT、TN 和 IT 系统中剩余电流装置（RCD）的有效性	国标	2023-5-1			修试、运维	试验、运行、维护	配电、用电	其他	
8752	206.5-60	GB/T 18216.8—2015	交流 1000V 和直流 1500V 以下低压配电系统电气安全 防护设施的试验、测量或监控设备 第8部分：IT 系统中绝缘监控装置	国标	2016-7-1	IEC 61557-8:2007，IDT		修试、运维	试验、运行、维护	配电、用电	其他	
8753	206.5-61	GB/T 18216.9—2015	交流 1000V 和直流 1500V 以下低压配电系统电气安全 防护措施的试验、测量或监控设备 第9部分：IT 系统中的绝缘故障定位设备	国标	2016-7-1	IEC 61557-9:2007，IDT		修试、运维	试验、运行、维护	配电、用电	其他	

序号	体系结构号	标准编号	标准名称	标准级别	实施日期	与国际标准对应关系	代替标准	阶段	分阶段	专业	分专业	备注
8754	206.5-62	GB/T 18859—2016	封闭式低压成套开关设备和控制设备 在内部故障引起电弧情况下的试验导则	国标	2017-7-1	IEC/TR 61641:2014	GB/Z 18859—2002	修试、运维	试验、运行、维护	配电	开关	
8755	206.5-63	GB/T 18889—2002	额定电压 6kV（U_m=7.2kV）到 35kV（U_m=40.5kV）电力电缆附件试验方法	国标	2003-6-1	IEC 61442，MOD	JB/T 8138.1—1995	采购、建设、修试	品控、验收与质量评定、试验	配电、输电	线缆、电缆	
8756	206.5-64	GB/T 19212.14—2012	电源电压为1100V及以下的变压器、电抗器、电源装置和类似产品的安全 第 14 部分：自耦变压器和内装自耦变压器的电源装置的特殊要求和试验	国标	2017-3-23	IEC 61558-2-13:2009	GB 19212.14—2012	修试、运维	试验、运行、维护	配电	变压器	
8757	206.5-65	GB/T 19212.17—2019	电源电压为1100V及以下的变压器、电抗器、电源装置和类似产品的安全 第 17 部分：开关型电源装置和开关型电源装置用变压器的特殊要求和试验	国标	2020-5-1	IEC 61558-2-16:2009	GB 19212.17—2013	修试、运维	试验、运行、维护	配电	变压器	

序号	体系结构号	标准编号	标准名称	标准级别	实施日期	与国际标准对应关系	代替标准	阶段	分阶段	专业	分专业	备注
8758	206.5-66	GB/T 19212.5—2011	电源电压为1100V及以下的变压器、电抗器、电源装置和类似产品的安全 第5部分:隔离变压器和内装隔离变压器的电源装置的特殊要求和试验	国标	2017-3-23	IEC 61558-2-4:2009	GB 19212.5—2011	修试、运维	试验、运行、维护	配电	变压器	
8759	206.5-67	GB/T 19212.7—2012	电源电压为1100V及以下的变压器、电抗器、电源装置和类似产品的安全 第7部分:安全隔离变压器和内装安全隔离变压器的电源装置的特殊要求和试验	国标	2017-3-23	IEC 61558-2-6:2009	GB 19212.7—2012	修试、运维	试验、运行、维护	配电	变压器	
8760	206.5-68	GB/T 19216.1—2021	在火焰条件下电缆或光缆的线路完整性试验 第1部分:火焰温度不低于830℃的供火并施加冲击振动,额定电压0.6/1kV及以下外径超过20mm电缆的试验方法	国标	2021-12-1			修试、运维	试验、运行、维护	配电	变压器	

序号	体系结构号	标准编号	标准名称	标准级别	实施日期	与国际标准对应关系	代替标准	阶段	分阶段	专业	分专业	备注
8761	206.5-69	GB/T 19216.2—2021	在火焰条件下电缆或光缆的线路完整性试验 第2部分：火焰温度不低于830℃的供火并施加冲击振动，额定电压0.6/1kV及以下外径不超过20mm电缆的试验方法	国标	2021-12-1			修试、运维	试验、运行、维护	配电	变压器	
8762	206.5-70	GB/T 19216.3—2021	在火焰条件下电缆或光缆的线路完整性试验 第3部分：火焰温度不低于830℃的供火并施加冲击振动，额定电压0.6/1kV及以下电缆穿在金属管中进行的试验方法	国标	2021-12-1			修试、运维	试验、运行、维护	配电	变压器	
8763	206.5-71	GB/T 20114—2019	普通电源或整流电源供电直流电机的特殊试验方法	国标	2020-1-1	IEC 60034-19:1995，IDT	GB/T 20114—2006	修试、运维	试验、维护	配电、用电	其他	
8764	206.5-72	GB/T 24276—2017	通过计算进行低压成套开关设备和控制设备温升验证的一种方法	国标	2018-5-1	IEC/TR 60890:2014	GB/T 24276—2009	修试、运维	试验、维护	配电、用电	其他	
8765	206.5-73	GB/T 32877—2022	变频器供电交流感应电动机确定损耗和效率的特定试验方法	国标	2023-5-1	IEC/TS 60034-2-3:2013	GB/T 32877—2016	修试、运维	试验、维护	配电、用电	其他	
8766	206.5-74	GB/T 34862—2017	确定三相低压笼型感应电动机等值电路参数的试验方法	国标	2018-5-1	IEC 60034-28:2012		修试、运维	试验、维护	配电、用电	其他	

序号	体系结构号	标准编号	标准名称	标准级别	实施日期	与国际标准对应关系	代替标准	阶段	分阶段	专业	分专业	备注
8767	206.5-75	GB/T 35708—2017	高原型配电网故障定位系统检验方法	国标	2018-7-1			采购、建设、修试	品控、验收与质量评定、试验	配电	线缆	
8768	206.5-76	GB/T 35710—2017	35kV 及以下电压等级电力变压器容量评估导则	国标	2018-7-1			修试、运维	试验、维护	配电	变压器	
8769	206.5-77	JJF 1261.18—2017	交流接触器能源效率计量检测规则	国标	2018-3-26		JJF 1261.18—2015	修试、运维	试验、维护	配电、用电	其他	
8770	206.5-78	JJG 163—1991	电容工作基准检定规程	国标	1993-7-1	IEC 61854:1998, MOD		修试、运维	试验、维护	配电、用电	其他	
8771	206.5-79	IEC 60840—2011	额定电压从 30kV（U_m=36kv）以下的挤压绝缘的动力电缆试验试验方法和要求	国际标准	2011-11-23		IEC 60840—2004	采购、建设、修试	品控、验收与质量评定、试验	配电	线缆	
8772	206.5-80	IEC 61557-13—2011	1000V 交流和 150 脚直流低压配电系统电气安全保护措施试验、测量或监测用设备 第 13 部分：泄漏测量用手持和用手控制电流夹件和传感器	国际标准	2011-7-8			修试、运维	试验、维护	配电、用电	其他	
206.6 试验与计量—分布式电源与微电网												
8773	206.6-1	T/CEC 146—2018	微电网接入配电网测试规范	团标	2018-4-1			建设、修试	验收与质量评定、检修、试验	发电	其他	
8774	206.6-2	DL/T 2563—2022	分布式能源自动发电控制与自动电压控制系统测试技术规范	行标	2023-5-4			建设、修试	验收与质量评定、检修、试验	发电	其他	
8775	206.6-3	NB/T 33011—2014	分布式电源接入电网测试技术规范	行标	2015-3-1			建设、修试	验收与质量评定、试验	发电	其他	

序号	体系结构号	标准编号	标准名称	标准级别	实施日期	与国际标准对应关系	代替标准	阶段	分阶段	专业	分专业	备注
8776	206.6-4	GB/T 34129—2017	微电网接入配电网测试规范	国标	2018-2-1			修试	试验	发电	其他	
206.7	**试验与计量—用电**											
8777	206.7-1	T/CEC 629.2—2022	基于北斗短报文的用电信息采集终端通信单元技术规范 第2部分：检测规范	团标	2022-10-1			修试	检修、试验	用电	电能计量	
8778	206.7-2	T/CSEE 0285—2022	异步电动机电流频谱分析（MCSA）试验导则	团标	2022-9-27			修试	检修、试验	用电	其他	
8779	206.7-3	GB/T 1032—2012	三相异步电动机试验方法	国标	2012-11-1	IEC 60034-2-1:2007	GB/T 1032—2005	修试	检修、试验	用电	其他	
8780	206.7-4	GB/T 5171.22—2017	小功率电动机 第22部分：永磁无刷直流电动机试验方法	国标	2018-7-1			修试	检修、试验	用电	其他	
8781	206.7-5	GB/T 9651—2022	单相异步电动机试验方法	国标	2023-7-1		GB/T 9651—2008	修试	检修、试验	用电	其他	
8782	206.7-6	GB/T 13958—2022	小功率永磁同步电动机试验方法	国标	2023-7-1		GB/T 13958—2008；GB/T 22672—2008	修试	检修、试验	用电	其他	
8783	206.7-7	GB/T 18268.31—2022	测量、控制和实验室用的电设备 电磁兼容性要求 第31部分：安全相关系统和预期执行安全相关功能（功能安全）设备的抗扰度要求 一般工业应用	国标	2023-5-1			修试	检修、试验	用电	其他	

序号	体系结构号	标准编号	标准名称	标准级别	实施日期	与国际标准对应关系	代替标准	阶段	分阶段	专业	分专业	备注
8784	206.7-8	GB/T 18268.32—2022	测量、控制和实验室用的电设备电磁兼容性要求 第32部分：安全相关系统和预期执行安全相关功能（功能安全）设备的抗扰度要求 特定电磁环境的工业应用	国标	2023-5-1			修试	检修、试验	用电	其他	
8785	206.7-9	GB/T 22670—2018	变频器供电三相笼型感应电动机试验方法	国标	2019-4-1		GB/T 22670—2008	修试、运维	试验、维护	用电	其他	
206.8　试验与计量—调度及二次												
8786	206.8-1	Q/CSG 110038—2012	南方电网继电保护检验规程	企标	2011-3-1			建设、运维、修试	验收与质量评定、运行、维护、检修、试验	调度及二次	继电保护及安全自动装置	
8787	206.8-2	Q/CSG 1203058—2018	±100kV及以下直流控制保护及保护设备试验导则	企标	2018-12-28			建设、运维、修试	验收与质量评定、运行、维护、检修、试验	调度及二次	继电保护及安全自动装置	
8788	206.8-3	Q/CSG 1204047—2022	南方电网配网工业以太网交换机网管接口测试规范	企标	2022-4-7			建设、运维、修试	验收与质量评定、运行、维护、检修、试验	调度及二次	继电保护及安全自动装置	
8789	206.8-4	Q/CSG 1204071—2020	电网调度自动化主站系统通用基础软件测试规范	企标	2020-7-31			采购、运维、修试	招标、品控、运行、维护、试验	调度及二次	调度自动化	
8790	206.8-5	Q/CSG 1204072—2020	电网调度自动化主站系统计算机硬件设备检测规范	企标	2020-7-31			建设、运维、修试	验收与质量评定、运行、维护、检修、试验	调度及二次	调度自动化	
8791	206.8-6	Q/CSG 1204098—2021	厂站自动化交流不间断电源检验规范（试行）	企标	2021-9-30			采购、修试	招标、品控、试验	调度及二次	调度自动化	

序号	体系结构号	标准编号	标准名称	标准级别	实施日期	与国际标准对应关系	代替标准	阶段	分阶段	专业	分专业	备注
8792	206.8-7	Q/CSG 1204129—2022	南方电网安全自动装置检验规范	企标	2022-5-25			建设、运维、修试	验收与质量评定、运行、维护、检修、试验	调度及二次	继电保护及安全自动装置	
8793	206.8-8	Q/CSG 1204141—2022	智能远动机源端维护技术规范	企标	2022-9-19			规划、设计、采购、建设、运维、修试、退役	规划、初设、施工图、招标、品控、施工工艺、验收与质量评定、试运行、运行、维护、检修、试验、退役、报废	调度及二次	调度自动化	
8794	206.8-9	Q/CSG 1206003—2017	变电站自动化系统检验技术规范	企标	2017-4-1			建设、运维、修试	验收与质量评定、运行、维护、检修、试验	调度及二次	调度自动化	
8795	206.8-10	Q/CSG 1206004—2017	串联电容器补偿装置控制保护系统检验规程	企标	2017-5-1			建设、运维、修试	验收与质量评定、运行、维护、检修、试验	调度及二次	继电保护及安全自动装置	
8796	206.8-11	Q/CSG 1206005—2017	高压直流保护检验技术规程	企标	2017-5-1			建设、运维、修试	验收与质量评定、运行、维护、检修、试验	调度及二次	继电保护及安全自动装置	
8797	206.8-12	Q/CSG 1206006—2017	行波测距装置检验规范	企标	2017-5-1			建设、运维、修试	验收与质量评定、运行、维护、检修、试验	调度及二次	继电保护及安全自动装置	
8798	206.8-13	Q/CSG 1206008—2019	（特）高压直流输电控制保护功能试验和动态性能试验规范	企标	2019-2-27			建设、运维、修试	验收与质量评定、运行、维护、检修、试验	调度及二次	继电保护及安全自动装置	
8799	206.8-14	T/CEC 246—2019	智能变电站继电保护试验装置检测规范	团标	2020-1-1			建设、运维、修试	验收与质量评定、运行、维护、检修、试验	调度及二次	继电保护及安全自动装置	
8800	206.8-15	T/CEC 247—2019	数模一体继电保护试验装置技术规范	团标	2020-1-1			建设、运维、修试	验收与质量评定、运行、维护、检修、试验	调度及二次	继电保护及安全自动装置	
8801	206.8-16	T/CEC 489—2021	柔性直流输电控制保护装置检验规范	团标	2021-10-1			建设、运维、修试	验收与质量评定、运行、维护、检修、试验	调度及二次	继电保护及安全自动装置	

序号	体系结构号	标准编号	标准名称	标准级别	实施日期	与国际标准对应关系	代替标准	阶段	分阶段	专业	分专业	备注
8802	206.8-17	T/CEC 490—2021	电力系统失步解列装置检验规程	团标	2021-10-1			建设、运维、修试	验收与质量评定、运行、维护、检修、试验	调度及二次	调度自动化	
8803	206.8-18	T/CEC 669—2022	能量路由器电磁兼容性要求和试验方法	团标	2022-10-1			建设、运维、修试	验收与质量评定、运行、维护、检修、试验	调度及二次	继电保护及安全自动装置	
8804	206.8-19	T/CEC 692—2022	就地化保护整站式测试平台技术规范	团标	2023-2-1			建设、运维、修试	验收与质量评定、运行、维护、检修、试验	调度及二次	继电保护及安全自动装置	
8805	206.8-20	T/CEC 706—2022	六氟化硫气体泄漏在线监测报警装置现场测试导则	团标	2023-2-1			建设、运维、修试	验收与质量评定、运行、维护、检修、试验	调度及二次	继电保护及安全自动装置	
8806	206.8-21	T/CSEE 0055—2017	小电流接地系统单相接地故障选线装置检验规程	团标	2018-5-1			建设、运维、修试	验收与质量评定、运行、维护、检修、试验	调度及二次	继电保护及安全自动装置	
8807	206.8-22	T/CSEE 0144—2019	智能变电站继电保护在线监视和智能诊断功能检测规范	团标	2019-3-1			建设、运维、修试	验收与质量评定、运行、维护、检修、试验	调度及二次	继电保护及安全自动装置	
8808	206.8-23	T/CSEE 0148—2020	输电线路部件工业CT检测方法	团标	2020-1-15			建设、运维、修试	验收与质量评定、运行、维护、检修、试验	调度及二次	继电保护及安全自动装置	
8809	206.8-24	T/CSEE 0334.1—2022	继电保护测试仪自动检测装置 第1部分:模拟接口自动检测装置	团标	2022-12-8			建设、运维、修试	验收与质量评定、运行、维护、检修、试验	调度及二次	继电保护及安全自动装置	
8810	206.8-25	DL/T 281—2012	合并单元测试规范	行标	2012-3-1			建设、运维、修试	验收与质量评定、运行、维护、检修、试验	调度及二次	继电保护及安全自动装置	
8811	206.8-26	DL/T 308—2012	中性点不接地系统电容电流测试规程	行标	2012-3-1			建设、运维、修试	验收与质量评定、运行、维护、检修、试验	调度及二次	继电保护及安全自动装置	

序号	体系结构号	标准编号	标准名称	标准级别	实施日期	与国际标准对应关系	代替标准	阶段	分阶段	专业	分专业	备注
8812	206.8-27	DL/T 365—2010	串联电容器补偿装置控制保护系统现场检验规程	行标	2010-10-1			建设、运维、修试	验收与质量评定、运行、维护、检修、试验	调度及二次	继电保护及安全自动装置	
8813	206.8-28	DL/T 394—2010	电力数字调度交换机测试方法	行标	2010-10-1			采购、建设、修试	品控、验收与质量评定、试验	调度及二次	电力通信	
8814	206.8-29	DL/T 540—2013	气体继电器检验规程	行标	2014-4-1		DL/T 540—1994	建设、运维、修试	验收与质量评定、运行、维护、检修、试验	调度及二次	继电保护及安全自动装置	
8815	206.8-30	DL/T 995—2016	继电保护和电网安全自动装置检验规程	行标	2017-5-1		DL/T 995—2006	建设、运维、修试	验收与质量评定、运行、维护、检修、试验	调度及二次	继电保护及安全自动装置	
8816	206.8-31	DL/T 1501—2016	数字化继电保护试验装置技术条件	行标	2016-6-1			建设、运维、修试	验收与质量评定、运行、维护、检修、试验	调度及二次	继电保护及安全自动装置	
8817	206.8-32	DL/T 1510—2016	电力系统光传送网（OTN）测试规范	行标	2016-6-1			采购、建设、修试	品控、验收与质量评定、试验	调度及二次	电力通信	
8818	206.8-33	DL/T 1517—2016	二次压降及二次负荷现场测试技术规范	行标	2016-6-1			建设、运维、修试	验收与质量评定、运行、维护、检修、试验	调度及二次	继电保护及安全自动装置	
8819	206.8-34	DL/T 1651—2016	继电保护光纤通道检验规程	行标	2017-5-1			建设、运维、修试	验收与质量评定、运行、维护、检修、试验	调度及二次	继电保护及安全自动装置	
8820	206.8-35	DL/T 1780—2017	超（特）高压直流输电控制保护系统检验规范	行标	2018-6-1			建设、运维、修试	验收与质量评定、运行、维护、检修、试验	调度及二次	继电保护及安全自动装置	
8821	206.8-36	DL/T 1860—2018	自动电压控制试验技术导则	行标	2018-10-1			建设、运维、修试	验收与质量评定、运行、维护、检修、试验	调度及二次	调度自动化	
8822	206.8-37	DL/T 1898—2018	智能变电站监控系统测试规范	行标	2019-5-1			建设、运维、修试	验收与质量评定、运行、维护、检修、试验	调度及二次	调度自动化	

序号	体系结构号	标准编号	标准名称	标准级别	实施日期	与国际标准对应关系	代替标准	阶段	分阶段	专业	分专业	备注
8823	206.8-38	DL/T 1940—2018	智能变电站以太网交换机测试规范	行标	2019-5-1			采购、建设、修试	品控、验收与质量评定、试验	调度及二次	电力通信	
8824	206.8-39	DL/T 1943—2018	合并单元现场检验规范	行标	2019-5-1			建设、运维、修试	验收与质量评定、运行、维护、检修、试验	调度及二次	继电保护及安全自动装置	
8825	206.8-40	DL/T 1950—2018	变电站数据通信网关机检测规范	行标	2019-5-1			采购、建设、修试	品控、验收与质量评定、试验	调度及二次	电力通信	
8826	206.8-41	DL/T 2144.6—2021	变电站自动化系统及设备检测规范 第6部分：网络报文记录分析装置	行标	2022-3-22			建设、运维、修试	验收与质量评定、运行、维护、检修、试验	调度及二次	调度自动化	
8827	206.8-42	DL/T 2379.1—2021	就地化保护装置检测规范 第1部分：智能管理单元	行标	2022-3-22			建设、运维、修试	验收与质量评定、运行、维护、检修、试验	调度及二次	继电保护及安全自动装置	
8828	206.8-43	DL/T 2379.2—2021	就地化保护装置检测规范 第2部分：线路保护	行标	2022-3-22			建设、运维、修试	验收与质量评定、运行、维护、检修、试验	调度及二次	继电保护及安全自动装置	
8829	206.8-44	DL/T 2384—2021	智能变电站二次回路性能测试规范	行标	2022-3-22			建设、运维、修试	验收与质量评定、运行、维护、检修、试验	调度及二次	继电保护及安全自动装置	
8830	206.8-45	DL/T 2391—2021	剩余电流动作保护装置检测规程	行标	2022-3-22			建设、运维、修试	验收与质量评定、运行、维护、检修、试验	调度及二次	继电保护及安全自动装置	
8831	206.8-46	DL/T 2532—2022	高压直流保护装置现场试验导则	行标	2023-5-4			运维	运行、维护	调度及二次	继电保护及安全自动装置	
8832	206.8-47	DL/T 2544—2022	继电保护装置状态检修导则	行标	2023-5-4			建设、运维、修试	验收与质量评定、运行、维护、检修、试验	调度及二次	继电保护及安全自动装置	

序号	体系结构号	标准编号	标准名称	标准级别	实施日期	与国际标准对应关系	代替标准	阶段	分阶段	专业	分专业	备注
8833	206.8-48	JB/T 5777.3—2002	电力系统二次电路用控制及继电保护屏(柜、台)基本试验方法	行标	2002-12-1		JB/T 5777.3—1991	建设、运维、修试	验收与质量评定、运行、维护、检修、试验	调度及二次	继电保护及安全自动装置	
8834	206.8-49	NB/T 10190—2019	弧光保护测试设备技术要求	行标	2019-10-1			建设、运维、修试	验收与质量评定、运行、维护、检修、试验	调度及二次	继电保护及安全自动装置	
8835	206.8-50	NB/T 10681—2021	继电保护装置高加速寿命试验导则	行标	2021-10-26			修试	检修、试验	调度及二次	继电保护及安全自动装置	
8836	206.8-51	NB/T 10682—2021	数字化继电保护现场系统级检测规范	行标	2021-10-26			建设、运维、修试	验收与质量评定、运行、维护、检修、试验	调度及二次	继电保护及安全自动装置	
8837	206.8-52	YD 5084.1—2014	交换设备抗地震性能检测规范 第一部分:程控数字电话交换机	行标	2014-7-1		YD 5084—2005	建设、运维、修试	验收与质量评定、运行、维护、检修、试验	调度及二次	电力通信	
8838	206.8-53	YD 5084.2—2014	交换设备抗地震性能检测规范 第二部分:IP网络交换设备	行标	2014-7-1		YD 5084—2005	建设、运维、修试	验收与质量评定、运行、维护、检修、试验	调度及二次	电力通信	
8839	206.8-54	YD 5084.3—2015	交换设备抗震性能检测规范 第三部分:移动通信核心网设备	行标	2015-7-1		YD 5084—2005	建设、运维、修试	验收与质量评定、运行、维护、检修、试验	调度及二次	电力通信	
8840	206.8-55	YD 5091.1—2015	传输设备抗地震性能检测规范 第一部分:光传输设备	行标	2015-7-1		YD 5091—2005	建设、运维、修试	验收与质量评定、运行、维护、检修、试验	调度及二次	电力通信	
8841	206.8-56	YD 5195—2014	数字微波通信设备抗地震性能检测规范	行标	2014-7-1			建设、运维、修试	验收与质量评定、运行、维护、检修、试验	调度及二次	电力通信	
8842	206.8-57	YD 5196.2—2014	服务器和网关设备抗地震性能检测规范 第二部分:网关设备	行标	2014-7-1			建设、运维、修试	验收与质量评定、运行、维护、检修、试验	调度及二次	电力通信	

序号	体系结构号	标准编号	标准名称	标准级别	实施日期	与国际标准对应关系	代替标准	阶段	分阶段	专业	分专业	备注
8843	206.8-58	YD 5197.1—2014	接入设备抗地震性能检测规范 第一部分:有线接入网局端设备	行标	2014-7-1			建设、运维、修试	验收与质量评定、运行、维护、检修、试验	调度及二次	电力通信	
8844	206.8-59	YD/T 944—2007	通信电源设备的防雷技术要求和测试方法	行标	2007-12-1		YD/T 944—1998	采购、建设、修试	品控、验收与质量评定、试验	调度及二次	电力通信	
8845	206.8-60	YD/T 1065.1—2014	单模光纤偏振模色散的试验方法 第1部分:测量方法	行标	2014-10-14		YD/T 1065—2000	采购、建设、修试	品控、验收与质量评定、试验	调度及二次	电力通信	
8846	206.8-61	YD/T 1065.2—2015	单模光纤偏振模色散的试验方法 第2部分:链路偏振模色散系数（PMDQ）的统计计算方法	行标	2015-7-1			采购、建设、修试	品控、验收与质量评定、试验	调度及二次	电力通信	
8847	206.8-62	YD/T 1100—2013	同步数字体系（SDH）上传送IP的同步数字体系链路接入规程（LAPS）测试方法	行标	2014-1-1		YD/T 1100—2001	采购、建设、修试	品控、验收与质量评定、试验	调度及二次	电力通信	
8848	206.8-63	YD/T 1141—2022	以太网交换机测试方法	行标	2023-1-1		YD/T 1141—2007	采购、建设、修试	品控、验收与质量评定、试验	调度及二次	电力通信	
8849	206.8-64	YD/T 1251.1—2013	路由协议一致性测试方法 中间系统到中间系统路由交换协议（IS-IS）	行标	2014-1-1		YD/T 1251.1—2003	设计、采购、修试	初设、招标、品控、试验	调度及二次	电力通信	
8850	206.8-65	YD/T 1251.2—2013	路由协议一致性测试方法 开放最短路径优先协议（OSPF）	行标	2014-1-1		YD/T 1251.2—2003	设计、采购、修试	初设、招标、品控、试验	调度及二次	电力通信	
8851	206.8-66	YD/T 1251.3—2013	路由协议一致性测试方法 边界网关协议（BGP4）	行标	2014-1-1		YD/T 1251.3—2003	设计、采购、修试	初设、招标、品控、试验	调度及二次	电力通信	

序号	体系结构号	标准编号	标准名称	标准级别	实施日期	与国际标准对应关系	代替标准	阶段	分阶段	专业	分专业	备注
8852	206.8-67	YD/T 1287—2013	具有路由功能的以太网交换机测试方法	行标	2014-1-1		YD/T 1287—2003	采购、建设、修试	品控、验收与质量评定、试验	调度及二次	电力通信	
8853	206.8-68	YD/T 1363.4—2014	通信局（站）电源、空调及环境集中监控管理系统 第4部分:测试方法	行标	2014-10-14		YD/T 1363.4—2005	采购、建设、修试	品控、验收与质量评定、试验	调度及二次	电力通信	
8854	206.8-69	YD/T 1381—2022	IP网络技术要求 网络性能测量方法	行标	2023-01-01		YD/T 1381—2005	采购、建设、修试	品控、验收与质量评定、试验	调度及二次	电力监控系统网络安全	
8855	206.8-70	YD/T 1464—2017	光纤收发器测试方法	行标	2018-1-1		YD/T 1464—2006	采购、建设、修试	品控、验收与质量评定、试验	调度及二次	电力通信	
8856	206.8-71	YD/T 1540—2014	电信设备的过电压和过电流抗力测试方法	行标	2014-10-14			采购、建设、修试	品控、验收与质量评定、试验	调度及二次	电力通信	
8857	206.8-72	YD/T 1542.4—2022	信息通信用浪涌保护器技术要求和测试方法 第4部分: 信号网络浪涌保护器	行标	2023-01-01		YD/T 1542—2006	采购、建设、修试	品控、验收与质量评定、试验	调度及二次	电力通信	
8858	206.8-73	YD/T 1542.5—2022	信息通信用浪涌保护器技术要求和测试方法 第5部分: 板载交流浪涌保护器	行标	2023-01-01			采购、建设、修试	品控、验收与质量评定、试验	调度及二次	电力通信	
8859	206.8-74	YD/T 1588.1—2020	光缆线路性能测量方法 第1部分:链路衰减	行标	2020-10-1		YD/T 1588.1—2006	采购、建设、修试	品控、验收与质量评定、试验	调度及二次	电力通信	
8860	206.8-75	YD/T 1588.2—2020	光缆线路性能测量方法 第2部分:光纤接头损耗	行标	2020-10-1		YD/T 1588.2—2006	采购、建设、修试	品控、验收与质量评定、试验	调度及二次	电力通信	

序号	体系结构号	标准编号	标准名称	标准级别	实施日期	与国际标准对应关系	代替标准	阶段	分阶段	专业	分专业	备注
8861	206.8-76	YD/T 1607—2016	移动终端图像及视频传输特性技术要求和测试方法	行标	2017-1-1		YD/T 1607—2007	采购、建设、修试	品控、验收与质量评定、试验	调度及二次	电力通信	
8862	206.8-77	YD/T 1633—2016	电信设备的电磁兼容性现场测试方法	行标	2016-4-1		YD/T 1633—2007	采购、建设、修试	品控、验收与质量评定、试验	调度及二次	电力通信	
8863	206.8-78	YD/T 1809—2013	接入网设备测试方法 以太网无源光网络（EPON）系统互通性	行标	2014-1-1		YD/T 1809—2008	采购、建设、修试	品控、验收与质量评定、试验	调度及二次	电力通信	
8864	206.8-79	YD/T 1816—2008	电信设备噪声限值要求和测量方法	行标	2008-11-1			采购、建设、修试	品控、验收与质量评定、试验	调度及二次	电力通信	
8865	206.8-80	YD/T 2148—2010	光传送网(OTN)测试方法	行标	2011-1-1			采购、建设、修试	品控、验收与质量评定、试验	调度及二次	电力通信	
8866	206.8-81	YD/T 2487—2013	分组传送网（PTN）设备测试方法	行标	2013-6-1			采购、建设、修试	品控、验收与质量评定、试验	调度及二次	电力通信	
8867	206.8-82	YD/T 3003—2016	分组传送网（PTN）互通测试方法	行标	2016-4-1			采购、建设、修试	品控、验收与质量评定、试验	调度及二次	电力通信	
8868	206.8-83	YD/T 3013—2016	无源光网络（PON）测试诊断技术要求 光时域反射仪（OTDR）数据格式	行标	2016-4-1			采购、建设、修试	品控、验收与质量评定、试验	调度及二次	电力通信	
8869	206.8-84	YD/T 3021.1—2016	通信光缆电气性能试验方法 第1部分：金属元构件的电气连续性	行标	2016-4-1			采购、建设、修试	品控、验收与质量评定、试验	调度及二次	电力通信	
8870	206.8-85	YD/T 3022.1—2016	通信光缆机械性能试验方法 第1部分：护套拔出力	行标	2016-4-1			采购、建设、修试	品控、验收与质量评定、试验	调度及二次	电力通信	

序号	体系结构号	标准编号	标准名称	标准级别	实施日期	与国际标准对应关系	代替标准	阶段	分阶段	专业	分专业	备注
8871	206.8-86	YD/T 3022.2—2016	通信光缆机械性能试验方法 第2部分：接插线光缆中被覆光纤的压缩位移	行标	2016-4-1			采购、建设、修试	品控、验收与质量评定、试验	调度及二次	电力通信	
8872	206.8-87	YD/T 3022.3—2016	通信光缆机械性能试验方法 第3部分：撕裂绳功能	行标	2016-4-1			采购、建设、修试	品控、验收与质量评定、试验	调度及二次	电力通信	
8873	206.8-88	YD/T 3022.4—2016	通信光缆机械性能试验方法 第4部分：舞动	行标	2016-4-1			采购、建设、修试	品控、验收与质量评定、试验	调度及二次	电力通信	
8874	206.8-89	YD/T 3022.5—2016	通信光缆机械性能试验方法 第5部分：机械可靠性	行标	2016-4-1			采购、建设、修试	品控、验收与质量评定、试验	调度及二次	电力通信	
8875	206.8-90	YD/T 3046—2016	移动核心网设备节能参数和测试方法	行标	2016-7-1			采购、建设、修试	品控、验收与质量评定、试验	调度及二次	电力通信	
8876	206.8-91	YD/T 3072—2016	接入网设备测试方法 PON系统承载频率同步和时间同步	行标	2016-7-1			采购、建设、修试	品控、验收与质量评定、试验	调度及二次	电力通信	
8877	206.8-92	YD/T 3074—2016	基于分组网络的频率同步互通技术要求及测试方法	行标	2016-7-1			采购、建设、修试	品控、验收与质量评定、试验	调度及二次	电力通信	
8878	206.8-93	YD/T 3075—2016	高精度时间同步互通技术要求和测试方法	行标	2016-7-1			采购、建设、修试	品控、验收与质量评定、试验	调度及二次	电力通信	
8879	206.8-94	YD/T 3138—2016	基于统一IMS的业务测试方法 点击拨号业务（第一阶段）	行标	2016-10-1			采购、建设、修试	品控、验收与质量评定、试验	调度及二次	电力通信	

序号	体系结构号	标准编号	标准名称	标准级别	实施日期	与国际标准对应关系	代替标准	阶段	分阶段	专业	分专业	备注
8880	206.8-95	YD/T 3179.1—2016	移动终端支持基于 LTE 的语音解决方案（VoLTE）的测试方法　第1部分：功能和性能测试	行标	2017-1-1			采购、建设、修试	品控、验收与质量评定、试验	调度及二次	电力通信	
8881	206.8-96	YD/T 3287.1—2017	智能光分配网络　接口测试方法　第1部分：智能光分配网络设施与智能管理终端的接口	行标	2018-1-1			设计、采购、修试	初设、招标、品控、试验	调度及二次	电力通信	
8882	206.8-97	YD/T 3287.21—2017	智能光分配网络　接口测试方法　第21部分：基于 SNMP 的智能光分配网络设施与智能光分配网络管理系统的接口	行标	2018-1-1			设计、采购、修试	初设、招标、品控、试验	调度及二次	电力通信	
8883	206.8-98	YD/T 3347.6—2022	基于公用电信网的宽带客户智能网关测试方法　第6部分：Mesh 组网设备	行标	2022-7-1			设计、采购、修试	初设、招标、品控、试验	调度及二次	电力通信	
8884	206.8-99	YD/T 3404—2018	分组增强型光传送网设备测试方法	行标	2019-4-1			采购、建设、修试	品控、验收与质量评定、试验	调度及二次	电力通信	
8885	206.8-100	YD/T 3405—2018	基于分组网络的同步网操作管理维护（OAM）测试方法	行标	2019-4-1			采购、建设、修试	品控、验收与质量评定、试验	调度及二次	电力通信	
8886	206.8-101	YD/T 3406—2018	接入网设备测试方法　具有远端自串音消除功能的第二代甚高速数字用户线收发器	行标	2019-4-1			采购、建设、修试	品控、验收与质量评定、试验	调度及二次	电力通信	

序号	体系结构号	标准编号	标准名称	标准级别	实施日期	与国际标准对应关系	代替标准	阶段	分阶段	专业	分专业	备注
8887	206.8-102	YD/T 4007—2022	无线短距通信车载空口技术要求和测试方法	行标	2022-7-1			设计、采购、修试	初设、招标、品控、试验	调度及二次	电力通信	
8888	206.8-103	YD/T 4010—2022	5G 数字化室内分布系统测试方法	行标	2022-7-1			设计、采购、修试	初设、招标、品控、试验	调度及二次	电力通信	
8889	206.8-104	YD/T 4014—2022	软件定义光传送网（SDOTN）测试方法	行标	2022-7-1			采购、建设、修试	品控、验收与质量评定、试验	调度及二次	电力通信	
8890	206.8-105	YD/T 4016—2022	基于公用电信网的家庭用宽带客户智能网关 Wi-Fi 6 接口性能要求和测试方法	行标	2022-7-1			采购、建设、修试	品控、验收与质量评定、试验	调度及二次	电力通信	
8891	206.8-106	YD/T 4023—2022	微模块数据中心能效比（PUE）测试规范	行标	2022-7-1			采购、建设、修试	品控、验收与质量评定、试验	调度及二次	电力通信	
8892	206.8-107	YD/T 4028—2022	基于 RoCE 协议的数据中心高速以太无损网络测试方法	行标	2022-7-1			采购、建设、修试	品控、验收与质量评定、试验	调度及二次	电力通信	
8893	206.8-108	YD/T 4045—2022	大数据 消息中间件技术要求与测试方法	行标	2022-7-1			设计、采购、修试	初设、招标、品控、试验	信息	信息资源、信息应用	
8894	206.8-109	YD/T 4053—2022	接入网设备测试方法 10Gbit/s 非对称/对称无源光网络（XG-PON/XGS-PON）互通性	行标	2022-7-1			设计、采购、修试	初设、招标、品控、试验	调度及二次	电力通信	
8895	206.8-110	YD/T 4062—2022	传感器网轻量级认证通用技术指南	行标	2022-7-1			设计、采购、修试	初设、招标、品控、试验	调度及二次	电力通信	

序号	体系结构号	标准编号	标准名称	标准级别	实施日期	与国际标准对应关系	代替标准	阶段	分阶段	专业	分专业	备注
8896	206.8-111	YD/T 4068—2022	基于云计算技术的IPv4-IPv6业务互通交换中心安全系统测试方法	行标	2022-7-1			采购、建设、修试	品控、验收与质量评定、试验	调度及二次	电力监控系统网络安全	
8897	206.8-112	YD/T 4070—2022	基于人工智能的接入网运维和业务智能化 场景与需求	行标	2023-1-1			规划、设计、采购、建设、运维、修试、退役	规划、初设、施工图、招标、品控、施工工艺、验收与质量评定、试运行、运行、维护、检修、试验、退役、报废	调度及二次	电力通信	
8898	206.8-113	YD/T 4071—2022	互联网边缘数据中心虚拟化技术要求和测试方法	行标	2023-01-01			采购、建设、修试	品控、验收与质量评定、试验	调度及二次	电力通信	
8899	206.8-114	YD/T 4110—2022	面向行业终端的5G通用模组可靠性技术要求及测试方法	行标	2023-01-01			设计、采购、修试	初设、招标、品控、试验	调度及二次	电力通信	
8900	206.8-115	YD/T 4111—2022	移动数据网络应用能力开放总体技术要求	行标	2023-01-01			设计、建设、运维	初设、施工图、施工工艺、验收与质量评定、运行、维护	调度及二次	电力通信	
8901	206.8-116	YD/T 4113—2022	波长交换光网络（WSON）测试方法	行标	2023-01-01			设计、采购、修试	初设、招标、品控、试验	调度及二次	电力通信	
8902	206.8-117	YD/T 4142—2022	网络汇聚分流设备测试方法	行标	2023-01-01			设计、采购、修试	初设、招标、品控、试验	调度及二次	电力通信	
8903	206.8-118	YD/T 4167.1—2022	5G移动网分组数据业务计费系统计费性能技术要求和测试方法 第1部分：NSA架构	行标	2023-01-01			采购、建设、修试	品控、验收与质量评定、试验	调度及二次	电力通信	

序号	体系结构号	标准编号	标准名称	标准级别	实施日期	与国际标准对应关系	代替标准	阶段	分阶段	专业	分专业	备注
8904	206.8-119	GB/T 3971.3—1983	电话自动交换网多频记发器信号技术指标测试方法	国标	1984-10-1			采购、建设、修试	品控、验收与质量评定、试验	调度及二次	电力通信	
8905	206.8-120	GB/T 5441—2016	通信电缆试验方法	国标	2016-11-1		GB/T 5441.1—1985；GB/T 5441.10—1985；GB/T 5441.9—1985；GB/T 5441.7—1985；GB/T 5441.6—1985；GB/T 5441.5—1985；GB/T 5441.4—1985；GB/T 5441.3—1985；GB/T 5441.2—1985	采购、建设、修试	品控、验收与质量评定、试验	调度及二次	电力通信	
8906	206.8-121	GB/T 5444—1985	电话自动交换网用户信号技术指标测试方法	国标	1986-6-1			采购、建设、修试	品控、验收与质量评定、试验	调度及二次	电力通信	
8907	206.8-122	GB/T 7261—2016	继电保护和安全自动装置基本试验方法	国标	2016-5-2		GB/T 7261—2008	建设、运维、修试	验收与质量评定、运行、维护、检修、试验	调度及二次	继电保护及安全自动装置	
8908	206.8-123	GB/T 7609—1995	电信网中脉冲编码调制音频通路传输特性常用测试方法	国标	1996-6-1		GB 4572—1984；GB 7609—1987	采购、建设、修试	品控、验收与质量评定、试验	调度及二次	电力通信	
8909	206.8-124	GB/T 11287—2000	电气继电器 第21部分：量度继电器和保护装置的振动、冲击、碰撞和地震试验 第1篇：振动试验（正弦）	国标	2000-8-1	IEC 255-21-1:1988，IDT	GB/T 11287—1989	采购、修试	品控、试验	调度及二次	继电保护及安全自动装置	
8910	206.8-125	GB/T 13543—1992	数字通信设备环境试验方法	国标	1993-3-1			采购、建设、修试	品控、验收与质量评定、试验	调度及二次	电力通信	
8911	206.8-126	GB/T 14537—1993	量度继电器和保护装置的冲击与碰撞试验	国标	1994-2-1	IEC 255-21-2，IDT		采购、修试	品控、试验	调度及二次	继电保护及安全自动装置	

序号	体系结构号	标准编号	标准名称	标准级别	实施日期	与国际标准对应关系	代替标准	阶段	分阶段	专业	分专业	备注
8912	206.8-127	GB/T 14598.23—2017	电气继电器 第21部分：量度继电器和保护装置的振动、冲击、碰撞和地震试验 第3篇：地震试验	国标	2018-7-1	IEC 60255-21-3:1993		采购、修试	品控、试验	调度及二次	继电保护及安全自动装置	
8913	206.8-128	GB/T 14598.26—2015	量度继电器和保护装置 第26部分：电磁兼容要求	国标	2016-4-1	IEC 60255-26:2013，IDT	GB/T 14598.20—2007	采购、修试	品控、试验	调度及二次	继电保护及安全自动装置	
8914	206.8-129	GB/T 14598.3—2006	电气继电器 第5部分：量度继电器和保护装置的绝缘配合要求和试验	国标	2006-9-1	IEC 60255-5:2000，IDT	GB/T 14598.3—1993	采购、修试	品控、试验	调度及二次	继电保护及安全自动装置	
8915	206.8-130	GB/T 14760—1993	光缆通信系统传输性能测试方法	国标	1994-8-1			采购、建设、修试	品控、验收与质量评定、试验	调度及二次	电力通信	
8916	206.8-131	GB/T 15149.1—2002	电力系统远方保护设备的性能及试验方法 第1部分：命令系统	国标	2002-12-1	IEC 60834-1:1999，IDT		采购、修试	品控、试验	调度及二次	继电保护及安全自动装置	
8917	206.8-132	GB/T 15510—2008	控制用电磁继电器可靠性试验通则	国标	2009-3-1		GB/T 15510—1995	采购、修试	品控、试验	调度及二次	继电保护及安全自动装置	
8918	206.8-133	GB/T 16821—2007	通信用电源设备通用试验方法	国标	2007-9-1		GB/T 16821—1997	采购、建设、修试	品控、验收与质量评定、试验	调度及二次	电力通信	
8919	206.8-134	GB/T 17737.108—2018	同轴通信电缆 第1-108部分：电气试验方法 特性阻抗、相位延迟、群延迟、电长度和传播速度试验	国标	2018-10-1			采购、建设、修试	品控、验收与质量评定、试验	调度及二次	电力通信	

序号	体系结构号	标准编号	标准名称	标准级别	实施日期	与国际标准对应关系	代替标准	阶段	分阶段	专业	分专业	备注
8920	206.8-135	GB/T 17737.201—2015	同轴通信电缆 第1-201部分：环境试验方法 电缆的冷弯性能试验	国标	2016-2-1	IEC 61196-1-201:2009, IDT		采购、建设、修试	品控、验收与质量评定、试验	调度及二次	电力通信	
8921	206.8-136	GB/T 17737.313—2015	同轴通信电缆 第1-313部分：机械试验方法 介质和护套的附着力	国标	2016-2-1	IEC 61196-1-313:2009, IDT		设计、采购、修试	初设、招标、品控、试验	调度及二次	电力通信	
8922	206.8-137	GB/T 22384—2008	电力系统安全稳定控制系统检验规范	国标	2009-8-1			建设、运维、修试	验收与质量评定、运行、维护、检修、试验	调度及二次	继电保护及安全自动装置、运行方式	
8923	206.8-138	GB/T 26862—2011	电力系统同步相量测量装置检测规范	国标	2011-12-1			建设、运维、修试	验收与质量评定、运行、维护、检修、试验	调度及二次	运行方式、调度自动化	
8924	206.8-139	GB/T 26864—2011	电力系统继电保护产品动模试验	国标	2011-12-1			采购、修试	品控、试验	调度及二次	继电保护及安全自动装置	
8925	206.8-140	GB/T 31723.411—2018	金属通信电缆试验方法 第4-11部分：电磁兼容 跳线、同轴电缆组件、接连接器电缆的耦合衰减或屏蔽衰减 吸收钳法	国标	2019-1-1			采购、建设、修试	品控、验收与质量评定、试验	调度及二次	电力通信	
8926	206.8-141	GB/T 31723.412—2021	金属通信电缆试验方法 第4-12部分：电磁兼容 连接硬件的耦合衰减或屏蔽衰减 吸收钳法	国标	2022-7-1			采购、建设、修试	品控、验收与质量评定、试验	调度及二次	电力通信	

序号	体系结构号	标准编号	标准名称	标准级别	实施日期	与国际标准对应关系	代替标准	阶段	分阶段	专业	分专业	备注
8927	206.8-142	GB/T 34871—2017	智能变电站继电保护检验测试规范	国标	2018-5-1			采购、修试	品控、试验	调度及二次	继电保护及安全自动装置	
8928	206.8-143	GB/T 37172—2018	接入网设备测试方法 EPON系统互通性	国标	2019-4-1			设计、采购、修试	初设、招标、品控、试验	调度及二次	电力通信	
8929	206.8-144	GB/T 37174—2018	接入网设备测试方法 GPON系统互通性	国标	2019-4-1			设计、采购、修试	初设、招标、品控、试验	调度及二次	电力通信	
8930	206.8-145	GB/T 37911.2—2019	电力系统北斗卫星授时应用接口 第2部分:检测规范	国标	2020-3-1			设计、采购、修试	初设、招标、品控、试验	调度及二次	调度自动化	
8931	206.8-146	GB/T 41262—2022	工业控制系统的信息物理融合异常检测系统技术要求	国标	2022-10-1			设计、建设、运维	初设、验收与质量评定、运行	调度及二次	电力监控系统网络安全	
8932	206.8-147	GB/T 42150.1—2022	就地化继电保护装置检测规范 第1部分:通用部分	国标	2023-4-1			设计、采购、修试	初设、招标、品控、试验	调度及二次	继电保护及安全自动装置	
8933	206.8-148	GB/T 42460—2023	信息安全技术 个人信息去标识化效果评估指南	国标	2023-10-1			建设	验收与质量评定	调度及二次	电力监控系统网络安全	
8934	206.8-149	YD/T 4173—2022	工业互联网联网用技术 无源光网络(PON)设备测试方法	国标	2023-1-1			采购、建设、修试	招标、验收与质量评定、试验	调度及二次	电力监控系统网络安全	
8935	206.8-150	ANSI IEEE 1682—2011	光纤电缆、连接、光纤捻接审查试验使用标准	国际标准	2011-9-10	IEEE 1682—2411, IDT		采购、建设、修试	品控、验收与质量评定、试验	调度及二次	电力通信	

序号	体系结构号	标准编号	标准名称	标准级别	实施日期	与国际标准对应关系	代替标准	阶段	分阶段	专业	分专业	备注
206.9 试验与计量—储能与氢能												
8936	206.9-1	Q/CSG 1206026—2022	南方电网电化学储能电站并网性能实时仿真试验技术规范（试行）	企标	2022-7-3			设计、采购、运维、修试	初设、招标、运行、维护、试验	发电	储能	
8937	206.9-2	T/CEC 168—2018	移动式电化学储能系统测试规程	团标	2018-4-1			修试	试验	发电	储能	
8938	206.9-3	T/CEC 169—2018	电力储能用锂离子电池内短路测试方法	团标	2018-4-1			设计、采购、运维、修试	初设、招标、运行、维护、试验	发电	储能	
8939	206.9-4	T/CEC 170—2018	电力储能用锂离子电池烟爆炸试验方法	团标	2018-4-1			设计、采购、运维、修试	初设、招标、运行、维护、试验	发电	储能	
8940	206.9-5	T/CEC 171—2018	电力储能用锂离子电池循环寿命要求及快速检测试验方法	团标	2018-4-1			设计、采购、运维、修试	初设、招标、运行、维护、试验	发电	储能	
8941	206.9-6	T/CEC 172—2018	电力储能用锂离子电池安全要求及试验方法	团标	2018-4-1			设计、采购、运维、修试	初设、招标、运行、维护、试验	发电	储能	
8942	206.9-7	T/CEC 461—2021	电化学储能电站用锂离子电池性能检测 操作规程	团标	2021-9-1			采购、修试	招标、品控、试验	发电	储能	
8943	206.9-8	T/CEC 678—2022	电力储能用固态锂离子电池安全要求及试验方法	团标	2023-2-1			设计、采购、运维、修试	初设、招标、运行、维护、试验	发电	储能	
8944	206.9-9	T/CEEMA 014—2021	电力系统电化学储能系统现场检测技术规范	团标	2021-11-26			设计、采购、运维、修试	初设、招标、运行、维护、试验	发电	储能	

序号	体系结构号	标准编号	标准名称	标准级别	实施日期	与国际标准对应关系	代替标准	阶段	分阶段	专业	分专业	备注
8945	206.9-10	T/CES 096—2022	飞轮储能系统电网接入测试规范	团标	2022-1-26			设计、采购、运维、修试	初设、招标、运行、维护、试验	发电	储能	
8946	206.9-11	DL/T 2579—2022	参与辅助调频的电源侧电化学储能系统并网试验规程	行标	2023-5-4			设计、采购、运维、修试	初设、招标、运行、维护、试验	发电	储能	
8947	206.9-12	NB/T 10820—2021	固体氧化物燃料电池 单电池测试方法	行标	2022-5-16			采购、修试	招标、品控、试验	发电	储能	
8948	206.9-13	NB/T 10821—2021	固体氧化物燃料电池 电池堆测试方法	行标	2022-5-16			采购、修试	招标、品控、试验	发电	储能	
8949	206.9-14	NB/T 10827—2021	动力电池薄膜离子电导率的测试方法	行标	2022-5-16			采购、修试	招标、品控、试验	发电	储能	
8950	206.9-15	SJ/T 11792—2022	锂离子电池电极材料导电性测试方法	行标	2022-7-1			采购、修试	招标、品控、试验	发电	储能	
8951	206.9-16	SJ/T 11793—2022	锂离子电池电极材料电化学性能测试方法	行标	2022-7-1			采购、修试	招标、品控、试验	发电	储能	
8952	206.9-17	SJ/T 11794—2022	锂离子电池正极材料游离锂的测试方法	行标	2022-7-1			采购、修试	招标、品控、试验	发电	储能	
8953	206.9-18	SJ/T 11795—2022	锂离子电池电极材料中磁性异物含量测试方法	行标	2022-7-1			采购、修试	招标、品控、试验	发电	储能	
8954	206.9-19	T/CERS 0013—2020	压缩空气储能系统性能测试规范	行标	2020-12-31			设计、采购、运维、修试	初设、招标、运行、维护、试验	发电	储能	
8955	206.9-20	T/CNESA 1203—2021	压缩空气储能系统性能测试规范	行标	2021-2-1			设计、采购、运维、修试	初设、招标、运行、维护、试验	发电	储能	

序号	体系结构号	标准编号	标准名称	标准级别	实施日期	与国际标准对应关系	代替标准	阶段	分阶段	专业	分专业	备注
8956	206.9-21	GB/T 17215.675—2022	电测量数据交换 DLMS/COSEM 组件 第75部分：本地网络 LN 的本地数据传输配置	国标	2023-7-1	IEC 62056-7-6:2016		设计、采购、建设、运维	初设、施工图、招标、品控、施工工艺、验收与质量评定、试运行、运行、维护	用电	电能计量	
8957	206.9-22	GB/T 41232.2—2021	纳米制造 关键控制特性 纳米储能 第2部分：纳米正极材料的密度测试	国标	2022-7-1			采购、修试	招标、品控、试验	发电	储能	
206.10	**试验与计量—备用**											
8958	206.10-1	T/CSEE 0209—2021	低压电力应急电源装备测试导则	团标	2021-3-11			采购、修试	招标、品控、试验	发电	其他	
8959	206.10-2	YD/T 3946—2021	通信基站用蓄电池组共用管理设备技术要求与试验方法	行标	2021-11-1			采购、修试	招标、品控、试验	发电	其他	
206.11	**试验与计量—CO$_2$捕集、利用与封存**											
206.12	**试验与计量—仪器仪表**											
8960	206.12-1	T/CEC 113—2016	电力检测型红外成像仪校准规范	团标	2017-1-1			运维、修试	维护、检修、试验	附属设施及工器具	工器具	
8961	206.12-2	T/CEC 346—2020	谐波过电压保护装置检测规范	团标	2020-10-1			修试	检修、试验	其他		
8962	206.12-3	T/CEC 359—2020	智能变电站监控累统试验装置检测规范	团标	2020-10-1			运维、修试	维护、检修、试验	附属设施及工器具	工器具	
8963	206.12-4	T/CEC 360—2020	变电站监控系统试验用标准功串源装置技术规范	团标	2020-10-1			运维、修试	维护、检修、试验	附属设施及工器具	工器具	

序号	体系结构号	标准编号	标准名称	标准级别	实施日期	与国际标准对应关系	代替标准	阶段	分阶段	专业	分专业	备注
8964	206.12-5	T/CEC 413—2020	同期线损用高压电能测量装置校准规范	团标	2021-2-1			修试	检修、试验	其他		
8965	206.12-6	T/CEC 426.1—2020	电力用油测试仪器通用技术条件 第1部分:微量水分测定仪	团标	2021-2-1			运维、修试	维护、检修、试验	附属设施及工器具	工器具	
8966	206.12-7	T/CEC 515—2021	特高频局部放电检测用电磁屏蔽织物现场应用导则	团标	2021-10-1			运维、修试	维护、检修、试验	附属设施及工器具	工器具	
8967	206.12-8	T/CEC 555—2021	局部放电超声波检测仪技术规范	团标	2022-3-1			运维、修试	维护、检修、试验	附属设施及工器具	工器具	
8968	206.12-9	T/CSEE 0227—2021	超声、紫外、红外联合检测装置技术规范	团标	2021-3-11			运维、修试	维护、检修、试验	附属设施及工器具	工器具	
8969	206.12-10	T/CSEE 0296—2022	涡街流量计在线校准导则	团标	2022-9-27			运维、修试	维护、检修、试验	附属设施及工器具	工器具	
8970	206.12-11	DL/T 356—2010	局部放电测量仪校准规范	行标	2010-10-1			运维、修试	维护、检修、试验	附属设施及工器具	工器具	
8971	206.12-12	DL/T 357—2019	输电线路行波故障测距装置技术条件	行标	2019-10-1		DL/T 357—2010	采购、运维、修试	招标、品控、运行、维护、检修、试验	附属设施及工器具	工器具	
8972	206.12-13	DL/T 460—2016	智能电能表检验装置检定规程	行标	2017-5-1		DL/T 460—2005	运维、修试	运行、检修、试验	用电	电能计量	
8973	206.12-14	DL/T 826—2002	交流电能表现场测试仪	行标	2002-12-1			运维、修试	运行、检修、试验	用电	电能计量	
8974	206.12-15	DL/T 967—2005	回路电阻测试仪 与直流电阻快速测试仪检定规程	行标	2006-6-1			运维、修试	维护、检修、试验	附属设施及工器具	工器具	
8975	206.12-16	DL/T 979—2005	直流高压高阻箱检定规程	行标	2006-6-1			运维、修试	维护、检修、试验	附属设施及工器具	工器具	

序号	体系结构号	标准编号	标准名称	标准级别	实施日期	与国际标准对应关系	代替标准	阶段	分阶段	专业	分专业	备注
8976	206.12-17	DL/T 1112—2009	交、直流仪表检验装置检定规程	行标	2009-12-1		SD 111—1983；SD 112—1983	运维、修试	运行、检修、试验	用电	电能计量	
8977	206.12-18	DL/T 1222—2013	冲击分压器校准规范	行标	2013-8-1			运维、修试	维护、检修、试验	附属设施及工器具	工器具	
8978	206.12-19	DL/T 1254—2013	差动电阻式监测仪器鉴定技术规程	行标	2014-4-1			运维、修试	维护、检修、试验	附属设施及工器具	工器具	
8979	206.12-20	DL/T 1400—2015	油浸式变压器测温装置现场校准规范	行标	2015-9-1			运维、修试	维护、检修、试验	附属设施及工器具	工器具	
8980	206.12-21	DL/T 1473—2016	电测量指示仪表检定规程	行标	2016-6-1		SD 110—1983	运维、修试	运行、检修、试验	用电	电能计量	
8981	206.12-22	DL/T 1478—2015	电子式交流电能表现场检验规程	行标	2015-12-1			运维、修试、退役	运行、维护、检修、试验、退役、报废	用电	电能计量	
8982	206.12-23	DL/T 1507—2016	数字化电能表校准规范	行标	2016-6-1			采购、修试、退役	招标、品控、检修、试验、退役、报废	用电	电能计量	
8983	206.12-24	DL/T 1561—2016	避雷器监测装置校准规范	行标	2016-6-1			运维、修试	维护、检修、试验	附属设施及工器具	工器具	
8984	206.12-25	DL/T 1582—2016	直流输电阀冷系统仪表检测导则	行标	2016-7-1			运维、修试	维护、检修、试验	附属设施及工器具	工器具	
8985	206.12-26	DL/T 1681—2016	高压试验仪器设备选配导则	行标	2017-5-1			运维、修试	维护、检修、试验	附属设施及工器具	工器具	
8986	206.12-27	DL/T 1694.1—2017	高压测试仪器及设备校准规范 第1部分：特高频局部放电在线监测装置	行标	2017-8-1			运维、修试	维护、检修、试验	附属设施及工器具	工器具	
8987	206.12-28	DL/T 1694.2—2017	高压测试仪器及设备校准规范 第2部分：电力变压器分接开关测试仪	行标	2017-8-1			运维、修试	维护、检修、试验	附属设施及工器具	工器具	

序号	体系结构号	标准编号	标准名称	标准级别	实施日期	与国际标准对应关系	代替标准	阶段	分阶段	专业	分专业	备注
8988	206.12-29	DL/T 1694.3—2017	高压测试仪器及设备校准规范第3部分:高压开关动作特性测试仪	行标	2017-8-1			运维、修试	维护、检修、试验	附属设施及工器具	工器具	
8989	206.12-30	DL/T 1694.4—2017	高压测试仪器及设备校准规范第4部分:绝缘油耐压测试仪	行标	2017-8-1			运维、修试	维护、检修、试验	附属设施及工器具	工器具	
8990	206.12-31	DL/T 1694.5—2017	高压测试仪器及设备校准规范第5部分:氧化锌避雷器阻性电流测试仪	行标	2017-8-1			运维、修试	维护、检修、试验	附属设施及工器具	工器具	
8991	206.12-32	DL/T 1694.6—2020	高压测试仪器及设备校准规范第6部分:电力电缆超低频介质损耗测试仪	行标	2021-2-1			运维、修试	维护、检修、试验	附属设施及工器具	工器具	
8992	206.12-33	DL/T 1694.8—2021	高压测试仪器及设备校准规范第8部分:电力电容电感测试仪	行标	2022-6-22			运维、修试	维护、检修、试验	附属设施及工器具	工器具	
8993	206.12-34	DL/T 1694.9—2021	高压测试仪器及设备校准规范第9部分:电力变压器空、负载损耗测试仪	行标	2022-6-22			运维、修试	维护、检修、试验	附属设施及工器具	工器具	
8994	206.12-35	DL/T 1763—2017	电能表检测抽样要求	行标	2018-3-1			采购、修试、退役	招标、品控、检修、试验、退役、报废	用电	电能计量	
8995	206.12-36	DL/T 1787—2017	相对介损及电容检测仪校准规范	行标	2018-6-1			运维、修试	维护、检修、试验	附属设施及工器具	工器具	

序号	体系结构号	标准编号	标准名称	标准级别	实施日期	与国际标准对应关系	代替标准	阶段	分阶段	专业	分专业	备注
8996	206.12-37	DL/T 1852—2018	工频接地电阻测量设备检测规程	行标	2018-10-1			运维、修试	维护、检修、试验	附属设施及工器具	工器具	
8997	206.12-38	DL/T 1952—2018	变压器绕组变形测试仪校准规范	行标	2019-5-1			采购、运维、修试	招标、品控、维护、检修、试验	附属设施及工器具	工器具	
8998	206.12-39	DL/T 1954—2018	基于暂态地电压法局部放电检测仪校准规范	行标	2019-5-1			运维、修试	维护、检修、试验	附属设施及工器具	工器具	
8999	206.12-40	DL/T 2115—2020	电压监测仪检验技术规范	行标	2021-2-1			运维、修试	维护、检修、试验	附属设施及工器具	工器具	
9000	206.12-41	DL/T 2163—2020	微机械电子式测斜仪	行标	2021-2-1			采购、运维、修试	招标、品控、维护、检修、试验	附属设施及工器具	工器具	
9001	206.12-42	DL/T 2268—2021	直流电场测量仪校准规范	行标	2021-10-26			采购、运维、修试	招标、品控、维护、检修、试验	附属设施及工器具	工器具	
9002	206.12-43	DL/T 2345—2021	直流电能表外附分流器技术规范	行标	2022-3-22			采购、运维、修试	招标、品控、维护、检修、试验	附属设施及工器具	工器具	
9003	206.12-44	DL/T 2350—2021	电压监测仪检定装置技术规范	行标	2022-3-22			采购、运维、修试	招标、品控、维护、检修、试验	附属设施及工器具	工器具	
9004	206.12-45	DL/T 2524—2022	电力应急电源装备测试导则	行标	2022-11-13			运维、修试	维护、检修、试验	附属设施及工器具	工器具	
9005	206.12-46	DL/T 2551—2022	油浸式电力变压器用光纤测温装置试验方法	行标	2023-5-4			采购、运维、修试	招标、品控、维护、检修、试验	附属设施及工器具	工器具	
9006	206.12-47	DL/T 2552—2022	油浸式电力变压器用光纤测温装置技术规范	行标	2023-5-4			采购、运维、修试	招标、品控、维护、检修、试验	附属设施及工器具	工器具	
9007	206.12-48	DL/T 5570—2020	电力工程电缆勘测技术规程	行标	2021-2-1			运维、修试	维护、检修、试验	附属设施及工器具	工器具	
9008	206.12-49	JB/T 7080—2013	绕组匝间绝缘冲击电压试验仪	行标	2014-3-1		JB/T 7080—1993	运维、修试	维护、检修、试验	附属设施及工器具	工器具	

序号	体系结构号	标准编号	标准名称	标准级别	实施日期	与国际标准对应关系	代替标准	阶段	分阶段	专业	分专业	备注
9009	206.12-50	NB/T 42124—2017	测控装置校准规范	行标	2017-12-1			运维、修试	维护、检修、试验	附属设施及工器具	工器具	
9010	206.12-51	QX/T 73—2007	风电场风测量仪器检测规范	行标	2007-10-1			运维、修试	维护、检修、试验	附属设施及工器具	工器具	
9011	206.12-52	SJ/T 11846—2022	电压调整器低频噪声参数测试方法	行标	2023-01-01			运维、修试	维护、检修、试验	附属设施及工器具	工器具	
9012	206.12-53	SY/T 6822—2021	电缆测井项目选择规范	行标	2022-5-16			运维、修试	维护、检修、试验	附属设施及工器具	工器具	
9013	206.12-54	GB 17167—2006	用能单位能源计量器具配备和管理通则	国标	2007-1-1		GB/T 17167—1997	运维、修试	维护、检修、试验	用电	电能计量	
9014	206.12-55	GB/T 5170.18—2022	环境试验设备检验方法 第18部分：温度/湿度组合循环试验设备	国标	2023-2-1		GB/T 5170.18—2005	采购、运维、修试	招标、运行、维护、检修、试验	其他		
9015	206.12-56	GB/T 5170.20—2022	环境试验设备检验方法 第20部分：水试验设备	国标	2023-2-1		GB/T 5170.20—2005	采购、建设、修试	品控、验收与质量评定、试验	其他		
9016	206.12-57	GB/T 11007—2008	电导率仪试验方法	国标	2009-1-1		GB/T 11007—1989	运维、修试	维护、检修、试验	附属设施及工器具	工器具	
9017	206.12-58	GB/T 13166—2018	电子测量仪器设计余量与模拟误用试验	国标	2019-1-1			采购、运维、修试	招标、品控、维护、检修、试验	附属设施及工器具	工器具	
9018	206.12-59	GB/T 16825.1—2022	金属材料 静力单轴试验机的检验与校准 第1部分：拉力和（或）压力试验机测力系统的检验与校准	国标	2023-5-1		GB/T 16825.1—2008	运维、修试	运行、维护、检修、试验	其他		
9019	206.12-60	GB/T 18293—2001	电力整流设备运行效率的在线测量	国标	2001-7-1			建设、运维、修试	试运行、运行、检修	附属设施及工器具	工器具	

序号	体系结构号	标准编号	标准名称	标准级别	实施日期	与国际标准对应关系	代替标准	阶段	分阶段	专业	分专业	备注
9020	206.12-61	GB/T 37006—2018	数字化电能表检验装置	国标	2019-7-1			采购、建设、运维、修试	招标、品控、验收与质量评定、维护、检修、试验	用电	电能计量	
9021	206.12-62	GB/T 40661—2021	工频磁场测量仪校准规范	国标	2022-5-1			采购、建设、运维、修试	招标、品控、验收与质量评定、维护、检修、试验	附属设施及工器具	工器具	
9022	206.12-63	JJF 1095—2002	电容器介质损耗测量仪校准规范	计量技术规范	2003-5-4		JJG 136—1986	运维、修试	维护、检修、试验	附属设施及工器具	工器具	
9023	206.12-64	JJF 1284—2011	交直流电表校验仪校准规范	计量技术规范	2011-9-14			运维、修试	维护、检修、试验	附属设施及工器具	工器具	
9024	206.12-65	JJF 1587—2016	数字多用表校准规范	计量技术规范	2017-5-25		JJG 315—1983；JJG 598—1989；JJG 724—1991	运维、修试	维护、检修、试验	附属设施及工器具	工器具	
9025	206.12-66	JJF 1616—2017	脉冲电流法局部放电测试仪校准规范	计量技术规范	2017-5-28			运维、修试	维护、检修、试验	附属设施及工器具	工器具	
9026	206.12-67	JJF 1686—2018	脉冲计数器校准规范	计量技术规范	2018-5-27			采购、运维、修试	招标、品控、维护、检修、试验	附属设施及工器具	工器具	
9027	206.12-68	JJF 1691—2018	绕组匝间绝缘冲击电压试验仪校准规范	计量技术规范	2018-5-27			运维、修试	维护、检修、试验	附属设施及工器具	工器具	
9028	206.12-69	JJF 1692—2018	涡流电导率仪校准规范	计量技术规范	2018-5-27			运维、修试	维护、检修、试验	附属设施及工器具	工器具	
9029	206.12-70	JJF 1713—2018	高频电容损耗标准器校准规范	计量技术规范	2018-12-25		JJG 66—1990	运维、修试	维护、检修、试验	附属设施及工器具	工器具	

序号	体系结构号	标准编号	标准名称	标准级别	实施日期	与国际标准对应关系	代替标准	阶段	分阶段	专业	分专业	备注
9030	206.12-71	JJF（电子）0048—2020	100kA 长脉冲电流源校准规范	计量技术规范	2020-12-31			运维、修试	维护、检修、试验	附属设施及工器具	工器具	
9031	206.12-72	JJF（电子）0049—2020	微秒级脉冲分流器校准规范	计量技术规范	2020-12-31			运维、修试	维护、检修、试验	附属设施及工器具	工器具	
9032	206.12-73	JJF（电子）0066—2021	2MHz 以下通信电缆测试仪校准规范	计量技术规范	2022-4-1			运维、修试	维护、检修、试验	附属设施及工器具	工器具	
9033	206.12-74	JJF（电子）0067—2021	超高阻微电流测量仪校准规范	计量技术规范	2022-4-1			运维、修试	维护、检修、试验	附属设施及工器具	工器具	
9034	206.12-75	JJF（电子）0072—2021	非接触涡流法半导体晶片电阻率测试系统校准规范	计量技术规范	2022-4-1			运维、修试	维护、检修、试验	附属设施及工器具	工器具	
9035	206.12-76	JJF（电子）0074—2021	防雷元件测试仪校准规范	计量技术规范	2022-4-1			运维、修试	维护、检修、试验	附属设施及工器具	工器具	
9036	206.12-77	JJF（电子）0075—2021	标准电容损耗箱校准规范	计量技术规范	2022-4-1			运维、修试	维护、检修、试验	附属设施及工器具	工器具	
9037	206.12-78	JJF（电子）0076—2021	模拟断路器校准规范	计量技术规范	2022-4-1			运维、修试	维护、检修、试验	附属设施及工器具	工器具	
9038	206.12-79	JJF（电子）0077—2021	晶体管特征频率测试仪校准规范	计量技术规范	2022-4-1			运维、修试	维护、检修、试验	附属设施及工器具	工器具	
9039	206.12-80	JJF（机械）1012—2018	氧化锌避雷器泄漏电流测试仪校准规范	计量技术规范	2018-7-1		JJF（机械）022—2008	运维、修试	维护、检修、试验	附属设施及工器具	工器具	

序号	体系结构号	标准编号	标准名称	标准级别	实施日期	与国际标准对应关系	代替标准	阶段	分阶段	专业	分专业	备注
9040	206.12-81	JJF（机械）1023—2019	气体继电器（瓦斯继电器）校准规范	计量技术规范	2019-12-1			运维、修试	维护、检修、试验	附属设施及工器具	工器具	
9041	206.12-82	JJF（机械）1036—2019	直流高压发生器校准规范	计量技术规范	2019-12-1			运维、修试	维护、检修、试验	附属设施及工器具	工器具	
9042	206.12-83	JJF（机械）1061—2021	工频大电流测量系统校准规范	计量技术规范	2022-4-1			运维、修试	维护、检修、试验	附属设施及工器具	工器具	
9043	206.12-84	JJF（机械）1062—2021	绝缘油介电强度测试仪校准规范	计量技术规范	2022-4-1			运维、修试	维护、检修、试验	附属设施及工器具	工器具	
9044	206.12-85	JJF（机械）1063—2021	交流、直流、雷电冲击、通用分压器测量系统校准规范	计量技术规范	2022-4-1			运维、修试	维护、检修、试验	附属设施及工器具	工器具	
9045	206.12-86	JJF（机械）1067—2021	霍尔电流传感器校准规范	计量技术规范	2022-4-1			运维、修试	维护、检修、试验	附属设施及工器具	工器具	
9046	206.12-87	JJF（机械）1070—2021	氧化锌避雷器直流参数测试仪校准规范	计量技术规范	2022-4-1			运维、修试	维护、检修、试验	附属设施及工器具	工器具	
9047	206.12-88	JJF（机械）1072—2021	40kV及以下冲击全波电压试验装置校准规范	计量技术规范	2022-4-1		JJF（机械）020—2008	运维、修试	维护、检修、试验	附属设施及工器具	工器具	
9048	206.12-89	JJF（机械）1073—2021	电力线感应/接触试验发生器校准规范	计量技术规范	2022-4-1			运维、修试	维护、检修、试验	附属设施及工器具	工器具	
9049	206.12-90	JJG 125—2004	直流电桥检定规程	计量检定规程	2005-3-21		JJG 125—1986	运维、修试	维护、检修、试验	附属设施及工器具	工器具	
9050	206.12-91	JJG 153—1996	标准电池检定规程	计量检定规程	1997-6-1		JJG 153—86	运维、修试	维护、检修、试验	附属设施及工器具	工器具	

序号	体系结构号	标准编号	标准名称	标准级别	实施日期	与国际标准对应关系	代替标准	阶段	分阶段	专业	分专业	备注
9051	206.12-92	JJG 158—2013	补偿式微压计检定规程	计量检定规程	2014-1-4		JJG 158—1994	运维、修试	维护、检修、试验	附属设施及工器具	工器具	
9052	206.12-93	JJG 183—2017	标准电容器检定规程	计量检定规程	2018-3-26		JJG 183—1992	运维、修试	维护、检修、试验	附属设施及工器具	工器具	
9053	206.12-94	JJG 188—2017	声级计检定规程	计量检定规程	2018-5-20		JJG 188—2002 检定部分	运维、修试	维护、检修、试验	附属设施及工器具	工器具	
9054	206.12-95	JJG 225—2001	热能表检定规程	计量检定规程	2002-3-1		JJG 225—1992	运维、修试	维护、检修、试验	附属设施及工器具	工器具	
9055	206.12-96	JJG 244—2003	感应分压器检定规程	计量检定规程	2004-3-23		JJG 244—1981	运维、修试	维护、检修、试验	附属设施及工器具	工器具	
9056	206.12-97	JJG 307—2006	机电式交流电能表检定规程	计量检定规程	2006-9-8		JJG 307—1988	采购、修试、退役	招标、品控、检修、试验、退役、报废	附属设施及工器具	工器具	
9057	206.12-98	JJG 366—2004	接地电阻表检定规程	计量检定规程	2004-12-1		JJG 366—1986	运维、修试	维护、检修、试验	附属设施及工器具	工器具	
9058	206.12-99	JJG 440—2008	工频单相相位表检定规程	计量检定规程	2009-6-22		JJG 440—1986	运维、修试	维护、检修、试验	附属设施及工器具	工器具	
9059	206.12-100	JJG 441—2008	交流电桥检定规程	计量检定规程	2008-10-23		JJG 441—1986	运维、修试	维护、检修、试验	附属设施及工器具	工器具	
9060	206.12-101	JJG 494—2005	高压静电电压表检定规程	计量检定规程	2006-6-20		JJG 494—1987	运维、修试	维护、检修、试验	附属设施及工器具	工器具	
9061	206.12-102	JJG 495—2006	直流磁电系检流计检定规程	计量检定规程	2007-6-8		JJG 495—1987	运维、修试	维护、检修、试验	附属设施及工器具	工器具	

序号	体系结构号	标准编号	标准名称	标准级别	实施日期	与国际标准对应关系	代替标准	阶段	分阶段	专业	分专业	备注
9062	206.12-103	JJG 499—2021	精密露点仪检定规程	计量检定规程	2022-6-28		JJG 499—2004	运维、修试	维护、检修、试验	附属设施及工器具	工器具	
9063	206.12-104	JJG 508—2004	四探针电阻率测试仪检定规程	计量检定规程	2005-3-21		JJG 508—1987	运维、修试	维护、检修、试验	附属设施及工器具	工器具	
9064	206.12-105	JJG 520—2005	粉尘采样器检定规程	计量检定规程	2005-10-28		JJG 520—2002	运维、修试	维护、检修、试验	附属设施及工器具	工器具	
9065	206.12-106	JJG 531—2003	直流电阻分压箱检定规程	计量检定规程	2003-11-12		JJG 531—1988	运维、修试	维护、检修、试验	附属设施及工器具	工器具	
9066	206.12-107	JJG 546—2010	直流比较电桥检定规程	计量检定规程	2010-7-5		JJG 546—1988	运维、修试	维护、检修、试验	附属设施及工器具	工器具	
9067	206.12-108	JJG 563—2004	高压电容电桥检定规程	计量检定规程	2004-9-2		JJG 563—1988	运维、修试	维护、检修、试验	附属设施及工器具	工器具	
9068	206.12-109	JJG 588—2018	冲击峰值电压表检定规程	计量检定规程	2018-8-27		JJG 588—1996	采购、建设、运维、修试	招标、验收与质量评定、试运行、运行、维护、检修、试验	附属设施及工器具	工器具	
9069	206.12-110	JJG 602—2014	低频信号发生器检定规程	计量检定规程	2015-5-17		JJG 602—1996；JJG 64—1990；JJG 230—1980	运维、修试	维护、检修、试验	附属设施及工器具	工器具	
9070	206.12-111	JJG 603—2018	频率表检定规程	计量检定规程	2019-6-25		JJG 603—2006	运维、修试	维护、检修、试验	附属设施及工器具	工器具	
9071	206.12-112	JJG 617—1996	数字温度指示调节仪检定规程	计量检定规程	1997-4-1		JJG 617—89	运维、修试	维护、检修、试验	附属设施及工器具	工器具	
9072	206.12-113	JJG 622—1997	绝缘电阻表（兆欧表）检定规程	计量检定规程	1998-5-1		JJG 622—89	运维、修试	维护、检修、试验	附属设施及工器具	工器具	

序号	体系结构号	标准编号	标准名称	标准级别	实施日期	与国际标准对应关系	代替标准	阶段	分阶段	专业	分专业	备注
9073	206.12-114	JJG 644—2003	振动位移传感器检定规程	计量检定规程	2004-3-23		JJG 644—1990	运维、修试	维护、检修、试验	附属设施及工器具	工器具	
9074	206.12-115	JJG 690—2003	高绝缘电阻测量仪（高阻计）检定规程	计量检定规程	2004-3-23		JJG 690—1990	运维、修试	维护、检修、试验	附属设施及工器具	工器具	
9075	206.12-116	JJG 722—2018	标准数字时钟检定规程	计量检定规程	2018-8-27		JJG 722—1991	采购、运维、修试	招标、品控、维护、检修、试验	附属设施及工器具	工器具	
9076	206.12-117	JJG 726—2017	标准电感器检定规程	计量检定规程	2018-3-26		JJG 726—1991	运维、修试	维护、检修、试验	附属设施及工器具	工器具	
9077	206.12-118	JJG 795—2016	耐电压测试仪检定规程	计量检定规程	2017-5-25		JJG 795—2004	运维、修试	维护、检修、试验	附属设施及工器具	工器具	
9078	206.12-119	JJG 837—2003	直流低电阻表检定规程	计量检定规程	2004-3-23		JJG 837—1993	运维、修试	维护、检修、试验	附属设施及工器具	工器具	
9079	206.12-120	JJG 982—2003	直流电阻箱检定规程	计量检定规程	2004-3-23		JJG 166—1993	运维、修试	维护、检修、试验	附属设施及工器具	工器具	
9080	206.12-121	JJG 990—2004	声波检测仪检定规程	计量检定规程	2004-12-21			运维、修试	维护、检修、试验	附属设施及工器具	工器具	
9081	206.12-122	JJG 1033—2007	电磁流量计检定规程	计量检定规程	2008-2-21		JJG 198—1994	运维、修试	维护、检修、试验	附属设施及工器具	工器具	
9082	206.12-123	JJG 1052—2009	回路电阻测试仪、直阻仪检定规程	计量检定规程	2010-1-9			运维、修试	维护、检修、试验	附属设施及工器具	工器具	
9083	206.12-124	JJG 1054—2009	钳形接地电阻仪	计量检定规程	2010-1-9			运维、修试	维护、检修、试验	附属设施及工器具	工器具	

序号	体系结构号	标准编号	标准名称	标准级别	实施日期	与国际标准对应关系	代替标准	阶段	分阶段	专业	分专业	备注
9084	206.12-125	JJG 1072—2011	直流高压高值电阻器	计量检定规程	2012-5-30		JJG 166—1993	运维、修试	维护、检修、试验	附属设施及工器具	工器具	
9085	206.12-126	JJG 1120—2015	高压开关动作特性测试仪检定规程	计量检定规程	2015-11-24			运维、修试	维护、检修、试验	附属设施及工器具	工器具	
9086	206.12-127	JJG 1126—2016	高压介质损耗因数测试仪检定规程	计量检定规程	2016-9-27			运维、修试	维护、检修、试验	附属设施及工器具	工器具	
9087	206.12-128	JJG 2051—2021	直流电阻计量器具检定系统表	计量检定规程	2021-3-1		JJG 2051—1990	运维、修试	维护、检修、试验	附属设施及工器具	工器具	
9088	206.12-129	JJG 2073—1990	损耗因素计量器具检定系统	计量检定规程	1991-5-1			运维、修试	维护、检修、试验	附属设施及工器具	工器具	
9089	206.12-130	JJG 2075—1990	电容计量器具检定系统	计量检定规程	1991-5-1			运维、修试	维护、检修、试验	附属设施及工器具	工器具	
9090	206.12-131	JJG 2076—1990	电感计量器具检定系统	计量检定规程	1991-5-1			运维、修试	维护、检修、试验	附属设施及工器具	工器具	
9091	206.12-132	JJG 2084—1990	交流电流计量器具检定系统	计量检定规程	1991-5-1			运维、修试	维护、检修、试验	附属设施及工器具	工器具	
9092	206.12-133	JJG 2085—1990	交流电功率计量器具检定系统	计量检定规程	1991-5-1			运维、修试	维护、检修、试验	附属设施及工器具	工器具	
9093	206.12-134	JJG 2086—1990	交流电压计量器具检定系统	计量检定规程	1991-5-1			运维、修试	维护、检修、试验	附属设施及工器具	工器具	
206.13　试验与计量—电测计量												
9094	206.13-1	T/CEC 482—2021	基于空间射频法的敞开式高压设备局部放电检测与定位技术应用导则	团标	2021-10-1			修试	检修、试验	基础综合		

序号	体系结构号	标准编号	标准名称	标准级别	实施日期	与国际标准对应关系	代替标准	阶段	分阶段	专业	分专业	备注
9095	206.13-2	DL/T 266—2012	接地装置冲击特性参数测试导则	行标	2012-7-1			建设、修试	验收与质量评定、试验	其他		
9096	206.13-3	DL/T 475—2017	接地装置特性参数测量导则	行标	2017-12-1		DL/T 475—2006	建设、修试	验收与质量评定、试验	其他		
9097	206.13-4	DL/T 1715—2017	铝及铝合金制电力设备对接接头超声检测方法与质量分级	行标	2017-12-1			修试	检修、试验	基础综合		
9098	206.13-5	DL/T 1719—2017	采用便携式布氏硬度计检验金属部件技术导则	行标	2017-12-1			修试	检修、试验	基础综合		
9099	206.13-6	DL/T 1785—2017	电力设备 X 射线数字成像检测技术导则	行标	2018-6-1			修试	检修、试验	基础综合		
9100	206.13-7	DL/T 1786—2017	直流偏磁电流分布同步监测技术导则	行标	2018-6-1			修试	检修、试验	基础综合		
9101	206.13-8	DL/T 1994—2019	电容型油纸绝缘设备介电响应试验导则	行标	2019-10-1			修试	检修、试验	基础综合		
9102	206.13-9	DL/T 2007—2019	电力变压器电气试验集成式接线试验方法	行标	2019-10-1			修试	检修、试验	变电、配电	变压器	
9103	206.13-10	DL/T 2038—2019	高压直流输电工程直流磁场测量方法	行标	2019-10-1			修试	检修、试验	基础综合		
9104	206.13-11	DL/T 2063—2019	冲击电流测量实施导则	行标	2020-5-1			修试	检修、试验	基础综合		
9105	206.13-12	DL/T 2349—2021	大型调相机空载特性试验导则	行标	2022-3-22			修试	检修、试验	基础综合		
9106	206.13-13	DL/T 5533—2017	电力工程测量精度标准	行标	2017-12-1			修试	检修、试验	基础综合		

序号	体系结构号	标准编号	标准名称	标准级别	实施日期	与国际标准对应关系	代替标准	阶段	分阶段	专业	分专业	备注
9107	206.13-14	JB/T 14252—2022	交流电测量设备 现场测试仪通用技术规范	行标	2022-10-1			修试	检修、试验	基础综合		
9108	206.13-15	NB/T 10826—2021	车用动力电池回收利用 电芯绝缘性能及容量评定方法	行标	2022-5-16			修试	检修、试验	基础综合		
9109	206.13-16	SJ/T 11824—2022	金属氧化物半导体场效应晶体管（MOSFET）等效电容和电压变化率测试方法	行标	2023-01-01			修试	检修、试验	基础综合		
9110	206.13-17	GB/T 1411—2002	干固体绝缘材料 耐高电压、小电流电弧放电的试验	国标	2003-1-1			修试	检修、试验	基础综合		
9111	206.13-18	GB/T 2423.38—2021	电工电子产品环境试验 第2部分：试验方法 试验R：水试验方法和导则	国标	2021-12-1	IEC 60068-2-18—2000，IDT	GB/T 2423.38—2008	采购、建设、修试	品控、验收与质量评定、试验	其他		
9112	206.13-19	GB/T 2424.5—2021	电工电子产品环境试验 温度试验箱性能确认	国标	2021-12-1	IEC 60068-3-5:2001，IDT	GB/T 2424.5—2006	采购、建设、修试	品控、验收与质量评定、试验	其他		
9113	206.13-20	GB/T 2424.6—2021	电工电子产品环境试验 温度/湿度试验箱性能确认	国标	2021-12-1	IEC 60068-3-6:2001，IDT	GB/T 2424.6—2006	采购、建设、修试	品控、验收与质量评定、试验	其他		
9114	206.13-21	GB/T 4074.21—2018	绕组线试验方法 第21部分：耐高频脉冲电压性能	国标	2018-10-1			采购、修试	品控、检修、试验	其他		

序号	体系结构号	标准编号	标准名称	标准级别	实施日期	与国际标准对应关系	代替标准	阶段	分阶段	专业	分专业	备注
9115	206.13-22	GB/T 6378.1—2008	计量抽样检验程序 第1部分:按接收质量限(AQL)检索的对单一质量特性和单个AQL的逐批检验的一次抽样方案	国标	2009-1-1	ISO 3951-1:2005,IDT	GB/T 6378—2002	采购、修试	品控、检修、试验	其他		
9116	206.13-23	GB/T 6378.4—2018	计量抽样检验程序 第4部分:对均值的声称质量水平的评定程序	国标	2019-2-1		GB/T 6378.4—2008	采购、修试	品控、检修、试验	其他		
9117	206.13-24	GB/T 8054—2008	计量标准型一次抽样检验程序及表	国标	2009-1-1		GB/T 8054—1995;GB/T 8053—2001	采购、修试	品控、检修、试验	其他		
9118	206.13-25	GB/T 12190—2021	电磁屏蔽室屏蔽效能的测量方法	国标	2021-12-1		GB/T 12190—2006	采购、修试	品控、检修、试验	其他		
9119	206.13-26	GB/T 13422—2013	半导体变流器电气试验方法	国标	2013-12-2		GB/T 13422—1992	采购、修试	品控、检修、试验	其他		
9120	206.13-27	GB/T 17215.831—2017	交流电测量设备 验收检验 第31部分:静止式有功电能表的特殊要求(0.2S级、0.5S级、1级和2级)	国标	2017-12-29	IEC 62058-31—2008,IDT	GB/T 17442—1998	采购、修试	品控、检修、试验	其他		
9121	206.13-28	GB/T 17215.9311—2017	电测量设备可信性 第311部分:温度和湿度加速可靠性试验	国标	2018-7-1	IEC 62059-31-1:2008		修试	检修、试验	用电	电能计量	
9122	206.13-29	GB/T 17215.941—2012	电测量设备可信性 第41部分:可靠性预测	国标	2013-6-1	IEC 62059-41:2006,IDT		修试	检修、试验	用电	电能计量	

序号	体系结构号	标准编号	标准名称	标准级别	实施日期	与国际标准对应关系	代替标准	阶段	分阶段	专业	分专业	备注
9123	206.13-30	GB/T 17648—1998	绝缘液体 局部放电起始电压测定 试验程序	国标	1999-10-1			修试	检修、试验	基础综合		
9124	206.13-31	GB/T 18502—2018	临界电流测量 银和/或银合金包套 Bi-2212 和 Bi-2223 氧化物超导体的直流临界电流	国标	2018-7-1		GB/T 18502—2001	修试	检修、试验	基础综合		
9125	206.13-32	GB/T 21223.1—2015	老化试验数据统计分析导则 第1部分：建立在正态分布试验结果的平均值基础上的方法	国标	2016-2-1	IEC 60493-1:2011，IDT	GB/T 21223—2007	修试	检修、试验	基础综合		
9126	206.13-33	GB/T 21223.2—2015	老化试验数据统计分析导则 第2部分：截尾正态分布数据统计分析的验证程序	国标	2016-2-1			修试	检修、试验	基础综合		
9127	206.13-34	GB/T 22264.8—2022	安装式数字显示电测量仪表 第8部分：试验方法	国标	2023-7-1		GB/T 22264.8—2009	修试	检修、试验	基础综合		
9128	206.13-35	GB/T 22689—2008	测定固体绝缘材料相对耐表面放电击穿能力的推荐试验方法	国标	2009-11-1	IEC 60343:1991，IDT		修试	检修、试验	基础综合		
9129	206.13-36	GB/T 26168.1—2018	电气绝缘材料确定电离辐射的影响 第1部分：辐射相互作用和剂量测定	国标	2019-1-1		GB/T 26168.1—2010	修试	检修、试验	基础综合		
9130	206.13-37	GB/T 26168.2—2018	电气绝缘材料确定电离辐射的影响 第2部分：辐照和试验程序	国标	2019-1-1		GB/T 26168.2—2010	修试	检修、试验	基础综合		

序号	体系结构号	标准编号	标准名称	标准级别	实施日期	与国际标准对应关系	代替标准	阶段	分阶段	专业	分专业	备注
9131	206.13-38	GB/T 26168.4—2018	电气绝缘材料 确定电离辐射的影响 第4部分：运行中老化的评定程序	国标	2019-1-1		GB/T 26168.4—2010	修试	检修、试验	基础综合		
9132	206.13-39	GB/T 28706—2012	无损检测 机械及电气设备红外热成像检测方法	国标	2013-3-1			修试	检修、试验	基础综合		
9133	206.13-40	GB/T 31838.3—2019	固体绝缘材料 介电和电阻特性 第3部分：电阻特性（DC方法）表面电阻和表面电阻率	国标	2020-1-1			修试	检修、试验	基础综合		
9134	206.13-41	GB/T 31838.4—2019	固体绝缘材料 介电和电阻特性 第4部分：电阻特性（DC方法）绝缘电阻	国标	2020-1-1		GB/T 10064—2006	修试	检修、试验	基础综合		
9135	206.13-42	GB/T 32524.1—2016	声学 声压法测定电力电容器单元的声功率级和指向特性 第1部分：半消声室精密法	国标	2016-9-1			修试	检修、试验	基础综合		
9136	206.13-43	GB/T 33977—2017	高压成套开关设备和高压/低压预装式变电站产生的稳态、工频电磁场的量化方法	国标	2018-2-1	IEC/TR 62271-208: 2009		修试	检修、试验	基础综合		
9137	206.13-44	GB/T 35033—2018	30MHz～1GHz电磁屏蔽材料导电性能和金属材料搭接阻抗测量方法	国标	2018-12-1			修试	检修、试验	基础综合		

序号	体系结构号	标准编号	标准名称	标准级别	实施日期	与国际标准对应关系	代替标准	阶段	分阶段	专业	分专业	备注
9138	206.13-45	GB/T 36277—2018	电动汽车车载静止式直流电能表技术条件	国标	2019-1-1			采购、建设、运维、退役	招标、验收与质量评定、运行、维护、退役	用电	电动汽车	
9139	206.13-46	GB/T 37132—2018	无线充电设备的电磁兼容性通用要求和测试方法	国标	2019-7-1			修试	检修、试验	基础综合		
9140	206.13-47	GB/T 37543—2019	直流输电线路和换流站的合成场强与离子流密度的测量方法	国标	2020-1-1			修试	检修、试验	输电、换流	线路、换流阀、换流变	
9141	206.13-48	GB/T 38853—2020	用于数据采集和分析的监测和测量系统的性能要求	国标	2020-12-1			采购、修试、退役	招标、品控、检修、试验、退役、报废	用电	电能计量	
9142	206.13-49	GB/T 41640—2022	临界电流测量 第二代高温超导长带临界电流及其沿长度方向均匀性测量	国标	2023-5-1			修试	检修、试验	输电、换流	线路、换流阀、换流变	
9143	206.13-50	ANSI C 12.1—2022	电表计量规范	国际标准	2022-6-9			采购、修试、退役	招标、品控、检修、试验、退役、报废	用电	电能计量	
9144	206.13-51	ANSI C 12.32—2021	测量直流电能的电表	国际标准	2021-3-4			采购、修试、退役	招标、品控、检修、试验、退役、报废	用电	电能计量	
9145	206.13-52	EN 50470-3—2022	电能计量设备（交流）第 3 部分:特殊要求 有功电能静态仪表（A 级、B 级和 C 级）	国际标准	2022-6-1		EN 50470-3—2006	采购、修试、退役	招标、品控、检修、试验、退役、报废	用电	电能计量	

序号	体系结构号	标准编号	标准名称	标准级别	实施日期	与国际标准对应关系	代替标准	阶段	分阶段	专业	分专业	备注
9146	206.13-53	EN 50470-1—2006	电力计量设备（交流）第1部分：一般要求、试验和试验条件计量设备（A级、B级和C级）	国际标准	2006-12-29			采购、修试、退役	招标、品控、检修、试验、退役、报废	用电	电能计量	
9147	206.13-54	EN 50470-4:2022	电能计量设备 第4部分:特殊要求 直流有功电能静态仪表（A级、B级和C级）	国际标准	2022-11-2			采购、修试、退役	招标、品控、检修、试验、退役、报废	用电	电能计量	
9148	206.13-55	IEC 61954—2011+Amd 1—2013+Amd 2—2017	静止无功补偿器（SVC）晶闸管阀的试验	国际标准	2017-4-12			修试	检修、试验	基础综合		
9149	206.13-56	IEC 62053-41—2021	电测量设备 特殊要求 第41部分:静止式直流电能表（0.5级和1级）	国际标准	2021-6-1			采购、修试、退役	招标、品控、检修、试验、退役、报废	用电	电能计量	
9150	206.13-57	IEC 62054-11:2004	交流电能表 费率和负荷控制 第11部分：电子纹波控制接收机的特殊要求	国际标准	2004-5-1			设计、采购、建设、运维	初设、施工图、招标、品控、施工工艺、验收与质量评定、试运行、运行、维护	用电	电能计量	
9151	206.13-58	IEC 62054-21:2017	交流电能表 费率和负荷控制 第21部分 时间开关的特殊要求	国际标准	2017-1-1			设计、采购、建设、运维	初设、施工图、招标、品控、施工工艺、验收与质量评定、试运行、运行、维护	用电	电能计量	
9152	206.13-59	IEC 62055-31—2022	电能计量付费系统 第31部分:特殊要求 静止式有功预付费电能表（0.5级、1级、2级）	国际标准	2022-6-1			设计、采购、建设、运维	初设、施工图、招标、品控、施工工艺、验收与质量评定、试运行、运行、维护	用电	电能计量	

序号	体系结构号	标准编号	标准名称	标准级别	实施日期	与国际标准对应关系	代替标准	阶段	分阶段	专业	分专业	备注
9153	206.13-60	IEC 62055-41—2018	电能计量付费系统 第41部分:标准转账规范(STS)单向令牌载波系统的应用层协议	国际标准	2018-3-1			设计、采购、建设、运维	初设、施工图、招标、品控、施工工艺、验收与质量评定、试运行、运行、维护	用电	电能计量	
9154	206.13-61	IEC 62055-51—2007	电能计量付费系统 第51部分:标准转账规范(STS)单向数字和磁卡令牌载体的物理层协议	国际标准	2007-5-1			设计、采购、建设、运维	初设、施工图、招标、品控、施工工艺、验收与质量评定、试运行、运行、维护	用电	电能计量	
9155	206.13-62	IEC 62055-52—2008	电能计量付费系统 第51部分:标准转账规范(STS)一种用于直接本地连接的虚拟令牌载体的物理层协议	国际标准	2008-5-1			设计、采购、建设、运维	初设、施工图、招标、品控、施工工艺、验收与质量评定、试运行、运行、维护	用电	电能计量	
9156	206.13-63	IEC 62057-1:2023	电能表试验设备、技术和程序 第1部分:固定式电表试验装置(MTU)	国际标准	2023-3-1			设计、采购、建设、运维	初设、施工图、招标、品控、施工工艺、验收与质量评定、试运行、运行、维护	用电	电能计量	
9157	206.13-64	IEC 62110—2009	交流电系统产生的电场和磁场有关公众照射量的测量程序	国际标准	2009-8-31	DIN EN 62110—2010,IDT;BS EN 62110—2010,IDT;EN 62110—2009,IDT;NF C 99-128—2010,IDT		修试	检修、试验	基础综合		
9158	206.13-65	OIML R 46-1—2012	有功电能表 第1部分 计量和技术要求	国际标准	2012-10-1			采购、修试、退役	招标、品控、检修、试验、退役、报废	用电	电能计量	
9159	206.13-66	OIML R 46-2—2012	有功电能表 第2部分 计量控制和性能测试	国际标准	2012-10-1			采购、修试、退役	招标、品控、检修、试验、退役、报废	用电	电能计量	

序号	体系结构号	标准编号	标准名称	标准级别	实施日期	与国际标准对应关系	代替标准	阶段	分阶段	专业	分专业	备注
9160	206.13-67	OIML R 46-3—2013	有功电能表 第3部分 测试报告格式	国际标准	2013-10-1			采购、修试、退役	招标、品控、检修、试验、退役、报废	用电	电能计量	
206.14 试验与计量—化学检测												
9161	206.14-1	T/CEC 127—2016	变压器油、涡轮机油运动黏度测定法 胡隆黏度计法	团标	2017-1-1			建设、运维、修试	试运行、运行、试验	发电、变电	水电、变压器	
9162	206.14-2	T/CEC 140—2017	六氟化硫电气设备中六氟化硫气体纯度测量方法	团标	2017-8-1			建设、运维、修试	试运行、运行、试验	变电	其他	
9163	206.14-3	T/CEC 260—2019	电力储能用固定式金属氢化物储氢装置充放氢性能试验方法	团标	2020-1-1			建设、运维、修试	试运行、运行、试验	发电	储能	
9164	206.14-4	T/CEC 271—2019	复合绝缘子硅橡胶主要组份含量的测定 热重分析法	团标	2020-1-1			建设、运维、修试	试运行、运行、试验	其他		
9165	206.14-5	T/CEC 291.3—2020	天然酯地绿油电力变压器 第3部分：油中溶解气体分析导则	团标	2020-10-1			建设、运维、修试	试运行、运行、试验	其他		
9166	206.14-6	T/CEC 298—2020	高压直流输电换流阀年度检修化学检查导则	团标	2020-10-1			建设、运维、修试	试运行、运行、试验	换流	换流阀	
9167	206.14-7	T/CEC 426.2—2021	电力用油测试仪器通用技术条件 第2部分：气相色谱仪	团标	2022-3-1			建设、运维、修试	试运行、运行、试验	附属设施及工器具	工器具	
9168	206.14-8	T/CEC 474—2021	海水抽水蓄能电站金属构件表面材料防腐性能的电化学阻抗谱试验导则	团标	2021-10-1			修试	检修、试验	附属设施及工器具	工器具	

序号	体系结构号	标准编号	标准名称	标准级别	实施日期	与国际标准对应关系	代替标准	阶段	分阶段	专业	分专业	备注
9169	206.14-9	T/CEC 504—2021	SF$_6$/N$_2$ 混合气体湿度测量装置技术规范	团标	2021-10-1			建设、运维、修试	试运行、运行、试验	附属设施及工器具	工器具	
9170	206.14-10	T/CEC 514—2021	72.5kV～252kV 气体绝缘金属封闭开关设备内部过热红外检测技术规范	团标	2021-10-1			建设、运维、修试	试运行、运行、试验	附属设施及工器具	工器具	
9171	206.14-11	T/CEC 539—2021	变压器油中总硫含量的测定 气相色谱—火焰光度检测法	团标	2022-3-1			建设、运维、修试	试运行、运行、试验	附属设施及工器具	工器具	
9172	206.14-12	T/CEC 541—2021	电力用油酸值的测定温度滴定法	团标	2022-3-1			建设、运维、修试	试运行、运行、试验	附属设施及工器具	工器具	
9173	206.14-13	T/CEC 542.1—2021	电力用气测试仪器通用技术条件 第1部分:气体湿度测试仪	团标	2022-3-1			建设、运维、修试	试运行、运行、试验	附属设施及工器具	工器具	
9174	206.14-14	T/CEC 551—2021	电力用油氧化安定性的测定旋转氧弹测试法	团标	2022-3-1			建设、运维、修试	试运行、运行、试验	附属设施及工器具	工器具	
9175	206.14-15	T/CEC 552—2021	六氟化硫气体组分光谱检测方法	团标	2022-3-1			建设、运维、修试	试运行、运行、试验	附属设施及工器具	工器具	
9176	206.14-16	T/CEC 564—2021	输电杆塔混凝土保护帽内塔脚腐蚀检测技术规范	团标	2022-3-1			建设、运维、修试	试运行、运行、试验	附属设施及工器具	工器具	
9177	206.14-17	T/CEC 565—2021	输电杆塔塔脚复层矿脂包覆防腐技术规范	团标	2022-3-1			建设、运维、修试	试运行、运行、试验	附属设施及工器具	工器具	
9178	206.14-18	T/CEC 567—2021	SF$_6$/N$_2$ 混合气体混合比检测仪技术条件	团标	2022-3-1			建设、运维、修试	试运行、运行、试验	附属设施及工器具	工器具	

序号	体系结构号	标准编号	标准名称	标准级别	实施日期	与国际标准对应关系	代替标准	阶段	分阶段	专业	分专业	备注
9179	206.14-19	T/CEC 568—2021	SF$_6$/N$_2$混合气体混合比检测仪校验及现场检测方法	团标	2022-3-1			建设、运维、修试	试运行、运行、试验	附属设施及工器具	工器具	
9180	206.14-20	T/CEC 636—2022	六氟化硫中氟化氢标准气体制备方法	团标	2022-10-1			建设、运维、修试	试运行、运行、试验	附属设施及工器具	工器具	
9181	206.14-21	T/CEC 671—2022	变压器油中溶解气体在线监测装置现场校验方法	团标	2022-10-1			建设、运维、修试	试运行、运行、试验	附属设施及工器具	工器具	
9182	206.14-22	T/CEC 673.1—2022	全氟异丁腈气体纯度检测方法 第1部分:气相色谱法	团标	2022-10-1			建设、运维、修试	试运行、运行、试验	附属设施及工器具	工器具	
9183	206.14-23	T/CEC 705—2022	电力用气体湿度快速测定 可调谐激光光谱吸收法	团标	2023-2-1			建设、运维、修试	试运行、运行、试验	附属设施及工器具	工器具	
9184	206.14-24	T/CSEE 0031—2017	电气设备六氟化硫气体泄漏红外成像现场测试方法	团标	2018-5-1			建设、运维、修试	试运行、运行、试验	变电	其他	
9185	206.14-25	DL/T 263—2021	变压器油中金属元素的测定方法	行标	2022-3-22		DL/T 263—2012	建设、运维、修试	试运行、运行、试验	附属设施及工器具	工器具	
9186	206.14-26	DL/T 285—2012	矿物绝缘油腐蚀性硫检测法裹绝缘纸铜扁线法	行标	2012-3-1	IEC 62535:2008,MOD		建设、运维、修试	试运行、运行、试验	其他		
9187	206.14-27	DL/T 385—2010	变压器油带电倾向性检测方法	行标	2010-10-1			采购、建设、运维、修试	品控、验收与质量评定、试运行、运行、试验	变电	变压器	
9188	206.14-28	DL/T 421—2009	电力用油体积电阻率测定法	行标	2009-12-1		DL 421—1991	采购、建设、修试	品控、验收与质量评定、试验	其他		
9189	206.14-29	DL/T 423—2009	绝缘油中含气量测定方法 真空压差法	行标	2009-12-1		DL/T 423—1991	采购、建设、运维、修试	品控、验收与质量评定、试运行、运行、试验	其他		

序号	体系结构号	标准编号	标准名称	标准级别	实施日期	与国际标准对应关系	代替标准	阶段	分阶段	专业	分专业	备注
9190	206.14-30	DL/T 429.1—2017	电力用油透明度测定法	行标	2017-12-1		DL/T 429.1—1991	采购、建设、修试	品控、验收与质量评定、试验	其他		
9191	206.14-31	DL/T 429.2—2016	电力用油颜色测定法	行标	2016-6-1		DL 429.2—1991	采购、建设、修试	品控、验收与质量评定、试验	其他		
9192	206.14-32	DL/T 429.6—2015	电力用油开口杯老化测定法	行标	2015-12-1		DL/T 429.6—1991	采购、建设、修试	品控、验收与质量评定、试验	其他		
9193	206.14-33	DL/T 429.7—2017	电力用油油泥析出测定方法	行标	2017-12-1		DL/T 429.7—1991	采购、建设、修试	品控、验收与质量评定、试验	其他		
9194	206.14-34	DL/T 432—2018	电力用油中颗粒度测定方法	行标	2018-7-1		DL/T 432—2007	采购、建设、修试	品控、验收与质量评定、试验	其他		
9195	206.14-35	DL/T 449—2015	油浸纤维质绝缘材料含水量测定法	行标	2015-12-1		DL/T 449—1991	采购、建设、修试	品控、验收与质量评定、试验	其他		
9196	206.14-36	DL/T 506—2018	六氟化硫电气设备中绝缘气体湿度测量方法	行标	2018-10-1		DL/T 506—2007	采购、建设、修试	品控、验收与质量评定、试验	其他		
9197	206.14-37	DL/T 580—2013	用露点法测定变压器绝缘纸中平均含水量的方法	行标	2014-4-1		DL/T 580—1995	采购、建设、修试	品控、验收与质量评定、试验	其他		
9198	206.14-38	DL/T 703—2015	绝缘油中含气量的气相色谱测定法	行标	2015-12-1		DL/T 703—1999	采购、建设、修试	品控、验收与质量评定、试验	其他		
9199	206.14-39	DL/T 722—2014	变压器油中溶解气体分析和判断导则	行标	2015-3-1		DL/T 722—2000	采购、建设、修试	品控、验收与质量评定、试验	变电	变压器	
9200	206.14-40	DL/T 786—2001	碳钢石墨化检验及评级标准	行标	2002-2-1			修试	试验	其他		
9201	206.14-41	DL/T 914—2005	六氟化硫气体湿度测定法(重量法)	行标	2005-6-1		SD 305—1989	采购、建设、修试	品控、验收与质量评定、试验	其他		
9202	206.14-42	DL/T 915—2005	六氟化硫气体湿度测定法(电解法)	行标	2005-6-1		SD 306—1989	采购、建设、修试	品控、验收与质量评定、试验	其他		

序号	体系结构号	标准编号	标准名称	标准级别	实施日期	与国际标准对应关系	代替标准	阶段	分阶段	专业	分专业	备注
9203	206.14-43	DL/T 916—2005	六氟化硫气体酸度测定法	行标	2005-6-1		SD 307—1989	采购、建设、修试	品控、验收与质量评定、试验	其他		
9204	206.14-44	DL/T 917—2005	六氟化硫气体密度测定法	行标	2005-6-1		SD 308—1989	采购、建设、修试	品控、验收与质量评定、试验	其他		
9205	206.14-45	DL/T 918—2005	六氟化硫气体中可水解氟化物含量测定法	行标	2005-6-1		SD 309—1989	采购、建设、修试	品控、验收与质量评定、试验	其他		
9206	206.14-46	DL/T 919—2005	六氟化硫气体中矿物油含量测定法（红外光谱分析法）	行标	2005-6-1		SD 310—1989	采购、建设、修试	品控、验收与质量评定、试验	其他		
9207	206.14-47	DL/T 920—2019	六氟化硫气体中空气、四氟化碳、六氟乙烷和八氟丙烷的测定气相色谱法	行标	2019-10-1		DL/T 920—2005	采购、建设、修试	品控、验收与质量评定、试验	其他		
9208	206.14-48	DL/T 929—2018	矿物绝缘油、润滑油结构族组成的测定 红外光谱法	行标	2018-7-1		DL/T 929—2005	采购、建设、修试	品控、验收与质量评定、试验	其他		
9209	206.14-49	DL/T 1002—2022	微量溶解氧仪标定方法 标准气体标定法	行标	2022-11-13		DL/T 1002—2006	采购、建设、修试	品控、验收与质量评定、试验	其他		
9210	206.14-50	DL/T 1032—2006	电气设备用六氟化硫（SF_6）气体取样方法	行标	2007-5-1			采购、建设、修试	品控、验收与质量评定、试验	其他		
9211	206.14-51	DL/T 1095—2018	变压器油带电度现场测试方法	行标	2018-7-1		DL/T 1095—2008	采购、建设、修试	品控、验收与质量评定、试验	变电	变压器	
9212	206.14-52	DL/T 1114—2009	钢结构腐蚀防护热喷涂（锌、铝及合金涂层）及其试验方法	行标	2009-12-1			修试	试验	其他		
9213	206.14-53	DL/T 1205—2013	六氟化硫电气设备分解产物试验方法	行标	2013-8-1			运维、修试	维护、试验	其他		

序号	体系结构号	标准编号	标准名称	标准级别	实施日期	与国际标准对应关系	代替标准	阶段	分阶段	专业	分专业	备注
9214	206.14-54	DL/T 1354—2014	电力用油闭口闪点测定 微量常闭法	行标	2015-3-1			采购、建设、修试	品控、验收与质量评定、试验	其他		
9215	206.14-55	DL/T 1355—2014	变压器油中糠醛含量的测定 液相色谱法	行标	2015-3-1			采购、建设、修试	品控、验收与质量评定、试验	变电	变压器	
9216	206.14-56	DL/T 1359—2014	六氟化硫电气设备故障气体分析和判断方法	行标	2015-3-1			采购、建设、修试	品控、验收与质量评定、试验	其他		
9217	206.14-57	DL/T 1399.7—2021	电力试验/检测车 第7部分:电力设备油气试验车	行标	2022-6-22			修试	检修、试验	其他		
9218	206.14-58	DL/T 1458—2015	矿物绝缘油中铜、铁、铝、锌金属含量的测定 原子吸收光谱法	行标	2015-12-1			采购、建设、修试	品控、验收与质量评定、试验	其他		
9219	206.14-59	DL/T 1459—2015	矿物绝缘油中金属钝化剂含量的测定 高效液相色谱法	行标	2015-12-1			采购、建设、修试	品控、验收与质量评定、试验	其他		
9220	206.14-60	DL/T 1460—2015	矿物绝缘油中腐蚀性硫的定量测试 铜粉腐蚀法	行标	2015-12-1			采购、建设、修试	品控、验收与质量评定、试验	其他		
9221	206.14-61	DL/T 1463—2015	变压器油中溶解气体组分含量分析用工作标准油的配制	行标	2015-12-1			采购、建设、修试	品控、验收与质量评定、试验	变电	变压器	
9222	206.14-62	DL/T 1474—2021	交、直流系统用高压聚合物绝缘子憎水性测量及评估方法	行标	2022-6-22		DL/T 1474—2015	采购、建设、修试	品控、验收与质量评定、试验	其他		
9223	206.14-63	DL/T 1532—2016	接地网腐蚀诊断技术导则	行标	2016-6-1			运维、修试	维护、试验	基础综合		

序号	体系结构号	标准编号	标准名称	标准级别	实施日期	与国际标准对应关系	代替标准	阶段	分阶段	专业	分专业	备注
9224	206.14-64	DL/T 1551—2016	六氟化硫气体中二氧化硫、硫化氢、氟化硫酰、氟化亚硫酰的测定方法—气质联用法	行标	2016-6-1			采购、建设、修试	品控、验收与质量评定、试验	其他		
9225	206.14-65	DL/T 1581—2016	直流系统用盘形悬式瓷或玻璃绝缘子金属附件加速电解腐蚀试验方法	行标	2016-7-1			采购、建设、修试	品控、验收与质量评定、试验	换流	其他	
9226	206.14-66	DL/T 1705—2017	磷酸酯抗燃油闭口杯老化测定法	行标	2017-12-1			采购、建设、修试	品控、验收与质量评定、试验	其他		
9227	206.14-67	DL/T 1706—2017	超高压直流输电换流变运行油质量	行标	2017-12-1			采购、建设、运维、修试	品控、验收与质量评定、试运行、运行、试验	换流	换流变	
9228	206.14-68	DL/T 1814—2018	油浸式电力变压器工厂试验油中溶解气体分析判断导则	行标	2018-7-1			采购、建设、修试	品控、验收与质量评定、试验	变电	变压器	
9229	206.14-69	DL/T 1823—2018	六氟化硫气体中矿物油、可水解氟化物、酸度的现场检测方法	行标	2018-7-1			采购、建设、修试	品控、验收与质量评定、试验	其他		
9230	206.14-70	DL/T 1824—2018	运行变压器油中丙酮含量的测量方法 顶空气相色谱法	行标	2018-7-1			采购、建设、修试	品控、验收与质量评定、试验	变电、配电	变压器	
9231	206.14-71	DL/T 1825—2018	六氟化硫在线湿度测量装置校验 静态法	行标	2018-7-1			运维、修试	维护、检修、试验	附属设施及工器具	工器具	
9232	206.14-72	DL/T 1836—2018	矿物绝缘油与变压器材料相容性测定方法	行标	2018-7-1	ASTM D 3455-11，MOD		采购、建设、修试	品控、验收与质量评定、试验	变电、配电	变压器	
9233	206.14-73	DL/T 1876.1—2018	六氟化硫检测仪技术条件——分解产物检测仪	行标	2019-5-1			运维、修试	维护、检修、试验	附属设施及工器具	工器具	

序号	体系结构号	标准编号	标准名称	标准级别	实施日期	与国际标准对应关系	代替标准	阶段	分阶段	专业	分专业	备注
9234	206.14-74	DL/T 1884.1—2018	现场污秽度测量及评定 第1部分：一般原则	行标	2019-5-1			采购、建设、修试	品控、验收与质量评定、试验	其他		
9235	206.14-75	DL/T 1884.2—2019	现场污秽度测量及评定 第2部分:测量点的选择和布置	行标	2020-5-1			采购、建设、修试	品控、验收与质量评定、试验	其他		
9236	206.14-76	DL/T 1884.3—2018	现场污秽度测量及评定 第3部分:污秽成分测定方法	行标	2019-5-1			采购、建设、修试	品控、验收与质量评定、试验	其他		
9237	206.14-77	DL/T 1884.4—2021	现场污秽度测量及评定 第4部分:自然污秽的试验盐密修正方法	行标	2022-3-22			采购、建设、修试	品控、验收与质量评定、试验	其他		
9238	206.14-78	DL/T 1977—2019	矿物绝缘油氧化安定性的测定差示扫描量热法	行标	2019-10-1	IEC/TR 62036:2007		采购、建设、修试	品控、验收与质量评定、试验	其他		
9239	206.14-79	DL/T 1980—2019	变压器绝缘纸（板）平均含水量测定法 频域介电谱法	行标	2019-10-1			采购、建设、修试	品控、验收与质量评定、试验	变电、配电	变压器	
9240	206.14-80	DL/T 1986—2019	六氟化硫混合气体绝缘设备气体检测技术规范	行标	2019-10-1			采购、建设、修试	品控、验收与质量评定、试验	其他		
9241	206.14-81	DL/T 2145.1—2020	变电设备在线监测装置现场测试导则 第1部分:变压器油中溶解气体在线监测装置	行标	2021-2-1			采购、建设、修试	品控、验收与质量评定、试验	其他		
9242	206.14-82	DL/T 2217—2021	变压器用天然酯和合成酯油溶解气体分析导则	行标	2021-7-1			采购、建设、修试	品控、验收与质量评定、试验	其他		

序号	体系结构号	标准编号	标准名称	标准级别	实施日期	与国际标准对应关系	代替标准	阶段	分阶段	专业	分专业	备注
9243	206.14-83	DL/T 2218—2021	绝缘油中腐蚀性硫 二苄基二硫醚 定量检测方法 气相色谱多重质谱联用法	行标	2021-7-1			采购、建设、修试	品控、验收与质量评定、试验	其他		
9244	206.14-84	DL/T 2220—2021	电站金属材料力学性能仪器化压痕法检测技术规程	行标	2021-7-1			采购、建设、修试	品控、验收与质量评定、试验	其他		
9245	206.14-85	DL/T 2224—2021	电气设备六氟化硫气体泄漏红外成像现场测试方法	行标	2021-7-1			采购、建设、修试	品控、验收与质量评定、试验	其他		
9246	206.14-86	DL/T 2231—2021	油纸绝缘电力设备频域介电谱测试导则	行标	2021-7-1			采购、建设、修试	品控、验收与质量评定、试验	其他		
9247	206.14-87	DL/T 2406—2021	绝缘油中溶解六氟化硫气体含量检测方法 气相色谱法	行标	2022-3-22			采购、建设、修试	品控、验收与质量评定、试验	其他		
9248	206.14-88	DL/T 2407—2021	变压器油中含气量的现场检测方法	行标	2022-3-22			采购、建设、修试	品控、验收与质量评定、试验	其他		
9249	206.14-89	DL/T 2410—2021	变压器绝缘纸（板）聚合度测定法（近红外光谱法）	行标	2022-3-22			采购、建设、修试	品控、验收与质量评定、试验	其他		
9250	206.14-90	DL/T 2411—2021	电力设备用矿物绝缘油的现场试验导则	行标	2022-3-22			采购、建设、修试	品控、验收与质量评定、试验	其他		
9251	206.14-91	DL/T 2445—2021	运行变压器油中甲醇含量的测定 气相色谱—质谱联用法	行标	2022-6-22			采购、建设、修试	品控、验收与质量评定、试验	其他		

序号	体系结构号	标准编号	标准名称	标准级别	实施日期	与国际标准对应关系	代替标准	阶段	分阶段	专业	分专业	备注
9252	206.14-92	DL/T 2471—2021	绝缘油中可溶性降解物相对含量的测量方法	行标	2022-6-22			采购、建设、修试	品控、验收与质量评定、试验	其他		
9253	206.14-93	HJ 479—2009	环境空气 氮氧化物（一氧化氮和二氧化氮）的测定 盐酸萘乙二胺分光光度法	行标	2009-11-1		GB 8969—1988；GB 15436—1995	采购、建设、修试	品控、验收与质量评定、试验	其他		本标准有 HJ 479—2009/XG1—2018《环境空气氮氧化物（一氧化氮和二氧化氮）的测定盐酸萘乙二胺分光光度法》第 1 号修改单
9254	206.14-94	HJ 482—2009	环境空气 二氧化硫的测定 甲醛吸收—副玫瑰苯胺分光光度法	行标	2009-11-1		GB/T 15262-94	采购、建设、修试	品控、验收与质量评定、试验	其他		本标准有 HJ 482—2009/XG1—2018《环境空气二氧化硫的测定甲醛吸收-副玫瑰苯胺分光光度法》第 1 号修改单
9255	206.14-95	HJ 592—2010	水质 硝基苯类化合物的测定 气相色谱法	行标	2011-1-1		GB 4919-85	采购、建设、修试	品控、验收与质量评定、试验	其他		
9256	206.14-96	HJ 618—2011	环境空气 PM10 和 PM2.5 的测定 重量法	行标	2011-11-1		GB 6921-86	采购、建设、修试	品控、验收与质量评定、试验	其他		本标准有 HJ 618—2011/XG1—2018《环境空气 PM10 和 PM2.5 的测定重量法》第 1 号修改单
9257	206.14-97	JB/T 11236—2021	铅酸蓄电池中镉元素测定方法	行标	2021-10-1		JB/T 11236—2011	采购、建设、修试	品控、验收与质量评定、试验	其他		
9258	206.14-98	NB/T 42140—2017	绝缘液体 油浸纸和油浸纸板用卡尔费休自动电量滴定法测定水分	行标	2018-3-1			采购、建设、修试	品控、验收与质量评定、试验	其他		

序号	体系结构号	标准编号	标准名称	标准级别	实施日期	与国际标准对应关系	代替标准	阶段	分阶段	专业	分专业	备注
9259	206.14-99	QB/T 2106—2022	电池用电解二氧化锰通用技术规范	行标	2022-10-1		QB/T 2106—1995	采购、建设、修试	品控、验收与质量评定、试验	附属设施及工器具	工器具	
9260	206.14-100	SH/T 0206—1992	变压器油氧化安定性测定法	行标	1992-5-20	IEC 74—1963（1974），REF	ZB E38003—88	采购、建设、修试	品控、验收与质量评定、试验	变电	变压器	
9261	206.14-101	SH/T 0304—1999	电气绝缘油腐蚀性硫试验法	行标	2000-5-1	ISO 5662:1997，EQV	SH/T 0304—1992	采购、建设、修试	品控、验收与质量评定、试验	其他		
9262	206.14-102	SJ/T 11829.1—2022	晶体硅光伏电池用等离子体增强化学气相淀积（PECVD）设备 第1部分：管式PECVD设备	行标	2023-01-01			采购、建设、修试	品控、验收与质量评定、试验	其他		
9263	206.14-103	SJ/T 11829.2—2022	晶体硅光伏电池用等离子体增强化学气相淀积（PECVD）设备 第2部分：板式PECVD设备	行标	2023-01-01			采购、建设、修试	品控、验收与质量评定、试验	其他		
9264	206.14-104	YB/T 6013.2—2022	烧结烟气脱硫灰 氯离子含量的测定 电位滴定法	行标	2023-04-01			采购、建设、修试	品控、验收与质量评定、试验	其他		
9265	206.14-105	GB/T 261—2021	闪点的测定 宾斯基—马丁闭口杯法	国标	2022-5-1	ISO 2719:2002，MOD	GB/T 261—2008	修试	试验	其他		
9266	206.14-106	GB/T 507—2002	绝缘油 击穿电压测定法	国标	2003-4-1	IEC 156:1995，EQV	GB/T 507—1986	修试	检修、试验	配电	其他	
9267	206.14-107	GB/T 601—2016	化学试剂 标准滴定溶液的制备	国标	2017-5-1		GB/T 601—2002	修试	试验	其他		
9268	206.14-108	GB/T 1884—2000	原油和液体石油产品密度实验室测定法(密度计法)	国标	2000-7-1	ISO 3675:1998，EQV	GB/T 1884—1992	采购、建设、修试	品控、验收与质量评定、试验	其他		

序号	体系结构号	标准编号	标准名称	标准级别	实施日期	与国际标准对应关系	代替标准	阶段	分阶段	专业	分专业	备注
9269	206.14-109	GB/T 3535—2006	石油产品倾点测定法	国标	2006-10-1	ISO 3016:1994，MOD	GB/T 3535—1983	修试	试验	其他		
9270	206.14-110	GB/T 3536—2008	石油产品闪点和燃点的测定 克利夫兰开口杯法	国标	2009-2-1	ISO 2592:2000，MOD	GB/T 3536—1983	修试	试验	其他		
9271	206.14-111	GB/T 5654—2007	液体绝缘材料 相对电容率、介质损耗因数和直流电阻率的测量	国标	2008-5-20	IEC 60247:2004，IDT	GB/T 5654—1985	采购、建设、修试	品控、验收与质量评定、试验	其他		
9272	206.14-112	GB/T 5832.2—2016	气体分析 微量水分的测定 第2部分：露点法	国标	2017-7-1		GB/T 5832.2—2008	采购、建设、修试	品控、验收与质量评定、试验	其他		
9273	206.14-113	GB/T 7597—2007	电力用油（变压器油、汽轮机油）取样方法	国标	2008-1-1		GB 7597—1987	采购、建设、修试	品控、验收与质量评定、试验	发电、变电	其他、变压器	
9274	206.14-114	GB/T 7598—2008	运行中变压器油水溶性酸测定法	国标	2009-8-1		GB/T 7598—1987	采购、建设、修试	品控、验收与质量评定、试验	变电	变压器	
9275	206.14-115	GB/T 7600—2014	运行中变压器油和汽轮机油水分含量测定法（库仑法）	国标	2015-4-1		GB/T 7600—1987	采购、建设、修试	品控、验收与质量评定、试验	发电、变电	其他、变压器	
9276	206.14-116	GB/T 7601—2008	运行中变压器油、汽轮机油水分测定法（气相色谱法）	国标	2009-8-1		GB/T 7601—1987	采购、建设、修试	品控、验收与质量评定、试验	发电、变电	其他、变压器	
9277	206.14-117	GB/T 7602.1—2008	变压器油、汽轮机油中T501抗氧化剂含量测定法 第1部分：分光光度法	国标	2009-8-1		GB/T 7602—1987	采购、建设、修试	品控、验收与质量评定、试验	发电、变电	其他、变压器	
9278	206.14-118	GB/T 7602.2—2008	变压器油、汽轮机油中T501抗氧化剂含量测定法 第2部分：液相色谱法	国标	2009-10-1			采购、建设、修试	品控、验收与质量评定、试验	发电、变电	其他、变压器	

序号	体系结构号	标准编号	标准名称	标准级别	实施日期	与国际标准对应关系	代替标准	阶段	分阶段	专业	分专业	备注
9279	206.14-119	GB/T 7602.3—2008	变压器油、汽轮机油中 T501 抗氧化剂含量测定法 第 3 部分: 红外光谱法	国标	2009-10-1			采购、建设、修试	品控、验收与质量评定、试验	发电、变电	其他、变压器	
9280	206.14-120	GB/T 7602.4—2017	变压器油、涡轮机油中 T501 抗氧化剂含量测定法 第 4 部分: 气质联用法	国标	2018-5-1	IEC 60666:2010		采购、建设、修试	品控、验收与质量评定、试验	发电、变电	其他、变压器	
9281	206.14-121	GB/T 7603—2012	矿物绝缘油中芳碳含量测定法	国标	2012-11-1		GB/T 7603—1987	采购、建设、修试	品控、验收与质量评定、试验	其他		
9282	206.14-122	GB/T 12897—2006	国家一、二等水准测量规范	国标	2006-10-1		GB 12897—1991	采购、建设、修试	品控、验收与质量评定、试验	其他		
9283	206.14-123	GB/T 13912—2020	金属覆盖层 钢铁制件热浸镀锌层 技术要求及试验方法	国标	2021-4-1	ISO 1461:2009	GB/T 13912—2002	采购、建设、修试	品控、验收与质量评定、试验	其他		
9284	206.14-124	GB/T 15264—1994	环境空气 铅的测定 火焰原子吸收分光光度法	国标	1995-6-1			采购、建设、修试	品控、验收与质量评定、试验	其他		本标准含有 GB/T 15264—1994/XG1—2018《环境空气铅的测定 火焰原子吸收分光光度法》第 1 号修改单
9285	206.14-125	GB/T 16581—1996	绝缘液体燃烧性能试验方法 氧指数法	国标	1997-5-1	IEC 1144:1992，EQV		采购、建设、修试	品控、验收与质量评定、试验	其他		
9286	206.14-126	GB/T 17623—2017	绝缘油中溶解气体组分含量的气相色谱测定法	国标	2017-12-1		GB/T 17623—1998	采购、建设、修试	品控、验收与质量评定、试验	其他		
9287	206.14-127	GB/T 17650.1—2021	取自电缆或光缆的材料燃烧时释出气体的试验方法 第 1 部分: 卤酸气体总量的测定	国标	2021-11-1	IEC 60754-1:1994, IDT	GB/T 17650.1—1998	修试	检修、试验	其他		

序号	体系结构号	标准编号	标准名称	标准级别	实施日期	与国际标准对应关系	代替标准	阶段	分阶段	专业	分专业	备注
9288	206.14-128	GB/T 17650.2—2021	取自电缆或光缆的材料燃烧时释出气体的试验方法 第2部分：酸度(用pH测量)和电导率的测定	国标	2021-11-1	IEC 60754-2:1991，IDT	GB/T 17650.2—1998	修试	检修、试验	其他		
9289	206.14-129	GB/T 21221—2022	绝缘液体 以合成芳烃为基的未使用过的绝缘液体	国标	2023-2-1		GB/T 21221—2007	修试	检修、试验	其他		
9290	206.14-130	GB/T 25961—2010	电气绝缘油中腐蚀性硫的试验法	国标	2011-5-1	ASTM D 1275-06		采购、建设、修试	品控、验收与质量评定、试验	其他		
9291	206.14-131	GB/T 26872—2011	电触头材料金相图谱	国标	2011-12-1			采购、建设、修试	品控、验收与质量评定、试验	其他		
9292	206.14-132	GB/T 28552—2012	变压器油、汽轮机油酸值测定法（BTB法）	国标	2012-11-1			采购、建设、修试	品控、验收与质量评定、试验	发电、变电	火电、变压器	
9293	206.14-133	GB/T 29305—2012	新的和老化后的纤维素电气绝缘材料粘均聚合度的测量	国标	2013-6-1	IEC 60450:2006+AI：2007，IDT		修试	试验	其他		
9294	206.14-134	GB/T 32508—2016	绝缘油中腐蚀性硫(二苄基二硫醚)定量检测方法	国标	2016-9-1	IEC 62697-1:2012，MOD		采购、建设、修试	品控、验收与质量评定、试验	其他		
9295	206.14-135	GB/T 33351.2—2021	电子电气产品中砷、铍、锑的测定 第2部分：电感耦合等离子体发射光谱法	国标	2021-11-1			采购、建设、修试	品控、验收与质量评定、试验	其他		
9296	206.14-136	GB/T 35839—2018	无损检测 工业计算机层析成像（CT）密度测量方法	国标	2018-9-1			采购、建设、修试	品控、验收与质量评定、试验	其他		

序号	体系结构号	标准编号	标准名称	标准级别	实施日期	与国际标准对应关系	代替标准	阶段	分阶段	专业	分专业	备注
9297	206.14-137	GB/T 40231—2021	电子电气产品中的限用物质 六价铬的测定方法 离子色谱法	国标	2021-12-1			采购、建设、修试	品控、验收与质量评定、试验	其他		
9298	206.14-138	GB/T 41146—2021	绝缘液体取样方法	国标	2022-7-1			采购、建设、修试	品控、验收与质量评定、试验	其他		
9299	206.14-139	GB/T 41323—2022	腐蚀控制工程全生命周期 术语	国标	2022-10-1			采购、建设、修试	品控、验收与质量评定、试验	其他		
9300	206.14-140	GB/T 41326—2022	六氟丁二烯	国标	2022-10-1			采购、建设、修试	品控、验收与质量评定、试验	其他		
9301	206.14-141	GB/T 41592—2022	矿物绝缘油 2—糠醛和相关组分的测定方法	国标	2023-2-1			采购、建设、修试	品控、验收与质量评定、试验	其他		
9302	206.14-142	GB/T 41632—2022	绝缘液体 电气用未使用过的合成有机酯	国标	2023-2-1			采购、建设、修试	品控、验收与质量评定、试验	其他		
9303	206.14-143	GB/T 41633.2—2022	绝缘液体 酸值的测定 第2部分:比色滴定法	国标	2023-2-1			采购、建设、修试	品控、验收与质量评定、试验	其他		
9304	206.14-144	GB/T 41633.3—2022	绝缘液体 酸值的测定 第3部分:非矿物绝缘油的试验方法	国标	2023/6/1			采购、建设、修试	品控、验收与质量评定、试验	其他		
9305	206.14-145	GB/T 41757—2022	六氟环氧丙烷	国标	2023-5-1			采购、建设、修试	品控、验收与质量评定、试验	其他		
9306	206.14-146	GB/T 41759—2022	接地网降阻材料用缓蚀剂技术规范	国标	2023-5-1			采购、建设、修试	品控、验收与质量评定、试验	其他		
9307	206.14-147	GB/Z 35959—2018	液相色谱—质谱联用分析方法通则	国标	2018-9-1			采购、建设、修试	品控、验收与质量评定、试验	其他		
9308	206.14-148	HJ 1263—2022	环境空气 总悬浮颗粒物的测定 重量法	国标	2023-1-15		GB/T 15432—1995	采购、建设、修试	品控、验收与质量评定、试验	其他		

序号	体系结构号	标准编号	标准名称	标准级别	实施日期	与国际标准对应关系	代替标准	阶段	分阶段	专业	分专业	备注
9309	206.14-149	IEC 60754-1 Corri 1—2013	电缆材质燃烧产生气体检测 第1部分：氢卤酸气体含量测定勘误表1	国际标准	2013-11-5			采购、建设、修试	品控、验收与质量评定、试验	输电	电缆	
9310	206.14-150	IEC 62535—2008	绝缘液体在使用和不使用的绝缘油中硫磺潜在腐蚀性试验方法	国际标准	2008-10-8	DIN EN 62535—2009，IDT；BS EN 62535—2009，IDT；EN 62535—2009, IDT；NF C27-603—2009, IDT；C27-603PR，IDT；OEVE/OENORM EN 62535—2009，IDT；PN-EN 62535—2009，IDT；UNE-EN 62535—2009，IDT	IEC 10/746/FDIS—2008	采购、建设、修试	品控、验收与质量评定、试验	其他		
206.15 试验与计量—其他												
9311	206.15-1	Q/CSG 1204136—2022	变电站监控系统图形界面规范（试行）	企标	2022-9-9			规划、设计、采购、建设、运维、修试、退役	规划、初设、施工图、招标、品控、施工工艺、验收与质量评定、试运行、运行、维护、检修、试验、退役、报废	调度及二次	调度自动化	
9312	206.15-2	T/CEC 447—2021	电力金具用橡胶及橡胶制品技术条件和试验方法	团标	2021-9-1			采购、修试	品控、试验	其他		
9313	206.15-3	T/CEC 485—2021	塔架式电力电容器装置噪声计算导则	团标	2021-10-1			采购、修试	品控、试验	其他		

序号	体系结构号	标准编号	标准名称	标准级别	实施日期	与国际标准对应关系	代替标准	阶段	分阶段	专业	分专业	备注
9314	206.15-4	T/CEC 531—2021	电力施工起重用锻造卸扣技术条件和试验方法	团标	2022-3-1			建设、运维、修试	施工工艺、验收与质量评定、试运行、运行、维护、检修、试验	其他		
9315	206.15-5	T/CEC 585.2—2022	电力系统北斗监测型接收机技术规范 第2部分：测试方法	团标	2022-10-1			建设、运维、修试	施工工艺、验收与质量评定、试运行、运行、维护、检修、试验	其他		
9316	206.15-6	T/CEC 646—2022	电力力北斗定位设备环境与电磁兼容测试方法	团标	2022-10-1			建设、运维、修试	施工工艺、验收与质量评定、试运行、运行、维护、检修、试验	其他		
9317	206.15-7	T/CSEE 0040—2017	大型调相机产品监造及出厂试验导则	团标	2018-5-1			采购、运维、修试	招标、品控、运行、维护、试验	其他		
9318	206.15-8	T/CSEE 0298—2022	水轮机、水泵水轮机导叶漏水量测量技术规程	团标	2022-9-27			修试	试验	其他		
9319	206.15-9	DL/T 694—2012	高温紧固螺栓超声检测技术导则	行标	2012-12-1		DL/T 694—1999	修试	试验	其他		
9320	206.15-10	DL/T 1741—2017	电力作业用小型施工机具预防性试验规程	行标	2018-3-1			修试	试验	其他		
9321	206.15-11	DL/T 1907.1—2018	变电站视频监控图像质量评价 第1部分:技术要求	行标	2019-5-1			修试	试验	其他		
9322	206.15-12	DL/T 1907.2—2018	变电站视频监控图像质量评价 第2部分:测试规范	行标	2019-5-1			修试	试验	其他		
9323	206.15-13	DL/T 1981.12—2021	统一潮流控制器 第12部分:设备检修试验规程	行标	2021-10-26			修试	试验	其他		

序号	体系结构号	标准编号	标准名称	标准级别	实施日期	与国际标准对应关系	代替标准	阶段	分阶段	专业	分专业	备注
9324	206.15-14	DL/T 2553—2022	电力接地系统土壤电阻率、接地阻抗和地表电位测量技术导则	行标	2023-5-4			修试	试验	其他		
9325	206.15-15	JB/T 8632—2011	电触头材料电弧烧损试验方法指南	行标	2012-4-1	ASTM B576:1994, NEQ	JB/T 8632—1997	修试	试验	其他		
9326	206.15-16	JB/T 9674—1999	超声波探测瓷件内部缺陷	行标	2000-1-1		JB/Z 262—1986	修试	试验	其他		
9327	206.15-17	JB/T 13463—2018	无损检测 超声检测用斜入射试块的制作与检验方法	行标	2018-12-1			修试	试验	其他		
9328	206.15-18	JB/T 13466—2018	无损检测 接头熔深相控阵超声测定方法	行标	2018-12-1			修试	试验	其他		
9329	206.15-19	JB/T 14261—2022	电能路由器 试验方法	行标	2023-04-01			修试	试验	其他		
9330	206.15-20	NB/T 10620—2021	承压设备振动检测	行标	2021-10-26			修试	试验	其他		
9331	206.15-21	NB/T 47013.15—2021	承压设备无损检测 第15部分:相控阵超声检测	行标	2021-10-26			修试	试验	其他		
9332	206.15-22	NB/T 47016—2011	承压设备产品焊接试件的力学性能检验	行标	2011-10-1		JB/T 4744—2000；JB/T 1614—1994	建设、修试	施工工艺、试验	其他		
9333	206.15-23	SY/T 5268—2018	油气田电网线损率测试和计算方法	行标	2019-3-1		SY/T 5268—2012	修试	试验	其他		
9334	206.15-24	YD/T 1884—2022	信息终端设备声压输出限值要求和测量方法	行标	2023-01-01			修试	试验	信息	基础设施	

序号	体系结构号	标准编号	标准名称	标准级别	实施日期	与国际标准对应关系	代替标准	阶段	分阶段	专业	分专业	备注
9335	206.15-25	YD/T 2379.11—2022	电信设备环境试验要求和试验方法 第11部分:地下固定使用设备	行标	2023-01-01			修试	试验	其他		
9336	206.15-26	YD/T 2379.2—2022	电信设备环境试验要求和试验方法 第2部分:有气候防护场所固定使用的设备	行标	2023-01-01			建设、修试	施工工艺、试验	其他		
9337	206.15-27	YD/T 2379.6—2022	电信设备环境试验要求和试验方法 第6部分:运输	行标	2023-01-01			修试	试验	其他		
9338	206.15-28	YD/T 3727.3—2022	分组增强型光传送网（OTN）网络管理技术要求 第3部分:EMS-NMS接口功能	行标	2022-7-1			修试	试验	其他		
9339	206.15-29	YD/T 3727.4—2022	分组增强型光传送网（OTN）网络管理技术要求 第4部分:EMS-NMS接口通用信息模型	行标	2022-7-1			修试	试验	其他		
9340	206.15-30	YD/T 3727.5—2022	分组增强型光传送网（OTN）网络管理技术要求 第5部分:基于XML/SOAP技术的EMS-NMS接口信息模型	行标	2022-7-1			建设、修试	施工工艺、试验	其他		
9341	206.15-31	YD/T 3944—2021	人工智能芯片基准测试评估方法	行标	2022-11-1			修试	试验	其他		

序号	体系结构号	标准编号	标准名称	标准级别	实施日期	与国际标准对应关系	代替标准	阶段	分阶段	专业	分专业	备注
9342	206.15-32	YD/T 4087—2022	移动智能终端人脸识别安全技术要求及测试评估方法	行标	2023-01-01			修试	试验	其他		
9343	206.15-33	GB/T 228.2—2015	金属材料 拉伸试验 第2部分:高温试验方法	国标	2016-6-1		GB/T 4338—2006	修试	试验	其他		
9344	206.15-34	GB/T 238—2013	金属材料 线材 反复弯曲试验方法	国标	2014-5-1		GB/T 238—2002	修试	试验	其他		
9345	206.15-35	GB/T 2421—2020	环境试验 概述和指南	国标	2020-12-1	IEC 60068-1:1988, IDT	GB/T 2421.1—2008	修试	试验	其他		
9346	206.15-36	GB/T 3222.2—2022	声学 环境噪声的描述、测量与评价 第2部分:环境噪声级测定	国标	2022-10-1	ISO 1996-2:2007, IDT	GB/T 3222.2—2009	修试	试验	其他		
9347	206.15-37	GB/T 3482—2008	电子设备雷击试验方法	国标	2008-11-1		GB/T 3482—1983;GB/T 3483—1983;GB/T 7450—1987	采购、建设、修试	品控、验收与质量评定、试验	其他		
9348	206.15-38	GB/T 4798.2—2021	环境条件分类 环境参数组分类及其严酷程度分级 第2部分:运输和装卸	国标	2021-12-1		GB/T 4798.2—2008	采购、建设、修试	品控、验收与质量评定、试验	其他		
9349	206.15-39	GB/T 5019.2—2009	以云母为基的绝缘材料 第2部分:试验方法	国标	2009-12-1	ISO 60371-2:2004, MOD	GB/T 5019—2002	修试	试验	其他		
9350	206.15-40	GB/T 5132.1—2009	电气用热固性树脂工业硬质圆形层压管和棒 第1部分:一般要求	国标	2009-12-1	ISO 61212-1:2006, MOD	GB/T 1305—1985	修试	试验	其他		
9351	206.15-41	GB/T 5132.2—2009	电气用热固性树脂工业硬质圆形层压管和棒 第2部分:试验方法	国标	2009-12-1	IEC 61212-2:2006, IDT	GB 5132—1985;GB 5134—1985	修试	试验	其他		

序号	体系结构号	标准编号	标准名称	标准级别	实施日期	与国际标准对应关系	代替标准	阶段	分阶段	专业	分专业	备注
9352	206.15-42	GB/T 5591.2—2017	电气绝缘用柔软复合材料 第2部分：试验方法	国标	2018-5-1	IEC60626-2:2009	GB/T 5591.2—2002	修试	试验	其他		
9353	206.15-43	GB/T 6113.101—2021	无线电骚扰和抗扰度测量设备和测量方法规范 第1-1部分：无线电骚扰和抗扰度测量设备 测量设备	国标	2022-7-1	CISPR 16-1-1 2010	GB/T 6113.101—2016	修试	试验	其他		
9354	206.15-44	GB/T 6113.102—2018	无线电骚扰和抗扰度测量设备和测量方法规范 第1-2部分：无线电骚扰和抗扰度测量设备 传导骚扰测量的耦合装置	国标	2019-2-1		GB/T 6113.102—2008	修试	试验	其他		
9355	206.15-45	GB/T 6113.103—2021	无线电骚扰和抗扰度测量设备和测量方法规范 第1-3部分：无线电骚扰和抗扰度测量设备 辅助设备 骚扰功率	国标	2021-12-1		GB/T 6113.103—2008	修试	试验	其他		
9356	206.15-46	GB/T 6113.104—2021	无线电骚扰和抗扰度测量设备和测量方法规范 第1-4部分：无线电骚扰和抗扰度测量设备 辐射骚扰测量用天线和试验场地	国标	2022-7-1	CISPR 16-1-4 2012	GB/T 6113.104—2016	修试	试验	其他		

序号	体系结构号	标准编号	标准名称	标准级别	实施日期	与国际标准对应关系	代替标准	阶段	分阶段	专业	分专业	备注
9357	206.15-47	GB/T 6113.105—2018	无线电骚扰和抗扰度测量设备和测量方法规范 第1-5部分：无线电骚扰和抗扰度测量设备 5MHz～18GHz 天线校准场地和参考试验场地	国标	2019-7-1			修试	试验	其他		
9358	206.15-48	GB/T 6113.106—2018	无线电骚扰和抗扰度测量设备和测量方法规范 第1-6部分：无线电骚扰和抗扰度测量设备 EMC天线校准	国标	2019-7-1			修试	试验	其他		
9359	206.15-49	GB/T 6113.201—2018	无线电骚扰和抗扰度测量设备和测量方法规范 第2-1部分：无线电骚扰和抗扰度测量方法 传导骚扰测量	国标	2019-7-1		GB/T 6113.201—2017	修试	试验	其他		
9360	206.15-50	GB/T 6113.202—2018	无线电骚扰和抗扰度测量设备和测量方法规范 第2-2部分：无线电骚扰和抗扰度测量方法 骚扰功率测量	国标	2019-2-1		GB/T 6113.202—2008	修试	试验	其他		
9361	206.15-51	GB/T 6113.203—2020	无线电骚扰和抗扰度测量设备和测量方法规范 第2-3部分：无线电骚扰和抗扰度测量方法 辐射骚扰测量	国标	2021-7-1	CISPR 16-2-3 2010	GB/T 6113.203—2016	修试	试验	其他		

序号	体系结构号	标准编号	标准名称	标准级别	实施日期	与国际标准对应关系	代替标准	阶段	分阶段	专业	分专业	备注
9362	206.15-52	GB/T 6113.204—2008	无线电骚扰和抗扰度测量设备和测量方法规范 第2-4部分：无线电骚扰和抗扰度测量方法 抗扰度测量	国标	2008-9-1	CISPR 16-2-4:2003，IDT	GB/T 6113.2—1998	修试	试验	其他		
9363	206.15-53	GB/T 6553—2014	严酷环境条件下使用的电气绝缘材料 评定耐电痕化和蚀损的试验方法	国标	2014-10-28	IEC 60587:2007，IDT	GB/T 6553—2003	修试	试验	其他		
9364	206.15-54	GB/T 10069.1—2006	旋转电机噪声测定方法及限值 第1部分：旋转电机噪声测定方法	国标	2006-12-1	ISO 1680:1999，MOD	GB 10069.1—1988；GB 10069.2—1988	修试	试验	其他		
9365	206.15-55	GB/T 10707—2008	橡胶燃烧性能的测定	国标	2008-12-1		GB 10707—1989；GB/T 13488—1992	修试	试验	其他		
9366	206.15-56	GB/T 11026.7—2014	电气绝缘材料 耐热性 第7部分：确定绝缘材料的相对耐热指数（RTE）	国标	2014-10-28	IEC 60216-5:2008，IDT		修试	试验	其他		
9367	206.15-57	GB/T 11026.8—2014	电气绝缘材料 耐热性 第8部分：用固定时限法确定绝缘材料的耐热指数（TI和RTE）	国标	2014-10-28	IEC 60216-6:2006，IDT		修试	试验	其他		
9368	206.15-58	GB/T 11344—2021	无损检测 超声测厚	国标	2021-12-1		GB/T 11344—2008	修试	试验	其他		
9369	206.15-59	GB/T 11345—2013	焊缝无损检测 超声检测 技术、检测等级和评定	国标	2014-6-1		GB/T 11345—1989	修试	试验	其他		

序号	体系结构号	标准编号	标准名称	标准级别	实施日期	与国际标准对应关系	代替标准	阶段	分阶段	专业	分专业	备注
9370	206.15-60	GB/T 12113—2003	接触电流和保护导体电流的测量方法	国标	2004-8-1	IEC 60990:1999，IDT	GB/T 12113—1996	修试	试验	其他		
9371	206.15-61	GB/T 15000.7—2021	标准样品工作导则 第7部分：标准样品生产者能力的通用要求	国标	2021-8-1		GB/T 15000.7—2012	修试	试验	其他		
9372	206.15-62	GB/T 16839.1—2018	热电偶 第1部分:电动势规范和允差	国标	2019-2-1			修试	试验	其他		
9373	206.15-63	GB/T 18314—2009	全球定位系统（GPS）测量规范	国标	2009-6-1		GB/T 18314—2001	修试	试验	其他		
9374	206.15-64	GB/T 19212.15—2016	变压器、电抗器、电源装置及其组合的安全 第15部分：调压器和内装调压器的电源装置的特殊要求和试验	国标	2017-3-1			修试	试验	其他		
9375	206.15-65	GB/T 19212.4—2016	变压器、电抗器、电源装置及其组合的安全 第4部分：燃气和燃油燃烧器点火变压器的特殊要求和试验	国标	2017-3-1	IEC 61558-2-3—2010，MOD	GB 19212.4—2005	修试	试验	其他		
9376	206.15-66	GB/T 19212.9—2016	变压器、电抗器、电源装置及其组合的安全 第9部分：电铃和电钟用变压器及电源装置的特殊要求和试验	国标	2017-3-1	IEC 61558-2-8—2010，MOD	GB 19212.9—2007	修试	试验	其他		
9377	206.15-67	GB/T 19264.2—2013	电气用压纸板和薄纸板 第2部分：试验方法	国标	2013-12-2	IEC 60641-2:2004，MOD		修试	试验	其他		

序号	体系结构号	标准编号	标准名称	标准级别	实施日期	与国际标准对应关系	代替标准	阶段	分阶段	专业	分专业	备注
9378	206.15-68	GB/T 19264.3—2013	电气用压纸板和薄纸板 第3部分：压纸板	国标	2013-12-2	IEC 60641-3-1:2008，MOD	GB/T 19264.3—2003	修试	试验	其他		
9379	206.15-69	GB/T 19608.1—2022	特殊环境条件分级 第1部分：干热	国标	2023-2-1		GB/T 19608.1—2004	修试	试验	其他		
9380	206.15-70	GB/T 19608.2—2022	特殊环境条件分级 第2部分：干热沙漠	国标	2023-2-1		GB/T 19608.2—2004	修试	试验	其他		
9381	206.15-71	GB/T 20112—2015	电气绝缘系统的评定与鉴别	国标	2016-2-1	IEC 60505 2011	GB/T 20112—2006	修试	试验	其他		
9382	206.15-72	GB/T 20113—2006	电气绝缘结构（EIS）热分级	国标	2006-6-1	IEC 62114:2001，IDT		修试	试验	其他		
9383	206.15-73	GB/T 20632.2—2022	电气用钢纸 第2部分：试验方法	国标	2023-2-1			修试	试验	其他		
9384	206.15-74	GB/T 20935.3—2018	金属材料 电磁超声检测方法 第3部分：利用电磁超声换能器技术进行超声表面检测的方法	国标	2018-12-1			修试	试验	其他		
9385	206.15-75	GB/T 22148.3—2021	电磁发射的试验方法 第3部分：LED模块用电子控制装置	国标	2021-12-1			修试	试验	其他		
9386	206.15-76	GB/T 26641—2021	无损检测 磁记忆检测 总体要求	国标	2022-7-1		GB/T 26641—2011	修试	试验	其他		
9387	206.15-77	GB/T 26953—2011	焊缝无损检测 焊缝渗透检测 验收等级	国标	2012-3-1	ISO 23277:2006 MOD		修试	试验	其他		
9388	206.15-78	GB/T 28543—2021	电力电容器噪声测量方法	国标	2021-12-1		GB/T 28543—2012	修试	试验	其他		

序号	体系结构号	标准编号	标准名称	标准级别	实施日期	与国际标准对应关系	代替标准	阶段	分阶段	专业	分专业	备注
9389	206.15-79	GB/T 33965—2017	金属材料 拉伸试验 矩形试样减薄率的测定	国标	2018-4-1			修试	试验	其他		
9390	206.15-80	GB/T 34018—2017	无损检测 超声显微检测方法	国标	2018-2-1			修试	试验	其他		
9391	206.15-81	GB/T 34035—2017	热电偶现场试验方法	国标	2018-2-1			修试	试验	其他		
9392	206.15-82	GB/T 35090—2018	无损检测 管道弱磁检测方法	国标	2018-12-1			修试	试验	其他		
9393	206.15-83	GB/T 35388—2017	无损检测 X射线数字成像检测 检测方法	国标	2018-4-1	ISO 10791-10:2007		修试	试验	其他		
9394	206.15-84	GB/T 35389—2017	无损检测 X射线数字成像检测 导则	国标	2018-4-1			修试	试验	其他		
9395	206.15-85	GB/T 35392—2017	无损检测 电导率电磁（涡流）测定方法	国标	2018-4-1			修试	试验	其他		
9396	206.15-86	GB/T 35393—2017	无损检测 非铁磁性金属电磁（涡流）分选方法	国标	2018-4-1			修试	试验	其他		
9397	206.15-87	GB/T 35394—2017	无损检测 X射线数字成像检测 系统特性	国标	2018-4-1			修试	试验	其他		
9398	206.15-88	GB/T 36024—2018	金属材料 薄板和薄带 十字形试样双向拉伸试验方法	国标	2018-12-1			修试	试验	其他		
9399	206.15-89	GB/T 37540—2019	无损检测 涡流检测数字图像处理与通信	国标	2020-1-1			修试	试验	其他		

序号	体系结构号	标准编号	标准名称	标准级别	实施日期	与国际标准对应关系	代替标准	阶段	分阶段	专业	分专业	备注
9400	206.15-90	GB/T 37910.1—2019	焊缝无损检测 射线检测验收等级 第1部分：钢、镍、钛及其合金	国标	2020-3-1			修试	试验	其他		
9401	206.15-91	GB/T 37910.2—2019	焊缝无损检测 射线检测验收等级 第2部分：铝及铝合金	国标	2020-3-1			修试	试验	其他		
9402	206.15-92	GB/T 41850.8—2022	机械振动 机器振动的测量和评价 第8部分：往复式压缩机系统	国标	2022-10-12			修试	试验	其他		
9403	206.15-93	GB/T 42261—2022	金属及其他无机覆盖层 温度梯度下热障涂层热循环试验方法	国标	2023-4-1			修试	试验	其他		
9404	206.15-94	GB/Z 28820.4—2022	聚合物长期辐射老化 第4部分：辐射条件下不同温度和剂量率的影响	国标	2023-2-1			修试	试验	其他		
9405	206.15-95	GB/Z 40387—2021	金属材料 多轴疲劳试验设计准则	国标	2022-3-1			修试	试验	其他		
9406	206.15-96	GB/Z 41284—2022	信息无障碍 网站设计无障碍评级测试方法	国标	2022-10-1			修试	试验	信息	信息应用	
9407	206.15-97	IEC 62310-3—2008	静态转换系统（STS）第3部分：性能和试验要求的详细说明方法	国际标准	2008-6-11	EN 62310-3—2008，IDT；NF C53-010-3—2008.IDT		修试	试验	其他		

序号	体系结构号	标准编号	标准名称	标准级别	实施日期	与国际标准对应关系	代替标准	阶段	分阶段	专业	分专业	备注
207	**市场营销**											
207.1	**市场营销—基础综合**											
9408	207.1-1	T/CEC 578—2021	涉电力领域市场主体信用信息共享规范	团标	2022-3-1			建设、修试	验收与质量评定、试验	用电	营销服务	
207.2	**市场营销—电能计量**											
9409	207.2-1	Q/CSG 11303—2008	电能计量检定实验室建设规范（试行）	企标	2008-2-25			设计、采购、建设、运维	初设、施工图、招标、品控、施工工艺、验收与质量评定、试运行、运行、维护	用电	电能计量	
9410	207.2-2	Q/CSG 113007—2011	三相多功能电能表技术规范	企标	2011-11-3			采购、修试、退役	招标、品控、检修、试验、退役、报废	用电	电能计量	
9411	207.2-3	Q/CSG 113009—2011	0.2S级三相多功能电能表技术规范	企标	2011-11-3			采购、修试、退役	招标、品控、检修、试验、退役、报废	用电	电能计量	
9412	207.2-4	Q/CSG 1204111.1—2022	低压电力线宽带载波通信规约 第1部分：总则（试行）	企标	2022-3-30			设计、采购	初设、招标、品控	调度及二次	电力通信	
9413	207.2-5	Q/CSG 1204111.2—2022	低压电力线宽带载波通信规约 第2部分：技术要求（试行）	企标	2022-3-30			设计、采购	初设、招标、品控	调度及二次	电力通信	
9414	207.2-6	Q/CSG 1204111.3—2022	低压电力线宽带载波通信规约 第3部分：物理层通信协议（试行）	企标	2022-3-30			设计、采购、运维	初设、招标、品控、运行	调度及二次	电力通信	
9415	207.2-7	Q/CSG 1204111.4—2022	低压电力线宽带载波通信规约 第4部分：数据链路层通信协议（试行）	企标	2022-3-30			设计、采购	初设、招标、品控	调度及二次	电力通信	

序号	体系结构号	标准编号	标准名称	标准级别	实施日期	与国际标准对应关系	代替标准	阶段	分阶段	专业	分专业	备注
9416	207.2-8	Q/CSG 1204111.5—2022	低压电力线宽带载波通信规约第 5 部分：应用层通信协议（试行）	企标	2022-3-30			设计、采购	初设、招标、品控	调度及二次	电力通信	
9417	207.2-9	Q/CSG 1204111.6—2022	低压电力线宽带载波通信规约第 6 部分：检验规范（试行）	企标	2022-3-30			设计、采购	初设、招标、品控	调度及二次	电力通信	
9418	207.2-10	Q/CSG 1209001—2013	计量自动化系统主站技术规范（试行）	企标	2013-10-20			设计、采购、建设、运维	初设、施工图、招标、品控、施工工艺、验收与质量评定、试运行、运行、维护	用电	电能计量	
9419	207.2-11	Q/CSG 1209002—2013	计量自动化系统数据上传规范（试行）	企标	2013-10-20			采购、修试、退役	招标、品控、检修、试验、退役、报废	用电	电能计量	
9420	207.2-12	Q/CSG 1209003—2015	单相电子式费控电能表技术规范	企标	2015-5-21		Q/CSG 113004—2011；Q/CSG 113003—2011	采购、修试、退役	招标、品控、检修、试验、退役、报废	用电	电能计量	
9421	207.2-13	Q/CSG 1209004—2015	三相电子式费控电能表技术规范	企标	2015-5-21		Q/CSG 113008—2011；Q/CSG 113006—2011	采购、修试、退役	招标、品控、检修、试验、退役、报废	用电	电能计量	
9422	207.2-14	Q/CSG 1209005—2015	费控电能表信息交换安全认证技术要求	企标	2015-5-21			采购、修试、退役	招标、品控、检修、试验、退役、报废	用电	电能计量	
9423	207.2-15	Q/CSG 1209006—2015	关于 DL/T 645—2007 多功能电能表通信协议的扩展协议	企标	2015-5-21		Q/CSG 113013—2011	采购、修试、退役	招标、品控、检修、试验、退役、报废	用电	电能计量	
9424	207.2-16	Q/CSG 1209007—2015	负荷管理终端技术规范	企标	2016-1-1		Q/CSG 11109002—2013	采购、修试、退役	招标、品控、检修、试验、退役、报废	用电	电能计量	
9425	207.2-17	Q/CSG 1209008—2015	费控交互终端技术规范	企标	2016-1-1			采购、修试、退役	招标、品控、检修、试验、退役、报废	用电	电能计量	

序号	体系结构号	标准编号	标准名称	标准级别	实施日期	与国际标准对应关系	代替标准	阶段	分阶段	专业	分专业	备注
9426	207.2-18	Q/CSG 1209013.10—2019	电能表用元器件技术规范 第10部分：液晶显示器（试行）	企标	2019-6-26			采购、修试、退役	招标、品控、检修、试验、退役、报废	用电	电能计量	
9427	207.2-19	Q/CSG 1209013.1—2019	电能表用元器件技术规范 第1部分：电解电容器（试行）	企标	2019-6-26			采购、修试、退役	招标、品控、检修、试验、退役、报废	用电	电能计量	
9428	207.2-20	Q/CSG 1209013.11—2019	电能表用元器件技术规范 第11部分：串口通信协议 RS-485 芯片（试行）	企标	2019-6-26			采购、修试、退役	招标、品控、检修、试验、退役、报废	用电	电能计量	
9429	207.2-21	Q/CSG 1209013.12—2019	电能表用元器件技术规范 第12部分：时钟芯片（试行）	企标	2019-6-26			采购、修试、退役	招标、品控、检修、试验、退役、报废	用电	电能计量	
9430	207.2-22	Q/CSG 1209013.13—2019	电能表用元器件技术规范 第13部分：微控制器（试行）	企标	2019-6-26			采购、修试、退役	招标、品控、检修、试验、退役、报废	用电	电能计量	
9431	207.2-23	Q/CSG 1209013.14—2019	电能表用元器件技术规范 第14部分：计量芯片（试行）	企标	2019-6-26			采购、修试、退役	招标、品控、检修、试验、退役、报废	用电	电能计量	
9432	207.2-24	Q/CSG 1209013.15—2019	电能表用元器件技术规范 第15部分：电流互感器（试行）	企标	2019-6-26			采购、修试、退役	招标、品控、检修、试验、退役、报废	用电	电能计量	
9433	207.2-25	Q/CSG 1209013.2—2019	电能表用元器件技术规范 第2部分：压敏电阻器（试行）	企标	2019-6-26			采购、修试、退役	招标、品控、检修、试验、退役、报废	用电	电能计量	
9434	207.2-26	Q/CSG 1209013.3—2019	电能表用元器件技术规范 第3部分：电阻器（试行）	企标	2019-6-26			采购、修试、退役	招标、品控、检修、试验、退役、报废	用电	电能计量	

序号	体系结构号	标准编号	标准名称	标准级别	实施日期	与国际标准对应关系	代替标准	阶段	分阶段	专业	分专业	备注
9435	207.2-27	Q/CSG 1209013.4—2019	电能表用元器件技术规范 第4部分：光电耦合器（试行）	企标	2019-6-26			采购、修试、退役	招标、品控、检修、试验、退役、报废	用电	电能计量	
9436	207.2-28	Q/CSG 1209013.5—2019	电能表用元器件技术规范 第5部分：晶体谐振器（试行）	企标	2019-6-26			采购、修试、退役	招标、品控、检修、试验、退役、报废	用电	电能计量	
9437	207.2-29	Q/CSG 1209013.6—2019	电能表用元器件技术规范 第6部分：瞬变二极管（试行）	企标	2019-6-26			采购、修试、退役	招标、品控、检修、试验、退役、报废	用电	电能计量	
9438	207.2-30	Q/CSG 1209013.7—2019	电能表用元器件技术规范 第7部分：电池（试行）	企标	2019-6-26			采购、修试、退役	招标、品控、检修、试验、退役、报废	用电	电能计量	
9439	207.2-31	Q/CSG 1209013.8—2019	电能表用元器件技术规范 第8部分：负荷开关（试行）	企标	2019-6-26			采购、修试、退役	招标、品控、检修、试验、退役、报废	用电	电能计量	
9440	207.2-32	Q/CSG 1209013.9—2019	电能表用元器件技术规范 第9部分：片式电容器（试行）	企标	2019-6-26			采购、修试、退役	招标、品控、检修、试验、退役、报废	用电	电能计量	
9441	207.2-33	Q/CSG 1209014.1—2019	计量设备退役技术鉴定标准 第1部分：电能表（试行）	企标	2019-6-26			采购、修试、退役	招标、品控、检修、试验、退役、报废	用电	电能计量	
9442	207.2-34	Q/CSG 1209014.2—2019	计量设备退役技术鉴定标准 第2部分：计量自动化终端（试行）	企标	2019-6-26			采购、修试、退役	招标、品控、检修、试验、退役、报废	用电	电能计量	
9443	207.2-35	Q/CSG 1209014.3—2019	计量设备退役技术鉴定标准 第3部分：计量用互感器（试行）	企标	2019-6-26			采购、修试、退役	招标、品控、检修、试验、退役、报废	用电	电能计量	

序号	体系结构号	标准编号	标准名称	标准级别	实施日期	与国际标准对应关系	代替标准	阶段	分阶段	专业	分专业	备注
9444	207.2-36	Q/CSG 1209014.4—2019	计量设备退役技术鉴定标准 第4部分：计量表箱（试行）	企标	2019-6-26			采购、修试、退役	招标、品控、检修、试验、退役、报废	用电	电能计量	
9445	207.2-37	Q/CSG 1209015.1—2019	计量自动化系统技术规范 第1部分：低压电力用户集中抄表系统采集器检验（试行）	企标	2019-6-26			采购、修试、退役	招标、品控、检修、试验、退役、报废	用电	电能计量	
9446	207.2-38	Q/CSG 1209015.2—2019	计量自动化系统技术规范 第2部分：低压电力用户集中抄表系统集中器检验（试行）	企标	2019-6-26			采购、修试、退役	招标、品控、检修、试验、退役、报废	用电	电能计量	
9447	207.2-39	Q/CSG 1209015.3—2019	计量自动化系统技术规范 第3部分：厂站电能量采集终端检验（试行）	企标	2019-6-26			采购、修试、退役	招标、品控、检修、试验、退役、报废	用电	电能计量	
9448	207.2-40	Q/CSG 1209015.4—2019	计量自动化系统技术规范 第4部分：负荷管理终端检验（试行）	企标	2019-6-26			采购、修试、退役	招标、品控、检修、试验、退役、报废	用电	电能计量	
9449	207.2-41	Q/CSG 1209015.5—2019	计量自动化系统技术规范 第5部分：配变监测计量终端检验（试行）	企标	2019-6-26			采购、修试、退役	招标、品控、检修、试验、退役、报废	用电	电能计量	
9450	207.2-42	Q/CSG 1209016—2019	省级集中计量检定自动化系统技术规范（试行）	企标	2019-6-26			采购、修试、退役	招标、品控、检修、试验、退役、报废	用电	电能计量	
9451	207.2-43	Q/CSG 1209017—2019	手持抄表终端（费控）技术规范（试行）	企标	2019-6-26			采购、修试、退役	招标、品控、检修、试验、退役、报废	用电	电能计量	

序号	体系结构号	标准编号	标准名称	标准级别	实施日期	与国际标准对应关系	代替标准	阶段	分阶段	专业	分专业	备注
9452	207.2-44	Q/CSG 1209018—2019	直流电能表检验装置技术规范（试行）	企标	2019-6-26			采购、修试、退役	招标、品控、检修、试验、退役、报废	用电	电能计量	
9453	207.2-45	Q/CSG 1209020—2019	计量自动化系统微功率无线通信规约（试行）	企标	2019-12-30			采购、修试、退役	招标、品控、检修、试验、退役、报废	用电	电能计量	
9454	207.2-46	Q/CSG 1209021—2019	计量自动化终端本地通信模块接口协议（试行）	企标	2019-12-30			采购、修试、退役	招标、品控、检修、试验、退役、报废	用电	电能计量	
9455	207.2-47	Q/CSG 1209022—2019	计量自动化终端上行通信规约	企标	2019-12-30		Q/CSG 11109004—2013	采购、修试、退役	招标、品控、检修、试验、退役、报废	用电	电能计量	
9456	207.2-48	Q/CSG 1209023—2019	计量自动化终端远程通信模块接口协议（试行）	企标	2019-12-30			采购、修试、退役	招标、品控、检修、试验、退役、报废	用电	电能计量	
9457	207.2-49	Q/CSG 1209024—2020	智能电能表软件备案与比对技术规范（试行）	企标	2020-6-30			采购、修试、退役	招标、品控、检修、试验、退役、报废	用电	电能计量	
9458	207.2-50	Q/CSG 1209025.1—2020	计量自动化系统塑料光纤通信技术规范 第1部分：系统结构（试行）	企标	2020-6-30			采购、修试、退役	招标、品控、检修、试验、退役、报废	用电	电能计量	
9459	207.2-51	Q/CSG 1209025.2—2020	计量自动化系统塑料光纤通信技术规范 第2部分：通信单元（试行）	企标	2020-6-30			采购、修试、退役	招标、品控、检修、试验、退役、报废	用电	电能计量	
9460	207.2-52	Q/CSG 1209025.3—2020	计量自动化系统塑料光纤通信技术规范 第3部分：通信规约（试行）	企标	2020-6-30			采购、修试、退役	招标、品控、检修、试验、退役、报废	用电	电能计量	

序号	体系结构号	标准编号	标准名称	标准级别	实施日期	与国际标准对应关系	代替标准	阶段	分阶段	专业	分专业	备注
9461	207.2-53	Q/CSG 1209026—2020	网级电能量数据平台与省级计量自动化系统数据集成接口规范（试行）	企标	2020-6-30			采购、修试、退役	招标、品控、检修、试验、退役、报废	用电	电能计量	
9462	207.2-54	Q/CSG 1209027—2020	直流电能表技术规范（试行）	企标	2020-6-30			采购、修试、退役	招标、品控、检修、试验、退役、报废	用电	电能计量	
9463	207.2-55	Q/CSG 1209028—2020	计量自动化系统通信模块检验技术规范（试行）	企标	2020-6-30			采购、修试、退役	招标、品控、检修、试验、退役、报废	用电	电能计量	
9464	207.2-56	Q/CSG 1209029—2020	计量自动化系统通信模块技术规范（试行）	企标	2020-6-30			采购、修试、退役	招标、品控、检修、试验、退役、报废	用电	电能计量	
9465	207.2-57	Q/CSG 1209030.4—2022	港口岸电系统建设技术规范 第4部分:电能计量（试行）	企标	2022-4-7			采购、修试、退役	招标、品控、检修、试验、退役、报废	用电	电能计量	
9466	207.2-58	Q/CSG 1209031—2021	智能计量周转柜技术规范（试行）	企标	2021-9-30			采购、修试、退役	招标、品控、检修、试验、退役、报废	用电	电能计量	
9467	207.2-59	Q/CSG 1209032.1—2021	客户侧电能计量装置通用设计要求 第1部分 10kV用电客户电能计量装置	企标	2021-9-30		Q/CSG 113006—2012	采购、修试、退役	招标、品控、检修、试验、退役、报废	用电	电能计量	
9468	207.2-60	Q/CSG 1209032.2—2021	客户侧电能计量装置通用设计要求 第2部分 低压用电客户电能计量装置	企标	2021-9-30		Q/CSG 113006—2012	采购、修试、退役	招标、品控、检修、试验、退役、报废	用电	电能计量	
9469	207.2-61	Q/CSG 1209033.1—2021	计量用互感器技术规范 第1部分 10kV/20kV计量用电流互感器	企标	2021-9-30		Q/CSG 1209011—2016；Q/CSG 11622—2008	采购、修试、退役	招标、品控、检修、试验、退役、报废	用电	电能计量	

序号	体系结构号	标准编号	标准名称	标准级别	实施日期	与国际标准对应关系	代替标准	阶段	分阶段	专业	分专业	备注
9470	207.2-62	Q/CSG 1209033.2—2021	计量用互感器技术规范 第2部分 10kV/20kV计量用电压互感器	企标	2021-9-30		Q/CSG 1209012—2016；Q/CSG 11623—2008	采购、修试、退役	招标、品控、检修、试验、退役、报废	用电	电能计量	
9471	207.2-63	Q/CSG 1209033.3—2021	计量用互感器技术规范 第3部分 计量用组合互感器	企标	2021-9-30		Q/CSG 1209009—2016	采购、修试、退役	招标、品控、检修、试验、退役、报废	用电	电能计量	
9472	207.2-64	Q/CSG 1209033.4—2021	计量用互感器技术规范 第4部分 计量用低压电流互感器	企标	2021-9-30		Q/CSG 1209010—2016	采购、修试、退役	招标、品控、检修、试验、退役、报废	用电	电能计量	
9473	207.2-65	Q/CSG 1209034.1—2021	变电站电能计量装置通用设计要求 第1部分 500kV变电站电能计量装置	企标	2021-9-30		Q/CSG 113005—2012	采购、修试、退役	招标、品控、检修、试验、退役、报废	用电	电能计量	
9474	207.2-66	Q/CSG 1209034.2—2021	变电站电能计量装置通用设计要求 第2部分 220kV变电站电能计量装置	企标	2021-9-30		Q/CSG 113005—2012	采购、修试、退役	招标、品控、检修、试验、退役、报废	用电	电能计量	
9475	207.2-67	Q/CSG 1209034.3—2021	变电站电能计量装置通用设计要求 第3部分 110kV变电站电能计量装置	企标	2021-9-30		Q/CSG 113005—2012	采购、修试、退役	招标、品控、检修、试验、退役、报废	用电	电能计量	
9476	207.2-68	Q/CSG 1209034.4—2021	变电站电能计量装置通用设计要求 第4部分 35kV变电站电能计量装置	企标	2021-9-30		Q/CSG 113005—2012	采购、修试、退役	招标、品控、检修、试验、退役、报废	用电	电能计量	

序号	体系结构号	标准编号	标准名称	标准级别	实施日期	与国际标准对应关系	代替标准	阶段	分阶段	专业	分专业	备注
9477	207.2-69	Q/CSG 1209034.5—2021	变电站电能计量装置通用设计要求 第5部分 10kV 开关站电能计量装置	企标	2021-9-30		Q/CSG 113005—2012	采购、修试、退役	招标、品控、检修、试验、退役、报废	用电	电能计量	
9478	207.2-70	Q/CSG 1209035—2021	计量用电子标签技术规范（试行）	企标	2021-12-30			采购、修试、退役	招标、品控、检修、试验、退役、报废	用电	电能计量	
9479	207.2-71	Q/CSG 1211019—2019	电能表用外置断路器技术规范（试行）	企标	2019-6-26			采购、修试、退役	招标、品控、检修、试验、退役、报废	用电	电能计量	
9480	207.2-72	Q/CSG 11109001—2013	厂站电能量采集终端技术规范	企标	2013-2-7			采购、修试、退役	招标、品控、检修、试验、退役、报废	用电	电能计量	
9481	207.2-73	Q/CSG 11109003—2013	低压电力用户集中抄表系统集中器技术规范	企标	2013-2-7		Q/CSG 12101.6—2008	采购、修试、退役	招标、品控、检修、试验、退役、报废	用电	电能计量	
9482	207.2-74	Q/CSG 11109005—2013	低压电力用户集中抄表系统采集器技术规范	企标	2013-2-7			采购、修试、退役	招标、品控、检修、试验、退役、报废	用电	电能计量	
9483	207.2-75	Q/CSG 11109006—2013	计量自动化终端外形结构规范	企标	2013-2-7			采购、修试、退役	招标、品控、检修、试验、退役、报废	用电	电能计量	
9484	207.2-76	Q/CSG 11109007—2013	配变监测计量终端技术规范	企标	2013-2-7		Q/CSG 12101.5—2008	采购、修试、退役	招标、品控、检修、试验、退役、报废	用电	电能计量	
9485	207.2-77	Q/CSG 11109008—2013	电能计量非金属表箱技术规范	企标	2013-4-15			采购、修试、退役	招标、品控、检修、试验、退役、报废	用电	电能计量	
9486	207.2-78	Q/CSG 11109009—2013	电能计量柜技术规范	企标	2013-4-15			采购、修试、退役	招标、品控、检修、试验、退役、报废	用电	电能计量	
9487	207.2-79	Q/CSG 11109010—2013	电能计量金属表箱技术规范	企标	2013-4-15			采购、修试、退役	招标、品控、检修、试验、退役、报废	用电	电能计量	

序号	体系结构号	标准编号	标准名称	标准级别	实施日期	与国际标准对应关系	代替标准	阶段	分阶段	专业	分专业	备注
9488	207.2-80	T/CEC 115—2016	电能表用外置断路器技术规范	团标	2017-1-1			采购、修试、退役	招标、品控、检修、试验、退役、报废	用电	电能计量	
9489	207.2-81	T/CEC 116—2016	数字化电能表技术规范	团标	2017-1-1			采购、修试、退役	招标、品控、检修、试验、退役、报废	用电	电能计量	
9490	207.2-82	CJ/T 188—2018	户用计量仪表数据传输技术条件	行标	2018-10-1		CJ/T 188—2004	设计、采购、建设、运维	初设、施工图、招标、品控、施工工艺、验收与质量评定、试运行、运行、维护	用电	电能计量	
9491	207.2-83	DL/T 448—2016	电能计量装置技术管理规程	行标	2017-5-1		DL/T 448—2000	采购、运维、修试、退役	招标、品控、运行、维护、检修、试验、退役、报废	用电	电能计量	
9492	207.2-84	DL/T 533—2007	电力负荷管理终端	行标	2007-12-1		DL/T 533—1993	采购、修试、退役	招标、品控、检修、试验、退役、报废	用电	电能计量	
9493	207.2-85	DL/T 535—2009	电力负荷管理系统数据传输规约	行标	2009-12-1		DL/T 535—1993	采购、修试、退役	招标、品控、检修、试验、退役、报废	用电	电能计量	
9494	207.2-86	DL/T 585—1995	电子式标准电能表技术条件	行标	1996-5-1			采购、修试、退役	招标、品控、检修、试验、退役、报废	用电	电能计量	
9495	207.2-87	DL/T 614—2007	多功能电能表	行标	2008-6-1		DL/T 614—1997	采购、运维、修试、退役	招标、品控、运行、维护、检修、试验、退役、报废	用电	电能计量	
9496	207.2-88	DL/T 645—2007	多功能电能表通信协议	行标	2008-6-1		DL/T 645—1997	采购、修试、退役	招标、品控、检修、试验、退役、报废	用电	电能计量	
9497	207.2-89	DL/T 698.1—2021	电能信息采集与管理系统 第1部分：总则	行标	2021-7-1		DL/T 698.1—2009	采购、修试、退役	招标、品控、检修、试验、退役、报废	用电	电能计量	

序号	体系结构号	标准编号	标准名称	标准级别	实施日期	与国际标准对应关系	代替标准	阶段	分阶段	专业	分专业	备注
9498	207.2-90	DL/T 698.2—2021	电能信息采集与管理系统 第2部分：主站技术规范	行标	2021-7-1		DL/T 698.2—2010	采购、修试、退役	招标、品控、检修、试验、退役、报废	用电	电能计量	
9499	207.2-91	DL/T 698.31—2010	电能信息采集与管理系统 第3-1部分：电能信息采集终端技术规范通用要求	行标	2010-10-1		DL/T 698—1999	设计、采购、建设、运维	初设、施工图、招标、品控、施工工艺、验收与质量评定、试运行、运行、维护	用电	电能计量	
9500	207.2-92	DL/T 698.32—2010	电能信息采集与管理系统 第3-2部分：电能信息采集终端技术规范厂站采集终端特殊要求	行标	2010-10-1		DL/T 698—1999	设计、采购、建设、运维	初设、施工图、招标、品控、施工工艺、验收与质量评定、试运行、运行、维护	用电	电能计量	
9501	207.2-93	DL/T 698.33—2010	电能信息采集与管理系统 第3-3部分：电能信息采集终端技术规范专变采集终端特殊要求	行标	2010-10-1		DL/T 698—1999	设计、采购、建设、运维	初设、施工图、招标、品控、施工工艺、验收与质量评定、试运行、运行、维护	用电	电能计量	
9502	207.2-94	DL/T 698.34—2010	电能信息采集与管理系统 第3-4部分：电能信息采集终端技术规范公变采集终端特殊要求	行标	2010-10-1		DL/T 698—1999	设计、采购、建设、运维	初设、施工图、招标、品控、施工工艺、验收与质量评定、试运行、运行、维护	用电	电能计量	
9503	207.2-95	DL/T 698.35—2010	电能信息采集与管理系统 第3-5部分：电能信息采集终端技术规范低压集中抄表终端特殊要求	行标	2010-10-1		DL/T 698—1999	设计、采购、建设、运维	初设、施工图、招标、品控、施工工艺、验收与质量评定、试运行、运行、维护	用电	电能计量	

序号	体系结构号	标准编号	标准名称	标准级别	实施日期	与国际标准对应关系	代替标准	阶段	分阶段	专业	分专业	备注
9504	207.2-96	DL/T 698.36—2013	电能信息采集与管理系统 第3-6部分：电能信息采集终端技术规范——通信单元要求	行标	2013-8-1		DL/T 698—1999	设计、采购、建设、运维	初设、施工图、招标、品控、施工工艺、验收与质量评定、试运行、运行、维护	用电	电能计量	
9505	207.2-97	DL/T 698.41—2010	电能信息采集与管理系统 第4-1部分：通信协议——主站与电能信息采集终端通信	行标	2010-10-1		DL/T 698—1999	设计、采购、建设、运维	初设、施工图、招标、品控、施工工艺、验收与质量评定、试运行、运行、维护	用电	电能计量	
9506	207.2-98	DL/T 698.42—2013	电能信息采集与管理系统 第4-2部分：通信协议——集中器下行通信	行标	2013-8-1		DL/T 698—1999	设计、采购、建设、运维	初设、施工图、招标、品控、施工工艺、验收与质量评定、试运行、运行、维护	用电	电能计量	
9507	207.2-99	DL/T 698.44—2016	电能信息采集与管理系统 第4-4部分：通信协议——微功率无线通信协议	行标	2016-12-1		DL/T 698—1999	设计、采购、建设、运维	初设、施工图、招标、品控、施工工艺、验收与质量评定、试运行、运行、维护	用电	电能计量	
9508	207.2-100	DL/T 698.45—2017	电能信息采集与管理系统 第4-5部分：通信协议—面向对象的数据交换协议	行标	2018-3-1		DL/T 698—1999	设计、采购、建设、运维	初设、施工图、招标、品控、施工工艺、验收与质量评定、试运行、运行、维护	用电	电能计量	
9509	207.2-101	DL/T 698.46—2016	电能信息采集与管理系统 第4-6部分：通信协议—采集终端远程通信模块接口协议	行标	2016-12-1		DL/T 698—1999	设计、采购、建设、运维	初设、施工图、招标、品控、施工工艺、验收与质量评定、试运行、运行、维护	用电	电能计量	

序号	体系结构号	标准编号	标准名称	标准级别	实施日期	与国际标准对应关系	代替标准	阶段	分阶段	专业	分专业	备注
9510	207.2-102	DL/T 698.51—2016	电能信息采集与管理系统 第5-1部分：测试技术规范——功能测试	行标	2016-12-1		DL/T 698—1999	设计、采购、建设、运维	初设、施工图、招标、品控、施工工艺、验收与质量评定、试运行、运行、维护	用电	电能计量	
9511	207.2-103	DL/T 698.52—2016	电能信息采集与管理系统 第5-2部分：远程通信协议一致性测试	行标	2016-6-1		DL/T 698—1999	设计、采购、建设、运维	初设、施工图、招标、品控、施工工艺、验收与质量评定、试运行、运行、维护	用电	电能计量	
9512	207.2-104	DL/T 698.61—2021	电能信息采集与管理系统 第6-1部分：软件要求——终端软件升级技术要求	行标	2021-7-1			设计、采购、建设、运维	初设、施工图、招标、品控、施工工艺、验收与质量评定、试运行、运行、维护	用电	电能计量	
9513	207.2-105	DL/T 731—2000	电能表测量用误差计算器	行标	2001-1-1			采购、修试、退役	招标、品控、检修、试验、退役、报废	用电	电能计量	
9514	207.2-106	DL/T 825—2021	电能计量装置安装接线规则	行标	2021-7-1		DL/T 825—2002	设计、采购、建设、运维	初设、施工图、招标、品控、施工工艺、验收与质量评定、试运行、运行、维护	用电	电能计量	
9515	207.2-107	DL/T 973—2005	数字高压表检定规程	行标	2006-6-1			运维、修试	维护、检修、试验	用电	电能计量	
9516	207.2-108	DL/T 1484—2015	直流电能表技术规范	行标	2015-10-1			采购、修试、退役	招标、品控、检修、试验、退役、报废	用电	电能计量	
9517	207.2-109	DL/T 1491—2015	智能电能表信息交换安全认证技术规范	行标	2015-10-1			采购、修试、退役	招标、品控、检修、试验、退役、报废	用电	电能计量	
9518	207.2-110	DL/T 1496—2016	电能计量封印技术规范	行标	2016-6-1			采购、修试、退役	招标、品控、检修、试验、退役、报废	用电	电能计量	

序号	体系结构号	标准编号	标准名称	标准级别	实施日期	与国际标准对应关系	代替标准	阶段	分阶段	专业	分专业	备注
9519	207.2-111	DL/T 1497—2016	电能计量用电子标签技术规范	行标	2016-6-1			采购、修试、退役	招标、品控、检修、试验、退役、报废	用电	电能计量	
9520	207.2-112	DL/T 1652—2016	电能计量设备用超级电容器技术规范	行标	2017-5-1			采购、修试、退役	招标、品控、检修、试验、退役、报废	用电	电能计量	
9521	207.2-113	DL/T 1664—2016	电能计量装置现场检验规程	行标	2017-5-1		SD 109—1983	运维、修试、退役	运行、维护、检修、试验、退役、报废	用电	电能计量	
9522	207.2-114	DL/T 1665—2016	数字化电能计量装置现场检测规范	行标	2017-5-1			运维、修试、退役	运行、维护、检修、试验、退役、报废	用电	电能计量	
9523	207.2-115	DL/T 1783—2017	IEC 61850工程电能计量应用模型	行标	2018-6-1			设计、采购	初设、招标	用电	电能计量	
9524	207.2-116	DL/T 2032—2019	计量用低压电流互感器	行标	2019-10-1			采购、修试、退役	招标、品控、检修、试验、退役、报废	用电	电能计量	
9525	207.2-117	DL/T 2235—2021	电厂上网关口电能计量屏柜技术规范	行标	2021-7-1			采购、修试、退役	招标、品控、检修、试验、退役、报废	用电	电能计量	
9526	207.2-118	DL/T 2343.1—2021	电能计量设备用元器件技术规范 第1部分:总则	行标	2022-3-22			采购、修试、退役	招标、品控、检修、试验、退役、报废	用电	电能计量	
9527	207.2-119	DL/T 2343.2—2021	电能计量设备用元器件技术规范 第2部分:液晶显示器	行标	2022-3-22			采购、修试、退役	招标、品控、检修、试验、退役、报废	用电	电能计量	
9528	207.2-120	DL/T 2346—2021	测量用互感器检定装置检定方法	行标	2022-3-22			采购、修试、退役	招标、品控、检修、试验、退役、报废	用电	电能计量	
9529	207.2-121	DL/T 2347—2021	电能表回收处置技术规范	行标	2022-3-22			采购、修试、退役	招标、品控、检修、试验、退役、报废	用电	电能计量	

序号	体系结构号	标准编号	标准名称	标准级别	实施日期	与国际标准对应关系	代替标准	阶段	分阶段	专业	分专业	备注
9530	207.2-122	DL/T 2440.1—2021	数字化电能计量系统 第1部分：一般技术要求	行标	2022-6-22			采购、修试、退役	招标、品控、检修、试验、退役、报废	用电	电能计量	
9531	207.2-123	DL/T 5137—2001	电测量及电能计量装置设计技术规程	行标	2002-5-1			设计、采购、建设、运维	初设、施工图、招标、品控、施工工艺、验收与质量评定、试运行、运行、维护	用电	电能计量	
9532	207.2-124	DL/T 5202—2022	电能量计量系统设计技术规程	行标	2022-11-13		DL/T 5202—2004	设计、采购、建设、运维	初设、施工图、招标、品控、施工工艺、验收与质量评定、试运行、运行、维护	用电	电能计量	
9533	207.2-125	RB/T 197—2015	检测和校准结果及与规范符合性的报告指南	行标	2016-7-1			采购、修试、退役	招标、品控、检修、试验、退役、报废	用电	电能计量	
9534	207.2-126	GB/T 15148—2008	电力负荷管理系统技术规范	国标	2009-8-1		GB/T 15148—1994	采购、修试、退役	招标、品控、检修、试验、退役、报废	用电	电能计量	
9535	207.2-127	GB/T 15284—2022	多费率电能表特殊要求	国标	2022-11-1		GB/T 15284—2002	采购、修试、退役	招标、品控、检修、试验、退役、报废	用电	电能计量	
9536	207.2-128	GB/T 16934—2013	电能计量柜	国标	2014-2-1		GB/T 16934—1997	采购、修试、退役	招标、品控、检修、试验、退役、报废	用电	电能计量	
9537	207.2-129	GB/T 17215.101—2010	电测量 抄表、费率和负荷控制的数据交换 术语 第1部分：与使用DLMS/COSEM的测量设备交换数据相关的术语	国标	2011-6-1	IEC TR 62051-1:2004，IDT		设计、采购、建设、运维	初设、施工图、招标、品控、施工工艺、验收与质量评定、试运行、运行、维护	用电	电能计量	
9538	207.2-130	GB/T 17215.211—2021	电测量设备（交流）通用要求、试验和试验条件 第11部分：测量设备	国标	2021-11-1	IEC 62052-11:2020	GB/T 17215.211—2006	采购、修试	招标、品控、检修、试验	用电	电能计量	

序号	体系结构号	标准编号	标准名称	标准级别	实施日期	与国际标准对应关系	代替标准	阶段	分阶段	专业	分专业	备注
9539	207.2-131	GB/T 17215.301—2007	多功能电能表特殊要求	国标	2007-12-1			采购、修试、退役	招标、品控、检修、试验、退役、报废	用电	电能计量	
9540	207.2-132	GB/T 17215.302—2013	交流电测量设备 特殊要求 第2部分：静止式谐波有功电能表	国标	2014-4-15			采购、修试、退役	招标、品控、检修、试验、退役、报废	用电	电能计量	
9541	207.2-133	GB/T 17215.303—2022	交流电测量设备 特殊要求 第3部分：数字化电能表	国标	2022-11-1		GB/T 17215.303—2013	采购、修试、退役	招标、品控、检修、试验、退役、报废	用电	电能计量	
9542	207.2-134	GB/T 17215.304—2017	交流电测量设备 特殊要求 第4部分：经电子互感器接入的静止式电能表	国标	2018-2-1			采购、修试、退役	招标、品控、检修、试验、退役、报废	用电	电能计量	
9543	207.2-135	GB/T 17215.311—2008	交流电测量设备 特殊要求 第11部分：机电式有功电能表（0.5、1和2级）	国标	2009-1-1	IEC 62053-11:2003，MOD	GB/T 15283—1994	采购、修试、退役	招标、品控、检修、试验、退役、报废	用电	电能计量	
9544	207.2-136	GB/T 17215.321—2021	电测量设备（交流)特殊要求 第21部分：静止式有功电能表（A级、B级、C级、D级和E级）	国标	2021-11-1	IEC 62053-22:2020	GB/T 17215.322—2008；GB/T 17215.321—2008	采购、修试、退役	招标、品控、检修、试验、退役、报废	用电	电能计量	
9545	207.2-137	GB/T 17215.323—2022	交流电测量设备 特殊要求 第23部分：静止式无功电能表（2级和3级）	国标	2023-7-1	IEC 62053-23:2020	GB/T 17215.323—2008	采购、修试、退役	招标、品控、检修、试验、退役、报废	用电	电能计量	

序号	体系结构号	标准编号	标准名称	标准级别	实施日期	与国际标准对应关系	代替标准	阶段	分阶段	专业	分专业	备注
9546	207.2-138	GB/T 17215.324—2022	交流电测量设备 特殊要求 第24部分：静止式基波频率无功电能表（0.5S级，1S级和1级）	国标	2023-7-1	IEC 62053-24:2020	GB/T 17215.324—2017	采购、修试、退役	招标、品控、检修、试验、退役、报废	用电	电能计量	
9547	207.2-139	GB/T 17215.610—2018	电测量数据交换 DLMS/COSEM 组件 第10部分：智能测量标准化框架	国标	2019-7-1	IEC 62056-1-0:2014		采购、修试、退役	招标、品控、检修、试验、退役、报废	用电	电能计量	
9548	207.2-140	GB/T 17215.631—2018	电测量数据交换 DLMS/COSEM 组件 第31部分：基于双绞线载波信号的局域网使用	国标	2019-7-1	IEC 62056-3-1:2013	GB/T 19897.2—2005	设计、采购、建设、运维	初设、施工图、招标、品控、施工工艺、验收与质量评定、试运行、运行、维护	用电	电能计量	
9549	207.2-141	GB/T 17215.646—2018	电测量数据交换 DLMS/COSEM 组件 第46部分：使用 HDLC 协议的数据链路层	国标	2019-7-1	IEC 62056-4-6:2002	GB/T 19897.4—2005	设计、采购、建设、运维	初设、施工图、招标、品控、施工工艺、验收与质量评定、试运行、运行、维护	用电	电能计量	
9550	207.2-142	GB/T 17215.653—2018	电测量数据交换 DLMS/COSEM 组件 第53部分：DLMS/COSEM 应用层	国标	2019-7-1	IEC 62056-5-3:2017	GB/T 19882.33—2007	设计、采购、建设、运维	初设、施工图、招标、品控、施工工艺、验收与质量评定、试运行、运行、维护	用电	电能计量	
9551	207.2-143	GB/T 17215.661—2018	电测量数据交换 DLMS/COSEM 组件 第61部分：对象标识系统（OBIS）	国标	2019-7-1	IEC 62056-6-1:2017	GB/T 19882.31—2007	设计、采购、建设、运维	初设、施工图、招标、品控、施工工艺、验收与质量评定、试运行、运行、维护	用电	电能计量	

序号	体系结构号	标准编号	标准名称	标准级别	实施日期	与国际标准对应关系	代替标准	阶段	分阶段	专业	分专业	备注
9552	207.2-144	GB/T 17215.662—2018	电测量数据交换 DLMS/COSEM 组件 第62部分：COSEM 接口类	国标	2019-7-1	IEC 62056-6-2:2017	GB/T 19882.32—2007	设计、采购、建设、运维	初设、施工图、招标、品控、施工工艺、验收与质量评定、试运行、运行、维护	用电	电能计量	
9553	207.2-145	GB/T 17215.676—2018	电测量数据交换 DLMS/COSEM 组件 第76部分：基于 HDLC 的面向连接的三层通信配置	国标	2019-7-1	IEC 62056-7-6:2013		设计、采购、建设、运维	初设、施工图、招标、品控、施工工艺、验收与质量评定、试运行、运行、维护	用电	电能计量	
9554	207.2-146	GB/T 17215.697—2018	电测量数据交换 DLMS/COSEM 组件 第97部分：基于 TCP-UDP/IP 网络的通信配置	国标	2019-7-1	IEC 62056-9-7:2013		设计、采购、建设、运维	初设、施工图、招标、品控、施工工艺、验收与质量评定、试运行、运行、维护	用电	电能计量	
9555	207.2-147	GB/T 17215.701—2011	标准电能表	国标	2011-12-1			采购、修试、退役	招标、品控、检修、试验、退役、报废	用电	电能计量	
9556	207.2-148	GB/T 19882.1—2005	自动抄表系统 总则	国标	2006-4-1			设计、采购、建设、运维	初设、施工图、招标、品控、施工工艺、验收与质量评定、试运行、运行、维护	用电	电能计量	
9557	207.2-149	GB/T 19882.211—2010	自动抄表系统 第211部分：低压电力线载波抄表系统 系统要求	国标	2011-6-1			设计、采购、建设、运维	初设、施工图、招标、品控、施工工艺、验收与质量评定、试运行、运行、维护	用电	电能计量	
9558	207.2-150	GB/T 19882.212—2012	自动抄表系统 第212部分：低压电力线载波抄表系统 载波集中器	国标	2013-6-1			设计、采购、建设、运维	初设、施工图、招标、品控、施工工艺、验收与质量评定、试运行、运行、维护	用电	电能计量	

序号	体系结构号	标准编号	标准名称	标准级别	实施日期	与国际标准对应关系	代替标准	阶段	分阶段	专业	分专业	备注
9559	207.2-151	GB/T 19882.213—2012	自动抄表系统.第 213 部分:低压电力线载波抄表系统.载波采集器	国标	2013-6-1			设计、采购、建设、运维	初设、施工图、招标、品控、施工工艺、验收与质量评定、试运行、运行、维护	用电	电能计量	
9560	207.2-152	GB/T 19882.222—2017	自动抄表系统 第 222 部分:无线通信抄表系统 物理层规范	国标	2018-7-1			设计、采购、建设、运维	初设、施工图、招标、品控、施工工艺、验收与质量评定、试运行、运行、维护	用电	电能计量	
9561	207.2-153	GB/T 19882.223—2017	自动抄表系统 第 223 部分:无线通信抄表系统 数据链路层（MAC 子层）	国标	2018-7-1			设计、采购、建设、运维	初设、施工图、招标、品控、施工工艺、验收与质量评定、试运行、运行、维护	用电	电能计量	
9562	207.2-154	GB/T 19897.1—2005	自动抄表系统 低层通信协议 第 1 部分:直接本地数据交换	国标	2006-4-1	IEC 62056-21:2002，MOD	JB/T 8610—1997	设计、采购、建设、运维	初设、施工图、招标、品控、施工工艺、验收与质量评定、试运行、运行、维护	用电	电能计量	
9563	207.2-155	GB/T 19897.3—2005	自动抄表系统 低层通信协议 第 3 部分:面向连接的异步数据交换的物理层服务进程	国标	2006-4-1	IEC 62056-42:2002，IDT		设计、采购、建设、运维	初设、施工图、招标、品控、施工工艺、验收与质量评定、试运行、运行、维护	用电	电能计量	
9564	207.2-156	GB/T 26831.1—2011	社区能源计量抄收系统规范 第 1 部分:数据交换	国标	2011-12-1			设计、采购、建设、运维	初设、施工图、招标、品控、施工工艺、验收与质量评定、试运行、运行、维护	用电	电能计量	
9565	207.2-157	GB/T 26831.2—2012	社区能源计量抄收系统规范 第 2 部分:物理层与链路层	国标	2013-2-15	EN 13757，REF		设计、采购、建设、运维	初设、施工图、招标、品控、施工工艺、验收与质量评定、试运行、运行、维护	用电	电能计量	

序号	体系结构号	标准编号	标准名称	标准级别	实施日期	与国际标准对应关系	代替标准	阶段	分阶段	专业	分专业	备注
9566	207.2-158	GB/T 26831.3—2012	社区能源计量抄收系统规范 第3部分：专用应用层	国标	2013-2-15	EN 13757，REF		设计、采购、建设、运维	初设、施工图、招标、品控、施工工艺、验收与质量评定、试运行、运行、维护	用电	电能计量	
9567	207.2-159	GB/T 26831.6—2015	社区能源计量抄收系统规范 第6部分：本地总线	国标	2016-4-1			设计、采购、建设、运维	初设、施工图、招标、品控、施工工艺、验收与质量评定、试运行、运行、维护	用电	电能计量	
9568	207.2-160	GB/T 37968—2019	高压电能计量设备检验装置	国标	2020-3-1			采购、修试、退役	招标、品控、检修、试验、退役、报废	用电	电能计量	
9569	207.2-161	GB/T 38317.11—2019	智能电能表外形结构和安装尺寸 第11部分：通用要求	国标	2020-7-1			采购、修试、退役	招标、品控、检修、试验、退役、报废	用电	电能计量	
9570	207.2-162	GB/T 38317.21—2019	智能电能表外形结构和安装尺寸 第21部分：结构A型	国标	2020-7-1			采购、修试、退役	招标、品控、检修、试验、退役、报废	用电	电能计量	
9571	207.2-163	GB/T 38317.22—2019	智能电能表外形结构和安装尺寸 第22部分：结构B型	国标	2020-7-1			采购、修试、退役	招标、品控、检修、试验、退役、报废	用电	电能计量	
9572	207.2-164	GB/T 38317.31—2019	智能电能表外形结构和安装尺寸 第31部分：电气接口	国标	2020-7-1			采购、修试、退役	招标、品控、检修、试验、退役、报废	用电	电能计量	
9573	207.2-165	GB/Z 17215.611—2021	电测量数据交换 DLMS/COSEM组件 第11部分：DLMS/COSEM通信配置标准用模板	国标	2022-7-1	IEC TS 62056-1-1:2016		采购、修试、退役	招标、品控、检修、试验、退役、报废	用电	电能计量	

序号	体系结构号	标准编号	标准名称	标准级别	实施日期	与国际标准对应关系	代替标准	阶段	分阶段	专业	分专业	备注
9574	207.2-166	GB/Z 17215.651—2022	电测量数据交换 DLMS/COSEM 组件　第 51 部分：应用层协议	国标	2023-7-1	IEC TS 62056-51:1998		采购、修试、退役报废	招标、品控、检修、试验、退役、报废	用电	电能计量	
9575	207.2-167	GB/Z 17215.652—2022	电测量数据交换 DLMS/COSEM 组件　第 52 部分:通信协议管理配电线报文规范（DLMS）服务器	国标	2023-7-1	IEC TS 62056-52:1998		采购、修试、退役	招标、品控、检修、试验、退役、报废	用电	电能计量	
9576	207.2-168	GB/Z 17215.669—2022	电测量数据交换 DLMS/COSEM 组件　第 69 部分:公共信息模型消息集（IEC 61968-9）与 DLMS/COS-EM（IEC 62056）数据模型和协议间的映射	国标	2023-7-1	IEC TS 62056-6-9:2016		采购、修试、退役	招标、品控、检修、试验、退役、报废	用电	电能计量	
9577	207.2-169	JJF 1002—2010	国家计量检定规程编写规则	计量技术规范	2011-1-1		JJF 1002—1998	采购、修试、退役	招标、品控、检修、试验、退役、报废	用电	电能计量	
9578	207.2-170	JJF 1245.1—2019	安装式交流电能表型式评价大纲——有功电能表	计量技术规范	2020-3-31		部分替代 JJF 1245.1—2010；JJF 1245.2—2010；JJF 1245.3—2010；JJF 1245.4—2010；JJF 1245.5—2010；JJF 1245.6—2010	采购、修试、退役	招标、品控、检修、试验、退役、报废	用电	电能计量	
9579	207.2-171	JJF 1245.2—2019	安装式交流电能表型式评价大纲——软件要求	计量技术规范	2020-3-31		部分替代 JJF 1245.1—2010；JJF 1245.2—2010；JJF 1245.3—2010；JJF 1245.4—2010；JJF 1245.5—2010；JJF 1245.6—2010	采购、修试、退役	招标、品控、检修、试验、退役、报废	用电	电能计量	

序号	体系结构号	标准编号	标准名称	标准级别	实施日期	与国际标准对应关系	代替标准	阶段	分阶段	专业	分专业	备注
9580	207.2-172	JJF 1245.3—2019	安装式交流电能表型式评价大纲——无功电能表	计量技术规范	2020-3-31		部分替代 JJF 1245.1—2010; JJF 1245.2—2010; JJF 1245.3—2010; JJF 1245.4—2010; JJF 1245.5—2010; JJF 1245.6—2010	采购、修试、退役报废	招标、品控、检修、试验、退役、报废	用电	电能计量	
9581	207.2-173	JJF 1245.4—2019	安装式交流电能表型式评价大纲——特殊要求和安全要求	计量技术规范	2020-3-31		部分替代 JJF 1245.1—2010; JJF 1245.2—2010; JJF 1245.3—2010; JJF 1245.4—2010; JJF 1245.5—2010; JJF 1245.6—2010	采购、修试、退役报废	招标、品控、检修、试验、退役、报废	用电	电能计量	
9582	207.2-174	JJF 1245.5—2019	安装式交流电能表型式评价大纲——功能要求	计量技术规范	2020-3-31		部分替代 JJF 1245.1—2010; JJF 1245.2—2010; JJF 1245.3—2010; JJF 1245.4—2010; JJF 1245.5—2010; JJF 1245.6—2010	采购、修试、退役报废	招标、品控、检修、试验、退役、报废	用电	电能计量	
9583	207.2-175	JJF 1779—2019	电子式直流电能表型式评价大纲	计量技术规范	2020-3-31			采购、修试、退役报废	招标、品控、检修、试验、退役、报废	用电	电能计量	
9584	207.2-176	JJG 169—2010	互感器校验仪检定规程	计量检定规程	2011-5-5		JJG 169—1993	采购、修试、退役报废	招标、品控、检修、试验、退役、报废	用电	电能计量	
9585	207.2-177	JJG 313—2010	测量用电流互感器检定规程	计量检定规程	2011-5-5		JJG 313—1994	采购、修试、退役报废	招标、品控、检修、试验、退役、报废	用电	电能计量	
9586	207.2-178	JJG 314—2010	测量用电压互感器检定规程	计量检定规程	2011-5-5		JJG 314—1994	采购、修试、退役报废	招标、品控、检修、试验、退役、报废	用电	电能计量	
9587	207.2-179	JJG 596—2012	电子式交流电能表检定规程	计量检定规程	2013-4-8		JJG 596—1999	采购、修试、退役报废	招标、品控、检修、试验、退役、报废	用电	电能计量	

序号	体系结构号	标准编号	标准名称	标准级别	实施日期	与国际标准对应关系	代替标准	阶段	分阶段	专业	分专业	备注
9588	207.2-180	JJG 597—2005	交流电能表检定装置检定规程	计量检定规程	2006-6-20		JJG 597—1989	采购、修试、退役	招标、品控、检修、试验、退役、报废	用电	电能计量	
9589	207.2-181	JJG 691—2014	多费率交流电能表检定规程	计量检定规程	2014-12-15		JJG 691—1990	采购、修试、退役	招标、品控、检修、试验、退役、报废	用电	电能计量	
9590	207.2-182	JJG 1021—2007	电力互感器检定规程	计量检定规程	2007-5-28			采购、修试、退役	招标、品控、检修、试验、退役、报废	用电	电能计量	
9591	207.2-183	JJG 1069—2011	直流分流器检定规程	计量检定规程	2011-10-4			采购、修试、退役	招标、品控、检修、试验、退役、报废	用电	电能计量	
9592	207.2-184	JJG 1085—2013	标准电能表检定规程	计量检定规程	2013-8-27		JJG 596—1999	采购、修试、退役	招标、品控、检修、试验、退役、报废	用电	电能计量	
9593	207.2-185	JJG 1156—2018	直流电压互感器检定规程	计量检定规程	2019-3-25			采购、修试、退役	招标、品控、检修、试验、退役、报废	用电	电能计量	
9594	207.2-186	JJG 1157—2018	直流电流互感器检定规程	计量检定规程	2019-3-25			采购、修试、退役	招标、品控、检修、试验、退役、报废	用电	电能计量	
9595	207.2-187	JJG 2074—1990	交流电能计量器具检定系统	计量检定规程	1991-5-1			采购、修试、退役	招标、品控、检修、试验、退役、报废	用电	电能计量	
207.3 市场营销—营业服务												
9596	207.3-1	T/CEC 579—2021	电力用户信用评价规范	团标	2022-3-1			采购、修试、退役	招标、品控、检修、试验、退役、报废	用电	营销服务	
9597	207.3-2	T/CEC 734—2022	电力企业供应链合规风险管理实施指南	团标	2023-2-1			采购、修试、退役	招标、品控、检修、试验、退役、报废	用电	营销服务	
9598	207.3-3	DL/T 1747—2017	电力营销现场移动作业终端技术规范	行标	2018-3-1			采购、修试、退役	招标、品控、检修、试验、退役、报废	用电	营销服务	

序号	体系结构号	标准编号	标准名称	标准级别	实施日期	与国际标准对应关系	代替标准	阶段	分阶段	专业	分专业	备注
9599	207.3-4	DL/T 1917—2018	电力用户业扩报装技术规范	行标	2019-5-1			设计、采购、建设、运维	初设、施工图、招标、品控、施工工艺、验收与质量评定、试运行、运行、维护	用电	营销服务	
9600	207.3-5	DL/T 2046—2019	供电服务热线客户服务规范	行标	2019-10-1			运维	运行	用电	营销服务	
9601	207.3-6	SB/T 11221—2018	客户服务专业人员技术要求	行标	2019-4-1			设计、采购、建设、运维	初设、施工图、招标、品控、施工工艺、验收与质量评定、试运行、运行、维护	用电	营销服务	
9602	207.3-7	GB/T 19012—2019	质量管理 顾客满意 组织投诉处理指南	国标	2020-1-1		GB/T 19012—2008	运维	运行	用电	营销服务	
9603	207.3-8	GB/T 28583—2012	供电服务规范	国标	2012-10-1			建设、运维	施工工艺、验收与质量评定、试运行、运行、维护	用电	营销服务	
9604	207.3-9	GB/T 36339—2018	智能客服语义库技术要求	国标	2019-1-1			设计、采购、建设、运维	初设、施工图、招标、品控、施工工艺、验收与质量评定、试运行、运行、维护	用电	营销服务	
207.4	**市场营销—电力市场**											
207.4.1	**市场营销—电力市场—中长期交易**											
9605	207.4.1-1	DL/T 1008—2019	电力中长期交易平台功能规范	行标	2020-5-1		DL/T 1008—2006	设计、采购、建设、运维	初设、施工图、招标、品控、施工工艺、验收与质量评定、试运行、运行、维护	用电	售电市场	
9606	207.4.1-2	DL/T 1414.351—2018	电力市场通信 第351部分:分区电价式市场模型交互子集	行标	2019-5-1			设计、建设、运维	初设、验收与质量评定、运行	用电	售电市场	

序号	体系结构号	标准编号	标准名称	标准级别	实施日期	与国际标准对应关系	代替标准	阶段	分阶段	专业	分专业	备注
9607	207.4.1-3	GB/T 3485—1998	评价企业合理用电技术导则	国标	1998-9-1		GB 3485—1983	建设	施工工艺、验收与质量评定、试运行	用电	售电市场	
207.4.2　市场营销—电力市场—现货交易												
9608	207.4.2-1	Q/CSG 1204050—2019	南方区域电力现货市场技术支持系统技术规范	企标	2019-6-26			规划、设计	规划、初设、施工图	调度及二次	电力交易	
9609	207.4.2-2	Q/CSG 1204074—2020	南方区域电力现货市场技术支持系统数据交互技术规范（试行）	企标	2020-8-31			规划、设计	规划、初设、施工图	调度及二次	电力交易	
9610	207.4.2-3	Q/CSG 1204075—2020	南方区域电力现货市场动态监测系统技术规范（试行）	企标	2020-8-31			规划、设计	规划、初设、施工图	调度及二次	电力交易	
9611	207.4.2-4	Q/CSG 1204082—2020	南方电网日前电能量现货市场出清计算技术规范（试行）	企标	2020-11-30			设计、采购、建设、运维	初设、施工图、招标、品控、施工工艺、验收与质量评定、试运行、运行、维护	调度及二次	电力交易	
9612	207.4.2-5	Q/CSG 1204083—2020	南方电网电力现货市场安全校核技术规范（试行）	企标	2020-11-30			规划、设计	规划、初设、施工图	调度及二次	电力交易	
9613	207.4.2-6	Q/CSG 1204092—2021	南方电网电力现货市场出清计算技术规范（试行）	企标	2021-6-30			规划、设计	规划、初设、施工图	调度及二次	电力交易	
207.4.3　市场营销—电力市场—辅助服务												
9614	207.4.3-1	Q/CSG 1204143—2022	南方区域电力调峰辅助服务市场技术支持系统技术规范（试行）	企标	2022-9-19			规划、设计、采购、建设、运维、修试、退役	规划、初设、施工图、招标、品控、施工工艺、验收与质量评定、试运行、运行、维护、检修、试验、退役、报废	调度及二次	电力交易	

序号	体系结构号	标准编号	标准名称	标准级别	实施日期	与国际标准对应关系	代替标准	阶段	分阶段	专业	分专业	备注
9615	207.4.3-2	GB/T 37134—2018	并网发电厂辅助服务导则	国标	2019-7-1			规划、设计	规划、初设	调度及二次	电力交易	
207.4.4 市场营销—电力市场—平台规范												
9616	207.4.4-1	Q/CSG 110013—2012	南方电网电厂并网运行及辅助服务管理源数据交换规范	企标	2011-7-1			设计、采购、运维	初设、招标、运行	调度及二次	电力交易	
9617	207.4.4-2	Q/CSG 110014—2012	南方电网电厂并网运行及辅助服务管理算法规范	企标	2012-2-13			设计、建设、运维	初设、施工工艺、验收与质量评定、试运行、运行	调度及二次	电力交易	
9618	207.4.4-3	Q/CSG 1204026—2018	电力交易安全校核技术规范	企标	2018-5-17			规划、设计	规划、初设	调度及二次	电力交易	
9619	207.4.4-4	T/CEC 387—2020	售电技术支持系统技术规范	团标	2021-2-1			设计、采购、建设、运维	初设、施工图、招标、品控、施工工艺、验收与质量评定、试运行、运行、维护	用电	售电市场	
207.4.5 市场营销—电力市场—电价机制												
9620	207.4.5-1	DL/T 1414.4511—2021	电力市场通信第451-1部分：分区电价模式电力市场信息交互确认流程子集	行标	2021-10-26			设计、采购、建设	初设、施工图、招标、品控、施工工艺、验收与质量评定、试运行	用电	售电市场	
207.4.6 市场营销—电力市场—其他												
9621	207.4.6-1	Q/CSG 1204120—2022	南方区域电力市场指标体系技术导则（试行）	企标	2022-3-30			规划、设计、采购、建设、运维	规划、初设、招标、品控、施工工艺、验收与质量评定、试运行、运行、维护	用电	售电市场	
9622	207.4.6-2	DL/T 1834—2018	电力市场主体信用信息采集指南	行标	2018-7-1			规划、设计、采购、建设、运维	规划、初设、招标、品控、施工工艺、验收与质量评定、试运行、运行、维护	用电	售电市场	

序号	体系结构号	标准编号	标准名称	标准级别	实施日期	与国际标准对应关系	代替标准	阶段	分阶段	专业	分专业	备注
9623	207.4.6-3	DL/T 2039—2019	地方电网售电控制中心基本配置技术条件	行标	2019-10-1			规划、设计	规划、初设、施工图	用电	售电市场	
207.5 市场营销—综合能源服务												
207.6 市场营销—需求侧响应												
9624	207.6-1	Q/CSG 1203067—2019	网侧电力负荷综合特性监测终端设备技术要求	企标	2019-12-30			采购、修试、退役	招标、品控、检修、试验、退役、报废	用电	需求侧管理	
9625	207.6-2	T/CEC 104—2016	电力企业能源管理系统设计导则	团标	2017-1-1			设计、建设	初设、施工图、施工工艺、验收与质量评定、试运行	用电	需求侧管理	
9626	207.6-3	T/CEC 105—2016	电力企业能源管理系统验收规范	团标	2017-1-1			建设	施工工艺、验收与质量评定、试运行	用电	需求侧管理	
9627	207.6-4	T/CEC 133—2017	工业园区电力需求响应系统技术规范	团标	2017-8-1			设计、采购、建设、运维、修试、退役	初设、施工图、招标、品控、施工工艺、验收与质量评定、试运行、运行、维护、检修、试验、退役、报废	用电	需求侧管理	
9628	207.6-5	T/CEC 152—2018	并网型微电网需求响应技术要求	团标	2018-4-1			设计、采购、建设、运维、修试、退役	初设、施工图、招标、品控、施工工艺、验收与质量评定、试运行、运行、维护、检修、试验、退役、报废	用电	需求侧管理	
9629	207.6-6	T/CEC 239.1—2019	电力需求响应信息模型 第1部分：集中式空调系统	团标	2020-1-1			规划、设计	规划、初设、施工图	用电	需求侧管理	

序号	体系结构号	标准编号	标准名称	标准级别	实施日期	与国际标准对应关系	代替标准	阶段	分阶段	专业	分专业	备注
9630	207.6-7	T/CEC 239.2—2019	电力需求响应信息模型 第2部分:分散式空调系统	团标	2020-1-1			规划、设计	规划、初设、施工图	用电	需求侧管理	
9631	207.6-8	T/CEC 239.3—2019	电力需求响应信息模型 第3部分:电热水器	团标	2020-1-1			规划、设计	规划、初设、施工图	用电	需求侧管理	
9632	207.6-9	T/CEC 239.4—2019	电力需求响应信息模型 第4部分:电热锅炉	团标	2020-1-1			规划、设计	规划、初设、施工图	用电	需求侧管理	
9633	207.6-10	T/CEC 239.5—2019	电力需求响应信息模型 第5部分:电冰箱	团标	2020-1-1			规划、设计	规划、初设、施工图	用电	需求侧管理	
9634	207.6-11	T/CEC 239.6—2019	电力需求响应信息模型 第6部分:用户侧分布式电源	团标	2020-1-1			规划、设计	规划、初设、施工图	用电	需求侧管理	
9635	207.6-12	T/CEC 239.7—2019	电力需求响应信息模型 第7部分:电动汽车	团标	2020-1-1			规划、设计	规划、初设、施工图	用电	需求侧管理	
9636	207.6-13	T/CEC 276—2019	电力需求侧管理项目节约电力测量技术规范	团标	2020-1-1			规划、设计	规划、初设、施工图	用电	需求侧管理	
9637	207.6-14	T/CSEE 0167—2020	电力需求响应系统数据模型技术规范	团标	2020-1-15			规划、设计	规划、初设、施工图	用电	需求侧管理	
9638	207.6-15	DL/T 268—2012	工商业电力用户应急电源配置技术导则	行标	2012-7-1			设计、采购、建设、运维、修试、退役	初设、施工图、招标、品控、施工工艺、验收与质量评定、试运行、运行、维护、检修、试验、退役、报废	用电	需求侧管理	

序号	体系结构号	标准编号	标准名称	标准级别	实施日期	与国际标准对应关系	代替标准	阶段	分阶段	专业	分专业	备注
9639	207.6-16	DL/T 1330—2014	电力需求侧管理项目效果评估导则	行标	2014-8-1			设计、建设	初设、施工图、施工工艺、验收与质量评定、试运行	用电	需求侧管理	
9640	207.6-17	DL/T 1398.1—2014	智能家居系统 第1部分：总则	行标	2015-3-1			规划、设计、采购、建设、运维、修试、退役	规划、初设、施工图、招标、品控、施工工艺、验收与质量评定、试运行、运行、维护、检修、试验、退役、报废	用电	需求侧管理	
9641	207.6-18	DL/T 1398.2—2014	智能家居系统 第2部分：功能规范	行标	2015-3-1			设计、采购、建设、运维、修试、退役	初设、施工图、招标、品控、施工工艺、验收与质量评定、试运行、运行、维护、检修、试验、退役、报废	用电	需求侧管理	
9642	207.6-19	DL/T 1398.32—2014	智能家居系统 第3-2部分：智能用电交互终端技术规范	行标	2015-3-1			设计、采购、建设、运维、修试	初设、施工图、招标、品控、试运行、运行、维护、检修、试验	用电	需求侧管理	
9643	207.6-20	DL/T 1398.33—2014	智能家居系统 第3-3部分：智能插座技术规范	行标	2015-3-1			设计、采购、建设、运维、修试	初设、施工图、招标、品控、试运行、运行、维护、检修、试验	用电	需求侧管理	
9644	207.6-21	DL/T 1398.34—2014	智能家居系统 第3-4部分：家电监控模块技术规范	行标	2015-3-1			设计、采购、建设、运维、修试	初设、施工图、招标、品控、试运行、运行、维护、检修、试验	用电	需求侧管理	
9645	207.6-22	DL/T 1759—2017	电力负荷聚合服务商需求响应系统技术规范	行标	2018-3-1			采购、运维、退役	招标、品控、运行、维护、退役、报废	用电	需求侧管理	

序号	体系结构号	标准编号	标准名称	标准级别	实施日期	与国际标准对应关系	代替标准	阶段	分阶段	专业	分专业	备注
9646	207.6-23	DL/T 1764—2017	电力用户有序用电价值评估技术导则	行标	2018-3-1			采购、建设	招标、品控、施工工艺、验收与质量评定、试运行	用电	需求侧管理	
9647	207.6-24	DL/T 1765—2017	非生产性空调负荷柔性调控技术导则	行标	2018-3-1			设计、采购、建设、运维	初设、施工图、招标、品控、试运行、运行、维护	用电	需求侧管理	
9648	207.6-25	DL/T 1867—2018	电力需求响应信息交换规范	行标	2018-10-1			设计、建设、运维	初设、施工图、施工工艺、验收与质量评定、试运行、运行、维护	用电	需求侧管理	
9649	207.6-26	DL/T 2116—2020	电力需求响应系统信息交换测试规范	行标	2021-2-1			设计、建设、运维	初设、施工图、施工工艺、验收与质量评定、试运行、运行、维护	用电	需求侧管理	
9650	207.6-27	DL/T 2117—2020	电力需求响应系统检验规范	行标	2021-2-6			设计、建设、运维	初设、施工图、施工工艺、验收与质量评定、试运行、运行、维护	用电	需求侧管理	
9651	207.6-28	DL/T 2161—2020	电力需求侧资源分类与特性分析技术导则	行标	2021-2-2			设计、建设、运维	初设、施工图、施工工艺、验收与质量评定、试运行、运行、维护	用电	需求侧管理	
9652	207.6-29	DL/T 2162—2020	用户参与需求响应基线负荷评价方法	行标	2021-2-1			设计、建设、运维	初设、施工图、施工工艺、验收与质量评定、试运行、运行、维护	用电	需求侧管理	

序号	体系结构号	标准编号	标准名称	标准级别	实施日期	与国际标准对应关系	代替标准	阶段	分阶段	专业	分专业	备注
9653	207.6-30	DL/T 2196—2020	电力需求侧辅助服务导则	行标	2021-2-1			设计、建设、运维	初设、施工图、施工工艺、验收与质量评定、试运行、运行、维护	用电	需求侧管理	
9654	207.6-31	DL/T 2402—2021	工业园区综合能源需求响应系统通用技术规范	行标	2022-3-22			设计、采购、建设	初设、施工图、招标、品控、施工工艺、验收与质量评定、试运行	用电	需求侧管理	
9655	207.6-32	DL/T 2404.1—2021	电力需求侧管理通用规范 第1部分：总则	行标	2022-3-22			设计、采购、建设	初设、施工图、招标、品控、施工工艺、验收与质量评定、试运行	用电	需求侧管理	
9656	207.6-33	DL/T 2404.2—2021	电力需求侧管理通用规范 第2部分：术语	行标	2022-3-22			设计、采购、建设	初设、施工图、招标、品控、施工工艺、验收与质量评定、试运行	用电	需求侧管理	
9657	207.6-34	DL/T 2405—2021	微电网需求响应技术导则	行标	2022-3-22			设计、采购、建设	初设、施工图、招标、品控、施工工艺、验收与质量评定、试运行	用电	需求侧管理	
9658	207.6-35	NB/T 42058—2015	智能电网用户端系统通用技术要求	行标	2015-12-1			设计、采购、建设、运维	初设、施工图、招标、品控、施工工艺、验收与质量评定、试运行、运行、维护	用电	需求侧管理	
9659	207.6-36	NB/T 42119.1—2017	智能电网用户端能源管理系统 第1部分：技术导则	行标	2017-12-1			采购、运维、退役	招标、品控、运行、维护、退役、报废	用电	需求侧管理	

序号	体系结构号	标准编号	标准名称	标准级别	实施日期	与国际标准对应关系	代替标准	阶段	分阶段	专业	分专业	备注
9660	207.6-37	NB/T 42119.2—2017	智能电网用户端能源管理系统 第2部分：主站系统技术规范	行标	2017-12-1			采购、运维、退役	招标、品控、运行、维护、退役、报废	用电	需求侧管理	
9661	207.6-38	GB/T 8222—2008	用电设备电能平衡通则	国标	2009-5-1		GB/T 8222—1987	规划、设计、运维	规划、初设、施工图、运行、维护	用电	需求侧管理	
9662	207.6-39	GB/T 31991.1—2015	电能服务管理平台技术规范 第1部分：总则	国标	2016-4-1			设计、采购、建设、运维	初设、施工图、招标、品控、施工工艺、验收与质量评定、试运行、运行、维护	用电	需求侧管理	
9663	207.6-40	GB/T 31991.2—2015	电能服务管理平台技术规范 第2部分：功能规范	国标	2016-4-1			设计、采购、建设、运维	初设、施工图、招标、品控、施工工艺、验收与质量评定、试运行、运行、维护	用电	需求侧管理	
9664	207.6-41	GB/T 31991.3—2015	电能服务管理平台技术规范 第3部分：接口规范	国标	2016-4-1			设计、采购、建设、运维	初设、施工图、招标、品控、施工工艺、验收与质量评定、试运行、运行、维护	用电	需求侧管理	
9665	207.6-42	GB/T 31991.4—2015	电能服务管理平台技术规范 第4部分：设计规范	国标	2016-4-1			设计、采购、建设、运维	初设、施工图、招标、品控、施工工艺、验收与质量评定、试运行、运行、维护	用电	需求侧管理	
9666	207.6-43	GB/T 31991.5—2015	电能服务管理平台技术规范 第5部分：安全防护规范	国标	2016-4-1			设计、采购、建设、运维	初设、施工图、招标、品控、施工工艺、验收与质量评定、试运行、运行、维护	用电	需求侧管理	

序号	体系结构号	标准编号	标准名称	标准级别	实施日期	与国际标准对应关系	代替标准	阶段	分阶段	专业	分专业	备注
9667	207.6-44	GB/T 31993—2015	电能服务管理平台管理规范	国标	2016-4-1			设计、采购、建设、运维	初设、施工图、招标、品控、施工工艺、验收与质量评定、试运行、运行、维护	用电	需求侧管理	
9668	207.6-45	GB/T 32127—2015	需求响应效果监测与综合效益评价导则	国标	2016-5-1			设计、建设	初设、施工图、施工工艺、验收与质量评定、试运行	用电	需求侧管理	
9669	207.6-46	GB/T 32672—2016	电力需求响应系统通用技术规范	国标	2016-11-1			设计	初设、施工图	用电	需求侧管理	
9670	207.6-47	GB/T 33905.1—2017	智能传感器 第1部分：总则	国标	2018-2-1			规划、设计、采购、建设、运维、修试、退役	规划、初设、施工图、招标、品控、施工工艺、验收与质量评定、试运行、运行、维护、检修、试验、退役、报废	用电	需求侧管理	
9671	207.6-48	GB/T 33905.2—2017	智能传感器 第2部分：物联网应用行规	国标	2018-2-1			设计	初设、施工图	用电	需求侧管理	
9672	207.6-49	GB/T 33905.4—2017	智能传感器 第4部分：性能评定方法	国标	2018-2-1			设计、采购	初设、施工图、招标、品控	用电	需求侧管理	
9673	207.6-50	GB/T 33905.5—2017	智能传感器 第5部分：检查和例行试验方法	国标	2018-2-1			运维、修试	运行、维护、检修、试验	用电	需求侧管理	
9674	207.6-51	GB/T 34067.1—2017	户内智能用电显示终端 第1部分:通用技术要求	国标	2018-2-1			设计、采购、建设、运维、修试、退役	初设、施工图、招标、品控、施工工艺、验收与质量评定、试运行、运行、维护、检修、试验、退役、报废	用电	需求侧管理	

序号	体系结构号	标准编号	标准名称	标准级别	实施日期	与国际标准对应关系	代替标准	阶段	分阶段	专业	分专业	备注
9675	207.6-52	GB/T 34067.2—2019	户内智能用电显示终端 第2部分：数据交换	国标	2019-12-1			设计、采购、建设、运维、修试、退役	初设、施工图、招标、品控、施工工艺、验收与质量评定、试运行、运行、维护、检修、试验、退役、报废	用电	需求侧管理	
9676	207.6-53	GB/T 34068—2017	物联网总体技术 智能传感器接口规范	国标	2018-2-1			设计、采购、运维	初设、施工图、招标、品控、运行、维护	用电	需求侧管理	
9677	207.6-54	GB/T 34069—2017	物联网总体技术 智能传感器特性与分类	国标	2018-2-1			设计、采购、运维	初设、施工图、招标、品控、运行、维护	用电	需求侧管理	
9678	207.6-55	GB/T 34070—2017	物联网电流变送器规范	国标	2018-2-1			设计、采购、运维	初设、施工图、招标、品控、运行、维护	用电	需求侧管理	
9679	207.6-56	GB/T 34071—2017	物联网总体技术 智能传感器可靠性设计方法与评审	国标	2018-2-1			设计	初设、施工图	用电	需求侧管理	
9680	207.6-57	GB/T 34072—2017	物联网温度变送器规范	国标	2018-2-1			设计、采购、运维	初设、施工图、招标、品控、运行、维护	用电	需求侧管理	
9681	207.6-58	GB/T 34073—2017	物联网压力变送器规范	国标	2018-2-1			设计、采购、运维	初设、施工图、招标、品控、运行、维护	用电	需求侧管理	
9682	207.6-59	GB/T 34116—2017	智能电网用户自动需求响应 分散式空调系统终端技术条件	国标	2018-2-1			设计、采购、运维	初设、施工图、招标、品控、运行、维护	用电	需求侧管理	
9683	207.6-60	GB/T 35031.1—2018	用户端能源管理系统 第1部分：导则	国标	2018-12-1			规划、设计、采购、建设、运维	规划、初设、施工图、招标、品控、施工工艺、验收与质量评定、试运行、运行、维护	用电	需求侧管理	

序号	体系结构号	标准编号	标准名称	标准级别	实施日期	与国际标准对应关系	代替标准	阶段	分阶段	专业	分专业	备注
9684	207.6-61	GB/T 35031.2—2018	用户端能源管理系统 第2部分:主站功能规范	国标	2018-12-1			设计、采购、运维	初设、施工图、招标、品控、运行、维护	用电	需求侧管理	
9685	207.6-62	GB/T 35031.301—2018	用户端能源管理系统 第3-1部分:子系统接口网关一般要求	国标	2018-12-1			设计、采购、运维	初设、施工图、招标、品控、运行、维护	用电	需求侧管理	
9686	207.6-63	GB/T 35031.4—2022	用户端能源管理系统 第4部分:主站与网关信息交互规范	国标	2023-5-1			设计、采购、运维	初设、施工图、招标、品控、运行、维护	用电	需求侧管理	
9687	207.6-64	GB/T 35031.6—2019	用户端能源管理系统 第6部分:管理指标体系	国标	2020-1-1			设计、采购、运维	初设、施工图、招标、品控、运行、维护	用电	需求侧管理	
9688	207.6-65	GB/T 35031.7—2019	用户端能源管理系统 第7部分:功能分类和系统分级	国标	2020-1-1			设计、采购、运维	初设、施工图、招标、品控、运行、维护	用电	需求侧管理	
9689	207.6-66	GB/T 35681—2017	电力需求响应系统功能规范	国标	2018-7-1			设计、采购	初设、施工图、招标、品控	用电	需求侧管理	
9690	207.6-67	GB/T 36423—2018	智能家用电器操作有效性通用要求	国标	2019-1-1			采购、运维、修试	招标、品控、运行、维护、检修	用电	需求侧管理	
9691	207.6-68	GB/T 36424.1—2018	物联网家电接口规范 第1部分:控制系统与通信模块间接口	国标	2019-1-1			设计、采购、建设、运维	初设、施工图、招标、品控、施工工艺、验收与质量评定、试运行、运行、维护	用电	需求侧管理	
9692	207.6-69	GB/T 36426—2018	智能家用电器服务平台通用要求	国标	2019-1-1			设计、采购、建设、运维	初设、施工图、招标、品控、施工工艺、验收与质量评定、试运行、运行、维护	用电	需求侧管理	

序号	体系结构号	标准编号	标准名称	标准级别	实施日期	与国际标准对应关系	代替标准	阶段	分阶段	专业	分专业	备注
9693	207.6-70	GB/T 36427—2018	物联网家电一致性测试规范	国标	2019-1-1			建设、修试	验收与质量评定、试验	用电	需求侧管理	
9694	207.6-71	GB/T 36428—2018	物联网家电公共指令集	国标	2019-1-1			设计、采购、建设、运维	初设、施工图、招标、品控、施工工艺、验收与质量评定、试运行、运行、维护	用电	需求侧管理	
9695	207.6-72	GB/T 36429—2018	物联网家电系统结构及应用模型	国标	2019-1-1			设计、采购	初设、招标	用电	需求侧管理	
9696	207.6-73	GB/T 36430—2018	物联网家电描述文件	国标	2019-1-1			设计、采购、建设、运维	初设、施工图、招标、品控、施工工艺、验收与质量评定、试运行、运行、维护	用电	需求侧管理	
9697	207.6-74	GB/T 36432—2018	智能家用电器系统架构和参考模型	国标	2019-1-1			设计、采购	初设、招标	用电	需求侧管理	
9698	207.6-75	GB/T 36461—2018	物联网标识体系 OID应用指南	国标	2019-1-1			设计、采购、运维	初设、施工图、招标、品控、运行、维护	用电	需求侧管理	
9699	207.6-76	GB/T 36620—2018	面向智慧城市的物联网技术应用指南	国标	2019-5-1			设计、采购、建设、运维	初设、施工图、招标、品控、施工工艺、验收与质量评定、试运行、运行、维护	用电	需求侧管理	
9700	207.6-77	GB/T 37016—2018	电力用户需求响应节约电力测量与验证技术要求	国标	2019-7-1			规划、设计、建设	规划、初设、施工图、施工工艺、验收与质量评定、试运行	用电	需求侧管理	
9701	207.6-78	GB/Z 35031.8—2021	用户端能源管理系统 第8部分：用例	国标	2021-10-1			设计、采购、建设	初设、施工图、招标、品控、施工工艺、验收与质量评定、试运行	用电	需求侧管理	

序号	体系结构号	标准编号	标准名称	标准级别	实施日期	与国际标准对应关系	代替标准	阶段	分阶段	专业	分专业	备注
9702	207.6-79	IEEE 2030.6—2016	电力用户需求响应效益评价技术导则	国际标准	2016-5-16			规划、设计、建设	规划、初设、施工图、施工工艺、验收与质量评定、试运行	用电	需求侧管理	
207.7 市场营销—电动汽车												
9703	207.7-1	Q/CSG 11516.2—2010	电动汽车充电站及充电桩设计规范	企标	2010-4-19			设计、采购、建设	初设、施工图、招标、品控、施工工艺、验收与质量评定、试运行	用电	电动汽车	
9704	207.7-2	Q/CSG 11516.7—2010	电动汽车充电站监控系统技术规范	企标	2010-4-19			设计、建设、修试	初设、施工图、施工工艺、验收与质量评定、试运行、检修、试验	用电	电动汽车	
9705	207.7-3	Q/CSG 12001—2010	电动汽车充电站及充电桩验收规范	企标	2010-11-25			设计、建设	初设、施工图、施工工艺、验收与质量评定、试运行	用电	电动汽车	
9706	207.7-4	Q/CSG 1211012—2016	电动汽车交流充电桩技术规范	企标	2016-4-1			设计、采购、修试	初设、施工图、招标、品控、检修、试验	用电	电动汽车	
9707	207.7-5	Q/CSG 1211013—2016	电动汽车非车载充电机技术规范	企标	2016-4-1		Q/CSG 11516.3—2010	设计、采购、修试	初设、施工图、招标、品控、检修、试验	用电	电动汽车	
9708	207.7-6	T/CEC 102.1—2021	电动汽车充换电服务信息交换 第1部分：总则	团标	2021-10-1		T/CEC 102.1—2016	设计、采购、修试	初设、施工图、招标、品控、检修、试验	用电	电动汽车	
9709	207.7-7	T/CEC 102.10—2021	电动汽车充换电服务信息交换 第10部分：电动汽车即插即充应用场景	团标	2021-10-1			设计、采购、修试	初设、施工图、招标、品控、检修、试验	用电	电动汽车	

序号	体系结构号	标准编号	标准名称	标准级别	实施日期	与国际标准对应关系	代替标准	阶段	分阶段	专业	分专业	备注
9710	207.7-8	T/CEC 102.2—2021	电动汽车充换电服务信息交换第2部分:公共信息交换规范	团标	2021-10-1		T/CEC 102.2—2016	设计、采购、修试	初设、施工图、招标、品控、检修、试验	用电	电动汽车	
9711	207.7-9	T/CEC 102.3—2021	电动汽车充换电服务信息交换第3部分:业务信息交换规范	团标	2021-10-1		T/CEC 102.3—2016	设计、采购、修试	初设、施工图、招标、品控、检修、试验	用电	电动汽车	
9712	207.7-10	T/CEC 102.4—2021	电动汽车充换电服务信息交换第4部分:数据传输与安全	团标	2021-10-1		T/CEC 102.4—2016	设计、采购、修试	初设、施工图、招标、品控、检修、试验	用电	电动汽车	
9713	207.7-11	T/CEC 102.5—2021	电动汽车充换电服务信息交换第5部分:充电服务凭证技术规范	团标	2021-10-1			设计、采购、修试	初设、施工图、招标、品控、检修、试验	用电	电动汽车	
9714	207.7-12	T/CEC 102.6—2021	电动汽车充换电服务信息交换第6部分:充换电设备接入服务平台技术规范	团标	2021-10-1			设计、采购、修试	初设、施工图、招标、品控、检修、试验	用电	电动汽车	
9715	207.7-13	T/CEC 102.7—2021	电动汽车充换电服务信息交换第7部分:充换电服务平台与电动汽车服务平台信息接口技术规范	团标	2021-10-1			设计、采购、修试	初设、施工图、招标、品控、检修、试验	用电	电动汽车	
9716	207.7-14	T/CEC 102.8—2021	电动汽车充换电服务信息交换第8部分:管理信息接口规范	团标	2021-10-1			设计、采购、修试	初设、施工图、招标、品控、检修、试验	用电	电动汽车	
9717	207.7-15	T/CEC 102.9—2021	电动汽车充换电服务信息交换第9部分:管理信息平台功能规范	团标	2021-10-1			设计、采购、修试	初设、施工图、招标、品控、检修、试验	用电	电动汽车	

序号	体系结构号	标准编号	标准名称	标准级别	实施日期	与国际标准对应关系	代替标准	阶段	分阶段	专业	分专业	备注
9718	207.7-16	T/CEC 208—2019	电动汽车充电设施信息安全技术规范	团标	2019-7-1			设计、建设、运维	初设、施工图、施工工艺、验收与质量评定、试运行、运行、维护	用电	电动汽车	
9719	207.7-17	T/CEC 212—2019	电动汽车交直流充电桩低压元件技术要求	团标	2019-7-1			设计、采购、运维、修试、退役	初设、施工图、招标、品控、运行、维护、检修、试验、退役、报废	用电	电动汽车	
9720	207.7-18	T/CEC 213—2019	电动汽车交流充电桩 高温沿海地区特殊要求	团标	2019-7-1			采购、设计、运维、修试	招标、验收与质量评定、运行、维护、退役	用电	电动汽车	
9721	207.7-19	T/CEC 214—2019	电动汽车非车载充电机 高温沿海地区特殊要求	团标	2019-7-1			采购、建设、运维、退役	招标、验收与质量评定、运行、维护、退役	用电	电动汽车	
9722	207.7-20	T/CEC 215—2019	电动汽车非车载充电机检验试验技术规范 高温沿海地区特殊要求	团标	2019-7-1			设计、采购、运维、修试、退役	初设、施工图、招标、品控、运行、维护、检修、试验、退役、报废	用电	电动汽车	
9723	207.7-21	T/CEC 216—2019	电动汽车交流充电桩检验试验技术规范 高温沿海地区特殊要求	团标	2019-7-1			采购、建设、运维、退役	招标、验收与质量评定、运行、维护、退役	用电	电动汽车	
9724	207.7-22	T/CEC 365—2020	电动汽车柔性充电堆	团标	2020-10-1			设计、采购、运维、修试、退役	初设、施工图、招标、品控、运行、维护、检修、试验、退役、报废	用电	电动汽车	
9725	207.7-23	T/CEC 366—2020	电动汽车 63A 交流充电系统特殊要求	团标	2020-10-1			采购、建设、运维、退役	招标、验收与质量评定、运行、维护、退役	用电	电动汽车	

序号	体系结构号	标准编号	标准名称	标准级别	实施日期	与国际标准对应关系	代替标准	阶段	分阶段	专业	分专业	备注
9726	207.7-24	T/CEC 367—2020	电动汽车充换电设施运维人员培训考核规范	团标	2020-10-1			设计、采购、运维、修试、退役	初设、施工图、招标、品控、运行、维护、检修、试验、退役、报废	用电	电动汽车	
9727	207.7-25	T/CEC 368—2020	电动汽车非车载传导式充电模块技术条件	团标	2020-10-1			采购、建设、修试	招标、品控、施工工艺、验收与质量评定、试运行、检修、试验	用电	电动汽车	
9728	207.7-26	T/CEC 528—2021	电动汽车充换电设施运维服务评价规范	团标	2021-10-1			采购、建设、修试	招标、品控、施工工艺、验收与质量评定、试运行、检修、试验	用电	电动汽车	
9729	207.7-27	T/CEC 698—2022	电动汽车直流母线式充电装置	团标	2023-2-1			采购、建设、修试	招标、品控、施工工艺、验收与质量评定、试运行、检修、试验	用电	电动汽车	
9730	207.7-28	T/CSEE 0033—2017	电动汽车充换电设施网络规划导则	团标	2017-8-1			采购、建设、运维、退役	招标、验收与质量评定、运行、维护、退役	用电	电动汽车	
9731	207.7-29	T/CSEE 0035—2017	电动汽车充电设备环境适应性要求和试验方法	团标	2017-5-1			采购、建设、运维、退役	招标、验收与质量评定、运行、维护、退役	用电	电动汽车	
9732	207.7-30	T/CSEE 0216—2021	电动汽车充电站运维检修工作规范	团标	2021-3-11			采购、建设、修试	招标、品控、施工工艺、验收与质量评定、试运行、检修、试验	用电	电动汽车	
9733	207.7-31	T/CSEE 0281—2021	电动汽车充换电设施运维服务评价规范	团标	2021-9-17			采购、建设、修试	招标、品控、施工工艺、验收与质量评定、试运行、检修、试验	用电	电动汽车	
9734	207.7-32	NB/T 10202—2019	用于电动汽车模式2充电的具有温度保护的插头	行标	2019-10-1			采购、建设、运维、退役	招标、验收与质量评定、运行、维护、退役	用电	电动汽车	

序号	体系结构号	标准编号	标准名称	标准级别	实施日期	与国际标准对应关系	代替标准	阶段	分阶段	专业	分专业	备注
9735	207.7-33	NB/T 10641—2021	电动汽车非车载充电机现场检测仪	行标	2021-10-26			采购、建设、修试	招标、品控、施工工艺、验收与质量评定、试运行、检修、试验	用电	电动汽车	
9736	207.7-34	NB/T 10901—2021	电动汽车充电设备现场检验技术规范	行标	2022-3-22			采购、建设、修试	招标、品控、施工工艺、验收与质量评定、试运行、检修、试验	用电	电动汽车	
9737	207.7-35	NB/T 10902—2021	20kW 及以下非车载充电机技术条件及安装要求	行标	2022-3-22			采购、建设、修试	招标、品控、施工工艺、验收与质量评定、试运行、检修、试验	用电	电动汽车	
9738	207.7-36	NB/T 10903—2021	电动汽车电池更换站 安全要求	行标	2022-3-22			采购、建设、修试	招标、品控、施工工艺、验收与质量评定、试运行、检修、试验	用电	电动汽车	
9739	207.7-37	NB/T 10904—2021	电动汽车电池更换站 结构和用例	行标	2022-3-22			采购、建设、修试	招标、品控、施工工艺、验收与质量评定、试运行、检修、试验	用电	电动汽车	
9740	207.7-38	NB/T 33001—2018	电动汽车非车载传导式充电机技术条件	行标	2018-7-1		NB/T 33001—2010	采购、建设、修试	招标、品控、施工工艺、验收与质量评定、试运行、检修、试验	用电	电动汽车	
9741	207.7-39	NB/T 33002—2018	电动汽车交流充电桩技术条件	行标	2019-5-1		NB/T 33002—2010	采购、建设、修试	招标、品控、施工工艺、验收与质量评定、试运行、检修、试验	用电	电动汽车	
9742	207.7-40	NB/T 33005—2013	电动汽车充电站及电池更换站监控系统技术规范	行标	2014-4-1			设计、建设、运维	初设、施工图、施工工艺、验收与质量评定、试运行、运行、维护	用电	电动汽车	

序号	体系结构号	标准编号	标准名称	标准级别	实施日期	与国际标准对应关系	代替标准	阶段	分阶段	专业	分专业	备注
9743	207.7-41	NB/T 33006—2013	电动汽车电池箱更换设备通用技术要求	行标	2014-4-1			设计、建设、运维	初设、施工图、施工工艺、验收与质量评定、试运行、运行、维护	用电	电动汽车	
9744	207.7-42	NB/T 33007—2013	电动汽车充电站/电池更换站监控系统与充换电设备通信协议	行标	2014-4-1			设计、建设、运维	初设、施工图、施工工艺、验收与质量评定、试运行、运行、维护	用电	电动汽车	
9745	207.7-43	NB/T 33008.1—2018	电动汽车充电设备检验试验规范 第1部分:非车载充电机	行标	2019-5-1		NB/T 33008.1—2013	设计、运维、修试、退役	初设、运行、维护、检修、试验、退役、报废	用电	电动汽车	
9746	207.7-44	NB/T 33008.2—2018	电动汽车充电设备检验试验规范 第2部分:交流充电桩	行标	2019-5-1		NB/T 33008.2—2013	设计、运维、修试、退役	初设、运行、维护、检修、试验、退役、报废	用电	电动汽车	
9747	207.7-45	NB/T 33009—2021	电动汽车充换电设施建设技术导则	行标	2022-3-22		NB/T 33009—2013	采购、建设、修试	招标、品控、施工工艺、验收与质量评定、试运行、检修、试验	用电	电动汽车	
9748	207.7-46	NB/T 33017—2015	电动汽车智能充换电服务网络运营监控系统技术规范	行标	2015-9-1			采购、建设、运维、退役	招标、验收与质量评定、运行、维护、退役	用电	电动汽车	
9749	207.7-47	NB/T 33019—2021	电动汽车充换电设施运行管理规范	行标	2022-3-22		NB/T 33019—2015	运维、修试、退役	运行、维护、检修、试验、退役、报废	用电	电动汽车	
9750	207.7-48	NB/T 33020—2015	电动汽车动力蓄电池箱用充电机技术条件	行标	2015-9-1			采购、建设、运维、退役	招标、验收与质量评定、运行、维护、退役	用电	电动汽车	
9751	207.7-49	NB/T 33021—2015	电动汽车非车载充放电装置技术条件	行标	2015-9-1			采购、建设、运维、退役	招标、验收与质量评定、运行、维护、退役	用电	电动汽车	

序号	体系结构号	标准编号	标准名称	标准级别	实施日期	与国际标准对应关系	代替标准	阶段	分阶段	专业	分专业	备注
9752	207.7-50	NB/T 33022—2015	电动汽车充电站初步设计内容深度规定	行标	2015-9-1			采购、建设、运维、退役	招标、验收与质量评定、运行、维护、退役	用电	电动汽车	
9753	207.7-51	NB/T 33023—2015	电动汽车充换电设施规划导则	行标	2015-9-1			规划、设计、建设	规划、初设、施工工艺	用电	电动汽车	
9754	207.7-52	NB/T 33024—2016	电动汽车用动力锂离子蓄电池检测规范	行标	2016-7-1			采购、建设、运维、退役	招标、验收与质量评定、运行、维护、退役	用电	电动汽车	
9755	207.7-53	NB/T 33025—2020	电动汽车快速更换电池箱通用要求	行标	2021-2-1		NB/T 33025—2016	设计、建设、运维	初设、施工图、施工工艺、验收与质量评定、试运行、运行、维护	用电	电动汽车	
9756	207.7-54	NB/T 33026—2016	电动汽车模块化电池仓技术要求	行标	2016-7-1			采购、建设、运维、退役	招标、验收与质量评定、运行、维护、退役	用电	电动汽车	
9757	207.7-55	NB/T 33027—2016	电动汽车模块化充电仓技术要求	行标	2016-7-1			采购、建设、运维、退役	招标、验收与质量评定、运行、维护、退役	用电	电动汽车	
9758	207.7-56	NB/T 33029—2018	电动汽车充电与间歇性电源协同调度技术导则	行标	2018-7-1			设计、采购	初设、招标、品控	用电	电动汽车	
9759	207.7-57	SJ/T 11874—2022	电动汽车用半导体分立器件应力试验程序	行标	2023-01-01			运维、修试	维护、检修、试验	用电	电动汽车	
9760	207.7-58	SJ/T 11875—2022	电动汽车用半导体集成电路应力试验程序	行标	2023-01-01			运维、修试、退役	运行、维护、检修、试验、退役、报废	用电	电动汽车	
9761	207.7-59	GB 38031—2020	电动汽车用动力蓄电池安全要求	国标	2021-1-1		GB/T 31485—2015；GB/T 31467.3—2015	采购、运维、修试	招标、品控、运行、维护、检修、试验	用电	电动汽车	
9762	207.7-60	GB 50966—2014	电动汽车充电站设计规范	国标	2014-10-1			设计、建设	初设、施工图、施工工艺、验收与质量评定、试运行	用电	电动汽车	

序号	体系结构号	标准编号	标准名称	标准级别	实施日期	与国际标准对应关系	代替标准	阶段	分阶段	专业	分专业	备注
9763	207.7-61	GB/T 18386.2—2022	电动汽车能量消耗量和续驶里程试验方法 第2部分：重型商用车辆	国标	2023-5-1		GB/T 18386—2017	设计、建设	初设、施工图、施工工艺、验收与质量评定、试运行	用电	电动汽车	
9764	207.7-62	GB/T 18487.1—2015	电动汽车传导充电系统 第1部分：通用要求	国标	2016-1-1		GB/T 18487.1—2001	设计、采购、运维、修试、退役	初设、施工图、招标、品控、运行、维护、检修、试验、退役、报废	用电	电动汽车	
9765	207.7-63	GB/T 18487.2—2017	电动汽车传导充电系统 第2部分：非车载传导供电设备电磁兼容要求	国标	2018-7-1		GB/T 18487.2—2001	设计、采购、运维、修试、退役	初设、施工图、招标、品控、运行、维护、检修、试验、退役、报废	用电	电动汽车	
9766	207.7-64	GB/T 20234.1—2015	电动汽车传导充电用连接装置 第1部分：通用要求	国标	2016-1-1		GB/T 20234.1—2011	设计、采购、运维、修试、退役	初设、施工图、招标、品控、运行、维护、检修、试验、退役、报废	用电	电动汽车	
9767	207.7-65	GB/T 20234.2—2015	电动汽车传导充电用连接装置 第2部分：交流充电接口	国标	2016-1-1		GB/T 20234.2—2011	设计、采购、运维、修试、退役	初设、施工图、招标、品控、运行、维护、检修、试验、退役、报废	用电	电动汽车	
9768	207.7-66	GB/T 20234.3—2015	电动汽车传导充电用连接装置 第3部分：直流充电接口	国标	2016-1-1		GB/T 20234.3—2011	设计、采购、运维、修试、退役	初设、施工图、招标、品控、运行、维护、检修、试验、退役、报废	用电	电动汽车	
9769	207.7-67	GB/T 24347—2021	电动汽车DC/DC变换器	国标	2022-3-1		GB/T 24347—2009	采购、运维、修试、退役	招标、品控、运行、维护、检修、试验、退役、报废	用电	电动汽车	

序号	体系结构号	标准编号	标准名称	标准级别	实施日期	与国际标准对应关系	代替标准	阶段	分阶段	专业	分专业	备注
9770	207.7-68	GB/T 27930—2015	电动汽车非车载传导式充电机与电池管理系统之间的通信协议	国标	2016-1-1		GB/T 27930—2011	设计、采购、运维、修试、退役	初设、施工图、招标、品控、运行、维护、检修、试验、退役、报废	用电	电动汽车	
9771	207.7-69	GB/T 28569—2012	电动汽车交流充电桩电能计量	国标	2012-11-1			设计、采购、运维、修试、退役	初设、施工图、招标、品控、运行、维护、检修、试验、退役、报废	用电	电动汽车	
9772	207.7-70	GB/T 29307—2022	电动汽车用驱动电机系统可靠性试验方法	国标	2023-7-1		GB/T 29307—2012	设计、采购、运维、修试、退役	初设、施工图、招标、品控、运行、维护、检修、试验、退役、报废	用电	电动汽车	
9773	207.7-71	GB/T 29317—2021	电动汽车充换电设施术语	国标	2021-12-1		GB/T 29317—2012	采购、运维、修试、退役	招标、品控、运行、维护、检修、试验、退役、报废	用电	电动汽车	
9774	207.7-72	GB/T 29318—2012	电动汽车非车载充电机电能计量	国标	2013-6-1			设计、采购、运维、修试、退役	初设、施工图、招标、品控、运行、维护、检修、试验、退役、报废	用电	电动汽车	
9775	207.7-73	GB/T 29772—2013	电动汽车电池更换站通用技术要求	国标	2014-2-1			设计、建设、运维	初设、施工图、施工工艺、验收与质量评定、试运行、运行、维护	用电	电动汽车	
9776	207.7-74	GB/T 29781—2013	电动汽车充电站通用要求	国标	2014-2-1			设计、建设、运维	初设、施工图、施工工艺、验收与质量评定、试运行、运行、维护	用电	电动汽车	

序号	体系结构号	标准编号	标准名称	标准级别	实施日期	与国际标准对应关系	代替标准	阶段	分阶段	专业	分专业	备注
9777	207.7-75	GB/T 31484—2015	电动汽车用动力蓄电池循环寿命要求及试验方法	国标	2015-5-15			采购、运维、修试	招标、品控、运行、维护、检修、试验	用电	电动汽车	
9778	207.7-76	GB/T 31486—2015	电动汽车用动力蓄电池电性能要求及试验方法	国标	2015-5-15			采购、运维、修试	招标、品控、运行、维护、检修、试验	用电	电动汽车	
9779	207.7-77	GB/T 32879—2016	电动汽车更换用电池箱连接器通用技术要求	国标	2017-3-1			采购、运维、修试	招标、品控、运行、维护、检修、试验	用电	电动汽车	
9780	207.7-78	GB/T 32895—2016	电动汽车快换电池箱通信协议	国标	2017-3-1			采购、运维、修试	招标、品控、运行、维护、检修、试验	用电	电动汽车	
9781	207.7-79	GB/T 32896—2016	电动汽车动力仓总成通信协议	国标	2017-3-1			采购、运维、修试	招标、品控、运行、维护、检修、试验	用电	电动汽车	
9782	207.7-80	GB/T 32960.1—2016	电动汽车远程服务与管理系统技术规范 第1部分：总则	国标	2016-10-1			采购、运维、修试	招标、品控、运行、维护、检修、试验	用电	电动汽车	
9783	207.7-81	GB/T 32960.2—2016	电动汽车远程服务与管理系统技术规范 第2部分：车载终端	国标	2016-10-1			采购、运维、修试	招标、品控、运行、维护、检修、试验	用电	电动汽车	
9784	207.7-82	GB/T 32960.3—2016	电动汽车远程服务与管理系统技术规范 第3部分：通信协议及数据格式	国标	2016-10-1			采购、运维、修试	招标、品控、运行、维护、检修、试验	用电	电动汽车	
9785	207.7-83	GB/T 33341—2016	电动汽车快换电池箱架通用技术要求	国标	2017-7-1			采购、运维、修试	招标、品控、运行、维护、检修、试验	用电	电动汽车	
9786	207.7-84	GB/T 33594—2017	电动汽车充电用电缆	国标	2017-12-1			采购、运维、修试	招标、品控、运行、维护、检修、试验	用电	电动汽车	

序号	体系结构号	标准编号	标准名称	标准级别	实施日期	与国际标准对应关系	代替标准	阶段	分阶段	专业	分专业	备注
9787	207.7-85	GB/T 33598.3—2021	车用动力电池回收利用 再生利用 第3部分：放电规范	国标	2022-5-1			采购、运维、修试	招标、品控、运行、维护、检修、试验	用电	电动汽车	
9788	207.7-86	GB/T 34015.3—2021	车用动力电池回收利用 梯次利用 第3部分：梯次利用要求	国标	2022-3-1			采购、运维、修试	招标、品控、运行、维护、检修、试验	用电	电动汽车	
9789	207.7-87	GB/T 34015.4—2021	车用动力电池回收利用 梯次利用 第4部分：梯次利用产品标识	国标	2022-3-1			采购、运维、修试	招标、品控、运行、维护、检修、试验	用电	电动汽车	
9790	207.7-88	GB/T 34657.1—2017	电动汽车传导充电互操作性测试规范 第1部分：供电设备	国标	2018-5-1			采购、运维、修试	招标、品控、运行、维护、检修、试验	用电	电动汽车	
9791	207.7-89	GB/T 34657.2—2017	电动汽车传导充电互操作性测试规范 第2部分：车辆	国标	2018-5-1			采购、运维、修试	招标、品控、运行、维护、检修、试验	用电	电动汽车	
9792	207.7-90	GB/T 34658—2017	电动汽车非车载传导式充电机与电池管理系统之间的通信协议一致性测试	国标	2018-5-1			采购、运维、修试	招标、品控、运行、维护、检修、试验	用电	电动汽车	
9793	207.7-91	GB/T 36278—2018	电动汽车充换电设施接入配电网技术规范	国标	2019-1-1			设计、采购、运维、修试	初设、招标、品控、运行、维护、检修、试验	用电	电动汽车	
9794	207.7-92	GB/T 37133—2018	电动汽车用高压大电流线束和连接器技术要求	国标	2019-7-1			采购、设计、运维、修试	初设、招标、品控、运行、维护、检修、试验	用电	电动汽车	
9795	207.7-93	GB/T 37293—2019	城市公共设施 电动汽车充换电设施运营管理服务规范	国标	2019-10-1			采购、设计、运维、修试	初设、招标、品控、运行、维护、检修、试验	用电	电动汽车	

序号	体系结构号	标准编号	标准名称	标准级别	实施日期	与国际标准对应关系	代替标准	阶段	分阶段	专业	分专业	备注
9796	207.7-94	GB/T 37295—2019	城市公共设施电动汽车充换电设施安全技术防范系统要求	国标	2019-10-1			采购、设计、运维	初设、施工图、招标、品控、运行、维护	用电	电动汽车	
9797	207.7-95	GB/T 37340—2019	电动汽车能耗折算方法	国标	2019-10-1			设计	初设、施工图	用电	电动汽车	
9798	207.7-96	GB/T 38775.2—2020	电动汽车无线充电系统 第2部分:车载充电机和无线充电设备之间的通信协议	国标	2020-11-1			采购、建设、运维、退役	招标、验收与质量评定、运行、维护、退役	用电	电动汽车	
9799	207.7-97	GB/T 38775.3—2020	电动汽车无线充电系统 第3部分:特殊要求	国标	2020-11-1			采购、建设、运维、退役	招标、验收与质量评定、运行、维护、退役	用电	电动汽车	
9800	207.7-98	GB/T 38775.4—2020	电动汽车无线充电系统 第4部分:电磁环境限值与测试方法	国标	2020-11-1			采购、建设、运维、退役	招标、验收与质量评定、运行、维护、退役	用电	电动汽车	
9801	207.7-99	GB/T 38775.5—2021	电动汽车无线充电系统 第5部分:电磁兼容性要求和试验方法	国标	2022-5-1			修试	检修、试验	用电	电动汽车	
9802	207.7-100	GB/T 38775.6—2021	电动汽车无线充电系统 第6部分:互操作性要求及测试 地面端	国标	2022-5-1			采购、建设、运维、退役	招标、品控、验收与质量评定、试运行、运行、维护、退役	用电	电动汽车	
9803	207.7-101	GB/T 38775.7—2021	电动汽车无线充电系统 第7部分:互操作性要求及测试 车辆端	国标	2022-5-1			采购、建设、运维、退役	招标、品控、验收与质量评定、试运行、运行、维护、退役	用电	电动汽车	
9804	207.7-102	GB/T 39752—2021	电动汽车供电设备安全要求及试验规范	国标	2021-10-1			修试	检修、试验	用电	电动汽车	

序号	体系结构号	标准编号	标准名称	标准级别	实施日期	与国际标准对应关系	代替标准	阶段	分阶段	专业	分专业	备注
9805	207.7-103	GB/T 40032—2021	电动汽车换电安全要求	国标	2021-11-1			采购、建设、运维、退役	招标、品控、验收与质量评定、试运行、运行、维护、退役	用电	电动汽车	
9806	207.7-104	GB/T 40098—2021	电动汽车更换用动力蓄电池箱编码规则	国标	2021-12-1			采购、建设、运维、退役	招标、品控、验收与质量评定、试运行、运行、维护、退役	用电	电动汽车	
9807	207.7-105	GB/T 40428—2021	电动汽车传导充电电磁兼容性要求和试验方法	国标	2022-3-1			运维、修试	维护、检修、试验	用电	电动汽车	
9808	207.7-106	GB/T 40432—2021	电动汽车用传导式车载充电机	国标	2022-3-1			采购、建设、运维、退役	招标、验收与质量评定、运行、维护、退役	用电	电动汽车	
9809	207.7-107	GB/T 40820—2021	电动汽车模式3充电用直流剩余电流检测电器（RDC-DD）	国标	2022-5-1			运维、修试	维护、检修、试验	用电	电动汽车	
9810	207.7-108	GB/T 40855—2021	电动汽车远程服务与管理系统信息安全技术要求及试验方法	国标	2022-5-1			运维、修试	维护、检修、试验	用电	电动汽车	
9811	207.7-109	GB/T 41578—2022	电动汽车充电系统信息安全技术要求及试验方法	国标	2023-2-1			运维、修试	维护、检修、试验	用电	电动汽车	
9812	207.7-110	GB/T 51313—2018	电动汽车分散充电设施工程技术标准	国标	2019-3-1			采购、建设、运维、退役	招标、验收与质量评定、运行、维护、退役	用电	电动汽车	
9813	207.7-111	JJG 1149—2022	电动汽车非车载充电机检定规程	计量检定规程	2022-12-28			采购、建设、运维、退役	招标、验收与质量评定、运行、维护、退役	用电	电动汽车	

序号	体系结构号	标准编号	标准名称	标准级别	实施日期	与国际标准对应关系	代替标准	阶段	分阶段	专业	分专业	备注
9814	207.7-112	IEC 61851-21-2—2018	电动汽车导电充电系统 第21-2部分：电动汽车与交流/直流电源的导电连接要求 车载充电系统电磁兼容要求	国际标准	2014-1-1			采购、建设、运维、退役	招标、验收与质量评定、运行、维护、退役	用电	电动汽车	
9815	207.7-113	IEC 61851-23—2014	电动车辆传导式充电系统 第23部分：直流电动车辆充电站	国际标准	2014-1-1			采购、建设、运维、退役	招标、验收与质量评定、运行、维护、退役	用电	电动汽车	
9816	207.7-114	IEC 61851-24—2014	电动车辆传导式充电系统 第24部分：用于控制直流充电的直流电动车辆充电站和电动车辆之间的数字通信	国际标准	2014-1-1			采购、建设、运维、退役	招标、验收与质量评定、运行、维护、退役	用电	电动汽车	
9817	207.7-115	IEC 62196-1—2014	插头、电气插座、车辆连接器和车辆引入线 电动车导电充电 第1部分：一般要求	国际标准	2014-1-1			采购、建设、运维、退役	招标、验收与质量评定、运行、维护、退役	用电	电动汽车	
207.8 市场营销—电能替代												
9818	207.8-1	Q/CSG 1209019—2019	电能替代技术经济评价导则	企标	2019-12-30			设计、采购、建设、运维	初设、施工图、招标、品控、施工工艺、验收与质量评定、试运行、运行、维护	用电	其他	
9819	207.8-2	DL/T 2034.1—2019	电能替代设备接入电网技术条件 第1部分：通则	行标	2019-10-1			设计、采购、建设、运维	初设、施工图、招标、品控、施工工艺、验收与质量评定、试运行、运行、维护	用电	其他	

序号	体系结构号	标准编号	标准名称	标准级别	实施日期	与国际标准对应关系	代替标准	阶段	分阶段	专业	分专业	备注
9820	207.8-3	DL/T 2034.3—2019	电能替代设备接入电网技术条件 第3部分:分散电采暖设备	行标	2019-10-1			设计、采购、建设、运维	初设、施工图、招标、品控、施工工艺、验收与质量评定、试运行、运行、维护	用电	其他	
207.9 市场营销—虚拟电厂												
9821	207.9-1	Q/CSG 1204169—2023	虚拟电厂运营管理系统功能规范	企标	2023-4-26			设计、采购、建设、运维	初设、施工图、招标、品控、施工工艺、验收与质量评定、试运行、运行、维护	用电	其他	
207.10 市场营销—其他												
9822	207.10-1	T/CES 009—2018	电能替代电量统计计算导则	团标	2018-2-9			设计、采购、建设、运维	初设、施工图、招标、品控、施工工艺、验收与质量评定、试运行、运行、维护	用电	其他	
9823	207.10-2	DL/T 2034.2—2019	电能替代设备接入电网技术条件 第2部分:电锅炉	行标	2019-10-1			设计、采购、建设、运维	初设、施工图、招标、品控、施工工艺、验收与质量评定、试运行、运行、维护	用电	其他	
9824	207.10-3	GB/T 28219—2018	智能家用电器通用技术要求	国标	2019-1-1		GB/T 28219—2011	采购、运维、修试	招标、品控、运行、维护、检修	用电	其他	